# Das Tierreich

Eine Zusammenstellung und Kennzeichnung der rezenten Tierformen

**Gegründet von der Deutschen Zoologischen Gesellschaft**

Im Auftrage der

**Preußischen Akademie der Wissenschaften zu Berlin**

herausgegeben von

**F. E. Schulze (†), W. Kükenthal (†), K. Heider (†)**

fortgesetzt von **R. Hesse**

Schriftleiter: **C. Apstein**

*„Πάντα ῥεῖ“* *„Sine systemate chaos“*

**65. Lieferung**

**Lepidoptera**

# Parnassiidae pars II
## (Subfam. Parnassiinae)

bearbeitet von

**Felix Bryk**
Berlin

Mit 698 Abbildungen

Berlin und Leipzig 1935
**Walter de Gruyter & Co.**

reprint 1984
VERLAG ERICH BAUER

Der Reprint erfolgte nach Originalen, die freundlicherweise von Herrn Dr. A. Schulte, Hannover und Herrn W. Heuvel, Hamm zur Verfügung gestellt wurden.

CIP-Kurztitelaufnahme der Deutschen Bibliothek

**Das Tierreich** : e. Zustellung u. Kennzeichnung d. rezenten Tierformen / gegr. von d. Dt. Zoolog. Ges. Im Auftr. d. Preuss. Akad. d. Wiss. zu Berlin. Hrsg. von F. E. Schulze ... Fortges. von R. Hesse. – Reprint. – Keltern : Bauer
Mehr nicht nachgedr.
NE: Schulze, Fritz E. [Hrsg.]; Hesse, Richard [Bearb.] Deutsche Zoologische Gesellschaft
Lfg. 65. Lepidoptera, Parnassiidae : ps. II ; (Subfam. Parnassiinae) / bearb. von Felix Bryk. – Unveränd. Nachdr. – 1984.
ISBN 3-88988-102-5

NE: Bryk, Felix [Bearb.]

**ISBN 3-88988-102-5**

April 1984

**Verlag Erich Bauer, Siedlung 15, D-7538 Keltern.**

Die Originalausgabe erschien 1935 unter gleichem Titel im Verlag Walter de Gruyter & Co., Berlin und Leipzig.



Unveränderter Nachdruck

# Inhalt



Die Literatur wurde bis Ende des Jahres 1934 berücksichtigt.

Die Originalzeichnungen hat Professor Dr. M. Hering zur Verfügung gestellt, wofür ihm der Autor seinen verbindlichsten Dank ausspricht.

# Literatur-Kürzungen

*Abh. Ges. Görlitz* — Abhandlungen der naturforschenden Gesellschaft zu Görlitz. Görlitz. 8.

*Abh. Pamir-Exp.* —

*Acloque, Faune France* — Faune de France, contenant la Description de toutes les Espèces indigènes disposées en Tableaux analytiques, ... Avec une Préface par E. Perrier. Par A. Acloque. Tome 1—4. Paris. 1896—1900. 8.

*Acta Soc. Sci. Fenn.* — Acta Societatis Scientiarum Fennicae. Helsingfors. 4.

*Adlerz, Svenska Fjärilar* — G. Adlerz, Svenska Fjärilar. Stockholm. 1905. 8.

*Alcock, Rep. Pamir Bound. Comm.* — Report of the natural History Results of the Pamir Boundary Commission by A. W. Alcock with a List oft the Plants by J. F. Duthie and a Notice of the Rock-Specimens by T. H. Holland. Calcutta. 1898. 2.

*Allg. Lit.-Zeit.* — Allgemeine Literatur-Zeitung .... Jena und Leipzig. 4.

*Allg. Z. Ent.* — Allgemeine Zeitschrift für Entomologie. Organ der „Allgemeinen Entomologischen Gesellschaft". Internationales Organ für alle Interessen der allgemeinen und angewandten Entomologie wie der Insekten-Biologie. Neudamm. 8.

*Altum, Forstzool.* — Forstzoologie von Bernard Altum .... Berlin. 1872—75. Ed. 2. 1876—82. 8.

*Amateur Pap.* — L'Amateur de Papillons. Journal de Lépidoptérologie, publ. sous la Direction de L. Lhomme. Le Carriol, par Douelle (Lot). 8.

*Ann. Carnegie Mus.* — Annals of the Carnegie Museum. Pittsburgh. 8.

*Ann. Hist. nat. Perse* — Annales d'Histoire naturelle de Perse. Entomologie. Paris. 4.

*Ann. Hofmus. Wien* — Annalen des K. K. naturhistorischen Hofmuseums. Wien. 8. [Seit 1921: Annalen des Naturhistorischen Museums in Wien. Wien. 1921 ... 8.]

*Ann. Mus. Hungar.* — Annales historico-naturales Musei nationalis Hungarici. A Magyar nemzeti Muzeum Természetrajzi Osztályainak Folyóirata. A Magyar Tudományos Akadémia Támogatásával kiadja a Magyar nemzeti Muzeum. Szerkeszti Horváth Géza. Budapest. 8.

*Ann. Mus. Marseille* — Annales du Musée d'Histoire naturelle de Marseille. Marseille. 4.

*Ann. nat. Hist.* — The Annals and Magazine of natural History, including Zoology, Botany, and Geology. London. 8.

*Ann. Soc. ent. Belgique* — Annales de la Société entomologique de Belgique. Bruxelles. 8.

*Ann. Soc. ent. France* — Annales de la Société entomologique de France. Paris. 8.

*Annuaire Mus. St.-Pétersb. (Petrograd)* — Annuaire du Musée zoologique de l'Académie Impériale des Sciences de St.-Pétersbourg. St.-Pétersbourg (Petrograd). 8.

*Annuario Mus. Napoli* — Annuario del Museo zoologico della Reale Università di Napoli. Napoli. 8.

*An. Soc. Españ.* — Anales de la Sociedad Española de Historia natural. Madrid. 8.

*Antram, Butt. Ind.* — Ch. B. Antram, Butterflies of India. Calcutta, London. 1924. 4.

*Arch. Entwickmech.* — Wilhelm Roux' Archiv für Entwicklungsmechanik der Organismen. Berlin.

*Arch. Ent. Wien* — Archiv für klassifikatorische und phylogenetische Entomologie. Wien. 8.
*Arch. Frauenkunde* — Archiv für Frauenkunde und Konstitutionsforschung. Leipzig. 8.
*Arch. Naturg.* — Archiv für Naturgeschichte. Berlin. 8.
*Arch. Rass. Biol.* — Archiv für Rassen- und Gesellschafts-Biologie einschließlich Rassen- und Gesellschafts-Hygiene. Leipzig und Berlin. 8.
*Arch. Zool. Hungar.* — Archivum Zoologicum. Redactionis curam gerentibus C. de Pete, J. de Madarász et E. Csiki a Laboratorio zoologico Hungarico editum. Budapestini. 4.
*Ark. Zool.* — Arkiv för Zoologi utgifvet af K. Svenska Vetenskaps-Akademien. Stockholm. 8.
*Aro, Suomen perhoset* — J. E. Aro, Suomen perhoset. Helsinki. 1900. 4.
*Atti Acc. Napoli* — Società Reale di Napoli. Atti della Reale Accademia delle Scienze fisiche e matematiche. Napoli. 4.
*Atti Soc. Ital.* — Atti della Società Italiana di Scienze naturali. Milano. 8.
*Atti Soc. Ligust.* — Atti della Società Ligustica di Scienze naturali e geografiche. Genova. 8.
*Aurivillius. Nordens Fjärilar* — Per Olaf Christopher Aurivillius, Nordens Fjärilar. Handbok i Sveriges, Norges, Danmarks och Finlands Macrolepidoptera. Stockholm. 1888—92. 4.
*Austaut, Parnass. paléarct.* — Les Parnassiens de la Faune paléarctique par Jules Léon Austaut. Leipzig. 1889. 8.
*Bang-Haas, Nov. Macrolep.* — O. Bang-Haas, Novitates Macrolepidopterologicae. Katalog der Neubeschreibungen von palaearktischen Macrolepidopteren. *v.* 1—5. Dresden. 1926—30. 8.
*Barnes & Benjamin, List Diurn. Lep.* — W. Barnes & F. H. Benjamin, List of Diurnal Lepidoptera of N. America. 1926.
*Bartholomew, Phys. Atlas* — John G. Bartholomew's Physical Atlas. *v.* 5. London. 1911. 2.
*Beitr. Naturk. Preuß.* — Beiträge zur Naturkunde Preußens, herausgegeben von der Physikalisch-ökonomischen Gesellschaft zu Königsberg. Königsberg i. Pr. 4.
*Berce, Faune ent. Franç.* — Jean Étienne Berce, Faune entomologique Française: Lépidoptères. *v.* 1—6. Paris. 1867—78. 12.
*Berge, Schmettb.* — Fr. Berge, Schmetterlingsbuch, oder allgemeine und besondere Naturgeschichte der Schmetterlinge, mit besonderer Rücksicht auf die Europäischen Gattungen. Nebst einer vollständigen Anweisung sie zu fangen, zu erziehen, zuzubereiten und aufzubewahren. Stuttgart. 1842. 4. Ed. 2. 1851. 4.
*Bergens Mus. Aarbog(k)* — Bergens Museums Aarbog(k). Afhandlinger og Aarsberetning udgivne af Bergens Museum. Bergen. 8.
*Bergsträsser, Nomencl. Beschr. Ins.* — Nomenclatur und Beschreibung der Insecten in der Grafschaft Hanau-Münzenberg wie auch der Wetterau und der angränzenden Nachbarschaft dies und jenseits des Mains mit erleuchteten Kupfern herausgegeben von Joh. Andr. Benignus Bergsträsser. Jahrgang 1—4. Hanau. 1778, ... 79, 80. 4.
*Berlin. ent. Z.* — Berliner entomologische Zeitschrift. Berlin. 8.
*Ber. Offenb. Ver.* — Bericht über die Thätigkeit des Offenbacher Vereins für Naturkunde. Offenbach. 8.
*Berthold, Latreille's Fam. Thierr.* — Latreille's natürliche Familien des Thierreichs. Aus dem Französischen. Mit Anmerkungen und Zusätzen von Arnold Adolph Berthold. Weimar. 1827. 8.
*Ber. Ver. Innsbruck* — Berichte des naturwissenschaftlichen-medizinischen Vereins in Innsbruck. Innsbruck. 8.
*Ber. Ver. Naturk. Fulda* — Bericht des Vereins für Naturkunde in Fulda. Fulda.
*Bibl. zool.* — Bibliotheca zoologica. Original-Abhandlungen aus dem Gesammtgebiete der Zoologie. Cassel, Stuttgart. 4. [sequ.: *Zool.*]
*Bidr. Känned. Väst. Finl.* —

*Billberg, Enum. Ins.* — Enumeratio Insectorum in Museo Gust. Joh. Billberg. [Holmiae.] 1820. 4.

*Bloch, Naturg. ausl. Fische* — Marcus Elieser Bloch's Naturgeschichte der ausländischen Fische. Theil 1—9 & Atlas. Berlin. 1785—95. 4.

*Bohadsch, An. mar.* — Johann. Bapt. Bohadsch. De quibusdam Animalibus marinis eorumque Proprietatibus, Orbi litterario vel nondum vel minus notis. Liber cum nonnullis tabulis aeri incisis, ab Auctore super vivis Animalibus delineatis. Dresdae. 1761. 4.

*Boisduval, Gen. Index Eur. Lep.* — J. A. Boisduval, Genera et Index methodicus Europaeorum Lepidopterorum (Pars I sistens Papiliones, Sphinges, Bombyces, Noctuas). Paris. 1840. 8.

*Boisduval, Icon. hist. Lép.* — J. A. Boisduval, Icones historiques des Lépidoptères d'Europe nouveaux ou peu connus. Collection avec Fig. color. des Papillons d'Europe nouvellement découverts. Ouvrage formant le Complément de tous les Auteurs iconographes. Paris. 1832—41. 8.

*Boisduval, Lép. Calif.* — J. A. Boisduval, Lépidoptères de la Californie. Bruxelles. 1869. 8. (s. *Ann. Soc. ent. Belgique, v.* 12 p. 5—94.)

*Boisduval, Spec. gén. Lép.* — Histoire naturelle des Insectes. Species général des Lépidoptères, par [J. A.] Boisduval. Tom. 1; Planches. Paris. 1836. 8.

*Boll. Soc. ent. Ital.* — Bollettino della Società entomologica Italiana. Firenze. 8.

*Bol. Soc. Españ.* — Boletin de la Sociedad Española de Historia natural. Madrid. 8.

*Borkhausen, Naturg. Eur. Schmett.* — Naturgeschichte der Europäischen Schmetterlinge nach systematischer Ordnung von Moritz Balthasar Borkhausen. *v.* 1—5. Frankfurt. 1788—1794. 8.

*Borowski & J. F. W. Herbst, Naturg. Thierr.* — Gemeinnützige Naturgeschichte des Thierreichs, darinnen die merkwürdigsten und nützlichsten Thiere in systematischer Ordnung beschrieben und alle Geschlechter in Abbildungen nach der Natur vorgestellt werden. Ausgefertigt von D. Georg Heinrich Borowski. Fortgesetzt von Johann Friedrich Wilhelm Herbst. *v.* 1—5 [6—10]. Atlas. Berlin und Stralsund. 1780—84 [1784—89]. 8.

*Bramson, Tagfalt. Eur. Caucas.* — Die Tagfalter (Rhopalocera) Europas und des Caucasus. Analytisch bearbeitet von K. L. Bramson. Kiew. 1890. 8.

*Brongniart & Desmarest, Hist. Crust. foss.* — Histoire naturelle des Crustacés fossiles, sous les Rapports zoologiques et géologiques. Savoir: Les Trilobites. par Alexandre Brongniart, les Crustacés proprement dits, par Anselme-Gaëtan Desmarest. Paris. 1822. 4.

*Broteria* — Broteria. Revista de Sciencias naturaes do Collegio de S. Fiel. Lisboa. 8.

*Bryk, Parnassius Apollo Formenkreis* — Parnassius Apollo L. und sein Formenkreis. Unter Mitwirkung von E. Fischer, A. Pagenstecher und E. Strand von F. Bryk. Berlin. [1918]. 8.

*Bryk, Vandr. nat. kult. riken* — Bryk, Vandringar i naturens och kulturens riken. Stockholm. 1924. 8.

*Bull. Ac. St.-Pétersb.* — Bulletin de l'Académie Impériale des Sciences de St.-Pétersbourg. St.-Pétersbourg. 4 (8).

*Bull. Brooklyn ent. Soc.* — Bulletin of the Brooklyn entomological Society. Brooklyn. 8.

*Bull. Illinois Laborat.* — Bulletin of the Illinois State Laboratory of natural History. Peoria, Springfield, Urbana. 8.

*Bull. Inst. Pétersb. (Leshaft)* — Bulletin de l'Institut Scientifique Lesshaft. [Iswestija nautschnogo Instituta imesii P. F. Leshafta.] St. Pétersbourg. 8.

*Bull. Mus. Paris* — Bulletin du Muséum d'Histoire naturelle. Paris. 8.

*Bull. Soc. Colmar* — Bulletin de la Société d'Histoire naturelle de Colmar. Colmar.

*Bull. Soc. ent. France* — Bulletin des Séances et Bulletin bibliographique de la Société entomologique de France. Paris. 8.

*Bull. Soc. ent. Ital.* — Bullettino della Società entomologica Italiana. Firenze. 8.

*Bull. Soc. lép. Genève* — Bulletin de la Société lépidoptérologique de Genève. Genève. 8.

*Bull. Soc. Moscou* — Bulletin de la Société Impériale des Naturalistes de Moscou. Moscou. 8.

*Bull. Soc. Murith.* — Bulletin des Travaux de la Murithienne. Société Valaisanne des Sciences naturelles. Sion. 8.

*Bull. Soc. Neuchâtel* — Bulletin de la Société des Sciences naturelles de Neuchâtel. Neuchâtel. 8.

*Bull. Univ. Montana* — Bulletin of the University of Montana. Biolog. Ser. Montana.

*Bull. U. S. Mus.* — Bulletin of the United States National Museum. Washington. 8.

*Butler, Cat. diurn. Lep. Fabr.* — Catalogue of diurnal Lepidoptera described by Fabricius in the Collection of the British Museum. By Arthur Gardiner Butler. London. 1869. 8.

*Butler, Lep. exot.* — Lepidoptera exotica, or Descriptions and Illustrations of exotic Lepidoptera. By Arthur Gardiner Butler. London. 1869—74. 4.

*Cab. Cycl.* — The Cabinet Cyclopaedia. Conducted by Dionysius Lardner. London. 8.

*Cambridge nat. Hist.* — The Cambridge natural History, edited by Sidney Frederic Harmer ... and Arthur Everett Shipley ... *v.* 1—10. London. 1895—1909. 8.

*Canad. Ent.* — The Canadian Entomologist. Toronto (London). 8.

*Carinthia* — Carinthia. Mitteilungen des Naturhistorischen Landesmuseums für Kärnten. Klagenfurt. 8.

*Carniola* — Carniola. Izvestja Muzejskega Društva za Krajnsko. Mitteilungen des Museal-Vereines für Krain. Comptes rendus de l'Association du Musée de Carniola. V Ljubljani (Laibach). 4.

*Časopis České Spol. ent.* — Časopis České Společnosti entomologické. Acta Societatis entomologicae Bohemiae. Praze. 8.

*CB. Iris* — Correspondenz-Blatt des entomologischen Vereins „Iris" zu Dresden. Dresden. 8.

*CB. Ver. Regensb.* — Correspondenz-Blatt des zoologisch-mineralogischen Vereines in Regensburg. Regensburg. 8.

*Cederhjelm, Faun. Ingr. Prodr.* — J. Cederhjelm, Faunae Ingricae Prodromus, exhibens methodicam Descriptionem Insectorum Agri Petropolensis praemissa Mammalium, Avium, Amphibiorum et Piscium Enumeratione. Lipsiae. 1798. 8.

*(Cobelli), Lett. ined. Linnaeo a Scopoli* — Lettere ineditae di Carlo Linnaeo a Giovanni Antonio Scopoli. Rovereto. 1889. 8.

*Cöln. Zeit.* — Cölnische Zeitung. Cöln.

*Coleman, Brit. Butt.* — W. H. Coleman, British Butterflies: Figures and Descriptions of every native Species; with an Account of Butterfly Development, Structure, Habits, Localities, Mode of Capture, and Preservation, ..... Illustrated by the Author. London. 1860. 12.

*Congr. Sav. Strassb.* — Congrès des Sociétés savantes de Paris et des Départements. Compte-rendu de la Session à Strassbourg. 1920.

*Contr. nat. Hist. Lep. N. Amer.* — Contributions to the natural History of the Lepidoptera of N. America. Decatur, Illinois, U. S. 8.

*O. G. Costa (A. Costa), Fauna Reg. Napoli* — Fauna del Regno di Napoli ossia Enumerazione di tutti gli Animali che abitano le diverse Regioni di questo Regno e le Acque che le bagnano .... di Oronzio-Gabriele Costa. [Continuato da Achille Costa]. — Lepidotteri. Napoli. 1832—36. 4.

*Cuvier, Règne an.* — Le Règne animal distribué d'après son Organisation, pour servir de Base à l'Histoire naturelle des Animaux et d'Introduction à l'Anatomie comparée. Par [Georges] Cuvier. Tom. 1—4. Paris. 1817. 8.

*Cuvier, Règne an., ed. 3* — Le Règne animal distribué d'après son Organisation, pour servir de Base à l'Histoire naturelle des Animaux, et d'Introduction à l'Anatomie comparée, par Georges Cuvier. 3. Édition. Avec Figures dessinées d'après Nature. Bruxelles. 1836. 8.

*Dahlbom, Jakt. Skand. Fjärillar* — Anders Gustav Dahlbom, Jakttagelser öfver Skandinaviens Fjärillar. Diss. Londini Gothor. 1836. 4.

*Danmarks Fauna* — Danmarks Fauna. Illustrerede Haandbøger over den Danske Dyreverden udgivne af Dansk Naturhistorisk Forening. København. 8.

*Denk. Ak. Wien* — Denkschriften der Kaiserlichen Akademie der Wissenschaften. — Mathematisch-naturwissenschaftliche Classe. Wien. 4.

*D. ent. Nation.-Bibl.* — Deutsche entomologische National-Bibliothek. Berlin.

*D. ent. Z.* — Deutsche entomologische Zeitschrift herausgegeben von dem entomologischen Verein in Berlin (von der Deutschen entomologischen Gesellschaft). Berlin, London, Paris. 8.

*D. ent. Z. Iris* — Deutsche entomologische Zeitschrift Iris herausgegeben vom entomologischen Verein Iris zu Dresden. Dresden. 8.

*D. ent. Z. Lep.* — Deutsche entomologische Zeitschrift, herausgegeben von der Gesellschaft Iris zu Dresden in Verbindung mit der Deutschen entomologischen Gesellschaft zu Berlin. Lepidopterologische Hefte. Dresden. 8.

*Döderlein, Best.-Buch Land-Süßw.-Tiere* — Bestimmungsbuch für deutsche Land- und Süßwassertiere von Ludwig Döderlein. Insekten. *v.* 1, 2. München. 1932. 8.

*Doflein, Mazedonien* — Mazedonien. Erlebnisse und Beobachtungen eines Naturforschers im Gefolge des Deutschen Heeres von Franz Doflein. Jena. 1921. 8.

*Donnadieu, Rech. Tétranyques* — A. L. Donnadieu, Recherches pour servir à l'Histoire des Tétranyques. Lyon. 1875. 8. [& in: *Ann. Soc. Linn. Lyon*, n. ser. *v.* 22, 1876.]

*Donovan, Nat. Hist. Brit. Ins.* — E. Donovan, The Natural History of British Insects, explaining them in their several States .... together with the History of such minute Insects as require Investigation by the Microscope. *v.* 1—16. London. 1792—1813. 8.

*Doubleday, List Lep. Brit. Mus.* — List of the Specimens of Lepidopterous Insects in the Collection of the British Museum. [By Edward Doubleday.] Part 1, 2; Appendix. London. 1844, 47; 48. 12.

*Doubleday & Westwood, Gen. diurn. Lep.* — The Genera of diurnal Lepidoptera: comprising their generic Characters, a Notice of their Habits and Transformations, and a Catalogue of the Species of each Genus. By Edward Doubleday and John O. Westwood. Illustrated with 86 Plates, by William C. Hewitson. Vol. 1, 2. London. 1846—50, 50—52. 2.

*Duponchel, Cat. Lép.* — Catalogue méthodique des Lépidoptères d'Europe distribués en Familles, Tribus et Genres, avec l'Exposé des Caractères sur lesquels ces Décisions sont fondées, et l'Indication des Lieux et des Époques où l'on trouve chaque Espèce; pour servir de Complément et de Rectification à l'Histoire naturelle de Lépidoptères de France par ... Philogène Auguste Joseph Duponchel. Paris. 1844[—46]. 8.

*Dupuis, Pap.* — A. Dupuis, Les Papillons, guide de l'amateur des Lépidoptères. Paris. 1863. 12.

*Eckstein, Schmett. Deutschl.* — Die Schmetterlinge Deutschlands mit besonderer Berücksichtigung ihrer Biologie von Karl Eckstein. Schriften des Deutschen Lehrervereins für Naturkunde, *v.* 26. Stuttgart. 1913. 8.

*Edinb. Enc.* — The Edinburgh Encyclopaedia; conducted by David Brewster. With the Assistance of Gentlemen eminent in Science and Literature. Vol. 1—18. Edinburgh. 1830 [1809—31]. 4.

*Edwards, Butt. N.-Amer.* — The Butterflies of North America. By William H. Edwards. Vol. (Series) 1—3. New York (Boston) (Boston and New York). 1868—72, 84 (1874—84), 97 (1887—97). 4.

*Eimer, Orthogen. Schmett.* — Die Entstehung der Arten auf Grund von Vererben erworbener Eigenschaften nach den Gesetzen organischen Wachsens. — Zweiter Theil. Orthogenesis der Schmetterlinge. Ein Beweis bestimmt gerichteter Entwicklung und Ohnmacht der natürlichen Zuchtwahl bei der Artbildung. Zugleich eine Erwiderung an August Weismann von G. H. Theodor Eimer. Leipzig. 1897. 8.

*Enc. Ent.* — Encyclopédie entomologique. Série B. Mémoires et notes. III. Lepidoptera. Recueil d'études biologiques et systematiques sur les Lépidoptères du globe réunies par Fd. Le Cerf. Paris. 8.

*Enc. méth.* — Encyclopédie méthodique, ou par Ordre de Matières; par une Société de Gens de Lettres, de Savant et d'Artistes. — Histoire naturelle. Tom. 4—10: Insectes (Entomologie). Paris, Liège (Paris). 1789, 90, 91, 92, 1811 (& 1812 VII], 19 [& 1824 VII], 25 [& 1828][1]). 4.

*Ent. Amer.* — Entomologica Americana. Published by the Brooklyn entomological Society. Brooklyn, N. Y. 8.

*Ent. Anz.* — Entomologischer Anzeiger. Spezialzeitschrift für entomologischen Handel, Verkehr und Literatur. Wien.

*Ent. Beih.* — Entomologische Beihefte aus Berlin-Dahlem. Organ der Wanderversammlungen Deutscher Entomologen. Herausgegeben von der Biologischen Reichsanstalt und dem Deutschen Entomologischen Institut der Kaiser Wilhelm-Gesellschaft. Schriftleitung Walther Horn und Hans Sachtleben. *v.* 1. Berlin-Dahlem. 1934. 8.

*Ent. monthly Mag.* — The Entomologist's monthly Magazine. London. 8.

*Ent. Mt.* — Entomologische Mitteilungen. Herausgegeben vom Verein zur Förderung des Deutschen Entomologischen Museums. Berlin-Dahlem. 8.

*Ent. Nachr.* — Entomologische Nachrichten. Quedlinburg (Putbus) (Berlin). 8.

*Ent. News Philad.* — Entomological News |and Proceedings of the entomological Section of the Academy of natural Sciences of Philadelphia|. Philadelphia. 8.

*Entomologist* — The Entomologist. An illustrated Journal of general Entomology. London. 8.

*Ent. polski* —

*Ent. Rec.* — The Entomologist's Record and Journal of Variation. London. 8.

*Ent. Rundsch.* — Entomologische Rundschau mit Anzeigenbeilage: Insektenbörse und Beilage: Entomologisches Vereinsblatt. Stuttgart. 4.

*Ent. Tidskr.* — Entomologisk Tidskrift. På föranstaltande af Entomologiska Föreningen i Stockholm. Stockholm, Uppsala. 8.

*Ent. Wochenbl.* — Entomologisches Wochenblatt. (Insekten-Börse.) Herausgegeben von C. Schaufuß und A. Frankenstein. Leipzig. 4.

*Ent. Z.* — Entomologische Zeitschrift. Central-Organ des internationalen entomologischen Vereins [ab *v.* 18:] zu Guben, [ab *v.* 21:] zu Stuttgart, [ab *v.* 24:] zu Frankfurt a. Main. [ab *v.* 27:] ... mit Fauna exotica. — Herausgegeben |[bis *v.* 20:] unter Mitwirkung hervorragender Entomologen und Naturforscher| ... [bis *v.* 20:] Guben, [ab *v.* 21:] Stuttgart, [ab *v.* 24:] Frankfurt a. Main. [*v.* 1—6:] 4, [*v.* 7:] 8 mit: Beilage zur entomologischen Zeitschrift in 4, [ab *v.* 8:] 4. *v.* 1—: 1887—.

*Ent. Zeit. Stettin* — Entomologische Zeitung. Herausgegeben von dem entomologischen Vereine zu Stettin. Stettin. 8.

*Eos Madrid* — Eos. Revista Española de Entomologia. Madrid. 8.

*Ernst & Engramelle, Pap. Eur.* — Papillons d'Europe, peints d'après nature. J. J. Ernst and R. P. Engramelle. *v.* 1—8. Paris. 1779—93. 4.

*Esper, Eur. Schmett.* — Die [Europäischen] Schmetterlinge in Abbildungen nach der Natur mit Beschreibungen von Eugen Johann Christoph Esper. Theil I: Tagvögel. 2 Bände & Suppl. Erlangen. 1777—1780, 1805. 4.

*Evans, Ident. Ind. Butt.* — The Identification of Indian Butterflies. By W. H. Evans. [erweiterter Sonderdruck aus *J. Bombay Soc.*] Madras. 1927. 8.

*Eversmann, Fauna lep. Volgo-Ural.* — Fauna lepidopterologica volgo-uralensis exhibens Lepidopterorum species, quas per viginti quinque annos in provinciis Volgam fluvium inter et montes Uralenses sitis observavit et descripsit Eduardus Eversmann. Casani. 1844. 8.

*Fabricius, Ent. syst.* — Joh. Christ. Fabricii Entomologia systematica emendata et aucta. Secundum Classes, Ordines, Genera, Species adjectis Synonimis, Locis, Observationibus, Descriptionibus. Tom. 1—4. [Cum Ind.:] Index alphabeticus

---

[1]) Cfr.: C. Davies Sherborn & B. B. Woodward in: P. zool. Soc. London, 1893 p. 583 & 1899 p. 595.

in J. C. Fabricii Entomologiam systematicam, emendatam et auctam, Ordines, Genera et Species continens. [Cum Suppl.:] Joh. Christ. Fabricii Supplementum Entomologiae systematicae. [Cum Ind. Suppl.:] Index alphabeticus in J. C. Fabricii Supplementum Entomologiae systematicae, Ordines, Genera et Species continens. Hafniae. 1792, 93, 93/94, 94; 96; 98; 99. 8.

*Fabricius, Syst. Ent.* — Io. Christ. Fabricii Systema Entomologiae, sistens Insectorum Classes, Ordines, Genera, Species, adiectis Synonymis, Locis, Descriptionibus, Observationibus. Flensburgi et Lipsiae. 1775. 8.

*Fabricius, Syst. Gloss.* — Joh. Christ. Fabricii Systema glossatorum secundum ordines, genera, species adiectis synonymis locis, observationibus, descriptionibus. Brunovici. 1807. 8.

*Fauna arct.* — Fauna arctica. Eine Zusammenstellung der arktischen Tierformen mit besonderer Berücksichtigung des Spitzbergen-Gebietes auf Grund der Ergebnisse der Deutschen Expedition in das Nördliche Eismeer im Jahre 1898. Unter Mitwirkung zahlreicher Fachgenossen herausgegeben von Fritz Römer und Fritz Schaudinn. Nach ihrem Tode fortgesetzt von August Brauer. Jena. 4.

*Fauna Brit. Ind.* — The Fauna of British India, including Ceylon and Burma. Published under the Authority of the Secretary of State for India in Council. Edited by W. T. Blanford. London, Calcutta usw. 8.

*Fauna exot.* — Fauna exotica. Mitteilungen aus dem Gebiet der exotischen Insektenwelt. Frankfurt a. M. 4.

*Fauna Regni Hungar.* — Fauna Regni Hungariae. Animalium Hungariae hucusque cognitorum Enumeratio systematica. In Memoriam Regni Hungariae mille abhinc Annis constituti edidit Regia Societas Scientiarum naturalium Hungarica. Budapest. 4.

*Favre & Wullschlegel, Faune Macrolep. Valais* — Émile Favre & A. Wullschlegel, Faune des Macro-Lépidoptères du Valais et des Régions limitrophes. Schaffhouse. 1899. 8.

*Fedtschenko, Turkestan* — Путешествіе въ Туркестанъ члена-основателя Общества А. П. Федченко, совершенное отъ Императорскаго Общества Любителей Естествознанія по Порученію Туркестанскаго Генералъ-Губернатора К. П. Фонъ-Кауфмана. [Die Reise Fedtschenko's in Turkestan, auf Veranlassung des General-Gouverneurs K. P. Kauffmann herausgegeben von der Kaiserlichen Gesellschaft der Freunde der Naturwissenschaften zu Moskau.] St. Petersburg, Moskau. 4.

*Feuille Natural.* — La Feuille des jeunes Naturalistes. [Revue mensuelle d'Histoire naturelle.] [Fondée à Mulhouse en 1870.] Paris. 8.

*Fischer-Waldheim, Entomogr. Russ.* — Entomographie de la Russie. Publiée au Nom de la Société Impériale des Naturalistes par Gotthelf Fischer de Waldheim. — Entomographia Imperii Russici (Rossici). Auctoritate Societatis Caesareae Mosquensis Naturae Scrutatorum collecta et in Lucem edita Auctore Gotthelf Fischer, Waldheimensi. *v.* 1—5. Mosquae. 1820—51. 4.

*Frey, Lep. Schweiz* — Die Lepidopteren der Schweiz von Heinrich Frey. Leipzig. 1880. 8.

*Freyer, N. Beitr. Schmett.-Kunde* — C. F. Freyers neuere lepidopterologische Beiträge zur Schmetterlingskunde mit Abbildungen nach der Natur. *v.* 1—7. Augsburg. 1833—58. 4.

*Fuessly, Verz. Schweiz. Ins.* — Joh. Casp. Fuessly, Verzeichniss der ihm bekannten Schweizerischen Insekten. Zürich, Winterthur. 1775. 4.

*Geer, Mém. Hist. Ins.* — Mémoires pour servir à l'Histoire des Insectes. Par Charles de Geer. Tom. 1—7. Stockholm. 1752, 71, 73, 74, 75, 76, 78. 4.

*Gen. Ins.* — Genera Insectorum. Publiés par P. Wytsman. Bruxelles. 4.

*Giorn. Sci. Palermo* — Giornale di Scienze naturali ed economiche pubblicato per Cura del Consiglio di Perfezionamento annesso al R. Istituto tecnico (per Cura della Società di Scienze naturali ed economiche) di Palermo. Palermo. 4.

*Glaser, Hess.-Rhein. Falterfauna* — L. Glaser, Der neue Borkhausen oder Hessisch-Rheinische Falterfauna. Darmstadt. 1863. 8.

*Glasnik Društva Zagreb* — Glasnik hrvatskoga prirodoslovnoga Društva Zagreb. Zagreb. 8.

*Godart (Duponchel), Hist. Lép.* — Histoire naturelle des Lépidoptères ou Papillons diurnes des Environs de Paris ([Tom....:] Papillons de France), par J.-B. Godart; Ouvrage basé sur la Méthode de Latreille; continuée par P.-A.-J. Duponchel. Tom. 1—11; Suppl. Tom. 1—4. Paris. 1821, 22, 21, 22, 24, 26, 27, 30, 34, 36, 36; 32, 35, 36, 42. 8.

*Goeze, Ent. Beytr.* — Entomologische Beyträge zu des Ritter Linné zwölften Ausgabe des Natursystems von Joh. Aug. Ephraim Goeze. Theil 1, 2, 3I—IV. Leipzig. 1777, 78, 79, 80, 81, 83. 8.

*Gray, Cat. lep. Ins. Brit. Mus.* — Catalogue of Lepidopterous Insects in the Collection of the British Museum. Part 1. Papilionidae. George Robert Gray. London. 1852. 4.

*Gray, Lep. Nepal* — George Robert Gray, Descriptions and Figures of some new Lepidopterous Insects chiefly from Nepal. London. 1846. 8.

*Gray, Zool. Misc.* — The zoological Miscellany. To be continued occasionally. By John Edward Gray. London. 1831, 42, 44. 8.

*Griffith-Cuvier, An. Kingdom* — The Animal Kingdom arranged in Conformity with its Organization, by the Baron [Georges] Cuvier, with additional Descriptions of all the Species hitherto named, and of many not before noticed (with supplementary Additions to each Order), by Edward Griffith and others. Vol. 1—15, Index. London. 1827—35. 8.

*Grum-Grshimailo, Reise West-China* — G. J. Grum-Grshimailo, Beschreibung der Reise im westlichen China (Opisanie puteschestwija w zapadnii Kitai). *v.* 1—3. St. Petersburg. 1896—1907. 4.

*Guérin-Méneville, Iconogr. Règne an.* — Iconographie du Règne animal de G. Cuvier, ou Représentation d'après Nature de l'une des Espèces les plus remarquables et souvent non encore figurées, de chaque Genre d'Animaux. Avec un Texte descriptif mis au Courant de la Science. Par F. E. Guérin-Méneville. Tom. 1—3. Paris, Londres. 1829—44. 4 (& 8). Text 1844.

*Harriman Alaska Ser.* — Harriman Alaska Series. Harriman Alaska Expedition with Cooperation of Washington Academy of Sciences. New York. 1904—1914. 4.

*Heinemann, Schmett. Deutschl.* — H. von Heinemann, Die Schmetterlinge Deutschlands und der Schweiz systematisch bearbeitet. Nebst analytischen Tabellen zum Bestimmen der Schmetterlinge. I. Abth.: Die Grossschmetterlinge. 1859. II. Abth. *v.* 1, 2. 1863—77. Braunschweig. 8.

*Henderson & Hume, Lahore to Yarkand* — Lahore to Yarkand. Incidents of the Route and natural History of the Countries traversed by the Expedition of 1870, under T. D. Forsyth. By George Henderson and Allan O. Hume. London. 1873. 8.

*Hering, Biol. Schmett.* — Biologie der Schmetterlinge von Martin Hering. (Biologische Studienbücher. Herausgegeben von Walter Schoenichen-Berlin, *v.* 3). Berlin. 1926. 8.

*Herr, Anleit. Schmett. Raup.* — Anleitung, die Schmetterlinge und Raupen auf eine leichte und sichere Art durch eigene Untersuchungen zu bestimmen. Bearbeitet von A. Herr. Abt. 1, 2. Frankfurt. 1833. 12.

*Herrich-Schäffer, Synon. Lep. Eur.* — Synonymia Lepidopterorum Europae. Systematisches und synonymisches Verzeichniss der Europäischen Schmetterlinge. Separatabdruck aus der systematischen Bearbeitung der Schmetterlinge von Europa von Herrich-Schäffer. Regensburg. 1856. 4.

*Herrich-Schäffer, Syst. Bearb. Schmett. Eur.* — Systematische Bearbeitung der Schmetterlinge von Europa, als Text, Revision und Supplement zu J. Huebners Sammlung Europäischer Schmetterlinge. [Auch unter dem Titel:] Systematische Beschreibung der Schmetterlinge von Europa mit Abbildungen der noch gar nicht oder nicht genügend abgebildeten Arten. Von Herrich-Schäffer. *v.* 1—6. Regensburg. 1843—56. 4.

*Heydenreich, Lep. Eur. Cat. meth.* — Lepidopterorum Europaeorum Catalogus methodicus. Systematisches Verzeichniss der Europäischen Schmetterlinge von [G. H.] Heydenreich. ed. 2 u. 3. Leipzig. 1846, 51. 8.

*Hist. An. artic.* — Histoire naturelle des Animaux articulés, Annelides, Crustacés, Arachnides, Myriapodes et Insectes. — Histoire naturelle des Insectes Orthoptères. Névroptères, Hémiptères, Hyménoptères, Lépidoptères et Diptères, par Émile Blanchard. Tom. 3. Paris. 1840. 8.

*Hofmann-Spuler, Raup. Schmett. Eur.* — Die Raupen der Schmetterlinge Europas. Lief. 1—20. Stuttgart. 1903—05. 4.

*Hofmann-Spuler, Schmett. Eur.* — Die Schmetterlinge Europas. 3. Auflage von E. Hofmanns Werk: Die Groß-Schmetterlinge Europas unter Mitarbeit ... bearbeitet von Arnold Spuler. *v.* 1—3. Lief. 1—38. Stuttgart. 1900 bis 1910. 4.

*Holland, Butt. Book* — The Butterfly Book. A popular Guide to a Knowledge of the Butterflies of North America. By W. J. Holland. New York. 1899. 8.

*Horae Macrolep.* — Horae Macrolepidopterologicae regionis palaearcticae editus ab Otto Bang-Haas. Dresden-Blasewitz. 1927. 4.

*Horae Soc. ent. Ross.* — Horae Societatis entomologicae Rossicae. Petropoli. 8.

*Horsfield, Descr. Cat. Lep. Mus. East-Ind. Comp.* — A descriptive Catalogue of the Lepidopterous Insects contained in the Museum of the East-India Company. By Thomas Horsfield. London. 1828, 29. 4.

*Horsfield & Moore, Cat. Lep. Mus. East-Ind. Comp.* — Thomas Horsfield and Frederic Moore, A Catalogue of the Lepidopterous Insects in the Museum of the Hon. East-India Company (Museum of natural History at the East-India House). *v.* 1, 2. London. 1857, 58/59. 8.

*Hübner (& C. Geyer), Samml. Eur. Schmett.* — Sammlung Europäischer Schmetterlinge, errichtet von Jacob Hübner. Nebst Fortsetzung von Carl Geyer. Augsburg. 1805 [1798?]—1841. 4.

*Hübner (C. Geyer), Samml. exot. Schmett.* — Sammlung exotischer Schmetterlinge, errichtet von Jacob Hübner ([Band 3:] von Carl Geyer). Band 1—3. Augsburg. 1806 [1806—19], 06 [1820—26], [1826—41][1]). 4.

*Hübner, Syst. alph. Verz.* — Systematisch alphabetisches Verzeichniss aller bisher bei den Fürbildungen zur Sammlung Europäischer Schmetterlinge ausgegebenen Benennungen mit Vormerkung auch Augsburgscher Gattungen. Von Jacob Hübner. Augsburg. 1822. 8.

*Hübner, Verz. Schmett.* — Verzeichniß bekannter Schmettlinge verfaßt von Jacob Hübner. Augsburg. 1816. 8.

*Hügel, Kaschmir* — Kaschmir und das Reich der Siek von Carl von Hügel. Band 1—4. Stuttgart. 1840, 41, 42, 44. Aufzählung und Beschreibung der von Carl von Hügel auf seiner Reise durch Kaschmir und das Himalayagebirge gesammelten Insekten, von Vincenz Kollar & Ludwig Redtenbacher. 8.

*Illinois Biol. Monogr.* — Illinois Biological Monographs. Urbana. 8.

*Ill. Wochenschr. Ent.* — Illustrierte Wochenschrift | Zeitschrift | für Entomologie. Internationales Organ für alle Interessen der Insektenkunde. Offizielles Organ der Berliner Entomologischen Gesellschaft, herausgegeben von Udo Lehmann. Neudamm. 8.

*Ill. Z. Ent.* — Illustrierte Zeitschrift für Entomologie. Organ der „Allgemeinen entomologischen Gesellschaft". Internationales Organ für die Interessen der allgemeinen und angewandten Entomologie wie der Insekten-Biologie. Herausgegeben und redigiert unter Mitwirkung von geschätzten Gelehrten, sowie hervorragenden Kennern und Beobachtern der Insektenwelt von Chr. Schröder-Itzehoe und Udo Lehmann-Neudamm. Neudamm. 8.

---

[1]) Cfr. Samuel H. Scudder in: P. Amer. Ac., *v.* 10 (1875) p. 96.

*Ins.-Börse* — Insectenbörse (Insektenbörse). Central-Organ zur Vermittelung von Angebot, Nachfrage und Tausch (Internationales Organ der Entomologie ... Offertenblatt für Objecte der gesamten Naturwissenschaft...) (Internationales Wochenblatt der (für) Entomologie). *v.* 1—9; *v.* 10—13; *v.* 14—23. Leipzig. 1884—90; 1891—96; 1897—1906. 4. Forts.: Ent. Wochenblatt. (Insekten-Börse). *v.* 24, 25. Leipzig. 1907—08; Entomologische Rundschau. *v.* 26—. Stuttgart. 1909—.

*Insecutor Insc. menstr.* — Insecutor Inscitiae menstruus. A monthly Journal of Entomology. Washington. 8.

*Ins. Matsumur.* — Insecta Matsumurana. Issued by the Entomological Museum, Hokkaido, Imperial University, Sapporo, Japan. Sapporo, Japan. 8.

*Int. ent. Z.* — Internationale entomologische Zeitschrift. Organ des Internationalen Entomologen Bundes zu Guben. Guben, Stuttgart. 4.

*Isis* — Isis [Encyklopädische Zeitschrift, vorzüglich für Naturgeschichte, vergleichende Anatomie und Physiologie] von [Lorenz von] Oken. Leipzig. 4.

*Jablonsky (Herbst), Naturs. Ins. Schmett.* — Natursystem aller bekannten in- und ausländischen Insekten. Nach dem System des Ritters Carl von Linné bearbeitet (als eine Fortsetzung der von Büffonschen Naturgeschichte). Von Carl Gustav Jablonsky ([Theil 3—11:] Von Johann Friedrich Wilhelm Herbst). Schmetterlinge. Theil 1—11. Berlin. 1783, 84, 88, 90, 92, 93, 94, 96, 98, 1800, 04. 8.

*J. Agric. Hokkaido Univ.* — Journal of the College of Agriculture, Hokkaido Imperial University. Sapporo. 4.

*Jahrb. Ent. Ver. Sphinx* — Jahrbuch der entomologischen Vereinigung Sphinx. Wien. 8.

*Jahrb. Martjanov. Staatsmus. Minussinsk* — Jahrbuch des Martjanov'schen Staatsmuseums in Minussinsk (Sibirien, Jenissey Gouv.) Minussinsk.

*Jahrb. Mus. Kärnten* — Jahrbuch des naturhistorischen Landes-Museums von Kärnten. Klagenfurt. 8.

*Jahrb. Siebenbürg. Ver.* — Jahrbuch des Siebenbürgischen Karpathen-Vereins. Hermannstadt. 8.

*Jahrb. Ver. Nassau* — Jahrbücher des Vereins für Naturkunde im Herzogthum Nassau ([Jahrg. 19 & sequ.:] Jahrbücher des Nassauischen Vereins für Naturkunde). Wiesbaden. 8.

*Jahresber. Ges. Gera* — Jahresbericht der Gesellschaft von Freunden der Naturwissenschaften in Gera. Gera. 8.

*Jahresber. Ges. Graubünd.* — Jahresbericht der naturforschenden Gesellschaft Graubündens. Neue Folge. Chur. 8.

*Jahresber. Wien ent. Ver.* — Jahresbericht des Wiener entomologischen Vereins. Wien. 8.

*Jahresh. Schles. Ins.k.* — Jahresheft des Vereins für Schlesische Insektenkunde zu Breslau. Breslau. 8.

*Jahresh. Ver. Trencsén* — Jahresheft des naturwissenschaftlichen Vereines des Trencséner Comitates. A Trencsén Vármegyei természettudományi Egylet. Trencsén. 8.

*Jahresh. Ver. Württemb.* — Jahreshefte des Vereins für vaterländische Naturkunde in Württemberg. Stuttgart. 8.

*Janse, Moths S. Afr.* — The Moths of South Africa. *v.* 1. Sematuridae and Geometridae. By A. J. T. Janse. Durban. 1932. 8.

*Jardine, Naturg. Cab.* — Naturgeschichtliches Cabinet des Thierreiches von W. Jardine. *v.* 1—10. Pesth. 1836—42. 8.

*J. Asiat. Soc. Bengal* — Journal of the Asiatic Society of Bengal. — [Vol. 34 & sequ.:] Part II, Natural History etc. Calcutta. 8.

*J. Bombay Soc.* — The Journal of the Bombay natural History Society. Bombay. 8.

*J. Chosen Soc.* — Journal of Chosen Natural History Society. Keijo, Chosen, Japan.

*Jena allg. Lit.-Zeit.* — Jenaische allgemeine Literatur-Zeitung. Jena. 4.

*J. Linn. Soc. London* — The Journal of the Linnean Society. — Zoology. London. 8.

*Joukl, Motýl. středni Eur.* —

*Kaltenbach, Pflanzenfeinde* — Die Pflanzenfeinde aus der Klasse der Insekten. Ein nach Pflanzenfamilien geordnetes Handbuch . . . von J. H. Kaltenbach. Stuttgart. 1874 (1872). 8.

*Kane, Eur. Butt.* — W. F. de V. Kane, European Butterflies. London 1885. 8.

*Kaup, Thierr. Hauptform.* — Das Thierreich in seinen Hauptformen systematisch beschrieben von Joh. Jac. Kaup. *v.* 1, 2 I, II 3 I, II. Darmstadt. 1835, 36. 36, 36, 37. 8.

*KB. Ver. Riga* — Korrespondenzblatt des Naturforschenden Vereins zu Riga. Riga. 8.

*Kirby, Cat. Collect. diurn. Lep. Hewitson* — Catalogue of the Collection of Diurnal Lepidoptera formed by the late William Chapman Hewitson . . . and bequeathed by him to the British Museum by W. F. Kirby . . . London. 1879. 4.

*Kirby, Cat. diurn. Lep.* — A synonymic Catalogue of diurnal Lepidoptera, by W. F. Kirby. Cum Suppl. London & Berlin (London). 1871, 77. 8.

*Kirby, Handb. Lep.* — Handbook to the Order Lepidoptera, with special Reference to British Species. By W. F. Kirby. *v.* 1—5. London. 1894, 96, 97, 97, 97. 8.

*W. Kirby & Spence, Einleit. Ent.* — Einleitung in die Entomologie: oder Elemente der Naturgeschichte der Insecten. Von Wilhelm Kirby und Wilhelm Spence. [Herausgegeben von] L. Oken. *v.* 1—4. Stuttgart. 1823, 24, 27, 33. 8.

*Koch, Geogr. Verbr. Schmett.* — Die geographische Verbreitung der europäischen Schmetterlinge in andern Welttheilen von Gabriel Koch. Nebst statistischen Tabellen. Leipzig. 1854. 8. Ed. 2. Leipzig. 1857. 8.

*Koch, Schmett. SW.-Deutschl.* — Gabr. Koch, Die Schmetterlinge des südwestlichen Deutschlands, insbesondere der Umgegend von Frankfurt, Nassau und der Hessischen Staaten, nebst Angaben der Fundorte und Flugplätze. Zum Gebrauche für Sammler bei Excursionen. Cassel. 1856. 8.

*Kolenati, Melet. Ent.* — Fridericus A. Kolenati, Meletemata Entomologica. *v.* (fasc.) 1—5, 6—8. Petropoli, Mosquae. 1845, 46, 56—58. 8. [*v.* 6—8 & in: *Bull. Soc. Moscou, v.* 29—31].

*Kosmos Lwów* — Kosmos Lwów, Journal de la Société Polonaise des Naturalistes „Kopernik". Lwów.

*Krancher, Ent. Jahrb.* — Entomologisches Jahrbuch. Herausgegeben von Oskar Krancher. Leipzig. 8.

*Kusnezow, Ins. Lep.* — N. J. Kusnezow, Insecta Lepidoptera in: *Faune de la Russie, v.* 1. Petrograd. 1915—29. 8.

*Lamarck, Hist. An. s. Vert.* — Histoire naturelle des Animaux sans Vertèbres, présentant les Caractères généraux et particuliers de ces Animaux, . . .; précédée d'une Introduction . . . Par [Jean Baptiste] de Lamarck. Tom. 1—5, 6 I & II, 7. Paris. 1815 III, 16 III, 16 VIII, 17 III, 18 VII, 19 II—VI, 22 IV, 22 VIII. 8.

*Lamarck, Hist. An. s. Vert., ed. 2* — Histoire naturelle des Animaux sans Vertèbres, présentant les Caractères généraux et particuliers de ces Animaux, . . . précédée d'une Introduction . . . Par J. B. P. A. de Lamarck. 2. Édition. Revue et augmentée de Notes présentant les Faits nouveaux dont la Science s'est enrichie jusqu'a ce Jour; par G. P. Deshayes et H. Milne Edwards. Tom. 1—11. Paris. 1835—45. 8.

*Lambillionea* — Lambillionea. Revue mensuelle de l'Union des Entomologistes Belges. Bruxelles.

*Lang, Butt. Eur.* — H. C. Lang, Rhopalocera Europae descripta et delineata. The Butterflies of Europe described and figured. *v.* 1, 2. London. 1884. 8.

*Lang, Verz. Schmett.* — Heinrich Gottlob Lang, Verzeichniss seiner Schmetterlinge, meistens in den Gegenden um Augsburg gesammelt und in drei Tafeln eingetheilet mit den Linneischen, auch deutschen und französischen Namen und Anführung derjenigen Werke, worin sie mit Farben abgebildet sind, und nach dem Wiener systematischen Verzeichniss eingetheilt. Augsburg. 1782. Ed. 2. Augsburg. 1789. 8.

*Latreille, Consid. gén.* — Considérations générales sur l'Ordre naturel des Animaux composant les Classes des Crustacés, des Arachnides, et des Insectes; avec un Tableau méthodique de leurs Genres, disposés en Familles. Par P. A. Latreille. Paris. 1810. 8.

*Latreille, Fam. Règne an.* — Familles naturelles du Règne animal, exposées succinctement et dans un Ordre analytique, avec l'Indication de leurs Genres. Par [Pierre André] Latreille. Paris. 1825. 8.

*Latreille, Hist. Crust. Ins.* — Histoire naturelle, générale et particulière, des Crustacés et des Insectes. Ouvrage faisant Suite aux Oeuvres de Leclerc de Buffon, et Partie du Cours complet d'Histoire naturelle rédigé par C. S. Sonnini. Par P. A. Latreille. Tom. 1—14. Paris. X—XIII [1802—1805]. 8.

*Lederer, Handb. prakt. Ent.* — Handbuch für den praktischen Entomologen. Ausführliche Anleitung (Allgemeine Biologie nebst ausführlicher Anleitung) zur Haltung und Zucht der Insekten und Spinnentiere, sowie zur experimentellen Lepidopterologie (Entomologie), besonders auf Grund der im Insektenhaus des Zoologischen Gartens der Stadt Frankfurt a. Main gemachten Erfahrungen und Beobachtungen ... bearbeitet von Gustav Lederer. Band 1. Abteilung 1. Lepidoptera. B. Spezieller Teil (Band 2: Tagfalter (Diurna)). Als Beilage in Teillieferungen zur Entomologischen Zeitschrift Frankfurt a. Main. 1919—. (Sonderdruck, Frankfurt a. Main, 1921.) 8.

*Leech, Butt. China Japan Corea* — Butterflies from China, Japan and Corea. John Henry Leech. London. 4. Vol. 1, 2. Atlas. 1892—1894. 4.

*Lep. Boston* — The Lepidopterist, the official Organ of Boston Entomological Club. Boston. 8.

*Lepechin (Hase), Tageb. Reise Russ. Reich.* — Lepechin, Tagebuch der Reise durch verschiedene Provinzen des Russischen Reiches in den Jahren 1768 und 1769. Aus dem Russischen übersetzt von M. Christian Heinrich Hase. *v.* 1—3. Altenburg. 1774, 75, 83. 4.

*Lepidoptera* — Lepidoptera, the official Organ of the Boston Entomological Club. Boston. 8.

*Leydig, Horae zool.* — Horae zoologicae. Zur vaterländischen Naturkunde. Ergänzende sachliche und geschichtliche Bemerkungen von Franz Leydig. Jena. 1902. 8.

*[Lhomme], Cat. Lép. France* — Catalogue des Lépidoptères de France et de Belgique. Publié sous la Direction de Léon Lhomme. *v.* 1. La Carriol, par Douelle (Lot). 1923—35. 8.

*Linné, Fauna Svec., ed. 2* — Caroli Linnaei ... Fauna Svecica sistens Animalia Sveciae Regni: Mammalia, Aves, Amphibia, Pisces, Insecta, Vermes. Distributa per Classes & Ordines, Genera & Species, cum Differentiis Specierum, Synonymis Auctorum, Nominibus Incolarum, Locis Natalium, Descriptionibus Insectorum. Editio altera, auctior. Stockholmiae. 1761. 8.

*Linné, Öländska Resa* — Carl Linnaei ... Öländska och Gothländska Resa på Riksens högloflige ständers befallning förrättad åhr 1741. Med anmärkningar uti oeconomien, naturalhistorien, antiquiteter etc. med åtskillige figurer. Stockholm & Upsala. 1745. 8.

*Linné, Reise Oeland Gothl.* — Carls von Linné, Reisen durch Oeland und Gothland etc. [Deutsche Uebersetzung von J. Ch. Dan. Schreber.] Halle. 1764. 8.

*Linné, Syst. Nat., ed. 10* — Caroli Linnaei Systema Naturae per Regna tria Naturae, secundum Classes, Ordines, Genera, Species, cum Characteribus, Differentiis, Synonymis, Locis. Editio X, reformata. — Tomus I. Holmiae. 1758. 8.

*Linné, Syst. Nat., ed. 12* — Caroli a Linné Systema Naturae per Regna tria Naturae, secundum Classes, Ordines, Genera, Species, cum Characteribus, Differentiis, Synonymis, Locis. Editio XII, reformata. — Tomus I. Pars 1, 2. Holmiae. 1766, 67. 8.

*List Brit. An. Brit. Mus.* — List of the Specimens of British Animals in the Collection of the British Museum. — Ed. 2 Part 5. Lepidoptera (Catalogue of British Lepidoptera). By James Francis Stephens. London. 1856. 12.

*Longstaff, Butt. Hunt.* — G. B. Longstaff, Butterfly-Hunting in many Lands. Notes on a Field Naturalist. To which are added Translations of Papers by F. Müller on the Scent-Organs of Butterflies and Moths. London. 1912. 8.

*Lotos* — Lotos. Zeitschrift für Naturwissenschaften. Prag (Wien). 8.

*Lunel, Iconogr. Pap.* —

*Mag. Ent. Germar* — Magazin der Entomologie, herausgegeben von Ernst Friedrich Germar. Halle. 8.

*Mag. Ins.-Kunde* — Magazin für Insektenkunde, herausgegeben von Karl Illiger. Braunschweig. 8.

*Marshall & Nicéville, Butt. Ind. Burmah Ceylon* — L. de Nicéville, The Butterflies of India, Burmah and Ceylon. A descriptive Handbook of all the known Species of Rhopalocerous Lepidoptera inhabiting that Region, with Notices of allied Species occurring in the neighbouring Countries along the Border; with numerous Illustrations. *v.* 1 (by G. F. L. Marshall and L. de Nicéville), *v.* 2, 3 (by L. de Nicéville). Calcutta. 1882, 83, 86, 90. 8.

*Martini, Allg. Gesch. Nat.* — F. H. W. Martini, Allgemeine Geschichte der Natur in alphabetischer Ordnung. *v.* 1—11. Berlin. 1774—93. 8.

*Massalongo, Prosp. Ins. Verona* — O. Massalongo, Prospetto ragionato degli Insetti della provincia di Verona. Verona. 1891. 8.

*Matsumura, 6000 Ill. Ins. Japan* — 6000 Illustrated Insects of Japan-Empire. S. Matsumura. Tokyo. 1931. 8.

*Matsumura, Thousand Ins.* — S. Matsumura, Thousand Insects of Japan. Tokyo. *v.* 1—4: 1904—07. Suppl. *v.* 1—4: 1908—12. Addit. *v.* 1—3. 19..— 1919. 8.

*Meddel. Soc. Fauna Fenn.* — Meddelanden af Societas pro Fauna et Flora Fennica. Helsingfors. 8.

*Meigen, Syst. Beschr. Eur. Schmett.* — Systematische Beschreibung der Europäischen Schmetterlinge mit Abbildungen auf Steintafeln. Von J. W. Meigen. *v.* 1—3. Aachen & Leipzig. 1829—32. 8.

*Mem. Acc. Torino* — Memorie della Reale Accademia delle Scienze di Torino. — Scienze fisiche, matematiche e naturali. Torino. 4.

*Mém. Ac. St.-Pétersb.* — Mémoires de l'Académie Impériale des Sciences de St.-Pétersbourg. — [Sér. 6:] Sciences mathématiques, physiques et naturelles. St.-Pétersbourg. 4.

*Mem. Manchest. Soc.* — Memoirs (Memoirs and Proceedings) of the literary and philosophical Society of Manchester. London. 8.

*Mem. Sect. Stiint. Ac. Română, Bucarest* —

*Mem. Soc. ent. Ital.* — Memorie della Società entomologica Italiana. Supplemento del Bolletino della Società Italiana. Genova. 8.

*Mém. Soc. Genève* — Mémoires de la Société de Physique et d'Histoire naturelle de Genève. Genève. 4.

*Ménétriés, Cat. rais.* — Catalogue raisonné des Objets de Zoologie recueillis dans un voyage au Caucase et jusqu'aux frontières actuelles de la Perse entrepris par E. Ménétriés. St. Pétersbourg. 1832. 8.

*Ménétriés, Lép. Ac. St.-Pétersb.* — Enumeratio Corporum Animalium Musei Imperialis Academiae Scientiarum Petropolitanae. Classis Insectorum Ordo Lepidopterorum. Catalogue de la Collection entomologique de l'Académie Impériale des Sciences de St.-Pétersbourg. Lépidoptères. (Descriptions des nouvelles Espèces de Lépidoptères de la Collection de l'Académie Impériale des Sciences). Par E. Ménétriés. Pars (Partie) 1—3. Petropoli. 1855, 57, 63. 8.

*Moore, Lep. Ind.* — Frederic Moore, Lepidoptera Indica. Descriptions of all the lepidopterous Insects (Butterflies and Moths) known to inhabit the Indian Region, with numerous Notes on their Transformations, Food-Plants, Habits.... *v.* 1—10. London. 1890—1913. 4.

*Morris, Syn. Lep. N. Amer.* — Synopsis of the described Lepidoptera of North America. Part I. — Diurnal and crepuscular Lepidoptera. Compiled for the Smithsonian Institution by John G. Morris. *v.* 1. Washington. 1862. 8.

*Moufet, Ins. Theatr.* — Tho. Moufet, Insectorum sive minimorum Animalium Theatrum, olim ab Eduardo Wottono, Conrado Gesnero, Thomaque Pennio inchoatum, tandem a Tho. Moufeti.... perfectum. Londini. 1634. 4.

*Mt. D. ent. Ges.* — Mitteilungen der Deutschen entomologischen Gesellschaft. Berlin. 8.

*Mt. Ent. Ver. Basel* —

*Mt. ent. Ver. Freiburg i. Br.* — Mitteilungen der Badischen Entomologischen Vereinigung Freiburg. Freiburg i. Br. 8.

*Mt. Ges. Bern* — Mittheilungen der naturforschenden Gesellschaft in Bern. Bern. 8.

*Mt. Inst. Sofia* — Mitteilungen aus den Königl. Naturwissenschaftlichen Instituten in Sofia-Bulgarien. Sofia. 8.

*Mt. Kaukas. Mus.* — Mitteilungen des Kaukasischen Museums. Tiflis. 8.

*Mt. Münch. ent. Ges.* — Mitteilungen der Münchener entomologischen Gesellschaft. München. 8.

*Mt. Mus. Berlin* — Mitteilungen aus der zoologischen Sammlung des Museums für Naturkunde in Berlin. Berlin. 4.

*Mt. Mus. Hamburg* — Mitteilungen aus dem naturhistorischen Museum in Hamburg. Aus dem (Beiheft zum) Jahrbuch der Hamburgischen wissenschaftlichen Anstalten. Hamburg. 8.

*Mt. Mus. Hildesheim* — Mittheilungen aus dem Roemer-Museum zu Hildesheim. Hildesheim. 4.

*Mt. Schweiz. ent. Ges.* — Mittheilungen der Schweizerischen entomologischen Gesellschaft. Bulletin de la Société entomologique Suisse. Schaffhausen. 8.

*Mt. Ver. Steierm.* — Mittheilungen des naturwissenschaftlichen Vereines für Steiermark. Graz. 8.

*Müller, Lep. Siles.* — C. L. Müller, Lepidoptera Silesiaca. *v.* 1. Papiliones. Breslau. 1773.

*Müller, Zool. Dan. Prodr.* — Zoologiae Danicae Prodromus, seu Animalium Daniae et Norvegiae indigenarum Characteres, Nomina, et Synonyma imprimis popularium. Auctore Othone Friderico Müller. Havniae. 1776. 8.

*Münch. N. Nachr.* — Münchener Neueste Nachrichten. München.

*Naturaliste* — Le Naturaliste. Paris. 4.

*Natural. Sicil.* — Il Naturalista Siciliano. Giornale di Scienze naturali. Palermo. 4.

*Naturh. Tidsskr.* — Naturhistorisk Tidsskrift. Kjøbenhavn. 8.

*Naturw. Anz. Schweiz. Ges.* — Naturwissenschaftlicher Anzeiger der allgemeinen Schweizerischen Gesellschaft für die gesammten Naturwissenschaften. Bern. 4, 8.

*N. Beitr. syst. Ins.-Kunde* — Neue Beiträge zur systematischen Insektenkunde. Herausgegeben als Beilage zur Zeitschrift für wissenschaftliche Insektenbiologie. Berlin. 8.

*N. Denk. Schweiz. Ges.* — Neue Denkschriften der allgemeinen Schweizerischen Gesellschaft für die gesammten Naturwissenschaften. Nouveaux Mémoires de la Société Helvétique des Sciences naturelles. Neuchâtel (Zürich). 4.

*Neustädt & Kornatzki, Abbild. Beschr. Schmett. Schles.* — A. Neustädt & E. Kornatzki, Abbildungen und Beschreibungen der Schmetterlinge Schlesiens in systematischer Ordnung. *v.* 1. Breslau. 1842. 4.

*Nickerl, Großschmett. Böhmens* — Die Großschmetterlinge (Macrolepidoptera) Böhmens von O. Nickerl. Prag. 1897. 8.

*N. Mag. Ent. Fuessly* — Neues Magazin für die Liebhaber der Entomologie. Herausgegeben von Joh. Casp. Fuessly. *v.* 1, 2. Zürich, Wintherthur. 1782, 85. 8.

*N. Mag. Naturv.* — Nyt Magazin for Naturvidenskaberne. Christiania. 8.

*Nordström, Våra Fjärilar* — Frithjof Nordström, Våra Fjärilar och hur man känner igen dem. *v.* 1. Stockholm. [1934]. 8.

*Norsk ent. Tidskr.* — Norsk Entomologisk Tidsskrift. Kristiania. 8.

*Not. Sällsk. Fauna Fenn.* — Notiser ur Sällskapets pro Fauna et Flora Fennica Förhandlingar. [*v.* 1—3:] Bihang till Acta Societatis Scientiarum Fennicae. Helsingfors. 4 (8).

*Nov. zool.* — Novitates zoologicae. A Journal of Zoology in Connection with the Tring Museum. Tring. 8.

*Nowicki, Motyle Galicyi* — Maximilian Nowicki, Motyle Galicyi. Lwów. 1865. 4.

*Oberthür, Descr. Espèce nouv. Lép.* — C. Oberthür, Description d'une Espèce nouvelle de Lépidoptère appartenant au Genre Parnassius. Rennes. 1890. 4.

*Oberthür, Étud. Ent.* — Études d'Entomologie. Faunes entomologiques. Descriptions d'Insectes nouveaux ou peu connus. Par Charles Oberthür. Livraison 1—21. Rennes. 1876—1902. 8 (4).

*Oberthür, Étud. Lép.* — Ch. Oberthür, Études de Lépidoptérologie comparée. *v.* 1—23. Rennes. 1904—25. 8.

*Ochsenheimer, Schmett. Sachs.* — Die Schmetterlinge Sachsens, mit Rücksichten auf alle bekannte europäische Arten. Von Ferdinand Ochsenheimer. Erster Theil. Falter, oder Tagschmetterlinge. Dresden und Leipzig. 1805. 8.

*Ochsenheimer (& Treitschke), Schmett. Eur.* — Die Schmetterlinge von Europa. *v.* 1—4 von Ferdinand Ochsenheimer [*v.* 5—10:] Fortsetzung des Ochsenheimerschen Werks, von Friedrich Treitschke. *v.* 1—10. Leipzig. 1807—16, 1825—35. 8.

*Öfv. Ak. Förh.* — Öfversigt af Kongliga Vetenskaps-Akademiens Förhandlingar. Stockholm. 8.

*Osthelder, Schmett. S. Bayerns* — Die Schmetterlinge Südbayerns und der angrenzenden nördlichen Kalkalpen. I. Teil. Die Großschmetterlinge. Von Ludwig Osthelder. (Beilage zu *Mt. Münch. ent. Ges.* [München 1917—].) 8.

*Pagenstecher, Geogr. Verbr. Schmett.* — Die geographische Verbreitung der Schmetterlinge von Arnold Pagenstecher. Jena. 1909. 8.

*Pallas, Reise Ruß.* — P. S. Pallas Reise durch verschiedene Provinzen des Rußischen Reichs. Theil 1—3. St. Petersburg. 1771, 73, 76. 4. (2. Auflage: 1. Theil. St. Petersburg. 1801. 4.)

*P. Amer. Ac.* — Proceedings of the American Academy of Arts and Sciences. Selected from the Records. Boston and Cambridge. 8.

*P. Amer. phil. Soc.* — Proceedings of the American philosophical Society, held at Philadelphia, for promoting useful Knowledge. Philadelphia. 8.

*Pan-Pacif. Ent. San Francisco* — The Pan-Pacific Entomologist. Published by the Pacific Coast Entomological Society in Cooperation with the California Academy of Sciences. San Francisco. 8.

*Panzer (Herrich-Schäffer), Faun. Ins. Germ.* — G. W. F. Panzer, Faunae Insectorum Germaniae Initia. ([Heft 111—190:] Deutschlands Insekten, herausgegeben von G. W. F. Panzer; fortgesetzt von G. A. W. Herrich-Schäffer). Heft 1—110; 111—190. Nürnberg (Regensburg). [1793—1823]; [1829—44]. 16.

*Papilio* — Papilio: The Organ of the New York entomological Club. Devoted exclusively to Lepidoptera. New York (Philadelphia). 8.

*Parco Gran Paradiso* — Il Parco nazionale del Gran Paradiso. Torino. 8.

*Parnassiana* — Parnassiana. Herausgegeben von Felix Bryk. Neubrandenburg. 8.

*Pax, Tierw. Schles.* — Die Tierwelt Schlesiens von Ferdinand Pax. Jena. 1921. 8.

*P. Boston Soc.* — Proceedings of the Boston Society of natural History. Cambridge (Boston). 8.

*P. Calif. Ac.* — Proceedings of the California Academy of [natural] Sciences. — [Ser. 3:] Zoology. San Francisco. 8.

*P. ent. Soc. London* — The Proceedings of the entomological Society of London. [Published with *Tr. ent. Soc. London*]. London. 8.

*P. ent. Soc. Philad.* — Proceedings of the entomological Society of Philadelphia. Philadelphia. 8.

*Perlini, Lep. esclus. Ital.* — Renato Perlini, Forme di Lepidotteri esclusivamente Italiane. Bergamo. 1905. 4.

*Petagna, Inst. ent.* — Vincentii Petagnae in Regio Neapolitano Lyceo Botanices Professoris Institutiones Entomologicae. *v.* 1, 2. Neapoli. 1792. 4.

*Petersen, Fauna baltica* — Fauna baltica. Die Schmetterlinge der Ostseeprovinzen Rußlands. Nach der analytischen Methode bearbeitet von Mag. Wilhelm Petersen. 1. Theil. Rhopalocera. Reval. 1890. 8.

*Petersen, Lep. Fauna Estland* — Lepidopteren-Fauna von Estland (Eesti). Von Mag. W. Petersen. Zweite erweiterte Auflage der Lepidopteren-Fauna von Estland (1902). *v.* 1, 2. Reval. 1924. 8.

*Petiver, Gazophyl.* — Gazophylacii Naturae et Artis Decas I. (—X). In qua Animalia, ... Descriptionibus brevibus et Iconibus illustrantur. Patronis suis et Moecenatibus D. D. D. Jacobus Petiver. Londini. 1702—11. 8 (2).

*Phil. Mag.* — The philosophical Magazine |and Journal| comprehending the various Branches of Sciences, the liberal and fine Arts|, Geology, Agriculture, Manufacture and Commerce|. ([n. ser.:] The philosophical Magazine, or Annals of Chemistry, Mathematics, Astronomy, natural History, and general Science). By A. Tilloch, Richard Taylor, Richard Phillips. London. 8.

*Poda, Ins. Mus. Graec.* — Insecta Musei Graecensis, quae in Ordines, Genera et Species juxta Systema Naturae Caroli Linnaei digessit Nicolaus Poda. Graecii. 1761. 8.

*Poli, Test. Sicil.* — Testacea utriusque Siciliae eorumque Historia et Anatome Tabulis aeneis illustrata a Josepho Xaverio Poli. Tomus 1, 2. Parmae. 1791, 95. 2.

*Praun, Eur. Tagfalt.* — Abbildung und Beschreibung europäischer Schmetterlinge in systematischer Reihenfolge von Sigmund von Praun. Nürnberg. 1857—63. 4. — Die europäischen Tagfalter — Papiliones — in systematischer Reihenfolge herausgegeben von Sigmund von Praun. Nürnberg. 1859. 4.

*Preuß. Prov. Bl.* —

*Prunner, Lep. Pedemont.* — Leonardo Prunner, Lepidoptera Pedemontana. Turin. 1798. 8.

*Pryer, Rhop. Nihon.* — Rhopalocera Nihonica: a Description of the Butterflies of Japan by H[enry] Pryer. Part 1—3. Yokohama. 1886—89. 4.

*P. zool. Soc. London* — Proceedings of the zoological Society of London. London. 8.

*Ramann, Schmett. Deutschl.* — Gustav Ramann, Die Schmetterlinge Deutschlands und der angrenzenden Ländern in .... Abbildungen nebst erläuterndem Text. *v.* 1. Arnstadt. [1870]. 4.

*Rebel, Berges Schmettb.* — Fr. Berges Schmetterlingsbuch nach dem gegenwärtigen Stande der Lepidopterologie neu bearbeitet und herausgegeben von H. Rebel in Wien. ed. 9. Stuttgart. 1909, 10. 4.

*Rec. Ind. Mus.* — Records of the Indian Museum (A Journal of Indian Zoology). Calcutta. 8.

*Reise Novara* — Reise der Österreichischen Fregatte „Novara" um die Erde in den Jahren 1857—59 unter den Befehlen des Commodore B. von Wüllerstorf-Urbair. Wissenschaftlicher Theil. — Zoologischer Theil. *v.* 1, 2. Wien. 1864—75. 4.

*Results Yarkand Miss.* — Scientific Results of the second Yarkand Mission; based upon the Collections and Notes of the late Ferdinand Stoliczka. Published by Order of the Government of India. [*v.* 1—4] nr. 1—15. London. 1878—91. 4.

*Retzius, Gen. Spec. Ins.* — Caroli de Geer Genera et Species Insectorum, e generosissimi Auctoris Scriptis extraxit, digessit, latine quoad Partem reddidit et Terminologiam Insectorum Linneanam addidit Anders Jahan Retzius. Lipsiae. 1783. 8.

*Reuter, Bidr. känned. Macrolep. Fauna Åbo* — E. Reuter, Bidrag till kännedomen om Macro-Lepidopter-Faunan i Ålands och Åbo Skärgårdar. Helsingfors. 1890. 8.

*Reutti, Lep. Baden* — C. Reutti, Uebersicht der Lepidopteren-Fauna des Großherzogthums Baden und der anstoßenden Länder. 2., gänzlich umgearbeitete Auflage, herausgegeben von A. Mees und A. Spuler. Berlin. 1898. 8.

*Rev. Russe Ent.* — Revue Russe d'Entomologie. St. Pétersbourg. 8.

*Richter, Syst. Verz. Schmett. Salzburg* — Johann Anton Richter, Systematisches Verzeichniss der Schmetterlinge des Kronlandes Salzburg (Macrolepidoptera), mit Nachweisung ihrer Fundorte, ihrer Flugzeit und der Nahrungspflanzen der meisten ihrer Raupen. Salzburg. 1875. 8.

*Rösel, Ins.-Belustig.* — Der monathlich-herausgegebenen Insecten-Belustigung ... Theil, ... von August Johann Rösel von Rosenhof. Theil 1—4. Nürnberg. [1746, 49], 55, 61. 4.

*Romanoff, Mém. Lép.* — N. M. Romanoff, Mémoires sur les Lépidoptères. *v.* 1—9. St.-Pétersburg. 1884—1901. 8.

[Friedrich *Roth von Schreckenstein*], *Verz. Schmett. Donau Neckars* — Friedrich Roth von Schreckenstein, Verzeichniss der Schmetterlinge, welche um den Ursprung der Donau und des Neckars, dann um den unteren Theil des Bodensees vorkommen. Tübingen. 1800. 8.

*Rovart. Lapok* — Rovartani Lapok. Feuilles entomologiques de Hongrie. Réd. par G. Horváth (...) Budapest. 8.

*Rühl & Heyne, Palaearkt. Groß-Schmett.* — Die palaearktischen Groß-Schmetterlinge und ihre Naturgeschichte. Bearbeitet von Fritz Rühl ... und nach dessen hinterlassenen Manuscripten fortgesetzt von Alexander Heyne. Erster Band: Tagfalter. Leipzig. 1892—95. 8.

*Ruffner, Ann. Rep. Expl. Surv. Dep. Missouri* —

*S. Afr. J. Sci.* — The South African Journal of Science: being the Organ of the South African Association for the Advancement of Science. Issued monthly. Cape Town. 8.

*Sand, Cat. Lép. Berry* — Maurice Sand, Catalogue raisonné des Lépidoptères du Berry & de l'Auvergne (Cher, Indre, Creuse, Puy-de-Dôme, Cantal) (France centrale). Paris. 1879. 8.

*Savigny, Mém. An. s. Vert.* — Mémoires sur les Animaux sans Vertèbres; par Jules-César Savigny. Partie 1, 2. Paris. 1816. 8.

*SB. Ak. Wien* — Sitzungsberichte der Kaiserlichen Akademie der Wissenschaften. — Mathematisch-naturwissenschaftliche Classe. Wien. 8.

*Schaeffer, Icon. Ins. Ratisb.* — J. C. Schaeffer, Icones Insectorum circa Ratisbonam indigenorum Coloribus Naturam referentibus expressae. Natürlich ausgemahlte Abbildungen Regensburgischer Insecten. *v.* 1 I, 1 II, 2 I, 2 II, 3. Regensburg. [1766—79]. 4.

*Schäffer, Neuentdeckte Theile Raup. Zweyfalt.* — Neuentdeckte Theile an Raupen und Zweyfaltern nebst der Verwandlung der Hauswurzraupe zum schönen Tagvogel mit rothen Augenspiegeln beschrieben von Jacob Christian Schäffer. Regensburg. 1754. 4.

*Schaufuss, Nunquam ot.* — Nunquam otiosus. Zoologische Mittheilungen aus dem Museum Ludwig Salvator von L. W. Schaufuss. Zugleich Organ der Gesellschaft für Botanik und Zoologie. *v.* 1—3. Dresden. 1870—79[80]. 8.

*Schenckel, Schmett.-Sammler* — J. Schenckel, Der Schmetterlingssammler. Systematische Beschreibung aller deutschen Schmetterlinge, nebst Anleitung zum Fange, zur Zucht und Aufbewahrung derselben. Mainz. 1849. 12.

*Schiffermüller & Denis, Syst. Verz. Schmett.* — Systematisches Verzeichniss der Schmetterlinge der Wiener Gegend herausgegeben von einigen Lehrern am k. k. Theresianum. [Schiffermüller & Denis.] Wien. 1776. 4.

*Schneider, Syst. Beschr. Eur. Schmett.* — David Heinrich Schneider, Systematische Beschreibung der europäischen Schmetterlinge. *v.* 1. Von den Tagschmetterlingen oder Faltern. Halle. 1787. 8.

*Schrank, Fauna Boica* — Fauna Boica. Durchgedachte Geschichte der in Baiern einheimischen und zahmen Thiere von Franz von Paula Schrank. Band 1, 2 I, 2 II, 3 I, 3 II. Nürnberg (Ingolstadt) (Landshut). 1798, 1801, 02, 03, 03. 8.

*Schrenck, Reis. Amur-L.* — Reisen und Forschungen im Amur-Lande in den Jahren 1854—56 im Auftrage der Kaiserl. Akademie der Wissenschaften zu St. Petersburg ausgeführt und in Verbindung mit mehreren Gelehrten herausgegeben von Leopold v. Schrenck. *v.* 1—4. St. Petersburg. 1858—92. 4.

*Schr. Ges. Königsb.* — Schriften der [Königlichen] physikalisch-ökonomischen Gesellschaft zu Königsberg. Königsberg. 4.

*Schröder, Handb. Ent.* — Handbuch der Entomologie bearbeitet von ... Herausgegeben von Prof. Dr. Christoph Schröder. Band 1—3. Jena. 1912— ... 8.

*Scopoli, Ent. Carniol.* — Joannis Antonii Scopoli Entomologica Carniolica exhibens Insecta Carnioliae indigena et distributa in Ordines, Genera, Species, Varietates. Methodo Linnaeana. Vindobonae. 1763. 8.

*Scopoli, Intr. Hist. nat.* — Joannis Ant. Scopoli, Introductio ad Historiam naturalem. Pragae. 1777. 8.

*Scriba, J. Liebh. Ent.* — Ludwig Gottlieb Scriba, Journal für die Liebhaber der Entomologie. *v.* 1—3. Frankfurt. 1790, 91. 8.

*Scudder, Butt. East. U. S.* — The Butterflies of the Eastern United States and Canada, with special Reference to New England. By Samuel Hubbard Scudder. *v.* 1—3. Atlas. Cambridge. 1889. 4.

*Seitz, Großschmett. Erde* — Die Großschmetterlinge der Erde von Adalbert Seitz. Vol. 1—16. Suppl. Stuttgart. 4.

*Siemaschko, Russk. Fauna* —

*Soc. ent.* — Societas entomologica. Organ für den internationalen Entomologenverein. Zürich. 4.

*Speyer, D. Schmett.k.* — Adolph Speyer, Deutsche Schmetterlingskunde für Anfänger. Nebst einer Anleitung zum Sammeln, als zweite gänzlich umgearbeitete und vermehrte Auflage von Schenkels Schmetterlingssammler. Mainz. 1856. 8.

*Speyer, Geogr. Verbr. Schmett.* — Die geographische Verbreitung der Schmetterlinge Deutschlands und der Schweiz nebst Untersuchungen über die geographischen Verhältnisse der Lepidopteren-Fauna dieser Länder überhaupt. Von Adolf Speyer und August Speyer. *v.* 1, 2. Leipzig. 1858, 62. 8.

*Spiski koll. zool. Mus. Tomsk* —

*Sprawozd. Kom. fizyogr.* — Akademia Umiejętności w Krakowie. Sprawozdanie Komisyi fizyograficznej C. K. Towarzystwa naukowego Krakowskiego obejmujaçe pogląd .... oraz Materyały dla Fizyografii Galicyi (Krajowej). Kraków. 8.

*Standfuss, Handb. paläarkt. Groß-Schmett.* — Handbuch der paläarktischen Groß-Schmetterlinge für Forscher und Sammler. Zweite gänzlich umgearbeitete und durch Studien zur Descendenztheorie erweiterte Auflage des Handbuches für Sammler der europäischen Groß-Schmetterlinge von M. Standfuss. Jena. 1896. 8.

*Staudinger (& Bang-Haas), Lep.-Liste* — Lepidopteren-Liste Nr. .... O. Staudinger und A. Bang-Haas. Blasewitz bei Dresden. 8. (Verkaufskatalog.)

*Staudinger & Rebel, Cat. Lep. Palaearct. Faunengeb.* — O. Staudinger und H. Rebel, Catalog der Lepidopteren des Palaearctischen Faunengebietes. 3. Auflage des Cataloges der Lepidopteren des Europäischen Faunengebietes. *v.* 1, 2. Berlin. 1901. 8.

*Staudinger & Schatz, Exot. Schmett.* — Exotische Schmetterlinge von O. Staudinger und E. Schatz. 1. Theil: Exotische Tagfalter in systematischer Reihenfolge mit Berücksichtigung neuer Arten von O. Staudinger unter technischer Mitwirkung von H. Langhans. 2. Theil: Die Familien und Gattungen der Tagfalter systematisch und analytisch bearbeitet von E. Schatz, nach dem Tode des Verfassers fortgesetzt von J. Röber. Fürth. 1888 (1884 VI—1888 XI), 92 (1885 XII—92 III). 4.

*Staudinger & Wocke, Cat. Lep. Eur.* — Catalog der Lepidopteren Europa's und der angrenzenden Länder. I. Macrolepidoptera bearbeitet von O. Staudinger. II. Microlepidoptera bearbeitet von M. Wocke. [Titel und Vorwort deutsch und französisch.] Dresden. 1861. 8.

*Staudinger & Wocke, Cat. Lep. Eur. Faunengeb.* — Catalog der Lepidopteren des Europaeischen Faunengebiets. I. Macrolepidoptera, bearbeitet von O. Staudinger. II. Microlepidoptera, bearbeitet von M. Wocke. Dresden. 1871. 8.

*Stephens, Cat. Lep. Brit. Mus.* — siehe *List Brit. An. Brit. Mus.* —

*Stephens, Ill. Brit. Ent.* — Illustrations of British Entomology; or a Synopsis of indigenous Insects: containing their generic and specific Distinctions; with an Account of their Metamorphoses, Times of Appearence, Localities, Food, and

Economy, as far as practicable. By James Francis Stephens. Mandibulata: Vol. 1—7, Suppl. Haustellata: Vol. 1—4, Suppl. London. 1827—46. 8.

*Sterneck, Prodr. Schmett.-Fauna Böhmens* — J. Sterneck, Prodromus der Schmetterlingsfauna Böhmens. Karlsbad. 1929. 8.

*Strand, Lep. Cat.* — Lepidopterorum Catalogus editus ab Embrik Strand. Berlin. 8.

*Strand, Lep. Niepeltiana* — Lepidoptera Niepeltiana. Abbildungen und Beschreibungen neuer und wenig bekannter Lepidopteren aus der Sammlung W. Niepelt. Bearbeitet von Embrik Strand, Berlin. Herausgegeben von Wilhelm Niepelt, Zirlau. Teil I, II. Zirlau bei Freiburg in Schlesien. 1914, 16. 4.

*Strecker, Butt. Moths N. Amer.* — Butterflies and Moths of North America, with full Instructions for Collecting, Breeding, Preparing, Classifying, Packing for Shipment, etc., a complete Synonymical Catalogue of Macrolepidoptera, with a full Bibliography, to which is added a Glossary of Terms and alphabetical and descriptive List of Localities. By Herm. Strecker . . . Diurnes. Reading, Pa. 1878. 8.

*Strøm, Danmarks større Sommerfugle* — Danmarks større Sommerfugle (Macrolepidoptera) Systematisk beskrevne af V. Strøm. Kjøbenhavn. 1891. 8.

*Stylops* — Stylops. A Journal of Taxonomic Entomology. London.

*Svenska Ak. Handl.* — Kongliga Svenska Vetenskaps-Akademiens Handlingar. Stockholm. 8 (4).

*Svenska Linné-Sällsk. Årsskr.* — Svenska Linné-Sällskapets Årsskrift. Uppsala. 8.

*Svensk Zool.* — Svensk Zoologi författad af C. Quensel. Stockholm. 8.

*Swainson, Zool. Ill.* — Zoological Illustrations, or original Figures and Descriptions of new, rare, or interesting Animals, selected chiefly from the Classes of Ornithology, Entomology, and Conchology, and arranged on the Principles of Cuvier and other modern Zoologists. By William Swainson. Vol. 1—3; Ser. 2 Vol. 1—3. London. 1820/21, 21/22, 22/23; 29, 31/32, 32/33. 8.

*Temminck, Cat. Cab.* — Catalogue systématique du Cabinet d'Ornithologie et de la Collection de Quadrumanes de Crd. Jb. Temminck. Avec une courte Description des Oiseaux non-décrits suivi: d'une Note d'Oiseaux doubles et de quelques autres Objets d'Histoire naturelle offerts en Échange. Amsterdam. 1807. 8.

*Termész. Füzetek* — Természetrajzi Füzetek [az Állat-, Növény-, Ásvány-, és Földtan Köréböl]. Kiadja a Magyar nemzeti Múzeum. Budapest. 8.

*Tierreich* — Das Tierreich. Gegründet von der Deutschen Zoologischen Gesellschaft. Herausgegeben von der Preußischen Akademie der Wissenschaften zu Berlin. Berlin. 8.

*Tierw. Mitteleur.* — Die Tierwelt Mitteleuropas. Herausgegeben von P. Brohmer, P. Ehrmann, G. Ulmer. Leipzig. 8.

*Tijdschr. Ent.* — Tijdschrift voor Entomologie. Uitgegeven door de Nederlandsche entomologische Vereeniging. Leiden, . . . . 8.

*Trab. Mus. Barcelona* — Trabajos del Museo de Ciencias Naturales de Barcelona. Barcelona. 8.

*Tr. Amer. ent. Soc.* — Transactions of the American entomological Society. Philadelphia. 8.

*Trav. Soc. Bulgare* — Travaux de la Société Bulgare des Sciences naturelles. Sofia. 8.

*Treb. Mus. Barcelona* — Trebals del Museu de Ciencies Naturals de Barcelona. Barcelona. 8.

*Treitschke, Hülfsb. Schmett.-Sammler* — Hülfsbuch für Schmetterlings-Sammler. Systematische Stellung, Naturgeschichte, Jagd, künstliche Zucht und Aufbewahrung der Schmetterlinge. Beschreibendes Verzeichniss der meisten deutschen und kürzere Erwähnung der fremden Arten. Wien. 1834. 8. Ed. 2. Wien. 1844. 8.

*Tr. ent. Soc. London* — The Transactions of the entomological Society of London. London. 8.

*Tr. Linn. Soc. London* — The Transactions of the Linnean Society of London. — [Ser. 2:] Zoology. London. 4.

*Trost, Klein. Beytr. Ent. Eichstëtt* — Patriz Trost, Kleiner Beytrag zur Entomologie in einem Verzeichnisse der Eichstettischen bekannten und neuentdeckten Insekten mit Anmerkungen für Kenner und Liebhaber. Erlangen. 1801. 8.

*Trudy Obschtsch. Volyni* —

*Tullgren, Svenska Fjärilar* — Svenska Fjärilar. Systematisk bearbetning av Sveriges Storfjärilar, Macrolepidoptera av Frithiof Nordström och Einar Wahlgren i samarbete med och under redaktion av Albert Tullgren Med 50 planscher efter originalmålningar av David Ljungdahl jämte många figurer och kartor i texten. Stockholm. [1933] 1935.

*Turton, Gen. Syst. Nat.* — A general System of Nature, through the three grand Kingdoms of Animals, Vegetables and Minerals, ... by Sir Charles Linné: translated from Gmelin, Fabricius, Willdenow etc. together with various modern Arrangements and Corrections ... by William Turton. *v.* 1—4. London. 1806. 8. *v.* 1—4 Animal Kingdom, *v.* 2, 3 Insects.

*Uddman [Udman], Nov. Ins. Spec.* — Novae Insectorum Species ab Isaaco Uddman. Dissert. Aboae. 1753. 4. (ab Isaaco Udman, ... Ed. alt. curante G. W. F. Panzer. Erlangae. 1793.)

*Übers. Schles. Ges.* — Übersicht der Arbeiten und Veränderungen der Schlesischen Gesellschaft für vaterländische Cultur. Breslau. 4.
ann. 1824—49: 1825—50. [sequ.: *Jahresber. Schles. Ges.*]

*Umschau* — Die Umschau. Herausgegeben von J. H. Bechhold. Frankfurt a. M. 4.

*Verh. Ges. Basel* — Verhandlungen der naturforschenden Gesellschaft in Basel. Basel. 8.

*Verh. Ges. Wien* — Verhandlungen der kaiserlich-königlichen zoologisch-botanischen Gesellschaft in Wien. Wien. 8.

*Verh. Siebenbürg. Ver.* — Verhandlungen und Mittheilungen des Siebenbürgischen Vereins für Naturwissenschaften in Hermannstadt. Hermannstadt. 8.

*Verh. Ver. Brünn* — Verhandlungen des naturforschenden Vereins in Brünn. Brünn. 8.

*Verh. Ver. Hamburg* — Verhandlungen des Vereins für naturwissenschaftliche Unterhaltung zu Hamburg. Hamburg. 8.

*Verh. Ver. Rheinl.-Westfal.* — Verhandlungen des Naturhistorischen Vereins der Preußischen Rheinlande und Westfalens. Bonn. 8.

*Verh. Ver. Wien* — Verhandlungen des zoologisch-botanischen Vereins in Wien. Wien. 8.

*Verity, Rhop. palaearct.* — Rhopalocera palaearctica. Iconographie et Description des Papillons Diurnes de la Région paléarctique par Roger Verity. Florence. 1905—11. 4.

*Vetensk. Ak. Handl.* — Kongl. Vetenskaps-Akademiens (Academiens) Handlingar, för År 1813(—1854). Stockholm. 8.

*Villers, Linn. Ent.* — Caroli Linnaei Entomologia. Faunae Suecicae Descriptionibus aucta; D. D. Scopoli, Geoffroy, De Geer, Fabricii, Schrank, etc. Speciebus vel in Systemate non enumeratis, vel nuperrime detectis, vel Speciebus Galliae australis locupletata, Generum Specierumque rariorum Iconibus ornata, curante et augente Carolo de Villers. Tom. 1—4. Lugduni. 1789. 8.

*Vorbrodt & Müller-Rutz, Schmett. Schweiz* — Die Schmetterlinge der Schweiz von Karl Vorbrodt und J. Müller-Rutz. Band 1, 2. Bern. 1911—14. 8.

*Voy. Inde Jacquemont* — Voyage dans l'Inde, par V. Jacquemont, pendant les Années 1828—1832. *v.* 1—4 & Atlas *v.* 1, 2. Paris. [1835—]1841—44. 4.

*Wahlgren & Tullgren, Svenska Ins.* — E. Wahlgren & A. Tullgren, Svenska Insekter. En orienterande Handbok vid Studiet av vårt Lands Insektfauna. Stockholm. 1921. 4.

*Walckenaer (& Gervais), Hist. Apt.* — Histoire naturelle des Insectes. Aptères. Par [Charles Athanasie de] Walckenaer. [Tome 3:] Par Paul Gervais. [Tome 4:] Par Walckenaer et Paul Gervais. Tome 1—4; Atlas. Paris. 1837, 37, 44, 47. 8.

*Wallengren, Lep. Scand. Rhop.* — Lepidoptera Scandinaviae Rhopalocera disposita et descripta. (Med dubbel titel:) Skandinaviens Dagfjärilar, beskrivne af H. D. J. Wallengren. Malmogiae (Malmö). 1853. 8.

*Werneburg, Beitr. Schmett.k.* — Beiträge zur Schmetterlingskunde. Kritische Bearbeitung der wichtigsten entomologischen Werke des 17. und 18. Jahrhunderts bezüglich der darin abgehandelten Europäischen Schmetterlinge. Von A. Werneburg. Band 1, 2. Erfurt. 1864. 8.

*Westerlund, Bidr. känned. Ronnebytrakt. Fauna* — Westerlund, Bidrag til kännedomen af Ronnebytraktens Fauna. 1890. 8.

*Westwood, Intr. Classif. Ins.* — An Introduction to the modern Classification of Insects; founded on the natural Habits and corresponding Organisation of the different Families. By J. O. Westwood. Vol. 1, 2. London. 1839, 40. 8.

*Wheeler, Butt. Switzerl.* — The Butterflies of Switzerland and the Alps of Central Europe. By Georg Wheeler. London. 1903. 8.

*Wien. ent. Monschr.* — Wiener entomologische Monatschrift. Wien. 8.

*Wilde, Pfl. Raup. Deutschl.* — Die Pflanzen und Raupen Deutschlands. Versuch einer lepidopterologischen Botanik. Erster Theil. Systematische Beschreibung der Pflanzen unter Angabe der an denselben lebenden Raupen von O. Wilde. *v.* 1, 2. Berlin. 1860, 61. 8.

*Wiss. Beil. Jahresber. Realsch. Eichstätt* —

*Wiss. Ergeb. Alai-Pamir Exp.* — Wissenschaftliche Ergebnisse der Alai-Pamir Expedition 1928. Im Auftrage der Notgemeinschaft der Deutschen Wissenschaft herausgegeben von H. v. Ficker und W. R. Rickmers. Teil I—III, *v.* 1—6. Berlin. 1932. 4.

*Wiss. Ergeb. Niederl. Exp. Karakorum* — Wissenschaftliche Ergebnisse der Niederländischen Expeditionen in den Karakorum und die angrenzenden Gebiete in den Jahren 1922, 1925 und 1929/30. Herausgegeben von Ph. C. Visser und Jenny Visser-Hooft. *v.* 1. Leipzig. 1935. 8.

*Wood, Ins. abroad* — J. G. Wood, Insects abroad. Being a popular Account of Foreign Insects, their Structure, Habits and Transformation. London. 1877 (n. ed. 1883). 8.

*Wright, Butt. West Coast U. S.* — The Butterflies of the West Coast of the United States. Illustrated with 940 Figures ... With coloured Figures and Descriptions of many new Species ... by William G. Wright. San Francisco. 1905. Ed. 2. San Bernardino. 1906. 8.

*Z. Ak. Kasan* — Zeitschrift Akademie Kasan. Kasan.

*Z. Bulgar. Ak. Wiss.* — Zeitschrift der Bulgarischen Akademie der Wissenschaften. Sofia. Списанието на Българската академия на науките, София. 8.

*Z. Ent. Breslau* — Zeitschrift für Entomologie, herausgegeben vom Verein für Schlesische Insektenkunde zu Breslau. Breslau. 8.

*Zephyrus* — Zephyrus. Fukuoka. 8.

*Z. Ins.-Biol.* — Zeitschrift für wissenschaftliche Insektenbiologie. Früher: Allgemeine Zeitschrift für Entomologie. Der allgemeinen und angewandten Entomologie wie der Insektenbiologie gewidmet. Husum. 8.

*Z. Österr. Ent.-Ver. Wien* — Zeitschrift des Österreichischen Entomologen-Vereines. Wien. 8.

*Zool. Ann. Braun* — Zoologische Annalen. Zeitschrift für Geschichte der Zoologie herausgegeben von Max Braun. Würzburg. 8.

*Zool. Beob.* — Zoologischer Beobachter. Organ der zoologischen Gärten Deutschlands. Herausgegeben von der Neuen zoologischen Gesellschaft. Frankfurt a. M. 8.

*Zool. Jahrb., Suppl.* — Zoologische Jahrbücher. Supplement. Jena. 8.

*Zool. Jahrb., Syst.* — Zoologische Jahrbücher. — Abtheilung für Systematik, Geographie und Biologie der Thiere. Jena. 8.

*Zool. Mag. Tokio* —

*Z. Ver. Naturbeob. Sammler* — Zeitschrift des Vereines der Naturbeobachter und Sammler. Wien. 8.

*Zwanziger, Handb. Schmett.k.* — J. Zwanziger, Handbuch der Schmetterlingskunde. Wien. 1844. 8.

*Z. wiss. Zool.* — Zeitschrift für wissenschaftliche Zoologie. Leipzig. 8.

# Systematischer Index

## Subfam. Parnassiinae F. Kirby

1763 *Hexapi* (part.), Scopoli, Ent. Carniol., p. 166 | 1777 *Papiliones* (part.), Scopoli, Intr. Hist. nat., p. 429 | 1798 *Archontes* (part.) (Typus: *Papilio (Limenitis) populi* L.), Jablonsky (& J. F. W. Herbst), Naturs. Ins. Schmett., *v.* 9 p. 34 | 1802 *Parnassii* (part.), Latreille, Hist. Crust. Ins., *v.* 3 p. 395 | 1805 *Nobiles* (part.), Jac. Hübner (& C. Geyer), Samml. Eur. Schmett., *v.* 1 p. 58 | 1805 *Papiliones Heliconii*, Ochsenheimer, Schmett. Sachs., *v.* 1 p. 403 | 1808 *P. H.* (part.), Ochsenheimer & Treitschke, Schmett. Eur., *v.* 1 II p. 131 | 1815 [1830] *Papilionidae* (part.), Leach in: Edinb. Enc., *v.* 9 p. 127 | 1816 *Sapientes* (part.), Jac. Hübner, Verz. Schmett., p. 89 | 1817 *Parnassiens*, Latreille in: Cuvier, Règne an., *v.* 3 p. 550 | 1819 *Papilionides* (part.), Latreille (& J. B. Godart) in: Enc. méth., *v.* 9 p. 9 (tribus) | 1820 *P.* (part.), Billberg, Enum. Ins., p. 75 (natio) | 1822—26 *Nobiles* (part.), Jac. Hübner, Samml. exot. Schmett., *v.* 2 (Index) | 1825 *Hexapoda* (part.), Latreille, Fam. Règne an., p. 467 | 1827 *Papilionidae* (part.), W. Swainson in: Phil. Mag., ser. 2 *v.* 1 p. 187 | 1828 „Chilognathiform or Juliform-Stirps" (part.), Horsfield, Descr. Cat. Lep. Mus. East-Ind. Comp., p. 58, 59 | 1832 *Parnassii*, E. Griffith-Cuvier, An. Kingdom, *v.* 15 p. 583 | 1835 *Papilionides* (part.), Lamarck, Hist. An. s. Vert., ed. 2 *v.* 1 p. 230 | 1836 *P.* (part.), Boisduval, Spec. gén. Lép., *v.* 1 p. 163, 171 (tribus) | 1840 *P.* (part.), Westwood, Intr. Classif. Ins., *v.* 2 p. 348 (subfam.) | 1840 *Parnassinae* (part.), W. Swainson in: Cab. Cycl., *v.* 129 p. 87, 90 | 1840 *Papilionites*, E. Blanchard in: Hist. An. artic., *v.* 3 p. 420 | 1843 *Equitides* (part.), Herrich-Schäffer, Syst. Bearb. Schmett. Eur., *v.* 1 p. 138 | 1852 *Papilionidae* (part.), G. R. Gray, Cat. lep. Ins. Brit. Mus., *v.* 1 p. 1 | 1853 *Parnassii*, Wallengren, Lep. Scand. Rhop., p. 5, 164, 165 | 1855 *Papilionidae* (part.), Ménétriés, Lép. Ac. St.-Pétersb., *v.* 1 p. 1 | 1856 *P.* (part.), Herrich-Schäffer, Synon. Lep. Eur., p. 3 | 1856 *P.* (part.), J. F. Stephens, Cat. Lep. Brit. Mus., ed. 2 *v.* 5 p. 1 | 1857 „Chilognathiform or Juliform-Stirps" (part.), Horsfield & F. Moore, Cat. Lep. Mus. East-Ind. Comp., *v.* 1 p. 55 | 1859 *Equitidae* (part.), Heinemann, Schmett. Deutschl., *v.* 1 p. 95 | 1862 *Papilionidae* (part.), J. G. Morris, Syn. Lep. N. Amer., *v.* 1 p. 1 | 1864 *P.*, C. & R. Felder in: Reise Novara, *v.* 2 II p. 1 | 1867 *Equitina* (part.), Herrich-Schäffer in: CB. Ver. Regensb., *v.* 21 p. 161 | 1869 *Papilionides* (part.), Boisduval, Lép. Calif., p. 11 | 1870 *Celantes*, group *Bombyciformes* (part.), E. Newman in: Entomologist, *v.* 5 p. 33—41 | 1871 *Papilioninae* (part.), W. F. Kirby, Cat. diurn. Lep., p. 510 | 1877 *Papilionidae* (part.), W. H. Edwards in: Tr. Amer. ent. Soc., *v.* 6 p. 9 | 1877 *Parnassii*, S. H. Scudder in: Tr. Amer. ent. Soc., *v.* 6 p. 72 (nota †) | 1879 *Papilionidae* (part.), Möschler in: Abh. Ges. Görlitz, *v.* 16 p. 141 | 1879 *Papilioninae*, F. Moore in: Results Yarkand Miss., [*v.* 4] Lep. p. 5 | 1884 *Papilionidae* (part.), H. C. Lang, Butt. Eur., *v.* 1 p. 5 | 1884 „Papilioniden" (part.), O. Staudinger & Schatz, Exot. Schmett., *v.* 1 p. 38 | 1886 *Parnassiidae* (part.), Elwes in: P. zool. Soc. London, p. 17 | 1886 *Parnassinae* (part.), Doherty in: J. Asiat. Soc. Bengal., *v.* 55 II p. 36 | 1886 *Hesperiformes* group (part.), Doherty, ibid., *v.* 55 II p. 108 | 1889 *Parnassiens*, Austaut, Parnass. paléarct., p. 16 | 1889 *Parnassidi* (group), S. H. Scudder, Butt. East. U. S., *v.* 2 p. 1220, 1222 | 1890 *Papilionidae* (part.), Grum-Grshimailo in: Romanoff, Mém. Lép., *v.* 4 p. 140 | 1890 *P.* (part.), Bramson, Tagfalt. Eur. Caucas., p. 6 | 1891 *P.* (part.), E. Haase in: D. ent. Z. Lep., *v.* 4 p. 33 | 1892 „Papilioniden" (part.), Spuler in: Zool. Jahrb., Syst. *v.* 6 p. 466, 492 | 1896 *Parnassiinae* (part.), W. F. Kirby, Handb. Lep. *v.* 2 p. 236 | 1896 *P.*, Bodine in: Tr. Amer. ent. Soc., *v.* 23 p. 46 | 1896 *Parnassiidi* (tribus) (part.) + „Papilioniden" (part.), E. Reuter in: Acta Soc. Sci. Fenn., *v.* 22 p. 6, 222—225 | 1897 *Parnassidae*, A. R. Grote in: Tr. ent. Soc. London, p. 339 | 1898

*Papilioninae* (part.), W. J. Holland, Butt. Book, p. 304 | 1898 *Parnassiinae*, A. Jordan in: Nov. zool., *v.* 5 p. 385 | 1899 *P.*, Rebel in: SB. Ak. Wien, *v.* 107 p. 735 | 1899 *P.*, A. R. Grote in: P. Amer. phil. Soc., *v.* 38 p. 17 | 1900 *P.*, A. R. Grote in: Ins.-Börse, *v.* 17 p. 243 | 1900 *Papilionidae* (part.), Abafi-Aigner & Pável in: Fauna Regni Hungar., *v.* 3 Lep. p. 15 | 1900 *Parnassinae*, A. R. Grote in: Mt. Mus. Hildesheim, nr. 11 p. 2, 9 | 1901 *Papilionidae (Equitidae)* (part.), Hofmann-Spuler, Schmett. Eur., *v.* 1 p. 1 | 1902 *P.* (part.), A. Pagenstecher in: Fauna arct., *v.* 2 p. 218 | 1902 *Parnassiinae*, F. Moore, Lep. Ind., *v.* 5 p. 103 | 1903 *Parnassidi* (tribus), G. Wheeler, Butt. Switzerl., p. 54 | 1905 *P.*, W. G. Wright, Butt. West Coast U. S., p. 47 | 1905 *Papilionidae* (part.), Verity, Rhop. palaearct., p. 1 | 1906 *P.* (part.), A. Seitz, Großschmett. Erde, *v.* 1 p. 5 | 1907 *P.* (part.), Bingham in: Fauna Brit. Ind., Butt. *v.* 2 p. [1]—2 | 1907 *Parnassiinae* (part.), H. Stichel in: Gen. Ins., *v.* 58 p. 1 | 1908 *Papilionidae* (part.), K. Jordan in: Seitz, Großschmett. Erde, *v.* 9 p. [11] | 1913 *Parnassinae*, Bryk in: Arch. Naturg., *v.* 79 A 2 p. 116, 117, 120 | 1915 *Parnassiidae*, Fracker in: Illinois Biol. Monogr., *v.* 2 p. 140 (larva) | 1916 *Papilionoidea* (part.), Mosher in: Bull. Illinois Laborat., *v.* 12 p. 23, 67, 86 | 1918 *Parnassiinae* (part.), W. Rothschild in: Nov. zool., *v.* 25 p. 218 | 1922 [1923] *P.*, Bryk in: Strand, Lep. Cat., *v.* 27 p. 37 | 1923 *Papilionidae* (part.), W. H. Evans in: J. Bombay Soc., *v.* 29 p. 230 | 1924 *Parnassiini*, Handlirsch in: Ch. Schröder, Handb. Ent., *v.* 3 p. 937 | 1925 *P.*, Janse in: S.-Afr. J. Sci., *v.* 22 p. 324 | 1932 *P.*, Janse, Moths S. Afr., *v.* 1 p. 64, 85.

Die Vertreter der *Parnassiinae* sind meistens mittelgroß, erreichen aber auch eine ansehnliche Größe oder Kleinheit (*Tadumia hannyngtoni liliput* Bryk). Die Vorderflügel sind dreieckig, nie gezähnt, mit abgerundetem Hinterrandwinkel. Der Hinterflügel abgerundet, nie geschwänzt oder gezähnt, mit konkav ausgeschnittenem oder geradem Hinterrand. Weiße oder gelbliche bis zitronengelbe Falter mit schwarzer Zeichnung und meistens roten oder gelben Prachtflecken. Ein und dasselbe Zeichnungsmuster kehrt bei allen Gattungen wieder. Häufig Verschiebung oder Reduzierung mancher Flecke, vor allem der sog. Augenflecke. Das Weibchen ist in der Regel luxuriöser gezeichnet. Infolge der Reduzierung der Schuppenform und -Anzahl oft stellenweise verglast. Die Unterseite meistens schwach beschuppt, meist mit nackten (unbeschuppten) Rippen.

Kopf klein. Stirn mit Haarbusch. Augen nackt, groß, oval, kugelig gewölbt. Palpen (palpus labialis) 3gliederig, kurz, den Kopf nicht überragend, sehr stark und lang behaart. Basalfleck groß, nur zum Teil mit kegelartigen Gebilden besetzt. Antennen verhältnismäßig kurz, mit keulen- oder knopfförmiger Verdickung an der Spitze, Schaft, bisweilen auch Kuppe, beschuppt. Thorax und Abdomen mit Ausnahme von *Hypermnestra* Ménétr. sehr robust. Abdomen beim Männchen stets behaart, beim Weibchen nur bisweilen. Alle Beine in beiden Geschlechtern vollkommen entwickelt. Tarsus 5gliedrig, bedornt, einfache Klauen, ohne Anhängsel; Schienenblättchen der Vorderbeinschiene schmal und flach, kurz oder lang. Flügelgeäder oft robust, unterseits meistens unbeschuppt. Vorder- und Hinterflügel mit geschlossenem Discus. Radialis 4ästig. Die Gitterrippe zwischen $Ax_1$ und dem Wurzelteile der hinteren Discocellulare der echten *Papilionidae* fehlt. Die Praecostalzelle der Hinterflügel schwach ausgebildet. Praecostalsporn einästig.

Die Zeichnung ist sehr variabel; vor allem treten fast bei den meisten Arten Formen mit melanistischer oder albinotischer Tendenz auf, auch Weibchen mit Zeichnung des Männchens und umgekehrt. Es gibt ganze Rassenkreise, die in ihrem Habitus entweder zur idealen Männchen- oder Weibchen-Form neigen, weshalb man von einer androtropen und gynaikotropen Entwicklungsrichtung sprechen kann. Die rotgekernten Augenflecke verlieren aberrativ ihre Prachtfarbe, erscheinen dann schwarz, was oft von einer Zurückdrängung der Flecke begleitet wird.

Die Zeichnung der *Parnassiinae* läßt sich auf ein schematisches Bindenmuster zurückführen, das durch teilweise Auflösung, Verschiebung, luxuriöse Ausbreitung oder Verkümmerung der nicht fixierten Flecke die rezente Zeichenpracht der verschiedenen Arten und Formen ergeben hat. Dieses Schema läßt sich für den Vorderflügel wie Hinterflügel nachweisen. Wir unterscheiden: die Wurzelbinde (als Wurzelflecke besonders auf der Unterseite vieler Parnassier erhalten), den Mittelzellfleck, der mit Ausnahme einiger Unterarten und aberrativer Fälle bei jeder Art auf den Vorderflügeln vorhanden ist, auf den Hinterflügeln nur in seltenen Fällen, den Endzellfleck, auf den Hinterflügeln ebenfalls nur selten, die Subcostalbinde (auch Prachtbinde), die auf den Hinterflügeln meistens in 2 Augenflecke und Analbindenfragmente aufgelöst ist, die Submarginalbinde, die sich bei gewissen Arten auf den Hinterflügeln in eine blaugekernte Ozellenbinde umgebildet hat (*Lingamius hardwickei* Gray), die Marginalbinde (oft Glassaum). Die zwischen Marginal- und Submarginalbinde ausgesparte helle Binde („Grundsubstanzbinde") fällt aus, falls sie sich verglast und somit mit Marginal- und Submarginalbinde zusammenschmilzt; es entsteht in diesem Falle ein breites Glasband (*P. mnemosyne mnemosyne* L.).

Von den meisten Vertretern der *Parnassiinae* wird angenommen, daß sie geschützt sind. Dafür spricht nicht nur ihr robuster Körperbau (trotz eingedrückter Brust sind sie imstande, nach einer Weile fortzufliegen), sondern auch ihr penetranter, unangenehmer Mäusegeruch.

Das Ei der *Parnassiinae* ist halbkugelig oder konisch, kalkweiß. Die Raupen sind walzenförmig, nach vorn und hinten etwas verjüngt, mit kleinem Kopf, samtartig schwarz, mit Prachtflecken (gelb oder rot) oder mit weißen und gelben Querstreifen und schwarzen Punkten versehen. Die ausstülpbare, nicht lange Nackengabel zeigt vor allem ihre Zugehörigkeit zu den *Papilioniformia* Bryk an. In der Jugend oft gesellig, sind sie sehr träge und lieben besonders die Sonne. Als Futterpflanzen kommen vor allem Sedum- und Sempervivum-Arten in Betracht, außerdem Corydalis, Saxifraga, Scabiosa und Zygophyllum. Die Puppe ist stumpf, dunkel und hellbraun, weißlich bereift wie die von *Vanessa antiopa* L., unbeweglich, mit stark ineinander getriebenen abdominalen Segmenten. Der Mimocremaster stark ausgeprägt. Die Verpuppung erfolgt in maschigem Gespinst.

Das begattete Weibchen ist sphragophor, d. h. es trägt an der ventralen Hinterleibspitze eine mehr oder weniger auffallende Sphragis („Abdominal-Legetasche", „Eiersack"), die ein ausgezeichnetes Artmerkmal darstellt, da sie bei jeder Art verschieden geformt ist. Sie ist als biologisches Merkmal einer vollzogenen Begattung aufzufassen, ist kein Organ (s. str.), sondern „Kunstprodukt" (wie etwa das Radnetz der Spinne) und löst sich in Kalilauge auf. Sie entsteht allmählich während der Kopulation aus einem schnell trocknenden Sekret, das vom Männchen abgesondert wird. Das letzte Sternit des Weibchens ist in ein besonderes Organ umgebildet, das sog. Sterigma (Bryk), das als Stützplatte zur Anbringung der Sphragis dient und bei jeder Art verschieden ist. Die Sphragis ist entweder ringförmig oder halbringförmig angebracht, auch ohne Ring. Die Sphragis besteht aus der äußeren sichtbaren Sphragis und der eigentlichen, dem sog. Spermatophragma (Petersen), das als ein fadenförmiger dornartiger Fortsatz aus dem Ostium bursae hervorragt. Dieses Spermatophragma durchzieht den Ductus bursae und ist so stark in der Bursa erweitert, daß es das Lumen des Ductus nicht passieren kann. Es bildet somit einen vorzüglichen Verschluß etwa in der Art des Vaginalpfropfens oder des Spermatophylax. Während das Spermatophragma den Hauptzweck hat, die Öffnung der Nebenscheide zu verriegeln, um ein abermaliges Eindringen des Penis auszuschließen, dient die äußere Sphragis als Abwehrmittel, um einen abermaligen Geschlechtsverkehr zu verhüten. Weibchen mit doppelter Sphragis (Plethosphragis) wurden wiederholt beobachtet; die überschüssige, meistens am Bauche angebrachte, ist deformiert, weil das Sterigma als Stützpunkt fehlt. Es handelt sich in diesem

Falle nur um eine Scheinbegattung oder um Bigamie. In Freiheit mit Sphragis gefangene Männchen wurden bisher als homoerotische Individuen aufgefaßt, was aber grundfalsch ist: es handelt sich in diesem Falle nur um Männchen, die noch keine Zeit gefunden haben, die Sphragis dem Abdomen des Weibchens anzuheften. Bei Kopula zwischen 2 verschiedenen Arten trägt das Weibchen die Sphragis des sie kopulierenden artfremden Männchens. (*Lingamius hardwickei* Gray ♀ mit Sphragis von *Parnassius epaphus* C. Oberth.). — Die Farbe der Sphragis ist bald elfenbeinfarben, bald braun oder braunschwarz. Die Kopulation dauert oft sehr lange.

Übersicht über die Gattungen:

| | | |
|---|---|---|
| 1 | $R_3$ des Vorderflügels anastomisiert nicht mit $R_1$ — **3** | |
| | $R_3$ des Vorderflügels anastomisiert mit $R_1$ — **2** | |
| 2 | $R_3$ des Vorderflügels entspringt aus dem gemeinsamen Stiel von $R_{(4+5)}$ . . . . . . . . . | 5. Gen. **Kailasius** F. Moore |
| | $R_3$ des Vorderflügels entspringt selbständig aus der vorderen Discoidalrippe . . . . . . . | 6. Gen. **Tadumia** F. Moore |
| 3 | Praecostalsporn einfach, distal stumpf, leicht gekerbt oder leicht gespalten, Praecostalzelle schmal — **4** | |
| | Praecostalsporn spitz, in distaler Richtung gekrümmt, Praecostalzelle schlitzartig an dem aufsteigenden Teil der Subcostalrippe . . . | 1. Gen. **Hypermnestra** Ménétr. |
| 4 | Schienenblättchen lang, das Ende der Tibia erreichend oder etwas überragend — **5** | |
| | Schienenblättchen kurz, das Ende der Tibia nicht erreichend . . . . . . . . . . . . | 2. Gen. **Parnassius** F. |
| 5 | $M_1$ des Vorderflügels aus dem gemeinsamen Stiel von $R_{(4+5)}$ oder an seiner Wurzel entspringend . . . . . . . . . . . . . . . | 3. Gen. **Lingamius** Bryk |
| | $M_1$ frei aus der Zelle entspringend . . . . . | 4. Gen. **Koramius** F. Moore |

## 1. Gen. **Hypermnestra** Ménétr.

1846 *Ismene*, F. A. Nickerl (nec Swainson) in: Ent. Zeit. Stettin, *v.* 7 p. 207 (Typus: *I. helios*, Nick.) | 1847 *Parnassius* (part.), E. Doubleday & Westwood, Gen. diurn. Lep., *v.* 1 p. 27, Lep. Add. p. 530 | 1849 *Ismene*, Ménétriés in: Mém. Ac. St.-Pétersb., ser. 6 *v.* 6 p. 274 | 1849 *Hypermnestra*, Ménétriés, ibid., ser. 6 *v.* 6 p. 84 B (Errata) | 1851 *H.*, Heydenreich, Lep. Eur. Cat. meth., ed. 3 p. 16 | 1852 *Parnassius* (part.) (= *Ismene*), G. R. Gray, Cat. lep. Ins. Brit. Mus., *v.* 1 p. 77 | 1855 *Hypermnestra*, Ménétriés, Lép. Ac. St.-Pétersb., *v.* 1 p. 7 | 1856 *Doritis* (part.), Herrich-Schäffer, Syst. Bearb. Schmett. Eur., *v.* 1 (Index) p. 14 | 1861 *D.* (part.), O. Staudinger & Wocke, Cat. Lep. Eur., p. 1 | 1864 *Hypermnestra*, C. & R. Felder in: Verh. Ges. Wien, *v.* 14 p. 330, 377 (Sep.: Spec. Lep., p. 42, 89) | 1867 *H.*, Herrich-Schäffer in: CB. Ver. Regensb., *v.* 21 p. 172 | 1871 *H.*, W. F. Kirby, Cat. diurn. Lep., p. 510 | 1875 *H.*, S. H. Scudder in: P. Amer. Ac., *v.* 10 p. 194 | 1879 *Ismene*, Möschler in: Abh. Ges. Görlitz, *v.* 16 p. 148 | 1879 *Hypermnestra*, C. Oberthür, Étud. Ent., *v.* 4 p. 25 | 1884 *H.*, H. C. Lang, Butt. Eur., *v.* 1 p. 221 | 1886 & 85 *H.*, O. Staudinger & Schatz, Exot. Schmett., *v.* 2 p. 50 t. 3 | 1890 *H.*, Grum-Grshimailo in: Romanoff, Mém. Lép., *v.* 4 p. 141 und (nota 2) | 1892 *H.*, F. Rühl & A. Heyne, Palaearkt. Groß-Schmett., *v.* 1 p. 91 | 1892 *H.*, E. Haase in: Bibl. zool., *v.* 8 I p. 8, 9, 110 | 1895 *H.*, F. Rühl & A. Heyne, Palaearkt. Groß-Schmett., *v.* 1 p. 701 | 1896 *H.*, W. F. Kirby, Handb. Lep., *v.* 2 p. 240 | 1896 *H.*, E. Reuter in: Acta Soc. Sci. Fenn., *v.* 22 p. 7, 222, 224, 226 | 1899 *H.*, Rebel in: SB. Ak. Wien, *v.* 107 p. 736 (nervatura) | 1899 *H.*, A. R. Grote in: P. Amer. phil. Soc., *v.* 38 p. 16 | 1901 *H.*, O. Staudinger & Rebel, Cat. Lep. Palaearct. Faunengeb., ed. 3 *v.* 1 p. 4 | 1905 & 06 *H.*, Verity, Rhop. palaearct., p. 1, 2, 36 | 1906 *Parnassius*, F. Moore in: Ann. nat. Hist., ser. 7 *v.* 18 p. 17 | 1906 *Hypermnestra*, A. Seitz, Großschmett. Erde, *v.* 1 p. 18 | 1907 *H.*, Bingham in: Fauna Brit. Ind., Butt. *v.* 2 p. 3, 131 | 1907

*H.*, H. Stichel in: Gen. Ins., *v.* 58 p. 45 | 1909 *H.*, A. Pagenstecher, Geogr. Verbr. Schmett., p. 175 | 1911 *H.*, Verity, Rhop. palaearct., p. LXXVII, LXXIX, LXXX, LXXXIII | 1917 *H.*, Bryk in: Arch. Naturg., *v.* 82 A 5 p. 38, 52, 55, 61 (nervatura) | 1918 *H.*, Bryk in: Soc. ent., *v.* 33 p. 17 (nervatura) | 1918 *H.*, W. Rothschild in: Nov. zool., *v.* 25 p. 218 | 1922 [1923] *H.*, Bryk in: Strand, Lep. Cat., *v.* 27 p. 39 | 1923 *H.*, W. H. Evans in: J. Bombay Soc., *v.* 29 p. 231 | 1929 *H.*, K. Rosen in: Seitz, Großschmett. Erde, *v.* 1 Suppl. 1 p. 19 | 1931 *H.*, F. B. (= Bryk) in: Parnassiana, *v.* 1 nr. 6 p. 8 (Sphragis) | 1932 *H.*, H. Bischoff in: Parnassiana, *v.* 2 p. 17, 18 (tarsus).

Kopf klein. Augen nackt, oval, kugelig gewölbt. Stirn kurz behaart. Palpen (Fig. 1) zart wie bei *Parnassius* F., seitlich zusammengedrückt, den Kopf nicht überragend. Basalglied etwas gebogen und kürzer als das Mittelglied, das nach oben gerichtet ist. Endglied verkürzt, schwächer und schmäler entwickelt, die Hälfte so lang wie das Mittelglied, am Ende etwas abgestumpft. Medialseite der Palpen spärlich beschuppt und behaart, lateral gut bewimpert mit einigen stärkeren, borstenartigen Haaren untermischt.

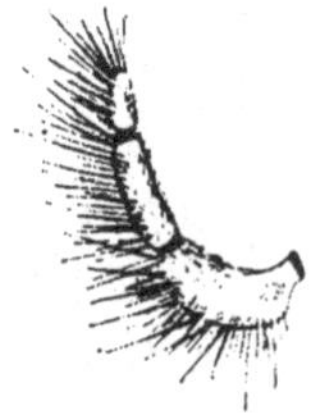

Fig. 1. Palpus von **Hypermnestra helios** (Nick.) (nach H. Stichel 1907).

Fig. 2. Antenne von **Hypermnestra helios** (Nick.) (nach H. Stichel 1907).

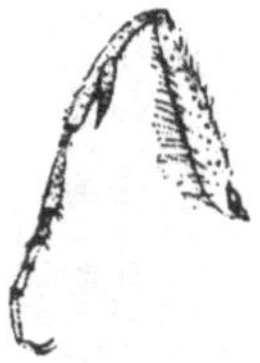

Fig. 3. Vorderbein von **Hypermnestra helios** (Nick.) (nach H. Stichel 1907).

Basalfleck an der Medialseite des Wurzelfleckes bräunlich chitinisiert, ziemlich groß; der nahe der Wurzel gelegene kleine, eiförmige isolierte Teil ziemlich kurz bezähnt. Die Randzone des Basalfleckes mit Haaren und Schuppen leicht bedeckt. Antennen (Fig. 2) sehr kurz, etwa so lang wie die Hälfte der Mittelzelle, dicht beschuppt, distal mit einer stark verdickten knopfförmigen Keule, ventral die einzelnen Segmente mit feinen Härchen besetzt. Zwischen den Schuppen der Dorsalseite mit stärkeren Borstenhaaren schütter besetzt. Thorax und das kurze Abdomen zart gebaut, dorsal kurz, ventral länger behaart. Beine dicht beschuppt, die Klauen sexuell nicht dimorph differenziert wie sonst bei allen übrigen Vertretern der *Parnassiinae.* Das Schienenblättchen (Fig. 3) inseriert in der Mitte der Tibia des Vorderbeines, sie etwas mit seinem zugespitzten Ende überragend. Vorderflügel (Fig. 4) dreieckig, fast rechtwinkelig, der Seitenrand dem Hinterrande zu abgerundet. Vorderrand dem Apex zu sanft gebogen, sonst fast gradlinig. Hinterrand ganz schwach konkav. Subcostalrippe frei verlaufend, unweit des Vorderrandes gelegen, etwas hinter dem $^2/_3$ der Vorderrandlänge in den Vorderrand mündend. Radialrippenstamm 4ästig. Die $R_1$ fast parallel zu Sc verlaufend, im vordersten Teil der Mittelzelle entspringend, in den Vorderrand unweit vom Apex mündend. $R_2$ atrophiert und mit $R_3$ anastomisiert. $R_3$ vorn aus der Mittelzellecke leicht gebogen in den Apex mündend. $R_4$ und $R_5$ aus einem gemeinsamen langen Stiel gegabelt, der aus der vorderen Mittelzellecke hinter $R_3$ entspringt; sie münden in den Seitenrand. Medianrippenstamm dreiästig.

$M_1$ hinter dem Rippenstiel der gegabelten $R_4$ und $R_5$ aus der Mittelzellquerrippe entspringend und sanft gebogen, parallel zu $R_5$ in den Vorderrand mündend. $M_2$ etwas kürzer, parallel zu $M_1$ in den Vorderrand verlaufend, wurzelwärts aus der hinteren Ecke der Mittelzellquerrippe entspringend. $M_3$ aus der hintersten Ecke der Mittelzelle im leichten Bogen zum Seitenrande verlaufend. $Cu_1$ und $Cu_2$ in annähernd gleichem Abstande aus der hinteren Mittelzellrippe entspringend, fast parallel zum Hinterrande in den Seitenrand verlaufend. Aus der Flügelwurzel, hinter dem Discus zieht die isolierte Faltenrippe A in einem Bogen in die Rundung der Hinterrandecke. $Ax_1$ entspringt hinter A fast parallel zum Hinterrande verlaufend und in ihn ganz vorn

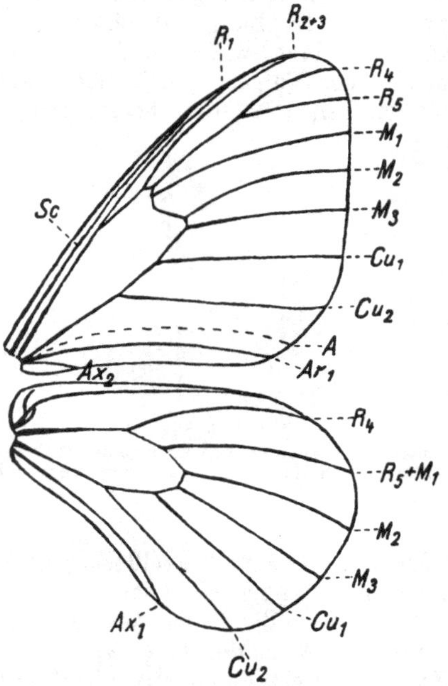


Fig. 4.
Flügelgeäder von **Hypermnestra helios** (Nick.) (♂). (Original).
Die unbenannte Rippe am Vorderrande des Hinterflügels ist $Sc + R_1$.

mündend. $Ax_2$ sehr kurz, schräg in den hintersten Teil des Hinterrandes mündend. Die Mittelzelle ist geschlossen mit einer schwach wurzelwärts konvexen Querrippe. H i n t e r f l ü g e l: Stark oval, wurzelwärts etwas spitz ausgezogen. Der Vorderrand basal etwas gelappt, gerade verlaufend, allmählich in den gut gerandeten Seitenrand übergehend. Hinterrandwinkel schwach abgerundet, der gerade verlaufende Hinterrand schwach konkav eingebuchtet. Sc anfangs gekrümmt, dann gestreckt in das Ende des Vorderrandes mündend. Von ihr zweigt sich vor der aufsteigenden Krümmung der einfache, in distaler Richtung zugespitzte Praecostalsporn ab. Die Praecostalzelle sehr schmal, schwach entwickelt, schlitzartig an der aufsteigenden Kurve der Subcostalis. $R_3+_4$ aus der Mittelzelle gewinkelt, in aufsteigenden leichten Bogen das Vorderrandende erreichend. $R_5$ $(+ M_1)$ und $M_2$ ziemlich gestreckt, etwas divergierend in den Seitenrand mündend. $M_3$ aus dem hinteren Mittelzellende etwas divergierend mit $M_2$ in den Seitenrand mündend. $Cu_1$ und $Cu_2$ aus der hinteren Mittelzellrippe entspringend, noch in den Seitenrand mündend.

$Ax_1$ schwach konvex gebogen, in das Ende der Hinterrandrundung parallel zum Seitenrande verlaufend. Die Mittelzelle ist geschlossen und erreicht die Flügelmitte.

Falter klein bis mittelgroß, von 25—32 mm Vorderflügellänge. Dicht beschuppt (auch auf der Unterseite), in beiden Geschlechtern mit cremegelbem Flügelgrund, von brauner Fleckung und Rotkernung belebt, an das Zeichnungsmuster der *Zerynthiinae* etwas erinnernd. Das Weibchen etwas reicher gezeichnet. Die Unterseite der Hinterflügel mit grünlichgrauen Binden und farbigen Wurzelflecken sowie Augen- und Analflecken. Befransung auf dem Vorderflügel lebhafter gelblichbraun gescheckt als auf dem Hinterflügel.

Männlicher Genitalapparat (Fig. 5) mit 2hörnigem Uncus; die beiden Hälften dicht aneinanderliegend, etwas konisch, am Ende schwach nach unten gebogen. Valve trapezoidförmig, ventralwärts basal mit einem

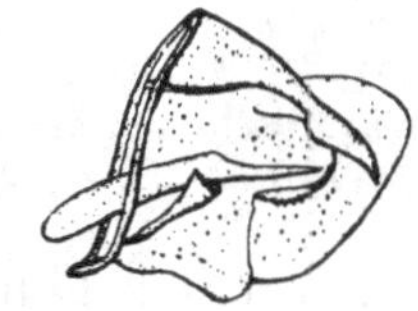

Fig. 5.
Männliche Genitalarmatur von **Hypermnestra helios** (Nick.) (Original).

stärker chitinisierten, vorspringenden, lappenartigen Fortsatz. An der Medianseite der Valve, etwa in der Mitte, ein blattartiger Lappen, dessen Unterrand stärker chitinisiert und mit kleinen Zähnchen versehen ist. Aedoeagus verhältnismäßig kurz, mit sehr langem Orificium. Vinculum stark rückgebildet. Der an der Innenseite der Valve erwähnte blattartige Fortsatz erinnert auffallend an einen ähnlichen von *Teinopalpus* Hope. Das begattete Weibchen sphragophor. Sphragis ganz rudimentär.

Ei porzellanweiß, glatt, mit reticulierten Micropylen. Larve kurz und dick, in erwachsenem Stadium ohne Warzen, mit Nackengabel und 2 großen Stirnhaken. An der Basis des Vorderflügels der Imago ein handförmiges eigentümliches chitinöses Gebilde. Beide Einrichtungen stellen Anpassungen an die Verpuppung in der Erde dar. Puppe kurz, dick und stumpf.

Futterpflanze der Larve: Zygophyllum sp. Der Falter hat nur eine Generation; er fliegt bei Sonnenschein im Frühling und besaugt Blüten.

Die Gattung *Hypermnestra* hat nur 1 Art.

Generotypus: *Ismene helios* Nick.

Verbreitung: Vorder- und Zentralasien: Persien, Afghanistan, Turkestan.

1. **Hypermnestra helios** (Nick.) 1843 *Doritis Ismene* (sine descr.), Herrich-Schäffer, Syst. Bearb. Schmett. Eur., *v.* 1 p. 6 | 1846 *Ismene helios*, F. A. Nickerl in: Ent. Zeit. Stettin, *v.* 7 p. 208 t. [3] f. a, b (♂), c, d (♀), e (caput), f (palpus), g (antenna) | 1849 *I. h.*, Ménétriés in: Mém. Ac. St.-Pétersb., ser. 6 *v.* 6 p. 274 t. 5 f. 1 (♂) | 1849 *Hypermnestra h.*, Ménétriés, ibid., ser. 6 *v.* 6 p. 84 B (Errata) | 1851 *H. h.*, Heydenreich, Lep. Eur. Cat. meth., ed. 3 p. 16 | 1852 *Parnassius h.*, G. R. Gray, Cat. lep. Ins. Brit. Mus., *v.* 1 p. 77 | 1856 *Doritis ismene*, Herrich-Schäffer, Syst. Bearb. Schmett. Eur., *v.* 1 (Index) p. 14 | 1874 *Hypermnestra helios*, Erschoff in: Fedtschenko, Turkestan, *v.* 2 Lep. p. 1 | 1874 *H. h.*, Erschoff in: Ent. Zeit. Stettin, *v.* 35 p. 386 | 1879 *H. h.*, C. Oberthür, Étud. Ent., *v.* 4 p. 25 | 1879 *Parnassius h.*, W. F. Kirby, Cat. Collect. diurn. Lep. Hewitson, p. 13 | 1884 *Hypermnestra h.*, H. C. Lang, Butt. Eur., *v.* 1 p. 22 | 1886 & 85

*H. h.*, O. Staudinger & Schatz, Exot. Schmett., *v.* 2 p. 50; t. 3 (squamae, palpus) | 1889 *Ismene h.*, Austaut., Parnass. paléarct., p. 28 | 1892 *Hypermnestra h.*, F. Rühl & A. Heyne, Palaearkt. Groß-Schmett., *v.* 1 p. 91 | 1892 *H. H.*, E. Haase in: Bibl. zool., *v.* 8 I p. 110 | 1895 *H. h.*, F. Rühl & A. Heyne, Palaearkt. Groß-Schmett., *v.* 1 p. 702 | 1896 *H. h.*, E. Reuter in: Acta Soc. Sci. Fenn., *v.* 22 p. 7—8 (palpus) | 1897 *Ismene h.*, T. Eimer, Orthogen. Schmett., p. 157, 225, 230; p. 158 f. 99; p. 230 f. 182 | 1898 *I. (Hypermnestra) h.*, Sorhagen in: Mt. Mus. Hamburg, *v.* 15 p. 78 (larva) | 1901 *Hypermnestra h.*, O. Staudinger & Rebel, Cat. Lep. Palaearct. Faunengeb., ed. 3 *v.* 1 p. 4 | 1906 *H. h.*, Verity, Rhop. palaearct., p. 36 t. VIII f. 1 (♂), 2 (♀) | 1906 & 07 *H. h.*, A. Seitz, Großschmett. Erde, *v.* 1 p. 18 t. 16 b (♂, ♀) | 1907 *H. h.*, H. Stichel in: Gen. Ins., *v.* 58 p. 47 t. 3 f. 20 (♀), t. 1 f. 8 (nervatura), 9 (palpus), 10 (antenna), 11 (pes anter.) | 1907 *H. h.*, Bingham in: Fauna Brit. Ind., Butt. *v.* 2 p. 131, 132 f. 35 (♂), f. 35 a (nervatura), b (antenna) | 1911 *H. h.*, Verity, Rhop. palaearct., t. A f. 13 (♀), 14 (subtus) (ornamentica alarum), t. B f. 14 (nervatura) | 1913 *H. h.*, Le Cerf in: Ann. Hist. nat. Perse, *v.* 2 Ent. nr. 2 p. 6, p. 7 f. 2 (♂), p. 8 f. 6 (squamae), p. 10 f. 10 (corpus), a (tibia), b (tarsus), c (antenna), p. 12 f. 14 (palpus), p. 14 f. 17 (♂, copul. app.), p. 17 f. 26 (pupa), p. 18 f. 30 (nervatura), p. 19, 20 (larva) f. 33 (caput larvae), p. 21 f. 34 (pupa), p. 22 f. 35 (organ. nervaturae al. ant.) | 1915 *H. h.*, Bryk in: Arch. Naturg., *v.* 80 A 7 p. 172, 179 | [1918] *H. h.*, Bryk, Parnassius Apollo Formenkreis, p. 84 | 1922 [1923] *H. h.*, Bryk in: Strand, Lep. Cat., *v.* 27 p. 40 | 1929 *H. h.*, K. Rosen in: Seitz, Großschmett. Erde, *v.* 1 Suppl. 1 p. 19.

Eine mittelgroße oder kleine Art mit dichter cremegelber Beschuppung auf Ober- und Unterseite. Kopf klein; Augen braun, Stirnschopf gelblich, schwarz untermischt. Palpen gelblichweiß, hellgelblich bewimpert. Antennen hell cremegelb, Fühlerkolbe dunkelbraun, am Ende gelblich aufgehellt. Halskragen gelblich. Thorax und Abdomen schwarz, schütter gelblich behaart und beschuppt. Besonders beim Männchen die Segmente des Abdomen gelblich eingefaßt. Vorderflügel lang, cremegelb befranst, die Rippenmündungen braunschwarz markiert. Die Marginalbinde vorn breiter als hinten, warmbraun, wurzelwärts ausgezähnt, bis $M_3$ reichend. Submarginalbinde apical- und saumwärts bogig ausgebuchtet, vorn breiter, bei $M_2$ verjüngt und gewöhnlich unterbrochen. Sie setzt sich ab $M_3$ wieder, breit beginnend, fort und verläuft bei den Geschlechtern verschieden. Subcostalbändchen sehr stark dem Mittelzellende genähert, schräg gestellt, dunkelbraun, vorn an $R_3$ angelehnt, nach hinten sich verbreiternd, bis $M_2$ oder $M_3$ reichend, mit 3 deutlichen roten Kernen, von denen der hinterste am größten ist. Hinterrandfleck zwischen $Cu_2$ und $Ax_1$ bald erhalten (♀), bald fehlend (♂). Der Endzellfleck gesättigt schwarzbraun, kurz, vorn stets an $R_3$ angelehnt, die Mittelzellrippe nicht überschreitend, hinten nur bis zur vorderen Hälfte der Mittelzellquerrippe reichend. Der Mittelzellfleck stets erhalten, bald kräftig, bald schwächer entwickelt, länglich oder rundlich, hinten die hintere Discalrippe nicht immer erreichend. Vorderrand und Wurzelfeld selten schwärzlich bestäubt. Unterseite homogryph. Die Marginal- und Submarginalbinde bis $M_3$ nicht dunkelbraun sondern grünlichgrau. Endzellfleck und Hinterrandfleck mehr reduziert. Hinterflügel: Befransung an den Rippenmündungen braunschwärzlich markiert. Marginalbinde sehr schmal, nur den Saum schwärzend, internerval meist mehr oder weniger stark unterbrochen. Submarginalbinde schmal, aus Bogen bestehend, der erste mehr wurzelwärts verschoben und immer erhalten, die hinteren bald erhalten, bald erloschen. Wie bei *Parnassius* F. sind 2 Augenflecke zwischen $Sc + R_1$ und $R_4$, und $R_5$ $(+ M_1)$ und $M_2$ erhalten. Sie sind sehr schwach entwickelt, rot gekernt und sehr dünn schwarz umsäumt. Sonst ist der Flügel zeichnungslos. Die Wurzelfeld- und Hinterrandschwärze als schmaler Streifen, nach hinten sich verjüngend, nicht den ganzen Hinterrand einsäumend und nicht immer erhalten. Unterseite

(Fig. 6) sehr charakteristisch gezeichnet. Saumlinie gelblich. Flügelfond mehr weißlich. Marginalbinde sehr zart graugrünlich. Submarginalbinde breit, grünlichgrau mit ihrer Außenkontur der der Submarginalbinde der Oberseite sich deckend; zwischen $M_3$ und $Cu_1$ springt sie bogig wurzelwärts vor. Die beiden Augenflecke homogryph. Analflecke als zweizellige Bogenlinie erhalten, die hinten mit der Prachtfarbe gekernt ist. Hinter dem hinteren Analfleck nahe dem Hinterrandende ein kleiner, isolierter Fleck. Zwischen den 4 prachtgekernten Wurzelflecken, von denen der 2. der kleinste ist, und den Augenflecken eine breite, unregelmäßig ausgezackte, grünlichgraue Querbinde, die dem Zwischenwurzelfleck und der discalen Hinterrandschwärze von *Parnassius* F. entspricht. Männchen ärmer gezeichnet. Der hintere Teil der Submarginalbinde mehr oder weniger stark reduziert.

Fig. 6.
Hinterflügelmuster von **Hypermnestra helios** (Nick.) (♀). (Original).

Der Hinterrandfleck fehlt. Hinterflügel: Die submarginale Bogenbinde hinten mehr oder weniger stark rückgebildet. Wurzelfeld und Hinterrand stets mit einem schwarzen Strich markiert. Weibchen: Lebhafter gezeichnet, besonders ist die Prachtfarbe luxuriöser aufgetragen. Submarginalbinde erreicht stets die Analfalte, oft sogar $Ax_1$. Zellmakeln kräftiger. Hinterrandfleck stets erhalten. Hinterflügel mit deutlicher, ausgebildeter, submarginaler Bogenbinde, die Augenflecke etwas größer. Die Hinterrandschwärze schwächer entwickelt oder ganz fehlend. Weibchen nach der Befruchtung sphragophor. Sphragis rudimentär, ein kleiner, konischer Zapfen, der oralwärts gekielt ist, die Bursa copulatrix verdeckend.

Nordpersien, Nordostpersien, Syr-Darja, Buchara, Sarafschan, Ferghana, Pamir, Beludschistan.

Die Art zerfällt in 4 Unterarten.

♂ forma phaeton Bryk 1913 *Hypermnestra helios* var. *maxima* aberr. *p.*, Bryk in: Soc. ent., *v.* 28 p. 94, 102 f. 1 (♂) | 1922 [1923] *H. h.* aberr. *p.*, Bryk in: Strand, Lep. Cat., *v.* 27 p. 41 | 1929 *H. h.* [forma indiv.] *p.*, K. Rosen in: Seitz, Großschmett. Erde, *v.* 1 Suppl. 1 p. 20.

Subcostalfleck des Vorderflügels, der sonst stets, sogar rot gekernt, erhalten ist, fehlt. Zwischen $M_1$ und $M_2$ nur ein Bruchteil einer Innenkontur als kleiner, schwarzer Strich erhalten. Mit der Reduktion dieses Fleckes verschwindet auf den Hinterflügeln die Prachtfarbe in den Augenflecken. Der subcostale Augenfleck ist zu einem schwarzen Punkte zusammengeschrumpft, der mediane ist ganz erloschen. Unterseits bis auf den subcostalen Augenfleck des Hinterflügels ist die Prachtfarbe erloschen. Ein Gegenstück zur forma *novarae* bei den *Parnassius*-Arten.

Tscherdschul.

Typus: ♂ in coll. O. Bang-Haas, Dresden-Blasewitz.

forma p o v e r i n a Bryk 1913 *Hypermnestra helios* aberr. *p.*, Bryk in: Arch. Naturg., *v.* 79 A 3 p. 2 | 1922 [1923] *H. h.* aberr. *p.*, Bryk in: Strand, Lep. Cat., *v.* 27 p. 41 | 1929 *H. h.* [forma indiv.] *p.*, K. Rosen in: Seitz, Großschmett. Erde, *v.* 1 Suppl. 1 p. 20.

Beide Augenflecke stark reduziert, strichförmig, ohne Prachtfarbe. Unterseits gleich den Analflecken schwach orange gekernt.

Turcmania.

Typus: ♂ (nr. 19705) in coll. Zool. Mus. Berlin.

forma o c h r a c e a Verity 1906 *Hypermnestra helios* aberr., Verity, Rhop. palaearct., p. 37 t. VIII f. 6 (♂) | 1907 *H. h.* aberr. *ochracea*, Verity, Rhop. palaearct., p. 108 | 1922 [1923] *H. h.* aberr. *ochrea*, Bryk in: Strand, Lep. Cat., *v.* 27 p. 41 | 1929 *H. h.* [forma indiv.] *ochracea*, K. Rosen in: Seitz, Großschmett. Erde, *v.* 1 Suppl. 1 p. 20.

Grundfarbe blaß ockergelb. Mittelzellfleck des Vorderflügels sehr stark, Endzellfleck stark reduziert. Auch die Submarginalbinde wie das Braun des Subcostalbändchens diffus verdrängt. Die Prachtfarbe verblaßt. Vorderflügellänge: 27 mm.

Namangan (Turkestan).

Typus: ♂ in coll. R. Oberthür, Rennes.

forma o c h r a c e o m a c u l a t a Gr.-Gr. 1890 *Hypermnestra helios* var. *maxima* aberr. *o.*, Grum-Grshimailo in: Romanoff, Mém. Lép., *v.* 4 p. 141 | 1892 & 95 *H. h.* aberr. *o.*, F. Rühl & A. Heyne, Palaearkt. Groß-Schmett., *v.* 1 p. 91, 702 | 1906 *H. h.* aberr. *o.*, Verity, Rhop. palaearct., p. 37 | 1906 *H. h.* var. *maxima* aberr. *o.*, A. Seitz, Großschmett. Erde, *v.* 1 p. 18 | 1907 *H. h. m.* aberr. *o.*, H. Stichel in: Gen. Ins., *v.* 58 p. 47 | 1922 [1923] *H. h.* aberr. *ochreomaculata*, Bryk in: Strand, Lep. Cat., *v.* 27 p. 41.

Die Prachtfarbe der Prachtflecke, die ohnehin oft ins Orange zieht, lebhaft ockergelb anstatt rot.

Guzar.

Typen: ♂ ♀ in coll. Zool. Mus. Leningrad.

1 1. **H. helios helios** (Nick.) 1846 *Ismene h.*, F. A. Nickerl in: Ent. Zeit. Stettin, *v.* 7 p. 208 t. [3] f. a, b (♂), f. c, d (♀) | 1906 & 09 *Hypermnestra h.* (part.), Verity, Rhop. palaearct., p. 36 (?) t. 1 (♂) | 1906 *H. h.* (part.), A. Seitz, Großschmett. Erde, *v.* 1 p. 18 t. 10 b (♂) | 1907 *H. h. helios* (part.), H. Stichel in: Gen. Ins., *v.* 58 p. 47 t. 1 f. 8 (nervatura), 9 (palpus), 10 (antenna), 11 (pes anter.), 12 (nervatura) | 1918 *H. h. h.*, W. Rothschild in: Nov. zool., *v.* 25 p. 218 (part.) | 1929 *H. h.*, K. Rosen in: Seitz, Großschmett. Erde, *v.* 1 Suppl. 1 p. 19.

Eine große, cremegelbe Unterart mit kräftiger Ausbildung der für die Art typischen Flecke. Der Endzellfleck des Vorderflügels hinten spitz ausgezogen. Der Mittelzellfleck rundlich. M ä n n c h e n (Fig. 7) mit kleinerer Ausdehnung des rotgefleckten Subcostalbändchens. Der Hinterrandfleck des Vorderflügels oberseits kaum erhalten [oder fehlend?]. Das Wurzelfeld auf Vorder- und Hinterflügel kurz schwarz markiert. Die Submarginalbinde des Vorderflügels stets unterbrochen. Hinterflügel mit sehr schwachem, schmalen Analfleck. — W e i b c h e n (Fig. 8): Größer, mit kräftiger Fleckung. Die Submarginalbinde nicht immer zwischen $M_2$ und $M_3$ unterbrochen. Das Subcostalbändchen mit vergrößerter Rotfleckung. Beim Typus längs der hinteren Discalrippe ein schmaler, schwarzer Wisch, der zum rotgekernten Hinterrandfleck zieht. Ob diese Rotkernung des Hinterrandfleckes ein Unterartmerkmal ist, läßt sich nach dem spärlichen Material schwer entscheiden. (Ein ♀ in coll. Püngeler aus Imam-baba zeigt ihn sogar noch auf der Unterseite).

Fig. 7.
**Hypermnestra helios helios** (Nick.) (♂).
(Original, aus coll. Zool. Mus. Berlin) (1/1).

Fig. 8.
**Hypermnestra helios helios** (Nick.) (♀).
(Original, aus coll. Zool. Mus. Berlin) (1/1).

Die continuierliche Submarginalbinde des Hinterflügels aus feinen Bogen bestehend.

„Westliche Kirgisensteppe" (Typus). Transkaspien: Merw, Imam-baba.

12. **H. helios persica** Neuburger 1876 [1877] *Ismene h.*, Christoph in: Horae Soc. ent. Ross., *v.* 12 p. 196, 197 (larva) | 1900 *Hypermnestra h.* aberr. *persica*, Neuburger in: Ill. Z. Ent., *v.* 5 p. 330 | 1906 *H. h.* aberr. *p.*, Verity, Rhop. palaearct., p. 37 | 1906 *H. h.* aberr. *p.*, A. Seitz, Großschmett. Erde, *v.* 1 p. 18 t. 10b (♀) | 1907 *H. h. helios* forma *p.*, H. Stichel in: Gen. Ins., *v.* 58 p. 47 t. 3 f. 20 (♀) *(H. h. h.)* | 1911 & 10 *H. h.*, Verity, Rhop. palaearct., p. 301 t. LII f. 9 (♂) | 1913 *H. h. persica*, Le Cerf in: Ann. Hist. nat. Perse, *v.* 2 Ent. nr. 2 p. 19 | 1918 *H. h. p.*, W. Rothschild in: Nov. zool., *v.* 25 p. 218 | 1922 [1923] *H. h.* aberr. *p.*, Bryk in: Strand, Lep. Cat., *v.* 27 p. 41 | 1929 *H. h.* „Form" *p.*, K. Rosen in: Seitz, Großschmett. Erde, *v.* 1 Suppl. 1 p. 20.

Eine kleinere Unterart mit stärker entwickelter Schwarzzeichnung. Der Name bezieht sich ursprünglich auf eine seltene Individualform — ein Männchen (Fig. 9) — das im Subcostalbändchen des Vorderflügels oberseits das Rot erloschen hat. Auch die Augenflecke sind oberseits ohne Rotkernung. Der Mittelzellfleck nicht rundlich, sondern viereckig. Der Endzellfleck etwas reduziert. Augenflecke verkleinert, mit verdrängtem Rot und mehr strichförmig. Männchen: Hinterrandfleck des Vorderflügels in der Regel fehlend. Das Rot im Subcostalbändchen weniger ausgebreitet. Analflecke des Hinterflügels meist fehlend. — Weibchen: Die Marginalbinde oft länger. Das Rot im Subcostalbändchen breiter schwarz umrahmt. Der Hinterrandfleck länglich, fast halbmondförmig. Saumlinie der Marginalbinde des Hinterflügels oft continuierlich und deutlich. Der Analfleck oft deutlich.

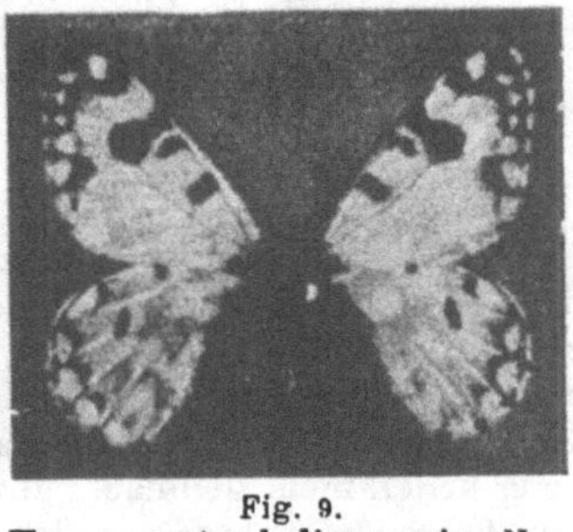

Fig. 9.
**Hypermnestra helios persica** Neuburger (♂). (Typus, Original) (1/1).

Als formae treten auf: ♂ *persica*, ♂ *poverina*, *phaeton*.

Vorderflügellänge: ♂ 23—24, ♀ 24,5—26 mm.

Nordpersien: Schahkuh.

Typus: ♂ in coll. Zool. Mus. Berlin.

13. **H. helios maxima** Gr.-Gr. 1890 *Hypermnestra helios* var. *m.* + aberr. *ochraceomaculata*, Grum-Grshimailo in: Romanoff, Mém. Lép., *v.* 4 p. 141 | 1892 & 95 *H. h.* var. *m.* + aberr. *o.*, F. Rühl & A. Heyne, Palaearkt. Groß-Schmett., *v.* 1 p. 91; 702 | 1901 *H. h.* var. *m.* + aberr. *o.*, O. Staudinger & Rebel, Cat. Lep. Palaearct. Faunengeb., ed. 3 *v.* 1 p. 4 | 1906 *H. h.* (part.) + aberr. + var. *m.*, Verity, Rhop. palaearct., p. 37 t. VIII f. 3 (♂), 5 (subtus), f. 4 (♀), f. 6 (*H. h.* ♂ aberr.); f. 2 (♀, *H. h.*) | 1906 *H. h. m.*, A. Seitz, Großschmett. Erde, *v.* 1 p. 18 t. 10b (♂, ♀) | 1907 *H. h.* aberr. *ochracea*, Verity, Rhop. palaearct., p. 108 | 1907 *H. h.* (part.), Bingham in: Fauna Brit. Ind., Butt. *v.* 2 p. 132 | 1907 *H. h. maxima* + forma *ochraceomaculata*, H. Stichel in: Gen. Ins., *v.* 58 p. 47 | 1909 *H. h. m.*, Verity, Rhop. palaearct., t. 1 f. 9 (♂ squamae) | 1911 & 10 *H. h.* „race" *m.* + „race" *intermedia*, Verity, ibid., p. 301 t. LII f. 10 (♂), 11 (♀) | 1918 *H. h. m.*, W. Rothschild in: Nov. zool., *v.* 25 p. 219 | 1922 [1923] *H. h.* var. *m.* (part.), Bryk in: Strand, Lep. Cat., *v.* 27 p. 41.

Die größte aller Unterarten, intensiver cremegelb, besonders im männlichen Geschlechte. Das Rot im Subcostalbändchen des Vorderflügels stärker ausgedehnt. Der Mittelzellfleck mehr rundlich oder oval. Männchen ohne Hinterrandfleck am Vorderflügel. Wurzelschwärze besonders im Vorderflügel reduziert. Submarginalbinde des Hinterflügels reduziert. Analfleck fehlt. Weibchen mit stark potenzierter Rotkernung des Subcostalbändchens im Vorderflügel und meist gut ausgeprägtem Hinterrandfleck, der viereckig ist. Die Submarginalbinde des Hinterflügels bisweilen sehr deutlich.

Als formae treten auf: *ochracea* und *ochraceomaculata*.

Turkestan: Namangan; Buchara (Guzar), Sarafschan, Ferghana, Pamir, Syr-Darja (Baiga-kum).

Typen: ♂ ♀ in coll. Zool. Mus. Leningrad.

14. **H. helios balucha** (F. Moore) 1906 *Parnassius B.*, F. Moore in: Ann. nat. Hist., ser. 7 *v.* 18 p. 47 | 1907 *Hypermnestra helios b.* (subspecies dubia), H. Stichel in: Gen. Ins., *v.* 58 p. 47 | 1911 *H. h.* „race" *maxima*, Verity, Rhop. palaearct., p. 301 | 1920 *H. h. balucha*, W. H. Evans in: J. Bombay Soc., *v.* 27 p. 91 | 1922 [1923] *H. h.* var. *maxima* (part.), Bryk in: Strand, Lep. Cat., *v.* 27 p. 41 | 1923 *H. h. balucha*, W. H. Evans in: J. Bombay Soc., *v.* 29 t. 6 f. A 12—1 (♂) | 1929 *H. h. b*, K. Rosen in: Seitz, Großschmett. Erde, *v.* 1 Suppl. 1 p. 20.

Kleiner als subsp. *maxima* Gr.-Gr., Schwarzzeichnung prägnant. Männchen mit verkürzter Submarginalbinde des Vorderflügels und vorn reduziertem Endzellfleck.

Vorderflügellänge: ♂ 24,5 mm.

Beludschistan: Quetta-Nuschki.

Eine geographisch eng begrenzte Art.

Ei sehr gerundet, porzellanweiß, glatt, mit netzartigen Mikropylen. Larve dick, zylindrisch, das 2. Segment am stärksten, hinten wenig verdünnt. Kopf klein, rund, gelb mit 2 kleinen, nach vorn geneigten, spitzen, gelben Hörnern auf der Stirn: auf dem 1. Segment die rotgelbe Nackengabel, die ausgestoßen einen eigentümlichen Geruch von sich gibt; Grundfarbe schön grün, in der Mitte jedes Ringes breit bandartig heller, mehr gelblich, mit vielen kleinen, schwarzen Pünktchen und je 1 Querreihe von 6 orangefarbenen, runden Flecken; von den 2 Rückenfleckchen eine Querreihe von 4 ganz kleinen, purpurbraunen Punkten. Beine wie der Leib. Spitzen der Brustfüße gelb. Länge: 34 mm. Puppe graugrün oder bräunlich, kurz, dick und stumpf. Verpuppung in einem dürftigen Gespinst in der Erde. Futterpflanze: Zygophyllum turcomanicum und Z. atriplicoides.

Der Falter fliegt Ende April—Mai an steilen Stellen der Steppe und hat einen an die der Parnassier erinnernden, ziemlich trägen Flug. Nur eine Generation bekannt.

Verbreitung palaearktisch mit Ausnahme von subsp. *balucha* F. Moore, die in Beludschistan fliegt.

## 2. Gen. **Parnassius** F.

1758 *Heliconius* (part.), Linné, Syst. Nat., ed. 10 p. 466 | 1767 *H.* (part.), Linné, Syst. Nat., ed. 12 *v.* 1 II p. 757 | 1775 *Parnassii,* J. C. Fabricius, Syst. Ent., p. 442, 465 | 1777 *Argus* + *Batton*, Scopoli, Intr. Hist. nat., p. 432, 433 | 1779 *Heliconius,* Goeze, Ent. Beytr., *v.* 3 I p. 89, 90 | 1786 *H.*, J. F. W. Herbst in: Borowski & J. F. W. Herbst, Naturg. Thierr., *v.* 7 p. 44 | 1788 *Equites*, Borkhausen, Naturg. Eur. Schmett., *v.* 1 p. 111, 115 | 1792 *Parnassius*, J. F. W. Herbst in: Jablonsky (& J. F. W. Herbst), Naturs. Ins. Schmett., *v.* 5 p. 5, 6, 41 | 1793 *Parnassii*, J. C. Fabricius, Ent. syst., *v.* 3 I p. II (sine p.), 180 | 1798 *Heliconius*, Prunner, Lep. Pedemont., p. 4 | 1801 *Pieris* (part.), Schrank, Fauna Boica, *v.* 2 I p. 160 | 1805 *Parnassius*, Latreille, Hist. Crust. Ins., *v.* 14 p. 110 | 1807 *Doritis*, J. C. Fabricius, Syst. Gloss., p. X | 1807 *D.*, (J. C. Fabricius in:) Illiger in: Mag. Ins.-Kunde, *v.* 6 p. 283 | 1808 *Heliconius*, Ochsenheimer (& Treitschke), Schmett. Eur., *v.* 1 II p. 131 | 1810 *Parnassius*, Latreille, Consid. gén., p. 440 | 1816 *Parnassis*, Jac. Hübner, Verz. Schmett., p. 90 | 1816 *Doritis*, Ochsenheimer (& Treitschke), Schmett. Eur., *v.* 4 p. 29, 150 (part.) | 1817 *Parnassia*, [R. L.] in: Jena. allg. Lit.-Zeit., *v.* 14 nr. 35 col. 278 | 1817 *Parnassius*, Latreille in: Cuvier, Règne an., *v.* 3 p. 550 | 1819 *P.* + *„Parnassien"*, Latreille (& J. B. Godart) in: Enc. méth., *v.* 9 p. 79,9 | 1820 *Therius*, Billberg, Enum. Ins., p. 77 | 1822 *„Parnassien"*, J. B. Godart & Duponchel, Hist. Lép., *v.* 2 p. 13 | 1822 *Archon* (part.), Jac. Hübner, Syst. alph. Verz., p. 2 ff. (spec.: *Archon sapiens apollo*) | 1825 *Parnassius*, Latreille, Fam. Règne an., p. 467 | 1827 *P.*, Berthold, Latreille's Fam. Thierr., p. 472 | 1829–38 *„Parnassien"*, Guérin-Méneville, Iconogr. Règne an., *v.* 3 Ins. p. 466 | 1829 *Doritis,* Meigen, Syst. Beschr. Eur. Schmett., *v.* 1 p. 8 (part.) | 1832 *Parnassius*, O. G. Costa, Fauna Reg. Napoli, p. 8 | 1832 & 35 *P.*, E. Griffith-Cuvier, An. Kingdom, *v.* 15 p. 584 (subgenus), Index p. C | 1835 *P.*, Lamarck, Hist. An. s. Vert., ed. 2 *v.* 4 p. 253 | 1836 *P.*, Boisduval, Spec. gén. Lép., *v.* 1 p. 172, 394 | 1837 *P.*, Kaup, Thierr. Hauptform., *v.* 3 p. 424 | 1840 *P.*, E. Blanchard in: Hist. An. artic., *v.* 3 p. 424 | 1840 *Doritis*, Treitschke in: Jardine, Naturg. Cab., *v.* 8 I Ent. p. 68 | 1841 *D.*, E. Eversmann in: Z. Ak. Kasan, *v.* 2 Ent. p. 70 | 1842 *Tachyptera* (part.), F. Berge, Schmettb., p. 91 | 1842 *Doritis,* Neustädt & Kornatzki, Abbild. Beschr. Schmett. Schles., *v.* 1 p. 67 | 1843 *D.*, Herrich-Schäffer, Syst. Bearb. Schmett. Eur., *v.* 1 p. 144 | 1843 *D.*, E. Eversmann in: Bull. Soc. Moscou, *v.* 16 p. 539 | 1844 *Daritis*, Zwanziger, Handb. Schmett.k., p. 70 | 1844 *Parnassius*, Duponchel, Cat. Lép., p. 23 | 1846 *Doritis*, G. Standfuss in: Ent. Zeit. Stettin, *v.* 7 p. 381 | 1847 *Parnassius,* E. Doubleday & Westwood, Gen. diurn. Lep., *v.* 1 p. 26 | 1849 *Doritis,* Schenckel, Schmett.-Sammler, p. 58 | [1851] *D.*, E. Doubleday & Westwood, Gen. diurn. Lep., *v.* 2 p. 139 | 1851 *Parnassius*, C. Siebold in: Z. wiss. Zool., *v.* 3 p. 53–61 | 1851 *Doritis*, Nordmann in: Bull. Soc. Moscou, *v.* 24 nr. 2 p. 422 | 1851 *D.*, Heydenreich, Lep. Eur. Cat. meth., ed. 3 p. 16 (part.) | 1852 *Parnassius*, G. R. Gray, Cat. lep. Ins. Brit. Mus., *v.* 1 p. 73 | 1853 *Doritis*, Wallengren, Lep. Scand. Rhop., p. 165, 166, 167 | 1855 *D.*, J. Lederer in: Verh. Ver. Wien, *v.* 5 p. 100 | 1855 *Parnassius,* Ménétriés, Lép. Ac. St.-Pétersb., *v.* 1 p. 6 | 1857 *P.*, Horsfield & F. Moore, Cat. Lep. Mus. East- Ind. Comp., *v.* 1 p. 84 | 1859 *Doritis*, Heinemann, Schmett. Deutschl., *v.* 1 p. 97 | 1859 *D.*, Praun, Eur. Tagfalt., (Text zu t. XIII) | 1862 *Parnassius*, J. G. Morris, Syn. Lep. N. Amer., *v.* 1 p. 13 | 1865 *P.*, Nowicki, Motyle Galicyi, p. 8 | 1867 *P.*, Herrich-Schäffer in: CB. Ver. Regensb., *v.* 21 p. 177 | 1867 *P.*, Berce, Faune ent. France, Lép. *v.* 1 p. 108 | 1868 [–1872] *P.*, W. H. Edwards, Butt. N.-Amer., *v.* 1 [s. p.] | [1870] *Doritis* + *P.*, Ramann, Schmett. Deutschl., *v.* 1 p. 10–11 | 1871 *P.*, Prittwitz in: Ent. Zeit. Stettin, *v.* 32 p. 246 (zoogeogr.) | 1871 & 77 *P.*, W. F. Kirby, Cat. diurn. Lep., p. 511; suppl. p. 807 | 1872 *P.*, Guenée in: Mém. Soc. Genève, p. 373 | 1875 *Doritis,* B. Altum, Forstzool., *v.* 3 p. 15 | 1875 *D.*, S. H. Scudder in: P. Amer. Ac., *v.* 10 p. 158 | 1875 *Parnassius*, S. H. Scudder in: P. Amer. Ac., *v.* 10 p. 24 | 1877 *P.*, W. H. Edwards in: Tr. Amer. ent. Soc., *v.* 6 p. 3, 12 | 1877 *P.*, W. H. Edwards in: Tr. Amer. ent. Soc., *v.* 6 p. 79 | 1878 *P.*, Ad. Speyer in: Ent. Zeit. Stettin, *v.* 39 p. 168 | 1879 *P.*, Möschler in: Abh. Ges. Görlitz, *v.* 16 p. 149 f. 6 | 1879 *P.*, C. Oberthür, Étud. Ent., *v.* 4 p. 20, 108 | 1882 & 83 *P.*, G. F. L. Marshall & Nicéville, Butt. Ind. Burmah Ceylon, *v.* 1 p. 9, 13, 318 | 1884 *P.*, H. C. Lang, Butt. Eur., *v.* 1 p. 15 | 1884 *P.*, O. Staudinger & Schatz, Exot. Schmett., *v.* 1 p. 22; 1886

*P.*, ibid., *v.* 2 p. 48 | 1886 *P.*, Elwes in: P. zool. Soc. London, p. 18 | 1888 *Doritis*, H. Röder in: Ent. Nachr., *v.* 14 p. 316 | 1889 *P.*, Chr. Aurivillius, Nordens Fjärilar, p. 3 | 1889 *Carinati* (group) + *Ventricosi* + *Cincti* + *Limbati* + *Valvati*, Austaut, Parnass. paléarct., p. 41, 58, 86, 42, 133, 71, 129, 187 | 1889 *Parnassius* (part.), Austaut, ibid., p. 16 | 1890 *P.* (part.), Grum-Grshimailo in: Romanoff, Mém. Lép., *v.* 4 p. 142 | 1890 *P.*, Bramson, Tagfalt. Eur. Caucas., p. 15 | 1891 *P.*, Strøm, Danmarks større Sommerfugle, p. 5 | 1891 *P.*, Portchinsky in: Horae Soc. ent. Ross., *v.* 25 p. 77 | 1892 *P.*, S. H. Scudder in: Tr. ent. Soc. London, p. 249 | 1892 *P.*, E. Haase in: Bibl. zool., *v.* 8 i p. 8, 9, 111 | 1892 *P.*, F. Rühl & A. Heyne, Palaearkt. Groß-Schmett., *v.* 1 p. 93 | 1893 *P.*, Leech, Butt. China Japan Corea, Part 4 p. 491 | 1896 *P.*, E. Reuter in: Acta Soc. Sci. Fenn., *v.* 22 p. 22 t. 6 | 1897 *P.*, Acloque, Faune France, Ins. p. 229 | 1897 *P.*, T. Eimer, Orthogen. Schmett., p. 187 | 1898 *P.*, W. J. Holland, Butt. Book, p. 304 | 1899 *P.*, Sharp in: Cambridge nat. Hist., *v.* 6 p. 342, 362, 363 | 1899 *P.*, A. R. Grote in: P. Amer. phil. Soc., *v.* 38 p. 17 | 1899 *P.*, J. H. Watson in: Mem. Manchest. Soc., *v.* 43 nr. 11 p. 2, 7 | 1900 *P.*, A. R. Grote in: P. Amer. phil. Soc., *v.* 39 p. 7 | 1900 *P.*, Abafi-Aigner & Pável in: Fauna Regni Hungar., *v.* 3 Lep. p. 15 | 1900 *P.*, Petersen in: Mém. Ac. St.-Pétersb., ser. 8 *v.* 9 p. 49 | 1901 *P.*, O. Staudinger & Rebel, Cat. Lep. Palaearct. Faunengeb., ed. 3 *v.* 1 p. 4 | 1901 *P.*, Hofmann-Spuler, Schmett. Eur., *v.* 1 p. 4 | 1902 *P.* + *Doritis*, F. Moore, Lep. Ind., *v.* 5 p. 104, 123 | 1902 *P.*, Dyar in: Bull. U. S. Mus., *v.* 52 p. 1 | 1903 *P.*, G. Wheeler, Butt. Switzerl., p. 54 | 1905 *P.*, W. G. Wright, Butt. West Coast U. S., p. 73 | 1905 *P.*, Aigner-Abafi in: Rovart. Lapok, *v.* 12 p. 57, 107 | 1906 & 07 *P.*, Verity, Rhop. palaearct., p. 40, 102 (part.) | 1906 *P.*, H. Stichel in: Berlin. ent. Z., *v.* 51 p. 81 | 1906 *P.*, H. Stichel in: Seitz, Großschmett. Erde, *v.* 1 p. 19 (part.) | 1907 *P.*, H. Stichel in: Seitz, Großschmett. Erde, *v.* 5 p. 45 | 1907 *P.* (part.), H. Stichel in: Gen. Ins., *v.* 58 p. 5—8 | 1908 *P.*, Klöcker in: Danmarks Fauna, Sommerfugle I p. 40 | 1909 *P.* (part.), A. Pagenstecher, Geogr. Verbr. Schmett., p. 160, 169, 175, 176, 178, 182, 184, 185, 408 | 1909 *P.*, Rebel, Berges Schmettb., ed. 9 p. 8 | 1911 *P.*, Barthlomew, Phys. Atlas, *v.* 5 p. 51 t. 29 (Zoogeogr.) | 1911 *P.*, Bryk in: Soc. ent., *v.* 26 p. 54 | 1913 *P.*, Eckstein, Schmett. Deutschl., *v.* 1 p. 53 | 1913 *P.*, Bryk in: Arch. Naturg., *v.* 79 A 2 p. 118, 119, 120 | 1914 *P.*, Bryk in: Soc. ent., *v.* 29 p. 9 | 1915 *P.*, Buresch in: Z. Bulgar. Ak. Wiss., *v.* 12 p. 16 | 1916 *P.*, Meijere in: Tijdschr. Ent., *v.* 59 p. 96 | 1917 *P.*, Bryk in: Arch. Naturg., *v.* 82 A 5 p. 35—74 (variab. nervat.) | 1917 *P.*, E. Fischer in: Int. ent. Z., *v.* 11 p. 102 (nervat.) | 1918 *P.*, Bryk in: Soc. ent., *v.* 33 p. 17 | 1918 *P.*, Turati in: Atti Soc. Ital., *v.* 57 p. 79—87 | 1918 *P.*, W. Rothschild in: Nov. zool., *v.* 25 p. 64, 220 | 1919 *P.*, Bryk in: Ent. Tidskr., *v.* 40 p. 33 – 45 (nervat.) | 1921 *P.*, Wahlgren & Tullgren, Svenska Ins., p. 325 | 1922 [1923] *P.*, Bryk in: Strand, Lep. Cat., *v.* 27 p. 68 – 70 | 1923 *P.*, W. H. Evans in: J. Bombay Soc., *v.* 29 p. 231 (part.) | 1929 *P.*, Petersen in: D. ent. Z., 1928 p. 407—413 | 1929 *P.*, Sokolov in: Rev. Russe Ent., *v.* 23 p. 60—71 (♂-copul. app.) | 1932 *P.*, M. Hering in: Mt. D. ent. Ges., *v.* 3 p. 33 | 1932 *P.*, M. Hering in: Mt. Mus. Berlin, *v.* 18 p. 277 | 1932 *P.*, M. Hering in: Tierwelt Mitteleur. (Ergänzb. Schmett.), p. 527.

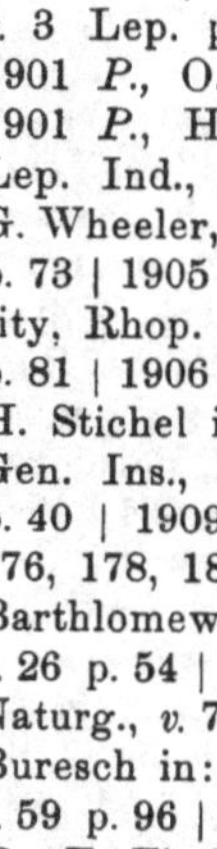

Fig. 10. Antenne von **Parnassius apollo** L. (Original).

Kopf klein. Die nackten Augen groß, mehr halbkugelig als eiförmig. Stirn buschig behaart. Die zarten Palpen kurz, flach, den Kopf fast nicht überragend. Das vorn sich verjüngende Basalglied gekrümmt, mit großem Basalfleck, die ganze Medialfläche des Basalgliedes einnehmend, an seiner Grenze spärlich beschuppt und behaart. Das zugespitzte 3. Palpenglied so lang wie das 2. oder kürzer, selbst bei Unterarten verschieden. Die Medialseite der Palpen schwach beschuppt und behaart. Außen ist die Behaarung dichter, ventral mit stärkeren Borstenhaaren durchsetzt, dorsal ohne Schopf. Antennen (Fig. 10) kurz, bis zum ersten Drittel des Vorderflügel-Vorderrandes reichend, am Ende allmählich in eine mehr oder weniger dicke Keule verlaufend, die oft mit einem spitzen Zapfen endigt, der in aberrativen Fällen

(*P. mnemosyne* L., *P. apollo* L.) eine nadelförmige Spitze trägt. Der Schaft dorsal dicht weiß beschuppt, an der Ventralseite ist die Schuppenmenge reduziert, oder die Ventralseite ist unbeschuppt — dann schwarz, oder auch schwarzweiß (gelblich) geringelt. Keule stets schwarz. Thorax kräftig gebaut; beim Männchen stets dicht behaart, mit Halskragen besetzt. Beim Weibchen oft nur der Halskragen behaart. Beine in beiden Geschlechtern wohl entwickelt. Das flache Schienenblättchen kurz, zweieckig, vor oder an der Mitte der spärlich behaarten Tibia inseriert. Der 5gliedrige Tarsus mit sexuell dimorphen Klauen (Fig. 11). Paronychien und ein eigentlicher Pulvillus fehlen. Lateral- und Medialklauen des Weibchens annähernd gleich gebaut; die Medialklaue ein wenig schwächer. Die Lateralklaue ist beim Männchen dagegen bedeutend kräftiger als die mediale, diese dafür stark sichelförmig gekrümmt. Das lange Femur ziemlich dicht behaart. Tibia und Tarsen beschuppt. Abdomen des Männchens stets behaart, ventral buschig, das des Weibchens plumper, oberseits etwas spärlicher behaart; oft ganz unbehaart, mit einzelnen borstenartigen Haaren auf dem sonst nackten, glänzenden Rücken, mit seitlicher weiß oder gelb pigmentierter Beschuppung der Segmenteinkerbungen.

Fig. 11. Klauenform bei **Parnassius** F. (schematisch): links ♂, rechts ♀ (nach Bischoff 1932).

Genitalarmatur des Männchens trägt einen Uncus mit 2 Fortsätzen. Subuncus zweihörnig (Subgenus *Doritis* F.), oder zu einer Platte ver-

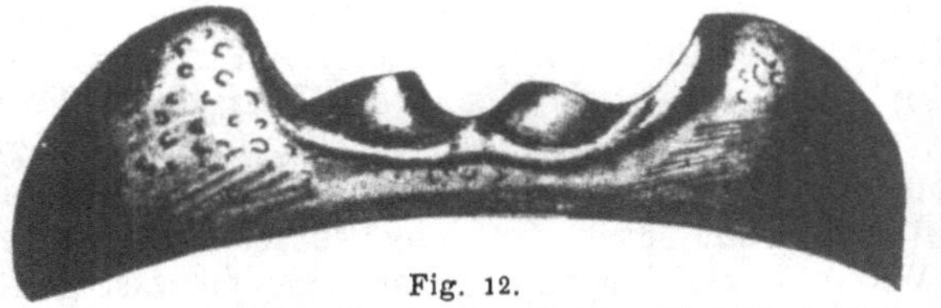

Fig. 12. Sterigma von **Parnassius mnemosyne** L. (Nach Bryk 1918).

schmolzen (Subg. *Parnassius* F.). Valve mehr oder weniger breit schalenartig, ihre Medialseite mit einem stärker chitinisierten, klauenartigen, hakenförmigen Fortsatz. Aedoeagus des Penis röhrenförmig. VIII. Tergit des Männchens 2 seitliche Lappen nach hinten vorspringend. Das begattete Weibchen sphragophor. Die Sphragis, die an das verschieden geformte Sterigma (Fig. 12) angebracht wird, ist bald weißlich bis schmutzigbraun, blasenartig, nachenförmig, mit Längsfurche und nimmt die ganze oder nur $^2/_3$ der Bauchseite ein (subgen. *Doritis* F.), oder sie ist klein, braun und endet mit einem mehr oder weniger stark abgeplatteten, zugespitzten Zipfel, der nur am Hinterleibende befestigt ist; ventral mit oder ohne Kiel (subgen. *Parnassius* F.). Eine Anheftung der Sphragis mit einem Ring kommt bei *Parnassius* nicht vor.

Vorderflügel (Fig. 13) breit, fast rechtwinklig dreieckig mit einem sanft konvex gebogenen Seitenrande, der am Hinterrandwinkel

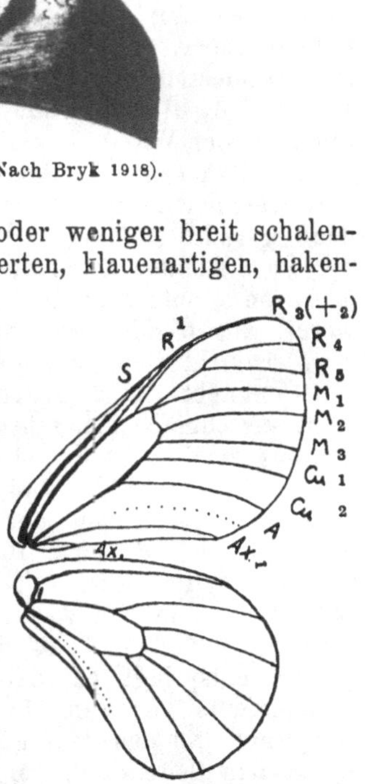


Fig. 13. Flügelgeäder von **Parnassius** F. (Nach Bryk 1915) (1/1).

abgerundet ist. Subcostalrippe frei aus der Wurzel, weit vom Apex, etwa am letzten Drittel in den Vorderrand auslaufend. Radialrippen 4ästig, da ein Radius bei allen *Parnassiinae* verschwunden ist. Die Frage, welcher Radialrippenast der verloren gegangene ist, bezw. anastomisierte, ist strittig. Nach Rebel ist es der 3., nach Stichel der 5., nach LeCerf der 1. Nach Untersuchungen von Bryk, die aus der vergleichenden Morphologie des rezenten Imaginalgeäders, des Subimaginalgeäders und von teratologischen Rückschlägen gemacht wurden, kann es nur $R_2$ sein. $R_1$ verläuft parallel zur Subcostalrippe, hinter dieser in den Vorderrand mündend. $R_2$ fehlt. $R_3$ mündet in den Apex, parallel zu $R_1$ verlaufend, vor der Zellecke entspringend. $R_4$ bildet den vorderen Arm des gegabelten $R_{4+5}$, dessen gemeinsamer Stiel aus der vorderen Mittelzellecke entspringt. $R_5$ bildet den hinteren Arm der radialen Rippengabel; beide verlaufen in das 1. Viertel des Seitenrandes. $M_1$ ist in ihrer Stellung labil; sie entspringt beim Typus aus der vorderen Mittelzellecke an der Basis des gegabelten Radialstiels, öfters jedoch direkt aus dem Stiele mehr oder weniger nahe der Mittelzellecke, in das 1. Drittel des Seitenrandes etwas geschwungen mündend. $M_2$ entspringt frei vor der hinteren Mittelzellecke, parallel zu $M_1$ in den Seitenrand verlaufend. $M_3$ verläuft frei aus der dort gewinkelten hintersten Mittelzellecke fast gerade in den Seitenrand. Im gleichen Abstand voneinander entspringen die wurzelwärts sanft geschwungenen $Cu_1$ und $Cu_2$ frei aus der hinteren Discoidalrippe in den hinteren Teil des Seitenrandes. Die Analrippe ist nur als geschwungene Falte, die in den Hinterrandwinkel mündet, erkennbar. Die vordere Axillarrippe entspringt hinter der Mittelzelle frei aus der Wurzel, unmittelbar vor der Hinterrandecke in den Hinterrand mündend. Die hintere, sehr kurze Axillarrippe entspringt zusammen mit der vorderen aus der Wurzel des Vorderflügels und mündet im 1. Viertel des Hinterrandes. Die länglich ausgezogene Mittelzelle ist geschlossen durch eine gebogene oder schwach gewinkelte Querrippe. Hinterflügel fast eirund, nach der Flügelwurzel sich verjüngend. Vorderrand, an der Wurzel etwas lappenartig vorspringend, fast gerade verlaufend, schwach gebogen in den Seitenrand mündend. Dieser konvex rund mit gerundetem Hinterrandwinkel. Hinterrand zuerst sanft konkav ausgebuchtet, dann gerade verlaufend. Die Subcostalrippe ist stark reduziert und mit der $R_1$ nahe der Basis des Flügels zu einer Rippe verwachsen. Ihr Praecostalsporn entspringt aus ihrem Scheitel; er ist einfach, der Vorderflügelwurzel zugewendet, stumpf gekerbt ohne jede Biegung und ist peroneur, d. h. erreicht den Lateralrand nicht. Die ganz kleine, schmale Humeralzelle entsteht durch Gitterung der an der Wurzel mit der Subcostalrippe nicht verschmolzenen, schwach betonten obersten Radialrippe, ist bloß rudimentär erhalten, vorn stark rückgebildet, so daß sie peroneur ausläuft. $R_1$ verläuft, mit der Subcostalrippe an der Basis verwachsen, sanft geschwungen ganz nahe dem Vorderrande in die gerundete Vorderrandecke. $R_2$ fehlt. $R_4$, die mit $R_3$ verwachsen ist, entspringt im 1. Flügeldrittel frei aus dem vorderen Teile der Discoidalrippe, etwas gebogen, fast parallel zur $R_1$ in den vordersten Teil des Seitenrandes unterhalb der Vorderrandecke mündend. $R_5$ ist mit der $M_1$ zu einer Rippe verschmolzen (Bryk), entspringt parallel zu $R_4$ aus dem vorderen Winkel der Mittelzellquerrippe vor dem 1. Flügeldrittel in den Seitenrand mündend. $M_2$ entspringt frei aus dem gewinkelten Scheitel der Mittelzellrippe parallel zu $R_5$ in den Seitenrand. $M_3$ entspringt frei aus dem hintersten Winkel der Mittelzelle etwas schief, nach hinten in den Seitenrand mündend. $Cu_1$ zieht sich frei aus dem hinteren, stumpf gewinkelten Arm der Mittelzellrippe divergierend mit $M_3$ in den Seitenrand. Knapp vor der Rundung des Seitenrandes in den Hinterrandwinkel mündet die aus dem hintersten Arme der Mittelzellrippe entspringende $Cu_2$ in den Seitenrand. Die Falte der rückgebildeten Analrippe ist ganz undeutlich. $Ax_1$ entspringt frei aus der Hinterflügelwurzel hinter dem Discus, in das hinterste Viertel des Hinterrandes mündend. $Ax_2$, die bei *Baronia* Salv. noch erhalten ist, fehlt. Der Discus ist geschlossen. Auf dem Vorderflügel an der Wurzel wurde von E. Fischer ein Basaldorn als „Kokonschlitzer" entdeckt, der aber nicht bei allen Arten auffindbar ist.

Mittelgroße oder sehr große Falter mit weißer, gelber oder rauchbrauner Grundfarbe, schwarzer oder grauer Zeichnung, mehr oder weniger starker Verglasung des Seitenrandes des Vorderflügels, bisweilen mit Prachtflecken auf Vorder- und oft auf Hinterflügeln, die dort zu 2 sog. Augenflecken („Ocellen") sich herausdifferenziert haben. Wurzelflecke unterseits oft rot. Bei einem einzigen Vertreter der Gattung (*Parnassius orleans* C. Oberth.) blaue Randaugen in der Submarginalbinde des Hinterflügels.

Ei konisch oder flach. Raupe walzenförmig, bisweilen beiderseits verjüngt, mit Nackengabel; ihr kleiner Kopf mit kurzbehaarten Warzen besetzt. Die Puppe ist dick, stumpf, unbeweglich mit deutlichem Mimocremaster (Bryk in: Ent. Tidskr., 1922, *v.* 42 p. 139 f. 1, 2), der 2 Fortsätze trägt, und weißlich bereift ist. Die Verpuppung erfolgt in einem losen Gespinst. Die Falter kommen vorwiegend im Gebirge vor und fliegen bei Sonnenschein; sie treten oft nur lokal, aber zuweilen in Massen auf. Sie haben nur eine Generation. Die Zeichnung der Arten ist unbeständig, sexuell digryph.

Palaearktische und nearktische Verbreitung: Europa (mit Ausschluß von Großbritannien, Holland und Belgien), Klein-, Mittel-, Nord-, Ostasien mit Japan, Nordamerika bis Alaska.

Die Gattung *Parnassius* F. wurde zuerst von F. Moore (1902) in selbständige Gattungen eingeteilt und zur Begründung der Aufteilung wurde die Morphologie der Sphragis als generisches Merkmal benutzt. Von dieser Einteilung nehmen wir Abstand, weil in diesem Falle oft für eine Species mit grundaus verschiedener Sphragis aber sonst ähnlichem Habitus und gleichem Geäder eine eigene Gattung postuliert werden müßte. Später wurde sie von Sokolow in 2 Gattungen: *Parnassius* F. und *Doritis* F. zerlegt. Als Kriterium zum durchgreifenden Unterscheidungsmerkmal könnte man den einheitlichen Bau der Genitalien und Sphragis einerseits bei der *apollo*-Gruppe, andrerseits bei der *mnemosyne*-Gruppe benutzen. Sokolow (1929) hat dementsprechend die Mooreschen Gattungen als Untergattungen beibehalten.

Von M. Hering (1932) wurden auf Grund sorgfältiger morphologischer Untersuchungen am männlichen Genitalapparate, dem Schienenblättchen des 1. Beinpaares und am VIII. Tergit des Männchens sämtliche Arten der Gattung *Parnassius* (sensu auctorum) in 6 Arten zusammengezogen, während die in herkömmlichem Sinne übrigen Arten als Unterarten aufgefaßt werden. Dieser zu weitgehenden Einteilung wurde hier nicht gefolgt, weil wichtige Charaktere wie Geäder, Zeichnungsanlage und Sphragis in den Kreis seiner Schlußfolgerungen nicht mit hineinbezogen wurden.

Übersicht der Artengruppen von *Parnassius* F.:

1. Männchen: Uncus der Genitalarmatur mit stiftförmigen Subunci; Valve in Form einer mächtig entwickelten Schale mit Fortsatz; VIII. Tergit mit 2 großen, lappenförmigen Vorsprüngen. Weibchen: Sphragis groß, einfach, nachenförmig, gelblich, den Leib etwas lateral umfassend, unten mit Längsfurche . . . . . . . . . . . . . . . . . . . . . mnemosyne-Gruppe
(*P. mnemosyne, stubbendorfi, eversmanni, nordmanni, clarius, clodius, orleans*).

— Männchen: Uncus der Genitalarmatur ohne Subunci, anstatt deren mit helmförmiger Schale; Valve in Form einer schmalen Schale mit Haken. VIII. Tergit hufeisenförmig. Weibchen: Sphragis klein, blattähnlich, distal zugespitzt, braun, meist gekielt . . . . . . . . . . . . **apollo-Gruppe**
*(P. apollonius, honrathi, bremeri, phoebus, tianschanicus, actius, jacquemontii, epaphus, nomion, apollo).*

Übersicht der Arten:

| | | |
|---|---|---|
| 1 | Antennen nackt, ganz schwarz — 2 | |
| | Antennen wenigstens teilweise weißlich oder gelblich beschuppt — 11 | |
| 2 | Hinterflügel und Vorderflügel ohne Rot (bzw. Orange oder Gelb) — 3 | |
| | Hinterflügel (bisweilen auch der Vorderflügel) mit roter (orange, gelber), schwarz eingesäumter Fleckung — 4 | |
| 3 | Mittelzellfleck länglich, schmal, bindenartig, graphitgrau . | **2. P. stubbendorfi** |
| | Mittelzellfleck schwarz, fleckenartig . . . . . . . . . . | **1. P. mnemosyne** |
| 4 | Hinterflügel unterseits mit Rot in den Wurzelflecken — 5 | |
| | Hinterflügel unterseits ohne Wurzelflecke — 10 | |
| 5 | Hinterflügel mit blauen Flecken in der Submarginalbindenzone . . . . . . . . . . . . . . . . . . . . . | **7. P. orleans** |
| | Hinterflügel ohne Blau — 6 | |
| 6 | Submarginalbinde in lose, schwarze Punkte aufgelöst . . | **8. P. apollonius** |
| | Submarginalbinde durchlaufend — 7 | |
| 7 | Fransen auch am Hinterflügel mehr oder weniger deutlich gescheckt . . . . . . . . . . . . . . . . . . . . | **9. P. honrathi** |
| | Fransen am Hinterflügel nicht gescheckt — 8 | |
| 8 | Hinterflügel oberseits mit wenigstens einem Wurzelfleck mit rotem Kern . . . . . . . . . . . . . . . . . . | **10. P. bremeri** |
| | Hinterflügel oberseits ohne roten Wurzelfleck — 9 | |
| 9 | Halskragen des Thorax und unterseitliche Behaarung bzw. Beschuppung des Abdomen schwefelgelb . . . . . . | **3. P. eversmanni** |
| | Halskragen des Thorax und Abdomen ohne Gelb . . . . | **6. P. clodius** |
| 10 | Glassaum mit der verglasten Submarginalbinde zu einem sehr breiten Glasbande vereinigt . . . . . . . . . . | **4. P. nordmanni** |
| | Die dunkle Submarginalbinde vom Glassaum getrennt . . | **5. P. clarius** |
| 11 | Antennenschuppen einfarbig — 12 | |
| | Antennenschuppen mit Ausnahme der Kolbe hell und dunkel geringelt — 13 | |
| 12 | Befransung der Rippenmündungen mindestens des Hinterflügels einfarbig . . . . . . . . . . . . . . . . . | **17. P. apollo** |
| | Befransung der Rippenmündungen auch des Hinterflügels scharf schwarz gefleckt, oder es ist ein dunkles Saumband vorhanden, das zwischen den Rippen scharf und ausgedehnt hell geteilt ist . . . . . . . . . . . . | **16. P. nomion** |
| 13 | Schwarz des Hinterrandflecks des Vorderflügels, falls vorhanden, auf die Unterseite nicht durchschlagend — 14 | |
| | Das Schwarz des Hinterrandflecks am Vorderflügel mehr oder weniger stark durchschlagend — 15 | |
| 14 | Wurzelfleck im Hinterflügel oberseits immer rot . . . . | **13. P. jacquemontii** |
| | Wurzelfleck im Hinterflügel oberseits nicht vorhanden . . | **11. P. phoebus** |
| 15 | Das Weiß der gescheckten Fransen auf dem Hinterflügel auch internerval deutlich auf das Glasband übergreifend; Sphragis ohne Kiel . . . . . . . . . . . . . . . . . | **14. P. epaphus** |
| | Das Weiß auf dem Glasband des Hinterflügels nicht oder ganz undeutlich vorhanden; Sphragis mit Kiel — 16 | |

16 Flügelschnitt robust, gedrungen, mit kräftiger, großer Fleckung, Flügel dünner beschuppt, zwischen $M_3$ und $Cu_1$ auf dem Vorderflügel und zwischen beiden Augenflecken auf dem Hinterflügel in beiden Geschlechtern mehr oder weniger stark schwarz überpudert, Glasband breit, in beiden Geschlechtern stets den Hinterrand erreichend . . . . . . . . . . . . . . . . . . . . . . 15. **P. tianschanicus**

Flügelschnitt etwas spitz ausgezogen, gestreckt. Fleckung, besonders des Hinterrandflecks im Vorderflügel zierlicher, Flügel dichter weiß beschuppt, die bei *P. tianschanicus* erwähnte Überpuderung beim ♂ nicht vorhanden, Glasband beim Männchen bedeutend kürzer . 12. **P. actius**

## I. **Mnemosyne**-Gruppe (= *Doritis* F.)

Antennen schwarz. VIII. Tergit des Männchens in Planansicht 2 große, caudalwärts ausgedehnte Vorsprünge aufweisend, die eine verbreitete Einbuchtung einschließen. Diese beiden großen Lappen schließen die sehr großen Valven ein, die eine mächtig entwickelte Schale darstellen, die an der Ventralseite in einen stärker chitinisierten Fortsatz ausgezogen ist. Uncus gegabelt, mit 2 stiftförmigen Subunci an der Ventralseite. Aedoeagus langgestreckt, oralwärts wenig verdickt, mit außerordentlich kleinem Orificium. Sphragis des Weibchens hellgelblich, nachenförmig, in der Länge variabel.

Typus: *Parnassius mnemosyne* L.

1. **P. mnemosyne** L. 1753 *Papilio hexapus alpicola minor*, Uddman, Nov. Ins. Spec., p. 28 (reimpr. v. Panzer p. 28 (1793) | 1758 *P. (Heliconius) mnemosyne*, Linné, Syst. Nat., ed. 10 p. 465 | 1761 *P. (H.) m.*, Linné, Fauna Svec., ed. 2 p. 269 | 1761 *P. crataegi* var., Poda, Ins. Mus. Graec., p. 63 | 1767 *P. (Heliconius) mnemosyne*, Linné, Syst. Nat., ed. 12 *v.* 1 II p. 754 | 1775 *P. Parnassius m.*, J. C. Fabricius, Syst. Ent., p. 466 | 1777 & 1780 *Papilio m.*, Esper, Eur. Schmett., pars 1 *v.* 1 p. 1 t. 2 f. 2; contin. *v.* 2 p. 48—49 t. 58 (contin. 8) f. 5 (sphragis) | 1779 *P. m.*, Bergsträßer, Nomencl. Beschr. Ins., t. 99 f. 1, 2, 3 (♂, ♀) | 1779 *P. m.*, Ernst & Engramelle, Pap. Eur., *v.* 1 p. 201 t. 48 f. 100a, b (♂), 100c (sphragis) | 1782 *P. m.*, Amstein in: N. Mag. Ent. Fuessly, *v.* 1 p. 184 | 1787 *P. m.*, D. H. Schneider, Syst. Beschr. Eur. Schmett., *v.* 1 p. 60 | 1788 *P. m.*, Borkhausen, Naturg. Eur. Schmett., *v.* 1 p. 116, 252 | 1789 *P. m.*, Villers, Linn. Ent., *v.* 2 p. 6 t. 4 f. 2 | 1789 *P. m.*, H. G. Lang, Verz. Schmett., ed. 2 p. 7 | 1792 *P. m.*, J. F. W. Herbst in: Jablonsky & (J. F. W. Herbst), Naturs. Ins. Schmett., *v.* 5 p. 47 t. 85 f. 5, 6 | 1793 *P. m.*, J. C. Fabricius, Ent. syst., *v.* 3 I p. 182 | 1793 *P. m.*, Panzer, Faun. Ins. Germ., pars 3 p. 34, pars 4 p. 21 | 1805 *P. m.*, Jac. Hübner (& C. Geyer), Samml. Eur. Schmett., *v.* 1 p. 61 f. 398 (♂) | 1805 *P. m.*, Ochsenheimer, Schmett. Sachs., *v.* 1 p. 407 | 1807 *Doritis m.*, (J. C. Fabricius in:) Illiger in: Mag. Ins.-Kunde, *v.* 6 p. 283 | 1808 *Papilio m.*, Ochsenheimer (& Treitschke), Schmett. Eur., *v.* 1 II p. 139 | 1816 *Parnassis m.*, Jac. Hübner, Verz. Schmett., p. 90 | 1818 [1817] *Doritis m.*, Meisner in: Naturw. Anz. Schweiz. Ges., *v.* 1 p. 4 | 1819 *Parnassius m.*, Latreille (& J. B. Godart) in: Enc. méth., *v.* 9 p. 80 | 1822 *Doritis m.*, J. B. Godart & Duponchel, Hist. Lép., *v.* 2 p. 21 t. 2 f. 3 (♂) | 1827 *Parnassius m.*, W. Kirby & Spence (Übers. Oken), Einleit. Ent., *v.* 3 p. 683 (squamae) | 1829 *Doritis m.*, Meigen, Syst. Beschr. Eur. Schmett., *v.* 1 p. 11 t. 4 f. 3 (♀) | 1833 *Papilio (Heliconius) m.*, Herr, Anleit. Schmett. Raup., Abt. 1 p. 105 | 1835 *Parnassius m.*, Lamarck, Hist. An. s. Vert., ed. 2 *v.* 4 p. 256 | 1836 *P. m.*, Boisduval, Spec. gén. Lép., *v.* 1 p. 401 | 1839 *Doritis m.*, Freyer, N. Beitr. Schmett.-Kunde, *v.* 3 pars 37 p. 37 f. 217 (♂) (larva, puppa) | 1840 *Parnassius m.*, Boisduval, Gen. Index Eur. Lep., *v.* 1 p. 3 (sphragis) | 1851 *P. m.*, C. Siebold in: Z. wiss. Zool., *v.* 3 p. 61 (biol.) | 1851 *P. m.*, C. Siebold in: Ent. Zeit. Stettin, *v.* 12 p. 179 (biol.) | 1851 *Doritis m.*, C. Keferstein in: ibid., *v.* 12 p. 325 | 1852 *Parnassius m.*, Meyer-Dür in: N. Denk. Schweiz. Ges., *v.* 12 p. 20 (biol.) | 1856 *P. m.*, Ad. Speyer, D. Schmett.k., p. 74 | 1858 *P. m.*, Ad. & Aug.

Speyer, Geogr. Verbr. Schmett., *v.* 1 p. 282 | 1859 *Doritis m.*, Heinemann, Schmett. Deutschl., *v.* 1 p. 99 | 1861 *D. m.*, O. Wilde, Pfl. Raup. Deutschl., *v.* 1 p. 59 (larva, pupa) | 1864 *Parnassius m.*, Werneburg, Beitr. Schmett.k., *v.* 1 p. 200, 339, 358, 385; *v.* 2 p. 4, 11, 71, 92, 131, 157, 218, 300 | 1869 *P. m.*, A. G. Butler, Cat. diurn. Lep. Fabr., p. 232 | 1870 *P. m.*, Heyden in: Ber. Offenb. Ver., *v.* 20 p. 48 (biol.) | 1871 *P. m.*, Staudinger (& Wocke), Cat. Lep. Eur. Faunengeb., p. 2 | 1874 *Doritis m.*, Kaltenbach, Pflanzenfeinde, p. 23 (biol.) | 1879 *Parnassius m.*, M. Sand, Cat. Lép. Berry, p. 25 | 1880 *P. m.*, H. Frey, Lep. Schweiz, p. 3 (biol.) | 1884 *P. m.*, H. C. Lang, Butt. Eur., *v.* 1 p. 20 t. 4 f. 4, t. 5 f. 7 (larva) | 1886 *P. m.*, Elwes in: P. zool. Soc. London, p. 44 | 1888 *P. m.*, H. Röder in: Ent. Nachr., *v.* 14 p. 316 | 1889 *P. m.*, Austaut, Parnass. paléarct., p. 155 t. 23 f. 1, 2 | 1892 *P. m.*, Spuler in: Zool. Jahrb., Syst. *v.* 6 p. 475 (nervat.), p. 480 t. 22 f. 13a–d (squamae) | 1892 *P. m.*, Rebel & Rogenhofer in: Jahresber. Wien. ent. Ver., *v.* 3 p. 67 | 1893 & 95 *P. m.*, F. Rühl & A. Heyne, Palaearkt. Groß-Schmett., *v.* 1 p. 114, 706 | 1896 *P. m.*, W. F. Kirby, Handb. Lep., *v.* 2 p. 238 | 1896 *P. m.*, E. Reuter in: Acta Soc. Sci. Fenn., *v.* 22 p. 6 (palpae) | 1897 *P. m.*, T. Eimer, Orthogen. Schmett., p. 157, 216, 225, 341 f. 48 (♂) | 1897 *P. m.*, Acloque, Faune France, Ins. p. 229 | 1899 *P. m.*, J. H. Watson in: Mem. Manchest. Soc., *v.* 43 nr. 11 p. 20 t. 6 f. 4 (nervat.) | 1901 *P. m.*, O. Staudinger & Rebel, Cat. Lep. Palaearct. Faunengeb., ed. 3 *v.* 1 p. 8 | 1901 *P. m.*, Hofmann-Spuler, Schmett. Eur., *v.* 1 p. 4 t. 2 f. 15 | 1902 *Doritis m.*, F. Moore, Lep. Ind., *v.* 5 p. 123 | 1903—05 *Parnassius m.*, Hofmann-Spuler, Raup. Schmett. Eur., t. 1 f. 5 (larva, pupa) | 1905 *P. m.*, Aigner-Abafi in: Rovart. Lapok, *v.* 12 p. 110 | 1906 *P. m.*, H. Stichel in: Seitz, Großschmett. Erde, *v.* 1 p. 20 t. 10e | 1906 *P. m.*, H. Stichel in: Berlin. ent. Z., *v.* 51 p. 81 (nervat.) | 1907 *P. m.*, H. Stichel in: Gen. Ins., *v.* 58 p. 9 f. 12 (nervat. monstr.), p. 10—12 (cohors *mnemosyneformes*) | 1907—11 *P. m.*, Verity, Rhop. palaearct., p. 97, 319, XXIII | 1909 *P. m.*, Rebel, Berges Schmettb., ed. 9 p. 9 t. 2 f. 1, 3a (larva) | 1909 *P. m.*, Fr. Hoffmann in: Krancher, Ent. Jahrb., *v.* 18 p. 180 (biolog.) | 1911 *P. m.*, A. Pagenstecher in: Jahrb. Ver. Nassau, *v.* 64 p. 263—310 | 1911 *P. m.*, Turati & Verity in: Bull. Soc. ent. Ital., *v.* 42 p. 193, 194 (copula sodom.) | 1912 *P. m.*, 3 (= Bryk) in: Soc. ent., *v.* 27 p. 64—66 | 1912 *P. m.*, Niepelt in: Int. ent. Z., *v.* 6 p. 260 (Ausrottung) | 1912 *P. m.*, Bryk in: Soc. ent., *v.* 27 p. 24—25, 38—40, 48—50, 52—53, 61—62, 71—74, 81, 82 (Nota) 87—89, 99—101, 106—107 (variabilitas) | 1913 *P. m.*, Eckstein, Schmett. Deutschl., *v.* 1 p. 54 | 1913 *P. m.*, Le Cerf in: Ann. Hist. nat. Perse, *v.* 2 Ent. nr. 2 p. 18 f. 32a (nervat. ant.) | 1913 *P. m.*, Mendes in: Broteria, *v.* 11 p. 136 | 1913 *P. m.*, Bryk in: Soc. ent., *v.* 28 p. 14—16, 23—24 | 1914 *P. m.*, Bryk in: Soc. ent., *v.* 29 p. 42—44, 60—62, 66—68 | 1915 *P. m.*, Pax in: Jahresber. Schles. Ins.k., *v.* 8 p. 7 (Aussterben) | 1917 *P. m.*, Bryk in: Arch. Naturg., *v.* 82 A 5 p. 38, 40, 41, 42, 45, 46, 53, 65, 71, 73, t. 1 f. 4, 10, 13, 20, 27 [nervat.] | 1918 *P. m.*, Gönner in: Ent. Rundsch., *v.* 35 p. 21 f. 4 (nervat. ♀) | [1918] *P. m.*, Bryk, Parnassius Apollo Formenkreis, p. 61 (squamae) | 1919 *P. m.*, Bryk in: Ent. Tidskr., *v.* 40 p. 39 (nervat.) | 1919 *P. m.*, Bryk in: Soc. ent., *v.* 34 p. 29—31 [Sep. 1912—1919, p. 1—63, 4 fol. (Einschub), t. I—XVII (44 fig.)] | 1922 *P. m.*, Dürck in: Ent. Rundsch., *v.* 39 p. 37 (biol.) | 1922 *P. m.*, Ris in: H. Fruhstorfer in: Soc. ent., *v.* 37 p. 34 (nervat.) | 1922 [1923] *P. m.*, Bryk in: Strand, Lep. Cat., *v.* 27 p. 165—192, 233 | 1924 *P. m.*, Aichele in: Soc. ent., *v.* 39 p. 47 | 1925 *P. m.*, Vorbrodt in: Int. ent. Z., *v.* 19 p. 266—270 (hibernatio larvae, sphragis) | 1929 *Doritis m.*, Sokolov in: Rev. Russe Ent., *v.* 23 p. 61, 62, 63, 70 t. 1 f. 4 (♂ genit.) | 1932 *Parnassius m.* (part.), M. Hering in: Mt. Mus. Berlin, *v.* 18 p. 283, 290; p. 289 Fig. b (geogr. Verbrtg.), p. 303 f. 1 (Schienenblättchen) p. 305 f. 40 (VIII. Tergit maris), p. 313 f. 114 (valva, uncus) | 1932 *P. m.*, Döderlein, Best.-Buch Land- Süßw.-Tiere, Ins. *v.* 2 p. 134 f. 90 (♂) | 1932 *P. m.*, M. Hering in: Tierw. Mitteleur. (Ergänzbd. Schmett.), p. 527.

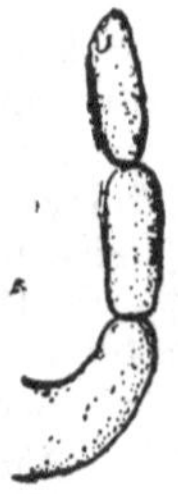

Fig. 14. Palpus von **Parnassius mnemosyne** L. (Original).

Antennen und Augen schwarz. Palpen (Fig. 14) mäßig groß, ihr 3. Glied etwas kleiner als das 2. Saumlinie der Flügel schwarz, Befransung des Vorderflügels in der Regel schwarz, an der Spitze heller, auf dem Hinterflügel schwarz, hell untermischt. $M_1$ verwächst mit $R_4 + R_5$ vor der vorderen Discusecke. Zeichnung ohne Rot, sexuell stark digryph. Die Submarginalbinde des Vorderflügels bei den meisten Subspecies mit der Marginalbinde zu einem breiten Glasbande vereinigt, bei den übrigen Rassen durch helle Mondflecke (Lunulae) getrennt. Der Endzellfleck des Vorderflügels bei der Mehrzahl der Subspecies vorn die Discoidalrippe nicht wie bei den übrigen Vertretern der Gattung *Parnassius* überschreitend. Rippen unterseits nicht beschuppt, Flügel auch sonst bis auf die 2 Discoidalflecke des Vorderflügels zeichnungslos. Männchen: Grauer Stirnbüschel mit Schwarz untermischt. Thorax und Abdomen schwarz, grau behaart. Abdomen verdickt mit schwachem, kegelähnlichem Ende. Hinterrandfleck

Fig. 15.
VIII. Tergit des Männchens von **Parnassius mnemosyne** L. (Nach M. Hering 1932) (15/1).

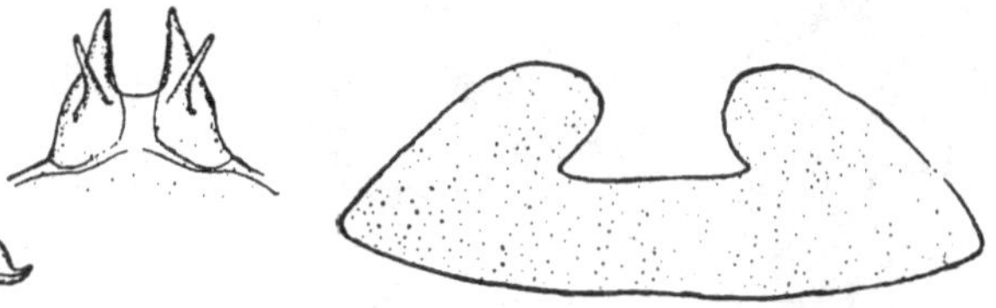

Fig. 16.
Valve (links) und Uncus (rechts) von **Parnassius mnemosyne** L. (Nach M. Hering 1932) (9/1).

fehlt in der Regel dem Vorderflügel. Hinterflügel und Vorderflügel stets ärmer gezeichnet als der des Weibchens, oft ohne jede Zeichnung. VIII. Tergit des Männchens in 2 seitlichen Lappen nach hinten vorspringend (Fig. 16). Uncus (Fig. 15) in 2 basal verbreiterte Fortsätze ausgezogen, ventral mit 2 griffelförmigen Subunci. Der ventral stärker chitinisierte

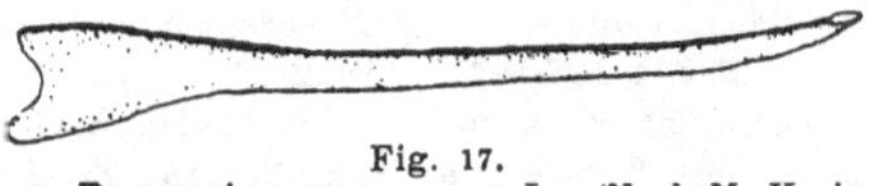

Fig. 17.
Aedoeagus von **Parnassius mnemosyne** L. (Nach M. Hering 1932) (13/1).

Teil der breitschalenförmigen Valven in je einen einwärts gekrümmten Fortsatz ausgezogen. Aedoeagus (Fig. 17) ein langes Rohr, etwas keulenförmig proximal erweitert. Weibchen: Stirnbüschel schwarz. Kragen mit gelbem Anflug. Thorax und Abdomen glänzend schwarz, fast nackt. Tergite lateral mit zitronengelber Seitenlinie. Schienen des 1. Beinpaares gelblich, das Schienenblättchen (Fig. 18) klein, zweieckig, vor der Mitte der Tibia inseriert. Sphragis (Fig. 19, 20) in der Länge variabel, bald lang, bis zum Anfang des Abdomen, ventral sich verjüngend, dementsprechend nachenförmig ausgezogen, bald nur bis zum V. Sternit reichend, blasenartig gewölbt; vorn abgeschnitten, mit feiner ventraler Längsfurche. Sie wird vom Einschnitte des vorletzten Sternites festgehalten, und ist am letzten durch 2 kleine, höckerartige Umstülpungen befestigt. Farbe wachsweiß, horngelblich oder gebräunt. Vorderrandumsäumung des Vorderflügels, besonders an der Wurzel mit gelbem Schimmer. Glasband länger als das des Männchens, ebenso das Subcostalbändchen. Auch sonst

Fig. 18.
Vorderschiene mit Schienenblatt von **Parnassius mnemosyne** L. (Nach M. Hering 1932) (17/1).

reicher gezeichnet. Der Hinterrandfleck fehlt den androtropen Subspecies und Formen. Es ist dünner beschuppt und neigt zum Melanismus (formae: *nigricans, umbratilis*). Der Hinterrand des Hinterflügels unterseits gelblich behaart.

Die Art zerfällt in 125 Unterarten.

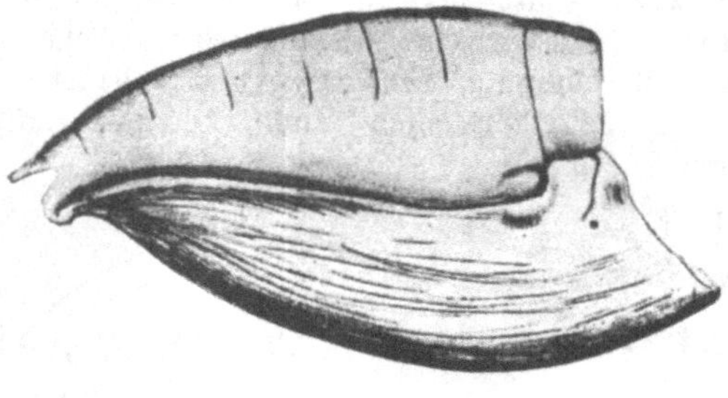

Fig. 19.
Sphragis von **Parnassius mnemosyne** L.
(Nach Bryk 1918) (7/1). (Lateralansicht).

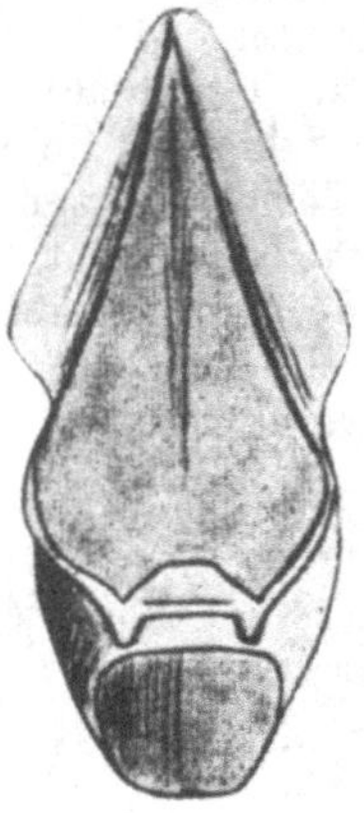

Fig. 20.
Sphragis von **Parnassius mnemosyne** L.
(Nach Bryk 1918) (7/1). (Dorsalansicht).

forma albovenata Kammel 1922 *P. mnemosyne* aberr. *albovenatus*, Kammel in: Z. Österr. Ent.-Ver. Wien, *v.* 7 p. 22 | 1922 [1923] *P. m.* aberr. *a.*, Bryk in: Strand, Lep. Cat., *v.* 27 p. 168 | 1929 *P. m.* aberr. *albovenata*, Bollow in: Seitz, Großschmett. Erde, *v.* 1 Suppl. 1 p. 20.

Das Flügelgeäder oberseits weiß anstatt schwarz beschuppt.

Gießhübel bei Mödling (Niederösterreich).

forma flavidovenata Reißer 1912 *P. mnemosyne tergestus* aberr., Bryk in: Jahrb. Ver. Nassau, *v.* 65 p. 2 t. 1 f. 3 (♂) | 1912 *P. m. t.*, Bryk in: Soc. ent., *v.* 27 p. 87 | 1922 [1923] *P. m.* var. *t.* aberr. (albino, venis flavis), Bryk in: Strand, Lep. Cat., *v.* 27 p. 190 | 1924 *P. m.* aberr. *flavidovenata*, Reißer in: Z. Österr. Ent.-Ver. Wien, *v.* 9 p. 63 | 1929 *P. m.* aberr. *f.*, Bollow in: Seitz, Großschmett. Erde, *v.* 1 Suppl. 1 p. 20 | 1932 *P. m.* subsp. *tergestus f.*, Bryk & Eisner in: Parnassiana, *v.* 2 p. 55.

Das Geäder anstatt schwarz unterseits gelb (Fig. 21).

Uri (Schweiz).

Fig. 21.
**Parnassius mnemosyne tergestus** forma **flavidovenata** Reißer (♂).
(Nach Bryk 1912) (1/1).

forma leucothea Reißer 1924 *P. mnemosyne* aberr. *l.*, Reißer in: Z. Österr. Ent.-Ver. Wien, *v.* 9 p. 61 | 1929 *P. m. mesoleucus* aberr. *l.*, Bollow in: Seitz, Großschmett. Erde, *v.* 1 Suppl. 1 p. 22.

Wie forma *flavidovenata*, aber mit weißen anstatt schwarzen Fransen.

Niederösterreich.

forma perfusa Bryk 1912 *P. mnemosyne* aberr. *p.*, Bryk in: Soc. ent., *v.* 27 p. 87 | 1913 *P. m.* aberr. *p.*, Bryk in: Soc. ent., *v.* 28 p. 16 | 1922 [1923] *P. m.* forma *p.*, Bryk in: Strand, Lep. Cat., *v.* 27 p. 173 | 1929 *P. m.* aberr. *p.*, Bollow in: Seitz, Großschmett. Erde, *v.* 1 Suppl. 1 p. 20.

Der helle Flügelfond mit schwarzen Schuppen bestreut.

Garsten (Steiermark).

Typus: ♂ in coll. C. Eisner, Berlin-Dahlem.

forma subochracea Bryk 1912 *P. mnemosyne* forma *s.*, Bryk in: Soc. ent., *v.* 27 p. 87 | 1922 *P. m. tergestus s.*, Fruhstorfer in: Soc. ent., *v.* 37 p. 23 | 1922 [1923] *P. m.* forma *s.*, Bryk in: Strand, Lep. Cat., *v.* 27 p. 173 | 1929 *P. m.* aberr. *s.*, Bollow in: Seitz, Großschmett. Erde, *v.* 1 Suppl. 1 p. 20.

Verdunkelte ♀ mit gelblichem Flügelgrund und bernsteingelben Rippen unterseits.

Uri (Schweiz).

♀ forma nigricans Bryk nom. nov. 1885 *P. mnemosyne* aberr. *melaina* (part.), Honrath in: Berlin. ent. Z., *v.* 29 p. 273 | 1889 *P. m.* aberr. *m.*, Austaut, Parnass. paléarct., p. 197 t. 8 f. 3 (♀ = transitus) | 1892 *P. m.* aberr. *m.* (part., aberr. nec var.), Rebel & Rogenhofer in: Jahresber. Wien. ent. Ver., *v.* 3 p. 69, (71) | 1893 & 95 *P. m.* aberr. *m.*, F. Rühl & A. Heyne, Palaearkt. Groß-Schmett., *v.* 1 p. 114, 707 | 1897 *P. m.* aberr. *m.*, Neustetter in: Jahresber. Wien. ent. Ver., *v.* 7 p. 32 | 1897 *P. m.* aberr. *m.*, T. Eimer, Orthogen. Schmett., p. 341 f. 223 (♀) | 1901 *P. m.* aberr. *m.*, Gross in: Jahresber. Wien. ent. Ver., *v.* 11 p. 27 | 1901 *P. m.* var. et aberr. *m.*, O. Staudinger & Rebel, Cat. Lep. Palaearct. Faunengeb., ed. 3 *v.* 1 p. 8 (part.) | 1901 *P. m.* aberr. *m.*, Hofmann-Spuler, Schmett. Eur., *v.* 1 p. 4 | 1904 *P. m.* aberr. *m.*, Höfner in: Jahrb. Mus. Kärnten, *v.* 12 p. 185 | 1905 *P. m.* aberr. *m.*, Aigner-Abafi in: Rovart. Lapok, *v.* 12 p. 110 | 1906 *P. m.* aberr. *m.*, H. Stichel in: Seitz, Großschmett. Erde, *v.* 1 p. 20 t. 10 f. (♀) | 1907 *P. m.* aberr. *m.*, Verity, Rhop. palaearct., p. 98 t. XXIII f. 11 (♀) | 1907 *P. m.* aberr. *m.*, Aigner-Abafi in: Rovart. Lapok, *v.* 14 p. 2 | 1907 *P. m.* forma *m.*, H. Stichel in: Gen. Ins., *v.* 58 p. 11 | 1908 *P. m.* aberr. *m.*, Fruhstorfer in: Int. ent. Z., *v.* 2 p. 17 | 1908 *P. m.* aberr. *m.*, Turati in: Natural. Sicil., *v.* 20 t. 2 f. 10 (♀) | 1909 *P. m.* aberr. *m.*, Siegel in: Int. ent. Z., *v.* 3 p. 115 | 1909 *P. m.* aberr. *m.*, Fruhstorfer in: Int. ent. Z., *v.* 3 p. 124 | 1909 *P. m.* aberr. *m.*, H. Stichel in: Berlin. ent. Z., *v.* 54 p. (39) | 1909 *P. m.* aberr. *m.*, Rebel, Berges Schmettb., ed. 9 p. 6 | 1910 *P. m.* aberr. *m.*, Pieszczek in: Jahresber. Wien. ent. Ver., *v.* 20 p. 76 | 1911 *P. m.* aberr. *m.*, Büren v. Salis in: Bull. Soc. lép. Genève, *v.* 2 p. 97 | 1911 *P. m.* aberr. *m.*, A. Pagenstecher in: Jahrb. Ver. Nassau, *v.* 64 p. 308 | 1912 *P. m.* aberr. *m.*, β (= Bryk) in: Soc. ent., *v.* 27 p. 65 | 1912 *P. m.* aberr. *m.*, Pictet in: Mém. Soc. Genève, *v.* 37 p. 186 (♀) (squamae) | 1912 *P. m.* aberr. *m.*, Bryk in: Soc. ent., *v.* 27 p. 73 (sphragis), p. 87, 88 | 1913 *P. m.* aberr. *m.*, Bryk in: Soc. ent., *v.* 28 p. 15 | 1914 *P. m.* aberr. *m.*, Bryk in: Soc. ent., *v.* 29 p. 42 [Sep. p. 22, 40, 41, 42 (Nota 1, 2) (1919)] | 1914 *P. m.* aberr. *m.*, Fr. Hoffmann & Klos in: Mt. Ver. Steierm., *v.* 50 p. 200 | 1918 *P. m.* aberr. *m.*, Emil Hoffmann in: Z. Ins.-Biol., *v.* 14 p. 155 | 1922 [1923] *P. m.* forma *m.*, Bryk in: Strand, Lep. Cat., *v.* 27 p. 171–172 | 1927 *P. m.* forma *m.*, O. Bang-Haas in: Horae Macrolep., *v.* 1 p. 100.

Sehr stark verdunkelte Weibchen, Reduzierung des weißen Flügelfonds.

Kötschach (Kärnten).

Typus: ♀ in coll. Brit. Mus. London.

♀ forma umbratilis Fruhst. 1908 *P. mnemosyne* forma *u.*, Fruhstorfer in: Int. ent. Z., *v.* 2 p. 17 | 1911 *P. m.* aberr. *u.*, A. Pagenstecher in: Jahrb. Ver. Nassau, *v.* 64 p. 308 | 1912 *P. m.* aberr. *u.*, [Anonym] in: Jahrb. Ent. Ver. Sphinx, p. 43 | 1912 *P. m.* aberr. *melaina*, Bryk in: Soc. ent., *v.* 27 p. 71 f. 13 ♀ (Sep. 1919, t. V f. 13 ♀) | 1913 *P. m.* aberr. *umbratilis*, Closs in: Int. ent. Z., *v.* 7 p. 158 | 1922 [1923] *P. m.* forma *melaina*, Bryk in: Strand, Lep. Cat., *v.* 27 p. 171 | 1925 *P. m.* aberr. *umbratilis*, Göttler in: Mt. Münch. ent. Ges., *v.* 15 p. 4 | 1932 *P. m.* subsp. *hartmanni* forma *u.*, Bryk & Eisner in: Parnassiana, *v.* 2 p. 51.

Extrem verglaste *nigricans*-Form ohne jede Spur von Weiß.

Oberaudorf (Bayern).

♀ forma hemimelaina Bryk 1913 *P. mnemosyne* forma *h.*, Bryk in: Soc. ent., *v.* 28 p. 16 (Sep. 1919, p. 42) | 1922 [1923] *P. m.* forma *h.*, Bryk in: Strand, Lep. Cat., *v.* 27 p. 170 | 1929 *P. m. tergestus* aberr. *h.*, Bollow in: Seitz, Großschmett. Erde, *v.* 1 Suppl. 1 p. 20.

Vorderflügel wie bei forma *nigricans*, Hinterflügel nicht hyalin.

Erstfeld (Schweiz).

forma minuscula Bryk 1912 *P. mnemosyne* aberr. *minusculus*, Bryk in: Soc. ent., *v.* 27 p. 48 f. 7, p. 72 *(P. m. karjala* aberr. *m.)* (Sep. 1919, p. 21, 22 t. III f. 7 ♂) | 1918 *P. m. calabrica* forma *minuscula*, Turati in: Atti Soc. Ital., *v.* 57 p. 79 (nota 1), t. 7 f. 14 (♂) | 1929 *P. m.* aberr. *m.*, Bollow in: Seitz, Großschmett. Erde, *v.* 1 Suppl. 1 p. 20.

Zwergexemplare. Benennung kaum haltbar.

Ladogisch-Karelien.

Typus: ♂ in coll. C. Eisner, Berlin-Dahlem.

forma lunulata Shelj. 1906 *P. mnemosyne* subsp. + aberr. *athene* (part.), H. Stichel in: Berlin. ent. Z., *v.* 51 p. 88 | 1906 *P. m.* subsp. et aberr. *a.*, H. Stichel in: Seitz, Großschmett. Erde, *v.* 1 p. 20 (part.) | 1909 *P. m.* aberr. *a.*, Schawerda in: Jahresber. Wien. ent. Ver., *v.* 19 p. 88 | 1909 *P. m.* aberr. *a.*, Rebel, Berges Schmettb., ed. 9 p. 8 | 1910 *P. m.* aberr. *a.*, Gramann in: Ent. Z., *v.* 24 p. 19 | 1911 *P. m.* aberr. *a.* + aberr. *nubilosa*, Vorbrodt (& Müller-Rutz), Schmett. Schweiz, *v.* 1 p. 13, 14 | 1911 *P. m.* aberr. *nubeculosus*, Büren v. Salis in: Bull. Soc. lép. Genève, *v.* 2 p. 97 | 1911 *P. m.* aberr., A. Pagenstecher in: Jahrb. Ver. Nassau, *v.* 64 p. 303 | 1912 *P. m.* aberr. *nubilosus*, Rischer in: Jahrb. Ent. Ver. Sphinx, p. 43 | 1912 *P. m.* aberr. *athene*, [Anonym] in: Jahrb. Ent. Ver. Sphinx, p. 41 | 1913 *P. m.* aberr., Ulrich in: Int. ent. Z., *v.* 7 p. 73 | 1913 *P. m.* aberr. *lunulatus*, Sheljuzhko in: D. ent. Z. Iris, *v.* 27 p. 18 | 1914 *P. m.* aberr. *lunulata*, Bryk in: Berlin. ent. Z., *v.* 58 p. 208 | 1914 *P. m.* aberr. *lunulatus*, Bryk in: Soc. ent., *v.* 29 p. 42, 61 | 1914 *P. m.* aberr. *l.*, Bryk in: Lotos, *v.* 62 p. 153 | 1916 *P. m.* aberr. *athene*, A. Grund in: Glasnik Društva Zagreb, *v.* 28 p. 98 | 1917 *P. m.* aberr. *lunulatus*, Skala in: Z. Österr. Ent.-Ver. Wien, *v.* 2 p. 79 | 1922 *P. m.* aberr. *l.*, Kunz in: Z. Österr. Ent.-Ver. Wien, *v.* 7 p. 31 | 1922 [1923] *P. m.* aberr. *l.*, Bryk in: Strand, Lep. Cat., *v.* 27 p. 170 | 1925 *P. m.* var. *nubilosus*, Scheffner in: Soc. ent., *v.* 40 p. 38 | 1929 *P. m.* aberr. *lunulata*, Bollow in: Seitz, Großschmett. Erde, *v.* 1 Suppl. 1 p. 20.

Weiße Mondflecke im Glasbande der Vorderflügel.

Ohne Patriaangabe. Unter den meisten Subspecies mit breitem Glasbande als Zustandsform.

Typus: in coll. L. Sheljuzhko, Kijew.

forma kammeli Kammel (Hirschke & Kunz MS.) 1922 *P. mnemosyne* aberr. *k.*, Kammel in: Z. Österr. Ent.-Ver. Wien, *v.* 7 p. 32 | 1922 *P. m.* aberr. *k.*, Kunz in: Z. Österr. Ent.-Ver. Wien, *v.* 7 p. 32 f. 7, 8 | 1929 *P. m.* aberr. *k.*, Bollow in: Seitz, Großschmett. Erde, *v.* 1 Suppl. 1 p. 20.

Marginalbinde vom Submarginalbande durch eine continuierliche weiße Binde getrennt, was ein Rassenmerkmal der subsp. *adolphi* Bryk ist.

Niederösterreich.

Typen: ♂ ♀ in coll. Strasilla, Wien.

♂ forma elunulata Bryk & Eisner 1932 *P. mnemosyne* subsp. *mixtus* forma *e.*, Bryk & Eisner in: Parnassiana, *v.* 2 p. 55.

Die Mondflecke fehlen im Glasbande des Vorderflügels.

Bérisal (Schweiz).

Typus: ♂ in coll. C. Eisner, Berlin-Dahlem.

forma abducta Kammel 1922 *P. mnemosyne* aberr. *abductus*, Kammel in: Z. Österr. Ent.-Ver. Wien, *v.* 7 p. 22 | 1929 *P. m.* aberr. *abducta*, Bollow in: Seitz, Großschmett. Erde, *v.* 1 Suppl. 1 p. 21 | 1931 *P. m. perkele* forma *radiomarginata*, Bryk & Eisner in: Parnassiana, *v.* 1 nr. 5 p. 4.

Submarginalbinde verschwunden, die Mondflecke greifen sägezahnartig in den Rest des Glasbandes ein.

Pürgstein (Böhmen).

Typus: ♂ in coll. Kammel, Wien.

forma marginata Bryk 1914 *P. mnemosyne bohemien* aberr. *marginata*, Bryk in: Int. ent. Z., *v.* 8 p. 35 | 1914 *P. m. b.* aberr. *m.*, Bryk in: Lotos, *v.* 62 p. 154 f. 2 (♂) | 1922 [1923] *P. m.* aberr. *m.*, Bryk in: Strand, Lep. Cat., *v.* 27 p. 171 | 1929 *P. m.* aberr. *m.*, Bollow in: Seitz, Großschmett. Erde, *v.* 1 Suppl. 1 p. 21 | 1932 *P. m.* subsp. *bohemien* forma *m.*, Bryk & Eisner in: Parnassiana, *v.* 2 p. 28.

Submarginalbinde verschwunden.

Groß Wosek (Böhmen).

Typus: ♂ in coll. C. Eisner, Berlin-Dahlem.

♀ forma ottonis Bryk 1912 *P. mnemosyne bucharana* forma *o.*, Bryk in: Soc. ent., *v.* 27 p. 72, 101 | 1913 *P. m. b.* forma *o.*, Bryk in: Soc. ent., *v.* 28 p. 15, 16 f. 29 (♀) (Sep. 1919, p. 33 t. XI f. 29) | 1922 [1923] *P. m.* forma *O.*, Bryk in: Strand, Lep. Cat., *v.* 27 p. 173 | 1929 *P. m.* aberr. *o.*, Bollow in: Seitz, Großschmett. Erde, *v.* 1 Suppl. 1 p. 21.

Glassaum schmal hell eingefaßt (Fig. 22).

Buchara.

Typus: ♀ in coll. O. Bang-Haas, Blasewitz bei Dresden.

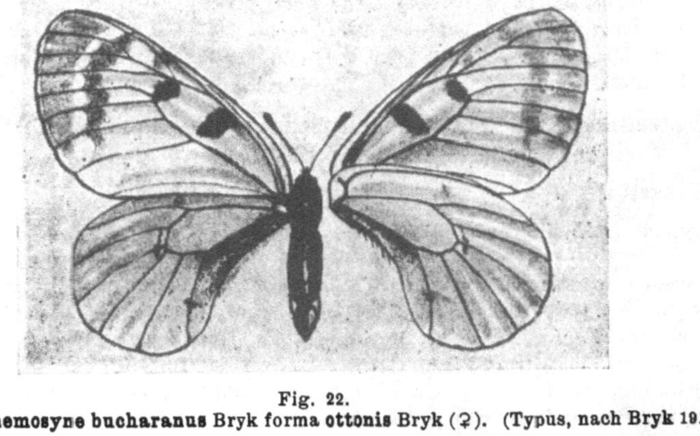

Fig. 22.
**Parnassius mnemosyne bucharanus** Bryk forma **ottonis** Bryk (♀). (Typus, nach Bryk 1913) (1/1).

♂ forma benanderi Bryk 1921 *P. mnemosyne* aberr. *b.*, Bryk in: Soc. ent., *v.* 36 p. 18, 21 | 1922 *P. m.* aberr. *b.*, Bryk in: Soc. ent., *v.* 37 p. 5 | 1922 [1923] *P. m.* aberr. *B.*, Bryk in: Strand, Lep. Cat., *v.* 27 p. 169 | 1929 *P. m.* aberr. *b.*, Bollow in: Seitz, Großschmett. Erde, *v.* 1 Suppl. 1 p. 21.

Subcostalflecke des Vorderflügels fehlen völlig.

Ålands-Inseln.

Typus: ♂ in coll. C. Eisner, Berlin-Dahlem.

♂ forma bergeri Kunz 1922 *P. mnemosyne* aberr. *b.*, Kunz (& Hirschke MS.), in: Z. Österr. Ent.-Ver. Wien, *v.* 7 p. 32 | 1929 *P. m.* aberr. *b.*, Bollow in: Seitz, Großschmett. Erde, *v.* 1 Suppl. 1 p. 21.

Subcostalflecke des Hinterflügels bei Männchen von gynaikotropen Subspecies vorhanden.

Adamello-Gebiet (Italien).

Typus: ♂ in coll. E. Kunz, Frankental.

forma antiquincunx Bryk 1912 *P. mnemosyne* aberr. *a.*, Bryk in: Soc. ent., *v.* 27 p. 89 | 1913 *P. m.* aberr. *a.*, Bryk in: Soc. ent., *v.* 28 p. 14 *(antiquunx)*, 24 | 1914 *P. m.* aberr. *a.*, Bryk in: Soc. ent., *v.* 29 p. 70 | 1914 *P. m.* aberr. *a.*, Bryk in: Berlin. ent. Z., *v.* 58 p. 207 | 1916 *P. m.* aberr. *antiquincunc* (!), A. Grund in: Glasnik Društva Zagreb, *v.* 28 p. 98 | 1922 *P. m. adamellicus* aberr. *antiquincunx*, Kunz in: Z. Österr. Ent.-Ver. Wien, *v.* 7 p. 13 | 1922 *P. m.* aberr. *a.*, Kammel in: ibid., *v.* 7 p. 22 | 1922 [1923] *P. m.* aberr. *a.*, Bryk in: Strand, Lep. Cat., *v.* 27 p. 168 | 1929 *P. m.* aberr. *a.*, Bollow in: Seitz, Großschmett. Erde, *v.* 1 Suppl. 1 p. 21.

Zellendfleck wie bei den übrigen Parnassiern die vordere Discoidalrippe überschreitend.

Bayrische Alpen.

forma ruhmanni Fr. Hoffm. 1912 *P. mnemosyne* aberr. *r.*, Fr. Hoffmann in: Ent. Rundsch., *v.* 24 p. 157 | 1914 *P. m.* aberr. *r.*, Fr. Hoffmann & Klos in: Mt. Ver. Steierm., *v.* 50 p. 200 | 1922 [1923] *P. m.* aberr. *R.*, Bryk in: Strand, Lep. Cat., *v.* 27 p. 173 | 1929 *P. m.* aberr. *r.*, Bollow in: Seitz, Großschmett. Erde, *v.* 1 Suppl. 1 p. 21.

Die beiden Zellflecke des Vorderflügels strichartig schmal.

Niedere Tauern.

forma incerta Bryk 1912 *P. mnemosyne* forma *i.*, Bryk in: Soc. ent., *v.* 27 p. 72 | 1914 *P. m.* forma *i.*, Bryk in: Soc. ent., *v.* 29 p. 60 | 1914 *P. m.* forma *i.*, Bryk in: Berlin. ent. Z., *v.* 58 p. 201 (nota) t. 2 f. 4 (♀) | 1922 [1923] *P. m.* forma *i.*, Bryk in: Strand, Lep. Cat., *v.* 27 p. 170 | 1929 *P. m.* aberr. *i.*, Bollow in: Seitz, Großschmett. Erde, *v.* 1 Suppl. 1 p. 21.

Endzellfleck des Vorderflügels schräge an die hintere Discusrippe gerückt. Ist vielleicht Merkmal einer Subspecies. Benennung kaum haltbar.

Kaukasus?

Typen: in Zool. Mus. Helsingfors.

forma ernestinae Bryk 1913 *P. mnemosyne* aberr. *syra*, Bryk (nec Verity) in: Soc. ent., *v.* 28 p. 65 | 1914 *P. m.* aberr. *ernestinae*, Bryk in: Int. ent. Z., *v.* 8 p. 35 | 1914 *P. m.* aberr. *syra*, Bryk in: Berlin. ent. Z., *v.* 58 p. 208 | 1922 [1923] *P. m.* aberr. *Ernestinae*, Bryk in: Strand, Lep. Cat., *v.* 27 p. 169 | 1929 *P. m.* aberr. *e.*, Bollow in: Seitz, Großschmett. Erde, *v.* 1 Suppl. 1 p. 21 | 1932 *P. m. ariovistus* forma *e.*, Bryk & Eisner in: Parnassiana, *v.* 2 p. 12, 28.

Mittelzellfleck des Vorderflügels reduziert und in der Zelle frei, nicht angelehnt. (Siehe Fig. 49).

Ladogisch-Karelien.

Typus: ♂ in coll. C. Eisner, Berlin-Dahlem.

♀ forma grundi Bryk & Eisner 1916 *P. mnemosyne* aberr. *silesiaca*, A. Grund (nec Fruhstorfer) in: Glasnik Društva Zagreb, *v.* 28 p. 98 | 1932 *P. m.* subsp. *litavia* forma *grundi*, Bryk & Eisner in: Parnassiana, *v.* 2 p. 28 | 1934 *P. m.* subsp. *ariovistus* forma *g.*, Bryk & Eisner, ibid., *v.* 3 p. 4.

Zwischen beiden Zellflecken des Vorderflügels und zwischen dem Mittelzellfleck und der Wurzel eine schwarze Überpuderung, wodurch die Zellflecke mit einem weißen Hof umgeben sind, was bei subsp. *silesiacus* Fruhst. zum Rassenmerkmal gehört.

Leithagebirge (Österreich).

Typus: ♀ in coll. C. Eisner, Berlin-Dahlem.

forma emilii Bryk 1912 *P. mnemosyne* aberr., Bryk in: Soc. ent., *v.* 27 p. 88 f. 7a (♂) (Sep. **1919**, p. 27 t. III f. 7a (♂) | 1914 *P. m.* aberr. *emilii*, Bryk in: Soc. ent., *v.* 29 p. 28 (nota) | 1915 *P. m.* aberr., Bryk in: Arch. Naturg., *v.* 80 A 7 p. 155 | [1918] *P. m.* aberr., Bryk, Parnassius Apollo Formenkreis, p. 67 | 1922 [1923] *P. m.* aberr. *Emilii*, Bryk in: Strand, Lep. Cat., *v.* 27 p. 169 | 1929 *P. m.* aberr. *e.*, Bollow in: Seitz, Großschmett. Erde, *v.* 1 Suppl. 1 p. 21.

Mittelzellfleck im Vorderflügel in 2 Flecke zerlegt.

Monte Bondone (Tirol).

Typus: ♂ in coll. E. Turati, Mailand.

forma halteres Muschamp 1904 *P. mnemosyne* var. *h.*, Muschamp in: Ent. Rec., *v.* 16 p. 52 | 1906 *P. m.* aberr. *h.*, H. Stichel in: Seitz, Großschmett. Erde, *v.* 1 p. 20 | 1907 *P. m.* aberr. *h.*, Verity, Rhop. palaearct., p. 99 | 1907 *P. m.* forma *h.*, H. Stichel in: Gen. Ins., *v.* 58 p. 11 | 1909 *P. m.* aberr. *h.*, Rebel, Berges Schmettb., ed. 9 p. 8 | 1911 *P. m.* aberr. *h.*, Büren v. Salis in: Bull. Soc. lép. Genève, *v.* 2 p. 98 | 1911 *P. m.* aberr. *h.*, Vorbrodt & Müller-Rutz, Schmett. Schweiz, *v.* 1 p. 13 | 1911 *P. m.* aberr. *h.*, H. Stichel in: Z. Ins.-Biol., *v.* 7 p. 302 f. 4 (♀) | 1912 *P. m.* aberr. *h.*, [Anonym] in: Jahrb. Ent. Ver. Sphinx, p. 43 | 1912 *P. m.* aberr. *h.*, Bryk in: Soc. ent., *v.* 27 p. 89, 107 | 1913 *P. m.* aberr. *h.*, Bryk in: Meddel. Soc. Fauna Fenn., pars 39 p. 58 | 1913 *P. m.* aberr. *h.*. Bryk in: Soc. ent., *v.* 28 p. 24 | 1914 *P. m.* aberr. *h.*, Bryk in: Soc. ent., *v.* 29 p. 70 | 1915 & 14 *P. m.* aberr. *h.*, Bryk in: Arch. Naturg., *v.* 80 A 9 p. 140, t. 5 f. 33 (♀) | 1917 *P. m.* aberr. *h.*, Vorbrodt & Müller-Rutz in: Mt. Schweiz. ent. Ges., *v.* 12 p. 433 | 1918 *P. m. calabrica* aberr. *conjuncta*, Turati in: Atti Soc. Ital., *v.* 57 p. (explic. tabulae) t. 7 f. 5 | [1918] *P. m.* aberr. *halteres*, Bryk, Parnassius Apollo Formenkreis, p. 136 t. 5 f. 33 (♀) (part.) | 1922 *P. m.* aberr. *h.*, Bryk in: Soc. ent., *v.* 37 p. 22 | 1922 [1923] *P. m.* aberr. *h.*, Bryk in: Strand, Lep. Cat., *v.* 27 p. 169 | 1929 *P. m.* aberr. *conjuncta*, Bollow in: Seitz, Großschmett. Erde, *v.* 1 Suppl. 1 p. 21 | 1932 *P. m.* subsp. *mixtus* forma *halteres*, Bryk & Eisner in: Parnassiana, *v.* 2 p. 55.

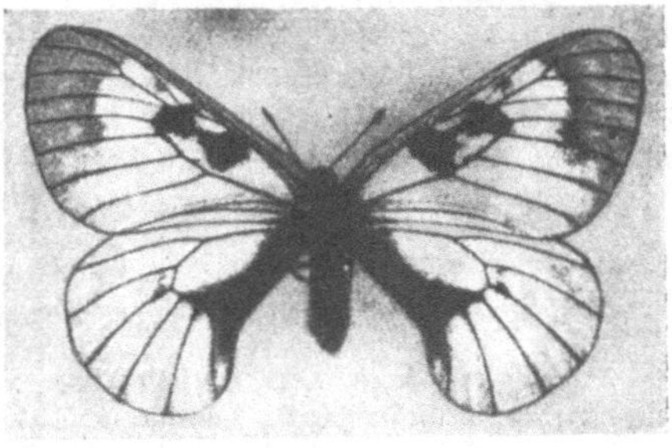

Fig. 23.
**Parnassius mnemosyne mixtus** Fruhst. forma **halteres** Muschamp (♂). (Original, aus coll. C. Eisner, Berlin-Dahlem) (1/1).

Beide Zellflecke durch einen schwarzen Steg verbunden (Fig. 23).

Simplon (Schweiz).

forma confusa Kammel 1922 *P. mnemosyne* var. *adamellicus* aberr. *confusus*, Kammel in: Z. Österr. Ent.-Ver. Wien, *v.* 7 p. 22 f. 5 (♀) | 1929 *P. m.* aberr. *conflua*, Bollow in: Seitz, Großschmett. Erde, *v.* 1 Suppl. 1 p. 21.

Hinterster Analfleck mit der Hinterrandschwärze vereinigt.

Val di Genova.

Typus: ♀ in coll. Kammel, Wien.

forma fermata Bryk 1911 *P. mnemosyne* subsp. *adolphi* aberr. *f.*, Bryk in: Soc. ent., *v.* 26 p. 62 f. 2 (♀) | 1912 *P. m.* aberr. *f.*, Bryk in: Soc. ent., *v.* 27 p. 89, 100 | 1912 *P. m.* aberr. *f.*, β (= Bryk) in: Soc. ent., *v.* 27 p. 66 | 1914 *P. m.* aberr. *f.*, Bryk in: Berlin. ent. Z., *v.* 58 p. 207 | 1915 & 14 *P. m.* aberr. *f.*, Bryk in: Arch. Naturg., *v.* 80 A 9 p. 140, t. 5 f. 33 (♀) (part.) | 1916 *P. m.* aberr. *f.*, A. Grund in: Glasnik Družtva Zagreb, *v.* 28 p. 98 | [1918] *P. m.* aberr. *f.*, Bryk, Parnassius Apollo Formenkreis, p. 136 t. 5 f. 33 (♀) (part.) | 1921 *P. m. calabricus* aberr. *addenda*, Stauder in: Soc. ent., *v.* 36 p. 11 | 1922 [1923] *P. m.* aberr. *fermata*, Bryk in: Strand, Lep. Cat., *v.* 27 p. 169 | 1923 *P. m. calabricus* aberr. *addenda*, Stauder in: Soc. ent., *v.* 38 p. 31 | 1929 *P. m.* aberr. *fermata*, Bollow in: Seitz, Großschmett. Erde, *v.* 1 Suppl. 1 p. 21.

Zwischen Hinterrandfleck und Wurzel des Vorderflügels ein schwarzer länglicher Fleck. (Siehe ssp. *adolphi* Bryk ♀).

Sultanabad (Persien).

Typus: ♀ in coll. C. Eisner, Berlin-Dahlem.

♂ forma maculata Bryk 1912 *P. mnemosyne* aberr. *maculata*, Bryk in: Soc. ent., *v.* 27 p. 112 | 1914 *P. m.* aberr. *m.*, Bryk in: Soc. ent., *v.* 29 p. 61, 67 | 1915 *P. m.* aberr. *m. apollonia*, Kammel in: Ent. Z., *v.* 29 p. 11 | 1922 *P. m.* aberr. *maculata*, Kunz in: Z. Österr. Ent.-Ver. Wien, *v.* 7 p. 13 (nota) | 1922 *P. m.* aberr. *apollonia*, Kammel in: ibid., *v.* 7 p. 22 | 1922 [1923] *P. m.* aberr. *maculata*, Bryk in: Strand, Lep. Cat., *v.* 27 p. 171 | 1929 *P. m.* aberr. *m.*, Bollow in: Seitz, Großschmett. Erde, *v.* 1 Suppl. 1 p. 21 | 1932 *P. m.* subsp. *pythania* forma *m.*, Bryk & Eisner in: Parnassiana, *v.* 2 p. 75.

Männchen mit Hinterrandfleck auf dem Vorderflügel; auch bei Weibchen von androtropen Rassen.

Alai.

forma casta Bryk 1914 *P. mnemosyne* aberr. *c.*, Bryk in: Soc. ent., *v.* 29 p. 44, 62 f. 43 (♀, *P. m.* subsp. *sheljuzhkoi* aberr. *c.*) p. 66 (Sep. 1919, p. 49 t. XVI f. 43 (♀, *P. m.* subsp. *sheljuzhkoi* aberr. *c.*).

Weibchen ohne Hinterrandfleck auf dem Vorderflügel.

Kilikischer Taurus.

Typus: in coll. C. Eisner, Berlin-Dahlem.

♀ forma herrichi Bryk 1909 *P. mnemosyne* forma *taeniata*, H. Stichel in: Berlin. ent. Z., *v.* 54 p. (39) t. 1 f. 4 (♀) (part.) | 1912 *P. m.* aberr. *herrichi*, Bryk in: Soc. ent., *v.* 27 p. 112 | 1914 *P. m.* aberr. *h.*, Bryk in: Soc. ent., *v.* 29 p. 43 | 1922 [1923] *P. m.* aberr. *H.*, Bryk in: Strand, Lep. Cat., *v.* 27 p. 170 | 1929 *P. m.* aberr. *h.*, Bollow in: Seitz, Großschmett. Erde, *v.* 1 Suppl. 1 p. 21.

Subcostalbändchen mit dem Hinterrandfleck zu einer Binde verbunden.

Sultanabad (Persien).

Typus: ♀ in coll. C. Eisner, Berlin-Dahlem.

♂ forma hyalomarginata Em. Hoffm. 1924 *P. mnemosyne-hartmanni* aberr. *h.*, Emil Hoffmann in: Z. Österr. Ent.-Ver. Wien, *v.* 9 p. 23 | 1929 *P. m.* aberr. *h.*, Bollow in: Seitz, Großschmett. Erde, *v.* 1 Suppl. 1 p. 21.

Männchen mit glasigem, breitem Glasbande der Hinterflügel.

Salzburg (Österreich).

forma siegeli Bryk 1912 *P. mnemosyne hassicus* aberr. *s.*, β [= Bryk] in: Soc. ent., *v.* 27 p. 65 f. (♂), 66, 100 | 1912 *P. m.* aberr. *s.*, A. Grund in: Soc. ent., *v.* 27 p. 74 | 1916 *P. m.* aberr. *s.*, A. Grund in: Glasnik Društva Zagreb, *v.* 28 p. 98 | 1918 *P. m.* aberr. *s.*, Gönner in: Ent. Rundsch., *v.* 35 p. 19 f. 1 (♂), 4, 5 (♀) | 1922 *P. m. adamellicus* aberr. *s.*, Kammel in: Z. Österr. Ent.-Ver. Wien, *v.* 7 p. 22 | 1922 [1923] *P. m.* aberr. *S.*, Bryk in: Strand, Lep. Cat., *v.* 27 p. 173 | 1929 *P. m.* aberr. *s.*, Bollow in: Seitz, Großschmett. Erde, *v.* 1 Suppl. 1 p. 21 | 1932 *P. m. hassicus* forma *s.*, Bryk & Eisner in: Parnassiana, *v.* 2 p. 13 | 1934 *P. m.* subsp. *bohemien* forma *s.*, Bryk & Eisner, ibid., *v.* 3 p. 4.

Zwischen Subcostalfleck des Hinterflügels, der verschwinden kann, und der Wurzel ein schwarzer, pastoser Fleck (Fig. 24).

Vogelsberg (Hessen).

Typus: ♂ in coll. C. Eisner, Berlin-Dahlem.

Fig. 24.
**Parnassius mnemosyne hassicus** A. Pagenst. forma **siegeli** Bryk (♂).
(Typus, nach Bryk 1912) (1/1).

forma intacta Krulikowsky 1908 *P. mnemosyne* aberr. *i.*, Krulikowsky in: Soc. ent., *v.* 23 p. 3 | 1909 *P. m.* aberr. *i.*, H. Stichel in: Berlin. ent. Z., *v.* 54 p. (39) | 1909 *P. m.* aberr. *i.*, Rebel, Berges Schmettb., ed. 9 p. 6 | 1911 *P. m.* aberr., Ksienschopolski in: Trudy Wolyn., p. 21 | 1911 *P. m.* aberr. + *P. m.* aberr. *intacta*, A. Pagenstecher in: Jahrb. Ver. Nassau, *v.* 64 p. 308, 309, 310 | 1911 *P. m.* aberr. *i.*, Vorbrodt & Müller-Rutz, Schmett. Schweiz, *v.* 1 p. 14 | 1912 *P. m.* aberr. *i.*, Galvagni & Preißecker in: Jahresber. Wien. ent. Ver., *v.* 22 p. 92 | 1912 *P. m.* aberr. *i.*, β (= Bryk) in: Soc. ent., *v.* 27 p. 66 | 1912 *P. m.* aberr. *i.*, Bryk in: Soc. ent. *v.* 27 p. 106 | 1912 *P. m.* aberr. *i.*, Rischer in: Jahrb. Ent. Ver. Sphinx, p. 43 t. 2 f. 3 | 1914 *P. m.* aberr. *i.*, Bryk in: Berlin. ent. Z., *v.* 58 p. 201, 208 | 1914 *P. m.* aberr. *i.*, Bryk in: Soc. ent., *v.* 29 p. 43 | 1917 *P. m.* aberr. *i.*, Rebel in: SB. Ak. Wien, *v.* 126 p. 284 | 1921 *P. m.* aberr. *i.*, Bryk in: Soc. ent., *v.* 36 p. 21 | 1922 [1923] *P. m.* aberr. *i.*, Bryk in: Strand, Lep. Cat., *v.* 27 p. 170 | 1929 *P. m.* aberr. *i.*, Bollow in: Seitz, Großschmett. Erde, *v.* 1 Suppl. 1 p. 21.

Medianfleck der Hinterflügel völlig oder fast völlig reduziert.

Nordrußland.

♂ forma desintacta Bryk 1921 *P. mnemosyne* aberr. *d.*, Bryk in: Soc. ent., *v.* 36 p. [21] | 1922 [1923] *P. m.* aberr. *d.*, Bryk in: Strand, Lep. Cat., *v.* 27 p. 169 | 1929 *P. m.* aberr. *d.*, Bollow in: Seitz, Großschmett. Erde, *v.* 1 Suppl. 1 p. 21.

Männchen mit Medianflecken am Hinterflügel bei androtropen Subspecies.

Schonen (Südschweden).

forma cardinalis Bryk 1910 *P. mnemosyne* aberr. *taeniata*, Hirschke (nec Stichel 1909) in: Jahresber. Wien. ent. Ver., *v.* 20 p. 133 t. 3 f. 2 (♀) | 1910 *P. m.* aberr. *fasciata*, Rebel in: Verh. Ges. Wien, *v.* 60 p. (219) | 1911 *P. m.* aberr. *f.*, Hirschke in: Jahresber. Wien. ent. Ver., *v.* 21 p. 95 | 1911 *P. m.* aberr. *taeniata* + aberr. *hatteres*, A. Pagenstecher in: Jahrb. Ver. Nassau, *v.* 64 p. 308, 292 | 1912 *P. m.* aberr. *cardinal*, Bryk in: Soc. ent., *v.* 27 p. 112, 101 | 1913 *P. m.* aberr. *c.*, Bryk in: ibid., *v.* 28 p. 15 | 1914 *P. m. strix* aberr. *cardinalis*, Bryk in: Soc. ent., *v.* 29 p. 67 f. 41 (♂) (Sep. 1919 t. XVII) | 1914 *P. m.* aberr. *fasciata,* Fr. Hoffmann & Klos in: Mt. Ver. Steierm., *v.* 50 p. 200 | 1916 *P. m.* aberr. *taeniata*, A. Grund in: Glasnik Društva Zagreb, *v.* 28 p. 98 | 1922 *P. m.* aberr. *cardinalis*, Bryk in: Soc. ent., *v.* 37 p. 5 | 1922 [1923] *P. m.* aberr. *c.*, Bryk in: Strand, Lep. Cat., *v.* 27 p. 169 | 1929 *P. m.* aberr. *c.*, Bollow in: Seitz, Großschmett. Erde, *v.* 1 Suppl. 1 p. 21.

Die beiden schwarzen Augenflecke des Hinterflügels durch einen Steg miteinander verbunden. Rassenmerkmal von ssp. *calabricus* Turati.

Hochschwab (Steiermark).

forma subtus-flavocentrata Bryk & Eisner 1912 *P. mnemosyne* aberr. *Max Barteli*, Bryk in: Soc. ent., *v.* 27 p. 74, 87 (nota 1), 88, 107 | 1914 *P. m.* aberr. *M. B.*, Bryk in: Soc. ent., *v.* 29 p. 70 (Sep. 1919, p. 24, 25 (nota 2; squamae), 37) | 1914 *P. m.* aberr. *Barteli,* Bryk in: Berlin. ent. Z., *v.* 58 p. 207 | 1915 & 14 *P. m.* var. *gigantea* aberr. *Max B.*, Bryk in: Arch. Naturg., *v.* 80 A 9 p. 140, t. 4 f. 28 (♀) | [1918] *P. m.* var. *g.* aberr. *M. B.*, Bryk, Parnassius Apollo Formenkreis, p. 136 t. 4 f. 28 (♀) | 1922 *P. m.* aberr. *M. B.*, Bryk in: Soc. ent., *v.* 37 p. 12 | 1922 [1923] *P. m.* aberr. *M. B.*, Bryk in: Strand, Lep. Cat., *v.* 27 p. 171 | 1929 *P. m.* aberr. *maxbarteli,* Bollow in: Seitz, Großschmett. Erde, *v.* 1 Suppl. 1 p. 21.

Der Medianfleck unterseits mit deutlichem, ockergelbem Kern. Als Rassenmerkmal bei den ssp. *athene* H. Stich., *uralka* Bryk und *ugrjumovi* Bryk.

Issyk-kul.

forma roseopicta Turati 1918 *P. mnemosyne* subsp. *calabrica* aberr. *r.*, Turati in: Atti Soc. Ital., *v.* 57 p. 77 (nota 1) p. 79 t. 7 f. 15 | 1922 *P. m.* aberr. *r.*, Bryk in: Soc. ent., *v.* 37 p. 12.

Benennung kaum haltbar; entspricht der forma *subtus-flavocentrata* mit rosafarbenem anstatt gelbem Anflug.

Aspromonte (Calabrien).

forma flavocentrata Bryk & Eisner 1932 *P. mnemosyne* subsp. *hercyniana* forma *f.*, Bryk & Eisner in: Parnassiana, *v.* 2 p. 14 | 1932 *P. m.* subsp. *athene* forma *f.* (forma *flavoocellata* MS.), Bryk & Eisner in: Parnassiana, *v.* 2 p. 46 | 1932 *P. m.* subsp. *a.* forma *f.*, Bryk & Eisner in: Parnassiana, *v.* 2 p. 64.

Die Gelbkernung des Medianaugenfleckes auch oberseits auf den Hinterflügeln durchschlagend.

Treseburg (Harz).

Typus: ♀ in coll. C. Eisner, Berlin-Dahlem.

forma arenaria H. Stich. 1909 *P. mnemosyne* aberr. *a.*, H. Stichel in: Berlin. ent. Z., *v.* 54 p. (39) t. 1 f. 5 (♀) | 1910 *P. m.* aberr. *arcuata*, Hirschke in: Jahresber. Wien. ent. Ver., *v.* 20 p. 133 t. 3 f. 1 (♂) | 1910 *P. m.* aberr. *arenaria*, H. Stichel in: Int. ent. Z., *v.* 4 p. 92 | 1910 *P. m.* aberr. *arcuata*, Rebel in: Verh. Ges. Wien, *v.* 60 p. (219) | 1911 *P. m.* aberr. *a.* + aberr. *arenaria*, A. Pagenstecher in: Jahrb. Ver. Nassau, *v.* 64 p. 282, 307 | 1912 *P. m.* aberr. *arenaria*, Bryk in: Soc. ent., *v.* 27 p. 106 | 1914 *P. m.* aberr. *arcuata,* Fr. Hoffmann & Klos in: Mt. Ver. Steierm., *v.* 50 p. 200 | 1918 *P. m.* aberr. *a.*, Emil Hoffmann in: Z. Ins.-Biol., *v.* 14 p. 155 | 1922 [1923] *P. m.* aberr. *arenaria*, Bryk in: Strand, Lep. Cat., *v.* 27 p. 168 | 1929 *P. m.* aberr. *a.*, Bollow in: Seitz, Großschmett. Erde, *v.* 1 Suppl. 1 p. 21.

Hinterflügel mit einer bogigen Submarginalbinde.

Bayrische Alpen.

forma perversa Bryk 1912 *P. mnemosyne* subsp. *karjala* aberr. *perversus*, Bryk in: Soc. ent., *v.* 27 p. 48 f. 8 (♂) | 1912 *P. m.* aberr. *bergeri*, Rischer in: Jahrb. Ent. Ver. Sphinx, p. 43 t. 2 f. 6 (♀) | 1912 *P. m.* aberr. *perversus*, Haude in: Soc. ent., *v.* 27 p. 76 | 1914 *P. m.* aberr. *p.*, Bryk in: Soc. ent., *v.* 29 p. 44, 67 | 1914 *P. m.* aberr. *bargeri*, Bryk in: Berlin. ent. Z., *v.* 58 p. 206 | 1922 [1923] *P. m.* aberr. *perversus*, Bryk in: Strand, Lep. Cat., *v.* 27 p. 173 | 1929 *P. m.* aberr. *p.*, Bollow in: Seitz, Großschmett. Erde, *v.* 1 Suppl. 1 p. 21.

Hinterflügel mit 3zelligem Analfleckbande (Fig. 25).

Karelien (Finnland).

Typus: ♂ in coll. C. Eisner, Berlin-Dahlem.

Fig. 25.
**Parnassius mnemosyne karjala** Bryk forma **perversa** Bryk (♂). (Typus, nach Bryk 1912) (1/1).

♂ forma kerneni Bryk 1922 *P. mnemosyne* var. *sire* aberr. *k.*, Bryk in: Soc. ent., *v.* 37 p. 19 f. 15 (♂) | 1922 [1923] *P. m.* var. *s.* aberr. *K.*, Bryk in: Strand, Lep. Cat., *v.* 27 p. 233 | 1929 *P. m.* aberr. *k.*, Bollow in: Seitz, Großschmett. Erde, *v.* 1 Suppl. 1 p. 21.

Männchen mit fehlenden Analflecken.

Macugnaga (Italien).

Typus: ♂ in coll. C. Eisner, Berlin-Dahlem.

forma atroguttata Bryk 1912 *P. mnemosyne* aberr. *a.*, Bryk in: Soc. ent., *v.* 27 p. 101, 107 | 1913 *P. m.* aberr. *a.*. Bryk in: Soc. ent., *v.* 28 p. 24 | 1916 *P. m.* aberr. *a.*, A. Grund in: Glasnik Društva Zagreb, *v.* 28 p. 98 | 1922 [1923] *P. m.* aberr. *a.*,

Fig. 26.
**Parnassius mnemosyne korbi** Bryk formae **atroguttata** Bryk + **halteres** Muschamp (♀).
(Original, aus coll. C. Eisner, Berlin-Dahlem) (1/1).

Bryk in: Strand, Lep. Cat., *v.* 27 p. 169 | 1929 *P. m.* aberr. *a.*, Bollow in: Seitz, Großschmett. Erde, *v.* 1 Suppl. 1 p. 21 | 1933 *P. m. (fruhstorferi & sulmonensis)* aberr. *insulata*, F. Dannehl in: Ent. Z., *v.* 46 p. 232.

Im Discus des Hinterflügels ein schwarzer Fleck (Fig. 26).

Zagreb (Jugoslavien).

Typus: ♀ in coll. C. Eisner, Berlin-Dahlem.

forma habichi Bohatsch 1910 *P. mnemosyne* aberr. *h.*, Bohatsch in: Jahresber. Wien. ent. Ver., *v.* 20 p. 133, 135 t. 3 f. 3 (♀) | 1910 *P. m.* aberr. *h.*, H. Stichel in: Int. ent. Z., *v.* 4 p. 92 (= combinatio *arenaria* + *taeniata*) | 1911 *P. m.* aberr. *h.*, A. Pagenstecher in: Jahrb. Ver. Nassau, *v.* 64 p. 306 | 1913 *P. m.* aberr. *h.*, Bryk in: Soc. ent., *v.* 28 p. 15 | 1914 *P. m.* aberr. *h.*, Fr. Hoffmann & Klos in: Mt. Ver. Steierm., *v.* 50 p. 200 | 1921 *P. m. calabricus* aberr. *Turatii*, Stauder in: Soc. ent., *v.* 36 p. 11 | 1922 [1923] *P. m.* aberr. comb. *Habichi*, Bryk in: Strand, Lep. Cat., *v.* 27 p. 169 | 1923 *P. m. calabricus* aberr. *Turatii*, Stauder in: Soc. ent., *v.* 38 p. 31 | 1929 *P. m.* aberr. *habichi*, Bollow in: Seitz, Großschmett. Erde, *v.* 1 Suppl. 1 p. 21.

Eine Kombination durch Vereinigung der formae: *cardinalis* Bryk + *taeniata* H. Stich.

Hochschwab (Steiermark).

forma semifasciata Hirschke 1913 *P. mnemosyne* aberr. *s.*, Hirschke in: Jahresber. Wien. ent. Ver., *v.* 23 p. VII, VIII | 1914 *P. m.* aberr. *s.*, Fr. Hoffmann & Klos in: Mt. Ver. Steierm., *v.* 50 p. 200 | 1914 *P. m.* aberr. *ulrichi*, Vorbrodt & Müller-Rutz, Schmett. Schweiz, *v.* 2 p. 607 | 1917 *P. m.* aberr. *semifasciata*, Rebel in: SB. Ak. Wien, *v.* 126 p. 248 | 1917 *P. m.* aberr. *ulrichi*, Vorbrodt & Müller-Rutz in: Mt. Schweiz. ent. Ges., *v.* 12 p. 433 | 1922 [1923] *P. m.* aberr. *semifasciata*, Bryk in: Strand, Lep. Cat., *v.* 27 p. 173 | 1929 *P. m.* aberr. *fasciata*, Bollow in: Seitz, Großschmett. Erde, *v.* 1 Suppl. 1 p. 21.

Die Mittelbinde geschlossen (= forma *cardinalis* + f. *perversa*).

Hochschwab (Steiermark).

Typus: ♀ in coll. C. Eisner, Berlin-Dahlem.

♀ forma inversa Bryk 1921 *P. mnemosyne* var. *romani* forma *i.*, Bryk in: Soc. ent., *v.* 36 p. 18 f. 1 (♀) | 1922 *P. m. i.*, Kunz in: Z. Österr. Ent.-Ver. Wien, *v.* 7 p. 32 | 1922 [1923] *P. m.* forma *i.*, Bryk in: Strand, Lep. Cat., *v.* 27 p. 170 | 1929 *P. m.* aberr. *i.*, Bollow in: Seitz, Großschmett. Erde, *v.* 1 Suppl. 1 p. 21.

Fig. 27.
**Parnassius mnemosyne romani** Bryk forma **inversa** Bryk (♀). (Typus) (3/4).

Hinterflügelzeichnung der ♀ völlig reduziert (männlich), wie bei ♂ forma *intacta* (Fig. 27).

Umgebung von Stockholm (Schweden).

Typus: ♀ in coll. C. Eisner, Berlin-Dahlem.

forma posticelongata Turati 1918 *P. mnemosyne calabrica* forma *p.*, Turati in: Atti Soc. Ital., *v.* 57 p. 79 (nota 1), t. 7 f. 14 (♂) | 1922 [1923] *P. m.* aberr. *p.*, Bryk in: Strand, Lep. Cat., *v.* 27 p. 173.

Hinterflügelschnitt ausgezogen. (Name nicht haltbar).

Aspromonte.

Typus: ♂ in coll. E. Turati, Mailand.

Für Studien über die Entstehung des Zeichnungsmusters und über die Entwicklung und Deutung des rezenten Geäders sind die gelegentlich beobachteten Geäderaberrationen von großer Bedeutung (vgl. 1931 Bryk in: Zool. Jahrb., Syst. *v.* 62 p. 149—174 f. 1—32). Aus diesem Grunde werden die bisher benannten Geäderabweichungen kurz aufgeführt:

I. forma metathetica *symplecta*: $R_3$ mit $R_1$ nahe des Apex im Vorderflügel miteinander verschmolzen.

II. forma metathetica *enderleini*: $R_3$ mit dem gemeinsamen Stiel von $R_4 + R_5$ verwachsen.

III. forma metathetica *rebeli*: $M_2$ und $M_3$ entspringen gemeinsam aus der hinteren Mittelzellecke.

IV. forma peroneura *kramlingeriana*: Alle Rippen, außer Sc, $R_1$, Mittelzellrippe, $Ax_1$ und $Ax_2$, peroneur oder atrophiert.

V. forma peroneura *bemmeleni*: Mittelzelle des Vorderflügels zwischen $M_1$ und $M_2$ offen.

VI. forma peroneura *sergeji*: Discus des Hinterflügels vorn offen (Fig. 28).

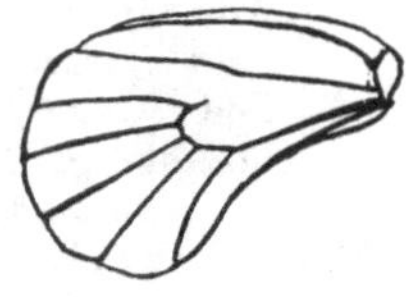

Fig. 28.
**Parnassius mnemosyne** L. forma peroneura **sergeji** Bryk (♂). (Nach Bryk 1913) (1/1).

VII. forma plethoneura *spuleri*: $R_2$ des Vorderflügels rudimentär erhalten.

VIII. forma plethoneura *reuteriides*: Rippenfragment aus $R_5$ (+ $M_1$) des Hinterflügels an der Discoidalrippe entspringend.

IX. forma plethoneura *schulzei*: $M_3$ des Vorderflügels distal gegabelt.

X. forma plethoneura *antintercubitalis*: Zwischen $Cu_1$ und $Cu_2$ des Vorderflügels eine wohlausgebildete Rippe.

XI. forma plethoneura *kolari*: $Cu_2$ auf Vorder- und Hinterflügel distal gegabelt.

XII. forma plethoneura *krulikowskyi*: $Cu_2$ des Vorderflügels distal gegabelt.

XIII. forma plethoneura *intermediata*: Zwischen $M_1$ und $M_2$ eine plethoneure Rippe proximal am Discus des Vorderflügels mit $M_1$ verwachsen, eine Areola bildend (Fig. 29).

Fig. 29.
**Parnassius mnemosyne mixtus** Fruhst. forma plethoneura **intermediata** Bryk & Eisner (♂). (Typus, nach Bryk & Eisner 1931) (1/1).

I—III, V—XII, 1917 Bryk in: Arch. Naturg., *v.* 82 A 5 p. 37, 40, 41, 46, 51, 53, 60, 71 | I—XII, 1922 [1923] Bryk in: Strand, Lep. Cat., *v.* 27 p. 174 | I—XII, 1929 Bollow in: Seitz, Großschmett. Erde, *v.* 1 Suppl. 1 p. 21, 22 | XIII, 1931 Bryk & Eisner in: Parnassiana, *v.* 1 nr. 6 p. 6 f. 5 (♂).

## Gliederung von Parnassius mnemosyne L. nach geographischen Gesichtspunkten.

Um eine leichtere Bestimmung der vielen *mnemosyne*-Rassen zu ermöglichen, sind in der folgenden Übersicht einander nahestehende Rassen zu Rassenkreisen zusammengefaßt worden, die durch das betreffende geographische Areal gekennzeichnet sind. Phänotypisch stark abweichende Rassen wurden mit benachbarten dann vereinigt, wenn diese Differenz als das Ergebnis gynaikotroper oder androtroper Entwicklung gedeutet werden konnte.

I. Fennoskandischer Kreis.

a) Mittelgroße, schwach gezeichnete Rassen. Weibchen in der Regel ohne Hinterrandfleck im Vorderflügel (androtrop):

*mnemosyne* L. (1), *ugrofennicus* Bryk (2), *romani* Bryk (3), hierzu auch als Übergangsrasse zu der folgenden *estonicus* Bryk (6);

b) reicher gezeichnet, Weibchen mit Hinterrandfleck (gynaikotrop):

*karjala* Bryk (8), *poppii* Bryk (9), *perkele* Bryk (7).

II. Nordrussisch-uralischer Kreis.

Gynaikotrop, reich gezeichnet, mit forma *subtus-flavocentrata* als Rassenmerkmal, klein oder mittelgroß:

*ugrjumovi* Bryk (10), *uralka* Bryk (11).

III. Sarmatischer Kreis.

An den vorigen Kreis sich anschließend, jedoch nicht so reich gezeichnet, bald typisch androtrop (*ucrainicus* Bryk), bald zur Gynaikotropie neigend. Die Gelbkernung der Augenflecke unterseits nur in aberrativen Fällen. Klein bis sehr groß:

*ucrainicus* Bryk (14), *weidingeri* Bryk & Eisner (15), *craspedontis* Fruhst. (13).

IV. Kaukasischer Kreis.

Mittelgroß, androtrop oder gynaikotrop:

*caucasius* Verity (12); hierzu könnte die geographisch isoliert stehende *angorae* Bryk (93) am ehesten gezogen werden.

V. Rumänisch-galizischer Kreis.

Mittelgroß, androtrop, schwächer gezeichnet:

*grossei* Bryk (17), *schillei* Bryk (18), *wagneri* Bryk (16), *drenowskyi* Bryk & Eisner (15 a).

VI. Mährisch-böhmischer Kreis.

Mittelgroß bis groß, verhältnismäßig arm gezeichnet, androtrop:

*demaculatus* Fruhst. (19), *bohemien* Bryk (20), *fasselianus* Fruhst. (21), *litavius* Bryk (30); hierzu die gynaikotrope *silesiacus* Fruhst. (22).

VII. Skandinavisch-dänischer Kreis.

Den Übergang von den fennoskandischen zu den schwäbischen bildend, mit mehr oder weniger gut ausgebildeter Mondbinde im Vorderflügel, gut weiß beschuppt:

*argiope* Fruhst. (4), *bang-haasi* Bryk (5); auch *borussianus* Fruhst. (23); hierzu die isoliert stehende, gynaikotrope, reichgezeichnete *krzikallai* M. Hering (24).

VIII. Hessisch-hercynischer Kreis.

Kleine oder mittelgroße, oft reich gezeichnete Rassen, oft mit mela-hyalinen Weibchen:

*hassicus* A. Pagenst. (26), *hercynianus* A. Pagenst. (25).

IX. Schwäbisch-bayrischer Kreis.

Große, dicht weiß beschuppte Rassen mit Mondbinde im Vorderflügel:

*ariovistus* Fruhst. (32), *batavus* Fruhst. (29), *ultrabellus* Fruhst. (28) [und die nach falscher Patriaangabe benannten *esperi* Bryk (50), *comitis* Bryk (48)].

X. Provençalischer Kreis.

Mittelgroß bis groß, mit undeutlichen bis sehr deutlichen Mondflecken. Weibchen mit reduziertem Hinterrandfleck:

*parmenides* Fruhst. (34), *matuta* Bryk (35), *dinianus* Fruhst. (33), *cassiensis* Siepi (36); als Übergangsrasse zu den pyrenäischen und schweizer Rassen *gallicus* Bryk & Eisner (reich gezeichnet, gynaikotrop).

XI. Pyrenäischer Kreis.
Klein oder mittelgroß, reich gezeichnet, gynaikotrop:
*turatii* Fruhst. (37), *vernetanus* Fruhst. (38), *republicanus* Bryk & Peebles (39).

XII. Italo-siculischer Kreis.
Kleine bis mittelgroße Falter, in beiden Geschlechtern sehr hell, mit deutlicher Mondbinde, breiter, verkürzter Glasbinde, kleinem Endzellfleck des Vorderflügels und reduzierter Hinterrandschwärze:
*constantinii* Turati (49), *schawerdae* Bryk (46), *fruhstorferi* Turati (42), *eucomitis* Bryk & Eisner (44), *euaquilensis* Bryk & Eisner (45), *costarum* Bryk (47), *calabricus* Turati (41), *nebrodensis* Verity (40).

XIII. Schweizer Kreis.
Meist schwächer beschuppt, mittelgroß, oft sexuell stark digryph:
*carmenta* Fruhst. (62), *korbi* Bryk (61), *irena* Fruhst. (60), *tergestus* Fruhst. (52), *temora* Fruhst. (53), *mixtus* Fruhst. (55), *thebaïda* Fruhst. (51), *excelsus* Verity (58), und als Übergang zu den italienischen Rassen *symphorus* Fruhst. (54).

XIV. Nordalpiner Kreis.
Sehr reich gezeichnete, verdunkelte Rassen, mittelgroß bis sehr groß. stark gynaikotrop; der androtrope Typus hell:
*hartmanni* Standf. (27), *thaleia* Fruhst. (70), *lysandra* Fruhst. (64), *deutschi* Bryk (69), *brigantinus* Bryk & Eisner (63), *tubulus* Fruhst. (71), *melas* Honr. (73), *venetus* Fritz Wagn. (67).

XV. Tiroler Kreis.
Mittelgroß bis sehr groß, mit deutlicher Mondbinde des Vorderflügels, oft schwach beschuppt; Weibchen mit variablem Hinterrandfleck:
*cuneifer* Fruhst. (65), *adamellicus* Kunz (66), *benacensis* H. Dürck (56), *lessinicus* Dann. (57), *ausonicus* Bryk (68).

XVI. Karnisch-krainischer Kreis.
Dünn beschuppt oder sehr hell, klein bis mittelgroß, androtrop:
*parvus* H. Stich. (72), *ophrinion* Fruhst. (84); als Übergangsrasse *compositus* Bryk & Eisner (31).

XVII. Panonischer Kreis.
Dunkelgezeichnet oder aufgehellt, mittelgroß:
*similis* Bryk & Eisner (80), *hungaricus* W. Rothsch. (75) (androtrop), *distinctus* Bryk & Eisner (77), *kassaënsis* Bryk & Eisner (81), *mesoleucus* Fruhst. (79), *memnon* Bryk & Eisner (79a), *diószeghyi* Bryk (74), *czekelii* Bryk & Eisner (76), *bischoffi* Bryk & Eisner (78) (gynaikotrop).

XVIII. Dalmatinisch-serbischer Kreis.
Aufgehellt, androtrop, mittelgroß bis groß:
*talboti* Bryk (86), *serbicus* Bryk & Eisner (85).
Gynaikotrop: *orminion* Fruhst. (83).

XIX. Balkanischer Kreis.
Reich gezeichnet, gynaikotrop:
*leonhardianus* Fruhst. (82), *parvisi* Turati (88), *cupido* Bryk & Eisner (83a), *dejotarus* Fruhst. (87), *bureschi* Bryk (90), *balcanicus* Bryk & Eisner (89).

XX. Griechischer Kreis.
Mittelgroß, dicht beschuppt, reich gezeichnet, mit deutlicher Mondbinde auf dem Vorderflügel und unterseits gelbgefleckten Augenflecken:
*athene* H. Stich. (91), *parnassius* Bryk (92).

XXI. Kleinasiatischer Kreis.
Groß, dicht weiß beschuppt, mit langgestrecktem Vorderflügelschnitt, vergrößerten Mondflecken, schmalem Glasband und reduzierter Hinterrandschwärze des Hinterflügels, bald mit mäßigen Zellflecken und Neigung zur forma *antiquincunx*:
*pfeifferi* Bryk & Eisner (95), *sheljuzhkoi* Bryk (94), *akbesianus* Shelj. (101), *amanusicus* Bryk (96), *syrus* Verity (102), *libanoticus* Bryk (103); bald

mit kräftigen Zellflecken und ausgeprägter *antiquincunx*-Bildung als Rassenmerkmal: *pseudonubilosus* Verity (97), *subnubilosus* Bryk (98), *strix* Bryk (105) (extrem gynaikotrop), *problematicus* Bryk (100), *nubilosus* Christ. (99), *adolphi* Bryk (104).

XXII. Zentralasiatischer Kreis.

Mittelgroß bis sehr groß, sehr dicht beschuppt, mit deutlicher Mondbinde, Makeln kräftig, Befransung oft weißlich. Submarginalbinde des Weibchens breit, wurzelwärts gebogen; Hinterrandfleck erhalten:

*bucharanus* Bryk (111), *tadschikistanus* Bryk (114), *sarafschanus* Bryk & Eisner (112), *pythania* Bryk (108), *giganteus* Staud. (106), *falsus* A. Pagenst. (109), *danilovi* Bryk & Eisner (110), *ochraceus* Aust. (107), *orientalis* Verity (113), *mneme* Bryk & Eisner (115).

11. **P. mnemosyne mnemosyne** L. 1753 *Papilio hexapus alpicola minor*, Uddman, Nov. Ins. Spec., p. 28 | 1758 *Papilio Heliconius mnemosyne*, Linné, Syst. Nat., ed. 10 p. 465 | 1777 *P. m.* (part.), Esper, Eur. Schmett., pars 1 *v.* 1 p. 46—47 t. 2 f. 2 (♀) | 1798 *P. m.* (part.), Cederhjelm, Faun. Ingr. Prodr., p. 205 | 1869 *Parnassius m.* (part.), Tengström in: Not. Sällsk. Fauna Fenn., nr. 10 p. 291 | 1900 *P. m.* (part.), Aro, Suomen perhoset, p. 3, 260 | 1907 *P. m. m.* (part.), H. Stichel in: Gen. Ins., *v.* 58 p. 10 | 1911 *P. m.*, A. Pagenstecher in: Jahrb. Ver. Nassau, *v.* 64 p. 308 | 1912 *P. m.* var. *ugrofennica* (part.), Bryk in: Soc. ent., *v.* 27 p. 25, 39 f. 1 (♀), 2 (♂) | 1919 *P. m.*, Bryk in: Svenska Linné-Sällsk. Årsskr., *v.* 2 p. 133—134 f. 2 (♀) | 1921 *P. m.* var. *genuina*, Bryk in: Soc. ent., *v.* 36 p. 17 | 1922 *P. m.* var. *g.*, Bryk, ibid., *v.* 37 p. 5 | 1922 [1923] *P. m.* var. *g.*, Bryk in: Strand, Lep. Cat., *v.* 27 p. 180 | 1929 *P. m.* „Rasse" *g.*, Bollow in: Seitz, Großschmett. Erde, *v.* 1 Suppl. 1 p. 30 | 1931 *P. m. mnemosyne*, Bryk & Eisner in: Parnassiana, *v.* 1 nr. 7/8 p. 12.

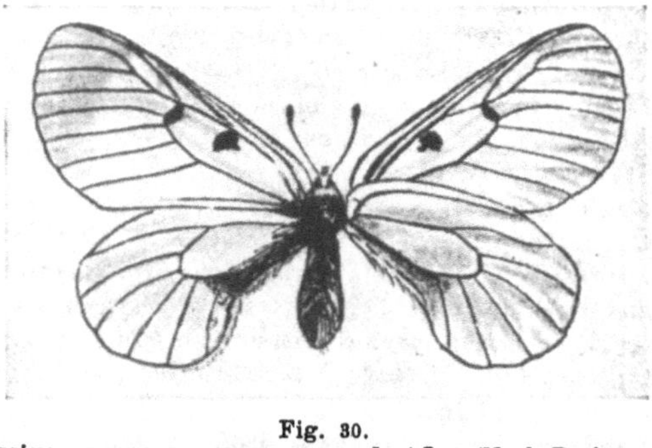

Fig. 30.
**Parnassius mnemosyne mnemosyne L. (♂). (Nach Bryk 1912) (1/1).**

Fig. 30 a.
**Parnassius mnemosyne mnemosyne L. (♀). (Nach Bryk 1912) (1/1).**

Die Nominatrasse (Fig. 30) ist stark androtrop. Das M ä n n c h e n hat ein breites, dreieckiges, spitz bis $Cu_1$ verlaufendes Glasband, mäßige Zellflecke (der Mittelzellfleck ist rundlich) und nur einen obsoleten, kurzen Subcostalfleck oder ohne einen solchen. Auf den Hinterflügeln keine Zeichnung wie bei der forma *intacta* Krul. Die Hinterrandschwärze wenig entwickelt. Das dicht weiß beschuppte W e i b c h e n zeigt meistens die weißen Mondflecke im Glasbande, das ebenfalls bis $Cu_1$ reicht. Das Subcostalbändchen sehr kurz; der Hinterrandfleck nur schwach angedeutet oder fehlend. Auch die beiden Augenflecke der Hinterflügel sehr schwach ausgeprägt. Das Analbändchen schmal, 2 zellig. Vorderflügellänge bei ♂ und ♀ 30 mm.

Südfinnland (die Typen von Uddman stammen aus Tavastland).

Typus: ♀ in Linn. Soc. London.

12. **P. mnemosyne ugrofennicus** Bryk 1885 *P. m.* (part.), Lampa in: Ent. Tidskr., *v.* 6 p. 9 | 1889 *P. m.* (part.), Chr. Aurivillius, Nordens Fjärilar, p. 3 | 1900 *P. m.* (part.), Aro, Suomen perhoset, p. 3, 260 | 1911 *P. m.*, Bryk in: Soc. ent., *v.* 26 p. 40 f. 3 (♂) (nec ♀) p. 52 (cfr. Soc. ent., *v.* 26 p. 52) | 1912 *P. m.* var. *ugrofennica*, Bryk in: Soc. ent., *v.* 27 p. 24, 25, 39 f. 3 (♀) | 1913 *P. m. mnemosyne*, Sheljuzhko in: D. ent. Z. Iris, *v.* 27 p. 112, 113 | 1914 *P. m.* var. *ugrofennica*, Bryk in: Soc. ent., *v.* 29 p. 44 (Sep. 1919, p. 6, 7, t. I f. 3 (♀)) | 1914 *P. m.* var. *u.*, Bryk in: D. ent. Z. Iris, *v.* 27 p. 148 | 1918 *P. m. mnemosyne*, W. Rothschild in: Nov. zool., *v.* 25 p. 229 | 1919 *P. m.* var. *ugrofennica*, Bryk in: Svenska Linné-Sällsk. Årsskr., *v.* 2 p. 134 | 1920 *P. m. u.*, P. Schulze in: D. ent. Z., p. 232 | 1921 *P. m. mnemosyne*, H. Stichel in: Z. Ins.-Biol., *v.* 16 p. 120 | 1921 *P. m. ugrofennica*, Bryk in: Soc. ent., *v.* 36 p. 17 (nota 2), 18, 21, 23 | 1922 [1923] *P. m.* var. *u.*, Bryk in: Strand, Lep. Cat., *v.* 27 p. 191 | 1931 *P. m.* subsp. *u.* + forma *benanderi*, Bryk & Eisner in: Parnassiana, *v.* 1 nr. 7/8 p. 13.

M ä n n c h e n bisweilen mit hyalinweißen Fleckchen (Lunulae) im Glasbande. Subcostalfleck fast immer vorhanden, in seltenen Fällen ohne (= forma *benanderi* Bryk). Der Endzellfleck und der hinten freie, etwas länglich ausgezogene Mittelzellfleck des Vorderflügels kräftiger als bei *P. m. mnemosyne* L. Subcostalfleck und Medianfleck des Hinterflügels fehlen meistens, falls vorhanden strichartig. Analbändchen fehlt. Als Form wurde forma *ernestinae* beobachtet. W e i b c h e n mit breiterem und längerem, selbst bis $Cu_2$ reichenden Glasbande. Subcostalfleck breiter und um ein Element länger. Der Endzellfleck wurzelwärts keilförmig. Der Hinterrandfleck fehlt in der Regel. Auch der Subcostalfleck fehlt auf dem Hinterflügel; der Medianfleck 2 zellig, nicht kräftig, in der Mitte angelehnt. Die Hinterrandschwärze greift über auf den Discus, dessen Wurzel sie beschattet. Vorderflügellänge: ♂ 33 mm, ♀ 33—35 mm.

Ålands-Inseln: Klinten, Ramsholmen, Kungsö.

Typus: ♂ in coll. C. Eisner, Berlin-Dahlem.

13. **P. mnemosyne romani** Bryk 1880 *Doritis M.*, Thedenius in: Ent. Tidskr., *v.* 1 p. 101 | 1886 *Parnassius m.*, Meves in: Ent. Tidskr., *v.* 7 p. 102 | 1914 *P. m.*, Meves in: Ent. Tidskr., *v.* 35 p. 5 | 1916 *P. m.*, Ljungdahl in: Ent. Tidskr., *v.* 37 p. 72 | 1918 *P. m.*, Bryk in: Ark. Zool., *v.* 11 nr. 18 p. 10 (nota 1) | 1921 *P. m.* forma *Romani*, Bryk in: Soc. ent., *v.* 36 p. 18 f. 1 (♀) (forma *inversa*), f. 3 (♂) | 1922 *P. m. r.*, Bryk in: Soc. ent., *v.* 37 p. 5 | 1922 [1923] *P. m.* forma *R.*, Bryk in: Strand, Lep. Cat., *v.* 27 p. 188 | 1929 *P. m. r.*, Bollow in: Seitz, Großschmett. Erde, *v.* 1 Suppl. 1 p. 29 | 1931 *P. m.* subsp. *r.* + forma *inversa*, Bryk & Eisner in: Parnassiana, *v.* 1 nr. 7/8 p. 13 | 1934 [*P. m.*] subsp. *r.*, Bryk & Eisner, ibid., *v.* 3 p. 3.

Diese Subspecies schließt sich an die subsp. *ugrofennicus* Bryk an. Sie ist androtrop, aber kleiner. Männchen (Fig. 31): Das Glasband des Männchens etwas breiter, bis $M_3$, abgehackt, dann bis $Cu_1$ sich verjüngend, der Subcostalfleck reduzierter, in seltenen Fällen rückgebildet (= forma *benanderi* Bryk). Der Mittelzellfleck länglich, unten frei. Hinterflügel ohne jede Fleckenzeichnung. Weibchen (siehe Fig. 27): Glasband bis $Cu_2$. Der Subcostalfleck reduziert, bis $R_4 + R_5$ reichend. Der Mittelzellfleck länglich,

Fig. 31.
**Parnassius mnemosyne romani** Bryk (♀). (Typus, nach Bryk 1912) (1/1).

oben angelehnt, unten frei, sehr selten rundlich; der Endzellfleck wurzelwärts keilförmig. Hinterrandfleck fehlt. Die Hinterflügel sehr schwach gezeichnet, falls der Medianfleck vorhanden ist, dann einzellig, au den Discus angelehnt. Analbändchen rückgebildet. Es kommen auch ganz männliche, zeichnungsarme Weibchen vor (= forma *inversa* Bryk). Bisweilen Ansätze zur Hervorbringung von Randbogen in der Submarginalbindenzone. Hinterrandschwärze reduziert. Vorderflügellänge: ♂ 33 bis 34 mm, ♀ 31—33 mm.

Scherenhof von Stockholm (Inseln: Backa, Gräddö, Rådmansö, Singö). Der Falter ist längs der Küste bis Medelpad (62°—63° nördl. Breite) verbreitet.

Typen: ♂ ♀ in coll. C. Eisner, Berlin-Dahlem.

14. **P. mnemosyne argiope** Fruhst. 1853 *P. m.* (part.), Wallengren, Lep. Scand. Rhop., p. 167—168 | 1867 *Doritis m.*, Kindberg in: Öfv. Ak. Förh., *v.* 23 p. 679 | 1880 *Parnassius m.*, Lindequist in: Ent. Tidskr., *v.* 1 p. 105 | 1888 *P. m.* (part.), Chr. Aurivillius, Nordens Fjärilar, p. 3 | 1890 *P. m.*, Westerlund, Bidr. känned. Ronnebytrakt. Fauna, p. 98 | 1906 *P. m.* (part.), H. Stichel in: Seitz, Großschmett. Erde, *v.* 1 p. 20 | 1907 *P. m.* (part.), H. Stichel in: Gen. Ins., *v.* 58 p. 10—11 | 1908 *P. m.*, Turati in: Natural. Sicil., *v.* 20 t. 2 f. 1 (♂), 2 (♀) | 1913 *P. m.*, Porath in: Ent. Tidskr., *v.* 34 p. 81 | 1917 *P. m.* var. *argiope*, Fruhstorfer in: Arch. Naturg., *v.* 82 A 2 p. 27, 28 | 1918 *P. m.* subsp. ?, W. Rothschild in: Nov. zool., *v.* 25 p. 220 | 1918 *P. m.*, Neander in: Ent. Tidskr., *v.* 39 p. 33—34 | 1919 *P. m. agriope* [errat.], Bryk in: Svenska Linné-Sällsk. Årsskr., *v.* 2 p. 134 | 1921 *P. m.* var. *argiope*, Bryk in: Soc. ent., *v.* 36 p. 18, 21 f. 2 (♀), p. 22—23 | 1929 *P. m.* „Rasse" *a.*, Bollow in: Seitz, Großschmett. Erde, *v.* 1 Suppl. 1 p. 29 | 1931 *P. m.* subsp. *a.*, Bryk & Eisner in: Parnassiana, *v.* 1 nr. 7/8 p. 14.

Eine dicht weiß beschuppte, große Subspecies. Das Männchen von der subsp. *romani* Bryk vor allem durch das Vorhandensein eines einzelligen, angelehnten Medianfleckes auf den Hinterflügeln verschieden. Weibchen

(Fig. 32) mit einem bis $Cu_1$ reichenden, kürzeren Glasbande als bei *romani*. Das Subcostalband reduziert, aber breit. Der Mittelzellfleck rundlich, Endzellfleck wurzelwärts keilförmig, Hinterrandfleck fehlt. Die Hinterflügel reicher

Fig. 32.
**Parnassius mnemosyne argiope** Fruhst. (♀). (Nach Bryk 1921) (1/1).

gezeichnet als subsp. *romani*. Analfleck klein. Hinterrandschwärze stärker als bei *romani*. Vorderflügellänge: ♂ 33—37 mm, ♀ 33—35 mm.

Südschweden (Schonen); Tommellila; Blekinge bei Rönneby.

Typus: in coll. H. Fruhstorfer, Nizza.

15. **P. mnemosyne bang-haasi** Bryk 1776 *Papilio m.*, O. F. Müller, Zool. Dan. Prodr., p. 113 | 1875 *Parnassius m.*, A. Bang-Haas in: Naturh. Tidsskr., ser. 3 *v.* 9 p. 391 | 1891 *P. m.*, Strøm, Danmarks større Sommerfugle, p. 5, 6 | 1908 *P. m.*, Klöcker in: Danmarks Fauna, Sommerfugle I p. 41 t. 2 f. 42 (♂) | 1911 *P. m.*, A. Pagenstecher in: Jahrb. Ver. Nassau, *v.* 64 p. 287 | 1912 *P. m.* var. *Bang-haasi*, Bryk in: Soc. ent., *v.* 27 p. 40 f. 5 (♀), 6 (♂), 101 (Sep. 1919, p. 9 t. II f. 5 (♀), 6 (♂) | 1918 *P. m.* subsp. *b.-h.*, W. Rothschild in: Nov. zool., *v.* 25 p. 260 | 1921 *P. m.* var. *b.-h.*, Bryk in: Soc. ent., *v.* 36 p. [21], f. 4 (♀, *P. m.* var. *b.-h.* aberr. ♀) | 1929 *P. m.* subsp. *b.-h.* (+ *banghaasi*), Bollow in: Seitz, Großschmett. Erde, *v.* 1 Suppl. 1 p. 29 | 1931 *P. m.* subsp. *b.-h.*, Bryk & Eisner in: Parnassiana, *v.* 1 nr. 7/8 p. 14 | 1934 [*P. m.*] subsp. *b.-h.*, Bryk & Eisner, ibid., *v.* 3 p. 4.

Beim Männchen (Fig. 33) verjüngt sich das breite Glasband von $M_3$ winklig und reicht bis über $Cu_1$ hinaus, hinten mit 1—2 Mondflecken. Der Endzellfleck dreieckig mit der Spitze wurzelwärts. Der Mittelzellfleck frei, bisweilen stark reduziert. Das Subcostalbändchen nur in Ausnahmefällen 2 zellig.

Fig. 33.
**Parnassius mnemosyne bang-haasi** Bryk (♂). (Typus, nach Bryk 1912) (1/1).

Hinterflügelzeichnung bleibt in der Regel aus. Beim Weibchen wird das breite Glasband in der Regel durch eine deutliche, aus 7 „Monden" bestehende Binde in 2 Streifen zerlegt, von denen der schmalere bis über $Cu_1$ hinausreicht, während die echte Submarginalbinde bis $Cu_2$ verläuft. Das breite Subcostalband ist kurz. Endzellfleck und Mittelzellfleck wie beim

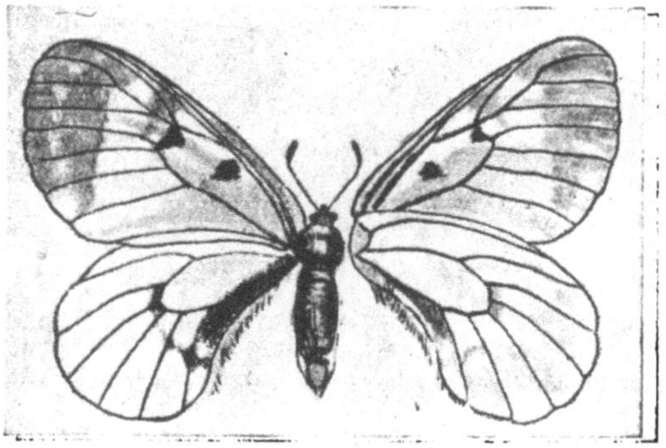

Fig. 33a.
**Parnassius mnemosyne bang-haasi** Bryk (♀). (Typus, nach Bryk 1912) (1/1).

Männchen. Hinterrandfleck fehlt gewöhnlich. Subcostalfleck fehlt den Hinterflügeln. Der Medianfleck nicht stark, bisweilen durch sehr magere Überbrückung mit den bescheidenen Analflecken verbunden. Hinterrandschwärze im Discus reduziert. Vorderflügellänge: ♂ ♀ 33—34 mm.

Dänemark: Vordringborg (Süd-Seeland); Söndersö (N.-Seeland), Ermelund, Jugenpris.

Typen: ♂ ♀ in coll. C. Eisner, Berlin-Dahlem.

16. **P. mnemosyne estonicus** Bryk 1890 *P. m.*, Petersen, Fauna baltica, *v.* 1 p. 22 | 1899 *P. m.*, Teich in: KB. Ver. Riga, *v.* 42 p. 12 | 1922 *P. m. estonicus*, Bryk in: Soc. ent., *v.* 37 p. [5]—6 | 1922 [1923] *P. m.* var. *e.*, Bryk in: Strand, Lep. Cat., *v.* 27 p. 180 | 1924 *P. m.*, Petersen, Lep.-Fauna Estland, ed. 2 *v.* 1 p. 87 | 1929 *P. m.* subsp. *estonicus*, Bollow in: Seitz, Großschmett. Erde, *v.* 1 Suppl. 1 p. 30 | 1931 *P. m.* subsp. *e.*, Bryk & Eisner in: Parnassiana, *v.* 1 nr. 7/8 p. 14.

Nähert sich der ostfinnischen ssp. *karjala* Bryk, jedoch ist der Mittelzellfleck nicht länglich verzogen, auch ist das Glasband des Männchens und Weibchens mit halbverglasten Möndchen aufgehellt. Der Subcostalfleck vorhanden. Auf den Hinterflügeln ist der 2zellige, oblonge Medianfleck derart angelehnt, daß zwischen $R_5$ ($+M_1$) und $M_2$ und den beiden discoidalen Querrippen 2 kleine Grundfarbeninseln ausgespart werden. Der Analfleck ist stets wenigstens als Hinterrandstrich erhalten. Das Glasband ist beim Weibchen länger, reicht bis $Cu_2$, hinten zwischen $M_3$ bis $Cu_2$ offen. Das Subcostalbändchen bis $M_2$. Der Hinterrandfleck fehlt in der Regel. Auf den Hinterflügeln ist der Subcostalfleck, falls vorhanden, schräg strichförmig; der Medianfleck länglich, schmal, 2zellig, oft continuierlich mit dem Analbändchen verbunden. Der Discus nur an der Wurzel mäßig geschwärzt. Vorderflügellänge: ♂, ♀ 33 mm.

Toila, Narva (Ost-Estland).

Typen: ♂ ♀ in coll. C. Eisner, Berlin-Dahlem.

17. **P. mnemosyne perkele** Bryk 1890 *P. m.* (part.), E. Reuter, Bidr. känned. Macrolep. Fauna Åbo, p. 10 | 1900 *P. m.* (part.), Aro, Suomen perhoset, p. 3, 260 | 1912 *P. m.*, Bryk in: Soc. ent., *v.* 27 p. 24, 25, 48 f. 4 (♀) [Sep. 1919, p. 6, 7, t. II f. 4 (♀) | 1914 *P. m.* „Antennenform" *euclidiana*, Bryk in: Soc. ent., *v.* 29 p. 42 | 1914 *P. m.*, Bryk in: D. ent. Z. Iris, *v.* 27 p. 148 | 1921 *P. m.* „Rasse" *perkele*, Bryk in: Soc. ent., *v.* 36 p. 17 | 1922 [1923] *P. m.* var. *p.*, Bryk in: Strand, Lep. Cat., *v.* 27 p. 187 | 1929 *P. m.* „Rasse" *p.*, Bollow in: Seitz, Großschmett. Erde, *v.* 1 Suppl. 1 p. 30 | 1931 *P. m. p.* forma *radiomarginata*, Bryk & Eisner in: Parnassiana, *v.* 1 nr. 5 p. 4 | 1931 *P. m.* subsp. *p.* + forma *euclidiana* + *radio-marginata*, Bryk & Eisner in: Parnassiana, *v.* 1 nr. 7/8 p. 13.

Eine gynaikotrope Subspecies. Männchen mit oblongem, vorn angelehnten Mittelzellfleck wie bei ssp. *karjala* Bryk, aber die Hinterflügel ohne deutliche Zeichnung. Weibchen (Fig. 34) mit breitem, bis zum Hinterrande reichendem Glasbande, das hinten zwischen $Cu_1$ und $Cu_2$ offen bleibt.

Fig. 34.
**Parnassius mnemosyne perkele** Bryk (♀). (Nach Bryk 1912) (1/1).

Der diffuse Subcostalfleck bis $M_2$ reichend. Endzell- und Mittelzellfleck etwas länglich. Hinterrandfleck erhalten. Hinterflügel stets mit Subcostalfleck. An den deutlichen angelehnten Mittelzellfleck lehnen sich der Ausläufer der bis dorthin ziehenden, sich verjüngenden Hinterrandschwärze an. Analbändchen zweizellig, bisweilen schwach mit dem Medianfleck verbunden. Die Submarginalbinde ist durch schwarze, schwach glasige, hinten verschwindende Bogen verbunden. Forma *euclidiana* mit verlängerter hervorstehender Spitze der Antennenkolbe nachgewiesen. Vorderflügellänge: ♂ 33—34, ♀ 32—33 mm.

Umgebung von Åbo (Westfinnland): Pargas, Nagu, Kakskerta.

Typen: ♂ ♀ in coll. C. Eisner, Berlin-Dahlem.

18. **P. mnemosyne karjala** Bryk 1900 *P. m.* (part.), Aro, Suomen perhoset, p. 3, 260 | 1910 *P. m.*, Verity, Rhop. palaearct., t. LXIV f. 25 (♂), 26 (♀) | 1911 *P. m.* subsp. *karjala*, Bryk in: Soc. ent., *v.* 26 p. [41]—44 [40] f. 1 (♂), 2 (♂) (nec 3 errat.) (cfr. Soc. ent., *v.* 26 p. 52), f. 4 (♀) | 1911 *P. m.* subsp. *k.*, A. Pagenstecher in: Jahrb. Ver. Nassau, *v.* 64 p. 284, 287, 292, 308, 309 1912 *P. m. k.*, Bryk in: Arch. Rass. Biol., *v.* 9 p. 689 | 1912 *P. m. k.*, Bryk in: Soc. ent., *v.* 27 p. 71, 88, 99, 103 f. 7 (♂), 8 (♂, aberr. *perversus*), f. 12 (♀) | 1913 *P. m. k.*, Bryk, ibid., *v.* 28 p. 16, 23 | 1914 *P. m. k.*, Bryk, ibid., *v.* 29 p. 44, 60 (Sep. 1919, p. 9, 21 (aberr. *minusculus*), p. 33, 35, 42, 43, 50, t. III f. 7 (♂, aberr. *minusculus*), 8 (♂, aberr. *perversus*), t. IV f. 9, 10 (♀), t. V f. 12 (♀, aberr. *hartmanni*) | 1914 *P. m. k.*, Bryk in: Berlin. ent. Z., *v.* 58 p. 207 t. 2 f. 7 ♂ (aberr.) | 1914 *P. m. k.*, Bryk in: D. ent. Z. Iris, *v.* 27 p. 148 | 1916 *P. m. k.*, Fruhstorfer in: Soc. ent., *v.* 31 p. 49 | 1918 *P. m. k.*, W. Roth-

schild in: Nov. zool., *v.* 25 p. 221 | 1919 *P. m. k.*, Bryk in: Svenska Linné-Sällsk. Årsskr., *v.* 2 p. 134 | 1920 *P. m. k.*, P. Schulze in: D. ent. Z., p. 231—232 | 1921 *P. m. k.*, Bryk in: Soc. ent., *v.* 36 p. 17, 19, 22 | 1922 *P. m. k.*, Bryk in: ibid., *v.* 37 p. 5, 6 | 1922 [1923] *P. m.* var. *K.*, Bryk in: Strand, Lep. Cat., *v.* 27 p. 183 | 1929 *P. m.* subsp. *k.*, Bollow in: Seitz, Großschmett. Erde, *v.* 1 Suppl. 1 p. 29—30 | 1931 *P. m.* subsp. *karjala* + forma *ernestinae* + forma *minusculus* + forma *perversus*, Bryk & Eisner in: Parnassiana, *v.* 1 nr. 7/8 p. 13.

Gynaikotrope Rasse. Vorderflügelschnitt rundlicher. Beim Männchen (siehe Fig. 25) Glasband breit, fast bis $Cu_2$ reichend. Subcostalfleck stets erhalten. Endzellfleck und Mittelzellfleck länglich, beim Weibchen (Fig. 35) stärker. Hinterflügel ohne oder mit strichartigem Subcostalfleck. Medianfleck kräftig, in der Regel angelehnt, bisweilen 2zellig. Hinterrandschwärze kräftig, die Wurzel des Discus beschattend. In der Regel 2 Analflecke;

Fig. 35.
**Parnassius mnemosyne karjala** Bryk (♀). (Nach Bryk 1912) (1/1).

in Ausnahmefällen sogar 3 (forma *perversa*). Weibchen mit sehr breitem Glasbande, das oft bis $Cu_2$ reicht. Subcostalbändchen breit, stets bis $M_2$ reichend. Hinterrandfleck stets erhalten. Die Makeln des Hinterflügels sehr kräftig, die mediane oft angelehnt, das Analbändchen in der Regel dreizellig, bogig. Die Hinterrandschwärze wie beim Männchen. Vorderflügellänge: ♂ 25,5—33, ♀ 27—36 mm.

Ladogisch-Karelien: Helylä. Wahrscheinlich gehören dazu auch die Exemplare aus Leningrad.

Typen: ♂ ♀ in coll. C. Eisner, Berlin-Dahlem.

19. **P. mnemosyne poppii** Bryk 1912 *P. m.* forma *p.*, β (= Bryk) i. l. in: Soc. ent., *v.* 27 p. 66 | 1912 *P. m.* var. *karjala* forma *p.*, Bryk in: Soc. ent., *v.* 27 p. 71 f. 11 (♀), p. 80, 99, 106 (Sep. 1919, p. 29, t. IV f. 11 (♀) | 1918 *P. m.* forma *p.*, Bryk [& Poppius] in: Ark. Zool., *v.* 11 nr. 18 p. 33 (nota) (biol.) | 1922 [1923] *P. m.* forma *P.*, Bryk in: Strand, Lep. Cat., *v.* 27 p. 187 | 1931 *P. m.* subsp. *popii*, Bryk & Eisner in: Parnassiana, *v.* 1 nr. 7/8 p. 13 | 1934 [*P. m.*] subsp. *poppii*, Bryk & Eisner, ibid., *v.* 3 p. 3.

Eine gynaikotrope Rasse, ähnelt ssp. *karjala* Bryk. Männchen mit breiterer und längerer Glasbinde und breiterer Schwarzfleckung auf beiden Flügeln als bei ssp. *karjala* Bryk. Beim Weibchen Flügelschnitt im Vorderflügel nicht so gewölbt, sondern der Außenrand mehr gerade. Im Hinterflügel ebenfalls nicht so abgerundet, sondern vorn gewinkelt. Glasband sich nicht so verjüngend. Schwarzfleckung klarer. Besonders auffallend ist der Endzellfleck im Vorderflügel, der wie bei der forma *antiquincunx* Bryk sich vorn bis $R_1$ hin zieht. Hinterflügelzeichnung wie bei ssp. *karjala* Bryk.

Klimskoj (Onega-Gebiet).

Typus: ♀ im Zool. Mus. Helsingfors.

1 10. **P. mnemosyne ugrjumovi** Bryk 1914 *P. m.* var. *u.*, Bryk in: Berlin. ent. Z., *v.* 58 p. 201 t. 2 f. 1, 2 (♀), 5, 6 (♂) (+ aberr. *sergeji*, *krulikowskyi*, *schulzei*, *symplecta*, *intercubitalis*) | 1914 *P. m.* var. *u.*, Bryk in: Soc. ent., *v.* 29 p. 44, 62 | 1914 *P. m.* var. *u.*, Bryk in: Arch. Naturg., *v.* 80 A 6 p. 165 | 1917 *P. m.* var. *u.*, Bryk in: Arch. Naturg., *v.* 82 A 5 p. 40, 45, 46 | 1917 *P. m. ugriumovi*, Fruhstorfer in: Arch. Naturg., *v.* 82 A 2 p. 23 | 1918 *P. m. u.*, Bryk in: Ark. Zool., *v.* 11 nr. 18 p. 23, 36 t. 1 f. 7 (abnorm angebrachte Sphragis) | 1921 *P. m. u.*, Bryk in: Ent. Tidskr., *v.* 42 p. 115—116 | 1922 [1923] *P. m.* var. *Ugrjumovi*, Bryk in: Strand, Lep. Cat., *v.* 27 p. 190 | 1929 *P. m.* subsp. *u.*, Bollow in: Seitz, Großschmett. Erde, *v.* 1 Suppl. 1 p. 30 | 1932 *P. m.* subsp. *u.* + forma *ernestinae*, Bryk & Eisner in: Parnassiana, *v.* 2 p. 41.

Hellweiße Falter (Fig. 36), deren konstantes Rassenmerkmal vor allem der gelbliche Prachtkern auf der Unterseite des Medianfleckes ist. Männchen mit vorn breitem, von $Cu_1$ bis $Cu_2$ verjüngtem Glasbande. Der Subcostalfleck im Vorderflügel stets vorhanden, bis $M_1$ reichend. Der Endzellfleck größer als der rundliche, in der Zelle frei liegende Mittelzellfleck. Subcostalfleck des Hinterflügels, falls vorhanden, strichförmig. Medianfleck, falls 2 zellig, kräftig,

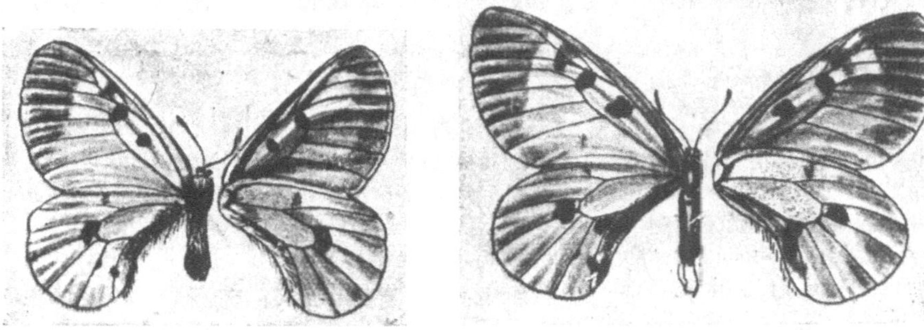

Fig. 36.
**Parnassius mnemosyne ugrjumovi** Bryk (♂ links, ♀ rechts). (Typus, nach Bryk 1912) (1/1).

angelehnt, sonst entfernt vom Discalende und unauffällig. Analflecke fehlen oder nur an den hintersten Rippen punktartig angedeutet. Hinterrandschwärze $Cu_1$ nicht erreichend. Beim Weibchen Glasband ebenfalls ohne weiße Mondflecke, lang, bis über $Cu_2$ reichend. Das Subcostalbändchen breit, bis zur $M_2$. Der Hinterrandfleck stets, wenn auch oft reduziert, vorhanden. Mittelzellfleck rundlich und pastos wie der Endzellfleck. Der Subcostalfleck der Hinterflügel bescheiden, strichartig, der Medianfleck markant, öfters an den Discus angelehnt. Analflecke wie beim Männchen oder auch geschlossen. Als Formen treten konstant auf: forma *sergeji* (Fig. 28), *krulikowskyi* und *schulzei*. (Auch ein Albino mit gelben, anstatt schwarzen Rippen, wurde beobachtet). Vorderflügellänge: ♂ 27—31, ♀ 26—31 mm. Sphragis klein.

Jelabuga, Gouv. Wiatka (Nordrußland).

Typen: ♂ ♀ in coll. C. Eisner, Berlin-Dahlem.

1 11. **P. mnemosyne uralka** Bryk 1918 *P. m. ugrjumovi*, W. Rothschild in: Nov. zool., *v.* 25 p. 221 | 1921 *P. m.* var. *uralka*, Bryk in: Ent. Tidskr., *v.* 42 p. 115 f. 5, 6 (♀), 7 (♂) | 1922 [1923] *P. m.* var. *u.*, Bryk in: Strand, Lep. Cat., *v.* 27 p. 191 | 1929 *P. m.* subsp. *u.*, Bollow in: Seitz, Großschmett. Erde, *v.* 1 Suppl. 1 p. 31 | 1932 *P. m.* subsp. *u.*, Bryk & Eisner in: Parnassiana, *v.* 2 p. 41.

Größer als ssp. *ugrjumovi* Bryk, gynaikotrop. Wie bei der nordrussischen *ugrjumovi* sind die Medianflecke der Weibchen konstant, die der Männchen (Fig. 37) bisweilen mit gelblichem Prachtkern unterseits verziert. Die Fleckung ist sehr kräftig. Der Mittelzellfleck des Weibchens nicht frei, sondern oben angehängt. Auf den Hinterflügeln fällt der kräftige Medianfleck auf. Sonst erinnern sie an Männchen der ssp. *ugrjumovi*.

Fig. 37. **Parnassius mnemosyne uralka** Bryk (♂). (Typus) (1/1).

Fig. 38. **Parnassius mnemosyne uralka** Bryk (♀). (Typus, links Ober-, rechts Unterseite) (1/1).

Weibchen (Fig. 38) mit sehr breitem Subcostalbande bis $M_2$. Der Mittelzellfleck länger als der des Männchens. Hinterrandfleck stets vorhanden. Subcostalfleck der Hinterflügel deutlich und kräftig. Der Medianfleck sehr groß, ebenso das 2- oder 3 zellige Analband sehr breit. Vorderflügellänge: ♂ ♀ 35 mm.

Ural: Uralka (Typus), Ufa, Kisilskaja.

Typen: ♂ ♀ in coll. C. Eisner, Berlin-Dahlem.

1 12. **P. mnemosyne caucasius** Verity 1845 *P. m.*, Kolenati, Melet. Ent., *v.* 1 p. 80 | 1851 *P. m.*, Nordmann in: Bull. Soc. Moscou, *v.* 24 nr. 2 p. 33 | 1857 *P. m.* (part.), Gabr. Koch, Geogr. Verbr. Schmett., ed. 2 p. 37 | 1884 *P. m.* + *nubilosus*,

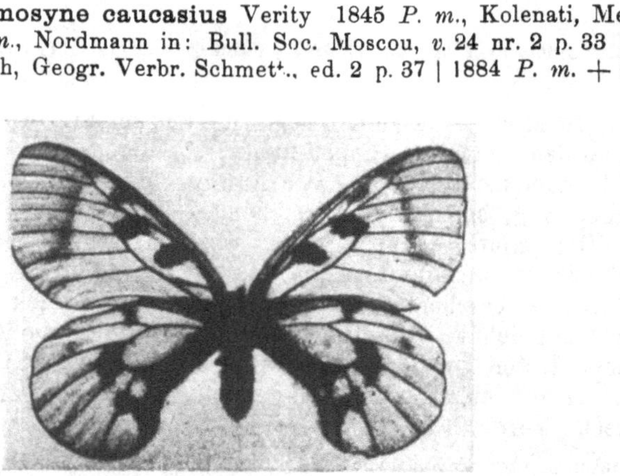

Fig. 39. **Parnassius mnemosyne caucasius** Verity (♂). (Typus, nach Verity 1911) (1/1).

Romanoff in: Romanoff, Mém. Lép., *v.* 1 p. 43; p. 43 (part.) | 1911 *P. m.* „race" *caucasia*, Verity, Rhop. palaearct., p. 320 t. LXXII f. 33 | 1911 *P. m.*, A. Pagenstecher in: Jahrb. Ver. Nassau, *v.* 64 p. 304 | 1912 *P. m.* var. *del granprincipe*, Bryk in: Soc. ent., *v.* 27 p. 88 f. 15, 16 (♀), 17 (♂) | 1913 *P. m. caucasica*, Bryk in: Soc. ent., *v.* 28 p. 91 | 1914 *P. m.* var. *del granprincipe*, Bryk in: Soc. ent., *v.* 29 p. 60, 61 (Sep. 1919, p. 51, t. VI f. 15, 16 (♀), t. VII f. 17 | 1914 *P. m.* var. *caucasica*, Bryk in: D. ent. Z. Iris, *v.* 27 p. 151 | 1918 *P. m. c.* + *del granprincipe*, W. Rothschild in: Nov. zool., *v.* 25 p. 224 | 1922 [1923] *P. m.* var. *c.* + var. *d. g.*, Bryk in: Strand, Lep. Cat., *v.* 27 p. 179 | 1929 *P. m.* subsp. *caucasia*, Bollow in: Seitz, Großschmett. Erde, *v.* 1 Suppl. 1 p. 31 | 1932 *P. m.* subsp. *c.* + subsp. *del granprincipe*, Bryk & Eisner in: Parnassiana, *v.* 2 p. 41 | 1934 *P. m.* subsp. *c.*, Bryk & Eisner, ibid., *v.* 3 p. 9.

Gynaikotrope Subspecies mit sehr dunklen Makeln. Männchen (Fig. 39) mit breitem Glasband bis $Cu_2$. Subcostalband sehr kräftig bis $M_1$. Endzellfleck kräftig, oft die Discoidalrippe vorn überschreitend. Ansätze zur forma *maculata* Bryk bisweilen vorhanden. Die 3 Flecke in der Flügelmitte strichartig. Hinterrandschwärze bis zur $M_3$. Weibchen (Fig. 40) mit sehr breitem,

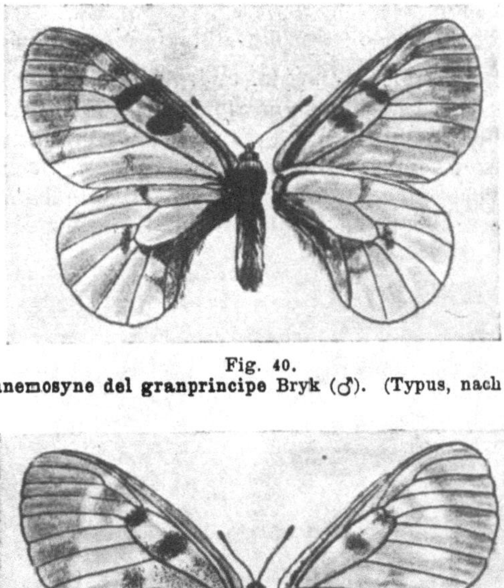

Fig. 40.
**Parnassius mnemosyne del granprincipe** Bryk (♂). (Typus, nach Bryk 1912) (1/1).

Fig. 40a.
**Parnassius mnemosyne del granprincipe** Bryk (♀). (Typus, nach Bryk 1912) (1/1).

bis $Ax_1$ oder der Hinterrandecke reichendem Glasband. Subcostalbändchen bis zur $M_3$. Hinterrandfleck kräftig. Beide Zellflecke sehr markant. Die schwarzen Flecke des Hinterflügels sehr pastos und ebenso das bogige 2- oder 3 zellige Analbändchen. Die Hinterrandschwärze beschattet stark die Discuswurzel und dehnt sich bis zum Medianflecke aus. Bisweilen kommen stark verdunkelte Stücke vor.

Vorderflügellänge: ♂ 27—32, ♀ 31—33 mm.

Es ist wahrscheinlich, daß die subsp. *del granprincipe* Bryk (Typus: Adschara) mit der prioritätsberechtigten subsp. *caucasius* Verity nicht zusammenfällt, da die Tiere aus Teberda androtrop sind (Fig. 40).

Kaukasus: Kuban (Typus) Adschara, Elbrus; Teberda-Fluß.

Typus: ♂ in coll. Verity, Florenz.

1 13. **P. mnemosyne craspedontis** Fruhst. 1904 *P. m.*, Meinhard in: Spiski koll. zool. Mus. Tomsk, *v.* 1–3 p. 15 | 1907 *P. m. mnemosyne* (part.), H. Stichel in: Gen. Ins., *v.* 58 p. 11 | 1907 & 10 *P. m.*, Verity, Rhop. palaearct., p. 97 t. LXIV f. 23 (♀), 24 (♂) | 1909 *P. m.* var. *craspedontis*, Fruhstorfer in: Ent. Z., *v.* 22 p. 192 | 1909 *P. m.*, Huwe in: Berlin. ent. Z., *v.* 54 p. (38) | 1911 *P. m. craspedontis*, A. Pagenstecher in: Jahrb. Ver. Nassau, *v.* 64 p. 304, 307, 309 | 1914 *P. m. c.*, Bryk in: Berlin. ent. Z., *v.* 58 p. 206 t. 2 f. 3 (♀) | 1916 *P. m. c.*, Fruhstorfer in: Soc. ent., *v.* 31 p. 49 | 1917 *P. m. c.*, Fruhstorfer in: Arch. Naturg., *v.* 82 A 2 p. 23 | 1918 *P. m. c.*, W. Rothschild in: Nov. zool., *v.* 25 p. 221 | 1921 *P. m. c.*, Bryk in: Ent. Tidskr., *v.* 42 p. 115, 116 | 1922 [1923] *P. m.* var. *c.*, Bryk in: Strand, Lep. Cat., *v.* 27 p. 178 | 1929 *P. m.* subsp. *c.*, Bollow in: Seitz, Großschmett. Erde, *v.* 1 Suppl. 1 p. 30—31 | 1932 *P. m.* subsp. *c.* + forma *lunulatus* (extrem), Bryk & Eisner in: Parnassiana, *v.* 2 p. 40 | 1934 [*P. m.*] subsp. *c.* + forma *subtus-flavoocellato*, Bryk & Eisner, ibid., *v.* 3 p. 9.

Sehr große, dicht weiß beschuppte, androtrope Subspecies. Männchen: Glasband breit bis zur $M_2$, dann wie abgehackt plötzlich abgebrochen, um als Schwänzchen verjüngt bis über $Cu_1$ zu reichen, mit 5 mehr oder weniger deutlichen Mondflecken. Subcostalfleck meistens kaum bemerkbar. Endzellfleck tiefschwarz, nach innen gewölbt, oft an $R_1$ angelehnt. Mittelzellfleck länglich, unten frei. Subcostalfleck fehlt dem Hinterflügel. Der Medianfleck

Fig. 41.
**Parnassius mnemosyne craspedontis** Fruhst. (♀). (Nach Bryk 1914) (1/1).

fehlt oder unansehnlich, angelehnt. Analflecke fehlen. Hinterrandschwärze reduziert, meistens $Cu_2$ nicht erreichend, in diesem Falle noch Spuren an der Ecke, die $Cu_1$ mit der Discoidalrippe bildet. Weibchen (Fig. 41) mit viel breiterem Glasbande, das hinten offen ist und dort wenigstens 2 Möndchen einsäumt. Subcostalband in der Regel bis $M_1$. Hinterrandfleck fehlt meistens. Die Zellflecke viel größer als beim Männchen, besonders der mittlere länger. Die forma *antiquincunx* tritt bisweilen auf. Die beiden Flecke in der Mitte der Hinterflügel sehr deutlich, der mediane von ihnen angelehnt. Das bogige Analbändchen 2 zellig. Hinterrandschwärze etwas stärker, bisweilen sogar in der Discuswurzel sich verlierend. Sphragis auffallend lang. Vorderflügellänge: ♂ 31—35, ♀ 32—34 mm.

Südrußland (Saratow, Sarepta, Jekaterinoslav); Berg Como (Gouvern. Astrachan), Zarizin, Charkow, Odessa.

Typen: ♂ ♀ in coll. H. Fruhstorfer, Nizza.

1 14. **P. mnemosyne ucrainicus** Bryk 1914 *P. m.* var. *ugrjumovi*, Bryk in: Berlin. ent. Z., *v.* 58 p. 204 (part.) | 1932 *P. m. ucrainica*, Bryk in: Parnassiana, *v.* 2 p. 33 nr. 20 | 1932 *P. m. u.*, Bryk & Eisner in: Parnassiana, *v.* 2 p. 39.

Eine durchweg androtrope Unterart, kleiner als die benachbarte subsp. *craspedontis* Fruhst. Endzellfleck des Vorderflügels nie — wie bei forma *antiquincunx* Bryk — die Discoidalrippe überschreitend, was bei subsp. *craspedontis* Fruhst. nicht selten vorkommt. Mondflecke im Glasbande fehlen oder sind nur spärlich angedeutet. Der Mittelzellfleck berührt in der Regel die beiden Discoidalrippen des Vorderflügels nicht. — Männchen: Mittelzellfleck des Vorderflügels etwas länglich, Endzellfleck schräg gestellt. Das Glasband kurz, von $M_3$ bis $Cu_1$ sich jäh verjüngend. Die Makeln auf den Hinterflügeln fehlend oder nicht stark ausgeprägt. — Weibchen mit breiterem und länglicherem, bis $Cu_2$ reichendem Glasband, ohne Hinterrandfleck, an der Wurzel des Vorderflügels leicht schwarz überpudert. Makeln des Hinterflügels verhältnismäßig schwach ausgeprägt. Analbändchen 2 zellig oder fehlend. Vorderflügellänge: ♂ ♀ 29—31 mm.

Iljinzi Lipowetzkij ujazd (Gouvern. Kijew); Kischinew; Swenigrod bei Moskau (an haec subspecies?).

Typen: ♂ ♀ in coll. Zool. Mus. Tring.

1 15. **P. mnemosyne weidingeri** Bryk & Eisner 1914 *P. m.* var. *ugrjumovi* (part.), Bryk in: Berlin. ent. Z., *v.* 58 t. 2 f. 2 (♀) | 1932 *P. m. weidingeri*, Bryk & Eisner in: Parnassiana, *v.* 2 p. 40.

Den Übergang von subsp. *craspedontis* Fruhst. zu subsp. *uralka* Bryk vermittelnd, jedoch schwächer beschuppt. Die Mondflecke im Glasband des Vorderflügels zurücktretend. Die beiden Zellflecke durchweg kräftig. —

Fig. 42.
**Parnassius mnemosyne weidingeri** Bryk & Eisner (♀). (Nach Bryk 1914) (1/1).

Männchen mit längerem, sich nicht so jäh verjüngendem Glasband. Der Medianfleck des Hinterflügels bald fehlend, bald deutlich, jedoch nie so kräftig wie beim Männchen der subsp. *uralka* Bryk ausgeprägt. — Weibchen (Fig. 42) mit längerem Glasband, das den Hinterrand nicht ganz erreicht. Hinterrandfleck des Vorderflügels mäßig. Gelbkernung des Medianaugenfleckes unterseits häufig. Vorderflügellänge: ♂ ♀ 32 mm.

Pensa.

Typen: ♂ ♀ in coll. C. Eisner, Berlin-Dahlem.

1 15a. **P. mnemosyne drenowskyi** Bryk & Eisner 1934 *P. m.* subsp. *d.*, Bryk & Eisner in: Parnassiana, *v.* 3 p. 9.

Steht subsp. *wagneri* Bryk sehr nahe (Fig. 43). Männchen mit größeren Zellflecken, kräftigeren Makeln auf dem Hinterflügel, besonders Analband gut ausgebildet. Weibchen mit mehr abgerundetem Flügelschnitt, dunklerem Glasband und kräftigeren Zeichnungselementen.

Varna (Kl. Galata).

Typen: ♂ ♀ in coll. C. Eisner, Berlin-Dahlem.

Fig. 43.
**Parnassius mnemosyne drenowskyi** Bryk & Eisner (♂). (Original, aus coll. C. Eisner, Berlin-Dahlem) (1/1).

Fig. 43a.
**Parnassius mnemosyne drenowskyi** Bryk & Eisner (♀). (Typus) (1/1).

1 16. **P. mnemosyne wagneri** Bryk 1895 *P. M.*, Caradja in: D. ent. Z. Iris, *v.* 8 p. 29 | 1897 *P. m.*, Hormuzaki in: Verh. Ges. Wien, *v.* 47 p. 71 | 1911 *P. m.*, A. Pagenstecher in: Jahrb. Ver. Nassau, *v.* 64 p. 303 | 1922 [1923] *P. m.* var. *Wagneri*, Bryk (MS.) in: Strand, Lep. Cat., *v.* 27 p. 191 | 1925 *P. m.* subsp. *w.*, Bryk in: Soc. ent., *v.* 40 p. 30 | 1929 *P. m.* „Rasse" *w.*, Bollow in: Seitz, Großschmett. Erde, *v.* 1 Suppl. 1 p. 24—25 | 1931 *P. m.*, Caradja in: Mem. Sect. Stiint., *v.* 73, mem. 8 p. 335 (Sep. p. 43) | 1932 *P. m.* subsp. *wagneri*, Bryk & Eisner in: Parnassiana, *v.* 2 p. 39.

Androtrope Rasse, dicht weiß beschuppte, die sich an ssp. *craspedontis* Fruhst. anschließt. Beide Zellflecke scharf abgegrenzt, öfters oblong. Der Endzellfleck bisweilen zur forma *antiquincunx* neigend. Beim Männchen Subcostalfleck vorhanden. Die Hinterflügel ohne Zeichnung. Falls der Medianfleck vorkommt, ist er einzellig. Hinterrandschwärze rückgebildet wie bei ssp. *craspedontis* Fruhst. Beim Weibchen Glasband bis $Cu_1$ reichend, darüber hinaus verschwommen. Subcostalband des Vorderflügels breit bis $M_2$. Hinterrandfleck fehlt in der Regel. Mittelzellfleck oblong ausgezogen. Der Medianfleck der Hinterflügel in der Regel 2zellig, nicht völlig an den Discus angelehnt. Subcostalfleck oft deutlich. 2 Analflecke. Als forma kommt *perversa* vor.

Rumänien: Hatcarau [Distr. Prahova], Bukarest; Scutaru, Galatz.

Typen: ♂ ♀ in coll. C. Eisner, Berlin-Dahlem.

1 17. **P. mnemosyne grossei** Bryk 1922 [1923] *P. m.* var. *G.*, Bryk (i. l.) in: Strand, Lep. Cat., *v.* 27 p. 181 | 1925 *P. m. g.*, Bryk in: Soc. ent., *v.* 40 p. 29—30 | 1929 *P. m.* var. *g.*, Bollow in: Seitz, Großschmett. Erde, *v.* 1 Suppl. 1 p. 23 | 1932 *P. m.* subsp. *g.*, Bryk & Eisner in: Parnassiana, *v.* 2 p. 39.

Schwach gezeichnete androtrope Rasse. Beim Männchen Glasband von $M_3$ sich diffus über $Cu_1$ hinaus verjüngend, in seltenen Fällen mit glasigen Mondflecken. Die beiden Flecke mäßig, der mittlere länglich. Subcostalfleck fehlt bisweilen. Hinterflügel ohne Zeichnung. Falls der Medianfleck trotzdem vorhanden, dann kaum angedeutet. Wurzelschwärze bescheiden. Beim Weibchen das Glasband seltener länger als beim Männchen, bis zum Hinterrande reichend. In der Regel ohne Hinterrandfleck im Vorderflügel, falls vorhanden, dann kaum bemerkbar. Subcostalbändchen bis $M_1$ oder $M_2$ reichend. Mittelzellfleck bisweilen auch rundlich. Endzellfleck in aberrativen Fällen als forma *antiquincunx*. Hinterflügel meistens ohne Subcostalfleck; falls vorhanden strichartig, kaum angedeutet. Hinterrandbändchen zweizellig. Forma *subtus-flavocentrata* tritt auf.

Westgalizien: Złota-Lipa-Tal (Hodów).

Typen: ♂ ♀ in coll. C. Eisner, Berlin-Dahlem.

1 18. **P. mnemosyne schillei** Bryk 1865 *P. m.*, Nowicki, Motyle Galicyi, p. 10 (part.) | 1892 *P. m.*, Garbowski in: SB. Ak. Wien, *v.* 101 p. 902 (biologia) | 1911 *P. m.*, Brunicki in: Ent. polski, p. 33 | 1918 *P. m.*, Schille in: Z. Ins.-Biol., *v.* 14 p. 119 | 1918 *P. m.* subsp.?, W. Rothschild in: Nov. zool., *v.* 25 p. 224 | 1919 *P. m. hungaricus* (part.), Fruhstorfer in: Soc. ent., *v.* 34 p. 11 | 1922 [1923] *P. m.* forma *Schillei*, Bryk (MS.) in: Strand, Lep. Cat., *v.* 27 p. 191 | 1925 *P. m.* forma *s.*, Bryk in: Soc. ent., *v.* 40 p. 30 | 1929 *P. m.* aberr. *s.*, Bollow in: Seitz, Großschmett. Erde, *v.* 1 Suppl. 1 p. 23 | 1932 *P. m.* subsp. *s.*, Bryk & Eisner in: Parnassiana, *v.* 2 p. 39.

Männchen wie ssp. *grossei* Bryk, aber in der Regel mit deutlichem Medianfleck auf den Hinterflügeln, der 1- oder 2zellig sein kann. Selbst der Subcostalfleck tritt auf den Hinterflügeln bisweilen auf. Die Hinterrandschwärze ist deutlicher. Weibchen von ssp. *grossei* nicht wesentlich unterschieden. Das Analbändchen des Hinterflügels 3zellig. Größer als ssp. *grossei* Bryk.

Galizien: Umgebung von Stryj, Przemyśl, Horodow, Lemberg.

Typen: ♂ ♀ in coll. C. Eisner, Berlin-Dahlem.

1 19. **P. mnemosyne demaculatus** Fruhst. 1908 *P. m.* var. *d.*, Fruhstorfer in: Ent. Z., *v.* 22 p. 12 | 1909 *P. m.* aberr. *d.*, H. Stichel in: Berlin. ent. Z., *v.* 54 p. (38) | 1909 *P. m. d.*, Rebel, Berges Schmettb., ed. 9 p. 6 | 1911 *P. m. d.*, A. Pagenstecher in: Jahrb. Ver. Nassau, *v.* 64 p. 293 | 1914 *P. m. d.*, Bryk in: Int. ent. Z., *v.* 8 p. 35, 36 | 1916 *P. m. d.*, Fruhstorfer in: Soc. ent., *v.* 31 p. 49 | 1917 *P. m. d.*, Fruhstorfer in: Arch. Naturg., *v.* 82 A 2 p. 23 | 1918 *P. m. d.*, W. Rothschild in: Nov. zool., *v.* 25 p. 221 | 1919 *P. m. d.*, Fruhstorfer in: Soc. ent., *v.* 34 p. 12 | 1922 [1923] *P. m.* var. *d.*, Bryk in: Strand, Lep. Cat., *v.* 27 p. 179 | 1929 *P. m.* subsp. *d.*, Bollow in: Seitz, Großschmett. Erde, *v.* 1 Suppl. 1 p. 23 | 1932 *P. m.* subsp. *d.* + forma *halteres*, Bryk & Eisner in: Parnassiana, *v.* 2 p. 27.

Hellweißer Flügelgrund mit mehr oder weniger deutlicher Mondbinde. Männchen arm gezeichnet. Glasband bis zur Flügelmitte, von da ab bis zur $Cu_1$ als sich verjüngender Saum. Subcostalfleck auf den Vorderflügeln kaum angedeutet. Mittelzellfleck vorn angehängt. Endzellfleck mittelkräftig. Auf den Hinterflügeln überwiegend keine Flecke. Hinterrandschwärze etwas stärker als bei der ssp. *bohemien* Bryk. Weibchen reicher gezeichnet. Hinterrandfleck schwach ausgeprägt oder fehlend. Der Endzellfleck bisweilen zur forma *antiquincunx* Bryk neigend. Hinterrandschwärze deutlich bis $M_3$ oder noch mehr nach vorn. Fleckung mittelstark. Das Analbändchen gewöhnlich 2 zellig.

Ungarn: Stuhlweißenburg; Mähren: Nikolsburg, Neutitschein, Lundenburg, Olmütz, Brünn, Hombok, Eisgrub, Schwarzbach a. d. March.

120. **P. mnemosyne bohemien** Bryk 1909 *P. m. athene* (part.), Rebel, Berges Schmettb., ed. 9 p. 6 | 1914 *P. m.* subsp. *bohemien* + aberr. *marginata* + aberr. *lunulatus*, Bryk in: Int. ent. Z., *v.* 8 p. 35 (Sep. p. 1—2) | 1914 *P. m.* subsp. *b.* + aberr. *marginata*, Bryk in: Lotos, *v.* 62 p. 153—155 f. 1 (♂), 2 (♀), f. 3 (♂ = aberr. *marginata*), f. 5 (nervatura *plethoneura*) | 1914 *P. m.* subsp. *m.*, Bryk in: Soc. ent., *v.* 29 p. 62 | 1917 *P. m. bohemien*, Closs in: Int. ent. Z., *v.* 11 p. 183 | 1917 *P. m. b.*, Fruhstorfer in: Arch. Naturg., *v.* 82 A 2 p. 23 | 1918 *P. m.* subsp., W. Rothschild in: Nov. zool., *v.* 25 p. 224 | 1921 *P. m. bohemicus*, Fruhstorfer (nec Rebel, 1919) in: Soc. ent., *v.* 36 p. 13; p. 42 | 1921 *P. m. bohemien*, Bryk in: ibid., *v.* 36 p. 27 | 1922 [1923] *P. m.* var. *b.*, Bryk in: Strand, Lep. Cat., *v.* 27 p. 176 | 1929 *P. m.* subsp. *b.*, Bollow in: Seitz, Großschmett. Erde, *v.* 1 Suppl. 1 p. 23 | 1929 *P. m.* aberr. *intacta* + aberr. *athene* + aberr. *bohemien*, Sterneck, Prodr. Schmett.-Fauna Böhmens, p. 41 | 1932 *P. m.* subsp. *b.* + forma *ernestinae* + forma *marginata*, Bryk & Eisner in: Parnassiana, *v.* 2 p. 28 | 1934 *P. m.* subsp. *b.* + forma *siegeli*, Bryk & Eisner, ibid., *v.* 3 p. 4.

Große, extrem androtrope, dicht weiß beschuppte Subspecies mit Mondflecken im Glasband. Männchen: Glasband bis $M_3$, von da nur als Glassaum bis zur $Cu_1$. Subcostalfleck fehlend oder schwach ausgebildet. Endzellfleck reduziert, wurzelwärts gewinkelt, Mittelzellfleck klein, bisweilen frei (= forma *ernestinae*). Hinterflügel ohne Zeichnung in der Flügelmitte. Hinterster Analfleck bisweilen erhalten. Hinterrandschwärze bescheiden, schwächer als bei subsp. *demaculatus* Fruhst. Weibchen oft mit androtroper Facies; es kommen aber auch reich gezeichnete Weibchen vor. Glasband breit. Subcostalfleck in der Länge variabel; bisweilen ganz kurz, bis zum Stiel der $R_4 + R_5$ reichend. Zellflecke kräftiger als beim Männchen. Subcostalfleck auf den Hinterflügeln nicht so oft vorhanden wie der Medianfleck. Analbändchen gewöhnlich 2 zellig. Als formae wurden festgestellt: *marginata, ernestinae, siegeli, grundi.*

Die Tiere aus Trautenau zeigen bereits Merkmale der ssp. *silesiacus* Fruhst.

Böhmen: Groß-Wosek; Neuhütten (Berau), Freiheit-Johannisbad, Trautenau.

Typen: ♂ ♀ in coll. C. Eisner, Berlin-Dahlem.

121. **P. mnemosyne fasselianus** Fruhst. 1921 *P. m.* subsp. *fasseliana*, Fruhstorfer in: Soc. ent., *v.* 36 p. 41—42 | 1922 [1923] | *P. m.* var. *f.*, Bryk in: Strand, Lep. Cat., *v.* 27 p. 180 | 1929 *P. m.* subsp. *f.*, Bollow in: Seitz, Großschmett. Erde, *v.* 1 Suppl. 1 p. 22—23 | 1932 *P. m.* subsp. *demaculatus*, Bryk & Eisner in: Parnassiana, *v.* 2 p. 28 (part.).

Androtrope Übergangsform von der dunklen mitteldeutschen Unterart des Harzes (ssp. *hercynianus* A. Pagenst.) und des Vogelsberges (subsp. *hassicus* Pagenst.) zu den böhmischen (subsp. *bohemien* Bryk) und mährischen (subsp. *demaculatus* Bryk). Männchen: dicht weiß beschuppt, sehr arm gezeichnet.

Der Subcostalfleck des Hinterflügels erloschen. Der Medianfleck fast immer nur angedeutet. Weibchen: hell, bisweilen melahyalin verdüstert. Medianfleck und ein Analfleck auf den Hinterflügeln erhalten.

Diese Unterart ist in den Sammlungen sehr selten vertreten, es ist daher unmöglich, sie genauer zu diagnostizieren. Vielleicht ist sie ein Synonym von subsp. *demaculatus* Fruhst.?

Nordböhmen: Erzgebirge (Strobnitz bei Osseg). (Vielleicht gehören auch die Tiere vom Fichtelgebirge hierher).

1 22. **P. mnemosyne silesiacus** Fruhst. 1773 *Papilio m.*, C. L. Müller, Fauna Lep. Siles., *v.* 1 p. 547 fig. (♀) | 1842 *Doritis m.*, Neustädt & Kornatzki, Abbild. Beschr. Schmett. Schles., *v.* 1 p. 67 t. 30 f. 100a, b (♂) | 1846 *Parnassius m.*, G. Standfuß in: Ent. Zeit. Stettin, *v.* 7 p. 383 | 1852 *P. m.* (part.), Meyer-Dür in: N. Denk. Schweiz. Ges., *v.* 12 p. 20 | 1908 *P. m. silesiacus*, Fruhstorfer in: Int. ent. Z., *v.* 2 p. 18 | 1909 *P. m.* forma *silesiaca*, H. Stichel in: Berlin. ent. Z., *v.* 54 p. (39) t. 1 f. 6 (♀) | 1909 *P. m. silesiacus*, Rebel, Berges Schmettb., ed. 9 p. 8 | 1910 *P. m.*, Goldmann in: Int. ent. Z., *v.* 4 p. 165 (Schutz) | 1911 *P. m.*, Goldmann in: ibid., *v.* 5 p. 234 (Fangverbot) | 1911 & 10 *P. m. silesiacus*, Verity, Rhop. palaearct., p. 319 t. LIII f. 21 (♀) | 1911 *P. m. s.*, A. Pagenstecher in: Jahrb. Ver. Nassau, *v.* 64 p. 301, 308 | 1912 *P. m. silesiaca*, Bryk in: Soc. ent., *v.* 27 p. 89 (Sep. 1919, p. 28) | 1912 *P. m. silesiacus* [Anonym] in: Jahrb. Ent. Ver. Sphinx, p. 44 | 1912 *P. m. silesiaca*, Bryk in: Arch. Rass. Biol., *v.* 9 p. 687 | 1913 *P. m.*, Niepelt in: Int. ent. Z., *v.* 7 p. 129 | 1913 *P. m.*, Pirling, ibid., *v.* 7 p. 248 | 1914 *P. m. silesiacus*, Niepelt in: Strand, Lep. Niepeltiana, *v.* 1 p. 58 t. 7 f. 4 (♀) | 1916 *P. m.*, P. Schulze in: Int. ent. Z., *v.* 10 p. 109 | 1918 *P. m. silesiacus*, W. Rothschild in: Nov. zool., *v.* 25 p. 221 | 1921 *P. m. silesian(!)us*, Fruhstorfer in: Soc. ent., *v.* 36 p. 41 | 1922 [1923] *P. m.* var. *silesiacus*, Bryk in: Strand, Lep. Cat., *v.* 27 p. 189 | 1929 *P. m.* subsp. *s.*, Bollow in: Seitz, Großschmett. Erde, *v.* 1 Suppl. 1 p. 23 | 1932 *P. m.* subsp. *s.* + forma *siegeli* + forma *inversa* + forma *fasciata*, Bryk & Eisner in: Parnassiana, *v.* 2 p. 13 | 1934 *P. m.* subsp. *s.*, Bryk & Eisner, ibid., *v.* 3 p. 4.

Fig. 44.
**Parnassius mnemosyne silesiacus** Fruhst. (♀). (Nach Verity 1910) (1/1).

Eine kleine, sexuell stark digryphe Unterart. Männchen mit breitem Glasband, das ab $M_3$ den Flügelrand nur schmal bis $Cu_1$ umsäumt. Die Mondflecke, falls vorhanden, ganz undeutlich. Subcostalfleck meistens vorhanden, aber undeutlich ausgeprägt. Endzellfleck wurzelwärts gewinkelt. Mittelzellfleck oft vorn an der Discoidalrippe angehängt, sonst beiderseits frei in der Zelle. Hinterflügel mit oder ohne Flecke. Der Hinterrand sehr stark geschwärzt, in die Wurzel des Discus übergreifend. Weibchen (Fig. 44) im Vorderflügel glasig verdunkelt. Glasband sehr breit, fast bis zum Hinterrand reichend. Subcostalbändchen bis $M_2$ oder $M_3$. Hinterrandfleck vorhanden, bei stark melahyalinen Exemplaren nicht differenziert, weil er sich im glasig verrußten Teil des Vorderflügels verliert. Die beiden Zellflecke wie beim Männchen, aber größer. Die Mittelzelle häufig derart verglast, so daß die Grundfarbe nur als heller Hof um die Zellflecke ausgespart bleibt. Der Subcostalfleck der Hinterflügel strichförmig erhalten. Der schmale, längliche Medianfleck 2zellig, meist nicht angelehnt. Das kräftige Analbändchen 2zellig oder mit dem Medianfleck vereinigt. Hinterrandschwärze kräftig die Hinterflügelwurzel schwärzend und vorn bis zur hintersten Radialrippe dem Discus entlang reichend. Als formae treten auf: *siegeli, inversa, herrichi.* Vorderflügellänge: ♂ ♀ 25—32 mm.

Schlesien: Waldenburger Gebirge, Hornschloß, Fürstenstein, Langeberg.

123. **P. mnemosyne borussianus** Fruhst. 1842 *Doritis m.*, E. Grube in: Preuß. Prov. Bl., *v.* 25 p. 284 | 1856 *D. m.*, Ad. Speyer, D. Schmett.k., p. 74 | 1858 *D. m.*, Ad. & Aug. Speyer, Geogr. Verbr. Schmett., *v.* 1 p. 282 | 1859 *D. m.* (part.), Heinemann, Schmett. Deutschl., *v.* 1 p. 99 | 1863 *D. M.*, H. R. Schmidt in: Schr. Ges. Königsb., *v.* 3 p. 71 | 1903 *Parnassius m.*, Speiser in: Beitr. Naturk. Preuß., *v.* 9 p. 9 | 1911 *P. m.*, A. Pagenstecher in: Jahrb. Ver. Nassau, *v.* 64 p. 268, 269, 288 | 1916 *P. m.* subsp. *borussianus*, Fruhstorfer in: Soc. ent., *v.* 31 p. 49 | 1917 *P. m. b.*, Fruhstorfer in: Arch. Naturg., *v.* 82 A 2 p. 27, 28 | 1921 *P. m. b.*, Bryk in: Soc. ent., *v.* 36 p. 22—23 f. 5 (♀) | 1922 [1923] *P. m.* var. *b.*, Bryk in: Strand, Lep. Cat., *v.* 27 p. 177 | 1926 *P. m.* forma *b.* (part.), Du Bois-Reymond in: Int. ent. Z., *v.* 20 p. 103 | 1929 *P. m.* subsp. *b.*, Bollow in: Seitz, Großschmett. Erde, *v.* 1 Suppl. 1 p. 30 | 1931 *P. m.* subsp. *b.*, Bryk & Eisner in: Parnassiana, *v.* 1 nr. 7/8 p. 14.

Androtrop, dicht weiß beschuppt. Männchen und Weibchen mit Mondflecken im Glasbande, groß. Männchen: Glasband kurz. Mittelzellfleck rundlich. Hinterflügel ohne Flecke. Weibchen mit langem Glasband, bis zur $Cu_2$ reichend. Das Subcostalband kurz, bis zur $M_2$. Zellflecke kräftig, in der Zelle rundlich. Hinterrandfleck fehlt. Hinterflügel mit mehr oder weniger deutlichem Subcostalfleck; Medianfleck klein, schmal. Analfleck 2zellig. Hinterrandschwärze bis $Cu_2$. Vorderflügellänge: ♂ ♀ 33 mm.

Ostpreußen: Rominten.

124. **P. mnemosyne krzikallai** M. Hering 1863 *Doritis M.*, H. R. Schmidt in: Schr. Ges. Königsb., *v.* 3 p. 71 | 1903 *Parnassius m.*, Speiser in: Beitr. Naturk. Preuß., *v.* 9 p. 9 | 1926 *P. m.* forma *borussianus* (part.), Du Bois-Reymond in: Int. ent. Z., *v.* 20 p. 103 | 1932 *P. m.* subsp. *krzikallai*, M. Hering in: Parnassiana, *v.* 2 p. 43; p. 50 f. 1 (♀).

Fig. 45.
**Parnassius mnemosyne krzikallai** M. Hering (♂). (Typus) (1/1).

Flügelform nicht so langgestreckt wie bei der nachbarlichen subsp. *borussianus* Fruhst., sondern kurz und stumpflich. Die typischen Lunulae fehlen im Glasbande. Mittelaugenflecke des Hinterflügels stark entwickelt.

Männchen (Fig. 45): Das Glasband des Vorderflügels bis $Cu_2$ oder noch darüber hinaus reichend. Subcostalfleck kurz, bisweilen bis $M_2$ reichend. Der Subcostalaugenfleck des Hinterflügels schwach ausgebildet oder fehlend. Der Mittelaugenfleck gut ausgebildet und an den Discus angelehnt, über $M_2$ hinaus, seltener bis $M_3$, reichend. Die Rippenenden des Hinterflügels schwärzlich bestäubt. Weibchen (Fig. 45a): Glasband breit bis zum Hinter-

Fig. 45a.
**Parnassius mnemosyne krzikallai** M. Hering (♀). (Typus, nach M. Hering 1932) (1/1).

rand ziehend. Subcostalbändchen bis $M_3$ sehr gut ausgebildet. End- und Mittelzellfleck sehr kräftig. Zellwurzel stark verrußt. Hinterrandfleck deutlich. Die Flecke des Hinterflügels sehr markant ausgeprägt: der subcostale strichförmig, der mediane fünfeckig, der anale bis $Cu_2$ reichend. Wurzelschwärze kräftig.

Westpreußen: Elbing*).

Typen: ♂ ♀ in: Zool. Mus. Berlin.

125. **P. mnemosyne hercynianus** A. Pagenst. 1907 *P. m. mnemosyne* (part.), H. Stichel in: Gen. Ins., *v.* 58 p. 11 | 1909 *P. m.*, Ziegler in: Berlin. ent. Z., *v.* 54 p. 2 | 1909 *P. m. silesiacus* (part.), Fruhstorfer in: Int. ent. Z., *v.* 3 p. 124 | 1911 *P. m. hercyniana*, A. Pagenstecher in: Jahrb. Ver. Nassau, *v.* 64 p. 288, 308 | 1912 *P. m. hercynianus*, β (=Bryk) in: Soc. ent., *v.* 27 p. 65–66 | 1918 *P. m. h.*, W. Rothschild in: Nov. zool., *v.* 25 p. 221 | 1922 [1923] *P. m.* var. *h.*, Bryk in: Strand, Lep. Cat., *v.* 27 p. 182 | 1929 *P. m.* subsp. *h.*, Bollow in: Seitz, Großschmett. Erde, *v.* 1 Suppl. 1 p. 22 | 1932 *P. m.* subsp. *hercyniana* + forma *flavocentruta* + forma *melaina*, Bryk & Eisner in: Parnassiana, *v.* 2 p. 14.

Eine stark sexuell digryphe Unterart. Männchen: Glasband bis $M_3$, von da bis über $Cu_1$ hinaus verjüngt, mit undeutlichen Mondflecken. Subcostalfleck vorhanden, nur in seltenen Fällen bis $M_2$ reichend. Endzellfleck spitz wurzelwärts gewinkelt, Mittelzellfleck mittelgroß, rundlich aber unregelmäßig geformt, vorn meistens angehängt. Subcostalfleck auf dem Hinterflügel ,selten vorhanden, Medianfleck mittelkräftig, bisweilen 2zellig, an die Discalrippe angelehnt oder frei. Analbändchen 1- oder 2zellig. Die Hinterrandschwärze setzt sich in der Discuswurzel fort, vorn bis zur

*) In Westpreußen sollen Stücke der ssp. *borussianus* Fruhst. ausgesetzt worden sein.

$Cu_2$ reichend. Weibchen (Fig. 46) mit breitem, bis $Ax_1$ reichendem Glasband, das dem Seitenrand zu hinten bogig offen bleibt.

Harz: Gernrode, Treseburg, Ilfeld, Alter Stollberg, Stiege-Wieda.

Fig. 46.
**Parnassius mnemosyne hercynianus** A. Pagenst. forma **flavocentrata** Bryk & Eisner (♀). (Original aus coll. C. Eisner, Berlin-Dahlem) (1/1).

1 26. **P. mnemosyne hassicus** A. Pagenst. 1848 *P. m.*, Gabr. Koch in: Isis, p. 844 | 1856 *P. m.*, Gabr. Koch, Schmett. SW.-Deutschl., p. 36 | 1858 *P. m.* (part.), Ad. & Aug. Speyer, Geogr. Verbr. Schmett., *v.* 1 p. 282 | 1863 *P. m.*, L. Glaser, Hess.-Rhein. Falterfauna, p. ? | 1870 *Doritis M.*, L. v. Heyden in: Ber. Offenb. Ver., *v.* 12 p. 48 | 1907 *Parnassius m. mnemosyne*, H. Stichel in: Gen. Ins., *v.* 58 p. 10—11 | 1908 *P. m.*, L. Schuster in: Zool. Beob., *v.* 49 p. 118 | 1908 *P. m.*, L. v. Heyden in: Zool. Beob., *v.* 49 p. 348 | 1909 *P. m.*, Siegel in: Int. ent. Z., *v.* 3 p. 115 (+ aberr. *melaina*) 1911 *P. m. hassicus*, A. Pagenstecher in: Jahrb. Ver. Nassau, *v.* 64 p. 289, 308 | 1912 *P. m. h.* + aberr. *siegeli*, ß (= Bryk) in: Soc. ent., *v.* 27 p. 65 f. 1 (♂) | 1912 *P. m. h.*, Bryk in: ibid., *v.* 27 p. 87, 101 | 1913 *P. m. hassica*, Bryk in: ibid., *v.* 28 p. 16, 24 f. 39 (♂, monstr.) (Sep. 1919, t. XV f. 39 (♂, monstr.)) | 1914 *P. m. hassicus*, Bryk in: Berlin. ent. Z., *v.* 58 p. 206 | 1917 *P. m.* aberr. *intercubitalis*, Bryk in: Arch. Naturg., *v.* 82 A 5 p. 41 t. 1 f. 13 (nervat.) | 1918 *P. m. hassicus*, W. Rothschild in: Nov. zool., *v.* 25 p. 221 | 1918 *P. m.*, Gönner in: Ent. Rundsch., *v.* 35 p. 19—20 f. 1 (♂, aberr. *siegeli* Bryk), 2, 3, 5, 6 (♀), f. 4 (♀, nervat. monstr.) | 1919 *P. m. hercyniana*, Bryk in: Ent. Tidskr., *v.* 40 p. 39 | 1922 [1923] *P. m.* var. *hassicus*, Bryk in: Strand, Lep. Cat., *v.* 27 p. 182 | 1927 *P. mnemosyne*, Lomb in: Ber. Ver. Naturk. Fulda, *v.* 10 p. 30—32 | 1929 *P. m.* subsp. *hassicus*, Bollow in: Seitz, Großschmett. Erde, *v.* 1 Suppl. 1 p. 22 | 1932 *P. m.* subsp. *h.* + forma *siegeli* + forma *umbratilis*, Bryk & Eisner in: Parnassiana, *v.* 2 p. 13.

Eine gynaikotrope Unterart mit der sehr häufig auftretenden forma *siegeli* als Unterartmerkmal. Beim Männchen (siehe Fig. 24) Glasband breit, hinter $R_5$ etwas schmäler, bis zur $Cu_2$ sich verjüngend. Subcostalfleck in der Regel schwach und diffus vorhanden. Zellflecke kräftig, der Mittelzellfleck vorn an die Rippe fast immer angelehnt. Hinterflügel ohne Subcostalfleck, mit schwach ausgeprägtem Medianfleck, der auch ausbleiben kann. Weibchen in 2 Formen: melahyalin, stark verglast oder ohne schwarze Überpuderung. Glasband des Vorderflügels breit, fast bis zur $Ax_1$ reichend. Subcostalbändchen breit, bis $M_3$ reichend. Hinterrandfleck schmal, meistens fehlend. Zellflecke groß, klecksartig. Die forma *antiquincunx* Bryk kommt vor. Bei den verdunkelten Individuen ist die ganze Wurzel und der Discus des Vorderflügels mehr oder weniger stark glasigschwarz überpudert. Der fast konstant auftretende *siegeli*-Fleck auf den Hinterflügeln kommt zum Vorschein, selbst wenn der Subcostalfleck ausbleibt. Medianfleck kräftig, oft nicht angelehnt. 2 Analflecke. Die Hinterrandschwärze diffus, sehr ausgedehnt, einerseits die basale Hälfte des Discus schwärzend, andrerseits bis zu den Discalquerrippen sich erstreckend. Submarginalbinde häufig, oft stark betont. Vorderflügellänge: ♂ 25—32, ♀ 27—32 mm.

Hessen: Vogelsberg, Geiselstein, Taufstein; Rhön.

127. **P. mnemosyne hartmanni** M. Standf. 1888 *P. m.* var. *h.*, M. Standfuß in: Berlin. ent. Z., *v.* 32 p. 234—236 t. 3 f. 1 (♂), 2 (♀) | 1895 *P. m.* var. *h.*, F. Rühl & A. Heyne, Palaearkt. Groß-Schmett., *v.* 1 p. 707 | 1901 *P. m.* var. *h.*, Hofmann-Spuler, Schmett. Eur., *v.* 1 p. 4 | 1901 *P. m.* aberr. *melaina*, O. Staudinger & Rebel, Cat. Lep. Palaearct. Faunengeb., ed. 3 *v.* 1 p. 8 | 1906 *P. m. hartmanni*, H. Stichel in: Seitz, Großschmett. Erde, *v.* 1 p. 20 t. 10e (♂ ♀) | 1907 *P. m. h.*, H. Stichel in: Gen. Ins., *v.* 58 p. 11 | 1907 *P. m.* var. *h.*, Verity, Rhop. palaearct., p. 98 t. XXIII f. 9 (♂), 10 (♀) | 1908 *P. m. h.*, Turati in: Natural. Sicil., *v.* 20 p. 15 t. 2 f. 7, 8 | 1908 *P. m. h.* (+ forma *umbratilis*), Fruhstorfer in: Int. ent. Z., *v.* 2 p. 17 | 1909 *P. m. h.*, Huwe in: Berlin. ent. Z., *v.* 54 p. (38) | 1909 *P. m. h.*, H. Stichel in: Berlin. ent. Z., *v.* 54 p. (40) | 1909 *P. m. h.*, Rebel, Berges Schmettb., ed. 9 p. 6 | 1910 *P. m. h.*, H. Stichel in: Int. ent. Z., *v.* 4 p. 92 | 1910 *P. m. h.*, Fritz Wagner in: Int. ent. Z., *v.* 4 p. 208 | 1911 *P. m. h.*, H. Stichel in: Z. Ins.-Biol., *v.* 7 p. 301 f. 4 (♀, aberr. *halteres*), p. 302 f. 5 (♀, aberr. *taeniata*) | 1911 *P. m. h.*, Bryk in: Soc. ent., *v.* 26 p. 40 | 1911 *P. m. h.*, A. Pagenstecher in: Jahrb. Ver. Nassau, *v.* 64 p. 290, 293, 295, 308, 311 | 1912 *P. m. h.*, Bryk in: Soc. ent., *v.* 27 p. 73 (sphragis), p. 106 | 1912 *P. m. h.*, Pictet in: Mém. Soc. Genève, *v.* 37 p. 186, 187 (squamae) | 1913 *P. m. h.*, Bryk in: Soc. ent., *v.* 28 p. 15 | 1913 *P. m. h.*, Closs in: Int. ent. Z., *v.* 7 p. 158 | 1914 *P. m. h.*, Niepelt in: Strand, Lep. Niepeltiana, *v.* 1 p. 58 | 1914 & 15 *P. m. h.*, Bryk in: Arch. Naturg., *v.* 80 A 6 t. 5 f. 5 f. 33 (♀), A 9 p. 140 (aberr. *halteres* + *fermata* + *arcuata* + *cardinal*) | 1918 *P. m. h.*, Fr. Hoffmann in: Z. Ins.-Biol., *v.* 14 p. 105 | [1918] *P. m. h.* aberr. *halteres* + aberr. *fermata* + aberr. *arcuata* + aberr. *cardinal*, Bryk, Parnassius Apollo Formenkreis, p. 136 t. 5 f. 33 (♀) | 1919 *P. m. hartmanni*, Emil Hoffmann in: Z. Österr. Ent.-Ver. Wien, *v.* 4 p. 90—91 | 1921 *P. m. h.*, Fruhstorfer in: Soc. ent., *v.* 36 p. 41 | 1922 *P. m. h.*, Fruhstorfer in: Soc. ent., *v.* 37 p. 27 | 1922 [1923] *P. m.* var. *H.*, Bryk in: Strand, Lep. Cat., *v.* 27 p. 181 | 1924 *P. m. h.*, Emil Hoffmann in: Z. Österr. Ent.-Ver. Wien, *v.* 9 p. 21—23 | 1926 *P. m. h.*, Binder in: Int. ent. Z., *v.* 20 p. 71—72 (+ forma *melaina* + forma *umbratilis*) | 1926 *P. m. h.*, Fuchs in: Int. ent. Z., *v.* 20 p. 276 | 1927 *P. m. h.*, Dürck in: Soc. ent., *v.* 42 p. 17—19 | 1932 *P. m.* subsp. *h.* + subsp. *euhartmanni* Bryk i. l. + forma *taeniata* + forma *halteres* + forma *fermata*, Bryk & Eisner in: Parnassiana, *v.* 2 p. 51 | 1934 *P. m.* subsp. *h.* + forma *umbratilis*, Bryk & Eisner, ibid., *v.* 3 p. 9.

Stark verrußte gynaikotrope, großflügelige Unterart. Männchen oft stark mit schwarzen Schuppen überpudert. Glasband sehr breit, den Hinterrand, sich allmählich verjüngend, erreichend. Subcostalband breit und lang, oft sogar bis $M_3$ reichend. Endzellfleck des Vorderflügels sehr kräftig. Mittelzellfleck kräftig, länglich abgerundet. Hinterflügel mit oder ohne Subcostalfleck; der Medianfleck stark angelehnt und diffus. Analflecke angedeutet oder deutlich. Hinterrandschwärze die ganze Flügelwurzel beschattend, oft die ganzen Discalrippen überpudernd. Außenrand oft mehr oder weniger breit verglast. Weibchen dimorph. Entweder stark melanistisch, besonders im Vorderflügel (= forma *nigricans*) oder aufgehellt. Glasband des Vorderflügels sehr breit bis zum Hinterrand. Subcostalband sehr breit, bis $M_3$ reichend, mit dem viereckigen, großen Hinterrandfleck oft durch schwarze Beschuppung mehr oder weniger stark verbunden. Die beiden Zellflecke kräftiger als beim Männchen. Subcostalfleck des Hinterflügels sehr groß, viereckig. Der an das Discalende angelehnte, sehr stark entwickelte Medianfleck mit dem Analfleck in der Regel mehr oder weniger breit verbunden. Hinterrandschwärze stärker als beim Männchen, um die Zelle greifend. Submarginalbinde stets entwickelt, sehr oft mit dem Außenrand ein breites Glasband bildend. Als formae treten *umbratilis* und *siegeli* auf. Sphragis bei dunklen Exemplaren mehr oder weniger gebräunt.

Bayrische Alpen: Berchtesgaden, Reichenhall, Hochgern, Petersberg, Königssee, Öberaudorf; Lofer Paß, Salzburg (Pinzgau), St. Veit (Pongau); Totes Gebirge; St. Jakob, Hof bei Salzburg, Fuschl-See, Fischbach am Inn, Wörgl.

128. **P. mnemosyne ultrabella** Fruhst. 1922 *P. m.* subsp. *u.*, Fruhstorfer in: Soc. ent., *v.* 37 p. 16, 31, 34—35 | 1922 [1923] *P. m.* var. *u.*, Bryk in: Strand, Lep. Cat., *v.* 27 p. 191 | 1929 *P. m.* subsp. *u.*, Bollow in: Seitz, Großschmett. Erde, *v.* 1 Suppl. 1 p. 22 | 1932 *P. m.* subsp. *u.*, Bryk & Eisner in: Parnassiana, *v.* 2 p. 13

Flügelschnitt rundlicher als bei subsp. *ariovistus* Fruhst. mit größeren Makeln und Ausdehnung aller Zeichnungselemente; besonders der Medianfleck des Hinterflügels stark vergrößert und rundlicher. Männchen sonst wie das der ssp. *ariovistus* Fruhst. Glasband des Weibchens kürzer. Submarginalbinde des Hinterflügels stets erhalten, teilweise stark ausgeprägt. Als forma tritt *intacta* ♂ auf.

Schweizer Jura: Schaffhausen, Rauden.

Typen: ♂ ♀ in coll. H. Fruhstorfer, Nizza.

129. **P. mnemosyne batavus** Fruhst. 1766 *Papilio hexapus ... primus*, Schaeffer, Icon. Ins. Ratisb., *v.* 1 1 t. 34 f. 6 (♀) f. 7 (♂) | 1777 *Papilio Heliconius m.* (part.), Esper, Eur. Schmett., pars 1 *v.* 1 p. 47 | 1921 *Parnassius m.* subsp. *batava*, Fruhstorfer in: Soc. ent., *v.* 36 p. 41 | 1922 (1923) *P. m.* var. *b.*, Bryk in: Strand, Lep. Cat., *v.* 27 p. 176 | 1929 *P. m.* „Rasse" *b.*, Bollow in: Seitz, Großschmett. Erde, *v.* 1 Suppl. 1 p. 22 | 1932 *P. m. b.*, Bryk & Eisner in: Parnassiana, *v.* 2 p. 13.

Dicht weiß beschuppte Unterart. Beim Männchen Glasband bis $M_3$, von da nur als Marginalsaum bis $Cu_1$ erhalten. Mondflecke und Subcostalfleck erhalten. Alle Makeln kräftiger als bei ssp. *ariovistus* Fruhst. Endzellfleck wurzelwärts gewinkelt. Mittelzellfleck vorn frei oder nur vorn angehängt. Beide Flecke des Hinterflügels, falls vorhanden, schwach ausgebildet. Hinterrandschwärze in der Discuswurzel beginnend und oft $Cu_1$ erreichend. Gewöhnlich nur der hinterste Analfleck schwarzglasig erhalten. Weibchen mit breitem Glasband, das im letzten Element gewöhnlich hinter $Cu_2$ endigt, hinten als Fortsetzung der matten Mondbinde offen. Subcostalband bis $M_2$. Hinterrandfleck bald fehlend, bald erhalten. Zellflecke bedeutend kräftiger als beim Männchen, besonders der in der Mittelzelle. Wurzel des Vorderflügels selten sehr schwach bestäubt. Hinterflügel mit schmalem Subcostal- und länglichem Medianfleck. Hinterrandschwärze wie beim Männchen, die hinterste Zelle am Hinterrand hin und wieder ausfüllend. Analflecke bis $Cu_1$ oder mit dem Medianflecke vereinigt. Von der Submarginalbinde ein Bogenelement diffus zwischen $R_4$ und $R_5$ ($+ M_1$) schwach erhalten. Vorderflügellänge: ♂ 27—33 mm, ♀ 28—33 mm. Steht ssp. *ariovistus* Fruhst. sehr nahe, ist jedoch im Durchschnitt etwas kleiner.

Bayern: Passau, Sondernach, Regensburg; Fichtelgebirge.

Typen: ♂ ♀ in coll. H. Fruhstorfer, Nizza.

130. **P. mnemosyne litavius** Bryk 1776 *Papilio Heliconius m.*, Schiffermüller & Denis, Syst. Verz. Schmett., p. 161 (Nota) | 1886 *Parnassius m.*, Elwes in: P. zool. Soc. London, p. 44 (sep. p. 40) | 1892 *P. m.* (part.), Rebel & Rogenhofer in: Jahresber. Wien. ent. Ver., *v.* 3 p. 67 | 1908 *P. m.* subsp. *mesoleucus* (part.), Fruhstorfer in: Int. ent. Z., *v.* 2 p. 17 | 1908 *P. m.* subsp. *m.* (part.), Fruhstorfer in: Ent. Z., *v.* 22 p. 12 | 1909 *P. m.* (part.), Rebel, Berges Schmettb., ed. 9 p. 6 | 1912 *P. m.* + aberr.

*athene* + aberr. *intacta*, Galvagni & Preissecker in: Jahresber. Wien. ent. Ver., *v.* 22 p. 92 | 1912 *P. m. litavia*, β (= Bryk) in: Soc. ent., *v.* 27 p. 66 | 1912 *P. m. l.*, Bryk, ibid., *v.* 27 p. 106 | 1912 *P. m.*, Rischer in: Jahrb. Ent. Ver. Sphinx, p. 2—14 t. 2 f. 1, 2, 3, 5, 7, 8 (♂), 4, 6, 9 (♀) | 1913 *P. m. litavia*, Bryk in: Soc. ent., *v.* 28 p. 14 f. 27 (♂) [Sep. 1919, p. 36 t. X f. 27 (♂)] | 1914 *P. m.* + *l.*, Rischer in: Ent. Z., *v.* 28 p. 69 | 1917 *P. m. l.*, Fruhstorfer in: Arch. Naturg., *v.* 82 A 2 p. 23, 24 | 1918 *P. m.* subsp. (?), W. Rothschild in: Nov. zool., *v.* 25 p. 222 | 1919 *P. m. litavia*, Fruhstorfer in: Soc. ent., *v.* 34 p. 12 | 1922 [1923] *P. m.* var. *l.*, Bryk in: Strand, Lep. Cat., *v.* 27 p. 184 | 1929 *P. m. l.*, Bollow in: Seitz, Großschmett. Erde, *v.* 1 Suppl. 1 p. 23 | 1932 *P. m.* subsp. *l.* + forma *umbratilis* + forma *grundi*, Bryk & Eisner in: Parnassiana, *v.* 2 p. 28 | 1934 *P. m.* subsp. *l.*, Bryk & Eisner, ibid., *v.* 3 p. 5.

Eine in Größe, Ausbildung der Mondflecke und Ausdehnung des Glasbandes recht uneinheitliche Rasse. — Männchen (Fig. 47) in der Regel mit nicht besonders stark hervortretenden, selten mit großen, bisweilen auch ohne Mondflecke. Endzellfleck des Vorderflügels länglich, an die Querrippe angelehnt. Mittelzellfleck schwach bis mittelgroß. Hinterflügel teils ohne Augenflecke, häufig aber auch mit Augenflecken. Analfleck in der Regel

Fig. 47.
**Parnassius mnemosyne litavius** Bryk (♂). (Typus, nach Bryk 1913) (1/1).

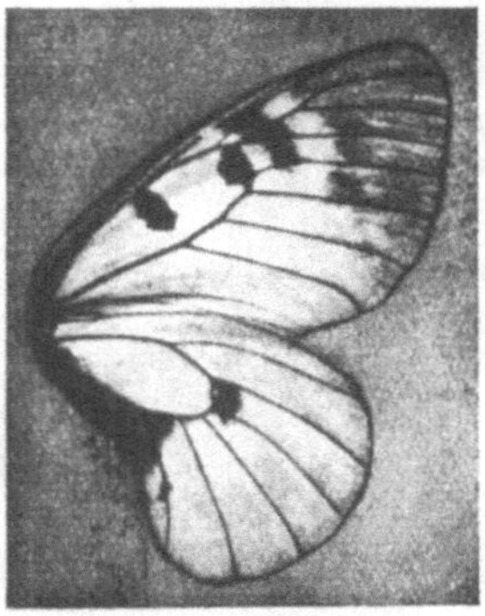

Fig. 48.
**Parnassius mnemosyne litavius** Bryk (♀) (Nach Verity 1910) (1/1).

1- oder 2zellig erhalten. Je nach dem Grade der mehr oder minder reichlichen Zeichnung tritt auch der Subcostalfleck im Vorderflügel stärker oder schwächer auf. Weibchen (Fig. 48) mit kürzerem oder längerem Glasband, das indessen den Hinterrand nicht erreicht, meistens mit deutlichen Mondflecken, häufig mit Hinterrandfleck des Vorderflügels, stets mit Medianfleck, meistens auch mit Subcostalfleck des Hinterflügels, Analbändchen kräftig, mit dem Medianfleck oft verbunden. Als formae treten auf: *albovenata, leucothea, umbratilis, grundi, kammeli, perversa.*

Wiener Wald (Typus). Jochgraben, Rosenburg a. d. Kamp, Neusiedler-See, Fischamend, Flösselberg, Mödling, Hermannskogel, Leitha-Gebirge, Gießhübel, Ellendorfer Wald, Mannersdorf, Budapest, Peczel, Szaar, Thaya-Tal, Ungar.-Hradisch, Simontornya, Ödenburg.

Typen: ♂ ♀ in coll. C. Eisner, Berlin-Dahlem.

131. **P. mnemosyne compositus** Bryk & Eisner 1932 *P. m.* subsp. *c.* + forma *intacta*, Bryk & Eisner in: Parnassiana, *v.* 2 p. 29, 30.

Eine Übergangsunterart von subsp. *litavius* Bryk zu subsp. *tubulus* Fruhst. Männchen stark an das von subsp. *litavius* Bryk erinnernd, jedoch ohne oder mit nur sehr schwach ausgeprägten Mondflecken im Glasbande des Vorderflügels. Weibchen nicht so dicht weiß beschuppt wie subsp. *litavius* Bryk, mit breitem Glasband wie subsp. *tubulus* Fruhst., das indessen den Hinterrand nicht ganz erreicht. Die Makeln des Hinterflügels kräftig, aber nicht sehr groß, die Bogenbinde am Flügelrande mehr oder weniger deutlich. Vorderflügel schwach schwärzlich überstäubt und mit verkleinerten Zellflecken.

Wachau (Aggsbach), Schönnbühel a. D., Hohe Mandling, Peilstein, Zeltweg, Guggenbach, Gratwein, Graz, Annagraben, Gösting, Kindberg, Kapellen.

Typen: ♂ ♀ in coll. C. Eisner, Berlin-Dahlem.

132. **P. mnemosyne ariovistus** Fruhst. 1898 *P. m.*, Reutti, Lep. Baden, ed. 2 p. 17 | 1911 *P. m.* subsp. *ariovistus*, Fruhstorfer in: Soc. ent., *v.* 25 p. 96 | 1911 *P. m. a.*, A. Pagenstecher in: Jahrb. Ver. Nassau, *v.* 64 p. 291 | 1917 *P. m. a.*, Fruhstorfer in: Arch. Naturg., *v.* 82 A 2 p. 27 | 1918 *P. m. a.*, W. Rothschild in: Nov. zool., *v.* 25 p. 221 | 1921 *P. m. a.*, Fruhstorfer in: Soc. ent., *v.* 36 p. [41] | 1922 *P. m. a.*, Bryk in: Soc. ent., *v.* 37 p. 14 | 1922 *P. m. a.*, Fruhstorfer in: Soc. ent., *v.* 37 p. 16 | 1922 [1923] *P. m.* var. *a.*, Bryk in: Strand, Lep. Cat., *v.* 27 p. 175 | 1925 *P. m.*, Aichele in: Soc. ent., *v.* 40 p. 17 (biolog.) | 1929 *P. m. ariovistus*, Bollow in: Seitz, Großschmett. Erde, *v.* 1 Suppl. 1 p. 22 t. 3e (♂ ♀) | 1932 *P. m.* subsp. *a.*, Bryk & Eisner in: Parnassiana, *v.* 2 p. 12 | 1934 *P. m.* subsp. *a.* + forma *grundi* + forma *arcuata*, Bryk & Eisner, ibid., *v.* 3 p. 4.

Große, dicht weiß beschuppte Unterart. Männchen (Fig. 49) mit 4—5 kleinen, weißen Flecken im Glasbande, das von da ab bis zur $Cu_1$ sich verschmälert. Subcostalfleck erhalten. Endzellfleck fast dreieckig, mit

Fig. 49.
**Parnassius mnemosyne ariovistus** Fruhst. forma **ernestinae** Bryk (♂).
(Original, aus coll. C. Eisner, Berlin-Dahlem) (1/1).

seinem Scheitel wurzelwärts gerichtet, an der Basis eingeknickt. Mittelzellfleck vorn und hinten frei, seltener nur vorn ganz angehängt. Der Subcostalfleck der Hinterflügel fehlt in der Regel oder ist, falls vorhanden, nur schwach ausgeprägt. Der Medianfleck länglich, einzellig. Analfleck fehlt oder ist vorhanden. Hinterrandschwärze nicht breit, dunkel, oft über $Cu_1$ ausgezogen. Weibchen mit diffusem Glasband, das oft an der $Cu_2$ offen bleibt. Subcostalband breit, die $M_2$ oder $M_3$ erreichend. Endzellfleck und Mittelzellfleck wie beim Männchen, aber kräftiger; Hinterrandfleck des Vorderflügels schwach. Subcostalfleck des Hinterflügels schwach erhalten, selten fehlend. Der Medianfleck kräftig, länglich, einerseits mit der um den Discus greifenden Hinterrandschwärze, andrerseits mit dem Analbändchen oft verbunden, so daß eine von Schwarz umschlossene weiße Insel der Grundfarbe ausgespart bleibt. Hinterrandschwärze schwärzer als beim Männchen. Als formae treten auf: *inversa* ♀, *grundi* und *ernestinae*. Vorderflügellänge: ♂ 29—35 mm, ♀ 27—37 mm.

Süd-Württemberg, Sigmaringen, Heidenheim, Lautertal, Schwäbische Alb, Ulm, Urach, Gengenbach, Lahr, Roggental, Geißlingen, Hettingen, Beuren, Tuttlingen, Werlingen.

1 33. **P. mnemosyne dinianus** Fruhst. 1907 *P. m. athene* (part.), H. Stichel in: Gen. Ins., *v.* 58 p. 11 1907 *P. m.*. Verity, Rhop. palaearct., p. 97 t. XXIII f. 1 (♂), 2 (♂), 4 (♀) | 1908 *P. m.* subsp. *dinianus*, Fruhstorfer in: Int. ent. Z., *v.* 2 p. 17 | 1909 *P. m.*, Spröngerts in: D. ent. Z. Iris, *v.* 22 p. 81 | 1909 *P. m.* subsp. *parvimacula*, W. Rothschild in: Nov. zool., *v.* 16 p. 2 | 1911 & 10 *P. m.* „race" *dinianus*, Verity, Rhop. palaearct., p. 319–320 t. LIX f. 3 (♂ = Type von *P. m. parvimacula* Rothsch.) | 1911 *P. m. d.*, A. Pagenstecher in: Jahrb. Ver. Nassau, *v.* 64 p. 293 1914 *P. m. d.*, Bryk in: Soc. ent., *v.* 29 p. 62 (Sep. 1919, p. 53) | 1918 *P. m. d.*, W. Rothschild in: Nov. zool., *v.* 25 p. 222 | 1922 [1923] *P. m.* var. *d.*, Bryk in: Strand, Lep. Cat., *v.* 27 p. 179 | 1929 *P. m. d.*, Bollow in: Seitz, Großschmett. Erde, *v.* 1 Suppl. 1 p. 29 | 1932 *P. m.* subsp. *d.*, Bryk & Eisner in: Parnassiana, *v.* 2 p. 62.

Helle, kleine Rasse. Männchen (Fig. 50) mit Mondflecken bis $M_3$, von da als spitz verlaufende Verlängerung des Glasbandes bis $Cu_1$. Subcostalfleck deutlich. Endzellfleck dreieckig oder vorn verdickt. Mittelzellfleck stark, oben angehängt, viereckig. Hinterflügel mit oder ohne Medianfleck, der 2 zellig und nicht ganz angelehnt ist. Analflecke bisweilen bis $Cu_1$. Hinterrandschwärze, die ganze Flügelwurzel schwärzend, reicht bis $Cu_1$. Weibchen mit breitem, bis $Cu_2$ reichendem Glasbande, in dem mehr oder weniger deutliche Lunulae eingesprengt sind, die es hinten offen halten. Hinterrandfleck bescheiden. Hinterflügel mit beiden Flecken, von denen der subcostale schmal, der mediane kräftig ist. Analfleck 2 zellig. Wurzelschwärze im Discus reduziert.

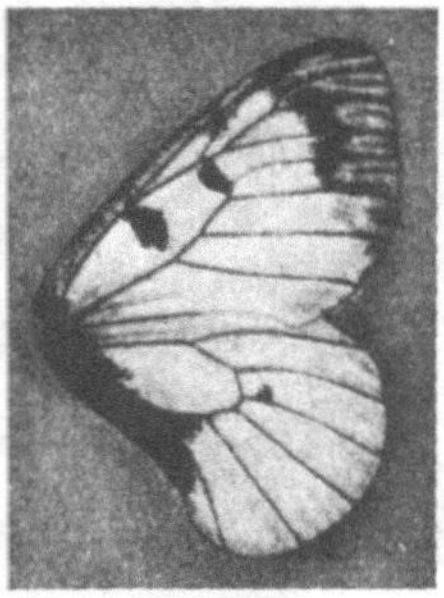

Fig. 50.
**Parnassius mnemosyne dinianus** Fruhst. (♂).
(Typus von ssp. *parvimacula* Rothsch.).
(Nach Verity 1910) (1/1).

Südfrankreich: Digne, Dourbes.

Typen: ♂ ♀ in coll. H. Fruhstorfer, Nizza.

1 34. **P. mnemosyne parmenides** Fruhst. 1907 *P. m.* (part.), Verity, Rhop. palaearct., p. 97 t. XXIII f. 3 (♂) | 1908 *P. m.* subsp. *parmenides*, Fruhstorfer in: Ent. Z., *v.* 22 p. 12 | 1909 *P. m. p.*, Turati in: Natural. Sicil., *v.* 21 p. 36 t. 1 f. 3 ♂, f. 4 ♀ | 1910 *P. m. p.*, Slevogt in: Soc. ent., *v.* 24 p. 163 | 1911 & 10 *P. m* „race" *p.*, Verity, Rhop. palaearct., p. 320 t. LIII f. 19 (♂), 20 (♀) | 1911 *P. m. p.*, A. Pagenstecher in: Jahrb. Ver. Nassau, *v.* 64 p. 308 | 1918 *P. m. p.*, W. Rothschild in: Nov. zool., *v.* 25 p. 222 | 1922 *P. m. p.*, Bryk in: Soc. ent., *v.* 37 p. 19 | 1922 [1923] *P. m.* var. *p.*, Bryk in: Strand, Lep. Cat., *v.* 27 p. 186 | 1929 *P. m.* „Rasse" *p.*, Bollow in: Seitz, Großschmett. Erde, *v.* 1 Suppl. 1 p. 29 | 1932 *P. m.* subsp. *p.*, Bryk & Eisner in: Parnassiana, *v.* 2 p. 61.

Männchen ähnelt subsp. *dinianus* Fruhst. Aber die Exemplare von Piemont (Valdieri) sind schon stark verschieden. Das Glasband gleichmäßig bis über $Cu_1$, mit deutlichen, weißen Lunulae. Subcostalfleck breit, bis zur $M_1$ reichend. Endzellfleck klein, Mittelzellfleck kräftig. Hinterflügel mit beiden Flecken; der Analfleck $Cu_1$ nicht erreichend. Hinterrandschwärze wie bei ssp. *dinianus* Fruhst. Weibchen verdunkelt, mit längerem Glas- und Subcostalband (letzteres bis $M_3$), deutlichem, viereckigem Hinterrandflecke und sehr kräftigem Mittelzellflecke. Die beiden Flecke des Hinterflügels sehr kräftig, der mediane fünfeckig. Wurzelschwärze wie beim Männchen, vorn reduziert. Analband bis $Cu_1$.

Seealpen: Valdieri (Piemont), Col di Tenda, Colmars, Mt. Pelvoux, Mt. Mounier, Guillaumes.

1 85. **P. mnemosyne matuta** Bryk 1922 *P. m. m.*, Bryk in: Soc. ent., *v.* 37 p. 20 | 1922 [1923] *P. m.* var. *m.*. Bryk in: Strand, Lep. Cat., *v.* 27 p. 184 | 1929 *P. m.* „Rasse“ *m.*, Bollow in: Seitz, Großschmett. Erde, *v.* 1 Suppl. 1 p. 28 | 1932 *P. m.* subsp. m., Bryk & Eisner in: Parnassiana, *v.* 2 p. 61.

(Fig. 51). Männchen hellweiß beschuppt. Submarginalbinde des Vorderflügels bis $M_3$. Subcostalfleck schwach, aber deutlich. Auf den Hinterflügeln der Medianfleck 1 zellig (bisweilen 2 zellig) vorhanden. Forma *benanderi* selten.

Fig. 51.
**Parnassius mnemosyne matuta** Bryk (♂). (Original, aus coll. C. Eisner, Berlin-Dahlem) (1/1).

Weibchen hell. Das schmale Glasband knapp bis zur $Cu_2$, die durch die Monde getrennte Submarginalbinde bis $M_3$ oder $Cu_1$. Hinterrandfleck klein, aber deutlich (auch forma *casta*). Die Hinterrandschwärze des Hinterflügels nie den Discus überschreitend. Alle 3 Flecke der Mittelbindenregion deutlich,

Fig. 51 a.
**Parnassius mnemosyne matuta** Bryk (♀). (Original, aus coll. C. Eisner, Berlin-Dahlem) (1/1).

der Subcostalfleck sehr schmal, rückgebildet. Sphragis groß. Vorderflügellänge: ♂ 31 mm, ♀ 32 mm.

Mt. Cheiron, Mt. Authion bei Sospel, St. Auben, St. Vallier, Isola, Entrevaux, Moulinet, Thorenc, Bolma, St. Barnabé bei Nizza.

Typen: ♂ ♀ in coll. C. Eisner, Berlin-Dahlem.

136. **P. mnemosyne cassiensis** Siepi 1909 *P. m. c.*, Siepi in: Ann. Mus. Marseille, *v.* 12 p. 5 | 1911 *P. m. c.*, A. Pagenstecher in: Jahrb. Ver. Nassau, *v.* 64 p. 293, 307, 310 | 1918 *P. m. c.*, W. Rothschild in: Nov. zool., *v.* 25 p. 222 | 1922 *P. m. c.*, Bryk in: Soc. ent., *v.* 37 p. 20 | 1922 [1923] *P. m.* var. *c.*, Bryk in: Strand, Lep. Cat., *v.* 27 p. 178 | 1929 *P. m.* „Rasse" *c.*, Bollow in: Seitz, Großschmett. Erde, *v.* 1 Suppl. 1 p. 28 | 1932 *P. m.* subsp. *c.*, Bryk & Eisner in: Parnassiana, *v.* 2 p. 62.

Männchen von ssp. *matuta* Bryk durch die Hinterrandschwärze auf den Hinterflügeln unterschieden, die in ihrer Verlängerung auch die Discuswurzel schwärzt. Die Hinterflügel haben in der Regel keinen Medianfleck, falls vorhanden, ganz unbedeutend und anliegend. Die Lunulae im Glasbande nicht so deutlich und klar wie bei der ssp. *matuta* Bryk. Weibchen dünner beschuppt als das der ssp. *matuta* Bryk. Die Submarginalbinde bedeutend breiter und länger, bis $Cu_2$ reichend. Mondflecke sehr klein. Mittelzellfleck sehr kräftig. Vorderflügellänge: ♂ 27—31 mm, ♀ 31 mm.

Mt. St. Cassien (Baume).

137. **P. mnemosyne turatii** Fruhst. 1858 *Doritis m.* (part.), Ad. & Aug. Speyer, Geogr. Verbr. Schmett., *v.* 1 p. 282 | 1893 *Parnassius m.*, Caradja in: D. ent. Z. Lep., *v.* 6 p. 169 | 1907—11 *P. m. pyrenaica*, Verity, Rhop. palaearct., p. 97, 319 t. XXIV f. 26 (♂), 27 (♀) | 1908 *P. m.* aberr. *pyraenaica*, Turati (nec *pyrenaica* Harcourt) in: Natural. Sicil., *v.* 20 p. 16 t. 2 f. 3, 4 (♂), 5, 6 (♀) | 1908 *P. m.* subsp. *pyrenaicus*, Fruhstorfer in: Int. ent. Z., *v.* 2 p. 17 | 1908 *P. m. turatii*, Fruhstorfer in: Int. ent. Z., *v.* 2 p. 17 | 1909 *P. m. t.*, H. Stichel in: Berlin. ent. Z., *v.* 54 p. (39) | 1909 *P. m. pyrenaica*, Turati in: Natural. Sicil., *v.* 21 p. 35, 36 | 1909 *P. m.* + *P. m. pyrenaicus* (part.), C. Oberthür, Étud. Lép., *v.* 3 p. 118, 119 | 1909 *P. m. turatii*, W. Rothschild in: Nov. zool., *v.* 16 p. 7 | 1911 *P. m. pyrenaica* (part.), A. Pagenstecher in: Jahrb. Ver. Nassau, *v.* 64 p. 294, 308 | 1911 *P. m. pyraenaicus*, Turati in: Annuario Mus. Napoli, n. ser. *v.* 3 nr. 18 p. 13 | 1911 *P. m. pyrenaica*, Aichele in: Ent. Z., *v.* 25 p. 172 | 1912 *P. m. pyrenaiana* (part.), β (= Bryk) in: Soc. ent., *v.* 27 p. 65, 66 | 1912 *P. m. pyrenaiana* (nom. emendat.), Bryk in: Soc. ent., *v.* 27 p. 73, p. 99, 100, 106 | 1913 *P. m.*, Mendes in: Broteria, *v.* 11 p. 136 (nervat.) | 1916 *P. m.*, Kheil in: Int. ent. Z., *v.* 10 p. 42 | 1916 *P. m. pyrenaicus*, Stauder in: Z. Ins.-Biol., *v.* 12 p. 11 | 1918 *P. m. vernetensis* (part.), W. Rothschild in: Nov. zool., *v.* 25 p. 223 (larva) | 1922 [1923] *P. m.* var. *pyrenaiana* (part.), Bryk in: Strand, Lep. Cat., *v.* 27 p. 187 | 1929 *P. m.* subsp. *pyrenaica* (part.), Bollow in: Seitz, Großschmett. Erde, *v.* 1 Suppl. 1 p. 29 | 1932 *P. m.* subsp. *pyraenaica*, Bryk & Eisner in: Parnassiana, *v.* 2 p. 63.

Eine kleine, gynaikotrope Unterart mit rundlichem Flügelschnitt. Männchen: Glasband medial bogig bis $M_3$ reichend, dann ganz schmal als Saum bis zum Hinterrand. Subcostalfleck deutlich. Endzellfleck überwiegend wie bei der forma *antiquincunx*. Mittelzellfleck angehängt. Hinterflügel mit einzelligem Medianfleck, der gewöhnlich nicht angelehnt ist und die vordere Rippe nicht erreicht. Hinterrandschwärze kräftig, die ganze Wurzel schwärzend. Von Analflecken oft nur der hinterste vorhanden. Zwischen $R_4$ und $R_5$ (+ $M_1$) ein Bogenelement der Saumbinde erhalten. Die Rippenmündungen des Hinterflügels im Saum etwas durch schwarze Schuppen verdickt. Weibchen schwächer beschuppt, mit sehr breitem Glasbande, das hinten vor dem Hinterrandwinkel offen bleibt. Subcostalband über $M_3$ reichend. Hinterrandfleck deutlich, aber melahyalin. Zellflecke kräftiger als beim Männchen. Hinterflügel mit deutlichen Makeln. Hinterrandschwärze nicht so kräftig, wie beim Männchen, vorn reduziert.

Pyrenäen: Val Campbiel, Gèdres, Gavarnie, Vallée d'Estaube.

138. **P. mnemosyne vernetanus** Fruhst. 1907 *P. m.*, Verity, Rhop. palaearct., t. XXIII f. 5 (♂), f. 6 (♀) | 1908 *P. m.* subsp. *vernetanus*, Fruhstorfer in: Int. ent. Z., *v.* 2 p. 17 | 1909 *P. m. v.*, H. Stichel in: Berlin. ent. Z., *v.* 54 p. (39) | 1909 *P. m. pyrenaicus*

(part.), C. Oberthür, Étud. Lép., *v.* 3 p. 119 | 1909 *P. m. vernetanus*, W. Rothschild in: Nov. zool., *v.* 16 p. 7 | 1911 *P. m. pyrenaica* (part.), A. Pagenstecher in: Jahrb. Ver. Nassau, *v.* 64 p. 294, 308 | 1911 *P. m. p.*, Aichele in: Ent. Z., *v.* 25 p. 172 | 1912 *P. m. pyrenaiana* (part.), β (= Bryk) in: Soc. ent., *v.* 27 p. 65, 66 | 1918 *P. vernetensis* (part.), W. Rothschild in: Nov. zool., *v.* 25 p. 223 (larva) | 1922 [1923] *P. mnemosyne pyrenaica* (part.), Bryk in: Strand, Lep. Cat., *v.* 27 p. 187 | 1929 *P. m.* subsp. *p.*, Bollow in: Seitz, Großschmett. Erde, *v.* 1 Suppl. 1 p. 29 | 1932 *P. m.* subsp. *vernetanus* + forma *cardinalis*, Bryk & Eisner in: Parnassiana, *v.* 2 p. 63.

Im Durchschnitt größer als die subsp. *turatii* Fruhst. Männchen mit etwas kleineren Makeln, besonders auf den Hinterflügeln, die auch keine so starke Überstäubung der Rippenenden zeigen. Die Subcostalzelle fehlt in der Regel oder ganz verschwindend. Steht das Männchen der subsp. *turatii* Fruhst. noch recht nahe, so ist das Weibchen deutlich von dem dieser

Fig. 52.
**Parnassius mnemosyne vernetanus** Fruhst. (♀). (Nach Verity 1907) (1/1).

Subspecies entfernt. Weibchen (Fig. 52): Dichter weiß beschuppt, ohne jede schwarze Bestäubung, sonst an das von *turatii* Fruhst. in der Zeichnung erinnernd. Die Bogenbinde des Hinterflügels jedoch schwächer hervortretend.

Ost-Pyrenäen: Vernet les Bains; Mt. Louis, Cambrès d'Aze.

Typen: ♂ ♀ in coll. H. Fruhstorfer, Nizza.

139. **P. mnemosyne republicanus** Bryk & Peebles 1931 *P. m.* subsp. *r.*, Bryk & Peebles in: Parnassiana, *v.* 1 nr. 6 p. 4 | 1931 *P. m. pyraenaica*, Querci (Romei MS.) in: Treb. Mus. Barcelona, *v.* 14 p. 9 | 1932 *P. m. republicanus*, Bryk & Eisner in: Parnassiana, *v.* 2 p. 64.

Fig. 53.
**Parnassius mnemosyne republicanus** Bryk & Peebles (links ♂, rechts ♀).
(Original, aus coll. C. Eisner, Berlin-Dahlem) (1/1).

Heller als subsp. *turatii* Fruhst., mit markanterer Fleckung im Vorderflügel, aber kleineren Makeln auf dem Hinterflügel (Fig. 53). Beim Männchen der Subcostalfleck des Hinterflügels reduziert. Der Mittelzellfleck des Vorderflügels länglich. Glasband des Männchens mit 5—7 kleinen, durchsichtigen, hellen Flecken.

Pyrenäen: Maladetta (Val d'Aran).

Typen: ♂ ♀ in coll. H. M. Peebles, London.

140. **P. mnemosyne nebrodensis** Verity 1872 *P. m.*, Kalchberg in: Ent. Zeit. Stettin, *v.* 33 p. 316 | 1905 & 07 *P. m. nubilosus* „forma" *nebrodensis*, Verity (Turati MS.), Rhop. palaearct., p. XXIII, 99 t. XXIII f. 7 (♂), 8 (♀) | 1907 *P. m. mnemosyne* (part.), H. Stichel in: Gen. Ins., *v.* 58 p. 11 | 1908 *P. m.* aberr. *nebrodensis*, Turati in: Natural. Sicil., *v.* 20 p. 15 t. 3 f. 3, 4 (♂), 5 (♀) | 1908 *P. m. n.*, Fruhstorfer in: Int. ent. Z., *v.* 2 p. 17 | 1909 *P. m. n.*, H. Stichel in: Berlin. ent. Z., *v.* 54 p. (39) | 1909 *P. m. n.*, Turati in: Natural. Sicil., *v.* 21 p. 34 | 1909 *P. m. n.*, C. Oberthür, Étud. Lép., *v.* 3 p. 118 | 1911 *P. m. n.*, A. Pagenstecher in: Jahrb. Ver. Nassau, *v.* 64 p. 294, 310 | 1916 *P. m.* aberr. *n.*, Ragusa in: Natural. Sicil., *v.* 23 p. 35 | 1918 *P. m. n.*, W. Rothschild in: Nov. zool., *v.* 25 p. 223 | 1922 [1923] *P. m.* var. *n.*, Bryk in: Strand, Lep. Cat., *v.* 27 p. 185 | 1929 *P. m.* „Rasse" *n.*, Bollow in: Seitz, Großschmett. Erde, *v.* 1 Suppl. 1 p. 28 t. 3d (♂) | 1932 *P. m.* subsp. *n.*, Bryk & Eisner in: Parnassiana, *v.* 2 p. 60.

Helle, sehr dicht beschuppte Unterart. Männchen (Fig. 54) mit im Apex schräg abgehacktem Glasband, das von $M_2$ an gewinkelt ist und bis $M_3$ reicht, dann als Marginalbinde bis zur $Cu_1$ verläuft. Die 5 Mondflecke deutlich und groß. Subcostalfleck deutlich bis zur $M_1$. Der Endzellfleck dreieckig,

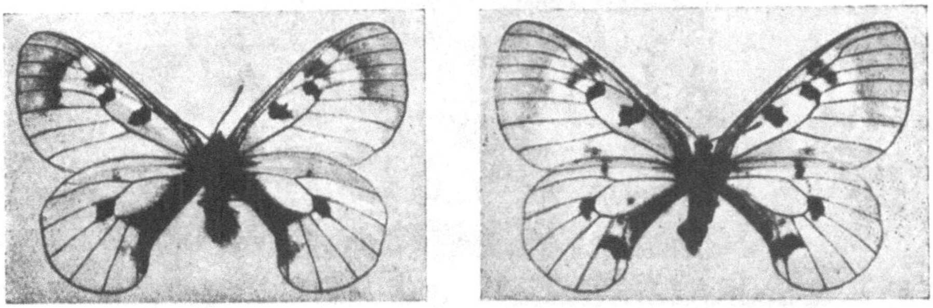

Fig. 54.
**Parnassius mnemosyne nebrodensis** Turati (links ♂, rechts ♀). (Nach Verity 1907) (1/1).

oft $M_3$ nicht erreichend. Mittelzellfleck oben angehängt, in seiner Mitte unregelmäßig ausgefranst. Hinterflügel stets mit 1 zelligem, angelehnten, kräftigen Medianfleck. Der hinterste Analfleck mehr oder weniger deutlich. Hinterrandschwärze mäßig, bisweilen reduziert. Weibchen (Fig. 54) mit Glasband wie beim Männchen, nur mit längerer Submarginalbinde, so daß 6 Mondflecke eingeschlossen sind. Subcostalband bis zur $M_2$. Zellflecke wie beim Männchen, aber kräftiger. Hinterrandfleck bescheiden. Subcostalfleck des Hinterflügels sehr schmal, Medianfleck wie beim Männchen. Analband bis $Cu_1$. Hinterrandschwärze in die Zellwurzel nicht übergreifend. Vorderflügellänge: ♂ 27, ♀ 28—29 mm.

Sizilien: Monte Nebrodi, Madonie-Gebirge, Monte Salvatore.

Typen: ♂ ♀ in coll. E. Turati, Milano.

141. **P. mnemosyne calabricus** Turati 1792 *Papilio m.*, Petagna, Inst. ent., *v.* 2 p. 445 | 1832 *P. m.*, O. G. Costa, Fauna Reg. Napoli (diurni), p. 11 | 1839 *P. m.*, O. G. Costa in: Atti Acc. Napoli, *v.* 4 Zool. p. 168 | 1911 *P. m. calabrica*, Turati in: Annuario Mus. Napoli, n. ser. *v.* 3 nr. 18 p. 12 (♂) | 1912 *P. m. c.*, Bryk in: Soc. ent., *v.* 27 p. 32, 71 f. 14 (♂), p. 101, 106 (Sep. 1919, p. 34, t. VI f. 14 (♂)) | 1916 *P. m. calabricus*, Stauder in: Z. Ins.-Biol., *v.* 12 p. 10 t. 5 f. 5 (♂), 6 (♀), p. 302 (biolog.) | 1918 *P. m. calabrica*, Turati in: Atti Soc. Ital., *v.* 57 p. 77 (nota 7), 79 (nota 1), t. 7 f. 5 (♂, aberr. *conjuncta*), f. 13 (♂), 14 (♂ aberr.: *minuscula, posticelongata*), 15, 16 (♀ aberr. *roseopicta*) | 1918 *P. m. c.*, W. Rothschild in: Nov. zool., *v.* 25 p. 222 | 1921 *P. m. calabricus*, Stauder in: Ent. Anz., *v.* 1 p. 91 | 1921 *P. m. c.* + formae: *falcata, turatii, megalomanos, addenda*, Stauder in: Soc. ent., *v.* 36 p. 11 | 1922 *P. m. calabrica* + aberr. *normalis*, Bryk, ibid., *v.* 37 p. 12 | 1922 *P. m. calabricus* + formae: *aspersa, mandarinus, punctilineata, ovalimacula*, Stauder in: Mt. Münch. ent. Ges., *v.* 12 p. 17, 18 | 1922 [1923] *P. m.* var. *calabrica*, Bryk in: Strand, Lep. Cat., *v.* 27 p. 177; p. 172 (aberr. *normalis*) | 1923 *P. m. calabricus*, Stauder in: Soc. ent., *v.* 38 p. 30 | 1924 *P. m. calabrica*, Verity & Querci in: Ent. Rec., *v.* 36 p. (22) | 1929 *P. m. c.* (+ aberr.: *normalis, roseopicta, ovalimacula, punctilineata* + formae: *megalomanos, turatii, aspersa, addenda, mandarina, falcata*), Bollow in: Seitz, Großschmett. Erde, *v.* 1 Suppl. 1 p. 27–28 t. 3 f. d (♂) | 1932 *P. m.* subsp. *c.*, Bryk & Eisner in: Parnassiana, *v.* 2 p. 60.

Glassaum bis zum Hinterrand reichend. Submarginalbinde beim Männchen bis zur $M_3$ oder $Cu_1$, beim Weibchen bis $Cu_1$ reichend. Mondflecke klein. Männchen (Fig. 55) mit deutlichem Subcostalfleck. Endzellfleck und Mittelzellfleck kräftig. Auf dem Hinterflügel sind in der Regel beide Flecke der

Fig. 55.
**Parnassius mnemosyne calabricus** Turati (♂). (Typus, nach Bryk 1912) (1/1).

Flügelmitte mit einander mehr oder weniger stark verbunden, was als Unterartmerkmal auch bei *Koramius delphius* ssp. *cardinal* Staud. vorkommt. Von ihnen ist der subcostale länglich viereckig, der mediane zweizellig und angelehnt. Der Analfleck stets 2zellig erhalten. Die Hinterrandschwärze setzt sich im Discus fort. Weibchen größer, mit längerem Subcostalbande bis $M_3$, Hinterrandfleck undeutlich. Zellflecke bedeutend kräftiger. Hinterflügelzeichnung wie beim Männchen, nur kräftiger. Hinterrandschwärze an der Wurzel des Discus hingegen mehr reduziert. In seltenen Fällen trägt die Medianzelle einen Prachtkern mit rötlichem Schimmer (= forma *roseopicta*). Der Hinterflügelschnitt kann ausnahmsweise nahezu fünfeckig sein (= forma *mandarina*). Bei forma *normalis* Bryk sind die beiden Flecke des Hinterflügels nicht verbunden. Vorderflügellänge: ♂ 26–31 mm, ♀ 27–30 mm.

Aspromonte (Calabrien).

Typen: in coll. E. Turati, Mailand.

1 42. **P. mnemosyne fruhstorferi** Turati 1907 & 09 *P. m.* trans. ad *athene*, Verity, Rhop. palaearct., p. 99 t. XXIV f. 28 (♂), 29 (♀) | 1908 *P. m. a.*, Turati in: Natural. Sicil., *v.* 20 p. 16 | 1909 *P. m.* aberr. *fruhstorferi*, Turati, ibid., *v.* 21 p. 34, 36, t. 1 f. 1 (♂), 2 (♀) | 1909 *P. m. athene*, H. Stichel in: Int. ent. Z., *v.* 3 p. 195 | 1910 *P. m. fruhstorferi*, Slevogt in: Soc. ent., *v.* 24 p. 163 | 1911 *P. m. f.*, Verity, Rhop. palaearct., p. 320 | 1911 *P. m. f.*, A. Pagenstecher in: Jahrb. Ver. Nassau, *v.* 64 p. 294 | 1912 *P. m. f.*, Bryk in: Soc. ent., *v.* 27 p. 39, 72, 106, 107, 112 | 1913 *P. m. f.*, Maranni in: Feuille Natural., *v.* 44 p. 34 t. 1 f. 1, 2 | 1913 *P. m. f.*, Bryk in: Soc. ent., *v.* 28 p. 24 | 1914 *P. m. f.*, Bryk, ibid., *v.* 29 p. 62, 68 (Sep. 1919 p. 19, 20, 37, 53, 57) | 1914 *P. m. f.*, Verity in: Bull. Soc. ent. Ital., *v.* 45 p. 140, 141 | 1918 *P. m. f.*, W. Rothschild in: Nov. zool., *v.* 25 p. 223 | 1919 *P. m. f.*, Turati in: Atti Soc. Ital., *v.* 58 p. 163 | 1922 *P. m.* var. *f.*, Bryk in: Soc. ent., *v.* 37 p. 12 f. 1 (♀) | 1922 [1923] *P. m.* var. *F.*, Bryk in: Strand, Lep. Cat., *v.* 27 p. 160 | 1923 *P. m. F.*, Zangheri in: Mem. Soc. ent. Ital., *v.* 2 p. 21 1924 *P. m. f.*, Verity & Querci in: Ent. Rec., *v.* 36 p. (22) | 1929 *P. m. f.*, Bollow in: Seitz, Großschmett. Erde, *v.* 1 Suppl. 1 p. 27 | 1929 *P. m. sulmonensis* + *velinensis*, F. Dannehl in: Mt. Münch. ent. Ges., *v.* 19 p. 97—98 (Majella, Mte Velino) | 1931 *P. m.* subsp. *velinensis* + *sulmonensis*, Bollow in: Seitz, Großschmett. Erde, *v.* 1 Suppl. 1 p. 328 | 1932 *P. m.* subsp. *fruhstorferi*, Bryk & Eisner in: Parnassiana, *v.* 2 p. 59 | 1933 *P. m.* (*f.* + *sulmonensis*) aberr. *insulata*, F. Dannehl in: Ent. Z., *v.* 46 p. 232.

Männchen sehr dicht weiß beschuppt. Glasband schräg, mit kleinen Mondflecken, bis $Cu_1$ reichend. Subcostalfleck sehr klein oder fehlend. Beide Zellflecke mäßig, der mittlere oft frei in der Zelle, auf die Unterseite nicht durchschlagend. Hinterflügel ohne Fleckung. Hinterrandschwärze bescheiden. Weibchen mit breiterem und längerem Glasband, das hinten offen bleibt; die kleinen Mondflecke ganz verglast. Subcostalband bis $M_3$. Hinterrandfleck unansehnlich. Die beiden Flecke und der Hinterrandfleck des Hinterflügels wie bei ssp. *calabricus* Turati, jedoch nicht so groß. Vorderflügellänge: ♂ 27—28, ♀ 28—29,5 mm.

Mte Autore (Sabiner Berge), Mte Velino (Abruzzen).

Typen: ♂ ♀ in coll. E. Turati, Mailand.

1 43. **P. mnemosyne aquilensis** Turati 1912 *P. m. a.*, β (= Bryk) in: Soc. ent., *v.* 27 p. 66 | 1912 *P. m.* var. *a.*, Bryk (Turati i. l.), ibid., *v.* 27 p. 107 (Sep. 1919 p. 37) | 1919 *P. m. a.*, Turati in: Atti Soc. Ital., *v.* 58 p. 163 (Sep. p. 17) | 1922 *P. m. a.*, Bryk in: Soc. ent., *v.* 37 p. 14 | 1922 [1923] *P. m.* var. *a.*, Bryk in: Strand, Lep. Cat., *v.* 27 p. 175 | 1924 *P. m. a.*, Verity & Querci in: Ent. Rec., *v.* 36 p. (22) | 1929 *P. m.* subsp. *a.*, Bollow in: Seitz, Großschmett. Erde, *v.* 1 Suppl. 1 p. 27.

Beim Männchen Subcostalfleck rückgebildet. Endzellfleck hinten $M_2$ nicht überschreitend. Hinterflügel ohne Fleckung, Hinterrandschwärze stärker als bei dem Männchen der ssp. *fruhstorferi* Turati betont. Beim Weibchen Subcostalbändchen bis $M_2$. Hinterrandfleck fast völlig rückgebildet. Zellwurzel des Hinterflügels rein. Der 2. Analfleck diffus vorhanden. Vorderflügellänge: ♂ 29—30 mm, ♀ 30 mm.

Gran Sasso (Patria falsa).

1 44. **P. mnemosyne eucomitis** Bryk & Eisner 1932 *P. m.* subsp. *e.*, Bryk & Eisner in: Parnassiana, *v.* 2 p. 59.

Die kleinste der italienischen Rassen, mit kleineren und undeutlicheren Mondflecken in dem sich allmählich verjüngenden Glasband. Männchen mit schwach angedeutetem Costalfleck und mäßigen Zellflecken des Vorderflügels, ohne Subcostalaugenfleck und Analfleck und schwach entwickeltem Medianaugenfleck des Hinterflügels. Weibchen sehr dicht beschuppt, mit schwachem Hinterrandfleck und mäßig großen Augenflecken.

Majella (Abruzzen).

Typen: ♂ ♀ in coll. C. Eisner, Berlin-Dahlem.

145. **P. mnemosyne euaquilensis** Bryk & Eisner 1932 *P. m.* subsp. *e.*, Bryk & Eisner in: Parnassiana, *v.* 2 p. 60.

Steht der ssp. *fruhstorferi* Turati sehr nahe, ist aber im Durchschnitt größer, hat gestrecktere Flügel, längere Marginalbinden, ausgedehntere Hinterrandschwärze und kräftigere Zellflecke (Fig. 56). Männchen meist mit deutlichem Subcostalfleck im Vorderflügel, ohne oder mit sehr schwachem Subcostalaugenfleck und mit kräftigem Medianaugenfleck im Hinterflügel.

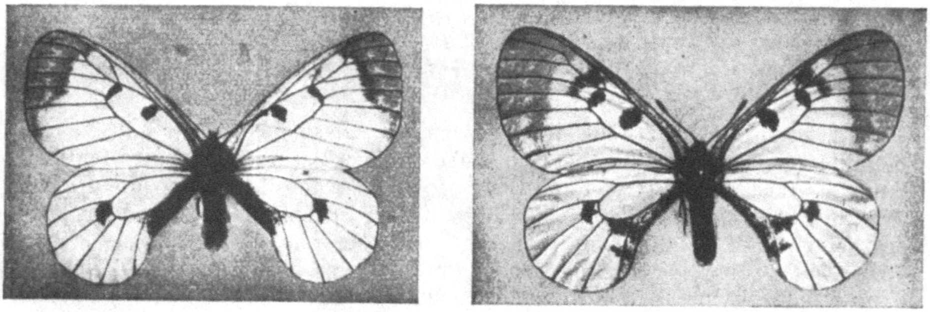

Fig. 56.
**Parnassius mnemosyne euaquilensis** Bryk & Eisner (♂ links, ♀ rechts).
(Original, aus coll. C. Eisner, Berlin-Dahlem) (1/1).

Analfleck fehlend oder 1-, bezw. 2zellig. Weibchen mit kräftigerem Subcostalbändchen und Zellflecken, mit oder ohne schwachen Hinterrandfleck im Vorderflügel, mit oder ohne Subcostalaugenfleck und deutlichem bis kräftigem Medianaugenfleck im Hinterflügel.

Gran Sasso.

Typen: ♂ ♀ in coll. C. Eisner, Berlin-Dahlem.

146. **P. mnemosyne schawerdae** Bryk 1922 *P. m.* var. *s.*, Bryk in: Soc. ent., *v.* 37 p. 11—12 f. 2 (♂) | 1922 [1923] *P. m.* var. *S.*, Bryk in: Strand, Lep. Cat., *v.* 27 p. 188 | 1929 *P. m.* subsp. *s.*, Bollow in: Seitz, Großschmett. Erde, *v.* 1 Suppl. 1 p. 28 | 1932 *P. m.* subsp. *s.*, Bryk & Eisner in: Parnassiana, *v.* 2 p. 59.

Eine zwischen ssp. *calabricus* Turati und *fruhstorferi* Turati stehende Unterart. Männchen von der ssp. *calabricus* Turati durch kürzere Submarginalbinde, bis $M_3$ reichend, verschieden. Subcostalfleck schwach entwickelt. Medianfleck auf den Hinterflügeln mehr oder weniger stark ausgeprägt. Subcostalfleck bisweilen erhalten. Weibchen schwach beschuppt. Glasbinde mit der Submarginalen verschwommen, bis zum Hinterrande reichend. Subcostalbändchen sehr stark betont. Zellflecke sehr pastos. Hinterrandfleck mehr oder weniger deutlich. Hinterflügelzeichnung wie bei der ssp. *calabricus*. Vorderflügellänge: ♂ ♀ 27 mm.

Umbrischer Apennin: Mte Pennino 1500 m (Mte di Camerino-Piceno).

Typen: ♂ in coll. C. Eisner, Berlin-Dahlem, ♀ in coll. O. Bang-Haas, Dresden-Blasewitz.

147. **P. mnemosyne costarum** Bryk 1914 *P. m. fruhstorferi*, Turati in: Atti Soc. Ital., *v.* 53 p. 596 | 1922 *P. m.* forma *costarum*, Bryk in: Soc. ent., *v.* 37 p. 13, 14 f. 3 (♀) | 1922 [1923] *P. m.* var. *C.*, Bryk in: Strand, Lep. Cat., *v.* 27 p. 178 | 1929 *P. m.* „Rasse" *c.*, Bollow in: Seitz, Großschmett. Erde, *v.* 1 Suppl. 1 p. 28 | 1932 *P. m.* subsp. *c.*, Bryk & Eisner in: Parnassiana, *v.* 2 p. 60.

Discus im Vorderflügel besonders breit. Der sich nach hinten verjüngende Glassaum umsäumt den ganzen Seitenrand. Subcostalfleck im Vorderflügel erhalten. Der viereckige Mittelzellfleck des Hinterflügels sehr kräftig,

Fig. 57.
**Parnassius mnemosyne costarum** Bryk (♀). (Original, aus coll. C. Eisner, Berlin-Dahlem) (1/1).

1 zellig, klein und angelehnt, der subcostale Fleck fehlt oder schwach angedeutet. Weibchen (Fig. 57) mit deutlichem Hinterrandfleck, langem, mit einer Reihe von Mondflecken besätem Glasbande und kräftiger Fleckung auf den Hinterflügeln.

Mte Aurunci, Valle de Petrella (Caserta) (Campagna); Roccaraso (Abruzzen).

Typen: in coll. C. Eisner, Berlin-Dahlem.

148. **P. mnemosyne comitis** Bryk 1912 *P. m. c.*, β (= Bryk) in: Soc. ent., *v.* 27 p. 65 | 1912 *P. m.* var. *c.*, Bryk, ibid., *v.* 27 p. 88, 100 (Sep. 1919, p. 26, 31) | 1918 *P. m. c.*, W. Rothschild in: Nov. zool., *v.* 25 p. 222 | 1922 *P. m.* var. *c.* + *majellensis* Dannehl (MS.), Bryk in: Soc. ent., *v.* 37 p. 14 f. 3 (♀), p. 15 f. 5 | 1922 [1923] *P. m.* var. *c.*, Bryk in: Strand, Lep. Cat., *v.* 27 p. 178 | 1929 *P. m.* subsp. *c.*, Bollow in: Seitz, Großschmett. Erde, *v.* 1 Suppl. 1 p. 28.

Von allen italienischen Rassen stark abweichend. Sehr groß. Männchen reinweiß, mit Mondflecken im breiten, bis jenseits der $Cu_1$ reichenden Glasband. Subcostalfleck kräftig. Endzellfleck dreieckig, Mittelzellfleck rundlich, in der Zelle sehr oft frei. Hinterflügel ohne Makeln, falls vorhanden, ganz unansehnlich als eng anliegender Strich. Weibchen mit längerer Glasbinde bis zur $Cu_2$, mit 2 Mondflecken in den hintersten Elementen. Zellwurzel vorn verrußt. Subcostalbändchen breit, bis zur $M_3$ reichend. Hinterrandfleck deutlich oblong, der Wurzel zu ausgebuchtet. Zellflecke wie beim Männchen. Subcostalfleck bleibt auf den Hinterflügeln aus. Der anliegende schmale Medianfleck bildet mit dem schmalen Analbändchen eine continuierliche Binde. Vorderflügellänge: ♂ 33—34 mm, ♀ 33—36 mm.

Majella (?) Wahrscheinlich eine Fundortfälschung, da diese Rasse stark an die württembergische Unterart *ariovistus* Fruhst. anklingt, während spätere Ausbeuten aus Majella eine Zugehörigkeit zu subsp. *eucomitis* Bryk & Eisner zeigten.

149. **P. mnemosyne constantinii** Turati 1919 *P. m.* forma *c.*, Turati in: Atti Soc. Ital., *v.* 58 p. 162, 163 (Sep. p. 16, 17) | 1922 *P. m.* var. *constantini*, Bryk

in: Soc. ent., *v.* 37 p. 15 | 1922 [1923] *P. m.* var. *constantinii*, Bryk in: Strand, Lep. Cat., *v.* 27 p. 178 | 1929 *P. m.* „Rasse" *c.*, Bollow in: Seitz, Großschmett. Erde, *v.* 1 Suppl. 1 p. 28 | 1932 *P. m.* subsp. *c.*, Bryk & Eisner in: Parnassiana, *v.* 2 p. 58.

Schließt sich an ssp. *fruhstorferi* Turati an, ist jedoch kurzflügeliger. Grundfarbe etwas grünlich. Mondbinde stärker betont. Männchen mit undeutlichem Subcostalfleck auf dem Vorderflügel und mehr oder weniger deutlichem Medianfleck auf dem Hinterflügel. Weibchen mit sehr breiter Submarginalbinde, breitem Subcostalbändchen bis $M_3$. Hinterrandfleck deutlich, beide Augenflecke vorhanden.

Modena (Emilianischer Appennin).

Typen: ♂ ♀ in coll. E. Turati, Mailand.

1 50. **P. mnemosyne esperi** Bryk 1798 *Papilio m.*, Prunner, Lep. Pedemont., p. 5 | 1805 *P. Heliconius mnemosine* (part.), Esper, Eur. Schmett., pars 1 Suppl. 1 p. 103 | 1891 *Parnassius mnemosyne*, Massalongo, Prosp. Ins. Verona, p. 200 | 1922 *P. m.* var. *Esperi*, Bryk in: Soc. ent., *v.* 37 p. 15 f. 6, 7 (♀), p. 19 f. 8 (♂) | 1922 [1923] *P. m.* var. *E.*, Bryk in: Strand, Lep. Cat., *v.* 27 p. 179 | 1929 *P. m.* subsp. *e.*, Bollow in: Seitz, Großschmett. Erde, *v.* 1 Suppl. 1 p. 28.

Männchen reinweiß, mit langgestreckten Vorderflügeln. Submarginalbinde breiter oder gleichbreit wie die längere bis über $Cu_1$ hinausreichende Glasbinde. 5 deutliche Mondflecke. Subcostalfleck im Vorderflügel stets vorhanden. Der Mittelzellfleck in der Regel frei. Hinterflügel, ohne Subcostalfleck ohne oder mit kleinem, angelehnten Medianfleck. Weibchen mit mehr oder weniger langem, sehr breitem Glasbande, das in den letzten hinteren Elementen Mondflecke einschließt, mit breitem Subcostalbändchen bis $M_3$. Hinterrandfleck bald vorhanden, bald verloren. Zellflecke tief schwarz, der länglich rundliche in der Zelle vorn schwach angelehnt, der Endzellfleck dreieckig, bisweilen zur forma *antiquincunx* neigend. Vorderflügelwurzel in der Zelle selten geschwärzt. Hinterflügel mit kleinem Subcostalfleck und dünnem, angelehnten, mit dem schmalen Analfleck verbundenem Medianfleck. Hinterrandschwärze stark. Stücke mit bogiger Submarginalbinde kommen auch vor. Vorderflügellänge: ♂ 34—36 mm, ♀ 33—35 mm.

Piemont: Mte Superga.

Typen: ♂ ♀ in coll. C. Eisner, Berlin-Dahlem.

1 51. **P. mnemosyne thebaïda** Fruhst. 1911 *P. m. nubilosa* (part.), Vorbrodt & Müller-Rutz, Schmett. Schweiz, *v.* 1 p. 14 | 1918 *P. m.*, Fruhstorfer in: Soc. ent., *v.* 33 p. 10 | 1922 *P. m.* subsp. *thebaïda*, Fruhstorfer, ibid., *v.* 37 p. 31 | 1922 [1923] *P. m.* var. *t.*, Bryk in: Strand, Lep. Cat., *v* 27 p. 190 | 1929 *P. m.* subsp. *thebaida*, Bollow in: Seitz, Großschmett. Erde, *v.* 1 Suppl. 1 p. 27 | 1932 *P. m.* subsp. *t.*, Bryk & Eisner in: Parnassiana, *v.* 2 p. 56.

Männchen: Flügelschnitt rundlich, mit gelblicher Grundfarbe. Vorderflügel mit oder ohne Subcostalfleck. Glasband mit gelblichweißen Möndchen. Mittelzellfleck selten die hintere Zellwand berührend, sonst quadratisch oder unregelmäßig rundlich. Schwarzer Medianfleck fast stets auf den Hinterflügeln erhalten. Flügelwurzel bei beiden Geschlechtern grau überpudert. Weibchen androtrop, mit 3 Makeln auf den Hinterflügeln. Vorderflügeldiscus bisweilen gering überpudert.

Tessin: Nordfuß des Monte Camoghè, Val Maggina (1000—1200 m).

Typen: ♂ ♀ in coll. H. Fruhstorfer, Nizza.

152. **P. mnemosyne tergestus** Fruhst. 1880 *P. m.*, H. Frey, Lep. Schweiz, p. 3 | 1910 *P. m.* subsp. *tergestus*, Fruhstorfer in: Ent. Z., *v.* 24 p. 155, 192 | 1911 *P. m. t.*, A. Pagenstecher in: Jahrb. Ver. Nassau, *v.* 64 p. 292, 308 | 1911 *P. m. t.*, Vorbrodt & Müller-Rutz, Schmett. Schweiz, *v.* 1 p. 14 | 1912 *P. m. t.*, Bryk in: Jahrb. Ver. Nassau, *v.* 65 p. 2 t. 1 f. 3 (♂ albinot. venis flavis) | 1912 *P. m. t.*, Bryk in: Soc. ent., *v.* 27 p. 65 (Sep. 1919, p. 25, 28) | 1912 *P. m. t.*, Locher in: Ent. Z., *v.* 26 p. 81, 86 (larva) | 1919 *P. m. t.*, Fruhstorfer in: Soc. ent., *v.* 34 p. 15 | 1922 *P. m. t.*, Fruhstorfer, ibid., *v.* 37 p. 23, 31 | 1922 [1923] *P. m.* var. *t.*, Bryk in: Strand, Lep. Cat., *v.* 27 p. 190 | 1929 *P. m.* subsp. *t.*, Bollow in: Seitz, Großschmett. Erde, *v.* 1 Suppl. 1 p. 27 | 1932 *P. m.* subsp. *t.*, Bryk & Eisner in: Parnassiana, *v.* 2 p. 55.

Gynaikotrop. $R_3$ bisweilen stark nach vorn verschoben, so daß sie sogar am Discusende mit der gegabelten Radialrippe ($R_4 + R_5$) verwachsen kann (= forma *enderleini* Bryk). Männchen (siehe Fig. 21) hellweiß mit bräunlichschwarzer Zeichnung. Glasband mit oder ohne Mondflecke, ohne oder mit kaum entdeckbarem Subcostalfleck. Endzellfleck vorn dicker als hinten. Mittelzellfleck unregelmäßig, vorn angehängt. Hinterrandschwärze mit Wurzelschwärze des Hinterflügels sehr breit bis $Cu_1$ verlaufend. Subcostalfleck fehlt öfters. Analfleck oft bis zur $Cu_1$. Medianfleck 1 zellig, ganz oder teilweise angelehnt. Weibchen sehr dunkel, dünn beschuppt. Das breite Glasband bis zum Hinterrand reichend. Das Subcostalbändchen schräg, der Submarginalbinde genähert, bis $M_3$ reichend. Hinterrandfleck diffus vorhanden. Zellflecke vergrößert, sehr kräftig. Die ganze Flügelwurzel verrußt. Hinterflügelzeichnung wie beim Männchen, aber bedeutend kräftiger. Die Hinterrandschwärze weiter bis zum Medianflecke um den Discus verzogen. Als formae wurden beobachtet: *taeniata, subochracea, flavidovenata, siegeli.*

Erstfeld (Uri).

Typen: ♂ ♀ in coll. H. Fruhstorfer, Nizza.

153. **P. mnemosyne temora** Fruhst. 1922 *P. m.* subsp. *t.*, Fruhstorfer in: Soc. ent., *v.* 37 p. 18 | 1922 [1923] *P. m.* var. *t.*, Bryk in: Strand, Lep. Cat., *v.* 27 p. 190 | 1929 *P. m.* subsp. *t.*, Bollow in: Seitz, Großschmett. Erde, *v.* 1 Suppl. 1 p. 27.

Androtrope Unterart, zu ssp. *tergestus* Fruhst. überleitend. Männchen mit breiterem Glasband als bei ssp. *tergestus*. Medianfleck fehlt oft den Hinterflügeln. Weibchen nie verdunkelt.

Talalpl-See (Kanton Glarus).

Typen: ♂ ♀ in coll. H. Fruhstorfer, Nizza.

154. **P. mnemosyne symphorus** Fruhst. 1852 *P. m.* (part.), Meyer-Dür in N. Denk. Schweiz. Ges., *v.* 12 p. 20 | 1880 *P. m.* (part.), H. Frey, Lep. Schweiz, p. 3 | 1910 *P. m.* subsp. *symphorus*, Fruhstorfer in: Ent. Z., *v.* 24 p. 155 | 1911 *P. m. helvetica* (= nom. nud.), Verity, Rhop. palaearct., p. 320 | 1911 *P. m.*, Büren v. Salis in: Bull. Soc. lép. Genève, *v.* 2 p. 97 | 1911 *P. m. symphorosus* (errat.), Vorbrodt & Müller-Rutz, Schmett. Schweiz, *v.* 1 p. 14 | 1911 *P. m. seguphorus* (errat.), A. Pagenstecher in: Jahrb. Ver. Nassau, *v.* 64 p. 310 | 1911 *P. m. symphorus*, A. Pagenstecher, ibid., *v.* 64 p. 292, 308 | 1912 *P. m. s.*, Bryk, ibid., *v.* 65 p. 4 | 1913 *P. m.*, Ulrich in: Int. ent. Z., *v.* 7 p. 73 | 1918 *P. m. helvetica*, W. Rothschild in: Nov. zool., *v.* 25 p. 221 | 1922 *P. m.* „Rasse" *sire* + aberr. *Kerneni*, Bryk in: Soc. ent., *v.* 37 p. 19 f. 15 (♂ = forma *Kerneni*) | 1922 *P. m. symphorus*, Fruhstorfer, ibid., *v.* 37 p. 31 | 1922 [1923] *P. m.* var. *s.* + var. *sire* + aberr. *Kerneni*, Bryk in: Strand, Lep. Cat., *v.* 27 p. 189 | 1929 *P. m.* „Rasse" *s.* + subsp. *sire*, Bollow in: Seitz, Großschmett. Erde, *v.* 1 Suppl. 1 p. 26—27 | 1932 *P. m.* subsp. *symphorus*, Bryk & Eisner in: Parnassiana, *v.* 2 p. 56.

Diese Unterart bildet den Übergang von den Schweizern zu den Italienern. Das Männchen ähnelt der subsp. *mixtus* Fruhst., ist aber reicher gezeichnet, fast stets mit Subcostalfleck und großem, rundlichem Medianfleck des Hinterflügels. Die Mondflecke im Glasbande sehr undeutlich. Weibchen in der Regel androtrop, mit verhältnismäßig schmalem Glasband. Neigung zu Verbindung beider Augenflecke mit einem schwarzen Steg. Alle Makeln deutlich hervortretend. Vorderflügellänge: ♂ 25—30 mm, ♀ 25—34 mm.

Macugnaga (Val Quarazzo).

Typen: ♂ ♀ in coll. H. Fruhstorfer, Nizza.

1 55. **P. mnemosyne mixtus** Fruhst. 1852 *P. m.* (part.), Meyer-Dür in: N. Denk. Schweiz. Ges., *v.* 12 p. 20 | 1880 *P. m.* (part.), H. Frey, Lep. Schweiz, p. 3 | 1903 *P. m.* (part.), G. Wheeler, Butt. Switzerl., p. 57 | 1910 *P. m. symphorus* (part.), Fruhstorfer in: Ent. Z., *v.* 24 p. 155 | 1911 *P. m. symphorosus* (errat.!) (part.), Vorbrodt & Müller-Rutz, Schmett. Schweiz, *v.* 1 p. 14 | 1922 *P. m. mixtus*, Fruhstorfer in: Soc. ent., *v.* 37 p. 23, 31 | 1922 [1923] *P. m.* var. *m.*, Bryk in: Strand, Lep. Cat., *v.* 27 p. 185 | 1929 *P. m.* subsp. *m.*, Bollow in: Seitz, Großschmett. Erde, *v.* 1 Suppl. 1 p. 26 | 1931 *P. m.* subsp. *m.* aberr. plethon. *intermediatus*, Bryk & Eisner in: Parnassiana, *v.* 1 nr. 6 p. 6 f. 5 (♂) | 1932 *P. m.* subsp. *m.* + forma *halteres* + forma *elunulata* + trans. ad forma *arcuata*, Bryk & Eisner, ibid., *v.* 2 p. 55.

Steht der ssp. *tergestus* Fruhst. sehr nahe, ist jedoch dichter beschuppt. Die Zellflecke in der Regel kleiner. Männchen (siehe Fig. 29) mit Mondflecken im Glasbande, deutlichem Subcostalfleck, stark ausgeprägten Zellflecken, von denen der mittlere zerfetzt und aufgehängt ist. Hinterflügel mit Medianfleck und oft mit verdunkelten Rippenmündungen. Weibchen digryph: bald verdunkelt infolge starker Fleckung, bald invers hell mit reduzierter Zeichnung. Der Unterart eigentümlich ist das verhältnismäßig häufige Auftreten der sonst so seltenen forma *halteres* Musch. Vorderflügellänge: ♂ ♀ 30 mm.

Wallis: Binn, Lötschental, Mörel, Bérisal; St. Gotthard.

Typen: ♂ ♀ in coll. H. Fruhstorfer, Nizza.

1 56. **P. mnemosyne benacensis** Dürck 1922 *P. m. b.*, Dürck in: Ent. Rundsch., *v.* 39 p. 33 f. 1 (♂), 2 (♀); p. 34, 37—38 | 1922 [1923] *P. m.* var. *b.*, Bryk in: Strand, Lep. Cat., *v.* 27 p. 176 | 1929 *P. m.* subsp. *b.*, Bollow in: Seitz, Großschmett. Erde, *v.* 1 Suppl. 1 p. 26 | 1932 *P. m.* subsp. *b.* + forma *benanderi*, Bryk & Eisner in: Parnassiana, *v.* 2 p. 57.

Fig. 58.
**Parnassius mnemosyne benacensis** Dürck (links ♂, rechts ♀). (Original, aus coll. C. Eisner, Berlin-Dahlem) (1/1).

Eine helle, in beiden Geschlechtern gut beschuppte Unterart mit sehr deutlichen Mondflecken und prägnanter Zeichnung (Fig. 58). Männchen mit mittellangem Glasbande bis $Cu_1$, mit schwachem oder fehlendem Subcostalfleck und rechteckigem Mittelzellfleck. Hinterflügel mit 1zelligem Mittelfleck. Weibchen cremegelblich, mit Glasband bis $Cu_2$ oder sogar bis zum Hinterrande, schmalem Subcostalbändchen bis $M_2$, kleinem oder fehlendem Hinterrandfleck und relativ kleinen Zellflecken. Subcostalfleck des Hinterflügels fehlt wie beim Männchen oder ist nur schwach erhalten. Hinterrandschwärze schwach ausgeprägt. Forma *benanderi* tritt bisweilen auf. Vorderflügellänge: ♂ 28, ♀ 29 mm.

Mte Baldo (Gardasee); Mte Bondone.

Typen: ♂ ♀ in coll. H. Dürck, München.

1 57. **P. mnemosyne lessinicus** Dannehl 1933 *P. m. l.*, F. Dannehl in: Ent. Z., *v.* 46 p. 230.

Diese Unterart soll der ssp. *benacensis* Dürck nahe stehen. Sie ist etwas kleiner, etwa 52 mm. Mit gelblichem Ton. Alle Flecken kleiner, nicht so schwarz und scharf geschnitten wie bei ssp. *benacensis* Dürck, eher verwischt. Glasband recht breit, scharf abgesetzt und gewinkelt, die verjüngte Fortsetzung bis zum Hinterrande verlaufend. Der Subcostalfleck sehr groß, beim Weibchen zu einem Bändchen ausgezogen. Hinterflügel mit breitem, schwarzem Innenrand, aus dem ein breiter Wisch ausläuft. Fleckenzeichnung reichlich wie bei der ostwärts benachbarten ssp. *venetus* Fritz Wagn.

Mte Pasubio (Lessinische Dolomiten).

1 58. **P. mnemosyne excelsus** Verity 1911 & 10 *P. m* „race" *excelsa*, Verity, Rhop. palaearct., p. 320 t. LXIV f. 27 (♂), 28 (♀) | 1911 *P. m. e.*, Vorbrodt & Müller-Rutz, Schmett. Schweiz, *v.* 1 p. 13 (nota 1) | 1918 *P. m. e.*, W. Rothschild in: Nov. zool., *v.* 25 p. 260 | 1922 *P. m. e.*, Fruhstorfer in: Soc. ent., *v.* 37 p. 31 | 1922 [1923] *P. m.* var. *e.*, Bryk in: Strand, Lep. Cat., *v.* 27 p. 180 | 1929 *P. m.* „Rasse" *e.*, Bollow in: Seitz, Großschmett. Erde, *v.* 1 Suppl. 1 p. 26 | 1930 *P. m. e.*, V. Schultz in: Int. ent. Z., *v.* 24 p. 33 | 1930 *P. m. e.*, Bryk & Eisner, ibid., *v.* 24 p. 220 | 1932 *P. m.* subsp. *e.*, Bryk in: Parnassiana, *v.* 2 p. 56.

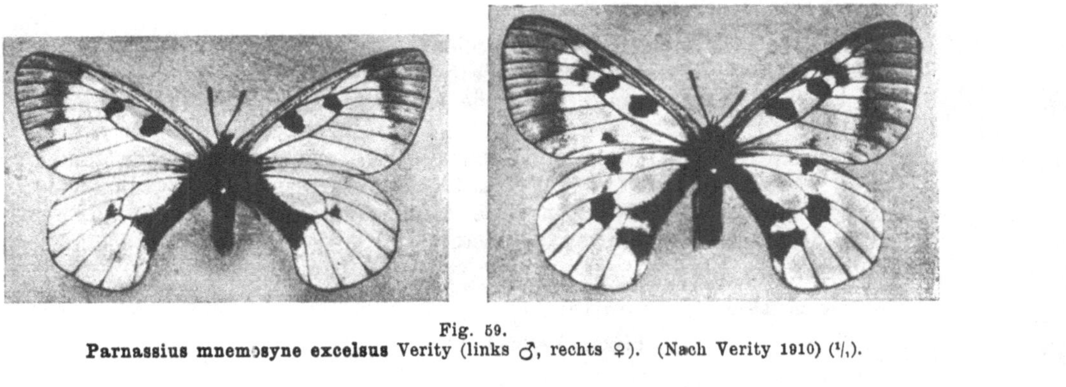

Fig. 59.
**Parnassius mnemosyne excelsus** Verity (links ♂, rechts ♀). (Nach Verity 1910) (1/1).

Gynaikotrope Unterart (Fig. 59). Das breite Glasband des Männchens fast bis zur $Cu_2$ sich verjüngend, mit deutlichen Monden. Subcostalfleck verschwindend. Endzellfleck in beiden Geschlechtern oft vorn die Discalrippe bis zur $R_1$ überschreitend. Mittelzellfleck kräftig. Hinterflügel mit einzelligem, nicht angelehntem Medianfleck und ohne Analflecke. Hinterrandschwärze auch in der Zellwurzel, bis $Cu_1$ reichend. Weibchen mit breiterer und längerer Glasbinde. Subcostalbändchen $M_3$ nicht erreichend.

Zellmakeln kräftiger als beim Männchen. Hinterrandfleck deutlich aber klein. Alle drei Makeln auf den Hinterflügeln groß, der Medianfleck fünfeckig, nicht angelehnt. Hinterrandschwärze wie beim Männchen.

Mt Cenis.

Typen: ♂ ♀ in coll. R. Verity, Florenz.

159. **P. mnemosyne gallicus** Bryk & Eisner 1930 *P. m.* subsp. *g.*, Bryk & Eisner in: Soc. ent., *v.* 45 p. 4 f. 1 (♂), 2 (♀), 3 (♂, forma *antiquincunx*) | 1930 *P. m.* subsp. *g.*, V. Schultz in: Int. ent. Z., *v.* 24 p. 33 | 1930 *P. m.* subsp. *g.*, Bryk & Eisner, ibid., *v.* 24 p. 220 | 1931 *P. m.* subsp. *g.*, Bollow in: Seitz, Großschmett. Erde, *v.* 1 Suppl. 1 p. 328 | 1932 *P. m.* subsp. *g.*, Bryk & Eisner in: Parnassiana, *v.* 2 p. 62.

An die ssp. *turatii* Fruhst. sich anschließend (Fig. 60). Männchen mit oder ohne schwach ausgeprägten Mondflecken im Glasbande wie bei der ssp. *excelsus* Verity. Subcostalfleck deutlich oder stark rückgebildet. Endzellfleck schräg, Mittelzellfleck länglich, fast bis zum hinteren Discusarme verzogen. Hinterflügel ohne Subcostal- und Analfleck und schwachen,

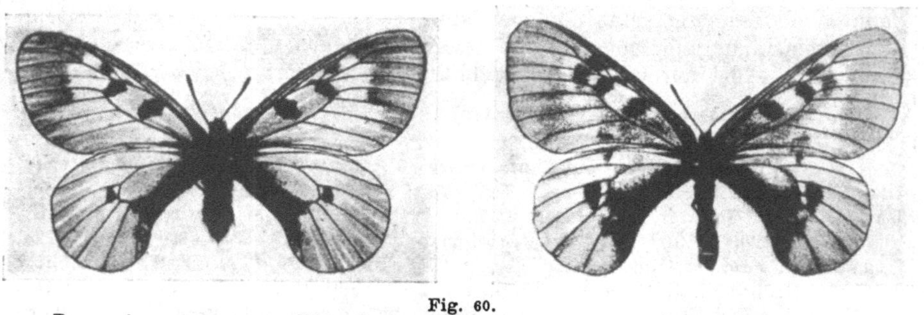

Fig. 60.
**Parnassius mnemosyne gallicus** Bryk & Eisner (links ♂, rechts ♀). (Typus, nach Bryk & Eisner 1930) (1/1).

einzelligen, nicht angelehnten Medianfleck. Hinterrandschwärze sehr stark, auch die Flügelwurzel schwärzend. Weibchen glasig, mit breitem, „lunulae"-losem, bis zum Hinterrande reichendem Glasband. Subcostalbändchen bis zur $M_3$. Zellflecke etwas diffus, kräftig, der mittlere die hintere Discuswand erreichend. Zellwurzel stark verrußt. Hinterrandfleck verschwommen. Alle 3 Makeln im Hinterflügel erhalten, die mediane 2zellig, fünfeckig, nicht angelehnt. Die stark betonte Hinterrandschwärze greift um den Discus herum und beschattet die hintere Hälfte des Discus. Forma *antiquincunx* tritt konstant auf.

Bonnéval-sur-Arc (Savoyen).

Typen: in coll. C. Eisner, Berlin-Dahlem.

160. **P. mnemosyne irena** Fruhst. 1924 *P. m.* subsp. *i.*, Fruhstorfer in: Ent. Anz., *v.* 4 p. 77 | 1929 *P. m.* subsp. *i.*, Bollow in: Seitz, Großschmett. Erde, *v.* 1 Suppl. 1 p. 26.

Männchen mit rundlicher Flügelform, mit Mondflecken im Glassaum. Mittelzellfleck unregelmäßig patzenhaft. Weibchen mit breit aufgetragenen Zellmakeln, digryph: entweder mit völlig schwarz überstäubten Vorderflügeln und gelblichweißem Discus des Hinterflügels oder mit schwach bestäubten

Vorderflügeln aber mit ganz schwarz überpudertem Hinterflügeldiscus. Die erste Form schließt sich an ssp. *hartmanni* M. Standf., die letztere an die südschweizer Unterarten an.

Allgäuer Alpen.

Typen: ♂ ♀ in coll. H. Fruhstorfer, Nizza.

161. **P. mnemosyne korbi** Bryk 1922 *P. m.* forma *k.*, Bryk in: Soc. ent., *v.* 37 p. 22 f. 9 (♂) | 1922 [1923] *P. m. K.*, Bryk in: Strand, Lep. Cat., *v.* 27 p. 233 | 1929 *P. m.* „Rasse" *k.*, Bollow in: Seitz, Großschmett. Erde, *v.* 1 Suppl. 1 p. 25 t. 3 d (♂ *athene* aberr. = *halteres*) t. 4a (♀ = forma *halteres*) | 1932 *P. m.* subsp. *k.*, Bryk & Eisner in: Parnassiana, *v.* 2 p. 54, 73 (nota).

Eine sehr prägnante Rasse, der subsp. *carmenta* Fruhst. ähnelnd. Von gedrungenem Flügelschnitt, mit breiter, spitz zur $M_2$ verlaufenden Glasbinde. Endzellfleck stets wie bei forma *antiquincunx* und mit kräftigem, unregelmäßig verzerrtem Mittelzellflecke, oft zur forma *halteres* neigend. Männchen sehr dicht beschuppt. Subcostalfleck deutlich. Mondflecke sehr schwach. Der Subcostalfleck des Hinterflügels fehlt konstant, der Medianfleck an den Discus nicht angelehnt. Hinterrandschwärze greift um die Zelle herum. Analfleck kaum sichtbar. Weibchen (s. Fig. 26) mit breitem, bis zum Hinterrande reichendem Glasband, mit dem das breite Subcostalbändchen verschmilzt. Hinterrandfleck des Vorderflügels und Subcostalfleck des Hinterflügels stets erhalten. Medianfleck sehr kräftig. Neigung zur forma *siegeli* und *arcuata* sowie *cardinalis*. Das Analband 2- oder 3 zellig. — Die forma *atroguttata* häufig auftretend. Vorderflügellänge: ♂ ♀ 33 mm.

Oytal (Allgäuer Alpen).

Typen: ♂ ♀ in coll. C. Eisner, Berlin-Dahlem.

162. **P. mnemosyne carmenta** Fruhst. 1917 *P. m.* subsp. *c.*, Fruhstorfer in: Arch. Naturg., *v.* 82 A 2 p. 26, 27 | 1919 *P. m. c.*, Fruhstorfer in: Soc. ent., *v.* 34 p. 15 | 1922 *P. m.* var. *c.*, Bryk, ibid., *v.* 37 p. 22 (♀) | 1922 [1923] *P. m.* var. *c.*, Bryk in: Strand, Lep. Cat., *v.* 27 p. 178 | 1929 *P. m.* subsp. *c.*, Bollow in: Seitz, Großschmett. Erde, *v.* 1 Suppl. 1 p. 25 | 1932 *P. m.* subsp. *c.*, Bryk & Eisner in: Parnassiana, *v.* 2 p. 54.

Eine verdunkelte, an eine kleine *hartmanni* M. Standf. erinnernde Subspecies. Männchen mit kürzerem, von $M_1$ an sich verschmälerndem und dann sich verlierendem Glasbande, undeutlichem Subcostalfleck. Hinterflügel gewöhnlich ohne Makeln oder nur mit Medianfleck. Hinterrand nicht verdüstert. Beim Weibchen Vorderflügel überstäubt, dünn beschuppt, daher bräunlich erscheinend. Das breite Glasband ohne Mondflecken, im Hinterrand diffus sich verlierend. Das sehr breite Subcostalbändchen vereinigt sich bei $M_2$ mit dem Glasbande und mit dem Endzellflecke, wodurch 4 weiße Flecke frei bleiben. Hinterrandfleck deutlich, sich allmählich in der Wurzelbestäubung verlierend. Zellfleck oblong. Hinterflügelfleckung markant.

Vorarlberg.

163. **P. mnemosyne brigantinus** Bryk & Eisner 1932 *P. m.* subsp. *b.*, Bryk & Eisner in: Parnassiana, *v.* 2 p. 52; p. 50 f. 3 (♀).

Eine sehr große Unterart von länglichem Vorderflügelschnitt (Fig. 61). Alle Zeichnungen sehr kräftig, besonders der Mittelzellfleck des Vorderflügels, der beim Männchen die hintere Discuswand fast erreicht, und der Medianfleck des Hinterflügels. Glasband breit, bis zum Hinterrand reichend.

Bregenzer Wald.

Typen: ♂ ♀ in coll. C. Eisner, Berlin-Dahlem.

Fig. 61.
**Parnassius mnemosyne brigantinus** Bryk & Eisner (♀). (Typus, nach Bryk & Eisner 1932) (1/1).

164. **P. mnemosyne lysandra** Fruhst. 1924 *P. m.* subsp. *l.*, Fruhstorfer in: Ent. Anz., *v.* 4 p. 77 | 1929 *P. m.* subsp. *l.*, Bollow in: Seitz, Großschmett. Erde, *v.* 1 Suppl. 1 p. 25—26.

Männchen mit kleineren Zellflecken und schmälerem Glassaum als bei der verwandten ssp. *hartmanni* M. Standf. Der anliegende oder freie Zellendfleck des Hinterflügels selten vorhanden. Weibchen mit gelblicher Grundfarbe, breitem Glassaum und kräftigem Subcostalbändchen. Schwarze Überpuderung des Außensaumes selten. Zellflecke klein.

Höhentilching im Mangfalltal (Südbayern).

Typen: ♂ ♀ in coll. H. Fruhstorfer, Nizza.

165. **P. mnemosyne cuneifer** Fruhst. 1908 *P. m.* subsp. *c.*, Fruhstorfer in: Ent. Z., *v.* 22 p. 12 | 1909 *P. m. c.*, Rebel, Berges Schmettb., ed. 9 p. 6 | 1910 *P. m. c.*, Fruhstorfer in: Soc. ent., *v.* 25 p. 51 | 1910 *P. m. c.*, H. Stichel in: Int. ent. Z., *v.* 4 p. 92 | 1911 *P. m. c.*, A. Pagenstecher in: Jahrb. Ver. Nassau, *v.* 64 p. 295, 307, 309 | 1917 *P. m. c.*, Fruhstorfer in: Arch. Naturg., *v.* 82 A 2 p. 27 | 1919 *P. m. c.*, Bryk (MS.) in: Fruhstorfer in: Soc. ent., *v.* 34 p. 15 | 1922 *P. m.* var. *c.*, Bryk, ibid., *v.* 37 p. 25 | 1922 *P. m. c.*, Kunz in: Z. Österr. Ent.-Ver. Wien, *v.* 7 p. 12—14 f. 3 (♂), 4 (♀) | 1922 [1923] *P. m.* var. *c.*, Bryk in: Strand, Lep. Cat., *v.* 27 p. 178 | 1929 *P. m.* subsp. *c.*, Bollow in: Seitz, Großschmett. Erde, *v.* 1 Suppl. 1 p. 25 | 1932 *P. m.* subsp. *c.*, Bryk & Eisner in: Parnassiana, *v.* 2 p. 56.

Androtrope Unterart. Männchen mit deutlichen Mondflecken im Glasbande, kleinem Zellfleck und dreieckigem Endzellfleck. Subcostalfleck in seltenen Fällen sogar bis $M_2$ reichend. Auf den Hinterflügeln Medianfleck angelehnt, stets vorhanden. 2zelliges Analband bis $Cu_1$ oft vorkommend. Hinterrandschwärze stark betont. Weibchen mit breitem Glasbande, häufig von weißen Flecken belebt. Hinterrandfleck fehlt oft. Hinterflügel mit großen, schwarzen Makeln. Vorderflügellänge: ♂ 30—34 mm, ♀ 33—33,5 mm.

Tione- & Ortlergebiet, Cima Brenta.

Typen: ♂ ♀ in coll. H. Fruhstorfer, Nizza.

1 66. **P. mnemosyne adamellicus** Kunz 1922 *P. m.* Rasse *a.*, Bryk (Kunz MS.) in: Soc. ent., *v.* 37 p. 22, 26 | 1922 *P. m. a.*, Kunz in: Z. Österr. Ent.-Ver. Wien, *v.* 7 p. 12 f. 3 (♂), 4 (♀) | 1922 *P. m. a.* + aberr. *confusus*, Kammel, ibid., *v.* 7 p. 22 f. 5 (♀) | 1922 [1923] *P. m.* var. *a.*, Bryk in: Strand, Lep. Cat., *v.* 27 p. 174—175 | 1929 *P. m.* subsp. *a.*, Bollow in: Seitz, Großschmett. Erde, *v.* 1 Suppl. 1 p. 25 | 1932 *P. m.* subsp. *a.*, Bryk & Eisner in: Parnassiana, *v.* 2 p. 57.

Gynaikotrope Unterart (Fig. 62). Grundfarbe schmutzig weiß. Mittelzellfleck stark entwickelt, tintenklecksartig, unregelmäßig, hinten frei. Zellendfleck oft die vordere Discoidalrippe überschreitend. Hinterflügelzeichnung wie bei der ssp. *cuneifer* Fruhst. Weibchen mit zurücktretenden Mondflecken, breitem

Fig. 62.
**Parnassius mnemosyne adamellicus** Kunz (♂). (Typus) (1/1).

Glasband, häufig schwärzlich überstäubt, oft auffallend gelblich mit deutlichem Hinterrandfleck. Folgende formae treten auf: *lunulata, antiquincunx, maculata.* Vorderflügellänge: ♂ ♀ 30—31 mm.

Adamellogebiet in Südwesttirol: Val di Genova; Presanella; Tonale.

Typen: ♂ ♀ in coll. E. Kunz, Frankental.

1 67. **P. mnemosyne venetus** Fritz Wagn. 1910 *P. m.* subsp. *v.*, Fritz Wagner in: Int. ent. Z., *v.* 4 p. 208, textf. ♂ ♀ | 1911 *P. m. venetanus.* A. Pagenstecher in: Jahrb. Ver. Nassau, *v.* 64 p. 295, 308, 309 | 1912 *P. m. v.*, Bryk in: Soc. ent., *v.* 27 p. 106 | 1919 *P. m. v.*, Bryk (MS.) in: Fruhstorfer, ibid., *v.* 34 p. 15 | 1921 *P. m. venetus*, Stauder in: Z. Ins.-Biol., *v.* 16 p. 148 | 1922 *P. m. v.*, Bryk in: Soc. ent., *v.* 37 p. 22 | 1922 *P. m. v.*, Kammel in: Z. Österr. Ent.-Ver. Wien, *v.* 7 p. 21 | 1922 [1923] *P. m.* var. *v.*, Bryk in: Strand, Lep. Cat., *v.* 27 p. 191 | 1929 *P. m.* subsp. *v.*, Bollow in: Seitz, Großschmett. Erde, *v.* 1 Suppl. 1 p. 25 | 1932 *P. m.* subsp. *v.*, Bryk & Eisner in: Parnassiana, *v.* 2 p. 53.

Extrem gynaikotrope Unterart. Männchen mit breitem Glasband, das $Cu_2$ überschreitet. Subcostalfleck weiblich, bis $M_2$, von da diffus bis $M_3$. Endzellfleck jenseits der vorderen Discalrippe beginnend. Subcostalfleck der Vorderflügel deutlich, Endzellfleck kräftig, angelehnt, sehr oft mit dem sehr stark ausgeprägten Analbändchen verbunden. Weibchen bräunlich weiß, mit breiterem Glasband und kräftigerer Zeichnung als das Männchen. Hinterrandfleck vorhanden. Hinterrandschwärze sehr kräftig, auch in der Flügelwurzel. Vorderflügellänge: 32 mm.

Venetianische Alpen: Bosco del Consiglio.

Typen: ♂ ♀ in coll. C. Eisner, Berlin-Dahlem.

168. **P. mnemosyne ausonicus** Bryk 1912 *P. m.* var. *ausonica*, β (= Bryk) in: Soc. ent., *v.* 27 p. 66 | 1912 *P. m. a.*, Bryk, ibid., p. 73, 106, 107 (Sep. 1919, p. 23, 37 | 1913 *P. m.*, Bryk in: Meddel. Soc. Fauna Fenn., pars 39 p. 58 | 1922 *P. m.* forma *ausonica*, Bryk in: Soc. ent., *v.* 37 p. [25] f. 10 (♀), 11 (♂) | 1922 [1923] *P. m.* var. *a.*, Bryk in: Strand, Lep. Cat., *v.* 27 p. 176 | 1929 *P. m.* var. *a.*, Bollow in: Seitz, Großschmett. Erde, *v.* 1 Suppl. 1 p. 25 | 1932 *P. m.* subsp. *a.*, Bryk & Eisner in: Parnassiana, *v.* 2 p. 57.

Die größte europäische Unterart, mit langgestreckten Vorderflügeln. Beim Männchen der schmale Glassaum fast bis $Cu_2$ reichend. Die breite Submarginale bis $M_3$. Dazwischen eine continuierliche, weiße Binde freilassend. Subcostalfleck deutlich. Endzellfleck dreieckig, Mittelzellfleck oblong schräg, hinten frei. Medianfleck des Hinterflügels stets vorhanden, 1 zellig, an die Discalquerrippe nicht angelehnt. Subcostalfleck fehlt oder ist selten kaum angedeutet. Analflecke fehlen meistens. Hinterrandschwärze spitz, bis $Cu_1$ reichend, sich in der Discuswurzel fortsetzend. Weibchen mit längerer, selten hinter der $Cu_2$ sich verlierender Submarginalbinde, wodurch die weiße, klare Mondbinde länger erscheint. Subcostalbändchen nicht gekrümmt, selten bis $M_3$. Endzellfleck länglich. Mittelzellfleck oblong, schräg, wurzelwärts abgehackt, apexwärts unregelmäßig verwaschen. Hinterrandfleck stets erhalten, wenn auch rückgebildet. Auf dem Hinterflügel die typischen 3 Makeln, von denen der Subcostalfleck länglich halbmondförmig, der mittlere 2 zellig, nicht ganz angelehnt ist und das Analbändchen den Medianfleck nicht erreicht. Sonst wie das Männchen. Flügelfarbe infolge seichterer Beschuppung und unterseitlicher Zeichnungslosigkeit blaß mit einem leichten Stich ins Grünliche. Als formae kommen vor: *antiquincunx* und *taeniata*. Sphragis kräftig gebaut, meistens gekürzt. Vorderflügellänge: ♂ 34—35 mm, ♀ 31—36 mm.

Dolomiten: Cima d'Asta.

Typen: ♂ ♀ in coll. C. Eisner, Berlin-Dahlem.

169. **P. mnemosyne deutschi** Bryk 1922 *P. m.* „Form" *D.*, Bryk in: Soc. ent., *v.* 37 p. 23 | 1922 [1923] *P. m.* var. *D.*, Bryk in: Strand, Lep. Cat., *v.* 27 p. 233 | 1929 *P. m.* subsp. *d.*, Bollow in: Seitz, Großschmett. Erde, *v.* 1 Suppl. 1 p. 25 | 1932 *P. m.* subsp. *d.*, Bryk & Eisner in: Parnassiana, *v.* 2 p. 52.

Androtrope Unterart mit bräunlichgelbem Flügelfond. Beim Männchen Glasband ohne Mondflecke, sich spitz zum Hinterrand verjüngend. Subcostalfleck stets markant. Der Medianfleck des Hinterflügels 2 zellig, oblong, nicht ganz angelehnt, Subcostalfleck bisweilen als Strich vorhanden. Das Analbändchen bis zur $Cu_2$. Weibchen heller als das Männchen, mit Subcostalbändchen bis zur $M_2$. Hinterrandfleck meistens fehlend. Glasband breit, dem Hinterrande zu verschwommen. Hinterflügel ohne Subcostalfleck, mit magerem Medianfleck, der mit den Analflecken oft verbunden ist. Vorderflügellänge: ♂ ♀: 31—32 mm.

Kelchsau (Tirol); Atzwang bei Bozen.

Typen: ♂ ♀ in coll. C. Eisner, Berlin-Dahlem.

170. **P. mnemosyne thaleia** Fruhst. 1917 *P. m.* subsp. *t.*, Fruhstorfer in: Arch. Naturg., *v.* 82 A 2 p. 27 (nota *) | 1919 *P. m. t.*, Bryk (MS.) in: Fruhstorfer in: Soc. ent., *v.* 34 p. 15 | 1922 *P. m. t.*, Bryk, ibid., *v.* 37 p. 23 | 1922 *P. m.* var. *t.*, Bryk in: Strand, Lep. Cat., *v.* 27 p. 190 | 1929 *P. m.* subsp. *t.*, Bollow in: Seitz, Großschmett. Erde, *v.* 1 Suppl. 1 p. 23 | 1932 *P. m.* subsp. *t.*, Bryk & Eisner in: Parnassiana, *v.* 2 p. 52.

Schneeweiß, an ssp. *cuneifer* Fruhst. erinnernd. Männchen mit kleineren Zellflecken. Hinterflügel selten mit Medianfleck. Weibchen durchaus androtrop. Glassaum kürzer als bei der ssp. *cuneifer* Fruhst. Hinterflügel mit reduzierten Makeln.

Nordtirol: Wilder Kaiser, Brentenjoch.

Typen: ♂♀ in coll. H. Fruhstorfer, Nizza.

171. **P. mnemosyne tubulus** Fruhst. 1908 *P. m.* var. *melaina* (part.), Fruhstorfer in: Ent. Z., *v.* 22 p. 12 | 1908 *P. m.* var. *tubulus*, Fruhstorfer, ibid., *v.* 22 p. 12 | 1910 *P. m. hartmanni*, Galvagni in: Jahresber. Wien. ent. Ver., *v.* 20 p. 152—153 | 1911 *P. m. anbalus* + *anbulus*, A. Pagenstecher in: Jahrb. Ver. Nassau, *v.* 64 p. 298, 307 | 1918 *P. m. tubulus*, W. Rothschild in: Nov. zool., *v.* 25 p. 223 | 1919 *P. m. t.*, Bryk (MS.) in: Fruhstorfer in: Soc. ent., *v.* 34 p. 14 | 1922 [1923] *P. m.* var. *t.*, Bryk in: Strand, Lep. Cat., *v.* 27 p. 190 | 1929 *P. m.* subsp. *t.*, Bollow in: Seitz, Großschmett. Erde, *v.* 1 Suppl. 1 p. 24 | 1932 *P. m.* subsp. *t.*, Bryk & Eisner in: Parnassiana, *v.* 2 p. 52.

Verdunkelte gynaikotrope Unterart. Männchen mit geschwärzten Rippen. Glasband zugespitzt, bis zum Hinterrand reichend. Zellfleck klein und rundlich. Hinterflügel mit oder ohne Medianfleck. Hinterrandschwärze dringt in den Discus ein. Weibchen stark melahyalin, mit gelblichem Flügelton. Glasband sehr breit, dunkel, den Hinterrand erreichend. Subcostalband sehr groß. Discus verdüstert. Hinterrandfleck vorhanden. Alle Makeln des Hinterflügels tief schwarz, der Medianfleck mit dem Analbändchen verbunden.

Schoberstein; Prebiehl, Reichenstein, Admont, St. Michael, Grünau; Hochschwab, Prielgebiet, Leoben, Garsten bei Steyr.

Typen: ♂♀ in coll. H. Fruhstorfer, Nizza.

172. **P. mnemosyne parvus** H. Stich. 1892 *P. m.* forma loci + *minor*, Rebel & Rogenhofer [nec Staudinger 1881] in: Jahresber. Wien. ent. Ver., *v.* 3 p. 70, 71 | 1893 *P. mnemosyne*, Metzger, ibid., *v.* 3 p. 28 | 1897 *P. m.*, Neustetter, ibid., *v.* 7 p. 32 | 1897 *P. m.*, Trexler von Lindena, ibid., *v.* 7 p. 37 | 1906 *P. m. minor*, H. Stichel in: Seitz, Großschmett. Erde, *v.* 1 p. 20 | 1907 *P. m. parvus* (nom. nov.), H. Stichel in: Gen. Ins., *v.* 58 p. 11 | 1908 *P. m. minor*, Galvagni in: Verh. Ges. Wien, *v.* 58 p. (25) | 1908 *P. m. parvus*, Fruhstorfer in: Ent. Z., *v.* 22 p. 12 | 1908 *P. m. p.*, Fruhstorfer in: Int. ent. Z., *v.* 2 p. 18 | 1909 *P. m. p.*, Rebel, Berges Schmettb., ed. 9 p. 6 | 1911 & 10 *P. m.* „race" *p.*, Verity, Rhop. palaearct., p. 320 t. LIII f. 22 (♂) | 1911 *P. m. p.*, A. Pagenstecher in: Jahrb. Ver. Nassau, *v.* 64 p. 297, 298, 308 | 1918 *P. m. p.*, W. Rothschild in: Nov. zool., *v.* 25 p. 223 | 1919 *P. m. p.*, Bryk (MS.) in: Fruhstorfer in: Soc. ent., *v.* 34 p. 14 | 1922 [1923] *P. m.* var. *p.*, Bryk in: Strand, Lep. Cat., *v.* 27 p. 186 | 1925 *P. m. karawankensis*, F. Dannehl in: Ent. Z., *v.* 39 p. 6 | 1929 *P. m. parvus* + subsp. *karawakensis*, Bollow in: Seitz, Großschmett. Erde, *v.* 1 Suppl. 1 p. 24 | 1932 *P. m. p.*, Bryk & Eisner in: Parnassiana, *v.* 2 p. 30.

Fig. 63.
**Parnassius mnemosyne parvus** H. Stich. (♂). (Nach Verity 1910) (1/1).

Eine kleine, sehr helle, dünn beschuppte Rasse mit androtropen Weibchen. Glasband beim Männchen (Fig. 63) bis über $Cu_1$ reichend, Subcostalfleck nicht immer erhalten, Analflecke des Hinterflügels fehlen. Der Medianfleck schwach ausgebildet, oft ganz verschwindend. Weibchen: Glasband mäßig breit, bis

$Cu_2$ reichend. Hinterrandfleck des Vorderflügels meistens fehlend. Makeln des Hinterflügels schwach ausgebildet. Mondflecke in beiden Geschlechtern sehr schwach erhalten oder fehlend.

Friesach (Typus); Karawanken, Sattnitz, Hoch-Obir; Golica.

Typen: ♂ ♀ in coll. Naturhist. Mus. Wien.

173. **P. mnemosyne melas** Honr. 1885 *P. m.* aberr. *melaina*, Honrath in: Berlin. ent. Z., *v.* 29 p. 273 | 1892 *P. m.* var. *m.* (+ aberr.), Rebel & Rogenhofer in: Jahresber. Wien. ent. Ver., *v.* 3 p. 69, (71) | 1901 *P. m.* var. [et aberr.] *m.*, O. Staudinger & Rebel, Cat. Lep. Palaearct. Faunengeb., ed. 3 *v.* 1 p. 8 (part.) | 1904 *P. m.* aberr. *m.*, Höfner in: Jahrb. Mus. Kärnten, *v.* 12 p. 185 | 1908 *P. m.* aberr. *m.*, Fruhstorfer in: Int. ent. Z., *v.* 2 p. 17 | 1914 *P. m.* aberr. *m*, Fr. Hoffmann & Klos in: Mt. Ver. Steierm., *v.* 50 p. 200 | 1925 *P. m. carnica*, F. Dannehl in: Ent. Z., *v.* 39 p. 6 | 1929 *P. m.* subsp. *c.*, Bollow in: Seitz, Großschmett. Erde, *v.* 1 Suppl. 1 p. 24 | 1932 *P. m.* subsp. *melaina*, Bryk & Eisner in: Parnassiana, *v.* 2 p. 53.

Fig. 64.
**Parnassius mnemosyne melas** Honr. forma **perversa** Bryk (♂). (Original, aus coll. C. Eisner, Berlin-Dahlem) (1/1).

Fig. 64 a.
**Parnassius mnemosyne melas** Honr. (♀). (Original, aus coll. C. Eisner, Berlin-Dahlem) (1/1).

Eine prägnante, große, schwarzbepuderte, gynaikotrope Rasse (Fig. 64). Alle Makeln sehr kräftig. Glasband und Subcostalbändchen breit. Rippenenden des Hinterflügels deutlich schwarz überstäubt. Analflecke stets — wenigstens 2 zellig — erhalten. Männchen: Subcostalfleck des Hinterflügels mehr oder weniger kräftig erhalten, der Medianfleck legt sich als kurzer Strich an $M_2$, oft auch verlängert bis $M_3$. Analflecke stets 2 zellig, nicht selten bis $M_3$ reichend (= forma *perversa*). Weibchen meist stark verglast, aber dennoch von mehr oder weniger dichten Einsprengungen weißer Schuppen kontrastreich belebt. Das Glasband oft stark verbreitert, den Hinterrand des Vorderflügels erreichend. Subcostalbändchen breit, Zellflecke kräftiger als beim Männchen. Hinterrandfleck blaß oder erloschen. Die Makeln des Hinterflügels sehr stark ausgeprägt, der angelehnte Medianfleck mit dem kräftigen, bogig ausgebuchteten Analbändchen verbunden, häufig mit der Hinterrandschwärze, die auch stark in die Basis der Mittelzelle eingreift, zusammenfließend. Die Bogenbinde im Hinterflügel gehört zum Unterartmerkmal. Als formae treten auf: *antiquincunx* und *perversa*. Vorderflügellänge: ♂ ♀ 34—36 mm.

Plöckengebiet: Kötschach (Typus); Valentinalp; Wolaya. Plattenalp; Klagenfurt; Sta Caterina.

Typus: ♀ in coll. Brit. Mus. London.

174. **P. mnemosyne diószeghyi** Bryk 1930 *P. m.* var. *transsylvanica* + aberr. *melaina*, *halteres*, Diószeghy (Schmidt MS.) in: Verh. Siebenbürg. Ver., *v.* 79/80 p. 198 t. 1 f. 1 (♂) 2 (♀) | 1930 *P. m. diószeghyi*, Bryk & Eisner in: Parnassiana, *v.* 1 nr. 2 p. 4 | 1931 *P. m. dioszeghyi*, Bollow in: Seitz, Großschmett. Erde, *v.* 1 Suppl. 1 p. 328 | 1932 *P. m.* subsp. *diószeghyi*, Bryk & Eisner in: Parnassiana, *v.* 2 p. 37 | 1934 *P. m.* subsp. *d.*, Bryk & Eisner, ibid., *v.* 3 p. 7.

Gynaikotrope Unterart, der subsp. *bischoffi* Bryk & Eisner nahestehend. Männchen reich gezeichnet, mit großen Mittelzellflecken, die zur Bildung der forma *halteres* neigen. Weibchen sehr verdunkelt, mit sehr breitem Glasband, das fast parallel zum Außenrande verläuft. Subcostalbändchen breit, meistens bis $M_3$ reichend. Der Endzellfleck überschreitet vorn die vordere Discoidalrippe bis $R_1$. Mittelzellfleck variabel, bisweilen sehr kräftig, beide Discoidalrippen erreichend. Hinterrandfleck deutlich. Die vollständige Fleckung der Hinterflügel ist sehr kräftig. Medianfleck mit Analbändchen vereinigt. Die Hinterrandschwärze umschattet kräftig die Discuswurzel, vorn zieht sie sich um den Discus bis zur $M_1$. Vorderflügellänge: ♂ ♀ 31,5 mm.

Siebenbürgen (feuchte Gebirgstäler), Retyezat-Gebirge (bis 1700 m): Cämpul-Schul, Südabhang des Retyezat; Gura Apei.

Typen: ♂ ♀ in coll. Zool. Mus. Budapest.

175. **P. mnemosyne hungaricus** Rothsch. 1892 *Doritis m.*, Czekelius in: Verh. Siebenbürg. Ver., *v.* 42 p. 38 (Sep. p. 2) | 1898 *Parnassius m.*, Czekelius, ibid., *v.* 47 p. 9 (Sep. p. 7) | 1907 *P. m.* forma *melaina* (part.), H. Stichel in: Gen. Ins., *v.* 58 p. 11 | 1909 *P. m.* subsp. *hungaricus* (part.), W. Rothschild in: Nov. zool., *v.* 16 p. 2 | 1909 *P. m. h.*, Sheldon in: Entomologist, *v.* 42 p. 272 | 1910 *P. m. demaculatus* (part.), Fruhstorfer in: Soc. ent., *v.* 25 p. 51 | 1911 *P. m. hungaricus*, A. Pagenstecher in: Jahrb. Ver. Nassau, *v.* 64 p. 282, 301, 302, 308 | 1911 *P. m.*, Rebel in: Ann. Hofmus. Wien, *v.* 25 p. 281—283 f. 1, 2 (♂), 3, 4 (♀) | 1917 *P. m.* (+ aberr. *arcuata* + aberr. *intacta* + aberr. *fasciata* + aberr. *semifasciata* + aberr. *taeniata* + aberr. *melaina* + aberr. *venetus*), Czekelius in: Verh. Siebenbürg. Ver., *v.* 67 p. 7, 8 | 1918 *P. m. hungaricus* (part.) + aberr., W. Rothschild in: Nov. zool., *v.* 25 p. 224 | 1919 *P. m. h.*, Bryk (MS.) in: Fruhstorfer in: Soc. ent., *v.* 34 p. 11 | 1922 [1923] *P. m.* var. *h.*, Bryk in: Strand, Lep. Cat., *v.* 27 p. 183 | 1929 *P. m.* subsp. *h.*, Bollow in: Seitz, Großschmett. Erde, *v.* 1 Suppl. 1 p. 24 | 1930 *P. m. h.*, Bryk & Eisner in: Parnassiana, *v.* 1 nr. 2 p. 1 | 1932 *P. m.* subsp. *h.*, Bryk & Eisner, ibid., *v.* 2 p. 36.

Männchen mit weißer Grundfärbung und sehr breitem Glasband, das spitz zur Flügelmitte verläuft und 5 Mondflecke trägt. Zellflecke klein. Hinterrand des Hinterflügels schmal, Medianfleck in der Größe variabel.

Weibchen bedeutend dunkler, mit Mondflecken im Glasbande. Zellflecke größer als beim Männchen. Subcostalbändchen bis $M_3$. Makeln auf dem Hinterflügel deutlich ausgeprägt, die mediane mit dem Analbändchen häufig vereinigt.

Herkulesbad (Typus); Nagy-Sandor.

Typus: ♂ ♀ coll. in Zool. Mus. Tring.

1 76. **P. mnemosyne czekelii** Bryk & Eisner 1930 *P. m.* subsp. *distincta* (part.), Bryk & Eisner in: Parnassiana, *v.* 1 nr. 2 p. 2 | 1931 *P. m.* subsp. *d.* (part.), Bollow in: Seitz, Großschmett. Erde, *v.* 1 Suppl. 1 p. 328 | 1932 *P. m.* subsp. *d.* (part.), Bryk & Eisner in: Parnassiana, *v.* 2 p. 36 | 1934 *P. m.* subsp. *czekelii*, Bryk & Eisner, ibid., *v.* 3 p. 7 f. 1 (♂), 2 (♀).

Steht subsp. *hungaricus* Rothsch. nahe, ist jedoch im Durchschnitt kleiner, mit längeren Glasbinden und es fehlen im Glasbande die Mondflecke. Flügelfond stets reinweiß. Medianaugenfleck des Hinterflügels mäßig. Männchen: Subcostalfleck im Vorderflügel stets deutlich erhalten. Zellflecke klein. Analfleck des Hinterflügels fehlt, Hinterrandschwärze reduziert. Weibchen: Die Vorderflügelwurzel schwach schwarz überpudert. Subcostalband kräftig, bis $M_2$ reichend. Zellflecke kräftig. Hinterrandfleck und am Hinterflügel Subcostalaugenfleck mehr oder weniger kräftig. Analband mäßig, mit dem Medianaugenflecke meist nicht verbunden. Hinterrandschwärze mäßig, vollständig, den Medianaugenfleck meistens nicht erreichend.

Warme Flußtäler Siebenbürgens: Kokelburg (Komit. Klein Kokel), Kronstadt, Dava-Maroschtal, Nagyag, Schüßberg/Hadad, Altenberg/Tusnad.

Typus: ♂ ♀ in coll. C. Eisner, Berlin-Dahlem.

1 77. **P. mnemosyne distinctus** Bryk & Eisner 1930 *P. m.* subsp. *distincta* (part.), Bryk & Eisner in: Parnassiana, *v.* 1 nr. 2 p. 2 f. 1 (♂), 2 (♀) | 1931 *P. m.* subsp. *d.* (part.), Bollow in: Seitz, Großschmett. Erde, *v.* 1 Suppl. 1 p. 328 | 1932 *P. m.* subsp. *d.*, Bryk & Eisner in: Parnassiana, *v.* 2 p. 36 | 1933 *P. m. cibinensis* + *distincta*, F. Dannehl in: Ent. Z., *v.* 46 p. 230 | 1934 *P. m.* subsp. *d.*, Bryk & Eisner, ibid., *v.* 3 p. 6.

Fig. 65.
**Parnassius mnemosyne distinctus** Bryk & Eisner (links ♂, rechts ♀).
(Typen, nach Bryk & Eisner 1930) (1/1).

Kleiner als ssp. *hungaricus* Rothsch., mit kräftigeren Zellflecken, längerem Glasband, Wurzelschwärze im Discus des Hinterflügels prägnanter und nach vorn ausgedehnter (Fig 65). Männchen durchweg mit kleinem Medianfleck auf den Hinterflügeln. Weibchen häufig mit schwarzen Schuppen bestäubt. Glasband sehr lang, den Hinterrand erreichend, Subcostalband breit, fast bis $M_3$ reichend. Mittelzellfleck lang, hinten die

Zellwand berührend. Hinterrandfleck deutlich. Die Makeln des Hinterflügels deutlich. Der nicht angelehnte mediane Fleck mit dem Analbändchen verbunden.

Siebenbürg. Gebirge in Höhen von 800—1600 m: Butschetsch bei Hermannstadt, Poyna bei Kronstadt, Cibin-Gebirge, Götzenberg.

Typus: ♂ ♀ in coll. C. Eisner, Berlin-Dahlem.

178. **P. mnemosyne bischoffi** Bryk & Eisner 1930 *P. m.* subsp. *B.*, Bryk & Eisner in: Parnassiana, *v.* 1 nr. 2 p. 2 f. 3 (♂), 4 (♀) | 1931 *P. m.* subsp. *b.*, Bollow in: Seitz, Großschmett. Erde, *v.* 1 Suppl. 1 p. 328 | 1932 *P. m.* subsp. *b.*, Bryk & Eisner in: Parnassiana, *v.* 2 p. 37 | 1934 *P. m.* subsp. *b.*, Bryk & Eisner, ibid., *v.* 3 p. 7.

Melanotische Hochgebirgsrasse (Fig. 66). Männchen ähnlich der ssp. *distinctus* Bryk & Eisner, das Glasband jedoch länger und mit der Tendenz auf den Hinterflügeln die Rippenmündungen zu verglasen. Weibchen mit

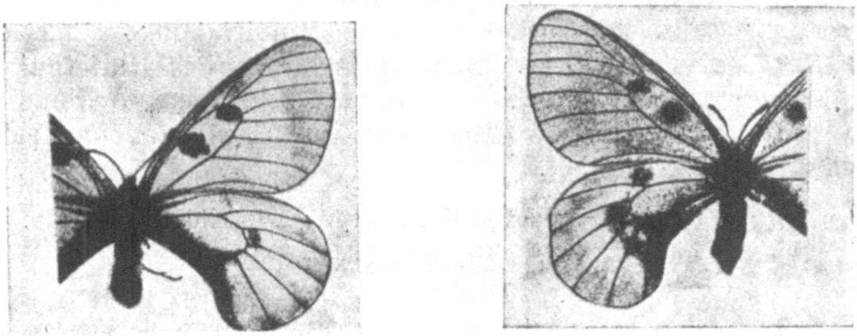

Fig. 66.
**Parnassius mnemosyne bischoffi** Bryk & Eisner (links ♂, rechts ♀).
(Typus, nach Bryk & Eisner 1930 (1/1).

gelblichem Anflug, stark melahyalin, wodurch sich das Subcostalbändchen und der Hinterrandfleck im verdüsterten Flügelfond verlieren. Subcostal- und Medianfleck im Hinterflügel sehr kräftig, am ehesten an die ssp. *tubulus* Fruhst. erinnernd.

N.O. Siebenbürgische Hochgebirge: Rodna-Gebirge.

Typen: ♂ ♀ in coll. C. Eisner, Berlin-Dahlem.

179. **P. mnemosyne mesoleucus** Fruhst. 1881 *P. mnemosyne*, Husz in: Jahrb. Siebenbürg. Ver., *v.* 8 p. 8 | 1892 *P. m.* (part.), Rebel & Rogenhofer in: Jahresber. Wien. ent. Ver., *v.* 3 p. 8 | 1894 *P. m.*, Schille in: Sprawozd. Kom. fizyogr., *v.* 30 p. 6 (212) | 1908 *P. m.*, Galvagni in: Verh. Ges. Wien, *v.* 58 p. (25) | 1908 *P. m.* subsp. *mesoleucus*, Fruhstorfer in: Int. ent. Z., *v.* 2 p. 17 | 1908 *P. m.* subsp. *m.*, Fruhstorfer in: Ent. Z., *v.* 22 p. 12 | 1909 *P. m. m.*, H. Stichel in: Berlin. ent. Z., *v.* 54 p. (40) | 1909 *P. m. m.*, Rebel, Berges Schmettb., ed. 9 p. 6 | 1911 *P. m. m.*, Verity, Rhop. palaearct., p. 319 | 1911 *P. m. m.*, A. Pagenstecher in: Jahrb. Ver. Nassau, *v.* 64 p. 297 | 1912 *P. m. m.*, Galvagni & Preissecker in: Jahresber. Wien. ent. Ver., *v.* 22 (Nota) | 1912 *P. m. m.*, Bryk in: Soc. ent., *v.* 27 p. 65 | 1914 *P. m. m.*, Bryk in: Int. ent. Z., *v.* 8 p. 36 | 1917 *P. m. m.*, Fruhstorfer in: Arch. Naturg., *v.* 82 A 2 p. 24, 25, t. 1 f. 14 (♂), 15 (♀) | 1919 *P. m. m.*, Bryk (MS.) in: Fruhstorfer in: Soc. ent., *v.* 34 p. 11, 12 | 1922 [1923] *P. m.* var. *m.*, Bryk in: Strand, Lep. Cat., *v.* 27 p. 184 | 1929 *P. m.* subsp. *m.*, Bollow in: Seitz, Großschmett. Erde, *v.* 1 Suppl. 1 p. 23 | 1930 *P. m. m.*, Bryk & Eisner in: Parnassiana, *v.* 1 nr. 2 p. 1 | 1932 *P. m.* subsp. *m.*, Bryk & Eisner, ibid., *v.* 2 p. 36 | 1934 *P. m.* subsp. *m.*, Bryk & Eisner, ibid., *v.* 3 p. 5.

Gynaikotrope Rasse. Männchen mit sehr stark betonten Zellflecken. Subcostalbändchen bis $M_2$ reichend, mit breitem Glasbande, das bis zur $Cu_2$ reicht. Medianfleck auf den Hinterflügeln mäßig, nicht angelehnt. Hinterrandschwärze kräftig, vorn bis $Cu_2$ reichend, hinten in der Discuswurzel endend. Weibchen auf den Vorderflügeln schwächer als das Männchen gezeichnet, auf den Hinterflügeln ein continuierliches Bändchen von dem Medianfleck zum Hinterrande ziehend. Hinterrandschwärze viel stärker als beim Männchen, das basale Drittel des Discus schwärzend.

Hohe Tatra (Typus), Kleine Tatra, Karlovany Tatra, Liptauer Alpen.

Typen: ♂ ♀ in coll. H. Fruhstorfer, Nizza.

179a. **P. mnemosyne memnon** Bryk & Eisner 1934 *P. m.* subsp. *m.* + forma *antiquincunx*, Bryk & Eisner in: Parnassiana, *v.* 3 p. 5.

Größer als subsp. *mesoleucus* Fruhst., mit hellerem Glasband. — Männchen mit kleineren Makeln auf den Hinterflügeln, ohne Analband. Weibchen aufgehellt, mit zurücktretendem Hinterrandfleck, der auch ausbleiben kann. Makeln deutlich. Submarginalbinde des Hinterflügels meist fehlend, sonst dünn, unterbrochen erhalten. Bildet das Verbindungsglied zwischen subsp. *similis* Bryk & Eisner und subsp. *mesoleucus* Fruhst. Als forma tritt *antiquincunx* auf.

Galgoczer Gebirge: Berg Inovec (Typus); West-Beskiden: Huschin.

Typen: ♂ ♀ in coll. C. Eisner, Berlin-Dahlem.

180. **P. mnemosyne similis** Bryk & Eisner 1919 *P. m. hungaricus* (part.), Bryk (MS.) in: Fruhstorfer in: Soc. ent., *v.* 34 p. 11 | 1932 *P. m.* subsp. *similis*, Bryk & Eisner in: Parnassiana, *v.* 2 p. 35.

Mondflecke in der Regel fehlend, selten schwach erhalten, Zellflecke länglich. Hinterrandschwärze bis in die Mittelzelle des Hinterflügels sich ausbreitend (Fig. 67). Männchen mit längerem Glasbande als bei den der

Fig. 67.
**Parnassius mnemosyne similis** Bryk & Eisner (♂). (Original, aus coll. C. Eisner, Berlin-Dahlem) (1/1).

ssp. *demaculatus* Fruhst. Subcostalfleck des Hinterflügels häufig erhalten. Analbändchen meistens 2 zellig erhalten. Weibchen erheblich dünner beschuppt als das der benachbarten ssp. *demaculatus* Fruhst. Flügelform rundlicher. Das Glasband erreicht den Hinterrand und ist breit. Subcostalbändchen bis $M_2$ reichend, Hinterrandfleck meist fehlend. Alle Makeln des Hinterflügels erhalten.

Vlára Pass, Weiße Karpathen, Beskiden.

Typen: ♂ ♀ in coll. C. Eisner, Berlin-Dahlem.

Fig. 67 a.
**Parnassius mnemosyne similis** Bryk & Eisner (♀). (Original, aus coll. C. Eisner, Berlin-Dahlem) (1/1).

1 81. **P. mnemosyne kassaënsis** Bryk & Eisner 1932 *P. m.* subsp. *k.*, Bryk & Eisner in: Parnassiana, *v.* 2 p. 35.

Eine in beiden Geschlechtern dicht weiß beschuppte Rasse, deren typischstes Rassenmerkmal ein beim Weibchen stets, beim Männchen bisweilen auftretender Endzellfleck ist, wie ihn die forma *antiquincunx* zeigt. Mondflecke mehr oder weniger deutlich vorhanden, selten fehlend. Männchen:

Fig. 68.
**Parnassius mnemosyne kassaënsis** Bryk & Eisner (♀). (Original, aus coll. C. Eisner, Berlin-Dahlem) (1/1).

Glasband in der Regel $Cu_1$ überschreitend. Subcostalfleck erhalten. Hinterflügelzeichnung schwach, bisweilen fehlend. Hinterrandschwärze aufgehellt, den Discus kaum überschreitend. Weibchen (Fig. 68) sehr kräftig gezeichnet. Glasband $Cu_2$ überschreitend. Zellflecke stark und Hinterrandfleck fast stets deutlich. Subcostalbändchen kräftig, 4zellig, bis $M_3$ reichend. Discus des Vorderflügels in der Regel schwarz überpudert. Das schmale Analband oft mit dem Medianfleck verbunden. Bogenbinde nahe dem Saum angedeutet.

Kassa (Kaschau); Braniczko-Gebirge.

Typen: ♂ ♀ in coll. C. Eisner, Berlin-Dahlem.

1 82. **P. mnemosyne leonhardianus** Fruhst. 1899 *P. m.*, Nicholl in: Ent. Rec., *v.* 11 p. 4 | 1904 *P. m.*, Rebel in: Ann. Hofmus. Wien, *v.* 19 p. 144 | 1909 *P. m.*, Schawerda in: Jahresber. Wien. ent. Ver., *v.* 19 p. 88 + aberr.: *athene*, trans. ad *melaina*, trans. ad *nubilosus* | 1910 *P. m.* var., Fruhstorfer in: Soc. ent., *v.* 25 p. 50 | 1912—13 *P. m. leonhardiana*, Bryk (MS.) in: O. Staudinger (& Bang-Haas), Lep. Liste, nr. 56 p. 4 | 1913 *P. m.*, Schawerda in: Verh. Ges. Wien, *v.* 63 p. 143 | 1916 *P. m.*, Schawerda, ibid., *v.* 66 p. 231 | 1917 *P. m. leonhardiana* (Bryk MS.), Fruhstorfer in: Arch. Naturg., *v.* 82 A 2 p. 25 t. 1 f. 20 (♂), 21 (♂) | 1918 *P. m. bosniacus*, W. Rothschild in: Nov. zool., *v.* 25 p. 223 | 1919 *P. m. leonhardianus*, Bryk (MS.) in: Fruhstorfer in: Soc. ent., *v.* 34 p. 15 | 1922 [1923] *P. m.* var. *leonhardiana*, Bryk in: Strand, Lep. Cat., *v.* 27 p. 183 | 1929 *P. m. l.*, Bollow in: Seitz, Großschmett. Erde, *v.* 1 Suppl. 1 p. 24 | 1932 *P. m.* subsp. *l.*, Bryk & Eisner in: Parnassiana, *v.* 2 p. 38.

(Fig. 69). Männchen mit breitem, hinten etwas offenem Glasbande, das oft bis hinter $Cu_1$ reicht und bisweilen die Rippenmündung von $Cu_2$ verglast. Subcostalfleck deutlich. Endzellfleck dreieckig. Mittelzellfleck kräftig. Medianfleck auf den Hinterflügeln stets vorhanden. Hinterrandschwärze sich auch auf die Discuswurzel erstreckend. Analfleck meistens

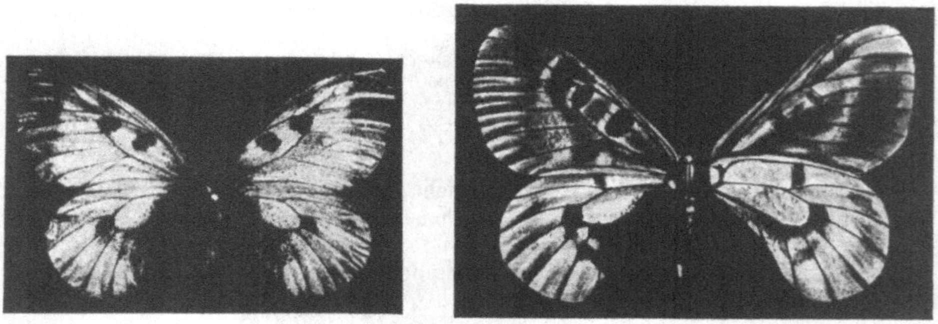

Fig. 69.
**Parnassius mnemosyne leonhardianus** Fruhst. (links ♂, rechts aberratives ♀). (Original) (1/1).

rückgebildet. Weibchen gelblich, gewöhnlich hell mit ähnlichem Glasbande, das hinten sehr oft wenigstens einen Mondfleck trägt. Subcostalbändchen länger, Hinterrandfleck oft rückgebildet, sonst bescheiden. Subcostalfleck des Hinterflügels länglich und mager. Medianfleck 2 zellig, nur bei der $M_2$ das Discusende berührend; dort mündet auch der Ausläufer der Hinterrandschwärze, die die Zellwurzel meistens nicht beschattet; Analband 2 zellig.

Bosnien: Maklen-Pass; Trebevic; Koricna. Herzegowina: Prenj-Planina.

Typen: ♂ ♀ in coll. Leonhard, Berlin-Dahlem.

1 83. **P. mnemosyne orminion** Fruhst. 1917 *P. m.* subsp. *o.*, Fruhstorfer in: Arch. Naturg., *v.* 82 A 2 p. 25 t. 1 f. 18 (♂), 19 (♀) | 1919 *P. m. o.*, Bryk (MS.) in: Fruhstorfer in: Soc. ent., *v.* 34 p. 15 | 1922 [1923] *P. m.* var. *o.*, Bryk in: Strand, Lep. Cat., *v.* 27 p. 186 | 1929 *P. m.* subsp. *o.*, Bollow in: Seitz, Großschmett. Erde, *v.* 1 Suppl. 1 p. 24 | 1932 *P. m.* subsp. *o.*, Bryk & Eisner in: Parnassiana, *v.* 2 p. 37.

Eine sehr große Unterart. Männchen mit breiterem, aber kürzerem Glasbande als bei der ssp. *leonhardianus* Fruhst. und großer, prägnanter Schwarzfleckung. Hinterflügel mit deutlichem Medianfleck. Weibchen digryph: hell oder melahyalin. Hinterflügel in der Regel mit Submarginalbinde.

Kroatien: Velebit, Sljemen-Gebirge; Agram. Istrien: Planik.

1 83a. **P. mnemosyne cupido** Bryk & Eisner 1934 *P. m.* subsp. *c.*, Bryk & Eisner in: Parnassiana, *v.* 3 p. 8.

Eine von den benachbarten Lokalrassen gut differenzierte Rasse, deren Hauptmerkmal die in beiden Geschlechtern mehr oder minder gut ausgeprägte Submarginalbinde auf dem Hinterflügel ist. Wurzelschwärze ausgedehnt. Analband 2zellig, breit. Glasband breit, meist bis zum Hinterrand reichend. Männchen sehr oft mit Costalaugenfleck. Weibchen mit nur angedeutetem Hinterrandfleck. Zellflecke mäßig entwickelt.

Mazedonien: Belasica-Planina.

Typen: ♂ ♀ in coll. C. Eisner, Berlin-Dahlem.

1 84. **P. mnemosyne ophrinion** Fruhst. 1763 *Papilio m.*, Scopoli, Ent. Carniol., p. 170 | 1885 *Parnassius m.*, Honrath in: Berlin. ent. Z., *v.* 29 p. 273 | 1892 *P. m.* (part.), Rebel & Rogenhofer in: Jahresber. Wien. ent. Ver., *v.* 3 p. 66, 67 | 1906 *P. m.* aberr. *melaina*, Rebel, ibid., *v.* 16 p. 56 | 1909 *P. m.*, Hafner in: Carinthia, p. 86 | 1910 *P. m.*, Hafner in: Ent. Z., *v.* 24 p. 31 | 1912 *P. m.* aberr. *siegeli*, A. Grund in: Soc. ent., *v.* 27 p. 74 | 1912 *P. m.* aberr. *atroguttata*, Bryk, ibid., *v.* 27 p. 53 *(nervat. pleth.)*, p. 72 (Sep. 1919, p. 19, 33) | 1917 *P. m.* subsp. *ophrinion*, Fruhstorfer in: Arch. Naturg., *v.* 82 A 2 p. 25 | 1918 *P. m.* subsp.?, W. Rothschild in: Nov. zool., *v.* 25 p. 224 | 1919 *P. m. ophrinion*, Bryk (MS.) in: Fruhstorfer in: Soc. ent., *v.* 34 p. 15 | 1921 *P. m.*, Schawerda in: D. ent. Z. Iris, *v.* 35 p. 114 | 1922 [1923] *P. m.* var. *o.*, Bryk in: Strand, Lep. Cat., *v.* 27 p. 186 | 1929 *P. m.* subsp. *o.*, Bollow in: Seitz, Großschmett. Erde, *v.* 1 Suppl. 1 p. 24 | 1932 *P. m.* subsp. *o.* + forma *siegeli* + forma *fermata*, Bryk & Eisner in: Parnassiana, *v.* 2 p. 30, 37.

Eine mäßig beschuppte Unterart. Männchen mit kurzem, aber breitem Glasband, mit schwachen Mondflecken. Zellflecke mittelgroß. Hinterflügel ohne Makeln oder mit wenig ausgeprägtem Medianfleck. Weibchen: Subcostalbändchen kurz, Hinterrandfleck fehlend. Glasband meist breit. Analband 2zellig. Forma *antiquincunx* nicht selten; auch forma *siegeli*.

Krain: Podsused, Laibach, Lueg. Kroatien: St. Jacob. Julische Alpen: Karfreit.

Typen: ♂ ♀ in coll. H. Fruhstorfer, Nizza.

1 85. **P. mnemosyne serbicus** Bryk & Eisner 1932 *P. m.* subsp. *s.*, Bryk & Eisner in: Parnassiana, *v.* 2 p. 37.

Eine helle, große Unterart mit ziemlich deutlichen Mondflecken. Zellflecke klein bis mittelgroß. Männchen mit Medianfleck auf dem Hinterflügel und meist 2zelligem Analband. Weibchen androtrop, mit kurzem Glasband und reduziertem Subcostalband des Vorderflügels. Auffallend ist das Zurücktreten der Hinterrandschwärze. Vorderflügellänge: ♂ 31—33 mm, ♀ 30—33 mm.

Doboj a. d. Usora; Belgrad, Berg Avala bei Kijevo. (Die nordwest-serbischen Stücke können zu dieser Unterart gezogen werden, wenn auch Anklänge an ssp. *ophrinion* Fruhst. festzustellen sind.)

Typen: ♂ ♀ in coll. C. Eisner, Berlin-Dahlem.

1 86. **P. mnemosyne talboti** Bryk 1932 *P. m.* subsp. *t.*, Bryk in: Parnassiana, *v.* 2 p. 33 | 1932 *P. m.* subsp. *t.*, Bryk & Eisner, ibid., *v.* 2 p. 37.

Eine helle, dicht weiß beschuppte, zeichnungsarme, androtrope Rasse mit schwachen Mondflecken und reduzierten Schwarzmakeln, besonders in der Mittelzelle. Glasband kurz. Männchen mit Mondbinde, kleinem, isolierten Subcostalfleck, ohne Flecke auf dem Hinterflügel. Hinterrandschwärze bescheiden. Weibchen (Fig. 70) schwach beschuppt, mit Glasband bis $Cu_1$. Subcostalbändchen verkürzt, bis $M_1$ reichend, meist ohne Hinterrandfleck. Mondfleckung vorn im Glasband reduziert. Hinterrandschwärze reduziert,

Fig. 70.
**Parnassius mnemosyne talboti** Bryk (♀). (Typus) (1/1).

bis $Cu_1$ reichend, die Mittelzellwurzel vorn nicht geschwärzt. Medianfleck bald fehlend, bald länglich, nicht angelehnt. Analfleck undeutlich, reduziert. Als forma tritt *desintacta* auf.

Zara (Dalmatien); Sviljaja Planina.

Typen: ♂ ♀ in coll. H. M. Peebles, London.

187. **P. mnemosyne dejotarus** Fruhst. 1863 *P. m.*, J. Lederer in: Wien. ent. Monschr., *v.* 7 p. 17 | 1902 *P. m.*. Bachmetjew in: Horae Soc. ent. Ross., *v.* 35 p. 379 | 1910 *P. m.* var. *hartmanni*, Drenowsky in: Z. Ins.-Biol., *v.* 6 p. 82 | 1911 *P. m. h.*, Verity, Rhop. palaearct., p. 320 | 1917 *P. m. dejotarus*, Fruhstorfer in: Arch. Naturg., *v.* 82 A 2 p. 26 t. 1 f. 16 (♂), 17 (♀) | 1919 *P. m. d.*, Bryk (MS.) in: Fruhstorfer in: Soc. ent., *v.* 34 p. 11 | 1921 *P. m. dejotaurus*, Bryk in: Ent. Tidskr., *v.* 42 p. 115, 113 f. 10 (♂) | 1922 [1923] *P. m.* var. *d.*, Bryk in: Strand, Lep. Cat., *v.* 27 p. 179 | 1929 *P. m.* subsp. *d.*, Bollow in: Seitz, Großschmett. Erde, *v.* 1 Suppl. 1 p. 24 | 1932 *P. m.* subsp. *dejotarus*, Bryk & Eisner in: Parnassiana, *v.* 2 p. 38.

Fig. 71.
**Parnassius mnemosyne dejotarus** Fruhst. (♂). (Original) (1/1).

Gynaikotrope Unterart. Männchen mit vollkommener Zeichnung des Hinterflügels, Weibchen hell. Beim Männchen (Fig. 71) Glasband meistens bis zum Hinterrandwinkel sich verjüngend, die Mondflecke in aberrativen Fällen vorhanden. Subcostalfleck sehr kräftig, bisweilen sogar bis $M_2$. Zellflecke länglich, der mediane bisweilen auch frei. Alle 3 Flecke meistens auf dem Hinterflügel vorhanden. Der mediane angelehnt oder frei, bisweilen mit dem Analbändchen wie bei forma *perversa* verbunden. Hinterrandschwärze mehr oder weniger stark auf die Discuswurzel ausgedehnt. Als Formen werden beobachtet: *intacta, perfusa, perversa.* Weibchen mit hinten breiterem Glasbande als beim Männchen. Subcostalbändchen völlig entwickelt. Hinterrandfleck kräftig. Zellmakeln sehr kräftig, die mittlere oblong, die hintere Discuswand erreichend. Die Makeln auf dem Hinterflügel sehr deutlich mit pastoser Fleckung.

Bulgarien: Rila-Planina, Vitosch, Pirin-Gebirge.

Typen: ♂ ♀ in coll. H. Fruhstorfer, Nizza.

1 88. **P. mnemosyne parvisi** Turati 1919 *P. m.* forma *variabilis*, Turati (nec H. Stichel, 1906) in: Natural. Sicil., *v.* 23 p. 215 t. 1 f. 1—10 (♂, ♀) | 1919 *P. m. parvisi*, Turati, ibid., *v.* 23 p. 346 | 1922 [1923] *P. m.* var. *P.*, Bryk in: Strand, Lep. Cat., *v.* 27 p. 186 | 1929 *P. m.* subsp. *p.*, Bollow in: Seitz, Großschmett. Erde, *v.* 1 Suppl. 1 p. 24 | 1932 *P. m.* subsp. *p.*, Bryk & Eisner in: Parnassiana, *v.* 2 p. 38 | 1934 *P. m.* subsp. *p.*, Bryk & Eisner, ibid., *v.* 3 p. 8.

Gynaikotrope Unterart stark an dunkle Exemplare von ssp. *dejotarus* Fruhst. erinnernd (Fig. 72). Männchen oft mit mehr oder weniger ausgedehnt geschwärzter Wurzel des Discus des Hinterflügels, dort Subcostalfleck

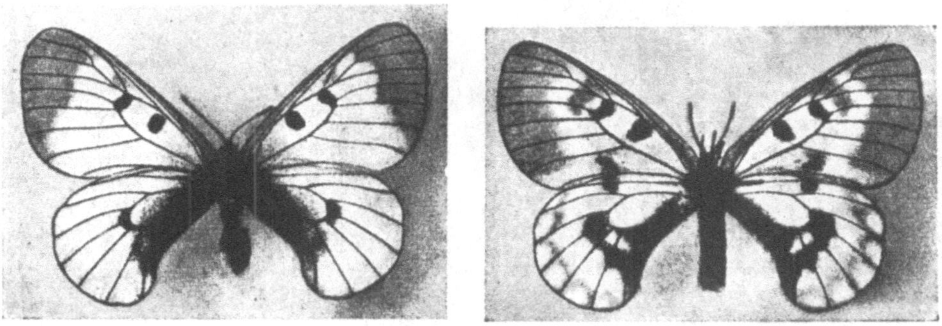

Fig. 72.
**Parnassius mnemosyne parvisi** Turati (links ♂, rechts ♀). (Nach Turati 1919) (1/1).

rückgebildet. Weibchen sehr oft mit Submarginalbinde auf den Hinterflügeln. In Ausnahmefällen vereinigt sich das Subcostalbändchen mit dem Glasbande von $M_2$ (1919 Turati, t. 1, f. 7 [♀]) an. Analband mit dem angelegten Medianfleck sehr oft vereinigt. Vorderflügellänge: ♂ 29—32,5 mm, ♀ 28—33 mm.

Albanien: Ziovo-Planina, Vermosa, Kula Ljums.

Typen: ♂ ♀ in coll. E. Turati, Mailand.

1 89. **P. mnemosyne balcanicus** Bryk & Eisner 1930 *P. m.* subsp. *balcanica*, Bryk & Eisner in: Parnassiana, *v.* 1 nr. 2 p. 3—4 f. 5 (♂), 6 (♀) | 1932 *P. m.* subsp. *b.*, Bryk & Eisner, ibid., *v.* 2 p. 38.

Größer als alle anderen bisher bekannten Unterarten auf dem Balkan (Fig. 73). Männchen hell, mit verkürztem Glasband, meistens ohne Subcostalfleck und mit länglichem Mittelzellfleck. Hinterflügel in der Regel

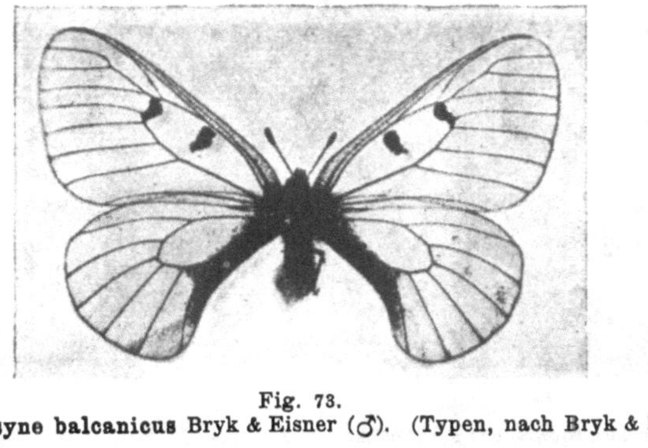

Fig. 73.
**Parnassius mnemosyne balcanicus** Bryk & Eisner (♂). (Typen, nach Bryk & Eisner 1930) (1/1).

ohne jede Fleckung, Hinterrandschwärze mäßig. Weibchen dunkel hyalin, meistens mit gelblichem Flügelfond, auffallend breitem Glasband, das bis zum Hinterrand reicht. Hinterrandfleck in der Regel erhalten. Zwischen Mittel- und Endzellfleck des Vorderflügels meist eine hyaline Bestäubung, wodurch die beiden Flecke wie in einem weißen Hofe wie bei der subsp. *silesiacus* Fruhst. erscheinen. Trotz stark ausgeprägter Analflecke und Medianfleck

Fig. 73 a.
**Parnassius mnemosyne balcanicus** Bryk & Eisner (♀). (Typen, nach Bryk & Eisner 1930) (1/1).

auf dem Hinterflügel, die wie beim Männchen nicht angelehnt sind, besteht überwiegend keine Verbindung. Subcostalfleck des Hinterflügels schwach ausgebildet. Hinterrandschwärze viel stärker als beim Männchen. Vorderflügellänge: ♂ 29—31 mm, ♀ 30 mm.

Schar-Dagh: Kačanik, Wardar-Tal.

Typen: in coll. C. Eisner, Berlin-Dahlem.

190. **P. mnemosyne bureschi** Bryk 1918 *P. m.*, Buresch in: Z. Ins. Biol., *v.* 14 p. 140 | 1921 *P. m.* var. *bureschi*, Bryk in: Ent. Tidskr., *v.* 42 p. 114—115, 113 f. 8 (♂), 9 (♀) | 1922 [1923] *P. m.* var. *B.*, Bryk in: Strand, Lep. Cat., *v.* 27 p. 177 | 1929 *P. m.* var. *b.*, Bollow in: Seitz, Großschmett. Erde, *v.* 1 Suppl. 1 p. 24 | 1932 *P. m.* subsp. *b.*, Bryk & Eisner in: Parnassiana, *v.* 2 p. 38 | 1934 *P. m.* subsp. *b.*, Bryk & Eisner, ibid., *v.* 3 p. 8.

Kleine, dicht beschuppte, androtrope Unterart (Fig. 74), von allen erwähnten Unterarten durch das Submarginalbändchen unterschieden, das nicht parallel zum Glasband verläuft, sondern stark wurzelwärts bei der $M_3$ vor-

Fig. 74.
**Parnassius mnemosyne bureschi** Bryk (links ♂, rechts ♀). (Typus) (1/1).

springend plötzlich abbricht, was beim Weibchen besonders deutlich zum Ausdruck kommt. Das Glasband reicht über $Cu_1$ hinaus, mit ganz unansehnlichen, kleinen, hyalinen Mondflecken, die beim Männchen fast erloschen sind. Männchen mit einzelligem Subcostalfleck auf dem Vorderflügel. Zellflecke kräftig schwarz, der am Zellschluß sich schwach an $R_1$ anlehnend. Hinterflügel ohne Flecke, mit deutlicher Hinterrandschwärze. Weibchen mit hyalinem Subcostalbändchen bis $M_2$. Hinterrandfleck fehlt. Hinterflügel mit den 3 für die Weibchen von *P. m.* charakteristischen Flecken. In der Discuswurzel bleibt jede Schwärze aus. Vorderflügellänge: ♂ ♀ 29 mm.

Mazedonien: Hudowa (Typus), Babuna-Planina, Monastir Paprat.

Typen: ♂ ♀ in coll. C. Eisner, Berlin-Dahlem.

191. **P. mnemosyne athene** H. Stich. 1870 [1871] *P. m.*, O. Staudinger in: Horae Soc. ent. Ross., *v.* 7 p. 33 | 1886 *P. m.* var. *nubilosus* (part.), O. Staudinger in: Ent. Zeit. Stettin, *v.* 47 p. 197 | 1901 *P. m.* var. *n.* (part.), O. Staudinger & Rebel, Cat. Lep. Palaearct. Faunengeb., ed. 3 *v.* 1 p. 8 | 1901 *P. m.* var. *nubilosa* (part.), Hofmann-Spuler, Schmett. Eur., *v.* 1 p. 4 | 1906 *P. m. athene* (part.), H. Stichel in: Berlin. ent. Z., *v.* 51 p. 88 | 1906 *P. m. a.* (part.), H. Stichel in: Seitz, Großschmett. Erde, *v.* 1 p. 20 | 1907 *P. m. nubilosus* (part.), Verity, Rhop. palaearct., p. 99 | 1907 *P. m. athene* (part.), H. Stichel in: Gen. Ins., *v.* 58 p. 11 | 1908 *P. m. a.*, Fruhstorfer in: Int. ent. Z., *v.* 2 p. 17 | 1909 *P. m. a.*, H. Stichel in: Berlin. ent. Z., *v.* 54 p. (39) | 1911 & 10 *P. m.* var. *nubilosus* „race" *a.*, Verity, Rhop. palaearct., p. 320 t. LXV f. 1 (♂), 2 (♀) | 1911 *P. m. a.*, A. Pagenstecher in: Jahrb. Ver. Nassau, *v.* 64 p. 307 | 1912 *P. m. a.*, Bryk in: Soc. ent., *v.* 27 p. 73, 99, 107, 112 | 1914 *P. m. a.*, Bryk, ibid., *v.* 29 p. 44 | 1915 *P. m. a.*, Kammel in: Ent. Z., *v.* 29 p. 12 | 1917 *P. m. a.*, Rebel in: SB. Ak. Wien., *v.* 126 p. 248 | 1918 *P. m. a.*, W. Rothschild in: Nov. zool., *v.* 25 p. 224 | 1922 *P. m. a.*, Bryk in: Soc. ent., *v.* 37 p. 29 f. 12 (♀) 13 (♂) | 1922 [1923] *P. m.* var. *a.*, Bryk in: Strand, Lep. Cat., *v.* 27 p. 176 | 1929 *P. m. a.*, Sterneck, Prodr. Schmett.-Fauna Böhmens, p. 41 (nota 1) | 1931 *[P. m.] turatii* (errat!), Bollow in: Seitz, Großschmett. Erde, *v.* 1 Suppl. 1 t. 3d (♀) | 1932 *P. m.* subsp. *athene* forma *(flavoocellata) flavocentrata*, Bryk & Eisner in: Parnassiana, *v* 2 p. 46 | 1932 *P. m.* subsp. *a.*, Bryk & Eisner, ibid., *v.* 2 p. 64 | 1934 *P. m.* subsp. *a.*, Bryk & Eisner, ibid., *v.* 3 p. 11.

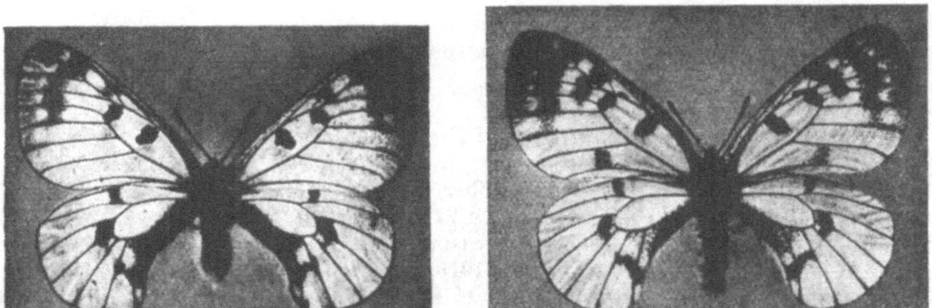

Fig. 75.
**Parnassius mnemosyne athene** H. Stichel (links ♂, rechts ♀). (Original, aus coll. C. Eisner, Berlin-Dahlem) (1/1).

Hellbeschuppte Unterart mit unterseits gelblichen Kernen auf den beiden Makeln des Hinterflügels (Fig. 75). Männchen mit spitzigen Vorderflügeln. Glassaum schmal, bis $Cu_1$ reichend; Submarginalbinde kürzer; zwischen beiden eine deutliche helle Binde. Subcostalfleck deutlich breit, bis zur $M_1$ reichend. Endzellfleck bisweilen vorn die Discalrippe überschreitend. Mittelzellfleck länglich. Subcostalfleck auf dem Hinterflügel länglich schmal, oft stark rückgebildet. Medianfleck klein, meistens 2 zellig. Analflecke fehlen, meist sind sie nur noch rudimentär auf $Cu_1$ und $Cu_2$ als 2 Punkte vorhanden. Hinterrandschwärze mäßig, in der Discuswurzel und vorn bis an $Cu_1$ verklingend. Weibchen hell. Submarginalbinde länger, bis $Cu_1$ reichend. Subcostalbändchen bis $M_2$ reichend. Endzellfleck wie beim Männchen, Mittelzellfleck schräg, länglich. Hinterrandfleck sehr klein aber deutlich. Die beiden Makeln der Hinterflügel mäßig, unterseits mit deutlichen gelben Kernen. Analfleck sehr mager, bogig. Hinterrandschwärze wie beim Männchen, auf den Discus nicht ausgedehnt. Vorderflügellänge: ♂ 29,5—32 mm, ♀ 29,5 mm.

Morea: Chelmos, Olenos.

Typus: ♂ in coll. Zool. Mus. Berlin.

192. **P. mnemosyne parnassius** Bryk 1918 *P. m. athene* (part.), W. Rothschild in: Nov. zool., *v.* 25 p. 224 | 1932 *P. m.* subsp. *parnassia*, Bryk & Eisner in: Parnassiana, *v.* 2 p. 46 | 1932 *P. m.* subsp. *p.*, Bryk & Eisner, ibid., *v.* 2 p. 64.

Etwas größer als subsp. *athene* H. Stich., der sie stark ähnelt. Männchen: Die 5 Mondflecke gut entwickelt. Endzellfleck des Vorderflügels kräftig, wurzelwärts gewinkelt, Submarginalbinde kürzer aber breiter. Mittelzellfleck länglich. Medianfleck des Hinterflügels bald an den Discus angelehnt, bald frei, unterseits nicht gelb gekernt. Weibchen mit kaum angedeuteter Gelbfleckung der Augenfleck-Unterseite, stärker entwickeltem Hinterrandfleck des Vorderflügels und 4 zelligem Subcostalbändchen. (Name kaum haltbar).

Parnaß.

Typen: ♂ ♀ in coll. Brit. Mus. London.

193. **P. mnemosyne angorae** Bryk 1931 *P. m.* subsp. *a.*, Bryk & Eisner in: Parnassiana, *v.* 1 nr. 7/8 p. 3 | 1932 *P. m.* subsp. *a.*, Bryk, ibid., *v.* 2 p. 38 | 1932 *P. m.* subsp. *a.*, Bryk & Eisner, ibid., *v.* 2 p. 73.

Beim Männchen Glasband bis $Cu_1$, weiter bis $Cu_2$ nur verwischt. Mondflecke in der Regel fehlend oder kaum entdeckbar. Mittelzellfleck klein und kurz, bis zur Mitte der Mittelzelle reichend. Hinterflügel ohne Makeln. Weibchen unbekannt.

Kleinasien: Yozgat, 1500 m; Keska Tepe.

Typus: ♂ in coll. Brit. Mus. London.

194. **P. mnemosyne sheljuzhkoi** Bryk 1855 *Doritis M.*, J. Lederer in: Verh. Ver. Wien, *v.* 5 p. 235 | 1886 *Parnassius m.* var. *nubilosus*, O. Staudinger in: Ent. Zeit. Stettin, *v.* 47 p. 197 | 1897 *P. m.*, Röber in: Ent. Nachr., *v.* 23 p. 262 | 1912 *P. m. sheljuzhkoi*, β (= Bryk) in: Soc. ent., *v.* 27 p. 65 | 1912 *P. m. s.*, Bryk, ibid., *v.* 27 p. 72, 101 | 1914 *P. m.* var. *s.* aberr. ♀ *casta*, Bryk, ibid., *v.* 29 p. 43 f. 32 (♀), f. 33 (♂), p. 62 f. 43 (♀ = aberr. *casta*) (Sep. 1919, p. 34, 53, 54, t. XIII f. 32 (♀), 33 (♂), t. XVI f. 43 (♀ = aberr. *casta*)) | 1917 *P. m. S.*, Rebel in: SB. Ak. Wien, *v.* 126 p. 247—248 | 1922 [1923] *P. m.* var. *S.*, Bryk in: Strand, Lep. Cat., *v.* 27 p. 188 | 1929 *P. m.* subsp. *s.*, Bollow in: Seitz, Großschmett. Erde, *v.* 1 Suppl. 1 p. 32 | 1932 *P. m.* subsp. *s.*, Bryk & Eisner in: Parnassiana, *v.* 2 p. 69.

Mittelgroße Unterart (Fig. 76). Männchen stark weiß beschuppt. Glasband bis $M_2$ schräg, dann etwas gewinkelt bis $Cu_1$ reichend. Die Mondbinde darin continuierlich. Subcostalfleck bescheiden. Endzellfleck und der vorn aufgehängte Mittelzellfleck mäßig. Hinterflügel mit magerem, angelegten 2 zelligen Medianfleck. Hinterrandschwärze reduziert, die hintere Discalrippe nicht erreichend. Beim Weibchen Submarginalbinde bis $Cu_1$ oder $Cu_2$, Glassaum bis $Cu_1$, die dazwischen liegende weiße Binde mehr oder weniger breit. Subcostalfleck männlich oder schmal bis zur $M_2$. Hinterrandfleck undeutlich oder verschwunden (= forma *casta*). Zellflecke wie beim Männchen, bisweilen auch vorn frei. Die 3 Makeln des Hinterflügels mehr oder weniger

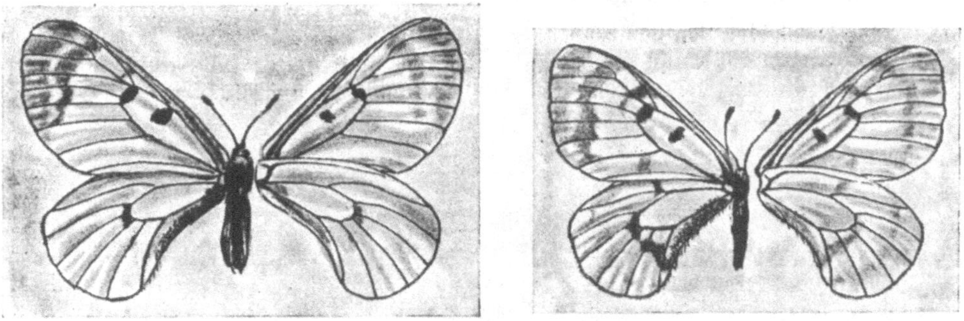

Fig. 76.
**Parnassius mnemosyne sheljuzhkoi** Bryk (links ♂, rechts ♀). (Typus, nach Bryk 1914) (1/1).

verschwindend; der magere Medianfleck angelehnt. Hinterrandschwärze wie beim Männchen. Vorderflügellänge: ♂ 32 mm, ♀ 28,5—29,5 mm.

Kilikischer Taurus: Adana.

Typus: ♀ in coll. L. Sheljuzhko, Kijew; forma *casta* in coll. C. Eisner, Berlin-Dahlem.

195. **P. mnemosyne pfeifferi** Bryk & Eisner 1926 *P. m.* (an *antitauricus* Fruhstorfer i. l.?), E. Pfeiffer in: Mt. Münch. ent. Ges., *v.* 16 p. 107—108 | 1929 *P. m.*, Fritz Wagner in: Mt. Münch. ent. Ges., *v.* 19 p. 19 | 1931 *P. m.* subsp. *pfeifferi*, Bryk & Eisner in: Parnassiana, *v.* 1 nr. 7/8 p. 1; p. 2 f. 1 (♂), 2 (♀) | 1932 *P. m.* subsp. *p.*, Bryk & Eisner, ibid., *v.* 2 p. 65.

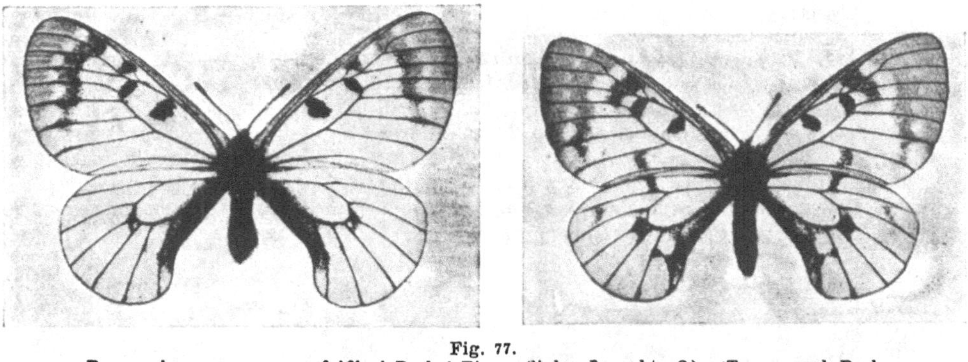

Fig. 77.
**Parnassius mnemosyne pfeifferi** Bryk & Eisner (links ♂, rechts ♀). (Typus, nach Bryk & Eisner 1931) (1/1).

Dichter beschuppt als ssp. *sheljuzhkoi* Bryk und prägnanter gezeichnet, mit deutlicheren Mondflecken im Glasbande, größeren Zellflecken und intensiverer Hinterrandschwärze (Fig. 77). Im Gegensatz zu *sheljuzhkoi* hat das Männchen einen Medianfleck, der oft 2zellig ist; das Weibchen in der Regel auf dem Hinterflügel ohne Submarginalbinde.

Egerdir; Kyseli Dagh (Adalia); At-Schehir.

Typus: in coll. Zool. Mus. Tring.

196. **P. mnemosyne amanusicus** Bryk 1917 *P. m.* var. *Sheljuzhkoi*, Rebel in: SB. Ak. Wien, *v.* 126 p. 247 | 1929 *P. m.* var. *S.*, Fritz Wagner in: Mt. Münch. ent. Ges., *v.* 19 p. 19 | 1931 *P. m.* subsp. *amanusica*, Bryk & Eisner in: Parnassiana, *v.* 1 nr. 7/8 p. 3 f. 3 (♀) | 1932 *P. m.* subsp. *a.*, Bryk & Eisner, ibid., *v.* 2 p. 70 | 1934 *P. m.* subsp. *a.*, Bryk & Eisner, ibid., *v.* 3 p. 11.

Verschieden von den sspp. *akbesianus* Shelj. und *sheljuzhkoi* Bryk durch bedeutendere Größe, mit kräftigen Zellflecken und breiter Submarginalbinde. Glasband die $Cu_1$ überschreitend. Submarginalbinde um ein Element länger.

Fig. 78.
**Parnassius mnemosyne amanusicus** Bryk (♀). (Typus, nach Bryk 1931) (1/1).

Hinterrandfleck des Weibchens kräftig, viereckig, mit dem breiten Subcostalbändchen verbunden, was vielleicht aberrativ ist. Das Analbändchen des Weibchens sehr dick. Hinterrandschwärze stark reduziert wie bei ssp. *sheljuzhkoi* Bryk (Fig. 78).

Amanus-Gebirge (Syrien).

Typus: ♀ in coll. Zool. Mus. Tring.

197. **P. mnemosyne pseudonubilosus** Verity 1907 *P. m.* var. *nubilosus*, Verity, Rhop. palaearct., p. 98 t. XXIII f. 12 (♂), 13 (♀) | 1908 *P. m. nubilosis*, Turati in: Natural. Sicil., *v.* 20 t. 3 f. 1 (♂), 2 (♀) | 1909 *P. m. nubilosus* „forme" *pseudonubilosus*, Verity, Rhop. palaearct., p. 231 | 1914 *P. m. p.*, Bryk in: Soc. ent., *v.* 29 p. 67 (Sep. 1919, p. 55) | 1918 *P. m. p.* (part.), W. Rothschild in: Nov. zool., *v.* 25 p. 224 | 1922 [1923] *P. m.* var. *p.*, Bryk in: Strand, Lep. Cat., *v.* 27 p. 187 | 1929 *P. m.* subsp. *p.*, Bollow in: Seitz, Großschmett. Erde, *v.* 1 Suppl. 1 p. 32 | 1932 *P. m.* subsp. *p.*, Bryk & Eisner in: Parnassiana, *v.* 2 p. 70.

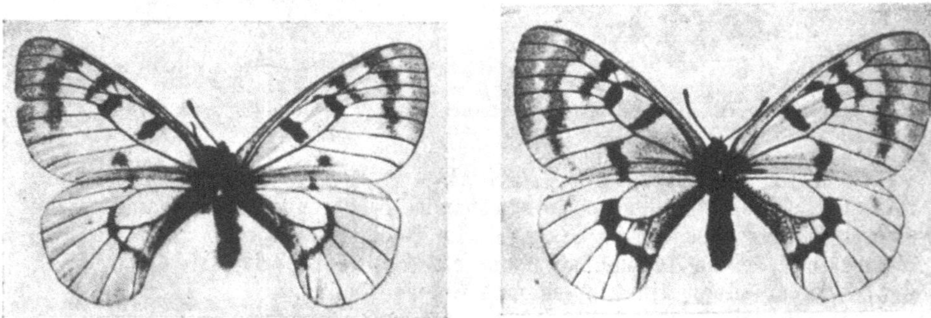

Fig. 79.
**Parnassius mnemosyne pseudonubilosus** Verity (links ♂, rechts ♀). (Nach Verity 1907) (1/1).

Sehr helle gynaikotrope Unterart (Fig. 79). M ä n n c h e n: Glassaum bis $Cu_1$, bis zu welcher auch die Submarginalbinde reicht, dazwischen die hinten oft offene weiße Binde. Subcostalbändchen bis zur $M_2$. Hinterrandfleck beim Typus vorhanden. Endzellfleck vorn an $R_1$ angelehnt. Mittelzellfleck länglich, die hintere Discoidalrippe fast erreichend. Makeln des Hinterflügels deutlich, aber sehr mager; der Medianfleck angelehnt, das mit ihm vereinigte Analband sehr dünn. Die Hinterrandschwärze erreicht $Cu_1$ nicht. Die Discuswurzel sehr spärlich geschwärzt. Das W e i b c h e n zeigt alle Zeichnungsanlagen des Männchens in potenzierter Stärke und Größe. Die Submarginalbinde ist um ein Element länger. Das Subcostalbändchen verschwindet vor $M_3$, die Hinterrandschwärze beschattet hinten den Discus nicht, reicht aber bis zur $Cu_2$. Vorderflügellänge: ♂ 31 mm, ♀ 31,5 mm.

Pontus: Trapezunt.

Typus: ♂ in coll. E. Turati, Mailand.

198. **P. mnemosyne subnubilosus** Bryk 1914 *P. m. s.*, Bryk in: Soc. ent., *v.* 29 p. 44, 67 f. 36 (♀) | 1918 *P. m. pseudonubilosus*, W. Rothschild in: Nov. zool., *v.* 25 p. 224 | 1922 [1923] *P. m.* var. *subnubilosus*, Bryk in: Strand, Lep. Cat., *v.* 27 p. 189 | 1929 *P. m.* subsp. *s.*, Bollow in: Seitz, Großschmett. Erde, *v.* 1 Suppl. 1 p. 32—33, t. 3e (♂; ♀ figura mala) | 1932 *P. m.* subsp. *s.*, Bryk & Eisner in: Parnassiana, *v.* 2 p. 71.

Flügelfond elfenbeinweiß. M ä n n c h e n ähnlich dem von der ssp. *pseudonubilosus* Verity, die Hinterflügel jedoch in der Regel zeichnungslos. Forma *maculata* tritt aberrativ auf. W e i b c h e n bisweilen mit ovalem Flügelschnitt, länglichem dünnem Hinterrandfleck und kurzem Subcostalbändchen. Ähnelt sonst der ssp. *subnubilosus*. Vorderflügellänge: ♂ 29,5—33 mm, ♀ 27,5—33 mm.

Wan-See (Armenien).

Typen: ♂ ♀ in coll. C. Eisner, Berlin-Dahlem.

199. **P. mnemosyne nubilosus** Christoph 1873 *P. m.* var. *n.*, Christoph in: Horae Soc. ent. Ross., *v.* 10 p. 19 | 1884 *P. m. n.*, Romanoff in: Romanoff, Mém. Lép., *v.* 1 p. 43 | 1886 *P. m.* var. a? *n.* (part.), Elwes in: P. zool. Soc. London, p. 44 | 1887 *P. m. n.*, Christoph in: Romanoff, Mém. Lép., *v.* 3 p. 51 | 1889 *P. m.* var. *n.*, Austaut, Parnass. paléarct., p. 157 t. 23 f. 3 (♂; = figura mala) | 1901 *P. m.* var. *n.* (part.), O. Staudinger & Rebel, Cat. Lep. Palaearct. Faunengeb., ed. 3 *v.* 1 p. 8 | 1904 *P. m.* var. *nebulosus*, Schaposchnikov in: Annuaire Mus. St.-Pétersb., *v.* 9 p. 192 (Sep. p. 4) | 1906 *P. m. nubilosus* (part.), H. Stichel in: Seitz, Großschmett. Erde, *v.* 1 p. 20 t. 10 f. (♂, ♀??) | 1907 *P. m. n.* (part.), H. Stichel in: Gen. Ins., *v.* 58 p. 11 | 1907—1911 *P. m.* var. *n.* (part.), Verity, Rhop. palaearct., p. 96, 321, t. LXV f. 3 (♂), 4 (♀) | 1911 *P. m. n.*, A. Pagenstecher in: Jahrb. Ver. Nassau, *v.* 64 p. 272, 308 | 1913 *P. m. n.*, Le Cerf in: Ann. Hist. nat. Perse, *v.* 2 Ent. nr. 2 p. 22 | 1917 *P. m. n.*, Rebel in: SB. Ak. Wien, *v.* 126 p. 243 | 1922 [1923] *P. m.* var. *n.*, Bryk in: Strand, Lep. Cat., *v.* 27 p. 185 | 1932 *P. m.* subsp. *n.*, Bryk & Eisner in: Parnassiana, *v.* 2 p. 72; p. [83] f. 1 (♀).

Diese, von den meisten Autoren falsch gedeutete Unterart ist nomenklatorisch die älteste (Fig. 80). Beim M ä n n c h e n Glasband bis $Cu_1$ reichend, nach innen gewinkelt, mit kleinen Mondinseln. Subcostalfleck kräftig und kurz. Endzellfleck lehnt sich vorn an $R_1$ an. Mittelzellfleck etwas über die Mitte des Discus reichend. Hinterflügel mit Medianfleck, der klein und angelehnt ist. Hinterrandschwärze kräftig, bis $Cu_2$ reichend, hinten die Discuswurzel schwärzend. W e i b c h e n stark an die ssp. *problematicus* Bryk erinnernd, mit lang gestreckten Flügeln, kürzerem Subcostalbändchen, stärkerem Hinterrandflecke, dunkler Makelzeichnung der Hinterflügel und kräftiger, die Discuswurzel beschattender Hinterrandschwärze. Vorderflügellänge: ♂ 25,5—31 mm, ♀ 28—30 mm.

Nordpersien: Hadschyabad bei Schahkuh, Tasch bei Schahrud.

Typus: ♂ in coll. Brit. Mus. London.

Fig. 80.
**Parnassius mnemosyne nubilosus** Christ. (links ♂ [Typus, nach Verity 1910], rechts ♀ [nach Bryk & Eisner 1932]) (1/1).

1 100. **P. mnemosyne problematicus** Bryk 1912 *P. m. problematica*, β (= Bryk) (MS.) in: Soc. ent., *v.* 27 p. 65, 66 | 1912 *P. m.* var. *p.*, Bryk, ibid., *v.* 27 p. 89, 100, 101, 108 | 1914 *P. m. p.*, Bryk, ibid., *v.* 29 p. 67, 68, f. 34 (♂), 34a (♀) (Sep. 1919, p. 34, 36, 56, 57, t. XIII f. 34 (♂), t. XIV 34a (♀)) | 1914 *P. m. p.*, Bryk in: Lotos, *v.* 62 p. 153 | 1922 [1923] *P. m.* var. *p.*, Bryk in: Strand, Lep. Cat., *v.* 27 p. 187 | 1929 *P. m.* subsp. *p.*, Bollow in: Seitz, Großschmett. Erde, *v.* 1 Suppl. 1 p. 33 t. 4a (♂; ♀ ad subsp. *giganteus* Staud.) | 1932 *P. m.* subsp. *p.* + aberr. *fermata*, Bryk & Eisner in: Parnassiana, *v.* 2 p. 72.

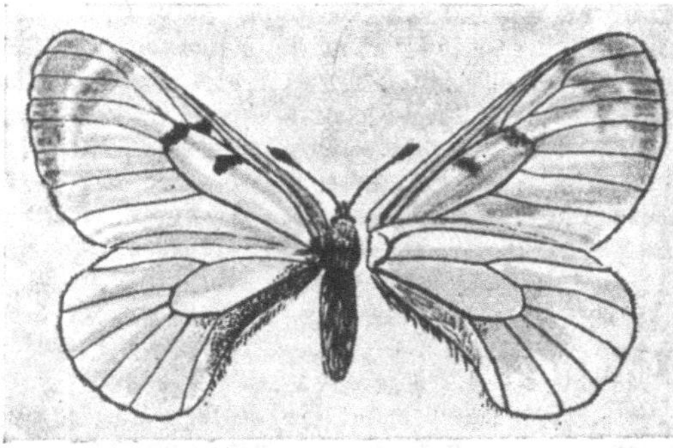

Fig. 81.
**Parnassius mnemosyne problematicus** Bryk (♂). (Nach Bryk 1914) (1/1).

Hellbeschuppte, androtrope Unterart (Fig. 81). Männchen mit schmalem Glassaum bis $Cu_1$, Submarginalbinde selten bis $M_2$, sonst bis $M_3$. Mondbinde deutlich. Subcostalfleck in der Regel erhalten. Endzellfleck schmal, vor dem Discus vorn wurzelwärts als Appendix zwischen Discus und $R_1$ verschoben. Mittelzellfleck kurz, schmal und länglich, die Discusmitte nicht erreichend. Hinterflügel ohne Fleckung, Hinterrandschwärze den Hinterrand entlang reduziert.

Weibchen dünner beschuppt, mit langem Glassaum bis zur $Cu_2$ und breiter, langer, bis zum Hinterrande reichender Submarginalbinde. Subcostalfleck bis $M_3$ reichend, Hinterrandfleck deutlich. Endzellfleck wie beim

Fig. 81 a.
**Parnassius mnemosyne problematicus** Bryk (♀). (Nach Bryk 1914) (1/1).

Männchen, Mittelzellfleck etwas länger. Die 3 Makeln des Hinterflügels mäßig, die mittlere angelehnt. Das 2 zellige Analband schräg. Hinterrandschwärze wie beim Männchen. Vorderflügellänge: ♂ 32—34 mm, ♀ 31—34 mm.

Persien: Kuldsur (Typus), Arwas, Kopet-Dagh. Turkmenien: Merw.

Typen: ♂ in coll. L. Sheljuzhko, Kijew; ♀ in coll. C. Eisner, Berlin-Dahlem.

1101. **P. mnemosyne akbesianus** Shelj. 1924 *P. m.* subsp. *akbesiana*, Sheljuzhko in: Z. Österr. Ent.-Ver. Wien, *v.* 9 p. 69 | 1929 *P. m.* subsp. *a.*, Bollow in: Seitz, Großschmett. Erde, *v.* 1 Suppl. 1 p. 32 | 1932 *P. m.* subsp. *a.*, Bryk & Eisner in: Parnassiana, *v.* 2 p. 69 | 1932 *P. m. syra*, Zerny in: D. ent. Z. Iris, *v.* 46 p. 168.

Steht der ssp. *libanoticus* Bryk sehr nahe, aber mit mehr zurücktretenden Mondflecken. Mittelzellfleck des Vorderflügels kleiner. Die einzelnen Mondflecke im Glassaum bilden keine continuierliche, weiße Binde. Männchen mit breiterer und längerer Submarginalbinde und längeren Subcostalbändchen. Hinterrandfleck deutlich. Medianfleck des Hinterflügels größer, Hinterrandbestäubung etwas kräftiger. — Weibchen mit verbreiteter Submarginalbinde, schwachem bis sehr starkem Subcostalbändchen, Hinterrandfleck und Subcostalozelle. Analbändchen meist 3 zellig.

Syrien: Cheiklé bei Akbes.

Typus: in coll. L. Sheljuzhko, Kijew.

1102. **P. mnemosyne syrus** Verity 1911 & 10 *P. m.* var. *nubilosus* „race" *syra*, Verity, Rhop. palaearct., p. 321 t. LXV f. 5 (♂) | 1914 *P. m. libanotica* forma *s.*, Bryk in: Soc. ent., *v.* 29 p. 68 (Sep. 1919, p. 57—58) | 1917 *P. m. s.*, Rebel in: SB. Ak. Wien, *v.* 126 p. 248 | 1918 *P. m. s.*, W. Rothschild in: Nov. zool., *v.* 25 p. 224 | 1922 [1923] *P. m.* forma *s.*, Bryk in: Strand, Lep. Cat., *v.* 27 p. 190 | 1924 *P. m. s.*, Sheljuzhko in: Z. Österr. Ent.-Ver. Wien, *v.* 9 p. 71 | 1929 *P. m. libanotica* „Zustandsform" *s.*, Bollow in: Seitz, Großschmett. Erde, *v.* 1 Suppl. 1 p. 31 | 1932 *P. m.* forma *s.*, Bryk & Eisner in: Parnassiana, *v.* 2 p. 70 | 1932 *P. m. s.*, Zerny in: D. ent. Z. Iris, *v.* 46 p. 168.

Diese Unterart ist bisher nur nach einem aberrativen Männchen bekannt. Mit einem bis $Cu_1$ sich verjüngenden Glasbande, das eine deutliche weiße Binde teilt. Subcostalfleck bis $M_3$ reichend. Endzellfleck bescheiden, dreieckig. Mittelzellfleck (aberrativ) punktartig. Hinterflügel mit kleinem Medianfleck, der sich an $M_2$ und die Discalquerrippe anschmiegt. Hinterrandbestäubung sehr stark reduziert, nur den hinteren Teil des Hinterrandsaumes schwärzend (Fig. 82).

Syrien: Hermon-Gebirge.

Typus: ♂ in coll. Brit. Mus. London.

Fig. 82.
**Parnassius mnemosyne syrus** Verity (♂). (Typus, nach Verity 1909) (1/1).

1 103. **P. mnemosyne libanoticus** Bryk 1914 *P. m.* var. *libanotica*, Bryk in: Soc. ent., *v.* 29 p. 68 f. 37 (♀), 38 (♂) (Sep. 1919, p. 57, 58, t. XV f. 37 (♀), 38 (♂)) | 1917 *P. m. syra*, Rebel in: SB. Ak. Wien, *v.* 126 p. 248 | 1922 [1923] *P. m.* var. *libanotica*, Bryk in: Strand, Lep. Cat., *v.* 27 p. 184 | 1924 *P. m. l.*, Sheljuzhko in: Z. Österr. Ent.-Ver. Wien, *v.* 9 p. 70 | 1929 *P. m.* „Rasse" *l.*, Bollow in: Seitz, Großschmett. Erde, *v.* 1 Suppl. 1 p. 31 | 1932 *P. m.* subsp. *l.*, Bryk & Eisner in: Parnassiana, *v.* 2 p. 70 | 1932 *P. m. syra*, Zerny in: D. ent. Z. Iris, *v.* 46 p. 168 | 1934 *P. m.* subsp. *libanotica*, Bryk & Eisner, ibid., *v.* 3 p. 12.

Helle, androtrope Unterart mit Glasband, das in beiden Geschlechtern gleichlang ist, bis $Cu_1$ reicht und von einer schmalen, weißen Binde geteilt wird (Fig. 83). Männchen mit deutlichem Subcostalfleck, der bis $M_1$ reicht.

Fig. 83.
**Parnassius mnemosyne libanoticus** Bryk (♂). (Typus, nach Bryk 1914) (1/1).

Endzellfleck länglich, vorn die Discoidalrippe überschreitend. Mittelzellfleck schmal oblong. Hinterflügel fast ohne Zeichnung. Der stark reduzierte Medianfleck nur als Bestäubung am Discusende an $M_2$ angelehnt. Hinterrandschwärze wie bei ssp. *syrus* Verity. Weibchen mit anderem in der

Mitte ausgebuchtetem Außenrande. Subcostalbändchen im distalen Teile und Hinterrandfleck haardünn. Zellflecke kräftiger als beim Männchen. Hinterflügel mit sehr schmalem, kleinem Subcostal- und Medianfleck. Analbändchen

Fig. 83 a.
**Parnassius mnemosyne libanoticus** Bryk (♀). (Typus, nach Bryk 1914) (1/1).

zwischen $Cu_1$ und $Cu_2$ breiter. Hinterrandschwärze wie beim Männchen. Einzelne Bogen der Submarginalbinde auf der Unterseite bemerkbar. Vorderflügellänge: ♂ 32,5 mm, ♀ 32 mm.

Libanon.

Typen: ♂ ♀ in coll. C. Eisner, Berlin-Dahlem.

1 104. **P. mnemosyne adolphi** Bryk 1884 *P. m.* var. *Nubilosus* (part.) Romanoff in: Romanoff, Mém. Lép., *v.* 1 p. 44 | 1900—1911 *P. m.* var. *hyrcana,* A. Bang-Haas (i. l.) in: O. Staudinger (& A. Bang-Haas), Lep. Liste, nr. 54 p. 4 (coll. 11) | 1911 *P. m.* subsp. *adolphi* + aberr. *fermata,* Bryk in: Soc. ent., *v.* 26 p. 62 f. 1 (♂) | 1911 *P. m. a.,* A. Pagenstecher in: Jahrb. Ver. Nassau, *v.* 64 p. 285, 307, 308 | 1912 *P. m. a.,* Bryk in: Soc. ent., *v.* 27 p. 88, 89, 99, 100, 106 | 1912 *P. m. louristanus,* Rangnow in: Int. ent. Z., *v.* 6 p. 164 | 1913 *P. m.* var. ? *persica,* Le Cerf (Bartel MS.) in: Ann. Hist. nat. Perse, *v.* 2 Ent. nr. 2 p. 22 | 1914 *P. m. adolphi,* Bryk in: Soc. ent., *v.* 29 p. 42, 67 f. 35 (♂) (Sep. 1919, p. 27—31, 36, 46, 54—55, t. XIV f. 35 (♂)) | 1918 *P. m. a.,* W. Rothschild in: Nov. zool., *v.* 25 p. 225 | [1918] *P. m. a.,* Bryk, Parnassius Apollo Formenkreis, p. 107 | 1922 [1923] *P. m.* var. *A.,* Bryk in: Strand, Lep. Cat., *v.* 27 p. 175 | 1929 *P. m.* subsp. *a.,* Bollow in: Seitz, Großschmett. Erde, *v.* 1 Suppl. 1 p. 31 | 1932 *P. m.* subsp. *a.,* Bryk & Eisner in: Parnassiana, *v.* 2 p. 71 | 1934 *P. m.* subsp. *a.,* Bryk & Eisner, ibid., *v.* 3 p. 12.

Fig. 84.
**Parnassius mnemosyne adolphi** Bryk (♂). (Typus, nach Bryk 1911) (1/1).

Helle, gynaikotrope Unterart (Fig. 84). Vorderflügel etwas zugespitzt. Endzellfleck schräg, vorn die Discalrippe überschreitend. Mittelzellfleck oblong, beide Discoidalrippen erreichend. Ein continuierliches, weißes Band trennt die Submarginalbinde vom Glassaum. Beim Männchen Glassaum bis $Cu_1$; Submarginalbinde bis $M_3$ oder $Cu_1$. Subcostalbändchen bis $M_2$. Hinterrandfleck als dünner Strich zwischen $Cu_1$ und $Ax_1$ bisweilen erhalten. Subcostalfleck des Hinterflügels, falls erhalten, strichförmig. Medianfleck 2 zellig,

Fig. 84 a.
**Parnassius mnemosyne adolphi** Bryk (♀). (Typus, nach Bryk 1911)(1/1).

dünn, nicht angelehnt. Analbändchen 3- oder 2 zellig. Beim Weibchen Glassaum wie beim Männchen. Die breite Submarginalbinde bis zum Hinterrande reichend. Subcostalbändchen mit dem breiten Hinterrandfleck bisweilen verbunden. Hinterflügelzeichnung wie beim Männchen aber kräftiger, das Analbändchen mit dem Medianfleck verbunden. Die bogige Submarginalbinde deutlich und scharf gezeichnet. Hinterrandschwärze bis $Cu_2$ reichend. Als forma kommt *fermata* vor. Vorderflügellänge: ♂ 33—34 mm, ♀ 30—34 mm.

Sultanabad (Luristan).

Typen: ♂ ♀ in coll. C. Eisner, Berlin-Dahlem.

1105. **P. mnemosyne strix** Bryk 1914 *P. m.* subsp. *s.*, Bryk in: Soc. ent., *v.* 29 p. 43, 62, 69, 70 f. 41 (♂), 42 (♀) | 1922 [1923] *P. m.* var. *s.*, Bryk in: Strand, Lep. Cat., *v.* 27 p. 189 | 1929 *P. m.* subsp. *s.*, Bollow in: Seitz, Großschmett. Erde, *v.* 1 Suppl. 1 p. 32 | 1932 *P. m.* subsp. *s.*, Bryk & Eisner in: Parnassiana, *v.* 2 p. 71.

Von allen Unterarten die meist gynaikotrope Unterart. Hinterrandfleck in beiden Geschlechtern erhalten. Endzellfleck auch vorn zwischen Discoidalrippe und $R_1$ verschoben und verlängert. Mittelzellfleck oblong, erreicht die hintere Discuswand. Beim Männchen Glassaum breit, sich bis jenseits von $Cu_1$ verjüngend, Submarginalbinde weiblich, erreicht $Cu_2$, zwischen beiden eine weiße Binde. Subcostalbändchen breit, bis $M_2$ reichend. Hinterrandfleck viereckig, sehr groß, bisweilen rückgebildet. Der oblonge Mittelzellfleck hinten schmäler. Hinterrandfleck des Hinterflügels viereckig und kräftig. Medianfleck fünfeckig, länglich, angelehnt. Analbändchen bogig, 2 zellig, ein wenig die $Cu_1$ überschreitend. Hinterrandschwärze bis $Cu_2$, hinten die Discuswurzel beschattend. Beim Weibchen Glasband sehr breit, bei $M_2$ gewinkelt, bei $M_3$ vorspringend, von da bis zur Hinterrandecke sich verjüngend. Subcostalbändchen und Hinterrandfleck länger und breiter als beim Männchen.

Mittelzellfleck länglich, vorn und hinten gleich breit. Discuswurzel bestäubt. Fleckzeichnung des Hinterflügels wie beim Männchen; die Analflecke kräftiger. Hinterrandschwärze vorn fast bis $M_3$. Submarginalbinde schwach angedeutet. Vorderflügellänge: ♂ ♀ 36,5 mm.

Nikolajewka (Armenien).

Typen: ♂ ♀ in coll. C. Eisner, Berlin-Dahlem.

1 106. **P. mnemosyne giganteus** Staud. 1886 *P. m.* var. *gigantea*, O. Staudinger in: Ent. Zeit. Stettin, *v.* 47 p. 197 | 1889 *P. m.* var. *g.*, Austaut, Parnass. paléarct., p. 159 t. 24 f. 2 (♂), 3 (♀) | 1890 *P. m.* var. *g.*, Grum-Grshimailo in: Romanoff, Mém. Lép., *v.* 4 p. 211 | 1896 *P. m.* var. *g.*, M. Standfuß, Handb. paläarkt. Groß-Schmett., ed. 2 p. 150 | 1901 *P. m.* var. *g.*, O. Staudinger & Rebel, Cat. Lep. Palaearct. Faunengeb., ed. 3 *v.* 1 p. 8 | 1906 *P. m. g.* (part.), H. Stichel in: Seitz, Großschmett. Erde, *v.* 1 p. 20 t. 10 f. (♂) | 1907 *P. m. giganteus* (part.), H. Stichel in: Gen. Ins., *v.* 58 p. 11 t. 2 f. 1 (♀) | 1907 & 1911 *P. m.* var. *gigantea*, Verity, Rhop. palaearct., p. 99, 321 t. LXV f. 8 (♀), 9 (♂), 10 (♀), 11 (♂) | 1911 *P. m. g.*, A. Pagenstecher in: Jahrb. Ver. Nassau, *v.* 64 p. 305, 310 | 1911 *P. m. giganteus*, H. Stichel in: Int. ent. Z., *v.* 4 p. 277 | 1912 *P. m. gigantea*, Bryk in: Soc. ent., *v.* 27 p. 72, 89, 99, 101 f. 22 (♀) | 1914 *P. m. g.*, Bryk in: Soc. ent., *v.* 29 p. 70 (Sep. 1919 p. 21, 26, 32, t. VIII f. 22 (♀)) | 1918 *P. m. g.*, W. Rothschild in: Nov. zool., *v.* 25 p. 224 | 1922 [1923] *P. m.* var. *g.*, Bryk in: Strand, Lep. Cat., *v.* 27 p. 181 | 1932 *P. m.* subsp. *g.*, Bryk & Eisner in: Parnassiana, *v.* 2 p. 75.

Stark gynaikotrope Unterart mit sehr großem Flügelschnitt. Beim Männchen wird das bis $Cu_1$ reichende, helle Glasband oft von einem sehr schmalen Seitenrand umsäumt. Die durch eine weiße Mondbinde getrennte Submarginalbinde reicht bis $Cu_2$. Das bogig gezeichnete Subcostalbändchen bis $M_2$. Beide Zellmakeln auffallend schwarz und groß, die mittlere von ihnen bisweilen herzförmig. Die 3 Flecke auf dem Hinterflügel auffallend

Fig. 85.
**Parnassius mnemosyne giganteus** Staud. (♀). (Nach Bryk 1912) (1/1).

scharf. Die Hinterrandbestäubung sehr schwarz, bis $Cu_2$. Weibchen (Fig. 85) mit sich verjüngendem Glassaum bis zur Hinterrandecke. Die noch längere Submarginalbinde hinten offen, die Mondbinde vorn oft verglast. Sehr nahe gerückt an sie ist das dünngezogene, saumwärts bogige, scharf gezeichnete oder verbreiterte Subcostalbändchen. Der Hinterrandfleck erreicht oft vorn $Cu_2$ nicht. Die Zellmakeln kräftiger als beim Männchen. Die 3 Flecke des

Hinterflügels sehr schwarz, der mediane von ihnen angelehnt, das $2^1/_2$ zellige Analbändchen ausgebuchtet. Hinterrandschwärze bis $Cu_2$. Exemplare, bei denen Mittel- und Endzellfleck nicht schwarz, sondern weiß sind, wurden von Grose Smith als *P. nivalis* (1908 in: Ann. nat. Hist., ser. 8 *v.* 1 p. 116) beschrieben (= forma *nivalis* Grose Sm.) (Fig. 86). Typus: ♂ in coll. Brit. Mus. London. Vorderflügellänge: ♂ 32—35,5 mm, ♀ 35—37 mm.

Russisch Turkestan: Margelan (Typus); Namangan.

Typen: ♂ ♀ in coll. Staudinger, Dresden-Blasewitz.

Fig. 86.
**Parnassius mnemosyne giganteus** Staud. forma **nivalis** Grose Smith (♂). (Typus).

Fig. 86a.
**Parnassius mnemosyne giganteus** Staud. forma **nivalis** Grose Smith (♀).
(Original, coll. M. H. Peebles, London) ($^1/_1$).

1107. **P. mnemosyne ochraceus** Austaut 1891 *P. m.* var. *ochracea*, Austaut in: Naturaliste, *v.* 13 p. 180 | 1906 *P. m. gigantea* aberr. *o.*, H. Stichel in: Seitz, Großschmett. Erde, *v.* 1 p. 20 | 1907 *P. m. giganteus* forma *o.*, H. Stichel in: Gen. Ins., *v.* 58 p. 12 | 1907 *P. m.* var. *gigantea* aberr. *o.*, Verity, Rhop. palaearct., p. 99 t. XXIII f. 17 (♀) | 1911 *P. m. g.* aberr. *o.*, A. Pagenstecher in: Jahrb. Ver. Nassau, *v.* 64 p. 307 | 1912 *P. m.* var. *nubilosus* (nec var. *g.*) aberr. *o.*, Bryk in: Soc. ent., *v.* 27 p. 73 f. 25 (♂) (Sep. 1919, p. 23, 24, t. IX f. 25 (♂)) | 1915 *P. m. o.*, O. Bang-Haas in: D. ent. Z. Iris, *v.* 29 p. 162 | 1922 [1923] *P. m.* forma *o.*, Bryk in: Strand, Lep. Cat., *v.* 27 p. 172.

Gelblicher Flügelton, der nach Bang-Haas auf Alter und Feuchtigkeit zurückzuführen ist. Kleiner als ssp. *giganteus* Staud. mit Endzellfleck, der vorn die Discusecke überschreitet. Männchen (Fig. 87) mit Mondflecken im Glasbande, das bei $Cu_1$ abschließt. Subcostalfleck undeutlich. Mittelzellfleck länglich, ohne die hintere Discuswand zu erreichen. Die beiden Flecke des Hinterflügels haardünn, der Analfleck oft wie bei dem Männchen der ssp. *athene* H. Stich. nur an den hintersten Rippen markiert. Hinterrandbestäubung schwärzt auch die Discuswurzel. Beim Weibchen Glassaum wie beim Männchen,

Fig. 87.
**Parnassius mnemosyne ochraceus** Austaut (♂). (Typus, nach Bryk 1912) (1/1).

Submarginalbinde breit, bis zum Hinterrand. Subcostalbändchen hyalin, diffus, breit, bis $M_3$ reichend. Hinterrandfleck diffus. Mittelzellfleck länger als beim Männchen, bis zur Discuswand reichend. Die 3 Makeln des Hinterflügels kräftig, oft miteinander verbunden. Hinterrandschwärze kräftig. Vorderflügellänge: ♂ 31 mm, ♀ 31,5 mm.

„Tura."

Typus: ♂ in coll. L. Sheljuzhko, Kijew.

1108. **P. mnemosyne pythania** Bryk 1912 *P. m.* var. *nubilosus*?, Bryk in: Soc. ent., *v.* 27 p. 87, 100 f. 23 (♀), 24 (♂) | 1919 *P. m.* var. *pythaina* (errat.), A. Bang-Haas (Bryk MS.) in: O. Staudinger & A. Bang-Haas, Lep.-Liste., nr. 58 p. 3 | 1922 [1923] *P. m.* var. *pytania*, Bryk in: Strand, Lep. Cat., *v.* 27 p. 188 | 1929 *P. m.* „Rasse" *p.*, Bollow in: Seitz, Großschmett. Erde, *v.* 1 Suppl. 1 p. 33 | 1932 *P. m.* subsp. *pythania*, Bryk & Eisner in: Parnassiana, *v.* 2 p. 75.

Gynaikotrope Unterart mit Endzellfleck, der vorn die Discusecke überschreitet und oft $R_1$ erreicht. Glassaum bis $Cu_1$. Mit sehr schmalen Makeln auf dem Hinterflügel. Beim Männchen Submarginalbinde bis $M_3$, die weiße Mondbinde continuierlich. Subcostalbändchen vorn breiter als hinten, bis $M_2$. Mittelzellfleck länglich, fast die hintere Discuswand erreichend, hinten unregelmäßig verjüngt. Medianfleck des Hinterflügels 2zellig, angelehnt. Analbändchen dünn, bis $Cu_2$ reichend. Hinterrandschwärze deutlich. Weibchen mit breiterer und längerer, nach innen diffuser Submarginalbinde, die den Hinterrand nicht ganz erreicht. Subcostalbändchen deutlich, breit und nicht so stark der Submarginalbinde genähert wie bei subsp. *giganteus* Staud. oder *ochraceus* Austaut. Hinterrandfleck viereckig. Endzellfleck oblong. Mittelzellfleck länglich, hinten abgerundet, die Discuswand fast berührend. Die Fleckung der Hinterflügel deutlich. Der subcostale Fleck dünn, länglich. Das bogige Analbändchen mit dem angelehnten Medianfleck verbunden. Die Hinterrandschwärze am Discus kräftig, in den Medianfleck verschwindend. Die forma *maculata* ♂ tritt auf. Vorderflügellänge: ♂♀ 31—31,5 mm.

Alai.

Typus: ♀ in coll. C. Eisner, Berlin-Dahlem.

1109. **P. mnemosyne falsus** A. Pagenst. 1911 *P. m.* var. *falsa*, A. Pagenstecher (Bryk MS.) in: Jahrb. Ver. Nassau, *v.* 64 p. 305, 307, 310 | 1912 *P. m.* var. *f.*, β (= Bryk) in: Soc. ent., *v.* 27 p. 64 | 1912 *P. m.* var. *f.* + aberr. *Rebeli*, Bryk, ibid., *v.* 27 p. 53, 86, 89 f. 20 (♀), 21 (♂), p. 87, 99, 101 (Sep. 1919 p. 16, 25, 32, t. VIII f. 20 (♀), 21 (♂) | 1912 *P. m. f.*, Bryk in: Arch. Rass. Biol., *v.* 9 p. 691 | 1922 [1923] *P. m.* var. *f.*, Bryk in: Strand, Lep. Cat., *v.* 27 p. 180 | 1929 *P. m.* subsp. *f.*, Bollow in: Seitz, Großschmett. Erde, *v.* 1 Suppl. 1 p. 33 | 1932 *P. m.* subsp. *f.*, Bryk & Eisner in: Parnassiana, *v.* 2 p. 75.

Gynaikotrope Unterart von der ssp. *giganteus* Staud. durch das nach hinten spitz verlaufende Glasband verschieden, das undeutliche Monde zeigt und außen und innen bei $Cu_2$ abschließt. Fleckung auf den Hinterflügeln

Fig. 88.
**Parnassius mnemosyne falsus** Bryk (♂). (Typus, nach Bryk 1912) (1/1).

Fig. 88a.
**Parnassius mnemosyne falsus** Bryk (♀). (Typus, nach Bryk 1912) (1/1).

kräftig und pastos (Fig. 88). Beim Männchen Subcostalbändchen schwach, fast bis $M_3$ reichend, der Submarginalbinde genähert. Zellflecke sehr schwarz. Die 3 Flecke des Hinterflügels sehr groß, besonders der $2^1/_2$ zellige Analfleck breit. Hinterrandschwärze $^1/_3$ der Discuswurzel schwärzend. Weibchen mit deutlicheren Mondflecken, breiterem Subcostalbändchen, oblongem Mittelzellfleck, der die hintere Discuswand ganz erreicht und mit unregelmäßigem Hinterrandfleck. Hinterflügelzeichnung wie die des Männchens, Medianfleck jedoch mit dem Analbändchen vereinigt. Vorderflügellänge: ♂ 33 mm, ♀ 31,5—32 mm.

Aulie Ata (Typus); Ketmen-Tjube; Ferghana merid.

Typen: ♂ ♀ in coll. C. Eisner, Berlin-Dahlem.

1110. **P. mnemosyne danilovi** Bryk & Eisner 1934 *P. m.* subsp. *d.*, Bryk & Eisner (O. Bang-Haas MS.) in: Parnassiana, *v.* 3 p. 12.

Steht zwischen ssp. *giganteus* Staud. und ssp. *falsus* A. Pagenst. Von der ersten unterschieden durch dunklen Saum des Vorderflügels, kleinere Mondflecke im Glasbande und kräftigere Makeln und breitere Glasbinde; besonders breit das Costalbändchen des Weibchens. Gegenüber ssp. *falsus* A. Pagenst. erheblich größer, dichter beschuppt, mit erheblich kleineren Augenflecken, besonders beim Männchen.

Andischan (Ferghana).

Typen: ♂ ♀ in coll. O. Bang-Haas, Dresden-Blasewitz.

1111. **P. mnemosyne bucharanus** Bryk 1911 & 10 *P. m.* var. *gigantea* (part.), Verity, Rhop. palaearct., p. 321, t. LXV f. 9 (♂), 10 (♀), 11 (♀) | 1911 *P. m.* var. *bucharana*, A. Pagenstecher (Bryk MS.) in: Jahrb. Ver. Nassau, *v.* 64 p. 305, 307 | 1912 *P. m.* var. *b.*, Bryk in: Soc. ent., *v.* 27 p. 101 | 1913 *P. m.* var. *b.* + forma *ottonis*, Bryk, ibid., *v.* 28 p. 14 t. 26 (♂), p. 15 f. 28, 28a (♀), p. 16 f. 29 (♀) | 1914 *P. m.* var. *b.*, Bryk, ibid., *v.* 29 p. 70 (Sep. 1919 p. 33, 34 „Einschub" zu p. 58 t. X f. 26 (♂), 28 (♀), t. XI f. 28a (♀), 29 (♀)) | 1918 *P. m. b.*, W. Rothschild in: Nov. zool., *v.* 25 p. 225 | 1921 *P. m. b.* aberr. *arcuata*, K. Rosen in: Mt. Münch. ent. Ges., *v.* 11 p. 86 | 1922 [1923] *P. m.* var. *b.*, Bryk in: Strand, Lep. Cat., *v.* 27 p. 177 | 1929 *P. m.* subsp. *b.*, Bollow in: Seitz, Großschmett. Erde, *v.* 1 Suppl 1 p. 33 | 1932 *P. m.* subsp. *b.*, Bryk & Eisner in: Parnassiana, *v.* 2 p. 74.

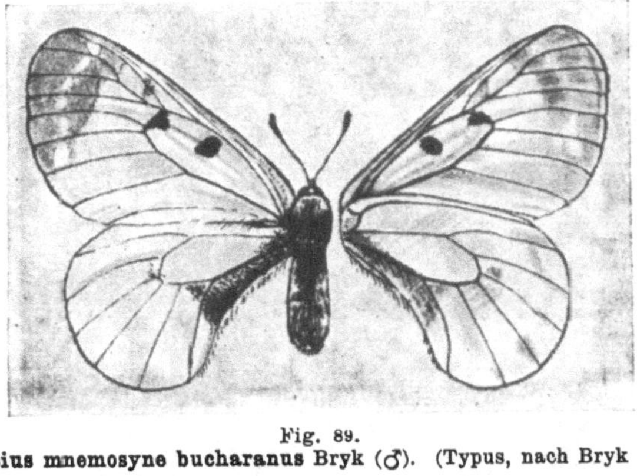

Fig. 89.
**Parnassius mnemosyne bucharanus** Bryk (♂). (Typus, nach Bryk 1913 ($^1/_1$)).

Androtrope Unterart, hellweiß, sehr groß (Fig. 89). Männchen mit Glasband bis $Cu_2$, in dem eine deutliche Mondbinde liegt. Subcostalfleck bescheiden. Endzellfleck mäßig. Mittelzellfleck bisweilen rhombisch, hinten frei. Hinterflügel oft mit ganz reduzierter Zeichnung, so daß nur der Medianfleck als Punkt erhalten ist. Hinterrandschwärze erreicht $Cu_1$ nicht. Beim Weibchen

Glassaum etwas länger, Submarginalbinde bis $Cu_2$ reichend. Subcostalbändchen nur bis $M_2$ reichend oder noch kürzer. Mittelzellfleck kräftiger und länger als beim Männchen. Hinterrandfleck fehlt oder kaum bemerkbar. Hinter-

Fig. 89a.
**Parnassius mnemosyne bucharanus** Bryk (♀). (Typus, nach Bryk 1913 (1/1).

flügel mit kleinen Flecken, von denen der mediane in der Regel angelehnt ist. 2 Analflecke vorhanden. Die forma *ottonis* zeichnet sich durch einen dünnen, weißen Außenrand aus, der das Glasband umsäumt. Vorderflügellänge: ♂ 34 mm, ♀ 32,5—37 mm.

Buchara, Hissar-Gebirge, Garm, Sultan-Hazreth-Gebirge, Sarymat.

Typen: ♂ ♀ in coll. C. Eisner, Berlin-Dahlem.

1112. **P. mnemosyne sarafschanus** Bryk & Eisner 1932 *P. m.* subsp. *sarafschana* + forma *cardinalis* + forma *subtus-flavocentrata*, Bryk & Eisner in: Parnassiana, *v.* 2 p. 74 | 1934 *P. m.* subsp. *s.*, Bryk & Eisner, ibid., *v.* 3 p. 12.

Fig. 90.
**Parnassius mnemosyne sarafschanus** Bryk & Eisner (♂). (Original, aus coll. C. Eisner, Berlin-Dahlem) (1/1).

Kleiner als subsp. *bucharanus* Bryk, nicht so rein weiß, mit kleineren und schwächeren Mondflecken im Glasbande (Fig. 90). Männchen mit längerem, über $Cu_1$ hinaus reichendem Glasband, rundlicherem Mittelzellfleck, kräftigerem Medianaugenfleck, Analbändchen und kräftigerer Hinterrandschwärze. Weibchen dichter beschuppt, mit etwas kräftigerem Hinterrandfleck, häufig starker Verrussung der Vorderflügelwurzel und häufiger auftretender, kräftigerer Verbindung des Analbandes mit dem Medianaugenflecke. Submarginalbinde mehr hervortretend, sonst dem Weibchen von subsp. *bucharanus* Bryk sehr ähnlich. Als formae treten auf: *siegeli, grundi, cardinalis, subtus-flavocentrata, inversa* ♀.

Dukdan (Sarafschan); Raigorodsk (Samarkand); Damburatschi; Youpaga, südöstl. Kaschgar.

Typen: ♂ ♀ in coll. C. Eisner, Berlin-Dahlem.

Fig. 90a.
**Parnassius mnemosyne sarafschanus** Bryk & Eisner (♀). (Original, aus coll. C. Eisner, Berlin-Dahlem) (1/1).

1113. **P. mnemosyne orientalis** Verity 1907 *P. m. nubilosus* (part.), H. Stichel in: Gen. Ins., *v.* 58 p. 11 t. 2 f. 1 (♀) | 1909 *P. m. n.*, C. Oberthür, Étud. Lép., *v.* 3 p. 117 | 1911 & 10 *P. m.* var. *gigantea* „race" *orientalis*, Verity, Rhop. palaearct., p. 321 t. LXV f. 12 (♂), 13 (♀) | 1911 *P. m. nubilosus*, Bryk in: Soc. ent., *v.* 26 p. 63 f. 3 (♀) | 1918 *P. m. orientalis*, W. Rothschild in: Nov. zool., *v.* 25 p. 224 | 1922 [1923] *P. m.* var. *gigantea*, Bryk in: Strand, Lep. Cat., *v.* 27 p. 181 | 1932 *P. m.* ssp. *orientalis* + forma *atroguttata*, Bryk & Eisner in: Parnassiana, *v.* 2 p. 76.

Eine große, stark gynaikotrope Unterart, für die die schwärzliche Farbe des kaum noch weiß eingesäumten Glasbandes besonders charakteristisch, während sie bei ssp. *giganteus* Staud. mehr braungrau ist (Fig. 91). Mondflecke klein. Männchen mit meist bis $Cu_2$ reichender Submarginalbinde und Glasbinde, die eher etwas verkürzt erscheint, weil sie der hinterste Mondfleck verdrängt.

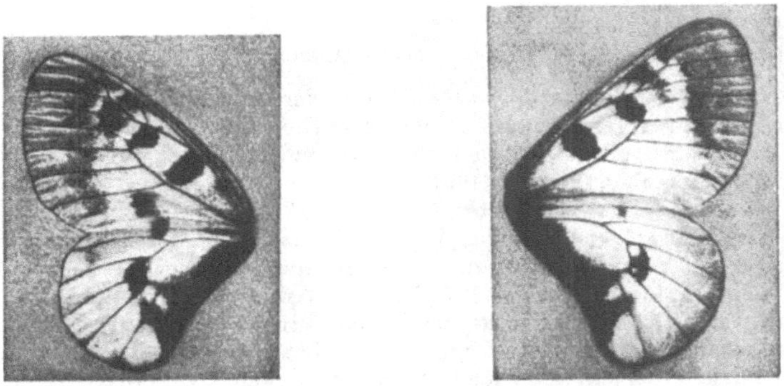

Fig. 91.
**Parnassius mnemosyne orientalis** Verity (links ♀, rechts ♂). (Nach Verity 1910) (1/1).

Subcostalbändchen dem Glasbande genähert, aber oft reduziert. Endzellfleck des Vorderflügels meist wie bei forma *antiquincunx*. Mittelzellfleck besonders kräftig, die hintere Discusrippe fast erreichend. Die Augenflecke des Hinterflügels tief schwarz abgesetzt, aber mäßig entwickelt. Analbändchen 2 zellig, breit. Wurzelschwärze kräftig, aber im Gegensatz zur ssp. *falsus* Bryk den Discus vorn nicht überschreitend. Weibchen dicht weiß beschuppt, dem Männchen sehr ähnlich, aber mit breiterer Submarginalbinde, der das Subcostalband gleichfalls genähert ist. Schwache Neigung zur Bogenbinde des Hinterflügels.

Alexander-Gebirge (Typus); Kok-Bulak (Kungei-Ala-Tau); Berg Talgar; Issyk-kul; Wernyj.

Typen: ♂ ♀ in coll. R. Verity, Florenz.

1 114. **P. mnemosyne tadschikistanus** Bryk 1918 *P. m.* subsp. ?, W. Rothschild in: Nov. zool., *v.* 25 p. 225 | 1932 *P. m.* subsp. *tadschikistana*, Bryk *(afghanistana* Bryk MS.) in: Parnassiana, *v.* 2 p. 46 | 1932 *P. m.* subsp. *t.*, Bryk & Eisner, ibid., *v.* 2 p. 74.

Männchen: Steht am nächsten der subsp. *bucharanus* Bryk, ist jedoch größer. Von hellweißer Grundfarbe, mit kräftigeren Mondflecken. Endzellfleck wie bei der forma *antiquincunx*. Mittelzellfleck länglich und pastos wie bei ssp. *giganteus* Staud. Zellendfleck des Hinterflügels rudimentär. Hinterrandschwärze verschwindend. Weibchen unbekannt. Vorderflügellänge: ♂ ♀ 36 mm.

Tadschikistan: Prov. Kuljab (Sary-pul).

Typus: ♂ in coll. Zool. Mus. Tring.

1 115. **P. mnemosyne mneme** Bryk & Eisner 1932 *P. m.* subsp. *mneme*, Bryk & Eisner in: Parnassiana, *v.* 2 p. 76.

Steht ssp. *orientalis* Verity sehr nahe, ist aber von dieser durch das hellere Glasband und die kürzeren Binden in beiden Geschlechtern sofort zu unterscheiden. Die Mondflecke treten deutlicher hervor, ebenso die weiße Umsäumung des Glasbandes. Mittelzellfleck sehr unregelmäßig, wurzelwärts oft spitz gewinkelt. Männchen mit Marginalbinde, die bis über $Cu_1$ reicht. Submarginalbinde bis $Cu_2$ reichend. Makeln des Hinterflügels etwas kräftiger als bei der ssp. *orientalis* Verity. Weibchen mit größerem Hinterrandfleck auf dem Vorderflügel, schwächer ausgeprägtem oder fehlendem *antiquincunx*-Zellendfleck, mit in der Regel bedeutend kräftigeren Makeln des Hinterflügels, von denen das Analbändchen sich häufig mit der Medianocelle vereinigt.

Karagaitau-Narynsk, Semirjetsche. Aksu (?).

Typen: ♂ ♀ in coll. C. Eisner, Berlin-Dahlem.

Die Art ist sehr variabel, was wohl von der Höhenlage, in der sie auftritt, und den klimatischen Verhältnissen abhängen dürfte. Sie tritt ganz lokal auf dem Standorte ihrer Futterpflanze auf und oft in derartigen Massen, daß man von einem „Millionenflug" sprechen konnte (1927 Dürck in: Soc. ent., *v.* 42 p. 17—19). Da Corydalis cava und helleri, die Futterpflanzen ihrer Larve, auf sog. „Laubwiesen" vorkommen, so ist hiermit auch der Flugplatz von *P. mnemosyne* L. charakterisiert. Wenn das Weibchen zur Eiablage schreitet, ist bereits die Futterpflanze ganz verkommen und man nimmt an (Poppius in: 1918 Bryk in: Ark. Zool., *v.* 11 nr. 18 p. 33 (nota)), daß es sich dabei von dem Geruche der Knolle seiner Futterpflanze leiten läßt. Im Norden (Schweden, Finnland, Rußland) in der Ebene; in Mittel- und Südeuropa, im Kaukasus und in Asien ausschließlich Gebirgstier. Infolge seines sehr lokalen, massenhaften Auftretens konnte der Falter stellenweise geradezu ausgerottet werden, so daß er geschützt werden mußte (1912 Niepelt in: Int. ent. Z., *v.* 6 p. 260, 1915 Pax in: Jahresber. Schles. Ins.-Kunde, *v.* 8 p. 7). Copula zwischen Männchen von *P. mnemosyne* L. und Weibchen von *Aporia crataegi* L. wurde des öfteren beobachtet (1912 Bryk in: Soc. ent., *v.* 27 p. 81). Das Weibchen fliegt niedrig und sonnt sich mit halb ausgebreiteten Flügeln.

Ei konisch, gelblichweiß. Raupe walzenförmig, nach beiden Enden verjüngt, sammet-schwarz, kurz behaart, an den Einschnitten dunkler, mit einer Reihe lateraler, gelber oder orangefarbener Flecken, und zwar auf dem 1. Ringe je 1, auf dem 2. und 3. je 4 und auf den übrigen jederseits 2, von denen der vordere größer ist. Hinter dem Kopfe in der Mitte ein länglicher, gelber Fleck. Länge: 40—45 mm; April bis Mai, verborgen zwischen Laub an der Erde. Puppe unbeweglich, stumpf, dick, lehmgelb, weißlich bereift. Die Verpuppung findet in einem losen Gespinste statt.

Der Falter erscheint im Süden früher als im Norden (Mai oder Juni); die Angabe von einer 2. Generation in Italien erscheint ganz unwahrscheinlich. Es handelt sich wie in anderen Fällen um verspätet geschlüpfte Individuen.

2. **P. stubbendorfi** Ménétr. 1847 *P. mnemosyne* var. (an species ?), Ménétriés in: Bull. Ac. St.-Pétersb., *v.* 5 p. 263 | 1849 *P. Stubbendorfii*, Ménétriés in: Mém. Ac. St.-Pétersb., ser. 6 *v.* 6 p. 273 t. 6 f. 2 (♂) | 1851 *Doritis berecyntius*, C. Keferstein (Eversmann MS.) in: Ent. Zeit. Stettin, *v.* 12 p. 325 | 1852 *Parnassius stubbendorffii*, Meyer-Dür in: N. Denk. Schweiz. Ges., *v.* 12 p. 21 | 1855 *P. s.*, Ménétriés, Lép. Ac. St.-Pétersb., *v.* 1 p. 7 | 1856 *Doritis stubbendorfi* + *P. immaculatus* (ex synon.), Herrich-Schäffer, Syst. Bearb. Schmett. Eur., *v.* 1 (Index papil.) p. 14, 22 | 1859 *P. s.*, Ménétriés in: Schrenck, Reis. Amur-L., *v.* 2 Lep. p. 15 | 1878 *P. s.*, Christoph in: Ent. Zeit. Stettin, *v.* 39 p. 208, 407 | 1886 *P. s.*, Elwes in: P. zool. Soc. London, p. 46 | 1888 *P. stubbendorfii*, L. Graeser in: Berlin. ent. Z., *v.* 32 p. 65 | 1889 *P. s.*, Austaut, Parnass. paléarct., p. 161, 162 t. 22 f. 3 (♂) | 1901 *P. s.*, O. Staudinger & Rebel. Cat. Lep. Palaearct. Faunengeb., ed. 3 *v.* 1 p. 9 | 1906 *P. s.*, H. Stichel in: Seitz, Großschmett. Erde, *v.* 1 p. 20 t. 10 g (♂ ♀) | 1907—11 *P. stubbendorfi*, Verity, Rhop. palaearct., p. 100, 321 t. LXV f. 14 (♂), 15, 16 (♀) | 1907 *P. stubbendorfii stubbendorfii*, H. Stichel in: Gen. Ins., *v.* 58 p. 9, 12 (cohors 1. *mnemosyneformes*) | 1907 *P. s.*, Susehkin & Tschetwerikow in: Horae Soc. ent. Ross., *v.* 38 p. 9 | 1911 *P. stubbendorfei* (errat.), Bryk in: Soc. ent., *v.* 26 p. 39 (nota 12) | 1912 *P. stubbendorfii*, Bryk, ibid., *v.* 27 p. 73, 87, 88, 99, 101 | 1914 *P. stubbendorfi*, Bryk in: Int. ent. Z., *v.* 8 p. 1 | 1915 *P. s.*, Bryk in: Arch. Naturg., *v.* 80 A 7 p. 172 | 1917 *P. s.*, Bryk, ibid., *v.* 82 A 5 p. 37, 38, 41, 43 (nervatura) | 1917 *P. stubbendorffi*, O. Kaiser in: Mt. Münch. ent. Ges., *v.* 8 p. 16, 26 | 1918 *P. stubbendorfi stubbendorfi*, W. Rothschild in: Nov. zool., *v.* 25 p. 226 | 1922 [1923] *P. S.*, Bryk in: Strand, Lep. Cat., *v.* 27 p. 218—219 | 1927 *P. s. s.*, O. Bang-Haas in: Horae Macrolep., *v.* 1 p. 4 | 1929 *Doritis s.*, Sokolov in: Rev. Russe Ent., *v.* 23 p. 61. 62, 63, 70 t. 1 f. 5 (♂ cop.-organ.) | 1929 *Parnassius mnemosyne* subsp. *s.*, Bollow in: Seitz, Großschmett. Erde, *v.* 1 Suppl. 1 p. 33 | 1932 *P. s.*, Bryk & Eisner in: Parnassiana, *v.* 2 p. 77 | 1932 *P. mnemosyne s.*, M. Hering in: Mt. Mus. Berlin, *v.* 18 p. 291. 292, 303 f. 2 (Schienenblättchen), p. 305 f. 41 (VIII. Tergit ♂), p. 311 f. 80 (aedoeagus), p. 313 f. 115 (Valve, Uncus ♂) | 1932 *P. s.*, Bryk in: Ent. Rundsch., *v.* 50 p. 59 (textf.) (larva).

Augen halbkugelförmig, nackt, schwarz. Beine schwarzbraun, die Schiene des 1. Beinpaares frontal gelblich behaart. Schienenblättchen klein, länglich oval, *mnemosyne*-ähnlich (Fig. 92). Stirnbüschel grüngelblich, auch

Fig. 92.
Vorderschiene mit Schienenblättchen von **Parnassius stubberdorfi** Ménétr.
(Nach M. Hering 1933) (17/1).

schwarz meliert, selten orangegelb oder ganz schwarz (Weibchen). Palpus gelblich, ventral schwarz behaart; ihr 3. Glied viel länger als das 2., spitz verlaufend. Thorax beim Männchen grünlichgrau behaart mit gleichem oder orangegelbem Kragen; Weibchen fast nackt, schwarz glänzend mit mehr oder weniger gesättigtem, orangegelbem Kragen. Abdomen beim Männchen schwarz, mit grünlichgelblichen Haaren, ventral heller und gelblicher, bei gewissen chinesischen und japanischen Unterarten sogar orangefarben; Weibchen fast nackt, schwarzglänzend, besonders das vorletzte Segment lateral schütter gelblich beschuppt. Letztes Segment mattschwarz, nackt. Die Umsäumung der Tergite bis auf das letzte eine leuchtend orangegelbe Seitenlinie bildend. Flügel: $M_1$ verwächst in der Mitte des Radialgabelstieles mit $R_{4+5}$. Die Humeralzelle des Hinterflügels ist saumwärts fast rückgebildet. Vorder- und Hinterflügel mit schwarzer Saumlinie, ihre Befransung schwarz oder mit Weiß untermischt. Rippen beiderseits schwarz. Vorderrand an der Wurzel mehr oder weniger stark gelblich. Die unterseitliche Behaarung des Innenrandes des Hinterflügels mehr oder weniger gesättigt gelb. Flügelfleckung mattschwarz, aber nie so gesättigt wie die der meisten Parnassier. Die sehr variable Art, von ganz zeichnungslosen Formen bis reichgezeichneten, ist sexuell digryph. Der Glassaum ist sehr schmal, bisweilen ganz rückgebildet. Die hyalin graphitgraue Submarginalbinde fehlend oder vorhanden, beim Weibchen derselben Unterart stets länger als beim Männchen. Subcostalfleck fehlt oder nur verkümmert vorhanden. Der Hinterrandfleck fehlt allen Männchen und tritt nur in sehr seltenen Fällen aberrativ beim Weibchen auf. Der Endzellfleck ist stets erhalten. Er beschränkt sich meistens auf die vordere Mittelzellrippe, ohne sie zu überschreiten. Für die japanischen und chinesischen Unterarten ist dieses Verhalten jedoch nicht zutreffend, weil er sich jenseits des Discus an $R_1$ anlehnt. Auch hinten überschreitet bisweilen der Endzellfleck die Mittelzelle und legt sich an die Wurzelstellen von $M_2$ und $M_3$ an. Der Mittelzellfleck fehlt dem männlichen Typus, ist aber auch innerhalb der Zeichnungsvariabilität longitudinal mehr oder weniger entwickelt. Er kann sogar ganz frei als Punkt auftreten. Die Wurzel ist gewöhnlich unbestäubt, in äußerst seltenen Fällen tritt eine sonst bei *Parnassius* nie auftretende longitudinale Schwärzung der Vorderflügelwurzel auf. Hinterflügel meistens ohne Zeichnung bis auf die Hinterrandschwärze, die bisweilen die halbe Mittelzelle wurzelwärts bis $Cu_2$ bedeckt. Die *mnemosyne*-Flecken des Hinterflügels (Subcostal- und Medianfleck) treten nur bei den Weibchen gewisser Unterarten auf. Eine Submarginalbinde ist gleichfalls nur von Weibchen gewisser Unterarten bekannt. Sie kann sich mit dem Glassaum zu einem sehr breiten Glasbande vereinigen. Unterseits sind die schwarzen Rippen nackt, die Flügelzeichnung fehlt, nach außen mehr oder weniger stark weißlich oder gelblich beschuppt. Mehr oder weniger melahyaline Überpuderung beider Flügel tritt bei Weibchen auf.

Sphragis (1889 Austaut, Parnass. paléarct., p. 1 f. 7, 8 | 1907 & 06 Verity, Rhop. palaearct, p. 100 t. XX f. 23, 24 | 1912 Bryk in: Soc. ent., *v.* 27 p. 73 (♂ sphragophor!) | 1912 Bryk in: Jahrb. Ver. Nassau, *v.* 65 p. 9 | 1920 Bryk in: Arch. Naturg., *v.* 85 A 5 p. 136, 157, 161) wie bei *P. mnemosyne* L., aber kürzer, spitziger und horngelblich oder braun, der ventrale vordere Teil stets heller. VIII. Tergit des Männchen wie bei *P. mnemosyne* L., seine Lappen weniger ausgeprägt (Fig. 93). Aedoeagus (Fig. 93 a) ein

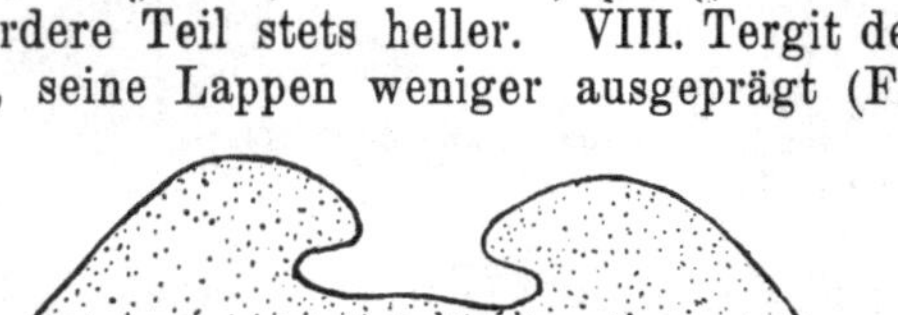

Fig. 93.
VIII. Tergit von **Parnassius stubbendorfi** Ménétr. (♂). (Nach M. Hering 1933) ($^{9}/_{1}$).



Fig. 93 a.
Aedoeagus von **Parnassius stubbendorfi** Ménétr. (Nach M. Hering 1933) ($^{13}/_{1}$).

langes Rohr, proximal etwas keulenförmig erweitert. Die beiden Unci [bei subsp. *glacialis* Butl. (vgl. Fig. 120) je mit einem dorsalen lappenförmigen, dichtbehaarten Fortsatz] sonst denen von *P. mnemosyne* L. ähnlich (Fig. 94).

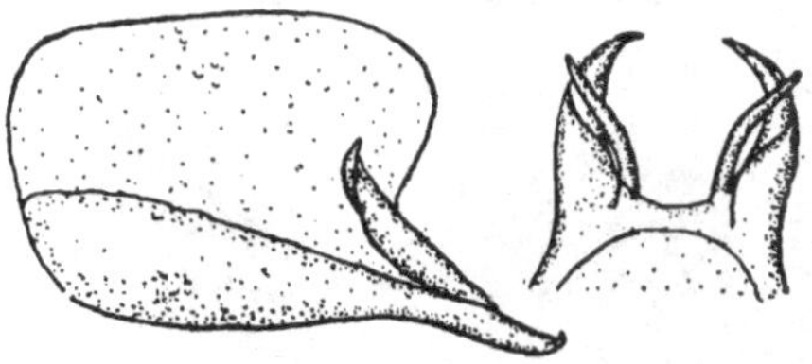

Fig. 94.
Valve (links) und Uncus (rechts) von **Parnassius stubbendorfi** Ménétr.
(Nach M. Hering 1933) (15/1).

Der hakenförmige Fortsatz des ventralen Valventeiles weiter nach hinten verlängert und allmählich zugespitzt.

♂ forma niphetodis Bryk 1914 *P. stubbendorfi* aberr. *n.*, Bryk in: Int. ent. Z., *v.* 8 p. 9, 24 (Sep. p. 14, 20) | 1922 [1923] *P. s.* aberr. *n.*, Bryk in: Strand, Lep. Cat., *v.* 27 p. 220 | 1929 *P. s.* „Zustandsform" *n.*, Bollow in: Seitz, Großschmett. Erde, *v.* 1 Suppl. 1 p. 33.

Glasband derart mit weißen Schuppen bestäubt, daß es verschwindet.

Mandschurei.

Typus: ♂ in coll. C. Eisner, Berlin-Dahlem.

forma antiquincunx Bryk 1914 *P. stubbendorfi* aberr. *a.*, Bryk in: Int. ent. Z., *v.* 8 p. 7, 8 f. 6 (♀) (Sep. p. 5 f. 6 (♀), p. 10) | 1922 [1923] *P. s.* aberr. *a.*, Bryk in: Strand, Lep. Cat., *v.* 27 p. 219 | 1929 *P. s.* aberr. *a.*, Bollow in: Seitz, Großschmett. Erde, *v.* 1 Suppl. 1 p. 33.

Endzellfleck des Vorderflügels überschreitet vorn die Discoidalrippe und lehnt sich an $R_1$ an.

Transbaikalien: Schilka-Paß.

Typus: ♀ in coll. C. Eisner, Berlin-Dahlem.

forma cellopura Bryk & Eisner 1932 *P. stubbendorfi beckeri c.* (♀), Bryk & Eisner in: Parnassiana, *v.* 2 p. 86.

Mittelzellfleck des Vorderflügels fehlt.

Szetschwan: Sunpanting.

Typus: ♀ in coll. C. Eisner, Berlin-Dahlem.

forma aporiides Bryk 1914 *P. stubbendorfi* aberr. *a.*, Bryk in: Int. ent. Z., *v.* 8 p. 7 | 1922 [1923] *P. s.* aberr. *a.*, Bryk in: Strand, Lep. Cat., *v.* 27 p. 219 | 1929 *P. s.* aberr. *a.*, Bollow in: Seitz, Großschmett. Erde, *v.* 1 Suppl. 1 p. 33 (diagnosis falsa).

Endzellfleck im Vorderflügel verschwunden.

Transbaikalien: Schilka-Paß.

Typus: ♀ in coll. C. Eisner, Berlin-Dahlem.

forma ernestinae Bryk 1914 *P. stubbendorfi glacialis* aberr. *E.*, Bryk in: Int. ent. Z., *v.* 8 p. 7 | 1929 *P. s.* aberr. *e.*, Bollow in: Seitz, Großschmett. Erde, *v.* 1 Suppl. 1 p. 33.

Mittelzellfleck im Discus frei, ohne beide Discoidalrippen zu tangieren (Fig. 95).

Japan: Hakodate.

Typus: ♂ in coll. C. Eisner, Berlin-Dahlem.

Fig. 95.
**Parnassius stubbendorfi hokkaidensis** Bryk & Eisner forma **ernestinae** Bryk (♂).
(Nach Bryk 1914) (1/1).

forma schweitzeri Bryk 1914 *P. stubbendorfi* (var. *Hoenei* + var. *bodemeyeri*) aberr. *Schweitzeri*, Bryk in: Int. ent. Z., *v.* 8 p. 7 f. 5 (♀), 14 (♂), p. 24 (Sep. p. 5 f. 5 (♀) p. 8, 11 f. 14 (♂), p. 30 | 1922 [1923] *P. s.* aberr. *S.*, Bryk in: Strand, Lep. Cat., *v.* 27 p. 220 | 1929 *P. hoenei* aberr. *s.*, Bollow in: Seitz, Großschmett. Erde, *v.* 1 Suppl. 1 p. 35.

Mittelzellfleck vorhanden (siehe Fig. 113).

Hokkaido: Iburi.

Typus: ♂ in coll. L. Sheljuzhko, Kijew.

forma govindraeides Bryk 1914 *P. stubbendorfi* aberr. *g.*, Bryk in: Int. ent. Z., *v.* 8 p. 7, 24 (Sep. p. 8, 30) | 1915 *P. s.* var. *tsingtaua* aberr. *g.*, Bryk in: Arch. Naturg., *v.* 80 A 9 p. 142 t. 29 f. 138 (♀) | [1918] *P. s.* var. *t.* aberr. *g.*, Bryk, Parnassius Apollo Formenkreis, p. 138 t. 29 f. 138 (♀) | 1922 [1923] *P. s.* aberr. *g.*, Bryk in: Strand, Lep. Cat., *v.* 27 p. 219 | 1929 *P. s. tsingtaua* ♀ aberr. *g.*, Bollow in: Seitz, Großschmett. Erde, *v.* 1 Suppl. 1 p. 35 (Diagnosis falsa).

Im Wurzelfelde des Vorderflügeldiscus longitudinale, verrußte Streifen.

Tsingtau.

Typus: ♀ in coll. C. Eisner, Berlin-Dahlem.

forma decorata Eisner 1929 *P. stubbendorfii* var. *koreana* aberr. *crataegi* (errat.), Eisner in: Int. ent. Z., *v.* 23 p. 57 | 1930 *P. s.* aberr. *decorata*, Bollow in: O. Bang-Haas, Nov. Macrolep., *v.* 5 p. 155 | 1931 *P. s. koreana* aberr. *d.*, Bollow in: Seitz, Großschmett. Erde, *v.* 1 Suppl. 1 p. 329.

Weibchen mit Analband zwischen $Cu_1$ und $Cu_2$.

Tjutiché (Ussuri).

Typus: ♀ in coll. C. Eisner, Berlin-Dahlem.

forma crataegi Eisner 1914 *P. stubbendorfi* aberr. (sine nom.), Bryk in: Int. ent. Z., *v.* 8 p. 6 | 1929 *P. stubbendorfii* var. *koreana* aberr. *crataegi*, Eisner, ibid., *v.* 23 p. 57—58 | 1931 *P. stubbendorfi* „Rasse" *koreana* aberr. *c.*, Bollow in: Seitz, Großschmett. Erde, *v.* 1 Suppl. 1 p. 329.

Mittelzellfleck des Weibchens fehlt.

Nikolsk-Ussurisk.

Typus: ♀ in coll. C. Eisner, Berlin-Dahlem.

♀ forma fermata Bryk 1914 *P. stubbendorfi* subsp. *glacialis* forma *f.*, Bryk in: Int. ent. Z., *v.* 8 p. 24 f. 21 (♀) (Sep. p. 29 f. 21 (♀)) | 1922 [1923] *P. s.* aberr. *f.*, Bryk in: Strand, Lep. Cat., *v.* 27 p. 219 | 1929 *P. s. citrinarius* aberr. *f.*, Bollow in: Seitz, Großschmett. Erde, *v.* 1 Suppl. 1 p. 35.

Zwischenwurzelfleck zwischen hinterer Discoidalrippe und $Ax_1$ (Fig. 96).

Japan.

Typus: ♀ in coll. L. Sheljuzhko, Kijew.

Fig. 96.
**Parnassius stubbendorfi glacialis** Butl. forma **fermata** Bryk (♀). (Cotypus, nach Bryk 1914) (1/1).

♀ forma maculata Bryk 1914 *P. stubbendorfi* var. *Standfussi* aberr. *m.*, Bryk in: Int. ent. Z., *v.* 8 p. 7 f. 3 (♀), p. 24 (Sep. p. 3 f. 3 (♀) p. 29) | 1922 [1923] *P. s.* aberr. *m.*, Bryk in: Strand, Lep. Cat., *v.* 27 p. 220 | 1929 *P. s.* aberr. *m.*, Bollow in: Seitz, Großschmett. Erde, *v.* 1 Suppl. 1 p. 33 (Diagnosis falsa).

Weibchen mit deutlichem Hinterrandfleck im Vorderflügel (Fig. 97).

Amurmündung: Nikolajewsk.

Typus: ♀ in coll. C. Eisner, Berlin-Dahlem.

Fig. 97.
**Parnassius stubbendorfi standfussi** Bryk forma **maculata** Bryk (♀). (Typus, nach Bryk 1914) (1/1).

Fig. 98.
**Parnassius stubbendorfi glacialis** Butl. forma **marginata** Bryk (♂). (Typus, nach Bryk 1914) (1/1).

forma marginata Bryk 1914 *P. stubbendorfi glacialis* aberr. *m.*, Bryk in: Int. ent. Z., *v.* 8 p. 9 f. 18 (♂), p. 24 (Sep. p. 12, 13 f. 18 (♂), p. 30) | 1922 [1923] *P. s.* aberr. *m.*, Bryk in: Strand, Lep. Cat., *v.* 27 p. 220 | 1929 *P. s. citrinarius* aberr. *marginalis*, Bollow in: Seitz, Großschmett. Erde, *v.* 1 Suppl. 1 p. 35.

Submarginalbinde fehlt im Vorderflügel (Fig. 98).

Japan.

Typus: ♂ in coll. C. Eisner, Berlin-Dahlem.

forma lewi Bryk 1914 *P. stubbendorfi* var. *tartarus* aberr. *L.*, Bryk in: Int. ent. Z., *v.* 8 p. 9 f. 7 (♂) (Sep. p. 7 f. (♂) | 1929 *P. s.* var. *t.* forma *l.*, Bollow in: Seitz, Großschmett. Erde, *v.* 1 Suppl. 1 p. 33.

Submarginalbinde in lose, rundliche Fleckchen aufgelöst (Fig. 99).

Kuku-Noor.

Typus: ♂ in coll. L. Sheljuzhko, Kijew.

Fig. 99.
**Parnassius stubbendorfi tartarus** Aust. forma **lewi** Bryk (♂). (Typus, nach Bryk 1914) (1/1).

♂ forma arnoldi Bryk 1914 *P. stubbendorfi* aberr. *A.*, Bryk in: Int. ent. Z., *v.* 8 p. 8 (Sep. p. 9) | 1914 *P. s.* subsp. *koreana* aberr. *Moltrechti*, Bryk, ibid., *v.* 8 p. 2 f. 11 (♂), p. 24 | 1922 [1923] *P. s.* aberr. *Arnoldi*, Bryk in: Strand, Lep. Cat., *v.* 27 p. 219 | 1929 *P. s.* aberr. *a.*, Bollow in: Seitz, Großschmett. Erde, *v.* 1 Suppl. 1 p. 33.

Männchen mit Subcostalfleck auf dem Hinterflügel (Fig. 100).

Ussuri: Sedanka.

Typus: ♂ in coll. C. Eisner, Berlin-Dahlem.

Fig. 100.
**Parnassius stubbendorfi amurensis** Verity forma **arnoldi** Bryk (♂). (Typus, nach Bryk 1914) (1/1).

forma interrupta Bryk & Eisner 1929 *P. stubbendorfi funkei* aberr. *i.*, Bryk & Eisner in: Int. ent. Z., *v.* 23 p. 56 | 1931 *P. s.* aberr. *i.*, Bollow in: Seitz, Großschmett. Erde, *v.* 1 Suppl. 1 p. 328.

Der Submarginalbinde fehlt der vordere Teil, so daß sie erst von $M_2$ ansetzt.

Szetschwan: Sumpanting.

Typus: ♀ in coll. C. Eisner, Berlin-Dahlem.

♂ forma feminina Bryk & Eisner 1929 *P.* var. *hoenei* ♂ forma *f.*, Bryk & Eisner in: Int. ent. Z., *v.* 23 p. 57 | 1931 *P.* aberr. *fermina*, Bellow in: Seitz, Großschmett. Erde, *v.* 1 Suppl. 1 p. 329.

Männchen mit Zeichnung eines Weibchens. Die schwarze Zeichnung umschließt nicht nur die Zelle des Hinterflügels, sondern setzt sich noch nach dem Vorderrand in einem bändchenförmigen Subcostalfleck prägnant fort.

Iburi (Japan).

Typus: ♂ in coll. C. Eisner, Berlin-Dahlem.

♂ forma kunzi Bryk 1914 *P. stubbendorfi glacialis* forma *k.*, Bryk in: Int. ent. Z., *v.* 8 p. 8 f. 19 (♂), p. 9, 24 (Sep. p. 15 f. 19 (♂)) | 1922 [1923] *P. s.* aberr. *K.*, Bryk in: Strand, Lep. Cat., *v.* 27 p. 220 | 1929 *P. s.* ♂ aberr. *k.*, Bollow in: Seitz, Großschmett. Erde, *v.* 1 Suppl. 1 p. 35.

Männchen mit Submarginalbinde, die an $M_2$ entlang mit dem Endzellflecke und im weiteren Verlauf der hinteren Discoidalrippe entlang mit dem Mittelzellfleck verbunden ist.

Japan.

Typus: ♂ in coll. C. Eisner, Berlin-Dahlem.

♀ forma melaina Bryk 1885 *P. stubbendorfii melanophia* aberr. *melaina*, Honrath in: Berlin. ent. Z., *v.* 29 p. 274 | 1889 *P. s.* aberr. *melaina*, Austaut, Parnass. paléarct., p. 196 t. VIII f. 1 (♀) | 1893 *P. citrinarius* var., Leech, Butt. China Japan Corea, Part 4 t. 33 f. 5 (♀) | 1906 *P. Citrinarius* aberr. *Melanochroa*, Rebel in: Verh. Ges. Wien, *v.* 56 p. 225 | 1906 *P. stubbendorfii* aberr. *melanophia* + *citrinarius* aberr. *umbrosa* + aberr. *melanochroa*, H. Stichel in: Seitz, Großschmett. Erde, *v.* 1 p. 20, 35 | 1907 *P. stubbendorfi* var. *citrinarius* ♀ aberr. *melanophia* + *P. s.* aberr. *melanochroa*, Verity, Rhop. palaearct., p. 101 | 1907 *P. s.* forma *melanophia* + *citrinarius* forma *melanochroa*, H. Stichel in: Gen. Ins., *v.* 58 p. 12 | 1914 *P. s.* forma *melaina*, Bryk in: Int. ent. Z., *v.* 8 p. 9, 24 | 1918 *P. s. stubbendorfi* aberr. *melanophia* + *tsingtaua* aberr. *melanophia*, W. Rothschild in: Nov. zool., *v.* 25 p. 226, 227 | 1922 [1923] *P. s.* forma *melaina*, Bryk in: Strand, Lep. Cat., *v.* 27 p. 220 | 1932 *P. s. stubbendorfi* forma *nigricans*, Bryk & Eisner in: Parnassiana, *v.* 2 p. 78.

Stark verdunkelte Weibchen, die transparent erscheinen.

Nikolajewsk (Amurmündung).

Typus: ♀ in Brit. Mus. London.

forma eluta H. Stich. 1906 *P. stubbendorfii citrinarius* aberr. *e.*, H. Stichel in: Seitz, Großschmett. Erde, *v.* 1 p. 21 | 1907 *P. stubbendorfi* var. *citrinarius* aberr. *e.*, Verity, Rhop. palaearct., p. 101 | 1907 *P. stubbendorfii c.* forma *e.*, H. Stichel in: Gen. Ins., *v.* 58 p. 12 | 1914 *P. stubbendorfi* var. *glacialis* aberr. *e* (= aberr. *marginata* + *ernestinae*), Bryk in: Int. ent. Z., *v.* 8 p. 8 f. 17 (♂), p. 9, 24 (Sep. p. 12, 13 f. 17 (♂)), p. 29 | 1922 [1923] *P. S.* aberr. *eluta*, Bryk in: Strand, Lep. Cat., *v.* 27 p. 219.

Zellflecke und Submarginalbinde des Vorderflügels völlig verschwunden oder kaum angedeutet.

Japan.

forma grundi Bryk & Eisner 1932 *P. stubbendorfi* subsp. *bodemeyeri* forma *g.*, Bryk & Eisner in: Parnassiana, *v.* 2 p. 78 (♀).

Weibchen mit melahyaliner Insel zwischen End- und Zellfleck.

Transbaikalien: Schilka Gora.

Typus: ♀ in coll. C. Eisner, Berlin-Dahlem.

Von *P. stubbendorfi* Ménétr. wurden folgende Geäderaberrationen beschrieben:

I. forma plethoneura *clathrata*: $R_4$ mit $R_5+M_1$ auf dem Hinterflügel durch eine überschüssige Querrippe verbunden.

II. forma plethoneura *hoffmanni*: In die Mittelzelle des Vorderflügels ragt von $Cu_1$ ausgehend eine peroneure Rippe hinein.

III. forma metathetica *symplecta*: $R_{2+3}$ mit $R_1$ im Vorderflügel verwachsen.

I—III, 1914 Bryk in: Int. ent. Z., *v.* 8 p. 1 f. 17, 20 | I—II, 1917 Bryk in: Arch. Naturg., *v.* 82 A 5 p. 41, 54, 66, 71 | I—III, Bryk in: Strand, Lep. Cat., *v.* 27 p. 220 | I—III, 1929 Bollow in: Seitz, Großschmett. Erde, *v.* 1 Suppl. 1 p. 35.

21. **P. stubbendorfi stubbendorfi** Ménétr. 1847 *P. mnemosyne* var. (an species nova ?), Ménétriés in: Bull. Ac. St.-Pétersb., *v.* 5 p. 263 | 1849 *P. stubbendorfii*, Ménétriés in: Mém. Ac. St.-Pétersb., ser. 6 *v.* 6 p. 273 t. 6 f. 2 (♂) | 1886 *P. stubbendorfi* (part.), Elwes in: P. zool. Soc. London, p. 46 | 1899 *P. s.*, Elwes in: Tr. ent. Soc. London, p. 314 | 1914 *P. s.* subsp. *typica* (part.), Bryk in: Int. ent. Z., *v.* 8 p. 12 | 1922 [1923] *P. S.* var. *t.* (part.), Bryk in: Strand, Lep. Cat., *v.* 27 p. 222 | 1927 *P. s. s.*, O. Bang-Haas in: Horae Macrolep., *v.* 1 p. 4 (an *P. mnemosyne* subsp. ?) | 1932 *P. s. s.* + aberr. *nigricans* + aberr. *inversa*, Bryk & Eisner in: Parnassiana, *v.* 2 p. 78.

Kleine zeichnungsarme, sexuell-digryphe Unterart. Männchen mit äußerst schmalem und ganz kurzem Glassaum, der auch rückgebildet sein kann. Submarginalbinde kaum bemerkbar. Endzellfleck sehr reduziert. Die Hinterrandschwärze füllt die hinterste Zelle des Hinterflügels aus. Sonst ohne Zeichnung. Weibchen mit sehr breiter Submarginalbinde, die bei der forma *melaina* mit dem Glassaum verschmilzt, die Mondflecken als breite, helle Keilflecke einschließend. Endzellfleck des Vorderflügels etwas stärker. Mittelzellfleck fehlend bis deutlich länglich. Subcostalbändchen breit bis $M_3$. Hinterrandfleck, sowie Augenflecke und Submarginalbinde des Hinterflügels fehlen bei hellen Weibchen, verstärken sich aber nach dem Grade der Verdunkelung. Hinterrandschwärze um die Hinterflügelmittelzelle greifend. Analband 1—2 zellig. Rippenenden mehr oder weniger schwarz überstäubt.

Sajan-Gebirge: Mondy, Tunkinsk Weißgebirge; Tschita: Kansk (Typus).

Typus: ♂ in coll. Zool. Mus. Leningrad.

22. **P. stubbendorfi typicus** Bryk 1886 *P. s.* (part.), Elwes in: P. zool. Soc. London, p. 46 | 1906 *P. stubbendorfii* (part.), H. Stichel in: Seitz, Großschmett. Erde, *v.* 1 p. 20 | 1907 & 10 *P. stubbendorfi* (part.), Verity, Rhop. palaearct., p. 100 t. LXV f. 15 (♂), 16 (♀) | 1907 *P. stubbendorfii stubbendorfii* (part.), H. Stichel in: Gen. Ins., *v.* 58 p. 12 | 1914 *P. stubbendorfi* subsp. *typica* (part.), Bryk in: Int. ent. Z., *v.* 8 p. 2, 12 f. 1 (♀) (Sep. p. 3 f. 1 (♀), p. 20, 30 | 1922 [1923] *P. S.* var. *t.* (part.), Bryk in: Strand, Lep. Cat., *v.* 27 p. 222 | 1927 *P. s.* subsp. *t.* (part.), O. Bang-Haas in: Horae Macrolep.,

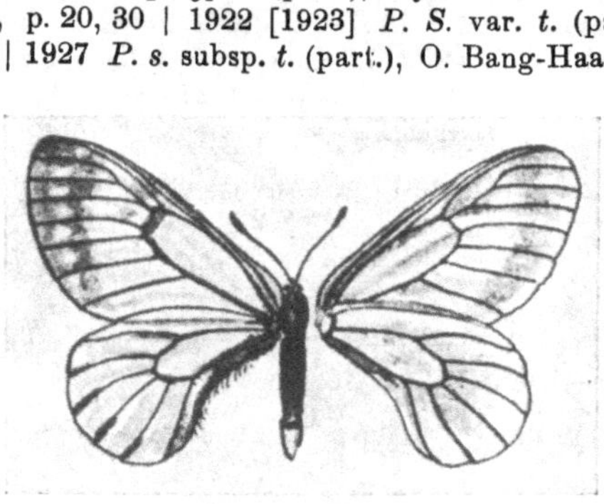

Fig. 101.
**Parnassius stubbendorfi typicus** Bryk (♀). (Typus, nach Bryk 1914) (1/1).

*v.* 1 p. 4 | 1929 *P. s.* subsp. *t.*, Bollow in: Seitz, Großschmett. Erde, *v.* 1 Suppl. 1 p. 35 | 1932 *P. s.* subsp. *t.*, Bryk & Eisner in: Parnassiana, *v.* 2 p. 78 | 1934 *[P. s.]* subsp. *t.* + ♀ forma *nigricans*, Bryk & Eisner, ibid., *v.* 3 p. 13.

Kleine Unterart. Männchen: Glasband sehr schmal; Submarginalbinde deutlich bis $Cu_1$. Subcostalbändchen fehlt. Zellendfleck sehr mäßig. Mittelzellfleck fehlt. Hinterflügelschwärze des Hinterflügels bis $Cu_2$, sonst zeichnungslos. Weibchen (Fig. 101) mit längerer Submarginalbinde, bis zum Hinterrandwinkel reichend. Subcostalbändchen bescheiden, bis $M_2$ reichend. Endzellfleck mäßig. Sonst Vorderflügel und Hinterflügel ohne Zeichnung. Hinterrandbestäubung stark reduziert. Vorderflügellänge: ♂♀ 28,5 mm.

Altai: Ongodai (Typus), Kara-tjube-Fluß, Schebalino.

Typen: ♂♀ in coll. C. Eisner, Berlin-Dahlem.

23. **P. stubbendorfi tartarus** Austaut 1895 *P. t.*, Austaut in: Naturaliste, *v.* 17 p. 39 | 1895 *P. t.*, F. Rühl (& A. Heyne), Palaearkt. Groß-Schmett., *v.* 1 p. 707 | 1896 *P. t.*, Austaut in: Naturaliste, *v.* 18 p. 74 | 1902 *Doritis t.*, F. Moore, Lep. Ind., *v.* 5 p. 123 | 1906 *Parnassius stubbendorfii t.*, H. Stichel in: Seitz, Großschmett. Erde, *v.* 1 p. 21 | 1907 *P. s. t.*, H. Stichel in: Gen. Ins., *v.* 58 p. 12 | 1907 & 11 *P. stubbendorfi* „forme" *t.*, Verity, Rhop. palaearct., p. 100, 322 t. XXIII f. 20 (♀) | 1914 *P. s.* subsp. *t.* + aberr. *lewi*, Bryk in: Int. ent. Z., *v.* 8 p. 2 f. 7 (♂-aberr. *lewi*), p. 3, 19 (Sep. p. 6, 7) f. 7 (♂), p. 14, 22, 30 | 1918 *P. s. t.*, W. Rothschild in: Nov. zool., *v.* 25 p. 226 | 1922 [1923] *P. S.* var. *t.*, Bryk in: Strand, Lep. Cat., *v.* 27 p. 222 | 1929 *P. s.* subsp. *t.*, Bollow in: Seitz, Großschmett. Erde, *v.* 1 Suppl. 1 p. 35 t. 4a (♂), 4b (♀) | 1932 *P. s.* subsp. *t.*, Bryk & Eisner in: Parnassiana, *v.* 2 p. 86.

Eine der kleinsten Unterarten, stark hell beschuppt. Männchen: Glassaum sehr schmal, Submarginalbinde bis $Cu_2$ reichend oder fehlend. Endzellfleck mehr oder weniger deutlich. Mittelzellfleck länglich, schmal, auch

Fig. 102.
**Parnassius stubbendorfi tartarus** Austaut (Original) (♀) (1/1).

rückgebildet. Hinterflügel ohne Zeichnung. Weibchen (Fig. 102) reicher gezeichnet. Submarginalbinde sehr lang, vom schmalen Glassaum weit getrennt. Subcostalbändchen deutlich, hinten mit den Ausläufern des Endzellfleckes mehr oder weniger deutlich verbunden. Mittelzellfleck deutlich, diffus. Hinterrandfleck bisweilen vorhanden. Hinterflügel stark an die Zeichnung von *P. mnemosyne* L. erinnernd, auch ohne Flecke. Subcostalfleck mehr oder weniger deutlich erhalten. Endzellfleck 1 zellig, nicht angelehnt, auch fehlend. Hinterrandschwärze den Discus nicht überschreitend. Analfleck bis $Cu_1$ oder $Cu_2$. Als forma tritt *lewi* (Siehe Fig. 99) auf. Vorderflügellänge: ♂ 25—26 mm, ♀ 26—27 mm.

Kuku-Noor (Sining).

24. **P. stubbendorfi funkei** O. Bang-Haas 1923 *P. s. tartarus*, Draeseke in: D. ent. Z. Iris, *v.* 37 p. 59 | 1927 *P. s. funkei* (subsp.), O. Bang-Haas in: Horae Macrolep., *v.* 1 p. 6 t. 1 f. 5 (♂) 6 (♀) | 1929 *P. s.* subsp. *f.*, Bollow in: Seitz, Großschmett. Erde, *v.* 1 Suppl. 1 p. 35–36 | 1932 *P. s.* subsp. *f.* + forma *schweitzeri* + forma *cellopura*, Bryk & Eisner in: Parnassiana, *v.* 2 p. 86.

Steht subsp. *tartarus* Austaut sehr nahe, aber kleiner und zeichnungsärmer. Männchen oft ohne jede Zeichnung, da auch der Endzellfleck des Vorderflügels stark reduziert ist. Glassaum sehr schmal und undeutlich. Submarginalbinde schwach ausgeprägt. Subcostalbändchen schwach, bis $M_2$ reichend oder fehlend. Weibchen mit breiterem Subcostalbändchen, deutlicherer Submarginalbinde, sehr schmalem Mittelzellfleck. Hinterrandschwärze schwächer als bei ssp. *tartarus* Austaut. Vorderflügellänge: ♂ 23—25 mm, ♀ 21,5—25 mm.

Sumpating (N. Szetschwan).

Typen: ♂ ♀ in coll. Zool. Mus. Dresden.

25. **P. stubbendorfi baeckeri** Kotzsch 1929 *P. s.* subsp. *b.*, Kotzsch in: Ent. Z., *v.* 43 p. 205 t. f. 1 (♂) | 1931 *P. s. b.*, Bollow in: Seitz, Großschmett. Erde, *v.* 1 Suppl. 1 p. 328 | 1932 *P. s.* subsp. *beckeri* + forma *grundi*, Bryk & Eisner in: Parnassiana, *v.* 2 p. 86 | 1934 *P. s.* subsp. *b.*, Nordström in: Ark. Zool., *v.* 27 nr. 7 p. 15 | 1934 *P. s.* subsp. *baekeri*, Bryk & Eisner in: Parnassiana, *v.* 3 p. 13.

Männchen fast ohne Zeichnung, Submarginalbinde kurz und undeutlich, ebenso Marginalbinde, die nur am Apex sichtbar ist. Endzellfleck verhältnismäßig gut ausgebildet, ebenso die Hinterrandschwärze des Hinterflügels. Mittelzellfleck meist punktförmig angedeutet (Fig. 103). Weibchen

Fig. 103.
**Parnassius stubbendorfi baeckeri** Kotzsch (links ♂, rechts ♀). (Original, aus coll. C. Eisner, Berlin-Dahlem) (1/1).

kontrastreich gezeichnet, mit starker Schwarzüberstäubung der Rippen. Marginalbinde schmal und kurz. Submarginalbinde breit bis $Ax_1$. Subcostalband breit, sehr kräftig bis $M_3$. Zellflecke kräftig. Endzellfleck vorn den Discus überschreitend. Hinterrandfleck des Vorderflügels und Augenflecke fehlend oder deutlich ausgebildet. Analband selten 2 zellig.

Kanssu: Lassa, nordwestlich Sining (Typus); Ama-Sunru-Gebirge; Nanshan.

Typen: ♂ ♀ in coll. Kotzsch, Dresden.

26. **P. stubbendorfi bodemeyeri** Bryk 1914 *P. s.* subsp. *B.* + forma *Hoffmanni*, Bryk in: Int. ent. Z., *v.* 8 p. 2, 12, 24 f. 5, 6 (♀), (Sep. p. 2, 15 f. 5, 6 (♀), 30) | 1922 [1923] *P. S.* var. *B.*, Bryk in: Strand, Lep. Cat., *v.* 27 p. 220 | 1929 *P. s.* „Rasse" *b.*, Bollow in: Seitz, Großschmett. Erde, *v.* 1 Suppl. 1 p. 34 | 1932 *P. s.* subsp. *b.*, Bryk & Eisner in: Parnassiana, *v.* 2 p. 78.

Übergangsrasse von der Nominatform zu den ostsibirischen Rassen. Größer als ssp. *tartarus* Austaut, der Flügelfond des Weibchens nicht so weiß, sondern mehr ins Elfenbeinerne spielend. Männchen oft zeichnungsarm. Glassaum sehr schmal, Submarginalbinde verglast und reduziert. Endzellfleck bescheiden. Mittelzellfleck fehlend oder rückgebildet. Hinterrandschwärze des Hinterflügels gewöhnlich bis $Cu_2$. Weibchen (Fig. 104): Die breite helle Binde zwischen dem kurzen und schmalen Glassaum und der mehr oder weniger

Fig. 104.
**Parnassius stubbendorfi bodemeyeri** Bryk forma **antiquincunx** Bryk (♀). (Typus, nach Bryk 1914) (1/1).

ausgeprägten Submarginalbinde hebt sich deutlich ab. Subcostalfleck 1 zellig und undeutlich. Mittelzellfleck schmal, oblong, die hintere Discusrippe bisweilen erreichend oder verschwunden. Hinterflügel ohne Zeichnung. Hinterrandschwärze stark rückgebildet. Als formae wurden beobachtet: *antiquincunx, grundi, aporiides, schweitzeri* und *hoffmanni*. Vorderflügellänge: ♂ 30 mm, ♀ 26,5—30 mm.

Schilka Gora, Sotka Gora, Amur, Koslofska, Raddejewka, Paschkowa, Werchne Udinsk.

Typen: ♂ ♀ in coll. C. Eisner, Berlin-Dahlem.

27. **P. stubbendorfi bromkampi** O. Bang-Haas 1933 *P. s. b.*, O. Bang-Haas in: Ent. Z., *v.* 46 p. 261 | 1934 *P. s.* subsp. *b.*, Bryk & Eisner in: Parnassiana, *v.* 3 p. 13.

Etwas größer als ssp. *baeckeri* Kotzsch, dem sie nahe steht, auch reicher gezeichnet, besonders das Weibchen.

SW. Kanssu: Min (Minschan, 3000 m).

Typen: ♂ ♀ in coll. O. Bang-Haas, Dresden-Blasewitz.

28. **P. stubbendorfi jeholi** O. Bang-Haas 1927 *P. s. j.*, O. Bang-Haas in: Horae Macrolep., *v.* 1 p. 5 t. f. 1 (♂), 2 (♀) | 1929 *P. s.* subsp. *j.*, Bollow in: Seitz, Großschmett. Erde, *v.* 1 Suppl. 1 p. 34 | 1932 *P. s.* subsp. *j.*, Bryk & Eisner in: Parnassiana, *v.* 2 p. 85.

Größer und heller als alle nordsibirischen Unterarten. Zeichnungsarm. Männchen mit ganz schmalem Glassaum am Apex des Vorderflügels. Endzellfleck deutlich. Mittelzellfleck stark reduziert, nur vorn als Anhängsel vorhanden. Hinterflügel ohne jede Zeichnung. Hinterrandschwärze kräftig, die Discuswurzel nicht erreichend, bis $Cu_2$ reichend. Weibchen: Glasband etwas länger, Submarginalbinde schwach entwickelt. Subcostalfleck breit, bis $M_1$. Mittelzellfleck länger, aber sehr schmal. Hinterflügelzeichnung wie die des Männchens, die Hinterrandschwärze schwächer. Vorderflügellänge: ♂ 34 mm, ♀ 34 mm.

Tschili (Jehol), Ostseite der Chingan Berge bei Lin-si-hien.

Typen: ♂ ♀ in coll. O. Bang-Haas, Dresden-Blasewitz.

29. **P. stubbendorfi siegfriedi** Bryk 1914 *P. s.* subsp. *s.* + aberr. *niphetodis*, Bryk in: Int. ent. Z., *v.* 8 p. 12 f. 12 (♂), 13 (♀), p. 24 (Sep. p. 22, 29, p. 9 f. 12 (♂), p. 13 f. 13 (♀)) | 1918 *P. s.* subsp. ?, W. Rothschild in: Nov. zool., *v.* 25 p. 226 | 1922 [1923] *P. S.* var. *Siegfriedi*, Bryk in: Strand, Lep. Cat., *v.* 27 p. 222 | 1929 *P. s.* subsp. *s.* + aberr. *niphetodis*, Bollow in: Seitz, Großschmett. Erde, *v.* 1 Suppl. 1 p. 34 t. 4b (♂ ♀) | 1932 *P. s.* subsp. *s.* + forma *n.*, Bryk & Eisner in: Parnassiana, *v.* 2 p. 85.

Sehr große, helle, sexuell digryphe Unterart mit rückgebildetem Mittelzellfleck (Fig. 105). Männchen mit sehr schmalem Glassaum, der auch ausbleiben kann (forma *niphetodis* Bryk), ohne Submarginalbinde und Subcostalfleck, mehr oder weniger ausgeprägtem Endzellfleck, sonst auf beiden Flügeln ohne

Fig. 105.
**Parnassius stubbendorfi siegfriedi** Bryk (♂). (Typus, nach Bryk 1914) (1/1).

Fig. 105a.
**Parnassius stubbendorfi siegfriedi** Bryk (♀). (Typus, nach Bryk 1914) (1/1).

Zeichnung. Hinterrand des Hinterflügels sehr schwarz, sich auch auf den basalen Teil des Discus erstreckend vorn bis $Cu_1$ ziehend. Dem Weibchen fehlt die zwischen Submarginalbinde und Glassaum gelagerte weiße Zwischenbinde, wodurch ein sehr breites bis zum Hinterrande ziehendes Glasband entsteht, das ganz an das Weibchen von *P. mnemosyne* L. erinnert. Subcostalfleck kräftig bis $M_1$. Mittelzellfleck nur als Rudiment vorn erhalten. Hinterflügel mit sehr breitem Glasband oder ohne dieses. Hinterrandschwärze wie beim Männchen. Vorderflügellänge: ♂ 35—36 mm, ♀ 32,5—33 mm.

Mandschurei: Tai-ping-lin (Typus); Pogranitznaja.

Typen: ♂ ♀ in coll. C. Eisner, Berlin-Dahlem.

210. **P. stubbendorfi amurensis** Verity 1879 *P. Stubbendorfii*, L. Graeser in: Verh. Ver. Hamburg, *v.* 4 p. 201 (*P. mnemosyne* var.?) | 1906 *P. s. s.* (part.), H. Stichel in: Seitz, Großschmett. Erde, *v.* 1 p. 21 | 1907 *P. s. s.* (part.), H. Stichel in: Gen. Ins., *v.* 58 p. 12 | 1907 *P. stubbendorfi* var. *koreana*, Verity, Rhop. palaearct., t. XXIII f. 21 (♂), 22, 23 (♀) (explic. tabulae) | 1911 & 10 *P. s.* var. *amurensis*, Verity, ibid., p. 321, t. LXV f. 17 (♂), 18 (♀) | 1914 *P. s.* var. *koreana* + aberr. *moltrechti*, Bryk in: Int. ent. Z., *v.* 8 p. 12 f. 9 (♂, alis posticis subcaudatis), f. 10 (♂), f. 11 (♂ aberr. *moltrechti*), p. 24 (Sep. p. 7 f. 9 (♂, al. post. subcaud.), f. 10 (♂), f. 11 (♂ aberr. *moltrechti*), p. 9, 30) | 1918 *P. s. amurensis* + subsp.?, W. Rothschild in: Nov. zool., *v.* 25 p. 226 | 1922 [1923] *P. S.* var. *koreana*, Bryk in: Strand, Lep. Cat., *v.* 27 p. 221 | 1928 *P. s.* aberr. *narvensis* + *horniana*, Kardakoff in: Ent. Mt., *v.* 17 p. 265 t. 5 f. 7 (♂), 8 (♀) (= aberr. *horniana*) | 1929 *P. s.* subsp. *koreana*, Bollow in: Seitz, Großschmett. Erde, *v.* 1 Suppl. 1 p. 34 | 1929 *P. stubbendorfii* var. *k.* aberr. *crataegi* (errat. = *interrupta*) + *crataegi*, Eisner in: Int. ent. Z., *v.* 23 p. 57—58 | 1931 *P. stubbendorfi* „Rasse" *k.* aberr. *interrupta* + *crataegi*, Bollow in: Seitz, Großschmett. Erde, *v.* 1 Suppl. 1 p. 329 | 1932 *P. s.* subsp. *amurensis* + forma *moltrechti* + forma *nigricans* + forma *narvae* + forma *umbratilis* + forma *crataegi* + forma *decorata*, Bryk & Eisner in: Parnassiana, *v.* 2 p. 79.

Mittelgroße Unterart mit deutlichem Glassaum und oft stark melahyalinem Weibchen. Männchen (Fig. 106): Glassaum schmal, deutlich bis $Cu_1$. Submarginalbinde mehr oder weniger lang. Der Endzellfleck meistens sehr deutlich. Mittelzellfleck variabel, verschwindend, öfters deutlich, sogar den hinteren Arm des Discus erreichend. Hinterflügel in der Regel ohne Zeichnung

Fig. 106.
**Parnassius stubbendorfi amurensis** Verity (♂). (Nach Bryk 1914) (1/1).

mit Ausnahme bei der forma *arnoldi* (= *moltrechti*, s. Fig. 100). Hinterrandschwärze kräftig. Weibchen mehr oder weniger stark melahyalin; auch helle treten mitunter auf. Bei nichtverglasten Weibchen die Submarginalbinde vom schmalen Glasband abgetrennt. Mittelzellfleck mehr oder weniger stark ausgeprägt. Bei forma *crataegi* verschwunden. Analbändchen aberrativ bei forma *decorata*. Außerdem tritt forma *melaina* auf. Vorderflügellänge: ♂ 29—30 mm, ♀ 29—30,5 mm.

Insel Askold (Typus), Ussuri (Wladiwostok, Sedanka, Tjutiché), Nikolsk-Ussuriisk, Barabasch, Sutschansk, Chaborowsk, Tschang-pai-schan.

Typen: ♂ ♀ in coll. R. Verity, Florenz. (Typen von forma *narvensis* und *horniana* in coll. C. Eisner, Berlin-Dahlem).

211. **P. stubbendorfi heliconicus** Bryk 1918 *P. s. koreana*, W. Rothschild in: Nov. zool., *v.* 25 p. 226 | 1932 *P. s. heliconicus*, Bryk in: Parnassiana, *v.* 2 p. 47 | 1932 *P. s.* subsp. *h.*, Bryk & Eisner, ibid., p. 85.

Sehr stark weißbeschuppt, an subsp. *siegfriedi* Bryk erinnernd. Männchen: Glassaum in der Regel verschwunden, nur am Apex schmal und rudimentär erhalten. Submarginalbinde fehlt oder schwach ausgebildet. Endzellfleck deutlich oder in aberrativen Fällen fehlend. Mittelzellfleck verschwindend. Hinterrandschwärze verschwindend. Weibchen sehr hell, ohne Glassaum. Submarginalbinde schön ausgebuchtet. Mittelzellfleck die hintere Discuswand nicht erreichend, spitz verlaufend. Hinterrandschwärze des Hinterflügels die Mittelzellwurzel nicht ausfüllend wie beim Männchen. 1 Analfleck.

Chihuan Shan (Antung—Mukden).

Typen: ♂♀ in coll. Zool. Mus. Tring.

2 12. **P. stubbendorfi revisus** Bryk 1932 *P. s. r.*, Bryk in: Parnassiana, *v.* 2 p. 48 | 1932 *P. s.* subsp. *r.*, Bryk & Eisner, ibid., p. 85.

Glassaum des Vorderflügels schwach ausgebildet, bis $Cu_2$ reichend. Männchen mit kräftigerem Endzellfleck und langem, schmalem Mittelzellfleck. Hinterflügel ohne Zeichnung und ganz reduzierter Hinterrandschwärze. Weibchen durchsichtig, langgestreckt, klein, ohne Zeichnung. Die bogige Submarginalbinde fast bis $Cu_2$ reichend. Subcostalfleck 1 zellig. Endzellfleck schmal, an $R_1$ angelehnt. Mittelzellfleck dünn, ganz rückgebildet. Hinterflügel wie beim Männchen.

Küstengebiet: Barracouta.

Typen: ♂♀ in coll. Brit. Mus. London.

2 13. **P. stubbendorfi koreanus** Verity 1887 *P. stubbendorfii* (part.), Fixsen in: Romanoff, Mém. Lép., *v.* 3 p. 263 | 1893 *P. citrinarius* (part.), Leech, Butt. China Japan Corea, Part 4 p. 507 | 1906 *P. stubbendorfii c.* (part.), H. Stichel in: Seitz, Großschmett. Erde, *v.* 1 p. 21 | 1907 *P. s. c.* (part.), H. Stichel in: Gen. Ins., *v.* 58 p. 12 | 1907—11 *P. stubbendorfi* var. *koreana* (part.), Verity, Rhop. palaearct., p. 101 p. 322, t. LXV f. 19 (♂), 20 (♀) | 1914 *P. s.* var. *k.*, Bryk (Sheljuzhko MS.) in: Int. ent. Z., *v.* 8 p. 12 (nota) | 1918 *P. s. k.*, W. Rothschild in: Nov. zool., *v.* 25 p. 226 | 1922 [1923] *P. S.* var. *Koreae*, Bryk in: Strand, Lep. Cat., *v.* 27 p. 221—222 | 1929 *P. s.* subsp. *k.* (part.), Bollow in: Seitz, Großschmett. Erde, *v.* 1 Suppl. 1 p. 34—35 | 1932 *P. s.* subsp. *koreana,* Bryk & Eisner in: Parnassiana, *v.* 2 p. 80.

Eine großflüglige, reichgezeichnete Unterart, die stark an die japanischen und chinesischen Unterarten erinnert, mit gelblichem Flügelfond. Halskragen in

Fig. 107.
**Parnassius stubbendorfi koreanus** Verity (♂). (Original, aus coll. C. Eisner, Berlin-Dahlem) (1/1).

Fig. 107 a.
**Parnassius stubbendorfi koreanus** Verity (♀). (Nach Verity 1910) (1/1).

beiden Geschlechtern orangegelb. Männchen ventral mit orangegelber Behaarung des Hinterleibs, Weibchen mit orangegelber lateraler Längslinie des Hinterleibs (Fig. 107). Männchen mit verhältnismäßig breitem Glassaum, fast bis $Cu_2$ reichend. Submarginalbinde stark ausgeprägt und breit, bis $Cu_2$ reichend. Dazwischen eine deutliche Mondbinde. Subcostalfleck breit und deutlich bis $M_2$ reichend. Zellfleck sehr breit, der sich hinter der Discoidalrippe bis zum kräftigen, breiten, langen, beide Arme des Discus erreichenden Mittelzellfleck ausbreitet. Hinterflügel mit sehr prägnanter Hinterrandschwärze, die den basalen Teil des Discus parallel zum Hinterrand ausfüllt und nach vorn hakenförmig bis um den Discus herumgreift. Weibchen reicher gezeichnet als das Männchen. Die Submarginalbinde beträchtlich breiter und bis zum Hinterrande reichend; die Mondflecke infolgedessen kleiner. Hinterflügel mit einer Submarginalbinde, sonst wie das Männchen gezeichnet. Vorderflügellänge: ♂ 34—36 mm, ♀ 36 mm.

Südwestküste von Korea.

Typen: ♂♀ in coll. Brit. Mus. London.

214. **P. stubbendorfi diabolicus** Bryk & Eisner 1929 *P. s.* subsp. *d.* + forma *inversa*, Bryk & Eisner in: Soc. ent., *v.* 44 p. 47, 4 figg. (♂, ♀) | 1931 *P. s.* subsp. *d.*, Bollow in: Seitz, Großschmett. Erde, *v.* 1 Suppl. 1 p. 328 | 1932 *P. s.* subsp. *d.* + forma *inversa*, Bryk & Eisner in: Parnassiana, *v.* 2 p. 85.

Eine helle, mittelgroße, der ssp. *amurensis* Verity nahestehende Unterart mit vorwiegend verdunkelten, melahyalinen Weibchen (Fig. 108). Männchen: Glasband sehr schmal und sehr kurz, Submarginalbinde ganz reduziert oder fehlend. Subcostalfleck fehlt. Endzellfleck mehr oder weniger stark betont.

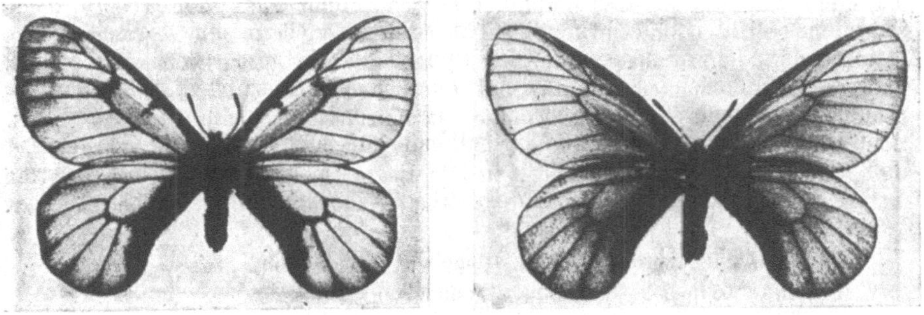

Fig. 108.
**Parnassius stubbendorfi diabolicus** Bryk & Eisner (links ♂, rechts ♀). (Typus) (1/1).

Mittelzellfleck fehlend oder vorn kurz, angehängt. Hinterflügel ohne Zeichnung, mit kräftiger Hinterrandschwärze. Weibchen durchsichtiger, oft ganz melahyalin oder im ganzen Hinterflügel oder nur im Discus weißlich. Der Mittelzellfleck breit länglich, die hintere Discuswand erreichend. Submarginalbinde auf beiden Flügeln vorhanden. Ganz helle, wenig gezeichnete Weibchen kommen selten vor (forma *inversa*). Vorderflügellänge: ♂ 29,5 bis 32 mm, ♀ 29,5—31 mm.

Mandschurei: Maoreschan und Gaolindse, zwischen Pogranitschnaja und Charbin.

Typen: ♂♀ in coll. C. Eisner, Berlin-Dahlem.

215. **P. stubbendorfi conjungens** Bryk & Eisner 1932 *P. s.* subsp. *c.*, Bryk & Eisner in: Parnassiana, *v.* 2 p. 82.

Eine intermediäre Rasse, den Übergang von ssp. *bodemeyeri* Bryk zu ssp. *siegfriedi* Bryk bildend. Männchen mit zurücktretendem Glasband, Submarginalbinde bald wie bei ssp. *siegfriedi* Bryk fehlend, bald ausgeprägt wie bei ssp. *bodemeyeri* Bryk. Endzellfleck mäßig entwickelt. Mittelzellfleck reduziert, aber immerhin stärker als bei ssp. *siegfriedi* Bryk. Hinterrandschwärze des Hinterflügels mäßig; sonst zeichnungslos. Weibchen: Marginal- und Submarginalbinde bis über $Cu_2$ reichend, in der Regel durch große Mondflecke deutlich getrennt. Endzellfleck mäßig entwickelt. Mittelzellfleck reduziert. Subcostalbändchen angedeutet. Hinterrandschwärze des Hinterflügels stärker als bei ssp. *bodemeyeri* Bryk, schwächer als bei ssp. *siegfriedi* Bryk. Analfleck 1 zellig, sonst zeichnungslos.

Buchatu, Chingan-Berge.

Typen: ♂ ♀ in coll. C. Eisner, Berlin-Dahlem.

2 16. **P. stubbendorfi kjöngsöngensis** Bryk 1929 *P. s.* subsp. *koreae* (part.), Bollow in: Seitz, Großschmett. Erde, *v.* 1 Suppl. 1 p. 35 | 1932 *P. s. kjöngsöngensis* (subsp.), Bryk in: Parnassiana, *v.* 2 p. 47 | 1932 *P. s.* subsp. *k.* + forma *grundi* + forma *marginata* + *crataegi*, Bryk & Eisner, ibid., p. 80.

Kleiner und heller als ssp. *koreanus* Verity, ohne die für die chinesischen und japanischen Unterarten typische Orangepigmentierung des Halskragens und Abdomen, sich eher an ssp. *amurensis* Verity anschließend, aber etwas größer, mit noch stärkerer Entwicklung der Zeichnungselemente. Männchen mit breitem und längerem Glassaum und ausgebildeter, etwas kräftigerer Submarginalbinde. Subcostalfleck fehlt. Durch Verstärkung der Zellflecke und der Schwarzbestäubung der hinteren Discoidale wie des Vorderrandes an ssp. *glacialis* Butl. erinnernd. Endzellfleck mehr oder weniger lang, bisweilen die hintere Discuswand erreichend und vorn den Discus überschreitend. Hinterrandschwärze des Hinterflügels auch auf die Discusbasis sich erstreckend. Schwarzbestäubung der Rippenenden fortgeschritten. Weibchen hell, dem Männchen sehr ähnlich, mit deutlichem Subcostalfleck, ohne Hinterrandfleck auf dem Vorderflügel, ohne Augenflecke und Analbändchen auf dem Hinterflügel, während die Submarginalbinde auf letzterem häufig ausgebildet und die Hinterrandschwärze dort in der Regel rückgebildet ist. Als forma treten *grundi, marginata* + *crataegi* auf. Vorderflügellänge: ♂ 28,5—33 mm, ♀ 28—31 mm.

Nordkorea: Kjöngsöng (Typus), Umgebung von Seishin.

Typen: ♂ ♀ in coll. Brit. Mus. London.

2 17. **P. stubbendorfi standfussi** Bryk 1885 *P. stubbendorfii* ♀ aberr. *Melanophia*, Honrath in: Berlin. ent. Z., *v.* 29 p. 274 | 1907 *P. s. stubbendorfii* (part.), H. Stichel in: Gen. Ins., *v.* 58 p. 12 | 1907 *P. stubbendorfi* (part.), Verity, Rhop. palaearct., t. XXIII f. 18 (♂), 19 (♀) | 1912 *P. s.*, Bryk in: Jahrb. Ver. Nassau, *v.* 65 p. 9 | 1912 *P. s.* var. *Standfussi* (i. l.), Bryk in: Soc. ent., *v.* 27 p. 73 (Sep. p. 23) (♂ sphragophor(!)) | 1914 *P. s.* subsp. *s.* + aberr. *maculata*, Bryk in: Int. ent. Z., *v.* 8 p. 19, 20 f. 2, 3 (♀), 4 (♂) (Sep. p. 3 f. 2, 3 (♀), p. 5 f. 4 (♂), p. 30) | 1918 *P. s. stubbendorfi* (part.), W. Rothschild in: Nov. zool., *v.* 25 p. 226 | 1922 [1923] *P. S.* var. *Standfussi*, Bryk in: Strand, Cat. Lep., *v.* 27 p. 222 | 1929 *P. s.* subsp. *s.*, Bollow in: Seitz, Großschmett. Erde, *v.* 1 Suppl. 1 p. 34 | 1932 *P. s.* subsp. *s.*, Bryk & Eisner in: Parnassiana, *v.* 2 p. 82.

Sehr kleine Rasse mit sehr breiter Submarginalbinde in beiden Geschlechtern, die bei den Männchen bisweilen ausbleibt. Mit gelblichen Palpen (Fig. 109). Männchen mit Submarginalbinde bis $M_3$ oder $Cu_1$. Die zwischen ihr und dem kürzeren Glasband gelegene Mondbinde deutlich. Subcostalfleck fehlt in der Regel. Mittelzellfleck fehlt meistens. Hinterrandschwärze des Hinterflügels gewöhnlich bis $Cu_2$, seltener bis an das Zellende. Weibchen viel reicher gezeichnet. Neben äußerst hellen, dicht weißbeschuppten, zeichnungsarmen (1914 Bryk in: Int. ent. Z., *v.* 8 p. 2 f. 2) bisweilen ganz melahyaline oder stark verdunkelte Weibchen mit verdrängter Mondbinde. Subcostalbändchen sehr breit, fast bis $M_3$ reichend, Hinterrandfleck in aberrativen Fällen vorhanden (Siehe Fig. 97), dann immer viereckig (forma *maculata*).

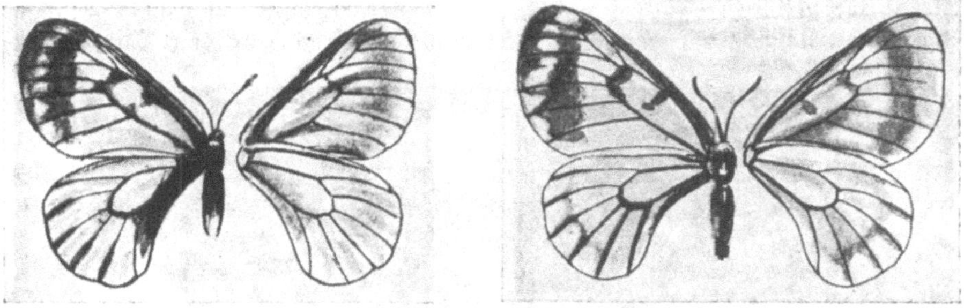

Fig. 109.
**Parnassius stubbendorfi standfussi** Bryk (links ♂, rechts ♀). (Typus, nach Bryk 1914) (1/1).

Mittelzellfleck länglich, meistens die hintere Discuswand erreichend. Zwischen dem deutlichen Endzellfleck und dem Mittelzellfleck wie zwischen ihm und der Wurzel im Discus ein diffus melahyaliner Fleck. Hinterflügel ganz ohne Zeichnung oder mit 2 *mnemosyne*-ähnlichen Flecken; Hinterrandschwärze bei der hellen Form völlig reduziert, bei der dunklen wie beim Männchen die hinterste Zelle ausfüllend. Submarginalbinde mehr oder weniger stark ausgebildet. Vorderflügellänge: ♂ 25—27 mm, ♀ 27—28 mm.

Nikolajewsk (Amurmündung).

Typen: ♂ ♀ in coll. C. Eisner. Berlin-Dahlem.

218. **P. stubbendorfi tsingtauus** A. Bang-Haas 1910 *P. stubbendorfii* var. *tsingtaua*, A. Bang-Haas in: D. ent. Z. Iris, *v.* 24 p. 28 | 1910 & 11 *P. stubbendorfi* var. *citrinarius* „race" *t.*, Verity, Rhop. palaearct., p. 322 t. LIII f. 23 (♂), 24 (♀) | 1914 *P. s.* var. *t.*, Bryk in: Int. ent. Z., *v.* 8 p. 1, 23 f. 16 (♂; monstr.), p. 24 [Sep. p. 4, 13 f. 16 (♂; monstr.), p. 27, 30] | 1915 *P. s.* var. *t.* aberr. *govindraeides*, Bryk in: Arch. Naturg., *v.* 80 A 9 p. 142 t. 29 f. 138 (♀) | [1918] *P. s.* var. *t.* aberr. *g.*, Bryk, Parnassius Apollo Formenkreis, p. 138 t. 29 f. 138 (♀) | 1918 *P. s. t.*, W. Rothschild in: Nov. zool.,

Fig. 110.
**Parnassius stubbendorfi tsingtauus** A. Bang-Haas (♂). (Nach Verity 1910) (1/1).

*v.* 25 p. 227 | 1922 [1923] *P. S.* var. *t.*, Bryk in: Strand, Lep. Cat., *v.* 27 p. 222 | 1927 *P. s. t.*, O. Bang-Haas in: Horae Macrolep., *v.* 1 p. 5 | 1929 *P. s. t.*, Bollow in: Seitz, Großschmett. Erde, *v.* 1 Suppl. 1 p. 34 | 1932 *P. glacialis* subsp. *t.*, Bryk & Eisner in: Parnassiana, *v.* 2 p. 88 | 1934 *P. mnemosyne g.* forma *t.*, M. Hering, ibid., Parnassiana, *v.* 3 p 2 | 1934 *P. [stubbendorfi]* subsp. *t.*, Bryk & Eisner, ibid., *v.* 3 p. 14.

Eine der größten aller Rassen, die sich ganz an die japanische *glacialis* Butl. anschließt, mit orangegelbem Halskragen, lateraler Orangefärbung des Abdomen und gelblichem Flügelton (Fig. 110). Männchen viel weißlicher, ohne Submarginalbinde, sehr schmalem und kurzem Glasband, kräftigem Endzellfleck,

Fig. 110a.
**Parnassius stubbendorfi tsingtauus** A. Bang-Haas (♀). (Nach Verity 1910) (1/1).

der sich hinter der Discoidalrippe entlang bis zum breiten, langen Mittelzellfleck erstreckt und vorn oft bis zur Wurzel von $R_1$ übergreift. Hinterrandschwärze sehr kräftig, breit, parallel zum Hinterrande verlaufend, vorn die Flügelwurzel schwärzend, bis zur $R_5$ (+ $M_1$) reichend. Behaarung des Hinterflügelinnenrandes und der Flügelwurzel jodgelb; sonst ohne Zeichnung. Weibchen mit schmaler, deutlicher, langer Submarginalbinde und bescheidener Hinterrandschwärze. Dunkle Exemplare als forma *govindraeides* bisweilen vorkommend. Vorderflügellänge: ♂ 35—40 mm, ♀ 35—41 mm.

Tsingtau.

Typen: ♂ ♀ in coll. O. Bang-Haas, Dresden-Blasewitz.

2 19. **P. stubbendorfi nankingi** O. Bang-Haas 1927 *P. s.* subsp. *n.*, O. Bang-Haas in: Horae Macrolep., *v.* 1 p. 5 t. 1 f. 3 (♂) | 1929 *P. s.* subsp. *n.*, Bollow in: Seitz, Großschmett. Erde, *v.* 1 Suppl. 1 p. 34 t. 4b (♂♀) | 1932 *P. glacialis* subsp. *n.*, Bryk & Eisner in: Parnassiana, *v.* 2 p. 89 | 1934 *P. mnemosyne g.* forma *n.*, M. Hering in: Parnassiana, *v.* 3 p. 2.

Erinnert stark an ssp. *tsingtauus* A. Bang-Haas, aber gelblicher. Die Männchen jedoch mit mehr oder weniger deutlicher Submarginalbinde, die Weibchen neigen oft zu einer melahyalinen Verdunkelung. Die Submarginalbinde ist auf den Hinterflügeln oft schwach angedeutet. Die Hinterrandschwärze bisweilen so reduziert, daß sie auf die Discuswurzel nicht übergreift. Vorderflügellänge: ♂ 35—41 mm, ♀ 34—40 mm.

China orientalis: Kiangsu, Berg Paoschan bei Nanking.

Typus: in coll. O. Bang-Haas, Dresden-Blasewitz.

2 20. **P. stubbendorfi hönianus** M. Hering 1934 *P. mnemosyne glacialis* forma *höniana*, M. Hering in: Parnassiana, *v.* 3 p. 2.

Steht subsp. *tsingtauus* A. Bang-Haas nahe. Die Zellschlußzeichnung des Vorderflügels auch bei dieser Unterart einen deutlich geschlossenen Ring darstellend, der allerdings ziemlich mager ist. Hinterrandschwärze im Hinterflügel wie bei ssp. *tsingtauus*. Das Glasband reicht in der Regel bis $M_3$. Vorderflügellänge: ♂♀ 35—39 mm.

West-Tien-Mu-Shan (Prov. Chekiang). Südlichstes Vorkommen der Art.

Typen: ♂ ♀ in coll. H. Höne, Shanghai.

221. **P. stubbendorfi sinicus** Bryk 1893 *P. citrinarius* (part.), Leech, Butt. China Japan Corea, Part 4 p. 507 t. 33 f. 5 (♀, var.) | 1907 *P. stubbendorfi* var. *koreana* (part.), Verity, Rhop. palaearct., p. 101 | 1918 *P. s.* subsp. ?, W. Rothschild in: Nov. zool., *v.* 25 p. 227 | 1927 *P. s.* subsp. ?, O. Bang-Haas in: Horae Macrolep., *v.* 1 p. 5 | 1932 *P. s. sinicus*, Bryk in: Parnassiana, *v.* 2 p. 47 | 1932 *P. glacialis* subsp. *sinica*, Bryk & Eisner, ibid., p. 89.

Ebenfalls an ssp. *glacialis* Butl. sich anschließend. Männchen: Flügelfond gelblich; Glasband breit, sich stark hinter $M_2$ verjüngend. Submarginalbinde angedeutet bis $M_1$ reichend. Subcostalfleck breit. Endzellfleck deutlich breit, sich vorn an $R_1$ anlehnend. Wurzelschwärze des Hinterflügels nicht so kräftig wie bei ssp. *glacialis* Butl. Weibchen (Fig. 111) vom

Fig. 111.
**Parnassius stubbendorfi sinicus** Bryk (♀). (Typus) (1/1).

typischen Fundorte unbekannt. Ein Weibchen aus Putsufong (im Brit. Mus. London) gehört vermutlich hierher. Es ist ganz melahyalin, ohne jede Zeichnung bis auf den etwas erkennbaren Mittelzellfleck. Discus bis zur Mittelfleckregion des Hinterflügels gelbweißlich. Vorderflügellänge: ♂♀ 34,5 mm.

Tschangjang bei Itschang (Prov. Hupé); Putsufong (= Putschou-Hwang, Prov. Schensi).

Typen: ♂ ♀ in coll. Brit. Mus. London.

222. **P. stubbendorfi taupingi** O. Bang-Haas 1932 *P. s. t.* (subsp.), O. Bang-Haas in: Ent. Z., *v.* 46 p. 200 | 1934 *P. s.* subsp. *t.*, Bryk & Eisner in: Parnassiana, *v.* 3 p. 14.

Eine Übergangsrasse von *P. s. stubbendorfi* Ménétr. zu ssp. *sinicus* Bryk, die schon stark die Merkmale der letztgenannten, besonders, was die Gold-Orangefärbung der betreffenden Haarpartien anbetrifft, zeigt. Kleiner, heller, mit reduziertem Mittelzellfleck und vorn die Discusecke überschreitendem Endzellfleck des Vorderflügels.

Kanssu meridionalis orientalis (Peilingschan, Taupingfluß, 2000—3000 m).

Typen: ♂ ♀ in coll. O. Bang-Haas, Dresden-Blasewitz.

2 23. **P. stubbendorfi tsingschuiensis** O. Bang-Haas 1934 *P. s. t.*, O. Bang-Haas in: Ent. Z., *v.* 47 p. 179 | 1934 *P. s.* subsp. *t.*, Bryk & Eisner in: Parnassiana, *v.* 3 p. 14.

Männchen sehr hell, an ssp. *sinicus* Bryk erinnernd, von gelblich-weißer Grundfarbe, mit leicht angedeutetem Mittelzellfleck des Vorderflügels. Hinterflügel mit starker, schwarzer Hinterrandschwärze.

Kanssu meridionalis: Tsing-schui, Liupinschan, 2000 m.

Typus: ♂ in coll. C. Eisner, Berlin-Dahlem.

2 24. **P. stubbendorfi tajanus** Bryk 1932 *P. s. t.*, Bryk in: Parnassiana, *v.* 2 p. 48 | 1932 *P. glacialis* subsp. *tajana*, Bryk & Eisner, ibid., p. 89.

Kleiner als subsp. *tsingtauus* A. Bang-Haas (Fig. 112). Männchen: Glassaum schmäler. Submarginalbinde undeutlich bis $Cu_1$. Mittelzellfleck schmäler und mehr reduziert. Hinterrandschwärze in der Mittelzelle des Hinterflügels

Fig. 112.
**Parnassius stubbendorfi tajanus** Bryk (♀). (Typus) (1/1).

schwächer. Weibchen hell, reinweiß. Glassaum sehr schmal bis $M_3$. Mittelzellfleck schmal, länglich, nicht so breit wie bei ssp. *tsingtauus* A. Bang-Haas. Hinterflügel ganz ohne Zeichnung. Hinterrandschwärze ganz reduziert. Vorderflügellänge: ♂♀ 33,5 mm.

China: Tajan (Taishan Berge).

Typen: in coll. Brit. Mus. London.

2 25. **P. stubbendorfi hoenei** Schweitzer 1907 *P. stubbendorfii*, Matsumura, Thousand Ins., *v.* 4 p. 64 nr. 857 t. 63 (♂) | 1912 *P. stubbendorfi* var. *hoenei*, Schweitzer in: Ent. Z., *v.* 25 p. 249 | 1914 *P. s.* subsp. *Hoenei* + aberr. *Schweitzeri*, Bryk in: Int. ent. Z., *v.* 8 p. 7 f. 14 (♂), p. 23, 24 (Sep. p. 8, 11 f. 14 (♂), p. 28, 30) | 1922 [1923] *P. S.* var. *H.*, Bryk in: Strand, Lep. Cat., *v.* 27 p. 221 | 1929 *P. s. h.*, Kuwayama in: Zephyrus, *v.* 1 p. 16—17 | 1929 *P. s.* subsp. *h.*, Bollow in: Seitz, Großschmett. Erde, *v.* 1 Suppl. 1 p. 35 t. 4 a (♀ ♂) | 1931 *P. hönei*, M. Hering in: Parnassiana, *v.* 1 nr. 7/8 p. 11 | 1932 *P. s.* subsp. *hoenei* + forma *feminina*, Bryk & Eisner, ibid., *v.* 2 p. 81 | 1934 *P. s.* subsp. *h.*, Bryk & Eisner, ibid., *v.* 3 p. 13.

Eine sehr große Rasse, die den Übergang von ssp. *glacialis* Butl. zu den mit *P. stubbendorfi stubbendorfi* verwandten Rassen vermittelt. In der Größe, Pigmentierung des Halskragens, der Hüften und der Laterallinie des Abdomen beim Weibchen schließt sie sich völlig an *glacialis* an, in der Zeichnungsanlage, weißlichem Flügelgrund und der Pigmentierung des Halskragens wie der unterseitlichen Behaarung des Abdomen des Männchens an die Nominatrasse. Der Glassaum fehlt oft beiden Geschlechtern oder ist stark reduziert. Auch die Submarginalbinde und der Subcostalfleck sind nicht erkennbar. Endzellfleck mehr oder weniger schwach ausgebildet. Männchen: Halskragen silbergrau; ohne oder mit Mittelzellfleck (forma *schweitzeri* Bryk, Fig. 113). Hinterflügel ohne dunkle Flecke; nur in der hintersten Zelle ist ein weißer Fleck bemerkbar, der dadurch entsteht, daß die Hinterrandschwärze nicht die ganze Zelle ausfüllt, sondern in der Mitte eine weiße Insel freiläßt.

Fig. 113.
**Parnassius stubbendorfi hoenei** Schweitzer forma **schweitzeri** (Bryk) (♂). (Typus, nach Bryk 1914) (1/1).

Fig. 114.
**Parnassius stubbendorfi hoenei** Schweitzer (♀). (Original, aus coll. C. Eisner, Berlin-Dahlem) (1/1).

Sonst dehnt sich die Hinterrandschwärze vorn spitz verlaufend um die Discoidalrippen bis zur $M_2$ aus. Weibchen (Fig. 114) mehr transparent, mit diffusem Mittelzellfleck, der auch hinten nicht offen bleibt. Hinterrandschwärze im Hinterflügel in der Discusbasis mehr reduziert als beim Männchen. Sonst stimmt das Weibchen mit dem Männchen in der Zeichnung überein. Vorderflügellänge: ♂ 32—35 mm, ♀ 32 mm.

Iburi (Hokkaido).

226. **P. stubbendorfi jezoensis** Mats. 1886 *P. glacialis*, Pryer, Rhop. Nihon., p. 5 | 1919 *P. jezoensis*, Matsumura, Thousand Ins., Addit. *v.* 3 p. 494 t. 29 f. 5, 1 (♀) | 1927 *P. stubbendorfi j.*, O. Bang-Haas in: Horae Macrolep., *v.* 1 p. 10 | 1929 *P. s.* subsp. *j.*, Bollow in: Seitz, Großschmett. Erde, *v.* 1 Suppl. 1 p. 35 | 1931 *P. s.* forma *j.*, Matsumura, 6000 Ill. Ins. Japan, p. 467 f. (♀) | 1932 *P. glacialis* subsp. *j.*, Bryk & Eisner in: Parnassiana, *v.* 2 p. 88.

Nach der Originaldiagnose läßt sich nicht feststellen, ob es sich um ein Synonym von ssp. *hoenei* Schweitzer handelt, oder ob ssp. *jezoensis* eine gute Rasse darstellt. (Vgl. 1932 Bryk & Eisner in: Parnassiana, *v.* 2 p. 88). Die Diagnose lautet in der Übersetzung: „Steht dem *P. stubbendorfii* Weibchen nahe, aber unterscheidet sich von diesem durch folgendes: Flügelfärbung viel dunkler und die ganze Oberfläche durchsichtiger, schmälere und längere Flügelform. Die Zwischenräume [der Rippen] sind dunkel und sehr wenig gelb beschuppt. Die Sphragis der Weibchen ist kürzer, bis zur Hälfte des Abdomen reichend. Abdomen oberseits schwarz, ohne Gelb, schwach gelblich behaart.“ Es handelt sich um ein inverses, völlig zeichnungsloses Weibchen. Männchen unbekannt. Offenbar nur eine Form von subsp. *hoenei* Schweitzer. Der Name kaum haltbar.

Jozankei (Hokkaido).

Type: ♀ in coll. Matsumura, Sapporo.

227. **P. stubbendorfi glacialis** Butl. 1866 *P. glacialis*, A. G. Butler in: J. Linn. Soc. London, *v.* 9 p. 50 | 1866 *P. citrinarius*, Motschulsky in: Bull. Soc. Moscou, *v.* 39 I p. 189 | 1868 *P. c.* (= an *P. stubbendorfii*?), Ballion in: Ent. Zeit. Stettin, *v.* 29 p. 167 | 1872 *P. glacialis*, A. G. Butler, Lep. exot., p. 88 t. 34 f. 1 | 1886 *P. g.*, Elwes in: P. zool. Soc. London, p. 47 | 1886 *P. g.*, Pryer, Rhop. Nihon., p. 5 t. 3 f. 5 (♀) | 1887 *P. citrinarius*, Honrath in: Berlin. ent. Z., *v.* 30 (SB p. XXV) | 1887 *P. c.*, Fixsen in: Romanoff, Mém. Lép., *v.* 3 p. 263 | 1893 & 95 *P. glacialis*, F. Rühl & A. Heyne, Palaearkt. Groß-Schmett., *v.* 1 p. 115, 707 | 1893 *P. citrinarius* (part.), Leech, Butt. China Japan Corea, Part 4 p. 506 | 1897 *P. glacialis*, T. Eimer, Orthogen. Schmett., p. 157 | 1899 *P. g.*, J. H. Watson in: Mem. Manchest. Soc., *v.* 43 nr. 11 p. 20 t. 6 f. 5 (nervatura cel. praecostal.) | 1902 *Doritis citrinarius*, F. Moore, Lep. Ind., *v.* 5 p. 123 | 1906 *Parnassius stubbendorfii c.* + aberr. *eluta*, *umbrosa*, *melanochroa*, H. Stichel in: Seitz, Großschmett. Erde, *v.* 1 p. 21, 35 t. 11 a (♂) | 1906 *P. C.* aberr. *Melanochroa*, Rebel in: Verh. Ges. Wien, *v.* 56 p. 225 | 1907 *P. stubbendorfii c.* + aberr. *eluta*, *umbrosa*, *melanochroa*, H. Stichel in: Gen. Ins., *v.* 58 p. 12 t. 1 f. 4 b (palpa), f. 2 b (nervat. al. anter.) | 1907—11 *P. s.* var. *c.*, Verity, Rhop. palaearct., p. 101, 322 t. 4 f. 6 (♂ squamae), t. XXIII f. 24, 25 (♂), 26 (♀), t. LXV f. 21, 22 (♀), t. B f. 20 (nervat. apicis) | 1914 *P. stubbendorfi* var. *glacialis* + aberr. *clathratus*, *eluta*, *marginata*, *kunzi*, *fermata*, Bryk in: Int. ent. Z., *v.* 8 p. 8 f. 15, 17, 18, 19 (♂), 20, 21 (♀) (Sep. p. 2, 25—27, 30 f. 15, 16, 17, 18, 19 (♂), 20, 21 (♀) | [1918] *P. s. citrinarius*, Bryk, Parnassius Apollo Formenkreis, p. 84 | 1918 *P. s. c.*, W. Rothschild in: Nov. zool., *v.* 25 p. 226—227 | 1922 [1923] *P. S.* var. *glacialis*, Bryk in: Strand, Lep. Cat., *v.* 27 p. 221 | 1924 *P. sulphureus*, C. B. Antram, Butt. Ind., p. 78 f. 71 (♂) (patria dubia, ? Tibet) | 1927 *P. stubbendorfi glacialis*, O. Bang-Haas in: Horae Macrolep., *v.* 1 p. 6 | 1929 *P. citrinarius*, Kywayama in: Zephyrus, *v.* 1 p. 16 | 1929 *P. c.*, Sonan, ibid., *v.* 1 p. 137 (textfig.) (= forma *clathratus*) | 1929 *P. stubbendorfi c.* + aberr. *marginalis*, *kunzi*, *fermata*, Bollow in: Seitz, Großschmett. Erde, *v.* 1 Suppl. 1 p. 35 | 1931 *P. s.* forma *citrinarius*, Matsumura, 6000 Ill. Ins. Japan, p. 467 f. (♂) | 1931 *P. glacialis* (spec.!), M. Hering in: Parnassiana, *v.* 1 nr. 7,8 p. 10 | 1932 *P. g. glacialis* + forma *marginata* + forma *kunzi* + forma *ernestinae* + forma *inversa* + forma *umbratilis*, Bryk & Eisner, ibid., *v.* 2 p. 87 | 1932 *P. mnemosyne glacialis*, M. Hering in: Mt. Mus. Berlin, *v.* 18 p. 291, 305 f. 42 (VIII. Tergit ♂), p. 313 f. 126 (valva, uncus ♂) | 1934 *P. m.* forma *g.*, M. Hering in: Parnassiana, *v.* 3 p. 1.

Große, gelbliche, dichtbeschuppte, im Vorderflügel reichgezeichnete Unterart. Palpen schwarz. Stirnbüschel des Männchens oft mit Orangegelb untermischt. Halskragen in beiden Geschlechtern und Behaarung an den Tibien orangegelb. Vorderflügelwurzel orangegelb. Laterale Behaarung des männlichen Abdomen, Laterallinie des weiblichen Abdomen, unterseitliche Ansatzstelle des Hinterflügels und sein Innenrand unterseits goldgelb. Männchen

(Fig. 115): Glassaum schmal, bis $M_3$ reichend. Submarginalbinde schmal, von $M_3$ nach hinten breiter, bis $Cu_2$ reichend, proximal diffus oder rückgebildet, den Hinterrand nicht erreichend. Endzellfleck mehr oder weniger kräftig, vorn in der Regel an $R_1$ angelegt, hinten dem Discus entlang bis zum Mittelzellfleck, der in der Regel länglich ist und die Discuswände berührt, verjüngt sich unregelmäßig. Bei der forma *ernestinae* ist er frei, punktartig. Hinterflügel ohne Zeichnung mit sehr prägnanter Hinterrandschwärze, die vorn parallel zum Hinterrand von der Flügelwurzel $^1/_3$ der Discusbasis schwärzt,

Fig. 115.
**Parnassius stubbendorfi glacialis** Butl. forma **kunzi** Bryk (♂). (Nach Bryk 1914) ($^1/_1$).

die hinterste Zelle nicht ganz ausfüllt und mehr oder weniger stark um den Discus bis $M_1$ zieht. Weibchen mit schmälerer Glasbinde von uneinheitlicher Länge. Submarginalbinde länger und oft breiter, mit kräftigeren Zellflecken, starker Verglasung der Rippenenden. Hinterrandschwärze an der Discuswurzel mehr reduziert. Als formae treten auf: forma *marginata, kunzi, inversa, melaina* und *ernestinae*. Vorderflügellänge: ♂ 33—37 mm, ♀ 33—37,5 mm.

Japan: Nikko, Yokohama.

Typen: ♂ in coll. Brit. Mus. London.

228. **P. stubbendorfi esakii** Nakah. 1922 *P. s. hoenei*, Esaki in: Zool. Mag. Tokio, p. 901 | 1925 *P. s. h.*, Matsumura in: J. Agric. Hokkaido Univ., *v.* 15 p. 90 | 1926 *P. s. esakii* (species!), Nakahara in: Insecutor Insc. menstr., *v.* 14 p. 46 | 1927 *P. s. e.*, O. Bang-Haas in: Horae Macrolep., *v.* 1 p. 100 | 1929 *P. s.* subsp. *e.*, Bollow in: Seitz, Großschmett. Erde, *v.* 1 Suppl. 1 p. 35 | 1932 *P. s.* subsp. *e.*, Bryk & Eisner in: Parnassiana, *v.* 2 p. 81.

Fig. 116.
**Parnassius stubbendorfi esakii** Nakah. (♀). (Original, aus coll. C. Eisner, Berlin-Dahlem) ($^1/_1$).

Etwas kleiner als ssp. *hoenei* Schweitzer, der diese androtrope Unterart ganz nahe steht. Dünn beschuppt, weißlich, mit rückgebildetem Glassaum. Männchen: Submarginalbinde fehlt, Endzellfleck und Mittelfleck vorhanden. Hinterrandschwärze des Hinterflügels auf die Discuswurzel sich erstreckend, sehr kräftig. Weibchen (Fig. 116) mit fast völlig rückgebildeten Binden. Endzellfleck schwach, Mittelzellfleck kaum angedeutet. Hinterrandschwärze des Hinterflügels fast ganz rückgebildet. Der einzellige Analfleck füllt fast den ganzen Hinterrandwinkel aus.

Sachalin septentrionalis: Toyohara (Typus); Namikawa; Sachalin meridionalis: Odomari.

Typus: ♂ in coll. Nakahara; ♀ in coll. C. Eisner, Berlin-Dahlem.

229. **P. stubbendorfi doii** Mats. 1928 *P. stubbendorfii d.*, Matsumura in: Ins. Matsumur., *v.* 2 p. 201 | 1929 *P. stubbendorfi* subsp. *d.*, Bollow in: Seitz, Großschmett. Erde, *v.* 1 Suppl. 1 p. 35 | 1932 *P. s.* subsp. *d.*, Bryk & Eisner in: Parnassiana, *v.* 2 p. 81; p. 83 f. 2 (♀).

Kleiner als ssp. *koreanus* Verity und ssp. *hoenei* Schweitzer, zwischen denen sie steht, dünner beschuppt. Männchen ohne Glasband und Submarginalbinde, nur die Rippenverglasung deutet sie dort an, mit erheblich schwächeren Zellmakeln. Hinterflügel zeichnungslos, mit gut geschwärzten Rippen. Weibchen (Fig. 117) androtrop, dünner als das Männchen beschuppt, mit schmaler,

Fig. 117.
**Parnassius stubbendorfi doii Mats.** (♀). (Typus, nach Bryk & Eisner 1932) (1/1).

deutlicher, bis zum Hinterrande ziehender Submarginalbinde, einem bis $M_2$ reichenden Subcostalbändchen und kräftigeren Mittelzellmakeln. Hinterflügel fast zeichnungslos bis auf den schmalen einzelligen Analfleck und die Submarginalbinde. Hinterrandschwärze rückgebildet, kaum die Mittelzellwurzel überschreitend. Vorderflügellänge: ♂ 29—30 mm, ♀ 32—35 mm.

Kurilen (Shikotan-Insel).

Typus: ♂ in coll. Matsumura, Hokkaido; ♀ in coll. C. Eisner, Berlin-Dahlem.

230. **P. stubbendorfi mikado** Bryk & Eisner 1932 *P. glacialis m.*, Bryk & Eisner in: Parnassiana, *v.* 2 p. 87 | 1934 *P.* subsp. *m.*, Bryk & Eisner, ibid., *v.* 3 p. 13.

Im Durchschnitt größer als ssp. *glacialis* Butl., mit kräftigeren Zellmakeln, die das charakteristische Oval schon besser zeigen. Männchen mit breiterem und längerem Glasband, besser ausgebildeter Submarginalbinde, stärkerer Verglasung der Rippenenden. Weibchen mit breiterer, bis zum Hinterrand reichender Submarginalbinde, noch stärkerer Überstäubung der Rippen, mit mehr oder weniger ausgeprägtem Subcostalbändchen und Hinterrandfleck des Vorderflügels und sehr schmalem Glassaum der Hinterflügel, deutlicher submarginaler Bogenbinde, stärkerer, um die Mittelzelle herumgreifender Hinterrandschwärze; zwischen den beiden Zellflecken des Vorderflügels eine Verrussung.

Harima.

Typen: ♂ ♀ in coll. C. Eisner, Berlin-Dahlem.

231. **P. stubbendorfi geisha** Bryk & Eisner 1932 *P. glacialis g.*, Bryk & Eisner in: Parnassiana, *v.* 2 p. 87; p. 83 f. 3 (♀).

Kleiner als ssp. *glacialis* Butl., mit tiefer geschwärzten Rippen und am Ende stärker verglast. Männchen in der Regel mit schmaler, langer Glasbinde des Vorderflügels, die oft auf dem Hinterflügel vollständig erhalten ist. Submarginalbinde und Zellflecke meist sehr kräftig. Hinterrandschwärze

Fig. 118.
**Parnassius stubbendorfi geisha** Bryk & Eisner (♀). (Typus, nach Bryk & Eisner 1932) (1/1).

des Hinterflügels ausgedehnter, um die Mittelzelle greifend. Vereinzelt tritt das Männchen aberrativ mit Reduzierung der Zeichnungselemente auf. Weibchen (Fig. 118) mit reduzierter Zeichnung, sehr dünn beschuppt. Glasband und Submarginalbinde des Vorderflügels schwach ausgebildet. Mittelzellfleck des Vorderflügels und Hinterrandschwärze des Hinterflügels reduziert.

Provinz Shinano: Simasima (Typus); Mt Kakuma (Mikuni-Gebirge).

Typen: ♂ ♀ in coll. C. Eisner, Berlin-Dahlem.

232. **P. stubbendorfi naganoënsis** Bryk & Eisner 1932 *P. glacialis naganoensis*, Bryk & Eisner in Parnassiana, *v.* 2 p. 88 | 1934 *P.* subsp. *naganoënsis*, Bryk & Eisner, ibid., *v.* 3 p. 13.

Fig. 119.
**Parnassius stubbendorfi naganoënsis** Bryk & Eisner (♂). (Typus, aus coll. C. Eisner, Berlin-Dahlem) (1/1).

Vereinigt die Merkmale von ssp. *mikado* Bryk & Eisner und ssp. *geisha* Bryk & Eisner (Fig. 119). Männchen noch reicher gezeichnet, mit besonders ausgeprägten Zellflecken, Rippenbestäubung und Hinterrandschwärze. Weibchen

Fig. 119a.
**Parnassius stubbendorfi naganoënsis** Bryk & Eisner (♀). (Typus, aus coll. C. Eisner, Berlin-Dahlem) (1/1).

kleiner als das der ssp. *mikado,* gelblicher, mit (oder ohne) schwach ausgebildetem Subcostalbändchen des Vorderflügels. Submarginale Bogenbinde des Hinterflügels mitunter fehlend, ohne Analbändchen.

Nagano-ken (Jakeshi), Kioto; Gifu.

Typen: ♂♀ in coll. C. Eisner, Berlin-Dahlem.

233. **P. stubbendorfi hokkaidensis** Bryk & Eisner 1914 *P. s. glacialis* aberr. *ernestinae*, Bryk in: Int. ent. Z., *v.* 8 p. 7 | 1932 *P. g.* ssp. *hokkaidensis*, Bryk & Eisner in: Parnassiana, *v.* 2 p. 88 | 1934 *P.* subsp. *h.*, Bryk & Eisner, ibid., *v.* 3 p. 14.

Eine mittelgroße, sehr helle Rasse mit kurzem Glasband und reduziertem Mittelzellfleck des Vorderflügels und mäßiger Hinterrandschwärze des Hinterflügels. Männchen mit schwacher Submarginalbinde des Vorderflügels, Weibchen mit oder ohne Submarginalbinden auf Vorder- und Hinterflügel. Forma *ernestinae* (Fig. 95) tritt auf.

Hokkaido (Typus), Hakodate.

Typen: ♂♀ in coll. C. Eisner, Berlin-Dahlem.

Ei noch nicht beschrieben. Die Raupe ist so auffallend von den übrigen *Parnassius*-Raupen verschieden, daß sie Graeser (1888, Berlin. ent. Z., *v.* 32 p. 65—66) anfangs für eine Noctuiden-Raupe aus der *Agrotis dahlii*- und *festiva*-Gruppe hielt. Vor der letzten Häutung ist sie schwarz mit hellgelben Schrägstrichen, bekommt aber dann ein gänzlich verschiedenes Aussehen. Die Grundfarbe ist rotbraun. Zu beiden Seiten des Rückens zieht sich vom 1.—11. Segment ein breiter, hellgelber Streifen hin, auf dem lateral je ein großer, halbmondförmiger und dahinter ein kleiner, dreieckiger, tiefschwarzer Fleck stehen. Auf der Mitte des Rückens stehen auf dem 1. Segment 2 kurze, schwarze Striche; auf dem 2. ebenfalls 2 und dahinter 2 nach außen gebogene, kurze, schwarze Linien; auf dem 3. Segment 2 stumpfe, offene Winkel, deren Spitzen nach innen gerichtet sind. Auf dem 4.—12. Segment findet sich je eine schwarze, pfeilförmige Zeichnung, deren stumpfe Spitze nach vorn gerichtet ist. Die Längsseiten dieser Pfeile sind hellgelb eingefaßt. Das 12. Segment trägt über dem After an jeder Seite einen kleinen, gelben und darüber einen schwarzen Punkt. Die Ventralseite und alle unterhalb des gelben Streifens befindlichen Partien sind graubraun, mit zahlreichen helleren Pünktchen bestreut. Stigmen, Brustfüße und Kopf mattschwarz. Die ganze Raupe, auch ihr Kopf, ist mit kurzen, steifen Haaren besetzt. Das ausstülpbare Osmaterium (die Nackengabel) weißgelb, fast durchsichtig. (1932 Bryk in: Ent. Rundsch., *v.* 50 p. 58 (Textf.)).

Als Futterpflanze kommen Corydalis-Arten, besonders Corydalis gigantea in Frage. Die Raupe lebt im Mai und Juni und verbirgt sich tagsüber unter trockenen Pflanzenabfällen. Die Verpuppung erfolgt in einem ziemlich festen Gespinnste, meistens unter altem Holz oder Steinen verborgen.

Geographisch wird *P. mnemosyne* L. durch *P. stubbendorfi* Ménétr. vom Altai an nach Osten hin abgelöst. Sein Verbreitungsareal ist paläarktisch und erstreckt sich ostwärts dem Amurlauf entlang, wendet sich vom Amurlande nordwärts bis zur Amurmündung, rückwärts bis Korea, einerseits mit insulären Ausläufern nach Sachalin, den Kurilen und Japan, eine zweite Abzweigung führt über die Mandschurei und Kanssu bis nach Szetschwan. Die Art, die als Vikariante von *P. mnemosyne* L. gelten kann, ist sehr stark variabel und hat sich in Ost-China und Japan als subsp. *glacialis* Butl. mit seinem Formenkreis derart differenziert, daß sie den Eindruck einer guten Art erweckt. Wegen der abweichenden Genitalarmatur des Männchens, bei dem --

Fig. 120.
Valve (links) und Uncus (rechts) von **Parnassius stubbendorfi glacialis** Butl. (Nach M. Hering 1933) $(^{16}/_{1})$.

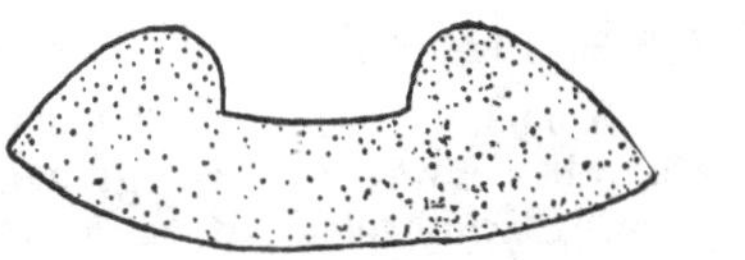

Fig. 121.
VIII. Tergit von **Parnassius stubbendorfi glacialis** Butl. (♂). (Nach M. Hering 1933) $(^{8}/_{1})$.

im Gegensatze zu *P. stubbendorfi* Ménétr. — über den Uncusfortsätzen dorsal 2 buschig behaarte, nach hinten gerichtete Lappen entspringen (Fig. 120), wurde auch *P. glacialis* Butl. als gute Art bezeichnet (1931 M. Hering in: Parnassiana, *v.* 1 nr. 7/8 p. 10), die sich durch beträchtlichere Größe, abweichende Mittelzellzeichnung im Vorderflügel und orangegelbe Behaarung des Halskragens wie der Körperunterseite auszeichnet. Auch in der Gestalt des VIII. Tergites (Fig. 121) ergeben sich Unterschiede zwischen beiden.

Auf Grund dieser abweichenden Merkmale läßt sich die Art in 2 gut charakterisierte Rassenkomplexe gliedern:

1. *stubbendorfi*-Kreis: *stubbendorfi* Ménétr. (1), *typicus* Bryk (2), *tartarus* Aust. (3), *funkei* O. Bang-Haas (4), *baeckeri* Kotzsch (5), *bodemeyeri* Bryk (6), *bromkampi* O. Bang-Haas (7), *jeholi* O. Bang-Haas (8), *siegfriedi* Bryk (9), *amurensis* Verity (10). *heliconicus* Bryk (11), *revisus* Bryk (12), *diabolicus* Bryk & Eisner (14), *conjungens* Bryk & Eisner (15), *kjöngsöngensis* Bryk (16), *standfussi* Bryk (17), *hoenei* Schweitzer (25), *esakii* Nakah. (28), *doii* Mats. (29).

2. *glacialis*-Kreis: *glacialis* Butl. (27), *mikado* Bryk & Eisner (30), *geisha* Bryk & Eisner (31), *naganoënsis* Bryk & Eisner (32), *hokkaidensis* Bryk & Eisner (33), *tsingtauus* A. Bang-Haas (18) *nankingi* O. Bang-Haas (19), *hönianus* M. Hering (20), *sinicus* Bryk (21), *taupingi* O. Bang-Haas (22) und *tsingschuiensis* O. Bang-Haas (23); subsp. *koreanus* Verity (13) zeigt schon Übergangsmerkmale, aber die Charaktere von subsp. *glacialis* Butl. herrschen vor.

Vom tiergeographischen Standpunkte ist das Vorkommen von subsp. *hoenei* Schweitzer, die dem *stubbendorfi*-Kreise angehört, im Gebiete des *glacialis*-Kreises (auf Hokkaido) bemerkenswert. Diese Rasse kann als ein eingewandertes Element der Amurfauna aufgefaßt werden, während die anderen Rassen aus Ost-China eingedrungen sind. (Vgl. 1932 Bryk in: Mt. D. ent. Ges., *v.* 3 p. 1).

3. **P. eversmanni** Ménétr. 1849 *P. e.*, Ménétriés in: Siemaschko, Russk. Fauna, t. 4 f. 5 (♂) | 1855 *P. e.*, Ménétriés, Lép. Ac. St.-Pétersb., *v.* 1 p. 7 | 1857 *P. e.*, Ménétriés, ibid., *v.* 2 p. 73 t. 1 f. 2 | 1879 *P. e.*, C. Oberthür, Étud. Ent., *v.* 4 p. 20 | 1886 *P. e.* (part.), Elwes in: P. zool. Soc. London, p. 48 | 1889 *P. e.*, Austaut, Parnass. paléarct., p. 133 t. 2 f. 2 (♂) | 1892 *P. e.*, O. Staudinger in: Romanoff, Mém. Lép., *v.* 6 p. 157 | 1893 & 95 *P. e.*, F. Rühl & A. Heyne, Palaearkt. Groß-Schmett.,

*v.* 1 p. 113, 706 | 1897 *P. e.*, T. Eimer, Orthogen. Schmett., p. 224, 385, f. 173 (♀), f. 231 (♀) | 1899 *P. e.*, Herz in: D. ent. Z. Lep., *v.* 11 p. 233 | 1901 *P. e.* (part.), O. Staudinger & Rebel, Cat. Lep. Palaearct. Faunengeb., ed. 3 *v.* 1 p. 8 | 1902 *P. e.*, A. Pagenstecher in: Fauna arct., *v.* 2 p. 218 | 1906 *P. e.* (part.), H. Stichel in: Seitz, Großschmett. Erde, *v.* 1 p. 21 t. 10g (♂, ♀) | 1907 & 10 *P. e.* (part.), Verity, Rhop. palaearct., p. 93 t. 3 f. 23 (♂ squamae) | 1907 *P. e.*, H. Stichel in: Gen. Ins., *v.* 58 p. 13 (cohors *clariiformes*) | 1908 *P. e.*, A. Seitz in: Int. ent. Z., *v.* 1 p. 309 | 1910 *P. e.*, Alpheraky in: Rev. Russe Ent., *v.* 9 p. 361 | 1910 *P. e.*, Mau in: Ent. Z., *v.* 24 p. 1—3 (biolog.) | 1914 *P. e.*, Bryk in: Ent. Mt., *v.* 3 p. 77 (Ausrottung) | 1914 *P. e.*, Sheljuzhko in: Z. Ins.-Biol., *v.* 10 p. 1, 5 | 1914 *P. E.*, Bryk in: Arch. Naturg., *v.* 80 A 5 p. 132 (nota 6), (larva), *v.* 80 A 6 p. 177 | 1918 *P. e.*, W. Rothschild in: Nov. zool., *v.* 25 p. 227 | [1918] *P. e.*, Bryk, Parnassius Apollo Formenkreis, p. 4 | 1929 *Doritis e.*, Sokolov in: Rev. Russe Ent., *v.* 23 p. 61, 62, 70 t. 1 f. 1, 6, 11 (♂ genital.) | 1932 *Parnassius e.*, Bryk & Eisner in: Parnassiana, *v.* 2 p. 92 | 1932 *P. mnemosyne e.*, M. Hering in: Mt. Mus. Berlin, *v.* 18 p. 292, p. 289 (part. f. b) (distrib. geogr.), p. 302, 303 f. 5 (Schienenblättchen), p. 304, 305 f. 46 (VIII. Tergit ♂), p. 310, 311 f. 82 (Aedoeag.), p. 312, 312 f. 116 (valva, uncus ♂).

K o p f. Antennen schwarz. Augen halbkugelig, schwarzbraun. Palpen gelb, mit schwarzen und gelben Haaren untermischt, vom *P. mnemosyne*-Typus. Stirnbüschel zitronen-orangegelb oder sogar schmutzig orangefarben. Halskragen goldgelb. T h o r a x und H i n t e r l e i b des Männchens schwarz, mit gelben Haaren besetzt, besonders die Hinterleibspitze stark gelb behaart. Abdomen unterseits mit langen, gelben Haaren. Thorax des Weibchens schwarz, mit sehr spärlicher gelblicher Behaarung. Sein Abdomen mattschwarz, die einzelnen Segmente mit losen, gelben Schuppenansammlungen abgegrenzt, sonst mit gelben Schuppen schütter besät, mit gelber Laterallinie, letztes Segment mattschwarz, vom Ovipositor mit gelbem Haarschuppenkranz abgegrenzt, unterseits lange, gelbe Haare. B e i n e: Schienen gelb behaart. Schienenblättchen (Fig. 122) wie bei *P. mnemosyne* L., etwas länger. V o r d e r f l ü g e l: Vorderrand an der Wurzel gelb. Die $M_1$ aus dem gemeinsamen Stiel der beiden gegabelten $R_{(4+5)}$, mehr oder weniger nahe der Mittelzelle entspringend. Die Querrippe der Mittelzelle im Vorderflügel eingeknickt, wurzelwärts spitz gewinkelt. Rippen, Saumlinie, Befransung auf Vorder- und Hinterflügel schwarz. Die Art ist nicht nur oft sexuell digryph, sondern bei den meisten Rassen sogar sexuell dichrom: die Männchen sind in diesem Falle zitronengelb, die Weibchen weißgelblich. Der gleichmäßig sich verjüngende Glassaum erreicht beim Männchen stets die $Cu_2$, kann aber auch wie beim Weibchen länger sein und bis zum Hinterrande reichen. Die continuierliche, aus nach außen konvex gezeichneten Bogenelementen bestehende Submarginalbinde des Vorderflügels zieht beim Weibchen bis zur $Ax_1$, beim Männchen ist sie meistens kürzer. Die Subcostalbinde ist beim Weibchen continuierlich, bogig und erreicht den Hinterrand, in dem sogar die $Ax_1$ überschritten wird. Beim Männchen ist sie oft in Subcostalbändchen und Hinterrandfleck aufgelöst, kann sogar in ganz extremen Fällen völlig reduziert sein (ssp. *felderi* Bremer). Der Endzellfleck ist meistens bindestrichartig und setzt schon bei $R_1$ an, vereinigt sich sehr oft, besonders bei den Weibchen, mit der im Winkel zwischen Mittelzelle und Hinterrand gelegenen Wurzelschwärze der hinteren Discoidalrippe an der Mittelzelle entlang, indem die Winkel der Rippen-

Fig. 122. Vorderschiene mit Schienenblatt von *Parnassius eversmanni maui* Bryk. (Nach M. Hering 1932) (17/1).

mündungen von $M_3$, $Cu_1$ und $Cu_2$ schwärzlich ausgefüllt werden. Es entsteht dadurch eine typische Treppenzeichnung. Mittelzellfleck nie fleckig, sondern bindestrichartig. Zwischen Mittelzellfleck und Wurzel oft eine schwarze Überpuderung, die aber nicht zum Mittelzellfleck reicht, wodurch ein heller Fleck ausgespart wird. An der Wurzel, zwischen $Cu_2$ und $Ax_1$ eine mehr oder weniger starke Verrußung, die beim ♂ ssp. *felderi* Bremer ausbleibt. Die Zeichnungen sind nie intensiv schwarz wie bei den meisten Vertretern der *Parnassiinae,* sondern graphitfarben. Die Flügelzeichnung ist auf der Unterseite des Vorderflügels nur durchscheinend, die schwarzen Rippen auf beiden Flügeln nackt. Die Hinterflügel sind ohne Glassaum. Die Submarginalbinde, aus sauber ausgeführten Bogenelementen bestehend, ist bei den Weibchen stets vollkommen ausgebildet, beim Männchen oft distal reduziert oder völlig rückgebildet (wie bei den ssp. *litoreus* H. Stich. und *felderi* Bremer). Die oberseits nicht weiß gekernten, in Größe stark variablen Augenflecke sind mehr oder weniger dick schwarz umrandet, demzufolge fällt der rote Kern kleiner oder größer aus. In aberrativen Fällen trägt der Augenfleck keinen roten Kern, er kann sogar ganz verschwinden. Zwischen Hinterrandfleck und Medianaugenflecke oft eine continuierliche, schwarze Verbindung, die bisweilen beim Weibchen in den 2 letzten Elementen rote Kerne trägt. Die Wurzelflecke sind oberseits vor der Mittelzelle und in ihr erhalten, die Hinterrandschwärze zieht sich wenigstens bis über die $Cu_2$ hinaus, erreicht auch, besonders beim Weibchen, die $R_5 + M_1$, sich um den Discus legend. Die Unterseite ist speckig glänzend, fast unbeschuppt, mit Ausnahme der Flecke und der außerhalb der Submarginalbinde gelegenen Randbogen, die stets heller sind. Bei Rotkernung der Augenflecke und des Analfleckes sind die betreffenden Zeichnungen stets schwarz umrandet, mit großen, weißen Kernen und schmaler, roter Linie zwischen beiden. 3 Wurzelflecke sind in der Regel deutlich erhalten,

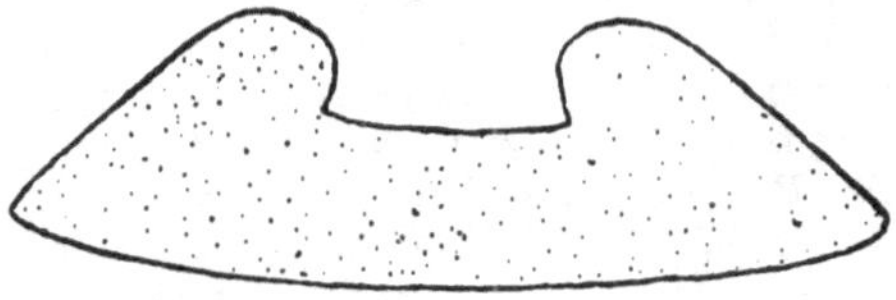

Fig. 123.
VIII. Tergit von **Parnassius eversmanni maui** Bryk (♂). (Nach M. Hering 1932) (9/1).

Fig. 124.
Aedoeagus von **Parnassius eversmanni maui** Bryk. (Nach M. Hering 1932) (13/1).

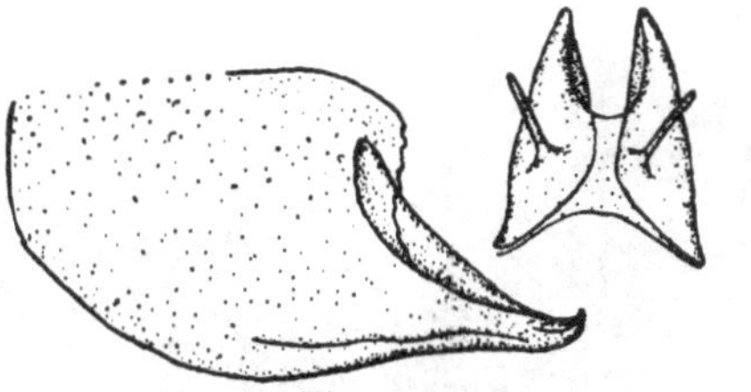

Fig. 125.
Valve (links) und Uncus (rechts) von **Parnassius eversmanni maui** Bryk. (Nach M. Hering 1932) (15/1).

saumwärts schwarz abgegrenzt, mit roten und weißen Kernen. Innenrand und Wurzel des Vorderrandes stets gelb mit gelben Haaren. VIII. Tergit des Männchens (Fig. 123) wie bei *P. mnemosyne* L. Aedoeagus (Fig. 124) langgestreckt, oralwärts mäßig verdickt, mit sehr kleinem Orificium, kräftiger als bei *P. mnemosyne* L. Uncus und Subuncus (Fig. 125) des Männchens ähnlich denen von *P. mnemosyne* L., Valve (Fig. 125) ähnlich der von *P. stubbendorfi* Ménétr. Sphragis (Fig. 126) weißlich, nachenförmig wie eine Klaue gebogen, unterseits gefurcht, den halben Hinterleib einnehmend, nach außen zugespitzt.

Altai, Gouv. Irkutsk bis Ochotsk, Kamtschatka?, Amur-Gebiet, Japan; Alaska.

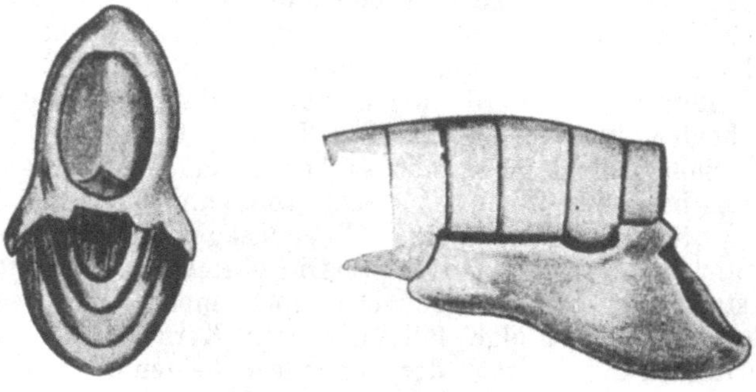

Fig. 126.
Sphragis von **Parnassius eversmanni felderi** Bremer. Links Profilansicht, rechts Frontalansicht. (Nach Bryk 1918) (⁵/₁).

♀ forma flavescens O. Bang-Haas 1927 *P. eversmanni* var. *Felderi* aberr. *flavescens*, O. Bang-Haas in: Horae Macrolep., *v.* 1 p. 7 | 1929 *P. felderi* aberr. *f.* + *P. e.* aberr. *f.*, Bollow in: Seitz, Großschmett. Erde, *v.* 1 Suppl. 1 p. 36.

Weibchen mit stark gelblichem Flügelgrund.

Sajan-Gebirge.

♀ forma nigricans Bryk & Eisner 1890 *P. Felderi* var. *atrata*, L. Graeser in: Berlin. ent. Z., *v.* 35 p. 71 | 1906 *P. f* aberr. *a.*, H. Stichel in: Seitz, Großschmett. Erde, *v.* 1 p. 21 | 1907 *P. f.* forma *a.*, H Stichel in: Gen. Ins., *v.* 58 p. 13 | 1907 *P. f.* aberr. *a.*, Verity, Rhop. palaearct., p. 95 t. XXII f. 13 (♀) | 1907 *P. eversmanni* ♀ aberr. *subdiaphana*, Verity, ibid., p. 94 t. XXII f. 9 (♀) | 1914 *P. felderi* forma *atrata* + *P. e. s.*, Sheljuzhko in: Z. Ins.-Biol., *v.* 10 p. 4 f. 11 (♀), p. 6 | 1918 *P. f.* aberr. *a.*, W. Rothschild in: Nov. zool., *v.* 25 p. 227 | 1922 [1923] *P. eversmanni* aberr. ♀ *a.*, Bryk in: Strand, Lep. Cat., *v.* 27 p. 157 | 1929 *P. felderi* aberr. *a*, Bollow in: Seitz, Großschmett. Erde, *v.* 1 Suppl. 1 p. 36 | 1932 *P. eversmanni* subsp. *felderi* forma *nigricans*, Bryk & Eisner in: Parnassiana, *v.* 2 p. 95.

Verdunkelte und etwas verglaste Weibchen.

Raddejewka (Amur).

Fig. 127.
**Parnassius eversmanni eversmanni** Ménétr. forma **nigricans** Bryk & Eisner (♀) [= forma **subdiaphana** Verity, Typus]. (Nach Verity 1907) (¹/₁).

forma quincunx Bryk & Eisner 1934 *P. eversmanni* subsp. *thor* forma *q.*, Bryk & Eisner in: Parnassiana, *v.* 3 p. 15.

Endzellfleck des Vorderflügels vorn reduziert, den Discus nicht überschreitend.

Slate Creek (Alaska).

Typus: ♂ in coll. C. Eisner, Berlin-Dahlem.

forma desubmarginata Bryk 1934 *P. eversmanni thor* forma *d.*, Bryk in: Parnassiana, *v.* 3 (im Druck).

Submarginalbinde des Vorderflügels fast völlig reduziert. (Siehe Fig. 135).

Alaska.

Typus: ♂ in coll. M. H. Peebles, London.

♂ forma herrichi Bryk 1914 *P. felderi* aberr. *h.*, Bryk in: Mt. Münch. ent. Ges., *v.* 5 p. 26 | 1922 [1923] *P. eversmanni* aberr. *H.*, Bryk in: Strand, Lep. Cat., *v.* 27 p. 157 | 1929 *P. felderi* ♂ aberr. *h.*, Bollow in: Seitz, Großschmett. Erde, *v.* 1 Suppl. 1 p. 36.

Männchen mit continuierlicher Subcostalbinde.

Raddejewka (Amur).

Typus: ♂ in coll. C. Eisner, Berlin-Dahlem.

♀ forma defasciata Bryk & Eisner 1934 *P. eversmanni* subsp. *felderi* forma *d.*, Bryk & Eisner in: Parnassiana, *v.* 3 p. 15.

Weibchen, bei dem die für die Art typische Mittelbinde im Vorderflügel in der Mitte unterbrochen ist.

Raddejewka (Amur).

Typus: ♀ in coll. C. Eisner, Berlin-Dahlem.

forma ochreocellata Bryk & Eisner 1932 *P. eversmanni* subsp. *maui* forma *o.*, Bryk & Eisner in: Parnassiana, *v.* 2 p. 94.

Augenflecke gelb anstatt rot gekernt.

Ternej-Bucht.

Typus: ♂ in coll. C. Eisner, Berlin-Dahlem.

♀ forma rubinus Bryk 1914 *P. felderi* aberr. *r.*, Bryk in: Mt. Münch. ent. Ges., *v.* 5 p. 26 | 1922 [1923] *P. eversmanni* aberr. *r.*, Bryk in: Strand, Lep. Cat., *v.* 27 p. 157 | 1929 *P. felderi* aberr. *r.*, Bollow in: Seitz. Großschmett. Erde, *v.* 1 Suppl. 1 p. 36 | 1932 *P. eversmanni* subsp. *felderi* forma *subtus rubro-ocellata*, Bryk & Eisner in: Parnassiana, *v.* 2 p. 95.

Weibchen mit beiderseits rotgekernten Augenflecken.

Raddejewka (Amur).

Typus: ♀ in coll. C. Eisner, Berlin-Dahlem.

forma medio-nigroocellata Bryk & Eisner 1914 *P. eversmanni* forma *semicaeca*. Sheljuzhko in: Z. Ins.-Biol., *v.* 10 p. 6 (nota) | 1922 [1923] *P. e.* aberr. *s.*, Bryk in: Strand, Lep. Cat., *v.* 27 p. 157 | 1927 *P. felderi* aberr. *mediocaeca*, O. Bang-Haas in: Horae Macrolep., *v.* 1 p. 7 | 1928 *P. eversmanni* aberr. *monocula*, Kardakoff in: Ent. Mt., *v.* 17 p. 265 | 1929 *P. felderi* + *P. e.* aberr. *semicaeca* + aberr. *monocula*, Bollow in: Seitz, Großschmett. Erde, *v.* 1 Suppl. 1 p. 36 | 1932 *P. e. eversmanni* forma *medio-nigroocellata*, Bryk & Eisner in: Parnassiana, *v.* 2 p. 92.

Medianaugenfleck oberseits ohne Rot, ganz schwarz.

Viluj, Sajan-Gebirge, Tschuja-Gebirge, Altai, Nikolajewsk.

Typus: ♂ in coll. C. Eisner, Berlin-Dahlem.

forma **aperta** Bryk & Eisner 1932 *P. eversmanni* subsp. *felderi* forma *a.*, Bryk & Eisner in: Parnassiana, *v.* 2 p. 95.

Mittelzellfleck des Vorderflügels die vordere Discuswand nicht erreichend.

Raddejewka (Amur).

Typus: ♂ in coll. C. Eisner, Berlin-Dahlem.

forma **costali-rubroocellata** Bryk & Eisner 1932 *P. eversmanni* subsp. *felderi* forma *costali-rubro-ocellata*, Bryk & Eisner in: Parnassiana, *v.* 2 p. 95.

Subcostalaugenfleck anstatt schwarz mit deutlicher Prachtfarbe gekernt.

Raddejewka (Amur).

Typus: ♂ in coll. C. Eisner, Berlin-Dahlem.

♂ forma **obliterata** Shelj. 1914 *P. felderi* forma *o.*, Sheljuzhko in: Z. Ins.-Biol., *v.* 10 p. 4 f. 10 (♂), 6 (nota) | 1922 [1923] *P. eversmanni* aberr. *o.*, Bryk in: Strand, Lep. Cat., *v.* 27 p. 157 | 1927 *P. felderi* aberr. *medio-extincta*, O. Bang-Haas in: Horae Macrolep., *v.* 1 p. 7 | 1929 *P. f.* aberr. *obliterata*, Bollow in: Seitz, Großschmett. Erde, *v.* 1 Suppl. 1 p. 36.

Medianaugenfleck erloschen.

Raddejewka (Amur).

Typus: ♂ in coll. L. Sheljuzhko, Kijew.

♂ forma **medio-extincto-ocellata** Bryk & Eisner 1913 *P. felderi* aberr. *reciprocus*, Bryk in: Soc. ent., *v.* 28 p. 95 (♂) | 1914 *P. f.* aberr. *reciproca*, Sheljuzhko in: Z. Ins.-Biol., *v.* 10 p. 4 f. 9 (♂) (nota 2) | 1922 [1923] *P. f.* aberr. *reciprocus*, Bryk in: Strand, Lep. Cat., *v.* 27 p. 157 | 1929 *P. f.* aberr. *reciproca*, Bollow in: Seitz, Großschmett. Erde, *v.* 1 Suppl. 1 p. 36 | 1932 *P. eversmanni* subsp. *felderi* forma *medio-extincto-ocellata*, Bryk & Eisner in: Parnassiana, *v.* 2 p. 95.

Medianaugenfleck fehlt, Subcostalfleck schwarz anstatt rot.

Raddejewka (Amur).

Typus: ♂ in coll. C. Eisner, Berlin-Dahlem.

forma **nigroocellata** Bryk & Eisner 1911 *P. eversmanni* aberr. *melanops*, Austaut in: Ent. Z., *v.* 24 p. 244 | 1914 *P. felderi* forma *caeca* + *P. e.* forma *m.*, Sheljuzhko in: Z. Ins.-Biol., *v.* 10 p. 6 (nota) | 1922 [1923] *P. e.* aberr. *c.*, Bryk in: Strand, Lep. Cat., *v.* 27 p. 157 | 1927 *P. felderi* aberr. *c.*, O. Bang-Haas in: Horae Macrolep., *v.* 1 p. 7 | 1929 *P. f.* + *P. eversmanni* aberr. *c.*, Bollow in: Seitz, Großschmett. Erde, *v.* 1 Suppl. 1 p. 36 | 1932 *P. e. eversmanni* forma *nigroocellata*, Bryk & Eisner in: Parnassiana, *v.* 2 p. 92.

Beide Augenflecke oberseits schwarz, ohne Rot.

Raddejewka (Amur).

Typus: ♂ in coll. L. Sheljuzhko, Kijew.

forma **ocelloconjuncta** Bryk & Eisner 1932 *P. eversmanni eversmanni* forma *o.*, Bryk & Eisner in: Parnassiana, *v.* 2 p. 92.

Augenflecke der Hinterflügeloberseite miteinander durch einen schwarzen Strich verbunden.

Chara-Daban (Sajan-Gebirge).

Typus: ♀ in coll. C. Eisner, Berlin-Dahlem.

forma **rubroanalis** Bryk & Eisner 1914 *P. eversmanni* var. *felderi* aberr. *decora*, Bryk in: Mt. Münch. ent. Ges., *v.* 5 p. 25 | 1922 [1923] *P. e.* aberr. *d.*, Bryk in: Strand, Lep. Cat., *v.* 27 p. 157 | 1932 *P. e.* subsp. *felderi* forma *rubroanalis*, Bryk & Eisner in: Parnassiana, *v.* 2 p. 95.

Analflecke des Hinterflügels oberseits rot gekernt.

Raddejewka (Amur).

Typus: ♂ in coll. C. Eisner, Berlin-Dahlem.

forma conjunctoanalis Bryk & Eisner 1932 *P. eversmanni eversmanni* forma *c.*, Bryk & Eisner in: Parnassiana, *v.* 2 p. 92.

Analflecke des Hinterflügels continuierlich mit dem Medianaugenfleck verbunden.

Chara-Daban (Sajan-Gebirge).

Typus: ♂ in coll. C. Eisner, Berlin-Dahlem.

forma amplius-rubroanalis Bryk & Eisner 1928 *P. eversmanni* aberr. *ampliusdecora*, Eisner in: Int. ent. Z., *v.* 22 p. 302 | 1929 *P. e.* aberr. *a.*, Bollow in: Seitz, Großschmett. Erde, *v.* 1 Suppl. 1 p. 36 | 1932 *P. e. eversmanni* forma *amplius-rubroanalis* (+ *rubroamplius-analis*), Bryk & Eisner in: Parnassiana, *v.* 2 p. 92, 93.

Auch der Fleck zwischen dem Medianaugenfleck und den beiden Analflecken trägt oberseits einen roten Kern.

Sajan-Gebirge.

Typus: ♀ in coll. C. Eisner, Berlin-Dahlem.

Von *P. eversmanni* wurde folgende Geäderform beschrieben:

forma plethoneura *donovani* Bryk 1917 *P. eversmanni* forma *d.*, Bryk in: Arch. Naturg., *v.* 82 A 5 p. 42 f. $a_2$, n. 43.

Praecostalsporn des Hinterflügels 2ästig, der knotenartige Stumpf wurzelwärts gerichtet, der längere, spitz verlaufende zum Vorderrande zielend.

31. **P. eversmanni eversmanni** Ménétr. 1849 *P. e.*, Ménétriés in: Siemaschko, Russk. Fauna, t. 4 f. 5 (♂) | 1855 *P. e.*, Ménétriés, Lép. Ac. St.-Pétersb., *v.* 1 p. 7 | 1857 *P. e.*, Ménétriés, ibid., *v.* 2 p. 73 t. 1 f. 2 (♂) | 1886 *P. e.*, Elwes in: P. zool. Soc. London, p. 48 (part.) | 1906 *P. e.*, H. Stichel in: Seitz, Großschmett. Erde, *v.* 1 p. 20 t. 10g (♂, ♀) | 1907–11 *P. e.* (part.) + aberr. *subdiaphana* + „race" *septentrionalis*, Verity. Rhop. palaearct., p. 93 t. XXII f. 6 (♂), 8 (♀), p. 319 t. LXIV f. 17 (♂), 18 (♀) | 1907 *P. e. eversmanni* (part.), H. Stichel in: Gen. Ins., *v.* 58 p. 13 t. 1 f. 3 (♂) | 1914 *P. e. e.*, Sheljuzhko in: Z. Ins.-Biol., *v.* 10 p. 1 f. 1, 2 (♀), p. 6 | 1914 *P. e.* var. *septentrionalis*, Bryk in: Mt. Münch. ent. Ges., *v.* 5 p. 26 | 1918 *P. e. eversmanni*, W. Rothschild in: Nov. zool., *v.* 25 p. 227 | 1922 [1923] *P. e.* var. *septentrionalis*, Bryk in: Strand, Lep. Cat., *v.* 27 p. 156 | 1927 *P. e. eversmanni* + *e. septentrionalis*, O. Bang-Haas in: Horae Macrolep., *v.* 1 p. 6 | 1929 *P. e.* „Nominatform", Bollow in: Seitz, Großschmett. Erde, *v.* 1 Suppl. 1 p. 36 | 1932 *P. e. eversmanni* + forma *medio-nigroocellata* + forma *conjunctoanalis* + forma *decora* + forma *ocelloconjuncta* + forma *nigroocellata* + forma *rubro-amplius analis* + *P. e.* subsp. *septentrionalis*, Bryk & Eisner in: Parnassiana, *v.* 2 p. 92, 93 | 1934 *P. e. e.* + forma *minusculus* + forma *nigroocellata* + subsp. *septentrionalis*, Bryk & Eisner, ibid., *v.* 3 p. 15.

Reich gezeichnete, kleine, sexuell dichrome Rasse. Männchen (Fig. 128) zitronengelb, mit deutlichen, ziemlich breiten Bindenzeichnungen im Vorderflügel.

Fig. 128.
**Parnassius eversmanni eversmanni** Ménétr. (♂). (Nach Verity 1910) (1/1).

Im Hinterflügel ist die Submarginalbinde sehr dünn gezeichnet und in den hintersten Elementen etwas rückgebildet. Der 3. Analfleck ist, neben den beiden anderen, nur selten erhalten. Weibchen gelblichweiß, mit breiteren Binden als das Männchen. Im Hinterflügel besteht die Submarginalbinde aus kräftigeren Bogen und ist stets vollkommen. Das Analbändchen ist vollständig mit dem Medianaugenfleck vereinigt. Die Augenflecke sind bedeutend

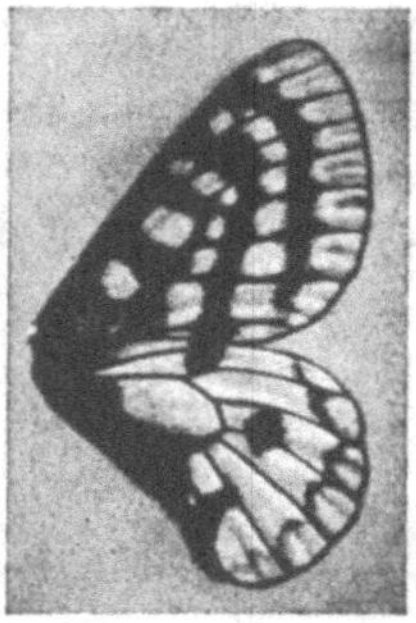

Fig. 129.
**Parnassius eversmanni septentrionalis** Verity (links ♂, rechts ♀). (Nach Verity 1910) (1/1).

größer als beim Männchen; sie sind in der Regel rosa oder kräftig rotgekernt. Als formae wurden beobachtet: *flavescens, atrata, amplius-rubroanalis, ocelloconjuncta, semicaeca, nigroocellata*. Ssp. *septentrionalis* Verity (Fig. 129) aus Witim und Wilui ist kaum haltbar. Vorderflügellänge: ♂ 28,5 bis 30 mm, ♀ 28—30 mm.

Kansk (Gouv. Irkutsk) (Typus); Sajan-Gebirge: Munko Sardyk, Chara-Daban, Tunkinsk-Weißberge, Kossö gol; Witim, Jakutsk, Wilui.

Typen: ♂ ♀ in coll. Zool. Mus. Leningrad.

32. **P. eversmanni altaicus** Verity 1899 *P. e.*, Elwes in: Tr. ent. Soc. London, p. 299, 314 | 1911 & 10 *P e.* „race" *altaica*, Verity, Rhop. palaearct., p. 319 t. LXIV f. 19 (♂) | 1914 *P. e. a.*, Sheljuzhko in: Z. Ins.-Biol., *v.* 10 p. 2 f. 6 (♂), p. 6 | 1918 *P. e. a.*, W. Rothschild in: Nov. zool., *v.* 25 p. 228 | 1922 [1923] *P. e.* var. *a.*, Bryk in: Strand, Lep. Cat., *v.* 27 p. 157 | 1927 *P. e. a.*, O. Bang-Haas in: Horae Macrolep., *v.* 1 p. 6 | 1929 *P. e.* subsp. *a.*, Bollow in: Seitz, Großschmett. Erde, *v.* 1 Suppl. 1 p. 36 | 1932 *P. e.* subsp. *a.*, Bryk & Eisner in: Parnassiana, *v.* 2 p. 93.

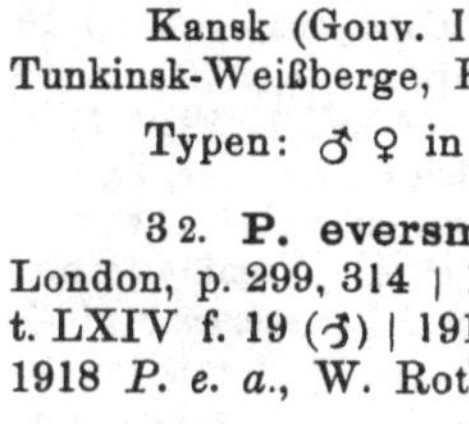

Fig. 130.
**Parnassius eversmanni altaicus** Verity (♂).
(Nach Verity 1910) (1/1).

Der vorigen Rasse sehr ähnlich, aber blasser und mehr transparent. Männchen (Fig. 130) gelb, mit schmälerem Zellfleck. Die Zeichnungen nicht so scharf, mehr verschwommen. Die Submarginalbinde des Hinterflügels hinten reduziert, die Hinterrandschwärze nicht so ausgedehnt, die $Cu_1$ nicht erreichend. Weibchen dem der Nominatform gleich. Vorderflügellänge: ♂ 29—31,5 mm, ♀ 29 mm.

Altai: Tschuja Berge, 2400 - 2700 m, Darkoti oder Tachety-Fluß.

Typus: ♂ in coll. Brit. Mus. London.

33. **P. eversmanni wosnesenskii** Ménétr. 1849 *P. w.*, Ménétriés in: Siemaschko, Russk. Fauna, t. 4 f. 6 (♀) | 1855 *P w*, Ménétriés. Lép. Ac. St.-Pétersb., *v.* 1 p. 7 | 1857 *P. w.*, Ménétriés, ibid., *v.* 2 p. 74 t. 1 f. 3 (♀) | 1879 *P. w.*, C. Oberthür,

Étud. Ent., *v.* 4 p. 20 | 1889 *P. w.*, Austaut, Parnass. paléarct., p. 137 t. 20 f. 3 (♀) | 1906 *P. eversmanni* (part.), H. Stichel in: Seitz, Großschmett. Erde, *v.* 1 p. 21 | 1907 *P. e. e.* (part.), H. Stichel in: Gen. Ins., *v.* 58 p. 13 | 1907 *P. e.* (part.), Verity, Rhop. palaearct., p. 93 (ex synon.) | 1914 *P. e. e.* (part.), Sheljuzhko in: Z. Ins.-Biol., *v.* 10 p. 5 | 1922 [1923] *P. e.* var. *Wosnesenkii*, Bryk in: Strand, Lep. Cat., *v.* 27 p. 159 | 1927 *P. e. wosnesenskii*, O. Bang-Haas in: Horae Macrolep., *v.* 1 p. 7 | 1932 *P. e.* subsp. *w.*, Bryk & Eisner in: Parnassiana, *v.* 2 p. 93.

Steht den beiden vorigen Rassen sehr nahe. Männchen unbekannt. Weibchen kleiner, nach der schlechten Abbildung zu urteilen, ist der Endzellfleck reduziert und erreicht $R_1$ nicht, was sicher aberrativ ist. Auch fehlen die für *P. eversmanni* ♀ typischen „Treppen" um den Vorderflügeldiscus. Die beiden Augenflecke sind durch einen schmalen Steg miteinander verbunden.

Ochotsk.

Typus: ♀ in coll. Zool. Mus. Leningrad.

34. **P. eversmanni litoreus** H. Stich. 1888 *P. e.*, L. Graeser in: Berlin. ent. Z., *v.* 32 p. 65 (biol.) | 1892 *P. e.*, O. Staudinger in: Romanoff, Mém. Lép., *v.* 6 p. 139 | 1907 *P. e. litoreus*, H. Stichel in: Gen. Ins., *v.* 58 p. 13 (nota 1) | 1907 *P. e.* (part.), Verity, Rhop. palaearct., p. 94 t. XXII f. 7 (♂) | 1911 *P. e. litoreus*, Verity, ibid., p. 319 | 1912 *P. e. l.*, Bryk in: Ent. Mt., *v.* 1 p. 377 (exstirpatio) | 1914 *P. e. l.*, Sheljuzhko in: Z. Ins.-Biol., *v.* 10 p. 3 f. 7 (♂), 8 (♀), p. 6 | 1917 *P. e.* forma ven. *donovani*, Bryk in: Arch. Naturg., *v.* 82 A 5 p. 43 f. $a_2$ | 1918 *P. e. litoreus*, W. Rothschild in: Nov. zool., *v.* 25 p. 227 | 1922 [1923] *P. e.* var. *l.* (part.), Bryk in: Strand, Lep. Cat., *v.* 27 p. 158 | 1927 *P. e. l.*, O. Bang-Haas in: Horae Macrolep., *v.* 1 p. 8 | 1929 *P. e.* subsp. *l.*, Bollow in: Seitz, Großschmett. Erde, *v.* 1 Suppl. 1 p. 36 | 1932 *P. e.* subsp. *l.*, Bryk & Eisner in: Parnassiana, *v.* 2 p. 94 | 1934 *P. e.* subsp. *l.*, Bryk & Eisner, ibid., *v.* 3 p. 15.

Fig. 131.
**Parnassius eversmanni litoreus** H. Stich. (♂). (Typus, nach Verity 1907) (1/1).

Größer als die bisher erwähnten Rassen, bildet einen Übergang zur sexuell nicht dichromen ssp. *felderi* Bremer. Flügelschnitt etwas gestreckter, besonders der des Weibchens; ärmer gezeichnet. Männchen (Fig. 131) nicht so gesättigt gelb, blasser, die Zeichnungen etwas reduziert. Die Submarginale dünner und etwas kürzer, die Subcostalbinde aufgelöst, aus einem mehr oder weniger dünnen Subcostalbändchen und einem von ihm getrennten, länglichen, schmalen Hinterrandfleck bestehend. Hinterflügel meistens ohne jede Submarginalbinde oder nur mit rudimentärer Auflösung. Medianaugenfleck 1 zellig. Der 2 zellige Analfleck magerer als bei der Nominatrasse. Hinterrandschwärze reduziert. Weibchen etwas reicher als das Männchen gezeichnet, weiß, mit ganz leichtem, grünlichem Anflug. Die schmale Subcostalbinde des Vorderflügels bisweilen wie beim Männchen aufgelöst. Submarginalbinde des Hinterflügels erhalten, aber dünner als beim Typus. Es treten die bei der Nominatform erwähnten formae aberrativ auf, desgl. forma plethoneura *donovani*. Vorderflügellänge: ♂ 32,5—38 mm, ♀ 34—37 mm.

Nicolajewsk an der Amurmündung.

Typus: ♂ in coll. R. Oberthür, Rennes.

35. **P. eversmanni maui** Bryk 1911 *P. e.* var. *m.*, O. Staudinger & A. Bang-Haas (i. l.), Lep.-Liste, *v.* 55 p. 4 (col. 11) | 1914 *P. e. m.*, Sheljuzhko in: Z. Ins.-Biol., *v.* 10 p. 3 | 1915 *P. e. m.*, Bryk (Püngeler MS) in: Arch. Naturg., *v.* 80 A 7 p. 172, A 9 p. 140 t. 5 f. 36 (♀) | 1918 *P. e. m.*, W. Rothschild in: Nov. zool., *v.* 25 p. 228 | [1918] *P. e. m.*, Bryk, Parnassius Apollo Formenkreis, p. 84, 136 t. 5 f. 36 (♀) | 1922 [1923] *P. e.* var. *litoreus* (an synon?), Bryk in: Strand, Lep. Cat., *v.* 27 p. 158 | 1927 *P. e. maui* + *mauoides* (generat.), O. Bang-Haas in: Horae Macrolep., *v.* 1 p. 7—8 | 1928 *P. e.* subsp. *maui* + forma *intermedia*, Kardakoff in: Ent. Mt., *v.* 17 p. 265 | 1929 *P. e.* subsp. *maui* + generat. vern. *mauoides*, Bollow in: Seitz, Großschmett. Erde, *v.* 1 Suppl. 1 p. 36 | 1932 *P. e.* subsp. *maui* + forma *ochreoocellata* + forma *rubroanalis*, Bryk & Eisner in: Parnassiana, *v.* 2 p. 94 t. f. 5 (♂) | 1932 *P. mnemosyne e.* subsp. geogr. *maui*, M. Hering in: Mt. Mus. Berlin, *v.* 18 p. 302, 303 f. 6 (Schienenblättchen), p. 304, 305 f. 46 (VIII. Tergit, ♂), p. 310, 311 f. 83 (Aedoeagus), p. 312, 313 f. 117 (uncus, valva, ♂).

Ähnlich ssp. *litoreus* H. Stich., aber größer. Die sexuell digryphen Männchen mit noch mehr reduzierter Zeichnung, die Weibchen noch stärker an ssp. *felderi* Bremer erinnernd. Der Glassaum des Männchens (Fig. 132) bisweilen kürzer, bis $Cu_1$ reichend, dementsprechend ist die Submarginalbinde kürzer. Subcostalbinde aufgelöst wie bei ssp. *litoreus* H. Stich. Mittelzellfleck sehr schmal,

Fig. 132.
**Parnassius eversmanni maui** Bryk (♂) (von der Olga-Bai). (Nach Bryk & Eisner 1932) (1/1).

oder schwach angedeutet. Die Augenflecke verkleinert, oft mit ganz geringer Kernung oder ganz schwarz. Basis der Mittelzelle am Vorderflügel fast ganz unbestäubt. Im ganzen Habitus gleicht das Männchen dem von *felderi*, nur der Flügelfond ist nicht weiß, sondern gelb. Das Weibchen unterscheidet sich von *felderi* durch dunklere Binden auf dem Vorderflügel und schmälere Submarginalbinde auf dem Hinterflügel, die auch fast völlig reduziert ausfallen kann und schwächer gezeichnete Wurzelflecke, die basalwärts weiß aufgehellt sind. Auch der Kern der Augenflecke ist in der Regel wie bei *P. eversmanni* Ménétr. 2 zellig, während er bei ssp. *felderi* Bremer wie den Männchen aller *eversmanni*-Unterarten auf eine Zelle beschränkt ist. Die Auffassung von zwei Generationen, die 3 Wochen voneinander getrennt sein sollen, ist nicht haltbar, wenn auch die früher geschlüpften *(mauoides)* einen kleineren Flügelschnitt aufweisen sollen, was von Kardakoff (l. c.) bezweifelt wird. Vorderflügellänge: ♂ 32—41 mm, ♀ 32—41 mm.

Tjutiché-Bucht; Ternej-Bucht; Olga-Bai.

Typen: ♂ ♀ in coll. O. Bang-Haas, Blasewitz bei Dresden.

36. **P. eversmanni felderi** Bremer 1861 *P. f.*, Bremer in: Bull. Ac. St.-Pétersb., *v.* 3 p. 464 | 1864 *P. f.*, Bremer in: Mém. Ac. St.-Pétersb., ser. 7 *v.* 8 nr. 1 p. 6 t. 1 f. 5 (nec 4) | 1878 *P. f.*, Christoph in: Ent. Zeit. Stettin, *v.* 39 p. 214 | 1886 *P. f.*, Elwes in: P. zool. Soc. London, p. 49 | 1889 *P. f.*, Austaut, Parnass. paléarct., p. 143 t. 19 f. 2 (♂) | 1890 *P. f.*, Grum-Grshimailo in: Romanoff, Mém. Lép., *v.* 4 p. 157 | 1901 *P. f.*, O. Staudinger & Rebel, Cat. Lep. Palaearct. Faunengeb., ed. 3 *v.* 1 p. 8 | 1906 *P. f.*, H. Stichel in: Seitz, Großschmett. Erde, *v.* 1 p. 21 t. 11 a (♂, ♀) | 1907 & 10 *P. f.*, Verity, Rhop. palaearct., p. 94 t. XXII f. 10, 11 (♂), 12 (♀), 13 (♀ aberr. *atrata*) t. 3 f. 24 (♂) (squamae) | 1907 *P. f.*, H. Stichel in: Gen. Ins., *v.* 58 p. 13 t. 2 f. 2 (♀) | 1910 *P. eversmanni* var. *f.*, Alpberaky in: Rev. Russe Ent., *v.* 9 p. 361 | 1910 *P. e.* var. *f.*, Tancré in: Mau in: Ent. Z., *v.* 24 p. 3 | 1914 *P. e.* var. *f.*, Bryk in: D. ent. Z. Iris, *v.* 27 p. 148 (nota 2) | 1914 *P. f.* + formae: *reciproce*, *obliterata*, *atrata* + *caea*, Sheljuzhko in: Z. Ins.-Biol., *v.* 10 p. 3 (nota), 4, 5 f. 9 (♂, forma *reciproca*), 10 (♂, forma *obliterata*), 11 (♀, forma *atrata*), p. 6 | 1914 *P. eversmanni* var. *f.* + aberr. *rubinus*, *herrichi*, *decora*, Bryk in: Mt. Münch. ent. Ges., *v.* 5 p. 25—26 | 1914 *P. e.* var. *f.*, Bryk in: Int. ent. Z., *v.* 8 p. 1, 3, 7, 11 (Sep. p. 2, 6, 10, 17, 19) | 1915 *P. e.* var. *f.*, Bryk in Arch. Naturg., *v.* 80 A 7 p. 172, 173, A 9 p. 140 t. 5 f. 34 (♂), 35 (♀) | 1918 *P. e.* var. *f.*, Poppius in: Bryk in: Ark. Zool., *v.* 11 nr. 18 p. 19, 23, 37 t. 4 f. 39, 30 (sphragis) | 1918 *P. f.*, W. Rothschild in: Nov. zool., *v.* 25 p. 227 | 1922 [1923] *P. Eversmanni* var. *F.*, Bryk in: Strand, Lep. Cat., *v.* 27 p. 157 | 1927 *P. e. f.*, O. Bang-Haas in: Horae Macrolep., *v.* 1 p. 7 | 1929 *P. f.*, Bollow in: Seitz, Großschmett. Erde, *v.* 1 Suppl. 1 p. 36 | 1932 *P. eversmanni* subsp. *felderi* + forma *aperta* + forma *medio-extincto-ocellata* + forma *nigricans* + forma subtus *rubro-ocellata* + forma *rubroanalis* + forma *costali-rubro-ocellata*, Bryk & Eisner in: Parnassiana, *v.* 2 p. 95 | 1932 *P. mnemosyne e.* forma geogr. *f.*, M. Hering in: Mt. Mus. Berlin, *v.* 18 p. 302, 303 f. 5 (Schienenblättchen), p. 304, 305 (VIII. Tergit), p. 312, 312 f. 116 (Uncus, Valva).

Die größte Rasse von *P. eversmanni* Ménétr., die bis vor kurzem nur wegen des Fehlens sexueller Dichromie als eigene Species aufgefaßt wurde. Männchen stark sexuell digryph, nicht gelb, sondern stumpf stearinweiß. Glassaum mehr oder weniger lang. Die Submarginalbinde scharf und dünn.

Fig. 133.
**Parnassius eversmanni felderi** Bremer (♂). (Original, aus coll. C. Eisner, Berlin-Dahlem) (1/1).

Subcostalflecke oft ganz reduziert, ebenso der Hinterrandfleck, der, falls vorhanden, sehr dünn, strichartig ist. Basis der Mittelzellwurzel im Vorderflügel nicht bestäubt. Hinterflügel ohne Submarginalbinde; Augenflecke sehr oft schwarz oder stark reduziert. Wurzelfleck in der Mittelzelle rückgebildet.

Fig. 133 a.
**Parnassius eversmanni felderi** Bremer forma **nigricans** Bryk & Eisner (♀). (Nach Verity 1907) (1/1).

Weibchen sehr lebhaft graphitgrau gezeichnet. Vorderflügel glasiger weißlich als der Hinterflügel. Alle Zeichnungselemente sind stark ausgeprägt vorhanden. Submarginal- und Subcostalbinde des Vorderflügels sehr breit, ebenso die Wurzelbeschattung der Mittelzelle, sowie zwischen Discus und Hinterrand. Wurzel- und Hinterrandschwärze sehr kräftig schwarz und dadurch im Gegensatze zum Männchen und dem ihm ähnelnden Weibchen von ssp. *maui* Bryk. Augenflecke dick schwarz umrandet. Der rote Kern im Analfelde bisweilen vorhanden, das Analbändchen an den Medianfleck angeschlossen. Submarginalbinde nach innen diffus. Als formae treten auf: *nigricans, rubinus, rubroanalis, medionigroocellata, herrichi, obliterata, medioextinctoocellata, flavescens, defasciata* und *nigroocellata*. Vorderflügellänge: ♂ 37—41 mm, ♀ 34—41,5 mm.

Raddejewka (Amur).

Typen: ♂ ♀ in coll. Zool. Mus. Leningrad.

37. **P. eversmanni innae** Kotshubej 1929 *P. felderi* forma *i.*, Kotshubej in: Ent. Anz., *v.* 9 p. 190 f. 1—4 | 1932 *P. eversmanni* subsp. *felderi* morpha vernalis *i.*, Bryk & Eisner in: Parnassiana, *v.* 2 p. 95 | 1934 *P. e.* subsp. *i.*, Bryk & Eisner, ibid., *v.* 3 p. 15.

Fig. 134.
**Parnassius eversmanni innae** Kotshubej (♂). (Original, aus coll. C. Eisner, Berlin-Dahlem) (1/1).

Eine Unterart mit typischer Zeichnung von ssp. *eversmanni* Ménétr., deren Männchen (Fig. 135) jedoch in der Flügelfärbung sexuell nicht unterschieden ist und wegen dieser weißlichen Flügelfarbe zur ssp. *felderi* Bremer gezogen werden muß. Vorderflügellänge: ♂ 30—35 mm, ♀ 31,5—35 mm.

Polovina, Burjea-Gebirge.

Typen: ♂ ♀ in coll. Kotshubej.

38. **P. eversmanni daisetsuzana** Mats. 1926 *P. e. d.*, Matsumura in: Ins. Matsumur., *v.* 1 p. 103 f. 1 (♂) | 1927 *P. e. d.*, O. Bang-Haas in: Horae Macrolep., *v.* 1 p. 8 t. 1 f. 4 (♂) | 1929 *P. e.* „Rasse" *d.*, Bollow in: Seitz, Großschmett. Erde, *v.* 1 Suppl. 1 p. 37 | 1930 *P. e. septentrionalis*, Uchida in: Zephyrus, *v.* 2 p. 1—2 t. col. 1 f. 1 (♂), 2 (♀) | 1930 *P. e. daisetsuzana*, Kôno, ibid., *v.* 2 t. 17 f. 1 (♂), 2 (♀), f. 3 (sphragis) | 1931 *P. e.* forma *d.*, Matsumura, 6000 Ill. Ins. Japan, p. 466 fg. (♀) | 1932 *P. e. d.* + *medio-nigroocellata*, Bryk & Eisner in: Parnassiana, *v.* 2 p. 93.

Diese japanische Rasse nähert sich sehr stark der Nominatrasse, ist aber dunkler gezeichnet, mit schmälerem, zum Teil auch kürzerem Glasband und in der Mitte eingeschnürter Submarginalbinde des Vorderflügels. Das Männchen hat gewöhnlich die Submarginalbinde auf den Hinterflügeln schön ausgebildet, mit größeren Augenflecken, besonders dem subcostalen. Das Weibchen ist dichter weißlich gelb beschuppt. Vorderflügellänge: ♂♀ 26 mm.

Berg Daisetsu, Prov. Isikari (Hokkaido).

Typen: ♂ ♀ in coll. Matsumura, Sapporo.

39. **P. eversmanni thor** W. H. Edw. 1869 *P. e.*, Scudder in: P. Boston Soc., *v.* 12 p. 407 | 1877 *P. e.*, W. H. Edwards in: Tr. Amer. ent. Soc., *v.* 6 p. 12 | 1878 *P. e.*, H. Strecker, Butt. Moths N. Amer., p. 73, 183 | 1881 *P. thor*, W. H. Edwards in: Papilio, *v.* 1 p. 4 | 1882 *P. eversmanni* var. *t.*, W. H. Edwards in: ibid., *v.* 2 p. 148 | 1896 *P. e.* (part.), W. F. Kirby, Handb. Lep., *v.* 2 p. 239 | 1902 *P. e. thor*, Dyar in: Bull. U. S. Mus., *v.* 52 p. 2 | 1905 *P. e.*, W. G. Wright, Butt. West Coast U. S., p. 81 t. 2 f. 4 | 1907 *P. e. thor*, H. Stichel in: Seitz, Großschmett. Erde, *v.* 5 p. 46 | 1907 *P. e. t.*, H. Stichel in: Gen. Ins., *v.* 58 p. 14 | 1909 *P. e.* (part.), A. Pagenstecher, Geogr. Verbr. Schmett., p. 408 | 1914 *P. e. thor*, Sheljuzhko in: Z. Ins.-Biol., *v.* 10 p. 2 f. 3, 4 (♂), 5 (♀), p. 6 | 1922 [1923] *P. e.* var. *t.*, Bryk in: Strand, Lep. Cat., *v.* 27 p. 158 | 1927 *P. e. t.*, O. Bang-Haas in: Horae Macrolep., *v.* 1 p. 8 | 1932 *P. e.* subsp. *t.*, Bryk & Eisner in: Parnassiana, *v.* 2 p. 94 | 1934 *P. e.* subsp. *t.* + forma *quincunx*, Bryk & Eisner, ibid., *v.* 3 p. 15.

Die kleinste Rasse. Sie erinnert an die Nominatrasse, ist aber kleiner und mehr transparent. Männchen (Fig. 135) nicht so intensiv gelb, infolge

Fig. 135.
**Parnassius eversmanni thor** W. H. Edw. forma **desubmarginata** Bryk (♂).
(Typus, aus coll. M. H. Peebles, London) (1/1).

seichterer Beschuppung mehr durchsichtig und die Zeichnungen nicht mehr so gesättigt schwarz, sondern graphitschwarz. Mittelzellfleck gewöhnlich schmal. Weibchen (Fig. 135a) kontrastreicher gezeichnet als das der Nominatrasse.

Fig. 135a.
**Parnassius eversmanni thor** W. H. Edw. (♀). (Original, aus coll. C. Eisner, Berlin-Dahlem) (1/1).

Die Binden des Vorderflügels bisweilen sehr ausgebreitet. Als formae treten forma *quincunx* und *desubmarginata* auf. Vorderflügellänge: ♂ 26—28 mm, ♀ 28 mm.

Yukon River (Alaska).

Die Jugendstadien des Falters sind bisher nicht beschrieben. Die Raupen scheinen schon im Herbst zu schlüpfen und zu überwintern. Als Futterpflanze ist bisher Corydalis gigantea bekannt. Die Männchen zeichnen sich durch einen sehr wilden Flug aus. Flugzeit Mai bis Juli.

Das Verbreitungsareal von *P. eversmanni* Ménétr. ist paläarktisch und nearktisch; es erstreckt sich über das Altai-Gebirge, Gouvernement Irkutsk, Sajan-Gebirge, nördlich lokal bis Ochotsk, zieht sich von dort zur Amur-Mündung und zum Sichota-Alin-Gebirge hin, setzt sich in Japan auf der Insel Hokkaido fort und erreicht in Alaska Amerika. Auf Kamtschatka soll er ebenfalls auftreten. *P. eversmanni* läßt sich in 2 Rassen-Kreise gliedern: in den *eversmanni*-Kreis und in den *felderi*-Kreis:

1. *eversmanni*-Kreis:

*eversmanni*: Ménétr. (1), *altaicus* Verity (2), *wosnesenskii* Ménétr. (3), *innae* Kotshubej (7), *daisetsuzana* Mats. (8), *thor* W. H. Edw. (9), kleine geographische Formen, deren Männchen mit Ausnahme von ssp. *innae* Kotshubej zitronengelb gefärbt und sehr reich mit continuierlicher Bindenzeichnung gemustert sind.

2. *felderi*-Kreis:

Rassen vom Amurgebiete und Sichota-Alin-Gebirge: *felderi* Bremer (6), *maui* Bryk (5), und *litoreus* H. Stich. (4), die beträchtlich größer sind, Männchen bald gelb *(maui, litoreus)*, bald weißlich *(felderi)* gefärbt, mit Tendenz zur Auflösung der Bindenzeichnung, besonders im Vorderflügel.

4. **P. nordmanni** Ménétr. 1843 *Doritis clarius*, Herrich-Schäffer (nec Eversmann 1843) (part.), Syst. Bearb. Schmett. Eur., *v.* 1 p. 146 f. 257, 258 | 1849 *Parnassius nordmanni*, Ménétriés in: Siemaschko, Russk. Fauna, t. 4 f. 4 | 1851 *Doritis n.*, Nordmann in: Bull. Soc. Moscou, *v.* 24 nr. 2 p. 423 t. 13 f. 1—3 | 1852 *Parnassius pataraeus*, E. Doubleday & Westwood, Gen. diurn. Lep., *v.* 2 (Appendix) p. 530 | 1852 *P. p.*, G. R. Gray, Cat. lep. Ins. Brit. Mus., *v.* 1 p. 75 | 1855 *P. nordmanni*, Ménétriés, Lép. Ac. St.-Pétersb., *v.* 1 p. 7 | 1886 *P. n.*, Elwes in: P. zool. Soc. London, p. 52 | 1901 *P. n.*, O. Staudinger & Rebel, Cat. Lep. Palaearct. Faunengeb., ed. 3 *v.* 1 p. 8 | 1901 *P. n.*, Hofmann-Spuler, Schmett. Eur., *v.* 1 p. 4 t. 4 f. 1 (♂) | 1906 *P. n.*, H. Stichel in: Seitz, Großschmett. Erde, *v.* 1 p. 22 t. 11b (♂) | 1907 *P. n. n.*, H. Stichel in: Gen. Ins., *v.* 58 p. 15 t. 2 f. 5 (♀) (cohors *clariiformes*) | 1906—11 *P. n.*, Verity,

Rhop. palaearct., p. 96, 320, t. XX f. 20 (sphragis), t. XXII f. 20 (♂), 21 (♀) | 1909 *P. n.*, Arnold in: Ent. Z., *v.* 23 p. 161 (biol.) | 1911 *P. n.*, Kheil in: Int. ent. Z., *v.* 5 p. 85—86 (biol.) | 1912 *P. n.*, Bryk in: Jahrb. Ver. Nassau, *v.* 65 p. 2 | 1912 *P. n.*, Bryk in: Soc. ent., *v.* 27 p. 87, 100, 101, 106 | 1914 & 15 *P. n.*, Bryk in: Arch. Naturg., *v.* 80 A 5 p. 132 (nota 6) (larva); A 7 p. 181, 182 | [1918] *P. n.*, Bryk, Parnassius Apollo Formenkreis, p. 4 (nota 6) (larva) | 1918 *P. n. n.*, W. Rothschild in: Nov. zool., *v.* 25 p. 229 | 1922 [1923] *P. n.*, Bryk in: Strand, Lep. Cat., *v.* 27 p. 196 | 1929 *P. n.*, Bollow in: Seitz, Großschmett. Erde, *v.* 1 Suppl. 1 p. 37 | 1929 *Doritis n.*, Sokolov in: Rev. Russe Ent., *v.* 23 p. 61, 62, 63, 70 t. 1 f. 10 (♂ genit.-armat.) | 1932 *Parnassius n.*, Bryk & Eisner in: Parnassiana, *v.* 2 p. 89 | 1932 *P. mnemosyne n.*, M. Hering in: Mt. Mus. Berlin, *v.* 18 p. 289 f. b (distrib. geogr.), p. 290, 291, 302, 303 f. 3 (Schienenbl.), p. 304, 305 f. 43 (VIII. Tergit), p. 310, 311 f. 85 (aedoeagus), p. 312, 313 f. 125 (valva, uncus ♂).

Kopf. Antennen schwarz. Augen halbkugelig, braunschwarz. Palpen braun oder schwarz, mit schwarzen Haaren, vom *P. mnemosyne*-Typ. Stirnbüschel beim Männchen cremegelblich, beim Weibchen schwarz. Halskragen beim Männchen gelblich, beim Weibchen orangegold. Thorax des Männchens schwarz, gelblich behaart, wodurch er grau meliert erscheint; der des Weibchens nackt, schwarz glänzend. Abdomen des Männchens wie sein Thorax behaart, unterseits schmutzig hellgelb; das des Weibchens nackt, glänzend schwarz, mit schütteren Haaren spärlich auf der Oberseite, unterseits schwarz, das vorletzte Segment lateral mehr oder weniger stark mit zitronengelben Schuppen leicht bestäubt, mit orangegelben Seitenbüscheln behaart, unterseits schwarz behaart. Das an den Thorax angrenzende Segment seitlich gelblich behaart. Beine schwarz, die Schienen des Männchens weißlichgelb behaart. Schienenblättchen (Fig. 136) wie bei *P. mnemosyne* L., kurz, 2eckig, in der Mitte inseriert. Flügel: Die $M_1$ gestielt aus dem gemeinsamen Stiel der gegabelten $R_{(4+5)}$ ganz nahe der Mittelzelle entspringend. Die Querrippe der Mittelzelle des Vorderflügels wurzelwärts spitz gewinkelt. Saumlinie bräunlich. Befransung weißlich, mit Braun untermischt. Rippen unterseits nackt, blaßgelb. Die Art ist stark sexuell digryph. Das Glasband, das bei ssp. *minima* Honr. von kleinen, weißlichen Mondflecken belebt wird, erreicht beim Männchen den Hinterrand nicht, ist am Apex sehr breit, verjüngt sich allmählich bis $M_2$, von da gewinkelt, um als schmaler Glassaum spitz hinter der $Cu_2$ zu verschwinden. Beim Weibchen ist das Glasband sehr breit, fast gleichmäßig, wurzelwärts stärker mit Schwarz bestäubt und diffus, und erreicht die $Ax_1$; in seinem hintersten Teil oft durch Reste der Mondfleckenbinde bogig aufgehellt.

Fig. 136. Vorderschiene mit Schienenblatt von **Parnassius nordmanni** Ménétr. (Nach M. Hering 1932) (17/1).

Der graphitgraue Subcostalfleck reicht beim Männchen bis zum Stiel der Radialgabel von $R_{(4+5)}$, beim Weibchen ist er zu einem breiten, bis zur $M_3$ reichenden Bändchen verlängert. Der 4eckige Hinterrandfleck fehlt dem Männchen wie bei *P. mnemosyne* L., beim Weibchen ist er graphitgrau, 4eckig und stärker als bei den meisten Vertretern von *Parnassius* wurzelwärts verschoben. Der kräftige Endzellfleck setzt bei der $R_1$ an und endet bei der $M_3$. Der kräftige Mittelzellfleck beim Männchen hinten die hintere Discoidalrippe nicht erreichend, beim Weibchen länger, sich an die Discoidalrippe anlehnend. Die Flügelwurzel nur beim Weibchen sehr schwach grau bestäubt. Unterseits sind nur die beiden Zellflecke stark reduziert erhalten. Die beiden Augenflecke des Hinterflügels sind orangerot, scharf, aber dünn schwarz umsäumt; der mediane ist beim Männchen 1zellig oder hat noch hinter der $M_2$ einen schwarzen Ergänzungspunkt. Beim

Weibchen ist dieser Augenfleck stets 2 zellig, aber durch die $M_3$ schwarz abgeteilt. Analflecke fehlen dem Männchen. Beim Weibchen sind sie kräftig und wenigstens 2 vorhanden. Hinterrandschwärze füllt beim Männchen die hinterste Zelle fast ganz aus, beschattet auch die Wurzel der Mittelzelle und reicht wenigstens bis zur $Cu_1$; beim Weibchen ist sie viel stärker ausgeprägt. Unterseits keine Wurzelflecke, die Augenflecke ganz orangerot ausgefüllt, ohne weißen Kern, der 2. zwischen $Cu_1$ und $Cu_2$ gelegene Analfleck ebenfalls mit orangerotem Kern. Der 1. nicht durchschimmernd, da er auch auf der

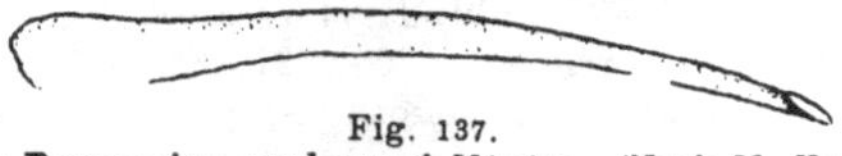

Fig. 137.
Aedoeagus von **Parnassius nordmanni** Ménétr. (Nach M. Hering 1932) (13/1).

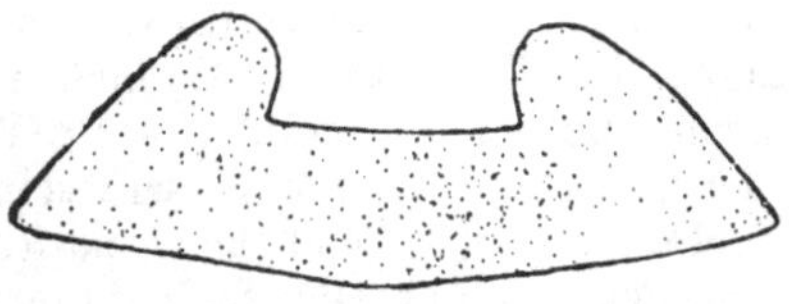

Fig. 138.
VIII. Tergit von **Parnassius nordmanni** Ménétr. (♂). (Nach M. Hering 1932) (9/1).

Fig. 139.
Valve (links) und Uncus (rechts) von **Parnassius nordmanni** Ménétr. (Nach M. Hering 1932) (18/1).

Oberseite fehlt, ganz von der Hinterrandschwärze absorbiert. Aedoeagus (Fig. 137) und VIII. Tergit des Männchens, ähnlich wie bei *P. mnemosyne* L., aber breiter ausgebuchtet (Fig. 138). Uncus und Subuncus (Fig. 139) der männlichen Genitalarmatur ähnlich denen von *P. mnemosyne* L. Valven wie bei *P. stubbendorfi* Ménétr., Sphragis wachsweiß, im Profil 3 eckig, nach außen etwas spitzig verlaufend, unterseits schwach gefurcht, 2/3 des Hinterleibes einnehmend.

forma trimaculata Schap. 1904 *P. nordmanni* aberr. *t.*, Schaposchnikov in: Annuaire Mus. St.-Pétersb., *v.* 9 p. 191 | 1906 *P. n.* aberr. *t.*, H. Stichel in: Seitz, Großschmett. Erde, *v.* 1 p. 23 | 1907 *P. n.* forma *t.*, H. Stichel in: Gen. Ins., *v.* 58 p. 16 | 1909 *P. n.* aberr. *t.*, Arnold in: Ent. Z., *v.* 23 p. 161 fig. (♀) | 1911 *P. n.* aberr. *t.* (part.), Austaut in: Int. ent. Z., *v.* 5 p. 359 f. 1 (♀), p. 365 f. 1 (♀) | 1917 *P. n.* aberr. *t.*, O. Kaiser in: Mt. Münch. ent. Ges., *v.* 8 p. 16 | 1922 (1923) *P. n.* aberr. *t.*, Bryk in: Strand, Lep. Cat., *v.* 27 p. 196.

Der 2. Analfleck zwischen $Cu_1$ und $Cu_2$ orange gekernt.

Kaukasus.

forma lunulata Bryk 1913 *P. nordmanni* aberr. *lunulatus*, Bryk in: Soc. ent., *v.* 28 p. 94 | 1929 *P. n.* aberr. *lunulata*, Bollow in: Seitz, Großschmett. Erde, *v.* 1 Suppl. 1 p. 37.

Das Glasband mit deutlichen Mondflecken.

Kaukasus.

Typus: ♂ in coll. Zool. Mus. Berlin.

forma fermata Bryk 1913 *P. nordmanni* aberr. *f.*, Bryk in: Soc. ent., *v.* 28 p. 95 | 1922 [1923] *P. n.* aberr. *f.*, Bryk in: Strand, Lep. Cat., *v.* 27 p. 196 | 1929 *P. n.* aberr. *f.*, Bollow in: Seitz, Großschmett. Erde, *v.* 1 Suppl. 1 p. 37.

Zwischenwurzelfleck zwischen Zellwurzel und Hinterrand vorhanden.

Kurusch.

Typus: ♀ in coll. O. Staudinger, Dresden-Blasewitz.

♀ forma a t r o g u t t a t a Austaut 1911 *P. nordmanni* aberr. *a.*, Austaut in: Int. ent. Z., *v.* 5 p. 359 f. 1 (♀), p. 365 f. 1 (♀) | 1922 [1923] *P. n.* aberr. *a.*, Bryk in: Strand, Lep. Cat., *v.* 27 p. 196 | 1929 *P. n.* aberr. *a.*, Bollow in: Seitz, Großschmett. Erde, *v.* 1 Suppl. 1 p. 37 t. 4 c (♀) | 1932 *P. n. n.* forma *a.*, Bryk & Eisner in: Parnassiana, *v.* 2 p. 90.

In der Mittelzelle des Hinterflügels der Weibchen ein isolierter schwarzer Fleck.

Kaukasus.

forma l e o n h a r d i Bryk 1913 *P. nordmanni* aberr. *l.*, Bryk in: Soc. ent., *v.* 28 p. 95 | 1922 [1923] *P. n.* aberr. *L.*, Bryk in: Strand, Lep. Cat., *v.* 27 p. 196 | 1929 *P. n.* aberr. *l.*, Bollow in: Seitz, Großschmett. Erde, *v.* 1 Suppl. 1 p. 37.

Augenflecke schwarz, ganz ohne Rot.

Kaukasus: Dolmissis (Zweri-Paß).

Typus: ♂ in coll. D. Ent. Mus. Berlin-Dahlem.

♀ forma o c h r o l e u c a Austaut 1911 *P. nordmanni* aberr. *o.*, Austaut in: Ent. Z., *v.* 24 p. 224 | 1922 [1923] *P. n.* aberr. *o.*, Bryk in: Strand, Lep. Cat., *v.* 27 p. 196 | 1929 *P. n.* aberr. *o.*, Bollow in: Seitz, Großschmett. Erde, *v.* 1 Suppl. 1 p. 37.

Ockerfarbiger Flügelton. Halskragen des Thorax rötlichgelb.

Kaukasus.

4 l. **P. nordmanni nordmanni** Ménétr. 1849 *P. n.*, Ménétriés in: Siemaschko, Russk. Fauna, t. 4 f. 4 (♂) | 1906 *P. n.*, H. Stichel in: Seitz, Großschmett. Erde, *v.* 1 p. 22 t. 11 b (♂) | 1907 & 11 *P. n.*, Verity, Rhop. palaearct., p. 96, 320 t. XXII f. 20 (♂), 21 (♀) | 1922 [1923] *P. n.*, Bryk in: Strand, Lep. Cat., *v.* 27 p. 196 | 1923 *P. n. duplicatus* (var.), Lütkemeyer in: Ent. Z., *v.* 37 p. 26 | 1932 *P. n. n.* + ♀ forma *atroguttata*, Bryk & Eisner in: Parnassiana, *v.* 2 p. 90 | 1934 *P. n. n.*, Bryk & Eisner, ibid., *v.* 3 p. 14.

Männchen und Weibchen ohne Mondflecke im Glasbande. Mittelzellfleck des M ä n n c h e n s hinten frei. Der mediane Augenfleck des W e i b c h e n s (Fig. 140) groß, verzerrt, auf 2 Zellen beschränkt, sein orangegelber

Fig. 140.
**Parnassius nordmanni nordmanni** Ménétr. (♀). (Nach Verity 1907) (1/1).

Kern durch die Schwärzung von $M_2$ geteilt (= forma *duplicata)*. Es treten auf die formae: *leonhardi, ochroleuca, atroguttata, lunulata, fermata.* Vorderflügellänge: ♂ 32,5—34 mm, ♀ 34,5—36,5 mm.

Adshara-Gebirge, N.-W.-Kaukasus (Typus), Leilapaß, Latpari, Elburs; Dolmissis.

Typus: ♂ in coll. Zool. Mus. Leningrad.

4 2. **P. nordmanni minimus** Honr. 1885 *P. n.* var. *minima*, Honrath in: Berlin. ent. Z., *v.* 29 p. 273 t. 8 f. 2. 2a | 1886 *P. n.* var. *m.*, Elwes in: P. zool. Soc. London, p. 52 | 1889 *P. n.* var. *m.*, Austaut, Parnass. paléarct., p. 152 t. 22 f. 1 (♂), 2 (♀) | 1901 *P. n.* var. *m.*, O. Staudinger & Rebel, Cat. Lep. Palaearct. Faunengeb., ed. 3 *v.* 1 p. 8 | 1901 *P. n.* var. *m.*, Hofmann-Spuler, Schmett. Eur., *v.* 1 p. 4 | 1906 *P. n. m.*, H. Stichel in: Seitz, Großschmett. Erde, *v.* 1 p. 22 t. 11 c (♂) | 1907 *P. n.* var. *m.*, Verity, Rhop. palaearct., p. 96 t. XXII f. 22 (♂) | 1907 *P. n. minimus*, H. Stichel in: Gen. Ins., *v.* 58 p. 16 | 1909 *P. n.* var. *minima*, Arnold in: Ent. Z., *v.* 23 p. 161 | 1911 *P. n.* var. *m.*, Kheil in: Int. ent. Z., *v.* 5 p. 85 | 1912 *P. n.* var. *m.* + aberr. *lunulatus*. Bryk in: Jahrb. Ver. Nassau, *v.* 65 p. 2 | 1912 *P. n.* var. *m.*, Bryk in: Ent. Mt., *v.* 1 p. 380 | 1912 *P. n.* var. *m.*, Bryk in: Soc. ent., *v.* 27 p. 87, 101, 106 | 1913 *P. n.* var. *m.*, Sheljuzhko in: D. ent. Z. Iris, *v.* 27 p. 18 (nota) | 1913 *P. n.* var. *m.* + aberr., Bryk in: Soc. ent., *v.* 28 p. 94 | 1918 *P. n. m.*, W. Rothschild in: Nov. zool., *v.* 25 p. 229 | 1922 [1923] *P. n.* var. *m.*, Bryk in: Strand, Lep. Cat., *v.* 27 p. 197 | 1927 *P. n. m.*, O. Bang-Haas in: Horae Macrolep., *v.* 1 p. 9 t. 3 f. 5 (♂), 16 (♀), p. 110 | 1932 *P. n.* subsp. *m.*, Bryk & Eisner in: Parnassiana, *v.* 2 p. 90.

Fig. 141.
**Parnassius nordmanni minimus** Honr. (♂). (Nach Bryk 1912) (1/1).

Bedeutend kleiner als die Nominatrasse, mit Mondflecken im Glasbande dunkleren Subcostalflecken des Männchens (Fig. 141), kleineren Augenflecken und diffuserer Hinterrandschwärze des Hinterflügels. Der Mittelzellfleck des Vorderflügels erreicht auch beim Männchen sehr oft die hintere Discoidalrippe. Vorderflügellänge: ♂♀ 21—26,5 mm.

Kurusch (Daghestan bei Basardjusi, 420 m); Bogos.

Typen: ♂ ♀ in coll. Brit. Mus. London.

4 3. **P. nordmanni christophi** Bryk & Eisner 1932 *P. n.* subsp. *c.*, Bryk & Eisner in: Parnassiana, *v.* 2 p. 90 | 1934 *P. n.* subsp. *c.*, Bryk & Eisner, ibid., *v.* 3 p. 14.

Fig. 142.
**Parnassius nordmanni christophi** Bryk & Eisner (♂). (Aus coll. C. Eisner, Berlin-Dahlem) (1/1).

Eine sehr kleine Unterart mit deutlichen Mondflecken im Glasbande des Vorderflügels, mit schmaler, bis $Cu_2$ reichender Marginalbinde und bis $M_3$ reichender breiter Submarginalbinde, mit verkleinerten Zellflecken, von denen der Mittelzellfleck den hinteren Discusarm selten erreicht (Fig. 142).

Fig. 142a.
**Parnassius nordmanni christophi** Bryk & Eisner (♀). (Aus coll. C. Eisner, Berlin-Dahlem) (1/1).

Männchen mit deutlichem Subcostalbändchen und oft schwach erhaltenem Hinterrandfleck des Vorderflügels. Weibchen im Vorderflügel dichter als alle anderen Rassen beschuppt, mit stark reduzierter schwarzer Bestäubung.

Berg Tschugusch (Typus); Berg Uschba und Oschten; Teberda.

Typen: ♂ ♀ in coll. C. Eisner, Berlin-Dahlem.

Diese nur auf Kaukasien und Nordpersien beschränkte Art steht *P. clarius* (Eversm.) sehr nahe, so daß sie auch als seine Unterart aufgefaßt werden könnte.

Alle Stadien des Falters sind unbekannt. Flugzeit August.

5. **P. clarius** (Eversm.) 1843 *Doritis c.*, Eversmann in: Bull. Soc. Moscou, *v.* 16 p. 539 t. 9 f. 1a—c | 1843 *D. c.*, Herrich-Schäffer, Syst. Bearb. Schmett. Eur., *v.* 1 p. 146 f. 628, 631 (nec f. 257, 258) | 1852 *Parnassius c.*, G. R. Gray, Cat. lep. Ins. Brit. Mus., *v.* 1 p. 75 | 1855 *P. c.*, Ménétriés, Lép. Ac. St.-Pétersb., *v.* 1 p. 7 | 1881 *P. c.*, O. Staudinger in: Ent. Zeit. Stettin, *v.* 42 p. 258 | 1886 *P. c.*, Elwes in: P. zool. Soc. London. p. 51 t. 4 f. 5, 6 (sphragis) | 1889 *P. c.*, Austaut, Parnass. paléarct., p. 147 t. 20 f. 1 (♂) | 1890 *P. c.*, Grum-Grshimailo in: Romanoff, Mém. Lép., *v.* 4 p. 156 | 1892 *P. c.*, F. Rühl & A. Heyne, Palaearkt. Groß-Schmett., *v.* 1 p. 101 | 1899 *P. c.*, Elwes in: Tr. ent. Soc. London, p. 314 | 1906 *P. c.*, H. Stichel in: Seitz, Großschmett. Erde, *v.* 1 p. 21 t. 11b (♂) | 1907 & 09 *P. c.*, Verity, Rhop. palaearct., p. 95 t. XXII f. 14 (♂), t. 4 f. 1 (♂) (squamae) | 1907 *P. c.* + *P. ariadne* (Kindermann i. l.), H. Stichel in: Gen. Ins., *v.* 58 p. 13 (Nota) (cohors *clariiformes*) | 1912 *P. c.*, Bryk in: Soc. ent., *v.* 27 p. 101 | 1915 *P. c.*, Bryk in: Arch. Naturg., *v.* 80 A 7 p. 159, A 8 p. 182 | 1918 *P. c.*, W. Rothschild in: Nov. zool., *v.* 25 p. 228 | 1922 [1923] *P. c.*, Bryk in: Strand, Lep. Cat., *v.* 27 p. 149 | 1929 *P. c.*, Bollow in: Seitz, Großschmett. Erde, *v.* 1 Suppl. 1 p. 37 | 1932 *P. c.*, Bryk & Eisner in: Parnassiana, *v.* 2 p. 91 | 1932 *P. mnemosyne c.*, M. Hering in: Mt. Mus. Berlin, *v.* 18 p. 283, 289 (distr. geogr.), p. 292, 302, 303 f. 4 (Schienenblättchen), p. 304, 305 f. 48 (VIII. Tergit ♂), p. 310, 311 f. 81 (aedoeagus), p. 312, 313 f. 118 (valva, uncus, ♂).

Kopf. Augen eiförmig, groß, braun. Antennen schwarz, mit braunem Schaft. Stirnbüschel schmutzig gelblich; Palpen stumpf gelblich, mit mehr gelblichen als schwarzen Haaren besetzt, ähnlich *P. mnemosyne* L. Thorax und Abdomen des Männchens schwarz, gelblich behaart, unterseits heller. Thorax des Weibchens oberseits nackt, mit gelblichem Halskragen, das Abd o m e n ebenfalls nackt, schütter mit gelbweißlichen Schuppen bestreut und feinen Härchen besetzt, unterseits mit zitronengelben Haaren und gelber lateraler Linie, das letzte Segment braunschwarz nackt, um den Ovipositor mit einem hellgelblichen Haar-Borstenkranz umsäumt. B e i n e braun, Schienen hellgelb behaart. Schienenblättchen (Fig. 143) wie bei *P. mnemosyne* L., 2 eckig, kurz, das Schienenende nicht erreichend. $M_1$ des V o r d e r f l ü g e l s aus dem gemeinsamen Stiel der beiden gegabelten $R_{(4+5)}$ verhältnismäßig weit von der vorderen Mittelzellecke entfernt entspringend. Saumlinie der beiden Flügel und die unterseits nackten Rippen bräunlich, die Befransung braun, weißlich untermischt. Die Art ist sexuell digryph. Der schmale Glassaum, der sich gleichmäßig nach hinten verjüngt, erreicht die $Cu_1$ oder $Cu_2$; dort endet beim Männchen die sauber bogig ausgezähnte Submarginalbinde; beim Weibchen ist sie um ein Bogenelement länger, bis $Ax_1$, breiter und mehr durchsichtig. M ä n n c h e n: Subcostalbändchen deutlich, bis zur $M_2$ oder $M_3$. Hinterrandfleck fehlt in der Regel. Der schwarze Endzellfleck vorn wurzelwärts gewinkelt; Mittelzellfleck länglich, hinten den hinteren Discalrippenarm nicht erreichend. Mittelzellwurzel nicht bestäubt. Hinterflügel mit verhältnismäßig kleinen, miniumroten Augenflecken, die scharf und schmal schwarz umsäumt sind. Der mittlere gewöhnlich 1 zellig, eckig, der mittlere Analfleck zwischen $Cu_1$ und $Cu_2$ stets erhalten, spitz 3 eckig, saumwärts concav ausgebuchtet, bisweilen oberseits rot; der 3. verloren, rudimentär oder ganz erhalten. Die Hinterrandschwärze füllt beinahe die ganze hinterste internervale Zelle aus, setzt sich hakenförmig um den Discus fort, innen an die Discoidalquerrippen bis $R_5$ $(+M_1)$. Flügelwurzel mäßig schwarz bestäubt. Die Rippenmündungen mehr oder weniger deutlich graphitschwarz. Unterseits sind die roten Augenflecke und der dreieckige Analfleck nie mit weißen Kernen zentriert. Die roten Wurzelflecke fehlen. Die ausgezähnte, dünne Submarginalbogenbinde stets mehr oder weniger stark ausgeprägt. W e i b c h e n reicher gezeichnet. Der Hinterrandfleck im Vorderflügel stets erhalten und mit dem Subcostalbändchen zu einer continuierlichen Binde vereinigt. Der längliche Mittelzellfleck erreicht auch hinten die Mittelzellrippe. Wurzel ganz leicht bestäubt. Hinterflügel mit oft größeren Augenflecken, die wie die des Männchens beschaffen sind. Die Submarginalbinde besteht aus einer continuierlichen, scharf gezeichneten, graphitgrauen Bogenreihe. Sonst wie das Männchen gezeichnet. Am Hinterrand gelbe Behaarung. VIII. T e r g i t des Männchens (Fig. 144) dem von

Fig. 143. Vorderschiene und Schienenblatt von **Parnassius clarius** (Eversm.) (Nach M. Hering 1932) (17/1).

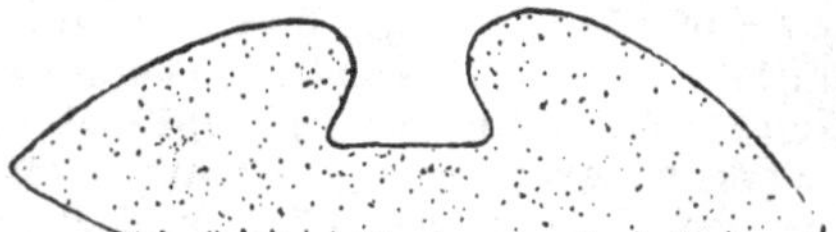

Fig. 144. VIII. Tergit von **Parnassius clarius** (Eversm.) (♂). (Nach M. Hering 1932) (9/1).

Fig. 145. Aedoeagus von **Parnassius clarius** (Eversm.) (Nach M. Hering 1932) (15/1).

Fig. 146. Valve (links) und Uncus (rechts) von **Parnassius clarius** (Eversm.) (Nach M. Hering 1932) (15/1).

*P. mnemosyne* (L.) ähnlich, Einbuchtung jedoch verschmälert. Aedoeagus (Fig. 145) länger als der von *P. mnemosyne* L., sonst ihm sehr ähnlich. Uncus, Subuncus der männlichen Genitalarmatur (Fig. 146) ähnlich jenen von *P. mnemosyne* L. Valven ähnlich denen von *P. stubbendorfi* Ménétr. Sphragis weißlich, nachenförmig, unterseits gefurcht, den ganzen Hinterleib einnehmend, stark nach außen hervorragend, im Profil caudal concav ausgebuchtet, zugespitzt.

Diese Art zerfällt in 2 Unterarten.

Altai, Saur-Geb., Tabargatai.

forma primopicta Bryk & Peebles 1931 *P. clarius dentata* aberr. *p.*, Bryk & Peebles in: Parnassiana, *v.* 1 nr. 6 p. 5.

Im Vorderflügel das Subcostalbändchen vorn mit einem zarten, blaßorangefarbenen Kern.

Altai.

Typus: ♂ in coll. H. W. Peebles, London.

♂ forma dentata Aust. 1889 *P. clarius* var. *d.* (part.), Austaut (O. Staudinger i. l.), Parnass. paléarct., p. 149 t. 21 f. 1 (♂ nec ♀) | 1892 *P. c.* var. *d.* (part.), F. Rühl & A. Heyne, Palaearkt. Groß-Schmett., *v.* 1 p. 101 | 1901 *P. c.* aberr. (et var.) *d.* (part.), O. Staudinger & Rebel, Cat. Lep. Palaearct. Faunengeb., ed. 3 *v.* 1 p. 8 | 1906 *P. c.* forma *d.* (part.), H. Stichel in: Seitz, Großschmett. Erde, *v.* 1 p. 22 t. 11b (♂; nec ♀) | 1907 *P. c* „forme" *d.* (part.), Verity, Rhop. palaearct., p. 95 t. XXII f. 15, 16 (♂; nec ♀) | 1907 *P. c.* forma *d.* (part.), H. Stichel in: Gen. Ins., *v.* 58 p. 15 | 1913 *P. c.* aberr. *d.*, Haude in: Soc. ent., *v.* 28 p. 5 | 1918 *P. c. dentatus*, W. Rothschild in: Nov. zool., *v.* 25 p. 228 | 1922 [1923] *P. c.* forma *dentata*, Bryk in: Strand, Lep. Cat., *v.* 27 p. 150.

Männchen mit ausgesprochener Submarginalbinde auf dem Hinterflügel.

Altai.

♂ forma eminentissima Haude 1913 *P. clarius* aberr. *eminentissimus*, Haude in: Soc. ent., *v.* 28 p. 5–6 f. (♂) | 1922 [1923] *P. c.* forma *e.*, Bryk in: Strand, Lep. Cat., *v.* 27 p. 150 | 1927 *P. c.* aberr. *e.*, O. Bang-Haas in: Horae Macrolep., *v.* 1 p. 9 t. 1 f. 10 (♂) | 1929 *P. c.* aberr. *eminentissima*, Bollow in: Seitz, Großschmett. Erde, *v.* 1 Suppl. 1 p. 37 t. 4c (♂).

Gynaikotropes Männchen mit ausgebildeter Subcostalbinde, vergrößerten Augenflecken, die miteinander durch einen schwarzen Steg verbunden sind

Fig. 147.
**Parnassius clarius clarius** (Eversm.) forma **eminentissima** Haude (♂) (Typus) (1/1).

und einem 3zelligem Analbändchen, dessen mittlerer Fleck oberseits einen roten Kern trägt. Die Submarginalbinde des Hinterflügels ist vorhanden (Fig. 147).

Ohne Patriaangabe.

Typus: ♂ in coll. O. Bang-Haas, Blasewitz bei Dresden.

forma novarae Bryk 1890 *P. clarius* (aberr. sine nom.), Grum-Grshimailo in: Romanoff, Mém. Lép., *v.* 4 p. 156 | 1913 *P. c.* aberr. *novarae*, Bryk in: Soc. ent., *v.* 28 p. 95 | 1922 [1923] *P. c.* aberr. *N.*, Bryk in: Strand, Lep. Cat., *v.* 27 p. 150 | 1927 *P. c.* aberr. *medio-extincta*, O. Bang-Haas in: Horae Macrolep., *v.* 1 p. 9 t. 1 f. 9 (♀) | 1929 *P. c.* aberr. *novarae*, Bollow in: Seitz, Großschmett. Erde, *v.* 1 Suppl. 1 p. 37.

Fig. 148.
**Parnassius clarius clarius** (Eversm.) forma **novarae** Bryk (♂). (Aus coll. Brit. Mus. London) (1/1).

(Fig. 148). Vorderflügel mit rückgebildetem Subcostalbändchen, ohne Hinterrandfleck, mit schwarzem Subcostalaugenfleck (ohne Rot) und fast verschwundenem Medianaugenfleck. Analflecke fast völlig reduziert. Ähnelt stark *P. mnemosyne strix* Bryk.

Tarbagatei.

Typus: ♂ in coll. O. Staudinger, Blasewitz-Dresden.

forma primo et tertiopicta Bryk & Eisner 1932 *P. clarius clarius* forma *p.* + *t.*, Bryk & Eisner in: Parnassiana, *v.* 2 p. 91.

Im Subcostalbändchen des Vorderflügels ganz vorn und zwischen $M_1$ und $M_2$ ein roter Kern.

Altai.

Typus: ♀ in coll. C. Eisner in Berlin-Dahlem.

♂ forma secundorubroanalis Bryk & Eisner 1932 *P. clarius clarius* forma *s.-r.*, Bryk & Eisner in: Parnassiana, *v.* 2 p. 91.

Das Analbändchen im Hinterflügel zwischen $Cu_1$ und $Cu_2$ wie beim Weibchen mit einem roten Kern.

Altai.

Typus: ♂ in coll. C. Eisner in Berlin-Dahlem.

51. **P. clarius clarius** (Eversm.) 1843 *Doritis c.*, Eversmann in: Bull. Soc. Moscou, *v.* 16 p. 539 t. 9 f. 1a—c (♂) | 1907 & 06 *Parnassius c.*, Verity, Rhop. palaearct., p. 95 t. XXII f. 14 (♂); t. XX f. 19 (forma *dentata*) | 1922 [1923] *P. c.*, Bryk in: Strand, Lep. Cat., *v.* 27 p. 149 | 1931 *P. c.*, Bryk in: Zool. Jahrb., Syst. *v.* 62 p. 167 f. 25, (♀ disco aperta) p. 168 | 1932 *P. c. clarius* + forma *fasciata* + forma

*secundo-rubroanalis* + *primopicta* + *dentata* + forma *primo* + *tertiopicta*, Bryk & Eisner in: Parnassiana, *v.* 2 p. 91 | 1934 *P. c. c.*, Bryk & Eisner in: Parnassiana, *v.* 3 p. 15.

Männchen (Fig. 149): Vorderflügel mit mittelbreiter, fast bis $Cu_2$ reichender Marginalbinde, Submarginalbinde oft fast bis zum Hinterrand reichend. Subcostalbändchen breit, bis $M_3$ reichend. Hinterrandfleck fehlend, selten angedeutet. Hinterflügel meist ohne Submarginalbinde. Analbändchen

Fig. 149.
**Parnassius clarius clarius** (Eversm.) (♂). (Nach Verity 1907) (1/1).

ohne Rot. Als formae treten auf: *dentata*, *eminentissima*, *secundorubroanalis*. Weibchen: Subcostalbändchen continuierlich mit dem Hinterrandfleck verbunden. Vorderrand und Wurzelfeld des Vorderflügels schwarz überstäubt. Vom Analbändchen ist der 3eckige Fleck zwischen $Cu_1$ und $Cu_2$ in der Regel rot gekernt. Als forma tritt auf: *primo et tertiopicta*.

Altai.

Typus: ♂ in coll. Zool. Mus. Leningrad.

52. **P. clarius clarus** Bryk & Eisner 1932 *P. clarius clarus*, Bryk & Eisner in: Parnassiana, *v.* 2 p. 91; p. [83] f. 4 (♀).

Von ssp. *clarius* Eversm. durch die Reduktion der Zeichnungselemente unterschieden; mit schmälerem Glasband, wodurch die helle Binde zwischen ihm und der Submarginalbinde des Vorderflügels breiter wirkt. Männchen mit kürzerer und schmälerer Submarginalbinde als beim Weibchen. Hinter-

Fig. 150.
**Parnassius clarius clarus** Bryk & Eisner (♀). (Typus, nach Bryk & Eisner 1932) (1/1).

randfleck fehlt im Vorderflügel. Subcostalaugenfleck des Hinterflügels länglich. Die Submarginalbinde des Hinterflügels auf die Verglasung der Rippenenden beschränkt. Weibchen (Fig. 150) mit deutlicher Submarginalbinde auf dem Hinterflügel, der Analfleck zwischen $Cu_1$ und $Cu_2$ nicht immer rotgekernt.

Saur-Gebirge.

Typen: ♂♀ in coll. C. Eisner, Berlin-Dahlem.

Eine verhältnismäßig wenig variable Art mit sehr beschränkter geographischer Verbreitung in Zentralasien. Ei, Larve, Puppe unbekannt. Flugzeit: Mai bis Juni.

6. **P. clodius** Ménétr. 1852 *P. clarius*, Boisduval (nec Eversmann 1843) in: Ann. Soc. ent. France, ser. 2 *v.* 10 p. 283 | 1855 *P. clodius*, Ménétriés, Lép. Ac. St.-Pétersb., *v.* 1 p. 7 | 1857 *P. c.*, Ménétriés, ibid., *v.* 2 p. 73 | 1862 *P. c.* + *P. clarius*, J. G. Morris, Syn. Lep. N. Amer., *v.* 1 p. 14, 15 | 1869 *P. clarius*, Boisduval in: Ann. Soc. ent. Belgique, *v.* 12 p. 29 et Lép. Calif., p. 12 | 1871 *P. c.*, W. H. Edwards, Butt. N.-Amer., *v.* 1 [p. 18] t. 4 f. 5, 6 | 1877 *P. c.*, W. H. Edwards in: Tr. Amer. ent. Soc., *v.* 6 p. 12 | 1884 *P. c.*, H. C. Lang, Butt. Eur., *v.* 1 p. 25 | 1885 *P. c.*, W. H. Edwards in: Canad. Ent., *v.* 17 p. 61 | 1886 *P. c.*, Elwes in: P. zool. Soc. London, p. 49 | 1890 *P. c.*, Grum-Grshimailo in: Romanoff, Mém. Lép., *v.* 4 p. 155, 150 | 1902 *P. c.* (part.), Dyar in: Bull. U. S. Mus., *v.* 52 p. 1 | 1905 *P. c.* (part.), W. G. Wright, Butt. West Coast U. S., p. 74 t. 1 f. 1b, c | 1907 & 11 *P. c.*, Verity, Rhop. palaearct., p. 95, 319 (biol.) | 1907 *P. c.*, H. Stichel in: Seitz, Großschmett. Erde, *v.* 5 p. 46 t. 17d (♂♀) | 1907 *P. c.*, H. Stichel in: Gen. Ins., *v.* 58 p. 14 (cohors *clariiformes*) | 1912 *P. c.*, Bryk in: Soc. ent., *v.* 27 p. 106 | 1913 *P. c.*, Bryk in: Arch. Naturg., *v.* 79 A 3 p. 2 | 1915 *P. c.*, Fracker in: Illinois Biol. Monogr., *v.* 2 p. 140 | 1918 *P. c.*, W. Rothschild in: Nov. zool., *v.* 25 p. 228 | 1922 [1923] *P. c.*, Bryk in: Strand, Lep. Cat., *v.* 27 p. 151 | 1932 *P. c.*, Bryk & Eisner in: Parnassiana, *v.* 2 p. 96 | 1932 *P. mnemosyne c.*, M. Hering in: Mt. Mus. Berlin, *v.* 18 p. 281, 283, p. 289 f. b (distrib. geogr.), p. 291, 292, 302, 303 f. 8 (Schienenblättchen), p. 304, 305 f. 44 (VIII. Tergit), p. 310, 311 f. 84 (aedoeagus), p. 312, 313 f. 123 (valva, uncus ♂).

Kopf klein, mit großen, nackten, halbkugeligen, rotbraunen Augen. Antennen schwarz. Stirnbüschel cadmiumgelb. Palpen cremegelb, mit gelben, schwarz untermischten Haaren beim Männchen; beim Weibchen sind diese Haare sehr kurz und spärlicher. Halskragen schmutzig orange. Thorax und Abdomen des Männchens schwarz, mit gelblichen Haaren besetzt. Thorax des Weibchens bis auf den Halskragen fast nackt, mit einzelnen gelblichen Schuppen sehr spärlich bestäubt. Abdomen nackt, schwarz glänzend, mit nur vereinzelten kurzen Härchen auf dem Rücken, ventral mit kurzem, gelblichen Haarschuppenfilz, der lateral zu einer gelben Längsbinde wird; vorletztes Tergit mit gelben Schuppen derart bestäubt, daß ein Außensaum entsteht. Beine bräunlich, mit gelblicher Beschuppung und Behaarung. Schienenblättchen (Fig. 151) kurz, 2eckig, in der Mitte inseriert. $M_1$ entspringt aus dem gemeinsamen Stiel von $R_4 + R_5$, etwas von der vorderen Mittelzellecke entfernt. Die unterseits nackten Rippen bernsteingelb. Saumlinie und Befransung bräunlich.

Fig. 151. Vorderschiene mit Schienenblatt von **Parnassius clodius** Ménétr. (Nach M. Hering 1932) (17/1).

Mittelgroße, sexuell digryphe Falter mit Flügeln von hellgelblicher Grundfarbe. Die sich gleichmäßig verjüngende Glasbinde erreicht stets den Hinterrand. Die Submarginalbinde beim Männchen bisweilen verkürzt, sonst den Hinterrand selten erreichend. Beim Weibchen länger. Endzellfleck saumwärts ausgezackt. Mittelzellfleck bindestrichförmig, stets beide Rippenarme des Discus erreichend. Mittelzellwurzel mehr oder weniger stark schwärzlich überpudert.

Vorderrand seicht dunkel körnig beschuppt. Unterseits ohne Zeichnung, die von der Oberseite durchschlägt. Hinterflügel mit 2 blaßroten, dünn schwarz umsäumten Augenflecken, von denen der subcostale stets größer ist. Unterseits mit roten oder rötlichen Wurzelflecken, die nach außen mehr oder weniger stark schwarz umgrenzt sind. Männchen: Subcostalbändchen vom Hinterrandfleck sehr oft getrennt, der auch völlig ausbleiben kann. Medianaugenfleck 1 zellig, bisweilen schwarz. Analflecke fehlen oft. Hinterrandschwärze mäßig, stärker als beim Weibchen ausgeprägt. Weibchen: Hinterrandfleck im Vorderflügel stets erhalten, öfters mit dem Subcostalbändchen durch einen schwarzen Steg vereinigt. Der Medianaugenfleck des Hinterflügels bisweilen 2 zellig, in diesem Falle durch die $M_2$ schwarz geteilt, oder mit einem schwarzen Anhang distal von der $M_2$, aber auch 1 zellig. 2 schwarze verbundene Analflecke stets vorhanden, der vordere meistens eingeknickt; sie können auch rot gekernt sein. Eine meist vorhandene deutliche Zackenbinde am Hinterflügel charakterisiert die Submarginale, die beim Männchen meistens ausbleibt, oder nicht ganz so stark ausgeprägt ist. Innenrand des Hinterflügels unterseits gelblich oder gelb behaart.

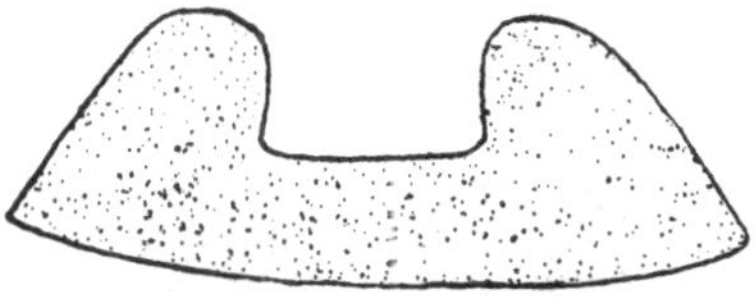

Fig. 152.
VIII. Tergit von **Parnassius clodius** Ménétr. (♂).
(Nach M. Hering 1932) (9/1).

Fig. 153.
Aedoeagus von **Parnassius clodius** Ménétr.
(Nach M. Hering 1932) (13/1).

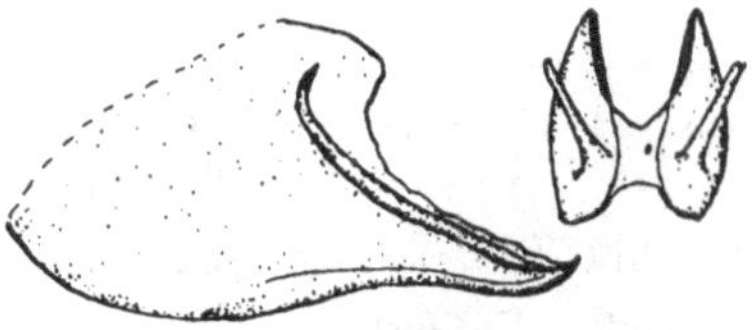

Fig. 154.
Valve (links) und Uncus (rechts) von **Parnassius clodius** Ménétr. (Nach M. Hering 1932) (15/1).

VIII. Tergit des Männchens (Fig. 152) wie bei *P. clarius* Ménétr. Aedoeagus (Fig. 153) vom Typus der *mnemosyne*-Gruppe. Uncus (Fig. 154) der männlichen Genitalarmatur ähnlich *P. stubbendorfi* Ménétr., desgleichen die Valven; Subuncus stark medial verschoben. Sphragis im Profil 3 eckig, weißlich, nachenförmig, unterseits fein gefurcht, fast den ganzen Hinterleib umfassend oder auch kürzer, vorn seitlich lappenartig die mittleren Tergite umklammernd.

Die Art zerfällt in 7 Unterarten.

Westlicher Teil der nearktischen Region:

Alaska, Kalifornien mit Sierra Nevada über Oregon, Washington nach Britisch-Kolumbien und von da südwärts nach Wyoming, Idaho, Montana bis Colorado.

forma flavoocellata Bryk (nom. nov.) 1902 *P. clodius altaurus*, Dyar in: Bull. U. S. Mus., *v.* 52 p. 1 | 1905 *P. a.*, W. G. Wright, Butt. West Coast U. S., p. 75 t. 1 f. 3, b | 1907 *P. clodius clodius* forma *a.*, H. Stichel in: Gen. Ins., *v.* 58 p. 14 | 1907 *P. c.* aberr. *a.*, H. Stichel in: Seitz, Großschmett. Erde, *v.* 5 p. 46 | 1922 [1923] *P. c.* aberr. *a.*, Bryk in: Strand, Lep. Cat., *v.* 27 p. 151 | 1932 *P. c. clodius* + aberr. *flavoocellata*, Bryk & Eisner in: Parnassiana, *v.* 2 p. 96 (diagnosis mancat.).

Augenflecke oberseits gelb anstatt rot.

Wyoming.

♂ forma casta Bryk 1871 *P. clodius* (sine nom.), W. H. Edwards, Butt. N.-Amer., *v.* 1 [p. 18] t. 4 f. 5 (♂) | 1913 *P. c.* aberr. *castus*, Bryk in: Arch. Naturg., *v.* 79 A 3 p. 2 (♂) | 1922 [1923] *P. c.* aberr. *c.*, Bryk in: Strand, Lep. Cat., *v.* 27 p. 151.

Hinterrandfleck fehlt.

Kalifornien.

Typus: ♂ in coll. Zool. Mus. Berlin.

♂ forma lorquini C. Oberth. 1891 *P. clodius* aberr. *l.*, C. Oberthür, Étud. Ent., *v.* 14 p. 18 t. 2 f. 17 (♂) | 1907 *P. c. baldur* aberr. *l.*, H. Stichel in: Seitz, Großschmett. Erde, *v.* 5 p. 46 | 1907 *P. c. b.* forma *l.*, H. Stichel in: Gen. Ins., *v.* 58 p. 14 | 1922 [1923] *P. c.* aberr. *L.*, Bryk in: Strand, Lep. Cat., *v.* 27 p. 151 | 1926 *P. c.* aberr. *l.*, Gunder in: Ent. News Philad., *v.* 37 p. 9 t. 1 f. 13c (♂).

Vorderflügel ohne Submarginalbinde, Subcostalbändchen und Hinterrandfleck, Hinterflügel ohne irgendwelchen Fleck (eine mit *Parnassius apollo* L. forma *novarae* C. Oberth. korrespondierende Form).

Kalifornien.

Typus: ♂ in coll. R. Oberthür, Rennes.

♂ forma immaculata Skinn. 1909 *P. i.*, Skinner in: Ent. News Philad., *v.* 22 p. 3 | 1922 [1923] *P. clodius* aberr. *Lorquini* (part.), Bryk in: Strand, Lep. Cat., *v.* 27 p. 151 | 1926 *P. c. baldur* aberr. *immaculata*, Gunder in: Ent. News Philad., *v.* 37 p. 9 t. 1 f. 13b.

Hinterrandfleck fehlt dem Vorderflügel, Hinterflügel ohne jede Zeichnung.

Kalifornien.

♂ forma binigrimaculella Gunder 1926 *P. clodius* var. *baldur* aberr. *binigrimaculella*, Gunder in: Ent. News Philad., *v.* 37 p. 8.

Beide Augenflecke ohne Rot, zu winzigen, schwarzen Flecken reduziert.

Gold Lake (Sierra County), Kalifornien.

Typus: ♂ in coll. Gunder, Pasadena.

♂ forma ménétriési Wright 1877 *P. clodius* var. *menetriesii*, W. H. Edwards in: P. Calif. Ac., *v.* 7 p. 164 | 1877 *P. c.* var. *m.*, W. H. Edwards in: Tr. Amer. ent. Soc., *v.* 6 p. 12 | 1886 *P. c.* (part.), Elwes in: P. zool. Soc. London, p. 50 | 1898 *P. c.* aberr. *menetriesii*, W. J. Holland, Butt. Book, p. 306 t. 39 f. 3—6 | 1905 *P. m.*, W. G. Wright, Butt. West Coast U. S., p. 76 (part.) t. 1 f. 4 (non f. 4b, bb) | 1907 *P. clodius baldur* aberr. *menetriesii*, H. Stichel in: Seitz, Großschmett. Erde, *v.* 5 p. 46 t. 17e (♂) | 1918 *P. c. ménétriésii*, W. Rothschild in: Nov. zool., *v.* 25 p. 229 | 1922 [1923] *P. c.* aberr. *Menetriesi*, Bryk in: Strand, Lep. Cat., *v.* 27 p. 151.

Beide Augenflecke sehr stark reduziert.

Bear Valley (S. Nevada).

♂ forma medionigroocellata Bryk (nom. nov.) 1907 *P. clodius baldur* forma *lusca*, H. Stichel in: Gen. Ins., *v.* 58 p. 14 (nota 1) | 1907 *P. c. b.* aberr. *l.*, H. Stichel in: Seitz, Großschmett. Erde, *v.* 5 p. 46 t. 17e (♂) | 1932 *P. c.* subsp. *b.* forma *medio-nigroocellata*, Bryk & Eisner in: Parnassiana, *v.* 2 p. 97 (diagnosis mancat).

Vorderer Augenfleck normal, hinterer zu einem schwarzen Punkt reduziert.

Kalifornien.

Typus: ♂ in coll. A. Seitz, Frankfurt a. M.

♂ forma extinctoanalis Bryk & Eisner 1932 *P. clodius clodius* forma *e.*, Bryk & Eisner in: Parnassiana, *v.* 2 p. 96.

Analflecke fehlen auf dem Hinterflügel.

Kalifornien.

Typus: ♂ in coll. C. Eisner, Berlin-Dahlem.

♀ forma nigroanalis Bryk & Eisner 1932 *P. clodius* subsp. *sol*, Bryk & Eisner in: Parnassiana, *v.* 2 p. 97.

Analflecke des Hinterflügels ohne Rot.

Sierra Nevada.

Typus: ♀ in coll. C. Eisner, Berlin-Dahlem.

♀ forma primo et tertiopicta et ornata Bryk & Eisner 1932 *P. clodius* subsp. *baldur* forma *p.* + *t.* + *o.*, Bryk & Eisner in: Parnassiana, *v.* 2 p. 97.

Im Vorderflügel 1. und 3. Subcostalfleck sowie Hinterrandfleck rot gekernt.

Glen-Alpine, Lake Tahoe.

Typus: ♀ in coll. C. Eisner, Berlin-Dahlem.

♀ forma albocentrata Bryk & Eisner 1932 *P. clodius* subsp. *baldur* forma *a.*, Bryk & Eisner in: Parnassiana, *v.* 2 p. 97.

Die roten, schwarzumsäumten Augenflecke des Hinterflügels oberseits mit weißen Kernen (s. Fig. 156).

Glen-Alpine, Lake Tahoe.

Typus: ♀ in coll. C. Eisner, Berlin-Dahlem.

61. **P. clodius clodius** Ménétr. 1852 *P. clarius*, Boisduval (nec Eversmann 1843) in: Ann. Soc. ent. France, ser. 2 *v.* 10 p. 283 | 1855 *P. clodius*, Ménétriés, Lép. Ac. St.-Pétersb., *v.* 1 p. 7 | 1871 *P. c.*, W. H. Edwards, Butt. N.-Amer., *v.* 1 [p. 18] t. 4 f. 5, 6 | 1907 *P. c. clodius* (part.) + forma *altaurus*, H. Stichel in: Gen. Ins., *v.* 58 p. 14 | 1907 *P. c.*, H. Stichel in: Seitz, Großschmett. Erde, *v.* 5 p. 46 t. 17d (♂♀) | 1922 [1923] *P. c.*, Bryk in: Strand, Lep. Cat., *v.* 27 p. 150 | 1932 *P. c. clodius* + forma *dentata* + forma *medio-nigroocellata* + forma *fasciata* + forma *extincto-analis* + forma *extincto-ocellata* + *extincto-analis* + forma *conjuncto-analis* + forma *nigroanalis* + forma *inversa*, Bryk & Eisner in: Parnassiana, *v.* 2 p. 96 | 1934 *P. c. c.*, Bryk & Eisner, ibid., *v.* 3 p. 15.

Kleine, sehr variable Unterart mit scharfen Zeichnungen und kleinen Augenflecken. Männchen (Fig. 155) dicht beschuppt, mit viereckigem Hinterrand-

Fig. 155.
**Parnassius clodius clodius** Ménétr. (♂). (Aus coll. C. Eisner, Berlin-Dahlem) (1/1).

fleck, der bisweilen hinten rückgebildet ist und nur als Andeutung an $Cu_2$ aufgehängt ist. Glasbinde und Submarginalbinde deutlich voneinander getrennt, bis über $Cu_2$ reichend. Subcostalband sehr breit, in der Regel bis $M_3$. Zellflecke länglich, mäßig stark. Wurzel des Discus schwarz bestäubt, Analflecke fehlen dem Hinterflügel in der Regel. Weibchen mit blasserer Zeichnung, breiterer Submarginalbinde, stärker bestäubter Mittelzellwurzel des Vorderflügels, oft continuierlicher Submarginalbinde. Hinterflügel oft mit geröteten Analflecken, stark reduzierter Hinterrandschwärze und bescheidener Submarginalbinde. Vorderflügellänge: ♂ 30—38 mm, ♀ 29—39 mm.

Kalifornien. Oregon (Crater Lake, Becker Creek).

62. **P. clodius baldur** W. H. Edw. 1871 *P. clarius*, W. H. Edwards (nec Eversmann 1843), Butt. N.-Amer., *v.* 1 [p. 18] t. 4 f. 1—4 | 1877 *P. baldur*, W. H. Edwards in: Tr. Amer. ent. Soc., *v.* 6 p. 12 | 1879 *P. b.*, C. Oberthür, Étud. Ent., *v.* 4 p. 18 | 1892 & 95 *P. clodius* var. *b.* (part.), F. Rühl & A. Heyne, Palaearkt. Groß-Schmett., *v.* 1 p. 102, 704 | 1905 *P. b.* + *P. clarius*, W. G. Wright, Butt. West Coast U. S., p. 76 t. 1 f. 5 (♂), f. 5 b, c (♀); p. 75 t. 7 f. 2 b, c | 1907 *P. clodius b.* + aberr. *lusca, lorquini, menetriesii*, H. Stichel in: Seitz, Großschmett. Erde, *v.* 5 p. 46 t. 17 c (♂) | 1907 *P. c. b.* + forma *menetriesii* + *lusca* + *lorquini*, H. Stichel in: Gen. Ins., *v.* 58 p. 14 nr. b α, β, γ | 1922 [1923] *P. c.* var. *b.*, Bryk in: Strand, Lep. Cat., *v.* 27 p. 151 | 1926 *P. c.* + aberr. *binigrimaculella, lorquini, immaculata*, Gunder in: Ent. News Philad., *v.* 37 p. 8 t. 1 f. 13 a, 13 *(binigrimaculella)*, 13 b *(immaculata)*, 13 c *(lorquini)* | 1932 *P. c.* subsp. *baldur* + forma *medio-nigroocellata* + forma *albocentrata* + forma *primo* + *tertiopicta* + *ornata*, Bryk & Eisner in: Parnassiana, *v.* 2 p. 97 | 1934 *P. c.* subsp. *b.*, Bryk & Eisner, ibid., *v.* 3 p. 16.

Eine Höhenrasse, die durch ihre geringere Größe sofort kenntlich ist. Männchen selten mit verkürzter Glasbinde und mit sehr schmalen Zellflecken. Hinterrandfleck mehr oder weniger gut ausgeprägt, selten fehlend. Wurzel- und Hinterrandschwärze des Hinterflügels mäßig ausgebildet. Der Unterschied der Größe der beiden, an sich kleinen Augenflecke nicht erheblich. Analflecke bald fehlend, bald sogar kräftig vorhanden. Ansätze zur Submarginal-

Fig. 156.
**Parnassius clodius baldur** W. H. Edw. forma **albocentrata** Bryk & Eisner (♀) (1/1).

binde des Hinterflügels selten. Weibchen (Fig. 156) mit verhältnismäßig gut ausgebildeter Submarginalbinde und starker Schwärzung der Wurzel des Vorderflügels. Hinterflügel mit schwarzen oder rot gekernten Analflecken und zarter Submarginalbinde, die bisweilen völlig fehlt. Als forma treten auf: *lorquini, medionigroocellata, binigrimaculella, casta, ménétriési, albòcentrata.* Vorderflügellänge: ♂ 29—37 mm, ♀ 29—34 mm.

Sierra Nevada: Truckee-Paß, Yosemite, Lake Tahoe. Utah: Mt Nebo, Salt Lake. Wyoming: Jackson Holl.

63. **P. clodius sol** Bryk & Eisner 1932 *P. c.* subsp. *s.* + forma *medionigroocellata*, Bryk & Eisner in: Parnassiana, *v.* 2 p. 97; p. [83] f. 6 (♂).

Größer als ssp. *clodius* Ménétr., aber, besonders im männlichen Geschlechte, ärmer gezeichnet, mit stark reduzierter Hinterrandschwärze des Hinterflügels. Männchen (Fig. 157) mit etwas kürzerer und schmälerer Submarginalbinde, dadurch die zwischen ihr und dem bis über $Cu_2$ hinaus ziehenden Glasband liegende helle Mondbinde breiter. Subcostalbändchen schmäler.

Fig. 157.
**Parnassius clodius sol** Bryk & Eisner (♂). (Typus, nach Bryk & Eisner 1932) (1/1).

Hinterrandfleck verkleinert, selten fehlend. Die Vorderflügelwurzel meist unbestäubt, selten schwach schwarz bepudert. Hinterflügel: Augenflecke nicht so breit schwarz umrandet, Analflecke fehlen. Weibchen dem der ssp. *clodius* Ménétr. ähnlich mit nicht so kräftiger Submarginalbinde auf Vorder- und Hinterflügel. Analflecke meist ohne Rot. Als formae treten ♀ forma *nigroanalis* und *medionigroocellata* auf.

Nevada (Typus). S.W. Colorado: Gunnison. Wyoming: Teton-Mounts.

Typen: ♂♀ in coll. C. Eisner, Berlin-Dahlem.

64. **P. clodius claudianus** H. Stich. 1907 *P. c. claudianus* (part.), H. Stichel in: Gen. Ins., *v.* 58 p. 15 (nota 1) | 1907 *P. c. c.* (part.), H. Stichel in: Seitz, Großschmett. Erde, *v.* 5 p. 46 t. 17c (♂, ♀) | 1913 *P. c.* var. *c.*, Bryk in: Arch. Naturg., *v.* 79 A 3 p. 3 | 1918 *P. c. c.*, W. Rothschild in: Nov. zool., *v.* 25 p. 229 | 1922 [1923] *P. c.* var. *c.*, Bryk in: Strand, Lep. Cat., *v.* 27 p. 152 | 1932 *P. c.* subsp. *c.*, Bryk & Eisner in: Parnassiana, *v.* 2 p. 98.

Größere Unterart mit sehr starker Schwarzzeichnung. Männchen mit breiter Submarginalbinde, deutlichem, viereckigen Hinterrandfleck, starker Schwärzung der Vorderflügelwurzel im Discus; Hinterflügel mit aus 2 deutlichen Flecken bestehenden Analbändchen und bisweilen mit Andeutung der Submarginalbinde. Das Weibchen zeigt alle Zeichnungsanlagen der Art in potenzierter Weise. Vorderflügellänge: ♂ 33—36 mm, ♀ 34—38 mm.

Goldstrom, Insel Vancouver (Exemplare von Vancouver City bilden den Transitus zur nächstfolgenden Unterart).

Typus: ♂ in coll. Zool. Mus. Berlin.

65. **P. clodius pseudogallatinus** Bryk 1907 & 09 *P. c.* (part.), Verity, Rhop. palaearct., p. 95 t. XXII f. 17, 18 (♂), 19 (♀), t. 4 f. 2 (♂; squamae) | 1907 *P. c. claudianus* (part.), H. Stichel in: Gen. Ins., *v.* 58 p. 15 (nota 1) | 1907 *P. c. c.* (part.),

H. Stichel in: Seitz, Großschmett. Erde, *v.* 5 p. 46 | 1913 *P. c.* var. *pseudogallatinus*, Bryk in: Arch. Naturg., *v.* 79 A 3 p. 3 | 1918 *P. c. claudianus* (part.), W. Rothschild in: Nov. zool., *v.* 25 p. 229 | 1922 [1923] *P. c.* var. *pseudogallatinus*. Bryk in: Strand, Lep. Cat., *v.* 27 p. 152 | 1932 *P. c.* subsp. *p.*, Bryk & Eisner in: Parnassiana, *v.* 2 p. 98.

Sehr dunkel gezeichnete Unterart. Männchen (Fig. 158): Glasband breiter, dunkler, bis zum Hinterrand reichend. Die Mondflecke zwischen ihm und schwarzer Submarginalbinde kleiner und rundlicher. Das Subcostalbändchen

Fig. 158.
**Parnassius clodius pseudogallatinus** Bryk (♂). (Paratypus, aus coll. C. Eisner, Berlin-Dahlem) (1/1).

wie beim Weibchen in der Regel parallel zum Discus mit dem Hinterrandfleck schwarz verbunden. Analflecke kräftig, Hinterrandschwärze sehr markant. Submarginalbinde oft angedeutet. Weibchen sehr kräftig gezeichnet. Vorderflügellänge: ♂ 32—35 mm, ♀ 33—37 mm.

Yale (Typus), Brit. Columbien; Menzies Bay, Duncan City.

Typen: ♂ ♀ in coll. Zool. Mus. Berlin.

66. **P. clodius gallatinus** H. Stich. 1906 *P. c.*, Elrod (& Maley) in: Bull. Univ. Montana, nr. 30 (Biol. nr. 10) p. 16 f. 15 (♀, ♂) | 1907 *P. c. gallatinus*, H. Stichel in: Gen. Ins., *v.* 58 p. 15 (nota 2) | 1907 *P. c. g.*, H. Stichel in: Seitz, Großschmett. Erde, *v.* 5 p. 46 | 1911 & 07 *P. c.* var. *g.*, Verity, Rhop. palaearct., p. 319 t. XXIII f. | 1922 [1923] *P. c.* forma *g.*, Bryk in: Strand, Lep. Cat., *v.* 27 p. 152 | 1932 *P. c.* subsp. *g.*, Bryk & Eisner in: Parnassiana, *v.* 2 p. 98.

Diese Unterart ähnelt der ssp. *pseudogallatinus* Bryk. Die Submarginalbinde des Vorderflügels ist kürzer, die Mondflecke größer. Subcostalbinde vorhanden. Analflecke des Hinterflügels fehlen. Das Weibchen gleicht dem der Nominatrasse. Vorderflügellänge: ♂ 33 mm, ♀ 34 mm.

Gallatin (Montana).

67. **P. clodius incredibilis** Bryk 1932 *P. c.* subsp. *i.*, Bryk (i. l.) in: Parnassiana, *v.* 2 p. 99.

Männchen: Flügel nicht so gestreckt wie bei der Nominatrasse, größer als *P. c. baldur* W. H. Edw. Glassaum bis zum Hinterrand; Submarginale weiße Flecke zwischen ihm und ihr einschließend. Subcostalbinde vollkommen. Die Wurzel der Mittelzelle im Vorderflügel sehr stark geschwärzt. Hinterflügel mit deutlicher Submarginalbinde. Augenflecke lebhaft rot. Beide Analflecke erhalten. Weibchen unbekannt.

S. Elja Berg (Alaska).

Typus: ♂ in coll. Brit. Mus. London.

Das Verbreitungsareal von *P. clodius* Ménétr. ist nearktisch. Die Art kann als Vikariante von *P. eversmanni* Ménétr. gelten, die ebenfalls im nördlichsten Amerika beheimatet ist. Es ist sogar wahrscheinlich, daß *P. clodius* Ménétr. aus *P. eversmanni* hervorgegangen ist, denn es kann als ausgeschlossen gelten, daß Amerika einen einheimischen (autochthonen) Vertreter der Gattung *Parnassius* F. beherbergt.

Biologie unbekannt. Als Futterpflanze der Raupe wird Viola sp. vermutet, vielleicht auch Sedum und Vaccinium oder Rubus (Wright). Flugzeit Juli.

7. **P. orleans** C. Oberth. 1890 *P. o.*, C. Oberthür, Descr. Espèce nouv. Lép., (s. p.) | 1891 *P. o.*, C. Oberthür, Étud. Ent., *v.* 14 p. 8, 18 t. 1 f. 2 | 1892 *P. o.*, C. Oberthür, ibid., *v.* 16 p. 3 t. 2 f. 14 | 1892 *P. o.*, F. Rühl & A. Heyne, Palaearkt. Groß-Schmett., *v.* 1 p. 109 | 1893 *P. o.* (part.), Leech, Butt. China Japan Corea, Part 4 p. 502 | 1894 *P. o.*, Austaut in: Naturaliste, *v.* 16 p. 200 | 1895 *P. orleansi*, F. Rühl & A. Heyne, Palaearkt. Groß-Schmett., *v.* 1 p. 705 | 1901 *P. o.*, O. Staudinger & Rebel, Cat. Lep. Palaearct. Faunengeb., ed. 3 *v.* 1 p. 8 | 1902 *P. orleans*, F. Moore, Lep. Ind., *v.* 5 p. 115 | 1907 *P. o.*, H. Stichel in: Seitz, Großschmett. Erde, *v.* 1 p. 32 t. 13 c (♂ ♀) | 1907 *P. o.*, H. Stichel in: Gen. Ins., *v.* 58 p. 38 (cohors *hardwickiiformes*) | 1907 & 10 *P. orleansi*, Verity, Rhop. palaearct., p. 93 t. XXII f. 1, 2 (♂), 3 (♀) t. 3 f. 22 (squamae) | 1914 *P. orleans* aberr. *Walteri*, Bryk in: Soc. ent., *v.* 29 p. 77 f. 1 (♂) | 1918 *P. o. orleans*, W. Rothschild in: Nov. zool., *v.* 25 p. 254 | 1922 [1923] *P. O.*, Bryk in: Strand, Lep. Cat., *v.* 27 p. 197 | 1929 *P. o.*, Bollow in: Seitz, Großschmett. Erde, *v.* 1 Suppl. 1 p. 76—77 | 1932 *P. o.*, Bryk & Eisner in: Parnassiana, *v.* 2 p. 99 | 1932 *P. mnemosyne o.*, M. Hering in: Mt. Mus. Berlin, *v.* 18 p. 278, 281, 283, 289 f. a (distrib. geogr.), p. 302, 303 f. 7 (Schienenblättchen), p. 304, 305 f. 45 (VIII. Tergit), p. 310, 311 f. 86 (aedoeagus), p. 312, 313 f. 124 (valva, uncus ♂).

Kopf klein, mit großen, nackten, dunkel-braunen, sphaeroiden Augen. Stirnschopf kurz, gelblich, bisweilen schwarz untermischt. Palpen (Fig. 159) mit verlängertem zugespitzten Endglied, gelblich, schwarz bewimpert. Antennen schwarz. Beine braun, Tibien hell behaart. Das Schienenblättchen (Fig. 160) kurz, oval, in der Mitte inseriert. Thorax schwarz, mit

Fig. 159.
Palpus von **Parnassius orleans** C. Oberth. (15/1).

Fig. 160.
Vorderschiene mit Schienenblatt von **Parnassius orleans** C. Oberth. (Nach M. Hering 1932) (17/1).

hellem Halskragen, Abdomen schwarz, beim Männchen hell schütter behaart und Aufhellung des Bauches; beim Weibchen mit gelblichen Schuppen schütter bestreut, die Einschnitte durch dichtere Beschuppung hell abgegrenzt; lateral und ventral hell gelblich. Vorderflügel: $M_1$ entspringt mehr oder weniger nahe der vorderen Mittelzellecke aus dem gemeinsamen Gabelstiele von $R_4 + R_5$. Die Mittelzellquerrippe eingeknickt. Saumlinie gelblich; Befransung gelblich, auf dem Vorderflügel bei den Rippenmündungen schwarz unterbrochen, auf den Hinterflügeln nicht immer. Die unterseits nackten Rippen braun. Das gleichmäßige, sich etwas verjüngende Glasband erreicht stets den Hinterrand. Die Submarginale graphitschwarz, continuierlich bis zum Hinterrand oder bei gewissen Unterarten mehr oder weniger rückgebildet. Subcostalbändchen und Hinterrandfleck bei beiden Geschlechtern stets erhalten, meistens durch eine fast an den Discus angrenzende Schwarzzeichnung zu einer continuierlichen Binde vereinigt; die Rotkernung konstant vorhanden. Der kräftige, nach außen unregelmäßig ausgebuchtete Endzellfleck länglich. Mittelzellfleck rechteckig, beide Arme der Discoidalrippen erreichend. Basis der Mittelzelle und des hinter ihr liegenden Internervalfeldes zwischen $Cu_2$ und $Ax_1$ immer schwarz beim Weibchen, nicht immer beim Männchen. Unterseits scheint die oberseitliche Zeichnung durch. Hinterflügel mit 2 gleichmäßigen, mittelgroßen, roten oder orangeroten Augenflecken, die scharf schwarz umsäumt sind und in der Mitte einen mehr oder weniger großen, weißen Spiegel tragen. Das breite Analbändchen meistens 2zellig, schwarz oder mit roten Kernen. Die Wurzelschwärze sehr kräftig, $^1/_3$ des Discus einnehmend, mit der Hinterrandschwärze vereinigt, die nach vorn hakenförmig um den Discus bis $M_3$ oder $M_2$ verläuft. Die Submarginalbinde in lose, schwärzliche Keilflecke aufgelöst, die vorn ganz reduziert sein können (ssp. *bourboni* O. Bang-Haas), aber nach hinten in 4 bis mindestens 2 blaugekernte Randaugenflecke verwandelt sind. Zwischen Saum- und Submarginalbinde oft eine verglaste, sehr schmale, mehr oder weniger vollkommen ausgebildete Bogenlinie. Unterseits tragen die distal scharf schwarz abgegrenzten roten Wurzelflecke stets deutlich eine weiße Kernung. Augenflecke und Analflecke stets mit weißen Kernen. Die submarginalen Keilflecke stets hellblau gekernt, bisweilen auch die vordersten, so daß eine Reihe von 6 blauen Flecken entsteht.

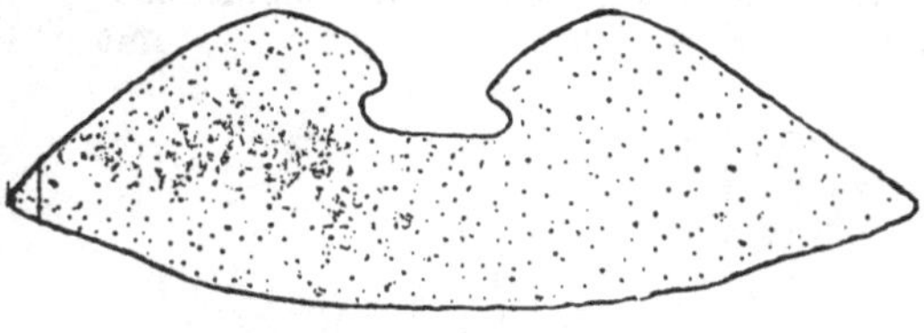

Fig. 161.
VIII. Tergit von **Parnassius orleans** C. Oberth. (♂). (Nach M. Hering 1932) ($^9/_1$).

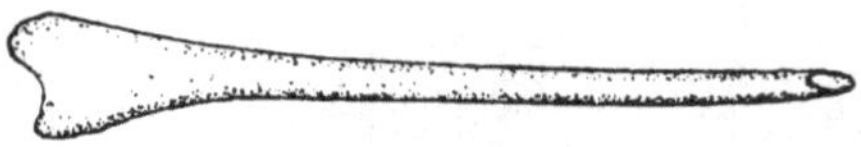

Fig. 162.
Aedoeagus von **Parnassius orleans** C. Oberth. (Nach M. Hering 1932) ($^{13}/_1$).

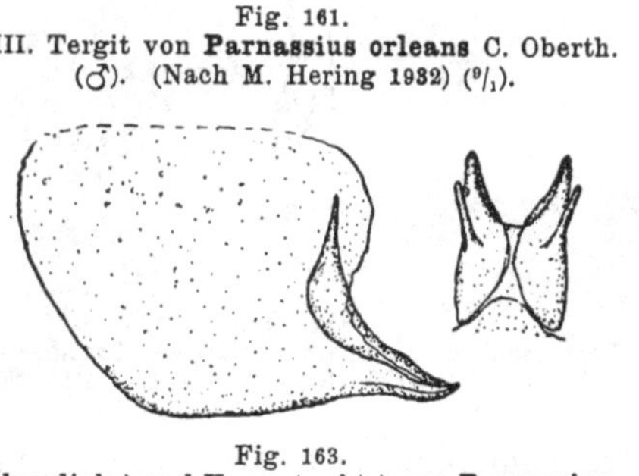

Fig. 163.
Valve (links) und Uncus (rechts) von **Parnassius orleans** C. Oberth. (Nach M. Hering 1932) ($^{15}/_1$).

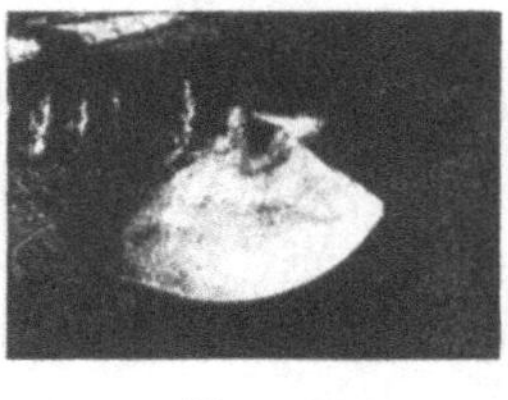

Fig. 164.
Sphragis von **Parnassius orleans** C. Oberth. (Nach Verity 1906) ($^3/_1$).

VIII. Tergit des Männchens (Fig. 161) vom Typus der Arten der *mnemosyne*-Gruppe, seine dorsale Einbuchtung jedoch verkleinert und eingeschnürt. Aedoeagus (Fig. 162) lang, wie bei *P. mnemosyne* (L.) gestaltet. Uncus und Subuncus der männlichen Genitalarmatur (Fig. 163) vom Typus von *P. mnemosyne* L. Die Verlängerung des Fortsatzes der schalenförmigen Valve kurz. Sphragis (Fig. 164) weißlich, flach, im Profil helmartig, ventral gefurcht, den halben Bauch einnehmend, vorn gebogen, stark hervortretend.

West-China.

Diese Art zerfällt in 10 Unterarten.

forma distinguenda Bryk 1923 *P. orleans* aberr. *d.*, Bryk in: Ent. Z., *v.* 36 p. 56 | 1929 *P. o.* aberr. *d.*, Bollow in: Seitz, Großschmett. Erde, *v.* 1 Suppl. 1 p. 76.

Submarginalbinde des Vorderflügels ohne Rot, mit Ausnahme des Hinterrandfleckes.

Szetschwan.

Typus: ♀ in coll. C. Eisner, Berlin-Dahlem.

forma meyeri Bryk 1923 *P. orleans* aberr. *m.*, Bryk in: Ent. Z., *v.* 36 p. 56.

Im Vorderflügel zwischen Glassaum und Submarginalbinde ein orangegelblicher Flügelton.

Szetschwan.

Typus: ♀ in coll. C. Eisner, Berlin-Dahlem.

forma walteri Bryk 1914 *P. orleans* aberr. *W.*, Bryk in: Soc. ent., *v.* 29 p. 77 f. 1 (♂) | 1915 *P. o.* aberr. *w.*, Bryk in: Arch. Naturg., *v.* 80 A 7 p. 178 (nota 147 a) | [1918] *P. o.* aberr. *w.*, Bryk, Parnassius Apollo Formenkreis, p. 90 (nota 147 a) | 1922 [1923] *P. o.* aberr. *W.*, Bryk in: Strand, Lep. Cat., *v.* 27 p. 198 | 1929 *P. o.* aberr. *w.*, Bollow in: Seitz, Großschmett. Erde, *v.* 1 Suppl. 1 p. 77.

Die Submarginalbinde des Vorderflügels nur zwischen $M_3$ und $Cu_1$ schwarz, sonst rot gekernt.

Tatsienlu.

Typus: ♂ in coll. C. Eisner, Berlin-Dahlem.

forma binocularis Bryk 1922 [1923] *P. orleans* aberr. *b.*, Bryk in: Strand, Lep. Cat., *v.* 27 p. 197 | 1923 *P. o.* aberr. *b.*, Bryk in: Ent. Z., *v.* 36 p. 56 | 1929 *P. o.* aberr. *b.*, Bollow in: Seitz, Großschmett. Erde, *v.* 1 Suppl. 1 p. 77.

Beide Augenflecke mit großen, weißen Kernen.

Szetschwan.

Typus: ♀ in coll. C. Eisner, Berlin-Dahlem.

forma graphica Bryk 1922 [1923] *P. orleans* aberr. *g.*, Bryk in: Strand, Lep. Cat., *v.* 27 p. 197 | 1923 *P. o.* aberr. *g.*, Bryk in: Ent. Z., *v.* 36 p. 56 | 1929 *P. o.* aberr. *g.*, Bollow in: Seitz, Großschmett. Erde, *v.* 1 Suppl. 1 p. 77.

Der Medianaugenfleck durch Rötung des ihn passierenden Rippenteils von $M_2$ oberseits mit 2 halbierten, weißen Kernen anstatt mit 1.

Szetschwan.

Typus: ♀ in coll. C. Eisner, Berlin-Dahlem.

forma expupillata Bryk 1922 [1923] *P. orleans* aberr. *e.*, Bryk in: Strand, Lep. Cat., *v.* 27 p. 197 | 1923 *P. o.* aberr. *e.*, Bryk in: Ent. Z., *v.* 36 p. 56 | 1929 *P. o.* aberr. *e.*, Bollow in: Seitz, Großschmett. Erde, *v.* 1 Suppl. 1 p. 77.

Die roten Augenflecke ohne Weißspiegel.

Szetschwan.

Typen: ♂ ♀ in coll. C. Eisner, Berlin-Dahlem.

forma semidecora Bryk 1922 [1923] *P. orleans* aberr. *s.*, Bryk in: Strand, Lep. Cat., *v.* 27 p. 198 | 1923 *P. o.* aberr. *s.*, Bryk in: Ent. Z., *v.* 36 p. 56 | 1929 *P. o.* aberr. *s.*, Bollow in: Seitz, Großschmett. Erde, *v.* 1 Suppl. 1 p. 77.

Nur der mittlere Analfleck rot gefüllt.

Szetschwan.

Typus: ♂ in coll. C. Eisner, Berlin-Dahlem.

forma clericalis Bryk 1922 [1923] *P. orleans* aberr. *c.*, Bryk in: Strand, Lep. Cat., *v.* 27 p. 197 | 1923 *P. o.* aberr. *c.*, Bryk in: Ent. Z., *v.* 36 p. 56 | 1929 *P. o.* aberr. *c.*, Bollow in: Seitz, Großschmett. Erde, *v.* 1 Suppl. 1 p. 77.

Das schwarze Analband ohne oberseitlichen Rotkern.

Szetschwan.

Typus: ♂ in coll. C. Eisner, Berlin-Dahlem.

forma communista Bryk 1922 [1923] *P. orleans* aberr. *c.*, Bryk in: Strand, Lep. Cat., *v.* 27 p. 197 | 1923 *P. o.* aberr. *c.*, Bryk in: Ent. Z., *v.* 36 p. 56 | 1929 *P. o.* aberr. *c.*, Bollow in: Seitz, Großschmett. Erde, *v.* 1 Suppl. 1 p. 77.

Im Wurzelfeld der Mittelzelle des Hinterflügels ein deutlicher roter Kern.

Szetschwan.

Typus: ♀ in coll. C. Eisner, Berlin-Dahlem.

forma usurpator Bryk 1923 *P. orleans* aberr. *u.*, Bryk in: Ent. Z., *v.* 36 p. 56 | 1929 *P. o.* aberr. *u.*, Bollow in: Seitz, Großschmett. Erde, *v.* 1 Suppl. 1 p. 77.

Die roten Wurzelflecke unterseits ohne jede Weißkernung.

Szetschwan.

Typus: ♂ in coll. C. Eisner, Berlin-Dahlem.

forma sphenagon Bryk 1922 [1923] *P. orleans* aberr. *s.*, Bryk in: Strand, Lep. Cat., *v.* 27 p. 198 | 1923 *P. o.* aberr. *s.*, Bryk in: Ent. Z., *v.* 36 p. 56 | 1929 *P. o.* aberr. *s.*, Bollow in: Seitz, Großschmett. Erde, *v.* 1 Suppl. 1 p. 77.

Hinterflügel mit breitem Glasband.

Szetschwan.

Typus: ♂ in coll. C. Eisner, Berlin-Dahlem.

forma inpicta Bryk & Eisner 1932 *P. orleans* subsp. *orleans* forma *i.*, Bryk & Eisner in: Parnassiana, *v.* 2 p. 99.

Vorderflügel ohne Prachtfarbe.

Tatsienlu, Szetschwan.

Typus: ♂ in coll. C. Eisner, Berlin-Dahlem.

forma ampliusocellulata Bryk & Eisner 1932 *P. orleans* subsp. *orleans* forma *a.*, Bryk & Eisner in: Parnassiana, *v.* 2 p. 99.

Blaukernung sämtlicher Randaugenflecke des Hinterflügels oberseits erhalten.

Tatsienlu, Szetschwan.

Typus: ♀ in coll. C. Eisner, Berlin-Dahlem.

Von *P. orleans* C. Oberth. wurde folgende Geäderform beschrieben:

forma metathetica parnassica 1922 (1923) *P. orleans* aberr. *p.*, Bryk in: Strand, Lep. Cat., *v.* 27 p. 198 | 1923 *P. o.* aberr. *p.*, Bryk in: Ent. Z., *v.* 36 p. 56 | 1929 *P. o.* aberr. *p.*, Bollow in: Seitz, Großschmett. Erde, *v.* 1 Suppl. 1 p. 77.

$M_1$ des Vorderflügels entspringt direkt frei aus der vorderen Zellecke hinter dem Gabelstiel von $R_4 + R_5$.

71. **P. orleans orleans** C. Oberth. 1890 *P. o.*, C. Oberthür, Descr. Espèce nouv. Lép., (s. p.) | 1891 *P. o.*, C. Oberthür, Étud. Ent., *v.* 14 p. 8, 18 t. 1 f. 2 (♂) | 1892 *P. o.*, C. Oberthür, ibid., *v.* 16 p. 3 t. 2 f. 14 (♀) | 1907 & 06 *P. o.*, H. Stichel in: Seitz, Großschmett. Erde, *v.* 1 p. 32 t. 13 c (♂, ♀) | 1907 *P. o. orleans*, H. Stichel in: Gen. Ins., *v.* 58 p. 38 | 1907 & 10 *P. orleansi*, Verity, Rhop. palaearct., p. 93 t. 3 f. 22 (squamae), t. XXII f. 1, 2 (♂), 3 (♀) | 1918 *P. orleans orleans*, W. Rothschild in: Nov. zool., *v.* 25 p. 254 | 1922 [1923] *P. O.*, Bryk in: Strand, Lep. Cat., *v.* 27 p. 197 | 1930 *P. o. orleans*, M. Hering in: Parnassiana, *v.* 1 nr. 3 p. 1 t. 1 f. 1 (♂), 2 (♀) | 1932 *P. o.* subsp. *o.* + forma *ampliusocellulata* + forma *inpicta* + forma *walteri* + forma *tripicta*, Bryk & Eisner, ibid., *v* 2 p. 99.

Befransung beider Flügel gescheckt (Fig. 165). Glas- und Submarginalbinde deutlich. Subcostalbinde stets vollkommen vorhanden. Zwischenwurzelfleck und Wurzelfleck in der Mittelzelle kräftig. Hinterflügel mit 2, 3 oder 4 blauen Randaugen; der Rest der Submarginalbinde deutlich, aus aneinander angrenzenden Bogenelementen bestehend. Männchen: Die Subcostalbinde

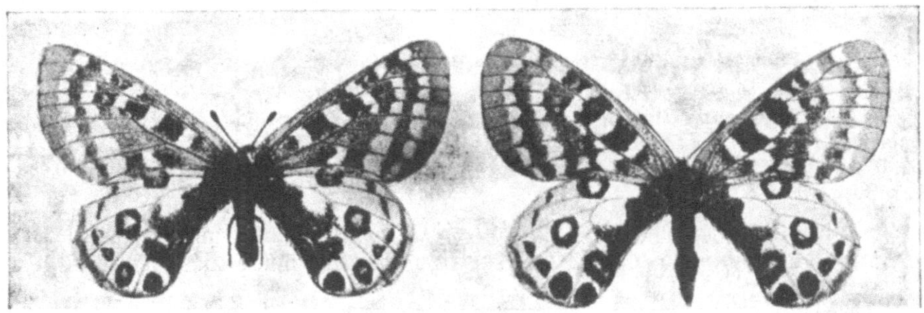

Fig. 165.
**Parnassius orleans orleans** C. Oberth. (links ♂, rechts ♀). (Nach M. Hering 1930) (1/1).

zwischen $M_3$ und $Cu_2$ wurzelwärts diffuser als beim Weibchen. Die Analflecke ohne Rot oder nur der vordere mit rotem Kern. Weibchen mit deutlicherer Subcostalbinde. Analfleck des Hinterflügels in der Regel rot gekernt. Als formae wurden festgestellt: *binocularis, distinguenda, expupillata, inpicta, ampliusocellulata, graphica, meyeri, clericalis, communista, semidecora, sphenagon, walteri, parnassica.* Vorderflügellänge: ♂♀ 27—29 mm.

Szetschwan: Tatsienlu.

Typen: ♂ ♀ in coll. R. Oberthür, Rennes.

72. **P. orleans groumi** C. Oberth. 1892 *P. o. g.*, C. Oberthür, Étud. Ent., *v.* 16 p. 3 t. 2 f. 10 | 1894 *P. o.* var. *g.*, Austaut in: Naturaliste, *v.* 16 p. 200 | 1901 *P. o.* var. *g.*, O. Staudinger & Rebel, Cat. Lep. Palaearct. Faunengeb., ed. 3 *v.* 1 p. 8 | 1907 *P. o. g.*, H. Stichel in: Seitz, Großschmett. Erde, *v.* 1 p. 32 | 1907 *P. o.* var. *grumi*, Verity, Rhop. palaearct., p. 93 t. XXII f. 4 (♂) | 1907 *P. o. groumi*, H. Stichel in: Gen. Ins., *v.* 58 p. 38 | 1918 *P. o. g.*, W. Rothschild in: Nov. zool., *v.* 25 p. 254 | 1922 [1923] *P. o.* var. *G.* (seu *Grumi*), Bryk in: Strand, Lep. Cat., *v.* 27 p. 198 | 1930 *P. o. groumi*, M. Hering in: Parnassiana, *v.* 1 nr. 3 p. 2 t. 1 f. 3 (♂).

Angehellte Unterart (Fig. 166). Die Submarginalbinde des Vorderflügels verschmälert und mehr oder weniger in lose Flecke aufgelöst. Der schwarze Subbasalfleck zwischen $Cu_2$ und $Ax_1$ viel kürzer als bei der Nominatrasse. Subcostalbinde über den beiden $Cu_1$ und $Cu_2$ merklich verschmälert oder öfters ganz unterbrochen. Die um die Zelle des Hinterflügels sich ausbreitende Hinterrandschwärze nicht hakig umgebogen. Die Submarginalbinde in lose Flecke aufgelöst, die vorderen sehr oft rückgebildet. Vorderflügellänge: ♂♀ 27 –28 mm.

Amdo.

Typus: ♂ in coll. R. Oberthür, Rennes.

Fig. 166.
**Parnassius orleans groumi** C. Oberth. (♂). (Nach M. Hering 1930) (1/1).

73. **P. orleans dictator** M. Hering 1907 *P. o.* var. *grumi* (part.), Verity, Rhop. palaearct., p. 93 t. XXII f. 5 (♀) | 1930 *P. o. dictator*, M. Hering in: Parnassiana, *v.* 1 nr. 3 p. 3 t. 1 f. 5 (♂, 6) | 1931 *P. o.* subsp. *d.*, Bollow in: Seitz, Großschmett. Erde, *v.* 1 Suppl. 1 p. 331.

Diese Unterart ist von ssp. *groumi* C. Oberth. kaum abzutrennen. Die Unterschiede bestehen darin, daß die Submarginalbinde des Hinterflügels

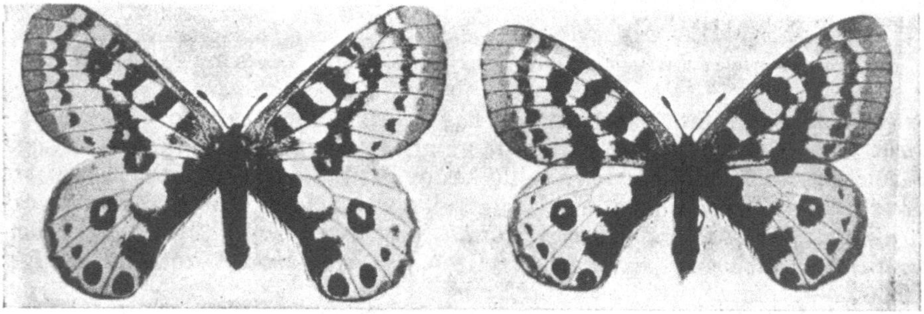

Fig. 167.
**Parnassius orleans dictator** M. Hering (links ♂, rechts ♀). (Typen, nach M. Hering 1930) (1/1).

nicht mehr so ausgesprochen in „Monde" zerlegt ist; sie ist viel gleichmäßiger, dicker, namentlich von der $M_2$ ab innenrandwärts (Fig. 167).

Kuku-Noor.

Typen: ♂ ♀ in coll. Püngeler (Zool. Mus. Berlin).

74. **P. orleans consul** M. Hering 1930 *P. o. c.*, M. Hering in: Parnassiana, *v.* 1 nr. 3 p. 3 t. 1 f. 7 (♂), 8 (♀) | 1931 *P. o.* subsp. *c.*, Bollow in: Seitz, Großschmett. Erde, *v.* 1 Suppl. 1 p. 331 | 1932 *P. o.* subsp. *c.*, Bryk & Eisner in: Parnassiana, *v.* 2 p. 101.

Von ssp. *groumi* C. Oberth. dadurch unterschieden, daß die schwarze Submarginalbinde der Hinterflügel zwar in angedeutete Halbmonde zerlegt ist, aber sie sind viel dicker, gröber und nicht so scharf begrenzt (Fig. 168). Die roten Augenflecke oft stärker weiß gekernt als bei den erwähnten Unterarten.

Der Mittelzellfleck im Vorderflügel etwa genau so breit wie der an ihn angrenzende, zwischen ihm und dem Wurzelflecke liegende weiße Fleck. Das schwärzliche marginale Glasband des Vorderflügels ist an der Innenseite weniger gezähut als bei subsp. *groumi* C. Oberth. Das Submarginalglasband ist breiter und diffuser als bei subsp. *groumi* C. Oberth. Vorderflügellänge: ♂ 29 mm, ♀ 30 mm.

Süd-Tatungsche Berge, Nanschan-Gebirge.

Typus: ♂ in coll. Zool. Mus. Berlin, ♀ in coll. C. Eisner, Berlin-Dahlem.

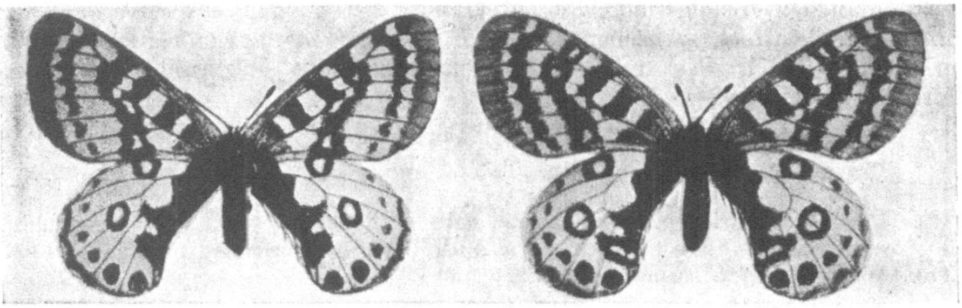

Fig. 168.
**Parnassius orleans consul** M. Hering (links ♂, rechts ♀). (Typen, nach M. Hering 1930) (1/1).

7 5. **Parnassius orleans augur** Bryk & Eisner 1932 *P. o.* subsp. *a.*, Bryk & Eisner in: Parnassiana, *v.* 2 p. 34 | 1932 *P. o.* subsp. *a.*, Bryk & Eisner, ibid., *v.* 2 p. 101 | 1934 *P. o.* subsp. *a.*, F. Nordström in: Ark. Zool., *v.* 27 nr. 7 p. 15 | 1934 *P. o.* subsp. *a.*, Bryk & Eisner in: Parnassiana, *v.* 3 p. 16.

Steht subsp. *consul* M. Hering sehr nahe, von der sie sich durch eine schmälere Submarginalbinde des Vorderflügels, schmälere und länglichere Zellflecke und mehr aufgehellte Vorderrandbestäubung, besonders beim M ä n n c h e n, unterscheidet. Der vorderste Fleck im Analbändchen des Hinterflügels fehlt auch dem W e i b c h e n. Der Vorderrand des Vorderflügels mehr oder weniger infolge Weißbeschuppung aufgehellt.

Khodung-po, südlich Langchowfu.

Typen: ♂ ♀ in coll. C. Eisner, Berlin-Dahlem.

7 6. **P. orleans tyrannus** Bryk 1918 *P. o. groumi* (part.), W. Rothschild in: Nov. zool. *v.* 25 p. 254 | 1932 *P. o. tyrannus*, Bryk in: Parnassiana, *v.* 2 p. 67 | 1932 *P. o.* subsp. *t.*, Bryk & Eisner, ibid., *v.* 2 p. 101.

Ähnelt subsp. *groumi* C. Oberth. Submarginalbinde sehr schmal, bis $Cu_2$ reichend, bis $M_3$ continuierlich verlaufend, weiter mit 2 schwach ausgebildeten Möndchen abschließend. Subcostalbändchen ohne Rot, breit, im hintersten Elemente, von $M_2$ bis $M_3$ nur strichförmig. Der Hinterrandfleck setzt sich vorn bogenstrichförmig bis $Cu_1$ fort. Der Basalfleck hinter dem Hinterrandfleck kaum angedeutet. Hinterrandschwärze des Hinterflügels hakenförmig um den Discus bis $R_5$ ($+ M_1$) reichend. Die kleinen Randaugen nur aus 3 blaugekernten Flecken bestehend, von denen der vordere am kleinsten und dreieckig ist. Die Blaukernung der beiden hinteren dunkel. Der bogigen, glasigen Submarginalbinde fehlt vorn das erste Element. W e i b c h e n unbekannt.

Dschakar (Jakar).

Typus: ♂ in coll. Zool. Mus. Tring.

77. **P. orleans parthenos** Bryk 1932 *P. o. p.*, Bryk in: Parnassiana, *v.* 2 p. 68 | 1932 *P. o.* subsp. *p.*, Bryk & Eisner, ibid., *v.* 2 p. 100.

Männchen: Saum des Glasbandes durch Vorhandensein der Grundfarbe weißgelblich, so daß es wie hell eingesäumt erscheint. Die Rippenmündungen wie bei *P. orleans* C. Oberth. typisch, die helle Befransung dunkel unterbrechend. Submarginalbinde breit, continuierlich; Subcostalbinde continuierlich. Hinterflügel mit 3 blauen Randaugenflecken, die 3 vorderen Flecke der Submarginalbinde nur als dünne Striche. Im Gegensatze zu *P. orleans orleans* C. Oberth. ist das glasige Submarginalband nur in schmalen, unansehnlichen Bogen-Elementen erhalten. Mittelaugenfleck mit weißem Kern. 3. Analfleck zwischen ihm und dem 2zelligen Analbändchen stets erhalten. Weibchen mit breiter Rotfleckung im Vorderflügel wie bei forma *walteri* Bryk.

Szetschwan: Kunkala-Shan (Typus), Sumpanting.

Typen: ♂ ♀ in coll. Zool. Mus. Tring.

78. **P. orleans johanna** Bryk 1918 *P. o. orleans* (part.), W. Rothschild in: Nov. zool., *v.* 25 p. 254 | 1932 *P. o. johanna,* Bryk in: Parnassiana, *v.* 2 p. 67 | 1932 *P. o.* subsp. *j.*, Bryk & Eisner, ibid., *v.* 2 p. 100 f. 7 (♂).

Ähnelt der Nominatrasse (Fig. 169). Männchen: Submarginalbinde des Vorderflügels nach außen mehr ausgezackt. Submarginalbinde des Hinterflügels bis zu den beiden letzten blaugekernten Randaugenflecken continuierlich, nicht in Flecke aufgelöst, von den 3 blaugekernten Flecken die beiden hinteren

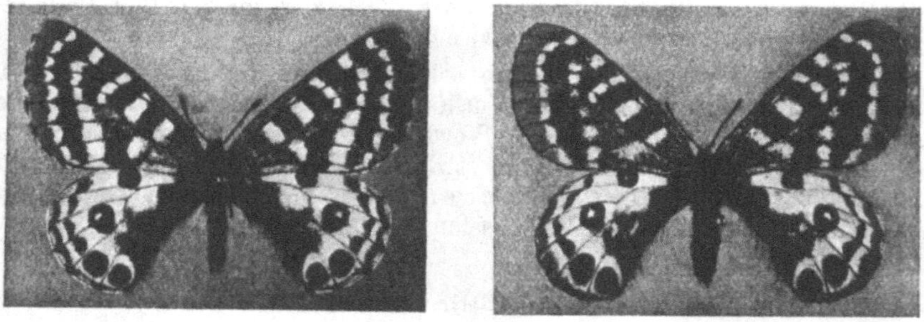

Fig. 169.
**Parnassius orleans johanna** Bryk (links ♂, rechts ♀). (Paratypen, aus coll. C. Eisner, Berlin-Dahlem) (1/1).

bedeutend durch Größe differenziert. Die Verlängerung der Hinterrandschwärze nicht hakenförmig. Weibchen: Submarginalbinde des Vorderflügels viel breiter, ebenso die Subcostalbinde, die sich meistens zwischen $M_3$ und $Cu_2$ an die Mittelzelle anlehnt.

Taipaischan (Shensi).

Typen: ♂ ♀ in coll. Zool. Mus. Tring.

79. **P. orleans nike** Bryk & Eisner 1932 *P. o.* subsp. *n.*, Bryk & Eisner in: Parnassiana, *v.* 2 p. 100.

Kleiner und zierlicher als die vorbehandelten Rassen, mit schmälerem Glasband des Vorderflügels und kleineren Mondflecken (Fig. 170). Männchen: Die Submarginalbinde erreicht den Hinterrand nicht, sein letztes Element isoliert, Hinterrandfleck überwiegend nicht gerötet. Die Wurzelschwärze des

Vorderflügels hinter der Mittelzelle reduziert, so daß das vom Hinterrandflecke distal begrenzte Feld geräumiger wird. Hinterflügel mit etwas reduzierterer Hinterrandschwärze. Analbändchen meist schwarz; gewöhnlich fehlt ihm der vorderste Fleck. Weibchen seichter beschuppt, sonst dem der Nominatrasse sehr ähnlich. Wie bei jener ist die Glasbinde des Hinter-

Fig. 170.
**Parnassius orleans nike** Bryk & Eisner (links ♂, rechts ♀). (Paratypen, aus coll. C. Eisner, Berlin-Dahlem) (1/1).

flügels in beiden Geschlechtern auf allerdings noch zartere Bogen beschränkt. Die vorderen Elemente der Submarginalbinde noch stärker reduziert als bei subsp. *parthenos* Bryk.

S.O.-Szetschwan: Omisien (= Omei).

Typen: ♂ ♀ in coll. C. Eisner, Berlin-Dahlem.

7 10. **P. orleans bourboni** O. Bang-Haas 1928 *P. o.* subsp. *b.*, O. Bang-Haas in: Ent. Z., *v.* 42 p. 61 | 1929 *P. O.* subsp. *b.*, Bollow in: Seitz, Großschmett. Erde, *v.* 1 Suppl. 1 p. 77 | 1930 *P. o. b.*, M. Hering in: Parnassiana, *v.* 1 nr. 3 p. 4 t. 1 f. 4 (♀) | 1932 *P. o.* subsp. *b.*, Bryk & Eisner, ibid., *v.* 2 p. 102.

Grundfarbe milchweiß, mit karminroten Prachtflecken bei starker Reduzierung der Zeichnungselemente. Befransung des Hinterflügels nicht gescheckt, sondern milchweiß, der Glassaum weiß eingesäumt. Beim Männchen die

Fig. 171.
**Parnassius orleans bourboni** O. Bang-Haas (♀). (Nach M. Hering 1930) (1/1).

Submarginalzeichnung auf Vorder- und Hinterflügel stark rückgebildet. Von den blauen Randaugenflecken nur 2 reduziert erhalten. Subcostalbändchen vom Hinterrandfleck deutlich getrennt. Wurzel der Mittelzelle des Vorderflügels nicht geschwärzt. Hinterrandschwärze des Hinterflügels nicht hakenförmig um die Mittelzelle greifend. Weibchen (Fig. 171) meistens mit continuierlicher Subcostalbinde, die freilich zwischen $Cu_1$ und $M_1$ eingeschnürt ist. Wurzelfleck in der Mittelzelle und Basalfleck außerhalb dieser Zelle gut ausgeprägt. Analbändchen des Hinterflügels gerötet. Vorderflügellänge: ♂♀ 27,5 mm.

Pientau-kou, Richthofen-Gebirge, südwestl. Liang-tschou (Nord-Kanssu).

Ei, Larve und Puppe unbekannt.

*Parnassius orleans* C. Oberth. unterscheidet sich von allen übrigen *mnemosyne*-ähnlichen Arten (*Parnassius mnemosyne* sensu M. Hering) durch das Vorhandensein von blauen Randaugen auf dem Hinterflügel, weshalb er früher in nahe Verwandtschaft von *Lingamius* Bryk gestellt wurde. *Parnassius orleans* C. Oberth. ist der einzige Vertreter von *Parnassiinae*, bei dem im Vorderflügel — freilich aberrativ — eine continuierliche, rot gekernte Subcostalbinde auftritt.

Sein Verbreitungsareal erstreckt sich von Szetschwan nach Norden, Nordwesten und Nordosten bis Kanssu, Kuku-Noor, Amdo und Schensi. Sein Vorkommen in Jakar (= subsp. *tyrannus* Bryk) bedarf noch einer Nachprüfung.

## II. **Apollo**-Gruppe (= *Parnassius* F. s. str.)

Antennenschaft weiß-schwarz, weiß, schwarz oder weiß-schwarz geringelt. VIII. Tergit des Männchens am caudalen Ende tief und weit eingeschnürt, einem schmalen, gleichbreit bleibenden Halbringe ähnlich, an der Seite des Hinterrandes bisweilen zugespitzt. Valve in Form einer schmalen, länglichen Schale, deren caudale Unterseite stärker verdickt ist, an ihrer Innenseite ein über das Valvenende hinausreichender Haken, der nach unten und innen gebogen ist. Uncus mit zwei starken, nach unten gebogenen Hörnern, die Subunci in eine helmförmige Schale umgebildet. Sphragis des Weibchens klein, blattähnlich, distal zugespitzt, mit oder ohne Kiel, das letzte Tergit lateral etwas umklammernd oder von seinen Lappen überdeckt, braun. Flügelzeichnung ohne blaue Randaugenflecke. Schwarzumränderte, rote Augenflecke und unterseits 4 rote Wurzelflecke vorhanden.

Verbreitung paläarktisch und nearktisch.

Typus: *Parnassius apollo* L.

8. **P. apollonius** (Eversm.) 1843—56 *Doritis a.*, Herrich-Schäffer, Syst. Bearb. Schmett. Eur., *v.* 6 p. 35 t. 636. 637 | 1847 *D. a.*, Eversmann in: Bull. Soc. Moscou, *v.* 20 nr. 3 p. 71 t. 3 f. 1, 2 | 1852 *Parnassius a.*, G. R. Gray, Cat. lep. Ins. Brit. Mus., *v.* 1 p. 74 | 1874 *P. a.*, Erschoff in: Fedtschenko, Turkestan, *v.* 2 p. 1 | 1874 *P. a.*, Crüger in: Erschoff in: Ent. Zeit. Stettin, *v.* 35 p. 387 | 1886 *P. a.* (part.), Elwes in: P. zool. Soc. London, p. 34 | 1889 *P. a.*, Austaut, Parnass. paléarct., p. 120 t. 1 f. 6 (antenn.), t 15 f. 1, 2 | 1890 *P. a.*, Grum-Grshimailo in: Romanoff, Mém. Lép., *v.* 4 p. 170—172 t. 6 f. 1 (larva, biolog.) | 1891 *P. a.*, Portchinsky in: Horae Soc. ent. Ross., *v.* 25 p. 113 (biolog.) | 1892 & 95 *P. a.*, F. Rühl & A. Heyne, Palaearkt. Groß-Schmett., *v.* 1 p. 102, 704 | 1901 *P. a.*, O. Staudinger & Rebel, Cat. Lep. Palaearct. Faunengeb., ed. 3 *v.* 1 p. 3 | 1906 *P. a.*, Verity, Rhop. palaearct., p. 50, 51 t. XI f. 1 (♂), 2 (♀, squamae) | 1906 *P. a.*, H. Stichel in: Seitz, Großschmett. Erde, *v.* 1 p. 27 t. 13 e (♂♀) | 1907 *P. a.*, H. Stichel in: Gen. Ins., *v.* 58 p. 29 (cohors *apolloniformes*) | 1911 *P. a.*, H. Stichel in Int. ent. Z., *v.* 4 p. 277 | 1912 *P. a.*, J. F. Bemmelen in: Zool. Jahrb., Suppl. 15 *v.* 3 p. 464 | 1915 *P. a.*, Bryk in: Arch. Naturg., *v.* 80 A 7 p. 161 t. 9 f. 68 (♀); f. 66 (♂, aberr. pathol.) | [1918] *P. a.*, Bryk, Parnassius Apollo Formenkreis, p. 72, 82 t. 9 f. 66 (♂, aberr. pathol.), f. 68 (♀) | 1922 *P. a.*, Bryk in: Arch. Naturg., *v.* 87 A 10 p. 239 (aberr. monstr.) | 1922 [1923] *P. a.*, Bryk in: Strand, Lep. Cat., *v.* 27 p. 145 | 1929 *P. a.*, Sokolov in: Rev. Russe Ent., *v.* 23 p. 63, 64, 65, 70 t. 2 f. 8, t. 3 f, 3, 11 (genit. armat. ♂) | 1931 *P. a.*, Bryk & Eisner in: Parnassiana, *v.* 1 nr. 7/8 p. 15 | 1932 *P. a.*, Reinig in: Wiss. Ergeb. Alai-Pamir Exp., Teil III *v.* 1 p. 113 (zoogeogr.) |

1932 *P. apollo apollonius*, M. Hering in: Mt. Mus. Berlin, *v.* 18 p. 283, 286, 293, 302, 303 f. 9 (Schienenblättchen), p. 306, 307 f. 61 (VIII. Tergit), p. 310, 311 f. 87 (aedoeagus), p. 314, 315 f. 134 (valva, uncus) | 1934 *P. a.*, Bryk & Eisner in: Parnassiana, *v.* 3 p. 18.

Augen klein, eiförmig, nackt, bräunlich schwarz. Antennen nackt, braunschwarz. Palpen (Fig. 172) gelblich, gelblich bewimpert, bisweilen mit sehr wenigen schwarzen Haaren untermischt. Stirnbusch gelblich. Beine braun, weißlichgelb behaart und beschuppt. Schienenblättchen (Fig. 173) kurz, oval. Der schwarze Thorax und das Abdomen beim Männchen nicht dicht gelblich behaart, beim Weibchen nackt, unterseits hellgelb behaart; Halskragen gelblich. Das Abdomen des Weibchens lateral, besonders in der Abgrenzung der einzelnen Segmente schütter weißlichgelb beschuppt. Flügel: $M_1$ direkt aus der vorderen Ecke der Mittelzelle entspringend oder nur ganz kurz mit der Basis des gegabelten Stiels von $R_4 + R_5$ verwachsen. Rippen unterseits nackt, hell, durchsichtig, bernsteingelb. Die Art ist sexuell digryph. Flügel hellgelblich eingesäumt. Vorderflügel in der Regel, Hinterflügel stets einfarbig weiß befranst, sonst an den Rippenmündungen schwach geschwärzt. Submarginalbinde auf beiden Flügeln stets in einzelne internervale schwarze Flecke aufgelöst. Subcostalflecke und Hinterrandfleck sehr oft rot gekernt. Endzellfleck meist vorn den Discus nicht überschreitend. Der Basalfleck vor der Mittelzelle auf der Hinterflügeloberseite stets klar rot gekernt. Der subcostale rote Augenfleck größer als der mediane; letzterer stets einzellig, oft mit einem schwarzen, selten rot gekernten hinteren Anhang. In der Regel 1 oder 2 Analflecke. Unterseits sind die submarginalen schwarzen Flecke wie alle übrigen Flecke der Oberseite auf beiden Flügeln erhalten. Auf den Hinterflügeln 4 rote, nach außen schwarz umrandete Wurzelflecke. Die Augenflecke stets mit weißen Kernen, selbst wenn sie oberseits ganz rot ausgefüllt sind. Unterseite speckig glänzend. Männchen: dicht weiß oder gelblichweiß beschuppt, fast immer ohne Glassaum. Die schwarzen Submarginalflecke stark voneinander getrennt, nie das zwischen Analfalte und $Ax_1$ liegende Feld erreichend. Die Rotkernung der Subcostalflecke und des Hinterrandfleckes oft nicht so gut ausgeprägt wie beim Weibchen. Mittelzellfleck länglich, beinahe den hinteren Discusarm erreichend. Der mediane Augenfleck 1zellig oder mit einem angenäherten, kleinen, schwarzen Anhängsel. Der hinterste Analfleck häufig mit einem roten Kern. Das Hinterrandschwarz bescheiden, nie hakenförmig um die Mittelzelle greifend. Weibchen mehr oder weniger hyalin-braun (oder grau) bestäubt. Glassaum stets erhalten. Die schwarzen Submarginalflecke nach außen stets mehr oder weniger stark hell umgrenzt. Mittelzellfleck des Vorderflügels an die hintere

Fig. 172. Palpus von **Parnassius apollonius** (Eversm.) (Original).

Fig. 173. Vorderschiene mit Schienenblatt von **Parnassius apollonius** (Eversm.) (Nach M. Hering 1932) (17/1).

Fig. 174. Sphragis von **Parnassius apollonius** (Eversm.) (Original) (6/1).

robuste Rippe der Mittelzelle angelehnt. Wurzel der Mittelzelle leicht schwarz überpudert. Glassaum des Hinterflügels mehr oder weniger stark ausgeprägt. Der hinterste Analfleck gewöhnlich mit rotem Kern. Hinterrandschwärze stärker ausgeprägt als beim Männchen, aber diffus, oft den äußeren Teil der Mittelzelle ausfüllend. Sphragis (Fig. 174) (1889, Austaut, Parnass. paléarct., t. 2 f. 1, 2 | 1906 Verity, Rhop. palaearct, t. XV f. 3 | 1920 Bryk in: Arch. Naturg., *v.* 85 A 5 p. 135, 136, 157) klein, braun, blattartig, stark zugespitzt, ventral mit Längskiel, lateral ockerbraun, als dünne Haut das hinterste Tergit halbringförmig umklammernd. Uncus des Männchens (Fig. 175)

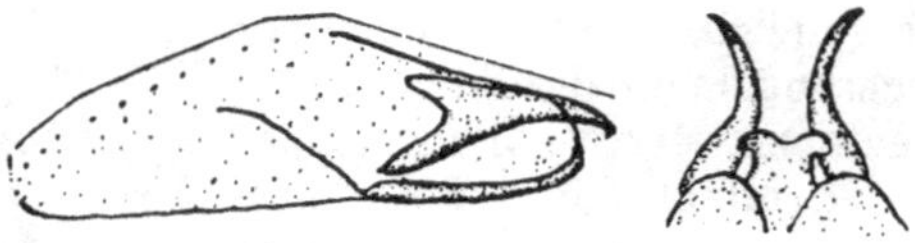

Fig. 175.
Valve (links) und Uncus (rechts) von **Parnassius apollonius** (Eversm.) (Nach M. Hering 1932) (15/1).

Fig. 176.
Aedoeagus von **Parnassius apollonius** (Eversm.) (Nach M. Hering 1932) (13/1).

aus 2 starken, nach unten gebogenen Hörnern bestehend, Subuncus mit helmförmiger Schale mit Ausrandung in der Mitte, die bei keinem anderen, von M. Hering zur Kollektiv-Art *P. apollo* L. gezogenen Vertreter vorkommt. Valve (Fig. 175) eine längliche Schale darstellend, deren caudale Unterseite stets stärker verdickt ist. An der Innenseite ein über das Valvenende hinaus reichender Haken, der stets nach unten und innen gebogen ist. Aedoeagus (Fig. 176) plump, kurz, oralwärts beträchtlich verdickt, mit großem Orificium und deutlicher Zähnelung seiner Ränder. VIII. Tergit (Fig. 177) des Männchens am caudalen Ende tief und weit eingeschnürt, einem schmalen Halbringe ähnlich, der innen fast gewinkelt ist.

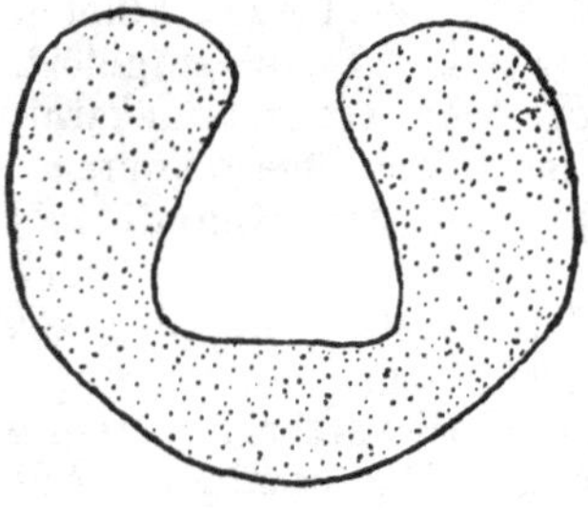

Fig. 177.
VIII. Tergit von **Parnassius apollonius** (Eversm.) (♂) (Nach M. Hering 1932) (9/1).

Zentralasien.

Diese Art zerfällt in 12 Unterarten.

forma flavoocellata Bryk (nom. nov.) 1889 *P. apollonius* aberr. *flavomaculata*, Austaut, Parnass. paléarct., p. 123 t. 15 f. 3 (♀) | 1892 *P. a.* aberr. *f.*, F. Rühl & A. Heyne, Palaearkt. Groß-Schmett., *v.* 1 p. 103 (nota) | 1900 *P. a.* aberr. *f.*, Chr. Schröder in: Ill. Z. Ent., *v.* 5 p. 287 | 1906 *P. a.* aberr. *f.*, Verity, Rhop. palaearct., p. 51 | 1906 *P. a.* aberr. *f.*, H. Stichel in: Seitz, Großschmett. Erde, *v.* 1 p. 27 | 1907 *P. a. a.* forma *f.*, H. Stichel in: Gen. Ins., *v.* 58 p. 29 | 1912 *P. a.* aberr. *f.*, Austaut in: Int. ent. Z., *v.* 6 p. 87 | 1922 [1923] *P. a.* aberr. *f.*, Bryk in: Strand, Lep. Cat., *v.* 27 p. 146.

Prachtfleckung orangegelb, anstatt rot.

Tianschan.

forma quincunx Bryk & Eisner 1931 *P. apollonius gloriosus* forma *q.*, Bryk & Eisner in: Parnassiana, *v.* 1 nr. 7/8 p. 15.

Endzellfleck des Vorderflügels vorn den Discus nicht überschreitend.

Transalai.

Typen: ♂ ♀ in coll. C. Eisner, Berlin-Dahlem.

forma tripicta Bryk & Eisner 1931 *P. a.* forma *t.*, Bryk & Eisner in: Parnassiana, *v.* 1 nr. 7/8 p. 15.

Die 3 Subcostalflecke des Vorderflügels mit roten Kernen.

Naryn.

Typus: ♀ in coll. C. Eisner, Berlin-Dahlem.

forma o c c a e c a t a O. Schultz 1905 *P. apollonius* aberr. *o.*, O. Schultz in: Berlin. ent. Z., *v.* 49 p. 279 | 1906 *P. a.* aberr. *o.*, H. Stichel in: Seitz, Großschmett. Erde, *v.* 1 p. 27 | 1907 *P. a. apollonius* forma *o.*, H. Stichel in: Gen. Ins., *v.* 58 p. 29 | 1922 [1923] *P. a.* aberr. *o.*, Bryk in: Strand, Lep. Cat., *v.* 27 p. 146.

Augenflecke verkleinert, ohne roten Kern.

Typus ohne Patriaangabe.

♂ forma n o v a r a e Bryk 1910 *P. apollonius* aberr. *unica*, Avinov in: Horae Soc. ent. Ross., *v.* 39 p. 247 | 1911 *P. a.* aberr. *u.*, Verity, Rhop. palaearct., p. 302 | 1913 *P. a.* aberr. *u.*, Avinov in: Horae Soc. ent. Ross., *v.* 40 nr. 5 p. 22 t. 2 f. 1 (nec 10) (♂) | 1916 *P. a.* aberr. *u.*, Awinow in: Mt. Münch. ent. Ges., *v.* 7 p. 64 t. 1 f. 10 (♂) | 1920 *P. a.* aberr. *novarae-unica*, Avinoff in: C. Oberthür, Étud. Lép., *v.* 17 p. 77 | 1922 [1923] *P. a.* aberr. *Novarae*, Bryk in: Strand, Lep. Cat., *v.* 27 p. 146 | 1929 *P. a.* aberr. *unica*, Bollow in: Seitz, Großschmett. Erde, *v.* 1 Suppl. 1 p. 71.

Mit stark reduzierten Submarginalflecken des Vorderflügels, verkleinerten, nicht rot gekernten, getrennten Subcostalflecken und schwarzem Hinterrandfleck, Verrußung des Feldes um die Mittelzelle des Vorderflügels und schwarzen Augenflecken.

Alai.

Typus: ♂ in coll. Zool. Mus. Leningrad.

forma a l b i n a O. Schultz 1905 *P. apollonius* var. *alpinus* aberr. *albina*, O. Schultz in: Berlin. ent. Z., *v.* 49 p. 280 t. 3 f. (♂) | 1906 *P. a. alpinus* aberr. *a.*, H. Stichel in: Seitz, Großschmett. Erde, *v.* 1 p. 27 | 1907 *P. a. a.* aberr. *a.*, H. Stichel in: Gen. Ins., *v.* 58 p. 29 | 1911 *P. apollonius* aberr. *a.*, H. Stichel in: Int. ent. Z., *v.* 4 p. 277 | 1922 [1923] *P. a.* aberr. *a.*, Bryk in: Strand, Lep. Cat., *v.* 27 p. 146 | 1934 *P. a.* subsp. *pseudoalpinus* forma *a.*, Bryk & Eisner in: Parnassiana, *v.* 3 p. 21.

Submarginalflecke auf beiden Flügeln fehlend oder sehr stark reduziert.

Typus ohne Patriaangabe.

forma m e d i o n i g r o o c e l l a t a Bryk & Eisner 1934 *P. apollonius* subsp. *kuldschaënsis* forma *m.* + subsp. *narynus* forma *m.*, Bryk & Eisner in: Parnassiana, *v.* 3 p. 19.

Medianaugenfleck ohne Rotkernung.

Kuldscha.

Typus: ♂ in coll. C. Eisner, Berlin-Dahlem.

forma a l b o c e n t r a t a Bryk & Eisner 1934 *P. apollonius kuldschaënsis* forma *a.*, Bryk & Eisner in: Parnassiana, *v.* 3 p. 19.

Augenflecke auch oberseits weiß gekernt.

Kuldscha.

Typus: ♀ in coll. C. Eisner, Berlin-Dahlem.

forma o c e l l o c o n j u n c t a Bryk & Eisner 1934 *P. apollonius* subsp. *daubi* forma *o.*, Bryk & Eisner in: Parnassiana, *v.* 3 p. 22.

Zwischen den beiden Augenflecken ein schwarzer Steg, der bei der Type isoliert ist.

Sultan-Hazreth-Gebirge.

Typus: ♂ in coll. C. Eisner, Berlin-Dahlem.

forma d e c o l o r O. Schultz 1905 *P. apollonius* var. *alpinus* aberr. *d.*, O. Schultz in: Berlin. ent. Z., *v.* 49 p. 280 t. 3 f. 2 (♂) | 1906 *P. a. alpinus* aberr. *d.*, H. Stichel in: Seitz, Großschmett. Erde, *v.* 1 p. 27 | 1906 *P. a.* var. *a.* „forme“ *alta*, Verity (Staudinger i. l.), Rhop. palaearct., p. 51 t. XI f. 7 (♂) | 1907 *P. a. a.* forma *d.*, H. Stichel in: Gen. Ins., *v.* 58 p. 29 | 1911 *P. a.* aberr. *d.*, H. Stichel in: Int. ent. Z., *v.* 4 p. 277 | 1922 [1923] *P. a.* aberr. *d.*, Bryk in: Strand, Lep. Cat., *v.* 27 p. 146.

Vorderflügel ohne Rot.

Typus ohne Patriaangabe [Tianschan?].

♀ forma i n v e r s a Bryk & Eisner 1934 *P. apollonius alpinus* ♀ forma *i.*, Bryk & Eisner in: Parnassiana, *v.* 3 p. 21.

Weibchen hell, mit männlicher Facies.

Transalai.

Typus: ♀ in coll. C. Eisner, Berlin-Dahlem.

81. **P. apollonius apollonius** (Eversm.) 1843—56 *Doritis a.*, Herrich-Schäffer, Syst. Bearb. Schmett. Eur., *v.* 6 p. 35 t. 636, 637 (♀) | 1847 *D. a.*, Eversmann in: Bull. Soc. Moscou, *v.* 20 nr. 3 p. 71 t. 3 f. 1, 2 (♀) | 1881 *Parnassius a.*, Alpheraky in: Horae Soc. ent. Ross., *v.* 16 p. 354 | 1886 *P. a.* (part.), Elwes in: P. zool. Soc. London, p. 34 | 1906 *P. a.* (part.), Verity, Rhop. palaearct., p. 50, 51 | 1931 *P. a.* „typische Unterart“, Bryk & Eisner in: Parnassiana, *v.* 1 nr. 7/8 p. 15 | 1934 *P. a. a.*, Bryk & Eisner, ibid., *v.* 3 p. 18.

Die Nominatform ist bisher nicht genau diagnostiziert worden, weil die Autoren Tiere von anderen Lokalitäten mit solchen vom Fundort des Typus verwechselt haben, der typische Fundort nicht präzis angegeben ist und dem Autor der typischen Unterart nur ein Weibchen — ein stark aberratives Tier — vorlag.

Große, helle Tiere mit rein weißer Befransung, aufgehellten, vergrößerten Augenflecken mit schwachen, weißen Spiegeln und stark reduzierter Hinter-

Fig. 178.
**Parnassius apollonius apollonius** (Eversm.) (Original, aus coll. Zool. Mus. Berlin) (1/1).

randschwärze (Fig. 178). M ä n n c h e n: Das halbdurchsichtige Glasband im Vorderflügel sehr reduziert, Submarginalflecke mittelstark. Subcostalflecke mittelstark, das Rot stark entwickelt, der Fleck zwischen $M_1$ und $M_2$ in beiden

Geschlechtern dreieckig, mit dem Scheitel nach innen gerichtet. Mittelaugenfleck 1 zellig. Ein Analfleck in der Regel vorhanden. Weibchen: weißlich, sehr schwach verrußt. Subcostalflecke sehr groß, meistens mit 3 deutlichen, großen, geröteten Kernen. 2 Analflecke vorhanden. Hinterrandschwärze sehr stark reduziert.

Dsungarei: Abhänge des Altai.

Fig. 178 a.
**Parnassius apollonius apollonius** (Eversm.) (♀), (links Oberseite, rechts Unterseite). (Typus, nach Eversmann 1847) (1/1).

82. **P. apollonius glaucopis** Bryk & Eisner 1934 *P. a.* subsp. *g.*, Bryk & Eisner in: Parnassiana, *v.* 3 p. 19.

Steht der Nominatform am nächsten, unterscheidet sich von ihr in beiden Geschlechtern durch die besonders großen, oft tränenförmig ausgezogenen

Fig. 179.
**Parnassius apollonius glaucopis** Bryk & Eisner (♂). (Original, aus coll. Zool. Mus. Berlin) (1/1).

Costalaugenflecke und noch schwächere Hinterrandschwärze (Fig. 179). Die weißen Spiegel in den Prachtflecken des Hinterflügels deutlicher, beim Männchen sogar im 1. Costalflecke des Vorderflügels. 2 schwarze Analflecke, hinterer beim Weibchen schwach rot gekernt. Weibchen mit 3 roten Flecken im Vorderflügel.

Karatau: Belamurun.

Typen: ♂♀ in coll. C. Eisner, Berlin-Dahlem.

Fig. 179 a.
**Parnassius apollonius glaucopis** Bryk & Eisner (♀). (Original, aus coll. Zool. Mus. Berlin) (1/1).

83. **P. apollonius kuldschaënsis** Bryk & Eisner 1934 *P. a.* subsp. *k.* + forma *medionigroocellata* + forma *albocentrata*, Bryk & Eisner in: Parnassiana, *v.* 3 p. 19.

Kleiner, mit zurücktretender Rotfleckung im Vorderflügel, selbst der hinterste Analfleck beim Weibchen im Hinterflügel oft ohne Rot. Hinterrandschwärze stark reduziert. Männchen mit deutlichem, aber schmalem Glas-

Fig. 180.
**Parnassius apollonius kuldschaënsis** Bryk & Eisner (♀). (Original, aus coll. Brit. Mus. London) (1/1

band des Vorderflügels und infolgedessen gescheckter Befransung. Nur ein Analfleck vorhanden. Weibchen (Fig. 180) stärker hyalin als das der Nominatrasse. Als formae wurden *medionigroocellata* und *albocentrata* beobachtet. Vorderflügellänge: ♂ 37—42 mm, ♀ 34—42 mm.

Kuldscha.

Typen: ♂♀ in coll. C. Eisner, Berlin-Dahlem.

84. **P. apollonius aphrodite** Bryk & Eisner 1934 *P. a.* subsp. *a.*, Bryk & Eisner in: Parnassiana, *v.* 3 p. 19.

Eine große Rasse mit sehr kräftigen Submarginalflecken und schwarzem, aber kleinem Anhängsel des Medianaugenfleckes. Männchen: Glasbinde fast völlig verdrängt, ebenso das Rot im Vorderflügel. Augenflecke des Hinterflügels mäßig groß, kräftig gerötet, Hinterrandschwärze stark, mit 1—2 Analflecken. Weibchen wie die Nominatrasse beschuppt. Rot im Vorderflügel in den 3 Costalflecken gut ausgeprägt. Augenflecken meist mit weißen Spiegeln. Hinterer Analfleck rot gekernt; bisweilen ein 3. Analfleck vorhanden. Vorderflügellänge: ♂♀ 42 mm.

Dsharkent.

Typen: ♂♀ in coll. C. Eisner, Berlin-Dahlem.

85. **P. apollonius gloriosus** Fruhst. 1904 *P. a. g.*, Fruhstorfer in: D. ent. Z. Iris, *v.* 16 p. 309 | 1906 *P. a.* (part.), Verity, Rhop. palaearct., p. 51 t. XI f. 1 (♂), 2, 3, 4 (♀) | 1907 *P. a. gloriosus*, H. Stichel in: Seitz, Großschmett. Erde, *v.* 1 p. 29 | 1907 *P. a.* var. *g.*, Verity, Rhop. palaearct., p. 104 | 1907 *P. a. g.*, H. Stichel in: Gen. Ins., *v.* 58 p. 29 | 1914 *P. a. gloriosus*, Bryk in: Arch. Rass. Biol., *v.* 9 p. 687, 688 t. 1 f. 7 (nervat. metath.) | 1917 *P. a. g.*, Bryk in: Arch. Naturg., *v.* 82 A 5 p. 40 (nervat. metath.) | 1918 *P. a. g.*, W. Rothschild in: Nov. zool., *v.* 25 p. 246 | 1922 [1923] *P. a.* var. *g.*, Bryk in: Strand, Lep. Cat., *v.* 27 p. 147 | 1934 *P. a.* subsp. *g.* + forma *flavomaculata*, Bryk & Eisner in: Parnassiana, *v.* 3 p. 20.

Fig. 181.
**Parnassius apollonius gloriosus** Fruhst. (♀). (Original, aus coll. Zool. Mus. Berlin) (1/1).

Die größte *apollonius*-Rasse, mit sehr kräftiger Zeichnung. Männchen mit deutlichem Glasband, Costalflecke des Vorderflügels verbunden. 1. und 3. Costal- wie Hinterrandfleck in der Regel rot gekernt. Augenflecke groß, medianer mit schwarzem Anhängsel, selten mit weißem Spiegel. 2. Analfleck oft vorhanden, der hintere meist mit rotem Kern. Weibchen (Fig. 181) durchsichtiger, mehr braun übergossen, in der Hinterflügelmitte weiß aufgehellt. Der hinterste Analfleck stets, der mittlere bisweilen rot gekernt. Bisweilen der vorderste zwischen $M_3$ und $Cu_1$ erhalten. Als formae treten auf: *flavomaculata, quincunx, decolor, novarae.* Vorderflügellänge: ♂ 39,5–43,5 mm, ♀ 34–42 mm.

Alexandergebirge: Kappak.

Typen: ♂♀ in coll. H. Fruhstorfer, Nizza.

86. **P. apollonius narynus** Fruhst. 1908 *P. a.* subsp. *n.*, Fruhstorfer in: Ent. Z., *v.* 22 p. 51 | 1909 *P. a. n.*, McDonnough, ibid., *v.* 22 p. 179 | 1911 *P. a. n.*, H. Stichel in: Int. ent. Z., *v.* 4 p. 277 | 1922 [1923] *P. a.* var. *gloriosus* (part.), Bryk in: Strand, Lep. Cat., *v.* 27 p. 147 | 1931 *P. a.* forma *tripicta*, Bryk & Eisner in: Parnassiana, *v.* 1 nr. 7/8 p. 15 | 1934 *P. a.* subsp. *narynus* + forma *medionigroocellata* + forma *flavomaculata* + forma *nigroanalis* + forma *decolor*, Bryk & Eisner, ibid., *v.* 3 p. 19.

Diese sehr variable Unterart steht der ssp. *gloriosus* Fruhst. in Größe und Zeichnung sehr nahe (Fig. 182). Männchen seichter beschuppt. Glasband schwach angedeutet. Befransung rein weiß. Costalflecke und Hinterrand-

Fig. 182.
**Parnassius apollonius narynus** Fruhst. (♂). (Original, aus coll. Zool. Mus. Berlin) (1/1).

Fig. 182a.
**Parnassius apollonius narynus** Fruhst. (♀). (Original, aus coll. Zool. Mus. Berlin) (1/1).

fleck in bezug auf Rotkernung variabel (forma *decolor* nicht selten). Augenflecke meist klein, der mediane überwiegend mit schwarzem Anhängsel. Hinterrandschwärze kräftig. Hinterflügel mit 2 Analflecken, der hintere selten mit rotem

Kern. Submarginalbindenflecke schwach bis mittelkräftig. Weibchen stark verglast. Prachtfarbe zinnoberrot bis gelb. Befransung weiß. Augenflecke klein bis mittelgroß, sehr selten mit weißem Kern, das schwarze Anhängsel der medianen öfters rot gekernt. 2—3 Analflecke, der hinterste in der Regel mit rotem Kern. Als forma tritt *tripicta* auf.

Kara-gaitau: Narynj (Typus), Narynsk; Wernyj.

Typen: ♂♀ in coll. C. Fruhstorfer, Nizza.

87. **P. apollonius aulieataënsis** Bryk & Eisner 1934 *P. a.* subsp. *a.*, Bryk & Eisner in: Parnassiana, *v.* 3 p. 20.

Fig. 183.
**Parnassius apollonius aulieataënsis** Bryk & Eisner (♂). (Paratypus, aus coll. C. Eisner, Berlin-Dahlem) (1/1).

Fig. 183 a.
**Parnassius apollonius aulieataënsis** Bryk & Eisner (♀). (Paratypus, aus coll. C. Eisner, Berlin-Dahlem) (1/1).

Eine kleine, zierlich gezeichnete Unterart mit verkleinerten Makeln (Fig. 183). Prachtfarbe blaß. Das in die Augen fallende Merkmal sind die gut ausgebildeten Spiegel eines oder beider Augenflecke, besonders im männlichen

Geschlecht. Hinterrandschwärze mäßig entwickelt. Männchen mit schmalem, deutlichem oder verschwindendem Glasband, reduzierter submarginaler Fleckung und 2 schwarzen Analflecken. Weibchen verglast. Sein Anhängsel des medianen Augenfleckes stets ohne rote Kernung. 2—3 Analflecke vorhanden, von denen der hinterste einen roten Kern trägt.

Aulie-Ata.

Typen: ♂♀ in coll. C. Eisner, Berlin-Dahlem.

88. **P. apollonius poseidon** Bryk & Eisner 1934 *P. a.* subsp. *p.*, Bryk & Eisner in: Parnassiana, *v.* 3 p. 20.

Der ssp. *kuldschaënsis* Bryk & Eisner nahe stehend. Männchen dicht weiß beschuppt, mit stets mehr oder weniger gut angedeuteter Glasbinde. Befransung schwach gescheckt. Submarginalflecke sehr kräftig. 1. und 3. Costalfleck rot gekernt, Hinterrandfleck gut ausgeprägt. Augenflecke mittelgroß, der costale leicht weiß aufgehellt, der mediane 1 zellig. 1—2 Analflecke, von denen der hintere gewöhnlich rot ist. Hinterrandschwärze schwach. Weibchen trotz Verglasung auf beiden Flügeln mit weißen Grundinseln. Augenflecke stark schwarz umrandet, mit deutlichen, weißen Spiegeln. Hinterrandschwärze um die Mittelzelle greifend. 2 Analflecke, der hintere rot mit weißem Kern.

Taschkent.

Typen: ♂♀ in coll. C. Eisner, Berlin-Dahlem.

89. **P. apollonius alpinus** Staud. 1887 *P. a.* var. *alpinus*, O. Staudinger in: Ent. Zeit. Stettin, *v.* 48 p. 49 | 1889 *P. a.* var. *alpina* + *alpinus* explic. tab., Austaut, Parnass. paléarct., p. 178 t. III f. 1 (♂ figura non typica) | 1890 *P. A.* var. *alpinus*, Grum-Grshimailo in: Romanoff, Mém. Lép., *v.* 4 p. 170 | 1892 & 95 *P. a.* var. *a.* + var. *alta*, F. Rühl & A. Heyne, Palaearkt. Groß-Schmett., *v.* 1 p. 103; p. 704 | 1901 *P. a.* var. *alpinus*, O. Staudinger & Rebel, Cat. Lep. Palaearct. Faunengeb., ed. 3 *v.* 1 p. 5 | 1905 *P. a.* var. *a.* aberr. *albina* + *decolor*, O. Schultz in: Berlin. ent. Z., *v.* 49 p. 279, 280 | 1906—11 *P. a.* var. *alpinus* + „forme" *alta*, Verity, Rhop. palaearct., p. 51, 302 t. XI f. 5, 7 (♂), 6 (♀), t. LXIII f. 8, 10 (♂), 9, 11 (♀) | 1906 *P. a. a.*, H. Stichel in: Seitz, Großschmett. Erde, *v.* 1 p. 27 t. 13e (♂), 14a (♀) |1907 *P. a. a.* + aberr. *albina* + *decolor*, H. Stichel in: Gen. Ins., *v.* 58 p. 29 | 1918 *P. a. alpinus* + *altus*, W. Rothschild in: Nov. zool., *v.* 25 p. 247, 260 | 1922 [1923] *P. a.* var. *alpinus*, Bryk in: Strand, Lep. Cat., *v.* 27 p. 146 | 1934 *P. a.* subsp. *a.* + forma *inversa*, Bryk & Eisner in: Parnassiana, *v.* 3 p. 21.

Klein, mit kleinerer Fleckung, die oft reduziert ist wie bei formae *decolor* und *albina*. Männchen (Fig. 184) schwach beschuppt, mit zurücktretender

**Fig. 184.**
**Parnassius apollonius alpinus Staud. (♂). (Original, aus coll. Zool. Mus. Berlin) (1/1).**

Rotfleckung. Glasband angedeutet, Befransung weiß. Augenflecke sehr klein, breit schwarz umrandet; Hinterrandschwärze des Hinterflügels kräftig. 1 bis 2 schwarze Analflecke vorhanden. Weibchen meist stark schwärzlich überstäubt. Rotfleckung im Vorderflügel reduziert, Augenflecke klein, oberseits bisweilen mit weißlichen Spiegeln. 2 Analflecke, der hintere mit rotem Kern. Als forma tritt *inversa* auf.

Für diese Rasse hat Staudinger 2 heterogene Verbreitungsareale angegeben: Alexandergebirge und Transalai. Höchstwahrscheinlich stammen die Weibchen seiner Rasse nicht vom selben Fundort wie die Männchen, und es liegt eine Fundortverwechslung vor. Wir haben den Transalai für den Typus fixiert. Es handelt sich in diesem Falle wahrscheinlich um eine subalpine Rasse, denn im westlichen Transalai fliegt außerdem eine zweite gut charakterisierte montane Rasse.

Transalai (vermutlich aus dem Moränengebiet, ca. 3000 m).

Typen: ♂ ♀ in coll. O. Staudinger, Blasewitz bei Dresden.

8 10. **P. apollonius pseudoalpinus** Bryk & Eisner 1931 *P. a. gloriosus* (part.) + forma *quincunx*, Bryk & Eisner in: Parnassiana, *v.* 1 nr. 7/8 p. 15 | 1934 *P. a.* subsp. *pseudoalpinus* + forma *quincunx* + forma *albina*, Bryk & Eisner, ibid., *v.* 3 p. 21.

Eine Übergangsrasse. Männchen mit dem von ssp. *gloriosus* Fruhst., Weibchen mit dem von ssp. *narynus* Fruhst. übereinstimmend. Der Endzellfleck des Vorderflügels in der Regel vorn an $R_1$ angelehnt. Es treten die formae *quincunx* und *albina* auf.

Die Exemplare aus Namangan schließen sich an ssp. *pseudoalpinus* Bryk & Eisner an.

Westl. Transalai?

Typen: ♂ ♀ in coll. C. Eisner, Berlin-Dahlem.

8 11. **P. apollonius alaicus** Bryk & Eisner 1934 *P. a.* subsp. *a.* + forma *ocelloconjuncta*, Bryk & Eisner in: Parnassiana, *v.* 3 p. 21.

Eine Übergangsrasse, von den Rassen aus dem Zentral-Tianschan zu der gut charakterisierten aus Sarafschan. Männchen hell, mit deutlichem Glasband, teilweise gescheckter Befransung, kräftigen Submarginalflecken, mäßiger bis starker Rotkernung im Vorderflügel, mittelgroßen bis großen Augenflecken, die meist weiße Spiegel zeigen; das schwarze Anhängsel des Medianaugenfleckes in Ausnahmefällen mit rotem Kern. Hinterrandschwärze kräftig. 2 schwarze Analflecke vorhanden, der hintere meist rot gekernt. Weibchen dem von subsp. *gloriosus* Fruhst. nahe stehend, jedoch mit kleineren Augenflecken, die eine stärkere weiße Aufhellung zeigen. 3 Analflecke, die sich an das kräftige Anhängsel des Medianaugenfleckes anschließen. Als forma tritt *ocelloconjuncta* auf.

Alai.

Typen: ♂ ♀ in coll. C. Eisner, Berlin-Dahlem.

8 12. **P. apollonius daubi** Fruhst. 1903 *P. a.* subsp. *d.*, Fruhstorfer in: Soc. ent., *v.* 18 p. 49 | 1906 *P. a. d.*, H. Stichel in: Seitz, Großschmett. Erde, *v.* 1 p. 27 | 1907 *P. a. d.*, H. Stichel in: Gen. Ins., *v.* 58 p. 29 | 1907 & 09 *P. a.* var. *d.*, Verity, Rhop. palaearct., p. 104 t. XXIV f. 2 (♂) | 1918 *P. a. daubei*, W. Rothschild in: Nov. zool., *v.* 25 p. 247 | 1922 [1923] *P. a.* var. *Daubi*, Bryk in: Strand, Lep. Cat., *v.* 27 p. 146 | 1934 *P. a.* subsp. *d.* + forma *ocelloconjuncta*, Bryk & Eisner in: Parnassiana, *v.* 3 p. 22.

Die am stärksten differenzierte, sexuell am wenigsten digryphe Rasse von *P. apollonius* (Eversm.), mit deutlicher Scheckung der Vorderflügelfransen

(Fig. 185). Sehr hell beschuppt, mit fast durchweg weißer Kernung der Augenflecke, die zuweilen selbst im 1. Costalfleck des Vorderflügels und hintersten Analfleck des Hinterflügels auftritt, und auch unterseits durchschlägt. Die Costalflecke des Vorderflügels verbunden und oft alle 3 rot gekernt. Submarginalflecke und Zellflecke sehr gut entwickelt. Prachtfarbe von orange bis

Fig. 185.
**Parnassius apollonius daubi** Fruhst. (♂). (Original, aus coll. Zool. Mus. Berlin) (1/1).

Fig. 185a.
**Parnassius apollonius daubi** Fruhst. (♀). (Original, aus coll. Zool. Mus. Berlin) (1/1).

ziegelrot. Hinterrandschwärze reduziert. Männchen stets mit deutlichem Glasband des Vorderflügels. Hinterrandfleck meist rot gekernt. Medianaugenfleck mit schwarzem Anhängsel. 2 Analflecke vorhanden. Weibchen von heller Grundfarbe, schwach schwarz bestäubt. Mit 2 Analflecken, von denen der hintere stets rot gekernt ist. Als forma tritt *ocelloconjuncta* auf.

Sarafschan-Gebirge, südöstlich Samarkand; Sary Ob (Typus).

Typen: ♂ ♀ in coll. Daub, Karlsruhe.

Ei unbekannt. Larve der von *P. apollo* L. ähnlich, schwarz, sammetartig, lateral mit je 1 lebhaft rotem Flecke auf jedem Segment. Die Verpuppung erfolgt nach Grum-Grshimailo (1890 in: Romanoff, Mém. Lép., *v.* 4 p. 172 t. 6 f. 1) schon Mitte Mai. Futterpflanze: junge Blättertriebe von Scabiosa und Salsola. Flugzeit: Mai bis Juli.

Eine präzise Aufteilung von *P. apollonius* Eversm. wird dadurch erschwert, daß die Fundorte des Falters nicht immer durchaus verbürgt sind.

9. **P. honrathi** Staud. & A. Bang-Haas 1874 *P. corybas*, Erschoff (nec Fischer-Waldheim 1823 –1824) in: Fedtschenko, Turkestan, *v.* 2 p. 2 t. 1 f. 1, 2 | 1881 *P. discobolus*, O. Staudinger in: Ent. Zeit. Stettin, *v.* 42 p. 275 | 1882 *P. honrathi*, O. Staudinger & A. Bang-Haas in: Berlin. ent. Z., *v.* 26 p. 161 t. 1 f. 4 (♂), 5a, t. 2 f. 5 (♀) | 1889 *P. h.*, Austaut, Parnass. paléarct., p. 108, 181 t. 10 f. 1 (♂), t. 11 f. 2 (♀), t. III f. 2 (var. ♂) (fig. mala) | 1890 *P. h.*, Grum-Grshimailo in: Romanoff, Mém. Lép., *v.* 4 p. 174 | 1892 *P. h.*, F. Rühl & A. Heyne, Palaearkt. Groß-Schmett., *v.* 1 p. 100 | 1901 *P. h.*, O. Staudinger & Rebel, Cat. Lep. Palaearct. Faunengeb., ed. 3 *v.* 1 p. 6 | 1906—11 *P. h.*, Verity, Rhop. palaearct., p. 53, 302 t. XI f. 8 (♂), 9 (♀) | 1906 *P. davidis h.*, H. Stichel in: Seitz, Großschmett. Erde, *v.* 1 p. 26 t. 13d (♂♀) | 1907 *P. d. h.*, H. Stichel in: Gen. Ins., *v.* 58 p. 28 | 1914 *P. d. h.*, Strand, Lep. Niepeltiana, *v.* 1 p. 57 | 1914 *P. d. h.*, Austaut in: Int. ent. Z., *v.* 8 p. 80, 81 | 1914 *P. d. h.*, H. Stichel, ibid., *v.* 8 p. 121 | 1918 *P. d. h.*, W. Rothschild in: Nov. zool., *v.* 25 p. 246 | 1922 [1923] *P. H.*, Bryk in: Strand, Lep. Cat., *v.* 27 p. 161 | 1932 *P. apollo h.*, M. Hering in: Mt. Mus. Berlin, *v.* 18 p. 283, 286, 293, 302, 303 f. 19 (Schienenblättchen), p. 306, 307 f. 66 (VIII. Tergit), p. 310, 311 f. 87 (aedoeagus), p. 314, 315 f. 139 (valva, uncus) | 1934 *P. h.*, Bryk & Eisner in: Parnassiana, *v.* 3 p. 16.

Kopf klein. Augen nackt, schwarz, halbkugelförmig. Antennen schwarz. Stirnschopf gelblichweiß, mit Schwarz untermischt, beim Weibchen mehr schwarz. Palpen (Fig. 186) gelb, schwarz bewimpert. Thorax schwarz, beim Männchen schmutzig grünlichgrau behaart, beim Weibchen fast nackt, mit einzelnen Haaren, auf dem Rücken und seitlich mit losen Haarschuppen aufgehellt, unterseits schwarz, mit schmutzig braungelbem Halskragen. Beine schwarz, schwarz behaart. Tibien des Vorderbeins innen ockergelb beschuppt. Schienenblättchen (Fig. 187) kurz, oval, in der Mitte inseriert. Vorderflügel: $M_1$ entspringt frei aus der vorderen Ecke der Mittelzelle hinter dem Stiel der gegabelten $R_4 + R_5$, bisweilen in einem kleinen Abstande. Saumlinien schwarz. Befransung mehr oder weniger deutlich schwarzweiß gescheckt. Das Weiß kann auch ganz verdrängt werden. Die unterseits nackten Rippen ockerbraun oder ockergelb. Männchen und Weibchen in der Zeichnung voneinander nicht wesentlich verschieden. Der gleichmäßige, bei $M_2$ und $M_3$ etwas konvex ausgebuchtete, dunkle, 4 mm breite Glassaum erreicht stets den Hinterrand. Submarginalbinde continuierlich, mehr oder weniger breit, wurzelwärts diffus. Das breite Subcostalbändchen stets wenigstens bis $M_2$ reichend, der 1. und 3. Fleck (mit Ausnahme bei der seltenen forma *novarae*) stets mit rotem Kern. Der Hinterrandfleck in der Größe variabel, mit rotem Kern. Der schwarze Endzellfleck erreicht stets $R_1$, springt aber bei $M_1$ etwas saumwärts vor. Mittelzellfleck länglich, oft den hinteren Discusarm nicht ganz erreichend. Discuswurzel schwach schwarz überpudert. Unterseits sind Mittel- und Endzellfleck reduziert, ebenfalls die Flecke der Subcostalbindenzone, diese aber mit roten Kernen. Hinterflügel mit schmälerem Glassaum, deutlicher Submarginalbinde, die in einzelne Bogenflecke zerlegt ist.

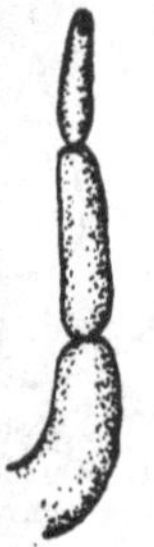

Fig. 186. Palpus von **Parnassius honrathi** Staud. & A. Bang-Haas. (Original).

Fig. 187. Vorderschiene mit Schienenblatt von **Parnassius honrathi** Staud. & A. Bang-Haas. (Nach M. Hering 1932) (17/1).

Die beiden roten Augenflecke in der Regel mit einem weißen Kern. Der mittlere meistens 1zellig, seine dicke hintere Kontur greift jedoch stets auf seine Nachbarzelle über, die bisweilen rot gekernt ist. Von den beiden kräftigen Analflecken trägt der hintere stets einen roten Kern, der auch weiß zentriert sein kann. Die kräftige Hinterrandschwärze greift mehr oder weniger stark um den vorderen Teil der Mittelzelle herum, setzt sich bisweilen sogar noch als schwarze Schuppenansammlung zwischen Subcostalaugenfleck und dem stets rot zentrierten Wurzelfleck fort und bestäubt oft den zwischen beiden Augenflecken gelegenen Zellenteil. Die

Fig. 188.
Valve (links) und Uncus (rechts) von **Parnassius honrathi** Staud. & A. Bang-Haas. (Nach M. Hering 1932) (15/1).

Fig. 189.
Aedoeagus von **Parnassius honrathi** Staud. & A. Bang-Haas. (Nach M. Hering 1932) (12/1).

basale Hälfte der Mittelzellwurzel ist ebenfalls stets schwarz. Unterseits 4 rote, dick schwarz abgegrenzte Wurzelflecke. Die beiden Augenflecke stets mit einem mehr oder weniger deutlichen, weißen Kern. Der Analfleck rot oder, falls oberseits noch weiß, mit weißem Kern. Uncus des Männchens (Fig. 188) aus 2 starken nach unten gebogenen Hörnern bestehend, der Subuncus in Form einer pilzförmigen Schale, sehr klein. Valve (Fig. 188) länglich, schalenförmig. ihre caudale Unterseite stärker verdickt, an ihrer Innenseite mit einem über das Valvenende hinausreichenden Haken, der nach unten und innen gebogen ist. Aedoeagus (Fig. 189) dem von *P. apollonius* (Eversm.) ähnlich. VIII. Tergit (Fig. 190) sehr tief und weit eingeschnürt, einem schmalen, gleich breiten Halbringe ähnlich.

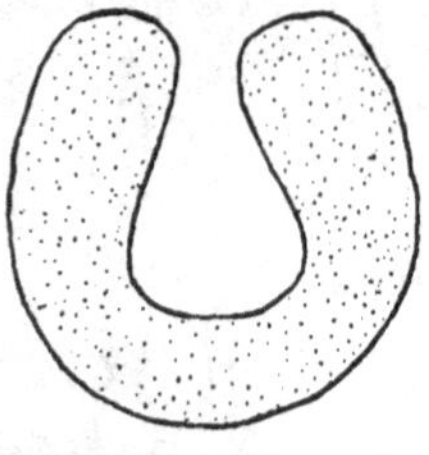

Fig. 190.
VIII. Tergit von **Parnassius honrathi** Staud. & A. Bang-Haas (♂). (Nach M. Hering 1932) (9/1).

Sphragis wie bei *P. apollonius* (Eversm.). Der blattdünne, ockerbraune, laterale Teil jedoch das Tergit nicht so weit auf dem Rücken umklammernd.

Bucharische Gebirgsländer.

Die Art zerfällt in 3 Unterarten.

forma quincunx Bryk 1932 *P. honrathi* subsp. *ernesti* forma *q.*, Bryk in: Parnassiana, *v.* 2 p. 65 | 1934 *P. h.* subsp. *e.* forma *q.*, Bryk & Eisner, ibid., *v.* 3 p. 17.

Endzellfleck vorn reduziert, den Discus nicht überschreitend.

Gebirge Peter d. Großen.

Typus: ♀ in coll. C. Eisner, Berlin-Dahlem.

forma melanconica Bryk & Eisner 1934 *P. honrathi honrathi* forma *m.*, Bryk & Eisner in: Parnassiana, *v.* 3 p. 17.

Der sonst rote Wurzelfleck auf der Hinterflügeloberseite schwarz.

Sultan-Hazreth-Gebirge.

Typus: ♂ in coll. C. Eisner, Berlin-Dahlem.

forma biexcelsior Bryk & Eisner 1934 *P. honrathi honrathi* forma *b.*, Bryk & Eisner in: Parnassiana, *v.* 3 p. 17.

Auch der Wurzelfleck im Discus des Hinterflügels oberseits mit rotem Kern.

Sultan-Hazreth-Gebirge.

Typus: ♀ in coll. C. Eisner, Berlin-Dahlem.

forma rubroocellata Bryk & Eisner 1934 *P. honrathi honrathi*, Bryk & Eisner in: Parnassiana, *v.* 3 p. 17.

Augenflecke auf der Oberseite ganz rot ausgefüllt, ohne weiße Spiegel.

Sultan-Hazreth-Gebirge.

Typus: ♀ in coll. C. Eisner, Berlin-Dahlem.

forma nigroanalis Bryk & Eisner 1934 *P. honrathi* subsp. *alburnus* forma *n.*, Bryk & Eisner in: Parnassiana, *v.* 3 p. 17.

Analflecke ohne roten Kern.

West-Pamir.

Typus: ♂ in coll. C. Eisner, Berlin-Dahlem.

Fig. 191.
**Parnassius honrathi honrathi** Staud. & A. Bang-Haas forma **novarae** Bryk (♂). (Typus) (1/1).

forma novarae Bryk (forma nov.) 1918 *Parnassius davidis honrathi* aberr. ?, W. Rothschild in: Nov. zool., *v.* 25 p. 246.

Vorder- und Hinterflügel ohne Rot (Fig. 191).

Sarafschan.

Typus: ♂ in Zool. Mus. Tring.

91. **P. honrathi honrathi** Staud. & A. Bang-Haas 1874 *P. corybas*, Erschoff (nec Fischer-Waldheim 1823—1824) in: Fedtschenko, Turkestan, *v.* 2 p. 2 t. 1 f. 1, 2 | 1881 *P. discobolus*, O. Staudinger in: Ent. Zeit. Stettin, *v.* 42 p. 275 | 1882 *P. honrathi*, O. Staudinger & A. Bang-Haas in: Berlin. ent. Z., *v.* 26 p. 161 t. 1 f. 4 (♂), 5a, t. 2 f. 5 (♀) | 1906 & 07 *P. h.* (part.), Verity, Rhop. palaearct., p. 53 t. XI f. 8 (♂), 9 (♀) | 1906 *P. davidis h.*, H. Stichel in: Seitz, Großschmett. Erde, *v.* 1 p. 26 t. 13d (♂♀) | 1918 *P. d. h.*, W. Rothschild in: Nov. zool., *v.* 25 p. 246 | 1922 [1923] *P. H.*, Bryk in: Strand, Lep. Cat., *v.* 27 p. 161 | 1934 *P. h. honrathi* + forma *melanconica* + forma *rubroocellata* + ♀ forma *biexcelsior*, Bryk & Eisner in: Parnassiana, *v.* 3 p. 17.

Große, kräftig gezeichnete, sexuell digryphe Rasse mit stark ausgebreiteter Hinterrandschwärze des Hinterflügels, die sich bis zum Vorderrand als Keil zwischen Wurzelfleck und Costalaugenfleck und die Zelle fast ausfüllend bis zwischen die Augenflecke erstreckt. In der Befransung das Schwarz vor-

Fig. 192.
**Parnassius honrathi honrathi** Staud. & A. Bang-Haas (♂). (Original, aus coll. Zool. Mus. Berlin) (1/1).

herrschend. Mittelzellfleck des Vorderflügels schmäler. Prachtfarbe orangerot (Fig. 192). Weibchen hyalin verdunkelt. Als formae treten auf: *novarae, melanconica, rubroocellata, biexcelsior.* Vorderflügellänge: ♂ ♀ 37 mm.

Sultan-Hazreth-Gebirge.

Typen: ♂ ♀ in coll. O. Staudinger, Dresden-Blasewitz.

92. **P. honrathi ernesti** Bryk 1890 *P. honrathi* (part.). Grum-Grshimailo in: Romanoff, Mém. Lép., *v.* 4 p. 174 | 1907 *P. h.* (part.), Verity, Rhop. palaearct., p. 53 | 1932 *P. h.* subsp. *ernesti* + forma *quincunx*, Bryk in: Parnassiana, *v.* 2 p. 65, 82 f. 8 (♂) | 1934 *P. h.* subsp. *e.* + forma *quincunx*, Bryk & Eisner, ibid., *v.* 3 p. 17.

Größer als die Nominatrasse und dichter weiß beschuppt. Endzellfleck des Vorderflügels etwas mehr reduziert, Hinterrandschwärze des Hinterflügels nicht so verbreitert. Augenflecke größer (Fig. 193). Männchen: Das Weiß

Fig. 193.
**Parnassius honrathi ernesti** Bryk (♂). (Paratypus, nach Bryk 1932) (1/1).

der Schwarzweißscheckung in der Befransung stark reduziert, bisweilen völlig verdrängt. Das Rot des Mittelaugenfleckes auch hinter $M_2$ im Anhängsel entwickelt. Submarginalbinde sehr diffus und breit. Submarginalbinde des Hinter-

Fig. 193a.
**Parnassius honrathi ernesti** Bryk (♀). (Typus) (1/1).

flügels kräftiger. Weibchen stark transparent und stark schwarz überpudert. Es tritt die forma *quincunx* auf. Vorderflügellänge: ♂♀ 37,5—39 mm.

Darwas, Karateghin.

Typen: ♂ ♀ in coll. M. H. Peebles, London.

93. **P. honrathi alburnus** H. Stich. 1907 *P. davidis a.*, H. Stichel in: Ent. Z., *v.* 21 p. 132 | 1911 & 10 *P. honrathi* var. *a.*, Verity, Rhop. palaearct., p. 302 t. LIII f. 1 (♂) | 1914 *P. davidis a.*, H. Stichel in: Strand, Lep. Niepeltiana, *v.* 1 p. 57 t. 7 f. 7 (♂), 8 (♀) | 1914 *P. d. a.*, H. Stichel in: Int. ent. Z., *v.* 8 p. 121 | 1918 *P. d. a.*, W. Rothschild in: Nov. zool., *v.* 25 p. 246 | 1922 [1923] *P. honrathi* var. *a.*, Bryk in: Strand, Lep. Cat., *v.* 27 p. 161 | 1931 *P. davidis a.*, Bollow in: Seitz, Großschmett. Erde, *v.* 1 Suppl. 1 p. 331 | 1934 *P. honrathi a.* + forma *nigroanalis*, Bryk & Eisner in: Parnassiana, *v.* 3 p. 17.

Erheblich heller und kleiner als die übrigen Unterarten (Fig. 194). Glasband heller, Schwarzweißscheckung der Fransen deutlich. Mittelzellfleck kürzer,

Fig. 194.
**Parnassius honrathi alburnus** H. Stich. (♂). (Typus) (1/1).

die hintere Discuswand oft nicht erreichend, so daß er bisweilen wie aufgehängt wirkt. Hinterrandschwärze des Hinterflügels reduziert, die Mittelzelle in der Regel nicht umgreifend. Männchen: Submarginalbinde reduziert,

Fig. 194 a.
**Parnassius honrathi alburnus** H. Stich. (♀). (Typus) (1/1).

sehr dünn, hinten verschwindend. Glassaum ebenfalls reduziert, mehr oder weniger in Flecke aufgelöst. Weibchen mit schmalem Glassaum im Hinterflügel. Vorderflügellänge: ♂ 35 mm, ♀ 35,5 mm.

West-Pamir.

Typen: ♂ ♀ in coll. Zool. Mus. Berlin.

Ei, Larve, Puppe unbekannt.

*P. honrathi* Staud. & A. Bang-Haas hat ein relativ begrenztes Verbreitungs-Areal: Sultan-Hazreth-Geb., Sarafschan, Kareteghin, Darwas und West-Pamir. Die Art darf als Vikariante von *P. apollonius* (Eversm.) gelten, obwohl sie mit diesem die westlichsten Fluggebiete teilt. Ob beide Arten indessen zusammen vorkommen, ist nicht bekannt.

10. **P. bremeri** Bremer 1864 *P. B.*, Bremer (Felder i. l.) in: Mém. Ac. St.-Pétersb., ser. 7 *v.* 8 nr. 1 p. 6 t. 1 f. 3 ♂, f. 4 ♀ (var.) | 1864 *P. B.*, C. & R. Felder in: Reise Novara, *v.* 2 II p. 133 t. 21 f. e—g | 1865 *P. b.*, Hopffer in: Ent. Zeit. Stettin, *v.* 26 p. 398 | 1874 *P. b.*, Zeller, ibid., *v.* 35 p. 434 | 1878 *P. b.*, Christoph, ibid., *v.* 39 p. 210 (larva) | 1879 *P. b.*, C. Oberthür, Étud. Ent., *v.* 4 p. 21 | 1884 *P. b.*, H. C. Lang, Butt. Eur., *v.* 1 p. 23 | 1888 *P. b.*, L. Graeser in: Berlin. ent. Z., *v.* 32 p. 64 (larva) | 1888 *P. B.*, Honrath, ibid., *v.* 32 p. 64 | 1889 *P. b.*, Austaut, Parnass. paléarct., p. 124—127 t. 14 f. 2, 3 (♂) (Groupe *carinati*) | 1892 *P. b.*, F. Rühl & A. Heyne, Palaearkt. Groß-Schmett., *v.* 1 p. 100 | 1901 *P. b.*, O. Staudinger & Rebel, Cat. Lep. Palaearct. Faunengeb., ed. 3 *v.* 1 p. 5 | 1906—10 *P. b.*, Verity, Rhop. palaearct., p. 54 t. XI f. 10 (♂), 11 (♂ aberr.), t. LVIII f. 10 (♀) | 1906 *P. b.*, H. Stichel in: Seitz, Großschmett. Erde, *v.* 1 p. 22 t. 11 c (♂ ♀) | 1907 *P. b.*, H. Stichel in: Gen. Ins., *v.* 58 p. 16 (cohors *apolliniformes*) | 1909 *P. b.*, Moltrecht & Kon in: Ent. Z., *v.* 22 p. 184 | 1910 *P. b.*, Mau, ibid., *v.* 24 p. 2 | 1914 *P. B.*, Bryk in: Ent. Mt., *v.* 3 p. 74—81 f. 1, 2 (♀), t. 1 f. 1 (♂), 3 (♀), 4 (♂), 5 (♀) | 1915 *P. B.*, Bryk in: Arch. Naturg., *v.* 80 A 7 p. 182 | 1917 *P. b.*, Bryk, ibid., *v.* 82 A 5 p. 37, 38, 41, 42, 46, 57 f. a p. 61 (nervatura teratol.) | 1922 *P. b.*, Bryk, ibid., *v.* 87 A 10 p. 241 (nervat.) | 1922 [1923] *P. B.*, Bryk in: Strand, Lep. Cat., *v.* 27 p. 147 | 1929 *P. b.*, Bollow in: Seitz, Großschmett. Erde, *v.* 1 Suppl. 1 p. 37—39 | 1932 *P. apollo b.*, M. Hering in: Mt. Mus. Berlin, *v.* 18 p. 292, 293, 302, 303 f. 10 (Schienenblatt), p. 306, 307 f. 62 (VIII. Tergit ♂), p. 310, 311 f. 99 (Aedoeagus), p. 314, 315 f. 136 (Valve, Uncus).

Kopf klein. Augen schwarzbraun, eiförmig. Antennen schwarz, selten basalwärts schwach weiß, in den einzelnen Gliedern aufgehellt. Stirnschopf gelblich, schwarz untermischt oder schwarz. Palpen (Fig. 195) gelblichweiß, schwarz oder gelblichweiß bewimpert. Thorax gelblichgrau behaart, beim Weibchen kürzer und schütter behaart, mit gelblichem Kragen. Beine braun oder schwarz. Tibien des Vorderbeins innen gelblich beschuppt. Schienenblättchen (Fig. 196) kurz, oval, in der Mitte inseriert. Abdomen beim Männchen schmutzig gelblich, unterseits hell und länger behaart; beim Weibchen schwarz, mit einzelnen hellen Haaren auf dem Rücken, seitlich weißlich beschuppt, unterseits lang weißlich behaart; letztes Segment nackt, glänzend schwarz.

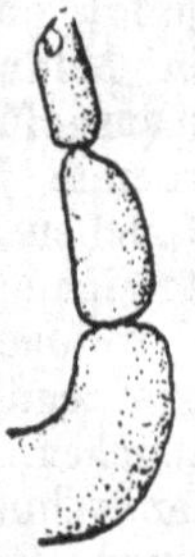

Fig. 195. Palpus von Parnassius bremeri Bremer. (Original).

Flügel. $M_1$ aus dem Stiele von $R_4$ und $R_5$ entspringend oder direkt an seiner Basis aus der vorderen Mittelzellecke. Vorderflügel gestreckt. Zeichnung sexuell digryph. Saumlinie schwarz. Befransung schwarz oder schwarz-weiß gescheckt. Rippen schwarz; unterseits nackt, umbrabraun bis umbraschwarz, beim Weibchen heller braun. Männchen: Flügelfond weiß. Vorderflügel: Glassaum sehr schmal, oft nur bis $Cu_1$ reichend, nie bis zum Hinterrande, bisweilen sogar fast reduziert oder internerval mit hellen Inseln. Submarginalbinde mehr oder weniger breit, nach hinten verschwindend, bisweilen zwischen $M_2$ und $M_3$ unterbrochen, in der Regel $Cu_2$ nicht erreichend, bisweilen fast völlig rückgebildet. Subcostalbändchen schmal, sein hinterster Teil, falls 4zellig, dünn, der Mittelzelle genähert, bisweilen in 2 lose Flecke aufgelöst oder fast ganz verschwunden. 1. und 3. Fleck selten gerötet. Hinterrandfleck mager oder fehlend. Endzellfleck in der Regel vorn an $R_1$ angelehnt. Der Mittelzellfleck erreicht mit Ausnahme von ssp. *mandarinus* Bryk nie den Arm der hinteren Discoidalrippe. Vorderrand schwärzlich gekörnt. Basis der Mittelzelle nicht oder schwach schwarz bestäubt. Unterseite stearinglänzend. Endzellfleck und Mittelzellfleck stark reduziert. Die beiden Subcostalflecke kaum angedeutet. Der Hinterrandfleck fehlt. Hinterflügel: Submarginalbinde fehlt. Die beiden schwarz umrandeten Augenflecke oberseits rot ausgefüllt; der mediane erreicht gewöhnlich $M_3$ nicht. Die beiden schwarzen Analflecke können ausbleiben. Die Basal- und Hinterrandschwärze kräftig, nur bisweilen sehr mager die Mittelzelle umklammernd. Vor der Mittelzelle trägt der schwarze Basalfleck fast immer einen roten Kern. Unterseits tragen die sauber schwarz eingesäumten Augenflecke in der Regel einen roten Kern. Wurzelflecke rot, distal sauber schwarz abgegrenzt. Analflecke unten oft rot, auch wenn sie oberseits schwarz sind. Sonst zeichnungslos. Weibchen: sehr variabel, von den Männchen gleichenden bis zu überaus reich gezeichneten Formen variierend, gelblich, bisweilen sogar mit dottergelbem Fond des Vorderflügels. Das breitere Glasband des Vorderflügels länger als beim Männchen, immer bis zum Hinterrand oder seiner Ecke reichend. Submarginalbinde ebenfalls gut ausgeprägt, länger und nur selten stark bis auf die vordersten Elemente rückgebildet. Subcostalbinde nicht immer vollständig ausgeprägt, öfters zwischen $M_3$ und $Cu_2$ schwarz überpudert, bis an die Mittelzelle reichend, Endzellfleck und Mittelzellfleck wie beim Männchen, letzterer bisweilen reduziert, frei in der Mittelzelle. Basalpartie des Vorderflügels schwarz überpudert. Die 3—5 Flecke der Subcostalbinde bisweilen mit roten Kernen. Unterseits

Fig. 196. Vorderschiene mit Schienenblatt von **Parnassius bremeri** Bremer. (Nach M. Hering 1932) ($^{17}/_{1}$).

wie beim Männchen. Hinterflügel mit schmalem, sich vorn verjüngendem Glassaum, der auch reduziert sein kann, indem interneryal das Weißlichgelb des Flügelfonds eindringt. Submarginalbinde bisweilen sehr deutlich ausgeprägt, aber auch ganz rückgebildet. Augenflecke in der Regel größer als beim Männchen, nur bei gewissen Unterarten mit weißem Kern, sonst ganz rot ausgefüllt; die beiden Analflecke schwarz oder rot ausgefüllt. Der dritte, vorderste bisweilen bindenartig erhalten. Hinterrandschwärze wie beim Männchen oder viel stärker ausgeprägt. Die beiden Augenflecke bisweilen untereinander mit einem schwarzen Steg verbunden, was beim Männchen viel seltener vorkommt. Außer dem vordersten Wurzelfleck kann auch der 2. angrenzende in der Mittelzelle einen roten Kern tragen. Unterseits wie das Männchen. VIII. Tergit (Fig. 197) des Männchens tief und weit eingeschnürt, einem schmalen, gleich breiten Halbringe ähnlich. Aedoeagus (Fig. 198) von plumper Gestalt, am Oralende beträchtlich verdickt, mit großem Orificium.

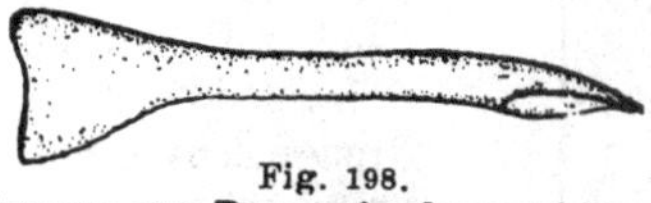

Fig. 198.
Aedoeagus von **Parnassius bremeri** Bremer.
(Nach M. Hering 1932) (13/1).

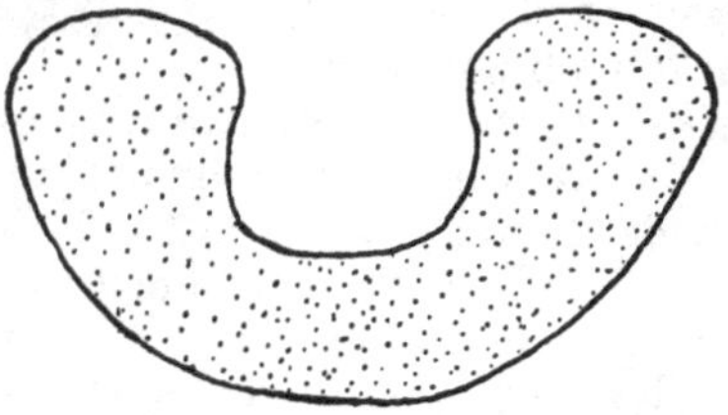

Fig. 197.
VIII. Tergit von **Parnassius bremeri** Bremer (♂).
(Nach M. Hering 1932) (9/1).

Fig. 199.
Valve (links) und Uncus (rechts) von **Parnassius bremeri** Bremer. (Nach M. Hering 1932) (15/1).

Uncus des männlichen Genitalapparates (Fig. 199) mit 2 starken, nach unten gebogenen Hörnern, der paarige Subuncus in eine helmförmige Schale umgebildet. Valve (Fig. 199) eine längliche Schale bildend, deren caudale Unterseite stärker verdickt ist; der an ihrer Innenseite befindliche, über das Valvenende hinausreichende Haken nach innen und unten gebogen. Sphragis des Weibchens [1906 Verity, Rhop. palaearct., t. XV f. 6,7 | 1920 Bryk in: Arch. Naturg., *v.* 85 A 5 p. 135, 136, 157] ähnlich der von *P. apollonius* (Eversm.), nicht so spitz hervortretend, mit hervortretendem Kiel, aber das letzte Tergit lateral nicht umklammernd, sondern von seinen Lappen überdeckt.

Transbaikalien, Amur-Gebiet, Ussuri, Korea, Nordchina.

Diese Art zerfällt in: 11 Unterarten.

♂ forma niphetodis Bryk 1914 *P. Bremeri* aberr. *n.* [+ aberr. *niphetollis* (errat.)], Bryk in: Ent. Mt., *v.* 3 p. 78, 81 | 1915 & 1914 *P. B.* aberr. *niphetodis*, Bryk in: Arch. Naturg., *v.* 80 A 9 p. 140 t. 5 f. 38 (♂) | [1918] *P. B.* aberr. *n.*, Bryk, Parnassius Apollo Formenkreis, p. 99 t. 5 f. 38 (♂) | 1922 [1923] *P. B.* aberr. *n.*, Bryk in: Strand, Lep. Cat., *v.* 27 p. 148 | 1927 *P. b. hakutozana* aberr. *inornata*, Matsumura in: Ins. Matsumur., *v.* 1 p. 163 t. 5 f. 4 (♂) | 1927 *P. b. h.* aberr. *niphetodis*, O. Bang-Haas in: Horae Macrolep., *v.* 1 p. 11 | 1929 *P. b.* aberr. *n.*, Bollow in: Seitz, Groß-schmett. Erde, *v.* 1 Suppl. 1 p. 37 | 1931 *P. b.* forma *inornata*, Matsumura, 6000 Ill. Ins. Japan, p. 566 fig. (♂).

Glassaum (Marginalbinde) des Vorderflügels verschwunden.

Fudin (Ussuri).

Typus: ♂ in coll. C. Eisner, Berlin-Dahlem.

forma seminiphetodis Bryk & Eisner 1934 *P. bremeri* subsp. *hakutozana* forma *s.*, Bryk & Eisner in: Parnassiana, *v.* 3 p. 36.

Grundfarbe keilförmig in die Glasbinde des Vorderflügels eindringend.

Seishin (Korea).

Typus: ♂ in coll. C. Eisner, Berlin-Dahlem.

forma marginata Bryk 1914 *P. Bremeri* aberr. *m.* [+ aberr. *marginata* errat.], Bryk in: Ent. Mt., *v.* 3 p. 78, 81 | 1922 [1923] *P. B.* aberr. *marginata*, Bryk in: Strand, Lep. Cat., *v.* 27 p. 148 | 1928 *P. b. amgunensis* aberr. *m.*, Sheljuzhko in: Mt. Münch. ent. Ges., *v.* 18 p. 7 | 1929 *P. b.* aberr. *m.*, Bollow in: Seitz, Großschmett. Erde, *v.* 1 Suppl. 1 p. 37.

Submarginalbinde des Vorderflügels sehr stark reduziert.

Raddejewka (Amur).

Typus: ♂ in coll. C. Eisner, Berlin-Dahlem.

forma albida Shelj. 1908 *P. bremeri* aberr. *albidus*, Sheljuzhko in: Rev. Russe Ent., *v.* 7 p. 233 | 1911 *P. b.* aberr. *a.*, Verity, Rhop. palaearct., p. 303 | 1914 *P. B.* aberr. *albida*, Bryk in: Ent. Mt., *v.* 3 p. 78, 81 | 1922 [1923] *P. B.* aberr. *a.*, Bryk in: Strand, Lep. Cat., *v.* 27 p. 148 | 1929 *P. b.* aberr. *a.*, Bollow in: Seitz, Großschmett. Erde, *v.* 1 Suppl. 1 p. 37.

Hinterrandfleck und Subcostalflecke des Vorderflügels verschwunden.

Kamienja-Rybolow (Küstengebiet).

Typus: ♂ in coll. L. Sheljuzhko, Kijew.

forma casta Shelj. 1928 *P. bremeri amgunensis* aberr. *c.*, Sheljuzhko in: Mt. Münch. ent. Ges., *v.* 18 p. 7 | 1929 *P. b. a.* aberr. *c.*, Bollow in: Seitz, Großschmett. Erde, *v.* 1 Suppl. 1 p. 38.

Hinterrandfleck des Vorderflügels fehlt.

Goldgruben am Flusse Amgunj.

Typus: ♂ in coll. L. Sheljuzhko, Kijew.

forma ornata Bryk & Eisner 1934 *P. bremeri* subsp. *hakutozana* forma *o.*, Bryk & Eisner in: Parnassiana, *v.* 3 p. 37.

Hinterrandfleck des Vorderflügels mit rotem Kern.

Seishin (Korea).

Typus: ♀ in coll. C. Eisner, Berlin-Dahlem.

forma quincunx Bryk 1914 *P. Bremeri* aberr. *q.*, Bryk in: Ent. Mt., *v.* 3 p. 77 t. 1 f. 1 (♂) | 1922 [1923] *P. B.* aberr. *q.*, Bryk in: Strand, Lep. Cat., *v.* 27 p. 149 | 1928 *P. b. amgunensis* aberr. *q.*, Sheljuzhko in: Mt. Münch. ent. Ges., *v.* 18 p. 7 | 1928 *P. b.* aberr. *brykiana* (part.), Kardakoff in: Ent. Mt., *v.* 17 p. 266 t. 1 f. 12 (♂) | 1929 *P. b.* aberr. *quincunx*, Bollow in: Seitz, Großschmett. Erde, *v.* 1 Suppl. 1 p. 37.

Der reduzierte Endzellfleck des Vorderflügels nur auf die Querrippe der Mittelzelle beschränkt.

Raddejewka (Amur).

Typus: ♂ in coll. C. Eisner, Berlin-Dahlem.

forma rubropicta O. Bang-Haas 1927 *P bremeri* [*graeseri*] aberr. *r.*, O. Bang-Haas in: Horae Macrolep., *v.* 1 p. 10 | 1929 *P. b.* aberr. *r.*, Bollow in: Seitz, Großschmett. Erde, *v.* 1 Suppl. 1 p. 37.

2 Subcostalflecke auf der Oberseite des Vorderflügels mit rotem Kern.

Transbaicalia orientalis und im Verbreitungsbezirk anderer Unterarten.

Typus: ♀ in coll. O. Bang-Haas, Dresden-Blasewitz.

forma inornata Shelj. 1928 & 29 *P. bremeri amgunensis* aberr. *i.*, Sheljuzhko in: Mt. Münch. ent. Ges., *v.* 18 p. 7 (diagn. mala); *v.* 19 p. 370 | 1929 *P. b. a.* aberr. *i.*, Bollow in: Seitz, Großschmett. Erde, *v.* 1 Suppl. 1 p. 38.

Vorderflügel ohne Rot.

Goldgruben am Flusse Amgunj.

Typen: ♂ ♀ in coll. L. Sheljuzhko, Kijew.

forma unipicta Bryk (nom. nov.) 1928 *P. amgunensis* aberr. *monopicta*, Sheljuzhko in: Mt. Münch. ent. Ges., *v.* 18 p. 7 | 1929 *P. bremeri a.* aberr. *m.*, Bollow in: Seitz, Großschmett. Erde, *v.* 1 Suppl. 1 p. 38.

Nur ein Subcostalfleck rot gekernt.

Goldgruben am Flusse Amgunj.

Typus: ♂ in coll. L. Sheljuzhko, Kijew.

forma tripicta Shelj. 1928 *P. amgunensis* aberr. *t.*, Sheljuzhko in: Mt. Münch. ent. Ges., *v.* 18 p. 7 f. 8 (♂; part.) | 1929 *P. a.* aberr. *t.*, Bollow in: Seitz, Großschmett. Erde, *v.* 1 Suppl. 1 p. 38.

3 rote Flecke im Subcostalbändchen. Vorwiegend im weiblichen Geschlecht.

Goldgruben am Flusse Amgunj.

Typus: ♀ in coll. L. Sheljuzhko, Kijew.

♀ forma quadripicta Shelj. 1906 *P. bremeri* var. *graeseri* (part.), Verity, Rhop. palaearct., t. XI f. 15 (♀) | 1928 *P. amgunensis* aberr. *quadripicta*, Sheljuzhko in: Mt. Münch. ent. Ges., *v.* 18 p. 8 | 1929 *P. a.* aberr. *q.*, Bollow in: Seitz, Großschmett. Erde, *v.* 1 Suppl. 1 p. 38.

Subcostalbändchen mit 4 roten Kernen.

Goldgruben am Flusse Amgunj.

Typen: ♂ ♀ in coll. L. Sheljuzhko, Kijew.

forma fasciata Bryk & Eisner 1934 *P. bremeri* ssp. *hakutozana* forma *f.*, Bryk & Eisner in: Parnassiana, *v.* 3 p. 36, 37.

Subcostalbändchen mit dem Hinterrandfleck des Vorderflügels deutlich schwarz zu einer Binde verbunden.

Seishin (Korea).

Typus: ♂ in coll. C. Eisner, Berlin-Dahlem.

forma centripuncta Shelj. 1928 *P. amgunensis* aberr. *c.*, Sheljuzhko in: Mt. Münch. ent. Ges., *v.* 18 p. 7 | 1929 *P. a.* aberr. *c.*, Bollow in: Seitz, Großschmett. Erde, *v.* 1 Suppl. 1 p. 38.

Der reduzierte Mittelzellfleck frei in der Mittelzelle des Vorderflügels, ohne die beiden Arme der Discoidalrippen zu berühren (entspricht forma *ernestinae* bei anderen *Parnassius*-Arten (siehe Fig. 201 a).

Goldgruben am Flusse Amgunj.

Typus: ♂ in coll. L. Sheljuzhko, Kijew.

forma melanconica Bryk 1914 *P. Bremeri* aberr. *mélanconicus* (+ aberr. *meloniconicus*), Bryk in: Ent. Mt., *v.* 3 p. 76 | 1922 [1923] *P. B.* aberr. *melanconicus*, Bryk in: Strand, Lep. Cat., *v.* 27 p. 148 | 1928 *P. b. amgunensis* aberr. *m.*, Sheljuzhko in: Mt. Münch. ent. Ges., *v.* 18 p. 8 | 1929 *P. b.* aberr. *m.*, Bollow in: Seitz, Großschmett. Erde, *v.* 1 Suppl. 1 p. 38.

Der vorderste Basalfleck des Hinterflügels oberseits ohne roten Kern.

Raddejewka (Amur).

Typus: ♂ in coll. C. Eisner, Berlin-Dahlem.

forma excellens Bryk 1885 *P. Bremeri* var. *Graeseri* (part.), Honrath in: Berlin. ent. Z., *v.* 29 p. 272 t. 8 f. 1a (♀) | 1913 *P. B.* forma *G.* aberr. *excellens*, Bryk in: Soc. ent., *v.* 28 p. 95 | 1914 *P. B.* aberr. *e.*, Bryk in: Ent. Mt., *v.* 3 p. 81 | 1922 [1923] *P. B.* var. *Graeseri* forma *e.*, Bryk in: Strand, Lep. Cat., *v.* 27 p. 149 | 1928 *P. b. amgunensis* aberr. *e.* (part.), Sheljuzhko in: Mt. Münch. ent. Ges., *v.* 18 p. 8 f. 3 (♀) | 1929 *P. b.* aberr. *e.*, Bollow in: Seitz, Großschmett. Erde, *v.* 1 Suppl. 1 p. 37—38.

Neben dem 1. vordersten auch der 2. Basalfleck in der Mittelzelle des Hinterflügels oberseits rot.

Pokrowska am Amur.

Typus: ♀ in coll. O. Staudinger, Dresden-Blasewitz.

forma schenklingi Bryk 1914 *P. Bremeri* aberr. *S.*, Bryk in: Ent. Mt., *v.* 3 p. 79, 81 | 1922 [1923] *P. B.* aberr. *S.*, Bryk in: Strand, Lep. Cat., *v.* 27 p. 149 | 1928 *P. b.* aberr. *excellens* (part.), Sheljuzhko in: Mt. Münch. ent. Ges., *v.* 18 p. 8 | 1929 *P. b.* aberr. *schenklingi*, Bollow in: Seitz, Großschmett. Erde, *v.* 1 Suppl 1 p. 37.

Nur der Basalfleck im Discus des Hinterflügels oberseits gerötet.

Raddejewka (Amur).

Typus: ♀ in coll. C. Eisner, Berlin-Dahlem.

forma theiodes Bryk 1914 *P. Bremeri* aberr. *theoides*, Bryk in: Ent. Mt., *v.* 3 p. 80 t. 1 f. 3 (♀) | 1922 [1923] *P. B.* aberr. *theiodes*, Bryk in: Strand, Lep. Cat., *v.* 27 p. 149 (nom. corr.) | 1928 *P. b. amgunensis* aberr. *theoides*, Sheljuzhko in Mt. Münch. ent. Ges., *v.* 18 p. 8 | 1929 *P. b.* aberr. *t.*, Bollow in: Seitz, Großschmett. Erde, *v.* 1 Suppl. 1 p. 37.

Glasband auf dem Hinterflügel erhalten.

Raddejewka (Amur).

Typus: ♀ in coll. C. Eisner, Berlin-Dahlem.

forma dentata Bryk 1914 *P. Bremeri* aberr. *dentatus*, Bryk in: Ent. Mt., *v.* 3 p. 80 t. 1 f. 5 (♀) | 1928 *P. b. amgunensis* aberr. *d.*, Sheljuzhko in: Mt. Münch. ent. Ges., *v.* 18 p. 8 | 1929 *P. b.* aberr. *dentata*, Bollow in: Seitz, Großschmett. Erde, *v.* 1 Suppl. 1 p. 37.

Submarginalbinde auf dem Hinterflügel deutlich erhalten.

Raddejewka (Amur).

Typus: ♀ in coll. C. Eisner, Berlin-Dahlem.

forma sublacrimans Bryk 1914 *P. Bremeri s.*, Bryk in: Ent. Mt., *v.* 3 p. 79 t. 1 f. 2 (♀) | 1922 [1923] *P. B.* aberr. *s.*, Bryk in: Strand, Lep. Cat., *v.* 27 p. 149 | 1929 *P. b.* aberr. *s.*, Bollow in: Seitz, Großschmett. Erde, *v.* 1 Suppl. 1 p. 37.

Subcostalaugenfleck wurzelwärts spitz verzogen, mit dem Wurzelfleck durch einen schwarzen Steg verbunden.

Raddejewka (Amur).

Typus: ♀ in coll. C. Eisner, Berlin-Dahlem.

forma albopupillata Shelj. 1928 *P. bremeri amgunensis* aberr. *a.*, Sheljuzhko in: Mt. Münch. ent. Ges., *v.* 18 p. 8.

Die Augenflecke oberseits mit deutlichem, weißem Spiegel.

Goldgruben am Fluß Amgunj.

Typen: ♂ ♀ in coll. L. Sheljuzhko, Kijew.

forma nigrodivisoocellata Bryk & Eisner 1934 *P. bremeri* subsp. *bremeri* forma *n.*, Bryk & Eisner in: Parnassiana, *v.* 3 p. 34.

Medianaugenfleck durch einen schwarzen Strich längs $M_2$ halbiert.

Raddejewka (Amur).

Typus: ♀ in coll. C. Eisner, Berlin-Dahlem.

forma kitti Bryk & Eisner 1934 *P. bremeri* subsp. *graeseri* forma *k.*, Bryk & Eisner in: Parnassiana, *v.* 3 p. 34.

Endzellfleck und Mittelzellfleck des Vorderflügels stark reduziert, punktförmig (Fig. 200).

Pokrowska (Amur).

Typus: ♂ in coll. C. Eisner, Berlin-Dahlem.

Fig. 200.
**Parnassius bremeri graeseri** Honr. forma **kitti** Bryk & Eisner (♂). (Typus) (1/1).

forma caeca Shelj. 1919 *P. bremeri* aberr. *Dörriesi*, Warnecke in: Int. ent. Z., *v.* 13 p. 25 | 1922 [1923] *P. B.* aberr. *D.* (part.), Bryk in: Strand, Lep. Cat., *v.* 27 p. 148 | 1928 *P. b.* aberr. *d.* (part.) + aberr. *caeca*, Sheljuzhko in: Mt. Münch. ent. Ges., *v.* 18 p. 5 (nota 1) | 1929 *P. b.* aberr. *d.*, Sheljuzhko, ibid., *v.* 19 p. 370 | 1929 *P. b.* aberr. *d.* (part.), Bollow in: Seitz, Großschmett. Erde, *v.* 1 Suppl. 1 p. 37.

Beide Augenflecke ohne Rot.

Amur.

Typus: ♂ in coll. L. Sheljuzhko, Kijew.

forma nigripuncta Turati 1907 & 1906 *P. bremeri*, Verity, Rhop. palaearct., p. 54 t. XI f. 11 (♂) | 1918 *P. clarius* aberr. *nigripuncta*, Turati in: Atti Soc. Ital., *v.* 57 p. 78 | 1919 *P. bremeri* aberr. *n.*, Turati in: Natural. Sicil., ser. 2 *v.* 23 p. 214 | 1922 [1923] *P. B.* aberr. *Dörriesi* (part.) + *P. clarius* aberr. *nigripuncta*, Bryk in: Strand, Lep. Cat., *v.* 27 p. 148, 150 | 1928 *P. b.* aberr. *dörriesi*, Sheljuzhko in: Mt. Münch. ent. Ges., *v.* 18 p. 5 (nota 1) | 1929 *P. b.* aberr. *nigripuncta* (part.), Sheljuzhko, ibid., *v.* 19 p. 370 | 1929 *P. b.* aberr. *dörriesi* (part.), Bollow in: Seitz, Großschmett. Erde, *v.* 1 Suppl. 1 p. 37.

Nur der Medianaugenfleck schwarz. Subcostalaugenfleck mit reduziertem Rot.

Ussuri.

Typus: ♂ in coll. E. Turati, Mailand.

forma lunigera Kardakoff 1928 *P. bremeri* aberr. *l.*, Kardakoff in: Ent. Mt., *v.* 17 p. 266 t. 1 f. 11 (♀) | 1929 *P. b. mongugaica* aberr. *l.*, Bollow in: Seitz, Großschmett. Erde, *v.* 1 Suppl. 1 p. 39.

Augenflecke halbmondförmig.

Barabasch (Süd-Ussuri).

Typus: ♀ in coll. C. Eisner, Berlin-Dahlem.

forma cardinalis Bryk 1864 *P. Bremeri*, Bremer (Felder i. l.) in: Mém. Ac. St.-Pétersb., ser. 7 *v.* 8 nr. 1 p. 6 t. 1 f. 4 ♀ (var.) | 1906 *P. b.* aberr. *conjuncta*, H. Stichel in: Seitz, Großschmett. Erde, *v.* 1 p. 22 t. 11c (♀) | 1907 *P. b. b.* forma *c.*, H. Stichel in: Gen. Ins., *v.* 58 p. 16 | 1914 *P. b.* aberr. *cardinalis*, Bryk in: Ent. Mt., *v.* 3 p. 79 t. 1 f. 3 (♀) | 1922 [1923] *P. B.* aberr. *c.*, Bryk in: Strand, Lep. Cat., *v.* 27 p. 148 | 1927 *P. b. connexa*, O. Bang-Haas in: Horae Macrolep., *v.* 1 p. 10 | 1928 *P. b. amgunensis* aberr. *cardinalis*, Sheljuzhko in: Mt. Münch. ent. Ges., *v.* 18 p. 8 | 1929 *P. b.* aberr. *c.*, Bollow in: Seitz, Großschmett. Erde, *v.* 1 Suppl. 1 p. 37.

Beide Augenflecke durch einen schwarzen Steg verbunden (siehe Fig. 202).

Raddejewka (Amur).

Typus: ♀ in coll. C. Eisner, Berlin-Dahlem.

forma flavoocellata Bryk (nom. nov.) 1909 *P. bremeri* aberr. *flavomaculata*, Moltrecht & Kon in: Ent. Z., *v.* 22 p. 184 | 1922 [1923] *P. B.* aberr. *f.*, Bryk in: Strand, Lep. Cat., *v.* 27 p. 148 | 1929 *P. b.* aberr. *f.*, Bollow in: Seitz, Großschmett. Erde, *v.* 1 Suppl. 1 p. 38.

Augenflecke nicht rot, sondern gelb gekernt.

Ussuri.

forma discocircumcincta Bryk & Eisner 1934 *P. bremeri* subsp. *hakutozana* forma *d.*, Bryk & Eisner in: Parnassiana, *v.* 3 p. 37.

Die Hinterrandschwärze setzt sich deutlich an der Peripherie des Hinterflügeldiscus nach vorn fort.

Seishin (Korea).

Typen: ♂ ♀ in coll. C. Eisner, Berlin-Dahlem.

forma horni Bryk 1914 *P. bremeri* aberr. *h.*, Bryk in: Ent. Mt., *v.* 3 p. 80 t. 1 f. 4 (♂) | 1922 [1923] *P. B.* aberr. *H.*, Bryk in: Strand, Lep. Cat., *v.* 27 p. 148 | 1928 *P. b. amgunensis* aberr. *h.*, Sheljuzhko in: Mt. Münch. ent. Ges., *v.* 18 p. 8 | 1929 *P. b.* aberr. *h.*, Bollow in: Seitz, Großschmett. Erde, *v.* 1 Suppl. 1 p. 38.

Analflecke fehlen ober- und unterseits.

Raddejewka (Amur).

Typus: ♂ in coll. C. Eisner, Berlin-Dahlem.

♂ forma immaculata Shelj. 1928 *P. bremeri amgunensis* aberr. *i.*, Sheljuzhko in: Mt. Münch. ent. Ges., *v.* 18 p. 8 | 1929 *P. b. a.* aberr. *i.*, Bollow in: Seitz, Großschmett. Erde, *v.* 1 Suppl. 1 p. 38.

Analflecke fehlen oberseits.

Goldgruben am Flusse Amgunj.

Typus: ♂ in coll. L. Sheljuzhko, Kijew.

forma semidecora Shelj. 1928 *P. bremeri amgunensis* aberr. *s.*, Sheljuzhko in: Mt. Münch. ent. Ges., *v.* 18 p. 8 | 1929 *P. b. a.* aberr. *s.*, Bollow in: Seitz, Großschmett. Erde, *v.* 1 Suppl. 1 p. 38.

Der vordere Cubitalfleck zwischen $Cu_1$ und $Cu_2$ oberseits rot gekernt.

Goldgruben am Flusse Amgunj.

Typus: ♀ in coll. L. Sheljuzhko, Kijew.

forma marginepupillata Bryk (nom. emend.) 1914 *P. bremeri* aberr. *margopupillata*, Bryk in: Ent. Mt., *v.* 3 p. 80 t. 1 f. 2 (♀; (part.)) | 1922 [1923] *P. B.* aberr.

*m.*, Bryk in: Strand, Lep. Cat., *v.* 27 p. 148 | 1928 *P. b. amgunensis* aberr. *m.*, Sheljuzhko in: Mt. Münch. ent. Ges., *v.* 18 p. 8 | 1929 *P. b.* aberr. *m.*, Bollow in: Seitz, Großschmett. Erde, *v.* 1 Suppl. 1 p. 38.

Der hinterste Analfleck oberseits mit rotem Kern.

Raddejewka (Amur).

Typus: ♀ in coll. C. Eisner, Berlin-Dahlem.

♀ forma decora Bryk 1914 *P. bremeri* aberr. *d.*, Bryk in: Ent. Mt., *v.* 3 p. 79 | 1922 [1923] *P. B.* aberr. *d.*, Bryk in: Strand, Lep. Cat., *v.* 27 p. 148 | 1928 *P. b. amgunensis* aberr. *d.*, Sheljuzhko in: Mt. Münch. ent. Ges., *v.* 18 p. 8 | 1929 *P. b.* aberr. *d.*, Bollow in: Seitz, Großschmett. Erde, *v.* 1 Suppl. 1 p. 38.

Beide Analflecke oberseits mit rotem Kern.

Raddejewka (Amur).

♀ forma flavescens Shelj. 1928 *P. bremeri amgunensis* aberr. *f.*, Sheljuzhko in: Mt. Münch. ent. Ges., *v.* 18 p. 8 | 1929 *P. b. a.* aberr. *f.*, Bollow in: Seitz, Großschmett. Erde, *v.* 1 Suppl. 1 p. 38.

Flügelfond der Vorderflügel dottergelb.

Goldgruben am Flusse Amgunj.

Typus: ♀ in coll. L. Sheljuzhko, Kijew.

♀ forma obscurata Verity 1911 & 1910 *P. bremeri* „forme" *o.*, Verity, Rhop. palaearct., p. 303 t. LVIII f. 10 (♀) | 1922 [1923] *P. B.* aberr. *o.*, Bryk in: Strand, Lep. Cat., *v.* 27 p. 149 | 1928 *P. b.* aberr. *o.*, Sheljuzhko in: Mt. Münch. ent. Ges., *v.* 18 p. 5 (nota 1) | 1929 *P. b.* aberr. *o.*, Bollow in: Seitz, Großschmett. Erde, *v.* 1 Suppl. 1 p. 38.

Verdunkelte Weibchenform. Das bei Verity (l. c.) abgebildete Exemplar ist nicht typisch; es gibt bedeutend stärker verdunkelte Weibchen.

Raddejewka (Amur).

Typus: ♀ in coll. R. Verity, Florenz.

Von *P. bremeri* Bremer wurden folgende Geäderaberrationen beschrieben:

I forma metathetica *enderleini:* $R_3$ derart nach vorn verschoben, daß es aus dem gemeinsamen Gabelstiele von $R_4 + R_5$ entspringt.

II forma metathetica + peroneura *brykiana*: Eine Kombination von forma *enderleini* mit peroneur verlaufender $M_1$ auf dem Vorderflügel.

I 1914 Bryk in: Ent. Mt., *v.* 3 p. 75 f. 1 | 1922 [1923] Bryk in: Strand, Lep. Cat., *v.* 27 p. 149 | I—II 1928 Kardakoff in: Ent. Mt., *v.* 17 p. 266 t. 5 f. 12 (♂) | 1929 Bollow in: Seitz, Großschmett. Erde, *v.* 1 Suppl. 1 p. 38, 39.

10 l. **P. bremeri bremeri** Bremer 1864 *P. B.*, Bremer (Felder MS.) in: Mém. Ac. St. Pétersb., ser. 7 *v.* 8 nr. 1 p. 6 t. 1 f. 3 | 1864 *P. B.*, C. & R. Felder in: Reise Novara, *v.* 2 II p. 133; Atlas, p. 8 t. 21 f. e, f (♂), g (♀) | 1906 & 1910 *P. b.* + „forme" *obscura*, Verity, Rhop palaearct., p. 54 t. XI f. 10 (♂), t. LVIII f. 10 (♀ „forme" *obscura*) | 1906 *P. b.*, H. Stichel in: Seitz, Großschmett. Erde, *v.* 1 p. 22 t. 11c (♂♀) | 1907 *P. b. b.* (part.), H. Stichel in: Gen. Ins., *v.* 58 p. 16 | 1914 *P. b.* + aberr. *enderleini, quincunx, sublacrimans, cardinalis, melanconicus, theoides, horni, dentatus, decora, margopupillata*, Bryk in: Ent. Mt., *v.* 3 p. 74—81 t. 1 f. 1, 4 (♂), 2, 3, 5 (♀) | 1922 [1923] *P. B.*, Bryk in: Strand, Lep. Cat., *v.* 27 p. 147 1927 *P. b. b.*, O. Bang-Haas in: Horae Macrolep., *v.* 1 p. 9 | 1929 *P. b.* (aberr.), Bollow in: Seitz, Großschmett. Erde, *v.* 1 Suppl. 1 p. 37 | 1934 *P. b.* subsp. *b.*, Bryk & Eisner in: Parnassiana, *v.* 3 p. 34.

Antennen schwarz (Fig. 201). Männchen: gelblichweiß, mit schmalem Glassaum, deutlicher und breiter Submarginalbinde des Vorderflügels, die bisweilen mehr oder weniger stark rückgebildet erscheint, ohne Rotkernung der Flecke der Subcostalbindenzone. Folgende formae kommen vor: *enderleini, niphetodis, casta, quincunx, sublacrimans, melanconica, horni* und *schenklingi*. Weibchen: Etwas mehr gelblich, reicher gezeichnet, mit folgenden

Fig. 201.
**Parnassius bremeri bremeri** Bremer (♂). (Original, aus coll. Zool. Mus. Berlin) (1/1).

Fig. 201 a.
**Parnassius bremeri bremeri** Bremer forma **centripuncta** Shelj. (♀). (Original, aus coll. Zool. Mus. Berlin) (1/1).

formae: *theiodes, marginepupillata, obscurata, schenklingi, decora, cardinalis, sublacrimans, dentata, nigrodivisoocellata*. Vorderflügellänge: ♂ 34 bis 42 mm, ♀ 35—41 mm.

Raddejewka (Amur), Sotka-Gora, Paschkowa, Wanda-Gebirge.

Typen: ♂♀ in coll. Zool. Mus. Leningrad.

10 2. **P. bremeri jätensis** O. Bang-Haas 1898 *P. b.*, O. Staudinger in: D. ent. Z. Lep., *v.* 10 p. 321 | 1927 *P. b. jätensis*, O. Bang-Haas in: Horae Macrolep., *v.* 1 p. 9, 101 t. 1 f. 6 (♀) | 1929 *P. b.* subsp. *jaetensis*, Bollow in: Seitz, Großschmett. Erde, *v.* 1 Suppl. 1 p. 38.

Kleiner als die Nominatrasse. Zellflecke des Vorderflügels verkleinert. Weibchen mit Hinterrandfleck und verkleinerten Subcostalflecken, von denen der vordere rot gekernt ist. Hinterflügel mit Submarginalbinde. Steht der ssp. *graeseri* Honr. sehr nahe. Vorderflügellänge: ♂♀ 30,5 mm.

Transbaicalia meridionalis: Tal des Tschikoi (Südabhang des Apfelgebirges), Borochojewa; Tschita.

Typen: ♂♀ in coll. O. Staudinger, Dresden-Blasewitz.

103. **P. bremeri conjunctus** Staud. 1901 *P. b.* var. *conjuncta*, O. Staudinger & Rebel, Cat. Lep. Palaearct. Faunengeb., ed. 3 *v.* 1 p. 5 | 1906 & 07 *P. b.* (part.) + var. *c.*, Verity, Rhop. palaearct., p. 54 t. XI f. 11 (= forma *nigripuncta*), 12 (♂), 13 (♀) | 1906 *P. b.* aberr. *c.*, H. Stichel in: Seitz, Großschmett. Erde, *v.* 1 p. 22 t. 11c (♀) | 1907 *P. b. b.* aberr. *c.*, H. Stichel in: Gen. Ins., *v.* 58 p. 16 | 1914 *P. B.* var. *Moltrechti*, Bryk in: Ent. Mt., *v.* 3 p. 81, 82 | 1915 & 14 *P. b.* aberr. *niphetodis*, Bryk in: Arch. Naturg., *v.* 80 A 9 p. 140 t. 5 f. 38 (♂) | 1918 *P. b.* aberr. *n.*, Bryk, Parnassius Apollo Formenkreis, p. 136 t. 5 f. 38 (♂) | 1918 *P. b. conjuncta* + *moltrechti*, W. Rothschild in: Nov. zool., *v.* 25 p. 229, 230 | 1922 [1923] *P. B.* aberr. *cardinalis* (part.) + var. *Moltrechti*, Bryk in: Strand, Lep. Cat., *v.* 27 p. 148, 149 | 1927 *P. b. conjuncta*, O. Bang-Haas in: Horae Macrolep., *v.* 1 p. 10.

Antennen in der Regel schwarz. Männchen oft mit rückgebildeter, glasiger Marginalbinde, die ganz verschwinden kann oder nur von internervalen, weißen Inseln belebt wird. Submarginalbinde oft in der Mitte unterbrochen. Die schwarzen Subcostalflecke häufig sehr reduziert. Hinterrandfleck sehr oft reduziert oder fehlend. Analflecke des Hinterflügels öfters reduziert.

Fig. 202.
**Parnassius bremeri conjunctus** Staud. (♀). (Original, aus coll. Zool. Mus. Berlin) (1/1).

Augenflecke klein, besonders der mediane. Weibchen (Fig. 202) gelblich, mehr oder weniger stark verdunkelt. Die rotausgefüllten Augenflecke einerseits häufig mit einem schwarzen Steg untereinander, andrerseits mit den Analflecken vereinigt. Als formae treten auf: *albida, niphetodis, nigripuncta, mediocaeca*. Vorderflügellänge: ♂ 33—42,5 mm, ♀ 34—41 mm.

Ussuri meridionalis: Sutschansk; Fudin-Fluß (Anutschino) (= *moltrechti* Bryk), Kirin-Pogranitznaja, Taiping-lin.

Typen: ♂♀ in coll. O. Staudinger, Dresden-Blasewitz.

104. **P. bremeri mongugaicus** Kardakoff 1928 *P. b.* subsp. *mongugaica*, Kardakoff in: Ent. Mt., *v.* 17 p. 265—266 t. 5 f. 9 (♂), 10 (♀), 11 (♂ = *brykiana*), 12 (♀ = *lunigera*) | 1929 *P. b.* subsp. *m.*, Bollow in: Seitz, Großschmett. Erde, *v.* 1 Suppl. 1 p. 38.

**Männchen** an das von *P. bremeri bremeri* Bremer erinnernd, aber mit stärker ausgeprägter Glas- und Submarginalbinde. Subcostalflecke fast immer als continuierliches Bändchen erhalten. Hinterrandfleck nicht zurücktretend. Analflecke selten reduziert. **Weibchen** intermediär zwischen *P. bremeri bremeri* Bremer und ssp. *conjunctus* Staud., gelblich. Diese Rasse ist von der letzteren kaum zu trennen.

Barabasch am Mongugai-Fluß (Süd-Ussuri).

Typen: ♂♀ in coll. E. Eisner, Berlin-Dahlem.

105. **P. bremeri hakutozanus** Mats 1927 *P. b. hakutozana* + aberr. *inornata*, Matsumura in: Ins. Matsumur, *v.* 1 p. 163 t. 5 f. 5 (♂) | 1927 *P. b. h.*, O. Bang-Haas in: Horae Macrolep., *v.* 1 p. 11 1929 *P. b.* subsp. *h.*, Bollow in: Seitz, Großschmett. Erde, *v.* 1 Suppl. 1 p. 39 und (nota) | 1930 *P. b. h.* + forma *inornata*, Mori in: J. Chosen Soc., nr. 11 p. 50 t 4 f. a -i (♂♀) 1931 *P. b.* forma *h.* + forma *inornata*, Matsumura, 6000 Ill. Ins. Japan, p. 466 2 fig. (♂) | 1934 *P. b. h.*, Bryk & Eisner in: Parnassiana, *v.* 3 p. 36.

Fig. 203.
**Parnassius bremeri hakutozanus** Mats. (♂). (Original, aus coll. Zool. Mus. Berlin) (1/1).

Fig. 203 a.
**Parnassius bremeri hakutozanus** Mats. (♀). (Original, aus coll. Zool. Mus. Berlin) (1/1).

Eine sehr variable Unterart, für die die Originaldiagnose des Autors ganz unzulänglich und unzutreffend ist, vorausgesetzt, daß die Tiere des Fundorts des Typus (Mt Hakuto) mit jenen aus Sei-shin (Nord-Korea) übereinstimmen. Antennen in der Regel schwarz. Die unterseits oft weißgekernten Augenflecke verraten sich oberseits durch verblaßte Röte (Fig. 203). Männchen mit glasigem Marginalband, das oft bis $Cu_1$ oder darüber hinausreicht, bisweilen durch internervale, weiße Keilflecke nach innen verdrängt. Der Hinterrandfleck im Vorderflügel oft etwas länglich verzogen. Subcostalflecke in der Regel nicht rot gekernt. Analflecke des Hinterflügels meistens erhalten. Die Hinterrandschwärze sehr kräftig, einerseits stark den basalen Teil der Mittelzelle schwärzend, andrerseits oft die ganze Mittelzelle umzingelnd. Weibchen mit gelbem bis dottergelbem Flügelton, hell oder seltener stark verdunkelt, reich gezeichnet. Folgende formae treten auf: *niphetodis, flavicans* ♀, *quincunx, albida, casta, decora, marginepupillata, excellens, nigripuncta, unipicta, cardinalis, dentata, theiodes, ornata, discocircumcincta, fasciata, seminiphetodis.* Vorderflügellänge: ♂♀ 31–41 mm.

Korea: Mt Hakuto (Typus); Sei-shin (Nord-Korea).

Typen: ♂♀ in coll. Matsumura, Sapporo.

106. **P. bremeri graeseri** Honr. 1864 *P. B.* var., Bremer in: Mém. Ac. St.-Pétersb., ser. 7 *v.* 8 nr. 1 p. 6 t. 1 f. 4 (♀) | 1885 *P. b.* var. *graeseri*, Honrath in: Berlin. ent. Z., *v.* 29 p. 272 t. 8 f. 1, 1b (♂) 1a, 1c (♀) | 1886 *P. B.* var. *g.*, Elwes in: P. zool. Soc. London, p. 33 | 1888 *P. B.* var. *G.*, L. Graeser in: Berlin. ent. Z., *v.* 32 p. 64 (larva) | 1889 *P. g.*, Austaut, Parnass. paléarct., p. 127, 172, 198 t. 19 f. 13 (♂), t. II f. 1 (♀, „var. blanche"), t. VIII f. 2 (♀) | 1892 *P. bremeri* var. *g.*, F. Rühl & A. Heyne, Palaearkt. Groß-Schmett., *v.* 1 p. 101 | 1901 *P. b.* var. *g.*, O. Staudinger & Rebel, Cat. Lep. Palaearct. Faunengeb., ed. 3 *v.* 1 p. 5 | 1906 & 07 *P. b.* var. *g.*, Verity, Rhop. palaearct., p. 55 t. XI f. 14 (♂), 15 (♀) | 1906 *P. b. g.*, H. Stichel in: Seitz, Großschmett. Erde, *v.* 1 p. 22 f. 11d (♂♀) | 1907 *P. b. g.*, H. Stichel in: Gen. Ins., *v.* 58 p. 16 | 1913 *P. B.* forma *G.* aberr. *excellens*, Bryk in: Soc. ent., *v.* 28 p. 95 (♀) | 1914 *P. b. g.*, Bryk in: Ent. Mt., *v.* 3 p. 82 | 1918 *P. b. g.*, W. Rothschild in: Nov. zool., *v.* 52 p. 230 | 1922 [1923] *P. B.* var. *G.* + forma *excellens*, Bryk in: Strand, Lep. Cat., *v.* 27 p. 149 | 1927 *P. b. g.*, O. Bang-Haas in: Horae Macrolep., *v.* 1 p. 10 | 1928 *P. b. g.*, Sheljuzhko in: Mt. Münch. ent Ges., *v.* 18 p. 1, 2, 3, 4, 5, 6 | 1931 *P. b. g.*, Bryk in: Zool. Jahrb., Syst. *v.* 62 p. 159 f. 14 (nervatura plethon. al. anter.), f. 15 (♀, plethon.).

Fig. 204.
**Parnassius bremeri graeseri** Honr. (♂). (Original, aus coll. Zool. Mus. Berlin) (1/1).

Vorderflügel mit Rotkernung. Antennen oft schwach weiß geringelt (Fig. 204). Männchen dichter weiß beschuppt, dadurch die Aderung in der Mitte beider Flügel nicht so deutlich hervortretend. Glassaum sehr schmal. Submarginalbinde oft dünn, aber deutlich. Die beiden Subcostalflecke oder nur der 1. mit deutlichem, rotem Kern. Hinterrandfleck oft klein. Mittelzellfleck länglich. Hinterflügel oft mit 2 Analflecken, die meistens sehr mager ausfallen. Ab und zu Submarginalflecke im hinteren Flügelteile. Weibchen gelblich, mit deutlicher, vollkommen ausgebildeter Submarginalbinde auf

Fig. 204 a.
**Parnassius bremeri graeseri** Honr. (♀). (Original, aus coll. Zool. Mus. Berlin) (1/1).

beiden Flügeln. Auf den Vorderflügeln 3 rote Kerne, sonst nur 2, falls der Hinterrandfleck nicht gerötet erscheint. Augenflecke des Hinterflügels oberseits sehr oft mit weißen Kernen, unterseits in der Regel. Die beiden Analflecke bisweilen mit roten Kernen. Forma *excellens* tritt bisweilen auf. Der 2. Wurzelfleck trägt unterseits oft einen weißen Kern. Folgende formae treten auf: *centripuncta, inornata, unipicta, quadripicta, excellens, kitti* (siehe Fig. 196). Vorderflügellänge: ♂ 35,5—37 mm, ♀ 37 mm.

Transbaicalia orientalis: Pokrowska am Amur (Apfelgebirge).

Typen: ♂♀ in coll. Adam (Brit. Mus. London).

107. **P. bremeri solonensis** O. Bang-Haas 1927 *P. b. s.* (*sungariensis* i. l.), O. Bang-Haas in: Horae Macrolep., *v.* 1 p. 11 t. 1 f. 11 (♀), 12 (♂, aberr.), 13 (♀) | 1929 *P. b.* subsp. *solonensis*, Bollow in: Seitz, Großschmett. Erde, *v.* 1 Suppl. 1 p. 38.

Steht der ssp. *graeseri* Honr. nahe. Männchen nicht so dicht weiß beschuppt. Rotkernung des Subcostalfleckes nicht so leuchtend. Submarginalbinde sehr deutlich. Hinterrandfleck klein. Augenflecke dicker schwarz umsäumt. Weibchen mit 3 deutlichen Rotkernen in der Subcostalbindenzone. Der 3. Analfleck zwischen $M_3$ und $Cu_1$ selten vorhanden, der hinterste oft mit rotem Kern. Submarginalbinden auf beiden Flügeln ausgeprägt. Als aberrative Formen kommen Männchen mit 3 sehr deutlichen, großen, roten Kernen im Subcostalbande und rotem Hinterrandflecke vor (Bang-Haas, l. c., t. 12 (♂)). Vorderflügellänge: ♂ 34—40 mm, ♀ 36,5—40 mm.

Mandschuria septentrionalis: Prov. Holungkiang, Buchala, Chingan-Berge.

Typen: ♂♀ in coll. O. Bang-Haas, Dresden-Blasewitz.

10 8. **P. bremeri amgunensis** Shelj. 1928 *P. b.* subsp. *a.* (+ div. formae), Sheljuzhko in: Mt. Münch. ent. Ges., *v.* 18 p. 1—9 f. 1 (♂), 2 (♂, forma), 4 (♀), 3 (♀ forma) | 1929 *P. b. a.* + aberr. *casta, centripuncta, inornata, monopicta, tripicta, quadripicta, immaculata, flavicans,* Bollow in: Seitz, Großschmett. Erde, *v.* 1 Suppl. 1 p. 38.

Antennen deutlich schwarz und weiß geringelt. Palpen, Stirnbusch, Unterseite des Thorax, des Abdomen und der Tibien hell weißlich. Vorderflügelform weniger gestreckt, mehr abgerundet. Grundfarbe weiß, beim Weibchen bisweilen gelblich, sogar dottergelb. Die roten Augenflecke bisweilen mit weißen Kernen. Subcostalflecke in der Regel rot gekernt. Im allgemeinen an ssp. *graeseri* Honr. erinnernd. Die Rippen in der Flügelmitte weiß beschuppt. Männchen: Der glasige Marginalsaum bis $Cu_1$, sonst kürzer oder länger. Die Saumlinie ausnahmsweise weiß, mit schwarzer nervaler Unterbrechung. Befransung weiß, nerval schwarz unterbrochen. Submarginale in der Regel bis $M_1$, oder ab $M_3$ kurz fortgesetzt. Hinterrandfleck sehr schwach entwickelt oder fehlend, seltener stark ausgeprägt oder sogar schwach gerötet. Die Subcostalflecke voneinander isoliert, klein, bisweilen reduziert, mit 1 oder 2 gut entwickelten roten Kernen. Augenflecke kleiner als bei ssp. *graeseri* Honr., unterseits konstant mit großen, weißen Kernen, die auch oberseits durchschlagen können. Analflecke fehlen oberseits sehr oft. Weibchen im Habitus an das von ssp. *graeseri* Honr. stark erinnernd, mit meist stark verdunkelten Vorderflügeln. Der glasige Marginalsaum breit. Subcostalflecke und Hinterrandfleck mit rotem Kern. Die beiden Analflecke meistens mit rotem Kern. Folgende formae erwähnt Sheljuzhko (1928): *marginata, casta, quincunx, centripuncta, inornata, monopicta, tripicta, quadripicta, melanconica, immaculata, horni, margopupillata, semidecora, excellens, cardinalis, albopupillata, flavicans.* Vorderflügellänge: ♂ 33—37 mm, ♀ 32—38 mm.

Goldgruben am Flusse Amgunj.

Typen: ♂ ♀ in coll. L. Sheljuzhko, Kijew.

10 9. **P. bremeri olgensis** Kardakoff 1928 *P. b.* subsp. *o.*, Kardakoff in: Ent. Mt., *v.* 17 p. 266—267 t. 6 f. 13 (♀) | 1929 *P. b.* subsp. *o.*, Bollow in: Seitz, Großschmett. Erde, *v.* 1 Suppl. 1 p. 39.

Antennen weiß geringelt, steht der ssp. *amgunensis* Shelj. am nächsten. Männchen unbekannt. Weibchen sehr reich gezeichnet. Mit gelblichem Flügelfond, ausgeprägter Rotkernung der Subcostalflecke, des Hinterrandfleckes und der Analflecke, mit weiß gekernten, großen Augenflecken. Endzellfleck und Mittelzellfleck im Vorderflügel besonders kräftig. Der Hinterrandfleck vorn entlang $Cu_2$ wurzelwärts etwas ausgezogen. Submarginalbinde auf beiden Flügeln gut entwickelt. Vorderflügellänge: ♀ 38 mm.

Olga-Bucht (Uussuri).

Typus: ♀ in coll. C. Eisner, Berlin-Dahlem.

10 10. **P. bremeri orotschonicus** O. Bang-Haas 1918 *P. b. graeseri* (part.), W. Rothschild in: Nov. zool., *v.* 25 p. 230 | 1927 *P. b. orotschonica,* O. Bang-Haas in: Horae Macrolep., *v.* 1 p. 10 t. 1 f. 7 (♂), 8 (♀) 1928 *P. b.* subsp. *o.*, Sheljuzhko in: Mt. Münch. ent. Ges., *v.* 18 p. 2 (nota 1), 3 | 1929 *P. b.* subsp. *o.*, Bollow in: Seitz, Großschmett. Erde, *v.* 1 Suppl. 1 p. 39.

Sehr variable Unterart mit oft schwach schwarz-weiß geringelten Antennen (Fig. 205). Männchen mit rundlicherem Schnitt des Vorderflügels. Submarginalbinde kurz. Subcostalflecke oft getrennt und gerötet. Hinterrandfleck sehr klein oder fehlend. Augenflecke besonders klein, unterseits in der Regel weiß gekernt. Weibchen verdunkelt, mit gelblicher Grundfarbe. Subcostalflecke gerötet, Submarginalbinde ausgeprägt. Die Augenflecke unterseits weiß gekernt. Vorderflügellänge: ♂ 34 mm, ♀ 35,5 mm.

Küstenprovinz: Sichota-Alin-Geb., Tjutiché-Bucht, Ternej-Bucht.

Typen: ♂ ♀ in coll. O. Bang-Haas, Dresden-Blasewitz.

Fig. 205.
**Parnassius bremeri orotschonicus** O. Bang-Haas (♂). (Original, aus coll. Zool. Mus. Berlin) (1/1).

Fig. 205a.
**Parnassius bremeri orotschonicus** O. Bang-Haas (♀). (Original, aus coll. Zool. Mus. Berlin) (1/1).

1011. **P. bremeri mandarinus** Bryk 1914 *P. m.*, Bryk (*P. Bremeri* var. *m.*, O. Bang-Haas i. l.) in: Ent. Mt., *v.* 3 p. 82 t. 1 f. 6 (♂) | 1915 *P. bremeri m.*, O. Bang-Haas in: D. ent. Z. Iris, *v.* 29 p. 172 | 1922 [1923] *P. B.* var. *m.*, Bryk in: Strand, Lep. Cat., *v.* 27 p. 149 [an bona species?] | 1927 *P. b. m.*, O. Bang-Haas in: Horae Macrolep., *v.* 1 p. 11 t. 1 f. 14 (♂) | 1929 *P. b.* subsp. *m.*, Bollow in: Seitz, Großschmett. Erde, *v.* 1 Suppl. 1 p. 38.

Männchen: Antennen schwarz. Palpen hell, unterseits schwarz bewimpert. Stirnbusch graubraun, unten schwarz. Die $M_1$ des Vorderflügels mit dem gegabelten Stiel von $R_4 + R_5$ verwachsen, aus der vorderen Mittelzellecke entspringend. Die nackten Rippen unterseits hellgelblich. Saumlinie des Vorderflügels schwarz. Befransung schwarzweiß gescheckt. Das glasige Marginalband bis hinter $Cu_1$ reichend. Die sehr deutliche, schmale Submarginalbinde zwischen $M_1$ und $M_3$ unterbrochen. Die 3 Subcostalflecke in lose Patzen aufgelöst, der vordere und hinterste mit rundlicher Rotkernung. Der Hinterrandfleck sehr klein und fehlt unterseits. Endzellfleck kräftig, wurzelwärts etwas konkav. Der Mittelzellfleck erreicht die hintere Discoidalrippe, seine gebogene Außenkontur verläuft fast parallel zur Innenkontur des Endzellflecks. Die beiden Augenflecke des Hinterflügels sind sehr klein und tragen kleine, weiße Kerne, die unterseits viel deutlicher und größer sind. Das Rot des Wurzelflecks ist stark reduziert. Die Hinterrandschwärze kräftig, den hinteren und basalen Teil der Zelle deckend und hakenförmig um die Mittelzelle greifend. Analfleck fehlt. Unterseits ist nur der proximale Analfleck zwischen $Cu_1$ und $Cu_2$ erhalten, er ist klein und dreieckig. Die verkleinerten Wurzelflecke der Unterseite des Hinterflügels nicht so rein rot wie bei *P. bremeri* Bremer, unter Haaren verdeckt. Weibchen unbekannt.

Tschili: Hoang-yongshan östl. von Peking.

Typus: ♂ in coll. O. Bang-Haas, Dresden-Blasewitz.

Ei unbekannt. Larve schlanker als die von *P. apollo* L. und *P. nomion* (Hb.), samtschwarz, mit vielen kleinen, schwefelgelben Flecken. Einfassung der Stigmen und Nackengabel hellgelb. Im Mai auf Sedum sp. Flugzeit: Mai und Juni. *P. bremeri* wird in jüngster Zeit (O. Bang-Haas 1927, L. Sheljuzhko 1928) als Unterart zu *P. phoebus* gestellt, dessen Vikariante er in Ussuri, Amurgebiet und Korea ist.

Einen ganz intermediären Charakter zeigt *Parnassius mandarinus* Bryk, der zu jeder der beiden Arten gestellt werden kann, obwohl er habituell mehr zu *Parnassius bremeri* Bremer als zu *P. phoebus* F. neigt.

11. **P. phoebus** (F.) 1793 *Papilio p.*, J. C. Fabricius, Ent. syst., *v.* 3ı p. 181 | 1806 *P. p.*, Turton [Linné], Gen. Syst. Nat., *v.* 3 p. 53 [fide Turton, Jones, fig. pict. 2 t. 2 f. 2] | 1823—24 *Parnassius p.*, Fischer-Waldheim, Entomogr. Russ., *v.* 2 p. 243 t. 7 f. 1—4 | 1836 *P. p.*, Boisduval, Spec. gén. Lép., *v.* 1 p. 399 (nota) | 1840 *P. p.*, E. Blanchard in: Hist. An. artic., *v.* 3 p. 424 | 1855 *P. p.*, Ménétriés, Lép. Ac. St.-Pétersb., *v.* 1 p. 6 | 1864 *P. p.*, C. & R. Felder in: Verh. Ges. Wien, *v.* 14 p. 328 | 1906 *P. p.*, H. Stichel in: Berlin. ent. Z., *v.* 51 p. 85 | 1907 *P. delius*, Verity, Rhop. palaearct., p. 68 | 1907 *P. phoebus*, H. Stichel in: Gen. Ins., *v.* 58 p. 17 (cohors *apolliniformes*) | 1912 *P. p.*, A. Pagenstecher in: Jahrb. Ver. Nassau, *v.* 65 p. 36 ff. | 1922 [1923] *P. p.*, Bryk in: Strand, Lep. Cat., *v.* 27 p. 198.

Kopf klein. Augen nackt, eiförmig braunschwarz. Antennen schwarzweiß geringelt. Palpen (Fig. 206) ockergelb, gelblich bewimpert, mit schwarzen Haaren untermischt. Stirnbusch gelblich grau, mit Schwarz untermischt, seltener ganz schwarz. Thorax gelblich behaart, besonders beim Halskragen intensiver gelblich. Beine schwarzbraun, gelblich beschuppt. Schienenblättchen (Fig. 207) länglich oval, in der Mitte inseriert. Abdomen dunkel gelblichgrau behaart, beim Männchen dichter als beim Weibchen, unterseits stärker behaart. Vorderflügel gewöhnlich mit rundlichem Seitenrand, seltener etwas zugespitzt. $M_1$ in der Regel aus der vorderen Mittelzellecke frei entspringend, hinter dem an sie angrenzenden gegabelten Stiel der beiden letzten Radialrippen. Rippen unterseits nackt, hellgelblich. Zeichnung sexuell digryph. Saumlinie gelblich oder schwarzbraun, Befransung hell, oft nerval schwarz unterbrochen. Flügelfond weiß oder leicht gelblich getönt. Männchen: Das glasige Marginalband den Hinterrand nicht erreichend, in der Länge sonst

Fig. 206. Palpus von **Parnassius phoebus** (F.) (Original).

Fig. 207. Vorderschiene mit Schienenblatt von **Parnassius phoebus** (F.) (Nach M. Hering 1932) (17/1).

variierend. Submarginalbinde deutlich, unvollkommen, bisweilen wie bei *P. bremeri* Bremer unterbrochen. Subcostalflecke getrennt oder verbunden. $M_3$ nicht erreichend, der vorderste ohne oder mit rotem Fleck, der 3. seltener rot gekernt. Hinterrandfleck klein oder fehlend. Der Endzellfleck an $R_1$ angelehnt. Endzellfleck den hinteren Discusarm nicht erreichend. Zellwurzel schwach schwarz bestäubt. Vorderrand schwarz gekörnt. Unterseite speckig glänzend, die beiden Zellflecke reduziert, Rotkernung der Subcostalflecke durchschlagend. Hinterrandfleck nicht erhalten. Augenflecke des Hinterflügels meist von geringerer Größe. Analflecke verschwunden oder schwach ausgeprägt. Hinterrandschwärze auf die Flügelbasis ausgedehnt, $M_3$ oft erreichend. Submarginalbinde fehlt. Unterseits keine Spur von einer Submarginalbinde. Die roten Augenflecke meist mit deutlichen, weißen Kernen. Der vordere 2. Analfleck oft rot gekernt, selbst wenn er oberseits ausbleibt. 4 rote, schwarz abgegrenzte Wurzelflecke. Weibchen seichter beschuppt, meist reicher gezeichnet, bisweilen stark verdunkelt, seltener im Habitus des Männchens. Das glasige Marginalband breiter und länger, bis $Cu_2$ oder $Ax_1$ reichend. Die oft saumwärts bogig ausgezähnte Submarginalbinde nach innen diffus, lang, gewöhnlich bis zum Hinterrande reichend. Das Subcostalbändchen bis $M_3$ reichend, seltener ohne rote Kernung. Die Rotkernung variabel, 1 bis 4 Flecke. Hinterrandfleck deutlich, stärker als beim Männchen, seltener gerötet. Bisweilen ist die Subcostalbinde vollkommen ausgebildet, öfters das Feld zwischen $M_3$ und $Cu_2$ bis zur Mittelzellrippe mehr oder weniger stark schwarz verdüstert. Der basale Teil des Vorderflügels schwarz bestäubt. Unterseits wie das Männchen. Hinterflügel meist mit marginalem Glasbande, mit deutlicher, bogiger Submarginalbinde, vergrößerten Augenflecken, die auch durch einen Steg verbunden sein können, und mit 2 oder 3 Analflecken. Hinterrandschwärze wie beim Männchen. Unterseits wie das Männchen. Submarginalbinde und Glasband durchschlagend. Uncus und Subuncus der männlichen Genitalien

Fig. 208.
Valve (links) und Uncus (rechts) von **Parnassius phoebus** (F.) (Nach M. Hering 1932) ($^{13}/_1$).

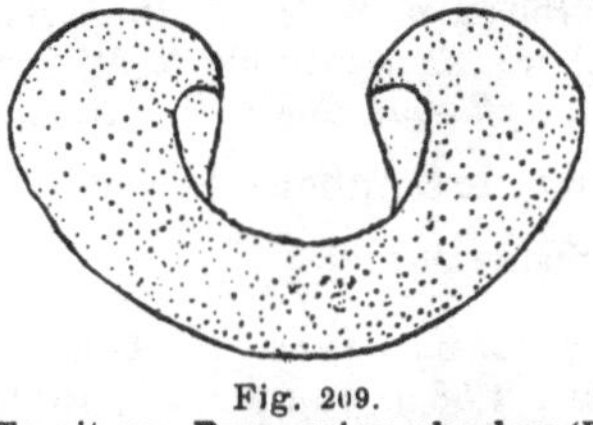

Fig. 209.
VIII. Tergit von **Parnassius phoebus** (F.) (♂). (Nach M. Hering 1932) ($^{9}/_1$).

(Fig. 208) den von *P. honrathi* Staud. & A. Bang-Haas ähnlich. VIII. Tergit des Männchens (Fig. 209) halbringförmig seitlich schwach zugespitzt. Aedoeagus (Fig. 210) plump und kurz, mit großem Orificium, oralwärts stark verdickt. Sphragis (1851, C. Siebold in: Z. wiss. Zool., *v.* 3 p. 58 | 1851, C. Siebold in: Ent. Zeit. Stettin, *v.* 12 p. 181 (nota 1) | 1889, Austaut, Parnass. paléarct., t. 3 f. 3, 4, p. 24 (sterigma) | 1897, Rebel in: Jahresber. Wien. ent. Ver., *v.* 7 t. 2 f. 1a, 1b (hermaphr.) | 1906, Verity, Rhop. palaearct., t. XV f. 20, 21, 22, 23, 24 | 1920, Bryk in: Arch. Naturg., *v.* 85 A 5 p. 135 | 1921, Koschabek in: Z. Österr. Ent.-Ver. Wien, *v.* 6 p. 15, 22): klein, blattförmig, unten mit einem Längskiel. Ähnlich wie bei *P. bremeri* Bremer angebracht.

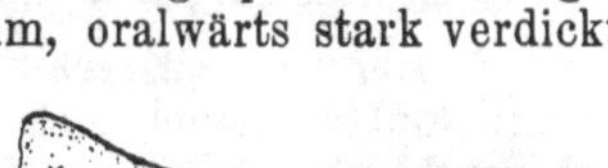

Fig. 210.
Aedoeagus von **Parnassius phoebus** (F.) (Nach M. Hering 1932) ($^{13}/_1$).

Diese Art zerfällt in 34 Unterarten.

Nördliche asiatische Gebirge, Ural, Kaukasus (?), Alpen, Gebirge des westlichen Nordamerika und Alaska.

*Parnassius phoebus* (F.) läßt sich in folgende geographische Rassenkreise gliedern:

1. Sibirischer Kreis:
   *phoebus* (F.) (1), *alpestris* Verity (2), *intermedius* Ménétr. (3), *fortuna* A. Bang-Haas (4), *interpositus* Herz (5), *ochotskensis* Bryk & Eisner (6), *corybas* Fisch-Waldh. (7), *uralensis* Ménétr. (8).
2. Mongolischer Kreis:
   *rückbeili* Deckert (9).
3. Europäischer Kreis:
   *cervinicolus* Fruhst. (10), *sacerdos* H. Stich. (11), *confederationis* Fruhst. (12), *hansi* Bryk (13), *expectatus* Fruhst. (15), *serenus* Fruhst. (16), *paradisiacus* Turati (17), *blachieri* Fruhst. (19), *tessinorum* Fruhst. (20); dazu der androtrope *eisneri* Bryk (18), und der isoliert stehende *styriacus* Fruhst. (14).
4. Nearktischer Kreis:
   *smintheus* Doubl. (21), *hermodur* W. H. Edw. (22), *magnus* W. G. Wright (23), *idahoensis* Bryk & Eisner (24), *sordellus* Fruhst. (25), *sayii* W. H. Edw. (26), *behrii* W. H. Edw. (27), *utahensis* W. Rothsch. (28), *catullius* Fruhst. (29), *aristion* Fruhst. (30), *astriotes* Fruhst. (31); dazu *elias* Bryk (33) aus Alaska.
5. Alaska-Kreis:
   *golovinus* Holland (32), *apricatus* H. Stich. (34).

♀ forma herrichi Fruhst. 1843 *P. delius* var. (part.), Herrich-Schäffer, Syst. Bearb. Schmett. Eur., *v.* 1 p. 145 f. 317, 318 | 1852 *P. phoebus* var. c, G. R. Gray, Cat. lep. Ins. Brit. Mus., *v.* 1 p. 72 | 1891 *P. delius* aberr. *herrichii*, C. Oberthür, Étud. Ent., *v.* 14 p. 7, 16 t. 2 f. 15 (♀) | 1893 *P. d.* aberr. *h.*, Rebel & Rogenhofer in: Jahresber. Wien. ent. Ver., *v.* 3 p. 66, 71 | 1906 *P. d.* aberr. *h.*, H. Stichel in: Seitz, Großschmett. Erde, *v.* 1 p. 22 | 1907 *P. d.* aberr. *herrichi* (part.), Fruhstorfer in: Ins.-Börse, *v.* 24 p. 199 | 1907 *P. d.* aberr. *herrichii*, Verity, Rhop. palaearct., p. 71 t. XVI f. 4 (♀) | 1907 *P. d.* aberr. *h.*, H. Stichel in: Gen. Ins., *v.* 58 p. 18 | 1911 *P. d.* aberr. *herrichi* (part.), Büren v. Salis in: Bull. Soc. lép. Genève, *v.* 2 p. 93 t. 9 f. 2 (♀), 3 (♀) | 1917 *P. d.* aberr. *h.*, Vorbrodt & Müller-Rutz in: Mt. Schweiz. ent. Ges., *v.* 12 p. 432 | 1922 [1923] *P. phoebus* aberr. *H.*, Bryk in: Strand, Lep. Cat., *v.* 27 p. 204.

Hinterrandfleck mit der Subcostalbinde continuierlich verbunden.

Schweiz.

♂ forma casta H. Stich. 1907 *P. phoebus sacerdos* forma *c.*, H. Stichel in: Gen. Ins., *v.* 58 p. 18 (nota 3) | 1911 *P. delius* aberr. *c.*, Verity, Rhop. palaearct., p. 314 | 1911 *P. d. sacerdos* aberr. *c.*, Vorbrodt & Müller-Rutz, Schmett. Schweiz, *v.* 1 p. 11 | 1911 *P. d.* aberr. *c.*, Büren v. Salis in: Bull. Soc. lép. Genève, *v.* 2 p. 92 | 1919 *P. d.* aberr. *castior*, Wehrli in: Mt. Ent. Ver. Basel, nr. 11 p. 1 | 1921 *P. phoebus* aberr. *c.*, Vorbrodt in: Mt. Schweiz. ent. Ges., *v.* 13 p. 176 | 1922 [1923] *P. p.* aberr. *casta*, Bryk in: Strand, Lep. Cat., *v.* 27 p. 203.

Hinterrandfleck fehlt. Die kaum namensberechtigte ♂ forma *castior* Wehrli unterscheidet sich von *casta* H. Stich. durch den Schwund des 2. Subcostalfleckes im Vorderflügel zwischen dem Radialgabelstiel und $M_1$ und der Analflecke im Hinterflügel (Typus: Zermatt, Staffelalp).

Pontresina.

♂ forma inornata Wheeler 1903 *P. delius* aberr. *i.*, G. Wheeler, Butt. Switzerl., p. 56 | 1907 *P. d.*, Verity. Rhop. palaearct., t. XVI f. 2 (♂) | 1907 *P. phoebus sacerdos* forma *i.*, H. Stichel in: Gen. Ins., *v.* 58 p. 18 | 1909 *P. delius* aberr. *i.*, Rebel, Berges Schmettb., ed. 9 p. 8 | 1911 *P. d.* aberr. *i.* (part.), Büren v. Salis in: Bull. Soc. lép. Genève, *v.* 2 p. 91 t. 9 f. 1 (♂) | 1911 *P. sacerdos* aberr. *i.*, Vorbrodt & Müller-Rutz, Schmett. Schweiz, *v.* 1 p. 11 | 1912 *P. phoebus delius* aberr. *i.*, A. Pagenstecher in:

Jahrb. Ver. Nassau, *v.* 65 p. 74 | 1917 *P. p.* aberr. *i.*, Vorbrodt & Müller-Rutz in: Mt. Schweiz. ent. Ges., *v.* 12 p. 433 | 1921 *P. p.* aberr. *i.*, Koschabek in: Z. Österr. Ent.-Ver. Wien, *v.* 6 p. 29 | 1922 [1923] *P. p.* aberr. *i.*, Bryk in: Strand, Lep. Cat., *v.* 27 p. 205.

Vorderflügel oberseits ohne Rot (Fig. 211).

Schweiz.

Fig. 211.
**Parnassius phoebus sayii** W. H. Edw. (♂) forma **inornata** Wheeler. (Original, aus coll. Zool. Mus. Berlin) (¹/₁).

♀ forma jambica Bryk 1885 *P. delius* aberr. *hardwickii* (nec Gray 1833), Kane, Eur. Butt., p. ? | 1907 *P. d.* aberr. *h.*, H. Stichel in: Seitz, Großschmett. Erde, *v.* 1 p. 35 | 1907 *P. phoebus sacerdos* forma *h.*, H. Stichel in: Gen. Ins., *v.* 58 p. 18 | 1909 *P. p.* aberr. *h.*, Rebel, Berges Schmettb., ed. 9 p. 8 | 1912 *P. p.* aberr. *h.*, A. Pagenstecher in: Jahrb. Ver. Nassau, *v.* 65 p. 50, 60, 74 | 1914 *P. delius* aberr. *jambicus* [+ *hardwickei*], Bryk in: Int. ent. Z., *v.* 8 p. 40 | 1922 [1923] *P. phoebus* aberr. *j.*, Bryk in: Strand, Lep. Cat., *v.* 27 p. 205 | 1929 *P. delius* aberr. *hardwicki*, Bollow in: Seitz, Großschmett. Erde, *v.* 1 Suppl. 1 p. 40.

Subcostalbändchen oberseits mit vier roten Kernen.

Schweiz.

♀ forma ines Kertész 1909 *P. Phoebus* aberr. *I.*, Kertész in: Arch. Zool. Hungar., *v.* 1 p. 29—30, textfig. (♀) | 1909 *P. delius* aberr. *barthae*, Hirschke in: Jahresber. Wien. ent. Ver., *v.* 19 p. 127 t. 1 f. 9 (♀) | 1910 *P. d.* aberr. *b.*, Rebel, Berges Schmettb., ed. 9 p. 476 | 1910 *P. d.* aberr. *ines*, Kertész in: Rovart. Lapok, *v.* 17 p. 5—6 t. 1 (♀) | 1912 *P. d.* aberr. *i.*, Bryk in: Arch. Rass. Biol., *v.* 9 p. 692 | 1922 [1923] *P. phoebus* forma *Barthae*, Bryk in: Strand, Lep. Cat., *v.* 27 p. 202 | 1929 *P. delius* aberr., Bollow in: Seitz, Großschmett. Erde, *v.* 1 Suppl. 1 p. 39

Eine Kombination von forma *nigrescens* + *jambica* + *cardinalis* + *anna*.

Sulden (Vintschgau).

forma reducta Reverdin 1910 *P. delius* aberr. *r.*, Reverdin in: Bull. Soc. lép. Genève, *v.* 2 p. 45 t. 2 f. 4 (♂) | 1911 *P. phoebus* aberr. *r.*, Verity, Rhop. palaearct., p. 314 | 1911 *P. delius sacerdos* aberr., Vorbrodt & Müller-Rutz, Schmett. Schweiz, *v.* 1 p. 12.

Submarginalbinde im Vorderflügel ganz reduziert.

Arolla (Schweiz).

forma quincunx Bryk 1915 *P. smintheus* aberr. *q.*, Bryk in: Arch. Naturg., *v.* 80 A 9 p. 140 t. 9 f. 67 (♂) | 1918 *P. s.* aberr. *q.*, Bryk, Parnassius Apollo Formenkreis, p. 136 t. 9 f. 67 (♂) | 1922 [1923] *P. phoebus* aberr. *q.*, Bryk in: Strand, Lep. Cat., *v.* 27 p. 207.

Endzellfleck des Vorderflügels derart reduziert, daß er sich nur auf die Mittelzellquerrippe beschränkt.

Colorado.

Typus: ♂ in coll. C. Eisner, Berlin-Dahlem.

forma binaria H. Stich. 1918 *P. phoebus sacerdos* aberr. *b.*, H. Stichel in: Z. Ins.-Biol., *v.* 14 p. 197 f. 1a (♂) | 1922 [1923] *P. p.* aberr. *b.*, Bryk in: Strand, Lep. Cat., *v.* 27 p. 203 | 1929 *P. delius* aberr. *b.*, Bollow in: Seitz, Großschmett. Erde, *v.* 1 Suppl. 1 p. 40 | 1929 *P. phoebus* subsp. *eisneri*, Bryk in: Soc. ent., *v.* 44 p. 18 f. 5 (♂).

Fig. 212.
**Parnassius phoebus eisneri** Bryk forma **binaria** H. Stich. (♂). (Typus).

Mittelzellfleck des Vorderflügels in seiner Mitte durch Eindringen von weißem Flügelgrund in 2 Flecke zerlegt (Fig. 212).

Larche (Provence).

Typus: ♂ in coll. C. Eisner, Berlin-Dahlem.

forma halteres Bryk 1910 *P. delius* aberr. *confluens*, Rebel, Berges Schmettb., ed. 9 p. 476 | 1910 *P. d.* aberr. *c.*, Fr. Hoffmann in: Ent. Z., *v.* 23 p. 227 | 1911 *P. d.* aberr. *c.*, Fr. Hoffmann in: Int. ent. Z., *v.* 5 p. 227 (♀) | 1911 *P. d.* aberr. *c.*, Verity, Rhop. palaearct., p. 314 (part.) | 1914 *P. d.* aberr. *c.*, Fr. Hoffmann & Klos in: Mt. Ver. Steierm., *v.* 50 p. 197 | 1915 & 14 *P. phoebus styriacus* aberr. *halteres*, Bryk in: Arch. Naturg., *v.* 80 A 9 p. 140 t. 5 f. 31 (♀) | [1918] *P. p. s.* aberr. *h.*, Bryk, Parnassius Apollo Formenkreis, p. 136 t. 5 f. 31 (♀) | 1922 [1923] *P. p.* aberr. *h.*, Bryk in: Strand, Lep. Cat., *v.* 27 p. 204 | 1927 *P. delius styriacus* aberr. *confluens*, Stättermayer in: Z. Ver. Naturbeob. Sammler, *v.* 2 p. 24 t. 6 f. 3 (♀) | 1929 *P. d. s.* aberr. *c.* (part.), Bollow in: Seitz, Großschmett. Erde, *v.* 1 Suppl. 1 p. 40.

Beide Flecke der Mittelzelle des Vorderflügels in der Mitte durch schwarze Überbrückung verbunden.

Reichenstein (Steiermark).

forma zeta album Bryk 1911 & 10 *P. delius styriacus* aberr. *confluens*, Verity, Rhop. palaearct., p. 314 t. LIII f. 8 (♀) | 1922 [1923] *P. phoebus* aberr. *Zeta album*, Bryk in: Strand, Lep. Cat., *v.* 27 p. 208 | 1929 *P. delius styriacus* aberr. *confluens* (part.), Bollow in: Seitz, Großschmett. Erde, *v.* 1 Suppl. 1 p. 40.

Die beiden stark vergrößerten Zellmakeln der Mittelzelle des Vorderflügels derart genähert und verzerrt, daß der zwischen ihnen liegende ausgesparte, weiße Flügelgrund eine zetaähnliche Gestalt erhält.

Reichenstein (Steiermark).

Typus: ♀ in coll. R. Verity, Florenz.

forma fermata Bryk 1921 *P. smintheus* aberr. *f.*, Bryk in: Ent. Tidskr., *v.* 42 p. 113 f. 1 (♂) | 1922 [1923] *P. phoebus* aberr. *f.*, Bryk in: Strand, Lep. Cat., *v.* 27 p. 204.

Nahe der Vorderflügelwurzel zwischen $Cu_2$ und $Ax_1$ ein isolierter schwarzer Zwischenwurzelfleck.

Denver, Felsengebirge (Colorado).

Typus: ♂ in coll. C. Eisner, Berlin-Dahlem.

forma pseudonomionoides A. Pagenst. 1909 *P. phoebus styriacus* aberr. *pseudonomionoides*, A. Pagenstecher in: Jahrb. Ver. Nassau, *v.* 62 p. 180 | 1912 *P. delius* aberr. *pseudonomioides*, Fr. Hoffmann in: Ent. Z., *v.* 26 p. 112 | 1914 *P. phoebus styriacus* aberr. *pseudonomionoides*, Fr. Hoffmann & Klos in: Mt. Ver. Steierm., *v.* 50 p. 197 | 1921 *P. delius* aberr. *pseudonomionioides*, Koschabek in: Z. Österr. Ent.-Ver. Wien, *v.* 6 p. 29 | 1922 [1923] *P. phoebus* aberr. *pseudonomionoides*, Bryk in: Strand, Lep. Cat., *v.* 27 p. 207.

Subcostalflecke und Hinterrandfleck des Vorderflügels rot gekernt.

Reichenstein (Steiermark).

forma ocellata Verity 1907 *P. delius* var. *intermedius* (part.), Verity, Rhop. palaearct., t. XVI f. 11 (♀) | 1907 *P. d.* var. *intermedia* „forme" *ocellata*, Verity, Rhop. palaearct., p. 108 | 1922 [1923] *P. phoebus* aberr. *o.*, Bryk in: Strand, Lep. Cat., *v.* 27 p. 207.

Die Subcostalflecke im Vorderflügel außer rot noch weiß gekernt.

Patria mancat.

Typus: ♀ in coll. E. Turati, Mailand.

♂ forma muelleri Uffeln 1920 *P. delius* aberr. *m.*, Uffeln in: Int. ent. Z., *v.* 14 p. 21 | 1922 [1923] *P. phoebus* aberr. *M.*, Bryk in: Strand, Lep. Cat., *v.* 27 p. 206 | 1929 *P. delius* aberr. *m.*, Bollow in: Seitz, Großschmett. Erde, *v.* 1 Suppl. 1 p. 40.

Männchen oberseits und unterseits mit ausgeprägter Submarginalbinde im Hinterflügel, die in lose Flecke aufgelöst ist.

Davos.

Typus: ♂ in coll. Fr. Müller, Dortmund.

forma mariae Bryk 1912 *P. smintheus* aberr. *m.*, Bryk in: Soc. ent., *v.* 27 p. 57 f. 3, p. 58 | 1922 [1923] *P. phoebus* aberr. *M.*, Bryk in: Strand, Lep. Cat., *v.* 27 p. 206.

Subcostalaugenfleck des Hinterflügels ober- und unterseits verschwunden. Der Medianaugenfleck mit Rot.

N. Amerika.

Typus: ♂ in coll. O. Bang-Haas, Dresden-Blasewitz.

forma punctata A. Pagenst. 1912 *P. phoebus intermedius* aberr. *punctatus*, Bryk (A. Pagenstecher i. l.) in: Soc. ent., *v.* 27 p. 57 (nota 1) | 1912 *P. p. i.* aberr. *p.*, A. Pagenstecher in: Jahrb. Ver. Nassau, *v.* 65 p. 85 t. 2 f. 6 (♂) | 1929 *P. p. i.* aberr. *punctata*, Bollow in: Seitz, Großschmett. Erde, *v.* 1 Suppl. 1 p. 42 t. 4d.

Entspricht der forma *mariae*, aber der reduzierte Medianfleck trägt keinen roten Kern.

Patria?

forma nigropunctata Büren Salis 1910 *P. delius* aberr. *inornata* + *n.*, Büren v. Salis in: Ent. Z., *v.* 24 p. 134 | 1911 *P. d. sacerdos* aberr. *n.*, Vorbrodt & Müller-Rutz, Schmett. Schweiz, *v.* 1 p. 11 | 1911 *P. d.* aberr. *n.* (part.) (+ aberr. *inornata major*), Büren v. Salis in: Bull. Soc. lép. Genève, *v.* 2 p. 92 t. 9 f. 1 (♂) | 1922 [1923] *P. phoebus* aberr. *n.*, Bryk in: Strand, Lep. Cat., *v.* 27 p. 207 | 1929 *P. delius* aberr. *n.*, Bollow in: Seitz, Großschmett. Erde, *v.* 1 Suppl. 1 p. 40.

Der Mittelaugenfleck zu einem schwarzen Fleck reduziert.

Graubünden.

forma leonhardi F. Rühl 1805 *[Papilio] Apollo Delius*, Jac. Hübner & C. Geyer, Samml. Eur. Schmett., *v.* 1 t. 135 f. 684, 885 | 1852 *Parnassius D.* „Abänderung" a, Meyer-Dür in: Mt. Schweiz. ent. Ges., *v.* 12 p. 19 (Sep.) | 1892 *P. d.* aberr. *leonhardi*, F. Rühl in Soc. ent., *v.* 7 p. 105 | 1892 *P. d.* aberr. *l.*, F. Rühl & A. Heyne, Palaearkt. Groß-Schmett., *v.* 1 p. 96 | 1906 *P. phoebus d.* aberr. *l.*, H. Stichel in: Seitz, Großschmett. Erde, *v.* 1 p. 22 | 1907 *P. d.* aberr. *l.*, Verity, Rhop. palaearct., p. 71 t. XVI f. 24 (♂) | 1907 *P. phoebus sacerdos* forma *l.*, H. Stichel in: Gen. Ins., *v.* 58 p. 19 | 1909 *P. delius* aberr. *l.*, Rebel, Berges Schmettb., ed. 9 p. 8 | 1912 *P. d.* aberr. *leonhardii*, Bryk in: Soc. ent., *v.* 27 p. 57 | 1922 [1923] *P. phoebus* aberr. *Leonhardi*, Bryk in: Strand, Lep. Cat., *v.* 27 p. 205 | 1923 *P. delius* aberr. *nigriocellis*, Le Cerf in: Bull. Mus. Paris, *v.* 29 p. 547.

Beide Augenflecke oberseits ohne Rot.

Schweiz.

forma extrema Bryk 1915 & 14 *P. phoebus intermedius* forma *e.*, Bryk (O. Bang-Haas i. l.) in: Arch. Naturg., *v.* 80 A 9 p. 139 t. 4 f. 27 (♂) | [1918] *P. p. i.* forma *e.*, Bryk, Parnassius Apollo Formenkreis, p. 135 t. 4 f. 27 (♂) | 1922 [1923] *P. p.* aberr. *e.* (part.), Bryk in: Strand, Lep. Cat., *v.* 27 p. 206 (an synon.?).

Beide Augenflecke schwarz, zu Punkten reduziert.

Südl. Altai.

Typus: ♂ in coll. C. Eisner, Berlin-Dahlem.

forma aurantiaca Spuler 1901 *Parnassius delius* aberr. *a.*, Hofmann-Spuler, Schmett. Eur., *v.* 1 p. 4 | 1906 *P. d.* aberr. *a.*, H. Stichel in: Seitz, Großschmett. Erde, *v.* 1 p. 22 | 1907 *P. phoebus sacerdos* aberr. *a.*, H. Stichel in: Gen. Ins., *v.* 58 p 19 | 1909 *P. delius* aberr. *a.*, Rebel, Berges Schmettb., ed. 9 p. 8 | 1912 *P. phoebus* aberr. *a.*, Ruhmann in: Ent. Z., *v.* 26 p. 129 f. 2 (♀) | 1922 [1923] *P. p.* aberr. *a.*, Bryk in: Strand, Lep. Cat., *v.* 27 p. 202.

Augenflecke anstatt rot gelb gefärbt.

Schweiz.

forma graphica Hirschke 1910 *P. phoebus* aberr. *g.*, Hirschke in: Jahresber. Wien. ent. Ver., *v.* 20 p. 137 (= forma *barthae* part.) | 1912 *P. p.* aberr. *g.*, A. Pagenstecher in: Jahrb. Ver. Nassau, *v.* 65 p. 63 | 1922 [1923] *P. p.* aberr. *g.*, Bryk in: Strand, Lep. Cat., *v.* 27 p. 204 | 1926 *P. p.* aberr. *g.*, J. Nitsche in: Verh. Ges. Wien, *v.* 74/75 p. (17) | 1927 *P. delius* aberr. *g.*, Stättermayer in: Z. Ver. Naturbeob. Sammler, *v.* 2 p. 24 t. 6 f. 3 (♀) (part.) | 1929 *P. d.* aberr. *g.*, Bollow in: Seitz, Großschmett. Erde, *v.* 1 Suppl. 1 p. 40.

Der weiße Kern des mittleren Augenflecks auf dem Hinterflügel entlang $M_2$ rot halbiert.

Schweiz.

forma cordiformis Bryk 1912 *P. delius* aberr. ocellis cordiformis, Ruhmann in: Ent. Z., *v.* 26 p. 129 f. 2 (♀) | 1922 [1923] *P. phoebus* aberr. *cordiformis*, Bryk in: Strand, Lep. Cat., *v.* 27 p. 203 | 1929 *P. delius* aberr. *c.*, Bollow in: Seitz, Großschmett. Erde, *v.* 1 Suppl. 1 p. 40.

Der Medianaugenfleck herzförmig.

Schweiz.

forma bachmetjevi Eisner 1928 *P. phoebus* aberr. *b.*, Eisner in: Int. ent. Z., *v.* 22 p. 302 | 1929 *P. delius* aberr. *b.*, Bollow in: Seitz, Großschmett. Erde, *v.* 1 Suppl. 1 p. 40.

Der rotausgefüllte Medianaugenfleck durch $M_2$ schwarz geteilt.

Graubünden.

Typus: ♀ in coll. C. Eisner, Berlin-Dahlem.

forma pseudoromanovi Stätterm. 1927 *P. delius* aberr. *p.*, Stättermayer in: Z. Ver. Naturbeob. Sammler, *v.* 2 p. 24 t. 6 f. 4 (♀) | 1929 *P. d.* aberr. *p.*, Bollow in: Seitz, Großschmett. Erde, *v.* 1 Suppl. 1 p. 40.

Die stark vergrößerten Augenflecke wie die kräftig entwickelten Subcostalflecke hellrot.

Reichenstein (Steiermark).

forma elliptica H. Stich. 1911 *P. phoebus sacerdos* aberr. *e.*, H. Stichel in: Int. ent. Z., *v.* 5 p. 7 | 1911 *P. p. s.* aberr. *e.*, Vorbrodt & Müller-Rutz, Schmett. Schweiz, *v.* 1 p. 12 | 1922 [1923] *P. p.* aberr. *e.*, Bryk in: Strand, Lep. Cat., *v.* 27 p. 204 | 1929 *P. delius* aberr. *e.*, Bollow in: Seitz, Großschmett. Erde, *v.* 1 Suppl. 1 p. 40 | 1930 *P. phoebus e.*, Vorbrodt in: Mt. Schweiz. ent. Ges., *v.* 14 p. 216.

Fig. 213.
**Parnassius phoebus serenus** Fruhst. forma **elliptica** H. Stich. (♂). (Typus) (1/1).

Subcostalaugenfleck schmal elliptisch, schräg gestellt. Kaum haltbarer Name (Fig. 213).

Schweiz: Kleiner St. Bernhard.

Typus: ♂ in coll. Zool. Mus. Berlin.

♂ forma maculata Büren Salis 1911 *P. delius* aberr. *m.*, Büren v. Salis in: Bull. Soc. lép. Genève, *v.* 2 p. 92 | 1911 *P. phoebus* aberr. *m.*, Vorbrodt & Müller-Rutz, Schmett. Schweiz, *v.* 1 p. 11 | 1922 [1923] *P. p.* aberr. *m.*, Bryk in: Strand, Lep. Cat., *v.* 27 p. 206 | 1929 *P. delius* aberr. *m.*, Bollow in: Seitz, Großschmett. Erde, *v.* 1 Suppl. 1 p. 40.

Augenflecke des Männchens so groß wie beim Weibchen.

Graubünden.

forma brunneomaculata Ruhm. 1912 *P. phoebus* aberr. *brunneomaculata* (+ *brunneomaculatam*), Ruhmann in: Ent. Z., *v.* 26 p. 129 | 1922 [1923] *P. p.* aberr. *brunneomaculata*, Bryk in: Strand, Lep. Cat., *v.* 27 p. 203 | 1929 *P. delius* aberr. *b.*, Bollow in: Seitz, Großschmett. Erde, *v.* 1 Suppl. 1 p. 40.

Farbe der Augenflecke nicht rot, sondern braunrot.

Bernina.

Typus: ♀ in coll. Ruhmann, Peggau.

forma reciproca Bryk 1913 *P. phoebus* var. *intermedius* aberr. *reciprocus*, Bryk in: Soc. ent., *v.* 28 p. 95 | 1922 [1923] *P. p.* aberr. *r.*, Bryk in: Strand, Lep. Cat., *v.* 27 p. 207.

Der Mittelaugenfleck oberseits verschwunden.

Altai.

Typus: ♂ in coll. O. Staudinger, Dresden-Blasewitz.

forma diffusa Bryk 1909 *P. phoebus sacerdos* aberr. ocellis diffusis, H. Stichel in: Berlin. ent. Z., *v.* 54 p. (41) t. 1 f. 2 | 1922 [1923] *P. p.* aberr. *diffusus*, Bryk in: Strand, Lep. Cat., *v.* 27 p. 204 | 1929 *P. delius* aberr. *diffusus*, Bollow in: Seitz, Großschmett. Erde, *v.* 1 Suppl. 1 p. 40.

Die Augenflecke klein und diffus.

Sulden im Ortlergebiet.

forma rubra Christ 1897 *P. delius* aberr. *r.*, Christ in: Bull. Soc. Murith., p. 11 | 1899 *P. d.* aberr. *r.*, E. Favre & Wullschlegel, Faune Macrolep. Valais, p. 2 | 1911 *P. phoebus sacerdos*, Vorbrodt & Müller-Rutz, Schmett. Schweiz, *v.* 1 p. 12 1912 *P. delius* aberr. *rubromaculata* (+ aberr. *rubra*), Fr. Hoffmann in: Ent. Z., *v.* 26 p. 112 | 1922 [1923] *P. phoebus* aberr. *rubra*, Bryk in: Strand, Lep. Cat., *v.* 27 p. 207 | 1929 *P. delius* aberr. *rufomaculata*, Bollow in: Seitz, Großschmett. Erde, *v.* 1 Suppl. 1 p. 40.

Die Augenflecke tragen rot ausgefüllte Kerne und auch am Vorderflügel sind die 3 Flecke des Subcostalbändchens wie die des Hinterrandfleckes rot gekernt.

Schweiz.

forma leucostigma Austaut 1912 *P. rückbeili* aberr. *l.*, Austaut in: Int. ent. Z., *v.* 6 p. 87, 125 | 1912 *P. phoebus R.* aberr. *l.*, A. Pagenstecher in: Jahrb. Ver. Nassau, *v.* 65 p. 90 | 1922 [1923] *P. p.* aberr. *l.*, Bryk in: Strand, Lep. Cat., *v.* 27 p. 206 | 1929 *P. p. rückbeili* aberr. *l.*, Bollow in: Seitz, Großschmett. Erde, *v.* 1 Suppl. 1 p. 42.

Augenflecke gelblichweiß anstatt rot.

Chamyl (Barnaul).

♀ forma virginea Austaut 1910 *P. Ruckbeili* aberr. *v.*, Austaut in: Ent. Z., *v.* 24 p. 55 | 1922 [1923] *P. phoebus* aberr. *virginia*, Bryk in: Strand, Lep. Cat., *v.* 27 p. 208 | 1929 *P. p. rückbeili* aberr. *virginea*, Bollow in: Seitz, Großschmett. Erde, *v.* 1 Suppl. 1 p. 42.

Augenflecke stark vergrößert bei völliger Reduktion der Submarginalbinde des Hinterflügels.

Chamyl (Barnaul).

forma trosti Fr. Hoffm. 1911 *P. phoebus* aberr. *t.*, Fr. Hoffmann in: Int. ent. Z., *v.* 5 p. 227 | 1922 [1923] *P. p.* aberr. *T.*, Bryk in: Strand, Lep. Cat., *v.* 27 p. 208 | 1929 *P. delius* aberr. *t.*, Bollow in: Seitz, Großschmett. Erde, *v.* 1 Suppl. 1 p. 40.

Männchen mit Analflecken im Hinterflügel.

Reichenstein (Steiermark).

♀ forma decora Vorbrodt & Müller-Rutz 1911 *P. phoebus sacerdos* aberr. *d.*, Vorbrodt & Müller-Rutz, Schmett. Schweiz, *v.* 1 p. 12 | 1921 *P. p.* aberr. *decorus*, Koschabek in: Z. Österr. Ent.-Ver. Wien, *v.* 6 p. 29 | 1922 [1923] *P. p.* aberr. *decora*, Bryk in: Strand, Lep. Cat., *v.* 27 p. 204 | 1929 *P. delius* aberr. *d.*, Bollow in: Seitz, Großschmett. Erde, *v.* 1 Suppl. 1 p. 40.

Beide Analflecke mit rotem Kern.

Schweiz.

♀ forma ampliusmaculata Bryk 1929 *P. phoebus* var. *serenus* aberr. *a.*, Bryk in: Soc. ent., *v.* 44 p. 17 f. 8 (♀).

Zwischen dem Mittelaugenfleck und den beiden Analflecken ein schwarzer accessorischer 3. Fleck. (Siehe Fig. 226).

Piemont: Col Ferret.

Typus: ♀ in coll. Zool. Mus. Berlin.

forma plurimaculata Nitsche 1913 *P. phoebus styriacus* aberr. *p.*, J. Nitsche in: Verh. Ges. Wien., *v.* 63 p. (20) | 1922 [1923] *P. p.* aberr. *p.*, Bryk in: Strand, Lep. Cat., *v.* 27 p. 207 | 1929 *P. delius* aberr. *plurimaculata*, Bollow in: Seitz, Großschmett. Erde, *v.* 1 Suppl. 1 p. 40.

2 Innenrandflecke. Nomen nudum, da nicht angegeben, ob sich die Flecke auf dem Vorder- oder Hinterflügel befinden.

Hochschwab (Steiermark).

forma cardinalis C. Oberth. 1852 *P. delius* „Abänderung" e, Meyer-Dür in: N. Denk. Schweiz. Ges., *v.* 12 t. 2 f. 1 (♀) | 1891 *P. d.* aberr. *cardinalis*, C. Oberthür, Étud. Ent., *v.* 14 p. 7 | 1893 *P. d.* aberr. *cardinal*, Rebel & Rogenhofer in: Jahresber. Wien. ent. Ver., *v.* 3 p. 66, 71 | 1901 *P. d.* aberr. *c.*, Hofmann-Spuler, Schmett. Eur., *v.* 1 p. 4 | 1906 *P. d.* aberr. *cardinalis*, H. Stichel in: Seitz, Großschmett. Erde, *v.* 1 p. 22 | 1907 *P. d.* aberr. *cardinal*, Verity, Rhop. palaearct., p. 71 | 1907 *P. phoebus sacerdos* forma *cardinalis*, H. Stichel in: Gen. Ins., *v.* 58 p. 19 | 1909 *P. p.* aberr. *c.*, Rebel, Berges Schmettb., ed. 9 p. 8 | 1911 *P. p. sacerdos* aberr. *c.*, Vorbrodt & Müller-Rutz, Schmett. Schweiz, *v.* 1 p. 11 | 1922 [1923] *P. p.* aberr. *c.*, Bryk in: Strand, Lep. Cat., *v.* 27 p. 203 | 1927 *P. delius* aberr. *c.* (part.) (+ *rubrobasalis*), Stättermeyer in: Z. Ver. Naturbeob. Sammler, *v.* 2 p. 24 t. 6 f. 2 (♀).

Beide Augenflecke durch einen schwarzen Strich verbunden.

Schweiz.

♀ forma rubrocatenatula Bryk 1915 *P. delius* aberr. *rubrocatenatulus*, Bryk in: Arch. Naturg., *v.* 80 A 9 p. 140, A 7 t. 13 f. 104 (♀) | [1918] *P. d.* aberr. *r.*, Bryk, Parnassius Apollo Formenkreis, p. 137 t. 13 f. 104 (♀) | 1922 [1923] *P. d.* aberr. *r.*, Bryk in: Strand, Lep. Cat., *v.* 27 p. 208 | 1929 *P. d.* aberr. *rubrocatenulata*, Bollow in: Seitz, Großschmett. Erde, *v.* 1 Suppl. 1 p. 39.

Die Verbindung beider Augenflecke unterseits rot zentriert.

Patria?

forma continua Ruhm. 1912 *P. phoebus* aberr. *c.*, Ruhmann in: Ent. Z., *v.* 26 p. 129 f. 1 (♀) | 1914 *P. p.* aberr. *c.*, Vorbrodt & Müller-Rutz, Schmett. Schweiz, *v.* 2 p. 607 | 1922 [1923] *P. p.* aberr. *c.*, Bryk in: Strand, Lep. Cat., *v.* 27 p. 203 (= combin. aberr. *herrichi* + *cardinalis*) | 1929 *P. delius* aberr. *continua*, Bollow in: Seitz, Großschmett. Erde, *v.* 1 Suppl. 1 p. 40.

Die Subcostalbinde auf Vorder- und Hinterflügel continuierlich ausgeprägt.

Bernina.

Typus: ♀ in coll. Ruhmann, Peggau.

forma nigrolunulata Stätterm. 1927 *P. delius* aberr. *n.*, Stättermeyer in: Z. Ver. Naturbeob. Sammler, *v.* 2 p. 24 t. 6 f. 1 (♀) | 1929 *P. d.* aberr. *n.*, Bollow in: Seitz, Großschmett. Erde, *v.* 1 Suppl. 1 p. 40.

Die Hinterrandschwärze des Hinterflügels greift vorn hakenförmig um die Mittelzelle bis $R_5$ $(+ M_1)$.

Groß-Glockner.

♀ forma nigricans Bryk 1903 *P. delius* aberr. *nigrescens*, G. Wheeler, Butt. Switzerl., p. 57 | 1907 *P. phoebus sacerdos* forma *n.*, H. Stichel in: Gen. Ins., *v.* 58 p. 19 | 1907 *P. hermodur* aberr. *nigerrima*, Verity, Rhop. palaearct., p. 108 t. XVI

f. 23 (♀) | 1909 *P. phoebus* aberr. *nigrescens*, Rebel, Berges Schmettb., ed. 9 p. 8 | 1911 *P. p. sacerdos* aberr. *n.*, Vorbrodt & Müller-Rutz, Schmett. Schweiz, *v.* 1 p. 11 | 1911 & 10 *P. intermedius* aberr. *melanica*, Verity, Rhop. palaearct., p. 314 t. LXIII f. 18 (♀) | 1922 [1923] *P. phoebus* aberr. *nigricans*, Bryk in: Strand, Lep. Cat., *v.* 27 p. 206.

Stark melanistische Weibchen.

Schweiz.

forma suffusa Fr. Hoffm. & Klos 1912 *P. phoebus styriacus*, A. Pagenstecher in: Jahrb. Ver. Nassau, *v.* 65 p. 182 | 1914 *P. p.* aberr. *suffusa*, Fr. Hoffmann & Klos in: Mt. Ver. Steierm., *v.* 50 p. 197, 199 | 1922 [1923] *P. p.* forma *s.*, Bryk in: Strand, Lep. Cat., *v.* 27 p. 208 | 1929 *P. delius* aberr. *s.*, Bollow in: Seitz, Großschmett. Erde, *v.* 1 Suppl. 1 p. 40.

Sämtliche schwarzen Binden und Flecke oberseits verwaschen, nicht scharf abgegrenzt.

Reichenstein (Steiermark).

forma anna H. Stich. 1822 *P. phoebus* (part.), J. B. Godart & Duponchel, Hist. Lép., *v.* 2 p. 19 t. 2 f. 2 | 1832 *P. p.*, E. Griffith-Cuvier, An. Kingdom, *v.* 15 t. 3 f. 3 (♂) | 1884 *P. delius* var., Schilde in: Ent. Nachr., *v.* 10 p. 334 | 1906 *P. d.* aberr. *anna*, H. Stichel in: Seitz, Großschmett. Erde, *v.* 1 p. 22 | 1907 *P. phoebus sacerdos* forma *a.*, H. Stichel in: Gen. Ins., *v.* 58 p. 19 (nota 2) | 1909 *P. p.* aberr. *a.*, Rebel, Berges Schmettb., ed. 9 p. 8 | 1922 [1923] *P. p.* aberr. *A.*, Bryk in: Strand, Lep. Cat., *v.* 27 p. 202.

Der vorderste Wurzelfleck trägt auf den Hinterflügeln einen roten Kern.

Sine Patria.

♀ forma rubrobasalis Stätterm. 1927 *P. delius* aberr. *r.* (part.), Stättermeyer in: Z. Ver. Naturbeob. Sammler, *v.* 2 p. 24 t. 6 f. 2 (♀) | 1929 *P. d.* aberr. *r.*, Bollow in: Seitz, Großschmett. Erde, *v.* 1 Suppl. 1 p. 40.

Außer dem 1. Wurzelflecke trägt auch der nächste in der Mittelzelle einen roten Kern.

Reichenstein (Steiermark).

forma excedens Vorbrodt & Müller-Rutz 1917 *P. phoebus* aberr. *e.*, Vorbrodt & Müller-Rutz in: Mt. Schweiz. ent. Ges., *v.* 12 p. 433 | 1922 [1923] *P. p.* aberr. *e.*, Bryk in: Strand, Lep. Cat., *v.* 27 p. 204 | 1929 *P. delius* aberr. *e.*, Bollow in: Seitz, Großschmett. Erde, *v.* 1 Suppl. 1 p. 40.

Außenrandfleck auf den Hinterflügeln derart erweitert, daß ein 2., schwarz umrandeter Fleck entsteht.

Schweiz.

forma melanophora Bryk 1921 *P. smintheus* aberr. *melanophorus*, Bryk in: Ent. Tidskr., *v.* 42 p. 114 | 1922 [1923] *P. phoebus* aberr. *m.*, Bryk in: Strand, Lep. Cat., *v.* 27 p. 206.

Alle 4 Wurzelflecke schwarz, ohne Rot.

Denver, Felsengebirge (Colorado).

Typus: ♂ in coll. C. Eisner, Berlin-Dahlem.

forma minuscula Bryk 1911 *P. delius* aberr. „naine", Büren v. Salis in: Bull. Soc. lép. Genève, *v.* 2 p. 92 t. 8 f. 3 (♂) | 1912 *P. smintheus* aberr. *minusculus*, Bryk in: Soc. ent., *v.* 27 p. 58 f. 4 (♂) | 1922 [1923] *P. phoebus* aberr. *m.*, Bryk in: Strand, Lep. Cat., *v.* 27 p. 206.

Zwergform, Vorderflügellänge 26 mm.

N. Amerika.

Typus: ♂ in coll. C. Eisner, Berlin-Dahlem.

forma **pseudoernae** Bryk 1931 *P. delius* aberr. *p.*, Bryk in: Zool. Jahrb., Syst. *v.* 62 p. 173.

Subcostalaugenfleck des Hinterflügels mit zwei weißen Kernen. Eine entsprechende Variante, durch eine überschüssige Radialrippe hervorgerufen, wurde als forma *ernae* benannt (1928 Bryk in: Soc. ent., *v.* 43 p. 38 f. 1, 2 (♀)).

Schweiz.

Typus: ♀ in coll. Zool. Mus. Tring.

♂ forma **festai** Turati 1932 *P. delius paradisiacus* forma *f.*, Turati in: Parco Gran Paradiso, *v.* 3 p. 93, 94 f. 5 (♂).

Stark weiblich gezeichnetes Männchen, besonders im Vorderflügel. Mit kräftiger Submarginalbinde des Vorderflügels, großem Hinterrandfleck und 2 gut ausgeprägten Analflecken (Fig. 214).

Gran Paradiso.

Typus: ♂ in coll. E. Turati, Mailand.

Fig. 214.
**Parnassius phoebus paradisiacus** Turati forma **festai** Turati (♂). (Typus, nach E. Turati 1933) (1/1).

Von *P. phoebus* F. wurden folgende Geäderaberrationen beschrieben:

I. forma metathetica *kerteszi*: $M_3$ anastomisiert metathetisch mit $Cu_1$ auf dem Hinterflügel.

II. forma plethoneura *ernae*: $R_2$ des Hinterflügels peroneur vorhanden.

III. forma atrophica *felix* (nom. novum): $M_3$ auf dem Hinterflügel völlig atrophiert.

I 1922 [1923] Bryk in: Strand, Lep. Cat., *v.* 27 p. 208 | 1929 Bollow in: Seitz, Großschmett. Erde, *v.* 1 Suppl. 1 p. 168 | II 1928 Bryk in: Soc. ent., *v.* 43 p. 38 f. 1, 2 (♀) | 1931 Bryk in: Zool. Jahrb., Syst. *v.* 62 p. 156 f. 9 (♂) | III 1931 Redaktion [= Bryk] in: Wenzel in: Parnassiana, *v.* 1 nr. 6 p. 7 (nota).

111. **P. phoebus phoebus** (F.) 1793 *Papilio p.*, J. C. Fabricius, Ent. syst., *v.* 3 I p. 181 | 1823—24 *Parnassien p.* (*Parnassius dellius* ex synon.), Fischer-Waldheim, Entomogr. Russ., *v.* 2 p. 243 t. 7 f. 1—4 | 1849 *Parnassius sedakovii*, Ménétriés in: Simaschko, Russk. Fauna, t. 4 f. 2 | 1855 *P. phoebus*, Ménétriés, Lép. Ac. St.-Pétersb., *v.* 1 p. 6 | 1857 & 55 *P. sedakovii*, Ménétriés, ibid., *v.* 2 p. 71 t. 1 f. 1 | 1859 *P. phoebus* var. *intermedia* forma *altaica*, Ménétriés in: Schrenck, Reis. Amur-L., *v.* 2 Lep. p. 12 | 1877 *P. delius* var. *sedakovi*, L. W. Schaufuss, Nunquam ot., *v.* 2 p. 420 | 1886 *P. d.* var. *intermedius*, Elwes in: P. zool. Soc. London, p. 23 | 1889 *P. d.* var. *sedakovii*, Austaut, Parnass. paléarct., p. 117 t. 9 f. 3 | 1899 *P. d.* var *intermedius*, Elwes in: Tr. ent. Soc. London, p. 312 | 1901 *P. d.* var. *i.* (part.), O. Staudinger & Rebel,

Cat. Lep. Palaearct. Faunengeb., ed. 3 *v.* 1 p. 6 | 1906 *P. phoebus phoebus*, H. Stichel in: Berlin. ent. Z., *v.* 51 p. 85 t. 2 f. 5, 6, 7, 8, 11 (♂), 9, 10, 12 (♀) | 1906 *P. delius p.*, H. Stichel in: Seitz, Großschmett. Erde, *v.* 1 p. 23 (ibid. nota) t. 11e (♂ ♀) | 1907 *P. d.* var. *intermedius* (part.), Verity, Rhop. palaearct., p. 69 t. XVI f. 7, 8 (♂), 9, 10, 11 (♀) | 1907 *P. phoebus phoebus* + forma *sedakovii*, H. Stichel in: Gen. Ins., *v.* 58 p. 17 (cohors *apolliniformes*) | 1911 & 10 *P. delius* var. *intermedius* + aberr. *melanica*, Verity, Rhop. palaearct., p. 314 t. LXIII f. 17 (♂) 18 (♀) | 1918 *P. phoebus phoebus* (part.), W. Rothschild in: Nov. zool., *v.* 25 p. 230 | 1922 [1923] *P. p.* + forma *Sedakovi* (part.), Bryk in: Strand, Lep. Cat., *v.* 27 p. 208.

(Fig. 215). Männchen mit schmaler, glasiger Marginalbinde bis $Cu_1$, seltener bis $Cu_2$. Befransung in der Regel gescheckt. Submarginalbinde kurz, aber deutlich. Die beiden Subcostalflecke oft getrennt und schwarz, der vorderste

Fig. 215.
**Parnassius phoebus phoebus** (F.) (♂). (Original, aus coll. Zool. Mus. Berlin) (1/1).

Fig. 215a.
**Parnassius phoebus phoebus** (F.) (♀). (Original, aus coll. Zool. Mus. Berlin) (1/1).

seltener mit rotem Fleck. Hinterrandfleck fehlt oder ist vorhanden. Der Analfleck fehlt sehr oft dem Hinterflügel. Zuweilen mit schwarzen, stark verkleinerten Augenflecken (forma *sedakovii*). Weibchen viel reicher als das Männchen gezeichnet, mit breitem, bis zum Hinterrande reichendem, glasigem Marginalbande und ebenso langer Submarginalbinde. 2 oder 3 Subcostalflecke; der 1. häufig, der 2. seltener mit roter Kernung. Der Hinterrandfleck klein, meist schwarz, mit den Subcostalflecken durch eine Bestäubungsbinde verbunden. Hinterflügel marginal glasig, mit deutlicher Submarginalbinde.

Hinterrandschwärze etwas stärker als beim Männchen ausgedehnt. Die Augenflecke bedeutend größer. 2 meistens schwarze Analflecke. Vorderflügellänge: ♂ 33—36 mm, ♀ 33—34 mm.

Altai: Ongodai, Kurai-Paß, Arassam Quelle.

Neotypen: ♂ ♀ in coll. Zool. Mus. Berlin.

11 2. **P. phoebus alpestris** Verity 1911 & 10 *P. delius* var. *intermedius* forme *a.*, Verity, Rhop. palaearct., p. 314 t. LXIII f. 19 (♂), 20 (♀) | 1918 *P. phoebus a.*, W. Rothschild in: Nov. zool., *v.* 25 p. 231 | 1922 [1923] *P. p.* forma *a.*, Bryk in: Strand, Lep. Cat., *v.* 27 p. 209 | 1929 *P. p. intermedius* aberr. *a.*, Bollow in: Seitz, Großschmett. Erde, *v.* 1 Suppl. 1 p. 42.

Kleinere Höhenform der Nominatrasse. Männchen heller, Weibchen dunkler, mit reduzierter Fleckung. Das Rot der Subcostalflecke beim Weibchen ebenfalls reduziert.

Altai (Tschuja-Gebirge), 1800—2400 m.

Typen: ♂ ♀ in Brit. Mus. London.

11 3. **P. phoebus intermedius** Ménétr. 1849 *P. p. i.*, Ménétriés in: Siemaschko, Russk. Fauna, t. 4 f. 1 | 1855 *P. i.* (part.), Ménétriés, Lép. Ac. St.-Pétersb., *v.* 1 p. 7 | 1857 *P. i.* (part.), Ménétriés, ibid., *v.* 2 p. 72 | 1859 *P. phoebus* var. *intermedia*, Ménétriés in: Schrenck, Reis. Amur-L., *v.* 2 Lep. p. 12 | 1877 *P. nomion* var. *smintheus*, L. W. Schaufuss in: Nunquam ot., *v.* 2 p. 421 | 1889 *P. delius* var. *intermedius*, Austaut, Parnass. paléarct., p. 115 t. 11 f. 3 (♂), t. 12 f. 1 (♂), 2 (♀) | 1901 *P. d.* var. *i.* (part.), O. Staudinger & Rebel, Cat. Lep. Palaearct. Faunengeb., ed. 3 *v.* 1 p. 6 | 1906 *P. phoebus i.*, H. Stichel in: Berlin. ent. Z., *v.* 51 p. 86 t. 1 f. 3, 4 (♂) | 1906 *P. delius i.*, H. Stichel in: Seitz, Großschmett. Erde, *v.* 1 p. 23 | 1907 *P. d.* var. *i.* (part.), Verity, Rhop. palaearct., p. 69, 106 | 1907 *P. phoebus i.* (*poggei* Kindermann MS.), H. Stichel in: Gen. Ins., *v.* 58 p. 17 | 1912 *P. p. i.*, A. Pagenstecher in: Jahrb. Ver. Nassau, *v.* 65 p. 87 | 1918 *P. p. i.*, W. Rothschild in: Nov. zool., *v.* 25 p. 230 | 1922 [1923] *P. p.* var. *i.*, Bryk in: Strand, Lep. Cat., *v.* 27 p. 213 | 1934 *P. p. i.*, Hemming in: Stylops, *v.* 3 p. 198.

Die größte asiatische Unterart. Männchen stets mit wenigstens 1 roten Subcostalfleck. Submarginalbinde breiter. Hinterrandfleck fehlend oder vorhanden. Augenflecke meistens etwas größer als bei der Nominatrasse.

Westsibirien, Kirgisensteppe, Tarbagatai, Saur-Gebirge.

Typen: ♂ ♀ in coll. Zool. Mus. Leningrad.

11 4. **P. phoebus fortuna** A. Bang-Haas 1912 *P. intermedius* forma *f.*, A. Bang-Haas in: D. ent. Z. Iris, *v.* 26 p. 103 | 1912 *P. i.* forma *fortunata*, [Register], ibid., *v.* 26 p. XXII | 1912 *P. phoebus* var. *i.* aberr. *fortuna* + var. *i.* forma *interpositus* (part.), A. Pagenstecher in: Jahrb. Ver. Nassau, *v.* 65 p. 88 t. 2 f. 2 (♀) | 1918 *P. phoebus phoebus* (part.), W. Rothschild in: Nov. zool., *v.* 25 p. 230 | 1922 [1923] *P. p.* var. *fortuna*, Bryk in: Strand, Lep. Cat., *v.* 27 p. 213 | 1929 *P. p.* subsp. *f.*, Bollow in: Seitz, Großschmett. Erde, *v.* 1 Suppl. 1 p. 42.

Schwarzzeichnung gesättigter als bei der Nominatrasse oder ssp. *intermedius* Ménétr. Augenflecke im allgemeinen größer, hin und wieder weiß gekernt (Fig. 216). Männchen mit reinweißem Flügelton. Glasband kurz, mehr schwärzlich. Hinterrandfleck in der Regel vorhanden. Zellflecke sehr groß, tiefschwarz. Hinterrandschwärze ausgedehnter. Weibchen außerordentlich reich gezeichnet, entweder stark melanistisch oder bei heller Grundfarbe mit sehr kräftigen Binden, mit breitem Glasband. Die bis zum Hinterrande reichende, etwas diffuse Submarginalbinde meistens mit ihm zusammenfließend. Hinterrandfleck kräftig, häufig rot gekernt. Die Augenflecke karminrot ausgefüllt; an den medianen schließen sich die mehr oder weniger kräftigen Analflecke an. Submarginalbinde deutlich. Folgende formae wurden angetroffen: *inornata, tripicta, mediocaeca, extrema, caeca, cardinalis* und *dentata* ♂. Vorderflügellänge: ♂ 33—35 mm, ♀ 34 mm.

Fig. 216.
**Parnassius phoebus fortuna** A. Bang-Haas (♂). (Original, aus coll. Zool. Mus. Berlin) (1/1).

Fig. 216a.
**Parnassius phoebus fortuna** A. Bang-Haas (♀). (Original, aus coll. Zool. Mus. Berlin) (1/1).

Sajan-Gebirge. (Die Exemplare aus Tunkinsk (Weißgebirge), die zu dieser Rasse gezogen werden, sind kleiner und im Vorderflügel nicht so reich rot verziert. Sie dürften einer neuen Unterart angehören).

Typen: ♂ ♀ in coll. O. Bang-Haas, Dresden-Blasewitz.

115. **P. phoebus interpositus** Herz 1903 *P. delius* var. *interposita*, O. Herz in: Annuaire Mus. St.-Pétersb., *v.* 8 p. 62 | 1906 *P. phoebus interpositus*, H. Stichel in: Berlin. ent. Z., *v.* 51 p. 86 | 1906 *P. delius interposita*, H. Stichel in: Seitz, Großschmett. Erde, *v.* 1 p. 23 | 1907 *P. d.* var. *intermedius* „forme“ *intercalaris*, Verity (Herz MS.), Rhop. palaearct., p. 70 t. XVI f. 16 (♂), 17 (♀) | 1907 *P. phoebus interpositus*, H. Stichel in: Gen. Ins., *v.* 58 p. 17 | 1911 & 09 *P. delius* var. *interposita*, Verity, Rhop. palaearct., p. 314 t. 2 f. 16 (squamae) | 1918 *P. phoebus interpositus*, W. Rothschild in: Nov. zool., *v.* 25 p. 231 | 1922 [1923] *P. p.* var. *interposita*, Bryk in: Strand, Lep. Cat., *v.* 27 p. 214.

Größer als die Nominatrasse. Männchen dichter weiß beschuppt, mit deutlicher Scheckung der Fransen des Vorderflügels. Submarginalbinde länger, schmal und scharf ausgezackt. Subcostalfleck rot, Hinterrandfleck erhalten.

Augenflecke oft groß, seltener mit ganz roten Spiegeln oder weiß gekernt. Analfleck vorhanden oder fehlend. Weibchen schwach beschuppt, mit schmaler Grundbinde zwischen der schmalen, glasigen Marginalbinde und der Submarginalbinde. Beide Subcostalflecke rot gekernt. Augenflecke sehr groß, mit weißen Spiegeln. Analfleck oft rot. Vorderflügellänge: ♂ 33 bis 34 mm, ♀ 30—32 mm.

Jana-Gebiet (Nordostsibirien).

116. **P. phoebus ochotskensis** Bryk & Eisner 1903 *P. delius* var. *interposita* (part.), O. Herz in: Annuaire Mus. St.-Pétersb., *v.* 8 p. 62 | 1928 *P. phoebus* subsp. *corybas* (part.), Sheljuzhko in: Mt. Münch. ent. Ges., *v.* 18 p. 2 (nota 1) | 1931 *P. p.* subsp. *ochotskensis*, Bryk & Eisner in: Parnassiana, *v.* 1 nr. 5 p. 6—7 f. 6 (♀), 7 (♂) | 1931 *P. p.* subsp. *o.*, Bollow in: Seitz, Großschmett. Erde, *v.* 1 Suppl. 1 p. 329.

Fig. 217.
**Parnassius phoebus ochotskensis** Bryk & Eisner (oben ♀, unten ♂). (Nach Bryk & Eisner 1931) (1/1).

(Fig. 217). Das Männchen ähnelt der Nominatrasse. Die glasige Marginalbinde des Vorderflügels sehr schmal und lang, bis $Cu_2$ reichend. Submarginalbinde kürzer und sehr schmal. Endzellfleck kräftig. Hinterrandfleck fehlt sehr oft. Weibchen mit großen Augenflecken. Die marginale Glasbinde sehr lang. Verdunkelung des Flügelfonds kommt vor. Augenflecke mittel groß. Vorderflügellänge: ♂ 28—32 mm, ♀ 28—37 mm.

Ochotsk.

Typen: ♂ ♀ in coll. C. Eisner, Berlin-Dahlem.

117. **P. phoebus corybas** Fisch.-Waldh. 1815 *Papilio delius*, Zincken in: Mag. Ent. Germar, *v.* 1 II p. 189 | 1817 *P. (Doritis) d.*, [Anonym] in: Allg. Lit.-Zeit., *v.* 3 nr. 215 (colonne 54) | 1823—24 *Parnassius corybas*, Fischer-Waldheim, Entomogr. Russ., *v.* 2 p. 242 t. 6 f. 1, 2 (♀) | 1836 *P. c.*, Boisduval, Spec. gén. Lép., *v.* 1 p. 309 |

1859 *P. phoebus* var. *c.* (+ *P. intermedius* var. *kamtchatica*), Ménétriés in: Schrenck, Reis. Amur-L., *v.* 2 Lep. p. 13 (♂ non ♀) | 1886 *P. delius* var. *c.*, Elwes in: P. zool. Soc. London, p. 23 | 1897 *P. d.* var. *c.*, Alpheraky in: Romanoff, Mém. Lép., *v.* 9 p. 308 | 1901 *P. d.* var. *c.*, O. Staudinger & Rebel, Cat. Lep. Palaearct. Faunengeb., ed. 3 *v.* 1 p. 6 | 1902 *P. d.* var. *c.*, A. Pagenstecher in: Fauna arct., *v.* 2 p. 218 | 1903 *P. d.* var. *c.*, O. Herz in: Annuaire Mus. St.-Pétersb., *v.* 8 p. 63 | 1906 *P. c.*, Austaut in: Ent. Z., *v.* 20 p. 68 | 1906 *P. phoebus c.*, H. Stichel in: Berlin. ent. Z., *v.* 51 p. 86 | 1906 *P. delius c.* + *kamtchatica*, H. Stichel in: Seitz, Großschmett. Erde, *v.* 1 p. 23 t. 11e (♂), 13d (♀) | 1907 & 09 *P. d.* var. *c.*, Verity, Rhop. palaearct., p. 69 t. XVI f. 5 (♂), 6 (♀), t. 2 f. 17 (squamae) | 1912 *P. phoebus* var. *c.*, A. Pagenstecher in: Jahrb. Ver. Nassau, *v.* 65 p. 90 | 1918 *P. p. c.*, W. Rothschild in: Nov. zool., *v.* 25 p. 231 | 1922 [1923] *P. p.* var. *c.*, Bryk in: Strand, Lep. Cat., *v.* 27 p. 210 | 1928 *P. p.* subsp. *c.*, Sheljuzhko in: Mt. Münch. ent. Ges., *v.* 18 p. 2 (nota 1).

Fig. 218.
**Parnassius phoebus corybas** Fisch.-Waldh. (♂). (Original, aus coll. Zool. Mus. Berlin) (1/1).

Fig. 218a.
**Parnassius phoebus corybas** Fisch.-Waldh. (♀). (Original, aus coll. Zool. Mus. Berlin) 1(/1).

(Fig. 218). Beim Männchen reicht das schmale marginale Glasband bis $Cu_1$ oder $Cu_2$. Submarginalbinde häufig zwischen $M_2$ und $M_3$ unterbrochen und schwach ausgeprägt. Hinterrandfleck vorhanden oder fehlend. Subcostalflecke mit deutlichem, rotem Kern. Augenflecke gewöhnlich ganz rot ausgefüllt. Hinterrandschwärze des Hinterflügels besonders betont. Analfleck öfters fehlend. Weibchen oft schwärzlich überstäubt, Submarginalbinde breit, mit der schwarzen Bestäubung der Flügelmitte zusammenfließend. Subcostalflecke reichlich rot gekernt (es kommen die formae *quadripicta* und *tripicta* nicht selten vor), Augenflecke sehr groß, breit und schwarz umrandet, tiefrot oder weiß gekernt, oft miteinander verbunden. 2 Analflecke vorhanden. Marginale Glasbinde auch auf dem Hinterflügel breit erhalten. (Der rote Fleck auf dem Thorax in der Urbeschreibung ist auf Rötung durch den Blütenstaub roter Lilien zu erklären (Herz, l. c.)). Vorderflügellänge: ♂ 24–38 mm, ♀ 28–39 mm.

Kamtschatka.

11 8. **P. phoebus uralensis** Ménétr. 1851 (?) *Doritis delius*, Nordmann in: Bull. Soc. Moscou, *v.* 24 nr. 2 p. 423 | 1859 *Parnassius phoebus* var. *intermedia* „forme" *uralensis*, Ménétriés in: Schrenck, Reis. Amur-L., *v.* 2 Lep. p. 13 | 1871 *P. p.* var. *u.*, W. F. Kirby, Cat. diurn. Lep., p. 512 | 1906 *P. p. u.*, H. Stichel in: Berlin. ent. Z., *v.* 51 p. 86 t. 2 f. 1 (♂), 2 (♀) | 1906 *P. delius u.*, H. Stichel in: Seitz, Großschmett. Erde, *v.* 1 p. 23 | 1907 *P. d.* var. *u.*, Verity, Rhop. palaearct., p. 71 (nomen vix cons.) | 1907 *P. phoebus u.*, H. Stichel in: Gen. Ins., *v.* 58 p. 18 (18, nota 1) | 1922 [1923] *P. p.* var. *u.*, Bryk in: Strand, Lep. Cat., *v.* 27 p. 218.

Fig. 219.
**Parnassius phoebus uralensis** Ménétr. (♂). (Original, aus coll. Zool. Mus. Berlin) (1/1).

Fig. 219a.
**Parnassius phoebus uralensis** Ménétr. (♀). (Original, aus coll. Zool. Mus. Berlin) (1/1).

(Fig. 219). Männchen: Befransung gescheckt. Marginale Glasbinde etwas breiter als bei den angeführten Unterarten. Submarginalbinde sehr kräftig, fast $Cu_2$ erreichend. Subcostalfleck deutlich rot gekernt. Mittelzellfleck länglich. Hinterrandfleck fehlend oder vorhanden. Analfleck des Hinterflügels bisweilen sehr deutlich. Weibchen mit rot gekernten Subcostalflecken, breiter Submarginalbinde auf dem Vorderflügel und Überpuderung des Feldes zwischen dem Subcostalbändchen und dem Hinterrandfleck. Submarginalbinde des Hinterflügels oft in Flecke aufgelöst. Zwischen dem Mittelaugenfleck und den beiden Analflecken oft ein accessorischer schwarzer Fleck. Vorderflügellänge: ♂ 33 mm, ♀ 32,5 mm.

Ural.

Das Vorkommen von *P. phoebus* F. im Kaukasus wird angezweifelt. In der Sammlung des Zoologischen Museums Berlin stecken jedoch 2 Weibchen mit dem Fundort Kaukasus (leg. Nordmann).

Typen: ♂♀ in Zool. Mus. Leningrad.

119. **P. phoebus rückbeili** Deckert 1909 *P. delius Ruckbeili* Deckert in: Bull. Soc. ent. France, p. 108 | 1910 *P. R.* aberr. *virginea*, Austaut in: Ent. Z., *v.* 24 p. 55 | 1910 *P. delius* var. *r.*, Verity, Rhop. palaearct., p. 314 t. LIII f. 9 (♂), 10 (♀) | 1912 *P. rueckbeili* aberr. *leucostigma*, Austaut in: Int. ent. Z., *v.* 6 p. 87, 125 | 1912 *P. phoebus* var. *rückbeilii* (+ *corynetus* Püngeler i. l.), A. Pagenstecher in: Jahrb. Ver. Nassau, *v.* 65 p. 89, 99 | 1918 *P. p. rückbeili*, W. Rothschild in: Nov. zool., *v.* 25 p. 231 | 1922 [1923] *P. p.* var. *R.*, Bryk in: Strand, Lep. Cat., *v.* 27 p. 215 | 1929 *P. p.* subsp. *r.* + aberr. *virginea*, *leucostigma*, Bollow in: Seitz, Großschmett. Erde, *v.* 1 Suppl. 1 p. 42.

Fig. 220.
**Parnassius phoebus rückbeili** Deckert (♂). (Original, aus coll. Zool. Mus. Berlin) (1/1).

Fig. 220 a.
**Parnassius phoebus rückbeili** Deckert (♀). (Original, aus coll. Zool. Mus. Berlin) (1/1).

Vorderflügel in der Regel schwarz befranst. Das glasige Marginalband und die Submarginalbinde bei Männchen und Weibchen stark entwickelt. Flügelschnitt weniger gestreckt. Flügelfond nicht reinweiß. Vorderflügel ohne

Rot. Mittelzellfleck kurz, hinten frei. Augenflecke diffus schwarz umzingelt, mit rotem Kern (Fig. 220). Männchen: Glasband schmal, sich harmonisch bis $Cu_2$ verjüngend. Submarginalbinde wurzelwärts nicht scharf abgegrenzt, breit. Subcostalbändchen mäßig, meistens continuierlich bis $M_2$ reichend. Hinterrandfleck sehr stark reduziert. Submarginalbinde des Hinterflügels stets vorhanden. Augenfleck klein, dick schwarz umringt, der mediane länglich, verzerrt und 1 zellig. Analfleck zwischen $Cu_1$ und $Cu_2$, falls vorhanden, schmal und diffus. Hinterrandschwärze die Wurzelhälfte der Mittelzelle füllend und hakenartig um die Zelle greifend. Unterseits das Rot in der Flügelwurzel fast ganz reduziert, in den Augenflecken selten mit Weiß gekernt. Weibchen reicher gezeichnet. Submarginalbinde länger, bis zur Hinterrandecke reichend. Subcostalbändchen etwas länger und, wie der Hinterrandfleck, kräftiger. Saumrand des Hinterflügels etwas verglast. Augenflecke größer, zwischen dem medianen und dem Analflecke sehr oft noch ein mehr oder weniger deutlicher Fleck zwischen $M_3$ und $Cu_1$. Unterseits das Rot in dem Wurzelfleck rückgebildet, nur in der Zelle des Subcostalaugenfleckes stets schwach erhalten. Augenflecke mit weißen Kernen. Vorderflügelfarbe oft gelblich. Diese Unterart bildet den Übergang zu *P. actius* (Eversm.). Als forma tritt *virginia* auf. Vorderflügellänge: ♂ 32—33 mm, ♀ 33,5 mm.

Mongolei: Barkul-Gebirge, Chaunje.

Typen: ♂ ♀ in coll. L. Sheljuzhko, Kijew.

11 10. **P. phoebus cervinicolus** Fruhst. 1777—1805 *Papilio Heliconius delius* (nec Drury 1782), Esper, Eur. Schmett., pars 1 *v.* 1 contin. *v.* 2 p. 114—115, Suppl. 1 t. 115 (contin. 70) f. 5 (♂ = forma *maculata* auct.) | 1782 *P. apollo*, Amstein in: N. Mag. Ent. Fuessly, *v.* 1 p. 184 | 1801 *P. delius*, Loche in: Mem. Acc. Torino, *v.* 6 p. 141 t. 6a f. 23 | 1804 *P. d.*, Hoffmansegg in: Illiger in: Mag. Ins.-Kunde, *v.* 3 p. 201 | 1805 *P. Apollo D.*, Jac. Hübner (& C. Geyer), Samml. Eur. Schmett., *v.* 1 p. 61 f. 649—52, f. 684—685 (= *forma leonhardi*) | 1808 *P. d.*, Ochsenheimer (& Treitschke), Schmett. Eur., *v.* 1 II p. 136, 240 | 1819 *Parnassius phoebus* (part.), Latreille (& J. B. Godart) in: Enc. méth., *v.* 9 p. 80 | 1822 *P. p.* (part.), J. B. Godart & Duponchel, Hist. Lép., *v.* 2 p. 19 | 1829 *Doritis delius*, Meigen, Syst. Beschr. Eur. Schmett., *v.* 1 p. 10—11 t. 4 f. 2a, b (♂) | 1834 *Papilio d.* (part.), Treitschke, Hülfsb. Schmett.-Sammler, p. 122 (nota) | 1840 *Doritis d.*, Treitschke in: Jardine, Naturg. Cab., *v.* 81 Ent. p. 70 | 1843 *D. d.* (part.), Herrich-Schäffer, Syst. Bearb. Schmett. Eur., *v.* 1 p. 145 | 1861 *Parnassius d.*, O. Wilde, Pfl. Raup. Deutschl., *v.* 2 p. 59 (larva, descr. mancat) | 1863 *P. d.*, Meyer-Dür in: Mt. Schweiz. ent. Ges., *v.* 1 p. 143 | 1869 *P. phoebus*, A. G. Butler, Cat. diurn. Lep. Fabr., p. 232 | 1872 *P. delius*, Zeller (Dietze MS.) in: Ent. Zeit. Stettin, *v.* 33 p. 118—119 (ovum, larva) | 1877 *P. d.*, Zeller (Dietze MS.), ibid., *v.* 38 p. 279 (larva) | 1886 *P. d.*, Elwes in: P. zool. Soc. London, p. 22 | 1889 *P. d.*, Austaut, Parnass. paléarct., p. 114 t. 13 f. 1, 2 | 1893 *P. d.* (part.), Rebel & Rogenhofer in: Jahresber. Wien. ent. Ver., *v.* 3 p. 64 (71) | 1901 *P. d.* (part.), O. Staudinger & Rebel, Cat. Lep. Palaearct. Faunengeb., ed. 3 *v.* 1 p. 5 | 1901 *P. d.* + aberr. *aurantiaca*, Hofmann-Spuler, Schmett. Eur., *v.* 1 p. 4 t. 1 f. 10 (♂) | 1903 *P. d.* + aberr. *inornata*, *nigrescens*, G. Wheeler, Butt. Switzerl., p. 56 | 1904 *P. d.*, Hofmann-Spuler, Raup. Schmett. Eur., t. 48 f. 2 | 1906 *P. phoebus sacerdos* (part.), H. Stichel in: Berlin. ent. Z., *v.* 51 p. 86 | 1906 *P. delius* (part.) + aberr. *anna*, *herrichii*, *aurantiaca*, *cardinalis*, *leonhardii*, H. Stichel in: Seitz, Großschmett. Erde, *v.* 1 p. 22 t. 11d (♂ ♀), 11e (♀) | 1907 *P. d.* (part.), Verity, Rhop. palaearct., p. 68 t. XVI f. 1 (♂), 3 (♀) | 1907 *P. phoebus sacerdos* (part.) + forma *hardwickei*, *inornata*, *casta*, *herrichii*, *aurantiaca*, *cardinalis*, *anna*, *nigrescens*, *leonhardii*, H. Stichel in: Gen. Ins., *v.* 58 p. 18—19 | 1907 *P. p.* var. *cervinicolus*, Fruhstorfer in: Ins.-Börse, *v.* 24 p. 199 | 1911 *P. p. sacerdos* (part.) + forma *c.*, Vorbrodt & Müller-Rutz, Schmett. Schweiz, *v.* 1 p. 10, 12 | 1917 *P. delius*, Vorbrodt & Müller-Rutz in: Mt. Schweiz. ent. Ges., *v.* 12 p. 432 | 1918 *P. phoebus sacerdos* (part.), W. Rothschild in: Nov. zool., *v.* 25 p. 231—232 |

1921 *P. p.*, G. Lederer, Handb. prakt. Ent., Abt. 1 *v.* 2 p. 12, 15 (ovum, larva) | 1922 *P. p. sacerdos*, Vorbrodt in: Int. ent. Z., *v.* 15 p. 162 | 1922[1923] *P. p.* var. *delius* + var. *cervinicolus*, Bryk in: Strand, Lep. Cat., *v.* 27 p. 209, 210—212 | 1928 *P. delius* + forma *castior*, *cardinalis*, *inornata*, *elliptica*, *rubra*, *cervinicolus*, Vorbrodt in: D. ent. Z. Iris, *v.* 42 p. 16 | 1929 *P. d.* aberr. *cervinicola*, Bollow in: Seitz, Großschmett. Erde, *v.* 1 Suppl. 1 p. 40 | 1934 *P. phoebus palamedes*, Hemming in: Stylops, *v.* 3 p. 198.

Saumlinie schwärzlich. Befransung weißlich, bei den Rippenmündungen spärlich schwarz unterbrochen (Fig. 221). Männchen sehr hell, mit schmalem, kurzem, glasigem Marginalband, das bis zur $Cu_1$ reicht. Submarginalbinde deutlich, bis $M_2$ reichend, seltener stärker reduziert. Subcostalflecke in der Regel

Fig. 221.
**Parnassius phoebus cervinicolus** Fruhst. (♂). (Original, aus coll. Zool. Mus. Berlin) (1/1).

Fig. 221 a.
**Parnassius phoebus cervinicolus** Fruhst. (♀). (Original, aus coll. Zool. Mus. Berlin) (1/1).

bis $M_2$ reichend, der vorderste mit lebhaft rotem Kern. Hinterrandfleck öfters fehlend als vorhanden. Zellflecke kräftig. Die mäßigen Augenflecke überwiegend mit weißen Kernen. Analflecke verschwindend. Weibchen hell gelblich. Das glasige Marginalband breiter und länger, bis zum Hinterrand reichend. Die breite Submarginalbinde nicht immer die Hinterrandecke erreichend, hinten diffus sich verlierend. Subcostalbändchen kräftig, gewöhnlich mit 2 roten Kernen. Hinterrandfleck mäßig, bisweilen unsauber gerötet. Der Endzellfleck in seinem vorderen Teil wurzelwärts etwas verschoben.

Mittelzellfleck schmal, länglich. Von den beiden Augenflecken ist der mittlere überwiegend weiß gekernt. Die beiden Analflecke mit roten Kernen. Die Submarginalbinde schwach, in verschwindende, internervale Elemente aufgelöst. Saumband verglast. Folgende formae treten auf: *casta, anna, cardinalis, inornata, rubra.* Vorderflügellänge: ♂ 32,5—34,5 mm, ♀ 35,5 mm.

Wallis: Zermatt, Lötschental.

Typen: ♂ ♀ in coll. H. Fruhstorfer, Nizza.

11 11. **P. phoebus sacerdos** H. Stich. 1861 *Doritis delius*, Mengelbir in: Ent. Zeit. Stettin, *v.* 22 p. 154 | 1863 *D. d.*, Herrich-Schäffer in: CB. Ver. Regensb., *v.* 17 p. 152 | 1865 *Parnassius d.*, Schenk in: Jahresber. Ges. Graubünd., *v.* 10 p. 21 | 1872 *P. d.*, Zeller in: Ent. Zeit. Stettin, *v.* 33 p. 30, 118—119 | 1880 *P. d.*, H. Frey, Lep. Schweiz, p. 2 | 1903 *P. d.*, G. Wheeler, Butt. Switzerl., p. 56 1906 *P. phoebus sacerdos* (part.), H. Stichel in: Berlin. ent. Z., *v.* 51 p. 86 | 1906 *P. delius* (part.), H. Stichel in: Seitz, Großschmett. Erde, *v.* 1 p. 22 | 1907 *P. d.* (part.), Verity, Rhop. palaearct., p. 68, 71 t. XVI f. 4 (♀ = aberr. *herrichii*), f. 2 (♂) | 1907 *P. phoebus sacerdos*, H. Stichel in: Gen. Ins., *v.* 58 p. 18 und (nota 2) | 1911 *P. delius* + aberr. *herrichi-cardinalis* + aberr. *inornata* + aberr. *nigropunctata* + aberr. *herrichi-rubra-nigrescens*, Büren v. Salis in: Bull. Soc. lép. Genève, *v.* 2 p. 91—94, t. 8 f. 3 („naine"), t. 9 f. 1 (♂), f. 2, 3 (♀) | 1911 *P. phoebus sacerdos* (part.) + aberr. *herrichii* + aberr. *inornata* + aberr. *nigropunctata* + aberr. *leonhardii* + aberr. *casta* + aberr. *cardinalis* + aberr. *maculata* + aberr. *nigrescens* + aberr. *rubra*, Vorbrodt & Müller-Rutz, Schmett. Schweiz, *v.* 1 p. 10—12 | 1912 *P. p.* aberr. *continua*, Ruhmann in: Ent. Z., *v.* 26 p. 129 f. 1 (♀), f. 2 (♀, aberr.) | 1912 *P. p. sacerdos*, A. Pagenstecher in: Jahrb. Ver. Nassau, *v.* 65 p. 77—79 | 1917 *P. p. s.* (part.), Vorbrodt & Müller-Rutz in: Mt. Schweiz. ent. Ges., *v.* 12 p. 433 | 1922[1923] *P. p.* var. *s.*, Bryk in: Strand, Lep. Cat., *v.* 27 p. 215 | 1926 *P. p. s.* + div. aberr. (s. diagn.), Vogt in: Int. ent. Z., *v.* 20 p. 89, 90, 92, 93 t. f. 1, 2 | 1929 *P. p.* subsp. *s.*, Bollow in: Seitz, Großschmett. Erde, *v.* 1 Suppl. 1 p. 40.

Fig. 222.
**Parnassius phoebus sacerdos** H. Stich. (♂). (Original, aus coll. Zool. Mus. Berlin) (1/1).

Steht der ssp. *cervinicolus* Fruhst. sehr nahe (Fig. 222). Männchen mit weniger verzogenem Apex, Submarginalbinde oft kürzer. Hinterrandfleck, falls vorhanden, etwas kräftiger. Weißkernung der Augenflecke häufiger. Weibchen viel stärker verdunkelt. Die weiße Binde zwischen Marginal- und Submarginalbinde stark verdrängt. Hinterrandfleck etwas kleiner. Marginalsaum der Hinterflügel breiter, die sauber gezähnte Submarginalbinde continuierlich und viel deutlicher. Augenflecke oft mit sehr deutlichen, weißen Kernen. Folgende formae treten auf: *casta, tripicta, reducta, unipupillata, elliptica, conjuncta, flavomaculata, inornata, leonhardi, anna, cardinalis, graphica, decora, dentata* und *herrichi*. Vorderflügellänge: ♂ 32,5—36 mm, ♀ 35,5—37,5 mm.

Engadin: Pontresina; Albula, Bernina.

Typen: ♂ ♀ in coll. H. Stichel, Berlin.

Fig. 222 a.
**Parnassius phoebus sacerdos** H. Stich. (♀). (Original, aus coll. Zool. Mus. Berlin) (1/1).

11 12. **P. phoebus confederationis** Fruhst. 1867 *P. delius*, Perty in: Mt. Ges. Bern, nr. 603 p. 300 (hermaphr.) | 1912 *P. d.*, A. Pagenstecher in: Jahrb. Ver. Nassau, *v.* 65 p. 76—77 | 1921 *P. phoebus confederationis*, Fruhstorfer in: Ent. Rundsch., *v.* 38 p. 20, 21 | 1922 *P. p. c.*, Fruhstorfer, ibid., *v.* 39 p. 16 | 1922 [1923] *P. p.* var. *c.*, Bryk in: Strand, Lep. Cat., *v.* 27 p. 210 | 1929 *P. delius* subsp. *c.*, Bollow in: Seitz, Großschmett. Erde, *v.* 1 Suppl. 1 p. 41.

Steht der ssp. *sacerdos* H. Stich. sehr nahe. Männchen schwer von denen der zum Vergleiche herangezogenen Unterart zu unterscheiden. Das Weibchen hat die zwischen dem marginalen Glasband und der Submarginalbinde eingeschlossene weiße Fleckenreihe noch mehr als bei ssp. *cervinicolus* Fruhst. reduziert. Das Mittelfeld zwischen dem Subcostalbändchen ist in der Regel schwarz überstäubt. Wurzel der Mittelzelle stark schwarz überpudert. Die Hinterflügel umsäumt eine deutliche, continuierliche, glasige Marginalbinde. Submarginalbinde immer sehr klar. Es kommen als formae die bei ssp. *sacerdos* H. Stich. bereits erwähnten vor. Vorderflügellänge: ♂ 32–36 mm, ♀ 34—36 mm.

Schweizer Zentralalpen bis Allgäu.

Typen: ♂ ♀ in coll. H. Fruhstorfer, Nizza.

11 13. **P. phoebus hansi** Bryk 1845 *Doritis delius*, F. A. Nickerl in: Ent. Zeit. Stettin, *v.* 6 p. 92 | 1880—81 *Parnassius d.* (part.), Cam. Heller in: Ber. Ver. Innsbruck, *v.* 11 p. 65 | 1888 *P. d.*, Honrath in: Berlin. ent. Z., *v.* 32 p. 497 | 1893 *P. d.* (part.), Rebel & Rogenhofer in: Jahresber. Wien. ent. Ver., *v.* 3 p. 64 | 1909 *P. phoebus* aberr. *barthae*, Hirschke, ibid., *v.* 19 p. 137 t. 1 f. 9 (♀) | 1909 *P. p.* aberr. *ines*, Kertész in: Arch. Zool. Hungar., *v.* 1 p. 29—30 textf. (♀) | 1912 *P. p. delius*, A. Pagenstecher in: Jahrb. Ver. Nassau, *v.* 65 p. 80—81 | 1914 *P. d.* aberr. *kerteszi*, Bryk in: Arch. Naturg., *v.* 80 A 6 p. 163 f. 21 (nervat.) | 1914 *P. phoebus* + aberr. *graphica* + aberr. *herrichii* + aberr. *cardinalis*, Emil Hoffmann in: Int. ent. Z., *v.* 8 p. 118 | 1921 *P. p. expectatus* (part.), Fruhstorfer in: Ent. Rundsch., *v.* 38 p. 21 | 1922 *P. p. hermiston* (nom. praeocc.), Fruhstorfer, ibid., *v.* 39 p. 11, 16 | 1922 [1923] *P. p.* var. *Hansi*, Bryk in: Strand, Lep.

Cat., *v.* 27 p. 212 | 1927 *P. delius* aberr. *nigrolunulata*, Stättermeyer in: Z. Ver. Naturbeob. Sammler, *v.* 2 p. 24 t. 6 f. 1 (♀) | 1929 *P. d.* subsp. *hansi*, Bollow in: Seitz, Großschmett. Erde, *v.* 1 Suppl. 1 p. 40 | 1931 *P. phoebus h.* aberr. *ernae*, Bryk in: Zool. Jahrb., Syst. *v.* 62 p. 156 f. 9 (♂).

Flügelfond gelblichweiß. Saum oft gescheckt. An die ssp. *confederationis* Fruhst. sich stark anschließend (Fig. 223). Weibchen: Hinterrandfleck etwas kleiner, der Flügelfond nicht so stark schwarz überpudert. Wurzel

Fig. 223.
**Parnassius phoebus hansi** Bryk (♂). (Original, aus coll. Zool. Mus. Berlin) (1/1).

Fig. 223a.
**Parnassius phoebus hansi** Bryk (♀). (Original, aus coll. Zool. Mus. Berlin) (1/1).

der Mittelzelle nicht so stark geschwärzt. Die beiden Analflecke und die Hinterrandschwärze nicht so kräftig. Folgende formae treten auf: *inornata, barthae, ines, herrichi, pseudonomionoides, cardinalis, graphica, anna, ernae, nigrolunulata, kerteszi.* Vorderflügellänge: ♂ 31,5–35 mm, ♀ 32–36,5 mm.

Groß-Glockner u. Groß-Venediger.

Typen: ♂ ♀ in coll. H. Fruhstorfer, Nizza.

11 14. **P. phoebus styriacus** Fruhst. 1851 *P. delius*, Brittinger in: SB. Ak Wien, *v.* 6 p. 472 | 1893 *P. d.* [„sehr dunkle Form"], Rebel & Rogenhofer in: Jahresber. Wien. ent. Ver., *v.* 3 p. 64 | 1901 *P. d.* aberr. *cardinalis*, Rebel & Rogenhofer in:

Jahresber. Wien. ent. Ver., *v.* 11 p. 24 | 1907 *P. phoebus* subsp. *styriacus*, Fruhstorfer in: Ent. Wochenbl., *v.* 24 p. 199 | 1907 *P. p. sacerdos* (part.), H. Stichel in: Gen. Ins., *v.* 58 p. 18—19 | 1908 *P. p. s.*, Fr. Hoffmann in: Ent. Z., *v.* 22 p. 21 | 1908 *P. p.* subsp. *s.*, A. Pagenstecher in: Ent. Z., *v.* 22 p. 137 | 1909 *P. p. s.* aberr. *pseudonomionoides*, A. Pagenstecher in: Jahrb. Ver. Nassau, *v.* 62 p. 180 t. 8 f. 3 (♀) | 1910 *P. s.* aberr. *confluens*, Fr. Hoffmann in: Ent. Z., *v.* 23 p. 227 (♀) | 1911 & 10 *P. delius* var. *styriacus*, Verity, Rhop. palaearct., p. 314 t. LIII f. 7 (♂), 8 (♀) | 1911 *P. d. s.*, Fr. Hoffmann in: Int. ent. Z., *v.* 4 p. 233 (biol.) | 1911 *P. phoebus* aberr. *trosti* + aberr. *rubromaculata*, Fr. Hoffmann, ibid., *v.* 5 p. 227 | 1912 *P. p.* var. *styriacus* + aberr. *cardinalis* + aberr. *inornata* + aberr. *casta* + aberr. *hardwickii*, H. Kiefer, ibid., *v.* 5 p. 315, 316 (Copula) | 1912 *P. p. s.* + aberr. *huemeri*, A. Pagenstecher in: Jahrb. Ver. Nassau, *v.* 65 p. 80, 182, 183 (Textfig. (♀)) | 1913 *P. p. s.* + aberr. *plurimaculata*, Nitsche in: Verh. Ges. Wien, *v.* 63 p. (20) | 1914 *P. p. s.* + div. aberr., Fr. Hoffmann & Klos in: Mt. Ver. Steierm., *v.* 50 p. 195, 199 (biolog.) | 1918 *P. p. s.*, Emil Hoffmann in: Z. Österr. Ent.-Ver. Wien, *v.* 3 p. 56, 114 (cultura) | 1918 *P. p. s.*, W. Rothschild in: Nov. zool., *v.* 25 p. 231 | 1921 *P. p. s.*, Fruhstorfer in: Ent. Rundsch., *v.* 38 p. 13 | 1922 *P. p. s.*, Fruhstorfer, ibid., *v.* 39 p. 11 | 1922 [1923] *P. p.* var. *s.* + forma *Huemeri*, Bryk in: Strand, Lep. Cat., *v.* 27 p. 205, 217 | 1927 *P. delius* aberr. *pseudoromanovi* + aberr. *rubrobasalis*, Stättermeyer in: Z. Ver. Na-

Fig. 224.
**Parnassius phoebus styriacus** Fruhst. (♂). (Original, aus coll. Zool. Mus. Berlin) (1/1).

Fig. 224 a.
**Parnassius phoebus styriacus** Fruhst. (♀). (Original, aus coll. Zool. Mus. Berlin) (1/1).

turbeob. Sammler, *v.* 2 p. 24 t. 6 f. 2, 4 (♀) | 1929 *P. d.* subsp. *styriacus* + aberr. *plurimaculata* + aberr. *confluens* + aberr. *novarae*, Bollow in: Seitz, Großschmett. Erde, *v.* 1 Suppl. 1 p. 40 t. 4c (♂, aberr. *novarae*).

Eine reich gezeichnete Unterart (Fig. 224). Männchen mit rein weißer Grundfarbe. Zellflecke sehr kräftig, von ihnen erreicht der Mittelzellfleck fast den hinteren Arm der Mittelzellrippe. Der Subcostalfleck in der Regel mit leuchtendem Rot groß gekernt. Hinterrandfleck häufig fehlend. Augenflecke sehr groß, meistens mit großen, weißen Kernen. Analflecke in der Regel fehlend. Weibchen mit reinweißer Grundfarbe, aber sehr markanten Flecken. Die Mondbinde zwischen dem glasigen Marginalbande und der Submarginalbinde deutlich, aber sehr schmal. Glasband des Hinterflügels sehr dunkel. 2 Analflecke. Folgende formae treten auf: *trosti, halteres, inornata, rubrobasalis, plurimaculata, leonhardi, cardinalis, hardwickei, graphica, anna.*

Reichenstein (Steiermark).

Typen: ♂ ♀ in coll. H. Fruhstorfer, Nizza.

11 15. **P. phoebus expectatus** Fruhst. 1880—81 *P. delius* (part.), Cam. Heller in: Ber. Ver. Innsbruck, *v.* 11 p. 65 | 1893 *P. d.* (part.), Rebel & Rogenhofer in: Jahresber. Wien. ent. Ver., *v.* 3 p. 64 | 1900 *P. D.*, Galvagni in: Verh. Ges. Wien, *v.* 50 p. 562 | 1920 *P. d.*, Belling in: D. ent. Z., p. 27 | 1921 *P. phoebus* + aberr. *casta* + aberr. *inornata* + aberr. ♀ *hardwickii* + aberr. *pseudonomonioides* + aberr. ♀ *herrichi* + aberr. *nigrescens* + aberr. *anna* + aberr. *trosti* + aberr. *cardinalis* + aberr. *decorus*, Koschabek in: Z. Österr. Ent.-Ver. Wien, *v.* 6 p. 15, 22, 29 (biolog.) | 1921 *P. p.* var. *expectatus* (part.), Fruhstorfer in: Ent. Rundsch., *v.* 38 p. 13, 21 | 1922 *P. p.* var. *e.*, Fruhstorfer, ibid., *v.* 39 p. 11, 16 | 1922 [1923] *P. p.* var. *e.*, Bryk in: Strand, Lep. Cat., *v.* 27 p. 212 | 1929 *P. delius* subsp. *e.*, Bollow in: Seitz, Großschmett. Erde, *v.* 1 Suppl. 1 p. 40.

Fig. 225.
**Parnassius phoebus expectatus** Fruhst. (♂). (Original, aus coll. Zool. Mus. Berlin) (1/1).

(Fig. 225). Männchen weiß, mit einem Stich ins Gelbliche. Seitenrand scharf ausgebuchtet. Der marginale Glassaum mitunter $Ax_1$ kaum erreichend. Submarginalbinde schwach ausgeprägt, stets $M_1$ erreichend, bisweilen sogar bis $Cu_1$ reichend. Subcostalflecke verbunden und sehr kräftig, der 1. mäßig rot gekernt. Der Hinterrandfleck oft kräftig vorhanden. Die Augenflecke überwiegend ohne weiße Kerne. Analflecke fehlen. Weibchen mit dunkler Glasbinde und Submarginalbinde. Hinterflügel mit kräftigem Glasbande. Submarginalbinde schwach ausgeprägt oder fehlend. Augenflecke hell leuchtend rot, mit weißen Kernen. Hinterrandschwärze kräftig.

Die beiden Analflecke stets vorhanden. Folgende formae treten auf: *casta, inornata, anna, decora, graphica, trosti, herrıchii, nigrescens, cardinalis.* Vorderflügellänge: ♂ 30—33 mm, ♀ 36—39 mm.

Tirol: Stubbai-Tal, Passeier-Tal.

Typen: ♂ ♀ in coll. H. Fruhstoıfer, Nizza.

Fig. 225 a.
**Parnassius phoebus expectatus** Fruhst. (♀). (Original, aus coll. Zool. Mus. Berlin) (1/1).

11 16. **P. phoebus serenus** Fruhst. 1798 *Papilio p.*, Prunner, Lep. Pedemont., p. 69—70 | 1903 *Parnassius delius* (part.), G. Wheeler, Butt. Switzerl., p. 56 | 1921 *P. d.* var. *serenus* (part.), Fruhstorfer in: Ent. Rundsch., *v.* 38 p. 17, 20 | 1922 [1923] *P. phoebus* var. *s.* (part.), Bryk in: Strand, Lep. Cat., *v.* 27 p. 216 | 1929 *P. delius* subsp. *s.*, Bollow in: Seitz, Großschmett. Erde, *v.* 1 Suppl. 1 p. 41 | 1929 *P. phoebus s.* + aberr. *ampliusmaculata*, Bryk in: Soc. ent., *v.* 44 p. 17 f. 1 (♀).

Fig. 226.
**Parnassius phoebus serenus** Fruhst. forma **ampliusmaculata** Bryk (♀). (Typus) (1/1).

Grundfarbe lichtgelb. Weibchen (Fig. 226) mit sehr breitem Glassaum. Die geschwungene Submarginalbinde durch eine schmale Mondbinde getrennt. Flügelmitte nicht schwarz bepudert. Die Submarginalbinde des Hinterflügels verschwindend. Das marginale Glasband oft ausgezackt. Forma *ampliusmaculata* tritt auf.

Courmajeur (Piemont), Val Ferret; Le Lauteret, Mt Cenis.

Typus: ♂ ♀ in coll. H. Fruhstorfer, Nizza.

1117. **P. phoebus paradisiacus** Turati 1932 *P. delius* forma *p.* + forma [secondaria] *festai*, Turati in: Parco Gran Paradiso, *v.* 3 p. 93 f. 3 (♂), 4 (♀), f. 5 (♂ forma *festai*).

Eine dicht weiß beschuppte Unterart, die sich dadurch im männlichen Geschlecht an ssp. *styriacus* Fruhst. anschließt. Männchen: Flügelgrund schneeweiß. Glasband bis $Cu_1$ reichend. Submarginalbinde vorn kräftig. Die beiden Zellflecke mäßig, der mittlere oblong. Costalflecke sehr bescheiden. Hinterrandfleck fehlend oder kaum angedeutet. Augenflecke weiß gekernt oder rot ausgefüllt, kleiner als bei ssp. *styriacus* Fruhst. Hinterrandschwärze des Hinterflügels stark, bis $M_3$ ziehend. Analflecke fehlen

Fig. 227.
**Parnassius phoebus paradisiacus** Turati (♀). (Typus, nach E. Turati 1933) (1/1).

in der Regel oberseits. Weibchen (Fig. 227) von dem der ssp. *styriacus* Fruhst. grundaus verschieden. Die Submarginalbinde, die bis $Cu_1$ zieht, vom längeren Glasbande durch den klaren Grund gut getrennt. Flügelmitte rein, nicht überstäubt, Fleckung scharf abgesetzt, besonders die Zellflecke etwas mehr reduziert. Hinterrandfleck mäßig. Die Rotkernung im Vorderflügel mäßig. Augenflecke verkleinert, mit weißen Spiegeln. 2 Analflecke. Glassaum des Hinterflügels reduziert. Submarginalbinde bogig abgesetzt. Hinterrandschwärze wie beim Männchen. Als forma tritt *festai* (siehe Fig. 214) auf.

Massiv des Gran Paradiso im Hochtale von Occo bei Noasca, 2240 m.

Typen: ♂♀ in coll. E. Turati, Mailand.

1118. **P. phoebus eisneri** Bryk 1919 *P. delius*, Gaede in: Int. ent. Z., *v.* 13 p. 70 | 1921 *P. d.* var. *serenus* (part.), Fruhstorfer in: Ent. Rundsch., *v.* 38 p. 20 | 1922 [1923] *P. phoebus* var. *s.* (part.), Bryk in: Strand, Lep. Cat., *v.* 27 p. 216 | 1929 *P. p.* subsp. *eisneri* + aberr. *binaria* + aberr. *inversa*, Bryk in: Soc. ent., *v.* 44 p. 17—18 f. 2 (♀, forma *inversa*), f. 3 (♀), f. 4 (♂), f. 5 (♂, forma *binaria*) | 1929 *P. delius* subsp. *serenus*, Bollow in: Seitz, Großschmett. Erde, *v.* 1 Suppl. 1 p. 41.

Eine kleine, stark androtrope Unterart mit cremegelbem Flügelfond. Männchen (Fig. 228) mit weißlichen Flecken, die sich in das schmale Glasfeld einkeilen. Der Hinterrandfleck in der Regel erhalten. Submarginalbinde zwischen $M_2$ und $M_3$ unterbrochen. Analflecke erhalten. Weibchen mit inverser Facies, dem Männchen sehr ähnlich. Glasband nicht immer bis zum Hinterrand reichend. Submarginalbinde schmal und kürzer. Subcostalflecke mager. Hinterrandfleck klein. Augenflecke klein. Glasband des Hinterflügels reduziert oder verschwindend. Submarginalbinde kaum bemerkbar. Als forma tritt *binaria* auf (siehe Fig. 212), die sonst nirgends beobachtet wurde. Vorderflügellänge: ♂ 29,5—30 mm, ♀ 30—32 mm.

Larche (Digne).

Typen: ♂ ♀ in coll. C. Eisner, Berlin-Dahlem.

Fig. 228.
**Parnassius phoebus eisneri** Bryk (♂). (Original, aus coll. Zool. Mus. Berlin) (1/1).

11 19. **P. phoebus blachieri** Fruhst. 1911 *P. p. sacerdos* (part.), Vorbrodt & Müller-Rutz, Schmett. Schweiz, *v.* 1 p. 11 | 1921 *P. delius* var. *blachieri*, Fruhstorfer in: Ent. Rundsch., *v.* 38 p. 16. 20 | 1922 [1923] *P. phoebus* var. *B.*, Bryk in: Strand, Lep. Cat., *v.* 27 p. 209 | 1929 *P. delius* subsp. *b.*, Bollow in: Seitz, Großschmett. Erde, *v.* 1 Suppl. 1 p. 41.

Zum Melanismus neigende, gelblichweiße Unterart mit stark ausgeprägten Zellflecken, von denen der mittlere auch beim Männchen beide Arme des Discus erreicht (Fig. 229). Hinterrandschwärze sehr ausgeprägt,

Fig. 229.
**Parnassius phoebus blachieri** Fruhst. (♂). (Original, aus coll. Zool. Mus. Berlin) (1/1).

bis $M_2$ reichend. Männchen: Hinterrandfleck erhalten. Subcostalfleck selten rot. Submarginalbinde deutlich. Analflecke vorhanden. Weibchen mit langer marginaler Glasbinde und Submarginalbinde, schwacher Rötung der Subcostalflecke, schwarzgrauer Überstäubung des Mittelfeldes bis zur Mittelzellwand. Glasband und Submarginalbinde des Hinterflügels nicht immer besonders deutlich. 2 kräftige Analflecke. Als forma tritt *anna* auf.

Alpe Veglia im oberen Val Cairasca (Piemont).

Typen: ♂ ♀ in coll. H. Fruhstorfer, Nizza.

Fig. 229a.
**Parnassius phoebus blachieri** Fruhst. (♀). (Original, aus coll. Zool. Mus. Berlin) (1/1).

1120. **P. phoebus tessinorum** Fruhst. 1919 *P. delius*, Fruhstorfer in: Soc. ent., *v.* 34 p. 39 (biolog.) | 1921 *P. d. tessinorum*, Fruhstorfer in: Ent. Rundsch., *v.* 38 p. 14, 16 (ibid. nota 1), 21 (biolog.) | 1922 [1923] *P. phoebus* var. *T.*, Bryk in: Strand, Lep. Cat., *v.* 27 p. 218 | 1929 *P. delius* subsp. *t.*, Bollow in: Seitz, Großschmett. Erde, *v.* 1 Suppl. 1 p. 41 | 1930 *P. phoebus t.*, Vorbrodt in: Mt. Schweiz. ent. Ges., *v.* 14 p. 215.

Grundfarbe milchweiß. Die schwarzen Mittelzellflecke schmal. Das Rot im Subcostalfleck des Vorderflügels meistens fehlend, beim Weibchen nur gering entwickelt. Augenflecke verkleinert. Männchen mit Submarginalbinde, die weit von der glasigen Marginalbinde getrennt ist. Weibchen stark melanistisch, an das von subsp. *styriacus* Fruhst. stark erinnernd. Die glasige Partie umfaßt häufig die gesamte Außenhälfte des Vorderflügels, da sich in ihr die Submarginalbinde fast verliert. Marginalbinde des Hinterflügels stark verglast und breit. Die Submarginalbinde sehr häufig scharf gewellt und markant. Der Augenfleck im Mittelfelde meistens nierenförmig.

Tessiner Alpen der Verzasca-Gruppe: Cima di Caprone 2000—2400 m; Cima Bianca, ca. 1800—2000 m, oberes Val Lodrino, zwischen der Alpe Piavacra und Stuvello.

Typen: ♂ ♀ in coll. H. Fruhstorfer, Nizza.

1121. **P. phoebus smintheus** Doubl. 1847 *P. smintheus*, E. Doubleday & Westwood, Gen. diurn. Lep., *v.* 1 p. 27 t. 4*) f. 4 (♂) | 1852 *P. s.*, G. R. Gray, Cat. lep. Ins. Brit. Mus., *v.* 1 p. 75 | 1871 *P. phoebus* var. *s.*, W. F. Kirby, Cat. diurn. Lep., p. 512 | 1872 *P. s.*, W. H. Edwards, Butt. N.-Amer., *v.* 1 (Ser. *Parnassius*) t. 2 f. 1 (♂), t. 3 f. 1 (ovum), 2 (sphragis), t. 4 f. 1 (♂), 2, 3, 4, 5 (♀) | 1877 *P. s.* (part.), W. H. Edwards in: Tr. Amer. ent. Soc., *v.* 6 p. 12 | 1877 *P. phoebus* var. *s.*, W. F. Kirby, Cat. diurn. Lep., Suppl. p. 807 | 1878 *P. delius* var. *s.*, H. Strecker, Butt. Moths N.-Amer., p. 73, 183 | 1878 *P. d.* var. *s.*, H. Strecker in: Ruffner, Ann. Rep. Expl. Surv. Dep. Missouri, p. 1850 t. 1 f. 6 (aberr.) | 1886 *P. s.* (part.), Elwes in: P. zool. Soc. London, p. 23 | 1890 *P. s.* var. *sedakovii* + var. *nanus*, Neumoegen in: Ent. Amer., *v.* 6 p. 61 | 1890 *P. s.* var. *rocky*, Grum-Grshimailo in: Romanoff, Mém. Lép., *v.* 4 p. 149 | 1892 *P. delius* var. *smintheus*, F. Rühl & A. Heyne, Palaearkt. Groß-Schmett., *v.* 1 p. 96 | 1895 *P. s.*, W. H. Edwards, Butt. N.-Amer., *v.* 3 (Ser. *Parnassius*) t. 1 f. a, a² (ovum, microp.), b—b⁵ (larva), c—g² (larva adulta), h—h⁴ (chrysalis), i—i⁴ (♂ valvae, uncus) | 1898 *P. s.* (part.), W. J. Holland, Butt. Book, p. 306 t. 39

f. 3, 4 | 1902 *P. s.* (part.) + *P. s. nanus*, Dyar in: Bull. U. S. Mus., *v.* 52 p. 1 | 1905 *P. sedakovi*, W. G. Wright, Butt. West Coast U. S., p. 79 | 1907 *P. delius* var. *smintheus* + „forme" *minor*, Verity, Rhop. palaearct., p. 70 t. XVI f. 18 (♂), 19 (♀), 21 (♂ = „forme" *minor*) | 1907 *P. s.*, H. Stichel in: Seitz, Großschmett. Erde, *v.* 5 p. 46 | 1907 *P. phoebus s.* + forma *mendica* + *P. s. nanus*, H. Stichel in: Gen. Ins., *v.* 58 p. 20 | 1912 *P. phoebus smintheus*, A. Pagenstecher in: Jahrb. Ver. Nassau, *v.* 65 p. 91 | 1912 *P. s.*, Bryk in: Arch. Rass. Biol., *v.* 9 p. 689 | 1914 & 15 *P. s.* + aberr. *quincunx*, Bryk in: Arch. Naturg., *v.* 80 A 5 p. 132 (nota 6) (biolog.), A 9 p. 140, A 7 t. 9 f. 67 (♂, aberr. *quincunx*) | 1915 *P. s.*, Fracker in: Illinois Biol. Monogr., *v.* 2 p. 140 (larva) | 1916 *P. s.* + *sayii* + *nanus* + forma *mendica*, Skinner in: Ent. News Philad., *v.* 27 p. 212 t. 12 f. 2 (♂, forma *mendica*) f. 4, 6, 8 (♀), 5 (♂) *nanus* | 1916 *P. smintheus* + aberr. *nanus*, W. Barnes & Mc Dunnough in: Contr. nat. Hist. Lep. N.-Amer., *v.* 3 p. 54–57 | [1918] *P. s.* + aberr. *quincunx*, Bryk, Parnassius Apollo Formenkreis, p. 4 (nota 6) (biolog.), p. 136 t. 9 f. 67 (♂, aberr. *quincunx*) | 1918 *P. phoebus s.* + aberr. *mendica* + aberr. *hermodur* + aberr. *sayii*, W. Rothschild in: Nov. zool., *v.* 25 p. 232 | 1921 *P. s.* + aberr. *fermata* + aberr. *melanophorus*, Bryk in: Ent. Tidskr., *v.* 42 p. 112—114 f. 1 (♂, aberr. *fermata*), f. 2 (♂, aberr. *ocellis aberrantibus*), f. 3 (♂, aberr. *leonhardii*) | 1922 [1923] *P. phoebus* var. *s.* + var. *nanus*, Bryk in: Strand, Lep. Cat., *v.* 27 p. 216, 214.

Fig. 230.
**Parnassius phoebus smintheus** Doubl. (♂). (Original, aus coll. Zool. Mus. Berlin) (1/1).

Fig. 230 a.
**Parnassius phoebus smintheus** Doubl. (♀). (Original, aus coll. Zool. Mus. Berlin) (1/1).

Rippenmündungen im Vorderrande des Vorderflügels schwarz bei sonst weißlicher Befransung (Fig. 230). Das marginale Glasband sehr dünn, von der weißlichen Grundfarbe eingesäumt. Flügelgrund weißlich. Männchen: Das marginale Glasband reduziert, sehr schmal und kurz, bis $M_3$ oder $Cu_1$ reichend. Submarginalbinde sehr kurz und schmal. Subcostalbändchen bis $M_2$ reichend, bisweilen in 3 Flecke aufgelöst, von denen der 1. und 3. oft einen kleinen, roten Kern trägt. Hinterrandfleck fehlt oft. Endzellfleck vorn etwas wurzelwärts verschoben, Mittelzellfleck viereckig, hinten frei, die Rippe nicht erreichend. Augenflecke klein, der mittlere 1 zellig, bisweilen reduziert oder sogar verschwindend. Analflecke öfters fehlend. Hinterrandschwärze kräftig, häufig um die Mittelzelle greifend. Weibchen luxuriöser gezeichnet. Glasband breiter und länger, den Hinterrand erreichend oder bei $Cu_2$ im weißen Flügelgrund sich verlierend. Submarginalbinde kräftig, von der Länge des Glasbandes. Subcostalbändchen stets erhalten, mit 2 oder 3 ausgeprägten, großen, roten Kernen, bisweilen mit dem geröteten Hinterrandfleck durch eine schwarze Brücke verbunden. Zellflecke viel kräftiger, der mittlere hinten die Rippe erreichend. Mittelzellwurzel stets geschwärzt. Augenflecke des Hinterflügels größer als beim Männchen. Hinterrandschwärze hakenförmig um die Mittelzelle greifend. Marginalsaum verglast. Submarginalbinde sehr dünn und graphitgrau. Die beiden Analflecke nicht besonders kräftig. Vorderflügellänge: ♂ 27 mm, ♀ 27—28 mm.

Canadisches Felsengebirge: Laggan, Banff.

Typen: ♂♀ in coll. Brit. Mus. London.

1122. **P. phoebus hermodur** W. H. Edw. 1881 *P. h.*, W. H. Edwards in: Papilio, *v.* 1 p. 4 | 1886 *P. delius* var. *h.*, Elwes in: P. zool. Soc. London, p. 23 | 1892 *P. d.* var. *smintheus* aberr. *h.*, F. Rühl & A. Heyne, Palaearkt. Groß-Schmett., *v.* 1 p. 96 | 1895 *P. s.* var. *h.*, W. H. Edwards, Butt. N.-Amer., *v.* 3 (Ser. *Parnassius*) t. 1 f. 1 (♂), 2, 3, 4 (♀) | 1898 *P. s.* var *h.*, W. J. Holland, Butt. Book, p. 306 t. 39 f. 5 | 1902 *P. s. h.* (part.), Dyar in: Bull. U. S. Mus., *v.* 52 p. 1 | 1907 *P. delius var. s.* „forme" *h.*, Verity, Rhop. palaearct., p. 70 t. XVI f. 22 | 1907 *P. phoebus h.*, H. Stichel in: Gen. Ins., *v.* 58 p. 20 | 1907 *P. smintheus h.*, H. Stichel in: Seitz, Großschmett. Erde, *v.* 5 p. 47 t. 17 e (♂) | 1911 *P. delius* var. *s. h.*, Verity, Rhop. palaearct., p. XX | 1912 *P. s.* aberr. *leonhardii* + aberr. *sedakovii* + aberr. *mariae* + aberr. *minusculus*, Bryk in: Soc. ent., *v.* 27 p. 57 f. 1 (♂, aberr. *leonhardii*), 2 (♂, aberr. *sedakovii*), 3 (♂, aberr. *mariae*), 4 (♂, aberr. *minusculus*) | 1916 *P. s.* var. *hermodur*, Skinner in: Ent. News Philad., *v.* 27 p. 212, 214 t. 12 f. 8 (♀) | 1916 *P. s.* forma alt. *h.* + aberr. *nigerrima*, W. Barnes & Mc Dunnough in: Contr. nat. Hist. Lep. N.-Amer., *v.* 3 p. 55 t. 5 f. 1, 2 (♂), 3 (♀), 4 (♀ aberr. *nigerrima*) | 1918 *P. phoebus h.*, W. Rothschild in: Nov. zool., *v.* 25 p. 232 | 1922 [1923] *P. p.* var. *h.*, Bryk in: Strand, Lep. Cat., *v.* 27 p. 213.

Größer als ssp. *smintheus* Doubl. Mit geschwärzten Rippen. Männchen mit breiterer marginaler Glasbinde, die bis zur $Cu_1$ reicht. Submarginalbinde und Subcostalflecke stark reduziert. Hinterrandfleck meistens fehlend. Hinterrandschwärze des Hinterflügels rückgebildet. Weibchen meist verdunkelt, indem die Außenfelder bis zur Flügelmitte grauschwarz überpudert sind. Im Subcostalbändchen 2, im Hinterrandfleck 1 roter Fleck. Augenflecke viel größer, der mittlere 2 zellig, gewöhnlich leuchtend rot ausgefüllt. Hinterrandschwärze viel stärker, der Zellhaken kräftiger und ausgedehnter. 3. Analfleck vorhanden. Folgende formae treten auf: *graphica, decora, nigricans, mariae.* Vorderflügellänge: ♂♀ 34 mm.

Colorado: Silverton.

Typus: ♀ in coll. H. Edwards (Amer. Mus. Nat. Hist.).

1123. **P. phoebus magnus** W. G. Wright 1905 *P. m.*, W. G. Wright, Butt. West Coast U. S., p. 79—80 t. 2 f. 13 (♂), 13 b (♀) | 1907 *P. phoebus m.*, H. Stichel in: Gen. Ins., *v.* 58 p. 21 | 1907 *P. smintheus m.*, H. Stichel in: Seitz, Großschmett. Erde, *v.* 5 p. 48 | 1911 & 10 *P. delius* var. *s.* „race" *m.*, Verity, Rhop. palaearct., p. 314 t. LVIII f. 14 (♂), 15 (♀) | 1912 *P. m.*, A. Pagenstecher in: Jahrb. Ver. Nassau, *v.* 65 p. 96 | 1916 *P. smintheus*, Skinner in: Ent. News Philad., *v.* 27 p. 212 | 1916 *P.*

*s. magnus*, W. Barnes & Mc Dunnough in: Contr. nat. Hist. Lep. N.-Amer., *v.* 3 p. 56 | 1918 *P. phoebus m.*, W. Rothschild in: Nov. zool., *v.* 25 p. 233 | 1922 [1923] *P. p.* var. *m.*, Bryk in: Strand, Lep. Cat., *v.* 27 p. 214.

Sehr große Unterart. Männchen mit kurzem, schmalem, glasigem Marginalbande bis $M_2$. Rippenmündungen des Vorderflügels in der hellen Befransung schwarz markiert. Submarginalbinde deutlich und lang, bis $Cu_2$ reichend. Subcostalflecke mäßig, aufgelöst. Hinterrandfleck oft fehlend. Hinterflügel mit submarginalen Flecken und ausgeprägter Hinterrandschwärze, die um den Discus greift. Weibchen mit scharfer Hervorhebung des hellen Grundes und luxuriöser Schwarzzeichnung. Das lange Glasband und die ebensolange, ausgezackte Submarginalbinde bis zum Hinterrande reichend. Subcostalbändchen breit. Hinterrandfleck groß. Augenflecke groß. 2 Analflecke. Hinterrandschwärze noch stärker als beim Männchen, hakenförmig um den Discus greifend. Vorderflügellänge: ♂ 35—36 mm, ♀ 36—37 mm.

Britisch-Columbien: Enderby; Gebirge von Idaho.

11 24. **P. phoebus idahoensis** Bryk & Eisner 1931 *P. smintheus* subsp. *i.*, Bryk & Eisner in: Parnassiana, *v.* 1 nr. 5 p. 5 f. 4 (♂), 5 (♀).

Fig. 231.
**Parnassius phoebus idahoensis** Bryk & Eisner (♂) (links Ober-, rechts Unterseite).
(Typus, nach Bryk & Eisner 1931) (1/1).

Fig. 231 a.
**Parnassius phoebus idahoensis** Bryk & Eisner (♀) (links Ober-, rechts Unterseite).
(Typus, nach Bryk & Eisner 1931) (1/1).

Diese Unterart ist gut charakterisiert durch die fast völlige Reduzierung der Hinterrandschwärze, die sich nur auf den Hinterrand des Hinterflügels beschränkt und sich discalwärts in der Regel nicht ausbreitet (Fig. 231). Die unterseitlichen Wurzelflecke sind beim Männchen kaum angedeutet. Männchen: Analflecke fehlen in der Regel. Augenflecke klein, der mediane mit weißem Kern. In aberrativen Fällen tritt eine in deutliche Flecke aufgelöste Submarginalbinde auf. Subcostalflecke des Vorderflügels getrennt. Weibchen luxuriös gezeichnet. Der bis zum Hinterrande sich erstreckende Hinterrandfleck mit dem breiten Subcostalbändchen durch schwarze Überstäubung zu einer Binde verbunden. Hinterflügel mit einer aus deutlichen, getrennten Bogenelementen bestehenden Submarginalbinde. 2 kräftige Analflecke. Augenflecke groß. Die Wurzelflecke schlagen oberseits schwarz durch. Folgende formae treten auf: *tripicta, cardinalis.* Vorderflügellänge: ♂ 32—33 mm, ♀ 37—38 mm.

Idaho: Wallace.

Typen: ♂ ♀ in coll. C. Eisner, Berlin-Dahlem.

1125. **P. phoebus sordellus** Fruhst. 1898 *P. smintheus*, W. J. Holland Butt. Book, p. 306 t. 39 f. 3 (♂), 4 (♀) | 1923 *P. delius sordellus*, Fruhstorfer in: Soc. ent., *v.* 38 p. 5.

Eine sehr zweifelhafte Unterart, ohne genaue Fundortsangabe. Sehr helle, dichtbeschuppte Unterart mit mittelgroßen Augenflecken. Glasbinde schmal und kurz, saumwärts durch eine breite interneval unterbrochene Flügelgrundbinde begrenzt. Submarginalbinde des Vorderflügels sehr schmal. Männchen: Submarginalbinde des Vorderflügels nur in den vordersten Elementen erhalten. Augenflecke mit großen, weißen Kernen zentriert. Weibchen: Submarginalbinde des Vorderflügels aus mageren Bogen bestehend, an der $Cu_2$ endigend. Subcostalbändchen sehr breit, mit großen Prachtkernen, die von Rot bis Orange variieren, zentriert. Hinterrandfleck groß, mit der Prachtfarbe gekernt; seine Verbindung mit dem Subcostalbändchen äußerst mager. Wurzel der Mittelzelle schwarz ausgefüllt. Marginalbinde des Hinterflügels in lose, verglaste Keilflecke zerlegt. Ebenso besteht die Submarginalbinde aus losen, wurzelwärts gerichteten Keilflecken. Hinterrandschwärze reduziert, als Fortsetzung das Discusende hakenartig schwärzend. 2 Analflecke, der vordere rot gekernt.

„Nordamerika".

Typen: ♂ ♀ in coll. Pagenstecher (Zool. Staatssamml. München).

1126. **P. phoebus sayii** W. H. Edw. 1863 *P. s.*, W. H. Edwards in: P. ent. Soc. Philad., *v.* 2 p. 78 | 1872 *P. smintheus* var. *sayii*, W. H. Edwards, Butt. N.-Amer., *v.* 1 (Serie *Parnassius*) t. 2 f. 2 (♀) | 1877 *P. smintheus*, W. H. Edwards in: Tr. Amer. ent. Soc., *v.* 6 p. 12 | 1886 *P. delius* var. *s.* (part.), Elwes in: P. zool. Soc. London, p. 23 | 1902 *P. s.*, Dyar in: Bull. U. S. Mus., *v.* 52 p. 1 | 1905 *P. s.*, W. G. Wright, Butt. West Coast U. S., t. 2 f. 7b (♀) | 1907 *P. nomion* var. *sayi* + *P. delius* var. *smintheus*, Verity, Rhop. palaearct., p. 66, 70 t. XVI f. 20 (♀) | 1907 *P. smintheus sayii*, H. Stichel in: Seitz, Großschmett. Erde, *v.* 5 p. 47 t. 17d (♀) | 1907 *P. phoebus sayii* subsp. dubia, H. Stichel in: Gen. Ins., *v.* 58 p. 20 | 1916 *P. smintheus* (part.), Skinner in: Ent. News Philad., *v.* 27 p. 214 | 1916 *P. smintheus sayi*, W. Barnes & Mc Dunnough in: Contr. nat. Hist. Lep. N.-Amer., *v.* 3 p. 55, 56 t. 5 f. 5 (♂), 6 (♀) | 1918 *P. smintheus* aberr. *sayii*, W. Rothschild in: Nov. zool., *v.* 25 p. 232 | 1922 [1923] *P. phoebus* var. *Sayi*, Bryk in: Strand, Lep. Cat., *v.* 27 p. 216.

Steht ssp. *hermodur* W. H. Edw. sehr nahe (Fig. 232 und Fig. 211). Männchen größer, mit größeren, tiefroten Augenflecken. Die weißen Zwischenzellflecke im breiten Glasbande des Vorderflügels besonders ausgeprägt. Hinterrandfleck vorhanden. Mittelzellfleck oblong und stark entwickelt. Weibchen hell, mit deutlicher Submarginalbinde. Subcostalbändchen in der Regel mit 2 roten Kernen. Hinterrandfleck vorwiegend ohne roten Kern. Vorderflügelmitte schwarz überstäubt. Submarginalbinde des Hinterflügels

Fig. 232.
**Parnassius phoebus sayii** W. H. Edw. (♂). (Original, aus coll. Zool. Mus. Berlin) (1/1).

Fig. 232 a.
**Parnassius phoebus sayii** W. H. Edw. (♀). (Original, aus coll. Zool. Mus. Berlin) (1/1).

sowie glasige Umsäumung deutlich. Hinterrandschwärze sehr kräftig, hakenförmig um die Mittelzelle greifend. Bei den stark verdunkelten Weibchen das Weiß des Vorderflügels stark verdrängt. Vorderflügellänge: ♂ 35 mm, ♀ 32,5—35 mm.

Judith-Gebirge (Montana).

11 27. **P. phoebus behrii** W. H. Edw. 1869 *P. smintheus*, Boisduval in: Ann. Soc. ent. Belgique, *v.* 12 p. 13 | 1870 *P. behrii*, W. H. Edwards in: Tr. Amer. ent. Soc., *v.* 3 p. 10 | 1872 *P. b.*, W. H. Edwards, Butt. N.-Amer., *v.* 1 (Ser. *Parnassius*) t. 3 f. 1 (ovum), 2 (sphragis), 3 (♂), 4 (♀) | 1877 *P. smintheus* var. *b.*, W. H. Edwards in: Tr. Amer. ent. Soc., *v.* 6 p. 12 | 1878 *P. [delius]* var. *s.* var. *B.*, H. Strecker, Butt. Moths N.-Amer., p. 183 | 1886 *P. s.* var. *b.*, Elwes in: P. zool. Soc. London, p. 23 | 1892 *P. delius* var. *b.*, F. Rühl & A. Heyne, Palaearkt. Groß-Schmett., *v.* 1 p. 96 | 1898 *P. smintheus* var. *behri*, W. J. Holland, Butt. Book, p. 306 t. 39 f. 1 (♂), 2 (♀) | 1902 *P. s.* var. *behrii*, Dyar in: Bull. U. S. Mus., *v.* 52 p. 1 | 1905 *P.*

*behri* + *P. niger* + *P. smintheus* + *P. sayi*, W. G. Wright, Butt. West Coast U. S., p. 78 t. 2 f. 8 (♂), p. 80 t. 2 f. 10 (♂), p. 77 t. 2 f. 7a (non 7b), p. 78 t. 2 f. 9 (♀) | 1907 *P. delius* var. *smintheus* „forme" *behrii*, Verity, Rhop. palaearct., p. 71 | 1907 *P. phoebus b.* + forma *niger*, H. Stichel in: Gen. Ins., *v.* 58 p. 21 | 1907 *P. smintheus b.* (*behri* [explic. tabul.]) + aberr. *niger*, H. Stichel in: Seitz, Großschmett. Erde, *v.* 5 p. 47—48 t. 17d (♂) | 1916 *P. s.* „variety" *behrii*, Skinner in: Ent. News Philad., *v.* 27 p. 212 | 1916 *P. s. behri*, W. Barnes & Mc Dunnough in: Contr. nat. Hist. Lep. N.-Amer., *v.* 3 p. 56 | 1918 *P. phoebus behrii*, W. Rothschild in: Nov. zool., *v.* 25 p. 235 | 1922 [1923] *P. p.* var. *Behri*, Bryk in: Strand, Lep. Cat., *v.* 27 p. 209.

Eine große Unterart. Männchen mit etwas gestreckterer Flügelform. Glasband etwas schmaler als bei ssp. *magnus* W. G. Wright, dem es sonst ganz nahe kommt. Submarginalbinde deutlicher und kürzer. Der kleine Hinterrandfleck oft vorhanden. Der kurze Subcostalfleck meistens mit 2 kleinen, orangegelben Kernen. Augenflecke klein, in der Regel gelborange. Submarginalbinde oft als einzelne lose Flecke, besonders im hinteren Teile, erhalten. Hinterrandschwärze hakenförmig um die Mittelzelle greifend. Weibchen oft stark verdunkelt (forma *niger* Wright), reich gezeichnet, mit 2 roten Flecken im Subcostalbändchen und 1 im kräftigen Hinterrandfleck. Die beiden Submarginalbinden sehr kräftig, die des Vorderflügels wurzelwärts die Flügelmitte schwarz bestäubend. Glassaum des Hinterflügels deutlich. Augenflecke groß, oft mit weißen Kernen. Hinterrandschwärze noch kräftiger als bei den Weibchen von ssp. *sayii* W. H. Edw., dem es sonst sehr ähnelt. Vorderflügellänge: ♂ 30—35 mm, ♀ 30—34 mm.

Sierra Nevada (Kalifornien).

11 28. **P. phoebus utahensis** Rothsch. 1907 *P. p. behrii* (part.), H. Stichel in: Gen. Ins., *v.* 58 p. 21 | 1907 *P. smintheus b.* (part.), H. Stichel in: Seitz, Großschmett. Erde, *v.* 5 p. 48 | 1916 *P. s. sayii* (part.), W. Barnes & Mc Dunnough in: Contr. nat. Hist. Lep. N.-Amer., *v.* 3 p. 54 t. 5 f. 5 (♂), 6 (♀) | 1918 *P. phoebus utahensis*, W. Rothschild in: Nov. zool., *v.* 25 p. 233 | 1922 [1923] *P. p.* var. *uthahensis*, Bryk in: Strand, Lep. Cat., *v.* 27 p. 218 | 1923 *P. delius utahensis*, Fruhstorfer in: Soc. ent., *v.* 38 p. 5.

Größer als ssp. *behrii* W. H. Edw. Augenflecke des Weibchens bleichrötlich. Vorderflügellänge: ♂ 32,5—35 mm, ♀ 34 mm.

Park City (Utah).

Typen: ♂ ♀ in coll. Zool. Mus. Tring.

11 29. **P. phoebus catullius** Fruhst. 1923 *P. delius c.*, Fruhstorfer in: Soc. ent., *v.* 38 p. 5.

Schließt sich an ssp. *behrii* W. H. Edw. an. Männchen: Schwarzfleckung und Submarginalbinde des Vorderflügels unbedeutender. Das Rot der Augenflecke des Hinterflügels mehr reduziert. Weibchen kleiner, dunkler, mit stärker ausgeprägtem Glassaum des Vorderflügels und Submarginalbinden auf Vorder- und Hinterflügel.

Pikes Peak (Colorado).

Typen: ♂ ♀ in coll. H. Fruhstorfer, Nizza.

11 30. **P. phoebus aristion** Fruhst. 1923 *P. delius a.*, Fruhstorfer in: Soc. ent., *v.* 38 p. 5.

Größer als ssp. *utahensis* Rothsch., mit viel kleineren Zellmakeln. Männchen überwiegend mit prägnanter Submarginalbinde des Vorderflügels. Weibchen mit geringerer Rotfleckung. Augenflecke gesättigt rot, markant schwarz umzingelt. Glassaum des Hinterflügels breit, die Submarginalbinde äußerst scharf abgegrenzt.

Colorado.

Typen: ♂ ♀ in coll. H. Fruhstorfer, Nizza.

1131. **P. phoebus astriotes** Fruhst. 1923 *P. delius a.*, Fruhstorfer in: Soc. ent., *v.* 38 p. 4.

Männchen mit schmäleren, längeren Zellflecken als ssp. *aristion* Fruhst. Subcostalflecke des Vorderflügels beim Männchen (und Weibchen) ohne Rot. Die hakenförmige Ausdehnung der Hinterrandschwärze um die Mittelzelle sehr ausgedehnt. Weibchen mit schmalem Glassaum und ebensolcher Submarginalbinde auf dem Vorderflügel. Submarginalbinden auf Vorder- und Hinterflügel sehr prägnant. Augenflecke oft gelb.

S. O. Sierra (Californien).

Typen: ♂ ♀ in coll. A. Pagenstecher (Zool. Staatssamml. München).

1132. **P. phoebus golovinus** Holland 1930 *P. g.*, W. J. Holland in: Ann. Carnegie Mus., *v.* 19 p. 155–156.

An ssp. *cervinicolus* Fruhst. erinnernd. Männchen mit kleinen, roten Subcostalflecken und dunklen Flecken der Submarginalbinde auf den Hinterflügeln. Hinterrandschwärze des Hinterflügels besonders kräftig, hakenartig um die Mittelzelle greifend. Ein dreieckiger Analfleck vorhanden. Unterseits 3 breite, rote Wurzelflecke. Analfleck rot gekernt. Weibchen sehr dunkel, mit dunklem Glasband und diffuser Submarginalbinde. Die continuierliche Subcostalbinde trägt 2 rote Flecke. Hinterflügel von dunklem Glasband eingesäumt, das allmählich in die Submarginalbinde übergeht. An den großen karminroten Augenfleck schließt sich die Reihe der Analflecke an. Vorderflügellänge: ♂ 30 mm, ♀ 32 mm.

Golovin Bay (Alaska).

1133. **P. phoebus elias** Bryk 1934 *P. p. e.*, Bryk in: Parnassiana, *v.* 3 p. 31.

Sehr groß. Männchen (Fig. 233): Submarginalbinde des Vorderflügels kräftig, bis zur $Cu_2$ reichend, dahinter noch ein loser Punkt. Glas-

Fig. 234.
**Parnassius phoebus elias** Bryk (♂). (Typus) (1/1).

binde sehr schmal und kurz, bis über $M_3$ reichend, von den keilförmigen Flecken der Grundfarbenbinde unterbrochen. Subcostalflecke verbunden, bis $M_2$ reichend. Endzellfleck kräftig. Mittelzellfleck oblong, den Diskusarm hinten nicht erreichend. Hinterrandfleck deutlich, länglich und klein. Augenflecke klein, gelblich-orange, der mediane größer, mit deutlichem, weißem Kern. Ein Analfleck zwischen $Cu_1$ und $Cu_2$ als isolierter schwarzer Fleck erhalten, unterseits mit großem, rotem, weißgekerntem Flecke, vor ihm noch ein schwarzer. Das Rot in den schwarzen Wurzelflecken ganz reduziert. Weibchen unbekannt. Vorderflügellänge: ♂ 35 mm.

St. Ilja (Alaska).

Typus: ♂ in coll. H. M. Peebles, London.

1134. **P. phoebus apricatus** H. Stich. 1906 *P. p. a.*, H. Stichel in: Berlin. ent. Z., *v.* 51 p. 87 t. 2 f. 13a (♂), 13b (♀) | 1907 *P. delius* var. *a.*, Verity, Rhop. palaearct., p. 69, 106 | 1907 *P. phoebus a.*, H. Stichel in: Gen. Ins., *v.* 58 p. 20 | 1907 *P. smintheus a.*, H. Stichel in: Seitz, Großschmett. Erde, *v.* 5 p. 48 t. 17d (♂) | 1910 *P. s.*, H. G. Dyar in: Harriman Alaska Ser., *v.* 8 p. 213 | 1910 [*P. s.*], Kincaid, ibid., p. 25 | 1916 *P. s. apricatus*, W. Barnes & Mc Dunnough in: Contr. nat. Hist. Lep. N.-Amer., *v.* 3 p. 56 | 1922 [1923] *P. phoebus* var. *a.*, Bryk in: Strand, Lep. Cat., *v.* 27 p. 209.

Flügelschnitt rundlich wie bei den europäischen Rassen (Fig. 234). Männchen: Glasband breiter als bei ssp. *smintheus* Doubl., bis über $Cu_1$ reichend. Die ausgezackte, zwischen $M_2$ und $M_3$ unterbrochene Submarginalbinde deutlich, bis $Cu_1$ reichend. Subcostalbändchen breit und kräftig, sein vorderster

Fig. 234.
**Parnassius phoebus apricatus** H. Stich. (♂). (Typus) (1/1).

Fleck mit rotem Kern. Hinterrandfleck kräftig. Zellmakeln besonders hervortretend, die mittlere fast den hinteren Arm der Zellrippe erreichend. Augenflecke sehr groß. Die Hinterrandschwärze über die halbe Mittelzelle bis vorn zur Wurzel reichend, hinten kräftig betont, bis zum isolierten, kleinen Analfleck und bis zur Mittelzellquerrippe vorspringend. 2. Analfleck strichartig vorhanden. Weibchen gelblich und verdunkelt. Zwischen dem wurzelwärts diffusen, bis zum Hinterrande reichenden Submarginalbande und dem ebenso langen Glasbande eine schmale Reihe heller Mondflecke. Das breite Subcostalbändchen mit 2 rötlichen Kernen. Der schwarze Hinterrandfleck viereckig und kräftig. Das Mittelfeld zwischen Subcostalbändchen und Hinterrandfleck schwarz überpudert. Hinterflügel hell, mit schmaler, glasiger Marginalumsäumung. Submarginalbinde continuierlich, etwas verschwommen. Augenflecke groß, rot, ins Orange ziehend. Hinterrandschwärze wie beim Männchen. 2 Analflecke vorhanden, der hintere in der Hinterrandschwärze verschwindend. Vorderflügellänge: ♂ 34 mm, ♀ 32 mm.

Kadiak (Alaska).

Typen: ♂ ♀ in coll. Zool. Mus. Berlin.

Fig. 234a.
**Parnassius phoebus apricatus** H. Stich. (♀). (Typus) (1/1).

Von allen Vertretern der Gattung *Parnassius* F. hat *P. phoebus* F. die größte geographische Verbreitung (Europa, Asien und Nord-Amerika), trotz seiner isolierten Biotope. Im Osten Asiens wird er stellenweise von *P. bremeri* Bremer abgelöst, dem er oft sehr ähnlich ist (*P. mandarinus* Bryk). Im östlichen Tianschan erscheint er in einer ganz differenzierten Facies und vikariiert mit *P. rückbeili* Deckert, die stark an *P. actius* (Eversm.) erinnert und vielleicht eine gute Species darstellt, und in Europa fliegt er zusammen mit *P. apollo* L., wo Zwischenformen zwischen beiden Arten beobachtet wurden, die als Hybriden aufgefaßt werden. Experimentelle Hybridisationsversuche waren erfolgreich.

Das Ei (1900 Gillmer in: Ent. Z., *v.* 14 p. 116) ist reinweiß, in der Form einer Kugelzone von ca. 1,3 mm Durchmesser und ca. 0,75 mm Höhe, deren oberer und unterer Rand abgerundet ist. Die obere Deckfläche des Eies ist flach eingesunken und zeigt in der Mitte deutlich eine dunkle Rosette mit der noch tiefer dunkel (nach Edwards bei der subsp. *smintheus* moosgrün) gefärbten Mikropylaröffnung. Die Basis der Anheftungsstelle durch den zur Befestigung dienenden Kitt gelblichbraun. Die Textur besteht aus zahlreichen Erhebungen und Vertiefungen, die sich von der Mikropylar-Rosette bis zur Basis über das ganze Ei erstrecken und ihm ein feinkörniges Aussehen verleihen. In der Nähe des Mikropylfeldes zeigt es sich unter dem Mikroskop aus unvollkommen sechseckigen Figuren zusammengesetzt. Raupe 49—50 mm lang, länglich, walzenförmig verjüngt, sammetschwarz, mit kurzbehaarten Knöpfen besetzt. Mit schwarzem, kugeligem Kopf und zitronengelben bis orangegelben Flecken jederseits auf den Segmenten. Auf dem 1. Segment 2, auf den Segmenten 3—11 je 2 äußere größere und 1 mittlerer kleinerer, auf Segment 12 4 orangegelbe Flecke. Sie lebt an Saxifraga aizoides, Sempervivum montanum, Sempervivum tectorum, Sedum album, Sedum roseum, Sedum telephium und Sedum fabria von September bis Juni und benötigt zur Entwicklung viel Nässe und Sonnenschein. Die Puppe ist gedrungen, unbeweglich, braun, mit einem mehligen Staub bereift und trägt am Hinterleibsende die abgestreifte Raupenhaut. Mimocremaster deutlich. Die Verpuppung erfolgt in einem Gespinste, das aus losen Maschen besteht. Die Puppenruhe dauert 3—6 Wochen. Die Futterpflanze der Raupe von ssp. *smintheus* Doubl. ist Sedum stenopetalum, auch S. ternatum. Sie zieht ein oder mehrere Blätter durch Spinnfäden zu einer Art Kokon zusammen oder spinnt sich frei an den Boden an. Das Männchen riecht unangenehm nach Mäusen. Ein Alpentier, fliegt gern an den Gebirgsbächen von Juni bis September und geht in Europa von 1500 bis etwa 2500 m Höhe. Man beobachtete ihn wiederholt mit *P. apollo* L. zusammen.

12. **P. actius** (Eversm.) 1843 *Doritis a.*, Eversmann in: Bull. Soc. Moscou, *v.* 16 p. 540 t. 9 f. 2a, b (♂) | 1843—52 *D. a.*, Herrich-Schäffer, Syst. Bearb. Schmett. Eur., *v.* 1 p. 145 f. 634, 635 | 1852 *Parnassius a.*, G. R. Gray, Cat. lep. Ins. Brit. Mus., *v.* 1 p. 75 | 1881 *P. a.*, O. Staudinger in: Ent. Zeit. Stettin, *v.* 42 p. 278 | 1881 *P. a.*, Alpheraky in: Horae Soc. ent. Ross., *v.* 16 p. 312 | 1885 *P. a.*, Honrath in: Berlin. ent. Z., *v.* 29 p. 274 | 1886 *P. muzaffar*, Honrath, ibid., *v.* 30 p. IV | 1889 *P. actius*, Austaut, Parnass. paléarct., p. 94 t. 10 f. 2 | 1890 *P. a.*, Grum-Grshimailo in: Romanoff, Mém. Lép., *v.* 4 p. 158, 184 | 1892 *P. muzaffar*, F. Rühl & A. Heyne, Palaearkt. Groß-Schmett., *v.* 1 p. 97 | 1892 & 95 *P. actius* (part.), F. Rühl & A. Heyne, ibid., *v.* 1 p. 97, 703 | 1893 *P. (?) jacquemontii*, Leech, Butt. China Japan Corea, Part 4 p. 495 | 1899 *P. actius*, Elwes in: Tr. ent. Soc. London, p. 313 | 1901 *P. a.*, O. Staudinger & Rebel, Cat. Lep. Palaearct. Faunengeb., ed. 3 *v.* 1 p. 6 | 1906—09 *P. a.*, Verity, Rhop. palaearct., p. 59 t. XII f. 14 (♂), 15 (♀), t. 1 f. 23 (♂, squamae) | 1906 *P. a.*, H. Stichel in: Berlin. ent. Z., *v.* 51 p. 90 | 1906 *P. a.*, H. Stichel in: Seitz, Großschmett. Erde, *v.* 1 p. 28 t. 14d (♂ ♀) | 1907 *P. a.*, H. Stichel in: Gen. Ins., *v.* 58 p. 32 (cohors *apolliniform.*) | 1911 *P. a.*, Kheil in: Int. ent. Z., *v.* 5 p. 83 | 1913 *P. a.*, Fritz Wagner in: Ent. Mt., *v.* 2 p. 52 | 1914 *P. a.*, Bryk, ibid., *v.* 3 p. 76 | 1914 *P. a.*, Bryk in: Mt. Münch. ent. Ges., *v.* 5 p. 32 | 1915 *P. a.*, O. Bang-Haas in: D. ent. Z. Iris, *v.* 29 p. 94, 95, 96 | 1917 *P. a.*, Bryk in: Arch. Naturg., *v.* 82 A 5 p. 37, 42, 44, 45, 62 (nervat.) | 1918 *P. a.*, W. Rothschild in: Nov. zool., *v.* 25 p. 250 | 1922 [1923] *P. a.*, Bryk in: Strand, Lep. Cat., *v.* 27 p. 70 | 1931 *P. a.*, Bryk & Eisner in: Parnassiana, *v.* 1 nr. 6 p. 1 | 1932 *P. apollo actius*, M. Hering in: Mt. Mus. Berlin, *v.* 18 p. 278, 283, 288, 293, 302, 303 f. 11 (Schienenblättchen), p. 308, 309 f. 71 (VIII. Tergit ♂), p. 310, 311 f. 91 (aedoeagus), p. 314, 315 f. 143 (Valve, Uncus ♂) | 1932 *P. actius*, Reinig in: Wiss. Ergeb. Alai-Pamir Exp., Teil III *v.* 1 p. 113 (zoogeogr.).

Augen halbkugelig, schwarzbraun. Antennen weiß-schwarz geringelt, mit schwarzer Kolbe. Stirnbüschel grünlichgrau, mit schwarzen Haaren untermischt. Palpe gelblichweiß, mit weißlichen Haaren bewimpert, bisweilen mit schwarzen Haaren leicht untermischt (Fig. 235). Beine braun, gelblich behaart. Schienenblättchen (Fig. 236) kurz, in der Mitte der Tibia inseriert. Thorax und Abdomen schwarz, hell behaart. Das Männchen viel dichter behaart als das Weibchen, sein Abdomen unterseits mit hellem Haarbüschel. Das Abdomen des Weibchens ist oberseits schütter behaart. $M_1$ des Vorderflügels verwächst in der Nähe der vorderen Mittelzellecke mit dem Stiel der gegabelten $R_4 + R_5$. Befransung hell, bei den Rippenmündungen schwarz; auf den Hinterflügeln nicht so auffallend, Zeichnung sexuell digryph. Männchen: Glasband schmal, häufig nur bis $Cu_1$, zuweilen aber auch bis zum Hinterrande reichend. Submarginalbinde schmal, sehr kurz, bisweilen nur ihr 1. Element erhalten. Das mehr oder weniger breite Subcostalband reicht meistens bis $M_2$ und kann in Flecke aufgelöst sein, in der Regel mit wenigstens 1 roten Kern. Der Hinterrandfleck gewöhnlich erhalten, ohne Rot. Endzellfleck vorn nicht gerade verlaufend, sondern etwas wurzelwärts verschoben. Mittelzellfleck kräftig und länglich. Von den beiden tiefroten, nicht weiß gekernten Augenflecken der Hinterflügel, der vordere gewöhnlich größer. 2 schwarze

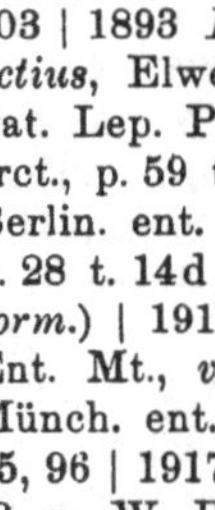

Fig. 235. Palpus von **Parnassius actius** (Eversm.) (Original).

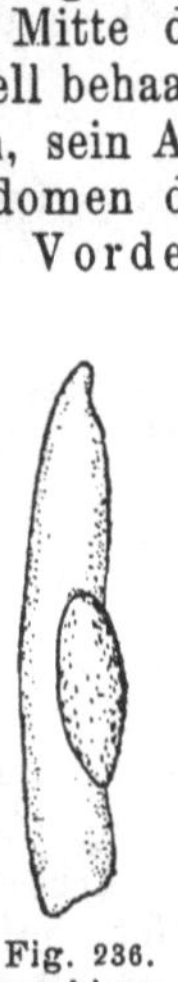

Fig. 236. Vorderschiene mit Schienenblatt von **Parnassius actius** (Eversm.) (Nach M. Hering 1932) (17/1).

Analflecke, die reduziert sein können. Hinterrandschwärze sehr kräftig, den basalen Teil der Mittelzelle und in Verlängerung noch den vor ihm befindlichen Wurzelteil ausfüllend, nach vorn in einem Dreieck sich bis zur $M_3$ erstreckend. Submarginalbinde meistens aufgelöst und reduziert oder sogar ganz fehlend. Die glasige Marginalbinde bisweilen erhalten, häufiger von der hellen Grundfarbe internerval unterbrochen. Die nackten Rippen unterseits gelbbraun. Unterseits sind wenigstens beide Subcostalflecke des Vorderflügels rot gekernt. Hinterrandfleck und beide Zellflecke reduziert erhalten. Die Augenflecke in der Mitte mehr oder weniger stark weiß gekernt. 4 rote, nach außen zu schwarz begrenzte Wurzelflecke. Weibchen reicher gezeichnet. Flügelfond nicht so reinweiß, oft gelblich oder in der Flügelmitte rauchbraun übergossen. Die Rotkernung stärker. Das glasige Marginalband breiter und länger, meistens bis zum Hinterrande reichend. Submarginalbinde oft bis zum Hinterrand ziehend, bisweilen derart diffus verbreitert, daß sie sich fast zum Subcostalbändchen und Hinterrandflecke und bis an die Mittelzelle ergießt. Subcostalbändchen gewöhnlich bis $M_3$ reichend, selten in reduzierte Flecke aufgelöst, mit 2—4 roten Kernen. Hinterrandfleck größer als beim Männchen. Das glasige Marginalband des Hinterflügels oft sehr breit, seltener reduziert. Submarginalbinde deutlich, seltener reduziert und aufgelöst. Hinterrandschwärze und Augenflecke wie beim Männchen, $M_3$ nicht erreichend. Unterseite wie beim Männchen. Augenflecke mit deutlicherer Weißkernung. Es treten auch inverse Weibchen mit männlicher Facies auf. VIII. Tergit des Männchens mit 2 großen, vogelschnabelartig zugespitzten Lappen (Fig. 237). Der männliche Genitalapparat (Fig. 238) mit einem Uncus, der in 2 nach unten gebogene Haken ausläuft. Subuncus in Form eines nach einer Einschnürung verbreiterten, spatelförmig, unpaarigen, schalenartigen Gebildes. Valve abgestumpft, mit am Ende verdicktem Unterrande und einem sehr starken, das Analende der Valve überragenden, nach unten gebogenen Haken. Aedoeagus (Fig. 239) verhältnismäßig kurz, am oralen Teile stärker verdickt, mit sehr langem Orificium. Sphragis (1906 *P. actius,* Verity, Rhop. palaearct., t. XV f. 10, 11 12 | 1914 *P. a.,* Bryk in: Mt. Münch. ent. Ges., *v.* 5 p. 32 (plethosphragis) | 1914 *P. a.,* Bryk in: Umschau, *v.* 18 p. 430 | 1914 *P. a.,* Bryk in: Arch. Naturg., *v.* 80 A 6 p. 149 | [1918] *P. a.,* Bryk, Parnassius Apollo Formenkreis, p. 33 | 1920 *P. a.,* Bryk in: Arch. Naturg., *v.* 85 A 5 p. 157, 166, 167): mattbraun gekielt, vorn gewölbt, mit mehr oder weniger deutlicher Furche, die Spitze schräg abgeschnitten.

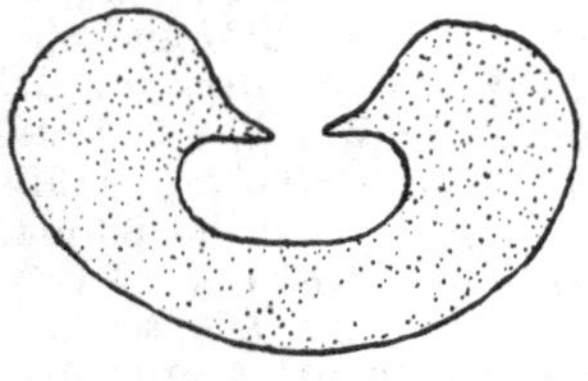

Fig. 237.
VIII. Tergit von **Parnassius actius** (Eversm.) (♂). (Nach M. Hering 1932) (⁹/₁).

Fig. 238.
Valve (links) und Uncus (rechts) von **Parnassius actius** (Eversm.) (Nach M. Hering 1932) (¹⁶/₁).

Fig. 239.
Aedoeagus von **Parnassius actius** (Eversm.) (Nach M. Hering 1932) (¹³/₁).

Die Art zerfällt in 13 Unterarten.

Verbreitung innerasiatisch.

forma actinobolus Staud. 1898 *P. actius* aberr. (var.?) *actinobolus*, O. Staudinger in: D. ent. Z. Lep., *v.* 10 p. 347 | 1901 *P. a.* aberr. *a.*, O. Staudinger & Rebel, Cat. Lep. Palaearct. Faunengeb., ed. 3 *v.* 1 p. 6 | 1906 & 07 *P. a.* aberr. *a.*, Verity, Rhop. palaearct., p. 60 t. XII f. 16 (♂), 17 (♀) | 1906 *P. a. caesar* aberr. *a.*, H. Stichel in: Seitz, Großschmett. Erde, *v.* 1 p. 28 t. 14e (♂) | 1907 *P. a. c.* forma *a.*, H. Stichel in: Gen. Ins., *v.* 58 p. 33 | 1911 & 10 *P. a.* aberr. *apolloformis*, Verity, Rhop. palaearct., p. 313 t. LVIII f. 11 (♂) | 1911 *P. a. caesar* aberr. *actinobolus*, H. Stichel in: Int. ent. Z., *v.* 4 p. 277 | 1913 *P. A.* aberr. *A.*, Fritz Wagner in: Ent. Mt., *v.* 2 p. 52 t. 1 f. 10—13 | 1913 *P. a.* aberr. *a.*, W. H. Evans in: J. Bombay Soc., *v.* 22 p. 282 | 1914 *P. a.* aberr. *a.* aberr. nova, Bryk in: Mt. Münch. ent. Ges., *v.* 5 p. 31 t. 1 f. 4 (♂) nec 5 | 1915 *P. a.* var. *a.*, O. Bang-Haas in: D. ent. Z. Iris, *v.* 29 p. 94 | 1922 [1923] *P. a.* aberr. *a.*, Bryk in: Strand, Lep. Cat., *v.* 27 p. 71 | 1931 *P. a.* forma *a.*, Bryk & Eisner in: Parnassiana, *v.* 1 nr. 6 p. 3.

Fig. 240.
**Parnassius actius caesar** Gr.-Gr. forma **actinobolus** Staud. (♂).
(Original, aus coll. Zool. Mus. Berlin) (1/1).

Glasband beim Männchen (Fig. 240) fast völlig oder mehr oder weniger reduziert. Submarginalbinde des Vorderflügels bis auf die vordersten Elemente verschwunden. Weibchen wie das Männchen, mit rückgebildeter Submarginalbinde des Hinterflügels und oft rückgebildeter Hinterrandschwärze.

Gebirge bei Korla (Typus). Tritt sehr häufig bei der ssp. *caesar* Gr.-Gr. auf; auch sonst unter den verschiedenen Unterarten als forma bei Beibehaltung der subspecifischen Facies.

Typus: ♂ in coll. O. Staudinger, Dresden-Blasewitz.

♂ forma casta Fritz Wagner 1913 *P. actius* aberr. *c.*, Fritz Wagner in: Ent. Mt., *v.* 2 p. 53 t. 1 f. 14 (♂) | 1914 *P. a.* aberr. *castus*, Bryk in: Mt. Münch. ent. Ges., *v.* 5 p. 31 t. 1 f. 5 (♂; = transit.) | [1922] 1923 *P. a. casta*, Bryk in: Strand, Lep. Cat., *v.* 27 p. 71 | 1929 *P. a. c.*, Bollow in: Seitz, Großschmett. Erde, *v.* 1 Suppl. 1 p. 74.

Hinterrandfleck auf den Vorderflügeln fehlt.

Taldi-Schlucht (Burchan).

forma jambica Bryk 1914 *P. actius brutus* aberr. *jambicus*. Bryk in: Int. ent. Z., *v.* 8 p. 40 | 1914 *P. a.* aberr. *j.*, Bryk in: Soc. ent., *v.* 29 p. 77 | 1922 [1923] *P. a.* aberr. *j.*, Bryk in: Strand, Lep. Cat., *v.* 27 p. 71 | 1929 *P. a.* aberr. *j.*, Bollow in: Seitz, Großschmett. Erde, *v.* 1 Suppl. 1 p. 74.

Das Subcostalbändchen mit 4 roten Kernen (Fig. 241).

Mustagh-ata (Pamir).

Typus: ♀ in coll. C. Eisner, Berlin-Dahlem.

Fig. 241.
**Parnassius actius pseudobrutus** Bryk & Eisner forma **jambica** Bryk (♀).
(Typus, nach Bryk & Eisner 1931) (1/1).

forma excelsior Bryk 1914 *P. actius* aberr. *e.*, Bryk in: Mt. Münch. ent. Ges., *v.* 5 p. 31 | 1914 *P. a.* aberr. *e.*, Bryk in: Ent. Mt., *v.* 3 p. 76 | 1922 [1923] *P. a.* aberr. *e.*, Bryk in: Strand, Lep. Cat., *v.* 27 p. 71 | 1929 *P. a.* aberr. *e.*, Bollow in: Seitz, Großschmett. Erde, *v.* 1 Suppl. 1 p. 74.

Wurzelfleck des Hinterflügels oberseits rot gekernt.

Wernoj.

Typus: ♂ in coll. C. Eisner, Berlin-Dahlem.

♂ forma nova Bryk 1914 *P. actius* aberr. *n.*, Bryk in: Mt. Münch. ent. Ges., *v.* 5 p. 31 | 1922 [1923] *P. a.* aberr. *n.*, Bryk in: Strand, Lep. Cat., *v.* 27 p. 72 | 1929 *P. a.* aberr. *n.*, Bollow in: Seitz, Großschmett. Erde, *v.* 1 Suppl. 1 p. 74.

Männchen mit sehr starker, weißer Beschuppung der Zwischensaumzellen im Glasband, ohne Hinterrandfleck und ohne Rot auf den Vorderflügeln.

Wernoj.

Typus: ♂ in coll. C. Eisner, Berlin-Dahlem

forma miranda Niepelt 1912 *P. actius* aberr. *mirandus*, Niepelt in: Int. ent. Z., *v.* 5 p. 305 | 1914 *P. a.* aberr. *m.*, Niepelt in: Strand, Lep. Niepeltiana, *v.* 1 p. 56 t. 7 f. 9 (♀) | 1915 *P. a. melaniticus* aberr. *m.*, O. Bang-Haas in: D. ent. Z. Iris, *v.* 29 p. 175 | 1922 [1923] *P. a.* aberr. *mirandus*, Bryk in: Strand, Lep. Cat., *v.* 27 p. 72 | 1929 *P. a.* aberr. *miranda*, Bollow in: Seitz, Großschmett. Erde, *v.* 1 Suppl. 1 p. 74.

Weibchen mit mehr weißer Grundfarbe, ohne Rot auf Vorder- und Hinterflügel. Unterseits sind die Augenflecke schwach dunkelrot gekernt.

Tianschan.

Typus: ♀ in coll. Joicey (Brit. Mus. London).

forma cardinalis Fritz Wagner 1913 *P. actius* aberr. *c.*, Fritz Wagner in: Ent. Mt., *v.* 2 p. 53 t. 1 f. 16 (♂ = transit.), f. 20 (♀) | 1913 *P. a.* aberr. *connexa*, Fritz Wagner, ibid., *v.* 2 p. 53 | 1914 *P. a.* aberr. *cardinal*, Bryk in: Mt. Münch. ent. Ges., *v.* 5 p. 31—32 t. 1 f. 5 (♀ assym.) | 1915 *P. a. ornatus* aberr. *conjuncta*, O. Bang-Haas in: D. ent. Z. Iris, v. 29 p. 93 | 1922 [1923] *P. a.* aberr. *cardinal*, Bryk in: Strand, Lep. Cat., *v.* 27 p. 71 | 1929 *P. a.* aberr. *cardinalis*, Bollow in: Seitz, Großschmett. Erde, *v.* 1 Suppl. 1 p. 74.

Die beiden Augenflecke der Hinterflügel mit einem schwarzen Bindestrich.

Taldi-Schlucht (Burchan).

forma fasciata Fritz Wagner 1913 *P. actius* aberr. *f.*, Fritz Wagner in: Ent. Mt., *v.* 2 p. 53 t. 1 f. 20 (♀) | 1922 [1923] *P. a.* aberr. *f.*, Bryk in: Strand, Lep. Cat., *v.* 27 p. 71 | 1929 *P. a.* aberr. *f.*, Bollow in: Seitz, Großschmett. Erde, *v.* 1 Suppl. 1 p. 74.

Männchen mit continuierlicher, schwarzer Verbindung des Subcostalbändchens mit dem Hinterrandfleck.

Taldi-Schlucht (Burchan).

forma rhododactyla Bryk 1914 *P. actius* aberr. *rhododaktylos*, Bryk in: Mt. Münch. ent. Ges., *v.* 5 p. 30, 31 t. 1 f. 5 (nec 4) ♂ | 1914 *P. a.* aberr. *r.*, Bryk in: Soc. ent., *v.* 29 p. 77 | 1915 *P. a.* aberr. *tripicta*, O. Bang-Haas in: D. ent. Z. Iris, *v.* 29 p. 93 | 1922 [1923] *P. a.* aberr. *rhododaktylos*, Bryk in: Strand, Lep. Cat., *v.* 27 p. 72 | 1929 *P. a.* aberr. *r.*, Bollow in: Seitz, Großschmett. Erde, *v.* 1 Suppl. 1 p. 74.

Das Subcostalbändchen des Vorderflügels mit 3 roten Kernen.

Karaigatan.

Typen: ♂ ♀ in coll. C. Eisner, Berlin-Dahlem.

121. **P. actius actius** (Eversm.) 1843 *Doritis a.*, Eversmann in: Bull. Soc. Moscou, *v.* 16 p. 540 t. 9 f. 2a, b (♂) | 1843—52 *D. a.*, Herrich-Schäffer, Syst. Bearb. Schmett. Eur., *v.* 1 p. 145 f. 634, 635 (♂) | 1918 *Parnassius a. a.*, W. Rothschild in: Nov. zool., *v.* 25 p. 250.

Männchen: Glasband bis zum Hinterrande reichend. Submarginalbinde deutlich, aber kurz. Subcostalbändchen 3zellig, vorn sehr wenig gerötet. Hinterrandfleck deutlich. Hinterflügel sehr schmal glasig umsäumt. Submarginalbinde vorhanden. 1 Analfleck. Weibchen unbekannt.

Ost-Altai. Im Altai wurde die Art nicht wieder vorgefunden, weshalb der Fundort sehr fraglich erscheint.

122. **P. actius urumtsiensis** Verity 1906 & 07 *P. a.* var. *u.*, Verity (Deckert MS.), Rhop. palaearct., p. 60 t. XIII f. 7 (♂), 8 (♀) | 1906 *P. a. u.*, H. Stichel in: Seitz, Großschmett. Erde, *v.* 1 p. 28 | 1907 *P. a. u.*, H. Stichel in: Gen. Ins., *v.* 58

Fig. 242.
**Parnassius actius urumtsiensis** Verity (links ♂, rechts ♀). (Original, aus coll. Zool. Mus. Berlin) (1/1).

p. 33 | 1918 *P. a. u.*, W. Rothschild in: Nov. zool., *v.* 25 p. 250 | 1922 [1923] *P. a. u.*, Bryk in: Strand, Lep. Cat., *v.* 27 p. 73 | 1931 *P. a. urumtiensis*, Bryk & Eisner in: Parnassiana, *v.* 1 nr. 6 p. 1.

Ähnlich der Nominatrasse. Flügelgrund gelblich. Der vorderste Fleck der Submarginalbinde auf den Hinterflügeln sehr breit (Fig. 242). Das Weibchen oft mit rotem Wurzelfleck (forma *excelsior*).

Urumtschi.

123. **P. actius minutus** Verity 1911 & 10 *P. a.* race *minuta*, Verity, Rhop. palaearct., p. 313 t. LIII f. 5 (♂), 6 (♀), t. LVIII f. 12 (♂), 13 (♀) | 1915 *P. a. m.*, O. Bang-Haas in: D. ent. Z. Iris, *v.* 29 p. 174 | 1918 *P. a. m.*, W. Rothschild in: Nov. zool., *v.* 25 p. 250 | 1922 [1923] *P. a.* var. *m.*, Bryk in: Strand, Lep. Cat., *v.* 27 p. 72 | 1929 *P. a. m.*, Bollow in: Seitz, Großschmett. Erde, *v.* 1 Suppl. 1 p. 74 | 1931 *P. a. m.*, Bryk & Eisner in: Parnassiana, *v.* 1 nr. 6 p. 3.

Fig. 243.
**Parnassius actius minutus** Verity (♂). (Original, aus coll. Zool. Mus. Berlin) (1/1).

Fig. 243a.
**Parnassius actius minutus** Verity (♀). (Original, aus coll. Zool. Mus. Berlin) (1/1).

Kleiner als die Nominatrasse, mit gelblichem Anflug (Fig. 243). Stark verdunkelt, besonders das Weibchen. Die Hinterrandschwärze des Hinterflügels greift hakenförmig um den Discus herum. Glasband beim Weibchen auch auf dem Hinterflügel breit und deutlich. Gewöhnlich mit 3 Analflecken.

Juldus, Issyk-kul.

124. **P. actius melaniticus** O. Bang-Haas 1915 *P. a.* var. *m.*, O. Bang-Haas in: D. ent. Z. Iris, *v.* 29 p. 173 t. 5 f. 21 (♂) | 1922 [1923] *P. a.* var. *m.*, Bryk in: Strand, Lep. Cat., *v.* 27 p. 72 | 1929 *P. a. m.*, Bollow in: Seitz, Großschmett. Erde, *v.* 1 Suppl. 1 p. 74 | 1931 *P. a. m.*, Bryk & Eisner in: Parnassiana, *v.* 1 nr. 6 p. 3.

Die dunkelste Unterart, mit ssp. *minutus* Verity nahe verwandt. Die schwarzen Zeichnungen auch unterseits viel ausgedehnter, auch bei eventuell hellerer Oberseite (Fig. 244). Extrem gefärbte Stücke erscheinen ganz schwarz

Fig. 244.
**Parnassius actius melaniticus** O. Bang-Haas (♂). (Original, aus coll. Zool. Mus. Berlin) (¹/₁).

mit Ausnahme der weißen Inseln in der Nähe von Discus und Basis. Marginal- und Submarginalbinde oft so ineinandergreifend, daß nur eine kleine, weiße Fleckenreihe übrig bleibt. Als forma wurde *miranda* beobachtet.

Tianschan orientalis et meridionalis, Kourgak-Taon, Kutscha-Gebirge (nordwestlich Karaschahr).

125. **P. actius caesar** Gr.-Gr. 1885 *P. c.*, Grum-Grshimailo in: Romanoff, Mém. Lép., *v.* 2 p. 247 | 1886 *P. muzaffir*, Elwes in: P. zool. Soc. London, p. 42 (nota) | 1886 *P. caesar*, Elwes, ibid., p. 41 | 1890 *P. Mouzaffar* + *P. C.*, Grum-Grshimailo in: Romanoff, Mém. Lép., *v.* 4 p. 187 (nota) | 1898 *P. actius* var. *c.*, O. Staudinger in: D. ent. Z. Lep., *v.* 10 p. 347—348 | 1901 *P. a.* var. *c.*, O. Staudinger & Rebel, Cat. Lep. Palaearct. Faunengeb., ed. 3 *v.* 1 p. 6 | 1902 *P. c.*, F. Moore, Lep. Ind., *v.* 5

Fig. 245.
**Parnassius actius caesar** Gr.-Gr. (♂). (Original, aus coll. Zool. Mus. Berlin) (¹/₁).

p. 115 | 1906 & 07 *P. actius* forma *c.*, Verity, Rhop. palaearct., p. 59 t. XII f. 12 (♂), 13 (♀) | 1906 *P. a. c.*, H. Stichel in: Seitz, Großschmett. Erde, *v.* 1 p. 28 t. 14e (♂) | 1907 *P. a. c.*, H. Stichel in: Gen. Ins., *v.* 58 p. 32—33 | 1911 & 10 *P. a.* forma *dubitabilis*, Verity, Rhop. palaearct., p. 313 t. LIII f. 3 (♂) | 1911 *P. a. caesar*, H. Stichel in: Int. ent. Z., *v.* 4 p. 277 | 1913 *P. A.* var. *C.*, Fritz Wagner in: Ent. Mt., *v.* 2 p. 52 | 1913 *P. a. c.*, W. H. Evans in: J. Bombay Soc., *v.* 22 p. 282 | 1918 *P. a. c.* + *dubitabilis*, W. Rothschild in: Nov. zool., *v.* 25 p. 250 | 1919 *P. a.*, Bryk in: Ent. Tidskr., *v.* 40 p. 40 f. 1 (nervat. plethon.) | 1929 *P. a. dubitalis*, Bollow in: Seitz, Großschmett. Erde, *v.* 1 Suppl. 1 p. 75 | 1931 *P. a.* subsp. *caesar*, Bryk & Eisner in: Parnassiana, *v.* 1 nr. 6 p. 3 | 1934 *P. a.* subsp. *c.*, F. Nordström in: Ark. Zool., *v.* 27 A nr. 7 p. 3.

Fig. 245a.
**Parnassius actius caesar** Gr.-Gr. (♀). (Original, aus coll. Zool. Mus. Berlin) (1/1).

Größer als die Nominatrasse, heller, oft mit reduzierten Submarginalbinden (Fig. 245). Glasband sehr schmal. Hinterrandfleck des Vorderflügels klein. Regelmäßig tritt forma *actinobolus* auf.

Kuruk-dag (Tianschan). S. Fergana, Karagu-tau.

12 b. **P. actius actinoboloides** O. Bang-Haas 1928 *P. jacquemonti* var. *actinoboloides*, O. Bang-Haas in: Ent. Z., *v.* 42 p. 59 | 1929 *P. j.* var. *a.*, Bollow in: Seitz, Großschmett. Erde, *v.* 1 Suppl. 1 p. 75 t. 4f | 1931 *P. actius a.*, Bryk & Eisner in: Parnassiana, *v.* 1 nr. 6 p. 3.

Fig. 246.
**Parnassius actius actinoboloides** O. Bang-Haas (links ♂, rechts ♀).
(Paratypen, aus coll. Zool. Mus. Berlin) (1/1).

Eine Unterart mit 2 rot gekernten Subcostalflecken (Fig. 246). Männchen hell cremeweiß. Glasband infolge dichter, weißer Beschuppung nur als Zackenband erhalten. Submarginalbinde fehlt. Augenflecke klein. Beim Weibchen ist die Submarginalbinde auf beiden Flügeln oft als Fleckenreihe angedeutet.

Richthofen-Geb. (N. Kanssu).

Typen: ♂♀ in coll. O. Staudinger, Dresden-Blasewitz.

127. **P. actius flora** O. Bang-Haas 1915 *P. a.* var. *f.*, O. **Bang-Haas** in: D. ent. Z. Iris, *v.* 29 p. 94 | 1922 [1923] *P. a.* var. *f.*, Bryk in: Strand, Lep. Cat., *v.* 27 p. 72 | 1929 *P. a. f.*, Bollow in: Seitz, Großschmett. Erde, *v.* 1 Suppl. 1 p. 74 | 1931 *P. a.* subsp. *f.*, Bryk & Eisner in: Parnassiana, *v.* 1 nr. 6 p. 1.

Fig. 247.
**Parnassius actius flora** O. Bang-Haas (♂). (Original, aus coll. Zool. Mus. Berlin) (1/1).

Fig. 247 a.
**Parnassius actius flora** O. Bang-Haas (♀). (Original, aus coll. Zool. Mus. Berlin) (1/1)

Eine Rasse mit deutlicher Submarginalbindenzeichnung, die auf den Hinterflügeln in einzelne, stark betonte Flecke aufgelöst ist (Fig. 247). Glassaum des Männchens schmal und kurz. Hinterrandbestäubung der Hinterflügel des Weibchens kräftig. Das Rot ist zurückgedrängt, die schwarze Umsäumung der Augenflecke breit.

Isfairan (Alai).

Typen: ♂♀ in coll. O. Bang-Haas, Dresden-Blasewitz.

128. **P. actius ambrosius** H. Stich. 1892 *P. a.* var. *superbus*, F. Rühl & A. Heyne (nec Gr.-Gr. 1890), Palaearkt. Groß-Schmett., *v.* 1 p. 97 | 1906—09 *P. a.* var. *s.*, Verity, Rhop. palaearct., p. 59 t. XIII f. 5 (♂), 6 (♀), t. 1 f. 24 (♂, squamae) | 1906 *P. a. s.*, H. Stichel in: Seitz, Großschmett. Erde, *v.* 1 p. 28 | 1907 *P. a. s.* (part.), H. Stichel in: Gen. Ins., *v.* 58 p. 33 | 1907 *P. a. ambrosius*, H. Stichel, ibid., *v.* 58 p. 33 (nota 1) | 1911 *P. a. a.*, Verity, Rhop. palaearct., p. XIX, 311 | 1911 *P. a. a.*, H. Stichel in: Int. ent. Z., *v.* 4 p. 277 | 1914 *P. a. superbus*, Bryk in. Mt. Münch. ent. Ges., *v.* 5 p. 31 | 1915 *P. a. ambrosius*, O. Bang-Haas in: D. ent. Z. Iris, *v.* 29 p. 94 | 1918 *P. a. a.*, W Rothschild in: Nov. zool., *v.* 25 p. 250 | 1922 [1923] *P. a.* var. *superbus*, Bryk in: Strand, Lep. Cat., *v.* 27 p. 73.

Fig. 248.
**Parnassius actius ambrosius** H. Stich. (♂). (Original, aus coll. Zool. Mus. Berlin) (1/1).

Fig. 248a.
**Parnassius actius ambrosius** H. Stich. (♀). (Original, aus coll. Zool. Mus. Berlin) (1/1).

Vorderflügel mit reduziertem Rot (Fig. 248). Die Submarginalbinde mit kräftigen, aneinander grenzenden Flecken. Das bei Verity abgebildete Weibchen zeigt eine aberrative, weiße Befransung der Hinterflügel.

Aksu-Tal.

129. **P. actius brutus** Bryk (O. Bang-Haas, MS.) 1914 *P. a. b.* (part.), Bryk in: Int. ent. Z., *v.* 8 p. 40 | 1915 *P. a.* var. *b.* (part.), O. Bang-Haas in: D. ent. Z. Iris, *v.* 29 p. 94 | 1922 [1923] *P. a.* var. *b.* (part.), Bryk in: Strand, Lep. Cat., *v.* 27 p. 72 |

1929 *P. a. b.* (part.), Bollow in: Seitz, Großschmett. Erde, *v.* 1 Suppl. 1 p. 74 | 1931 *P. a.* subsp. *b.*, Bryk & Eisner in: Parnassiana, *v.* 1 nr. 6 p. 1—2 f. 1 (♂), 2 (♀) | 1932 *P. a.* subsp. *b.*, Reinig in: Wiss. Ergeb. Alai-Pamir Exp., Teil III *v.* 1 p. 113.

Fig. 249.
**Parnassius actius brutus** Bryk (♂). (Typus, nach Bryk & Eisner 1931) (1/1).

Fig. 249 a.
**Parnassius actius brutus** Bryk (♀). (Typus, nach Bryk & Eisner 1931) (1/1).

Männchen (Fig. 249) mit deutlicher, aber kurzer Submarginalbinde bis $Cu_1$, mit schmalem Glasband und stark reduziertem Hinterrandfleck des Vorderflügels. Auch das Weibchen (Fig. 249a) mit scharf hervortretenden Zeichnungselementen, besonders auf den Hinterflügeln.

Kisil-jar und Beik (Ost-Pamir).

Typen: ♂ ♀ in coll. O. Bang-Haas, Dresden-Blasewitz.

1210. **P. actius pseudobrutus** Bryk & Eisner 1914 *P. a. brutus* (part.) aberr. *jambicus*, Bryk in: Int. ent. Z., *v.* 8 p. 40 1915 *P. a.* var. *b.* (part.), O. Bang-Haas in: D. ent. Z. Iris, *v.* 29 p. 94 | 1922 | 1923 | *P. a.* var. *b.* (part.), Bryk in: Strand, Lep. Cat., *v.* 27 p. 72 | 1929 *P. a. b.* (part.), Bollow in: Seitz, Großschmett. Erde, *v.* 1 Suppl. 1 p. 74 | 1931 *P. a.* subsp. *pseudobrutus*, Bryk & Eisner in: Parnassiana, *v.* 1 nr. 6 p. 2 f. 3 (♀), f. 4 (♀, aberr. *jambicus*) | 1932 *P. a.* subsp. *p.*, Reinig in: Wiss. Ergeb. Alai-Pamir Exp., Teil III *v.* 1 p. 113 | 1932 *P. a.* subsp. *p.*, Eisner in: Parnassiana, *v.* 2 p. 11.

(Fig. 250). Diese Unterart besitzt wie die nachfolgende ssp. *ornatus* O. Bang-Haas eine reiche Prachtkernung des Vorderflügels mit großen, weißen Spiegeln der Augenflecke. Die Submarginalbinde kräftiger, auf den Vorderflügeln bis $Cu_2$ reichend, continuierlich. Der hintere Analfleck rot gekernt. Als forma tritt *jambica* auf (s. Fig. 241).

Mustagh-ata.

Typen: ♂ ♀ in coll. C. Eisner, Berlin-Dahlem.

Fig. 250.
**Parnassius actius pseudobrutus** Bryk & Eisner (♀). (Typus, nach Bryk & Eisner 1931) (1/1).

12 11. **P. actius ornatus** O. Bang-Haas 1915 *P. a.* var. *o.*, O. Bang-Haas in: D. ent. Z. Iris, *v.* 29 p. 93, 173, t. 5 f. 25 | 1922 [1923] *P. a.* var. *o.*, Bryk in: Strand, Lep. Cat., *v.* 27 p. 73 | 1929 *P. a. o.*, Bollow in: Seitz, Großschmett. Erde, *v.* 1 Suppl. 1 p. 74 | 1931 *P. a.* subsp. *o.*, Bryk & Eisner in: Parnassiana, *v.* 1 nr. 6 p. 3.

Grundfarbe reinweiß, mit tiefroten Prachtflecken. Im Vorderflügel beide Subcostalflecke und der Hinterrandfleck rot. Starke Neigung zur forma *actinobolus*. Weibchen mit rot gekerntem hinterem Analfleck.

Schahidulla (Chotan).

Typen: ♂ ♀ in coll. O. Bang-Haas, Dresden-Blasewitz.

12 12. **P. actius catilina** Eisner & Peschke 1934 *P. a.* subsp. *c.* + forma *nigroocellata*, Eisner & Peschke in: Parnassiana, *v.* 3 p. 41.

Eine stark differenzierte Unterart, am ebesten an ssp. *minutus* Verity erinnernd, mit klarer aber reduzierter Flügelzeichnung. Das Rot fehlt in der Regel im Vorderflügel oder ist nur spärlich erhalten. Männchen mit sehr schmalem Glasband, verkürzter Submarginalbinde im Vorderflügel und rückgebildeter im Hinterflügel. Subcostalflecke klein. Zellflecke normal. Augenflecke klein, nicht selten ohne Rot. Hinterrandschwärze mäßig, hinten mit einem Ansatz von Analflecken. Weibchen größer, dem Männchen ähnlich, mit breiteren und längeren Marginal- und Submarginalbinden und etwas größeren Augenflecken.

Daubounni-Berge (Gilgit).

Typen: ♂ ♀ in coll. C. Eisner, Berlin-Dahlem.

12 13. **P. actius sulla** Bryk & Eisner 1934 *P. a.* subsp. *s.*, Bryk & Eisner in: Parnassiana, *v.* 3 p. 42.

Eine dem *P. jacquemontii* Boisd. stark ähnelnde Unterart mit gestreckten Flügeln, die sehr luxuriös gezeichnet ist. Flügelfond dünn beschuppt, beim Männchen ein wenig, beim Weibchen stärker verrußt. Glasbinde breit, bis zum Hinterrand reichend. Submarginalbinde des Vorderflügels bis zur Analfalte reichend, stark ausgezackt, wie bei *P. jacquemontii* Boisd. proximal verschwimmend. 1. Subcostalfleck mit rotem Kern. Submarginalbinde des Hinterflügels deutlich, mit den Pfeilern ihrer Arkaden die breite Glasbinde berührend. Analflecke 2 zellig. Augenflecke von normaler Größe, ziegelrot gekernt, breit schwarz umrandet. Hinterrandschwärze kräftig und ausgedehnt. Die Tiere erwecken den Eindruck von Hybriden zwischen *P. actius* (Eversm.) und *P. jacquemontii* Boisd.

Chitral: Baroghil-Paß (Typus ♂); Afghanistan: Faisabad (♀ Typus).

Typen: ♂ ♀ in coll. C. Eisner, Berlin-Dahlem.

Diese Art, die *Parnassius phoebus* F. in Zentralasien vertritt, ist ein typisches Hochgebirgstier und fliegt in Höhen von 3000 bis über 5000 m an Abhängen, wo Saxifraga sp. wächst, die wahrscheinlich die Futterpflanze ihrer Larve darstellt. Ei, Larve und Puppe sind unbekannt.

13. **P. jacquemontii** Boisd. 1836 *P. j.* (part.), Boisduval, Spec. gén. Lép., *v.* 1 p. 400 (♂, non ♀!) | 1844 *P. j.* (part.), E. Blanchard in: Voy. Inde Jacquemont, *v.* 4 Ins. p. 16 t. 1 f. 4 (♂, non f. 3 (♀)) | 1879 *P. j.*, F. Moore in: Result. Yarkand. Miss., *v.* 4 Lep. p. 5 | 1879 *P. j.*, C. Oberthür, Étud. Ent., *v.* 4 p. 23 t. 2 f. 5 (♂ Type) | 1891 *P. j.*, C. Oberthür, ibid., *v.* 14 p. 10, 11 t. 2 f. 11 (♂) | 1898 *P. j.*, Mackinnon & Nicéville in: J. Bombay Soc., *v.* 11 p. 596 | 1902 *P. j.*, F. Moore, Lep. Ind., *v.* 5 p. 105 t. 406 f. 1—1e | 1906 *P. j.*, H. Stichel in: Berlin. ent. Z., *v.* 51 p. 83 | 1907 *P. jacquemonti*, Verity, Rhop. palaearct., p. 62 (nota 1) | 1907 *P. jacquemontii*, H. Stichel in: Seitz, Großschmett. Erde, *v.* 1 p. 29 | 1907 *P. j.*, Bingham in: Fauna Brit. Ind., Butt. *v.* 2 p. 118 | 1907 *P. j.*, H. Stichel in: Gen. Ins., *v.* 58 p. 33 (cohors *apolloniformes*) | 1909 *P. jacquemonti*, Fruhstorfer in: Seitz, Großschmett. Erde, *v.* 9 p. 110 t. 50b (♂) | 1915 *P. j.*, Bryk in: Arch. Naturg., *v.* 80 A 7 p. 182 | 1915 *P. j.*, O. Bang-Haas in: D. ent. Z. Iris, *v.* 29 p. 175 | 1922[1923] *P. J.*, Bryk in: Strand, Lep. Cat., *v.* 27 p. 161—165 | 1926 *P. j.*, N. D. Riley in: Ent. monthly Mag., *v.* 62 p. 275 | 1927 *P. j.*, O. Bang-Haas in: Horae Macrolep., *v.* 1 p. 18—20 | 1932 *P. appollo j.*, M. Hering in: Mt. Mus. Berlin, *v.* 18 p. 283, 286, 292, 302, 303 f. 20 (Schienenblättchen), p. 306, 307 f. 67 (VIII. Tergit ♂), p. 314, 315 f. 145 (valva, uncus) | 1932 *P. j.*, Reinig in: Wiss. Ergeb. Alai-Pamir Exp., Teil III *v.* 1 p. 113 (zoogeogr.).

Augen halbkugelig, schwarzbraun. Antennen weiß und schwarz geringelt, mit schwarzer Kolbe. Stirnbüschel gelblich, oft mit Schwarz untermischt. Palpe (Fig. 251) bräunlichgelb, gelblich bewimpert, oft leicht mit Schwarz untermischt. Beine dunkelbraun, Tibien ockerbraun beschuppt, hell gelblich behaart. Schienenblättchen (Fig. 252) kurz, in der Mitte der Tibie inseriert. Thorax und Abdomen beim Männchen schwarz, mit hellem Haarkleide bedeckt, beim Weibchen fast nackt, mit braungelbem Halskragen, weißlicher oder gelblicher, schütterer Beschuppung und sehr schütterer Behaarung, unterseits am caudalen Teile des Abdomen gelblich behaart. Flügel: $M_1$ des Vorderflügels verwächst in der Nähe der vorderen Mittelzellecke mit dem Stiel der gegabelten $R_4 + R_5$. Befransung der Flügel weißlich bei mehr oder weniger starker internervaler Schwärzung der Rippenenden. Zeichnung nicht prononciert sexuell digryph. Das marginale Glasband in beiden Geschlechtern stets den Hinterrand erreichend. Die saumwärts konkav ausgezackte

Fig. 251. Palpus von **Parnassius jacquemontii** Boisd. (Original).

Fig. 252. Vorderschiene mit Schienenblatt von **Parnassius jacquemontii** Boisd. (Nach M. Hering 1932) (17/1).

Submarginalbinde wenigstens bis $Cu_2$, sonst bis zum Hinterrande reichend. Subcostalbändchen mindestens bis $M_2$ reichend, seltener bis $M_3$, in der Regel mit 1 oder 2 roten Kernen. Hinterrandfleck stets erhalten und mäßig, mit oder ohne roten Kern. Der Endzellfleck in seinem vorderen, transzellularen Teil wurzelwärts etwas verschoben. Der Mittelzellfleck oblong, viereckig oder seltener patzenartig. Die beiden fast gleich großen, roten, schwarzumrandeten Augenflecke mit oder ohne weißen Kern. Hinterrandschwärze des Hinterflügels sehr kräftig, sehr oft hakenförmig um die Mittelzelle greifend, bei gewissen Unterarten sogar bis auf den medianen Augenfleck sich ergießend. In der Regel 2 Analflecke vorhanden. Der marginale Glassaum mehr oder weniger deutlich ausgeprägt. Submarginalbinde immer erhalten, wenn auch wie beim Männchen oft in einzelne internervale Flecke aufgelöst. Die Rippen unterseits nackt, braungelb. Die beiden Zellflecke sind auf der Unterseite vorhanden, der Hinterrandfleck fehlt. Das Schwarz der Subcostalflecke sehr stark reduziert, ihr Rot schlägt hingegen durch. Die 4 Wurzelflecke des Hinterflügels tragen rote Kerne, die auch große, weiße Zentren besitzen können. Augenflecke unterseits mit großen, weißen Kernen, die rot und schwarz umzingelt sind. Der mediane hat in dem zwischen der $M_2$ und $M_3$ gelegenen Ersatzstück oft kein Rot und ist nur schwarz. Von den beiden Analflecken ist der zwischen $Cu_1$ und $Cu_2$ gelegene pfeilförmig-dreieckig, schwarz oder mit rotem Kern. Die Submarginalbinde spärlich betont. Das Weibchen ist reicher gezeichnet. Einige Unterarten *(tibetanus, tatsienluicus* und *tibetanulus)* sind besonders melanistisch und auffallenderweise ist bei diesen Unterarten das Männchen das stärker verdunkelte. VIII. Tergit des Männchens (Fig. 253) mit medialer Spitze an der Seite des Hinterrandes. Aedoeagus (Fig. 254) und der männliche Genitalapparat erinnern an die der übrigen Männchen der *apollo*-Gruppe (Fig. 255). Sphragis (1907 & 06 Verity, Rhop. palaearct., p. 62 t. XV f. 15, 16 | 1907 H. Stichel in: Seitz, Großschmett. Erde, *v.* 1 p. 29 (nota) | 1907 Bingham in: Fauna Brit. Ind., Butt. *v.* 2 p. 117 f. 31a | 1920 Bryk in: Arch. Naturg., *v.* 85 A 5 p. 146, 147, 157): mattbraun, gekielt, vorn gewölbt, mit einer deutlichen Längsfurche, spitz endend.

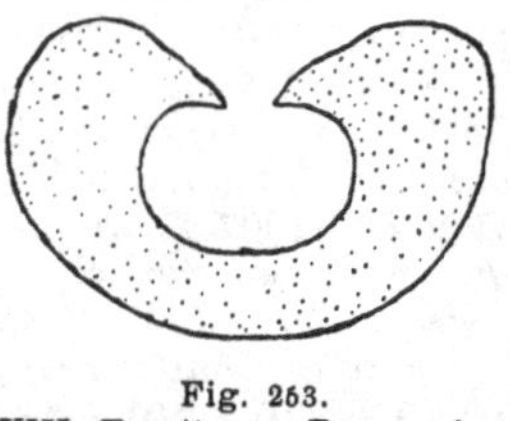

Fig. 253.
VIII. Tergit von **Parnassius jacquemontii** Boisd. (Nach M. Hering 1932) (9/1).

Fig. 254.
Aedoeagus von **Parnassius jacquemontii** Boisd. (Nach M. Hering 1932) (13/1).

Fig. 255.
Valve (links) und Uncus (rechts) von **Parnassius jacquemontii** Boisd. (Nach M. Hering 1932) (15/1).

Diese Art zerfällt in 16 Unterarten.

*P. jacquemontii* Boisd. besitzt eine zentralasiatische, bis Nordindien sich erstreckende Verbreitung, die sich von Turkestan, Alai, Pamir bis Sikkim und östlich über Szetschwan bis zum Kuku-Noor erstreckt. Infolge ihrer starken Variabilität hat sich die Art in verschiedenen geographischen Gebieten derart differenziert, daß sie oft eine artfremde Facies angenommen hat (*mercurius*, *tibetanus*). Dementsprechend läßt sie sich in gut charakterisierte Rassenkreise zergliedern.

I. turkestanischer Kreis:
*rubicundus* H. Stich. (9), *pamirus* O. Bang-Haas (8), *variabilis* H. Stich. (10), *diana* Bryk (11).
II. Kaschmir-Kreis:
*baroghilus* Tytler (6), *hunzaicus* Tytler (7).
III. himaylensischer Kreis:
*jacquemontii* Boisd. (1), *himalayensis* Elwes (2), *chitralensis* F. Moore (4), *shandurus* Tytler (5), *kangraënsis* Bryk & Eisner (3).
IV. Szetschwan-Kreis:
*tibetanus* F. Rühl (14), *tatsienluicus* Verity (15), *tibetanulus* Bryk & Eisner (16),
V. Amdo-Kreis:
*mercurius* Gr.-Gr. (12), *jupiterius* O. Bang-Haas (13).

forma archontis Bryk 1911 *P. himalayensis* aberr. *archonis*, Bryk in: Soc. ent., *v.* 26 p. 54 (Textfig. ♂) | 1913 *P. h.* aberr. *a.*, Bryk in: Int. ent. Z., *v.* 7 p. 161 | 1914 *P. h.* aberr. *a.*, Bryk in: Arch. Naturg., *v.* 80 A 6 p. 177 t. 3 f. 15 (♂) | 1915 *P. h.* aberr. *a.*, O. Bang-Haas in: D. ent. Z. Iris, *v.* 29 p. 175 | [1918] *P. h.* aberr. *a.*, Bryk, Parnassius Apollo Formenkreis, p. 61, 135 t. 3 f. 15 (♂) | 1922 [1923] *P. Jacquemonti* aberr. *a.*, Bryk in: Strand, Lep. Cat., *v.* 27 p. 162 | 1929 *P. j.* subsp. *himalayensis* aberr. *a.*, Bollow in: Seitz, Großschmett. Erde, *v.* 1 Suppl. 1 p. 75.

Die Bogen der Submarginalbinde des Hinterflügels tragen unterseits in den Bogen eine rote Beschuppung.

Himalaya.

Typus: ♂ in coll. C. Eisner, Berlin-Dahlem.

forma casta K. Rosen 1921 *P. jacquemonti variabilis* forma *c.*, K. Rosen in: Mt. Münch. ent. Ges., *v.* 11 p. 85 1922 [1923] *P. J.* aberr. *c.*, Bryk in: Strand, Lep. Cat., *v.* 27 p. 162 | 1929 *P. j.* aberr. *c.*, Bollow in: Seitz, Großschmett. Erde, *v.* 1 Suppl. 1 p. 75.

Hinterrandfleck stark reduziert. Kaum namensberechtigt.

Tuptschek (Karateghin).

Typen: ♂ ♀ in coll. Zool. Staatssamml. München.

forma caeca K. Rosen 1921 *P. jacquemonti variabilis* forma *c.*, K. Rosen in: Mt. Münch. ent. Ges., *v.* 11 p. 86 | 1922 [1923] *P. j.* aberr. *c.*, Bryk in: Strand, Lep. Cat., *v.* 27 p. 162 | 1929 *P. j.* aberr. *c.*, Bollow in: Seitz, Großschmett. Erde, *v.* 1 Suppl. 1 p. 75.

Augenflecke ohne Rotfleckung.

Tuptschek (Karateghin).

Typus: ♂ in coll. Zool. Staatssamml. München.

forma unipupillata Bryk (nom. nov.) 1921 *P. jacquemonti variabilis* forma *monopupillata*, K. Rosen in: Mt. Münch. ent. Ges., *v.* 11 p. 85 | 1922 [1923] *P. J.* aberr. *m.*, Bryk in: Strand, Lep. Cat., *v.* 27 p. 163 | 1929 *P. j.* aberr. *m.*, Bollow in: Seitz, Großschmett. Erde, *v.* 1 Suppl. 1 p. 75.

Hinterrandfleck mit rotem Kern.

Tuptschek (Karateghin).

Typen: ♂ ♀ in coll. Zool. Staatsamml. München.

forma unipicta Bryk (nom. nov.) 1921 *P. jacquemonti variabilis* forma *monopupillata*, K. Rosen in: Mt. Münch. ent. Ges., *v.* 11 p. 85 | 1922 [1923] *P. J.* aberr. *m.*, Bryk in: Strand, Lep. Cat., *v.* 27 p. 163 | 1929 *P. j.* aberr. *m.*, Bollow in: Seitz, Großschmett. Erde, *v.* 1 Suppl. 1 p. 75.

Nur der 1. Subcostalfleck mit rotem Kern.

Tuptschek (Karateghin).

Typen: ♂ ♀ in coll. Zool. Staatssamml. München.

forma rubropicta K. Rosen 1921 *P. jacquemonti variabilis* forma *r.*, K. Rosen in: Mt. Münch. ent. Ges., *v.* 11 p. 85 | 1922 [1923] *P. J.* aberr. *pseudonomion*, Bryk in: Strand, Lep. Cat., *v.* 27 p. 163 | 1929 *P. j.* aberr. *rubropicta*, Bollow in: Seitz, Großschmett. Erde, *v.* 1 Suppl. 1 p. 75.

Beide Subcostalflecke rot gekernt.

Tuptschek (Karateghin).

Typen: ♂ ♀ in coll. Zool. Staatssamml. München.

forma tripicta K. Rosen 1921 *P. jacquemonti variabilis* forma *t.*, K. Rosen in: Mt. Münch. ent. Ges., *v.* 11 p. 85 | 1929 *P. j.* aberr. *t.*, Bollow in: Seitz, Großschmett. Erde, *v.* 1 Suppl. 1 p. 75.

Die 3 vordersten Subcostalflecke mit roten Kernen.

Tuptschek (Karateghin).

Typus: ♀ in coll. Zool. Staatssamml. München.

forma cardinalis Bryk 1921 *P. jacquemonti variabilis* forma *conjuncta*, K. Rosen in: Mt. Münch. ent. Ges., *v.* 11 p. 85 | 1922 [1923] *P. j.* aberr. *cardinalis*, Bryk in: Strand, Lep. Cat., *v.* 27 p. 162 | 1929 *P. j.* aberr. *conjuncta*, Bollow in: Seitz, Großschmett. Erde, *v.* 1 Suppl. 1 p. 75.

Beide Augenflecke durch einen schwarzen Strich miteinander verbunden.

Tuptschek (Karateghin).

Typen: ♂ ♀ in coll. Zool. Staatssamml. München.

forma nigrodivisiocellata Bryk & Eisner 1932 *P. jacquemontii kangraensis* forma *n.*, Bryk & Eisner in: Parnassiana, *v.* 2 p. 23.

Das Rot des Medianaugenfleckes durch einen schwarzen Strich geteilt.

Rotang-Paß, Kangra 4050 m.

Typus: ♂ in coll. C. Eisner, Berlin-Dahlem.

forma mutilata O. Schultz 1905 *P. rhodius* aberr. *m.*, O. Schultz in: Berlin. ent. Z., *v.* 49 p. 278 t. 3 f. 1 (♂) | 1906 *P. jacquemontii rubicundus* aberr. *m.*, H. Stichel in: Berlin. ent. Z., *v.* 51 p. 90 | 1907 *P. j. r.* aberr. *m.*, H. Stichel in: Seitz, Großschmett. Erde, *v.* 1 p. 29 | 1907 *P. j. r.* forma *m.*, H. Stichel in: Gen. Ins., *v.* 58 p. 34 | 1922 [1923] *P. jacquemonti* aberr. *m.*, Bryk in: Strand, Lep. Cat., *v.* 27 p. 163.

Submarginalbinde fehlt völlig auf dem Hinterflügel.

Ohne Patriaangabe.

forma rhodius Honr. 1882 *P. Actius* var. *R.*, Honrath (Felder MS.) in: Berlin. ent. Z., *v.* 26 p. 178 t. 2 f. 6 (♂) | 1885 *P. r.*, Honrath, ibid., *v.* 29 p. 274 | 1886 *P. actius* var. *r.*, Elwes in: P. zool. Soc. London, p. 28 | 1889 *P. r.*, Austaut, Parnass. paléarct., p. 96 t. 9 f. 12 | 1892 & 95 *P. r.*, F. Rühl & A. Heyne, Palaearkt. Groß-Schmett., *v.* 1 p. 97, 703 | 1901 *P. epaphus* var. *r.* (part.), O. Staudinger & Rebel, Cat. Lep. Palaearct. Faunengeb., ed. 3 *v.* 1 p. 6 | 1905 *P. r.* aberr. *parcirubens*, O. Schultz in: Berlin. ent. Z., *v.* 49 p. 278 (♂) | 1906 *P. jacquemontii* aberr. *r.* + *P. j. rubicundus* aberr. *p.*, H. Stichel in: Berlin. ent. Z., *v.* 51 p. 89, 90 | 1907 *P. j.* aberr. *rhodius* + *P. j. rubicundus* aberr. *p.*, H. Stichel in: Seitz, Großschmett. Erde, *v.* 1 p. 29 | 1907 *P. j. j.* forma *rhodius* + *P. j. rubicundus* forma *p.*, H. Stichel in: Gen. Ins., *v.* 58 p. 33, 34 | 1907 & 06 *P. rhodius*, Verity, Rhop. palaearct., p. 60 t. XIII f. 10 (♂), 11 (♀) | 1909 *P. jacquemonti r.*, Fruhstorfer in: Seitz, Großschmett. Erde, *v.* 9 p. 111 | 1922 [1923] *P. j.* forma *r.*, Bryk in: Strand, Lep. Cat., *v.* 27 p. 163 | 1927 *P. actius* forma *r.*, O. Bang-Haas in: Horae Macrolep., *v.* 1 p. 100.

Subcostalflecke ohne Rot.

Ladak (Kaschmir).

Typus: ♂ in coll. Brit. Mus. London.

forma strandi Bryk 1913 *P. Jaquemonti* aberr. *S.*, Bryk in: Arch. Naturg., *v.* 79 A 3 p. 2 | 1922 [1923] *P. Jacquemonti* aberr. *S.*, Bryk in: Strand, Lep. Cat., *v.* 27 p. 163.

Der distale Analfleck auch oberseits rot gekernt, mit weißem Zentrum. (Fig. 256).

Kangra: Kulu.

Typus: ♀ in coll. Zool. Mus. Berlin.

Von *P. jacquemontii* Boisd. wurden folgende Geäderaberrationen beschrieben:

I. forma metathetica enderleini: $R_3$ metathetisch derart nach hinten verschoben, daß sie aus dem Stiel von $R_4 + R_5$ vor der Mittelzellecke entspringt, was an das Geäder von *Kailasius* Moore erinnert.

II. forma plethoneura reuteri: zwischen $R_5$ $(+ M_1)$ und $M_2$ eine plethoneure Rippe $(= M_1)$, die peroneur verläuft und in die Discalquerrippe mündet.

III. forma plethoneura strandiana: aus dem vorderen Arm des Discus entspringt im Hinterflügel eine plethoneure Rippe, die als der verlorene $R_3$ gedeutet werden kann.

I—III 1922 [1923] Bryk in: Strand, Lep. Cat., *v.* 27 p. 163 | 1929 Bollow in: Seitz, Großschmett. Erde, *v.* 1 Suppl. 1 p. 75.

131. **P. jacquemontii jacquemontii** Boisd. 1836 *P. j.* (part.), Boisduval, Spec. gén. Lép., *v.* 1 p. 400 (♂ nec ♀!) | 1844 *P. j.* (part.), E. Blanchard in: Voy. Inde Jacquemont, *v.* 4 Ins. p. 16 t. 1 f. 4 (♂ non f. 3 (♀)) | 1879 *P. j.*, C. Oberthür, Étud. Ent., *v.* 4 p. 23 t. 2 f. 5 (♂ Type) | 1891 *P. j.*, C. Oberthür, ibid., *v.* 15 p. 23 t. 2 f. 5 (♂) | 1906 *P. j.*, H. Stichel in: Berlin. ent. Z., *v.* 51 p. 83 | 1907 *P. j.*, H. Stichel in: Seitz, Großschmett. Erde, *v.* 1 p. 29 | 1907 *P. j. j.* + forma *rhodius*, H. Stichel in: Gen. Ins., *v.* 58 p. 33 | 1907 & 06 *P. jacquemonti*, Verity, Rhop. palaearct., p. 62 (nota 1) t. XIII f. 16 (♂), 17 (♀) | 1918 *P. jacquemontii jacquemontii* + aberr. *nirius* (Type!), W. Rothschild in: Nov. zool., *v.* 25 p. 250 | 1923 *P. j. j.*, W. H. Evans in: J. Bombay Soc., *v.* 29 p. 243 | 1926 *P. jacquemonti*, N. D. Riley in: Ent. monthly Mag., *v.* 62 p. 275 | 1927 *P. j. j.*, O. Bang-Haas in: Horae Macrolep., *v.* 1 p. 20.

Beide Flügel mit einer glasigen Marginalbinde umrahmt, Vorderflügelmitte leicht schwarz überpudert. Flügelton gelblich. Männchen mit 2 roten Kernen im Subcostalbändchen. Wurzel der Mittelzelle des Vorderflügels schwarz markiert. Hinterrandfleck markant gerötet. Augenflecke groß, mit weißen Kernen. Von den 3 Analflecken sind die beiden distalen rot gekernt. Hinterrandschwärze nicht die Mittelzelle hakenförmig umsäumend, vor der Mittelzelle 1 roter Wurzelfleck. Weibchen mit breiterem, glasigem Marginalbande auf den Hinterflügeln und breiterer, continuierlicher Submarginalbinde. Sonst wie das Männchen. Vorderflügellänge: ♂ 35 mm, ♀ 34,5—35 mm.

Kumaon (?) (Himalaya).

Typus: ♂ in coll. R. Oberthür (ex coll. Boisduval), Rennes.

132. **P. jacquemontii himalayensis** Elwes 1886 *P. actius* var. *h.*, Elwes in: P. zool. Soc. London, p. 30 | 1891 *P. jacquemontii h.*, C. Oberthür, Étud. Ent., *v.* 14 p. 9, 14, 17 t. 2 f. 12 (♂), 13 (♀) | 1899 *P. j.* var. *Impunctata*, Austaut in: Naturaliste, *v.* 21 p. 154 | 1902 *P. j.*, F. Moore, Lep. Ind., *v.* 5 p. 105 t. 406 f. 1, 1a—1d (♂) | 1906—09 *P. jacquemonti* „forme" *himalayensis*, Verity, Rhop. palaearct., p. 62 t. XIII f. 18, 19 (♂), 20 (♀); f. 21 (♀ trans. ad. „forme" *h.*), t. 2 f. 3 (squamae) | 1907 *P. jacquemontii h.*, H. Stichel in: Seitz, Großschmett. Erde, *v.* 1 p. 29 t. 15 (♂) | 1907 *P. j. h.* + forma *impunctata*, H. Stichel in: Gen. Ins., *v.* 58 p. 34 (subsp. dubia) | 1909 *P. jacquemonti* „Form" *i.*, Fruhstorfer in: Seitz, Großschmett. Erde, *v.* 9 p. 110 t. 50 c (♂) | 1911 *P. himalayensis* aberr. *archonis*, Bryk in: Soc. ent., *v.* 26 p. 54 text-fig. (♂) | 1913 *P. Jaquemonti* (*himalaicus* + *himalicus*) aberr. *Strandi*, Bryk in: Arch. Naturg., *v.* 79 A 3 p. 2 | 1915 *P. jacquemonti himalayensis*, O. Bang-Haas in: D. ent.

Z. Iris, *v.* 29 p. 175 | 1918 *P. jacquemontii* + aberr. *impuncta*, W. Rothschild in: Nov. zool., *v.* 25 p. 251 | 1922 [1923] *P. jacquemonti* var. *himalayensis* + aberr. *impunctata* + aberr. *archonis* + aberr. *Strandi* + aberr. *Enderleini*, Bryk in: Strand, Lep. Cat., *v.* 27 p. 164, 162, 163 | 1923 *P. jacquemontii jacquemontii* (part.), W. H. Evans in: J. Bombay Soc., *v.* 29 p. 243 | 1927 *P. jacquemonti himalayensis*, O. Bang-Haas in: Horae Macrolep., *v.* 1 p. 19 | 1929 *P. j. h.* aberr. *archonis*, Bollow in: Seitz, Großschmett. Erde, *v.* 1 Suppl. 1 p. 75 | 1932 *P. j.* subsp. *h.*, Reinig in: Wiss. Ergeb. Alai-Pamir Exp., Teil III *v.* 1 p. 113.

Fig. 256.
**Parnassius jacquemontii himalayensis** Elwes forma **strandi** Bryk (♀). (Typus) (1/1).

Flügelfond meistens reinweiß. Hinterrandschwärze bisweilen hakenförmig um die Mittelzelle des Hinterflügels greifend. Umsäumung aller roten Flecke auf dem Hinterflügel der Unterseite stark reduziert oder sogar ausbleibend. Männchen in der Regel ohne den 3. proximalen Analfleck auf den Hinterflügeln. Weibchen (Fig. 256) stärker gezeichnet, bisweilen gelblich. Folgende formae treten auf: *strandi, archontis, enderleini, strandiana.* Vorderflügellänge: ♂ 29—31 mm, ♀ 30—31 mm.

Eine problematische Unterart, da sie von der Nominatrasse nur in geringem Grade abweicht.

Kangra: Lahul, Kulu; Sikkim (?).

Typen: ♂ ♀ in coll. Brit. Mus. London.

133. **P. jacquemontii kangraënsis** Bryk & Eisner 1932 *P. j.* subsp. *kangraensis* + forma *nigrodivisiocellata*, Bryk & Eisner in: Parnassiana, *v.* 2 p. 23 f. 8 (♀), f. 7 (♂, forma monstrosa).

Eine kleine Unterart, die sehr dicht weiß beschuppt und schwach schwarz überstäubt ist (Fig. 257). Antennenschaft oft eintönig schwarz. Prachtfarbe der Augenflecke nie dunkelrot sondern rosa, bisweilen hellgelb. Scheckung der Fransen infolge allgemeiner Aufhellung deutlich hervortretend. Prachtfärbung im Vorderflügel fehlend oder nur schwach ausgebildet. Medianaugenfleck länglich, bisweilen durch einen schwarzen Strich halbiert. Unterseits schwach gezeichnet. Augenflecke stark weiß gekernt. Männchen mit Submarginalbinde des Vorderflügels, die oft den Hinterrand nicht erreicht. Weibchen

Fig. 257.
**Parnassius jacquemontii kangraënsis** Bryk & Eisner (oben ♀, unten ♂). (Typen, nach Bryk & Eisner 1932) (1/1).

mit längerer Submarginalbinde. Als forma treten *flavocellata* und *nigrodivisiocellata* auf.

Rotang-Paß, Kangra, 4050 m.

Typen: ♂ ♀ in coll. C. Eisner, Berlin-Dahlem.

13 4. **P. jacquemontii chitralensis** F. Moore 1902 *P. c.*, F. Moore, Lep. Ind., *v.* 5 p. 107 t. 406 f. 2 (♂), 2a (♀) | 1907 *P. jacquemontii c.*, H. Stichel in: Seitz, Großschmett. Erde, *v.* 1 p. 29 | 1907 *P. jacquemonti* „forme" *himalayensis* (part.), Verity, Rhop. palaearct., p. 62 (nota) | 1907 *P. jacquemontii chitralensis*, H. Stichel in: Gen. Ins., *v.* 58 p. 34 | 1909 *P. jacquemonti c.*, Fruhstorfer in: Seitz, Großschmett. Erde, *v.* 9 p. 111 | 1922 [1923] *P. J.* var. *c.*, Bryk in: Strand, Lep. Cat., *v.* 27 p. 163 | 1923 *P. jacquemontii jacquemontii* (part.), W. H. Evans in: J. Bombay Soc., *v.* 29 p. 243 | 1927 *P. jacquemonti chitralensis*, O. Bang-Haas in: Horae Macrolep., *v.* 1 p. 19, 20.

Zierlicher als ssp. *himalayensis* Elwes. Die Flecke der Subcostalbindenzone, besonders der Hinterrandfleck verkleinert. Augenflecke kleiner, der mediane nicht kreisförmig, ohne weiße Spiegel. Der 3. Analfleck auf den Hinterflügeln erhalten. Hinterrandschwärze viel stärker vorn um die Mittelzelle ausgeprägt. Vorderflügellänge: ♂ 31 mm, ♀ 30,5 mm.

Chitral, N. W. Kaschmir, Shiski Kuh und Jhela Drosh.

13 5. **P. jacquemontii shandurus** Tytler 1926 *P. j. shandura*, Tytler in: J. Bombay Soc., *v.* 31 p. 250 t. 4 f. 3 (♂), 4 (♀) | 1927 *P. jacquemonti s.*, O. Bang-Haas in: Horae Macrolep., *v.* 1 p. 20 | 1929 *P. j.* subsp. *s.*, Bollow in: Seitz, Großschmett. Erde, *v.* 1 Suppl. 1 p. 75.

Neben subsp. *tibetanulus* Bryk & Eisner die kleinste Unterart von *P. jacquemontii* Boisd., sexuell digryph. Männchen hellweiß. Das marginale Glasband über $Cu_1$ hinausreichend. Die in den hintersten Elementen aufgelöste, schwach ausgeprägte Submarginalbinde bis $Cu_2$ reichend. Subcostalflecke sehr stark reduziert, bis $M_2$ reichend. Endzellfleck sehr schmal. Mittelzellfleck sehr schmal und länglich, hinten frei. Submarginalbinde des Hinterflügels reduziert oder fehlt. 2 winzige, rotausgefüllte Augenflecke. Hinterrandschwärze bescheidener als bei der Nominatrasse. Analflecke oberseits fehlend. Weibchen luxuriöser gezeichnet. Das glasige Marginalband und die continuierliche Submarginalbinde des Vorderflügels bis zum Hinterrand reichend. Subcostalbändchen schmal, bis $M_3$ reichend, mit 2 kleinen, roten Kernen; Hinterrandfleck sehr klein. Mittelzellfleck klein und schmal, hinten frei. Hinterflügel mit schmalem, glasigem Marginalband. Submarginalbinde in schmale Bogen aufgelöst. Augenflecke klein, mit dünner, schwarzer Umrahmung, der mediane länglich verzogen, bei $M_2$ eingeschnürt. 2 Analflecke. Hinterrandschwärze wie beim Männchen, kräftiger schwarz. Vorderflügellänge: ♂ 27,5 mm, ♀ 31 mm.

Shandur-Paß (Chitral).

Typen: ♂ ♀ in coll. H. C. Tytler, London.

13 6. **P. jacquemontii baroghilus** Tytler 1926 *P. discobolus baroghila*, Tytler in: J. Bombay Soc., *v.* 31 p. 250 t. 4 f. 1 (♂) | 1927 *P. jacquemonti b.*, O. Bang-Haas in: Horae Macrolep., *v.* 1 p. 20 | 1929 *P. j.* subsp. *b.*, Bollow in: Seitz, Großschmett. Erde *v.* 1 Suppl. 1 p. 75 | 1932 *P. j. b.*, O. Bang-Haas in: Ent. Z., *v.* 46 p. 200.

Eine sich stark *Parnassius tianschanicus* C. Oberth. nähernde Rasse. Seitenrand des Vorderflügels stark ausgebuchtet. Das marginale Glasband breit und wie die ausgezackte, wurzelwärts etwas diffuse Submarginalbinde bis zum Hinterrande reichend. Die beiden Subcostalflecke, von denen der

l. einen roten Kern trägt, und der Hinterrandfleck klein. Mittelzellfleck hinten frei. Glassaum des Hinterflügels schmal. Submarginalbinde aus großen Zacken bestehend, continuierlich und deutlich. Augenflecke unregelmäßig, mit weißen Kernen. 2 schwarze Analflecke. Hinterrandschwärze eckig, bis $M_2$ und dem Discus reichend. Vorderflügellänge: ♂♀ 35 mm.

Baroghil-Paß bei Gilgit (N. O. Chitral).

Typen: ♂ ♀ in coll. H. C. Tytler, London.

137. **P. jacquemontii hunzaicus** Tytler 1926 *P. discobolus hunzaica*, Tytler in: J. Bombay Soc., *v.* 31 p. 250 t. 4 f. 1 (♀) | 1927 *P. jacquemonti h.*, O. Bang-Haas in: Horae Macrolep., *v.* 1 p. 19, 20 | 1929 *P. j.* „Rasse" *h.*, Bollow in: Seitz, Großschmett. Erde, *v.* 1 Suppl. 1 p. 75 | 1932 *P. j. h.*, O. Bang-Haas in: Ent. Z., *v.* 46 p. 200 | 1932 *P. j.* subsp. *h.*, Reinig in: Wiss. Ergeb. Alai-Pamir Exp., Teil III *v.* 1 p. 113.

Von ssp. *baroghilus* Tytler kaum zu unterscheiden, etwas kleiner, reicher gezeichnet.

Misgar (Kaschmir sept.).

138. **P. jacquemontii pamirus** O. Bang-Haas 1927 *P. jacquemonti pamira*, O. Bang-Haas in: Horae Macrolep., *v.* 1 p. 19 | 1929 *P. j.* subsp. *p.*, Bollow in: Seitz, Großschmett. Erde, *v.* 1 Suppl. 1 p. 75 | 1932 *P. j.* subsp. *p.*, Reinig in: Wiss. Ergeb. Alai-Pamir Exp., Teil III *v.* 1 p. 113.

Nicht so reinweiß wie ssp. *rubicundus* H. Stich. mit kleineren Subcostalflecken, die nur selten rot gekernt sind, und kleineren Augenflecken.

Langar-su, Beik (Pamir).

139. **P. jacquemontii rubicundus** H. Stich. 1882 *P. actius* (?), Honrath in: Berlin. ent. Z., *v.* 26 p. 179 | 1885 *P. rhodius* (part.), Honrath, ibid., *v.* 29 p. 274 | 1890 *P. r.*, Grum-Grshimailo in: Romanoff, Mém. Lép., *v.* 4 p. 186 | 1901 *P. r.* var. *magna*, O. Staudinger & A. Bang-Haas, Lep. Liste, nr. 45 p. 2 (= nom. nudum) | 1905 *P. r.* aberr. *parcirubens* + aberr. *mutilata*, O. Schultz in: Berlin. ent. Z., *v.* 49 p. 278 t. 3 f. 1 (♂); (= forma *mutilata*) | 1906—09 *P. r.* (part.), Verity, Rhop. palaearct., p. 60 t. 2 f. 1 (♂), 2 (♀) (squamae), t. XIII f. 11 (♀) (nec fig. 9, 10) | 1906 *P. jacquemontii rubicundus*, H. Stichel in: Berlin. ent. Z., *v.* 51 p. 89 | 1907 *P. j. r.* + aberr. *parcirubens* + aberr. *mutilata*, H. Stichel in: Seitz, Großschmett. Erde, *v.* 1 p. 29 t. 15a (♂ ♀) | 1907 *P. j. r.* + forma *p.* + forma *m.*, H. Stichel in: Gen. Ins., *v.* 58 p. 34 | 1907 *P. rhodius* var. *rubicundus*, Verity, Rhop. palaearct., p. 104 | 1918 *P. jacquemontii rubicundus*, W. Rothschild in: Nov. zool., *v.* 25 p. 251 | 1921 *P. jacquemonti r.*, K. Rosen in: Mt. Münch. ent. Ges., *v.* 11 p. 85 | 1922 [1923] *P. J.* var. *r.*, Bryk in: Strand, Lep. Cat., *v.* 27 p. 164 | 1927 *P. j. r.*, O. Bang-Haas in: Horae Macrolep., *v.* 1 p. 19 | 1932 *P. j.* subsp. *r.*, Reinig in: Wiss. Ergeb. Alai-Pamir Exp., Teil III *v.* 1 p. 113.

Größer als die Nominatrasse. Grundfarbe reinweiß, Glassaum des Vorderflügels breit, Submarginalbinde meist scharf, oft ausgezackt. Subcostalflecke mit 2 roten Kernen. Hinterrandfleck mäßig entwickelt. Hinterflügel mit mehr oder weniger stark ausgeprägter grauer, glasiger Marginalbinde. Fleckung der Submarginalbinde meist gut ausgebildet. Augenflecke meist groß, gewöhnlich mit rotem Spiegel. An der Basis des Hinterflügels vor der Mittelzelle 1 roter Fleck (= forma *excelsior* K. Rosen). 1 oder 2 Analflecke vorhanden. Wurzelschwärze bis $M_2$ vorspringend. Männchen meist mit etwas kürzerer, bis $Cu_2$ reichender Submarginalbinde. Subcostalbändchen und Hinterrandfleck etwas kleiner als beim Weibchen, oft ohne Rot. Die glasige Marginalbinde des Hinterflügels reduziert. Augenflecke kleiner als beim Weibchen. Weibchen mit längerer Submarginalbinde, größerer Fleckung der Submarginalbindenzone und Rötung des Hinterrandfleckes. Die glasige

Marginalbinde des Hinterflügels oft breit, die Submarginalbinde mehr betont, Augenflecke größer; wenigstens 2 Analflecke vorhanden. Vorderflügellänge: ♂ 29,5—34 mm, ♀ 34 mm.

N. Pamir, Darwas, Fergana (?).

Typen: ♂ ♀ in coll. Zool. Mus. Berlin.

13 10. **P. jacquemontii variabilis** H. Stich. 1885 *P. rhodius* (part.), Honrath in: Berlin. ent. Z., v. 29 p. 274 | 1906 & 07 *P. r.* (part.), Verity, Rhop. palaearct., p. 60 t. XIII f. 9 (♂), 12 (♀; „forme" mélanitique) | 1906 *P. jacquemontii variabilis*, H. Stichel in: Berlin. ent. Z., v. 51 p. 90 | 1907 *P. j. v.*, H. Stichel in: Seitz, Groß-schmett. Erde, v. 1 p. 29 | 1907 *P. j. v.*, H. Stichel in: Gen. Ins., v. 58 p. 34 | 1912 *P. j.* var. *v.* aberr. *reuteri*, Bryk in: Soc. ent., v. 27 p. 61 | 1912 *P. phoebus* var. *v.* + *P. actius* var. *v.*, A. Pagenstecher in: Jahrb. Ver. Nassau, v. 65 p. 85, 178 | 1918 *P. jacquemontii v.*, W. Rothschild in: Nov. zool., v. 25 p. 251 | 1921 *P. jacquemonti v.* [+ forma *excelsior*] + forma *monopicta* + forma *tripicta* + forma *monopupillata* + forma *casta* + forma *conjuncta* + forma *caeca*, K. Rosen in: Mt. Münch. ent. Ges., v. 11 p. 85—86 | 1922 [1923] *P. j.* var. *v.*, Bryk in: Strand, Lep. Cat., v. 27 p. 165 | 1927 *P. j. v.*, O. Bang-Haas in: Horae Macrolep., v. 1 p. 19 | 1931 *P. j. v.* forma *reuterides* (= *reuteri*), Bryk in: Zool. Jahrb., Syst. v. 62 p. 153 f. 5 (♀).

Fig. 258.
**Parnassius jacquemontii variabilis** H. Stich. (♂). (Typus) (1/1).

Fig. 258a.
**Parnassius jacquemontii variabilis** H. Stich. (♀). (Typus) (1/1).

Kleiner als ssp. *rubicundus* H. Stich., dem diese Unterart sehr nahe steht (Fig. 258). Vorderflügel mit kleineren Subcostalflecken und reduzierterem Hinterrandfleck. Hinterflügel oft mit internerval isolierten Flecken der Submarginalbinde. Augenflecke rot ausgefüllt, stark schwarz umsäumt. Hinterrandschwärze sehr stark ausgeprägt. Männchen schwächer gezeichnet, der Hinterrandfleck oft ohne Rot. Subcostalflecke meistens mit 2 roten Flecken. Marginale Glasbinde des Hinterflügels sehr stark reduziert, oft nur als durch schwächere Beschuppung hervorgerufene matte Transparenz erkennbar. Weibchen mit breiterem Glasband auf beiden Flügeln, größeren Augenflecken und stärkerer Betonung des roten Wurzelfleckes. Folgende formae treten auf: *casta, unipicta, unipupillata, tripicta, cardinalis, caeca, reuteri.* Vorderflügellänge: ♂ 28—31 mm, ♀ 30—32 mm.

Nord-Alai bei Osch.

Typen: ♂ ♀ in coll. Zool. Mus. Berlin.

13 11. **P. jacquemontii diana** Bryk 1918 *P. j. variabilis* (part.), W. Rothschild in: Nov. zool., *v.* 25 p. 251 | 1934 *P. j.* subsp. *diana*, Bryk in: Parnassiana, *v.* 3 p. 27.

Kleine Unterart. Männchen an ssp. *pamirus* O. Bang-Haas erinnernd, mit sehr stark reduziertem Hinterrandfleck. Glasband breit. Submarginalbinde mehr gezackt als bei ssp. *pamirus.* Der mediane Augenfleck meist schwarz. Mittelzelle des Hinterflügels stark verrußt. Wurzelschwärze ganz um die Mittelzelle greifend. Submarginalbinde des Hinterflügels sehr deutlich. Weibchen an das von ssp. *variabilis* H. Stich. erinnernd. Subcostalbinde ganz erhalten, mit rotem Fleck in der Subcostalbändchenzone. Hinterster Analfleck im Hinterflügel rot.

Dschirgetai (S. Alai).

Typen: ♂ ♀ in coll. Zool. Mus. Tring.

13 12. **P. jacquemontii mercurius** Gr.-Gr. 1890 *P. m.*, Grum-Grshimailo in: Horae Soc. ent. Ross., *v.* 25 p. 445 | 1892 & 95 *P. epaphus* var. *m.*, F. Rühl & A. Heyne, Palaearkt. Groß-Schmett., *v.* 1 p. 98, 703 | 1894 *P. m.*, Austaut in: Naturaliste, *v.* 16 p. 190 | 1901 *P. epaphus* var. *m.*, O. Staudinger & Rebel, Cat. Lep. Palaearct. Faunengeb., ed. 3 *v.* 1 p. 6 | 1906 *P. jacquemontii m.*, H. Stichel in: Berlin. ent. Z., *v.* 51 p. 83 | 1907 & 06 *P. m.*, Verity, Rhop. palaearct., p. 61 t. XIII f. 13, 14 (♂) 15 (♀) | 1907 *P. jacquemontii m.*, H. Stichel in: Seitz, Großschmett. Erde, *v.* 1 p. 29 t. 15a (♂) | 1907 *P. j. m.*, H. Stichel in: Gen. Ins., *v.* 58 p. 34 t. 2 f. 9 (♀) | 1918 *P. j. m.*, W. Rothschild in: Nov. zool., *v.* 25 p. 251 | 1922 [1923] *P. Jacquemonti* var. *m.* (part.), Bryk in: Strand, Lep. Cat., *v.* 27 p. 164 | 1932 *P. apollo m.*, M. Hering in: Mt. Mus. Berlin, *v.* 18 p. 283, 288, 292, 302, 303 f. 21 (Schienenblättchen), p. 306, 307 f. 65 (VIII. Tergit ♂), p. 310, 311 f. 96 (Aedoeagus), p. 314, 315 f. 141 (Valve, Uncus ♂).

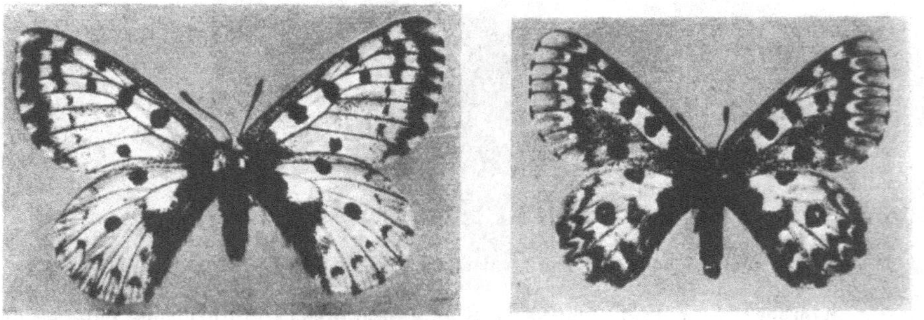

Fig. 259.
**Parnassius jacquemontii mercurius** Gr.-Gr. (links ♂, rechts ♀).
(Original, aus coll. Zool. Mus. Berlin) (1/1).

Die kleinste Unterart von *P. jacquemontii* Boisd. (Fig. 259). Das glasige Marginalband bis zum Hinterrand reichend. Subcostalflecke und Hinterrandfleck klein. Mittelzellfleck klein, hinten frei. Basis der Mittelzelle schwarz bestäubt. Submarginalflecke des Hinterflügels stets erhalten. Die kleinen Augenflecke rot, oft mit weißer Pupille. Basalfleck selten gerötet. Männchen: Submarginalbinde dünn, in den hintersten Elementen oft aufgelöst, nie bis zum Hinterrand reichend. Die Subcostalflecke bisweilen voneinander getrennt, der vorderste meist mit kleinem, rotem Kern, der 2. seltener. Der sehr kleine Hinterrandfleck nicht gerötet. Das marginale Glasband des Hinterflügels reduziert, oft nur an den Rippenmündungen interneval erhalten. Submarginalbinde aufgelöst. Augenflecke sehr klein, der mediane oft 1-zellig. 2 Analflecke. Die Hinterrandschwärze kräftig, um den Discus bis zur $M_2$ oder sogar bis $R_5$ ($+ M_1$) ziehend. Wurzelfleck sehr selten rot. Weibchen durchsichtiger und reicher gezeichnet. Glasband und Submarginalbinde breiter; letztere meist wurzelwärts ausgebreitet, bis zur Mittelzellrippe sich ergießend, bisweilen von $Cu_1$ mit dem Glasbande durch Verglasung des hinteren Teiles der Mondbinde vereinigt. Wurzel des Vorderflügels stark geschwärzt. Hinterrandfleck oft gerötet. Die beiden roten Kerne des Subcostalbändchens meist vorhanden und stärker ausgeprägt als beim Männchen. Glasband des Hinterflügels deutlich, internerval dünn weiß umsäumt. Hinterrandschwärze wie beim Männchen. Submarginalbinde continuierlich und kräftiger als beim Männchen. Subuncus (Fig. 260) relativ größer als von *P. jacquemontii* Boisd. Vorderflügellänge: ♂ 25—28 mm, ♀ 25,5 bis 28 mm.

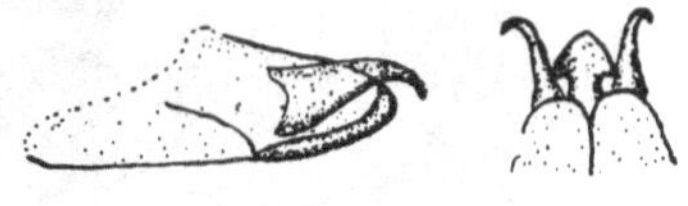

Fig. 260.
Valve (links) und Uncus (rechts) von **Parnassius jacquemontii mercurius** Gr.-Gr. (Nach M. Hering 1932) (15/1).

Amdo, Kuku-Noor (Sining-Gebirge).

13 13. **P. jacquemontii jupiterius** O. Bang-Haas 1933 *P. mercurius jupiterius*, O. Bang-Haas in: Ent. Z., *v.* 46 p. 262.

Größer als ssp. *mercurius* Gr.-Gr., viel stärker gezeichnet, mit größerer Fleckung. Subcostalflecke des Vorderflügels oft mit 2 roten Kernen, ebenso Hinterrandfleck bisweilen rot gekernt. Hinterflügel mit auffallenden, großen, keilförmigen Flecken in der Submarginalbinde. Weibchen stark melanotisch. Vorderflügellänge: ♂♀ 25—28 mm.

Min, Minschan, 3000 m (Kanssu meridionalis et occidentalis).

13 14. **P. jacquemontii tibetanus** F. Rühl 1892 *P. t.* (= *thibetanus* Leech MS.), F. Rühl & A. Heyne, Palaearkt. Groß-Schmett., *v.* 1 p. 99 | 1893 *P. thibetanus*, Leech, Butt. China Japan Corea, Part 3 & 4 p. 296, 495 (expl. tab.) t. 33 f. 3 | 1894 *P. t.*, C. Oberthür, Étud. Ent., *v.* 19 p. 4 t. 8 f. 66 (♂), 67 (♀), 67a (sphragis) | 1894 *P. T.*, Austaut in: Naturaliste, *v.* 16 p. 200 | 1902 *P. tibetanus*, F. Moore, Lep. Ind., *v.* 5 p. 115 | 1906 *P. jacquemontii t.*, H. Stichel in: Berlin. ent. Z., *v.* 51 p. 84 (sphragis) | 1906—09 *P. thibetanus* + aberr. *flava* + aberr. *nigra* + aberr. *alba*, Verity, Rhop. palaearct., p. 64, 104 t. XIV f. 4 (♂), f. 5 (♀), t. XV f. 17 (sphragis), t. 2 f. 7 (♂, squamae), t. XXIV f. 9, 10 (♀ forma *nigra*) | 1907 *P. jacquemontii tibetanus*, H. Stichel in: Seitz, Großschmett. Erde, *v.* 1 p. 30 t. 15d (♂) | 1907 *P. j. t.* (part.), H. Stichel in: Gen. Ins., *v.* 58 p. 35 | 1915 *P. thibetanus*, Bryk in: Arch. Naturg., *v.* 80 A 7 p. 178 | [1918] *P. t.*, Bryk, Parnassius Apollo Formenkreis, p. 90 | 1918 *P. tibetanus*, W. Rothschild in: Nov. zool., *v.* 25 p. 251, 252 | 1920 *P. thibetanus*, Bryk in: Arch. Naturg., *v.* 85 A 5 p. 146, 147 (sphragis) | 1922 [1923] *P. jacquemonti* var. *t.*, Bryk in: Strand, Lep. Cat., *v.* 27 p. 165 | 1930 *P. t.*, Bryk in: Parnassiana, *v.* 1 nr. 4 p. 4 | 1931 *P. jacquemonti tibetanus*, Bryk & Eisner, ibid., *v.* 1 nr. 7/8 p. 9 | 1932 *P. j.* subsp. *t.*, Reinig in: Wiss. Ergeb. Alai-Pamir Exp., Teil III *v.* 1 p. 113.

Von allen Vertretern der Gattung *Parnassius* F. dadurch unterschieden, daß der Flügelfond in beiden Geschlechtern hyalin verrußt ist (Fig. 261). Antennen gelblich-schwarz geringelt. Vorderflügel mit deutlich gescheckter Befransung. Das ausgeprägte, glasige Marginalband breit und schwärzlich, von der glasig verrußten Submarginalbinde, die sich fast mit dem ganzen übrigen melahyalinen Flügelfond vereinigt, durch sehr kleine Möndchen getrennt. Um die beiden Subcostalflecke, den Hinterrandfleck und die Zellflecke ist der helle Flügelfond noch erhalten. Wurzel der Mittelzelle tiefschwarz. In den beiden Subcostalflecken und im Hinterrandflecke stets karminrote Kerne.

Fig. 261.
**Parnassius jacquemontii tibetanus** F. Rühl (♂). (Original, aus coll. Zool. Mus. Berlin) (1/1).

Fig. 261 a.
**Parnassius jacquemontii tibetanus** F. Rühl (♀). (Original, aus coll. Zool. Mus. Berlin) (1/1).

Hinterflügel ebenfalls glasig verrußt, mit breitem Glasbande und breiter Submarginalbinde, die durch eine schmale helle, internerval unterbrochene Zwischenbinde getrennt wird. Der ganze basale Teil des Flügels fast bis zu den beiden Augenflecken ebenfalls glasig verrußt. Diese Verrussung ergießt sich vorn zwischen beide Augenflecke. Augenflecke groß, tiefkarminrot mit weißen Kernen. Unterseits speckig, glänzend. Die roten Basalflecke des Hinterflügels oft mit weißen Kernen. Auch die geröteten Subcostalflecke des Vorderflügels oft weiß gekernt. Überhaupt ist das Weiß in den Prachtflecken stärker als oberseits.

Männchen stärker melahyalin als das Weibchen. Hinterflügel bisweilen cremegelblich eingesäumt. Auch der hintere Teil des Hinterflügels bis $M_3$ verrußt, aber von der Submarginalbinde hell abgegrenzt. Weibchen meist gelblich. Die ausgesparten hellen Inseln vor dem Subcostalbändchen und Hinterrandflecke des Vorderflügels sowie in der Zone zwischen Submarginalbinde und der Augenfleckenregion mehr ausgebreitet. 2 prägnante Analflecke. Exemplare mit weißem Flügelfond wurden von Verity (1907, Rhop. palaearct., p. 106) als aberr. *alba* bezeichnet. Vorderflügellänge: ♂♀ 33—41 mm.

Tatsienlu, Tschangku.

Typen: ♂ ♀ in coll. Brit. Mus. London.

1315. **P. jacquemontii tatsienluicus** Verity 1907 & 09 *P. jacquemonti* var. *tatsienluica*, Verity, Rhop. palaearct., p. 63 t. XIV f. 1, 2 (♂), 3 (♀), t. XXIV f. 3, 4, 8 (♂), 5, 6, 7 (♀) | 1907 *P. jacquemontii tibetanus* aberr. *t.*, H. Stichel in: Seitz, Großschmett. Erde, *v.* 1 p. 36 | 1907 *P. j. t.* forma *t.* (forma vix conserv.), H. Stichel in: Gen. Ins. *v.* 58 p. 35 | 1907 & 09 *P. jacquemonti* var. *t.*, Verity, Rhop. palaearct., p. 104 t. 2 f. 4, 5, 6 (♂; squamae) | 1918 *P. jacquemontii t.*, W. Rothschild in: Nov. zool., *v.* 25 p. 251—252 | 1922 [1923] *P. jacquemonti* var. *t.*, Bryk in: Strand, Lep. Cat., *v.* 27 p. 165 | 1931 *P. j.* var. *t.*, Bryk & Eisner in: Parnassiana, *v.* 1 nr. 7/8 p. 9.

Kleiner als ssp. *tibetanus* F. Rühl, nicht so stark melahyalin, mehr graphitschwarz (Fig. 262). Weibchen mehr gelblich. Augenspiegel oft

Fig. 262.
**Parnassius jacquemontii tatsienluicus** Verity (♂). (Original, aus coll. Zool. Mus. Berlin) (1/1).

Fig. 262a.
**Parnassius jacquemontii tatsienluicus** Verity (♀). (Original, aus coll. Zool. Mus. Berlin) (1/1).

ganz rot ausgefüllt. Fliegt zusammen mit *P. epaphus poeta* C. Oberth. Die dunklen Weibchen lassen sich, falls begattet, oft voneinander nur durch die verschiedene Beschaffenheit der Sphragis (gekielt oder ungekielt) trennen. Es werden wohl auch hybride Formen unter ihnen auftreten. Vorderflügellänge: ♂♀ 28—33 mm.

Tatsienlu.

Typen: ♂ ♀ in coll. R. Oberthür, Rennes.

13 16. **P. jacquemontii tibetanulus** Bryk & Eisner 1927 *P. epaphus oberthüri* (part.), O. Bang-Haas in: Horae Macrolep., *v.* 1 p. 21 | 1931 *P. jacquemonti tibetanulus*, Bryk & Eisner in: Parnassiana, *v.* 1 nr. 7/8 p. 9 f. 10 (♂), 11 (♀).

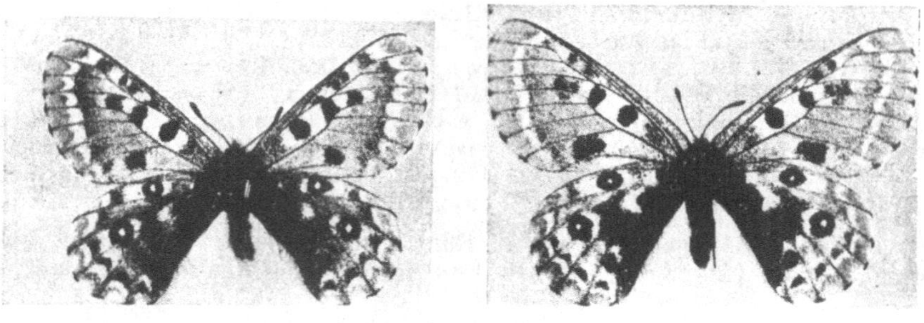

Fig. 263.
**Parnassius jacquemontii tibetanulus** Bryk & Eisner (links ♂, rechts ♀).
(Typen, nach Bryk & Eisner 1931) (1/1).

Die kleinste zum Kreise der ssp. *tibetanus* F. Rühl gehörende Unterart (Fig. 263). Zierlicher als ssp. *tatsienluicus* Verity und dichter reinweiß beschuppt. Die Rotfleckung intensiver, besonders bei dem durchweg vorhandenen Wurzelfleck. Subcostalfleck des Vorderflügels bisweilen mit weißem Kern. Die beiden Augenflecke mit auffallenden weißen Spiegeln. Vorderflügellänge: ♂ 25—28 mm, ♀ 25 mm.

Omisien (Szetschwan).

Typen: ♂ ♀ in coll. C. Eisner, Berlin-Dahlem.

Eine sehr variable Art, bei der Unterarten vorkommen, die sogar im männlichen Geschlecht konstant melanistisch sind, während die Weibchen heller sind, was sonst bei *Parnassius* nicht vorkommt. Die Art fliegt mit anderen Arten wie *P. tianschanicus* C. Oberth. und *P. epaphus* C. Oberth. zusammen und tritt bisweilen in einem ihnen sehr ähnlichen Habitus auf, so daß sie schwer voneinander zu trennen und auch von den Autoren oft verwechselt wurden. Die hochalpinen Tiere fliegen hastig und unstet auf dem gefrorenen und mit Schnee bedeckten Gelände auf und ab. Weder Jugendstadien, noch die Futterpflanze der Raupe sind bekannt.

14. **P. epaphus** C. Oberth. 1836 *P. jacquemontii* (part.), Boisduval, Spec. gén. Lép., *v.* 1 p. 400 (♀; nec ♂!) | 1844 *P. j.* (part.), E. Blanchard in: Voy. Inde Jacquemont, *v.* 4 Ins. p. 16 t. 1 f. 3 (♀) (nec ♂) | 1852 *P. j.* (part.), G. R. Gray, Cat. lep. Ins. Brit. Mus., *v.* 1 p. 75 t. 12 f. 1, 2 (♀) | 1879 *P. epaphus*, C. Oberthür, Étud. Ent., *v.* 4 p. 23 | 1882 *P. e.*, Elwes in: P. zool. Soc. London, p. 399 | 1886 *P. jacquemonti* (part.), Elwes, ibid., p. 36 | 1892 *P. epaphus*, F. Rühl & A. Heyne, Palaearkt. Groß-Schmett., *v.* 1 p. 98 | 1892 *P. jacquemontii*, E. Haase in: Bibl. zool., *v.* 8 I p. 111 | 1893 *P. epaphus* (part.), Leech, Butt. China Japan Corea, Part 4 p. 492 | 1895 *P. jacquemontii*, F. Rühl & A. Heyne, Palaearkt. Groß-Schmett., *v.* 1 p. 703 | 1902 *P. epaphus* (part.), F. Moore, Lep. Ind., *v.* 5 p. 109 t. 407 f. 2 (♂), 2a (♀) | 1906 *P. e.*, H. Stichel in: Berlin. ent. Z., *v.* 51 p. 83 | 1907 *P. e.*, H. Stichel in: Seitz, Groß-

schmett. Erde, *v.* 1 p. 30 | 1907 *P. e.*, Verity, Rhop. palaearct., t. XVII f. 1 (♂), 2 (♀) | 1907 *P. e.*, H. Stichel in: Gen. Ins., *v.* 58 p. 35 (cohors *apolliniformes*) | 1907 *P. e.*, Bingham in: Fauna Brit. Ind., Butt. *v.* 2 p. 121 | 1909 *P. e.*, Fruhstorfer in: Seitz, Großschmett. Erde, *v.* 9 p. 111 | 1915 *P. e.*, O. Bang-Haas in: D. ent. Z. Iris, *v.* 29 p. 95, 175 | 1917 *P. e.*, Bryk in: Arch. Naturg., *v.* 82 A 5 p. 55, 73, 74 t. col. f. 2a (♂; monstr.), t. 2 f. 23a, 23b (nervat. monstrosa) | 1922 [1923] *P. e.*, Bryk in: Strand, Lep. Cat., *v.* 27 p. 153 | 1923 *P. e.*, Seitz in: Ent. Rundsch., *v.* 40 p. 13 | 1927 *P. e.*, W. H. Evans in: Tijdschr. Ent., *v.* 70 p. 159 | 1927 *P. e.*, O. Bang-Haas in: Horae Macrolep., *v.* 1 p. 19, 20 | 1929 *P. e.*, Bollow in: Seitz, Großschmett. Erde, *v.* 1 Suppl. 1 p. 75 | 1931 *P. e.*, Bryk in: Zool. Jahrb., Syst. *v.* 62 p. 152 f. 3 (♂, aberr. clathroneura), p. 164 f. 21 (♂, venis metathet.), p. 165 f. 22 (subtus), p. 172 f. 31, 32 (♂ plethoneur.) | 1932 *P. apollo e.*, M. Hering in: Mt. Mus. Berlin, *v.* 18 p. 278, 283, 288, 293, 302, 303 f. 18 (Schienenblättchen), p. 306, 307 f. 64 (VIII. Tergit ♂), p. 310, 311 f. 98, p. 314, 315 f. 137 (Uncus, Valve ♂).

Fig. 264. Palpus von **Parnassius epaphus** C. Oberth. (Original).

Fig. 65. Vorderschiene mit Schienenblatt von **Parnassius epaphus** C. Oberth. (Nach M. Hering 1932) (17/1).

Kopf klein, mit dunkelbraunen, halbkugeligen, nackten Augen. Antennen weiß-schwarz geringelt, mit schwarzer Kolbe. Stirnbusch gelblich oder mit Schwarz untermischt. Palpen (Fig. 264) gelblich, oft mehr oder weniger schwarz bewimpert. Beine gelblich beschuppt. Schienenblättchen (Fig. 265) kurz, in der Mitte der Tibie des vordersten Beines inseriert. Thorax und Abdomen schwarz, beim Männchen hell behaart; beim Weibchen ist der Thorax kürzer und schütterer behaart, sein Abdomen fast nackt, dorsal mit einigen Haaren und sonst mit zerstreuten Schuppen spärlich besetzt, die besonders bei den Segmentabgrenzungen dichter sind. Unterseits ist das Abdomen mit kurzen, hellen Haaren bedeckt. Vorderflügel: $M_1$ entspringt entweder frei aus der vorderen Ecke der Mittelzelle oder verwächst mehr oder weniger weit von ihr mit dem Stiel der gegabelten $R_4 + R_5$. Saumlinie und Befransung hell, internerval schwarz unterbrochen. Die glasige Marginalbinde schmal, bis zum Hinterrande reichend. Submarginalbinde des Männchens deutlich, in den hintersten Elementen bisweilen reduziert, sonst wie beim Weibchen bis zum Hinterrande reichend. Subcostalflecke in der Regel verbunden, beim Männchen bisweilen 3zellig, bis $M_3$ reichend, der vorderste in der Regel mit rotem Kern, sonst ist das Auftreten von Rot in den übrigen variabel. Der vorderste bisweilen sogar oben mit weißem Kern im Rot. Hinterrandfleck mit oder ohne Rot. Das Feld zwischen Subcostalbändchen und Hinterrandfleck bisweilen mehr oder weniger stark schwarz überpudert, diese Überpuderung kann sich saumwärts sogar bis auf die Submarginalbinde, mit der sie sich vereinigt, erstrecken. Endzellfleck kräftig, vorn vor der Mittelzelle unregelmäßig ausgezackt. Mittelzellfleck sehr stark, hinten nicht immer an die Discoidalrippe angelehnt. Die Wurzel der Mittelzelle bisweilen sehr stark geschwärzt. Unterseits sind die Zellflecke stets mehr reduziert als auf der Oberseite. Der 1. Subcostalfleck trägt in der Regel einen roten Kern, der noch weiß zentriert ist. Der Hinterrandfleck fehlt meistens oder ist nur mit ein paar Schuppen angedeutet; sein Rot der Oberseite, falls vorhanden, schlägt schwach durch. Hinterflügel: Befransung gescheckt. Die glasige Marginalbinde in der Regel reduziert, beim Weibchen bisweilen als dunkles Band erhalten. Submarginalbinde stets erhalten, beim Männchen oft in Flecke aufgelöst. Augenflecke groß, dick schwarz umrandet, ihr Rot seltener mit weißen

Kernen. Männchen wenigstens mit 1 Analfleck, Weibchen wenigstens mit 2. Die Hinterrandschwärze ist besonders kräftig entwickelt, sie erstreckt sich einerseits auf die Flügelwurzel, füllt den größeren basalen Teil der Flügelwurzel aus, erstreckt sich auf die hinterste Zelle des Hinterrandes, wo sie sich oft mit dem hintersten Analfleck vereinigt und setzt sich andrerseits als ein patzenhafter Vorsprung bis an die $R_5$ (+ $M_1$) fort. Der 1. Wurzelfleck vorn oft rot gekernt. Unterseits tragen die Augenflecke stets sehr große weiße, dünn rot umsäumte Kerne. Von den geröteten Analflecken ist der 2. meist weiß gekernt. 4 rote, schwarz umgrenzte Wurzelflecke, die bisweilen mehr oder weniger deutlich weiß gekernt sind. Das Weibchen ist gewöhnlich

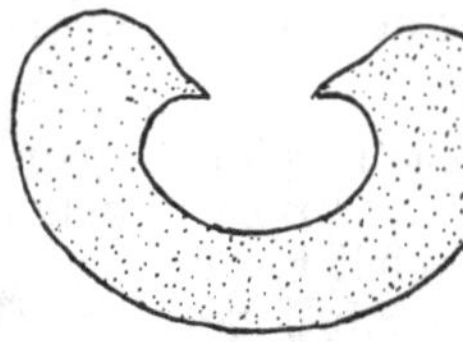

Fig. 266.
VIII. Tergit von **Parnassius epaphus** C. Oberth. (♂). (Nach M. Hering 1932) (9/1).

Fig. 267.
Aedoeagus von **Parnassius epaphus** C. Oberth. (Nach M. Hering 1932) (13/1).

Fig. 268.
Valve (links) und Uncus (rechts) von **Parnassius epaphus** C. Oberth. (Nach M. Hering 1932) (15/1).

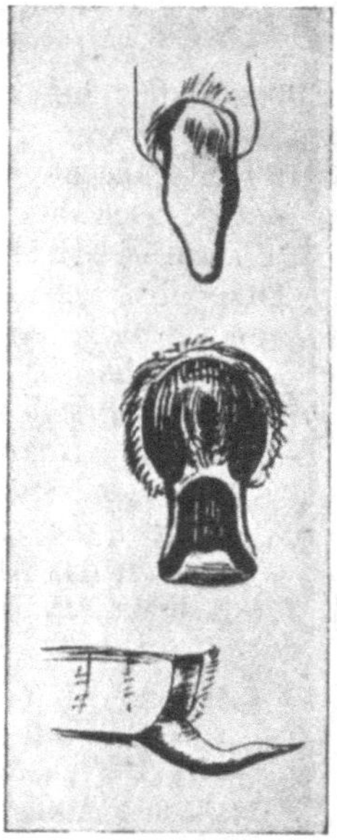

Fig. 269.
Sphragis von **Parnassius epaphus** C. Oberth. Oben ventral, Mitte frontal, unten lateral. (Nach Bryk 1918) (4/1).

reicher gezeichnet als das Männchen, oft auch stärker verdunkelt. VIII. Tergit (Fig. 266) des Männchens halbringförmig, medial schnabelförmig zugespitzt. Aedoeagus (Fig. 267) kurz, dem von *P. jacquemontii* Boisd. ähnlich. Valve (Fig. 268) wie bei *P. jacquemontii* Boisd., sein Uncus (Fig. 268) jedoch mit größerem Helm des Subuncus. Sphragis [1886 Elwes in: P. zool. Soc. London, t. 2 f. 1 | 1891 C. Oberthür, Étud. Ent., *v.* 14 t. 1 f. 7a | 1906 H. Stichel in: Berlin. ent. Z., *v.* 51 p. 83 | 1906, Verity, Rhop. palaearct., t. XX f. 1—3 | 1907, Bingham in: Fauna Brit. Ind., Butt. *v.* 2 p. 117 f. 31b | 1907 H. Stichel in: Seitz, Großschmett. Erde, *v.* 1 p. 30 | 1918, Bryk in: Ark. Zool., *v.* 11 nr. 18 p. 26 | 1920, Bryk in: Arch. Naturg., *v.* 85 A 5 p. 146, 147, 157 | 1927, O. Bang-Haas in: Horae Macrolep., *v.* 1 p. 19]: braun in eine Spitze ausgezogen, ohne deutliche Furche, mit fehlendem Kiel, aber an der Anhaftungsstelle mit einer hervortretenden, lappenartigen Umzingelung; sonst wie die der Arten der *apollo*-Gruppe (Fig. 269).

Verbreitung innerasiatisch.

Diese Art zerfällt in 24 Unterarten.

forma aurantiaca Bryk 1915 *P. epaphus* ocellis aurantiacis, O. Bang-Haas in: D. ent. Z. Iris, *v.* 29 p. 96 | 1922 [1923] *P. e.* aberr. *aurantiaca*, Bryk in: Strand, Lep. Cat., *v.* 27 p. 153 | 1929 *P. e.* aberr. *a.*, Bollow in: Seitz, Großschmett. Erde, *v.* 1 Suppl. 1 p. 75.

Individuen mit orangerot gekernten Augenflecken.

Patria?

forma albicans Turati 1933 *P. epaphus sabaudus* forma *a.*, Turati in: Boll. Soc. ent. Ital., *v.* 65 p. 26 t. 1 f. 9 (♂) | 1934 *P. e.* aberr. *toti-reducta*, O. Bang-Haas in: Ent. Z., *v.* 48 p. 7.

Die Flecken der Submarginalbinden auf beiden Flügeln erloschen.

Baltoro (Himalaya).

Typus: ♂ in coll. E. Turati, Mailand.

forma erema O. Bang-Haas 1915 *P. epaphus* aberr. *erema*, O. Bang-Haas in: D. ent. Z. Iris, *v.* 29 p. 95 | 1922 [1923] *P. e.* aberr. *e.*, Bryk in: Strand, Lep. Cat., *v.* 27 p. 153 | 1929 *P. e.* aberr. *e.*, Bollow in: Seitz, Großschmett. Erde, *v.* 1 Suppl. 1 p. 75.

Die Submarginalbinde auf den Hinterflügeln erloschen.

Patria?

forma flavomaculata O. Bang-Haas 1927 *P. epaphus hillensis* aberr. *f.* (nom. coll.), O. Bang-Haas in: Horae Macrolep., *v.* 1 p. 21 | 1929 *P. e.* subsp. *h.* aberr. *f.*, Bollow in: Seitz, Großschmett. Erde, *v.* 1 Suppl. 1 p. 75.

Augenflecke gelb.

Bashar State.

forma posticelongata O. Bang-Haas 1927 *P. epaphus hillensis* aberr. *p.* (nom. coll.), O. Bang-Haas in: Horae Macrolep., *v.* 1 p. 21 | 1929 *P. e. h.* aberr. *p.*, Bollow in: Seitz, Großschmett. Erde, *v.* 1 Suppl. 1 p. 75.

Medianaugenfleck langgestreckt.

Bashar State.

forma caeca O. Bang-Haas 1927 *P. epaphus hillensis* aberr. *c.* (nom. coll.), O. Bang-Haas in: Horae Macrolep., *v.* 1 p. 21 t. 3 f. 9 (♂) | 1929 *P. e. h.* aberr. *c.*, Bollow in: Seitz, Großschmett. Erde, *v.* 1 Suppl. 1 p. 75 | 1932 *P. e.* subsp. *puer* forma *nigroocellata*, Bryk & Eisner in: Parnassiana, *v.* 2 p. 24.

Augenflecke oberseits ohne Rot.

Bashar State.

Typus: ♂ in coll. O. Bang-Haas, Dresden-Blasewitz.

forma ocellata Bryk 1909 *P. epaphus* var. *poeta* aberr. *vittata* (part.), Verity, Rhop. palaearct., t. XXIV f. 16 (♀) | 1914 *P. e. p.* aberr. *ocellata*, Bryk in: Soc. ent., *v.* 29 p. 77 | 1922 [1923] *P. e.* aberr. *o.*, Bryk in: Strand, Lep. Cat., *v.* 27 p. 153 | 1929 *P. e. poëta* aberr. *o.*, Bollow in: Seitz, Großschmett. Erde, *v.* 1 Suppl. 1 p. 77.

Die schwarzen Subcostalflecke des Vorderflügels rot mit weißem Kern.

Tatsienlu (Szetschwan).

Typus: ♂ in coll. C. Eisner, Berlin-Dahlem.

forma rubropicta O. Bang-Haas 1915 *P. epaphus* aberr. *r.*, O. Bang-Haas in: D. ent. Z. Iris, *v.* 29 p. 95 | 1922 [1923] *P. e.* aberr. *r*, Bryk in: Strand, Lep. Cat., *v.* 27 p. 153 | 1929 *P. e.* aberr. *r.*, Bollow in: Seitz, Großschmett. Erde, *v.* 1 Suppl. 1 p. 75.

Beide schwarze Subcostalflecke des Vorderflügels mit roten Kernen.

Patria?

forma nigerrima Verity 1907 & 09 *P. epaphus* var. *poeta* aberr. *n.*, Verity, Rhop. palaearct., p. 107 t. XXIV f. 20 (♂) | 1922 [1923] *P. e.* aberr. *n.*, Bryk in: Strand, Lep. Cat., *v.* 27 p. 153 | 1929 *P. e. poëta* aberr. *n.*, Bollow in: Seitz, Großschmett. Erde, *v.* 1 Suppl. 1 p. 76.

Augenflecke schwarz. Submarginalbinde des Hinterflügels fehlt.

Szetschwan: Sialu.

Typus: ♂ in coll. R. Oberthür, Rennes.

forma vittata Verity 1907 & 09 *P. epaphus* var. *poeta* aberr. *v.*, Verity. Rhop. palaearct.. p. 107 t. XXIV f. 16 (♀) | 1922 [1923] *P. e.* aberr. *v.*, Bryk in: Strand, Lep. Cat., *v.* 27 p. 154 | 1929 *P. e. poëta* aberr. *v.*, Bollow in: Seitz, Großschmett. Erde, *v.* 1 Suppl. 1 p. 76.

Beide Augenflecke durch einen schwarzen Strich miteinander verbunden, desgleichen hinten durch den 3. Analfleck mit dem Analbändchen, von denen die beiden hintersten rote Kerne tragen.

Tatsienlu (Szetschwan).

Typus: ♀ in coll. R. Oberthür, Rennes.

141. **P. epaphus epaphus** C. Oberth. 1852 *P. jacquemontii*, G. R. Gray, Cat. lep., Ins. Brit. Mus., *v.* 1 p. 75 t. 12 f. 1, 2 (♀) | 1879 *P. epaphus*, C. Oberthür, Étud. Ent., *v.* 4 p. 23 | 1891 *P. e.*, C. Oberthür, ibid., *v.* 14 p. 12, 14 t. 1 f. 4 (♂), 5 (♀) | 1907 *P. e. e.* (part.), H. Stichel in: Gen. Ins., *v.* 58 p. 35 | 1907 *P. e.*, Verity, Rhop. palaearct., p. 71 t. XVII f. 1 (♂), 2 (♀) | 1907 *P. e. altynensis* (O. Staudinger & A. Bang-Haas i. l.), H. Stichel in: Seitz, Großschmett. Erde, *v.* 1 p. 30 | 1911 & 10 *P. e.*, Verity, Rhop. palaearct., p. 315 t. LXIV f. 1 (♂), 2, 3 (♀) | 1922 [1923] *P. e.* (part.) + *P. e.* forma *altynensis*, Bryk in: Strand, Lep. Cat., *v.* 27 p. 153, 154 | 1927 *P. e. e.*, O. Bang-Haas in: Horae Macrolep., *v.* 1 p. 21.

Fig. 270.
**Parnassius epaphus epaphus** C. Oberth. (♀). (Typus von **P. rhodius** Honrath, Original, aus coll. Zool. Mus. Berlin) (1/1).

Sehr hell, mit schmaler Submarginalbinde des Vorderflügels. Männchen mit stark vergrößerten internervalen weißen Inseln im Glasband, verkleinertem Hinterrandfleck und verschmälerter Submarginalbinde des Vorderflügels, die hinten mehr oder weniger reduziert ist. Subcostalbändchen nicht besonders breit. Wenigstens der 1. Subcostalfleck gerötet. Wurzelfleck des Hinterflügels nicht immer auffallend rot. Mindestens ein Analfleck erhalten. Glasbinde des Hinterflügels kaum als nervale Beschattung erhalten. Weibchen (Fig. 270) reicher gezeichnet. Die Submarginalbinde des Vorderflügels kräftig, länger, bis zum Hinterrand reichend, wurzelwärts etwas diffus. Glasband des Hinterflügels sehr stark reduziert. 2—3 Analflecke, von denen die beiden hintersten auch rot gekernt sein können. Der rote Wurzelfleck etwas deutlicher. Vorderflügellänge: ♂ 28—31 mm, ♀ 29—30 mm.

„Chinesische Tartarei“ Altyn-tag, Lob-Noor.

142. **P. epaphus tsaidamensis** Austaut 1898 *P. t.*, Austaut in: Naturaliste, *v.* 20 p. 106 (an *P. jacquemontii* var?) | 1902 *P. t.*, F. Moore, Lep. Ind., *v.* 5 p. 115 | 1906 *P. t.*, Austaut in: Ent. Z., *v.* 20 p. 67 | 1907 *P. epaphus t.*, H. Stichel in: Seitz, Großschmett. Erde, *v.* 1 p. 30 | 1907 *P. e. t.*, H. Stichel in: Gen. Ins., *v.* 58 p. 36 | 1918 *P. jacquemontii t.*, W. Rothschild in: Nov. zool., *v.* 25 p. 261 | 1922 [1923] *P. epaphus* var. *t.*, Bryk in: Strand, Lep. Cat., *v.* 27 p. 156 | 1927 *P. e. t.*, O. Bang-Haas in: Horae Macrolep., *v.* 1 p. 21.

Ähnelt nach der Beschreibung der ssp. *nanchanicus* Austaut. Mit reduzierten Saumbinden, welche im Vorderflügel eine Reihe kleiner, isolierter Flecke bilden, die kaum die Mitte der Flügelbreite erreichen und im Hinterflügel auf etliche fleckenartige Rudimente am Hinterwinkel beschränkt sind. Augenflecke sehr groß, weiß gekernt, auf der Oberseite des Hinterflügels indessen kein roter Basalfleck. Die Fransen scharf weiß und schwarz gescheckt.

Marco Polo-Gebirge, südlich Tsaidam, 5000 m.

143. **P. epaphus nanchanicus** Austaut 1889 *P. sikkimensis*, Alphéraky in: Romanoff, Mém. Lép., *v.* 5 p. 65 | 1899 *P. s.* var. *nanchanica* (*P. rhodius* var. *nianschana* O. Staudinger & A. Bang-Haas i. l.), Austaut in: Naturaliste, *v.* 21 p. 285 | 1902 *P. n.*, F. Moore, Lep. Ind., *v.* 5 p. 115 | 1906 *P. n.*, Austaut in: Ent. Z., *v.* 20 p. 66 | 1907 *P. epaphus* var. *sikkimensis* „forme" *n.*, Verity, Rhop. palaearct., p. 73 t. XVII f. 14 ♂, 15 ♀; f. 16 (♂ trans. „à la forme" *n.*) | 1907 *P. e. nanchanicus*, H. Stichel in: Seitz, Großschmett. Erde, *v.* 1 p. 30 t. 15b (♂ ♀ = an subsp. *huwei* Fruhst.?) | 1907 *P. e. n.*, H. Stichel in: Gen. Ins., *v.* 58 p. 36 t. 3 f. 12 (♂) | 1918 *P. e. n.*, W. Rothschild in: Nov. zool., *v.* 25 p. 253 | 1922 [1923] *P. e.* var. *nanchanica*, Bryk in: Strand, Lep. Cat., *v.* 27 p. 155 | 1927 *P. e. n.*, O. Bang-Haas in: Horae Macrolep., *v.* 1 p. 21.

Fig. 271.
**Parnassius epaphus nanchanicus** Austaut (♂). (Original, aus coll. Zool. Mus. Berlin) (1/1).

Eine sehr kleine Unterart. Weibchen gelblicher als das Männchen. Submarginalbinde beim Männchen (Fig. 271) kürzer und sehr schmal. Subcostalbändchen breit, mit 2 roten Kernen. Hinterrandfleck öfters schwarz und größer als bei der Nominatrasse. Augenflecke groß. Submarginalbinde schmal, in internervale Flecke aufgelöst. Der rote Wurzelfleck angedeutet. Glasige Marginalbinde stark rückgebildet. Vorderflügellänge: ♂♀ 24,5—26,5 mm.

Nanschan, Burchan-Buddha-Kette.

144. **P. epaphus huwei** Fruhst. 1903 *P. e. h.*, Fruhstorfer in: Ent. Zeit Stettin, *v.* 64 p. 360 | 1903 *P. e.* var. *aksuensis*, O. Staudinger & Bang-Haas, Lep. Liste, nr. 47 (nom. nud.) | 1907 *P. e. huwei*, H. Stichel in: Seitz, Großschmett. Erde, *v.* 1 p. 30 t. 15d (♂ ♀) | 1907 *P. e. h.*, H. Stichel in: Gen. Ins., *v.* 58 p. 36 und (nota 1) | 1907 *P. e.* var. *sikkimensis* „forme" *nanchanica*, Verity, Rhop. palaearct., p. 73 t. XVII f. 17 (♀) | 1907—11 *P. e.* var. *s.* „race" *huwei*, Verity, ibid., p. 107, 315 t. LVIII f. 18 (♂) | 1922 [1923] *P. e.* var. *H.*, Bryk in: Strand, Lep. Cat., *v.* 27 p. 154 | 1927 *P. e.? h.*, O. Bang-Haas in: Horae Macrolep., *v.* 1 p. 21, 22.

Submarginalbinde des Vorderflügels bis zum abgerundeten Winkel des Hinterrandes reichend (Fig. 272). Subcostalbändchen bis $M_3$ reichend, meistens mit einem roten Fleck. Augenfleck des Mittelfeldes oft nicht rund, sondern gegen die Flügelmitte abgeplattet. Männchen mit sehr schmalem Glasband. Submarginalbinde des Hinterflügels oft sehr scharf abgesetzt, aber in Flecke

Fig. 272.
**Parnassius epaphus huwei** Fruhst. (links ♂, rechts ♀). (Original, aus coll. Zool. Mus. Berlin) (1/1).

aufgelöst. Weibchen mit ausgedehnter, glasiggrauer Flügelzone. Die hintersten Mondflecke des Vorderflügels stark verwischt. Glasband des Hinterflügels sehr deutlich. Macht oft den Eindruck eines kleinen Weibchens von *P. actius* (Eversm.). Vorderflügellänge: ♂ 25,5—28,5 mm, ♀ 25,5 mm.

Kia-Fluß, Aksu (Thianschan). [O. Bang-Haas (l. c.) bezweifelt das Vorkommen bei Aksu.]

145. **P. epaphus beresowskyi** Staud. 1901 *P. e.* var. *b.*, O. Staudinger & Rebel (? Bianchi MS.), Cat. Lep. Palaearct. Faunengeb., ed. 3 *v.* 1 p. 6 | 1906 *P. b.*, Austaut in: Ent. Z., *v.* 20 p. 67 | 1906 *P. b.*, H. Stichel in: Berlin. ent. Z., *v.* 51 p. 84 | 1907 *P. b.*, H. Stichel in: Seitz, Großschmett. Erde, *v.* 1 p. 30 t. 15c (♂ ♀) | 1907 *P. epaphus* var. *b.* + *berezowskyi* (explicat. tabulae), Verity, Rhop. palaearct., p. 74 t. XVII f. 18, 19 (♂), 20, 21 (♀) | 1907 *P. oeresowskyi* (? subsp. epaphi), H. Stichel in: Gen. Ins., *v.* 58 p. 36 | 1912 *P. b.*, J. F. Bemmelen in: Zool. Jahrb., Suppl. 15 *v.* 3 p. 464 | 1922 [1923] *P. epaphus* var. *Berezowskyi*, Bryk in: Strand, Lep. Cat., *v.* 27 p. 154 | 1927 *P. e. beresowskyi*, O. Bang-Haas in: Horae Macrolep., *v.* 1 p. 21.

Fig. 273.
**Parnassius epaphus beresowskyi** Staud. (♂). (Original, aus coll. Zool. Mus. Berlin) (1/1).

Größte Unterart (Fig. 273). Männchen hellweiß, mit bis zur $Cu_2$ reichendem Glasband. Die deutliche Submarginalbinde geht über diese Rippe hinaus. Hinterrandfleck nicht besonders groß. Subcostalbändchen sehr oft bis $M_2$, mit oder ohne roten Kern. Mittelzellfleck oft hinten frei. Verglasung der Hinterflügel nur an den Rippenmündungen graphitgrau angedeutet. Submarginalbinde scharf abgesetzt. Augenflecke purpurrot und groß. Der rote Wurzelfleck

Fig. 273a.
**Parnassius epaphus beresowskyi** Staud. (♀). (Original, aus coll. Zool. Mus. Berlin) (1/1).

nicht in die Augen fallend oder fehlend. Oft ohne Analflecke. Die 4 Wurzelflecke unterseits tief rot. Weibchen meist verdunkelt, reicher gezeichnet. Das Glasband auch auf den Hinterflügeln oft sehr deutlich. Die Mitte des Vorderflügels um den Discus bis zur Wurzel schwärzlich bestäubt. Die Submarginalbinde lebhaft, continuierlich. 2 Analflecke. Vorderflügellänge: ♂ 35 mm, ♀ 33—35 mm.

Sung-Pau (Szetschwan); Amdo, Sining-Gebirge, 3300 m.

Typen: ♂ ♀ in coll. O. Staudinger, Dresden-Blasewitz.

146. **P. epaphus poeta** C. Oberth. 1892 *P. p.*, C. Oberthür, Étud. Ent., *v.* 16 p. 2 t. 2 f. 9 (♂) | 1893 *P. epaphus* var. *p.*, Leech, Butt. China Japan Corea, Part 4 p. 493 | 1894 *P. p.*, Austaut in: Naturaliste, *v.* 16 p. 190 | 1895 *P. p. oberthüri*, Austaut, ibid., *v.* 17 p. 247 | 1898 *P. p.* + aberr. *o.*, Austaut, ibid., *v.* 20 p. 106 | 1901 *P. epaphus* var. *p.*, O. Staudinger & Rebel, Cat. Lep. Palaearct. Faunengeb., ed. 3 *v.* 1 p. 6 | 1902 *P. p.*, F. Moore, Lep. Ind., *v.* 5 p. 115 | 1906 *P. epaphus p.*, H. Stichel in: Berlin. ent. Z., *v.* 51 p. 84 | 1907 *P. e. p.* + aberr. *oberthüri*, H. Stichel in: Seitz, Großschmett. Erde, *v.* 1 p. 30 t. 15a (♂) | 1907 *P. e.* var. *p.*, Verity, Rhop. palaearct., p. 73 t. XVII f. 5, 7, 8, 9 (♂), 6 (♀) | 1907 *P. e. p.* + forma *oberthüri* (nomen vix conserv.), H. Stichel in: Gen. Ins., *v.* 58 p. 35 t. 2 f. 10 (♀) | 1907 & 09 *P. e.* var. *p.* + aberr. *vittata* + „forme“ *oberthuri* + aberr. *nigerrima*, Verity, Rhop. palaearct., p. 105, 107 t. XXIV f. 14, 15 (♂ ♀), 16 (♀, aberr. *vittata*), f. 17 (♂), 18, 19 (♀ „forme“ *oberthuri*), f. 20 (♂ aberr. *nigerrima*) | 1914 *P. e.* subsp. *poëta* aberr. *ocellata*, Bryk in: Soc. ent., *v.* 29 p. 77 | 1918 *P. epaphus poeta* + *oberthuri*, W. Rothschild in: Nov. zool., *v.* 25 p. 252 | 1922 [1923] *P. e.* forma *Oberthüri* + var. *p.*, Bryk in: Strand, Lep. Cat., *v.* 27 p. 154, 155 | 1927 *P. e. p.* + *o.*, O. Bang-Haas in: Horae Macrolep., *v.* 1 p. 20, 21 | 1929 *P. e.* subsp. *poëta* + aberr. *ocellata* + aberr. *vittata*, Bollow in: Seitz, Großschmett. Erde, *v.* 1 Suppl. 1 p. 76 | 1931 *P. e. p.*, Bryk & Eisner in: Parnassiana, *v.* 1 nr. 7/8 p. 9 | 1932 *P. e. p.*, Bryk in: Zool. Jahrb., Syst. *v.* 62 p. 172 f. 31, 32 (♂).

Glassaum und Submarginalbinde deutlich, in beiden Geschlechtern bis zum Hinterrande reichend (Fig. 274). Subcostalbändchen breit, gedrungen, mit 1 oder 2 roten Flecken, die auch weiße Kerne tragen können. Hinterrandfleck groß, bisweilen mit rotem Fleck. Flügelmitte oft schwarz überpudert. Zellflecke kräftig und lebhaft. Der Mittelzellfleck in der Regel sich an beide Arme der Discoidalrippen stützend. Augenflecke groß, mit oder ohne weiße Spiegel. Hinterrandschwärze sehr kräftig wie bei ssp. *tibetanus* F. Rühl, jedoch durch Ausbleiben der Beschattung zwischen beiden Augenflecken unterschieden.

Fig. 274.
**Parnassius epaphus poeta** C. Oberth. (♂). (Original, aus coll. Zool. Mus. Berlin) (1/1).

Fig. 274 a.
**Parnassius epaphus poeta** C. Oberth. (♀). (Original, aus coll. Zool. Mus. Berlin) (1/1).

Submarginalbinde deutlich. 3 oder 2 Analflecke vorhanden. Unterseits Weißkernung in den Subcostalflecken des Vorderflügels, in den Augenflecken und Analflecken stark hervortretend. Männchen mit undeutlichem Glassaum, der nur interneval erhalten ist. Folgende formae treten auf: *nigerrima, vittata, ocellata.* Vorderflügellänge: ♂ ♀ 31—32 mm.

Tatsiculu (Szetschwan), Tschang-Ku.

Typen: ♂ ♀ in coll. R. Oberthür, Rennes.

Typus von *oberthüri* Austaut in coll. Zool. Mus. Tring.

147. **P. epaphus pictor** Bryk & Eisner 1932 *P. e. p.*, Bryk & Eisner in: Parnassiana, *v.* 2 p. 102 | 1933 *P. p.*, O. Bang-Haas in: Ent. Z., *v.* 46 p. 262.

Steht ssp. *poeta* C. Oberth. nahe, ist aber in beiden Geschlechtern aufgehellt, wodurch alle Zeichnungen schärfer hervortreten. Das internervale Weiß im Glasband des Vorderflügels erweitert, die weiße Binde zwischen ihm und der Submarginalbinde deutlicher. Der rote Wurzelfleck der Hinterflügeloberseite stets deutlich erhalten. Männchen mit größerem, weißem Spiegel der Augenflecke. Submarginalbinde kräftiger abgesetzt. Das Rot im 1. und 3. Subcostalfleck mit weißem Spiegel. Weibchen mit weniger ausgedehnter Hinterrandschwärze, der 3. Analfleck stark reduziert.

Kunkala-schan, nordwestlich von Tatsienlu.

Typen: ♂ ♀ in coll. C. Eisner, Berlin-Dahlem.

14 8. **P. epaphus everesti** N. D. Riley 1923 *P. e. everesti*, N. D. Riley in: Tr. ent. Soc. London, p. 463 t. 36 f. 7 (♂), 8 (♀) | 1927 *P. e. e.*, N. D. Riley, ibid., *v.* 75 p. 121 | 1927 *P. e. everestis + everesti*, O. Bang-Haas in: Horae Macrolep., *v.* 1 p. 20, 103 | 1929 *P. e.* subsp. *everesti*, Bollow in: Seitz, Großschmett. Erde, *v.* 1 Suppl. 1 p. 76.

Sehr kleine, dicht beschuppte, helle Unterart mit sehr schmalem, außen von weißen Keilflecken eingeengtem, glasigem Marginalband, stark gerötetem, langem Subcostalbändchen mit großen Augenflecken, schmaler, schwacher Submarginalbinde des Vorderflügels und reduzierter des Hinterflügels. Männchen: Glasband und die schmale Submarginalbinde des Vorderflügels bis $Cu_2$. 2 rote Kerne in dem bis $M_3$ reichenden Subcostalband. Hinterrandfleck mit rotem Kern. Mittelzellfleck hinten frei. 1 Analfleck, der bis $Cu_2$ reicht. Weibchen wie das Männchen. Dicht beschuppt. Die unterbrochene marginale Glasbinde des Hinterflügels kommt etwas mehr zum Vorschein. Wurzelflecke unterseits weiß gekernt. Vorderflügellänge: ♂ 24,5—25 mm, ♀ 26 mm.

Rongbuk-Gletscher (Mt Everest, 5500 m), Tinki La (Tibet).

Typen: ♂ ♀ in coll. Brit. Mus. London.

14 9. **P. epaphus himalayanus** N. D. Riley 1923 *P. e. h.*, N. D. Riley in: Tr. ent. Soc. London, [1922] p. 463 t. 36 f. 4 (nec 6) (♂) | 1927 *P. e. h.*, O. Bang-Haas in: Horae Macrolep., *v.* 1 p. 20 | 1929 *P. e.* subsp. *h.*, Bollow in: Seitz, Großschmett. Erde, *v.* 1 Suppl. 1 p. 76.

Stark an ssp. *sikkimensis* Elwes erinnernd. Männchen mehr durchsichtig. Submarginalbinden auf beiden Flügeln sehr deutlich, auf dem Vorderflügel schön nach außen ausgezackt und breit, auf dem Hinterflügel aus spitzen Pfeilflecken zusammengesetzt. Subcostalbändchen lang, mit ganz verdrängtem Rot. Hinterrandflecke klein und länglich. Augenflecke dick schwarz umrahmt, ohne weiße Kerne, der mittlere verkleinert. Wurzelfleck nicht rot. Hinterrandschwärze sehr kräftig entwickelt, stark den Discus umklammernd und sogar innen ausfüllend, so daß nur ein kleiner, heller Fleck ausgespart bleibt. Das Rot der Wurzelflecke unterseits reduziert. Weibchen dichter beschuppt, ohne schwarze Bepuderung, mit 1 roten Kern im Subcostalbändchen und rotem Wurzelfleck auf den Hinterflügeln. Vorderflügellänge: ♂ 23,5 mm, ♀ 25 mm.

Chog La, Rongshar-Tal (Mt Everest), 4200—5100 m.

Typen: ♂ ♀ in coll. Brit. Mus. London.

14 10. **P. epaphus dongalaicus** Tytler 1927 *P. dongalaica*, Tytler in: J. Bombay Soc., *v.* 31 p. 249 t. 4 f. 5 (♀) | 1927 *P. epaphus himalayanus* (ex synon.), O. Bang-Haas in: Horae Macrolep., *v.* 1 p. 20 | 1929 *P. e. h.* (ex synon.), Bollow in: Seitz, Großschmett. Erde, *v.* 1 Suppl. 1 p. 76.

Nach der gekielten Sphragis der weiblichen Type gehört diese Unterart nicht zu *P. epaphus* C. Oberth., aber ihre Facies ist so *epaphus*-artig, daß eine Begattung mit dieser Art wahrscheinlich ist, zumal sogar Begattung zwischen sehr weit voneinander entfernten Arten wie *Lingamius hardwickei* (J. E. Gray) und *P. epaphus* C. Oberth. festgestellt wurde.

Eine kleine Unterart mit auffallender Vergrößerung der Prachtflecke. Männchen unbekannt. Weibchen mit sehr schmalem, außen von hellen internervalen Keilflecken eingeengtem Glasband. Submarginalbinde sehr schmal, nach außen ausgezackt. Subcostalbändchen breit, bis $M_3$ reichend, mit einem sehr auffallenden Prachtfleck. Hinterrandfleck klein. Mittelzellfleck verkleinert, hinten frei. Glasband und Submarginalbinde des Hinterflügels stark rückgebildet. Augenflecke groß, der mittlere stark verzerrt, wie aus 2 Flecken zusammengesetzt, nach innen zugespitzt, nach außen 2 mal ausgebuchtet. Wurzelfleck deutlich. Hinterrandschwärze kräftig, bis $M_3$ reichend. Der 3. Analfleck oberseits schwach angedeutet. Nur 1 Weibchen bekannt. Vorderflügellänge: ♀ 23 mm.

Donga-La (Mt Everest), 4800 m.

Typus: ♀ in coll. H. C. Tytler, London.

14 11. **P. epaphus phariensis** Avinov 1916 *P. e.* subsp. *p.*, Avinoff in: Tr. ent. Soc. London, 1915 p. 360 t. 54 f. 8 (♂), 9 (♀) | 1918 *P. e. pernigrus*, Fruhstorfer in: Soc. ent., *v.* 33 p. 2 | 1918 *P. e.* subsp.?, W. Rothschild in: Nov. zool., *v.* 25 p. 253 | 1922 [1923] *P. e.* var. *phariensis*, Bryk in: Strand, Lep. Cat., *v.* 27 p. 155 | 1929 *P. e.* subsp. *p.*, Bollow in: Seitz, Großschmett. Erde, *v.* 1 Suppl. 1 p. 76.

Von allen Unterarten die dunkelste, mit lebhaft vom hellen Flügelton sich abhebender Schwarzzeichnung und gestreckter Flügelform (Fig. 275). Die glasigen Marginalbinden dunkel und verhältnismäßig breit, bis zum Hinterrande reichend, die Submarginalbinden deutlich und vollkommen ausgeprägt. Subcostalbändchen breit, bis $M_3$ reichend, mit 1 oder 2 roten Flecken. Hinterrandfleck kräftig, viereckig und länglich wurzelwärts ausgezogen. Mittelzellfleck variabel, öfters rundlich. Wurzel des Vorderflügeldiscus schwarz. Flügelmitte mehr oder weniger düster überstäubt. Hinterflügel mit großen Augenflecken,

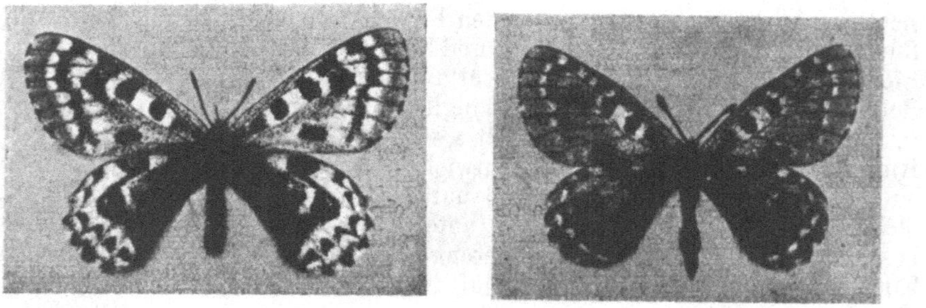

Fig. 275.
**Parnassius epaphus phariensis** Avinov (links ♂, rechts ♀). (Original, aus coll. Zool. Mus. Berlin) (1/1).

die nicht immer ganz rot ausgefüllt sind, sondern weiße Kerne tragen, nicht selten miteinander durch einen schwarzen Strich verbunden. Wurzel- und Hinterrandschwärze sehr stark ausgedehnt, mit den 3 Analflecken zu einem Riesenfleck vereinigt, der sich sogar auf den vorderen Teil des Discus stark ausbreitet. 1 roter Wurzelfleck. Wurzelflecke der Unterseite oft mit weißen Kernen. Weibchen stark verdunkelt, bisweilen glasig schwarz, mit Aussparung der lebhaft wirkenden hellen Grundfarbe in der Mittelzelle des Vorderflügels und in den Mondbinden beider Flügel. Als forma tritt *ocellata* auf. Vorderflügellänge: ♂♀ 24—25,5 mm.

Phari-Yong (Bhutan); Yatung.

14 12. **P. epaphus sikkimensis** Elwes 1882 *P. e.* var. *s.*. Elwes in: P. zool. Soc. London, p. 399, 400, 401 t. 25 f. 4 (♀), 5 (♂) | 1886 *P. jacquemonti*, Elwes, ibid., p. 36 | 1889 *P. epaphus* var. *sikkimensis*, Alpheraky in: Romanoff, Mém. Lép., *v.* 5 p. 65 | 1892 & 95 *P. jacquemontii* var. *s.* (part.), F. Rühl & A. Heyne, Palaearkt. Groß-Schmett., *v.* 1 p. 99, 703 | 1893 *P. epaphus* var. *s.*, Leech, Butt. China Japan Corea, Part 4 p. 494 | 1901 *P. e.* var. *s.* (part.), O. Staudinger & Rebel, Cat. Lep. Palaearct. Faunengeb., ed. 3 *v.* 1 p. 6 | 1902 *P. s*, F. Moore, Lep. Ind., *v.* 5 p. 111 t. 407 f. 4 (♂), 4a (♀) | 1907 *P. epaphus s.*, H. Stichel in: Seitz, Großschmett. Erde, *v.* 1 p. 30 | 1907 *P. e.* „race" *sikhimensis*, Bingham in: Fauna Brit. Ind., Butt. *v.* 2 p. 121 t. 15 f. 100 (♂) | 1907 *P. e.* var. *sikkimensis*, Verity, Rhop. palaearct., p. 73, 74 t. XVII f. 10, 12, 13 (♂), 11 (♀) | 1907 *P. e. s.*, H. Stichel in: Gen. Ins., *v.* 58 p. 36 t. 3 f. 1 (♂) | 1909 *P. e. s.*, Fruhstorfer in: Seitz, Großschmett. Erde, *v.* 9 p. 111 t. 50 d (♂) | 1916 *P. e. s.*, Avinoff in: Tr. ent. Soc. London, 1915 p. 360 | 1918 *P. e. s.*, Fruhstorfer in: Soc. ent., *v.* 33 p. 2 | 1918 *P. e. s.*, W. Rothschild in: Nov. zool., *v.* 25 p. 252 | 1918 *P. e. s.*, Bryk in: Ark. Zool., *v.* 11 nr. 18 p. 13, 37 t. 4 f. 21, 27 (sphragis) | 1922 [1923] *P. e.* var. *s.*, Bryk in: Strand, Lep. Cat., *v.* 27 p. 155 | 1923 *P. e. s.*, W. H. Evans in: J. Bombay Soc., *v.* 29 p. 243 | 1927 *P. e. s.*, O. Bang-Haas in: Horae Macrolep., *v.* 1 p. 20.

Stark an ssp. *phariensis* Avinov erinnernd, aber nicht verdunkelt (Fig. 276). Die marginale Glasbinde auf dem Hinterflügel nur rudimentär

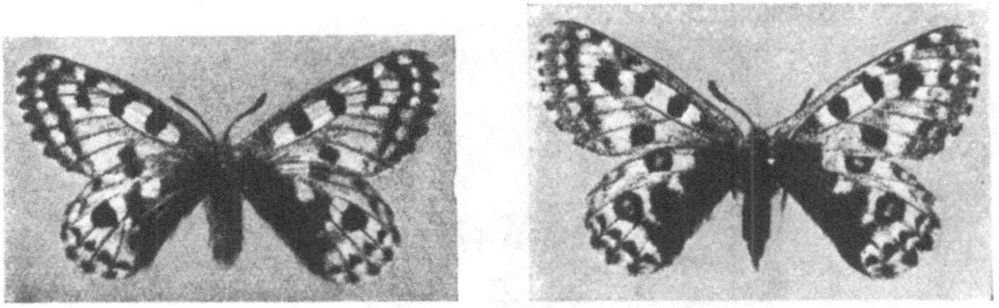

Fig. 276.
**Parnassius epaphus sikkimensis** Elwes (links ♂, rechts ♀). (Original, aus coll. Zool. Mus. Berlin) (1/1).

als internervale Grauschwärzung des Außenrandes erhalten. Submarginalbinden, besonders des Hinterflügels nicht so stark ausgeprägt. Subcostalbändchen magerer. Augenflecke kleiner, dick schwarz umzogen. Vorderflügellänge: ♂♀ 23,5—24,5 mm.

Kambadjong, Chumbi-Tal (Sikkim).

Typen: ♂ ♀ in coll. Brit. Mus. London.

14 13. **P. epaphus hillensis** O. Bang-Haas 1915 *P. e. h.*, O. Bang-Haas in: D. ent. Z. Iris, *v.* 29 p. 95 | 1927 *P. e. h.* + forma *caeca* + aberr. *quadripicta* + aberr. *fasciata* + aberr. *conjuncta* + aberr. *bi-excelsior* + aberr. *decora*, O. Bang-Haas in: Horae Macrolep., *v.* 1 p. 20, 21 t. 3 f. 7 (♂), 8 (♀), 9 (♂; aberr. *caeca*), 10 (♀ aberr. *quadripicta* + aberr. *fasciata* + aberr. *conjuncta* + aberr. *bi-excelsior* + aberr. *decora*) | 1929 *P. e.* subsp. *h.* + aberr. *caeca* + aberr. *flavomaculata* + aberr. *posticelongata*, Bollow in: Seitz, Großschmett. Erde, *v.* 1 Suppl. 1 p. 76.

Flügelform abgerundet, mit großen, rot ausgefüllten Augenflecken und verkleinertem Hinterrandfleck (Fig. 277). Beim Männchen ist der marginale Saum bisweilen außen stark von der eindringenden hellen Grundfarbe reduziert, sonst eher schmal. Submarginalbinde schmal, bis $Cu_2$ reichend oder länger. Subcostalbändchen mager, meistens bis $M_2$ reichend. Augenflecke bisweilen verkleinert, selten auch ohne Rot (forma *caeca*). Marginale Glasbinde stark reduziert. Submarginalbinde des Hinterflügels dünn. Hinterrandschwärze in ihrer Ausdehnung variabel. Der rote Wurzelfleck deutlich. Oft 2 Analflecke. Weibchen kräftiger gezeichnet, mit breiteren Glasbinden und Sub-

Fig. 277.
**Parnassius epaphus hillensis** O. Bang-Haas (♂). (Original, aus coll. Zool. Mus. Berlin) (1/1).

Fig. 277 a.
**Parnassius epaphus hillensis** O. Bang-Haas (♀) (Original, aus coll. Zool. Mus. Berlin) (1/1).

marginalbinden. Die Rotkernung des Subcostalbändchens vergrößert. 3 Analflecke. Vorderflügellänge: ♂ 26—27 mm, ♀ 28—28,5 mm.

Spiti (Baschar).

Typen: ♂ ♀ in coll. O. Bang-Haas, Dresden-Blasewitz.

1414. **P. epaphus cachemiriensis** C. Oberth. 1891 *P. E.* var. *C.*, C. Oberthür, Étud. Ent., *v.* 14 p. 14, 17, 19 t. 1 f. 6 (♂), 7 (♀) | 1902 *P. e.* („dry-season-brood"), F. Moore, Lep. Ind., *v.* 5 p. 109 t. 407 f. 3, 3a (♂), 3b (♀) | 1907 *P. e. cachemiriensis*, H. Stichel in: Seitz, Großschmett. Erde, *v.* 1 p. 30 t. 15c (♂ ♀) | 1907—1911 *P. e.* var. *c.*, Verity, Rhop. palaearct., p. 72, 315 t. XVII f. 3 (♂), 4 (♀), t. 2 f. 21 (squamae) | 1907 *P. e. c.*, Bingham in: Fauna Brit. Ind., Butt. *v.* 2 p. 121 f. 31b (sphragis) | 1907 *P. e. epaphus* (part.) + forma *c.*, H. Stichel in: Gen. Ins., *v.* 58 p. 35 | 1909 *P. e.* forma *c.*, Fruhstorfer in: Seitz, Großschmett. Erde, *v.* 9 p. 111 | 1915 *P. e. c.*, O. Bang-Haas in: D. ent. Z. Iris, *v.* 29 p. 175 t. 5 f. 29 (♂) | 1918 *P. e. c.*, W. Rothschild in: Nov. zool., *v.* 25 p. 252 | 1922 [1923] *P. e.* var. *c.*, Bryk in: Strand, Lep. Cat., *v.* 27 p. 154 | 1927 *P. e. c.*, O. Bang-Haas in: Horae Macrolep., *v.* 1 p. 20, 21 | 1931 *P. epaphus* (part.) *e.*, Rhe-Philipe in: J. Bombay Soc., *v.* 35 p. 178.

Eine sehr helle, an ssp. *hillensis* O. Bang-Haas erinnernde Unterart mit schmälerem Glasband, das auf den Hinterflügeln selbst beim Weibchen stark reduziert ist oder völlig fehlt (Fig. 278). Hinterrandschwärze greift um die Zelle herum. Mittelaugenfleck nicht rundlich, sondern deformiert. Vorderflügellänge: ♂ 28—29 mm, ♀ 29—30 mm.

Chorging-Tal (Kaschmir) 1350—1500 m.

Typen: ♂ ♀ in coll. R. Oberthür, Rennes.

Fig. 278.
**Parnassius epaphus cachemiriensis** C. Oberth. (♂). (Original, aus coll. Zool. Mus. Berlin) (1/1).

Fig. 278a.
**Parnassius epaphus cachemiriensis** C. Oberth. (♀). (Original, aus coll. Zool. Mus. Berlin) (1/1).

1415. **P. epaphus gyaellus** Bryk & Eisner 1932 *P. e.* subsp. *gyaella*, Bryk & Eisner in: Parnassiana, *v.* 2 p. 68.

Fig. 279.
**Parnassius epaphus gyaellus** Bryk & Eisner (links ♂, rechts ♀).
(Paratypus, aus coll. C. Eisner, Berlin-Dahlem) (1/1).

Der ssp. *cachemiriensis* C. Oberth. sehr nahe stehend, jedoch kleiner, mit schwächeren Zeichnungen bei Zurücktreten der Prachtfarbe (Fig. 279). Mittelzellfleck und Hinterrandfleck des Vorderflügels reduziert. Binden verschmälert. Augenflecke verkleinert, besonders beim Männchen. Die Unterschiede dürften auf die Höhe des Flugplatzes zurückzuführen sein. Vorderflügellänge: ♂ 25—26, ♀ 28 mm.

Taglang-Paß, Gya-Ladak, 5000 m.

Typen: ♂ ♀ in coll. C. Eisner, Berlin-Dahlem.

14 16. **P. epaphus puella** Bryk 1934 *P. e. p.* (i. lit.), Bryk in: Parnassiana, *v.* 3 p. 28 | 1935 *P. e. p.*, Bryk in: Wiss. Ergeb. Karakorum, *v.* 1 p. 339 f. 1 (♂)

So groß wie ssp. *phariensis* Avinov. Eine dünn beschuppte Höhenform von ssp. *cachemiriensis* C. Oberth. Männchen (Fig. 280) mit klarem, breiterem Glasband, reduziertem Hinterrandfleck, schmaler Submarginalbinde, kleiner Rotfleckung der Subcostalflecke, verkleinerten Augenflecken. Submarginalbinde

Fig. 280.
**Parnassius epaphus puella** Bryk (♂). (Original, aus coll. Zool. Mus. Berlin) (1/1).

des Hinterflügels deutlich. Analflecke meist verschwindend. Hinterrandschwärze ausgedehnt, bis $R_5$ (+ $M_1$) reichend. Weibchen etwas reicher als das Männchen gezeichnet, meistens mit 1 roten Fleck im Subcostalbändchen.

Shyock Valley (Nordwesthimalaya).

Typen: ♂ ♀ in coll. H. M. Peebles, London.

14 17. **P. epaphus hinducucicus** O. Bang-Haas 1934 *P. e.* subsp. *hinducucica* + aberr. *toti-reducta* + aberr. *mediocaeca*, O. Bang-Haas in: Ent. Z., *v.* 48 p. 7.

Eine zwischen ssp. *nirius* F. Moore und ssp. *cachemiriensis* C. Oberth. stehende Unterart mit oft reduzierten Submarginalbinden, verkleinerten Augenflecken und meist fehlendem Rot im Vorderflügel. Unter den Männchen treten die formae *albicans* und *mediocaeca* auf.

Chitral: Karambar-Paß (Hindokusch-Gebirge).

Typen: ♂ ♀ in coll. O. Bang-Haas, Dresden-Blasewitz.

14 18. **P. epaphus nirius** F. Moore 1902 *P. n.*, F. Moore, Lep. Ind., *v.* 5 p. 108 t. 407 f. 1a (♀) (non 1 ♂) | 1907 *P. jacquemontii* aberr. *n.* (part.), H. Stichel in: Seitz, Großschmett. Erde, *v.* 1 p. 29 | 1907 *P. j. jacquemontii* forma *n.* (part.), H. Stichel in: Gen. Ins., *v.* 58 p 33 | 1907 *P. epaphus n.* (ex synon.), Bingham in: Fauna Brit. Ind. Butt. *v.* 2 p. 121 | 1907 *P. jacquemonti*, Verity, Rhop. palaearct., p. 62 (nota 2) | 1909 *P. epaphus nirius*, Fruhstorfer in: Seitz, Großschmett. Erde, *v.* 9 p. 111 | 1911 & 10 *P. e.* var. *n.*, Verity, Rhop. palaearct., p. 315 t. LXIV f. 4 (♂), 5 (♀) |

1922 [1923] *P. e.* var. *n.*, Bryk in: Strand, Lep. Cat., *v.* 27 p. 155 | 1927 *P. e. n.*, O. Bang-Haas in: Horae Macrolep., *v.* 1 p. 20 | 1931 *P. e.* forma *sabaudus*, Turati in: Boll. Soc. ent. Ital. *t.* 63 p. 140 | 1933 *P. e. s.*, Turati, ibid., *v* 65 p. 26 t. 1 f. 7 (♂), 8 (♀), 9 (♂, forma *albicans*).

Eine helle Unterart mit verkleinertem Hinterrandfleck und stark reduziertem Glasband des Hinterflügels. Männchen: Das marginale Glasband kürzer, bis $Cu_1$ reichend. Submarginalbinde ebenfalls verkürzt und schwach ausgeprägt. Subcostalbändchen bis $M_3$ oder $M_2$ reichend, mit oder ohne roten Fleck. Augenflecke verkleinert. Der 2. Analfleck reduziert. Weibchen mit breiter Glasbinde und Submarginalbinde. Submarginalbinde des Hinterflügels aus deutlichen Bogenelementen zusammengesetzt.

Skorola (Karakorum), Baltistan

Typus: ♀ in coll. Brit. Mus. London.

Die männliche Type von *P. nirius* Moore ist ein Männchen von *P. jacquemontii* Boisd. und befindet sich in coll. Zool. Mus. Tring.

1419. **P. epaphus epicus** Bryk & Eisner 1934 *P. e.* subsp. *e.*, Bryk & Eisner in: Parnassiana, *v.* 3 p. 41.

Eine subsp. *nirius* F. Moore sehr nahe stehende Unterart mit sehr hellem, dicht beschupptem Flügelfond, aber starker Schwarzbestäubung des Vorderflügels. 1. Subcostalfleck rot gekernt. Augenflecke mäßig groß. Die Submarginalbinde sehr stark ausgeprägt, mit den Pfeilern ihrer Arkaden die Rippenenden schwärzend. Männchen unbekannt.

Gilgit: Doubounni-Berge.

Typus: ♀ in coll. C. Eisner, Berlin-Dahlem.

1420. **P. epaphus puer** Bryk & Eisner 1932 *P. e.* subsp. *p.* + forma *nigroocellata*, Bryk & Eisner in: Parnassiana, *v.* 2 p. 24 f. 6 (♂).

Eine kleine, dicht weiß beschuppte, arm gezeichnete Unterart (Fig. 281). Glasbinde zurückgebildet, Submarginalbinde des Vorderflügels schmal. Hinterrandfleck stark reduziert oder fehlend. Prachtfarbe im Vorderflügel meist

Fig. 281.
**Parnassius epaphus puer Bryk & Eisner (♂). (Typus, nach Bryk & Eisner 1932) (1/1).**

fehlend oder nur schwach angedeutet. Augenflecke klein, Analflecke besonders klein. Der arttypische rote Wurzelfleck auf der Hinterflügeloberseite fehlt oft. Als forma tritt *nigroocellata* auf.

Rotang-Paß, Kangra, 4050 m.

Typen: ♂ ♀ in coll. C. Eisner, Berlin-Dahlem.

1421. **P. epaphus subtilis** O. Bang-Haas 1927 *P. e.* subsp. *s.*, O. Bang-Haas in: Horae Macrolep., *v.* 1 p. 20, 21 t. 3 f. 6 (♂) | 1929 *P. e.* subsp. *s.*, Bollow in: Seitz, Großschmett. Erde, *v.* 1 Suppl. 1 p. 75.

Kleiner und zierlicher als die typische Unterart, mit verkleinerten Augenflecken. Männchen (Fig. 282) mit kurzer Glas- und Submarginalbinde und

Fig. 282.
**Parnassius epaphus subtilis** O. Bang-Haas (♂). (Paratypus, aus coll. Zool. Mus. Berlin) (1/1).

reduzierter Submarginalbinde des Hinterflügels. Der 2. Analfleck fehlt oft. Weibchen mit kräftigerer Zeichnung. Vorderflügellänge: ♂ 29—30 mm, ♀ 29,5 mm.

Schahidulla (Chotan).

Typen: ♂ ♀ in coll. O. Bang-Haas, Dresden-Blasewitz.

1422. **P. epaphus abruptus** O. Bang-Haas 1927 *P. e. a.*, O. Bang-Haas in: Horae Macrolep., *v.* 1 p. 103 | 1929 & 31 *P. e.* subsp. *a.*, Bollow in: Seitz, Großschmett Erde, *v.* 1 Suppl. 1 p. 76, 331.

Fig. 283.
**Parnassius epaphus abruptus** O. Bang-Haas (♂). (Paratypus, aus coll. C. Eisner, Berlin-Dahlem) (1/1).

Große, helle Unterart mit breitem, langem Glasband und großen, rot ausgefüllten, bisweilen länglich ausgezogenen Augenflecken (Fig. 283). Submarginalbinden auf beiden Flügeln deutlich. Subcostalbändchen breit, bis $M_3$ reichend, mit 1 oder 2 roten Kernen, seltener ohne Rot. Hinterrandfleck groß, oft rot gekernt. 2 pastose Analflecke. Weibchen: prächtiger gezeichnet, mit stärkerem Hervortreten der roten Flecke. Vorderflügellänge: ♂ 30,5—31 mm, ♀ 31 mm.

45 km nordöstlich der Stadt Hsining (Sining), Tsingschiling (Kanssu), 2500 m.

Typen: ♂ ♀ in coll. O. Bang-Haas, Dresden-Blasewitz.

Fig. 283 a.
**Parnassius epaphus abruptus** O. Bang-Haas (♀). (Paratypus, aus coll. Zool. Mus. Berlin) (1/1).

14 23. **P. epaphus beicki** Bryk & Eisner 1932 *P. e.* subsp. *beiki*, Bryk & Eisner (O. Bang-Haas MS.) in: Parnassiana, *v.* 2 p. 25 | 1932 *P. e. beicki*, Bryk & Eisner, ibid., *v.* 2 p. 42.

Steht zwischen ssp. *nanchanicus* Austaut und ssp. *abruptus* O. Bang-Haas (Fig. 284). Größer als die erste und kleiner als die zweite. Zeichnungselemente wie bei ssp. *nanchanicus* Austaut, aber kräftiger. Männchen:

Fig. 284.
**Parnassius epaphus beicki** Bryk & Eisner (links ♂, rechts ♀).
(Original, aus coll. Zool. Mus. Berlin) (1/1).

Subcostalband des Vorderflügels länglich; der 3. Analfleck fehlt. Weibchen mehr verglast, aber stets hell. Vorderflügellänge: ♂ 26, ♀ 31 mm.

Kanssu: Südtatung-Berge, 3000 m.

Typen: ♂ ♀ in coll. C. Eisner, Berlin-Dahlem.

14 24. **P. epaphus kotzschi** Bryk & Eisner 1932 *P. e.* subsp. *k.*, Bryk & Eisner in: Parnassiana, *v.* 2 p. 33 | 1934 *P. e.* subsp. *k.*, F. Nordström in: Ark. Zool., *v.* 27 A nr. 7 p. 15.

Von rundlichem Flügelschnitt, steht zwischen ssp. *abruptus* O. Bang-Haas und ssp. *beicki* Bryk & Eisner, besonders in bezug auf die Größe. Männchen dicht weiß beschuppt (wie ssp. *abruptus* O. Bang-Haas), aber durch Zurücktreten des Glasbandes auf Vorder- und Hinterflügel von diesem abweichend. Die zwischen beiden Binden gelegene Grundsubstanzbinde infolgedessen breiter, die Flecken der Submarginalbinde auf dem Hinterflügel schärfer abgesetzt. Subcostalband des Vorderflügels länglich. Weibchen ähnlich dem von ssp. *beicki* Bryk & Eisner, dünn beschuppt. Die Marginalbinden auf Vorder- und Hinterflügel deutlich abgesetzt.

Khodung-po, südl. von Langchowfu (Kanssu).

Typen: ♂ ♀ in coll. C. Eisner, Berlin-Dahlem.

Die Jugendstadien dieser Art sind bisher unbekannt. Sie ist ein hochalpines Tier. Scheint sich im Freien leicht mit anderen Arten zu paaren.

15. **P. tianschanicus** C. Oberth. 1879 *P. Corybas* var. *Tianschanica*, C. Oberthür (Staudinger MS.), Étud. Ent., *v.* 4 p. 108 | 1881 *P. c.* var. *discobolus*, Alphéraky in: Horae Soc. ent. Ross., *v.* 16 p. 349 | 1881 *P. d.*, O. Staudinger (Alpheraky MS.) in: Ent. Zeit. Stettin, *v.* 42 p. 275 | 1882 *P. d.*, O. Staudinger & A. Bang-Haas in: Berlin. ent. Z., *v.* 26 p. 162 t. 1 f. 1 (♂) | 1886 *P. actius* var. *d.*, Elwes in: P. zool. Soc. London, p. 29 (part.) | 1889 *P. d.*, Austaut, Parnass. paléarct., p. 100 (part.) t. 7 f. 2, 3 | 1890 *P. corybas*, Grum-Grshimailo in: Romanoff, Mém. Lép., *v.* 4 p. 174 | 1891 *P. discobolus*, C. Oberthür, Étud. Ent., *v.* 14 p. 17 | 1892 & 95 *P. d.*, F. Rühl & A. Heyne, Palaearkt. Groß-Schmett., *v.* 1 p. 96, 703 | 1897 *P. d.*, Gauckler in: Ill. Wochenschr. Ent., *v.* 2 p. 374, 375 f. 1 (monstr.) | 1900 *P. d.* aberr., J. Thiele in: Berlin. ent. Z., *v.* 45 p. (48) | 1901 *P. d.*, O. Staudinger & Rebel, Cat. Lep. Palaearct. Faunengeb., ed. 3 *v.* 1 p. 5 | 1906—11 *P. d.*, Verity, Rhop. palaearct., p. 55, 312 t. XII f. 1 (♂), 2 (♀), 10 (♀ aberr. *nigricans*) t. LXIII f. 13 (♀), t. 1 f. 20 (squamae) | 1906 *P. d.*, H. Stichel in: Seitz, Großschmett. Erde, *v.* 1 p. 28 t. 14b (♂), 14a (♀) | 1907 *P. d.*, H. Stichel in: Gen. Ins., *v.* 58 p. 31 (cohors *apolliniformes*) | 1909 *P. d.*, H. Stichel in: Berlin. ent. Z., *v.* 54 p. (41) t. 1 f. 3 (♂, monstrum) | 1911 *P. d.*, H. Stichel in: Int. ent. Z., *v.* 4 p. 277 | 1913 *P. d.*, Fritz Wagner in: Ent. Mt., *v.* 2 p. 50, 51 | 1914 *P. tianschanicus*, Bryk in: Int. ent. Z., *v.* 8 p. 40 | 1915 *P. discobolus*, Bryk in: Arch. Naturg., *v.* 80 A 7 p. 182; A 9 p. 140 | 1917 *P. d.*, Christeller in: Ent. Mt., *v.* 6 p. 108, 127 (monstr.) | 1917 *P. d.*, Bryk in: Arch. Naturg., *v.* 82 A 5 p. 41, 44, t. col. f. 1a, 1b (monstr.), t. 2 f. 7a, 7b (nervat. monstrosa) | [1918] *P. d.*, Bryk, Parnassius Apollo Formenkreis, p. 94, 136 | 1920 *P. wahlbergi* var. *thiseus*, Ehrmann in: Lep. Boston, *v.* 4 nr. 7 p. 52 | 1922 [1923] *P. tianschanica*, Bryk in: Strand, Lep. Cat., *v.* 27 p. 223 | 1927 *P. discobolus* (+ *tianshanica* ex synon.), W. J. Holland & Avinoff in: Ann. Carnegie Mus., *v.* 17 p. 330 | 1927 *P. tianchanica* + *P. tianschanica* [+ *tianshanica* ex synon.], O. Bang-Haas in: Horae Macrolep., *v.* 1 p. 18, 102 | 1929 *P. discobolus*, Sokolov in: Rev. Russe Ent., *v.* 23 p. 63, 64, 65, 70, t. 2 f. 4, 5 (♂ Kopulationsapp.) | 1929 *P. thianschanica*, Bollow in: Seitz, Großschmett. Erde, *v.* 1 Suppl. 1 p. 73 | 1932 *P. apollo tianschanicus*, M. Hering in: Mt. Mus. Berlin, *v.* 18 p. 278, 283, 288, 293, 294, 302, 303 f. 12, p. 306, 307 f. 63 (VIII. Tergit, ♂), p. 310, 311 f. 93 (aedoeagus), p. 314, 315 f. 140 (Valve, Uncus).

Kopf klein, mit nackten, schwarzbraunen, eiförmigen Augen. Antennen schwarz, weiß geringelt, mit schwarzer Keule. Stirnschopf hell grünlichgelb. Palpen (Fig. 285) hell grünlichgelb, mit gleichfarbigen Haaren bewimpert, bisweilen mit Schwarz untermischt. Thorax und Abdomen schwarz. Das Männchen mit hellen Haaren bedeckt; das Weibchen fast nackt, schütter mit einzelnen Haaren bedeckt, sein Abdomen mit weißen Schuppen lateral, besonders bei den Einschnitten der Segmente, schütter bedeckt, unterseits hell behaart. Letztes Tergit matt-schwarz, unbeschuppt. Beine hellgelblich beschuppt. Schienenblättchen (Fig. 286) kurz, seine Einlenkungsstelle von der Mitte der Schiene weit entfernt. Flügel: $M_1$ in der Regel direkt aus der vorderen Ecke der Mittelzellquerrippe entspringend, seltener mit dem gemeinsamen Stiel der gegabelten $R_4 + R_5$ basal verwachsen. Vorderflügel dreieckig, mit rundlichem Seitenrand. Saumlinie schwarz, leicht hell unterbrochen. Befransung hell, internerval schwarz unterbrochen. Glasband breit, bis zum Winkel des Hinterrandes reichend. Submarginalbinde bis zur $Ax_1$ reichend, beim Männchen mehr oder weniger reduziert. Subcostalbändchen in der Länge variabel, beim Weibchen in der Regel bis $M_3$ reichend. Rotkernung fast immer vorhanden. Hinterrandfleck kräftig, viereckig, mit oder ohne roten Kern. Zellflecke lebhaft schwarz, der mittlere sich stets an beide Rippen des Discus anlehnend. Discuswurzel mehr oder weniger deutlich schwarz beschuppt. Flügelmitte zwischen $M_3$ und $Cu_2$ mehr oder weniger stark schwarz überpudert. Die nackten Rippen unterseits braun. Hinterrandfleck und 2 Subcostalflecke stets erhalten, rot gekernt. Zellflecke mehr reduziert als auf der Oberseite. Hinterflügel mit mehr oder weniger deutlichem, glasigem Marginalbande. Submarginalbinde deutlich oder reduziert. Augenflecke groß, rot ausgefüllt, kräftig schwarz, etwas diffus, umrandet, seltener mit weißen Kernen. 2—3 kräftige Analflecke. Hinterrandschwärze sehr ausgedehnt, bisweilen sogar auf den ganzen Discus sich ausbreitend. Das übrige Weiß des Flügelfonds mehr oder weniger stark schwarz überpudert. Unterseits 4 kräftige, tief rote Wurzelflecke, die nach außen dick diffus schwarz abgegrenzt sind. Discalende mit schwarzen Schuppenansammlungen betont. Augenflecke stets mit rosaweißen Kernen. Analflecke oft mit roten Kernen. VIII. Tergit des Männchens (Fig. 287) halbringförmig, medial etwas gelappt, nicht

Fig. 285. Palpus von **Parnassius tianschanicus** C. Oberth. (Original).

Fig. 286. Vorderschiene mit Schienenblatt von **Parnassius tianschanicus** C. Oberth. (Nach M. Hering 1932) $(^{17}/_1)$.

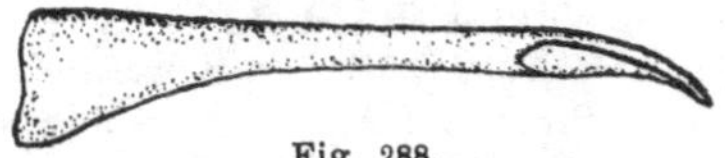

Fig. 288. Aedoeagus von **Parnassius tianschanicus** C. Oberth. (Nach M. Hering 1932) $(^{13}/_1)$.

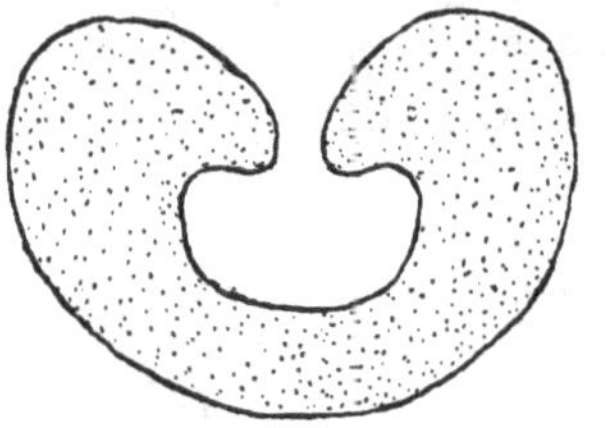

Fig. 287. VIII. Tergit von **Parnassius tianschanicus** C. Oberth. (Nach M. Hering 1932) $(^{9}/_1)$.

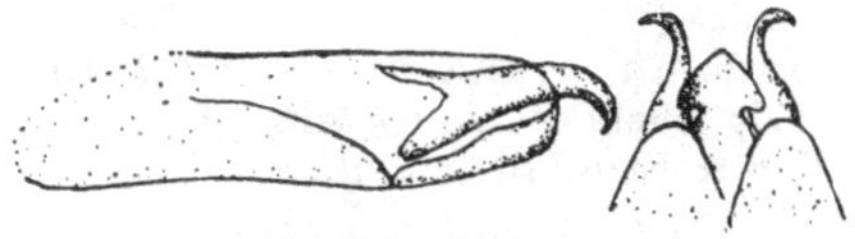

Fig. 289. Valve (links) und Uncus (rechts) von **Parnassius tianschanicus** C. Oberth. (Nach M. Hering 1932) $(^{15}/_1)$.

spitz ausgezogen. Aedoeagus (Fig. 288) dem von *P. actius* (Eversm.) ähnlich, aber länger. Valve (Fig. 289) der von *P. actius* (Eversm.) ähnlich, abgestumpft, sonst wie auch der Uncus (Fig. 289) vom Typus der Arten der *apollo*-Gruppe; die Genitalarmatur von ssp. *olympius* O. Staud. ist viel robuster, die Valve wenig abgestumpft. Sphragis (1906 & 07, Verity, Rhop. palaearct., p. 55 t. XV f. 8, 9): Erinnert an die von *P. actius* (Eversm.).

Verbreitung innerasiatisch.

Die Art zerfällt in 8 Unterarten.

forma connexa O. Schultz 1890 *P. romanovi* (part.), Grum-Grshimailo in: Romanoff, Mém. Lép., *v.* 4 p. 181 | 1905 *P. discobolus* var. *r.* aberr. *connexa*, O. Schultz in: Berlin. ent. Z., *v.* 49 p. 278 | 1906 *P. d.* var. *r.* aberr. *c.*, H. Stichel in: Seitz, Großschmett. Erde, *v.* 1 p. 28 | 1907 *P. d. r.* forma *c.*, H. Stichel in: Gen. Ins., *v.* 58 p. 32 | 1911 *P. d.* aberr. *c.*, H. Stichel in: Int. ent. Z., *v.* 4 p. 277 | 1911 *P. d.* „race" *nexa*, Verity, Rhop. palaearct., p. 313 | 1918 *P. d. discobolus* aberr. *n.*, W. Rothschild in: Nov. zool., *v.* 25 p. 248 | 1922 [1923] *P. tianschanica* aberr. *connexa*, Bryk in: Strand, Lep. Cat., *v.* 27 p. 224.

Fig. 290.
**Parnassius tianschanicus minor** Staud forma **connexa** O. Schultz (♂).
(Original, aus coll. Zool. Mus. Berlin) (1/1).

Augenflecke durch einen schwarzen Strich miteinander verbunden. (Fig. 290).

Transalai.

forma erema H. Stich. 1911 *P. discobolus* forma *e.*, H. Stichel in: Int. ent. Z., *v.* 4 p. 277 | 1922 [1923] *P. tianschanica* aberr. *e.*, Bryk in: Strand, Lep. Cat., *v.* 27 p. 225 | 1929 *P. discobolus* aberr. *e.*, Bollow in: Seitz, Großschmett. Erde, *v.* 1 Suppl. 1 p. 73.

Submarginalbinde auf beiden Flügeln verschwunden.

Ohne Patriaangabe.

forma quincunx Bryk 1913 *P discobolus* aberr. *q.*, Bryk in: Soc. ent., *v.* 28 p. 71 | 1922 [1923] *P. tianschanica* aberr. *q.* Bryk in: Strand, Lep. Cat., *v.* 27 p. 225 | 1929 *P. discobolus*, Bollow in: Seitz, Großschmett. Erde, *v.* 1 Suppl. 1 p. 73.

Endzellfleck des Vorderflügels vorn reduziert, nur auf die Mittelzellquerrippe beschränkt.

Patria?

Typus: ♀ in coll. C. Eisner, Berlin-Dahlem.

forma virgo Bryk 1914 *P. discobolus* aberr. *v.*, Bryk in: Mt. Münch. ent. Ges., *v.* 5 p. 33 | 1922 [1923] *P. tianschanica* aberr. *v.*, Bryk in: Strand, Lep. Cat., *v.* 27 p. 225 | 1929 *P. discobolus*, Bollow in: Seitz, Großschmett. Erde, *v.* 1 Suppl. 1 p. 73.

Das Rot im Subcostalbändchen fehlt.

Wernyi.

Typus: ♂ in coll. C. Eisner, Berlin-Dahlem.

♀ forma rhododactyla Bryk 1914 *P. discobolus* aberr. *rhododaktylos*, Bryk in: Mt. Münch. ent. Ges., *v.* 5 p. 32 | 1922 [1923] *P. tianschanica* aberr. *r.*, Bryk in: Strand, Lep. Cat., *v.* 27 p. 225 | 1929 *P. discobolus* aberr. *r.*, Bollow in: Seitz, Großschmett. Erde, *v.* 1 Suppl. 1 p. 73.

Subcostalbändchen mit 3 roten Flecken.

Narynsk (Karaigatan).

Typus: ♀ in coll. C. Eisner, Berlin-Dahlem.

♀ forma nero Shelj. 1925 *P. discobolus* aberr. *n.*, Sheljuzhko in: Z. Österr. Ent.-Ver. Wien, *v.* 10 p. 88 | 1929 *P. d.* aberr. *n.*, Bollow in: Seitz, Großschmett. Erde, *v.* 1 Suppl. 1 p. 73.

Gleichmäßig verdunkelte Form, bei der die Mondflecke zwischen Glasbinde und Submarginalbinde durch Zusammenfließen verschwunden sind.

Patria?

Typus: ♀ in coll. L. Sheljuzhko, Kijew.

forma caeca Shelj. 1925 *P. discobolus* aberr. *c.*, Sheljuzhko in: Z. Österr. Ent.-Ver. Wien, *v.* 10 p. 87 | 1929 *P. d.* aberr. *c.*, Bollow in: Seitz, Großschmett. Erde, *v.* 1 Suppl. 1 p. 73.

Augenflecke oberseits ohne Rot. Unterseits ist das Weiß in den Augenflecken völlig rückgebildet.

Patria?

Typus: ♂ in coll. L. Sheljuzhko, Kijew.

forma macrops Bryk 1934 *P. tianschanicus* forma *m.*, Bryk in: Parnassiana, *v.* 3 p. 32.

Fig. 291.
**Parnassius tianschanicus tianschanicus** C. Oberth. forma **macrops** Bryk (♂). (Typus) (1/1).

Augenflecke derart distal vergrößert, daß sie mit den Elementen der Submarginalbinde verschwimmen (Fig. 291).

Patria?

Typus: ♂ in coll. M. H. Peebles, London.

forma lacrimans Niepelt 1918 *P. discobolus* aberr. *l.*, Niepelt in: Strand, Lep. Niepeltiana, *v.* 2 (Nachtr.) p. 4 t. 18 f. 16 (♂) | 1922 [1923] *P. tianschanica* aberr. *l.*, Bryk in: Strand, Lep. Cat., *v.* 27 p. 225 | 1929 *P. discobolus* aberr. *l.*, Bollow in: Seitz, Großschmett. Erde, *v* 1 Suppl. 1 p. 73—74.

Subcostalaugenfleck tränenförmig bis zur Flügelwurzel erweitert.

Tianschan.

forma rubromarginata Shelj. 1925 *P. discobolus* aberr. *r.*, Sheljuzhko in: Ent. Anz., *v.* 5 p. 37 | 1929 *P. d.* aberr. *r.*, Bollow in: Seitz, Großschmett. Erde, *v.* 1 Suppl. 1 p. 74.

Marginalsaum des Hinterflügels auf der Unterseite mit roten Schuppen bedeckt, wodurch ein deutlicher, roter, von $R_4$ bis $Cu_1$ reichender Saum entsteht.

Naryn.

Typus: ♂ in coll. L. Sheljuzhko, Kijew.

♂ forma perfusa Bryk 1912 *P. discobolus* aberr. *p.*, Bryk in: Jahrb. Ver. Nassau, *v.* 65 p. 30 | 1915 *P. d.* aberr. *p.*, Bryk in: Arch. Naturg., *v.* 80 A 9 p. 140 t. 9 f. 72 (♂) | [1918] *P. d.* aberr. *p.*, Bryk, Parnassius Apollo Formenkreis, p. 136 t. 9 f. 72 (♂) | 1922 [1923] *P. tianschanica* aberr. *p.*, Bryk in: Strand, Lep. Cat., *v.* 27 p. 225 | 1929 *P. discobolus* aberr. *p.*, Bollow in: Seitz, Großschmett. Erde, *v.* 1 Suppl. 1 p. 73.

Vorder- und Hinterflügel stark mit schwarzen Schuppen überpudert. Das Rot der Prachtflecke zurücktretend. Unterseits tragen die roten Augenflecke keinen weißen Kern.

Patria?

forma privignata Krulikowsky 1905 *P. discobolus* var. *romanovi* aberr., O. Schultz in: Berlin. ent. Z., *v.* 49 p. 279 | 1906 *P. d.* aberr. *privignatus*, Krulikowsky in: Soc. ent., *v.* 21 p. 50 | 1907 *P. d.* aberr. *privignata*, H. Stichel in: Seitz, Großschmett. Erde, *v.* 1 p. 36 | 1907 *P. d. discobolus* aberr. *p.*, H. Stichel in: Gen. Ins., *v.* 58 p. 31 | 1918 *P. d. romanovi* aberr., W. Rothschild in: Nov. zool., *v.* 25 p. 249 | 1922 [1923] *P. tianschanica* aberr. *privignata*, Bryk in: Strand, Lep. Cat., *v.* 27 p. 225.

Augenflecke anstatt rot gelb gekernt.

Tianschan.

forma rotundata Verity 1911 & 10 *P. discobolus* var. *erebus* „forme" *r.*, Verity, Rhop. palaearct., p. 312 t. LIII f. 2 (♂) | 1922 [1923] *P. tianschanica* aberr. *r.*, Bryk in: Strand, Lep. Cat., *v.* 27 p. 225 | 1929 *P. discobolus* subsp. *erebus* aberr. *r.*, Bollow in: Seitz, Großschmett. Erde, *v.* 1 Suppl. 1 p. 73.

Vorderflügel stark abgerundet. Benennung kaum berechtigt.

Boro-Choro-Gebirge.

Typus: ♂ in coll. A. Avinov, Leningrad.

forma nigricans Staud. 1881 *P. discobolus* aberr. *n.*, O. Staudinger in: Ent. Zeit. Stettin, *v.* 42 p. 277 | 1882 *P. d.* aberr. *n.*, O. Staudinger & A. Bang-Haas in: Berlin. ent. Z., *v.* 26 p. 162 t. 2, 2a (♀) | 1889 *P. d.* aberr. ♀ *n.*, Austaut, Parnass. paléarct., p. 103 t. 8 f. 3 (♀) | 1892 *P. d.* aberr. *n.*, F. Rühl & A. Heyne, Palaearkt. Groß-Schmett., *v.* 1 p. 97 | 1901 *P. d.* aberr. ♀ *n.*, O. Staudinger & Rebel, Cat. Lep. Palaearct. Faunengeb., ed. 3 *v.* 1 p. 5 | 1906 & 07 *P. d.* aberr. *n.*, Verity, Rhop. palaearct., p. 58 t. XI f. 16 (♂), t. XII f. 10 (♀) | 1906 *P. d.* forma *n.*, Fruhstorfer in: Soc. ent., *v.* 21 p. 139 | 1906 *P. d.* aberr. *n.*, H. Stichel in: Seitz, Großschmett. Erde, *v.* 1 p. 28 | 1907 *P. d. discobolus* forma ♀ *n.*, H. Stichel in: Gen. Ins., *v.* 58 p. 31 | 1918 *P. d. d.* aberr. *n.*, W. Rothschild in: Nov. zool., *v.* 25 p. 248 | 1922 [1923] *P. tianschanica* aberr. *n.*, Bryk in: Strand, Lep. Cat., *v.* 27 p. 225 | 1929 *P. discobolus* „Rasse" *n.*, Bollow in: Seitz, Großschmett. Erde, *v.* 1 Suppl. 1 p. 73.

Stark verdunkelte Weibchen, bei denen der helle Flügelfond stark zurückgedrängt ist.

Tianschan.

Von *P. tianschanicus* C. Oberth. wurden folgende Geäderformen beschrieben:

I. forma plethoneura spuleri: Zwischen $R_1$ und $R_3$ des Vorderflügels entspringt auf der Discalrippe ein Rippenfragment, das den verlorengegangenen $R_2$ darstellt.

II. forma plethoneura clathrata: Hinterflügel mit plethoneurer Gitterrippe zwischen den beiden hintersten Radialrippen.

I—II 1917 Bryk in: Arch. Naturg., *v.* 82 A 5 p. 41 t. [1] f. 1a, 1b (♀), t. [2] f. 7a, 7b (nervatura), p. 44 | 1922 [1923] Bryk in: Strand, Lep. Cat., *v.* 27 p. 225 | 1929 Bollow in: Seitz, Großschmett. Erde, *v.* 1 Suppl. 1 p. 74.

151. **P. tianschanicus tianschanicus** C. Oberth. 1879 *P. corybas* var. *tianschanica*, C. Oberthür (Staudinger MS.), Étud. Ent., *v.* 4 p. 108 | 1881 *P.* (*corybas* var?) *discobolus* (Alphéraky MS.) + aberr. *nigricans*, O. Staudinger in: Ent. Zeit. Stettin, *v.* 42 p. 275 | 1881 *P. d.*, Alphéraky in: Horae Soc. ent. Ross., *v.* 16 p. 349 | 1886 *P. actius d.*, Elwes in: P. zool. Soc. London, p. 29 | 1906 & 07 *P. d.* (part.) + aberr. *nigricans*, Verity, Rhop. palaearct., p. 55 t. XII f. 10 (♀) | 1907 *P. d. discobolus* (part.) + forma *privignata* + forma *nigricans*, H. Stichel in: Gen. Ins., *v.* 58 p. 31 | 1912 *P. d.* aberr. *perfusa*, Bryk in: Jahrb. Ver. Nassau, *v.* 65 p. 30 | 1913 *P. d.* aberr. *quincunx*, Bryk in: Soc. ent., *v.* 28 p. 71 | 1913 *P. d.*, Fritz Wagner in: Ent. Mt., *v.* 2 p. 50, 51 | 1918 *P. d. d.*, W. Rothschild in: Nov. zool., *v.* 25 p. 248 | 1922 [1923] *P. tianschanica*, Bryk in: Strand, Lep. Cat., *v.* 27 p. 223 | 1927 *P. discobolus*, E. A. Cockayne in: Tr. ent. Soc. London, *v.* 75 p. 166 (monstrum) | 1927 *P. tianschanica tianschanica*, O. Bang-Haas in: Horae Macrolep., *v.* 1 p. 18, 102 | 1929 *P. discobolus* „Rasse" *nigricans*, Bollow in: Seitz, Großschmett. Erde, *v.* 1 Suppl. 1 p. 73 | 1932 *P. tianschanica*, Reinig in: Wiss. Ergeb. Alai-Pamir Exp., Teil III *v.* 1 p. 113 (zoogeogr.).

Glasbinde breit, zwischen $M_2$ und $M_3$ etwas vorspringend, dann sich allmählich verjüngend, bis zum Hinterrandwinkel ziehend. Subcostalbändchen bis $M_3$ oder $M_2$, meistens mit 2 roten Kernen, Hinterrandfleck meistens rot gekernt. Mittelzellfleck sehr kräftig. Augenflecke meistens sehr groß. 2 Anal-

Fig. 292.
**Parnassius tianschanicus tianschanicus** C. Oberth. (♂). (Original, aus coll. Zool. Mus. Berlin) (1/1).

flecke (Fig. 292). Männchen mit schmälerer Submarginalbinde des Vorderflügels, die oft ab $M_2$ oder $M_3$ reduziert ist. Das marginale Glasband nicht immer stark hervortretend. Submarginalbinde in Flecke aufgelöst oder mehr oder weniger stark reduziert. Weibchen etwas durchsichtiger, mit ausgeprägter, bis zum Glasbande reichender Submarginalbinde, die oft sehr breit ist. Die eingeschlossenen Mondflecke oft verkleinert oder sogar reduziert. Die Flügelmitte zwischen $M_2$ und $Cu_2$ stark schwarz bepudert. Das marginale Glasband des Hinterflügels deutlich. Submarginalbinde mehr oder weniger kräftig, oft zwischen den beiden Augenflecken und hinten von $M_3$ beginnend, allmählich den weißen Flügelfond verdrängend. Das Feld des 3. Analfleckes

Fig. 292 a.
**Parnassius tianschanicus tianschanicus** C. Oberth. (♀). (Original, aus coll. Zool. Mus. Berlin) (1/1).

zwischen $M_3$ und $Cu_1$ bisweilen schwarz bestäubt. Ebenso der Discus bisweilen sehr stark schwarz überpudert. Folgende formae treten auf: ♀ *nigricans*, ♀ *nero, quincunx, lacrimans, connexa, perfusa, privignata, virgo, erema, rhododactyla, caeca, rubromarginata.* Vorderflügellänge: ♂ 33,5—38 mm, ♀ 34,5—37 mm.

Tianschan; Naryn, Wernyi, Kuldscha.

Typen: ♂ ♀ in coll. R. Oberthür, Rennes.

152. **P. tianschanicus erebus** Verity 1906 *P. discobolus* var. *minor* + (var. *erebus*), Verity (Grum-Grshimailo i. l.), Rhop. palaearct., explic. t. XII f. 3 (♂), f. 5 (♂; var. *minor*) | 1909 *P. d.* var. *tancrei*, Deckert in: Bull. Soc. ent. France, p. 108 | 1911 & 10 *P. d.* var. *erebus* + aberr. *rotundata*, Verity, Rhop. palaearct., p. 312 t. LIII f. 2 (♂) (aberr. *rotundata*) | 1918 *P. d. e.*, W. Rothschild in: Nov. zool., *v.* 25 p. 249 | 1922 [1923] *P. tianschanica* var. *e.* + var. *Tancréi* + aberr. *rotundata*, Bryk in: Strand, Lep. Cat., *v.* 27 p. 225, 226 | 1929 *P. discobolus* subsp. *e.* + aberr. *rotundata* + var. *tancrei*, Bollow in: Seitz, Großschmett. Erde, *v.* 1 Suppl. 1 p. 73, 74 | 1932 *P. tianschanica e.*, Reinig in: Wiss. Ergeb. Alai-Pamir Exp., Teil III *v.* 1 p. 113.

Steht der Nominatrasse nahe, ist jedoch in beiden Geschlechtern stark schwarz bestäubt, besonders an der Wurzel der Mittelzelle des Vorderflügels und um den Discus der beiden Flügel herum.

Boro-Choro-Gebirge; Lob-Noor.

Typen: ♂ ♀ in coll. Brit. Mus. London.

153. **P. tianschanicus minor** Staud. 1881 *P. discobolus* var. *m.*, O. Staudinger in: Ent. Zeit. Stettin, *v.* 42 p. 277 | 1882 *P. d.* var. *m.*, O. Staudinger & A. Bang-Haas in: Berlin. ent. Z., *v.* 26 p. 162 t. 1 f. 3 (♂) | 1884 *P. d.* var. *m.*, H. C. Lang, Butt. Eur., *v.* 1 p. 365 | 1886 *P. actius* var. *discobolus* (part.), Elwes in: P. zool. Soc. London, p. 29 | 1889 *P. discobolus* var. *minor*, Austaut, Parnass. paléarct., p. 103 t. 8 f. 1 (♂), 2 (♀) |

1890 *P. d.* var. *m.*, Grum-Grshimailo in: Romanoff, Mém. Lép., *v.* 4 p. 178 (nota) | 1892 *P. d.* var. *m.*, F. Rühl & A. Heyne, Palaearkt. Groß-Schmett., *v.* 1 p. 97 | 1901 *P. d.* var. *m.*, O. Staudinger & Rebel, Cat. Lep. Palaearct. Faunengeb., ed. 3 *v.* 1 p. 5 | 1906 *P. d. m.*, H. Stichel in: Seitz, Großschmett. Erde, *v.* 1 p. 28 t. 14 d (♂ ♀) | 1907—1911 *P. d.* var. *m.* (part.), Verity, Rhop. palaearct., p. 56, 312 t. 1 f. 21 (♂; squamae) | 1907 *P. d. m.*, H. Stichel in: Gen. Ins., *v.* 58 p. 31 | 1911 *P. d. m.*, H. Stichel in: Int. ent. Z., *v.* 4 p. 277 | 1918 *P. d. m.*, W. Rothschild in: Nov. zool., *v.* 25 p. 248 | 1922 [1923] *P. tianschanica* var. *m.*, Bryk in: Strand, Lep. Cat., *v.* 27 p. 226 | 1927 *P. t.* subsp. *m.*, O. Bang-Haas in: Horae Macrolep., *v.* 1 p. 17 | 1928 *P. discobolus* var. *m.*, Meier-Ramel in: Enc. Ent., ser. B. III Lep., *v.* 3 p. 62 t. 6 f. 2 (♀), 5 (♂) | 1932 *P. tianschanica m.*, Reinig in: Wiss. Ergeb. Alai-Pamir Exp., Teil III *v.* 1 p. 113.

Kleiner als die Nominatrasse, mit hell weißem Flügelfond und lebhafterer Schwarzzeichnung (Fig. 293 u. 290). Vorder- und Hinterflügel reichlicher grauschwarz überpudert. Mit ausgeprägten Submarginalbinden auf beiden Flügeln. Augenflecke, besonders der mediane, häufig mit weißen Kernen.

Fig. 293.
**Parnassius tianschanicus minor** Staud. (♂). (Original, aus coll. Zool. Mus. Berlin) (1/1).

Glasband auch beim Männchen auf dem Hinterflügel oft schwärzlich betont. Weibchen oft verrußt. Vorderflügellänge: ♂ 32—34 mm, ♀ 34—34,5 mm.

Alatau; Tarbagatai.

Typen: ♂ ♀ in coll. O. Staudinger, Dresden-Blasewitz.

154. **P. tianschanicus insignis** Staud. 1884 *P. discobolus* var. *i.*, H. C. Lang, Butt. Eur., *v.* 1 p. 365 | 1886 *P. D.* var. (aberr.) *i.*, O. Staudinger in: Ent. Zeit. Stettin, *v.* 47 p. 194 | 1889 *P. i.*, Austaut, Parnass. paléarct., p. 106, 174 t. 14 f. 1 (♂), t. II f. 2 (♀) | 1890 *P. discobolus* var. *i.*, Grum-Grshimailo in: Romanoff, Mém. Lép., *v.* 4 p. 178 | 1901 *P. d.* var. *i.*, O. Staudinger & Rebel, Cat. Lep. Palaearct. Faunengeb., ed. 3 *v.* 1 p. 206 | 1906—1911 *P. d.* var. *i.*, Verity, Rhop. palaearct., p. 56 (part.), 313 t. XII f. 7 (non 6) (♂ trans. ad var. *romanovi*) | 1906 *P. d. i.*, H. Stichel in: Seitz, Großschmett. Erde, *v.* 1 p. 28 t. 14c (♀) | 1907 *P. d. i.* (part.), H. Stichel in: Gen. Ins., *v.* 58 p. 32 | 1918 *P. d. i.*, W. Rothschild in: Nov. zool., *v.* 25 p. 249 | 1920 *P. wahlbergi* + *P. w.* var. *thiseus* + *P. imhovi*, Ehrmann in: Lep. Boston, *v.* 4 nr. 7 p. 51, 52, 59 | 1922 [1923] *P. tianschanica* var. *insignis*, Bryk in: Strand, Lep. Cat., *v.* 27 p. 226 | 1927 *P. discobolus i.*, W. J. Holland & Avinoff in: Ann. Carnegie Mus., *v.* 17 p. 329 | 1929 *P. d. i.*, Petersen in: D. ent. Z., 1928 p. 413 f. 2 β, 2 λ (Spermatophore, Spermatophragna) | 1932 *P. tianschanica i.*, Reinig in: Wiss. Ergeb. Alai-Pamir Exp., Teil III *v.* 1 p. 113.

Mit milchigweißem Flügelfond. Die graphitgraue Submarginalbinde des Vorderflügels nach außen schön ausgezackt, nach innen etwas diffus. Grauüberpuderung der Flügelmitte schwach. Rotkernung der beiden Subcostalflecke und des Hinterrandfleckes lebhaft. Mittelzellfleck länglich. Augenflecke mittelgroß, oben rot ausgefüllt. Männchen: Glasbinde des Vorderflügels hinten verjüngt, Submarginalbinden schwärzlich. Das marginale Glasband des Hinterflügels als schwache Verglasung der Rippenenden kaum bemerkbar. Weibchen etwas gelblich, das marginale Glasband des Vorderflügels auch hinten breit. Submarginalbinden mehr grau. Glasband des Hinterflügels deutlich, nicht schwärzlich, sondern hellgrau. Vorderflügellänge: ♂ 33—37 mm, ♀ 37—39 mm.

Alai, Issyk-kul, Alexander-Gebirge.

Typen: ♂ ♀ in coll. O. Staudinger, Dresden-Blasewitz.

155. **P. tianschanicus superbus** Gr.-Gr. 1889 *P. s.*, Austaut, Parnass. paléarct., Suppl. p. 206 | 1890 *P. discobolus* var. *superba*, Grum-Grshimailo in: Romanoff, Mém. Lép., *v.* 4 p. 180 | 1906 *P. d. insignis* aberr. *s.*, H. Stichel in: Seitz, Großschmett. Erde, *v.* 1 p. 28 | 1906—11 *P. d.* var. *i.* + „race" *s.*, Verity, Rhop. palaearct., p. 57 (part.), 312 t. XII f. 6 (♂), t. LXIII f. 14 (♂), 15 (♀) | 1907 *P. d. i.* forma *s.*, H. Stichel in: Gen. Ins., *v.* 58 p. 32 | 1918 *P. d. superbus*, W. Rothschild in: Nov. zool., *v.* 25 p. 249 | 1922 [1923] *P. tianschanica* forma *superba*, Bryk in: Strand, Lep. Cat., *v.* 27 p. 226 | 1932 *P. t. s.*, Reinig in: Wiss. Ergeb. Alai-Pamir Exp., Teil III *v.* 1 p. 113.

Steht ssp. *insignis* Staud. sehr nahe. Mit lebhafterer Schwarzfleckung und reichlicherer Schwarzüberpuderung. Submarginalbinden, namentlich die des Hinterflügels, wesentlich verstärkt. Glasbinde des Vorderflügels noch breiter, die des Hinterflügels beim Männchen, wenn auch schwächer, zum Vorschein tretend. 3. Analfleck oft vorhanden. Vorderflügellänge: ♂♀ 37,5—41 mm.

West-Pamir: Roschan, Kudara; Afghanistan.

156. **P. tianschanicus gilgitensis** O. Bang-Haas 1923 *P. discobolus insignis*, W. H. Evans in: J. Bombay Soc., *v.* 29 p. 243 | 1932 *P. tianschanica binghami*, Reinig (i. l.) in: Wiss. Ergeb. Alai-Pamir Exp., Teil III *v.* 1 p. 113 (nota 1) | 1932 *P. gilgitensis*, O. Bang-Haas in: Ent. Z., *v.* 46 p. 200 | 1934 *P. tianschanica binghami*, Bryk in: Parnassiana, *v.* 3 p. 28.

Fig. 294.
**Parnassius tianschanicus gilgitensis** O. Bang-Haas (♂). (Typus von ssp. **binghami** Bryk, aus coll. M. H. Peebles, London) (1/1).

Steht am nächsten der ssp. *superbus* Gr.-Gr. (Fig. 294). Glasband breit, bis zum Hinterrand reichend. Submarginalbinde des Vorderflügels in beiden Geschlechtern sehr schmal, beim Männchen kaum verkürzt. Subcostalaugenfleck vergrößert, hinten in der Regel mit einem kleinen, schwarzen Schwänzchen

Fig. 294 a.
**Parnassius tianschanicus gilgitensis** O. Bang-Haas (♀). (Typus von ssp. **binghami** Bryk, aus coll. M. H. Peebles, London) (1/1).

hinter $R_4$. Mittelzellfleck oblong. Männchen: Verglasung des Hinterflügelsaumes nur angedeutet. Submarginalbinde des Hinterflügels lebhaft zackig. Prachtkernung im Vorderflügel schmal. Weibchen: Glasband des Hinterflügels deutlich, Submarginalbinde breit. Vorderflügellänge: ♂♀ 34 mm.

Chitral, 3300 m.

Typen: ♂ ♀ in coll. O. Bang-Haas, Dresden-Blasewitz.

157. **P. tianschanicus grumgrshimaïloi** O. Bang-Haas 1888 *P. romanovi*, Grum-Grshimailo in: Horae Soc. ent. Ross., *v.* 22 p. 301 | 1889 *P. r.*, Austaut, Parnass. paléarct., p. 111, 203, t. 10 f. 3 (♂; fig. mala), t. 11 f. 1 (♂; fig. mala); Suppl. t. V f. 3 (♀) | 1890 *P. r.*, Grum-Grshimailo in: Romanoff, Mém. Lép., *v.* 4 p. 181 t. 1 f. 1b (♂), 1a, 1c (♀) | 1901 *P. r.*, O. Staudinger & Rebel, Cat. Lep. Palaearct. Faunengeb., ed. 3 *v.* 1 p. 5 | 1902 *P. r.*, F. Moore, Lep. Ind., *v.* 5 p. 115 | 1905 *P. discobolus* var. *r.* (aberr. ocell. aurant.), O. Schultz in: Berlin. ent. Z., *v.* 49 p. 279; p. 278 (aberr. *connexa*) | 1906 *P. d.* trans. ad. *r.*, Fruhstorfer in: Soc. ent., *v.* 21 p. 140 | 1906 & 07 *P. d.* var. *r.*, Verity, Rhop. palaearct., p. 57 t. XII f. 8 (♂), 9 (♀) | 1906 *P. d. r.* + aberr. *connexa* (part.), H. Stichel in: Seitz, Großschmett. Erde, *v.* 1 p. 28 t. 14c (♂) | 1907 *P. d. r.* + forma *connexa*, H. Stichel in: Gen. Ins., *v.* 58 p. 32 | 1918 *P. d. r.*, W. Rothschild in: Nov. zool., *v.* 25 p. 249 | 1920 *P. goniscus*, Ehrmann in: Lep. Boston, *v.* 4 nr. 8 p. 60 | 1922 [1923] *P. tianschanica* var. *Romanovi*, Bryk in: Strand, Lep. Cat., *v.* 27 p. 227 | 1927 *P. discobolus*, W. J. Holland & Avinoff in: Ann. Carnegie Mus., *v.* 17 p. 332 | 1927 *P. tianchanica grumgrschimaïloi*, O. Bang-Haas in: Horae Macrolep., *v.* 1 p. 18 | 1932 *P. tianschanica romanovi*, Reinig in: Wiss. Ergeb. Alai-Pamir Exp., Teil III *v.* 1 p. 113.

Flügelfond gelblich. Eine helle Unterart. Zellflecke lebhaft. Rotkernung im Vorderflügel kräftig. Augenflecke lebhaft rot und groß, der Medianaugenfleck selten mit verschwommenem, weißem Spiegel. Submarginalbinde des Hinterflügels aus deutlichen schwarzen Pfeilflecken bestehend. Männchen (Fig. 295) mit kürzerem, glasigem Marginalband des Vorderflügels, das den

Hinterrand nicht erreicht. Die hinten verschmälerte Submarginalbinde bis $Cu_2$ reichend. Vorderflügelmitte nicht schwarz bepudert. Glasband auf den Hinterflügeln reduziert. Hinterrandschwärze stark ausgeprägt. 2 oder 3 Analflecke. Weibchen mit längerer und breiterer, glasiger Marginalbinde und Submarginalbinde. Hinterflügel bisweilen weißlich. Glasbinde schwach

Fig. 295.
**Parnassius tianschanicus grumgrshimaïloi** O. Bang-Haas (♂). (Original, aus coll. Zool. Mus. Berlin) (1/1).

graphitgrau. Hinterrandschwärze mehr reduziert als beim Männchen und grau. Von den beiden Analflecken trägt der hinterste bisweilen einen roten Kern. Vorderflügellänge: ♂ 34,5—37 mm, ♀ 39—39,5 mm.

Nördliche Randgebirge des Pamir: Kara-su, Kisil-art (Transalai), 3000—4000 m.

15 8. **P. tianschanicus olympius** Staud. 1898 *P. o.*, O. Staudinger in: D. ent. Z. Lep., *v.* 10 p. 334 | 1901 *P. o.*, O. Staudinger & Rebel, Cat. Lep. Palaearct. Faunengeb., ed. 3 *v.* 1 p. 5 | 1906 *P. o.*, Austaut in: Ent. Z., *v.* 20 p. 67 | 1906—09 *P.*

Fig. 296.
**Parnassius tianschanicus olympius** Staud. (♂). (Original, aus coll. Zool. Mus. Berlin) (1/1).

*discobolus* var. *o.*, Verity, Rhop. palaearct., p. 58 t. XIII f. 3 (♂), 4 (♀), t. 1 f. 22 (♂, squamae) | 1906 *P. d. o.*, H. Stichel in: Seitz, Großschmett. Erde, *v.* 1 p. 28 t. 14a (♂) | 1907 *P. d. o.*, H. Stichel in: Gen. Ins., *v.* 58 p. 32 t. 3 f. 8 (♂) | 1918 *P. o.*, W. Rothschild in: Nov. zool., *v.* 25 p. 248 | 1922 [1923] *P. tianschanica* var. *o.* (an part.?), Bryk in: Strand, Lep. Cat., *v.* 27 p. 226 | 1932 *P. t. o.*, Reinig in: Wiss. Ergeb. Alai-Pamir Exp., Teil III *v.* 1 p. 113 | 1932 *P. apollo o.*, M. Hering in: Mt. Mus. Berlin, *v.* 18 p. 283, 293, 302, 303 f. 16 (Schienenblättchen), p. 308, 309 f. 72 (VIII. Tergit ♂), p. 310, 311 f. 90 (aedoeagus), p. 314, 315 f. 135 (Valve, Uncus).

Die größte Unterart von *P. tianschanicus* C. Oberth., die von den meisten Autoren als eigene Art betrachtet wird. Befransung des Vorderflügels weißlich, an den Rippenmündungen kaum bemerkbar graphitgrau unterbrochen. Befransung der Hinterflügel cremegelblich. Flügelfond weißlich. Marginale Glasbinde des Vorderflügels schmal, nach außen internerval konkav ausgebuchtet, stark verjüngt, die Hinterrandecke erreichend. Submarginalbinde auf beiden Flügeln reduziert, in kleine, internerval getrennte, graphitgraue Flecke aufgelöst. Subcostalbändchen zwischen $R_4$ und $M_1$ eingeengt, mit reduzierter Rotkernung. Zellflecke etwas reduziert, der Endzellfleck vorn rückgebildet. Mittelzellfleck rundlich. Glassaum des Hinterflügels kaum angedeutet. Augenflecke rundlich, der mittlere bisweilen oben mit weißem

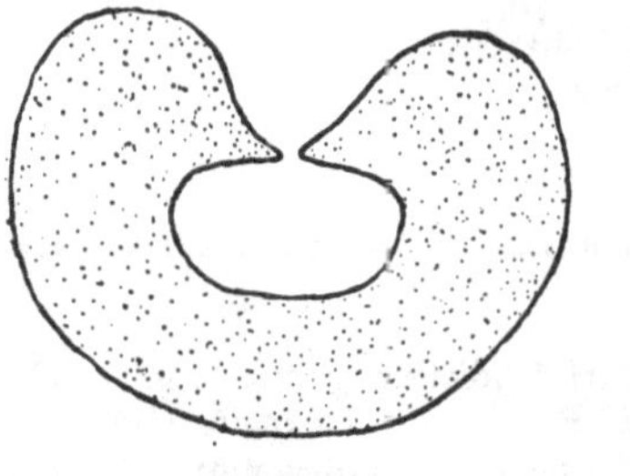

Fig. 297.
VIII. Tergit von **Parnassius tianschanicus olympius** Staud. (♂). (Nach M. Hering 1932) (⁶/₁).

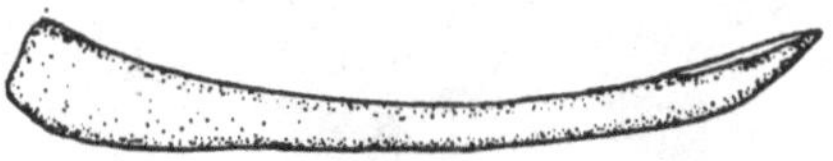

Fig. 298.
Aedoeagus von **Parnassius tianschanicus olympius** Staud. (Nach M. Hering 1932) (¹³/₁).

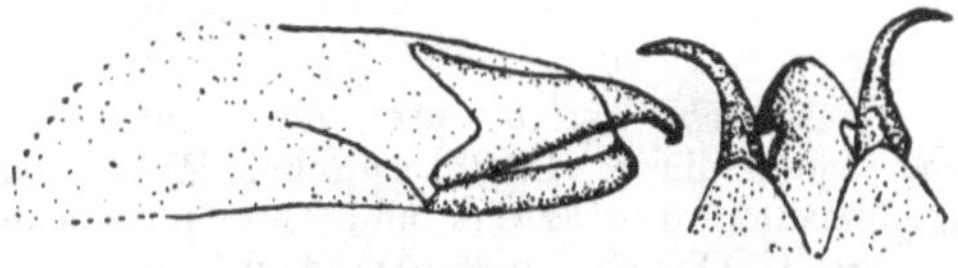

Fig. 299.
Valve (links) und Uncus (rechts) von **Parnassius tianschanicus olympius** Staud. (Nach M. Hering 1932) (¹⁵/₁).

Kern. Männchen (Fig. 296) mit deutlicher, grauer Hinterrandschwärze, die dreieckig bis $M_2$ verläuft. Weibchen mit fast reduzierter Hinterrandschwärze. VIII. Tergit des Männchens (Fig. 297) wie bei ssp. *tianschanicus* C. Oberth., aber seitlich in eine schnabelförmige Spitze ausgezogen. Aedoeagus (Fig. 298), Valve und Uncus (Fig. 299) des Männchens viel robuster gebaut als bei ssp. *tianschanicus* C. Oberth., besonders auffallend ist der große Helm des Subuncus. Vorderflügellänge: ♂ 39—42 mm, ♀ 42,5 mm.

Bei der forma *verityi* Rothsch. (1918 *P. discobolus* ssp. *verityi*, W. Rothschild in: Nov. zool., *v.* 25 p. 249 (Typen: ♂♀ in coll. Mus. Tring)), die mit ssp. *olympius* O. Staud. zusammen fliegt, ist die Befransung auf beiden Flügeln schwach gescheckt, sonst ist sie reicher gezeichnet. Männchen (Fig. 300) im Habitus an das von ssp. *olympius* Staud. erinnernd. Glasband länger, Submarginalbinde deutlich internerval getrennt. Rotfleckung des Vorderflügels stärker. Submarginalbinde und Glasband auf dem Hinterflügel deutlich. Hinterrandschwärze erheblich betont. Es kommen auch intermediäre Individuen vor (♂ in coll. Püngeler, Zool. Mus. Berlin). Weibchen mit breiten Glasbinden auf beiden Flügeln. Submarginalbinden continuierlich und sehr breit. Vorderflügelmitte und Discuswurzel schwärzlich überpudert. Hinterrandschwärze graphitgrau wie beim Männchen von ssp. *olympius* O. Staud.

Kuruk-Tag bei Korla.

Typen: ♂ ♀ in coll. O. Staudinger. Dresden-Blasewitz.

Fig. 300.
**Parnassius tianschanicus olympius** Staud. forma **verityi** Rothsch. (♂). (Original, aus coll. Zool. Mus. Berlin) (1/1).

Eine sehr variable Art, die nicht selten zur Hybridisierung mit *P. apollo* (L.) neigt, und in ihrem Habitus zwischen *P. jacquemontii* Boisd. und *P. apollo* (L.) steht. Jugendstadien des Falters und Futterpflanze der Raupe bisher unbekannt. *P. tianschanicus* C. Oberth. fliegt nach Angaben von Grum-Grshimailo (1890 in: Romanoff, Mém. Lép., *v.* 4 p. 180) an mit Astragalus sp. bewachsenen Hängen im Monat Mai.

16. **P. nomion** (Hb.) 1799 *Apollo* (var. *nomion*) [ad *Papiliones Nymphales* F.], Jac. Hübner, Samml. Eur. Schmett., *v.* 1 t. 207 f. 1029 (♀; subtus) | 1823—24 *Parnassius nomion*, Fischer-Waldheim, Entomogr. Russ., *v.* 2 p. 242 t. 6 f. 3, 4 (♂) | 1832 *P. n.*, J. B. Godart & Duponchel, Hist. Lép., Suppl. *v.* 1 p. 270, 271 t. XLIII f. 1 (♂) | 1832 *P. n.*, Boisduval, Icon. hist. Lép., *v.* 1 p. 21 t. 4 f. 3 | 1836 *P. n.*, Boisduval, Spec. Gén. Lép., *v.* 1 p. 397 t. 6 f. 1 (♀) | 1843—56 *Doritis n.*, Herrich-Schäffer, Syst. Bearb. Schmett. Eur., *v.* 1 p. 145 f. 316, 409, 410 | 1877 *Parnassius n.*, L. W. Schaufuß in: Nunquam ot., *v.* 2 p. 417 | 1877 *P. n.*, W. H. Edwards in: Tr. Amer. ent. Soc., *v.* 6 p. 12 | 1878 *P. n.*, Christoph in: Ent. Zeit. Stettin, *v.* 39 p. 406 (larva) | 1886 *P. n.*, Elwes in: P. zool. Soc. London, p. 27 | 1888 *P. n.*, L. Graeser in: Berlin. ent. Z., *v.* 32 p. 63 | 1889 *P. n.*, Austaut, Parnass. paléarct., p. 91 t. 12 f. 2 (♂) | 1891 *P. n.*, Portshinsky in: Horae Soc. ent. Ross., *v.* 25 p. 112 f. 23 (ocelli) | 1892 *P. n.*, O. Staudinger in: Romanoff, Mém. Lép., *v.* 6 p. 136 | 1892 & 95 *P. n.*, F. Rühl & A. Heyne, Palaearkt. Groß-Schmett., *v.* 1 p. 99, 703 | 1893 *P. n.*, Leech, Butt. China Japan Corea, Part 4 p. 498 | 1899 *P. n.*, Elwes in: Tr. ent. Soc. London, p. 313 | 1901 *P. n.*, O. Staudinger & Rebel, Cat. Lep. Palaearct. Faunengeb., ed. 3 *v.* 1 p. 5 | 1906 *P. n.*, H. Stichel in: Seitz, Großschmett. Erde, *v.* 1 p. 27 t. 14 b (♀) | 1907 *P. n.*, Jurinsky in: Rev. Russe Ent., *v.* 7 p. 271 (hospit. florum) | 1907 *P. n.*, Suschkin & Tschetwerikow in: Horae Soc. ent. Ross., *v.* 38 p. 6—8 | 1907 & 09 *P. n.*, Verity, Rhop. palaearct., p. 64 t. 2 f. 8 (♂), 9 (♀) (squamae) | 1907 *P. n.*, H. Stichel in: Gen. Ins., *v.* 58 p. 30 (cohors: *apolliniformes*) | 1914 *P. n.*, Bryk in: Int. ent. Z., *v.* 8 p. 36, 40 | 1921 *P. n.*, Biener in: D. ent. Z. Iris, *v.* 35 p. 3—4 (larva, puppa, cultura, parasit.) | 1922 [1923] *P. n.*, Bryk in: Strand, Lep.

Cat., *v.* 27 p. 192 | 1927 *P. n.*, O. Bang-Haas in: Horae Macrolep., *v.* 1 p. 14 | 1929 *P. n.*, Sokolov in: Rev. Russe Ent., *v.* 23 p. 63, 64, 65, 70 t. 2 f. 2 (genit. maris) | 1930 *P. n.*, Uchida in: Zephyrus, *v.* 2 p. 59 t. 5 f. 3 (♀) | 1932 *P. apollo n.*, M. Hering in: Mt. Mus. Berlin, *v.* 18 p. 283, 288, 292, 293, 302, 303 f. 13 (Schienenblättchen), p. 308, 309 f. 74 (VIII. tergit maris), p. 310, 311 f. 94 (aedoeagus), p. 314, 315 f. 142 (valva, uncus).

Kopf klein. Augen nackt, braunschwarz, halbkugelförmig. Antennen cremegelb, mit schwarzer Kolbe. Stirnschopf cremegelb, oft etwas mit Schwarz untermischt. Palpe cremegelb und ebenso bewimpert, mehr oder weniger stark mit Schwarz untermischt. Halskragen schmutzig gelb. Thorax und Abdomen schwarz, beim Männchen mit grauen Haaren bedeckt, unterseits cremegelb lang behaart, beim Weibchen nackt, das Abdomen durch hellgelbliche Beschuppung in den einzelnen Segmenten abgegrenzt, unterseits und lateral gelblich, das letzte Segment mattschwarz und nackt. Beine gelb beschuppt, das Schienenblättchen (Fig. 301) kurz und klein. Einlenkungsstelle von der Mitte der Tibia entfernt. Flügel: $M_1$ verwächst mit dem gemeinsamen Stiel der gegabelten $R_4 + R_5$. Große und mittelgroße Tiere mit speckig glänzendem, weißem oder gelblichem Flügelfond. Saumlinie cremegelb, internerval mehr oder weniger breit schwarz unterbrochen. Befransung gelblich und schwarz gescheckt, sehr selten ganz schwarz. Glasband des Vorderflügels nach hinten verjüngt, den Hinterrand erreichend, zwischen $M_2$ und $M_3$ etwas vorspringend, saumwärts von eindringenden hellen Keilflecken des rückgebildeten Flügelfonds lebhaft unterbrochen. Submarginalbinde mehr oder weniger breit, in der Regel mindestens $Cu_2$ erreichend, beim Weibchen oft länger. Sie verläuft anfangs in einem sanften Bogen, springt von $M_2$ und $M_3$ etwas wurzelwärts vor, um dann in fast gerader Linie zu münden. Subcostalbändchen in Länge und Breite variabel, wenigstens aus 2 Flecken bestehend, erreicht oft $M_3$ und ist zwischen dem Radialrippenstiel von $R_4 + R_5$ und $M_1$ verglast; ohne rote Kerne oder mit höchstens 4 roten, mehr oder weniger zusammenfließenden Prachtflecken. Hinterrandfleck in der Regel viereckig, groß oder mittelgroß, bisweilen die Axillarrippe überschreitend, mit oder ohne roten Kern. Zellflecke kräftig. Wurzel des Discus schwarz bestäubt. Flügelmitte zwischen Subcostalbändchen und Hinterrandfleck bis zum Discus beim Weibchen stets schwarz bepudert, beim Männchen seltener. Unterseits die nackten Rippen ockerbraun. Submarginalbinde sehr schwach, Subcostalflecke, Hinterrandfleck und Zellflecke stärker reduziert als auf der Oberseite. Hinterflügel: Das Männchen hat in der Regel keine glasige Marginalbinde, sie ist nur noch in der grauschwarzen Verglasung der Rippenmündungen erkennbar; beim Weibchen ist sie durch eindringende, weißliche Keilflecke meistens breit unterbrochen. Submarginalbinde verhältnismäßig sehr schmal, auch mehr oder weniger stark reduziert oder sogar fehlend. Augenflecke groß, rundlich, rot, schwarz umsäumt, mit oder ohne weißen Kern. Mindestens 2 kräftige Analflecke. Die kräftige Hinterrandschwärze reicht bis zum hintersten Analfleck, füllt $1/3$ des basalen Teils des Discus aus und zieht sich verjüngend um den Discus bis $R_5$ $(+M_1)$. Vorn trägt der Wurzelfleck in der Regel einen roten Kern. Unterseits tragen die roten, schwarz umrandeten Augenflecke stets weiße Kerne, die Analflecke rote. Die 4 roten Wurzelflecke sind außen schwarz abgegrenzt. VIII. Tergit des Männchens (Fig. 302) halbringförmig, seitlich schnabelförmig zugespitzt.

Fig. 301. Vorderschiene mit Schienenblatt von Parnassius nomion (Hb.) (Nach M. Hering 1932) (17/1).

Aedoeagus (Fig. 303) wie bei den Arten der *apollo*-Gruppe. Valve und Uncus (Fig. 304) des männlichen Genitalapparates vom Typus der *apollo*-Gruppe. Sphragis (1906, Verity, Rhop. palaearct., t. XV f. 18, 19 | 1912

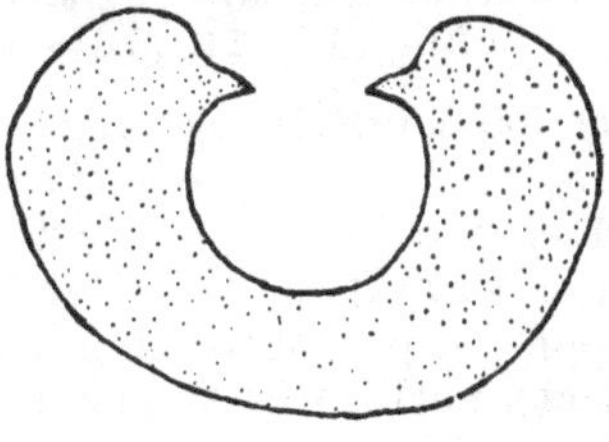

Fig. 302.
VIII. Tergit von **Parnassius nomion** (Hb.) (♂). (Nach M. Hering 1932) (⁹/₁).

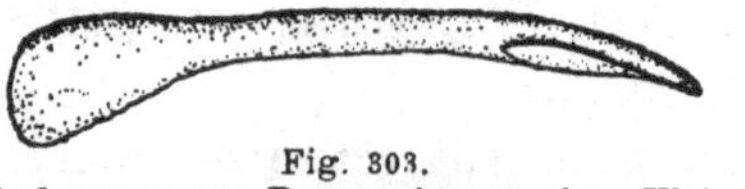

Fig. 303.
Aedoeagus von **Parnassius nomion** (Hb.) (Nach M. Hering 1932) (¹³/₁).

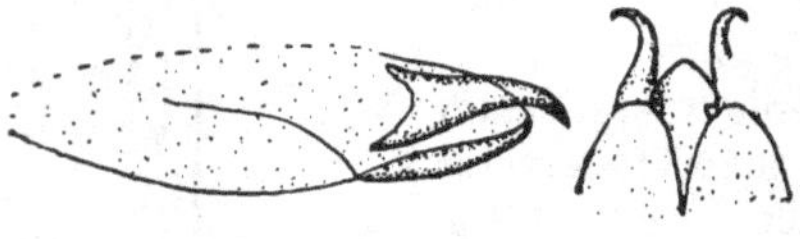

Fig. 304.
Valve (links) und Uncus (rechts) von **Parnassius nomion** (Hb.) (Nach M. Hering 1932) (¹⁵/₁).

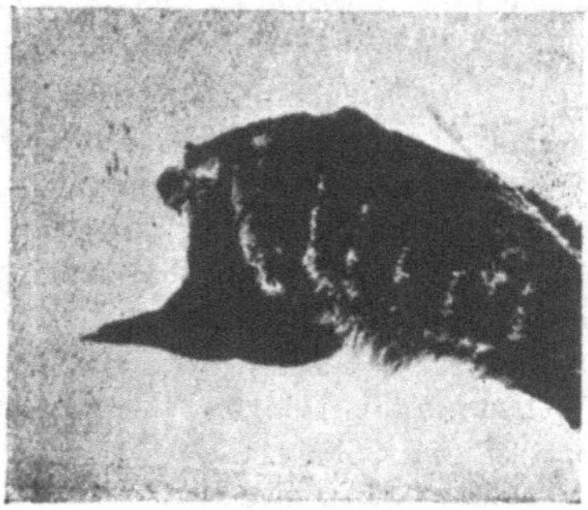

Fig. 305.
Sphragis von **Parnassius nomion** (Hb.) (Original) (⁸/₁).

Bryk in: Jahrb. Ver. Nassau, *v.* 65 p. 19 | 1920 Bryk in: Arch. Naturg., *v.* 85 A 5 p. 157, 167): klein, braun, blattartig, zugespitzt, unten ventral mit einem Längskiel (Fig. 305).

Die Art zerfällt in 21 Unterarten.

Verbreitung inner- und ostasiatisch. Archangelsk (?), Nordfinnland (?), Nordamerika (?).

forma fischeri Bryk 1913 *P. nomion* aberr. *f.*, Bryk in: Soc. ent., *v.* 28 p. 71 f. 1 (♂) | 1914 *P. n.* aberr. *f.*, Bryk in: Mt. Münch. ent. Ges., *v.* 5 p. 33 | 1914 *P. n.* aberr. *f.*, Bryk in: Int. ent. Z., *v.* 8 p. 40 | 1915 *P. n.* aberr. *f.*, Bryk in: Arch.

Fig. 306.
**Parnassius nomion nomion** (Hb.) **forma fischeri** Bryk (♂). (Typus) (¹/₁).

Naturg., *v.* 80 A 8 p. 158 | [1918] *P. n.* aberr. *f.*, Bryk, Parnassius Apollo Formenkreis, p. 112 | 1922 [1923] *P. n.* aberr. *F.*, Bryk in: Strand, Lep. Cat., *v.* 27 p. 193 | 1929 *P. n.* aberr. *f.*, Bollow in: Seitz, Großschmett. Erde, *v.* 1 Suppl. 1 p. 71.

Befransung beider Flügel schwarz anstatt schwarz und weiß gescheckt (Fig. 306).

Sine patria.

Typus: ♂ in coll. L. Sheljuzhko, Kijew.

forma virgo Schauf. 1836 *P. nomion* var., Boisduval, Spec. gén. Lép., *v.* 1 p. 398 | 1877 *P. n.* var. *virgo*, L. W. Schaufuß in: Nunquam ot., *v.* 2 p. 417, 419 | 1906 *P. n.* aberr. *v.*, H. Stichel in: Seitz, Großschmett. Erde, *v.* 1 p. 27 t. 14b (♂) | 1907 *P. n. nomion* forma *v.*, H. Stichel in: Gen. Ins., *v.* 58 p. 30 | 1914 *P. n.* aberr. *schaufussi*, Bryk in: Int. ent. Z., *v.* 8 p. 40 | 1918 *P. n. mandschuriae*, W. Rothschild in: Nov. zool., *v.* 25 p. 247 | 1922 [1923] *P. n.* aberr. *Schaufussi*, Bryk in: Strand, Lep. Cat., *v.* 27 p. 193.

Vorderflügel ohne jede Rotkernung.

Sine patria.

forma pseudonomion Bryk 1907 *P. nomion nomion* (part.). H. Stichel in: Gen. Ins., *v.* 58 p. 30 t. 3 f. (♀) | 1914 *P. n.* aberr. *pseudonomion*, Bryk in: Int. ent. Z., *v.* 8 p. 40 | 1922 [1923] *P. n.* aberr. *p.*, Bryk in: Strand, Lep. Cat., *v.* 27 p. 193.

Subcostalflecke und Hinterrandfleck des Vorderflügels mit roten Kernen.

Sine patria.

forma venusi Schauf. 1877 *P. nomion* var. *v.*, L. W. Schaufuß in: Nunquam ot., *v.* 2 p. 417, 421 | 1906 *P. n.* aberr *v.*, H. Stichel in: Seitz, Großschmett. Erde, *v.* 1 p. 27 | 1907 *P. n. nomion* forma *v.*, H. Stichel in: Gen. Ins., *v.* 58 p. 30 | 1914 *P. n.* aberr. *v.*, Bryk in: Int. ent. Z., *v.* 8 p. 40 | 1918 *P. n.* aberr. *venusia*, W. Rothschild in: Nov. zool., *v.* 25 p. 247 | 1922 [1923] *P. n.* aberr. *venusi*, Bryk in: Strand, Lep. Cat., *v.* 27 p. 194.

Im Vorderflügel trägt nur der Hinterrandfleck einen roten Kern.

Sine patria.

forma cubitomaculata Bryk & Eisner 1934 *P. nomion* subsp. *pax* forma *c.*, Bryk & Eisner in: Parnassiana, *v.* 3 p. 27.

Zwischen $Cu_1$ und $Cu_2$ des Vorderflügels vor dem rot gekernten Hinterrandfleck ein accessorischer kräftiger, schwarzer Fleck.

Weynänpu (Kanssu).

Typus: ♀ in coll. C. Eisner, Berlin-Dahlem.

forma duplicata Biener 1921 *P. nomion* aberr. *duplicatus*, Biener in: D. ent. Z. Iris, *v.* 35 p. 3 | 1922 [1923] *P. n.* aberr. *d.*, Bryk in: Strand, Lep. Cat., *v.* 27 p. 193 | 1929 *P. n.* subsp. *titan* aberr. *d.*, Bollow in: Seitz, Großschmett. Erde, *v.* 1 Suppl. 1 p. 72.

Hinterrandfleck des Vorderflügels verdoppelt. In der ungenauen Beschreibung wird nicht mitgeteilt, ob die Verdoppelung des Fleckes innerhalb $Cu_2$ und $Ax_1$ erfolgte oder sich auf $Cu_1$ bzw. $Ax_1$ erstreckt.

Nik. Ussursk (Amur Gebiet).

forma submarginata Bryk 1935 *P. nomion* subsp. *theagenes* forma *s.*, Bryk in: Parnassiana, *v.* 3 (im Druck).

Zwischen Subcostal- und Hinterrandfleck im Vorderflügel eine schwarze Verbindung (s. Fig. 314a).

Kanssu orientalis: Lanchowfu.

Typus: ♀ in coll. Zool. Mus. Berlin.

forma bipupillata Kardakoff 1928 *P. nomion* subsp. *titan* aberr. *bipupilata*, Kardakoff in: Ent. Mt., *v.* 17 p. 267 | 1929 *P. n.* subsp. *t.* aberr. *b.*, Bollow in: Seitz, Großschmett. Erde, *v.* 1 Suppl. 1 p. 72.

1. Subcostalfleck und Hinterrandfleck des Vorderflügels rot gekernt.

Barabasch am Flusse Mongugai.

Typen: ♂ ♀ in coll. C. Eisner, Berlin-Dahlem.

forma bipicta Kardakoff 1928 *P. nomion* [subsp. *titan*] aberr. *b.*, Kardakoff in: Ent. Mt., *v.* 17 p. 267 | 1929 *P. n.* subsp. *titan* aberr. *b.*, Bollow in: Seitz, Großschmett. Erde, *v.* 1 Suppl. 1 p. 72.

3. Subcostalfleck und Hinterrandfleck des Vorderflügels mit roten Kernen.

Barabasch am Flusse Mongugai.

Typus: ♀ in coll. C. Eisner, Berlin-Dahlem.

forma unipicta Bryk (nom. nov.) 1927 *P. nomion* subsp. *richthofeni* aberr. *monopicta*, O. Bang-Haas in: Horae Macrolep., *v.* 1 p. 16 | 1928 *P. n.* [subsp. *titan*] aberr. *bipicta* (an part. ?), Kardakoff in: Ent. Mt., *v.* 17 p. 267 | 1929 *P. n.* subsp. *richthofeni* aberr. *monopicta* [+ aberr. *bipicta*], Bollow in: Seitz, Großschmett. Erde, *v.* 1 Suppl. 1 p. 72.

3. Subcostalfleck rot gekernt.

Südlich Liang-tschan (Richthofen-Gebirge).

forma rubropicta O. Bang-Haas 1927 *P. nomion* subsp. *richthofeni* aberr. *rubropicta*, O. Bang-Haas in: Horae Macrolep., *v.* 1 p. 16 | 1929 *P. n.* subsp. *r.* aberr. *r.*, Bollow in: Seitz, Großschmett. Erde, *v.* 1 Suppl. 1 p. 72.

1. und 3. Subcostalfleck rot gekernt.

Südlich Liang-tschan (Richthofen-Gebirge).

forma albipicta O. Bang-Haas 1927 *P. nomion* subsp. *richthofeni* aberr. *a.*, O. Bang-Haas in: Horae Macrolep., *v.* 1 p. 16 | 1929 *P. n.* subsp. *r.* aberr *a.*, Bollow in: Seitz, Großschmett. Erde, *v.* 1 Suppl. 1 p. 72.

Die rot gekernten Subcostalflecke weiß zentriert.

Südlich Liang-tschan (Richthofen-Gebirge).

forma tripupillata O. Bang-Haas 1927 *P. nomion* subsp. *richthofeni* aberr. *t.*, O. Bang-Haas in: Horae Macrolep., *v.* 1 p. 16 t. 1 f. 9 (♀) | 1929 *P. n.* subsp. *r.* aberr. *t.*, Bollow in: Seitz, Großschmett. Erde, *v.* 1 Suppl. 1 p. 72.

Subcostalflecke 1, 3 und 4 rot gekernt.

Südlich Liang-tschan (Richthofen-Gebirge).

Typus: ♀ in coll. O. Bang-Haas, Dresden-Blasewitz.

forma tripicta O. Bang-Haas 1927 *P. nomion* subsp. *richthofeni* aberr. *t.*, O. Bang-Haas in: Horae Macrolep., *v.* 1 p. 17 | 1929 *P. n.* subsp. *r.* aberr. *t.*, Bollow in: Seitz, Großschmett. Erde, *v.* 1 Suppl. 1 p. 72.

Subcostalflecke 1, 2 und 3 rotgekernt.

Südlich Liang-tschan (Richthofen-Gebirge).

forma quadripicta O. Bang-Haas 1927 *P. nomion* subsp. *richthofeni* aberr. *q.*, O. Bang-Haas in: Horae Macrolep., *v.* 1 p. 17, 102 t. 2 f. 8 (♂ non ♀) | 1929 *P. n.* subsp. *r.* aberr. *q.*, Bollow in: Seitz, Großschmett. Erde, *v.* 1 Suppl. 1 p. 72.

Subcostalflecke 1, 2, 3 und 4 rot gekernt.

Südlich Liang-tschan (Richthofen-Gebirge).

Typus: ♂ in coll. O. Bang-Haas, Dresden-Blasewitz.

forma subcostatulipicta Bryk & Eisner 1931 *P. nomion* subsp. *richthofeni* forma *s.*, Bryk & Eisner in: Parnassiana, *v.* 1 nr. 5 p. 4.

Wie forma *quadripicta* rot gekernt, aber die einzelnen Flecke sind nicht schwarz abgegrenzt, sondern zu einem continuierlichen, roten Bändchen verschmolzen.

Richthofen-Gebirge.

Typus: ♀ in coll. C. Eisner, Berlin-Dahlem.

forma quincunx Bryk 1913 *P. nomion* var. *mandschuriae* aberr. *q.*, Bryk in: Soc. ent., *v.* 28 p. 71 f. 2 (♂) | 1914 *P. n.* aberr. *q.*, Bryk in: Int. ent. Z., *v.* 8 p. 40 | 1922 [1923] *P. n.* aberr. *q.*, Bryk in: Strand, Lep. Cat., *v.* 27 p. 193 | 1929 *P. n.* subsp. *mandschuriae* aberr. *q.*, Bollow in: Seitz, Großschmett. Erde, *v.* 1 Suppl. 1 p. 72.

Fig. 307.
**Parnassius nomion mandschuriae** C. Oberth. forma **quincunx** Bryk (♂). (Typus) (1/1).

Endzellfleck des Vorderflügels reduziert, überschreitet vorn die Discoidalrippe nicht. (Fig. 307).

Taiping-lin (Mandschurei).

Typus: ♂ in coll. C. Eisner, Berlin-Dahlem.

forma mandli Biener 1921 *P. nomion* aberr. *m.*, Biener in: D. ent. Z. Iris, *v.* 35 p. 3 (♀) | 1922 [1923] *P. n.* aberr. *M.*, Bryk in: Strand, Lep. Cat., *v.* 27 p. 193 | 1929 *P. n. titan* aberr. *m.*, Bollow in: Seitz, Großschmett. Erde, *v.* 1 Suppl. 1 p. 72.

Zellfleck des Vorderflügels stark verkleinert, erreicht vorn die Discoidalrippe nicht. (Wahrscheinlich ist in der unpräzisen Diagnose der Mittelzellfleck gemeint.)

Nikol. Ussursk (Amur-Gebiet).

forma halteres Bryk 1914 *P. nomion* var. *mandschuriae* aberr. *h.* (nomen nudum), Bryk in: Mt. Münch. ent. Ges., *v.* 5 p. 26 | 1922 [1923] *P. n.* aberr. *halters*, Bryk in: Strand, Lep. Cat., *v.* 27 p. 193 | 1923 *P. n.* var. *m.* aberr. *halteres*, Bryk in: Ent. Z., *v.* 36 p. 56 f. 1 (♀) | 1929 *P. n.* subsp. *mandschuriae* aberr. *h.*, Bollow in: Seitz, Großschmett. Erde, *v.* 1 Suppl. 1 p. 72.

Beide Zellflecke in der Mitte durch einen schwarzen Strich verbunden.

Taiping-lin (Mandschurei.)

Typus: ♀ in coll. C. Eisner, Berlin-Dahlem.

forma divisionista Bryk 1914 *P. nomion* var. *oberthürianus* aberr. *d.*, Bryk in: Int. ent. Z., *v.* 8 p. 39 | 1922 [1923] *P. n.* aberr. *d.*, Bryk in: Strand, Lep. Cat., *v.* 27 p. 193 | 1929 *P. n.* subsp. *oberthürianus* aberr. *d.*, Bollow in: Seitz, Großschmett. Erde, *v.* 1 Suppl. 1 p. 73.

Der 1. Subcostalfleck trägt 2 rote Kerne.

Hoang-yong-shan, Gebirge westlich von Peking.

Typus: ♂ in coll. C. Eisner, Berlin-Dahlem.

forma melanconica Bryk 1914 *P. nomion* aberr. *melonconicus* (errat.), Bryk in: Ent. Mt., *v.* 3 p. 76 | 1922 [1923] *P. n.* aberr. *melanconicus*, Bryk in: Strand, Lep. Cat., *v.* 27 p. 193 | 1928 *P. n.* aberr. *octoginta* + aberr. *melonconica*, Kardakoff in: Ent. Mt., *v.* 17 p. 267 t. 6 f. 2 (♂) | 1929 *P. n.* subsp. *titan* aberr. *melanconicus*, Bollow in: Seitz, Großschmett. Erde, *v.* 1 Suppl. 1 p. 72.

Der arttypische vorderste Wurzelfleck des Hinterflügels nicht rot.

Patria?

Typus: ♂ in coll. C. Eisner, Berlin-Dahlem.

forma reducta O. Bang-Haas 1927 *P. nomion richthofeni* aberr. *reducta* (nom. coll.), O. Bang-Haas in: Horae Macrolep., *v.* 1 p. 17 | 1929 *P. n.* subsp. *r.* aberr. *r.*, Bollow in: Seitz, Großschmett. Erde, *v.* 1 Suppl. 1 p. 73.

Submarginalflecke des Hinterflügels reduziert.

Südlich Liang-tschan (Richthofen-Gebirge).

forma totireducta O. Bang-Haas 1927 *P. nomion richthofeni* aberr. *t.*, O. Bang-Haas in: Horae Macrolep., *v.* 1 p. 17 | 1929 *P. n.* subsp. *r.* aberr. *t.*, Bollow in: Seitz, Großschmett. Erde, *v.* 1 Suppl. 1 p. 73 | 1932 *P. n. pelingschani* aberr. *t.*, O. Bang-Haas in: Ent. Z., *v.* 46 p. 200.

Submarginalflecke des Hinterflügels ganz verschwunden.

Südlich Liang-tschan (Richthofen-Gebirge).

♂ forma novarae Bryk 1912 *P. nomion* var. *mandschuriae* aberr. *novarae*, Bryk in: Jahrb. Ver. Nassau, *v.* 65 p. 31 (♂) | 1913 *P. n.* var. *m.* aberr. *n.*, Bryk in: Soc. ent., *v.* 28 p. 71 | 1915 & 14 *P. n.* var. *m.* aberr. *n.*, Bryk in: Arch. Naturg., *v.* 80 A 9 p. 139 t. 4 f. 26 (♂) | [1918] *P. n.* var. *m.* aberr. *n.*, Bryk, Parnassius Apollo Formenkreis, p. 135 t. 4 f. 26 (♂) | 1922 [1923] *P. n.* var. *m.* aberr. *N.*, Bryk in: Strand, Lep. Cat., *v.* 27 p. 193 | 1929 *P. n.* subsp. *m.* aberr. *n.*, Bollow in: Seitz. Großschmett. Erde, *v.* 1 Suppl. 1 p. 72.

Flügelfond grünlichgelb, mit stark reduzierter Zeichnung. Augenflecke auf beiden Seiten schwarz. Basalflecke ohne Rot.

Taiping-lin (Mandschurei).

Typus: ♂ in coll. C. Eisner, Berlin-Dahlem.

forma rubromaculata O. Bang-Haas 1927 *P. nomion richthofeni* aberr. *rubromaculata* (nom. coll.), O. Bang-Haas in: Horae Macrolep., *v.* 1 p. 17 | 1929 *P. n.* subsp. *r.* aberr. *r.*, Bollow in: Seitz, Großschmett. Erde, *v.* 1 Suppl. 1 p. 73.

Augenflecke oberseits rot ausgefüllt, ohne weiße Spiegel.

Südlich Liang-tschan (Richthofen-Gebirge).

forma roseomaculata O. Bang-Haas 1927 *P. nomion richthofeni* aberr. *roseomaculata* (nom. coll.), O. Bang-Haas in: Horae Macrolep., *v.* 1 p. 17 | 1929 *P.* subsp. *r.* aberr. *r.*, Bollow in: Seitz, Großschmett. Erde, *v.* 1 Suppl. 1 p. 73.

Augenflecke rosarot.

Nördlich Liang-tschan (Richthofen-Gebirge).

forma flavomaculata O. Bang-Haas 1927 *P. nomion richthofeni* aberr. *f.* (nom. coll.), O. Bang-Haas in: Horae Macrolep., *v.* 1 p. 17 | 1929 *P. n.* subsp. *r.* aberr. *f.*, Bollow in: Seitz, Großschmett. Erde, *v.* 1 Suppl. 1 p. 73 | 1930 *P. n.* subsp. *chosensis* aberr. *flavocellata*, Eisner in: Parnassiana, *v.* 1 nr. 4 p. 6.

Augenflecke gelb (anstatt rot) gekernt.

Nördlich Liang-tschan (Richthofen-Gebirge).

forma graphica O. Bang-Haas 1927 *P. nomion richthofeni* aberr. *g.* (nom. coll.), O. Bang-Haas in: Horae Macrolep., *v.* 1 p. 17 | 1929 *P. n.* subsp. *r.* aberr. *g.*, Bollow in: Seitz, Großschmett. Erde, *v.* 1 Suppl. 1 p. 73.

Mittelaugenfleck mit geteiltem, weißem Spiegel.

Südlich Liang-tschan (Richthofen-Gebirge).

forma octoginta Kardakoff 1928 *P. nomion* [subsp. *titan*] aberr. *o.*, Kardakoff in: Ent. Mt., *v.* 17 p. 267 t. 6 f. 2 (♂) | 1929 *P. n.* subsp. *t.* aberr. *o.*, Bollow in: Seitz, Großschmett. Erde, *v.* 1 Suppl. 1 p. 72.

Mittlerer Augenfleck etwas eingeschnürt, einer 8, der vordere einer Null ähnlich, wodurch sich „80" ergibt.

Barabasch am Flusse Mongubai.

Typus: ♂ in coll. C. Eisner, Berlin-Dahlem.

forma indecora O. Bang-Haas 1927 *P. richthofeni* aberr. *i.*, O. Bang-Haas in: Horae Macrolep., *v.* 1 p. 17 | 1929 *P. nomion* subsp. *r.* aberr *i.*, Bollow in: Seitz, Großschmett Erde, *v.* 1 Suppl. 1 p. 73.

Analflecke ohne jeden roten Kern.

Südlich Liang-tschan (Richthofen-Gebirge).

forma semidecora O. Bang-Haas 1927 *P. nomion richthofeni* aberr. *s.* (nom. coll.), O. Bang-Haas in: Horae Macrolep., *v.* 1 p. 17 | 1929 *P. n.* subsp. *r.* aberr. *s.*, Bollow in: Seitz, Großschmett. Erde, *v.* 1 Suppl. 1 p. 73.

Nur der proximale Analfleck trägt einen roten Kern.

Südlich Liang-tschan (Richthofen-Gebirge).

♀ forma nigricans O. Bang-Haas 1907 *P. nomion* aberr. *dis*, Verity, Rhop. palaearct., p. 67 t. XIV f. 20 (♀) | 1927 *P. n. richthofeni* aberr. *nigricans* (nom. coll.), O. Bang-Haas in: Horae Macrolep., *v.* 1 p. 17 | 1929 *P. n.* subsp. *r.* aberr. *n.*, Bollow in: Seitz, Großschmett. Erde, *v.* 1 Suppl. 1 p. 73.

Dunkel bestäubte Individuen.

Südlich Liang-tschan (Richthofen-Gebirge).

♀ forma dis Gr.-Gr. 1890 *P. nomion* var. *d.*, Grum-Grshimailo in: Romanoff, Mém. Lép., *v.* 4 p. 174 (nota 25) | 1901 *P. delius* var. (? aberr.) ♀ *d.*, O. Staudinger & Rebel, Cat. Lep. Palaearct. Faunengeb., ed. 3 *v.* 1 p. 6 | 1906 *P. d. phoebus* aberr. *d.*, H. Stichel in: Seitz, Großschmett. Erde, *v.* 1 p. 23 | 1907—1911 *P. nomion* aberr. *d.* (part.), Verity, Rhop. palaearct., p. 67, 313 t. LXIII f. 16 (♀) | 1907 *P. n. nomion* forma *d.*, H. Stichel in: Gen. Ins., *v.* 58 p. 30 | 1917 *P. n.* aberr. *d.*, Bryk in: Arch. Naturg., *v.* 82 A 5 p. 47 (nervat. monstr.) | 1922 [1923] *P. n.* forma *d.*, Bryk in: Strand, Lep. Cat., *v.* 27 p. 193.

Hyalin verdunkelte Weibchenform. (Die Type hat ein ganz monströses Geäder).

Irkutsk.

Typus: ♀ in coll. Brit. Mus. London.

Von *P. nomion* (Hb.) wurden folgende Geäderformen beschrieben:

I. forma metathetica *enderleini:* $R_3$ des Vorderflügels an der vorderen Zellecke aus dem gemeinsamen Stiel von $R_4$ und $R_5$ entspringend.

II. forma plethoneura *reuteriides:* Eine peroneur aus der Discalquerrippe zwischen $R_5$ $(+M_1)$ und $M_2$ entspringende plethoneure Rippe, die $M_1$ entspricht.

III. forma plethoneura *areolata* (nom. nov.): $M_1$ des Hinterflügels, die sonst atrophiert ist, plethoneur in der Mitte des Flügels aus $M_2$ entspringend, sich mandelförmig gabelnd, verwächst als Zweieck in der Submarginalbindenzone mit $M_2$.

IV. forma atrophica jordani: $Cu_1$ auf Vorder- und Hinterflügel fehlend.

I—II, IV 1914 Bryk in: Int. ent. Z., *v.* 8 p. 40 | 1922 [1923] Bryk in: Strand, Lep. Cat., *v.* 27 p. 194 | 1929 Bollow in: Seitz, Großschmett. Erde, *v.* 1 Suppl. 1 p. 71 | III 1931 Bryk in: Zool. Jahrb., Syst. *v.* 62 p. 155 f. 8 (♂), p. 157.

16 1. **P. nomion nomion** (Hb.) 1799 *Apollo* var. *N.* [ad Papiliones Nymphales F.], Jac. Hübner, Samml. Eur. Schmett., *v.* 1 t. 207 f. 1029 (♀; subtus) | 1823—24 *Parnassius n.*, Fischer-Waldheim, Entomogr. Russ., *v.* 2 p. 242 t. 6 f. 3, 4 (♂) | 1843—56 *Doritis N.*, Herrich-Schäffer, Syst. Bearb. Schmett. Eur., *v.* 1 p. 145 f. 316 (♂), 409, 410 (♀) | 1886 *Parnassius n.*, Elwes in: P. zool. Soc. London, p. 27 | 1899 *P. n.*, Elwes in: Tr. ent. Soc. London, p. 313 | 1906 *P. n.* (part.), H. Stichel in: Seitz, Großschmett. Erde, *v.* 1 p. 27 | 1907 *P. n. nomion* (part.) + aberr. *venusi* + aberr. *virgo*, H. Stichel in: Gen. Ins., *v.* 58 p. 30 | 1907 *P. n.* (part.), Verity, Rhop. palaearct., p. 64 | 1922 [1923] *P. n.* (part.), Bryk in: Strand, Lep. Cat., *v.* 27 p. 192.

Glasband und Submarginalbinde des Hinterflügels bis zum Hinterrande reichend. Subcostalflecke mit oder ohne Rot. Hinterrandfleck oft rot gekernt. Augenflecke meist oberseits rot ausgefüllt. Submarginalflecke des Hinterflügels deutlich. Hinterrandschwärze vorn um den Discus greifend. Weibchen dunkler.

„Dauria", Altai, Irkutsk. Der Hübnersche Typus ist ohne Fundort veröffentlicht worden.

16 2. **P. nomion aurora** O. Bang-Haas 1892 *P. N.*, O. Staudinger in: D. ent. Z. Lep., *v.* 5 p. 306 | 1907 *P. n.* (part.), Verity, Rhop. palaearct., p. 65 t. XIV f. 7 (♂) | 1911 *P. n. transbaicalensis*, Verity (nec F. Rühl & A. Heyne 1892), Rhop. palaearct., p. XX | 1914 *P. n. t.*, Bryk in: Int. ent. Z., *v.* 8 p. 40 | 1918 *P. n. t.* + aberr. *venusia* + aberr. *virgo*, W. Rothschild in: Nov. zool., *v.* 25 p. 247 | 1922 [1923] *P. n.* var. *t.*, Bryk in: Strand, Lep. Cat., *v.* 27 p. 195 | 1927 *P. n. t.*, O. Bang-Haas in: Horae Macrolep., *v.* 1 p. 14 | 1933 *P. n. aurora* (nomen novum), O. Bang-Haas in: Ent. Z., *v.* 46 p. 261.

Fig. 308.
**Parnassius nomion aurora** O. Bang-Haas (♂). (Original, aus coll. Zool. Mus. Berlin) (1/1).

Größer als die Nominatrasse, rein weiß, dünner beschuppt, zwischen ssp. *nominulus* Staud. und ssp. *mandschuriae* C. Oberth. stehend (Fig. 308). Die Rotkernung tritt öfters am Vorderflügel auf. Die schwarze Umrandung der roten Augenflecke ist etwas schmäler.

Transbaikalien.

163. **P. nomion nominulus** Staud. 1895 *P. n.* var. *nominulus*, O. Staudinger in: D. ent. Z Lep., *v.* 7 p. 241 | 1895 *P. n.* var. *n.*, F. Rühl & A. Heyne, Palaearkt. Groß-Schmett., *v.* 1 p. 704 | 1901 *P. n.* var. *n.*, O. Staudinger & Rebel, Cat. Palaearct. Faunengeb., ed. 3 *v.* 1 p. 5 | 1906 *P. n. n.*, H. Stichel in: Seitz, Großschmett. Erde, *v.* 1 p. 28 t. 14a (♂) | 1907 *P. n.* var. *n.*, Verity, Rhop. palaearct., p. 67 t. XIV f. 15, 16 (♂) | 1907 *P. n. n.*, H. Stichel in: Gen. Ins., *v.* 58 p. 30 | 1918 *P. n. n.*, W. Rothschild in: Nov. zool., *v.* 25 p. 247 | 1922 [1923] *P. n. n.*, Bryk in: Strand, Lep. Cat., *v.* 27 p. 195 | 1927 *P. n. n.*, O. Bang-Haas in: Horae Macrolep., *v.* 1 p. 14.

Fig. 309.
**Parnassius nomion nominulus** Staud. (♂). (Original, aus coll. Zool. Mus. Berlin) (1/1).

Fig. 309a.
**Parnassius nomion nominulus** Staud. (♀). (Original, aus coll. Zool. Mus. Berlin) (1/1).

Eine kleine, verdunkelte Subspecies (Fig. 309). Die Vorderflügel sind etwas schwärzlich überpudert. Submarginalflecke kräftiger. Augenflecke etwas verkleinert. Die Hinterrandschwärze greift sehr dunkel um den Discus, oft bis $R_4$ reichend. Die Tiere aus Irkutsk sind erheblich größer und heller. Vorderflügellänge: ♂ 31—34 mm, ♀ 33—35 mm.

Sajan-Gebirge, südwestlich von Irkutsk.

Typen: ♂ ♀ in coll. O. Staudinger, Dresden-Blasewitz.

164. **P. nomion titan** Fruhst. 1904 *P. n. t.*, Fruhstorfer in: D. ent. Z. Iris, *v.* 16 p. 308 | 1906 *P. n. mandschuriae* (part.), H. Stichel in: Gen. Ins., *v.* 58 p. 30 | 1907 *P. n.* var. *titan*, Verity, Rhop. palaearct., p. 106 | 1918 *P. n. t.*, W. Rothschild in: Nov. zool., *v.* 25 p. 261 1922 [1923] *P. n.* var. *t.*, Bryk in: Strand, Lep. Cat., *v.* 27 p. 195 | 1927 *P. n. t.*, O. Bang-Haas in: Horae Macrolep., *v.* 1 p. 15 | 1928 *P. n.* subsp. *t.* aberr. *bipupilata* + aberr. *bipicta* + aberr. *octoginta*, Kardakoff in: Ent. Mt., *v.* 17 p. 267 t. 6 f. 2 (♂ = aberr. *octoginta*) | 1929 *P. n.* subsp. *t.* aberr. *bipupillata* + aberr. *bipicta* + aberr. *octoginta*, Bollow in: Seitz, Großschmett. Erde, *v.* 1 Suppl. 1 p. 72.

Große, hellweiße oder etwas gelbliche Subspecies. Das Rot im Vorderflügel stark reduziert oder ganz fehlend. Glassaum mit stärkerer Reduzierung der hellen, internervalen Randflecke. Submarginalbinde kräftig, beim Männchen bis $Cu_2$ reichend, beim Weibchen länger, diffus breit und dem Glasbande mehr angenähert. Subcostalbändchen oft erhalten. Hinterrandschwärze 3eckig, vorn den Discus bis $R_5$ (+ $M_1$) erreichend. Beim Männchen bisweilen die Submarginalbinde des Hinterflügels völlig rückgebildet. Augenflecke tiefrot, groß. Als formae werden erwähnt: *octoginta, bipupillata, bipicta.* Vorderflügellänge: ♂ 41—43,5 mm, ♀ 41 mm.

Sutschan (Ussuri-Gebiet) (false Afghanistan).

165. **P. nomion mandschuriae** C. Oberth. 1891 *P. n.* forma *m.*, C. Oberthür, Étud. Ent., *v.* 14 p. 2 t. 2 f. 10 (♀; explic. tab. *P. n. mandschuriae*) | 1892 *P. n.* var. *m.*, O. Staudinger in: D. ent. Z. Lep., *v.* 5 p. 306 (part.) | 1893 *P. n.* var. *m.*, Leech, Butt. China Japan Corea, Part 4 p. 499 | 1906 *P. n. m.*, H. Stichel in: Seitz, Großschmett. Erde, *v.* 1 p. 27 | 1907 *P. n.* f. geogr. *m.*, Verity, Rhop. palaearct., p. 65 t. XIV f. 9 (♂), 10 (♀) | 1907 *P. n. m.*, H. Stichel in: Gen. Ins., *v.* 58 p. 30 | 1912 *P. n.* var. *m.* aberr. *novarae*, Bryk in: Jahrb. Ver. Nassau, *v.* 65 p. 31 | 1914 *P. n.* var. *m.*, Bryk in: Umschau, *v.* 18 p. 430 f. 7, 8 (plethosphragis) | 1915 & 14 *P. n.* var. *m.* aberr. *novarae*, Bryk in: Arch. Naturg., *v.* 80 A 9 p. 139 t. 4 f. 26 (♂) | 1918 *P. n. m.*, W. Rothschild in: Nov. zool., *v.* 25 p. 247 | 1918 *P. n.* var. *m.*, Bryk in: Ark. Zool., *v.* 11 nr. 18 p. 26, 41 t. 1 f. 1, 2 (plethosphragis) | 1922 [1923] *P. n.* var. *m.*, Bryk in: Strand, Lep. Cat., *v.* 27 p. 195 | 1927 *P. n. m.*, O. Bang-Haas in: Horae Macrolep., *v.* 1 p. 15 | 1929 *P. n.* subsp. *m.* + aberr. *halteres* + aberr. *novarae*, Bollow in: Seitz, Großschmett. Erde, *v.* 1 Suppl. 1 p. 72.

Fig. 310.
**Parnassius nomion mandschuriae** C. Oberth. (♂). (Original, aus coll. Zool. Mus. Berlin) (1/1).

Erinnert stark an subsp. *titan* Fruhst., doch ist der Flügelfond mehr cremegelb (Fig. 310). Die internervalen hellen Flecke im glasigen Marginalband des Vorderflügels beim Männchen stark hervortretend, auf den Hinterflügeln derart ausgebreitet, daß das Glasige nur auf die Rippenmündungen beschränkt ist. Subcostalflecke des Vorderflügels gewöhnlich weit vom Endzellfleck entfernt und der Submarginalbinde genähert. Augenflecke rundlich,

Fig. 310a.
**Parnassius nomion mandschuriae** C. Oberth. (♀). (Original, aus coll. Zool. Mus. Berlin) (1/1).

mit oder ohne weißen Kern. Submarginalbinde des Hinterflügels bisweilen reduziert. 2 Analflecke. Weibchen bisweilen verdunkelt. Folgende formae treten auf: *quincunx* (siehe Fig. 307), *novarae*, *halteres*. Vorderflügellänge: ♂ 41—42,5 mm, ♀ 42—43 mm.

Taiping-lin (Mandschurei).

Typen: ♂ ♀ in coll. R. Oberthür, Rennes.

166. **P. nomion ternejanus** Kardakoff 1928 *P. n. ternejana*, Kardakoff in: Ent. Mt., *v.* 17 p. 268 t. 6 f. 3 (♀), 4 (♂) | 1929 *P. n.* „Rasse" *t.*, Bollow in: Seitz, Großschmett. Erde, *v.* 1 Suppl. 1 p. 72.

Etwas kleiner als ssp. *titan* Fruhst. Marginale Glasbinde klar, ohne ausgeprägte internervale Flecke. Submarginalbinde des Vorderflügels breit und deutlich. Subcostalflecke isoliert und etwas reduziert. Die roten Augenflecke klein oder mittelgroß, bisweilen nur mit Spuren weißer Schuppen. Submarginalbinde des Hinterflügels in kleine Flecke aufgelöst und schwach ausgeprägt.

Ternej-Bucht (Südl. Ussuri-Gebiet).

Typen: ♂ ♀ in coll. C. Eisner, Berlin-Dahlem.

167. **P. nomion chosensis** Mats. 1927 *P. n. c.*, Matsumura in: Ins. Matsumur., *v.* 1 p. 162 t. 5 f. 1 (♂) | 1929 *P. n.* „Rasse" *c.*, Bollow in: Seitz, Großschmett. Erde, *v.* 1 Suppl. 1 p. 72 | 1931 *P. n.* forma *c.*, Matsumura, 6000 Ill. Ins. Japan, p. 466 f. ♂.

Steht ssp. *mandschuriae* C. Oberth. nahe (Fig. 311). Flügelfond gelblich. Die internervalen hellen Flecke in der glasigen Marginalbinde in der Regel verdrängt, beim Männchen bisweilen zum Vorschein tretend. Submarginalbinde kräftig und continuierlich, beim Männchen nur etwas kürzer als beim Weibchen.

Das Rot im Vorderflügel in der Regel fehlend. Augenflecke groß, mit oder ohne weiße Kerne, breit schwarz umsäumt. Submarginalbinde des Männchens in schmale Möndchen aufgelöst, beim Weibchen kräftiger und mehr zusammen-

Fig. 311.
**Parnassius nomion chosensis** Mats. (♂). (Original, aus coll. Zool. Mus. Berlin) (1/1).

Fig. 311 a.
**Parnassius nomion chosensis** Mats. (♀). (Original, aus coll. Zool. Mus. Berlin) (1/1).

hängend. Die marginale Glasbinde des Hinterflügels auch beim Männchen oft betont und schmal. 2 schwarze Analflecke. Vorderflügellänge: ♂ 41–44 mm, ♀ 41,5—44 mm.

Hakuto-san (Korea).

16 8. **P. nomion davidi** C. Oberth. 1879 *P. Davidis*, C. Oberthür, Étud. Ent., *v.* 4 p. 23, 108 t. 2 f. 2 (♀) | 1886 *P. d.*, Elwes in: P. zool. Soc. London, p. 33 | 1891 *P. D.*, C. Oberthür, Étud. Ent., *v.* 14 p. 2, 16 t. 1 f. 3 (♀) | 1893 *P. nomion* var. *d.*, Leech, Butt. China Japan Corea, Part 3 p. 500 | 1901 *P. n.* (part.), O. Staudinger &

Rebel, Cat. Lep. Palaearct. Faunengeb., ed. 3 *v.* 1 p. 5 | 1902 *P. davidis*, F. Moore, Lep. Ind., *v.* 5 p. 115 | 1906 *P. d.*, H. Stichel in: Berlin. ent. Z., *v.* 51 p. 83 | 1906 *P. d.*, H. Stichel in: Seitz, Großschmett. Erde, *v.* 1 p. 26 | 1907 & 09 *P. nomion* „forme" *d.*, Verity, Rhop. palaearct., p. 66, 106 t. X f. 5 (♀), t. XXIV f. 11 (♀) | 1907 *P. d. davidis*, H. Stichel in: Gen. Ins., *v.* 58 p. 28 | 1914 *P. d.*, Bryk in: Ent. Mt., *v.* 3 p. 83 | 1914 *P. d.*, Bryk in: Mt. Münch. ent. Ges., *v.* 5 p. 33 | 1914 *P. D.*, C. Oberthür in: Bryk in: Int. ent. Z., *v.* 8 p. 36 | 1914 *P. Davidi*, Bryk, ibid., *v.* 8 p. 36 | 1914 *P. d.*, Sheljuzhko, ibid., *v.* 8 p. 39 (nota) | 1914 *P. davidis*, H. Stichel, ibid., *v.* 8 p. 121 | 1915 *P. d.*, O. Bang-Haas in: D. ent. Z. Iris, *v.* 29 p. 172 | 1918 *P. d. davidis*, W. Rothschild in: Nov. zool., *v* 25 p. 260 | 1922 [1923] *P. Davidi* (an species?), Bryk in: Strand, Lep. Cat., *v.* 27 p. 152 | 1927 *P. nomion d.* (part.) + subsp. *tschiliensis*, O. Bang-Haas in: Horae Macrolep., *v.* 1 p. 15—16 | 1929 *P. n.* subsp. *davidis* (part.) + „Rasse" *t.*, Bollow in: Seitz, Großschmett. Erde, *v.* 1 Suppl. 1 p. 72 | 1932 *P. d.*, Bryk & Eisner in: Parnassiana, *v.* 2 p. 27.

Fig. 312.
**Parnassius nomion davidi** C. Oberth. (♂). (Original, aus coll. Zool. Mus. Berlin) (1/1).

Fig. 312a.
**Parnassius nomion davidi** C. Oberth. (♀). (Original, aus coll. Zool. Mus. Berlin) (1/1).

Kleiner als ssp. *anna* Bryk, der sie sehr nahe steht (Fig. 312). Männchen: Das marginale Glasband mehr milchig. Submarginalbinde mehr grau. Dazwischen eine weiße, breite Grundfarbenbinde. Subcostalbändchen bisweilen bis

$M_2$ verkürzt. Submarginalbinde des Hinterflügels mager. Rotkernung im Vorderflügel meist kräftig. Weibchen: Dunkler, bisweilen sehr stark verdunkelt, besonders die Vorderflügelmitte zwischen $M_3$ und $Cu_2$ bis zum Discus mehr oder weniger bräunlich verglast. Das marginale Glasband auch auf den Hinterflügeln scharf abgesetzt, bei Beibehaltung der hellen internervalen Saumflecke. Augenflecke miteinander oft durch eine schwach ausgeprägte schwarze Verbindung vereinigt. Der rote Wurzelfleck leuchtend. Hinterrandschwärze ausgedehnter als die des Männchens. 3 Analflecke vorhanden. Der Typus — dunkel, mit schwarzem Saum auf Vorder- und Hinterflügel — entspricht der forma *fischeri* Bryk. Vorderflügellänge: ♂ 36—40 mm, ♀ 37—40 mm.

Gebirge von Peking gegen Jehol (Typus); Tschili, Lin-si-hien (Ostseite des Chingan-Gebirges).

Typus: ♀ in coll. R. Oberthür, Rennes.

169. **P. nomion anna** Bryk 1914 *P. n.* var. *a.*, Bryk in: Mt. Münch. ent. Ges., *v.* 5 p. 33 t. 1 f. 7 (♂) | 1914 *P. n.* var. *a.*, Bryk in: Ent. Mt., *v.* 3 p. 83 | 1914 *P. n.* var. *davidis* + aberr. *pulchra*, Austaut in: Int. ent. Z., *v.* 8 p. 80, 89 | 1915 *P. n.*

Fig. 813.
**Parnassius nomion anna** Bryk (♂). (Original, aus coll. Zool. Mus. Berlin) (1/1).

Fig. 813a.
**Parnassius nomion anna** Bryk (♀). (Original, aus coll. Zool. Mus. Berlin) (1/1).

var. *davidi(s)*, O. Bang-Haas in: D. ent. Z. Iris, *v.* 29 p. 171—174 t. 5 f. 23 (♂) | 1927 *P. n. davidi* (part.), O. Bang-Haas in: Horae Macrolep., *v.* 1 p. 15—16 | 1929 *P. n.* subsp. *davidis* (part.), Bollow in: Seitz, Großschmett. Erde, *v.* 1 Suppl. 1 p. 72 | 1931 *P. n. anna*, Bryk in: Zool. Jahrb., Syst. *v.* 62 p. 151 f. 8 (♂).

Dicht cremegelb beschuppt (Fig. 313). Befransung lebhaft schwarz, weiß gescheckt. Internervale Weißfleckung im glasigen Marginalband des Vorderflügels meistens gut ausgeprägt. Submarginalbinde deutlich, bei $M_2$ wurzelwärts vorspringend. Subcostalbändchen bis $M_3$ reichend und wie der große, viereckige Hinterrandfleck luxuriös rot gekernt. Die dunklen Rippenmündungen des Hinterflügels sich scharf vom Flügelfond abhebend. Augenflecke groß, meistens mit lebhaft weißen Kernen. 3. Analfleck bisweilen erhalten. Vorderflügellänge: ♂♀ 39—44 mm.

Inn-Shan (Chingan-Gebirge).

Typen: ♂ ♀ in coll. C. Eisner, Berlin-Dahlem.

16 10. **P. nomion oberthürianus** Bryk 1914 *P. n.* var. *o.* + aberr. *divisionista*, Bryk in: Int. ent. Z., *v.* 8 p. 40 | 1922 [1923] *P. n.* var *O.*, Bryk in: Strand, Lep. Cat., *v.* 27 p. 195 | 1927 *P. n. o.*, O. Bang-Haas in: Horae Macrolep., *v.* 1 p. 16 | 1929 *P. n.* „Rasse" *o.* + aberr. *divisionista*, Bollow in: Seitz, Großschmett. Erde, *v.* 1 Suppl. 1 p. 72—73.

Größer und heller als ssp. *anna* Bryk. Männchen: Die internervalen weißen Keilflecke des glasigen Marginalbandes im Vorderflügel derart nach innen eindringend, daß das ausgesparte Hyaline in eine glasige Bogenbinde verwandelt wird. Submarginalbinde in lose Flecke aufgelöst, bis $Cu_2$ reichend. Augenflecke etwas kleiner als bei ssp. *anna* Bryk, das subcostale Oval mit deutlichem, länglichem, weißem Kern; die Weißkernung des Medianaugenflecks klein. Die Wurzel des Discus bis zur Hälfte tiefschwarz, mit der Hinterrandschwärze, die mit dem Analflecke ein Ganzes bildet, vereinigt, das Zellende kräftig bis zum Subcostalaugenflecke umzingelnd. Submarginale sehr stark reduziert. Die Rippenmündungen pfeilartig bis zur Submarginalbinde reichend. Weibchen: Flügelsaum sehr lebhaft weiß schwarz durchbrochen. Submarginalbinde grau, bis $Cu_2$ reichend. Das Rot der beiden Subcostalflecke und des Hinterrandfleckes sauber schwarz umzogen. Die runden, rot ausgefüllten Augenflecke regelmäßig schwarz umzogen. Beide Analflecke bescheiden. Die Wurzelschwärze des Hinterflügels sehr deutlich abgesetzt. Der vordere Wurzelfleck rubinrot leuchtend, das sich an ihn anschließende kleine Wurzelfeld jenseits der Humeralzelle nicht schwarz bestäubt, sondern hell. Von der Mitte des Hinterrandes zum Zellschluß eine schwarze, nicht gesättigte Binde, wodurch zwischen ihr und dem hintersten Wurzelfleck eine angehellte Insel ausgespart wird. Die Submarginalbinde des Hinterflügels stark reduziert. Der marginale Glassaum stark rückgebildet bei schwarzer Hervorhebung der Rippenmündungen. Augenflecke mit weißen Spiegeln. Die 4 roten Wurzelflecke unterseits verkleinert. Von den 3 Analflecken trägt der mittlere abgerundete einen roten Fleck. Vorderflügellänge: ♂ 43 mm, ♀ 41,5 mm.

Hoang-yon-shan-Gebirge.

Typen: ♂ ♀ in coll. C. Eisner, Berlin-Dahlem.

16 11. **P. nomion chinganensis** Bryk & Eisner 1932 *P. n.* subsp. *chingamensis*, Bryk & Eisner in: Parnassiana, *v.* 2 p. 26.

Steht ssp. *anna* Bryk am nächsten, ist jedoch größer, nicht so dicht weiß beschuppt. Marginalflecke viel kräftiger, sogar beim Männchen bisweilen continuierlich auf dem Hinterflügel erhalten. Submarginalbinden breiter, kräftiger und länger. Rotkernung im Vorderflügel oft fehlend. Weißkernung der Augenflecke im Gegensatz zu ssp. *anna* Bryk seltener und dann schwächer ausgeprägt. Männchen zum Teil melanistisch mit Neigung zur forma *cardinalis*. Vorderflügellänge: ♂♀ 41 mm.

Buchatu, Gudschal-Tal, Chingan-Gebirge.

Typen: ♂ ♀ in coll. C. Eisner, Berlin-Dahlem.

16 12. **P. nomion theagenes** O. Bang-Haas 1927 *P. n. t.*, O. Bang-Haas (Fruhstorfer MS.?) in: Horae Macrolep., *v.* 1 p. 16, 102 t. 2 f. 3 (♂) 4 (♀; non f. 6) | 1929 *P. n.* subsp. *t.* + aberr. *graphica*, Bollow in: Seitz, Großschmett. Erde, *v.* 1 Suppl. 1 p. 73.

**Parnassius noı** lus. Berlin) (1/1).

Fig. 314 a.
**Parnassius nomion theagenes** O. Bang-Haas (♀). (Original, aus coll. Zool. Mus. Berlin) (1/1).

Kleine Unterart mit weißer Grundfarbe, stark potenzierter Rotkernung im Vorderflügel und mittelgroßen Augenflecken (Fig. 314). Das glasige Marginalband schmal, milchig, von den internervalen weißen Keilflecken unterbrochen, die Submarginalbinde sehr dünn, beim Männchen bis $Cu_2$, beim Weibchen über diese hinaus, bisweilen sogar bis zum Hinterrande reichend. Die Wurzel im Vorderflügel geschwärzt. Submarginalbinde des Hinterflügels sehr zart, vorn bisweilen verschwindend, beim Weibchen stärker, bei rudimentärer Erhaltung des marginalen Glasbandes. Die Mittelaugenflecke oft zur forma *graphica* neigend. Folgende formae treten auf: *decora, quadripicta, submarginata.* Vorderflügellänge: ♂ 35—36 mm, ♀ 36 mm.

Lantschou (Lanchowfu).

Typen: ♂ ♀ in coll. O. Bang-Haas, Dresden-Blasewitz.

16 13. **P. nomion tsinlingensis** Bryk & Eisner 1932 *P. n.* subsp. *t.*, Bryk & Eisner in: Parnassiana, *v.* 2 p. 26.

Diese Unterart steht am nächsten ssp. *theagenes* O. Bang-Haas, bietet aber infolge der sehr reduzierten Makeln und Augenflecke eher das Aussehen eines verkümmerten *P. nomion nomion* (Hb.) (Fig. 315). Glasband sehr schmal. Submarginalbinde schwach ausgeprägt, kurz, bei einigen Männchen

Fig. 315.
**Parnassius nomion tsinlingensis** Bryk & Eisner (♂). (Paratypus, aus coll. Zool. Mus. Berlin) (1/1).

Fig. 315 a.
**Parnassius nomion tsinlingensis** Bryk & Eisner (♀). (Paratypus, aus coll. Zool. Mus. Berlin) (1/1).

auf dem Hinterflügel fast ganz reduziert. Rotkernung im Vorderflügel durchweg erhalten. Hinterrandschwärze zurückgedrängt, meistens um die Mittelzelle des Hinterflügels nicht herumgreifend. Weibchen androtrop. Vorderflügellänge: ♂ 34 mm, ♀ 38 mm.

Schensi, Tapaischan, Tsinlingshan, 3000 m; Tsingschu, Liu-pingschan, 2000 m.

Typen: ♂ ♀ in coll. C. Eisner, Berlin-Dahlem.

16 14. **P. nomion minschani** Bryk & Eisner 1932 *P. n.* subsp. *minchani* + forma *inpicta* + forma *escudei*, Bryk & Eisner in: Parnassiana, *v.* 2 p. 26 | 1932 *P. n. minschani*, Bryk & Eisner, ibid., *v.* 2 p. 42.

Fig. 316.
**Parnassius nomion minschani** Bryk & Eisner (♂). (Paratypus, aus coll. C. Eisner, Berlin-Dahlem) (1/1).

Fig. 316a.
**Parnassius nomion minschani** Bryk & Eisner (♀). (Paratypus, aus coll. Zool. Mus. Berlin) (1/1).

Eine sehr kleine Unterart mit sehr kräftigen Zellflecken (Fig. 316). Rotkernung des Vorderflügels sehr reich. Subcostalflecke stets getrennt. Marginalbinde schmal, beim Männchen den Hinterrand nicht erreichend. Submarginalbinden relativ schwach. Vorderflügelmitte häufig schwarz überpudert. Augenflecke klein bis mittelgroß. Der Subcostalaugenfleck meist rot ausgefüllt, der mediane schwach weiß gekernt. Hinterrandschwärze und Analflecke des Hinterflügels kräftig. 2 Analflecke beim Weibchen stets rot gekernt. Bildet den Übergang zum *nomius*-Kreise. Vorderflügellänge: ♂ (27 mm) 34 mm, ♀ 35 mm.

Tauho (Minschan-Gebirge, Kanssu), 2500 m.

Typen: ♂ ♀ in coll. C. Eisner, Berlin-Dahlem.

1615. **P. nomion peilingschani** O. Bang-Haas 1932 & 33 *P. n.* subsp. *p.*, O. Bang-Haas in: Ent. Z., *v.* 46 p. 200, 262.

Fig. 317.
**Parnassius nomion peilingschani** O. Bang-Haas (♀). (Paratypus, aus coll. C. Eisner, Berlin-Dahlem) (1/1).

Eine ssp. *minschani* Bryk & Eisner nahe stehende Unterart, die schwächer beschuppt und gezeichnet ist (Fig. 317). Die Submarginalbinden sind wenig entwickelt und können auch fehlen (forma *totireducta*).

Peilingschan (Kanssu), 2600—3200 m.

Typen: ♂ ♀ in coll. O. Bang-Haas, Dresden-Blasewitz.

1616. **P. nomion taschischani** O. Bang-Haas 1933 *P. n.* subsp. *t.*, O. Bang-Haas in: Ent. Z., *v.* 46 p. 262.

Steht ssp. *peilingschani* O. Bang-Haas nahe, unterscheidet sich von ihr durch die geringere Größe und stärkere Zeichnung, besonders die der Submarginalbinde des Vorder- und Hinterflügels. Vorderflügellänge: ♂ 30 mm, ♀ 30—33 mm.

Taschi-schan (Kanssu), 3000 m.

Typen: ♂ ♀ in coll. O. Bang-Haas, Dresden-Blasewitz.

1617. **P. nomion liupinschani** O. Bang-Haas 1934 *P. n.* subsp. *l.*, O. Bang-Haas in: Ent. Z., *v.* 48 p. 7.

Steht zwischen ssp. *tsinlingensis* Bryk & Eisner und ssp. *peilingschani* O. Bang-Haas. Die Augenflecke sind größer als bei der erst erwähnten Unterart, der Flügelgrund heller als der von der zweiten. Beide Subcostalflecke und der Hinterrandfleck in der Regel deutlich rot gekernt. Spannweite: ♂♀ 66—70 mm.

Prov. Schensi: Lung, Südausläufer des Liupin-Gebirges, 2000 m.

Typen: ♂ ♀ in coll. O. Bang-Haas, Dresden-Blasewitz.

1618. **P. nomion shekuensis** O. Bang-Haas 1934 *P. n.* subsp. *s.*, O. Bang-Haas in: Ent. Z., *v.* 48 p. 7.

Ähnelt der ssp. *richthofeni* O. Bang-Haas, ist aber als Höhenform geringer an Größe. Die Flügel sind stark abgerundet, die roten Flecken im Vorder- und Hinterflügel im Verhältnis zur Flügelgröße oft übertrieben vergrößert. Spannweite: ♂ 45—50 mm, ♀ 50—60 mm.

Kanssu septentrionalis: Shekou (westlich Liang-tschou, Richthofen-Gebirge).

Typen: ♂ ♀ in coll. O. Bang-Haas, Dresden-Blasewitz.

1619. **P. nomion pax** Bryk & Eisner 1934 *P. n.* subsp. *p.* + forma *cubitomaculata*, Bryk & Eisner in: Parnassiana, *v.* 3 p. 27.

Fig. 818.
**Parnassius nomion pax** Bryk & Eisner (♂). (Paratypus, aus coll. C. Eisner, Berlin-Dahlem) (1/1).

Fig. 818a.
**Parnassius nomion pax** Bryk & Eisner (♀). (Paratypus, aus coll. C. Eisner, Berlin-Dahlem) (1/1).

Größer als ssp. *nomius* Gr.-Gr., dem diese Unterart nahe steht. Flügelgrund rein weiß. Die Glasbinde des Vorderflügels neigt zum Verschwinden und ist nur als mehr oder weniger deutliche Zackenbinde erhalten. Submarginalbinde dünn und schwach. Rotfleckung, besonders die Kernung der

Subcostalflecke luxuriös (Fig. 318). Folgende formae treten auf: *tripicta, quadripicta, cubitomaculata* und *cardinalis.*

Kanssu septentrionalis: Weynänpu.

Typen: ♂ ♀ in coll. C. Eisner, Berlin-Dahlem.

16 20. **P. nomion richthofeni** O. Bang-Haas 1927 *P. n. r.*, O. Bang-Haas in: Horae Macrolep., *v.* 1 p. 17, 102 t. 2 f. 7 (♂), 8 (♂ non ♀ aberr. *quadripicta*), f. 9 (♀ *tripupillata*) | 1929 *P. n.* subsp. *r.*, Bollow in: Seitz, Großschmett. Erde, *v.* 1 Suppl. 1 p. 73.

Fig. 319.
**Parnassius nomion richthofeni** O. Bang-Haas (♂). (Paratypus, aus coll. Zool. Mus. Berlin) (1/1).

Fig. 319 a.
**Parnassius nomion richthofeni** O. Bang-Haas (♀). (Original, aus coll. Zool. Mus. Berlin) (1/1).

Luxuriös rot gekernte Subspecies, sehr dicht weiß beschuppt (Fig. 319). Das marginale Glasband des Vorderflügels sehr schmal und kurz. Submarginalbinde sehr dünn. Subcostalflecke und Hinterrandfleck vergrößert, mit riesigen, roten Kernen mit beträchtlicher Variabilität (formae *unipicta, rubropicta, albipicta, tripupillata, tripicta, quadripicta*). Wurzel des Discus oft dunkel bestäubt. Hinterflügel mit vergrößerten Augenflecken. Submarginalbinde sehr dünn, beim Männchen oft reduziert. Das marginale Glasband beim Männchen fehlend, beim Weibchen kaum angedeutet. Weibchen mit breiterem und längerem Glasband des Vorderflügels und etwas diffuseren Submarginalbinden. Außer den oben erwähnten treten noch folgende formae auf: ♀ *nigricans, reducta, totireducta, roseomaculata, flavomaculata, rubromaculata, graphica, decora, semidecora.* Vorderflügellänge: ♂ 32—35 mm, ♀ 34—35 mm.

Südlich Liang-tschan (Richthofen-Gebirge), 2500 m.

Typen: ♂ ♀ in coll. O. Bang-Haas, Dresden-Blasewitz.

1621. **P. nomion sinensis** O. Bang-Haas 1927 *P. n. s.*, O. Bang-Haas in: Horae Macrolep., *v.* 1 p. 16 t. 2 f. 5 (♂), 6 (♀) | 1929 *P. n.* subsp. *s.*, Bollow in: Seitz Großschmett. Erde, *v.* 1 Suppl. 1 p. 73.

Fig. 320.
**Parnassius nomion sinensis** O. Bang-Haas (♂). (Paratypus, aus coll. Zool. Mus. Berlin) (1/1).

Fig. 320a.
**Parnassius nomion sinensis** O. Bang-Haas (♀). (Paratypus, aus coll. Zool. Mus. Berlin) (1/1).

Kleinere Unterart mit reduzierter oder völlig verschwundener, heller internervaler Keilfleckung im glasigen Marginalbande des Vorderflügels (Fig. 320). Augenflecke klein, oft mit weißen Spiegeln. Subcostalflecke klein, mit kleiner roter Kernung. Submarginalbinden deutlich aber dünn. 3. Analfleck oft angedeutet oder ausgeprägt. Vorderflügellänge: ♂ 31 bis 32 mm, ♀ 32 mm.

Östl. Ausläufer des Nanschan-Gebirges, nordwestlich der Stadt Sining (Hsining) (Kanssu).

Typen: ♂ ♀ in coll. O. Bang-Haas, Dresden-Blasewitz.

1622. **P. nomion nomius** Gr.-Gr. 1890 *P. n.* var. *nomius*, Grum-Grshimailo in: Horae Soc. ent. Ross., *v.* 25 p. 445 | 1892 & 95 *P. n.* var. *n.*, F. Rühl & A. Heyne, Palaearkt. Groß-Schmett., *v.* 1 p. 100, 704 | 1901 *P. n.* var. *n.*, O. Staudinger & Rebel, Cat. Lep. Palaearct. Faunengeb., ed. 3 *v.* 1 p. 5 | 1906 *P. nomion*, Austaut in: Ent. Z., *v.* 20 p. 67 | 1906 *P. n.*, H. Stichel in: Seitz, Großschmett. Erde, *v.* 1 p. 28 t. 14c (♂) | 1907 & 09 *P. n.* var. *nomius*, Verity, Rhop. palaearct., p. 67 t. XIV f. 17, 18 (♂), 19 (♀, non ♂), t. 2 f. 14 (squamae) | 1907 *P. nomion*, H. Stichel in: Gen. Ins., *v.* 58 p. 31 | 1910 *P. n.* var. *nomius*, Kusnezov in: Horae Soc. ent. Ross., *v.* 39 p. 641 (nota) | 1917 *P. nomion*, O. Kaiser in: Mt. Münch. ent. Ges., *v.* 8 p. 16 | 1918 *P. n. nomius*, W. Rothschild in: Nov. zool., *v.* 25 p. 248 | 1922 [1923] *P. n.* var. *n.*, Bryk in: Strand, Lep. Cat., *v.* 27 p. 195 | 1927 *P. n. n.*, O. Bang-Haas in: Horae Macrolep., *v.* 1 p. 17 | 1929 *P. nomius*, Sokolov in: Rev. Russe Ent., *v.* 23 p. 63, 64, 65, 70 t. 2 f. 10, t. 3 f. 5, 10 (♂ genit. armat.).

Rein weiß, mit abgerundetem Apex des Vorderflügels (Fig. 321). Das glasige Marginalband im Vorderflügel sehr schmal, von den weißen, internervalen Randflecken mehr oder weniger stark eingeengt und dadurch oft verkürzt.

Fig. 321.
**Parnassius nomion nomius** Gr.-Gr. (♀). (Original, aus coll. L. Sheljuzhko, Kijew) (9/10).

Submarginalbinde erhalten oder sehr stark reduziert. Subcostalflecke und Hinterrandfleck sehr kräftig, mit großen, roten Pupillen. Der Subcostalfleck zwischen $M_1$ und $M_2$ stark gegen den Apex hervortretend. Discuswurzel geschwärzt. Das glasige Marginalband des Hinterflügels ganz zurücktretend. Submarginalbinde fast erhalten, haardünn. Augenflecke sehr groß, mit oder ohne weiße Spiegel, breit, schwarz umrahmt, besonders der subcostale saumwärts in der Umrahmung verdickt. 2 oder 3 Analflecke, von denen wenigstens der hinterste in der Regel rot gekernt ist. Wurzelfeld von der Hinterrandschwärze bisweilen durch einen hellen Fleck abgetrennt. Vorderflügellänge: ♂ 35 mm, ♀ 34—35,5 mm.

Nanschan-Gebirge (Amdo), Dshar-Gebirge (Kuku-Noor).

1623. **P. nomion gabrieli** Bryk 1932 *P. n.* subsp. *g.*, Bryk in: Parnassiana, *v.* 3 p. 28.

Steht der ssp. *nomius* Gr.-Gr. am nächsten (Fig. 322). Subcostalflecke und Hinterrandfleck bedeutend größer, mit roten Kernen. Endzellfleck etwas reduziert. Das Rot besonders luxuriös im Wurzelflecke des Hinterflügels und den vergrößerten Augenflecken sowie im mittleren Analfleck. Die internervale Schwarzbefransung im Hinterflügel sehr stark reduziert. Wurzelzeichnung

Fig. 322.
**Parnassius nomion gabrieli** Bryk (♀). (Typus) (links Ober-, rechts Unterseite) (1/1).

des Hinterflügels sehr charakteristisch, $Cu_2$ nicht überschreitend, sich scharf abhebend. Keine Ausbreitung der Hinterrandschwärze um den Discus. Weibchen unbekannt. Vorderflügellänge: ♂ 35,5 mm.

Burchan-Buddah-Kette.

Typus: ♂ in coll. Brit. Mus. London.

16 24. **P. nomion apollinaris** Gr.-Gr. 1889 *P. N.*, Grum-Grshimailo in: Romanoff, Mém. Lép., *v.* 5 p. 95 | 1907 *P. n.* var. *apollinaris*, Grum-Grshimailo in: Reise West-China, *v.* 3 p. 408 (nota 1).

Eine Rasse, die zu ssp. *nomius* Gr.-Gr. hinüberleitet. Weibchen: Kleiner, weniger schwarz gezeichnet, auf dem Vorderflügel mit roten Flecken. Flügelschnitt wie von *P. phoebus* (F.). Männchen unbekannt.

Amdo: Hoang-ho.

16 25. **P. nomion americanus** O. Bang-Haas 1869 *P. n.*, Boisduval in: Ann. Soc. ent. Belgique, *v.* 12 p. 11 | 1879 *P. n.* (part.), C. Oberthür, Étud. Ent., *v.* 4 p. 22 | 1891 *P. n.* var. minor, C. Oberthür, ibid., *v.* 14 p. 16 | 1907 *P. n.*, H. Stichel in: Gen. Ins., *v.* 58 p. 30 | 1914 *P. n.*, C. Oberthür, Étud. Lép., *v.* 9 pars 2 p. 44, 89 t. 264 f. 2206 (♀) | 1914 *P. n. minor* (non Staudinger 1882), Bryk (C. Oberthür MS.) in: Int. ent. Z., *v.* 8 p. 40 | 1922 [1923] *P. n.* var. *m.*, Bryk in: Strand, Lep. Cat., *v.* 27 p. 194 | 1927 *P. n. americanus*, O. Bang-Haas in: Horae Macrolep., *v.* 1 p. 17.

Das Vorkommen von *P. nomion* (Hb.) in Kalifornien wird mit Recht angezweifelt. Das von Oberthür abgebildete Weibchen zeigt die Merkmale der Unterart von *mandschuriae* C. Oberth., so daß eine Fundortverwechslung anzunehmen ist.

Kalifornien.

Typus: ♀ in coll. R. Oberthür, Rennes.

*P. nomion* (Hb.) fliegt nur im Sajan-Gebirge mit *P. apollo* (L.) zusammen, löst ihn aber östlich und südlich ab, so daß er als eine Vikariante von *P. apollo* (L.) aufgefaßt werden kann. Wie alle Parnassier ist er sehr stark variabel, nicht nur in bezug auf

Größe, sondern vor allem in bezug auf luxuriöse Vermehrung und Vergrößerung der Rotkernung, derart, daß seine subsp. *nomius* Gr.-Gr. als eigene Art aufgefaßt werden konnte.

Ei unbekannt. Die Raupe (1888 L. Graeser in: Berlin. ent. Z., *v.* 32 p. 64) ist sammetschwarz, mit gelblichen Härchen besetzt; dieselben stehen an den Seiten so dicht, daß die Raupe dort bräunlich erscheint. Kopf kugelig, mattschwarz, auf der Stirn durch einen feinen, hellbraunen, glänzenden Längsstrich geteilt. Jedes Segment trägt 4 hochrote, stumpfdreieckige Flecke, deren Spitze nach vorn gerichtet ist. Die Stigmen liegen in hochroten, runden Flecken. Brustfüße glänzend schwarz. Nackengabel rotgelb. Lebt von Mitte Juni an auf einem gelb blühenden Sedum (1907 Verity, Rhop. palaearct., p. 65) oder Sedum album (1921 Biener in: D. ent. Z. Iris, *v.* 35 p. 3) gewöhnlich auf der Erde, nahe der Futterpflanze. Ist sehr Sonne liebend und wird im Gegensatz zu den europäischen Arten stark von Parasiten befallen.

Puppe gedrungen mit stumpfem Hinterleibsende, sepiabraun, blau bereift. Puppenruhe durchschnittlich 12 Tage. Beim Schlüpfen zersprengt der Falter die sehr harte Puppenhülle bis auf den rückwärtigen Teil in mehrere lose Stücke. Flugzeit von Mitte Juni bis Anfang August.

17. **P. apollo** (L.) 1634, „*Phalaena prima*", Moufet, Ins. Theatr., p. 94 (2 textfig.) | 1704, „*Papilio alpinus*", Petiver, Gazophyl., *v.* 1 t. 23 f. 8 (♂) | 1745, *P. hexaphus*.., Linné, Ölandska Resa, p. 230 | 1752, „*P. alpicola*", Geer, Mém. Hist. Ins., *v.* 1 p. 283—286 t. 18 f. 9 (larva) f. 10, 11 (pupa), f. 12—13 (imago) | 1754, „Tagvogel mit rot. Augensp.", J. Chr. Schäffer, Neuentdeckte Theile Raup. Zweyfalt., t. 1 f. 1—17 (larva, pupa), t. 2 f. 1—3 (imago), f. 4 (antenna), f. 5—7 (sphragis, sterigma) f. 8 (♂ genit. armat.) | 1755, „Papillon mit rot. Augensp.", Rösel, Ins. Belustig., *v.* 3 p. 45 f. 1, 2 | 1758 *Papilio (Heliconius) apollo*, Linné, Syst. Nat., ed. 10 p. 465 | 1761 *P. a.*, Linné, Fauna Svec., ed. 2 p. 268 | 1767 *P. (Heliconius) a.*, Linné, Syst. Nat., ed. 12 *v.* 1 II p. 754 | 1777 *P. H. a.*, Esper, Eur. Schmett., pars 1 *v.* 1 p. 41 t. 2 f. 1 | 1777 *P. a.*, F. H. W. Martini, Allg. Gesch. Nat., *v.* 3 p. 153 t. 86 f. 1, 2 | 1779 *P. a.*, Ernst & Engramelle, Pap. Eur., *v.* 1 II p. 199 t. 47 f. 99a—h, t. 76 (Suppl. t. 22) f. 99a—d (tert.) | 1780 *P. Parnassius a.*, Bergsträßer, Nomencl. Beschr. Ins., *v.* 4 p. 3—9 t. 73 f. 1—4 | 1783 *Papilio alpicola*, A. J. Retzius, Gen. Spec. Ins., p. 30 | 1792 *P. apollo*, J. F. W. Herbst in: Jablonsky (& J. F. W. Herbst), Naturs. Ins. Schmett., *v.* 5 p. 40—46 t. 85 f. 1—4 | 1798 *P. a.*, Donovan, Nat. Hist. Brit. Ins., *v.* 7 p. 1 t. 243 (in Anglia!) | 1799 *P. a.*, Jac. Hübner (& C. Geyer), Samml. Eur. Schmett., *v.* 1 t. 79 f. 396, 397 (♀) | 1801 *Pieris a.*, Schrank, Fauna Boica, *v.* 2 I p. 161 | 1807 *Doritis a.*, (J. C. Fabricius in:) Illiger in: Mag. Ins.-Kunde, *v.* 6 p. 283 | 1860 *Papilio a.*, W. H. Coleman, Brit. Butt., p. 171 t. 16 f. 2 (♀) (in Anglia!) [1866 id., ibid., ed. 2] | 1887 *Parnassius a.*, Chr. Aurivillius in: Ent. Tidskr., *v.* 8 p. 180 (copula) | 1893 *P. a.*, Rebel & Rogenhofer in: Jahresber. Wien. ent. Ver., *v.* 3 p. 82 | 1898 *P. a.*, A. Jordan in: Nov. zool., *v.* 5 t. 15 f. 32, 33, 35 (antenna) | 1900 *P. a.*, Petersen in: Mém. Ac. St.-Pétersb., ser. 8 *v.* 9 p. 48, 69 (testes) | 1901 *P. a.*, O. Staudinger & Rebel, Cat. Lep. Palaearct. Faunengeb., ed. 3 *v.* 1 p. 4 | 1901 *P. a.*, Hofmann-Spuler, Schmett. Eur., *v.* 1 p. 4 | 1906—09 *P. a.*, Verity, Rhop. palaearct, p. 45, 102 t. 1 f. 11—15 (squamae) | 1906 *P. a.*, H. Stichel in: Seitz, Großschmett. Erde, *v.* 1 p. 23 | 1907 *P. a.*, H. Stichel in: Gen. Ins., *v.* 58 p. 21 (cohors *apolliniformes*) | 1909 *P. a.*, Peyron in: Svenska Ak. Handl., *v.* 44 p. 13—14 f. 8 t. 1 f. 1a, 1b (ovum. micropyl.) | 1909 *P. a.*, A. Pagenstecher in: Jahrb. Ver. Nassau, *v.* 62 p. 116 | 1909 *P. a.*, Rebel in: Berges Schmettb., ed. 9 p. 7—8 t. 2 f. 1 | 1911 *P. a.*, Pierce in: Entomologist, *v.* 44 p. 309—310 (larva vivipara) | 1912 *P. a.*, Pictet in: Mém. Soc. Genève, *v.* 37 p. 183—185 t. 5 f. 16 (squamae) | 1912 *P. a.*, Belling in: Int. ent. Z., *v.* 6 p. 61 (eros inter mares!) | 1913 *P. a.*, Le Cerf in: Ann. Hist. nat. Perse, *v.* 2 Ent. nr. 2 p. 16 f. 23 (larva) | 1913 *P. a.*, M. Standfuß in: Mt. Schweiz. ent. Ges., *v.* 12 p. 100 | 1914 & 15 *P. a.*, Bryk in: Arch. Naturg., *v.* 80 A 5 p. 129—160, A 6 p. 149—180, A 7 p. 153—184, A 8 p. 143—174, A 9 p. 133—164, A 10 p. 147—167 t. 2 f. 3a, b, c (larva, pupa) | 1917 *P. a.*, E. Fischer in: Int. ent. Z., *v.* 11 p. 102 (Kokonschlitzer) | 1918 *P. a.*, Ljungdahl in: Ent. Tidskr., *v.* 39 p. 82 f. 1 (larva, pupa) | [1918] *P. a.*, Bryk, Parnassius Apollo Formenkreis, p. 1—181 t. 2 f. 3a, b, c (larva, pupa) |

1919 *P. a.*, Bryk in: Svenska Linné-Sällsk. Årsskr., *v.* 2 p. 128 | 1919 *P. a.*, Bryk in: Ent. Tidskr., *v.* 40 p. 41—45 f. 2, 3 (nervat. monstr.) | 1920 *P. a.*, Fridoline in: Bull. Inst. Pétersb. (Leshaft), *v.* 1 p. 40—44 (stridulatio) | 1921 *P. a.*, A. S (= Seitz) in: Ent. Rundsch., *v.* 38 p. 9 (copula) | 1922 *P. a.*, Bryk in: Ent. Tidskr., *v.* 42 p. 135—147 f. 1, 2 (mimocremaster, paras.) | 1922 [1923] *P. a.*, Bryk in: Strand, Lep. Cat., *v.* 27 p. 73—82 | 1923 *P. a.*, [L'homme], Cat. Lép. Franc., p. 8 | 1923 *P. a.*, Fagnoul in: Mt. ent. Ver. Freiburg i. Br., *v.* 1 p. 8—9 (fig. nervat.) | 1924 *P. a.*, Stauder in: D. ent. Z., p. 11 (copula) | 1926 *P. a.*, M. Hering, Biol. Schmett., p. 95 (pupa, nervat.), 143 (copula), 168 (sphragis), 227, 235 (distribut. geogr.), 242 (exstirpatio), 283 (phaenolog.), 431 (thermobiol.), 435 (nervat.) | 1927 *P. a.*, O. Bang-Haas in: Horae Macrolep., *v.* 1 p. 11 | 1927 *P. a.*, E. Fischer in: Ent. Rundsch., *v.* 44 p. 5—7 | 1927 *P. a.*, Bryk in: Soc. ent., *v.* 42 p. 25—26 (planta nutr. larvae) | 1928 *P. a.*, Grützner in: Krancher, Ent. Jahrb., *v.* 37 p. 114 | 1929 *P. a.*, Sokolov in: Rev. Russe Ent., *v.* 23 p. 63, 64, 65, 70 t. 2 f. 1, 8, 4 (♂ genit. armat.) | 1929 *P. a.*, Bollow in: Seitz, Großschmett. Erde, *v.* 1 Suppl. 1 p. 42 | 1931 *P. a.*, Portier in: Amateur Pap., *v.* 5 p. 165—170 (biol.) | 1932 *P. a. apollo*, M. Hering in: Mt. Mus. Berlin, *v.* 18 p. 278, 283—286, 288, 292—294, 299—303 f. 14 (Schienenblättchen), p. 308, 309 f. 68 (VIII. Tergit ♂), p. 310, 311 f. 88, p. 314, 315 f. 144 (Valva, Uncus) | 1932 *P. a.*, M. Hering in: Tierw. Mitteleur., Suppl. 1 p. 527 | 1932 *P. a.*, Meinicke, Schreiber & Krüger in: Int. ent. Z., *v.* 26 p. 102 (phaenolog.) | 1932 *P. a.*, Löwenstein, ibid., *v.* 26 p. 374 | 1933 *P. a.*, R. Bretschneider & H. Walther, ibid., *v.* 26 p. 523 (biol.) | 1934 *P. a.*, Bryk in: Ent. Beih., *v.* 1 p. 108—112 f. (*P. apollo* in arte).

Kopf klein. Augen nackt, halbkugelig, schwarzbraun. Antennen (siehe Fig. 10) cremegelb (sehr selten dottergelb) mit schwarzer Kolbe. Stirnbüschel weißlichgelb, mitunter mit schwärzlichen Haaren untermischt. Palpen gelblich, das letzte Glied ungefähr so lang wie das vorletzte, gelblichweiß bewimpert. Beine gelblichweiß beschuppt. Tibien weißlich behaart; Schienenblättchen kurz (Fig. 323). Thorax und Abdomen schwarz, weißlich behaart. Beim Weibchen sehr schütter. Abdomen sogar bei den meisten Unterarten nackt, mit weißen Schuppen schütter besetzt. Einzelne Segmente durch dichtere Beschuppung hell abgehoben. Letztes Segment nackt, mattschwarz. Halskragen gelblich. Flügel: $M_1$ des Vorderflügels meistens aus dem gemeinsamen Stiel der gegabelten $R_4 + R_5$ entspringend oder mit ihm an seiner Basis verwachsen. An der Basis des Vorderflügels ein Basaldorn, der als „Kokonschlitzer" funktioniert (E. Fischer 1917). Zeichnung sexuell digryph. Das Weibchen in der Regel luxuriöser gezeichnet. Vorderflügel: Saumlinie hell, selten schwarz. Befransung hell, bisweilen an den Rippenmündungen schwarz unterbrochen. Das marginale Glasband in Breite und Länge unbeständig, beim Männchen derselben Unterart in der Regel kürzer als beim Weibchen. Dasselbe trifft für die Submarginalbinde des Vorderflügels zu, die beim Männchen oft sehr kurz und unansehnlich ist, beim Weibchen in der Regel den Hinterrand erreicht, wo sie oft mit der marginalen Glasbinde verschmilzt. 2 Subcostalflecke, beim Männchen getrennt, falls verbunden der mittlere bedeutend kleiner; beim Weibchen verbunden, meist bis $M_2$ reichend. Hinterrandfleck deutlich, in der Größe variabel. Hinterrandfleck und Subcostalflecke in der Regel schwarz, bei einigen Unterarten konstant mit roten Kernen. Endzellfleck nur in aberrativen Fällen $R_1$ nicht erreichend, sonst bis zu dieser Rippe reichend. Mittelzellfleck kräftig, rundlich oder oblong, gewöhnlich beide Arme der Discoidalrippen erreichend. Discusbasis beim Weibchen gewöhnlich schwärzlich bepudert, beim Männchen seltener. Unterseits die nackten Rippen ockergelb. Alle Flecke etwas reduziert

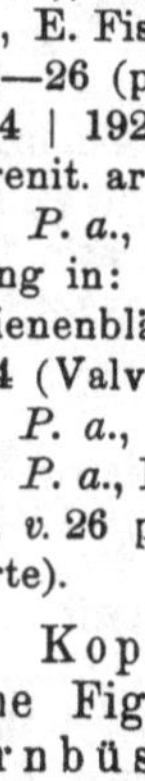

Fig. 323. Vorderschiene mit Schienenblatt von **Parnassius apollo pumilus** H. Stich. (Nach M. Hering 1932) (17/1).

erhalten, Subcostalfleck und Hinterrandfleck oft rot gekernt. Hinterflügel: Männchen ohne glasige Marginalbinde und in der Regel ohne Submarginalbinde. Beim Weibchen ist die marginale Binde oft diffus graphitgrau bepudert. Submarginalbinde mehr oder weniger deutlich ausgeprägt. Augenflecke in beiden Geschlechtern tiefrot, seltener orangegelb oder gelb, schwarz umrahmt, mit oder ohne weiße Kerne; der mediane beim Weibchen größer, $M_3$ erreichend, beim Männchen seltener. 2—3 Analflecke, beim Männchen sogar nur 1. Die Rotkernung dieser Flecke bleibt in der Regel aus. Hinterrandschwärze ganz reduziert oder luxuriös ausgebreitet, um die Mittelzelle greifend. Wurzelflecke in der Regel schwarz. Unterseits stets die Submarginalbinde auch beim Männchen als Glasflecke erhalten, dadurch vom Männchen von *P. phoebus* (F.), dem sie fehlt, sofort zu unterscheiden. Die roten Augenflecke in der Regel mit weißem Kern. 4 rote, schwarz eingesäumte Wurzelflecke. Analflecke mit oder ohne Rotkernung. Flügelgrund des Männchens dicht weiß beschuppt, beim Weibchen gelblich bis dottergelb, bisweilen ganz schwarz überpudert.

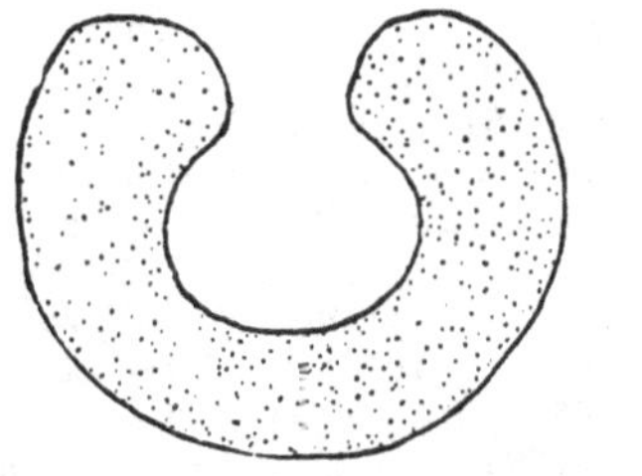

Fig. 324.
VIII. Tergit des Männchens von **Parnassius apollo** (L.) (Nach M. Hering 1932) (9/1).

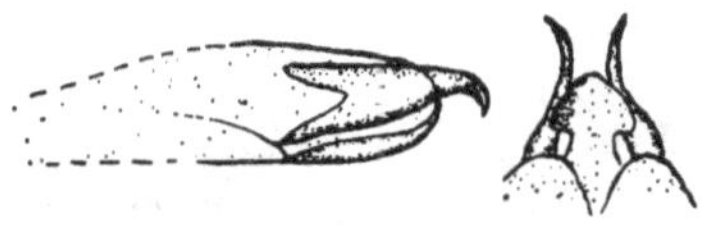

Fig. 325.
Valve (links) und Uncus (rechts) von **Parnassius apollo pumilus** H. Stich. (Nach M. Hering 1932) (15/1).

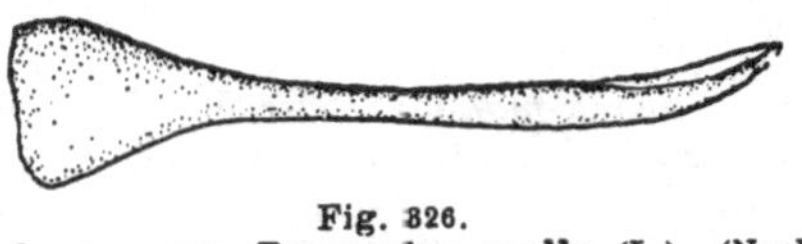

Fig. 326.
Aedoeagus von **Parnassius apollo** (L.) (Nach M. Hering 1932) (13/1).

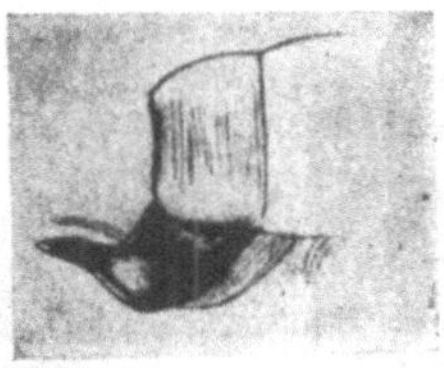

Fig. 327.
Sphragis von **Parnassius apollo** (L.) (♀).
(Laterale Ansicht). (Nach Bryk 1918).

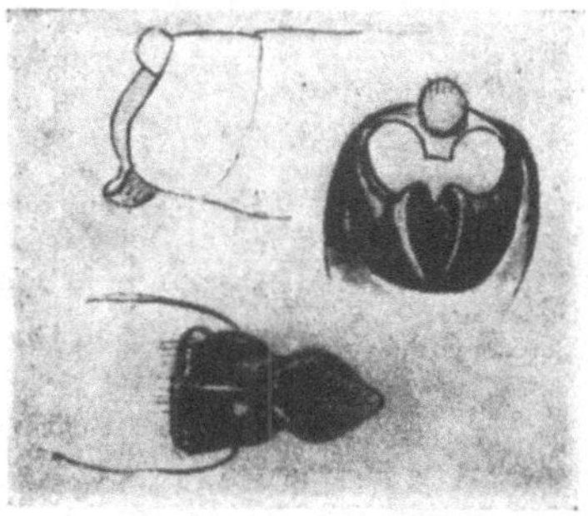

Fig. 328.
**Sterigma und Sphragis von Parnassius apollo** (L.) (♀). (Oben: Sterigma (links von der Seite, rechts von unten gesehen). Unten: Sphragis (ventrale Ansicht)). (Nach Bryk 1918).

VIII. Tergit des Männchens (Fig. 324) an den Seiten etwas schalenartig nach hinten vorspringend, dorsal ausgebuchtet, den Uncus freilassend. Uncus (Fig. 325) mit 2 starken, nach unten gebogenen Hörnern. Subuncus vor dem Ende eingeschnürt, dann helmförmig erweitert. Valve (Fig. 325) am Ende gerundet, mit verdicktem Unterrande und mit starkem, das Valvenende weit überragendem, nach unten gelegenem Fortsatz. Aedoeagus (Fig. 326) oralwärts beträchtlich verdickt, mit verhältnismäßig langem Orificium. Sphragis (Fig. 327) 1920 Bryk in: Arch. Naturg., *v.* 85 A 5 p. 107—175 | 1925 Eltringham in: Tr. ent. Soc. London, p. 11—14 t. 3.

Ähnlich der von *P. phoebus* (F.), aber kräftiger gebaut. Kiel besonders stark ausgeprägt. Sterigma (Fig. 328) kräftig, in der Mitte gespalten und ausgehöhlt.

Verbreitung paläarktisch.

Die Art zerfällt in: 167 sichere und 1 unsichere Unterart.

forma rubricollis Fagnoul 1924 *P. apollo* var. *suevicus* aberr. *r.*, Fagnoul in: Mt. ent. Ver. Freiburg i. Br., *v.* 1 p. 34 | 1929 *P. a.* aberr. *r.*, Bollow in: Seitz, Großschmett. Erde, *v.* 1 Suppl. 1 p. 43.

Halskragenbehaarung rot oder rötlich.

Lautertal.

Typus: ♂ in coll. F. Fagnoul, Freiburg i. Br.

♀ forma inversa Austaut 1898 *P. apollo* aberr., G. Standfuß in: N. Denk. Schweiz. Ges., *v.* 36 p. 8 t. 1 f. 6 (♀) (thermobiol. exper.) | 1900 *P. a.* aberr. *inversa*, Austaut in: Naturaliste, *v.* 22 p. 42 (♀) | 1901 *P. a.* aberr. *i.*, H. Stichel in: Ins.-Börse, *v.* 18 p. 51, 52 | 1906 *P. a.* aberr. *i.*, H. Stichel in: Seitz, Großschmett. Erde, *v.* 1 p. 25 | 1907 *P. a.* aberr. *i.*, H. Stichel in: Gen. Ins., *v.* 58 p. 21 | 1909 *P. a.* aberr. *i.*, Rebel, Berges Schmettb., ed. 9 p. 7 | 1911 *P. a.* aberr. *i.*, Verity, Rhop. palaearct., p. 311 | 1911 *P. a.* var. *carelius*, Bryk in: Int. ent. Z., *v.* 5 p. 167 f. 10 (♀) | 1914 *P. a.* var. *linnaei* aberr. *inversa*, Bryk in: Soc. ent., *v.* 29 p. 15 f. 5 (♀) | 1915 *P. a. carelius* aberr. *i.*, Bryk in: Arch. Naturg., *v.* 80 A 8 p. 144, 173, A 9 p. 139 t. 11 f. 89 (♀) | 1917 *P. a.* aberr. *inversus*, Kammel in: Z. Österr. Ent.-Ver. Wien, *v.* 2 p. 18 | 1918 *P. a. pumilus* aberr. *inversa*, Turati in: Atti Soc. Ital., *v.* 57 t. 6 f. 6 (♀) | [1918] *P. a. carelius* aberr. *i.*, Bryk, Parnassius Apollo Formenkreis, p. 98, 127, 132 t. 11 f. 89 (♀) | 1922 [1923] *P. a. inversus*, Bryk in: Strand, Lep. Cat., *v.* 27 p. 92 | 1924 *P. a.* aberr. *inversa* (aberr. *albicans* nom. coll. O. Bang-Haas), Fagnoul in: Mt. ent. Ver. Freiburg i. Br., *v.* 1 p. 34.

Aufgehellte Weibchen, androtrop, mit männlicher Facies, ohne Submarginalbinden auf dem Hinterflügel.

Österr. Alpen.

♂ forma pseudofemina Fagnoul 1924 *P. apollo* var. *marcianus* aberr. *p.*, Fagnoul in: Mt. ent. Ver. Freiburg i. Br., *v.* 1 p. 35 | 1929 *P. a. pseudofemia*, Bollow in: Seitz, Großschmett. Erde, *v.* 1 Suppl. 1 p. 43.

Männchen mit ausgesprochen weiblicher Zeichnung.

Höllental.

Typus: ♂ in coll. F. Fagnoul, Freiburg i. Br.

forma limbovariegata Turati 1918 *P. apollo pumilus* aberr. *l.*, Turati in: Atti Soc. Ital., *v.* 57 p. 45 t. 3 f. 1, 2 (♂) | 1922 [1923] *P. a.* aberr. *l.*, Bryk in: Strand, Lep. Cat., *v.* 27 p. 93 | 1922 *P. a.* aberr. *interruptus*, Lütkemeyer in: Ent. Z., *v.* 36 p. 22 | 1929 *P. a.* aberr. *limbovariegata*, Bollow in: Seitz, Großschmett. Erde, *v.* 1 Suppl. 1 p. 43.

Im marginalen Glassaum des Vorderflügels weiße internervale Keilflecke, wie sie z. B. bei *Parnassius nomion* (Hb.) als Artmerkmal auftreten.

Aspromonte (Calabrien).

Typus: ♂ in coll. E. Turati, Mailand.

forma aichelei Bryk 1913 *P. apollo* aberr. *a.*, Bryk in: Soc. ent., *v.* 28 p. 65 | 1915 *P. a. phonolithi* aberr. *a.*, Bryk in: Arch. Naturg., *v.* 80 A 8 p. 145 t. 19 f. 118 (♀) | 1917 *P. a.* aberr. *immarginatus*, Kammel in: Z. Österr. Ent.-Ver. Wien, *v.* 2 p. 18 | [1918] *P. a. phonolithi* aberr. *aichelei*, Bryk in: Parnassius Apollo Formenkreis, p. 99 t. 19 f. 118 (♀) | 1922 [1923] *P. a.* aberr. *A.*, Bryk in: Strand, Lep. Cat., *v.* 27

p. 82 | 1924 *P. a.* aberr. *a.* (*emarginata* nom. coll. + *immarginata* nom. coll. ex synon.), Fagnoul in: Mt. ent. Ver. Freiburg i. Br., *v.* 1 p. 35—39 | 1929 *P. a.* aberr. *aicheli*, Bollow in: Seitz, Großschmett. Erde, *v.* 1 Suppl. 1 p. 43.

Das glasige Marginalband des Vorderflügels weiß anstatt schwarz. Dichtigkeit der Beschuppung normal, Schuppenform langschmal; dadurch erhält das Glasband eine milchweiße Farbe.

Hohentwiel.

Typus: ♀ in coll. F. Aichele, Stuttgart.

♂ forma **niphetodis** H. Stich. 1911 *P. apollo* forma *n.*, H. Stichel in: Int. ent. Z., *v.* 5 p. 7 (♂) | 1911 *P. a.* aberr. *n.*, W. Fritsch in: Int. ent. Z., *v.* 5 p. 55 | 1911 *P. a.* forma *emarginata*, H. Stichel in: Int. ent. Z., *v.* 5 p. 237, 253 | 1912 *P. a.* aberr. *e.*, Bryk in: Jahrb. Ver. Nassau, *v.* 65 p. 15 | 1913 *P. a. marcianus* aberr. *e.*, Sheljuzhko in: D. ent. Z. Iris, *v.* 27 p. 16 f. 1 (♂), 2 (♀ ?) | 1913 *P. a.* aberr. *niphetotis* (! errat.), Bryk in: Soc. ent., *v.* 28 p. 65 | 1915 *P. a.* aberr. *niphetodis*, Bryk in: Arch. Naturg., *v.* 80 A 8 p. 145 | 1917 *P. a.* aberr. *immarginatus*, Kammel in: Z. Österr. Ent.-Ver. Wien, *v.* 2 p. 18 | [1918] *P. a.* aberr. *niphetodis*, Bryk, Parnassius Apollo Formenkreis, p. 99 | 1922 [1923] *P. a.* aberr. *n.*, Bryk in: Strand, Lep. Cat., *v.* 27 p. 95 | 1924 *P. a.* aberr. *n.* (*immarginata* nom. coll. ex synon.), Fagnoul in: Mt. ent. Ver. Freiburg i. Br., *v.* 1 p. 35—39 | 1929 *P. a.* aberr. *n.*, Bollow in: Seitz, Großschmett. Erde, *v.* 1 Suppl. 1 p. 43.

Fig. 329.
**Parnassius apollo marcianus** A. Pagenst. forma **niphetodis** H. Stich. (♂). (Typus) (1/1).

Der marginale Glassaum dicht weiß beschuppt bei Umbildung der länglichen, schmalen Marginalschuppen zu kurzen und breiten, fast wie sie für die Flügelmitte typisch sind. Tritt wahrscheinlich nur im männlichen Geschlecht auf (Fig. 329).

Hettingen (Hohenzollern).

♀ forma **nox** Bryk 1921 *P. apollo* var. *wenzeli* aberr. *n.*, Bryk in: Ent. Tidskr., *v.* 42 p. 118 | 1922 [1923] *P. a.* aberr. *n.*, Bryk in: Strand, Lep. Cat., *v.* 27 p. 96 | 1923 *P. a.* forma *hypermelas*, Stauder in: Ent. Anz., *v.* 3 p. 1 | 1924 *P. a.* aberr. *nox* (aberr. *elunulata* nom. coll. ex synon.), Fagnoul in: Mt. ent. Ver. Freiburg i. Br., *v.* 1 p. 39 | 1929 *P. a.* aberr. *n.* (aberr. *elunata* ex synon.), Bollow in: Seitz, Großschmett. Erde, *v.* 1 Suppl. 1 p. 43.

Marginal- und Submarginalbinde ineinanderfließend, zu einem breiten Bande vereinigt bei völliger Rückbildung der zwischen ihnen gelegenen Mondbinde.

Patsch bei Innsbruck.

Typus: ♀ in coll. C. Eisner, Berlin-Dahlem.

forma albens Turati 1914 & 1915 *P. apollo* var. *carelius* aberr. *quincunx* (part.) + *P. a.* var. *democratus*, Bryk in: Arch. Naturg., *v.* 80 A 5 t. 3 f. 17 (♂, aberr. *quincunx*), A 8 t. 15 f. 110 (♂, var. *democratus*) | 1918 *P. a. pumilus* aberr. *albens*, Turati in: Atti Soc. Ital., *v.* 57 p. 44 t. 3 f. 6, 7 (♂) | [1918] *P. a.* var. *carelius* aberr. *quincunx* (part.) + *P. a.* var. *democratus*, Bryk, Parnassius Apollo Formenkreis, p. 135 t. 3 f. 17 (♂, aberr. *quincunx*), t. 15 f. 111 (♂, var. *democratus*) | 1921 *P. a. pumilus* aberr. *albens*, Stauder in: D. ent. Z. Iris, *v.* 35 p. 26 | 1922 [1921] *P. a.* aberr. *a.*, Bryk in: Arch. Naturg., *v.* 87 A 10 p. 234 | 1922 [1923] *P. a.* aberr. *a.*, Bryk in: Strand, Lep. Cat., *v.* 27 p. 82 | 1924 *P. a.* aberr. *a.*, Fagnoul in: Mt. ent. Ver. Freiburg i. Br., *v.* 1 p. 39 | 1929 *P. a.* aberr. *a.*, Bollow in: Seitz, Großschmett. Erde, *v.* 1 Suppl. 1 p. 42.

Submarginalbinde und Subcostalflecke fast verschwunden. Hinterrandfleck stark reduziert.

Aspromonte (Calabrien).

Typus: ♂ in coll. E. Turati, Mailand.

forma bimacula Stauder 1921 *P. apollo pumilus* aberr. *b.*, Stauder in: D. ent. Z. Iris, *v.* 35 p. 26 | 1922 [1923] *P. a.* aberr. *b.*, Bryk in: Strand, Lep. Cat., *v.* 27 p. 84 | 1924 *P. a.* aberr. *b.* (aberr. *reducta* nom. coll. ex synon.), Fagnoul in: Mt. ent. Ver. Freiburg i. Br., *v.* 1 p. 39 | 1929 *P. a.* aberr. *b.*, Bollow in: Seitz, Großschmett. Erde, *v.* 1 Suppl. 1 p. 43.

Submarginalbinde und Hinterrandfleck fehlen.

Aspromonte, Montalto (Calabrien), 1800 m.

forma pseudonomion Christ 1852 *P. apollo* „schweizer Nomion", Meyer-Dür in: N. Denk. Schweiz. Ges., *v.* 12 p. 16 | 1877 *P. a.* var. *pseudo-nomion*, H. Christ in: Verh. Ges. Basel, *v.* 6 p. 368 | 1893 *P. a.* aberr. *pseudonomion*, Rebel & Rogenhofer in: Jahresber. Wien. ent. Ver., *v.* 3 p. 56 | 1899 *P. a.* aberr. *pseudo-nomion*, H. Stichel in: Ins.-Börse, *v.* 16 p. 312 | 1901 *P. a.* aberr. *pseudonomion*, O. Staudinger & Rebel, Cat. Lep. Palaearct. Faunengeb., ed. 3 *v.* 1 p. 4 | 1906 *P. a.* aberr. *p.* (part.), H. Stichel in: Seitz, Großschmett. Erde, *v.* 1 p. 25 | 1907 *P. a.* forma *p.* (part.), H. Stichel in: Gen. Ins., *v.* 58 p. 21 | 1922 [1923] *P. a.* aberr. *p.* (part.), Bryk in: Strand, Lep. Cat., *v.* 27 p. 97 | 1924 *P. a.* aberr. *p.* (aberr. *monopicta* nom. coll. ex synon.), Fagnoul in: Mt. ent. Ver. Freiburg i. Br., *v.* 1 p. 39—40 | 1929 *P. a.* aberr. *monopicta*, Bollow in: Seitz, Großschmett. Erde, *v.* 1 Suppl. 1 p. 44.

Vorderster Subcostalfleck wie bei *P. phoebus* (F.) oberseits mit einem roten Kern.

Sißbacher Flüh (Schweiz).

forma albosignata O. Schultz 1905 *P. apollo* aberr. *albosignata*, O. Schultz in: Berlin. ent. Z., *v.* 49 p. 275 | 1906 *P. a.* aberr. *a.*, Verity, Rhop. palaearct., p. 50 | 1906 *P. a.* aberr. *a.*, H. Stichel in: Seitz, Großschmett. Erde, *v.* 1 p. 25 | 1907 *P. a.* forma *a.*, H. Stichel in: Gen. Ins., *v.* 58 p. 22 | 1909 *P. a.* aberr. *a.*, Rebel in: Berges Schmettb., ed. 9 p. 7 | 1915 *P. a.* aberr. *a.*, Bryk in: Arch. Naturg. *v.* 80 A 8 p. 147 | 1917 *P. a.* aberr. *albosignatus*, Kammel in: Z. Österr. Ent.-Ver. Wien, *v.* 2 p. 19 | [1918] *P. a.* aberr. *albosignata*, Bryk, Parnassius Apollo Formenkreis, p. 101 | 1922 [1923] *P. a.* aberr. *a.*, Bryk in: Strand, Lep. Cat., *v.* 27 p. 83 | 1924 *P. a.* aberr. *a.*, Fagnoul in: Mt. ent. Ver. Freiburg i. Br., *v.* 1 p. 40.

Weißkernung des vordersten Subcostalfleckes oberseits bei Reduzierung des Rot. (Die Type ist mir unbekannt, das Auftreten von reinem Weiß ohne Rot erscheint stark fraglich.)

Sine Patria.

forma unipupillata Reb. 1915 & 14 *P. apollo* aberr. *monopupillata*, Bryk in: Arch. Naturg., *v.* 80 A 8 p. 147 t. 3 f. 13 (♀ var. *alpherakyi* forma *magnifica*) | [1918] *P. a.* aberr. *m.*, Bryk, Parnassius Apollo Formenkreis, p. 101 | 1920 *P. a.* aberr. *uni-*

*pupillata* (nom. corr.), Rebel in: Ann. Hofmus. Wien, *v.* 33 p. 72 | 1922 [1921] *P. a.* aberr. *u.*, Bryk in: Arch. Naturg., *v.* 87 A 10 p. 233 | 1922 [1923] *P. a.* aberr. *u.*, Bryk in: Strand, Lep. Cat., *v.* 27 p. 100 | 1924 *P. a.* aberr. *u.*, Fagnoul in: Mt. ent. Ver. Freiburg i. Br., *v.* 1 p. 40 | 1929 *P. a.* aberr. *u.*, Bollow in: Seitz, Großschmett. Erde, *v.* 1 Suppl. 1 p. 44.

Vorderer Medianfleck (= 2. Subcostalfleck) auch oberseits auf dem Vorderflügel rot gekernt.

Altai.

Typus: ♀ in coll. H. Federley, Helsingfors.

forma polyphemus Bryk 1906 *P. apollo* aberr. *pseudonomion* (part.), Verity, Rhop. palaearct., p. 49 t. IX f. 12 (♂) | 1911 *P. a.* aberr. *monopupillata*, Turati in: Annuario Mus. Napoli, n. ser. *v.* 3 nr. 18 p. 5 | 1917 *P. a.* aberr. *monopupillatus* (nom. coll.), Kammel in: Z. Österr. Ent.-Ver. Wien, *v.* 2 p. 19 | 1922 [1921] *P. a.* aberr. *polyphemus* (aberr. *unipupillatus* nom. corr. sed praeoccupat.), Bryk in: Arch. Naturg., *v.* 87 A 10 p. 234 | 1922 [1923] *P. a.* aberr. *p.*, Bryk in: Strand, Lep. Cat., *v.* 27 p. 97 | 1924 *P. a.* aberr. *p.*, Fagnoul in: Mt. ent. Ver. Freiburg i. Br., *v.* 1 p. 40 | 1929 *P. a.* aberr. *p.*, Bollow in: Seitz, Großschmett. Erde, *v.* 1 Suppl. 1 p. 44.

Hinterrandfleck im Vorderflügel oberseits allein rot gekernt.

Doubs (Franz. Jura).

forma caeruleopunctata Koschabek 1921 *P. apollo* aberr. *c.*, Koschabek in: Z. Österr. Ent.-Ver. Wien, *v.* 6 p. 42 | 1922 *P. a.* aberr. *c.*, Stauder in: Mt. Münch. ent. Ges., *v.* 12 p. 19 (nota) | 1922 [1923] *P. a.* aberr. *c.*, Bryk in: Strand, Lep. Cat., *v.* 27 p. 85 | 1924 *P. a.* aberr. *c.*, Fagnoul in: Mt. ent. Ver. Freiburg i. Br., *v.* 1 p. 40 | 1929 *P. a.* aberr. *c.*, Bollow in: Seitz, Großschmett. Erde, *v.* 1 Suppl. 1 p. 44.

Hinterrandfleck des Vorderflügels oberseits mit blauem Kern.

Wachau (Ober-Österreich).

forma oberthürrenata Leigh 1931 *P. apollo* aberr. *oberthurrenata*, J. E. Leigh in: Lambillionea, *v.* 31 p. 115.

Die „inneren" Flecke (Zellflecke?) des Vorderflügels blau anstatt schwarz.

Bötzingen (Baden).

Typus: ♀ in coll. R. Oberthür, Rennes.

forma subcentrica Turati 1918 *P. apollo pumilus*, Turati in: Atti Soc. Ital., *v.* 57 p. 43 t. 4 f. 6 (♂; *P. a. p.* aberr. *bispupillata subcentrica* (subtus) | 1922 [1921] *P. a.* aberr. *s.*, Bryk in: Arch. Naturg., *v.* 87 A 10 p. 234 | 1922 [1923] *P. a.* var. *pumilus* (part.), Bryk in: Strand, Lep. Cat., *v.* 27 p. 132 | 1924 *P. a.* aberr. *subcentrica*, Fagnoul in: Mt. ent. Ver. Freiburg i. Br., *v.* 1 p. 40 | 1929 *P. a.* aberr. *s.*, Bollow in: Seitz, Großschmett. Erde, *v.* 1 Suppl. 1 p. 44.

Nur der Hinterrandfleck des Vorderflügels unterseits rot gekernt (s. Turati t. 4 f. 6). In der Diagnose schreibt freilich E. Turati: „nur der zweite subapicale Fleck rot gekernt."

Aspromonte (Calabrien).

Typus: ♂ in coll. E. Turati, Mailand.

forma deseps Bryk 1911 *P. apollo* aberr., Büren v. Salis in: Bull. Soc. lép. Genève, *v.* 2 t. 8 f. 2 (♀) | 1913 *P. a.*, C. Oberthür, Étud. Lép., *v.* 8 t. 213 f. 1925 (♂) | 1920 *P. a.* var. *albus* aberr. *pseudonomion* (comb.), Rebel in: Ann. Hofmus. Wien, *v.* 33 p. 68 | 1922 [1921] *P. a.* aberr. *deseps*, Bryk in: Arch. Naturg., *v.* 87 A 10 p. 235 | 1922 [1923] *P. a.* aberr. *d.*, Bryk in: Strand, Lep. Cat., *v.* 27 p. 86 | 1924 *P. a.* aberr. *d.*,

Stauder in: D. ent. Z., p. 20 | 1924 *P. a.* aberr. *d.* (aberr. *rubropicta* nom. coll. ex synon.), Fagnoul in: Mt. ent. Ver. Freiburg i. Br., *v.* 1 p. 40 | 1929 *P. a.* aberr. *d.*, Bollow in: Seitz, Großschmett. Erde, *v.* 1 Suppl. 1 p. 44.

Subcostalfleck und vorderer Medianfleck oberseits auf dem Vorderflügel rot gekernt.

Freiburg (Mähren).

forma bipupillata Bryk 1909 *P. apollo*, A. Pagenstecher in: Jahrb. Ver. Nassau, *v.* 62 t. 8 f. 1 (♀) | 1913 *P. a.*, C. Oberthür, Étud. Lép., *v.* 8 t. 217 f. 1938 (♀) | 1915 & 14 *P. a.* aberr. *bipupillata*, Bryk in: Arch. Naturg., *v.* 80 A 9 p. 147 t. 4 f. 20 (♂, var. *scandinavica* forma *nova*) | [1918] *P. a.* aberr. *b.*, Bryk, Parnassius Apollo Formenkreis, p. 101 t. 4 f. 20 (♂, var. *s.* forma *n.*) | 1920 *P. a.* aberr. *b.*, Rebel in: Ann. Hofmus. Wien, *v.* 33 p. 72 | 1922 [1921] *P. a.* aberr. *b.*, Bryk in: Arch. Naturg., *v.* 87 A 10 p. 234 | 1922 [1923] *P. a.* aberr. *b.*, Bryk in: Strand, Lep. Cat., *v.* 27 p. 84 | 1924 *P. a.* aberr. *b.*, Fagnoul in: Mt. ent. Ver. Freiburg i. Br., *v.* 1 p. 40 | 1929 *P. a.* aberr. *pupillata*, Bollow in: Seitz, Großschmett. Erde, *v.* 1 Suppl. 1 p. 44.

Vorderer Medianfleck und Innenrandfleck des Vorderflügels oberseits rot gekernt.

Mauritzberg (Östergöthland, Schweden).

Typus: ♂ in coll. C. Eisner, Berlin-Dahlem.

forma perfecta Fagnoul 1906 *P. apollo* aberr. *pseudonomion* (part.), H. Stichel in: Seitz, Großschmett. Erde, *v.* 1 p. 25 t. 12 b (♀) | 1907 *P. a.* forma *p.* (part.), H. Stichel in: Gen. Ins., *v.* 58 p. 21 | 1922 [1923] *P. a.* aberr. *p.* (part.), Bryk in: Strand, Lep. Cat., *v.* 27 p. 97 | 1924 *P. a.* aberr. *perfectus*, Fagnoul in: Mt. ent. Ver. Freiburg i. Br., *v.* 1 p. 40 | 1929 *P. a.* aberr. *perfecta*, Bollow in: Seitz, Großschmett. Erde, *v.* 1 Suppl. 1 p. 44.

Im Vorderflügel 3 rote Flecke, da der Subcostalfleck, der vordere Medianfleck und der Hinterrandfleck rot gekernt sind.

San Ildefonso (Spanien).

Typus: ♀ in coll. F. Fagnoul, Freiburg i. Br.

forma herrichi Bryk 1840 *P. apollo*, E. Blanchard in: Hist. An. artic., *v.* 3 Lep. t. 3 f. 1 | 1905 *P. a.* aberr. *cohaerens* (part.), O. Schultz in: Berlin. ent. Z., *v.* 49 p. 274 | 1906 *P. a.* aberr. *fasciata*, H. Stichel in: Seitz, Großschmett. Erde, *v.* 1 p. 25 t. 13 a

Fig. 330.
**Parnassius apollo rubidus** Fruhst. forma **herrichi** Bryk (♀). (Original, aus coll. C. Eisner, Berlin-Dahlem) (1/1).

(♀) | 1906 *P. a.* aberr. *f.*, Verity, Rhop. palaearct., p. 311 | 1907 *P. a.* forma *f.*, H. Stichel in: Gen. Ins., *v.* 58 p. 22 | 1909 *P. a.* aberr., A. Pagenstecher in: Jahrb. Ver. Nassau, *v.* 62 t. 7 f. 3 (♀) | 1909 *P. a.* aberr. *fasciata*, Rebel, Berges Schmettb., ed. 9 p. 7 | 1911 *P. a.* forma *f.*, H. Stichel in: Z. Ins.-Biol., *v.* 7 p. 301 f. 3 (♀) | 1913 *P. a.*, C. Oberthür, Étud. Lép., *v.* 8 t. 225 f. 1963 (♀), t. 217 f. 1968 (♀) | 1914 *P. a.* subsp. *aragonicus* aberr. *herrichi*, Bryk in: Soc. ent., *v.* 29 p. 28 f. 2 (♀) | 1914 *P. a. democratus* aberr. *h.*, Ugrjumov in: Ent. Z., *v.* 28 p. 31 | 1914 & 15 *P. a.* aberr. *h.*, Bryk in: Arch. Naturg., *v.* 80 A 6 p. 167, A 7 p. 155 f. 30a (♀, al. ant. var. *rubidus*) | 1917 *P. a.* aberr. *fasciatus*, Kammel in: Z. Österr. Ent.-Ver. Wien, *v.* 2 p. 19 | [1918] *P. a.* aberr. *herrichi*, Bryk, Parnassius Apollo Formenkreis, p. 99, 121, p. 67 f. 30a (♀, al. ant. var. *rubidus*) | 1921 *P. a.* trans. ad forma *valdieriensis* (part.), Stauder in: Z. Ins.-Biol., *v.* 16 p. 147 f. 1 (♂) | 1922 [1923] *P. a.* aberr. *Herrichi*, Bryk in: Strand, Lep. Cat., *v.* 27 p. 90 | 1924 *P. a.* aberr. *fasciata*, Fagnoul in: Mt. ent. Ver. Freiburg i. Br., *v.* 1 p. 40.

Zwischen dem Subcostalbändchen und dem Hinterrandfleck eine continuierliche, schwarze Verbindung, so daß eine vollständige Subcostalbinde auf dem Vorderflügel entsteht (Fig. 330).

Aragonien.

Typus: ♀ in coll. C. Eisner, Berlin-Dahlem.

forma **quincunx** Bryk 1911 *P. apollo* var. *carelius* aberr. *quincun* (! errat), Bryk in: Soc. ent., *v.* 25 p. 97—98 (fig. ♀) | 1911 *P. a.* var. *c.* aberr. *quincunx*, Bryk in: Berlin. ent. Z., *v.* 55 p. 257 (nota 3) | 1914 *P. a.* var. *democratus* aberr. *q.*, Ugrjumov in: Ent. Z., *v.* 28 p. 31 | 1914 *P. a.* var. *linnaei* aberr. *q.*, Bryk in: Soc. ent., *v.* 29 p. 20 f. 10 (♂) | 1914 *P. a.* aberr. *q.*, Bryk in: Arch. Naturg., *v.* 80 A 6 p. 168 t. 3 f. 17 (♂), 19 (♀, var. *carelius* aberr. *q.*) | 1916 *P. a.* aberr. *quincunc* (!), A. Grund in: Glasnik Društva Zagreb, *v.* 28 p. 148 | [1918] *P. a.* aberr. *quincunx*, Bryk, Parnassius Apollo Formenkreis, p. 100 t. 3 f. 3 f. 17 (♂), 19 (♀, var. *carelius* aberr. *q.*) | 1918 *P. a. pumilus* aberr. *mnemosynoides*, Turati in: Atti Soc. Ital., *v.* 57 p. 44 t. 3, 4 (♂), 5 (♀) | 1921 *P. a.* aberr. *quincunx*, Bryk in: Ent. Tidskr., *v.* 42 p. 116 | 1922 [1921] *P. a.* aberr. *q.*, Bryk in: Arch. Naturg., *v.* 87 A 10 p. 234 | 1924 *P. a.* aberr. *q.*, Fagnoul in: Mt. ent. Ver. Freiburg i. Br., *v.* 1 p. 41 | 1929 *P. a.* aberr. *q.*, Bollow in: Seitz, Großschmett. Erde, *v.* 1 Suppl. 1 p. 43—44.

Endzellfleck des Vorderflügels derart reduziert, daß er vorn die Discalquerrippe nicht überschreitet.

Ladogisch-Karelien.

Typus: ♂ in coll. C. Eisner, Berlin-Dahlem.

forma **kitti** Bryk 1921 *P. apollo* forma *tonalensis* aberr. *k.*, Bryk in: Ent. Tidskr, *v.* 42 p. 117 f. 12 (♂) | 1922 [1921] *P. a.* aberr. *k.*, Bryk in: Arch. Naturg., *v.* 87 A 10 p. 236 | 1922 [1923] *P. a.* aberr. *K.*, Bryk in: Strand, Lep. Cat., *v.* 27 p. 92 | 1924 *P. a.* aberr. *k.*, Stauder in: D. ent. Z., p. 20 | 1924 *P. a.* aberr. *kitty*, Fagnoul in: Mt. ent. Ver. Freiburg i. Br., *v.* 1 p. 41.

Endzellfleck des Vorderflügels extrem rückgebildet, so daß er sich hinten anstatt an $M_3$ an $M_2$ anlehnt, vorn das gemeinsame Rippenstück von $R_4 + R_5$ und $M_1$ nicht erreichend (Fig. 331).

Tonalepaß (Tirol).

Typus: ♂ in coll. C. Eisner, Berlin-Dahlem.

Fig. 331.
**Parnassius apollo tonalensis** Bryk forma **kitti** Bryk (♂). (Typus) (4/5).

forma **smidtiana** Bryk 1922 [1921] *P. apollo* aberr. *smidtianus*, Bryk in: Arch. Naturg., *v.* 87 A 10 p. 236 | 1922 [1923] *P. a.* aberr. *S.*, Bryk in: Strand, Lep. Cat., *v.* 27 p. 99 | 1924 *P. a.* aberr. *s.*, Fagnoul in: Mt. ent. Ver. Freiburg i. Br., *v.* 1 p. 41 | 1929 *P. a.* aberr. *s.*, Bollow in: Seitz, Großschmett. Erde, *v.* 1 Suppl. 1 p. 44.

Endzellfleck des Hinterflügels vorn derart ausgeprägt, daß er den Winkel, den $R_1$ mit dem vorderen Discusarm bildet, schwarz ausfüllt. Es entsteht dadurch vorn ein spitzer Haken, der sich an dem Mittelzellfleck verankert.

Umgebung von Stockholm.

Typus: ♀ in coll. C. Eisner, Berlin-Dahlem.

Fig. 332. **Parnassius apollo wenzeli** Bryk forma **bryki** Schawerda (♂). (Typus) (1/1).

forma bryki Schawerda 1921 *P. apollo* aberr. *b.* (+ aberr. *felix*), Schawerda in: Z. Österr. Ent.-Ver. Wien, *v.* 6 p. 1 | 1922 [1921] *P. a.* aberr. *B.*, Bryk in: Arch. Naturg., *v.* 87 A 10 p. 235 f. 1 (♀ var. *Wenzeli* aberr. *b.*) | 1922 *P. a.* aberr. *B.*, Schawerda in: Ver. Ges. Wien, *v.* 71 t. col. f. 25 (♀) | 1924 *P. a.* aberr. *b.*, Stauder in: D. ent. Z., p. 15 | 1924 *P. a.* aberr. *b.*, Fagnoul in: Mt. ent. Ver. Freiburg i. Br., *v.* 1 p. 41 | 1929 *P. a.* aberr. *b.*, Bollow in: Seitz, Großschmett. Erde, *v.* 1 Suppl. 1 p. 43.

Endzellfleck des Vorderflügels völlig fehlend. Mittelzellfleck nur noch sehr schwach angedeutet, besonders auf der Vorderflügelunterseite (Fig. 332).

Patsch bei Innsbruck.

Typus: ♀ in coll. K. Schawerda, Wien.

forma ernestinae Bryk 1913 *P. apollo* var. *carelius* aberr. *e.*, Bryk in: Soc. ent., *v.* 28 p. 65 | 1914 & 15 *P. a.* var. *c.* aberr. *E.*, Bryk in: Arch. Naturg., *v.* 80 A 6 p. 168 f. 27, A 7 t. 10 f. 85 (♀), A 9 p. 141 | [1918] *P. a.* var. *c.* aberr. *e.*, Bryk, Parnassius Apollo Formenkreis, p. 52 f. 27, p. 100 t. 10 f. 85 (♀) | 1922 [1923] *P. a.* aberr. *E.*, Bryk in: Strand, Lep. Cat., *v.* 27 p. 87 | 1924 *P. a.* aberr. *e.* (aberr. *extrabescens* nom. coll. ex synon.), Fagnoul in: Mt. ent. Ver. Freiburg i. Br., *v.* 1 p. 41 | 1929 *P. a.* „Rasse" *carelius* aberr. *e.*, Bollow in: Seitz, Großschmett. Erde, *v.* 1 Suppl. 1 p. 44.

Mittelzellfleck des Vorderflügels derart reduziert, daß er frei in der Zelle liegt, ohne sich an einen der beiden Discusarme anzulehnen.

Myllykylä bei Helylä (Ladogisch-Karelien).

Typus: ♀ in coll. C. Eisner, Berlin-Dahlem.

forma halteres Bryk 1887 *P. apollo* var., J. Thiele in: Berlin. ent. Z., *v.* 31 p. [42] | 1905 *P. a.* aberr. *cohaerens* (part.), O. Schultz, ibid., *v.* 49 p. 274 | 1906

Fig. 333. **Parnassius apollo rubidus** Fruhst. forma **halteres** Bryk (♀). (Original, aus coll. C. Eisner, Berlin-Dahlem) (1/1).

*P. a.* aberr. *c.*, H. Stichel in: Seitz, Großschmett. Erde, *v.* 1 p. 25 | 1906 *P. a.* var., Aigner-Abafi in: Ann. Mus. Hungar., *v.* 4 p. 486 t. 14 f. 1 | 1907 *P. a.* forma *cohaerens*, H. Stichel in: Gen. Ins., *v.* 58 p. 22 | 1909 *P. a.* aberr. *c.*, Rebel, Berges Schmettb., ed. 9 p. 7 | 1911 *P. a.* aberr. *confluens*, Turati in: Annuario Mus. Napoli, n. ser. *v.* 3 nr. 18 p. 5 | 1912 *P. a.* aberr. *halteres*, Bryk in: Meddel. Soc. Fauna Fenn., nr. 39 p. 58, 59 f. 1, 2 (♂) | 1915 & 14 *P. a.* aberr. *h.*, Bryk in: Arch. Naturg., *v.* 80 A 8 p. 146 t. 5 f. 32 (♀, var. *carpaticus* aberr. *h.*), A 7 p. 155 f. 31 a, b, p. 156 f. 32 a, b, A 9 p. 138 | [1918] *P. a.* aberr. *h.*, Bryk, Parnassius Apollo Formenkreis, p. 67 f. 31 a, 31 b, p. 156 f. 32 a, b, p. 100 t. 5 f. 32 (♀ var. *carpaticus* aberr. *h.*) | 1918 *P. a. provincialis* aberr. *cohaerens*, W. Rothschild in: Nov. zool., *v.* 25 p. 234 | 1920 *P. a.* aberr. *cohaereus*(errat.) *o.*, Rebel in: Verh. Ges. Wien, *v.* 70 p. (101) | 1922 [1923] *P. a.* aberr. *halteres*, Bryk in: Strand, Lep. Cat., *v.* 27 p. 89 | 1924 *P. a.* aberr. *cohaerens*, Fagnoul in: Mt. ent. Ver. Freiburg i. Br., *v.* 1 p. 41, 42.

Endzellfleck und Mittelzellfleck des Vorderflügels durch einen schwarzen Strich in ihrer Mitte verbunden (Fig. 333).

Karpathen.

forma orbifer Reb. 1920 *P. apollo* aberr. *cohaereus-o.*, Rebel in: Verh. Ges. Wien, *v.* 70 p. (103) (102) f. 1 (♂), 2 (♀) | 1922 [1923] *P. a.* subaberr. *o.*, Bryk in: Strand, Lep. Cat., *v.* 27 p. 90 | 1924 *P. a.* aberr. *cohaerens* (part.), Fagnoul in: Mt. ent. Ver. Freiburg i. Br., *v.* 1 p. 41, 42 | 1924 *P. a. oenipontanus* vel *wenzeli* forma *omega clausum*, Stauder in: D. ent. Z., p. 14 | 1929 *P. a.* aberr. *orbifer* (aberr. *omegaclausum* ex synon.), Bollow in: Seitz, Großschmett. Erde, *v.* 1 Suppl. 1 p. 44.

Zellflecke des Vorderflügels nicht in der Mitte, sondern vorn und hinten derart durch schwarze Striche verbunden, daß ein auffallend gerundeter weißer Fleck der Flügelgrundfarbe eingeschlossen wird.

Umgebung von Wien.

Typus: ♂ in coll. Naturhist. Mus. Wien.

forma omega apertum Stauder 1924 *P. apollo oenipontanus* vel *wenzeli* forma *omega apertum*, Stauder in: D. ent. Z., p. 14 | 1929 *P. a.* aberr. *omega-apertum*, Bollow in: Seitz, Großschmett. Erde, *v.* 1 Suppl. 1 p. 44.

Endzellfleck und Mittelzellfleck des Vorderflügels an der hinteren Discoidalrippe entlang durch einen schwarzen Strich miteinander verbunden.

Patsch bei Innsbruck.

forma ponsoni Culot 1906 *P. apollo* aberr. *p.*, Culot in: Bull. Soc. lép. Genève, *v.* 1 p. 167 | 1920 *P. a.* aberr. *p.*, Rebel in: Verh. Ges. Wien, *v.* 70 p. 167 | 1922 [1923] *P. a.* subaberr. *P.*, Bryk in: Strand, Lep. Cat., *v.* 27 p. 90 | 1924 *P. a.* aberr. *p.*, Fagnoul in: Mt. ent. Ver. Freiburg i. Br., *v.* 1 p. 42.

Endzellfleck und Mittelzellfleck des Vorderflügels derart ineinander zusammenfließend, daß fast ein Fleck daraus entsteht.

Pralognan (Savoyen).

forma complexa Eisner 1929 *P. apollo suevicus* aberr. *c.*, Eisner in: Int ent. Z., *v.* 23 p. 11 fig. (♂) | 1931 *P. a. s.* aberr. *c.*, Bollow in: Seitz, Großschmett. Erde, *v.* 1 Suppl. 1 p. 329.

Mittelzellfleck des Vorderflügels derart nach vorn verschoben, daß die Innenkontur zwischen $Cu_1$ und $R_2$ liegt, außerdem mit dem vergrößerten Endzellfleck zusammenfließend.

Blaubeuren (Württemberg).

Typus: ♂ in coll. C. Eisner, Berlin-Dahlem.

forma zeta album Bryk [1918] *P. apollo* var. *fennoscandicus* aberr. *halteres* (part.), Bryk, Parnassius Apollo Formenkreis, t. 22 f. 124 (♂) | 1922 [1921] *P. a.* aberr. *zeta album*, Bryk in: Arch. Naturg., *v.* 87 A 10 p. 236 | 1922 [1923] *P. a.* aberr. *z. a.*, Bryk in: Strand, Lep. Cat., *v.* 27 p. 100 | 1924 *P. a. oenipontanus* vel *wenzeli* forma *z. a.*, Stauder in: D. ent. Z., p. 21 | 1924 *P. a.* aberr. *z. a.*, Fagnoul in: Mt. ent. Ver. Freiburg i. Br., *v.* 1 p. 42 | 1929 *P. a.* aberr. *zetaalbum*, Bollow in: Seitz, Großschmett. Erde, *v.* 1 Suppl. 1 p. 44.

Endzellfleck und Mittelzellfleck des Vorderflügels nähern sich durch gegenseitige longitudinale Verzerrung derart, daß das dazwischen ausgesparte weiße Feld ein weißes „Z" bildet.

Ålandsinseln.

Typus: ♂ in coll. C. Eisner, Berlin-Dahlem.

forma subtushalteres Bryk 1915 *P. apollo* aberr. *s.*, Bryk in: Arch. Naturg., *v.* 80 A 8 p. 146 t. 22 f. 124 (♂ var. *fennoscandicus* aberr. *halteres* (subt.)) | [1918] *P. a.* aberr. *s.*, Bryk, Parnassius Apollo Formenkreis, p. 100 t. 22 f. 124 (♂ var. *f.* aberr. *h.*) | 1920 *P. a.* aberr. *subhalteres*, Rebel in: Ver. Ges. Wien, *v.* 70 p. (103) | 1922 [1923] *P. a.* aberr. *s.*, Bryk in: Strand, Lep. Cat., *v.* 27 p. 99 | 1924 *P. a.* aberr. *s.*, Fagnoul in: Mt. ent. Ver. Freiburg i. Br., *v.* 1 p. 42 | 1929 *P. a.* aberr. *s.*, Bollow in: Seitz, Großschmett. Erde, *v.* 1 Suppl. 1 p. 44.

Endzellfeck und Mittelzellfleck des Vorderflügels nur unterseits durch einen schwarzen Strich in der Mitte verbunden.

Ålandsinseln.

Typus: ♂ in coll. C. Eisner, Berlin-Dahlem.

forma basipunctata Belling 1921 *P. apollo* aberr. *b.*, Belling in: D. ent. Z., p. 277 (textfig. ♀) | 1922 [1923] *P. a.* aberr. *b.*, Bryk in: Strand, Lep. Cat., *v.* 27 p. 83 | 1924 *P. a. oenopontanus* vel *wenzeli* forma *hexamacula*, Stauder in: D. ent. Z., p. 15, 21 | 1924 *P. a.* aberr. *basipunctata*, Fagnoul in: Mt. ent. Ver. Freiburg i. Br., *v.* 1 p. 42 | 1926 *P. a.* aberr. *basimaculatus*, A. Fernandez in: Bol. Soc. Españ., *v.* 26 p. 179 | 1929 *P. a.* aberr. *basipunctata*, Bollow in: Seitz, Großschmett. Erde, *v.* 1 Suppl. 1 p. 44.

Fig. 334.
**Parnassius apollo melliculus** H. Stich. forma **basipunctata** Belling + forma **herrichi** Bryk (♀).
(Original, aus coll. Zool. Mus. Berlin) (1/1).

Wurzel des Vorderflügels derart schwarz überpudert, daß in der Mittelzelle ein accessorischer, schwarzer Mittelzellfleck entsteht (Fig. 334).

Schweden.

Typus: ♀ in coll. H. Belling, Berlin-Pankow.

♀ forma **exophthalma** Stauder 1922 *P. apollo pumilus* forma *exophthalmos*, Stauder in: N. Beitr. syst. Ins.-Kunde, *v.* 2 p. 83, 88 | 1922 [1923] *P. a.* aberr. *e.*, Bryk in: Strand, Lep. Cat., *v.* 27 p. 88 | 1924 *P. a.* aberr. *e.*, Fagnoul in: Mt. ent. Ver. Freiburg i. Br., *v.* 1 p. 42 | 1924 *P. a. oenipontanus* vel *wenzeli* forma *e.*, Stauder in: D. ent. Z., p. 21 | 1929 *P. a.* ♀ aberr. *e.*, Bollow in: Seitz, Großschmett. Erde, *v.* 1 Suppl. 1 p. 43.

Alle Vorderflügelmakeln derart unförmig vergrößert, daß sie sich untereinander fast berühren und zu einem großen Patzen werden.

Inntal.

forma **fermata** Bryk (nom. nov.) 1924 *P. apollo oenipontanus* vel *wenzeli* forma *antoniae*, Stauder in: D. ent. Z., p. 15, 21 | 1929 *P. a.* forma *a.*, Bollow in: Seitz, Großschmett. Erde, *v.* 1 Suppl. 1 p. 44.

Hinter dem Mittelzellfleck liegt jenseits von $Cu_2$ eine deutliche Additionsmakel, für die der Name *fermata* bei anderen Arten eingeführt ist.

Patsch bei Innsbruck.

forma **septemmacula** Bryk 1924 *P. apollo oenipontanus* vel *wenzeli* forma *heptamacula*, Stauder in: D. ent. Z., p. 15, 21 | 1929 *P. a.* forma *h.*, Bollow in: Seitz, Großschmett. Erde, *v.* 1 Suppl. 1 p. 44.

Eine Kombination der forma *basipunctata* + forma *fermata.*

Patsch bei Innsbruck.

forma **perlongula** Stauder 1924 *P. apollo oenipontanus* forma *p.*, Stauder in: D. ent. Z., p. 15, 21 | 1929 *P. a.* aberr. *elongata*, Bollow in: Seitz, Großschmett. Erde, *v.* 1 Suppl. 1 p. 44.

Hinterrandfleck des Vorderflügels wurzelwärts auffallend in die Länge gezogen.

Inntal.

forma **sphenagon** Schawerda 1912 *P. apollo liburnicus* aberr. *s.*, Schawerda in: Verh. Ges. Wien, *v.* 62 p. (115) f. 5 (♂ aberr. *theiodes* [errat.]) | 1913 *P. a.* aberr. *s.*, Schawerda, ibid., *v.* 63 p. 143 (nota 1) | 1915 *P. a.* aberr. *theoides*, Bryk in: Arch. Naturg., *v.* 80 A 8 p. 143 | [1918] *P. a.* aberr. *t.*, Bryk, Parnassius Apollo Formenkreis, p. 100 | 1922 [1923] *P. a.* aberr. *sphenagon*, Bryk in: Strand, Lep. Cat., *v.* 27 p. 233 | 1924 *P. a.* aberr. *s.*, Fagnoul in: Mt. ent. Ver. Freiburg i. Br., *v.* 1 p. 104 | 1929 *P. a.* aberr. *s.*, Bollow in: Seitz, Großschmett. Erde, *v.* 1 Suppl. 1 p. 44.

Zwischen den Rippen des Hinterflügels vom Saume ausgehende dunkle Keilflecke.

Herzegowina.

Typus: ♂ in coll. Schawerda, Wien.

forma **nigrosecta** Bollow 1925 *P. apollo* forma *intersecta*, Osthelder (Frank & Riemel MS.), Schmett. S.-Bayerns, *v.* 1 p. 51 (nota) | 1929 *P. a.* aberr. *nigrosecta*, Bollow in: Seitz, Großschmett. Erde, *v.* 1 Suppl. 1 p. 44.

Entspricht forma *subcentrica.* Rotkernung des Hinterrandfleckes durch einen schwarzen Strich längs der Analrippenfalte in 2 Teile geteilt.

Sine patria.

forma **splendida** Osth. 1925 *P. apollo* forma *splendidus*, Osthelder (Frank & Riemel MS.), Schmett. S.-Bayerns, *v.* 1 p. 50 (nota) | 1929 *P. a.* aberr. *splendida*, Bollow in: Seitz, Großschmett. Erde, *v.* 1 Suppl. 1 p. 44.

Subcostalbändchen des Vorderflügels sehr stark ausgeprägt.

Lechtal (Tirol).

forma commamaculata Osth. 1925 *P. apollo* forma *c.*, Osthelder (Frank & Riemel MS.), Schmett. S.-Bayerns, *v.* 1 p. 50 (nota) | 1929 *P. a.* aberr. *commaculata*, Bollow in: Seitz, Großschmett. Erde, *v.* 1 Suppl. 1 p. 44.

Subcostalfleck und vorderer Medianfleck des Vorderflügels getrennt und strichartig. Subcostalfleckverbindung fehlend.

Taubensee (Oberbayern).

forma ostentata Osth. 1925 *P. apollo* forma *ostentatus*, Osthelder (Frank & Riemel MS.), Schmett. S.-Bayerns, *v.* 1 p. 50 (nota).

Submarginalbinde des Vorderflügels besonders kräftig entwickelt.

Lechtal (Tirol).

forma definita Osth. 1925 *P. apollo* forma *definitus*, Osthelder (Frank & Riemel MS.), Schmett. S.-Bayerns, *v.* 1 p. 50 (nota) | 1929 *P. a.* forma *definitiva*, Bollow in: Seitz, Großschmett. Erde, *v.* 1 Suppl. 1 p. 44 (diagn. falsa).

Der an den Hinterrandfleck des Vorderflügels hinten angrenzende schwarze Wisch kräftig entwickelt.

Falkenstein (Württemberg).

forma defasciata Schawerda 1911 *P. apollo* aberr. *pura*, Turati [Verity MS.] in: Annuario Mus. Napoli, n. ser. *v.* 3 nr. 18 p. 5 | 1913 *P. a.* aberr. *defasciata*, Schawerda in: Verh. Ges. Wien., *v.* 63 p. 143 | 1914 *P. a.* aberr. *d.*, Schawerda, ibid., *v.* 64 p. 351 | 1915 *P. a.* aberr. *marginata*, Bryk in: Arch. Naturg., *v.* 80 A 8 p. 145 t. 25 f. 130 (♂, var. *carelius*) | 1917 *P. a.* aberr. *reductus*, Kammel in: Z. Österr. Ent.-Ver. Wien, *v.* 2 p. 18 | 1918 *P. a.* aberr. *marginata*, Bryk, Parnassius Apollo Formenkreis, p. 99 t. 25 f. 130 (♂, var. *carelius*) | 1921 *P. a.* aberr. *defasciata*, Stauder in: Z. Ins.-Biol., *v.* 16 p. 140 | 1922 [1923] *P. a.* aberr. *d.*, Bryk in: Strand, Lep. Cat., *v.* 27 p. 86 | 1929 *P. a.* aberr. *d.*, Bollow in: Seitz, Großschmett. Erde, *v.* 1 Suppl. 1 p. 43.

Submarginalbinde des Vorderflügels bis auf ihre vordersten, schwach angedeuteten Elemente verschwunden.

Herzegowina.

Typus: ♂ in coll. K. Schawerda, Wien.

forma cellopura Bollow 1929 *P. apollo* aberr. *c.*, Bollow in: Seitz, Großschmett. Erde, *v.* 1 Suppl. 1 p. 43 t. 6a.

Mittelzellfleck des Vorderflügels trotz Vorhandenseins des Endzellfleckes fehlend (siehe Fig. 332).

Sine patria.

forma duomaculata Kammel 1917 *P. apollo* aberr. *duomaculatus*, Kammel in: Z. Österr. Ent.-Ver. Wien, *v.* 2 p. 18 | 1922 [1921] *P. a.* aberr. *d.*, Bryk in: Arch. Naturg., *v.* 87 A 10 p. 234 | 1922 [1923] *P. a.* aberr. *d.*, Bryk in: Strand, Lep. Cat., *v.* 27 p. 87 | 1929 *P. a.* aberr. *duomaculata*, Bollow in: Seitz, Großschmett. Erde, *v.* 1 Suppl. 1 p. 87.

Subcostalflecke und Hinterrandfleck des Vorderflügels fehlen.

Sine patria.

forma albipupillata Osth. 1925 *P. apollo* forma *albipupilata*, Osthelder (Frank & Riemel MS.), Schmett. S.-Bayerns, *v.* 1 p. 51 (nota) | 1929 *P. a.* aberr. *a.*, Bollow in: Seitz, Großschmett. Erde, *v.* 1 Suppl. 1 p. 44.

Der vordere Medianfleck des Vorderflügels unterseits rot gekernt, mit weißem Spiegel.

Königssee (Bayern).

forma albicincta Osth. 1925 *P. apollo* forma *albicincta*, Osthelder (Frank & Riemel MS.), Schmett S.-Bayerns, *v.* 1 p. 51 (nota) | 1929 *P. a.* aberr. *a.*, Bollow in: Seitz, Großschmett. Erde, *v.* 1 Suppl. 1 p. 44.

Der vordere Medianfleck des Vorderflügels unterseits schwarz, rot gekernt, weiß umrandet.

Königssee (Bayern).

forma mediomaculata Osth. 1925 *P. apollo* forma *m.*, Osthelder (Frank & Riemel MS.), Schmett. S.-Bayerns, *v.* 1 p. 51 (nota) | 1929 *P. a.* forma *m.*, Bollow in: Seitz, Großschmett. Erde, *v.* 1 Suppl. 1 p. 44.

Zwischen Endzellfleck und Mittelzellfleck des Vorderflügels ein accessorischer schwarzer Fleck.

Inntal (Tirol).

forma amplificata Osth. 1925 *P. apollo* forma *amplificatus*, Osthelder (Frank & Riemel MS.), Schmett. S.-Bayerns, *v.* 1 p. 50 (nota) | 1929 *P. a.* aberr. *amplificata*, Bollow in: Seitz, Großschmett. Erde, *v.* 1 Suppl. 1 p. 44.

Hinterrandfleck des Vorderflügels stark vergrößert.

Königssee (Bayern).

forma porrecta Osth. 1925 *P. apollo* forma *porrectus*, Osthelder (Frank & Riemel MS.), Schmett. S.-Bayerns, *v.* 1 p. 50 (nota) | 1929 *P. a.* aberr. *porrecta*, Bollow in: Seitz, Großschmett. Erde, *v.* 1 Suppl. 1 p. 44.

Hinterrandfleck des Vorderflügels länglich ausgezogen, Spitze gegen den Abzweigungspunkt von $Cu_2$ aus der Discoidalrippe gerichtet oder ihn sogar erreichend.

Allgäu.

forma tridua Stauder 1924 *P. apollo oenipontanus* vel *wenzeli* forma *t.*, Stauder in: D. ent. Z., p. 14, 21 | 1929 *P. a.* aberr. *t.*, Bollow in: Seitz, Großschmett. Erde, *v.* 1 Suppl. 1 p. 44.

Subcostalband des Vorderflügels in 3 lose, scharf getrennte Schwarzmakeln aufgelöst.

Inntal.

forma tripicta Kammel 1917 *P. apollo* aberr. *t.*, Kammel in: Z. Österr. Ent.-Ver. Wien, *v.* 2 p. 19 | 1929 *P. a.* aberr. *t.*, Bollow in: Seitz, Großschmett. Erde, *v.* 1 Suppl. 1 p. 44.

Alle 3 Flecke des Subcostalbändchens des Vorderflügels rot gekernt.

Typus sine patria.

forma frigida Stauder 1924 *P. apollo oenipontanus* forma *f.*, Stauder in: D. ent. Z., p. 15 | 1924 *P. a.* aberr. *f.*, Fagnoul in: Mt. ent. Ver. Freiburg i. Br., *v.* 1 p. 104 | 1929 *P. a.* aberr. *f.* + aberr. *marginata* (O. Bang-Haas MS.), Bollow in: Seitz, Großschmett. Erde, *v.* 1 Suppl. 1 p. 44.

Submarginal- und Marginalbinde des Hinterflügels zu einem breiten Glasbande vereinigt.

Inntal.

forma dentata Bryk 1910 *P. apollo* aberr. *arcuata*, Galvagni in: Verh. Ges. Wien, *v.* 60 p. (219) | 1911 *P. a.* aberr. *lunigera*, Turati (nec Fruhstorfer) in: Annuario Mus. Napoli, n. ser. *v.* 3 nr. 18 p. 5 | 1915 *P. a.* aberr. *dentata*, Bryk in: Arch. Naturg., *v.* 80 A 8 p. 146 | [1918] *P. a.* aberr. *d.*, Bryk, Parnassius Apollo Formenkreis, p. 100 |

1922 [1923] *P. a.* aberr. *d.*, Bryk in: Strand, Lep. Cat., *v.* 27 p. 86 | 1924 *P. a. oenipontanus* + *claudius* + *phrynius* + *determinatus* forma *dentata*, Stauder in: D. ent. Z., p. 22 | 1924 *P. a.* aberr. *d.*, Fagnoul in: Mt. ent. Ver. Freiburg i. Br., *v.* 1 p. 104 | 1929 *P. a.* aberr. *d.* (+ aberr. *ostentata* ex synon.), Bollow in: Seitz, Großschmett. Erde, *v.* 1 Suppl. 1 p. 44.

Submarginalbinde auf den Hinterflügeln stark ausgeprägt (Fig. 335)

Loog (Trentatal, Küstenland).

♂ forma rubromarginata Shelj. 1925 *P. a.* aberr. *r.*, Sheljuzhko in: Ent. Anz., *v.* 5 p. 37 | 1929 *P. a.* aberr. *r.*, Bollow in: Seitz, Großschmett. Erde, *v.* 1 Suppl. 1 p. 44.

Marginalsaum des Hinterflügels unterseits mit reichlichen roten Schuppeneinstreuungen, so daß eine rote Randbinde entsteht.

Typus: ♂ in coll. L. Sheljuzhko, Kijew.

forma phoebogrypha Bryk 1912 *P. apollo* aberr. *phoibogryphos*, Bryk in: Jahrb. Ver. Nassau, *v.* 65 p. 31 | 1913 *P. a.* aberr. *p.*, Bryk in: Soc. ent., *v.* 28 p. 11, 65 | 1915 *P. a.* var. *melliculus* (forma *ancile*) aberr. *ernestinae* + aberr. *p.*, Bryk in: Arch. Naturg., *v.* 80 A 8 p. 148 A 7 t. 10 f. 85 (♀) | [1918] *P. a.* aberr. *p.*, Bryk, Parnassius Apollo Formenkreis, p. 102, 137, t. 10 f. 85 (♀; var. *melliculus* (forma *ancile*) aberr. *ernestinae* + aberr. *p.*) | 1920 *P. a.* aberr. *p.*, Rebel in: Ann. Hofmus. Wien, *v.* 33 p. 75 | 1922 [1923] *P. a.* aberr. *p.*, Bryk in: Strand, Lep. Cat., *v.* 27 p. 96 | 1929 *P. a.* aberr. *p.*, Bollow in: Seitz, Großschmett. Erde, *v.* 1 Suppl. 1 p. 45.

Submarginalbinde des Hinterflügels fehlt unterseits, was ein Artmerkmal von *Parnassius phoebus* (F.) ist.

Fichtelgebirge.

Typus: ♀ in coll. F. Philipps, Köln.

forma pagenstecheri Bryk 1911 *P. apollo* var. *nylandicus* aberr. *p.*, Bryk in: Int. ent. Z., *v.* 5 p. 156 f. 6 (♂) | 1912 *P. a.* aberr. *p.*, Bryk in: Soc. ent., *v.* 27 p. 82 | 1915 *P. a.* aberr. *p.*, Bryk in: Arch. Naturg., *v.* 80 A 8 p. 147 | [1918] *P. a.* aberr. *p.*, Bryk, Parnassius Apollo Formenkreis, p. 101 | 1922 [1923] *P. a.* aberr. *P.*, Bryk in: Strand, Lep. Cat., *v.* 27 p. 96 | 1924 *P. a.* aberr. *p.*, Fagnoul in: Mt. ent. Ver. Freiburg i. Br., *v.* 1 p. 108 | 1929 *P. a.* aberr. *p.*, Bollow in: Seitz, Großschmett. Erde, *v.* 1 Suppl. 1 p. 49 | 1931 *P. a.* aberr. *p.*, Bryk in: Zool. Jahrb., Syst. *v.* 62 p. 152.

An der Querrippe des Discus des Hinterflügels unterseits innen ein markanter, schwarzer Strich.

Südfinnland.

Typus: ♂ in coll. C. Eisner, Berlin-Dahlem.

forma ampliusmacula Bryk (nom. nov.) 1925 *P. apollo* forma *ampliusmaculata*, Osthelder (Frank & Riemel MS.), Schmett. S.-Bayerns, *v.* 1 p. 50—51 (nota) | 1929 *P. a.* aberr. *a.*, Bollow in: Seitz, Großschmett. Erde, *v.* 1 Suppl. 1 p. 45.

Zwischen dem Medianaugenfleck und der starken, schwarzen Discalbestäubung eine schwarze Additionsmakel.

Scharnitz (Karwendelgebirge).

forma escudéi Bryk (nom. corr.) 1923 *P. apollo* aberr. *esendéi*, Bryk in: Soc. ent., *v.* 38 p. 30 f. 2 (♀) | 1924 *P. a.* aberr. *esendei*, Fagnoul in: Mt. ent. Ver. Freiburg i. Br., *v.* 1 p. 108 | 1924 *P. a.* forma *e.*, Stauder in: D. ent. Z., p. 22 | 1925 *P. a. e.* + aberr. *taeniata*, Osthelder (Frank & Riemel MS.), Schmett. S.-Bayerns, *v.* 1 p. 50 (nota) | 1929 *P. a.* aberr. *t.*, Bollow in: Seitz, Großschmett. Erde, *v.* 1 Suppl. 1 p. 45.

Die Hinterrandschwärze des Hinterflügels zieht um den Discus und setzt sich zwischen Subcostalaugenfleck und Flügelwurzel bis zum Vorderrand fort (Fig. 335).

Umgebung von Zaragoza.

Typus: ♀ in coll. C. Eisner, Berlin-Dahlem.

Fig. 335.
**Parnassius apollo rubidus** Fruhst. forma **escudéi** Bryk + forma **dentata** Bryk (♂).
(Original, aus coll. C. Eisner, Berlin-Dahlem) (1/1).

forma magnifica Bryk 1907 *P. apollo sibiricus* forma *graslini*, H. Stichel in: Gen. Ins., *v.* 58 t. 2 f. 6 (♀) | 1912 *P. a.* var. *alpherakyi* forma *magnifica*, Bryk (Ksienżopolski MS.) in: Soc. ent., *v.* 27 p. 1 (Textfig. ♀) | 1914 & 15 *P. a.* var. *a.* forma *m.*, Bryk in: Arch. Naturg., *v.* 80 A 9 p. 139, A 5 t. 3 f. 13 (♀) | 1914 *P. a.* aberr. *m.*, J. H. Watson in: Entomologist, *v.* 47 p. 110 | 1918 *P. a. alpherakyi* aberr. *m.*, W. Rothschild in: Nov. zool., *v.* 25 p. 244 | [1918] *P. a.* var. *a.* forma *m.*, Bryk, Parnassius Apollo Formenkreis, p. 135 t. 3 f. 13 (♀) | 1922 [1923] *P. a.* forma *m.*, Bryk in: Strand, Lep. Cat., *v.* 27 p. 93 | 1924 *P. a.* aberr. *m.*, Fagnoul in: Mt. ent. Ver. Freiburg i. Br., *v.* 1 p. 107 | 1929 *P. a.* aberr. *m.*, Bollow in: Seitz, Großschmett. Erde, *v.* 1 Suppl. 1 p. 45.

Augenflecke übermäßig groß.

Altai.

Typus: ♀ in coll. H. Federley, Helsingfors.

forma microstigma Turati 1916 *P. apollo pumilus* aberr. a, Stauder in: Z. Ins.-Biol., *v.* 12 p. 13 | 1918 *P. a. p.* aberr. *microstigma*, Turati in: Atti Soc. Ital., *v.* 57 p. 41 t. 2 f. 1 (♂), t. 4 f. 1, 2, 3 (♂), t. 5 f. 2, 3 (♂) | 1921 *P. a. p.* aberr. *m.*, Stauder in: Soc. ent., *v.* 36 p. 10 | 1922 [1923] *P. a.* aberr. *m.*, Bryk in: Strand, Lep. Cat., *v.* 27 p. 94 | 1924 *P. a.* aberr. *m.*, Fagnoul in: Mt. ent. Ver. Freiburg i. Br., *v.* 1 p. 107 | 1929 *P. a.* aberr. *m.* (+ aberr. *novaraeformis* ex synon.), Bollow in: Seitz, Großschmett. Erde, *v.* 1 Suppl. 1 p. 45 | 1931 *P. a. m.*, Mariani in: Giorn. Sci. Palermo, *v.* 36 p. 7 (Sep.).

Die rotgekernten Augenflecke zu winzigen Flecken reduziert.

Aspromonte (Calabrien).

Typus: ♂ in coll. E. Turati, Mailand.

forma philippsi O. Schultz 1905 *P. apollo* aberr. *p.*, O. Schultz in: Berlin. ent. Z., *v.* 49 p. 279 | 1906 *P. a.* aberr. *p.*, H. Stichel in: Seitz, Großschmett. Erde, *v.* 1 p. 25 | 1907 *P. a.* forma *p.*, H. Stichel in: Gen. Ins., *v.* 58 p. 22 | 1909 *P. a.* aberr. *p.* (transitus), H. Stichel in: Berlin. ent. Z., *v.* 54 p. (41) t. 1 f. 7 (♂) | 1914 *P. a.* aberr.

*p.*, Bryk in: Soc. ent., *v.* 29 p. 15 (nomen dubium) | 1915 *P. a.* aberr. *p.*, Bryk in: Arch. Naturg., *v.* 80 A 9 p. 141, A 7 t. 11 f. 91 (♀; monstr.) | [1918] *P. a.* aberr. *p.*, Bryk, Parnassius Apollo Formenkreis, p. 137 t. 11 f. 91 (♀; monstr.) | 1922 [1923] *P. a.* aberr. *P.*, Bryk in: Strand, Lep. Cat., *v.* 27 p. 96 (nomen dubium) | 1924 *P. a.* aberr. *p.*, Fagnoul in: Mt. ent. Ver. Freiburg i. Br., *v.* 1 p. 104 | 1931 *P. a. p.*, Mariani in: Giorn. Sci. Palermo, *v.* 36 p. 7 (Sep.).

Die roten Augenflecke ohne schwarze Umsäumung. [Der von Bryk (l. c.) abgebildete Typus zeigt dieses Merkmal nicht].

Gotland (?).

Typus: ♀ in coll. F. Philipps, Köln.

forma fractecingulata Stauder 1922 *P. apollo pumilus* forma *f.*, Stauder in: N. Beitr. syst. Ins.-Kunde, *v.* 2 p. 85 | 1922 [1923] *P. a.* aberr. *f.*, Bryk in: Strand, Lep. Cat., *v.* 27 p. 91 | 1924 *P. a.* aberr. *f.*, Fagnoul in: Mt. ent. Ver. Freiburg i. Br., *v.* 1 p. 104 | 1924 *P. a. oenipontanus* vel *wenzeli* forma *f.*, Stauder in: D. ent. Z., p. 24 | 1929 *P. a.* aberr. *f.*, Bollow in: Seitz, Großschmett. Erde, *v.* 1 Suppl. 1 p. 45.

Mit sehr schmaler, nur noch in unzusammenhängenden Bruchstücken vorhandener, schwarzer Umrandung der Augenflecke.

Aspromonte (Calabrien).

forma omikron apertum Stauder 1924 *P. apollo oenipontanus chetus* forma *omikron apertum*, Stauder in: D. ent. Z., p. 16 | 1924 *P. a.* aberr. *o. a.*, Fagnoul in: Mt. ent. Ver. Freiburg i. Br., *v.* 1 p. 105.

Mit vergrößertem Mittelaugenfleck, dessen schwarzer Ring vorn $R_5$ (+ $M_1$) entlang offen bleibt.

Inntal.

forma tenuicincta Verity 1911 & 10 *P. apollo* race *rubidus* aberr. *t.*, Verity, Rhop. palaearct., p. 311 t. LV f. 1 (♂), 2 (♀) | 1918 *P. a. pumilus* aberr. *t.*, Turati in: Atti Soc. Ital., *v.* 57 p. 48 t. 2 f. 1 (♂) | 1922 *P. a. p. t.*, Stauder in: N. Beitr. syst. Ins.-Kunde, *v.* 2 p. 85 | 1922 [1923] *P. a.* aberr. *t.*, Bryk in: Strand, Lep. Cat., *v.* 27 p. 99 | 1924 *P. a.* aberr. *t.*, Fagnoul in: Mt. ent. Ver. Freiburg i. Br., *v.* 1 p. 105 | 1929 *P. a.* aberr. *t.*, Bollow in: Seitz, Großschmett. Erde, *v.* 1 Suppl. 1 p. 45 | 1931 *P. a. t.*, Mariani in: Giorn. Sci. Palermo, *v.* 36 p. 7 (Sep.).

Schwarze Augenfleckumrahmung fadenförmig schmal.

Bozen.

Typen: ♂ ♀ in coll. R. Verity, Florenz.

forma laticincta Bryk 1912 *P. apollo* aberr. *l.*, Bryk (Turati MS.) in: Jahrb. Ver. Nassau, *v.* 65 p. 30 | 1912 *P. a.* aberr. *l.*, Bryk in: Soc. ent., *v.* 27 p. 97 (nota) | 1915 *P. a.* aberr. *l.*, Bryk in: Arch. Naturg., *v.* 80 A 8 p. 147, A 7 t. 9 f. 79 (♂; *P. a.* var. *valesiacus redivivus* aberr. *l.*) | [1918] *P. a.* aberr. *l.*, Bryk, Parnassius Apollo Formenkreis, p. 101, 137 t. 9 f. 79 (♂; *P. a.* var. *v. r.* aberr. *l.*) | 1922 [1923] *P. a.* aberr. *l.*, Bryk in: Strand, Lep. Cat., *v.* 27 p. 92 | 1924 *P. a.* aberr. *l.*, Fagnoul in: Mt. ent. Ver. Freiburg i. Br., *v.* 1 p. 105 | 1924 *P. a. oenipontanus* forma *l.*, Stauder in: D. ent. Z., p. 23 | 1929 *P. a.* aberr. *l.*, Bollow in: Seitz, Großschmett. Erde, *v.* 1 Suppl. 1 p. 45.

Die Augenflecke mit verbreiterter, schwarzer Umrandung.

Macugnaga (Ober-Italien).

Typus: ♂ in coll. E. Turati, Mailand.

forma appendiculata Turati 1917 *P. apollo* aberr. *posticelongatus*, Kammel in: Z. Österr. Ent.-Ver. Wien, *v.* 2 p. 19 | 1918 *P. a. pumilus* aberr. *appendiculata*, Turati in: Atti Soc. Ital., *v.* 57 p. 41 t. 2 f. 5, 6 (♂), 7, 8 (♀) | 1921 *P. a. p.* aberr.

*a.*, Stauder in: Soc. ent., *v.* 36 p. 10 | 1922 [1921] *P. a.* aberr. *a.*, Bryk in: Arch. Naturg., *v.* 87 A 10 p. 234 | 1924 *P. a. oenipontanus*, Stauder in: D. ent. Z., p. 23 | 1924 *P. a.* aberr. *appendiculata* (aberr. *posticelongata* ex synon.), Fagnoul in: Mt. ent. Ver. Freiburg i. Br., *v.* 1 p. 107 | 1929 *P. a.* aberr. *a.* (aberr. *bicincta* ex synon.), Bollow in: Seitz, Großschmett. Erde, *v.* 1 Suppl. 1 p. 46 | 1931 *P. a. a.*, Mariani in: Giorn. Sci. Palermo, *v.* 36 p. 7 (Sep.).

Das zwischen $M_2$ und $M_3$ gelegene Ersatzstück des Medianaugenfleckes nur als schwarzes Anhängsel erhalten, dabei oft auch eingeschnürt.

Aspromonte (Calabrien).

Typen: ♂ ♀ in coll. E. Turati, Mailand.

forma bachmetjevi Ugrjumow 1914 *P. apollo democratus* aberr. *b.*, Ugrjumow in: Ent. Z., *v.* 28 p. 31 f. 11 (♀) (Sep. p. 24 f. 11 (♀)) | 1915 *P. a.* aberr. *b.*, Bryk in: Arch. Naturg., *v.* 80 A 8 p. 148 | 1917 *P. a.* aberr. *bicinctus*, Kammel in: Z. Österr. Ent.-Ver. Wien, *v.* 2 p. 19 | [1918] *P. a.* aberr. *bachmetjevi*, Bryk, Parnassius Apollo Formenkreis, p. 102 | 1918 *P. a. pumilus* aberr. *appendiculata* (part.), Turati in: Atti Soc. Ital., *v.* 57 p. 41 t. 2 f. 6 | 1920 *P. a.* aberr. *nigrodivisa*, Riemel in: Mt. Münch. ent. Ges., *v.* 10 p. 26 | 1922 [1923] *P. a.* aberr. *Bachmetjevi*, Bryk in: Strand, Lep. Cat., *v.* 27 p. 83 | 1924 *P. a.* aberr. *b.* (+ aberr. *bicincta* ex synon.), Fagnoul in: Mt. ent. Ver. Freiburg i. Br., *v.* 1 p. 105 | 1929 *P. a.* aberr. *bachmetjevi*, Bollow in: Seitz, Großschmett. Erde, *v.* 1 Suppl. 1 p. 46.

**Fig. 336.**
**Parnassius apollo democratus** Krulikowsky forma **inversa** Austaut + forma **bachmetjevi** Ugrjumow (♀). (Typus) (1/1).

Der rot ausgefüllte Medianaugenfleck durch $M_2$ schwarz geteilt (Fig. 336).

Jelabuga (Gouv. Wjatka).

Typus: ♂ in coll. C. Eisner, Berlin-Dahlem.

forma trachomophthalma Bryk 1913 *P. apollo* var. *minor* aberr. *trachomophtalmos*, Bryk in: Soc. ent., *v.* 28 p. 66 | 1915 *P. a.* aberr. *t.*, Bryk in: Arch. Naturg., *v.* 80 A 8 p. 147 | [1918] *P. a.* aberr. *t.*, Bryk, Parnassius Apollo Formenkreis, p. 101 | 1922 *P. a. trachomophthalmos* (nom. corr.), Stauder in: N. Beitr. syst. Ins.-Kunde, *v.* 2 p. 85 | 1922 [1923] *P. a.* aberr. *t.*, Bryk in: Strand, Lep. Cat., *v.* 27 p. 99 | 1924 *P. a.* aberr. *t.*, Fagnoul in: Mt. ent. Ver. Freiburg i. Br., *v.* 1 p. 105 | 1929 *P. a.* aberr. *trachophthalmos*, Bollow in: Seitz, Großschmett. Erde, *v.* 1 Suppl. 1 p. 46.

Im Rot des Medianaugenfleckes sind schwarze Schuppen eingestreut. (Typus mit einem weißen Kern).

Kärnten.

Typus: ♂ in coll. C. Eisner, Berlin-Dahlem.

forma hecate Stauder 1924 *P. apollo oenipontanus* forma *h.*, Stauder in: D. ent. Z., p. 16 | 1924 *P. a.* aberr. *h.*, Fagnoul in: Mt. ent. Ver. Freiburg i. Br., *v.* 1 p. 105 | 1929 *P. a.* aberr. *h.*, Bollow in: Seitz, Großschmett. Erde, *v.* 1 Suppl. 1 p. 45.

Extrem der forma *laticincta*. Die normal großen Augenflecke derart breit schwarz umrandet, daß das verdrängte Rot nur noch als winziges Pünktchen erhalten ist.

Patsch (Inntal).

forma semicaeca Turati 1911 *P. apollo* aberr. *s.*, Turati in: Annuario Mus. Napoli, n. ser. *v.* 3 nr. 18 p. 5 | 1918 *P. a. pumilus* aberr. *semiluctifera,* Turati in: Atti Soc. Ital., *v.* 57 p. 42 t. 4 f. 1, 3 | 1918 *P. a. pyrenaicus* aberr. *semi-novarae,* W. Rothschild in: Nov. zool., *v.* 25 p. 235, 240 | 1922 [1921] *P. a.* aberr. *semiluctifera,* Bryk in: Arch. Naturg., *v.* 87 A 10 p. 234 | 1922 [1923] *P. a.* aberr. *semicaeca,* Bryk in: Strand, Lep. Cat., *v.* 27 p. 98 | 1924 *P. a.* aberr. *semiluctifera,* Fagnoul in: Mt. ent. Ver. Freiburg i. Br., *v.* 1 p. 105 | 1929 *P. a.* aberr. *s.*, Bollow in: Seitz, Großschmett. Erde, *v.* 1 Suppl. 1 p. 45 | 1931 *P. a.* aberr. *s.*, Mariani in: Giorn. Sci. Palermo, *v.* 36 p. 5 (Sep.).

Subcostalaugenfleck schwarz.

Aspromonte (Calabrien).

Typus: ♂ in coll. E. Turati, Mailand.

forma novaraeformis Stauder 1921 *P. apollo pumilus* aberr. *n.*, Stauder in: Soc. ent., *v.* 36 p. 11 | 1922 [1923] *P. a.* aberr. *semicaeca* (part.), Bryk in: Strand, Lep. Cat., *v.* 27 p. 98 | 1924 *P. a.* aberr. *novaraeformis,* Fagnoul in: Mt. ent. Ver. Freiburg i. Br., *v.* 1 p. 105 | 1929 *P. a.* aberr. *microstigma,* Bollow in: Seitz, Großschmett. Erde, *v.* 1 Suppl. 1 p. 45 (ex synon.).

Ist eine forma *semicaeca,* bei der der sonst ganz schwarze hintere Augenfleck rote Schuppen zeigt. Nicht namensberechtigt.

Aspromonte (Calabrien).

forma caeca Turati 1885 *P. apollo* aberr., Steudel in: Jahresh. Ver. Württemb., *v.* 41 p. 328 t. 6 f. 2 (♂) | 1906 *P. a.* aberr. *novarae* (part.), H. Stichel in: Berlin. ent. Z., *v.* 51 p. 92 f. 1 (♀) | 1906 *P. a.* aberr., Verity, Rhop. palaearct., p. 50 t. IX f. 14 (♂) | 1908 *P. a.* aberr. *novarae* (part.), P. Hoffmann in: Int. ent. Z., *v.* 1 p. 387 | 1911 *P. a.* aberr. *caeca,* Turati in: Annuario Mus. Napoli, n. ser. *v.* 3 nr. 18 p. 5 | 1912 *P. a.* aberr. *leonhardi,* Bryk in: Jahrb. Ver. Nassau, *v.* 65 p. 27 | 1914 *P. a.* aberr. *novarae* (part.), Bryk in: Arch. Naturg., *v.* 80 A 5 p. 149, A 6 t. 4 f. 24 (♂) | [1918] *P. a.* aberr. *n.* (part.), Bryk, Parnassius Apollo Formenkreis, p. 108 t. 4 f. 24 (♂) | 1922 [1923] *P. a.* aberr. *Leonhardi,* Bryk in: Strand, Lep. Cat., *v.* 27 p. 93 | 1924 *P. a.* aberr. *caeca,* Fagnoul in: Mt. ent. Ver. Freiburg i. Br., *v.* 1 p. 105 | 1929 *P. a.* aberr. *c.*, Bollow in: Seitz, Großschmett. Erde, *v.* 1 Suppl. 1 p. 45.

Beide Augenflecke oberseits schwarz, unterseits hin und wieder mit roten Schuppen.

Aspromonte (Calabrien).

Typus: ♂ in coll. E. Turati, Mailand.

forma extrema Bryk 1922 [1923] *P. apollo* aberr. *e.*, Bryk in: Strand, Lep. Cat., *v.* 27 p. 88 | 1922 *P. a. pumilus* forma *tisiphone,* Stauder in: N. Beitr. syst. Ins.-Kunde, *v.* 2 p. 86 | 1924 *P. a.* aberr. *t.*, Fagnoul in: Mt. ent. Ver. Freiburg i. Br., *v.* 1 p. 105 | 1929 *P. a.* aberr. *t.*, Bollow in: Seitz, Großschmett. Erde, *v.* 1 Suppl. 1 p. 45.

Extrem der forma *caeca,* bei der die beiden schwarzen Augenflecke zu Punkten reduziert sind. Nur einseitig beobachtet und nicht namensberechtigt.

Aspromonte (Calabrien).

forma intertexta H. Stich. 1808—16 *P. apollo*, Jac. Hübner (& C. Geyer), Samml. Eur. Schmett., *v.* 1 t. 145 f. 730, 731 | 1906 *P. a.* aberr. *intertexta*, H. Stichel in: Seitz, Großschmett. Erde, *v.* 1 p. 26 | 1907 *P. a.* forma *i.*, H. Stichel in: Gen. Ins., *v.* 58 p. 22 | 1909 *P. a.* aberr. *i.*, Rebel, Berges Schmettb., ed. 9 p. 7 | 1917 *P. a.* aberr. *intertextus*, Kammel in: Z. Österr. Ent. Ver. Wien, *v.* 2 p. 19 | 1918 *P. a. pumilus* aberr. *intertexta*, Turati in: Atti Soc. Ital., *v.* 57 p. 42 t. 5 f. 7, 8 | 1918 *P. a. brittingeri* aberr., J. Nitsche in: Verh. Ges. Wien, *v.* 68 p. (145) f. 7 | [1918] *P. a.* aberr. *intertexta*, Bryk, Parnassius Apollo Formenkreis, p. 101, 129 | 1922 [1923] *P. a.* aberr. *i.*, Bryk in: Strand, Lep. Cat., *v.* 27 p. 91 | 1924 *P. a.* aberr. *i.* (aberr. *intercincta* ex synon.), Fagnoul in: Mt. ent. Ver. Freiburg i. Br., *v.* 1 p. 107 | 1924 *P. a. oenipontanus* vel *wenzeli* forma *jucundula*, Stauder in: D. ent. Z., p. 17 | 1929 *P. a.* aberr. *intertexta*, Bollow in: Seitz, Großschmett. Erde, *v.* 1 Suppl. 1 p. 46 | 1931 *P. a. i.*, Mariani in: Giorn. Sci. Palermo, *v.* 36 p. 6 (Sep.).

Zwischen dem Rot und der schwarzen Umrandung der Augenflecke ein orangegelber Ring.

Schöckl bei Thörl (Steiermark).

forma ladogensis Bryk 1911 *P. apollo* aberr. *l.*, Bryk in: Soc. ent., *v.* 26 p. 21 (textf. ♀) | 1915 & 14 *P. a.* aberr. *flavomaculata* (part.), Bryk in: Arch. Naturg., *v.* 80 A 8 p. 147, A 6 t. 5 f. 30 (♀) | [1918] *P. a.* aberr. *f.* (part.), Bryk, Parnassius Apollo Formenkreis, p. 101 t. 5 f. 30 (♀) | 1921 *P. a. pumilus* aberr. *flavibidomaculatus*, Stauder in: Soc. ent., *v.* 36 p. 10 | 1922 [1923] *P. a.* aberr. *ladogensis*, Bryk in: Strand, Lep. Cat., *v.* 27 p. 92 | 1924 *P. a.* aberr. *l.*, Fagnoul in: Mt. ent. Ver. Freiburg i. Br., *v.* 1 p. 106 | 1929 *P. a.* aberr. *l.*, Bollow in: Seitz, Großschmett. Erde, *v.* 1 Suppl. 1 p. 46.

Augenflecke hellgelb anstatt rot.

Kexholm (Ladogisch Karelien).

forma flavomaculata Deckert 1898 *P. apollo* aberr. *f.*, Deckert in: Ann. Soc. ent. France, *v.* 67 p. 189 | 1901 *P. a.* aberr. *nevadensis*, Hofmann-Spuler (nec Oberthür), Schmett. Eur., *v.* 1 p. 4 | 1903 *P. a.* aberr. *n.*, G. Wheeler, Butt. Switzerl., p. 55 | 1906 *P. a.* aberr. *flavomaculata*, H. Stichel in: Seitz, Großschmett. Erde, *v.* 1 p. 25 | 1907 *P. a.* forma *f.*, H. Stichel in: Gen. Ins., *v.* 58 p. 14 | 1909 *P. a.* aberr. *f.*, Rebel, Berges Schmettb., ed. 9 p. 7 | 1915 *P. a.* aberr. *f.*, Bryk in: Arch. Naturg., *v.* 80 A 8 p. 147, A 9 p. 135, A 7 t. 11 f. 92 (♀) | 1917 *P. a.* aberr. *flavomaculatus*, Kammel in: Z. Österr. Ent.-Ver. Wien, *v.* 2 p. 19 | [1918] *P. a.* aberr. *flavomaculata*, Bryk, Parnassius Apollo Formenkreis, p. 101, 137 t. 11 f. 92 (♀, forma *rhodopensis* aberr *f.*) | 1920 *P. a.* aberr. *flavormaculata* (errat.), Rebel in: Ann. Hofmus. Wien, *v.* 33 p. 61 | 1922 [1923] *P. a.* aberr. *flavomaculata*, Bryk in: Strand, Lep. Cat., *v.* 27 p. 88 | 1924 *P. a.* forma *f.* + forma *flavodilatata* (part.), Stauder in: D. ent. Z., p. 17, 22 | 1924 *P. a.* aberr. *flavomaculata*, Fagnoul in: Mt. ent. Ver. Freiburg i. Br., *v.* 1 p. 106 | 1931 *P. a. f.*, Mariani in: Giorn. Sci. Palermo, *v.* 36 p. 6 (Sep.).

Das Rot der Prachtflecke ist durch Gelb ersetzt.

Pontarlier (Franz. Jura).

Typus: ♀ in coll. L. Sheljuzhko, Kijew.

forma limoniti Bryk 1913 *P. apollo* var. *carelius* aberr. *l.*, Bryk in: Soc. ent., *v.* 28 p. 66 | 1915 & 14 *P. a.* aberr. *l.*, Bryk in: Arch. Naturg., *v.* 80 A 8 p. 147, A 6 t. 5 f. 29 (♂, var. *carelius* aberr. *l.*) | 1917 *P. a.* aberr. *ochreomaculatus*, Kammel in: Z. Österr. Ent.-Ver. Wien, *v.* 2 p. 19 | 1922 [1923] *P. a.* aberr. *limoniti*, Bryk in: Strand, Lep. Cat., *v.* 27 p. 93 | 1924 *P. a. oenipontanus* vel *wenzeli* aberr. *l.*, Stauder in: D. ent. Z., p. 22 | 1929 *P. a.* aberr. *l.* + aberr. *ochreomaculata*, Bollow in: Seitz, Großschmett. Erde, *v.* 1 Suppl. 1 p. 45 | 1934 *P. a.* subsp. *mongolica* forma *l.*, F. Nordström in: Ark. Zool., *v.* 27 A nr. 7 p. 3.

Farbe der Augenflecke ockerbraun anstatt rot.

Myllykylä (Ladogisch-Karelien).

Typus: ♂ in coll. C. Eisner, Berlin-Dahlem.

forma brunneomaculata H. Stich. 1899 *P. apollo* aberr. *brunneomaculatus*, H. Stichel in: Ins.-Börse, *v.* 16 p. 312 | 1906 *P. a.* aberr. *brunneomaculata*, H. Stichel in: Seitz, Großschmett. Erde, *v.* 1 p. 25 t. 13a (♀) | 1907 *P. a.* forma *b.*, H. Stichel in: Gen. Ins., *v.* 58 p. 22 | 1917 *P. a.* aberr. *brunneomaculatus*, Kammel in: Z. Österr. Ent.-Ver. Wien, *v.* 2 p. 19 | [1918] *P. a.* aberr. *brunneomaculata*, Bryk, Parnassius Apollo Formenkreis, p. 101 | 1922 [1923] *P. a.* aberr. *brunneomaculatus*, Bryk in: Strand, Lep. Cat., *v.* 27 p. 84 | 1924 *P. a.* aberr. *brunneomaculata*, Fagnoul in: Mt. ent. Ver. Freiburg i. Br., *v.* 1 p. 106 | 1931 *P. a. b.*, Mariani in: Giorn. Sci. Palermo, *v.* 36 p. 6 (Sep. Addenda).

Farbe der Augenflecke rötlichbraun anstatt rot.

Schneeberg bei Wien.

Typus: ♀ in coll. Zool. Mus. Berlin.

forma aurantiacomaculata Stauder 1922 *P. apollo pumilus* forma *aurantiacomaculata*, Stauder in: N. Beitr. syst. Ins.-Kunde, *v.* 2 p. 85, 88 | 1922 [1923] *P. a.* aberr. *a.*, Bryk in: Strand, Lep. Cat., *v.* 27 p. 85 | 1924 *P. a.* aberr. *a.*, Fagnoul in: Mt. ent. Ver. Freiburg i. Br., *v.* 1 p. 106 | 1929 *P. a.* aberr. *a.*, Bollow in: Seitz, Großschmett. Erde, *v.* 1 Suppl. 1 p. 45.

Augenflecke rötlich goldgelb schimmernd und leicht irisierend.

Aspromonte (Calabrien).

forma rubidochraceomaculata Stauder 1921 *P. apollo pumilus* forma *r.*, Stauder in: Soc. ent., *v.* 36 p. 10 | 1922 [1923] *P. a.* aberr. *r.* (nomen vix conserv.), Bryk in: Strand, Lep. Cat., *v.* 27 p. 98 | 1924 *P. a.* aberr. *rubidochracaeomaculata*, Fagnoul in: Mt. ent. Ver. Freiburg i. Br., *v.* 1 p. 106 | 1929 *P. a.* aberr. *rubidochraceomaculata*, Bollow in: Seitz, Großschmett. Erde, *v.* 1 Suppl 1 p. 45.

Farbe der Augenflecke ziegelrot bis hellockergelb.

Aspromonte (Calabrien).

forma rosaceomaculata Stauder 1922 *P. apollo pumilus* forma *r.*, Stauder in: D. ent. Z. Iris, *v.* 36 p. 42 | 1922 [1923] *P. a.* aberr. *r.*, Bryk in: Strand, Lep. Cat., *v.* 27 p. 232 | 1924 *P. a. oenipontanus* vel *wenzeli* forma *r.*, Stauder in: D. ent. Z., p. 22 | 1924 *P. a.* aberr. *r.*, Fagnoul in: Mt. ent. Ver. Freiburg i. Br., *v.* 1 p. 106 | 1929 *P. a.* aberr. *r.*, Bollow in: Seitz, Großschmett. Erde, *v.* 1 Suppl. 1 p. 45.

Spiegel der Augenflecke rosafarben.

Aspromonte (Calabrien).

forma oenophthalma Stauder 1913 *P. apollo* var. *carelius* aberr., Bryk in: Soc. ent., *v.* 28 p. 66 | 1924 *P. a. oenipontanus* forma *oinophthalmos*, Stauder in: D. ent. Z., p. 16, 22 | 1924 *P. a.* aberr. *o.*, Fagnoul in: Mt. ent. Ver. Freiburg i. Br., *v.* 1 p. 106 | 1928 *P. a.* forma *oinophthalma*, Bollow in: O. Bang-Haas, Nov. Macrolep., *v.* 3 p. 4 | 1929 *P. a.* aberr. *oinophthalmos*, Bollow in: Seitz, Großschmett. Erde, *v.* 1 Suppl. 1 p. 45.

Spiegel der Augenflecke hellrotweinfarben, ins Violette ziehend.

Ladogisch-Karelien.

Typus: ♀ in coll. C. Eisner, Berlin-Dahlem.

forma pyrophora Stauder 1924 *P. apollo oenipontanus* forma *p.*, Stauder in: D. ent. Z., p. 16, 22 | 1924 *P. a.* aberr. *p.*, Fagnoul in: Mt. ent. Ver. Freiburg i. Br., *v.* 1 p. 106 | 1929 *P. a.* aberr. *p.*, Bollow in: Seitz, Großschmett. Erde, *v.* 1 Suppl. 1 p. 45.

Das Gelb und Rot der nicht weißgekernten Augenflecke derart vermischt, daß eine prächtige Feuerfarbe entsteht.

Inntal (Tirol).

forma tetrachroma Stauder 1922 *P. apollo pumilus* forma *t.*, Stauder in: N. Beitr. syst. Ins.-Kunde, *v.* 2 p. 88 | 1924 *P. a.* aberr. *t.*, Fagnoul in: Mt. ent. Ver. Freiburg i. Br., *v.* 1 p. 106 | 1929 *P. a.* aberr. *t.*, Bollow in: Seitz, Großschmett. Erde, *v.* 1 Suppl. 1 p. 45.

Farbenabstufung der Augenflecke: die subcostalen anders als die medianen gefärbt; wenn dazu Weißkernung vorkommt, so kommen 4 Farben (schwarz, rot oder gelb und weiß) vor. Benennung unhaltbar.

Aspromonte (Calabrien).

forma expupillata Rocci 1853 *P. apollo* aberr. b, Wallengren, Lep. Scand. Rhop., p. 169 | 1911 *P. a.* aberr. *expupillata*, Rocci in: Atti Soc. Ligust., *v.* 22 p. 161 | 1913 *P. a.*, Bryk in Soc. ent., *v.* 28 p. 66 | 1915 & 14 *P. a.* aberr. *smidti*, Bryk in: Arch. Naturg., *v.* 80 A 8 p. 147, A 5 t. 2 f. 11 (♀, *P. a. nylandicus* aberr. *nigricans*), t. 3 f. 16 (♂, var. *carelius* aberr. *quincunx* + aberr. *smidti*), f. 17 (♂, var. *carelius*

Fig. 337.
**Parnassius apollo melliculus** H. Stich. forma **expupillata** Rocci (♀). (Original, aus coll. C. Eisner, Berlin-Dahlem) (1/1).

aberr. *quincunx*), A 7 t. 11 f. 87 (♂, var. *carelius* aberr.) | 1917 *P. a.* aberr. *rubromaculatus*, Kammel in: Z. Österr. Ent.-Ver. Wien, *v.* 2 p. 19 | [1918] *P. a.* aberr. *smidti*, Bryk, Parnassius Apollo Formenkreis, p. 101, 135, 137 t. 2 f. 11 (♀, *P. a. nylandicus* aberr. *nigricans*), t. 3 f. 16 (♂, var. *carelius* aberr. *quincunx* + aberr. *smidti*), f. 17 (♂, var. *c.* aberr. *q.*), t. 11 f. 87 (♂, var. *c.* aberr.) | 1918 *P. a. pumilus* aberr. *depupillata*, Turati in: Atti Soc. Ital., *v.* 57 p. 41 t. 1 f. 5—8 | 1922 [1923] *P. a.* aberr. *expupillata*, Bryk in: Strand, Lep. Cat., *v.* 27 p. 88 | 1924 *P. a.* aberr. *e.* (aberr. *rubromaculata* + aberr. *schmidti* ex synon.), Fagnoul in: Mt. ent. Ver. Freiburg i. Br., *v.* 1 p. 106 | 1929 *P. a.* aberr. *rubromaculata* + aberr. *e.*, Bollow in: Seitz, Großschmett. Erde, *v.* 1 Suppl. 1 p. 45, 46 | 1931 *P. a. e.*, Mariani in: Giorn. Sci. Palermo, *v.* 36 p. 5 (Sep.).

Beide Augenflecke oberseits rot ausgefüllt, ohne weiße Spiegel (Fig. 337).

Piemont.

forma zirpsi Bryk 1913 *P. apollo* var. *albus* aberr. *z.*, Bryk in: Soc. ent., *v.* 28 p. 66 | 1915 & 14 *P. a.* aberr. *z.*, Bryk in: Arch. Naturg., *v.* 80 A 8 p. 147, A 9 p. 136, 139, 141, A 6 t. 4 f. 23 (♂, var. *albus* aberr. *z.*), A 7 t. 12 f. 94 (♀, var. *albus* aberr. *z.*) | [1918] *P. a.* aberr. *z.*, Bryk, Parnassius Apollo Formenkreis, p. 101, 132, 135, 137 t. 4 f. 23 (♂, var. *albus* aberr. *z.*), t. 12 f. 94 (♀, var. *albus* aberr. *z.*) | 1920 *P. a. strambergensis* aberr. *z.*, Rebel in: Ann. Hofmus. Wien, *v.* 33 p. 71, 72 | 1922 [1923] *P. a.* aberr. *Z.*, Bryk in: Strand, Lep. Cat., *v.* 27 p. 100 | 1924 *P. a. oenipontanus* vel *wenzeli* forma *z.*, Stauder in: D. ent. Z., p. 23 | 1924 *P. a.* aberr. *z.*, Fagnoul in: Mt. ent. Ver. Freiburg i. Br., *v.* 1 p. 106 | 1929 *P. a.* aberr. *z.*, Bollow in: Seitz, Großschmett. Erde, *v.* 1 Suppl. 1 p. 46.

Augenflecke oberseits und unterseits ohne weiße Spiegel, ganz rot ausgefüllt (Artmerkmal für *P. bremeri* Ménétr.).

Stramberg (Mähren).

Typen: ♂ ♀ in coll. C. Eisner, Berlin-Dahlem.

forma binocularis Bryk 1853 *P. apollo* aberr. a, Wallengren, Lep. Scand. Rhop., p. 169 | 1918 *P. a. pumilus* aberr. *bispupillata* (nec *bipupillata* Bryk), Turati in: Atti Soc. Ital., *v.* 57 p. 40 t. 1 f. 4 (♀), t. 2 f. 4, 7, 8 (♀), t. 4 f. 4 (♂), 5 (♀), t. 5 f. 6 (♀), t. 6 f. 4, 6 (♀) | 1921 *P. a. p.* aberr. *bispupillata*, Stauder in: Soc. ent., *v.* 36 p. 9, 10 | 1922 [1921] *P. a.* aberr. *binocularis* (nom. nov.), Bryk in: Arch. Naturg., *v.* 87 A 10 p. 234 | 1922 [1923] *P. a.* aberr. *b.*, Bryk in: Strand, Lep. Cat., *v.* 27 p. 83 | 1924 *P. a.*

Fig. 338.
**Parnassius apollo democratus** Krulikowsky forma **binocularis** Bryk (♂). (Original, aus coll. C. Eisner, Berlin-Dahlem) (1/1).

*oenipontanus* forma *b.*, Stauder in: D. ent. Z., p. 24 | 1924 *P. a.* aberr. *b.* (aberr. *albopupillata* ex synon.), Fagnoul in: Mt. ent. Ver. Freiburg i. Br., *v.* 1 p. 106 | 1929 *P. a.* aberr. *b.*, Bollow in: Seitz, Großschmett. Erde, *v.* 1 Suppl. 1 p. 45 | 1931 *P. a. bispupillata*, Mariani in: Giorn. Sci. Palermo, *v.* 36 p. 5 (Sep.).

Beide Augenflecke deutlich weiß gekernt (Fig. 338).

Aspromonte (Calabrien).

Typen: ♂ ♀ in coll. E. Turati, Mailand.

forma graphica H. Stich. 1755, „Papillon mit rot. Augenspiegel", Rösel, Ins.-Belustig., *v.* 3 t. 45 f. 1 (♂) | 1899 *Parnassius apollo* aberr. *graphicus*, H. Stichel in: Ins.-Börse, *v.* 16 p. 312 | 1906 *P. a.* aberr. *graphica*, H. Stichel in: Seitz, Großschmett. Erde, *v.* 1 p. 26 t. 12 c (♀ *melliculus, graphica*) | 1907 *P. a.* forma *g.*, H. Stichel in: Gen.-Ins., *v.* 58 p. 23 | 1909 *P. a.* aberr. *g.*, Rebel, Berges Schmettb., ed. 9 p. 7 | 1911 & 10 *P. a.* aberr. *g.*, Verity, Rhop. palaearct., p. 311, t. LV f. 8 (♂, „race" *melliculus* forme *g.*) | 1911 *P. a.* aberr. *g.*, Büren v. Salis in: Bull. Soc. lép. Genève, *v.* 2 t. 8 f. 1, 2 (♀) | 1911 *P. a.* var. *rubidus* aberr. *g.*, Ramme in: Berlin. ent. Z., *v.* 56 p. 16 t. 2 f. 1 (♀, = transitus) | 1911 *P. a.* aberr. *g.*, Vorbrodt & Müller-Rutz, Schmett. Schweiz, *v.* 1 p. 8 | 1913 *P. a.* aberr. *g.*, Eug. Arnold in: Mt. Münch. ent. Ges., *v.* 4 p. 19 t. 1 (♀) | [1918] *P. a.* aberr. *g.*, Bryk, Parnassius Apollo Formenkreis, p. 102 t. 10

f. 84 (♀, var. *carelius* aberr. *g.*), t. 14 f. 107 (♂, var. *zarathustrae* aberr. *g.*) | 1920 *P. a.* aberr. *graphica-cohaerens*, Przegendza in: Ent. Z., *v.* 34 p. 36 | 1922 [1923] *P. a.* aberr. *graphicus*, Bryk in: Strand, Lep. Cat., *v.* 27 p. 89 | 1924 *P. a.* aberr. *graphicus*, Fagnoul in: Mt. ent. Ver. Freiburg i. Br., *v.* 1 p. 106 | 1930 *P. a. siciliae decora* + *graphica* + *subcentrica* + *appendiculata* + *excelsior*, Mariani in: Giorn. Sci. Palermo, *v.* 36 f. 3 ♀ p. 14 (Sep.) | 1931 *P. a. grafica*, Mariani, ibid., *v.* 36 p. 6 (Sep. Addenda).

Fig. 339.
**Parnassius apollo melliculus** H. Stich. **forma graphica** H. Stich. (♀). (Original, aus coll. C. Eisner, Berlin-Dahlem) (1/1).

Medianaugenfleck mit rot halbiertem, weißem Spiegel, so daß 2 weiße Kerne entstehen (Fig. 339).

Torenner Joch (Bayern).

forma m a g n o p u p i l l a t a Rocci 1911 *P. apollo* aberr. *m.*, Rocci in: Atti Soc. Ligust., *v.* 22 p. 161 | 1930 *P. a. siciliae* aberr. *turatii*, Mariani in: Giorn. Sci. Palermo, *v.* 36 p. 7 (Sep.) | 1930 *P. a. s.* aberr. *t.*, Mariani in: Boll. Soc. ent. Ital., *v.* 62 p. 105 | 1931 *P. a. magnopupillata*, Mariani in: Giorn. Sci. Palermo, *v.* 36 p. 1, 6 (Sep. Addenda).

Das Weiß der beiden Augenspiegel übertrieben vergrößert.

Piemont.

forma x a n t h o s t i c t a Stauder 1924 *P. apollo chetus* forma *x.*, Stauder in: D. ent. Z., p. 16 | 1924 *P. a.* aberr. *x.*, Fagnoul in: Mt. ent. Ver. Freiburg i. Br., *v.* 1 p. 106 | 1929 *P. a.* aberr. *ochreomaculata* (part.). Bollow in: Seitz, Großschmett. Erde, *v.* 1 Suppl. 1 p. 45.

Kernung der Augenflecke gelb anstatt weiß, bei sonst normaler roter Prachtfleckenfärbung.

Grünau (Ober-Österreich).

forma u n i f o r m i s Stauder 1921 *P. apollo pumilus* forma *u.*, Stauder (Feuerherdt MS.) in: Soc. ent., *v.* 36 p. 10 (nota) | 1922 *P. a. p.* forma *aequivalens*, Stauder in: N. Beitr. syst. Ins.-Kunde, *v.* 2 p. 85, 88 | 1922 [1923] *P. a.* aberr. *uniformis* + *a.*, Bryk in: Strand, Lep. Cat., *v.* 27 p. 85, 100 (nomen vix conserv.) | 1924 *P. a.* aberr. *u.* + aberr. *a.*, Fagnoul in: Mt. ent. Ver. Freiburg i. Br., *v.* 1 p. 107 | 1929 *P. a.* aberr. *u.* + aberr. *a.*, Bollow in: Seitz, Großschmett. Erde, *v.* 1 Suppl. 1 p. 45.

Beide Augenflecke oberseits genau gleich groß.

Aspromonte (Calabrien).

forma inaequata Turati 1915 *P. apollo* var. *democratus*, Bryk in: Arch. Naturg., *v.* 80 A 8 t. 16 f. 111 (♀) | [1918] *P. a.* var. *d.*, Bryk, Parnassius Apollo Formenkreis, t. 16 f. 111 (♀) | 1918 *P. a. pumilus* aberr. *inaequata*, Turati in: Atti Soc. Ital., *v.* 57 p. 47 t. 3 f. 8 (♂), t. 4 f. 2 (♂) | 1921 *P. a. p.* forma *i.*, Stauder in: Soc. ent., *v.* 36 p. 10 | 1922 [1923] *P. a.* aberr. *i.*, Bryk in: Strand, Lep. Cat., *v.* 27 p. 91 | 1924 *P. a.* aberr. *i.*, Fagnoul in: Mt. ent. Ver. Freiburg i. Br., *v.* 1 p. 107 | 1929 *P. a.* aberr. *i.*, Bollow in: Seitz, Großschmett. Erde, *v.* 1 Suppl. 1 p. 46 | 1931 *P. a. inequata*, Mariani in: Giorn. Sci. Palermo, *v.* 36 p. 7 (Sep. Addenda).

Der Subcostalaugenfleck der Unterseite deckt sich nicht mit dem der Oberseite.

Aspromonte (Calabrien).

Typus: ♂ in coll. E. Turati, Mailand.

forma reniformis Stauder 1921 *P. apollo pumilus* forma *r.*, Stauder in: Soc. ent., *v.* 36 p. 10 | 1922 [1923] *P. a.* aberr. *r.*, Bryk in: Strand, Lep Cat., *v.* 27 p. 98 | 1924 *P. a.* aberr. *r.*, Fagnoul in: Mt. ent. Ver. Freiburg i. Br., *v.* 1 p. 107 | 1929 *P. a.* aberr. *r.*, Bollow in: Seitz, Großschmett. Erde, *v.* 1 Suppl. 1 p. 46.

Fig. 340.
**Parnassius apollo nobilis** Bryk & Eisner forma **reniformis** Stauder (♀). (Original, aus coll. C. Eisner, Berlin-Dahlem) (1/1).

Medianaugenfleck nierenförmig, wie er für die ssp. *vinningensis* H. Stich. typisch ist (Fig. 340).

Aspromonte (Calabrien).

forma musagetes Stauder 1921 *P. pumilus* forma *m.*, Stauder in: Soc. ent., *v.* 36 p. 10 | 1922 [1923] *P. apollo* aberr. *m.*, Bryk in: Strand, Lep. Cat., *v.* 27 p. 94 | 1924 *P. a.* aberr. *m.*, Fagnoul in: Mt. ent. Ver. Freiburg i. Br., *v.* 1 p. 107 | 1929 *P. a.* aberr. *m.*, Bollow in: Seitz, Großschmett. Erde, *v.* 1 Suppl. 1 p. 46.

Medianaugenfleck bedeutend kleiner als der Subcostalaugenfleck.

Aspromonte (Calabrien).

forma microstigma Turati 1916 *P. apollo pumilus* aberr. a, Stauder in: Z. Ins.-Biol., *v.* 12 p. 13 | 1918 *P. a. p.* aberr. *microstigma*, Turati in: Atti Soc. Ital., *v.* 57 p. 41 t. 2 f. 1 (♂), t. 4 f. 1, 2, 3 (♂), t. 5 f. 2, 3 | 1922 [1923] *P. a.* aberr. *m.*,

Bryk in: Strand, Lep. Cat., *v.* 27 p. 94 | 1924 *P. a.* aberr. *m.*, Fagnoul in: Mt. ent. Ver. Freiburg i. Br., *v.* 1 p. 107 | 1929 *P. a.* aberr. *m.*, Bollow in: Seitz, Großschmett. Erde, *v.* 1 Suppl. 1 p. 45.

Die beiden rot ausgefüllten Augenflecke sehr klein.

Aspromonte (Calabrien).

Typus: ♂ in coll. E. Turati, Mailand.

forma quadratula Stauder 1922 *P. apollo pumilus* forma *q.*, Stauder in: N. Beitr. syst. Ins.-Kunde, *v.* 2 p. 85, 88 | 1922 [1923] *P. a.* aberr. *q.*, Bryk in: Strand, Lep. Cat., *v.* 27 p. 98 | 1924 *P. a.* aberr. *q.*, Fagnoul in: Mt. ent. Ver. Freiburg i. Br., *v.* 1 p. 107 | 1929 *P. a.* aberr. *q.*, Bollow in: Seitz, Großschmett. Erde, *v.* 1 Suppl. 1 p. 45.

Augenflecke fast quadratisch geformt.

Inntal (Tirol).

forma commatostigma Stauder 1922 *P. apollo pumilus* forma *c.*, Stauder in: N. Beitr. syst. Ins.-Kunde, *v.* 2 p. 85 | 1924 *P. a.* aberr. *c.*, Fagnoul in: Mt. ent. Ver. Freiburg i. Br., *v.* 1 p. 107 | 1929 *P. a.* aberr. *c.*, Bollow in: Seitz, Großschmett. Erde, *v.* 1 Suppl. 1 p. 46.

Subcostalaugenfleck kommaförmig, rot aufgetragen, zart schwarz umrandet.

Aspromonte (Calabrien).

forma cuneifera Stauder 1921 *P. apollo pumilus* forma *cuneifer*, Stauder (nec Fruhst.) in: Soc. ent., *v.* 36 p. 10 | 1922 [1923] *P. a.* aberr. *c.* (part. nomen praeoccupat.), Bryk in: Strand, Lep. Cat., *v.* 27 p. 85 | 1924 *P. a.* aberr. *cuneifera*, Fagnoul in: Mt. ent. Ver. Freiburg i. Br., *v.* 1 p. 107 | 1929 *P. a.* aberr. *cuneifer*, Bollow in: Seitz, Großschmett. Erde, *v.* 1 Suppl. 1 p. 46.

Subcostalaugenfleck keilförmig.

Aspromonte (Calabrien).

forma pseudocorybas Stauder 1922 *P. apollo pumilus* forma *p.*, Stauder in: N. Beitr. syst. Ins.-Kunde, *v.* 2 p. 85, 88 | 1922 [1923] *P. a.* aberr. *cuneifer* (part.), Bryk in: Strand, Lep. Cat., *v.* 27 p. 85 | 1924 *P. a.* aberr. *pseudocorybas*, Fagnoul in: Mt. ent. Ver. Freiburg i. Br., *v.* 1 p. 107 | 1929 *P. a.* aberr. *p.*, Bollow in: Seitz, Großschmett. Erde, *v.* 1 Suppl. 1 p. 46.

Medianaugenfleck herzförmig, verjüngte (untere) Seite der Herzfigur schräg nach vorn gerichtet.

Innsbruck.

forma comma fixum Stauder 1924 *P. apollo oenipontanus* vel *wenzeli* forma *c. f.*, Stauder in: D. ent. Z., p. 16 | 1924 *P. a.* aberr. *c. f.*, Fagnoul in: Mt. ent. Ver. Freiburg i. Br., *v.* 1 p. 105 | 1925 *P. a.* forma *comma flexum*, Osthelder, Schmett. S.-Bayerns, *v.* 1 p. 51 (nota) | 1929 *P. a.* aberr. *comma fixum*, Bollow in: Seitz, Großschmett. Erde, *v.* 1 Suppl. 1 p. 46.

Übergang zur nächstfolgenden Form. An den Subcostalaugenfleck angelehnt ein kommaförmiger Strich, der jedoch den Medianaugenfleck nicht erreicht.

Inntal (Tirol).

forma cardinalis Bryk 1851 *P. apollo* var. *sibirica* (part.), Nordmann in: Bull. Soc. Moscou, *v.* 24 nr. 2 t. 11 f. 1 (♀) | 1895 *P. a.*, Heissler in: Ent. Z., *v.* 9 p. 67 | 1905 *P. a.* aberr. *nexilis* (part.), O. Schultz in: Berlin. ent. Z., *v.* 49 p. 275 | 1906 *P. a.* aberr. *n.*, Verity, Rhop. palaearct., p. 50 | 1906 *P. a.* aberr. *n.*, H. Stichel in: Seitz, Großschmett. Erde, *v.* 1 p. 26 | 1907 *P. a.* forma *n.*, H. Stichel in: Gen. Ins., *v.* 58 p. 23 | 1909 *P. a.* aberr. *n.*, Rebel, Berges Schmettb., ed. 9 p. 7 | 1912 *P. a.* aberr. *cardinalis*, Bryk in: Soc. ent., *v.* 27 p. 96 | 1913 *P. a.* aberr. *cardinal*, Bryk, ibid., *v.* 28 p. 10 | 1914 *P. a.* var. *linnaei* aberr. *cardinalis*, Bryk, ibid., *v.* 29 p. 10 f. 1 (♀), p. 14 | 1915 & 14 *P. a.* aberr. *cardinal*, Bryk in: Arch. Naturg., *v.* 80 A 8 p. 146, 172, A 5 t. 2 f. 9 (♀, var. *albus* forma *silesianus*), f. 10 (♀, var. *scandinavica* comb. aberr. *pseudonomion* + aberr. *cardinalis* + aberr. *ampliusmaculata*), t. 3 f. 14 (♀, var. *sibiricus*), A 7 t. 13 f. 106b (♀, var. *melliculus*) | [1918] *P. a.* aberr. *c.*, Bryk, Parnassius Apollo Formenkreis, p. 100, 135 t. 2 f. 9 (♀, var. *albus* forma *silesianus*), f. 10 (♀, var. *scandinavica* comb. aberr. *pseudonomion* + aberr. *cardinalis* + aberr. *ampliusmaculata*), t. 3 f. 14 (♀, var. *sibiricus*), t. 13 f. 106b (♀, var. *melliculus*) | 1922 [1923] *P. a.* aberr. *cardinalis*, Bryk in: Strand, Lep. Cat., *v.* 27 p. 84 | 1924 *P. a. oenipontanus* + *claudius* forma *cardinal*, Stauder in: D. ent. Z., p. 22 | 1924 *P. a.* aberr. *cardinalis* (*conjuncta* ex synon.), Fagnoul in: Mt. ent. Ver. Freiburg i. Br., *v.* 1 p. 105 | 1925 *P. a.* mod. *conjuncta*, Osthelder, Schmett. S.-Bayerns, *v.* 1 p. 52 | 1931 *P. a. nexilis*, Mariani in: Giorn. Sci. Palermo, *v.* 36 p. 5 (Sep. Addenda).

Fig. 341.
**Parnassius apollo melliculus** H. Stich. forma **cardinalis** Bryk + forma **decora** H. Stich. (♀).
(Original, aus coll. C. Eisner, Berlin-Dahlem) (1/1).

Beide Augenflecke durch einen schwarzen Strich miteinander verbunden (Fig. 341).

Schweiz.

forma rubrofasciata Fagnoul 1924 *P. apollo* aberr. *r.*, Fagnoul in: Mt. ent. Ver. Freiburg i. Br., *v.* 1 p. 106 | 1929 *P. a.* aberr. *r.*, Bollow in: Seitz, Großschmett. Erde, *v.* 1 Suppl. 1 p. 45.

Subcostal- und Medianaugenfleck unterseits durch einen verhältnismäßig breiten, roten, schwarz umrandeten Strich miteinander verbunden, der oberseits sicher — die Diagnose erwähnt es nicht — schwarz vorhanden ist.

Typus sine patria.

forma hydrargyrostigma Stauder 1922 *P. apollo pumilus* forma *h.*, Stauder in: Mt. Münch. ent. Ges., *v.* 12 p. 18 | 1922 [1923] *P. a.* aberr. *h.*, Bryk in: Strand, Lep. Cat., *v.* 27 p. 86 | 1929 *P. a.* aberr. *h.*, Bollow in: Seitz, Großschmett. Erde, *v.* 1 Suppl. 1 p. 46.

Die großen, weißen Spiegel der Augenflecke irisieren und glänzen wie Quecksilber.

Aspromonte (Calabrien).

forma steimmigi Stauder 1922 *P. apollo pumilus* forma *s.*, Stauder in: N. Beitr. syst. Ins.-Kunde, *v.* 2 p. 85, 86 | 1922 [1923] *P. a.* aberr. *S.*, Bryk in: Strand, Lep. Cat., *v.* 27 p. 99 | 1924 *P. a.* aberr. *steimigi*, Fagnoul in: Mt. ent. Ver. Freiburg i. Br., *v.* 1 p. 107 | 1929 *P. a.* aberr. *steimmigi*, Bollow in: Seitz, Großschmett. Erde, *v.* 1 Suppl. 1 p. 46.

Der Medianaugenfleck hat die Form einer Mondsichel

Aspromonte (Calabrien).

forma siepeni Stauder 1922 *P. apollo pumilus* forma *s.*, Stauder in: N. Beitr. syst. Ins.-Kunde, *v.* 2 p. 85, 86 | 1922 [1923] *P. a.* aberr. *S.*, Bryk in: Strand, Lep. Cat., *v.* 27 p. 99 | 1924 *P. a.* aberr. *s.*, Fagnoul in: Mt. ent Ver. Freiburg i. Br., *v.* 1 p. 107.

Das schwarze Anhängsel des Medianaugenfleckes zwischen $M_2$ und $M_3$ völlig getrennt.

Aspromonte (Calabrien).

forma azona Stauder 1922 *P. apollo pumilus* forma *a.*, Stauder in: N. Beitr. syst. Ins.-Kunde, *v.* 2 p. 85 | 1922 [1923] *P. a.* aberr. *a.*, Bryk in: Strand., Lep. Cat., *v.* 27 p. 85 | 1924 *P. a.* aberr. *a.* (an transitus ad formam *philippsi* ?), Fagnoul in: Mt. ent. Ver. Freiburg i. Br., *v.* 1 p. 105 | 1929 *P. a.* aberr. *a.*, Bollow in: Seitz, Großschmett. Erde, *v* 1 Suppl. 1 p. 46.

Subcostalaugenfleck völlig ohne schwarze Umrandung, Medianaugenfleck noch mit Spuren der schwarzen Umsäumung.

Aspromonte (Calabrien).

forma unialbocentrata Bryk (nom. nov.) 1918 *P. apollo* var. *transsylvanicus*, Bryk, Parnassius Apollo Formenkreis, t. 18 f. 115 (♀) | 1929 *P. a.* aberr. *unipupillata* Bollow (nec Rebel) in: Seitz, Großschmett. Erde, *v.* 1 Suppl. 1 p. 46.

Nur der Medianaugenfleck mit weißem Spiegel, der subcostale rot ausgefüllt.

Typus sine patria.

forma profluata Osth. 1925 *P. apollo* forma *p.*, Osthelder (Frank & Riemel MS.), Schmett. S.-Bayerns, *v.* 1 p. 51 (nota) | 1929 *P. a.* aberr. *p.*, Bollow in: Seitz, Großschmett. Erde, *v* 1 Suppl. 1 p. 46.

Von der schwarzen Umrandung des Subcostalaugenfleckes zieht als Fortsetzung ein schwarzer Strich längs des Vorderrandes hin.

Falkenstein (Bayern).

forma unimaculata Bryk 1915 *P. apollo* aberr. *monomaculatus*, Bryk in: Arch. Naturg., *v.* 80 A 8 p. 147 | [1918] *P. a.* aberr. *m.*, Bryk, Parnassius Apollo Formenkreis, p. 101 t. 24 f. 127a (♂, var. *carelius*) | 1922 [1923] *P. a.* aberr. *unimaculatus* (nom. emendat.), Bryk in: Strand, Lep. Cat., *v.* 27 p. 100 | 1924 *P. a.* aberr. *u.*, Fagnoul in: Mt. ent. Ver. Freiburg i. Br., *v.* 1 p. 107 | 1929 *P. a.* aberr. *unimaculata*, Bollow in: Seitz, Großschmett. Erde, *v.* 1 Suppl. 1 p. 46.

Nur der hinterste der Analflecke oberseits erhalten.

Ladogisch-Karelien.

Typus: ♂ in coll. C. Eisner, Berlin-Dahlem.

forma immaculata Ruhm. 1913 *P. apollo* aberr. *i.*, Ruhmann in: Ent. Z., *v.* 26 p. 186 f. 1 (♂) | 1914 *P. a.* aberr. *heseboloides*, Schawerda in: Verh. Ges. Wien, *v.* 64 p. 351 | 1915 & 14 *P. a.* aberr. *immaculata*, Bryk in: Arch. Naturg., *v.* 80 A 8 p. 147, A 6 t. 4 f. 23 (♂, var. *albus* aberr. *zirpsi* + forma *seitzi*) | [1918] *P. a.* aberr. *i.*, Bryk, Parnassius Apollo Formenkreis, p. 101 t. 4 f. 23 (♂, var. *albus* aberr. *zirpsi* + forma *seitzi*), p. 135 | 1922 [1923] *P. a.* aberr. *i.*, Bryk in: Strand, Lep. Cat., *v.* 27 p. 91 | 1924 *P. a.* aberr. *i.*, Fagnoul in: Mt. ent. Ver. Freiburg i. Br., *v.* 1 p. 107 | 1929 *P. a.* aberr.

*heseboloides*, Bollow in: Seitz, Großschmett. Erde, *v.* 1 Suppl. 1 p. 46 | 1930 *P. a. siciliae* aberr. *h.*, Mariani in: Giorn. Sci. Palermo, *v.* 36 p. 6 (Sep.) f. 2 (♂) | 1930 *P. a. s.* aberr. *h.*, Mariani in: Boll. Soc. ent. Ital., *v.* 62 p. 105—106 (fig. ♂) | 1931 *P. a. h.*, Mariani in: Giorn. Sci. Palermo, *v.* 36 p. 8 (Sep. Addenda).

Hinterflügel oberseits ohne jeden Analfleck.

Krems an der Donau.

Typus: ♂ in coll. R. Oberthür, Rennes.

forma ampliusmaculata Verity 1905 *P. apollo* aberr. *nexilis* (part.), O. Schultz in: Berlin. ent. Z., *v.* 49 p. 275 | 1911 & 10 *P. a.* aberr. *ampliusmaculata*, Verity, Rhop. palaearct., p. 311 t. LXII f. 6 (♀) | 1914 *P. a.* var. *Linnaei* forma *nigricans* (+ aberr. *graphica* + *amplius maculata* + *cardinalis*), Bryk in: Soc. ent., *v.* 29 p. 10 f. 1 (♀) | 1915 & 14 *P. a.* aberr. *ampliusmaculata*, Bryk in: Arch. Naturg., *v.* 80 A 8 p. 147, A 5 t. 2 f. 9, f. 10 (♀, var. *scandinavica* aberr. *pseudonomion* + aberr. *cardinalis* + aberr. *a.*), A 8 t. 19 f. 118 (♀, var. *phonolithi* aberr. *Aichelei*) | [1918] *P. a.* aberr. *a.*, Bryk, Parnassius Apollo Formenkreis, p. 101, 121 t. 2 f. 10 (♀, var. *scandinavica* aberr. *pseudonomion* + aberr. *cardinalis* + aberr. *a.*), t. 19 f. 118 (♀, var. *phonolithi* aberr. *Aichelei*) | 1920 *P. a.* aberr., Rebel in: Ann. Hofmus. Wien, *v.* 33 p. 61 | 1924 *P. a. oenipontanus* aberr. *ampliusmaculata*, Stauder in: D. ent. Z., p. 22 | 1924 *P. a.* aberr. *a.*, Fagnoul in: Mt. ent. Ver. Freiburg i. Br., *v.* 1 p. 105, 107 | 1929 *P. a.* aberr. *a.*, Bollow in: Seitz, Großschmett. Erde, *v.* 1 Suppl. 1 p. 46.

Medianaugenfleck durch einen überschüssigen schwarzen Fleck zwischen $M_3$ und $Cu_1$ mit den beiden Analflecken verbunden.

Schweden.

Typus: ♀ in coll. Elwes, Brit. Mus. London.

forma rubrocatenata Stauder 1922 *P. apollo* forma *r.*, Stauder in: N. Beitr. syst. Ins.-Kunde, *v.* 2 p. 85, 88 | 1922 [1923] *P. a.* aberr. *r.*, Bryk in: Strand, Lep. Cat., *v.* 27 p. 98 | 1924 *P. a. oenipontanus* forma *r.*, Stauder in: D. ent. Z., p. 23 | 1924 *P. a.* aberr. *r.*, Fagnoul in: Mt. ent. Ver. Freiburg i. Br., *v.* 1 p. 107 | 1929 *P. a.* aberr. *r.*, Bollow in: Seitz, Großschmett. Erde, *v.* 1 Suppl. 1 p. 46 | 1929 *P. a. melliculus* aberr. *ampliusdecora*, Eisner in: Int. ent. Z., *v.* 23 p. 57.

Der überschüssige schwarze Fleck zwischen $M_3$ und $Cu_1$ mit rotem Kern.

Silltal bei Innsbruck.

forma marginepupillata Bryk 1913 *P. apollo pyrenaicus* + *P. a. siciliae*, C. Oberthür, Étud. Lép., *v.* 8 p. 84 t. 203 f. 1896 (♀); p. 87 t. 224 f. 1960 (♀) | 1915 & 14 *P. a.* aberr. *margopupillata*, Bryk in: Arch. Naturg., *v.* 80 A 8 p. 147, 173, A 9 p. 136, A 6 t. 4 f. 21 (♀, var. *siciliae*) | [1918] *P. a.* aberr. *m.*, Bryk, Parnassius Apollo Formenkreis, p. 102, 127, 132, t. 4 f. 21 (♀, var. *siciliae*) | 1922 [1923] *P. a.* aberr. *m.*, Bryk in: Strand, Lep. Cat., *v.* 27 p. 94 | 1924 *P. a.* aberr. *m.* (aberr. *decora* ex synon.), Fagnoul in: Mt. ent. Ver. Freiburg i. Br., *v.* 1 p. 107 | 1929 *P. a.* aberr. *m.*, Bollow in: Seitz, Großschmett. Erde, *v.* 1 Suppl. 1 p. 46 | 1930 *P. a.* subsp. *eubohemicus* aberr. *marginepupillata*, Bryk & Eisner in: Mt. D. ent. Ges., *v.* 1 p. 38 | 1931 *P. a.* aberr. *margopupillata*, Bollow in: Seitz, Großschmett. Erde, *v.* 1 Suppl. 1 p. 330.

Hinterster Analfleck schwarz mit rotem Kern.

Sizilien.

Typus: ♀ in coll. C. Eisner, Berlin-Dahlem.

forma semidecora Bryk 1914 *P. apollo* aberr. *s.*, Bryk in: Soc. ent., *v.* 29 p. 15 | 1915 & 14 *P. a.* aberr. *s.*, Bryk in: Arch. Naturg., *v.* 80 A 9 p. 138, 148, A 5 t. 3 f. 12 (♀, var. *scandinavica* forma nova) | [1918] *P. a.* aberr. *s.*, Bryk, Parnassius Apollo Formenkreis, p. 102, 134 t. 3 f. 12 (♀, var. *scandinavica* forma nova) | 1922 [1923] *P. a.* aberr. *semidecora*, Bryk in: Strand, Lep. Cat., *v.* 27 p. 98 | 1924 *P. a.* aberr. *s.*, Fagnoul in: Mt. ent. Ver. Freiburg i. Br., *v.* 1 p. 107 | 1929 *P. a.* aberr. *s.*, Bollow in: Seitz, Großschmett. Erde, *v.* 1 Suppl. 1 p. 46.

Nur der vordere schwarze Cubitalfleck des Hinterflügels zwischen $Cu_1$ und $Cu_2$ auch oberseits rot gekernt.

Schweden.

Typus: ♀ in coll. C. Eisner, Berlin-Dahlem.

forma decora O. Schultz 1792 *Papilio apollo* var., J. F. W. Herbst in: Jablonsky (& J. F. W. Herbst), Naturs. Ins. Schmett., *v.* 5 p. 43 t. 85 f. 3, 4 | 1805 *P. a.*, Jac. Hübner (& C. Geyer), Samml. Eur. Schmett., *v.* 1 f. 396, 397 | 1906 *Parnassius a.* aberr. *decora*, O. Schultz in: Ent. Z., *v.* 20 p. 117 | 1906 *P. a.* aberr. *d.*, H. Stichel in: Seitz, Großschmett. Erde, *v.* 1 p. 26 f. 13b (♂) | 1907 *P. a.* forma *d.*, H. Stichel in: Gen. Ins., *v.* 58 p. 23 | 1909 *P. a.* aberr. *d.*, A. Pagenstecher in: Jahrb. Ver. Nassau, *v.* 62 t. 7 f. 3 (♀) | 1911 *P. a.* aberr. *d.*, Büren von Salis in: Bull. Soc. lép. Genève, *v.* 2 t. 8 f. 2 (♀) | 1911 *P. a.* aberr. *d.*, Vorbrodt & Müller-Rutz, Schmett. Schweiz, *v.* 1 p. 8 | 1914 *P. a. democratus* aberr. *d.*, Ugrjumov in: Ent. Z., *v.* 28 p. 31 f. 7 (♀) | 1917 *P. a.* aberr. *decorus*, Kammel in: Z. Österr. Ent.-Ver. Wien, *v.* 2 p. 19 | 1918 *P. a. rhaeticus* aberr. *decora* + *bartholomaeus* aberr. *d.* + *melliculus* aberr. *d.* + *glocnerica* aberr. *d.*, W. Rothschild in: Nov. zool., *v.* 25 p. 238, 239 | [1918] *P. a.* aberr. *d.*, Bryk, Parnassius Apollo Formenkreis, p. 102 | 1922 [1923] *P. a.* aberr. *d.*, Bryk in: Strand, Lep. Cat., *v.* 27 p. 85 | 1924 *P. a.* aberr. *d.*, Fagnoul in: Mt. ent. Ver. Freiburg i. Br., *v.* 1 p. 107.

Die beiden hintersten Analflecke schwarz mit Rotkernung (siehe Fig. 341).

Typus sine patria.

forma kailasiophana Bryk 1915 & 14 *P. apollo* aberr. *kailasiophanus*, Bryk in: Arch. Naturg., *v.* 80 A 8 p. 148, A 6 t. 6 f. 43 (non t. 9 f. 75) (♀, *P. a.* forma *rubidus*), A 8 t. 19 f. 117 (♀) | [1918] *P. a.* aberr. *k.*, Bryk, Parnassius Apollo Formenkreis, p. 102, 136, 138 t. 6 f. 43 (non t. 9 f. 75) (♀, *P. a.* forma *rubidus*), t. 19 f. 117 (♀, var. nova aberr. *k.*) | 1922 [1923] *P. a.* aberr. *k.*, Bryk in: Strand, Lep. Cat., *v.* 27 p. 92 | 1924 *P. a.* forma *kailasiophana*, Stauder in: D. ent. Z., p. 23 | 1924 *P. a.* aberr. *kailasiophanus*, Fagnoul in: Mt. ent. Ver. Freiburg i. Br., *v.* 1 p. 107 (diagnos. falsa) | 1929 *P. a.* aberr. *kailasiophana*, Bollow in: Seitz, Großschmett. Erde, *v.* 1 Suppl. 1 p. 46.

Die beiden Cubitalflecke und der Hinterrandfleck des Hinterflügels unterseits zu einem continuierlichen, rotgekernten Bändchen verbunden; der mittlere Fleck kann dabei noch einen weißen Spiegel tragen. Oberseits sind die beiden hintersten Flecke rot gekernt.

Hohenzollern.

Typus: ♀ in coll. C. Eisner, Berlin-Dahlem.

♀ forma tripupillata Stauder 1922 *P. apollo* forma *t.*, Stauder in: N. Beitr. syst. Ins.-Kunde, *v.* 2 p. 85, 88 | 1924 *P. a.* aberr. *t.*, Fagnoul in: Mt. ent. Ver. Freiburg i. Br., *v.* 1 p. 107 | 1929 *P. a.* aberr. *t.*, Bollow in: Seitz, Großschmett. Erde, *v.* 1 Suppl. 1 p. 46.

Der hinterste Analfleck oberseits (außer Rot?) mit weißem Spiegel.

Silltal bei Innsbruck.

♀ forma tetradynomos Stauder 1924 *P. apollo oenipontanus* forma *t.*, Stauder in: Int. ent. Z., *v.* 18 p. 9 | 1924 *P. a.* aberr. *t.*, Fagnoul in: Mt. ent. Ver. Freiburg i. Br., *v.* 1 p. 108 | 1929 *P. a.* aberr. *tetradynamos*, Bollow in: Seitz, Großschmett. Erde, *v.* 1 Suppl. 1 p. 46.

Die hintersten schwarzen Analflecke des Hinterflügels tragen je einen weißen, rot umzingelten Spiegel.

Wipptal (Tirol).

forma marschneri Bryk 1911 *P. apollo* aberr. *m.*, Bryk in: Int. ent. Z., *v.* 5 p. 161 f. 11 (♀, *P. a.* var. *fennoscandicus* (?) aberr.) | 1912 *P. a.* „vieläugige", Bryk in: Soc. ent., *v.* 27 p. 26 | 1914 *P. a.* var. *linnaei* aberr. *marschneri*, Bryk, ibid., *v.* 29 p. 14 | 1915 & 14 *P. a.* aberr. *m.*, Bryk in: Arch. Naturg., *v.* 80 A 8 p. 148, A 5 t. 3

f. 13 (♀, var. *alpherakyi* forma *magnifica*) | [1918] *P. a.* aberr. *m.*, Bryk, Parnassius Apollo Formenkreis, p. 102, 135 t. 3 f. 13 (♀, var. *alpherakyi* forma *magnifica*) | 1922 [1923] *P. a.* aberr. *M.*, Bryk in: Strand, Lep. Cat., *v.* 27 p. 94 | 1924 *P. a. oenipontanus* forma *m.*, Stauder in: D. ent. Z., p. 23 | 1924 *P. a.* aberr. *m.*, Fagnoul in: Mt. ent. Ver. Freiburg i. Br., *v.* 1 p. 108 | 1929 *P. a.* aberr. *m.*, Bollow in: Seitz, Großschmett. Erde, *v.* 1 Suppl. 1 p. 46.

Die beiden rot gekernten Analflecke des Hinterflügels unterseits mit weißem Kern.

Norwegen (?) [Patria falsa, wahrscheinlich Bayern].

Typus: ♀ in coll. H. Marschner, Hirschberg i. Schlesien.

forma s u b l a c r i m a n s Bryk 1891 *P. apollo* var. *wiskotti*, C. Oberthür, Étud. Ent., *v.* 14 t. 2 f. 14 (♀) | 1911 *P. a.* aberr. *lacrimans* (part.), Marschner in: D. ent. Z. Iris, *v.* 25 p. 131 | 1913 *P. a. suevicus* aberr. *sublacrimans*, Bryk in: Soc. ent., *v.* 28 p. 66 | 1915 & 14 *P. a.* aberr. *s.*, Bryk in: Arch. Naturg., *v.* 80 A 8 p. 147, A 9 p. 139, 141, A 5 t. 2 f. 5 (♀, var. *rubidus* aberr. *sublacrimans*), A 7 t. 10 f. 78 (♂, var. *suevicus* aberr. *sublacrimans*) | [1918] *P. a.* aberr. *s.*, Bryk, Parnassius Apollo Formenkreis, p. 101, 135, 137, t. 2 f. 5 (♀, var. *rubidus* aberr. *s.*), t. 10 f. 78 (♂, var. *suevicus* aberr. *s.*) | 1922 [1923] *P. a.* aberr. *s.*, Bryk in: Strand, Lep. Cat., *v.* 27 p. 232 | 1924 *P. a.* aberr. *s.*, Fagnoul in: Mt. ent. Ver. Freiburg i. Br., *v.* 1 p. 108 | 1925 *P. a.* forma *s.*, Osthelder (Riemel & Frank), Schmett. S.-Bayerns, *v.* 1 p. 51 (nota) | 1929 *P. a.* aberr. *s.*, Bollow in: Seitz, Großschmett. Erde, *v.* 1 Suppl. 1 p. 46.

Fig. 342.
**Parnassius apollo melliculus** H. Stich. forma **sublacrimans** Bryk (♀). (Original, aus coll. C. Eisner, Berlin-Dahlem) (1/1).

Subcostalaugenfleck mit der Wurzel durch einen schwarzen Strich verbunden (Fig. 342).

Schwäbische Alb.

Typus: ♂ in coll. E. Aichele, Stuttgart.

forma l a c r i m a n s Marschner 1905 *P. apollo* aberr. *nexilis* (part.), O. Schultz in: Berlin. ent. Z., *v.* 49 p. 275 | 1906 *P. a.* aberr. *n.* (part.), H. Stichel in: Seitz, Großschmett. Erde, *v.* 1 p. 26 | 1911 *P. a.* aberr. *lacrimans*, Marschner in: D. ent. Z. Iris, *v.* 25 p. 131 (textf. ♀) | 1913 *P. a.* aberr. *l.*, Bryk in: Soc. ent., *v.* 28 p. 66 | 1913 *P. a.* aberr. *nexilis*, Arnold in: Mt. Münch. ent. Ges., *v.* 4 p. 19 t. 1 fig. (♀) | 1915 *P. a.* aberr. *lacrimans*, Bryk in: Arch. Naturg., *v.* 80 A 8 p. 148 | [1918] *P. a.* aberr. *l.*, Bryk, Parnassius Apollo Formenkreis, p. 102 | 1922 [1923] *P. a.* aberr. *l.*, Bryk in: Strand, Lep. Cat., *v.* 27 p. 92 | 1924 *P. a.* aberr. *l.*, Stauder in: D. ent. Z., p. 22 | 1924 *P. a.* aberr. *l.* (*lacrimaeformis* ex synon.), Fagnoul in: Mt. ent. Ver. Freiburg i. Br., *v.* 1 p. 108 | 1925 *P. a. lacrimaeformis*, Osthelder, Schmett. S.-Bayerns, *v.* 1 p. 52 | 1929 *P. a.* aberr. *lacrimans*, Bollow in: Seitz, Großschmett. Erde, *v.* 1 Suppl. 1 p. 46.

Der Subcostalaugenfleck ergießt sich tränenartig in den Wurzelfleck.

Binn (Schweizer Jura).

Typus: ♀ in coll. H. Marschner, Hirschberg i. Schlesien.

forma subtuslacrimans Osth. 1925 *P. a.* aberr. *s.*, Osthelder (Frank & Riemel MS.), Schmett. S.-Bayerns, *v.* 1 p. 51 (nota) | 1929 *P. a.* aberr. *s.*, Bollow in: Seitz, Großschmett. Erde, *v.* 1 Suppl. 1 p. 46.

Nur unterseits ist der Subcostalaugenfleck mit dem zweiten Wurzelfleck durch einen roten Strich verbunden.

Weissenbach (Bayern).

forma excelsior H. Stich. 1752, *Papilio alpicola* (part.), Geer, Mém. Hist. Ins., *v.* 1 t. 18 f. 12 (♀) | 1884 *Parnassius apollo* var., Schilde in: Ent. Nachr., *v.* 10 p. 334 | 1893 *P. a.* aberr., Rebel & Rogenhofer in: Jahresber. Wien. ent. Ver., *v.* 3 p. 57 | 1893 *P. a.*, Caradja in: D. ent. Z. Lep., *v.* 6 p. 169 | 1899 *P. a.* aberr. *excelsior*, H. Stichel in: Ins.-Börse, *v.* 16 p. 312 | 1906 *P. a.* aberr. *e.*, H. Stichel in: Seitz, Großschmett. Erde, *v.* 1 p. 26 t. 13a (♀) | 1907 *P. a.* aberr. *e.*, H. Stichel in: Gen. Ins., *v.* 58 p. 23 | 1909 *P. a.* aberr. *e.*, A. Pagenstecher in: Jahrb. Ver. Nassau, *v.* 62 p. 210 t. 7 f. 2 (♂) | 1909 *P. a.* aberr. *e.*, Rebel, Berges Schmettb., ed. 9 p. 7 | 1911 *P. a.* aberr. *e.*, Verity, Rhop. palaearct., p. 311 | 1911 *P. a.* aberr. *e.*, Vorbrodt & Müller-Rutz, Schmett. Schweiz, *v.* 1 p. 8 | 1913 *P. a.* aberr. *e.*, Eug. Arnold in: Mt. Münch. ent. Ges., *v.* 4 p. 19 t. 1 (♀) | 1915 & 14 *P. a.* aberr. *e.*, Bryk in: Arch. Naturg., *v.* 80 A 8 p. 148, A 9 p. 138, A 6 t. 4 f. 20 (♂, var. *scandinavica* forma nova), A 7 t. 9 f. 75 (♂ non ♀! var. *rubidus* aberr. *kailasiophanus*) | [1918] *P. a.* aberr. *e.*, Bryk, Parnassius Apollo Formenkreis, p. 102, 134, 135 t. 4 f. 20 (♂, var. *scandinavica* forma nova); t. 9 f. 75 (♂ non ♀! var. *rubidus* aberr. *kailasiophanus*) | 1922 [1923] *P. a.* aberr. *e.*, Bryk in: Strand, Lep. Cat., *v.* 27 p. 87 | 1924 *P. a. oenipontanus* vel *wenzeli*, Stauder in: D. ent. Z., p. 23 | 1924 *P. a.* aberr. *exelsior* (errat.), Fagnoul in: Mt. ent. Ver. Freiburg i. Br., *v.* 1 p. 108 | 1925 *P. a.* mod. *excelsior*, Osthelder, Schmett. S.-Bayerns, *v.* 1 p. 52.

Der 2. Wurzelfleck schlägt auf die Oberseite des Hinterflügels rot durch.

Wiener Schneeberg.

forma felkeli Stauder 1923 *P. apollo* forma *f.*, Stauder in: Ent. Anz., *v.* 3 p. 1 | 1924 *P. a. oenipontanus* vel *wenzeli* forma *f.*, Stauder in: D. ent. Z., p. 23 | 1924 *P. a.* aberr. *f.*, Fagnoul in: Mt. ent. Ver. Freiburg i. Br., *v.* 1 p. 108 | 1929 *P. a.* forma *f.*, Bollow in: Seitz, Großschmett. Erde, *v.* 1 Suppl. 1 p. 43.

In der Hinterrandschwärze des Hinterflügels sind oberseits rote Schuppen diffus eingestreut.

Silltal (Tirol).

forma basireducta Fagnoul 1924 *P. apollo* var. *marcianus* aberr. *b.*, Fagnoul in: Mt. ent. Ver. Freiburg i. Br., *v.* 1 p. 108 | 1929 *P. a.* aberr. *b.*, Bollow in: Seitz, Großschmett. Erde, *v.* 1 Suppl. 1 p. 46.

Die schwarze Basalzeichnung des Hinterflügels oberseits derart reduziert, daß sie genau mit den unterseitigen geröteten Wurzelflecken übereinstimmt, durch das Weiß des Flügelgrundes sehr scharf abgehoben.

Schwarzwald.

forma biornata Osth. 1925 *P. apollo* forma *biornatus*, Osthelder (Frank & Riemel MS.), Schmett. S.-Bayerns, *v.* 1 p. 51 (nota) | 1929 *P. a.* aberr. *biornata* (*biexcelsior* ex synon.), Bollow in: Seitz, Großschmett. Erde, *v.* 1 Suppl. 1 p. 46.

Neben dem vorderen Wurzelfleck ist auch der in der Mittelzelle des Hinterflügels oberseits rot.

Inntal.

forma leucophora Bryk 1914 *P. apollo* var. *linnaei* aberr. *leukophorus*, Bryk in: Soc. ent., *v.* 29 p. 14 | 1915 *P. a.* aberr. *leucophorus*, Bryk in: Arch. Naturg., *v.* 80 A 8 p. 148 t. 19 f. 118 (♀, var. *phonolithi* aberr. *aichelei*) | [1918] *P. a.* aberr. *l.*, Bryk, Parnassius Apollo Formenkreis, p. 102 t. 19 f. 118 (♀, var. *phonolithi* aberr. *aichelei*) | 1922 [1923] *P. a.* aberr. *leukophorus*, Bryk in: Strand, Lep. Cat., *v.* 27 p. 93 | 1924 *P. a. oenipontanus* vel *wenzeli* forma *leucophora*, Stauder in: D. ent. Z., p. 23 | 1924 *P. a.* aberr. *leukophorus*, Fagnoul in: Mt. ent. Ver. Freiburg i. Br., *v.* 1 p. 108 | 1925 *P. a.* forma *l.*, Osthelder (Riemel & Frank MS.), Schmett. S.-Bayerns, *v.* 1 p. 51 (nota) | 1929 *P. a.* aberr. *leucophorus*, Bollow in: Seitz, Großschmett. Erde, *v.* 1 Suppl. 1 p. 46.

Alle 4 Wurzelflecke der Hinterflügelunterseite tragen im Rot weiße Kerne.

Gotland.

Typus: ♀ in coll. C. Eisner, Berlin-Dahlem.

forma nordmanniides Bryk 1912 *P. apollo* aberr. *n.*, Bryk in: Jahrb. Ver. Nassau, *v.* 65 p. 30 | 1915 & 14 *P. a.* aberr. *nordmannides* (errat.), Bryk in: Arch. Naturg., *v.* 80 A 8 p. 147, A 6 t. 4 f. 22 (♀, var. *alpicola* aberr. *n.*) | [1918] *P. a.* aberr. *n.*, Bryk, Parnassius Apollo Formenkreis, p. 101, 135 t. 4 f. 22 (♀, var. *alpicola* aberr. *n.*) | 1922 [1923] *P. a.* aberr. *nordmanniides*, Bryk in: Strand, Lep. Cat., *v.* 27 p. 95 | 1922 *P. a. pumilus* forma *nordmannides*, Stauder in: N. Beitr. syst. Ins.-Kunde, *v.* 2 p. 86 | 1924 *P. a.* aberr. *nordmanniides*, Fagnoul in: Mt. ent. Ver. Freiburg i. Br., *v.* 1 p. 108 | 1929 *P. a.* aberr. *nordmannides*, Bollow in: Seitz, Großschmett. Erde, *v.* 1 Suppl. 1 p. 94.

Wurzelflecke des Hinterflügels fehlen.

Zermatt.

Typus: ♀ in coll. C. Eisner, Berlin-Dahlem.

forma praetexta Gelpke 1929 *P. apollo* aberr. *p.*, Gelpke in: Int. ent. Z., *v.* 23 p. 122 fig. (♀) | 1931 *P. a.* aberr. *p.*, Bollow in: Seitz, Großschmett. Erde, *v.* 1 Suppl. 1 p. 329.

Das Wurzelfeld der Oberseite wie das der Unterseite rot ausgefüllt.

Lötschental (Schweiz).

forma krogerusi Bryk 1930 *P. apollo finmarchicus* forma *krogeri*, Bryk in: Parnassiana, *v.* 1 nr. 4 p. 4–5 f. 5 (♂) | 1931 *P. a. f.* aberr. *krogerusi*, Bollow in: Seitz, Großschmett. Erde, *v.* 1 Suppl. 1 p. 329.

Fig. 343.
**Parnassius apollo finmarchicus** Rothsch. forma **krogerusi** Bryk (♂). (Typus, nach Bryk 1930) (1/1).

Bräunlich verrußt, mit tiefschwarzer Fleckung und schwach gekernten, rubinroten Augenflecken. Der äußere Teil jenseits der Subcostalbinden des Hinter- wie Vorderflügels und die Subcostalzone des Hinterflügels normal weiß (Fig. 343).

Lojo (Süd-Finnland).

Typus: ♂ in coll. C. Eisner, Berlin-Dahlem.

forma melahyalina Stauder 1903 (?) *P. apollo* „var. fumeuse“, Rougemont in: Bull. Soc. Neuchâtel, *v.* 31 p. 341 t. 1 f. 1 (♂) | 1924 *P. a. oenipontanus* forma *melahyalina*, Stauder in: D. ent. Z., p. 14, 19 | 1925 *P. a. democratus* aberr. ♂ *satanas*, Sheljuzhko in: Z. Österr. Ent.-Ver. Wien, *v.* 10 p. 86 | 1928 *P. a.* aberr. *bergeri*, Otto, ibid., *v.* 13 p. 28 t. 3 f. 1, 2 (♀) | 1928 *P. a.* aberr. *satanas*, Sheljuzhko, ibid., *v.* 13 p. 49 | 1929 *P. a.* aberr. *melahyalina* + aberr. *bergeri* + aberr. *fumata*, Bollow in: Seitz, Großschmett. Erde, *v.* 1 Suppl. 1 p. 43 t. 5d (♀ *bergeri*) | 1930 *P. a. cebennicus* aberr. *carolineae*, Fischer in: Amateur Pap., *v.* 5 nr. 5 p. 77 t. 2 | 1930 *P. a.* aberr. *satanas*, Bryk in: Parnassiana, *v.* 1 nr. 4 p. 3 (nota) | 1934 *P. a. cebennica-carolineae*, [Lhomme], Cat. Lép. Franç., p. 705.

Fig. 344.
**Parnassius apollo brittingeri** Reb. & Rghf. forma **melahyalina** Stauder (♂).
(Original, aus coll. C. Eisner, Berlin-Dahlem) (¹/₁).

Eine extreme Form von forma *krogerusi* mit völlig verrußtem Flügelfond (Fig. 344).

Patsch (bei Innsbruck).

♀ forma nigricans Caradja 1893 *P. apollo* aberr. *n.*, Caradja in: D. ent. Z. Lep., *v.* 6 p. 169 | 1898 *P. a.*, G. Standfuß in: N. Denk. Schweiz. Ges., *v.* 36 p. 7 t. 1 f. 4 (♀) (thermobiol.) | 1898 *P. a.* var., Deckert in: Ann. Soc. ent. France, *v.* 67 p. 189 t. 17 f. c (♀) | 1901 *P. a.* aberr. *brittingeri*, Hofmann-Spuler, Schmett. Eur., *v.* 1 p. 4 | 1903 *P. a.* aberr. *b.*, G. Wheeler, Butt. Switzerl., p. 55 | 1904 *P. a.* aberr. *b.*, Federley in: Meddel. Soc. Fauna Fenn., p. 81 | 1906 *P. a.* aberr. *b.*, Verity, Rhop. palaearct., p. 49 (part.) t. IX f. 13 (♀) | 1906 *P. a.* aberr. *nigricans*, H. Stichel in: Seitz, Großschmett. Erde, *v.* 1 p. 25 t. 13b (♀) | 1907 *P. a.* aberr. *n.*, H. Stichel in: Gen. Ins., *v.* 58 p. 21 | 1909 *P. a.* aberr. *nigrescens*, Galvagni in: Jahresber. Wien. ent. Ver., *v.* 20 p. 173 | 1911 *P. a.* aberr. *nigricans*, Vorbrodt & Müller-Rutz, Schmett. Schweiz, *v.* 1 p. 7 | 1911 *P. a.* aberr. *nigrescens*, Rebel in: Jahresber. Wien. ent. Ver., *v.* 21 p. 116 | 1914 *P. a.* aberr. *nigricans*, Bryk in: Soc. ent., *v.* 29 p. 9 f. 1 (♀) | [1918] *P. a.* aberr. *n.*, Bryk, Parnassius Apollo Formenkreis, p. 99, 118, 124 t. 2 f. 11 (♀, var. *nylandicus* aberr. *n.*), t. 12 f. 96 (♀, var. *uralicus* forma *n.*), t. 27 f. 134 (♀, var. *nylandicus* forma *n.*), f. 135 (♀, var. *fennoscandicus* forma *n.*) | 1922 *P. a.* var. *melliculus* aberr.

*velata,* Belling in: D. ent. Z., p. 235 textf. (♀) | 1922 [1923] *P. a.* forma *nigricans,* Bryk in: Strand, Lep. Cat., *v.* 27 p. 94 | 1924 *P. a. oenipontanus* vel *wenzeli* forma *perfumigata,* Stauder in: D. ent. Z., p. 14, 19 | 1925 *P. a.* mod. *nigricans,* Osthelder, Schmett. S.-Bayerns, *v.* 1 p. 50 | 1929 *P. a.* aberr. *fumata* + aberr. *velata* + aberr. *n.*, Bollow in: Seitz, Großschmett. Erde, *v.* 1 Suppl. 1 p. 43.

Das Weiß des Flügelgrundes stark verdrängt und durch schwarze Beschuppung ersetzt.

Bagnères de Luchon.

Typus: ♀ in coll. A. Caradja, Targu Neamţu.

forma diaphana Turati 1911 *P. apollo* aberr. *d.*, Turati in: Annuario Mus. Napoli, n. ser. *v.* 3 nr. 18 p. 7 | 1913 *P. a.* aberr. *d.*, Bryk in: Soc. ent., *v.* 28 p. 10 f. 2 (♀) | 1915 *P. a.* aberr. *hyalina,* Bryk in: Arch. Naturg., *v.* 80 A 8 p. 145 | 1917 *P. a.* aberr. *diaphanus,* Kammel in: Z. Österr. Ent.-Ver. Wien, *v.* 2 p. 19 | [1918] *P. a.* aberr. *hyalina,* Bryk, Parnassius Apollo Formenkreis, p. 99 | 1921 *P. a. pumilus* forma *lepidaporius,* Stauder in: Soc. ent., *v.* 36 p. 10 | 1922 [1923] *P. a.* forma *diaphana,* Bryk in: Strand, Lep. Cat., *v.* 27 p. 86 | 1924 *P. a. oenipontanus* vel *wenzeli* forma *hyalina,* Stauder in: D. ent. Z., p. 19 | 1925 *P. a.* mod. *diaphana,* Osthelder, Schmett. S.-Bayerns, *v.* 1 p. 50 | 1929 *P. a.* aberr. *d.* + aberr. *lepidaporia,* Bollow in: Seitz, Großschmett. Erde, *v.* 1 Suppl. 1 p. 43.

Flügelfond durchsichtig, dünn, schwärzlich beschuppt bei gut erhaltener Schwarzzeichnung.

Typus sine patria.

♂ forma perfusa Verity 1911 & 10 *P. apollo* aberr. *p.*, Verity, Rhop. palaearct., p. 312 t. LXII f. 10 (♂) | 1915 *P. a.* aberr. *p.*, Bryk in: Arch. Naturg., *v.* 80 A 8 p. 145, A 7 t. 10 f. 82 (♂, var. *bartholomaeus* transitus ad aberr. *p.*) | [1918] *P. a.* aberr. *p.*, Bryk, Parnassius Apollo Formenkreis, p. 99 t. 10 f. 82 (♂, var. *bartholomaeus* transitus ad aberr. *p.*) | 1920 *P. a.* aberr. *confluens,* C. Oberthür, Étud. Lép., *v.* 17 (Planch.) p. 20 t. 518 f. 4320 (♂) | 1922 [1921] *P. a.* aberr. *perfusa,* Bryk in: Arch. Naturg., *v.* 87 A 10 p. 240 f. 4 (♂) (= partiell!) | 1922 [1923] *P. a.* forma *p.*, Bryk in: Strand, Lep. Cat., *v.* 27 p. 96 | 1924 *P. a. oenipontanus* vel *wenzeli* forma *p.*, Stauder in: D. ent. Z., p. 19 | 1929 *P. a.* aberr. *p.*, Bollow in: Seitz, Großschmett. Erde, *v.* 1 Suppl. 1 p. 43.

Der weiße Flügelfond leicht schwärzlich überpudert.

Tirol.

Typus: ♂ in coll. Leech, Brit. Mus. London.

forma isabellina Verity 1909 *P. apollo* albino, C. Oberthür, Étud. Lép., *v.* 3 p. 116 | 1911 *P. a.* aberr. *isabellina,* Verity, Rhop. palaearct., p. 312 | 1911 *P. a.* aberr. *albina,* Turati in: Annuario Mus. Napoli, n. ser. *v.* 3 nr. 18 p. 7 | 1912 *P. a.* var. *suevicus* forma *Lamperti,* Bryk in: Jahrb. Ver. Nassau, *v.* 65 p. 33–35 | 1912 *P. a.* aberr. *L.*, Bryk in: Arch. Rass. Biol., *v.* 9 p. 691 | 1912 *P. a.* Albino, A. Peter in: Ent. Z., *v.* 26 p. 85 | 1913 *P. A.-Suevicus* albinos, C. Oberthür, Étud. Lép., *v.* 8 p. 62, 85 t. 214 f. 1930 (♂ *suevicus*-albinos) | 1914 *P. a. bartholomaeus* aberr. *Lamperti,* Bryk in: Soc. ent., *v.* 29 p. 32 (note 2) f. 4 (♀) | 1915 *P. a.* Albino, Bryk in: Arch. Naturg., *v.* 80 A 8 p. 144, A 7 p. 178 t. 9 f. 73 (♂, var. *suevicus* aberr. *Lamperti*) | 1918 *P. a. grajus* aberr. *albina,* W. Rothschild in: Nov. zool., *v.* 25 p. 242 | [1918] *P. a.* Albino, Bryk, Parnassius Apollo Formenkreis, p. 98, 137 t. 9 f. 73 (♂, var. *suevicus* aberr. *Lamperti*) | 1922 [1923] *P. a.* forma *isabellina,* Bryk in: Strand, Lep. Cat., *v.* 27 p. 92 | 1924 *P. a.* forma *lepidaporius* trans. ad formam *Lamperti,* Stauder in: D. ent. Z., p. 19 | 1925 *P. a.* mod. (?) *albina,* Osthelder, Schmett. S.-Bayerns, *v.* 1 p. 50 | 1929 *P. a.* forma *a.*, Bollow in: Seitz, Großschmett. Erde, *v.* 1 Suppl 1 p. 42.

Eine Kümmerform mit schütter beschupptem, hell grünlichgelbem Flügelfond. Die normale verblaßte Schwarzzeichnung erscheint infolge der komplementären Kontrastwirkung fast violett.

Hohen Neuffen (Schwäbische Alb).

Typus: ♂ in coll. R. Oberthür, Rennes.

♀ forma theiodes Schawerda 1895 *P. apollo*, Kalinger in: Jahresber. Wien. ent. Ver., *v.* 5 p. 34 | 1911 *P. a.* aberr. *chryseis*, Turati (nec C. Oberthür) in: Annuario Mus. Napoli, n. ser. *v.* 3 nr. 18 p. 8 | 1912 *P. a.* aberr. *theiodes*, Schawerda in: Verh. Ges. Wien, *v.* 62 p. (114) (non f. 5 (!)) | 1913 *P. a.* aberr. *t.*, Schawerda, ibid., *v.* 63 p. 143 (nota 1) | 1915 & 14 *P. a.* aberr. *sphenagon*, Bryk in: Arch. Naturg., *v.* 80 A 8 p. 143, A 9 p. 140, A 6 t. 6 f. 42 (♀ forma *valderiensis* aberr. *sphanegon*) | 1916 *P. a. liburnicus* aberr. *sulphurea*, A. Grund in: Glasnik Društva Zagreb, *v.* 28 p. 148 | 1918 *P. a. minerva* aberr. *chryseis* + *a. alpherakyi* aberr. *c.*, W. Rothschild in: Nov. zool., *v.* 25 p. 243, 244 | [1918] *P. a.* aberr. *sphenegon*, Bryk, Parnassius Apollo Formenkreis, p. 97, 136 t. 6 f. 42 (♀, var. *valderiensis* aberr. *sphanegon*) | 1921 *P. a. carpathicus* aberr. *theoides*, Peschke in: Int. ent. Z., *v.* 15 p. 36 | 1922 [1921] *P. a.* aberr. *theiodes*, Bryk in: Arch. Naturg., *v.* 87 A 10 p. 231 | 1922 [1923] *P. a.* aberr. *t.*, Bryk in: Strand, Lep. Cat., *v.* 27 p. 99 | 1924 *P. a.* aberr. *sphenagon*, Stauder in: D. ent. Z., p. 18 | 1925 *P. a.* mod. (?) *flavicans*, Osthelder, Schmett. S.-Bayerns, *v.* 1 p. 50 | 1929 *P. a.* ♀ aberr. *theiodes*, Bollow in: Seitz, Großschmett. Erde, *v.* 1 Suppl. 1 p. 43.

Weibchen mit gelblichem Flügelfond.

Herzegowina.

Typus: ♀ in coll. M. Schawerda, Wien.

forma chryosoptera Stauder 1921 *P. apollo pumilus* forma *minuscula* + forma *semiluctifera* + forma *c.*, Stauder in: Soc. ent., *v.* 36 p. 11 | 1922 [1923] *P. a.* aberr. *theiodes* (?), Bryk in: Strand, Lep. Cat., *v.* 27 p. 99 | 1924 *P. a. oenipontanus* aberr. *chrysoptera*, Stauder in: D. ent. Z., p. 18–19 | 1929 *P. a.* aberr. *c.*, Bollow in: Seitz, Großschmett. Erde, *v.* 1 Suppl. 1 p. 43.

Extreme Form von *theiodes* mit braungelbem Flügelfond.

Aspromonte (Calabrien).

forma novarae C. Oberth. 1844 *P. apollo* aberr. a, Duponchel, Cat. Lép., p. 23 | 1864 *P. a.* aberr., C. & R. Felder in: Reise Novara, *v.* 2 II p. 135 t. 21 f. c, d (♂) | 1891 *P. a.* aberr., Bossani in: Jahresh. Ver. Trencsén, *v.* 13–14 p. 79 | 1891 *P. a.* aberr. *novarae*, C. Oberthür, Étud. Ent., *v.* 14 p. 7 | 1893 *P. a.* aberr. *n.*, Rebel & Rogenhofer in: Jahresber. Wien. ent. Ver., *v.* 3 p. 57 | 1899 *P. a.* aberr. *n.*, H. Stichel in: Ins.-Börse, *v.* 16 p. 311 | 1906 & 07 *P. a.* aberr. *n.*, Verity, Rhop. palaearct., p. 49 t. X f. 4 (♂) | 1906 *P. a.* aberr. *n.*, H. Stichel in: Seitz, Großschmett. Erde, *v.* 1 p. 25 t. 13b (♂) | 1907 *P. a.* aberr. *n.*, H. Stichel in: Gen. Ins., *v.* 58 p. 23 | 1908 *P. a.* aberr. *n.*, P. Hoffmann in: Int. ent. Z., *v.* 1 p. 387; *v.* 2 p. 141 | 1909 *P. a.* aberr. *n.*, Blachier in: Bull. Soc. lép. Genève, *v.* 1 p. 376 t. 9 f. 4 (♂) | 1909 *P. a.* aberr. *n.*, Rebel, Berges Schmettb., ed. 9 p. 7 | 1912 *P. a.* aberr. *N.*, Bryk in: Jahrb. Ver. Nassau, *v.* 65 p. 25 ff. | 1912 *P. a. democratus* aberr. *n.*, Ugrjumov in: Ent. Z., *v.* 26 p. 155 (textf. ♂) | 1913 *P. a. liburnicus* aberr. *n.*, Bryk in: Soc. ent., *v.* 28 p. 102 f. 2 (♀) | 1914 *P. a.* aberr. *n.*, Saussure in: Bull. Soc. lép. Genève, *v.* 3 p. 77 | 1915 & 14 *P. a.* aberr. *N.*, Bryk in: Arch. Naturg., *v.* 80 A 8 p. 148, A 9 p. 136, A 6 t. 4 f. 24 (♂ (typus), var. *albus* aberr. *N.*) | 1917 *P. a.* var. *rubidus* aberr. *n.*, Schawerda in: Verh. Ges. Wien, *v.* 66 p. 489 t. 3 f. 9 (♀) | 1918 *P. a. albus* aberr. *n.*, W. Rothschild in: Nov. zool., *v.* 25 p. 240 | 1918 *P. a.* aberr. *n.*, Knörzer in: Wiss. Beil. Jahresber. Realsch. Eichstätt, p. 15 | [1918] *P. a.* aberr. *N.*, Bryk, Parnassius Apollo Formenkreis, p. 102, 132 t. 4 f. 24 (♂ (Typus), var. *albus* aberr. *N.*) | 1920 *P. a.* aberr. *n.*, Kitt in: Z. Österr. Ent.-Ver. Wien, *v.* 5 p. 31 | 1922 *P. a.* aberr. *n.*, Vorbrodt in: Mt. Schweiz. ent. Ges., *v.* 13 p. 176 | 1922 [1923] *P. a.* forma *N.*, Bryk in: Strand, Lep. Cat., *v.* 27 p. 95 | 1923 *P. a.* trans. ad aberr. *n.*, Rebel in: Verh. Ges. Wien, *v.* 72 p. (90) f. 1 (♀) |

1923 *P. a.* aberr. *n.*, Le Cerf in: Bull. Mus. Paris, *v.* 29 p. 547 | 1924 *P. a.* aberr. *n.*, Wittstadt in: Soc. ent., *v.* 39 p. 15 (fig. ♂) | 1924 *P. a.* aberr. *n.*, Aichele in: Soc. ent., *v.* 39 p. 47 | 1929 *P. a.* aberr. *n.*, Bollow in: Seitz, Großschmett. Erde, *v.* 1 Suppl. 1 p. 49 | 1933 *P. a. thiemo* aberr. *n.*, [Anonym] in: Ent. Z., *v.* 47 p. 183, 191, 192 f. 1 (♂) | 1933 *P. a.* aberr., Rannicher in: Z. Österr. Ent.-Ver. Wien, *v.* 18 p. 33 t. 6 (fig. ♀).

Albinotische Männchen mit völlig reduziertem Rot. Im Vorderflügel fehlen alle Flecke der Subcostalbindenzone. Augenflecke reduziert. Weibchen (s. Fig. 385) gewöhnlich etwas reicher gezeichnet, das Rot sehr schwach erhalten. Dem Typus fehlt der Subcostalaugenfleck.

Schlesien.

Typus: ♂ in coll. Zool. Mus. Tring.

♂ forma lydiae Dubl. 1926 *P. apollo* var. *merzbacheri* aberr. *l.*, Dublitzky in: D. ent. Z. Iris, *v.* 40 p. 178 f. 1 (♂) | 1929 *P. a.* subsp. *m.* aberr. *lydia*, Bollow in: Seitz, Großschmett. Erde, *v.* 1 Suppl. 1 p. 49.

Extreme Exemplare von forma *novarae* mit extrem rückgebildeter Zeichnung. Im Vorderflügel sind nur die beiden Zellflecke erhalten und der Hinterflügel ist zeichnungslos.

Kum-Bel bei Alma-Ata.

♀ forma dilatata Thierry-Mieg 1888 *P. apollo* aberr., Honrath in: Berlin. ent. Z., *v.* 32 p. 496 t. 7 f. 4 (♀) | 1889 *P. a.* aberr., Austaut, Parnass. paléarct., p. 193 t. VII f. 4 (♀) | 1893 *P. a.* aberr. *wiskotti*, Rebel & Rogenhofer in: Jahresber. Wien. ent. Ver., *v.* 3 p. 57 | 1900 *P. a.* aberr. *wiskitti* (errat.), Austaut in: Naturaliste, ser. 2 *v.* 22 p. 142 | 1906 *P. a.* aberr. *wiskotti*, Verity, Rhop. palaearct., p. 49 | 1906 *P. a.* aberr. *w.*, H. Stichel in: Seitz, Großschmett. Erde, *v.* 1 p. 26 | 1907 *P. a.* forma *w.*, H. Stichel in: Gen. Ins., *v.* 58 p. 23 | 1909 *P. a.* aberr. *w.*, Rebel, Berges Schmettb., ed. 9 p. 7 | 1910 *P. a.* aberr. *dilatata*, Thierry-Mieg in: Ann. Soc. ent. Belgique, *v.* 54 p. 467 | 1913 *P. a.* aberr. *d.*, Bryk in: Soc. ent., *v.* 29 p. 14 | 1915 *P. a.* aberr. *d.*, Bryk in: Arch. Naturg., *v.* 80 A 8 p. 149 | [1918] *P. a.* aberr. *d.*, Bryk, Parnassius Apollo Formenkreis, p. 103 | 1922 [1921] *P. a.* aberr. *d.*, Bryk in: Arch. Naturg., *v.* 87 A 10 p. 235 | 1922 [1923] *P. a.* forma *d.*, Bryk in: Strand, Lep. Cat., *v.* 27 p. 87 | 1929 *P. a.* aberr. *d.*, Bollow in: Seitz, Großschmett. Erde, *v.* 1 Suppl. 1 p. 46.

Das rote Pigment tritt bei dieser luxuriösen Form in potenziertem Maße auf. Der Subcostalaugenfleck vereinigt sich oberseits mit dem Wurzelfleck, auch der Wurzelfleck im Discus ist oberseits rot. Unterseits sind die Prachtflecke übertrieben rot verstärkt.

Gotland.

♀ forma rufodilatata Lacreuze 1909 *P. apollo* aberr. *rufa-dilatata*, Lacreuze in: Bull. Soc. lép. Genève, *v.* 1 p. 383 | 1915 *P. a.* aberr. *rufodilatatus*, A. Pagenstecher in: Arch. Naturg., *v.* 80 A 10 p. 161 | [1918] *P. a.* aberr. *r.*, A. Pagenstecher in: Bryk, Parnassius Apollo Formenkreis, p. 175 | 1922 [1923] *P. a.* aberr. *rufodilatata* (nom. nov.), Bryk in: Strand, Lep. Cat., *v.* 27 p. 98 | 1929 *P. a.* aberr. *r.*, Bollow in: Seitz, Großschmett. Erde, *v.* 1 Suppl. 1 p. 46.

Kombination von *perfecta, expupillata, decora* und *ampliusmaculata*.

Jura (Umgebung von Genf).

♀ forma flavodilatata Stauder 1924 *P. apollo oenipontanus* vel *wenzeli* forma *f.*, Stauder in: D. ent. Z., p. 17 | 1929 *P. a.* aberr. *f.*, Bollow in: Seitz, Großschmett. Erde, *v.* 1 Suppl. 1 p. 45.

Kombination von *flavomaculata, porrecta, magnifica, subcentrica* und *decora*.

Wipptal bei Innsbruck.

forma sticheli Stauder 1921 *P. apollo pumilus* forma *s.*, Stauder in: Soc. ent., *v.* 36 p. 10 | 1922 [1923] *P. a.* forma (comb.) *S.*, Bryk in: Strand, Lep. Cat., *v.* 27 p. 99 | 1929 *P. a.* aberr. *s.*, Bollow in: Seitz, Großschmett. Erde, *v.* 1 Suppl. 1 p. 45.

Kombination von *nigricans*, *cuneifer*, *appendiculata* und *porrecta*.

Aspromonte (Calabrien).

forma nexilis-decora Sagarra 1924 *P. apollo pyrenaica* aberr. *n.-d.*, Sagarra in: Trab. Mus. Barcelona, *v.* 11 nr. 11 p. 9 t. 2 f. 3 (♀) | 1929 *P. a.* aberr. *n.*, Bollow in: Seitz, Großschmett. Erde, *v.* 1 Suppl. 1 p. 9.

Kombination von *cardinalis*, *ampliusmaculata* und *decora*.

Val d' Aran (S. Novellas, Spanische Pyrenäen).

♂ forma derennei Mezger 1928 *P. apollo* aberr. *d.*, Mezger in: Lambillionea, *v.* 28 p. 59 | 1929 *P. a.* aberr. *d.*, Bollow in: Seitz, Großschmett. Erde, *v.* 1 Suppl. 1 p. 43.

Thorax, Rücken, Abdomen und Bauch sowie einige Haare auf der Oberseite des Hinterflügels und die Rippen, besonders des Hinterflügels, sein Saum und seine Fransen gelbgrau.

Font-Romeu (Ost-Pyrenäen).

forma majuscula Turati 1918 *P. apollo pumilus* aberr. *m.*, Turati in: Atti Soc. Ital., *v.* 57 p. 45, 48 | 1921 *P. a. p.* forma *m.*, Stauder in: Soc. ent., *v.* 36 p. 9 | 1922 [1923] *P. a.* forma *m.*, Bryk in: Strand, Lep. Cat., *v.* 27 p 94 | 1924 *P. a.* aberr. *m.* (aberr. *magna* ex synon.), Fagnoul in: Mt. ent. Ver. Freiburg i. Br., *v.* 1 p. 34.

Riesenexemplare der betreffenden Unterart; dementsprechend ist die Flügelgröße dieser Form verschieden. Für subsp. *pumilus* H. Stich. beträgt sie 70 mm Spannweite. (Kaum namensberechtigt).

Calabrien.

Typus: ♀ in coll. E. Turati, Mailand.

forma minuscula Verity 1911 & 10 *P. apollo* aberr. *m.*, Verity, Rhop. palaearct., p. 312 t. LXII f. 7 (♂) | 1915 & 14 *P. a.* aberr. *minusculus*, Bryk in: Arch. Naturg., *v.* 80 A 8 p. 143, A 7 t. 13 f. 106 (♀, var. *melliculus* „Zwerg"), A 10 t. 34 f. 150 (♂, var. *chryseis*) | 1918 *P. a. pumilus* aberr. *minuscula*, Turati in: Atti Soc. Ital., *v.* 57 p. 48 t. 6 f. 1, 2 (♂), 3 (♀) | [1918] *P. a.* aberr. *minusculus*, Bryk, Parnassius Apollo Formenkreis, p. 97 t. 13 f. 106 (♀, var. *melliculus* „Zwerg"), t. 34 f. 150 (♂, var. *chryseis*) | 1918 *P. a. albus* aberr. *minuscula*, W. Rothschild in: Nov. zool., *v.* 25 p. 240 | 1920 *P. a.* aberr. *nana*, Rebel in: Ann. Hofmus. Wien, *v.* 33 p. 74 | 1922 [1923] *P. a.* forma *minuscula*, Bryk in: Strand, Lep. Cat., *v.* 27 p. 94 | 1924 *P. a.* aberr. *m.*, Fagnoul in: Mt. ent. Ver. Freiburg i. Br., *v.* 1 p. 34 | 1924 *P. a. oenipontanus* vel *wenzeli* forma *m.*, Stauder in: D. ent. Z., p. 18.

Zwergform der betreffenden Unterart: Das kleinste Stück von subsp. *melliculus* H. Stich. hat beispielsweise eine Vorderflügellänge von 28 mm; der Typus eine von 23,5 mm.

Dourbes.

Typus: ♂ in coll. Brit. Mus. London.

forma euclidiana Bryk 1911 *P. apollo* var. *carelius* aberr. *e.*, Bryk in: Berlin. ent. Z., *v.* 55 p. 261 t. 3 f. 8 (♀) | 1914 & 15 *P. a.* var. *c.* (part.), Bryk in: Arch. Naturg., *v.* 80 A 6 p. 154, A 10 t. 32 f. 145, 146 (antennae) | [1918] *P. a.* var. *c.* (part.), Bryk, Parnassius Apollo Formenkreis, p. 38, 39, t. 32 f. 145, 146 (antenna) | 1922 [1923] *P. a.* aberr. *euclidiana*, Bryk in: Strand, Lep. Cat., *v.* 27 p. 103.

Antennen abweichend. Die Fühlerkolbe in eine fadendünne Spitze, die über 1 mm lang ist, auslaufend.

Ladogisch-Karelien.

Typus: ♀ in coll. L. Sheljuzhko, Kijew.

forma trimacula Schawerda 1913 *P. apollo liburnicus* aberr. *t.*, Schawerda in: Verh. Ges. Wien, *v.* 63 p. 143 | 1914 *P. a. l.* aberr. *t.*, Schawerda, ibid., *v.* 64 p. 352 | 1915 & 14 *P. a.* var. *albus* aberr. *novarae* (part.), Bryk in: Arch. Naturg., *v.* 80 A 9 p. 139 t. 4 f. 25 (♂) | 1917 *P. a. liburnicus* aberr. *trimacula*, Schawerda in: Verh. Ges. Wien, *v.* 66 p. 489 t. 3 f. 10 (♂ = transitus) | 1917 *P. a.* aberr. *trimaculatus*, Kammel in: Z. Österr. Ent.-Ver. Wien, *v.* 2 p. 18 | 1922 [1921] *P. a.* aberr. *t.*, Bryk in: Arch. Naturg., *v.* 87 A 10 p. 234 | 1922 [1923] *P. a.* aberr. *trimacula*, Bryk in: Strand, Lep. Cat., *v.* 27 p. 100.

Fig. 345.
**Parnassius apollo hercegovinensis** Schawerda forma **trimacula** Schawerda (♀) (transitus). (Paratypus. aus coll. Zool. Mus. Berlin) (1/1).

Die beiden Subcostalflecke des Vorderflügels reduziert.

Herzegowina.

Typus: ♂ in coll. K. Schawerda, Wien.

Von *Parnassius apollo* (L.) wurden folgende Geäderaberrationen beschrieben:

I. forma metathetica *rebeli*: $M_2$ und $M_3$ entspringen auf Vorder- und Hinterflügel aus einem gemeinsamen Punkt an der hinteren Mittelzellecke.

II. forma metathetica *symplecta*: $R_3$ und $R_1$ verwachsen vor Erreichung der Vorderflügelspitze miteinander.

III. forma metathetica *enderleini* (= *kaisasiina*) $R_3$ entspringt im Vorderflügel wie bei *Kailasius* F. Moore aus dem gemeinsamen Stiel der gegabelten $R_4 + R_5$ vor der Mittelzellecke.

IV. forma metathetica *latreillei*: $M_1$ des Vorderflügels entspringt anstatt an der Basis vom Gabelstiel $R_4+R_5$ direkt aus dem Gabelstiel.

V. forma metathetica *verityi*: $M_2$ und $M_3$ des Vorderflügels verwachsen an der hinteren Discusecke.

VI. forma metathetica *reissi*: $R_5$ (+ $M_1$) des Vorderflügels am Außenrand miteinander verwachsen.

VII. forma metathetica *sauteri*: $M_2$ und $M_3$ des Hinterflügels an ihrer Einmündungsstelle in die Mittelzelle verwachsen.

VIII. forma metathetica *ruhmanniana*: $R_4$ des Hinterflügels verschiebt sich nach hinten und verwächst mit $R_5$ (+ $M_1$).
IX. forma plethoneura *spuleri*:. Zwischen der Ansatzstelle von $R_1$ und der des $R_3$ des Vorderflügels ein überschüssiger Rippenstummel im Discus.
X. forma plethoneura *schulleri*: $R_5$ des Vorderflügels gegabelt.
XI. forma plethoneura *ralteri*: $Cu_1$ des Vorderflügels gegabelt.
XII. forma plethoneura *hoferi*: $M_1$ des Vorderflügels gegabelt.
XIII. forma plethoneura *haudeana*: Aus $M_1$ des Vorderflügels entspringt vorn eine überschüssige Rippe, die sich mit $R_5$ gitterförmig verbindet.
XIV. forma plethoneura *antecubitalis*: Zwischen $M_3$ und $Cu_1$ des Vorderflügels entspringt aus dem hinteren Discusarme eine überschüssige Rippe.
XV. forma plethoneura *turatii*: Zwischen $Cu_1$ und $Cu_2$ des Vorderflügels entspringt eine überschüssige Rippe, die im hintersten Drittel von $Cu_2$ mündet.
XVI. forma plethoneura *kunziana*: Aus (Sc) + $R_1$ des Hinterflügels gabelt sich vorn eine überschüssige Rippe ab, die in das basale Drittel des Vorderrandes mündet.
XVII. forma plethoneura *plaselleri*: (Sc) + $R_1$, $R_4$ und $R_5$ (+ $M_1$) in der Mitte durch eine überschüssige Querrippe miteinander derart verbunden, daß 2 überschüssige Zellen entstehen.
XVIII. forma plethoneura *reuteri*: Zwischen $R_5$ (+ $M_1$) und $M_2$ des Hinterflügels eine überschüssige, peroneur verlaufende Rippe, die als die verloren gegangene $M_1$ gedeutet wird.
XIX. forma plethoneura *reuteriides* (= *dragonii*): Entspricht forma *reuteri*, nur ist die plethoneure Rippe ($M_1$) nach vorn verschoben, indem sie aus der Einmündungsstelle von $R_5$ (+ $M_1$) entspringt.
XX. forma plethoneura *pölli* (= *hellwegeri*): $R_5$ (+ $M_1$) des Hinterflügels ist gegabelt, also ein furculatio von forma *reuteriides*.
XXI. forma plethoneura *postintercubitalis*: Zwischen $Cu_1$ und $Cu_2$ des Hinterflügels eine überschüssige, aus dem Discus entspringende Rippe.
XXII. forma atrophica *baroniides*: $R_1$ fehlt dem Vorderflügel.
XXIII. forma atrophica *charlesi*: Radialrippenstiel von $R_4$ und $R_5$ des Vorderflügels ungegabelt; $R_4$ ist wahrscheinlich atrophiert.
XXIV. forma atrophica *aurivillii*: $Cu_1$ des Vorderflügels atrophiert.
XXV. forma atrophica *wörndlei*: $M_3$ fehlt im Vorderflügel.
XXVI. forma atrophica *olgae*: $R_4$ des Hinterflügels atrophiert.
XXVII. forma atrophica *ferdinandi*: $M_2$ des Hinterflügels atrophiert.
XXVIII. forma atrophica *felix*: $M_3$ des Hinterflügels atrophiert.
XXIX. forma atrophica *paradoxa*: Ein Monstrum mit stark atrophiertem Geäder auf beiden Flügeln in der Art von *Zerynthia* forma atrophica *neurochola*. Der Discus ist auf beiden Flügeln gut erhalten.
XXX. forma atrophica *redtenbacheri*: Discalquerrippe des Hinterflügels zwischen $M_2$ und $R_5$ (+ $M_1$) atrophiert, infolge dessen verbleibt der Discus offen.
XXXI. forma atrophica *embriki*: $Cu_1$ des Hinterflügels fehlt. (forma peroneura *göttli* ist als Transitus von forma *embriki* zu betrachten, da $Cu_1$ nur stark peroneur ist).
XXXII. forma atrophica *jordani*: $Cu_1$ auf Vorder- und Hinterflügel atrophiert (eine Kombination von *aurivillii* und *embriki*).
XXXIII. forma peroneura metathetica *monstrosa*: $M_3$ auf Vorder- und Hinterflügel stark peroneur; $Cu_1$ aus $Cu_2$ des Vorderflügels, ebenso $M_2$ und $M_3$ aus einer Stelle entspringend.
XXXIV. forma peroneura *göttli*: $Cu_1$ des Hinterflügels stark peroneur.
XXXV. forma peroneura *strupii*: $R_4$ des Hinterflügels peroneur.
XXXVI. forma peroneura *deutschi*: $M_1$ des Vorderflügels stark peroneur.

I—V, VIII, XIII, XVI, XVIII, XXI—XXIII, XXVII, XXX—XXXII 1922 [1923] Bryk in: Strand, Lep. Cat., *v.* 27 p. 101—103 | 1929 Bollow in: Seitz, Großschmett. Erde, *v.* 1 Suppl. 1 p. 47 | (III) 1928 Enderlein in: Arch. Ent. Wien, *v.* 1 p. 4 | IX, XIV—XV, XIX 1923 Fagnoul in: Mt. ent. Ver. Freiburg i. Br., *v.* 1 p. 11 |

1929 Bollow in: Seitz, Großschmett. Erde, *v.* 1 Suppl. 1 p. 47 | VI, VII, X, XI, (XIX), (XX), XXIV, XXV, XXXI, XXXIV, XXXV 1934 Wenzel in: Parnassiana, *v.* 3 p. 22—24 | XII, XVII. XXVI, XXVIII, XXXVI 1931 Wenzel in: Parnassiana, *v.* 1 nr. 6 p. 7 | XXIX, XXXIII 1929 E. Hofmann in: Int. ent. Z., *v.* 23 p. 375—376 | 1931 Bollow in: Seitz, Großschmett. Erde, *v.* 1 Suppl. 1 p. 329.

**Gliederung von Parnassius apollo (L.) nach geographischen Gesichtspunkten.**

I. Fennoskandischer Kreis.
Sehr große, in beiden Geschlechtern dicht weißbeschuppte Rassen mit starker Fleckung und großen, breit schwarz umrandeten Augenflecken:
*apollo* (L.) (1), *norvegicus* Menthe (2), *fennoscandicus* Bryk (3), *finmarchicus* Rothsch. (4); hierzu als androtrope, etwas schwächer gezeichnete Rasse *carelius* Bryk (5), die den Übergang zu ssp. *democratus* Krulikowsky (6) bildet.

II. Ural-altaischer Kreis.
Sehr große, sexuell mehr oder weniger stark digryphe Rassen. Weibchen mehr gelblich oder sehr stark melanotisch, mit großen Augenflecken:
*democratus* Krulikowsky (6), *limicola* H. Stich. (7), *alpherakyi* Krulikowsky (8).

III. Sibirischer Kreis.
Meist sehr große, sexuell digryphe Rassen. Männchen schneeweiß, mit 2 getrennten Subcostalflecken:
*sibiricus* (Nordm.) (9), *meinhardi* Shelj. (10), *sojoticus* Bryk (11), *hesebolus* (Nordm.) (12).

IV. Zentralasiatischer Kreis.
Sehr große, sexuell stark digryphe Rassen. Weibchen gelb oder gelblich, mit 3 Analflecken des Hinterflügels:
*mongolicus* Staud. (13), *merzbacheri* Fruhst. (14), *minerva* A. Bang-Haas (15).

V. Klein-asiatischer Kreis.
Große oder sehr große, dicht cremegelb beschuppte, hell umsäumte Rassen.
*zarathustrae* Bryk (16), *auerspergi* Reb. (17), *anatolicus* A. Pagenst. (18), *tauricus* Bryk & Eisner (19), *levantinus* Rothsch. (20), *graslini* C. Oberth. (21), *peroneurus* Bryk (22), *kashtshenkoi* Shelj. (23), *dubius* Bryk (24).

VI. Kaukasischer Kreis.
Große, kontrastlich gezeichnete, dicht weißbeschuppte Rassen, die sich im Habitus den fennoskandischen nähern; Weibchen bisweilen melanotisch.
*tirabzonus* Shelj. (25), *caucasicus* A. Pagenst. (26), *adzharensis* Shelj. (27), *suaneticus* Arnold (28).

VII. Krimeischer Kreis.
Eine mittelgroße, ssp. *democratus* Krulikowsky sich nähernde Rasse:
*breitfussi* Bryk (29).

VIII. Balkan-Kreis.
Meist sehr große, oft androtrope Rassen mit gelblichem Anflug:
*liburnicus* Reb. & Rghf. (41), *bosniensis* H. Stich. (40), *hercegovinensis* Schawerda (39), *dardanus* Reb. (38), *jelicus* Fruhst. (37), *macedonicus* Bollow (36), *omotimoius* Fruhst. (35), *rhodopensis* Markow. (34), *amphityon* Fruhst. (33), *hermiston* Fruhst. (32), *olympiacus* Kolar (31), *graecus* Ziegler (30).

IX. Karpathischer Kreis.
Sehr große, sexuell stark digryphe, gut gefleckte Rassen; Weibchen bisweilen melanotisch:
*carpathicus* Reb. & Rghf. (48), *cominius* Fruhst. (49), *liptauensis* Peschke & Eisner (47), *candidus* Verity (46), *sztrecsnoensis* Pax (50), *járaensis* Kertész (43), *artemidor* Fruhst. (44), *transsylvanicus* Schweitzer (45), *rosenius* Fruhst. (42) und *interversus* Bryk (51) als Übergang zum *albus*-Kreise.

X. Moravisch-bohemischer Kreis.
Große oder sehr große, helle, gut gefleckte Rassen:
*albus* Reb. & Rghf. (53), *strambergensis* Skala (52), *silesianus* Marschner (54), *sicinius* Fruhst. (55), *vistulicus* O. Bang-Haas (56), *bohemicus* Reb. (57), *isaricus* Reb. (58).

XI. Danubischer Kreis.
Große bis kleine Rassen, von rein weißer Grundfarbe:
*cetius* Fruhst. (62), *marcomannus* Kammel (61), *serpentinicus* L. Mayer (63), und als Übergang zu den austroalpinen Rassen *eubohemicus* Bryk & Eisner (59), *rebelianus* Fruhst. (60) und *vindobonensis* Bollow (64).

XII. Alpiner Kreis.
Meist mittelgroße bis kleine, sexuell digryphe, gynaikotrope Rassen mit gut ausgeprägten Submarginalbinden:
*brittingeri* Reb. & Rghf. (65), *noricanus* Kolar (66), *juvavus* Kolar (67), *loferensis* Kolar (68), *bartholomaeus* H. Stich. (69), *artonius* Fruhst. (70), *manillius* Fruhst. (71), *luitpoldus* Fruhst. (72), *alemanicus* Fruhst. (73), *adonais* Fruhst. (74), *claudius* Belling (75), *pandolfus* Fruhst. (76), *montanus* H. Stich. (77), *glocnericus* Verity (78), *determinatus* Bryk (79), *imperialis* Bryk (80), *wenzeli* Bryk (81), *carinthicus* H. Stich. (82), *phrynius* Fruhst. (98), *bellingianus* Bryk (99), *vicinus* Belling (107).

XIII. Südtiroler Kreis.
Mittelgroße bis große, hellweiße oder leicht gelbliche Rassen mit gestrecktem Vorderflügelschnitt:
*rubidus* Fruhst. (86), *rhea* (Poda) (83), *leimdörfferi* Bryk (84), *julianus* Stauder (85), *vilpianus* Dannehl (87), *cognatus* Belling (88), *laurinus* Belling (89), *rivalis* Belling (90), *haspingeri* Belling (91), *andreashoferi* Belling & Bryk (92), *ladinus* Belling (93), *comes* Belling (94), *eremita* Belling (95), *agyieus* Fruhst. (96), *altitudinis* Bryk (97), *mendolensis* Dannehl (100), *montebaldensis* Fruhst. (101), *marmorarius* Belling (102), *victorialis* Fruhst. (103), *tonalensis* Bryk (104), *castellanus* Belling (105), *confinis* Belling (106) und *triumphator* Fruhst. (108).

XIV. Schweizer Kreis.
Helle, meist mittelgroße bis kleine Rassen, stark gezeichnet:
*geminus* H. Stich. (113), *rhaeticus* Fruhst. (109), *helias* Fruhst. (110), *sotirion* Fruhst. (111), *valesiacus* (112), *tenebrosus* Fruhst. (114), *xerophilus* Fruhst. (115), *salevianus* Bryk (116), *adulanus* Fruhst. (118), *heliophilus* Fruhst. (119), *redivivus* Bryk (120), *agyllus* Fruhst. (121), *caloriferus* Fruhst. (122), *oulxensis* Verity (126), *substitutus* Rothsch. (128), *debilis* Fruhst. (127) und als Übergang zu den italienischen Rassen *generosus* Fruhst. (117).

XV. Italischer Kreis.
Weiße bis gelbliche Rassen von mittlerer Größe mit gut ausgeprägter Zeichnung:
*pedemontanus* Fruhst. (123), *valdieriensis* Verity (124), *nobilis* Bryk & Eisner (125), *emilianus* Turati (129), *apenninus* H. Stich. (130), *euappenninus* Verity (132), *civis* Turati (131), *italicus* C. Oberth. (133), *rothschildi* Verity (134).

XVI. Apulisch-siculischer Kreis.
Kleine oder sehr kleine, dünn beschuppte und stark sexuell digryphe Rassen:
*pumilus* H. Stich. (135), *siciliae* C. Oberth. (136).

XVII. Iberischer Kreis.
Große, seltener mittelgroße, dicht beschuppte, stark sexuell digryphe Rassen mit gescheckter Befransung des Vorderflügels:
*nevadensis* C. Oberth. (137), *filabricus* Sagarra (138), *escalerae* Rothsch. (139), *hispanicus* C. Oberth. (140), *lauferi* Bryk (141), *aragonicus* Bryk (142), *asturiensis* A. Pagenst. (143), *ardanazi* Fernandez (144), *maurilianus* Fernandez (145) und als Übergang zu ssp. *pyrenaicus* Harc.-Bath (147) und *antijesuita* Bryk (146).

XVIII. Pyrenäisch-provencalischer Kreis.
Große, langgestreckte, weiße, stark sexuell digryphe Rassen:
*pyrenaicus* Harc.-Bath (147), *chrysophorus* Fruhst. (148), *provincialis* Kheil (156).

XIX. Jurassischer Kreis.

Große bis kleine, im männlichen Geschlechte dicht weißbeschuppte, im weiblichen gelbliche und oft seichter beschuppte Rassen mit starker Potenzierung des Rot:

*nivatus* Fruhst. (149), *wiskotti* C. Oberth. (150), *meridionalis* A. Pagenst. (151), *lozerae* A. Pagenst. (152), *lioranus* Fruhst. (153), *cebennicus* Le Cerf (154), *leovigildus* Fruhst. (155), *venaissinus* Fruhst. (157), *melliculus* H. Stich. (158), *lithographicus* Bryk (159), *ancile* Fruhst. (160), *posthumus* Fruhst. (161), *suevicus* A. Pagenst. (162), *thiemo* Fruhst. (163), *phonolithi* Bryk (164), *marcianus* A. Pagenst. (165), *vinningensis* H. Stich. (166).

XX. Gotländischer Kreis.

Eine dem jurassischen Kreis sich nähernde, kleinere, insuläre Rasse:

*linnéi* Bryk (167).

17 l. **P. apollo apollo** (L.) 1758 *Papilio Heliconius a.*, Linné, Syst. Nat., ed. 10 p. 465 | 1761 *P. a.*, Linné, Fauna Svec., ed. 2 p. 268 | 1783 *P. alpicola*, A. J. Retzius, Gen. Spec. Ins., p. 30 | 1809 *P. apollo*, Swartz in: Svensk Zool., *v.* 2 p. 64—66 t. 41 f. 3, 4 (♀) | 1834 *Parnassius a.*, Treitschke in: Ochsenheimer (& Treitschke), Schmett. Eur., *v.* 10I p. 84 | 1836 *Papilio appollo*, Dahlbom (respond. Boström), Jakt. Skand. Fjärillar, p. 5 | 1853 *Doritis apollo*, Wallengren, Lep. Scand. Rhop., p. 169 | 1867 *D. a.*, Kindberg in: Öfv. Ak. Förh., nr. 10 p. 679 | 1880 *Parnassius a.*, Sandahl in: Ent. Tidskr., *v.* 1 p. 46 | 1880 *P. a.*, Lindequist, ibid., *v.* 1 p. 105 | 1886 *P. a.*, Holmgren, ibid., *v.* 7 p. 37 | 1887 *P. a.*, Chr. Aurivillius, ibid., *v.* 8 p. 180 (copula) | 1888 *P. a.*, Chr. Aurivillius, Nordens Fjärilar, p. 3 (non t. 3 f. 1 (♀) | 1890 *P. a.*, Westerlund, Bidr. känned. Ronnebytrakt. Fauna, p. 97—98 | 1891 *P. a.*, Strøm, Danmarks større Sommerfugle, p. 5 | 1893 *P. a.* var., Rebel & Rogenhofer in: Jahresber. Wien. ent. Ver., *v.* 3 p. 53 (nota) | 1896 *P. a.* var. *scandinavica*, W. Harcourt-Bath in: Entomologist, *v.* 29 p. 331 | 1898 *P. a.*, Meves in: Ent. Tidskr., *v.* 18 p. 259 | 1899 *P. a.*, H. Stichel in: Ins.-Börse, *v.* 16 p. 269 | 1902 *P. a.* var. *hesebolus* (part.), A. Pagenstecher in: Fauna arct., *v.* 2 p. 218 | 1905 *P. a.*, Adlerz, Svenska Fjärilar, p. 80 t. 14 (♂) | 1906 *P. a.* (part.), Verity, Rhop. palaearct., p. 46 t. IX f. 1 (♀) | 1906 *P. a.* (part.), H. Stichel in: Seitz, Großschmett. Erde, *v.* 1 p. 23 (non t. 12 f. a) | 1907 *P. a. apollo* (part.), H. Stichel in: Gen. Ins., *v.* 58 p. 23—24 | 1908 *P. a.*, Wahlgren in: Ent. Tidskr., *v.* 29 p. 132 | 1909 *P. a. a.*, A. Pagenstecher in: Jahrb. Ver. Nassau, *v.* 62 p. 118—120 | 1911 *P. a.* var. *scandinavicus* (part.), Bryk in: Int. ent. Z., *v.* 5 p. 142 f. 1 (♂, *P. apollo*), p. 143 f. 2 (♀, *P. a.*), p. 147 f. 3 (♂), 4 (♀), p. 148, 168 | 1911 *P. a.*, Lagerberg in: Ent. Tidskr., *v.* 32 p. 14 | 1912 *P. a.*, Wahlgren, ibid., *v.* 33 p. 74 | 1912 *P. a.* forma domest. *exlarva* aberr. ven. *Rebeli*, Bryk in: Soc. ent., *v.* 27 p. 53 | 1913 *P. a. verus*, O. Bang-Haas (MS.) in: Bryk, ibid., *v.* 28 p. 32 (gotlandiae patria falsa) | 1913 *P. a.*, Porath in: Ent. Tidskr., *v.* 34 p. 81 | 1913 *P. a.* var. *fennoscandicus* forma *scandinavica*, Bryk in: Soc. ent., *v.* 28 p. 32 f. 1 (♀), 2 (♂), p. 33 f. 3 (♀) | 1913 *P. a.* var. *scandinavica* aberr. *novarae*, Bryk, ibid., *v.* 28 p. 95 | 1914 *P. a.* var. *scandinavicus*, Bryk in: D. ent. Z. Iris, *v.* 27 p. 150 | 1915 & 14 *P. a. var. scandinavica* (aut var. *scandinavicus*), Bryk in: Arch. Naturg., *v.* 80 A 9 p. 139, 141, A 5 t. 2 f. 10 (♀), t. 3 f. 12 (♀, forma nova), A 6 t. 4 f. 20 (♂, forma nova), A 7 t. 12 f. 98 (♀, forma domest. *exlarva*), A 10 t. 35 f. 152 (♀ var. *scandinavica* forma *Ferdinandi*) | 1917 *P. a.*, Bryk, ibid., *v.* 82 A 5 p. 71 forma *Aurivillii*, forma *Embriki*, forma *Seitzi*, p. 73 t. 2 f. 11 (forma *Seitzi*), f. 21 (combin. forma *Rebeli* + forma *ruhmannianus*) | 1917 *P. a.*, Welander in: Ent. Tidskr., *v.* 38 p. 213 | 1917 *P. a*, Ljungdahl, ibid., *v.* 38 p. 220 | 1918 *P. a.*, Ljungdahl, ibid., *v.* 39 p. 82 | 1918 *P. a.*, Neander, ibid., *v.* 39 p. 33, 34 | [1918] *P. a.* var. *scandinavica* (aut var. *scandinavicus*), Bryk, Parnassius Apollo Formenkreis, p. 69 f. 33a (♂ aberr. *Embriki*), p. 120—121, 135 t. 2 f. 10 (♀ aberr. *pseudonomion* + aberr. *cardinalis* + aberr. *ampliusmaculata*), t. 3 f. 12 (♀ forma nova), t. 4 f. 20 (♂ forma nova), t. 12 f. 98 (♀, forma domest. *exlarva*), t. 35 f. 152 (♀ forma *Ferdinandi*) | 1919 *P. a.* + aberr. *excelsior* + aberr. *pseudonomion*, F. Nordström in: Ent. Tidskr., *v.* 39 p. 301 | 1919 *P. a. alpicola*, Bryk in: Svenska Linné-Sällsk. Årsskr., *v.* 2 p. 131 | 1919 *P. a.* forma *Redtenbacheri*, Bryk in: Ent. Tidskr., *v.* 40 p. 45 f. 4 (♀, nervatura), p. 46 | 1920 *P. a.*, P. Schulze in: D. ent. Z., p. 231 | 1922 [1921] *P. a.*, Bryk in:

Arch. Naturg., *v.* 87 A 10 p. 233 (biologia), p. 236 (aberr. *smidtianus*), p. 240 f. 7 (aberr. *perfusa*) | 1922 [1923] *P. a.*, Bryk in: Strand, Lep. Cat., *v.* 27 p. 103—104 | 1927 *P. a.*, F. Nordström in: Ent. Tidskr., *v.* 48 p. 98 | 1927 *P. a. apollo*, O Bang-Haas in: Horae Macrolep., *v.* 1 p. 11 t. 6 f. 8 (♀ [typus]) | 1930 *P. a.*, Bryk in: Parnassiana, *v.* 1 nr. 4 p. 5 | 1933 *P. a.*, A. Tullgren, Svenska Fjärilar, p. 6 | 1934 *P. a.*, F. Nordström, Våra Fjärilar, *v.* 1 p. 18 t. 1 f. 3 (♂).

Eine große, sexuell-digryphe Unterart mit weißer Grundfarbe und kräftiger Schwarzfleckung (Fig. 346). Männchen: Submarginalbinde des Vorderflügels schwarz, kurz, $Cu_1$ nicht überschreitend. Subcostalflecke verbunden, gewöhnlich bis zur $M_2$ reichend. Hinterrandfleck kräftig. Die roten Augenflecke breit, schwarz umrandet, überwiegend mit weißen Spiegeln.

Fig. 346.
**Parnassius apollo apollo** (L.) (♂). (Original, aus coll. C. Eisner, Berlin-Dahlem) (1/1).

Fig. 346a.
**Parnassius apollo apollo** (L.) (♀). (Original, aus coll. Zool. Mus. Berlin) (1/1).

2 schwarze Analflecke, Submarginalbinde des Hinterflügels in der Regel fehlend. Weibchen: Submarginalbinde des Vorderflügels breiter und Schwarzzeichnung kräftiger als beim Männchen. Die Wurzel der Mittelzelle des Vorderflügels stark geschwärzt. Der subcostale Augenfleck oft nach

außen diffus schwarz umrandet. Weiße Augenspiegel fehlen bisweilen. Augenflecke vergrößert. Die ♀ forma *ampliusmaculata* Verity nicht selten. Die Submarginalbinde des Hinterflügels durch ganz leichte, schwarze Überpuderung angedeutet. Abdomen behaart. Folgende formae treten auf: *aurivillii, charlesi, seitzi, pseudonomion, expupillata, excelsior, graphica, cardinalis, verityi, embriki, redtenbacheri, rebeli, ferdinandi, smidtiana, novarae.* Vorderflügellänge: ♂ 41—47, ♀ 40—48 mm.

Mittelschweden mit den angrenzenden Inseln. Die Tiere von der westschwedischen Küste sind intermediär zwischen *P. a. apollo* (L.) und subsp. *norvegicus* Menthe.

Typus: ♂ in coll. Linnean Soc. London.

17 2. **P. apollo norvegicus** Menthe 1899 *P. a.*, Strand in: N. Mag. Naturv., *v.* 37 p. 47 | 1899 *P. a.* (part.), H. Stichel in: Ins.-Börse, *v.* 16 p. 269 | 1904 *P. a.*, Strand in: N. Mag. Naturv., *v.* 42 p. 111 | 1910 *P. a.*, Barca in: Bergens Mus. Aarbog, nr. 3 p. 5 | 1911 *P. a.* (part.), Bryk in: Int. ent. Z., *v.* 5 p. 156 | 1912 *P. a. fennoscandicus* forma *scandinavica* (part.), Bryk in: Soc. ent., *v.* 27 p. 95, 96, 97 f. 1 (♀), 2 (♂) | 1912 *P. a.* var. *norvegicus* (+ aberr. *pseudonomion* + aberr. *intertexta* + aberr. *excelsior* + aberr. *graphica*), Menthe in: Int. ent. Z., *v.* 6 p. 244 | 1913 *P. a.*, A. Pagenstecher in: Soc. ent., *v.* 28 p. 18 f. 1 (♂, false ex Pamir) | 1913 *P. a. norvegicus*, Sheljuzhko in: D. ent. Z. Iris, *v.* 27 p. 114 | 1918 *P. a.*, Bryk, Parnassius Apollo Formenkreis, p. 121, 139b | 1918 *P. a. norvegicus*, W. Rothschild in: Nov. zool., *v.* 25 p. 234 | 1920 *P. a. n.*, Belling in: D. ent. Z., p. 233 | 1921 *P. a.* + aberr. *decora, graphica, nexilis, pseudonomion, bruneomaculata, flavomaculata*, Haanshus in: Norsk ent. Tidskr., *v.* 1 p. 101 | 1922 [1923] *P. a. apollo*, Bryk in: Strand, Lep. Cat., *v.* 27 p. 103, 104 (nom. *norvegicus* Menthe vix cons.) | 1929 *P. a.* subsp. *norvegicus*, Bollow in: Seitz, Großschmett. Erde, *v.* 1 Suppl. 1 p. 17.

Fig. 347.
**Parnassius apollo norvegicus** Menthe (♀). (Original, aus coll. Naturhist. Mus. Tromsö) (1/1).

Weicht von der Nominatrasse nur wenig ab, im Durchschnitt etwas größer. Schwarzfleckung im Vorderflügel noch kräftiger. Wurzelschwärze stärker um die Mittelzelle des Hinterflügels greifend. Die forma *ampliusmaculata* Verity ist für die Weibchen typisch. Die schwarze Umrandung der Augenflecke breiter als bei der Nominatrasse (Fig. 347). Vorderflügellänge: ♂ 41—47,5, ♀ 45,7—47,7 mm.

Norwegen (Nordgrenze 61° 43′, das Hochgebirge von Zentralnorwegen nicht überschreitend).

173. **P. apollo fennoscandicus** Bryk 1890 *P. a.*, E. Reuter in: Bidr. Känned. Väst. Finl., *v.* 5 p. 10 | 1900 *P. a.* (part.), Aro, Suomen perhoset, p. 3, 260 | 1911 *P. a.* var. *fennoscandicus*, Bryk in: Int. ent. Z., *v.* 5 p. 156 f. 9 (♂) | 1912 *P. a.*, Bryk in: Meddel. Soc. Fauna Fenn., nr. 39 p. 58 | 1913 *P. a. fennoscandicus* (part.), Shel-juzhko in: D. ent. Z Iris, *v.* 27 p. 114 | 1914 *P. a. f.* (part.), Bryk, ibid., *v.* 27 p. 150, 151 | 1915 *P. a.* var. *f.*, Bryk in: Arch. Naturg., *v.* 80 A 9 p. 142 t. 22 f. 124 (♂, aberr. *halteres* subtus), t. 27 f. 135 (♀, forma *nigricans*), p. 144 | [1918] *P. a.* var. *f.*, Bryk, Parnassius Apollo Formenkreis, p. 138, 139 bis, t. 22 f. 124 (♂, aberr. *halteres* subtus), t. 27 f. 135 (♀, forma *nigricans*) | 1920 *P. a. finmarchicus* (part.), Belling in: D. ent. Z., p. 233 | 1922 [1921] *P. a.* aberr. *zeta album*, Bryk in: Arch. Naturg., *v.* 87 A 10 p. 236 | 1922 [1923] *P. a.* forma *fennoscandicus*, Bryk in: Strand, Lep. Cat., *v.* 27 p. 117 | 1929 *P. a.* subsp. *f.*, Bollow in: Seitz, Großschmett. Erde, *v.* 1 Suppl. 1 p. 47 | 1931 *P. a. f.*, Bryk in: Zool. Jahrb., Syst. *v.* 62 p. 157, 158 f. 10 (nervat. pleth.)

Fig. 348. **Parnassius apollo fennoscandicus** Bryk (♂). (Typus) (1/1).

Fig. 348a.
**Parnassius apollo fennoscandicus** Bryk (♀). (Original, aus coll. C. Eisner, Berlin-Dahlem) (1/1).

Kräftiger gezeichnet als ssp. *norvegicus* Menthe (Fig. 348). Submarginal-binde stärker gezackt als bei *finmarchicus* Rothsch. Der Endzellfleck des Vorderflügels oft vorn in die Mittelzelle mit einem kleinen Fortsatz vorspringend. Submarginalbinde auf den Hinterflügeln beim Männchen angedeutet, beim Weibchen oft sehr prägnant ausgebildet. Hinterrandschwärze um die Mittelzelle des Hinterflügels hakenförmig vorspringend. Folgende formae treten auf: *subtushalteres, zeta album.* Vorderflügellänge: ♂ 41,5—48, ♀ 40,5 bis 47,5 mm.

Ålandsinseln und Scherenhof von Åbo (Turku).

Typus: ♂ in coll. R. Frey, Helsingfors.

174. **P. apollo finmarchicus** Rothsch. 1869 *P. a.* (part.), Tengström in: Not. Sällsk. Fauna Fenn., nr. 10 p. 291 (sep. p. 1) | 1885 *P. a.* (part.), Lampa in: Ent. Tidskr., *v.* 6 p. 9 | 1888 *P. a.* (part.), Chr. Aurivillius, Nordens Fjärilar, p. 3 | 1899 *P. a.* (part.), H. Stichel in: Ins.-Börse, *v.* 16 p. 296 | 1900 *P. a.* (part.). Aro, Suomen perhoset, p. 3, 260 | 1904 *P. a.* aberr. *brittingeri*, Federley in: Meddel. Soc. Fauna Fenn., nr. 30 p. 80—81 | 1906 *P. a.* (part.), H. Stichel in: Seitz, Großschmett. Erde, *v.* 1 p. 23 t. 12a (♂) | 1907 *P. a. apollo* (part.), H. Stichel in: Gen. Ins., *v.* 58 p. 24 | 1909 *P. a. finmarchicus*, W. Rothschild in: Nov. zool., *v.* 16 p. 6 | 1909 *P. a. f.*, A. Pagenstecher in: Jahrb. Ver. Nassau, *v.* 62 p. 121 | 1910 *P. a.*, Frings in: Soc. ent., *v.* 25 p. 29 | 1911 & 10 *P. a.* „forme" *finmarchicus*, Verity, Rhop. palaearct., p. 307 t. LIV f. 3 (♀), t. LVII f. 11 (♂) 12 (♀) | 1911 *P. a. f.*, Bryk in: Berlin. ent. Z., *v.* 55 p. 257 | 1911 *P. a. fennicus* (nom. emend.), Bryk, ibid., *v.* 55 p. 257 (nota 2) | 1911 *P. a.* var. *nylandicus* (nom. emend.), Bryk in: Int. ent. Z., *v.* 5 p. 148 f. 5 (♀), p. 155 f. 6 (♂, aberr. *pagenstecheri*) | 1911 *P. a. finnmarchicus*, Bryk in: Soc. ent., *v.* 25 p. 98 | 1911 *P. a. f.*, Bryk in: Int. ent. Z., *v.* 5 p. 142, 148, 156 | 1912 *P. a.* var. ***nylandicus***, Bryk in: Meddel. Soc. Fauna Fenn., nr. 39 p. 57 f. 1, 2 (♂) | 1912 *P. a. **fennoscandicus***, Menthe in: Int. ent. Z., *v.* 6 p. 244 | 1913 *P. a. finmarchicus*, Sheljuzhko in: D. ent. Z. Iris, *v.* 27 p. 114, 115 | 1914 & 15 *P. a.* var. *nylandicus*, Bryk in: Arch. Naturg., *v.* 80 A 6 p. 168 f. 28a, 28b, A 9 t. 24 f. 128 (♂, al. monstr.), t. 27 f. 134 (♀, aberr. ***nigricans***) | 1918 *P. a. finmarchicus*, W. Rothschild in: Nov. zool., *v.* 25 p. 243 | 1918 *P. a. scandinavicus* (part.), W. Rothschild, ibid., *v.* 25 p. 243 | [1918] *P. a.* var. *nylandicus*, Bryk, Parnassius Apollo Formenkreis, p. 52 t.? f. 28a, b, p. 138, 139bis, t. 24 f. 128 (♂, al. monstr.), t. 27 f. 134 (♀, aberr. *nigricans*) | 1922 [1923] *P. a.* var. *finmarchicus*, Bryk in: Strand, Lep. Cat., *v.* 27 p. 118 | 1924 *P. a.* „finnländische Form", Petersen, Lep.-Fauna Estland, ed. 2 *v.* 1 p. 87 | 1929 *P. a.* „Rasse" *finmarchicus*, Bollow in: Seitz, Großschmett. Erde, *v.* 1 Suppl. 1 p. 47 | 1930 *P. a. f.* forma *Krogeri*, Bryk in: Parnassiana, *v.* 1 nr. 4 p. 5 (♂).

Fig. 349.
**Parnassius apollo finmarchicus** Rothsch. (♂). (Original, aus coll. Zool. Mus. Berlin) (1/1).

Hellweiße Unterart, die zwischen subsp. *fennoscandicus* Bryk und *carelius* Bryk steht (Fig. 349). Von der ersteren durch weniger kräftige Schwarzzeichnung und kürzeres Glasband von *carelius* Bryk durch häufiges Vorhandensein der Submarginalbinde auf dem Hinterflügel verschieden. Die Hinterrandschwärze greift nicht so stark um die Mittelzelle des Hinterflügels wie bei ssp. *fennoscandicus* Bryk. Augenflecke gewöhnlich mit klaren weißen Spiegeln. Als formae treten auf: *nigricans* und *krogerusi*. Vorderflügellänge: ♂ 40—47,5, ♀ 44—47,5 mm.

Südfinnland: Helsingfors, Esbo, Karislojo, Dagerö, Brandö, Bäresund, Tvärminne, Lowisa (Typus).

Typen: ♂ ♀ in coll. Zool. Mus. Tring.

175. **P. apollo carelius** Bryk 1798 *Papilio Parnassius a.*, Cederhjelm, Faun. Ingr. Prodr., p. 205 t. 1 f. 6 (♂, fig. mala) | 1900 *Parnassius a.* (part.), Aro, Suomen perhoset, p. 3, 260 | 1911 *P. a.* subsp. *carelius* aberr. *quincun(!)*, Bryk in: Soc. ent., *v.* 25 p. 98 (fig. ♀) | 1911 *P. a.* subsp. *c.*, Bryk in: Berlin. ent. Z., *v.* 55 p. 256 t. 3 f. 8 (♀, aberr. *euclidiana*) | 1911 *P. a.* subsp. *c.* aberr. *ladogensis*, Bryk in Soc. ent., *v.* 26 p. 21 (fig. ♀) | 1911 *P. a.* var. *c.*, Bryk in: Int. ent. Z., *v.* 5 p. 161. 162 f. 7 (aberr. *nevadensis* (?)), f. 8 (♂, aberr. *escalerae* (?)), p. 167 f. 10 (♀) | 1911 *P. a.*, H. Stichel, ibid., *v.* 5 p. 59 | 1913 *P. a.* var. *carelius* aberr. *Ernestinae* + aberr. *limoniti*, Bryk in: Soc. ent., *v.* 28 p. 65 | 1914 *P. a.* var. *c.*, Ugrjumow in: Ent. Z., *v.* 28 p. 6, 14 | 1914 & 15 *P. a.* var. *c.*, Bryk in: Arch. Naturg., *v.* 80 A 5—A 10 p. 130 ff. t. 1 f. 1, 2, t. 2 f. 3, t. 2 f. 4 (♀), t. 3 f. 16—18 (♂), 19 (♀), t. 5 f. 30 (♀), 39 (♂), t. 10 f. 84 (♀), t. 11 f. 86 (♀ typus), 87 (♂), 88 (♀), t. 12 f. 97 (♀), t. 23 f. 125, 126 (♂), t. 24 f. 127 (♂), t. 25 f. 129, 130 (♂), 131 (♀), t. 26 f. 132 (♀), t. 30 f. 141, 142 (antenna), t. 32 f. 145, 146 (antenna monstr.) | 1918 *P. a. finmarchicus* (part.), W. Rothschild in: Nov. zool., *v.* 25 p. 243 | [1918] *P. a.* var. *carelius*, Bryk, Parnassius Apollo Formenkreis, p. 1—38 (biol.) t. 1 f. 1—2, t. 2 f. 3, t. 2 f. 4 (♀), t. 3 f. 16—18 (♂), 19 (♀), t. 5 f. 30 (♀), 39 (♂), t. 10 f. 84 (♀), t. 11 f. 86 (♀, typus), 87 (♂), 88 (♀), t. 12 f. 97 (♀), t. 23 f. 125, 126 (♂), t. 24 f. 127 (♂), t. 25 f. 129, 130 (♂), 131 (♀) t. 26 f. 132 (♀), t. 30 f. 141, 142 (antenna), t. 32 f. 145, 146 (antenna monstr.) | 1920 *P. a. c.*, Belling in: D. ent. Z., p. 232 | 1922 [1923] *P. a.* var. *c.*, Bryk in: Strand, Lep. Cat., *v.* 27 p. 112 | 1929 *P. a.* subsp. *c.*, Bollow in: Seitz, Großschmett. Erde, *v.* 1 Suppl. 1 p. 47 | 1931 *P. a. c.*, Bryk in: Zool. Jahrb., Syst. *v.* 62 p. 152 f. 2 (♀, aberr. clathr.), p. 171 f. 30 (♂ monstr.).

Fig. 350.
**Parnassius apollo carelius** Bryk (♀). (Ideotypus, aus coll. Zool. Mus. Berlin) (1/1).

Eine androtrope Unterart, die den Übergang von den fennoskandischen Unterarten zur russischen ssp. *democratus* Krulikowsky darstellt, von rein weißer Flügelfarbe und mit reduzierter Hinterrandschwärze des Hinterflügels. Männchen mit schwächer ausgeprägter, schmaler, grauer Submarginalbinde, verhältnismäßig schmalem Glasbande und nicht so kräftigem Mittelzellfleck des Vorderflügels. Subcostalflecke oft getrennt und nicht kräftig. Augenflecke mit oder ohne weiße Spiegel. 2 Analflecke in der Regel vorhanden. Submarginalbinde des Hinterflügels fehlt. Weibchen (Fig. 350) etwas gelblich, dem Männchen meist sehr ähnlich. Glasbinde und Submarginalbinde des Vorderflügels etwas länger. Zellflecke kräftiger. Submarginalbinde infolge undeutlicher, schwacher Schwarzbestäubung kaum bemerkbar. — In der Regel tritt forma *quincunx* auf. Außerdem wurden folgende formae festgestellt: *ernestinae, graphica, expupillata, limoniti, decora, ladogensis.* Vorderflügellänge: ♂ 36—47,5, ♀ 38—45 mm.

Ladogisch Karelien (Typus Helylä).

Typen: ♂ ♀ in coll. C. Eisner, Berlin-Dahlem.

176. **P. apollo democratus** Krulikowsky 1771 & 73 *Papilio a.*, Pallas, Reise Ruß., *v.* 1 p. 212, *v.* 2 p. 292 | 1774 *P. a.*, Lepechin (Hase), Tageb. Reise Russ. Reich, *v.* 1 p. 243 | 1782 „Le grand Apollon de Russie", Ernst & Engramelle, Pap. Eur., *v.* 2 p. 289, 339 t. 75 Suppl. 21 f. 99a—b (♂) | 1805 *Papilio Clarius* (nomen nudum), Jac. Hübner (& Geyer), Samml. Eur. Schmett., *v.* 1 p. 61 | 1837 *Doritis Apollo*, E. Eversmann in: Bull. Soc. Moscou, nr. 1 p. 23 | 1906 *Parnassius a.* var. *democratus*, Krulikowsky in: Soc. ent., *v.* 21 p. 49 (cit. pro parte) | 1907 *P. a. d.* (= *limicola* ?), H. Stichel in: Seitz, Großschmett. Erde, *v.* 1 p. 36 | 1907 *P. a. d.*, H. Stichel in: Gen. Ins., *v.* 58 p. 24 (subsp. dubia) | 1908 *P. a. d.*, Krulikowsky in: D. ent. Z. Iris, *v.* 21 p. 208 | 1909 *P. a.* subsp. *d.*, A. Pagenstecher in: Jahrb. Ver. Nassau, *v.* 62 p. 197, 198 | 1910 *P. a. d.*, Jachontow in: Rev. Russe Ent., *v.* 9 p. 250 | 1910 *P. a.*, Frings in: Soc. ent., *v.* 25 p. 29 | 1911 & 10 *P. a.* „race" *democratus*, Verity, Rhop. palaearct., p. 307 t. LIV f. 4 (♂), 5 (♀) | 1912 *P. a.* aberr. *novarae*, Ugrjumov in: Ent. Z., *v.* 26 p. 155 (fig. ♂) | 1913 *P. a. democraticus*, Ougriumoff (= Ugrjumov) in: Int. ent. Z., *v.* 7 p. 99 | 1914 *P. a.* var. *democratus*, Ugrjumow in: Ent. Z., *v.* 28 p. 5—7, 14—15, 20—21, 29—31, 37—38; p. 7 f. 1 (Flugplatz), p. 30 f. 2 (larva), f. 3 (♂), f. 4 (♂, aberr. *pseudonomion*), f. 5, 6 (♀), p. 31 f. 7 (♀, aberr. *decora*), f. 8, 9 (♀), 10 (♀, monstrum), f. 11, 12 (♀, aberr.

Fig. 351.
**Parnassius apollo democratus** Krulikowsky (♂). (Original, aus coll. Zool. Mus. Berlin) (1/1).

*bachmetjevi*), p. 38 f. 13 (♂, monstrum), f. 14 (♂, part. albinot.) | 1915 *P. a.* var. *d.*, Bryk in: Arch. Naturg., *v.* 80A8 p. 151 (nota; aberr. *kunzianus*), p. 169, A9 p. 141, 144, A8 t. 15 f. 110 (♂), t. 16 f. 111 (♀) | 1917 *P. a.* var. *d.*, Bryk, ibid., *v.* 82A6 p. 73 t. 2 f. 15 (forma *kunzianus*), p. 74 t. 1 f. 2b (ala anter.) | 1918 *P. a. d.*, W. Rothschild in: Nov. zool., *v.* 25 p. 243 | [1918] *P. a.* var. *d.*, Bryk, Parnassius Apollo Formenkreis, p. 105 (nota, aberr. *kunzianus*), p. 123, 137 t. 15 f. 110 (♀), 111 (♀) | 1922 [1923] *P. a.* var. *d.*, Bryk in: Strand, Lep. Cat., *v.* 27 p. 115 | 1925 *P. a. d.* aberr. *satanas*, Sheljuzhko in: Z. Österr. Ent.-Ver. Wien, *v.* 10 p. 86.

Eine große, androtrope Unterart. Männchen: ähnlich dem der ssp. *carelius* Bryk (Fig. 351 & 336, 338). Die Glasbinde des Vorderflügels verjüngt sich oft, bis $Cu_2$ reichend. Die beiden Subcostalflecke getrennt. Mittelzellfleck länglich, oft proximal konkav gerundet. Augenflecke meistens mit weißen Spiegeln und breit schwarz umrandet. Weibchen gelblich. Die hintere stark verjüngte Glasbinde des Vorderflügels erreicht nur $Cu_2$. Die diffuse Submarginalbinde im Vorderflügel graphitgrau. Subcostalflecke getrennt. Augenflecke mit weißem Spiegel. Die graphitgraue Hinterrandschwärze des Hinterflügels greift um die Mittelzelle. Als formae treten auf: *bachmetjevi, novarae, nigricans, quincunx, kunziana, excelsior, graphica, marginata* und *ampliusmaculata*. Vorderflügellänge: ♂♀ 45—47 mm.

Nordrußland: Wiatka, Jelabuga. Kasan; Moskau; Kijew.

177. **P. apollo limicola** H. Stich. 1844 *Doritis a.*, E. Eversmann, Fauna lep. Volgo-Ural., p. 70 | 1891 *Parnassius a.* forma (var.) *uralensis*, C. Oberthür (nec Ménétr. 1859), Étud. Ent., *v.* 14 p. 4, 16 t. 3 f. 18 (♀) (nomen praeoccupatum) | 1904 *P. a.* var. *sibirica*, Hoyningen-Huene in: Berlin. ent. Z., *v.* 49 p. 5 | 1906 *P. a. limicola* (nomen novum), H. Stichel in: Seitz, Großschmett. Erde, *v.* 1 p. 25 t. 12b (♀) | 1906 & 09 *P. a.* var. *sibirica* „forme" *uralensis*, Verity, Rhop. palaearct., p. 49 t. 1 f. 14 (♀, squamae), t. IX f. 11 (♀) | 1907 *P. a. limicola*, H. Stichel in: Gen. Ins., *v.* 58 p. 24 (nota 1) | 1913 *P. a. uralensis*, O. W. Hesse in: Rev. Russe Ent., *v.* 13 p. 62, 63 | 1914 *P. a.* var. *u.*, Ugrjumow in: Ent. Z., *v.* 28 p. 6 | 1914 *P. a.* var. *graslini* (part.), Rangnow jr. in: Int. ent. Z., *v.* 7 p. 330 | 1914 *P. a.* var. *uralicus* (nomen emendatum), Bryk in: Soc. ent., *v.* 29 p. 29 | 1915 *P. a.* „Uralrasse", Rangnow jr. in: Int. ent. Z., *v.* 9 p. 9 (phaenol.) | 1915 *P. a.* var. *uralicus* forma *nigricans*, Bryk in: Arch. Naturg., *v.* 80A9 p. 141, 144, A7 t. 12 f. 96 (♀) | 1918 *P. a. limicola*, W. Rothschild in: Nov. zool., *v.* 25 p. 243 | [1918] *P. a.* var. *uralicus* forma *nigricans*, Bryk, Parnassius Apollo Formenkreis, p. 125,

Fig. 352.
**Parnassius apollo limicola** H. Stich. (♂). (Original, aus coll. Zool. Mus. Berlin) (1/1).

137, 139bis, t. 12 f. 96 (♀) | 1922 [1923] *P. a.* var. *u.*, Bryk in: Strand, Lep. Cat., *v.* 27 p. 141 | 1931 *P. a. uralensis* aberr., Bryk in: Zool. Jahrb., Syst. *v.* 62 p. 151 f. 1 (♂).

Eine sehr große Unterart, die sehr stark sexuell digryph ist (Fig. 352). Sie steht zwischen ssp. *democratus* Krulikowsky und ssp. *sibiricus* (Nordm.) Männchen stark an ssp. *democratus* Krulikowsky erinnernd. Die Befransung schwarz, hell unterbrochen; die Submarginalbinde jedoch viel kürzer, oft kaum erkennbar. Die beiden getrennten Subcostalflecke und der Hinterrandfleck stärker reduziert. Sonst wie ssp. *democratus* Krulikowsky. Weibchen: gewöhnlich stark verdüstert, oft ganz schwarz überpudert, so daß die Grundfarbenbinde zwischen Glasbinde und Submarginalbinde ganz verschwindet, wie auch das übrige Weiß des Flügelfonds. Bei der aufgestellten Form ist

Fig. 352 a.
**Parnassius apollo limicola** H. Stich. (♀). (Original, aus coll. C. Eisner, Berlin-Dahlem) (1/1).

der Flügelfond gelblich. Grundbinde des Vorderflügels sehr schmal und kurz. Im hinteren Teil verschwimmt die Submarginalbinde mit der Glasbinde. Zwischen dem Medianaugenflecke und den beiden Analflecken ein mehr oder weniger deutlicher accessorischer Fleck. Submarginalbinde des Hinterflügels durch verschwommene Schwarzüberpuderung markiert. Saum schmal verglast. Die Schwarzumzingelung der Augenflecke auffällig breit, etwas verschwommen. Folgende formae treten auf: *nox, quincunx, cardinalis, magnifica.* Vorderflügellänge: ♂ 42—50, ♀ 43—48,5 mm.

Ural.

Typen: ♂ ♀ in coll. R. Oberthür, Rennes.

17 8. **P. apollo alpherakyi** Krulikowsky 1853 *Doritis a.* var. *sibiricus*, J. Lederer in: Verh. Ver. Wien, *v.* 3 p. 354 | 1884 *Parnassius a.* „Form" *hesebolus*, Schilde in: Ent. Nachr., *v.* 10 p. 334 | 1889 *P. a.* var. *h.* (part.), Austaut, Parnass. paléarct., p. 191 t. VI f. 1 (♂), 2 (♀) | 1892 *P. a.* var. *sibirica* (part.), O. Staudinger in: D. ent. Z. Lep., *v.* 5 p. 304 | 1899 *P. a.* var. *s.*, Elwes in: Tr. ent. Soc. London, p. 295, 305 | 1900 *P. a.* var. *s.*, O. Staudinger in: D. ent. Z. Lep., *v.* 12 p. 332 | 1906 *P. a.* var. *alpherakyi* + aberr. *fumigatus*, Krulikowsky in: Soc. ent., *v.* 21 p. 49 | 1906 & 07 *P. a. sibiricus* (part.), H. Stichel in: Seitz, Großschmett. Erde, *v.* 1 p. 25; p. 36 (aberr. *alpherakyi* + aberr. *graslini* + aberr. *fumigata* (ex synon.) | 1907 *P. a. s.* forma ♀ *alpherakyi* + forma ♀ *graslini* (part.), H. Stichel in: Gen. Ins., *v.* 58 p. 24 (et nota 3) t. 2 f. 6 (♀, forma ♀ *graslini*) | 1909 *P. a.* var. *s.*, A. Pagenstecher in: Jahrb. Ver.

Nassau, *v.* 62 p. 201 | 1910 *P. a.* var. *s.*, A. Bang-Haas in: D. ent. Z. Iris, *v.* 24 p. 27 | 1911 & 10 *P. a.* var. *sibirica* „race" *alpherakyi*, Verity, Rhop. palaearct., p. 305, 307 t. LVIII f. 8 (♂), 9 (♀), LXIII f. 3 (♀) | 1912 *P. a.* var. *A.* aberr. ♀ *magnifica*, Bryk (Ksienżopolski MS.) in: Soc. ent., *v.* 27 p. 1 (fig. ♀), 2, 14, 19—20; p. 106 (var. *Alpherakyi*) | 1913 *P. a.* var. *magnifica*, A. Pagenstecher, ibid., *v.* 28 p. 18, 19 | 1915 & 14 *P. a.* var. *Alpherakyi* aberr. *m.*, Bryk in: Arch. Naturg., *v.* 80 A 8 p. 171, A 5 t. 3 f. 13 (♀ typus) | 1918 *P. a. a.* + aberr. *chryseis* + aberr. *decora* + aberr. *magnifica* + aberr. *pseudonomion*, W. Rothschild in: Nov. zool., *v.* 25 p. 244, 249 | 1922 [1923] *P. a.* var. *A.*, Bryk in: Strand, Lep. Cat., *v.* 27 p. 106 | 1924 *P. a. a.*, Sheljuzhko in: Z. Österr. Ent.-Ver. Wien, *v.* 9 p. 59 | 1929 *P. a.* „Rasse" *a.* + ♀ „Form" *fumigata*, Bollow in: Seitz, Großschmett. Erde, *v.* 1 Suppl. 1 p. 49 t. 5 d (♀).

Fig. 353.
**Parnassius apollo alpherakyi** Krulikowsky (♂). (Original, aus coll. C. Eisner, Berlin-Dahlem) (1/1).

Fig. 353 a.
**Parnassius apollo alpherakyi** Krulikowsky (♀). (Original, aus coll. Zool. Mus. Berlin) (1/1).

Ähnelt der ssp. *limicola* H. Stich. (Fig. 353). Männchen: dichter weiß beschuppt; Submarginalbinde des Vorderflügels deutlicher abgehoben. — Weibchen mit gelblichem Flügelfond, stark schwarz überstäubt, jedoch ohne schwarzverrußte Formen, wie sie für ssp. *limicola* H. Stich. charakteristisch sind. Mittelzellfleck des Vorderflügels oft viereckig. Augenflecke sehr groß, die vorderen sehr oft ganz rot ausgefüllt. Verglasung des Hinterflügels verschwommen. Submarginalbinde deutlich. 3. Analfleck stets erhalten. Folgende formae treten auf: *quincunx, decora, pseudonomion, magnifica.* Vorderflügellänge: ♂ 44—53,5 mm, ♀ 45–56,6 mm.

Altai.

17 9. **P. apollo sibiricus** (Nordm.) 1851 *Doritis a.* var. *sibirica*, Nordmann in: Bull. Soc. Moscou, *v.* 24 nr. 2 p. 423 t. 11 f. 1 (♀) | 1853 *D. a.* var. *s.*, J. Lederer in: Verh. Ver. Wien, *v.* 2 p. 4 | 1855 *Parnassius a.* var. *sibiricus* (part.), Ménétriés, Lép. Ac. St.-Pétersb., *v.* 1 p. 6 | 1879 *P. a.* var. *hesebolus*, C. Oberthür, Étud. Ent., *v.* 4 p. 22 | 1886 *P. a.* var. *h.*, Elwes in: P. zool. Soc. London, p. 21, 22 | 1889 *P. a.* var. *sibirica*, Austaut, Parnass. paléarct., p. 89 | 1892 & 95 *P. a.* var. *hesebolus*, F. Rühl & A. Heyne, Palaearkt. Groß-Schmett., *v.* 1 p. 97, 703 | 1892 *P. a.* var. *sibirica*, O. Staudinger in: D. ent. Z. Lep., *v.* 5 p. 304 | 1900 *P. a.* var. *s.*, O. Staudinger in: D. ent. Z. Lep., *v.* 12 p. 332 (part.) | 1906 & 09 *P. a.* var. *s.*, Verity, Rhop. palaearct., p. 48 (part.) t. IX f. 8 (♂) (non 9—11), t. 1 f. 15 (♂, squama) | 1906 *P. a. sibiricus* (part.), H. Stichel in: Seitz, Großschmett. Erde, *v.* 1 p. 25 t. 12e (♂) | 1906 *P. a. s.* (part.), H. Stichel in: Gen. Ins., *v.* 58 p. 12 und (nota 1+2) | 1909 *P. a. s.* (part.), A. Pagenstecher in: Jahrb. Ver. Nassau, *v.* 62 p. 200, 201 | 1912 *P. s.*, Bryk in: Soc. ent., *v.* 27 p. 14—15 | 1912 *P. apollo* var. *hesebolus* (part.), Bryk, ibid., *v.* 27 p. 12 f. 4 (♀) | 1913 *P. a. sibiricus*, Bryk, ibid., *v.* 28 p. 26 | 1914 *P. a.* var. *s.*, Bryk in: Arch. Naturg., *v.* 80 A 5 t. 3 f. 14 (♀, Typus) | 1918 *P. a. s.*, W. Rothschild in: Nov. zool., *v.* 25 p. 245 | [1918] *P. a.* var. *s.*, Bryk, Parnassius Apollo Formenkreis, p. 124, 135 t. 3 f. 14 (♀, Type) | 1922 [1923] *P. a.* var. *sibirica*, Bryk in: Strand, Lep. Cat., *v.* 27 p. 136 | 1924 *P. a. sibiricus*, Sheljuzhko in: Z. Österr. Ent.-Ver. Wien, *v.* 9 p. 59 | 1926 *P. a.* var. *sibiricus*, Wnukowsky in: D. ent. Z. Iris, *v.* 40 p. 184 | 1934 *P. a. clarius*, Hemming in: Stylops, *v.* 3 p. 197 | 1934 *P. a. sibirica*, Bryk in: Parnassiana, *v.* 3 p. **44.**

Fig. 354.
**Parnassius apollo sibiricus** (Nordm.) (♀). (Topotypus, aus coll. Zool. Mus. Berlin) (1/1).

Eine große Unterart, die stark an ssp. *alpherakyi* Krulikowsky erinnert. Männchen: Submarginalbinde des Vorderflügels oft deutlich. Die beiden getrennten Subcostalflecke und der Hinterrandfleck verkleinert. Schwarzumsäumung der weißgekernten Augenflecke oft nicht so breit wie bei den vorher erwähnten Unterarten. Analflecke ebenfalls nicht so breit. **Weibchen** (Fig. 354) mit hellgelblichem Flügelfond und sehr großen Augenflecken. Subcostalbändchen continuierlich. Zell- und Analflecke kräftig. Der 3. Analfleck deutlich, der 2. vergrößert, oft mit Rotkernung. Vorderflügellänge: ♂ 42,5—46, ♀ 42—53,5 mm.

Sibirien (Typus: Irkutsk).

Typus: ♀ in coll. Zool. Mus. Helsingfors.

17 10. **P. apollo meinhardi** Shelj. 1905 *P. a.* var. *sibiricus*, Meinhard in: Spiski koll. zool. Mus. Tomsk, *v.* 6 p. 110 | 1923 *P. a. s.*, Kozhantshikov in: Jahrb. Martjanov Staatsmus. Minussinsk, *v.* 1 p. 1 | 1924 *P. a.* subsp. *meinhardi*, Sheljuzhko in: Z. Österr. Ent.-Ver. Wien, *v.* 9 p. 57 | 1929 *P. a.* subsp. *m.*, Bollow in: Seitz, Großschmett. Erde, *v.* 1 Suppl. 1 p. 48.

Fig. 355.
**Parnassius apollo meinhardi** Shelj. (♂). (Original, aus coll. C. Eisner, Berlin-Dahlem) (1/1).

Fig. 355 a.
**Parnassius apollo meinhardi** Shelj. (♀). (Original, aus coll. C. Eisner, Berlin-Dahlem) (1/1).

Sexuell digryphe Unterart (Fig. 355). Alle schwarzen Flecke des Vorderflügels gut entwickelt, der Mittelzellfleck besonders kräftig. Glasbinde breit. Männchen: Glasbinde selten bis über $Cu_1$ hinausreichend. Submarginalbinde schwach. Augenflecke mittelgroß, breit schwarz umrandet, meist mit deutlichem, weißem Kern. Analflecke gut entwickelt. Weibchen: mäßig dunkel bestäubt. Glasbinde und Submarginalbinde bis zum Hinterrande reichend, hinten mit einander zusammenschmelzend. Der glasige Saum am Hinterflügel vorhanden, die parallel zu ihm verlaufende Submarginalbinde in der Intensität verschieden ausgeprägt. 2 Analflecke. Forma *semidecora* wurde festgestellt.

Prov. Akmolinsk (Petropawlowsk); Omsk; Minussinsk und Ussinsk.

Typen: ♂ ♀ in coll. L. Sheljuzhko, Kijew.

17 11. **P. apollo sojoticus** Bryk 1910 *P. a.* var. *hesebolus* (part.), Verity, Rhop. palaearct., t. LXIII f. 4 (♂) | 1912 *P. a.* var. *sojoticus*, Bryk in: Soc. ent., *v.* 27 p. 11, p. 12 f. 1 (♂), 2 (♀) | 1913 *P. a.* var. *s.*, A. Pagenstecher in: Soc. ent., *v.* 28 p. 19 | 1915 *P. a.* var. *s.*, Bryk in: Arch. Naturg., *v.* 80 A 9 p. 140, 144, A 7 t. 9 f. 69 b (♀, nec f. 70) | 1918 *P. a. s.*, W. Rothschild in: Nov. zool., *v.* 25 p. 243 | [1918] *P. a.* var. *s.*, Bryk, Parnassius Apollo Formenkreis, p. [125], 139 bis, 130 t. 9 f. 69 b (♀, nec f. 70) | 1929 *P. a.* subsp. *s.*, Bollow in: Seitz, Großschmett. Erde, *v.* 1 Suppl. 1 p. 48.

Fig. 356.
**Parnassius apollo sojoticus** Bryk (♂). (Typus) (1/1).

Fig. 356 a.
**Parnassius apollo sojoticus** Bryk (♀). (Typus) (1/1).

Eine kleine, sexuell digryphe Unterart, die an subsp. *hesebolus* (Nordm.) erinnert. Vorderflügelschnitt spitz (Fig. 356). Männchen hellweiß. Submarginalbinde des Vorderflügels schmal und grau. Die beiden getrennten Subcostalflecke und der Hinterrandfleck sehr klein. Augenflecke sehr verkleinert, oben rot ausgefüllt. Die beiden Analflecke schmal und sehr klein. Hinterrandschwärze um die Mittelzelle greifend. Weibchen nicht so weiß wie das Männchen. Glasband kurz, wie beim Männchen bis über $M_3$ hinausreichend. Submarginalbinde beider Flügel diffus und bis zum Hinterrande reichend. Die getrennten Subcostalflecke und der Hinterrandfleck klein. Augenflecke rot ausgefüllt, größer als beim Männchen. 2 Analflecke. Glasbinde diffus angedeutet. Vorderflügellänge: ♂ 40—42 mm, ♀ 38—42,5 mm.

Sajan-Gebirge (Typus: Aran-Surgol).

Typen: ♀ ♂ in coll. O. Bang-Haas, Dresden-Blasewitz.

17 12. **P. apollo hesebolus** (Nordm.) 1851 *Doritis a.* var. *h.*, Nordmann (Mannerheim MS.) in: Bull. Soc. Moscou, *v.* 24 nr. 2 p. 425 | 1892 *Parnassius a.* var. *h.*, O. Staudinger in: D. ent. Z. Lep., *v.* 5 p. 305 | 1895 *P. a.* var. *transbaicalensis*, F. Rühl & A. Heyne (Staudinger MS.), Palaearkt. Groß-Schmett., *v.* 1 p. 703 | 1896 *P. a.* var. *hesebolus*, Hormuzaki in: Verh. Ges. Wien, *v.* 45 p. 228 | 1899 *P. a.* var. *h.*, O. Herz in: D. ent. Z. Lep., *v.* 11 p. 233 | 1900 *P. a.* var. *h.* + var. *transbaicalensis*, Austaut in: Naturaliste, *v.* 22 p. 142 | 1901 *P. a.* var. *h.*, O. Staudinger & Rebel, Cat. Lep. Palaearct. Faunengeb., ed. 3 *v.* 1 p. 4 | 1906 *P. a. h.*, H. Stichel in: Seitz, Großschmett. Erde, *v.* 1 p. 25 t. 12b (an *sibiricus*? Bryk) | 1906 *P. a.* var. *h.*, Verity, Rhop. palaearct., p. 48 t. IX f. 7 (♂), t. XIII f. 1 (♀) | 1907 *P. a. h.*, H. Stichel in: Gen. Ins., *v.* 58 p. 25 | 1911 & 10 *P. a.* var. *h.*, Verity, Rhop. palaearct., p. 307 t. LXIII f. 5 (♂), 6 (♀) | 1912 *P. a.* var. *h.*, Bryk in: Soc. ent., *v.* 27 p. 12 f. 3 (♂), 4 (♀, ?) | 1913 *P. a. h.*, A. Pagenstecher, ibid., *v.* 28 p. 19 | 1913 *P. a. h.*, Bryk, ibid., *v.* 28 p. 26—27 | 1915 & 14 *P. a.* var. *h.*, Bryk in: Arch. Naturg., *v.* 80 A 8 p. 171, A 9 p. 140, 144, A 6 t. 8 f. 65 (♂, Typus!) | 1918 *P. a. h.*, W. Rothschild in: Nov. zool., *v.* 25 p. 245 | [1918] *P. a.* var. *h.*, Bryk, Parnassius Apollo Formenkreis, p. 125, 136, 139 bis t. 8 f. 65 (♂, Type) | 1922 [1923] *P. a.* var. *h.* (+ *transbaikalensis* ex synon.), Bryk in: Strand, Lep. Cat., *v.* 27 p. 120—121 | 1927 *P. a.* subsp.?, O. Bang-Haas in: Horae Macrolep., *v.* 1 p. 14 | 1931 *P. a. hesebolus*, Bryk in: Zool. Jahrb., Syst *v.* 62 p. 163 f. 19, 20 (♂, al. didym.).

Fig. 357.
**Parnassius apollo hesebolus** (Nordm.) (♀). (Original, aus coll. Zool. Mus. Berlin) (1/1).

Sexuell digryph, größer als subsp. *sojoticus* Bryk. Vorderflügel am Apex zugespitzt. Die sich spitz verjüngende Glasbinde schmal, kurz, bis $Cu_1$ reichend. Männchen sehr hell. Submarginalbinde des Vorderflügels reduziert, aber deutlich. Die 3 ultracellularen Flecke klein. Der Mittelzellfleck schmal und oblong, erreicht nicht immer den hinteren Discusarm. Augenflecke klein, ganz rot ausgefüllt oder mit sehr kleinen, weißen Kernen. Analflecke schmal, bescheiden, der vordere $Cu_1$ selten erreichend. Die schüttere Hinterrandschwärze um die halbe Mittelzelle reichend oder bis auf den Hinterrand reduziert. Weibchen (Fig. 357) mit längeren Submarginalbinden auf beiden Flügeln, die nicht so verschwommen wie bei subsp. *sojoticus* Bryk sind. Die 3 ultracellularen Flecke etwas kräftiger als beim Männchen. Augenflecke mit größeren Weißspiegeln. 2 Analflecke. Hinterrandschwärze hakenförmig um die Mittelzelle greifend. Vorderflügellänge: ♂ 41—42, ♀ 45—46 mm.

Ost-Sibirien: Kentei, Transbaikalien, Mongolei (Typus).

Typus: ♂ in coll. Zool. Mus. Helsingfors.

17 13. **P. apollo mongolicus** Staud. 1900 *P. a.* var. *sibirica* (var. *mongolica*), O. Staudinger in: D. ent. Z. Lep., *v.* 12 p. 332 | 1900 *P. a.* var. *mongolicus*, Austaut in: Naturaliste, *v.* 22 p. 142 | 1907 *P. a. m.*, H. Stichel in: Gen. Ins., *v.* 58 p. 25 textf. | 1909 *P. a.* var. *m.*, A. Pagenstecher in: Jahrb. Ver. Nassau, *v.* 62 p. 203 | 1911 & 10 *P. a.* „race" *mongolica* + race *tarbagataïca*, Verity, Rhop. palaearct., p. 305, 307, t. LIV f. 6 (♂, „race" *tarbagataïca*), t. LVIII f. 6 (♂, „race" *mongolica*) | 1913 *P. a. hesebolus* forma *nadezdhae*, Bryk in: Soc. ent., *v.* 28 p. 64, 65 | 1915 & 14 *P. a.* var. *mongolicus* forma *n.*, Bryk in: Arch. Naturg., *v.* 80 A 9 p. 140, A 6 t. 8 f. 58 (♂) | 1918 *P. a. m.*, W. Rothschild in: Nov. zool., *v.* 25 p. 244 | [1918] *P. a.* var. *m.* forma *nadezdhae*, Bryk, Parnassius Apollo Formenkreis, p. 136 t. 8 f. 58 (♂) | 1922 [1923] *P. a.* var. *mongolica* (+ syn.? *tarbagataica*), Bryk in: Strand, Lep. Cat., *v.* 27 p. 129 | 1929 *P. a. m.* + aberr. *nadezdhae*, Bollow in: Seitz, Großschmett. Erde, *v.* 1 Suppl. 1 p. 49 | 1934 *P. a.* subsp. *m.* + div. formae, F. Nordström in: Ark. Zool., *v.* 27 A nr. 7 p. 3.

Fig. 358.
**Parnassius apollo mongolicus** Staud. (♂). (Original, aus coll. Zool. Mus. Berlin) (1/1).

Eine kontrastreich gezeichnete Unterart mit großen Augenflecken, deren mehr oder weniger große Weißspiegel bisweilen das Rot etwas verdrängen (Fig. 358). Submarginalbinde oft sehr deutlich, beim Männchen sogar bis zum Hinterrande reichend (forma *nadezdhae*). Auch auf den Hinterflügeln ist die Submarginalbinde sogar beim Männchen oft deutlich erhalten. Männchen hellweiß. Die beiden Subcostalflecke getrennt, der hintere etwas vergrößert und hakenförmig über $M_2$ hinausreichend. Weibchen weiß, wenig schwarz überpudert, noch markanter als das Männchen gezeichnet.

Fig. 358 a.
**Parnassius apollo mongolicus** Staud. (♀). (Original, aus coll. C. Eisner, Berlin-Dahlem) (1/1).

Folgende formae treten auf: *limoniti, expupillata, cardinalis, graphica, zeta album, decora, unipupillata.* Vorderflügellänge: ♂ 42 mm, ♀ 42—44 mm.

Östlicher Thianschan: Chamil Hasni, Bar-kul (Typus), Fushu-shan.

Typen: ♂ ♀ in coll. O. Staudinger, Dresden-Blasewitz.

17 14. **P. apollo merzbacheri** Fruhst. 1881 *P. a.* var. *hesebolus*, Alpheraky in: Horae Soc. ent. Ross., *v.* 16 p. 348 | 1889 *P. a.* var. *h.* (part.), Austaut, Parnass. paléarct., p. 191 | 1900 *P. a.* var. *sibirica* (part.), O. Staudinger in: D. ent. Z. Lep., *v.* 12 p. 332 | 1906 & 07 *P. a.* var. *s.* (part.) + aberr. *chryseis* (part.), Verity, Rhop. palaearct., p. 48, 103 t. IX f. 9 (♀; non 8) | 1906 *P. a. merzbacheri*, Fruhstorfer in: Soc. ent., *v.* 21 p. 139 (♀) | 1907 *P. a. m.*, H. Stichel in: Seitz, Großschmett. Erde, *v.* 1 p. 36 | 1907 *P. a. m.*, H. Stichel in: Gen. Ins., *v.* 58 p. 25 | 1909 *P. a. chryseis*, W. Rothschild in: Nov. zool., *v.* 16 p. 7 | 1909 *P. a.* var. *c.*, A. Pagenstecher in: Jahrb. Ver. Nassau, *v.* 62 p. 202 | 1912 *P. a.* aberr. *phoibogryphos*, Bryk, ibid., *v.* 65 p. 31 | 1913 *P. a.* var. *sibiricus*, Fritz Wagner in: Ent. Mt., *v.* 2 p. 29 f. 1 (♀) | 1913 *P. a.*, Bryk in: Soc. ent., *v.* 28 p. 27 | 1913 *P. a. chryseis*, C. Oberthür, Étud. Lép., *v.* 8 p. 81 t. 220 f. 1977 (♂), 1978 (♀) | 1914 *P. a. c.*, Bryk in: Soc. ent., *v.* 29 p. 28 | 1914 & 15 *P. a.* var. *c.*, Bryk in: Arch. Naturg., *v.* 80 A 6 p. 164 f. 22 (♂, nervatura al. post.), A 8 p. 171, A 9 p. 141, A 7 t. 10 f. 79 (♂, aberr. *phoibogryphos*), A 10 t. 34 f. 150 (♂) | 1918 *P. a. merzbacheri* + *P. a.* subsp.?, W. Rothschild in: Nov. zool., *v.* 25 p. 244 | [1918] *P. a.* var. *chryseis*, Bryk, Parnassius Apollo Formenkreis, p. 48 f. 22 (nerv. al. post.), p. 137 t. 10 f. 79 (♂ aberr. *phoibogryphos*), t. 34 f. 150 (♂) | 1922 [1923] *P. a.* var. *Merzbacheri*, Bryk in: Strand, Lep. Cat., *v.* 27 p. 128 | 1928 *P. a.-m.*, Meier-Ramel in: Enc. Ent., sér. B. III Lep. *v.* 3 p. 61—62 t. 6 f. 1 (♀), 4 (♂) | 1929 *P. a.* subsp. *m.* + aberr. *sawljuk* + aberr. *lydia*, Bollow in: Seitz, Großschmett. Erde, *v.* 1 Suppl. 1 p. 49 | 1934 *P. a.* subsp. *m.*, F. Nordström in: Ark. Zool., *v.* 27 A nr. 7 p. 3.

Stark sexuell digryphe Unterart mit zugespitztem Apex des Vorderflügels (Fig. 359). Männchen hellweiß. Glasbinde spitz nach hinten verlaufend, schmal, bis zur $Cu_2$ reichend. Submarginalbinde schwarz, mehr oder weniger lang, die $Cu_2$ nie erreichend. Die 3 ultracellularen Flecke des Vorderflügels mäßig entwickelt. Mittelzellfleck länglich. Augenflecke groß oder mittelgroß, überwiegend mit weißen Spiegeln. 2 Analflecke. Submarginalbinde des Hinterflügels wie bei den meisten asiatischen Männchen fehlend. Hinterrandschwärze sehr schwach um das Mittelzellende ziehend.

Fig. 359.
**Parnassius apollo merzbacheri** Fruhst. (♂). (Original, aus coll. Zool. Mus. Berlin) (1/1).

Fig. 359a.
**Parnassius apollo merzbacheri** Fruhst. (♀). (Original, aus coll. Zool. Mus. Berlin) (1/1).

Weibchen: Vorderflügelfond ocker- bis dottergelb. Hinterflügel gelblich, sehr reich gezeichnet, mit spitz verlaufender Glasbinde bis zur $Cu_2$, wo sie mit der diffusen Submarginalbinde zusammentrifft. Das Subcostalbändchen kräftig bis zur $M_2$ erhalten. Hinterrandfleck viereckig und kräftig. Flügelwurzel und Flügelmitte des Vorderflügels schwarz überstäubt. Augenflecke sehr groß, mit mehr oder weniger großen, weißen Kernen; zwischen beiden bisweilen eine schwarze Überstäubung. Die beiden Analflecke sehr kräftig, der 3. immer erhalten. Submarginalbinde diffus oder deutlich. Marginalrand schwärzlich bestäubt. Als formae wurden beobachtet: *phoebogrypha, sawljuk, lydia.* Vorderflügellänge: ♂ 34,5—45,5 mm, ♀ 44,5—49 mm. Es werden wiederholt Exemplare beschrieben (vgl. Meier-Ramel in: Enc. Ent., sér. B. III Lep. *v.* 3 p. 61—62), die wie Hybriden zwischen *P. tianschanicus* C. Oberth. & *P. apollo* (L.) aussehen.

Ili-Gebiet, Boro-Choro-Gebirge.

17 15. **P. apollo minerva** A. Bang-Haas 1910 *P. a.* var. *m.*, A. Bang-Haas in: D. ent. Z. Iris, *v.* 24 p. 27 | 1911 & 10 *P. a.* var. *sibirica* race *m.*, Verity, Rhop. palaearct.,

Fig. 360
**Parnassius apollo minerva** A. Bang-Haas (♂). (Original, aus coll. Zool. Mus. Berlin) (1/1).

Fig. 360 a.
**Parnassius apollo minerva** A. Bang-Haas (♀). (Original, aus coll. Zool. Mus. Berlin) (1/1).

p. 305, 307, t. LVIII f. 7 (♂) | 1915 & 14 *P. a.* var. *sibiricus* forma *m.*, Bryk in: Arch. Naturg., *v.* 80 A 9 p. 140, 141, A 6 t. 8 f. 59 (♂), A 7 t. 12 f. 100 (♀) | 1918 *P. a. m.*, W. Rothschild in: Nov. zool., *v.* 25 p. 243 | [1918] *P. a.* var. *sibiricus* forma *m.*, Bryk, Parnassius Apollo Formenkreis, p. 136, 137 t. 8 f. 59 (♂), t. 12 f. 100 (♀) | 1922 [1923] *P. a.* var. *Merzbacheri* forma *m.*, Bryk in: Strand, Lep. Cat., *v.* 27 p. 128 | 1929 *P. a.* subsp. *minerva*, Bollow in: Seitz, Großschmett. Erde, *v.* 1 Suppl. 1 p. 48.

Erinnert stark an subsp. *merzbacheri* Fruhst. Eine sexuell stark digryphe Unterart (Fig. 360). Männchen dicht weiß beschuppt, mit weniger gestreckter und zugespitzter Vorderflügelform. Glasband kurz. Submarginalbinde schwärzlich, aber mager. Hinterrandfleck des Vorderflügels kräftig. Subcostalflecke getrennt. Augenflecke groß, mit weißen Kernen. Weibchen gelb oder gelblich. Submarginalbinde und Glasbinde reichen bis zum Hinterrande, die dazwischen liegende Grundfarbenbinde deutlich, sonst stark an das Weibchen der subsp. *merzbacheri* Fruhst. erinnernd. Vorderflügellänge: ♂ 47—49,5 mm, ♀ 45—48,5 mm.

Juldus.

Typen: ♂ ♀ in coll. O. Bang-Haas, Dresden-Blasewitz.

17 16. **P. apollo zarathustrae** Bryk 1911 *P. a.*, Rebel in: Verh. Ges. Wien, *v.* 61 p. (45) | 1912 *P. a.* var. *auerspergi*, Bryk in: Jahrb. Ver. Nassau, *v.* 65 p. 14 | 1912 *P. a. a.* (part.), A. Pagenstecher in: Mt. Münch. ent. Ges., *v.* 3 p. 68 | 1914 *P. a.* var. *zarathustrae* (i. l.), Bryk in: Soc. ent., *v.* 29 p. 29 | 1914 *P. a.* var. *z.*, Bryk in: Mt. Münch. ent. Ges., *v.* 5 p. 72 t. 7 f. 4 (♂) | 1915 & 14 *P. a.* var. *z.*, Bryk in: Arch. Naturg., *v.* 80 A 9 p. 140, A 6 t. 8 f. 55 (♀), A 8 t. 14 f. 107 (♂, aberr. *graphica*), A 8 p. 145, 172 | 1918 *P. a.* „subsp. ?“ + *a. auerspergi* (part.), W. Rothschild in: Nov. zool., *v.* 25 p. 242, 243 | [1918] *P. a.* var. *zarathustrae*, Bryk, Parnassius Apollo Formenkreis, p. 137, 139bis, t. 8 f. 55 (♀), t. 14 f. 107 (♂, aberr. *graphica*) | 1922 [1923] *P. a.* var. *Z.*, Bryk in: Strand, Lep. Cat., *v.* 27 p. 144 | 1929 *P. a.* „Rasse“ *z.*, Bollow in: Seitz, Großschmett. Erde, *v.* 1 Suppl. 1 p. 71 | 1930 *P. a. z.*, Bryk & Eisner in: Parnassiana, *v.* 1 nr. 4 p. 1, 2.

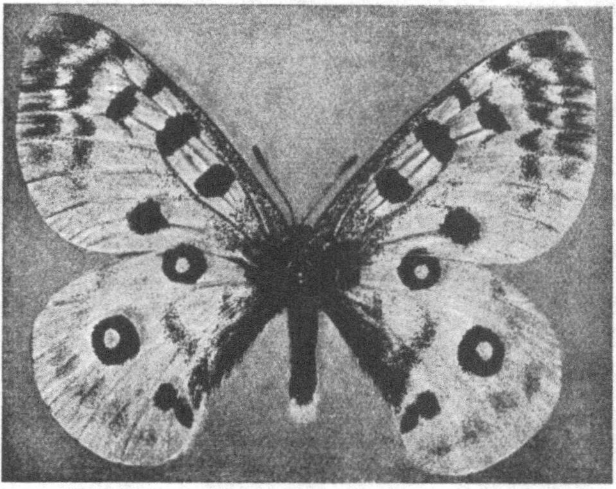

Fig. 361.
**Parnassius apollo zarathustrae** Bryk (♂). (Ideotypus, aus coll. Zool. Mus. Berlin) (1/1).

Eine sehr große, helle Unterart mit großen, roten, stark weißgekernten Augenflecken und heller Einsäumung der Glasbinde. Flügelfarbe hellcremegelblich (Fig. 361). Männchen: Glasbinde schmal, $Cu_1$ nicht erreichend, internerval von weiß beschuppten Rippen unterbrochen; außen dringen oft helle Keilflecke in die Glasbinde ein, was in seltenen Fällen zur völligen Verdrängung des Glasfeldes führen kann. Submarginalbinde des Vorderflügels kurz, oft auch deutlich, internerval unterbrochen, bis über $Cu_1$ reichend. Subcostalflecke meistens verbunden, der hintere oft in ein Schwänzchen bis $M_3$ auslaufend. Die schwarze Umrandung der Augenflecke sauber, nicht übermäßig breit. 2 Analflecke. Submarginalbinde selten erhalten, in lose Flecke aufgelöst. Hinterrandschwärze mäßig, bisweilen bis zum Mittelzellende reichend. Weibchen mit breiterem und längerem, bis zum Hinterrande reichendem Glasband, das außen hell umsäumt ist. Submarginalbinde

Fig. 361 a.
**Parnassius apollo zarathustrae** Bryk (♀). (Ideotypus, aus coll. Zool. Mus. Berlin) (1/1).

breit, von $M_2$ ab nach innen gewinkelt vorspringend, nach hinten entweder sich verlierend oder den Hinterrand erreichend. Subcostalbändchen stark ausgebildet, sein hinterstes, gewinkeltes Element strichförmig bis $M_3$ reichend. Flügelmitte leicht schwärzlich überpudert. Vorderflügelwurzel schwärzlich überpudert. Submarginalbinde des Hinterflügels nicht immer angedeutet, bisweilen breit, diffus. Saum nicht verglast. 2 oder 3 Analflecke. Hinterrandschwärze wie beim Männchen. Als forma tritt *graphica* auf. Vorderflügellänge: ♂ 45—48, ♀ 48—50 mm.

Westkurdistan: Malatia.

Typen: ♂ ♀ in coll. C. Eisner, Berlin-Dahlem.

1717. **P. apollo auerspergi** Reb. 1911 *P. a.* var. *a.*, Rebel in: Verh. Ges. Wien, *v.* 61 p. (44), (45) f. 2 (♂) | 1912 *P. a. a.* (part.), A. Pagenstecher in: Mt. Münch. ent. Ges., *v.* 3 p. 68 | 1914 *P. a.* var. *a.*, Bryk in: Mt. Münch. ent. Ges., *v.* 5 p. 73 | 1918 *P. a. a.* (part.), W. Rothschild in: Nov. zool., *v.* 25 p. 242 | [1918] *P. a.* var. *a.*, Bryk, Parnassius Apollo Formenkreis, p. 139bis, 137 | 1922 [1923] *P. a.* var. *A.*, Bryk in: Strand, Lep. Cat., *v.* 27 p. 108 | 1929 *P. a. a.*, Fritz Wagner in: Mt. Münch. ent. Ges., *v.* 19 p. 17, 18 | 1929 *P. a.* „Rasse" *a.*, Bollow in: Seitz, Großschmett. Erde, *v.* 1 Suppl. 1 p. 70.

Eine sehr helle Unterart. Männchen (Fig. 362) mit kurzer, bis $M_3$ reichender Submarginalbinde. Glasbinde schmal, zugespitzt, bis $Cu_1$ reichend.

Augenflecke sehr groß, mit großen, weißen Kernen. 2 deutliche Analflecke. Weibchen unbekannt.

Kilikischer Taurus.

Typus: ♂ in coll. Naturhist. Mus. Wien.

Fig. 362.
**Parnassius apollo auerspergi** Reb. (♂). (Typus, nach Rebel 1911) (1/1).

17 18. **P. apollo anatolicus** A. Pagenst. 1912 *P. a. anatolicus*, A. Pagenstecher in: Mt. Münch. ent. Ges., *v.* 3 p. 74 (♂) | 1914 *P. a. a.*, Bryk in: Mt. Münch. ent. Ges., *v.* 5 p. 73 | 1915 *P. a.* var. *a.*, Bryk in: Arch. Naturg., *v.* 80 A 9 p. 139, A 8 t. 16 f. 112 (♂). | [1918] *P. a.* var. *a.*, Bryk, Parnassius Apollo Formenkreis, p. 127, 138, t. 16 f. 112 (♂) | 1922 [1923] *P. a.* forma *a.*, Bryk in: Strand, Lep. Cat., *v.* 27 p. 107 | 1929 *P. a. a.*, Fritz Wagner in: Mt. Münch. ent. Ges., *v.* 19 p. 16 t. 1 | 1929 *P. a. a.*, Bollow in: Seitz, Großschmett. Erde, *v.* 1 Suppl. 1 p. 70 t. 5 f. (♂ ♀) | 1930 *P. a. a.*, Bryk & Eisner in: Parnassiana, *v.* 1 nr. 4 p. 1—2.

Fig. 363.
**Parnassius apollo anatolicus** A. Pagenst. (♂). (Original, aus coll. Zool. Mus. Berlin) (1/1).

Flügel dünn beschuppt, groß mit reduzierten, getrennten Subcostalflecken des Vorderflügels. Befransung bald einfarbig hell, bald schwach gescheckt. Männchen (Fig. 363) milchig weiß. Glassaum hinten zugespitzt, fast bis zum Hinterrand reichend. Submarginalbinde schwach angedeutet, kurz, bis $M_3$ reichend. Mittelzellfleck etwas verkleinert, häufig rundlich.

Fig. 363 a.
**Parnassius apollo anatolicus** A. Pagenst. (♀). (Original, aus coll. Zool. Mus. Berlin) (1/1).
(? ob Fundort echt).

Hinterrandfleck klein. Augenflecke relativ klein. Weibchen größer, gelblich getönt. Submarginalbinde des Vorderflügels kräftiger als beim Männchen, bis zum Hinterrand reichend. Hinterrandfleck kräftig. Augenflecke und Analflecke größer, die Wurzelschwärze dichter.

Kleinasien: Sultan-Dagh.

Typus: ♂ in coll. Ent. Mus. Berlin-Dahlem.

17 19. **P. apollo tauricus** Bryk & Eisner 1930 *P. a.* „Rasse" *t.*, Bryk & Eisner in: Parnassiana, *v.* 1 nr. 4 p. 2 f. 1, 3 (♂), 2, 4 (♀) | 1931 *P. a.* subsp. *t.*, Bollow in: Seitz, Großschmett. Erde, *v.* 1 Suppl. 1 p. 330.

Eine sexuell digryphe, helle Unterart (Fig. 364). Männchen dicht weiß beschuppt. Das hell befranste Glasband schmal. $Cu_2$ gewöhnlich nicht ganz erreichend. Submarginalbinde des Vorderflügels von undeutlicher Länge, schmal und kurz. Subcostalflecke kräftig, getrennt, der hintere mit Neigung zur Hakenbildung. Hinterrandfleck mittelgroß, rundlich. Mittelzellfleck nicht immer den hinteren Discusarm erreichend. 2 Analflecke auf dem Hinterflügel. Augenflecke von Mittelgröße, mit weißen Kernen. Hinterrandschwärze meistens reduziert. Weibchen mit breiterem, den Hinterrand erreichendem Glasband, wo es mit der diffusen Submarginalbinde des Vorderflügels verschmilzt. Vorderflügel leicht schwarz überstäubt. Subcostalbändchen bei der Hälfte der Individuen continuierlich vorhanden. Mittelzellfleck oblong. Augenflecke größer als beim Männchen. In der Regel mit 2 Analflecken. Submarginalbinde des Hinterflügels diffus. Hinterrandschwärze dreieckig, bis zur $M_2$ reichend. Vorderflügellänge: ♂ 40—52 mm, ♀ 40—50 mm.

Pisidischer und Pamphylischer Taurus.

Typen: ♂ ♀ in coll. C. Eisner, Berlin-Dahlem.

Fig. 364. **Parnassius apollo tauricus Bryk & Eisner** (links 2 ♂, rechts 2 ♀). (Nach Bryk & Eisner 1930) (1/1).

17 20. **P. apollo levantinus** Rothsch. 1908 *P. a. l.*, W. Rothschild in: Nov. zool., *v.* 15 p. 390 | 1909 *P. a. l.*, W. Rothschild, ibid., *v.* 16 p. 7 | 1911 & 10 *P. a.* „race“ *l.*, Verity, Rhop. palaearct., p. 307 t. LVIII f. 4 (♂), 5 (♀), t. LXII f. 21 (♂) | 1912 *P. a. l.*, A. Pagenstecher in: Mt. Münch. ent. Ges., *v.* 3 p. 74 | 1915 *P. a.* var. *l.*, Bryk in: Arch. Naturg., *v.* 80 A 9 p. 141, A 8 t. 14 f. 108 (♂) | 1917 *P. a. l.*, Rebel in: SB. Ak. Wien, *v.* 126 p. 247 (nota 1) | [1918] *P. a.* var. *l.*, Bryk, Parnassius Apollo Formenkreis, p. 128, 137, 139bis, t. 14 f. 108 (♂) | 1918 *P. a. l.*, W. Rothschild in: Nov. zool., *v.* 25 p. 242 | 1922 [1923] *P. a.* var. *l.*, Bryk in: Strand, Lep. Cat., *v.* 27 p. 122 | 1929 *P. a. l.*, Bollow in: Seitz, Großschmett. Erde, *v.* 1 Suppl. 1 p. 70 | 1930 *P. a. l.*, Bryk & Eisner in: Parnassiana, *v.* 1 nr. 4 p. 1.

Fig. 365.
**Parnassius apollo levantinus** Rothsch. (♂). (Original, aus coll. Zool. Mus. Berlin) (1/1).

Eine helle Unterart. Männchen (Fig. 365) mit schmalem, zugespitztem, hinten bis $Cu_2$ reichendem Glasband. Submarginalbinde schmal, etwas diffus, $Cu_2$ nicht erreichend, bisweilen in Keilflecke aufgelöst. Subcostalflecke getrennt oder verbunden. Hinterrandfleck schräg gestellt, mittelgroß. Endzellfleck vorn reduziert oder wurzelwärts verschoben. Mittelzellfleck klein, den hinteren Discusarm nicht erreichend. Augenflecke groß, meistens mit großen, weißen Kernen. 2 Analflecke. Submarginalbinde des Hinterflügels als diffuse, schwache Bestäubung kaum bemerkbar. Wurzelschwärze mäßig. Weibchen mit Glasbinde bis $Cu_2$. Submarginalbinde des Vorderflügels mäßig breit, bis zum Hinterrande reichend. Subcostalbändchen ganz ausgebildet, Hinterrandfleck klein. Endzellfleck reduziert. Mittelzellfleck länglich. Augenflecke größer als beim Männchen, mit größeren, weißen Spiegeln. Submarginalbinde deutlich abgehoben, in lose Elemente aufgelöst. 2 Analflecke. Hinterrandschwärze mäßig. Vorderflügellänge: ♂ 42—47, ♀ 43 mm.

Syrien: Aintab.

Typen: ♂ ♀ in coll. Zool. Mus. Tring.

17 21. **P. apollo graslini** C. Oberth. 1891 *P. a.* forma (var.) *g.*, C. Oberthür, Étud. Ent., *v.* 14 p. 6 t. 2 f. 23 (♀) | 1906 *P. a.* var. *sibirica* forma *g.*, Verity, Rhop. palaearct., p. 49 t. IX f. 10 (♀) | 1907 *P. a. sibiricus* forma *g.*, H. Stichel in: Gen. Ins., *v.* 58 p. 24 (part.) | 1912 *P. a. g.*, Bryk (Sheljuzhko MS.) in: Soc. ent., *v.* 27 p. 19 | 1913 *P. a. g.*, C. Oberthür, Étud. Lep., *v.* 8 p. 81, 88 t. 230 f. 1976 (♂) | 1914 *P. a.* var. *g.*, Bryk in: Soc. ent., *v.* 29 p. 29 | [1918] *P. a.* var. *g.*, Bryk, Parnassius Apollo Formenkreis, p. 127, 139bis | 1922 [1923] *P. a.* var. *G.*, Bryk in: Strand, Lep. Cat., *v.* 27 p. 120 | 1930 *P. a. g.*, Bryk & Eisner in: Parnassiana, *v.* 1 nr. 4 p. 1.

Eine große Unterart mit sehr großen Augenspiegeln. Männchen: Glasband bis $Cu_1$ reichend. Submarginalbinde des Vorderflügels deutlich ausgezackt, bis $Cu_2$ reichend. Subcostalflecke und Hinterrandfleck länglich. Hinterrandschwärze des Hinterflügels stark ausgeprägt, bis zur $M_2$ ziehend. 2 Analflecke. Weibchen: Das Glasband trifft mit der schmalen, bogigen Submarginalbinde am Hinterrande des Vorderflügels zusammen. Subcostalbändchen und Hinterrandfleck sehr kräftig; der zwischen beiden liegende Flügelteil bis zur Mittelzelle dunkel überstäubt. Mittelzellfleck mäßig. Wurzel des Vorderflügels schwarz bestäubt. Die breit schwarz umrandeten Augenflecke miteinander (aberrativ?) verbunden. 3 kräftige Analflecke. Submarginalbinde des Hinterflügels schwach ausgeprägt. Hinterrandschwärze wie beim Männchen. Vorderflügellänge: ♂ 45, ♀ 45 mm.

Klein-Asien (ohne näheren Fundort). Die Tiere aus Brussa (Olymp) gehören einer neuen, bisher unbeschriebenen Unterart an.

Typen: ♂ ♀ in coll. R. Oberthür, Rennes.

17 22. **P. apollo peroneurus** Bryk 1855 *Doritis a.*, J. Lederer in: Verh. Ver. Wien, *v.* 5 p. 235 | 1912 *Parnassius a.* var. *Kashtshenkoi* (part.), Bryk in: Jahrb. Ver. Nassau, *v.* 65 p. 16, 17 | 1914 *P. a.* subsp. *peroneurus*, Bryk in: Mt. Münch. ent. Ges., *v.* 5 p. 72 t. 7 f. 2 (♀) | 1915 *P. a.* var. *p.*, Bryk in: Arch. Naturg., *v.* 80 A 8 p. 153, 173, A 9 p. 141, A 8 t. 15 f. 109 (♀) | 1917 *P. a.* var. *p.*, Bryk, ibid., *v.* 82 A 5 p. 37 *(Apollo p.)*, 50, 71 | [1918] *P. a.* var. *p.*, Bryk, Parnassius Apollo Formenkreis, p. [107], 137, 127 t. 15 f. 109 (♂) | 1922 [1923] *P. a.* var. *p.*, Bryk in: Strand, Lep. Cat., *v.* 27 p. 130 | 1929 *P. a.* subsp. *p.*, Bollow in: Seitz, Großschmett. Erde, *v.* 1 Suppl. 1 p. 70 t. 6d (♀) | 1930 *P. a. p.*, Bryk & Eisner in: Parnassiana, *v.* 1 nr. 4 p. 1.

Eine hell cremegelbe, dicht beschuppte Unterart mit großen, weißgekernten, schön abgerundeten Augenflecken. Die kleinste der kleinasiatischen Rassen. Fleckenzeichnung sehr markant. Vorderrand des Vorderflügels fast gar nicht schwarz überstäubt (Fig. 366). Männchen mit schmalem,

Fig. 366.
**Parnassius apollo peroneurus** Bryk (♂). (Ideotypus, aus coll. Zool. Mus. Berlin) (1/1).

sich haardünn zum Hinterrand verjüngendem Glasbande. Submarginalbinde gewöhnlich sehr deutlich bis $Cu_1$ reichend, von da bisweilen sehr schwach bis zur 2. Cubitalrippe angedeutet. Die beiden Subcostalflecke getrennt.

Hinterrandfleck mäßig. Endzellfleck des Vorderflügels vorn nach außen zu ausgefranst. Mittelzellfleck mäßig. Von den beiden Augenflecken ist der vordere oft ganz rot ausgefüllt. 2 bescheidene Analflecke. Hinterrandschwärze reduziert. Weibchen reicher und kontrastreicher gezeichnet. Das sehr schmale Glasband des Vorderflügels sich wie ein Keil in die cremegelbe Umsäumung und die zwischen ihm und der breiten, schwarzen Submarginalbinde gelegenen Grundfarbenbinde einschiebend und bis zum Hinterrande

Fig. 366 a.
**Parnassius apollo peroneurus** Bryk (♀). (Ideotypus, aus coll. Zool. Mus. Berlin) (1/1).

reichend. Fleckung des Vorderflügels kräftig. Hinterrandfleck die $Ax_1$ überschreitend. Subcostalbändchen fast bis $M_3$ reichend. Hinterflügel mit deutlicher, grauschwarzer Submarginalbinde. Augenflecke rundlich, zur forma *intertexta* neigend. Analflecke kräftiger als beim Männchen. Hinterrandschwärze reduziert oder die Zelle schwach einfassend. Vorderflügellänge: ♂ 40,5—45,5, ♀ 41—45,5 mm. (Diese Unterart neigt zur Peroneurie).

Ak-Dagh (Amasia).

Typen: ♂ ♀ in coll. C. Eisner, Berlin-Dahlem.

1723. **P. apollo kashtshenkoi** Shelj. 1908 *P. a.* var. *k.*, Sheljuzhko in: Rev. Russe Ent., *v.* 7 p. 232 | 1909 *P. a.* var. *kastenkoi*, A. Pagenstecher in: Jahrb. Ver. Nassau, *v.* 62 p. 197 | 1910 *P. a.* var. *kashtshenkoi*, Sheljuzhko in: Rev. Russe Ent., *v.* 9 p. 385 | 1911 *P. a. k.*, Verity, Rhop. palaearct., p. 305, 307 | 1912 *P. a.* var. *k.*, A. Pagenstecher in: Mt. Münch. ent. Ges., *v.* 3 p. 68, 73 | 1913 *P. a.* var. ***kassenkoi***, Sheljuzhko in: D. ent. Z. Iris, *v.* 27 p. 115 | 1914 *P. a.* var. ***kashtshenkoi***, Bryk in: Mt. Münch. ent. Ges., *v.* 5 p. 74, 72 | 1915 *P. a.* var. *k.*, Bryk in: Arch. Naturg., *v.* 80 A 8 p. 173, A 9 t. 28 f. 136 (♀), 137 (♂) | [1918] *P. a.* var. *k.*, Bryk, Parnassius Apollo Formenkreis, p. 138 t. 28 f. 136 (♀), 137 (♂) | 1922 [1923] *P. a.* forma *k.*, Bryk in: Strand, Lep. Cat., *v.* 27 p. 122 | 1924 *P. a.* subsp. *k.*, Sheljuzhko in: Mt. Münch. ent. Ges., *v.* 14 p. 43, 51, 54 | 1929 *P. a.* „Rasse" *k.*, Bollow in: Seitz, Großschmett. Erde, *v.* 1 Suppl. 1 p. 70.

Eine breitflügelige, dicht weiß beschuppte, an subsp. *peroneurus* Bryk sich anschließende Unterart, die vielleicht nur eine forma von ssp. *dubius* Bryk ist. Mit heller Umsäumung der Flügel, großen, sauber schwarz umrandeten Augenflecken, die deutliche Weißspiegel zeigen. Männchen mit schmalem, von den weißbeschuppten Rippen unterbrochenem, hellem Glasband, das sich bis $Cu_1$ allmählich verwischt, mit ebenso langer, in lose Bogen aufgelöster Submarginalbinde. Schwarzfleckung mäßig. Subcostalflecke getrennt. Mittelzellfleck oblong. Hinterflügel mit 2 mäßigen Analflecken und sehr stark reduzierter Wurzelschwärze. Weibchen mit größeren Augenflecken, von denen der subcostale besonders vergrößert ist und kein Weiß zeigt. Glasband im Vorderflügel breiter und länger. Submarginalbinde deutlich, aber schmal. Schwarzfleckung kräftiger. Subcostalbändchen deutlich und kräftig erhalten. Hinterrandschwärze des Hinterflügels reduziert. 2 Analflecke. Submarginalbinde und Verglasung des Saumes angedeutet. Vorderflügellänge: ♂ 50—52, ♀ 49—55 mm.

Ararat.

Typen: ♂ ♀ in coll. L. Sheljuzhko, Kijew.

17 24. **P. apollo dubius** Bryk 1884 *P. a.* var. *hesebolus* (part.), Romanoff in: Romanoff, Mém. Lép., *v.* 1 p. 43 | 1910 *P. a.* race *kashtshenkoi* (?), Verity, Rhop. palaearct., t. LXII f. 19 (♂), 20 (♀) | 1911 *P. a.* var. *k.*, Jachontow in: Mt. Kaukas. Mus., *v.* 5 p. 294 | 1912 *P. a.* subsp. *dubius*, Bryk in: Jahrb. Ver. Nassau, *v.* 65 p. 24 | 1912 *P. a. araraticus* + var. *kashtshenkoi* + var. *armenicus*, A. Pagenstecher in: Mt. Münch. ent. Ges., *v.* 3 p. 74, 81, 83 | 1913 *P. a.* subsp. *dubius*, Sheljuzhko in: D. ent. Z. Iris, *v.* 27 p. 115 | 1914 *P. a.* subsp. *d.*, Bryk in: Mt. Münch. ent. Ges., *v.* 5 p. 71—72 t. 7 f. 1 (♀) | 1915 & 14 *P. a.* var. *d.*, Bryk in: Arch. Naturg., *v.* 80 A 8 p. 174, A 7 p. 157, A 6 t. 7 f. 50 (♀), 57 (♂) | 1918 *P. a. d.*, W. Rothschild in: Nov. zool., *v.* 25 p. 242 | [1918] *P. a.* var. *d.*, Bryk, Parnassius Apollo Formenkreis, p. 138, 128, 129 t. 7 f. 50 (♀), 57 (♂) | 1922 [1923] *P. a.* var. *d.* (+ *suareticus* ex synon.), Bryk in: Strand, Lep. Cat., *v.* 27 p. 116 | 1924 *P. a.* „Rasse" *d.*, Sheljuzhko in: Mt. Münch. ent. Ges., *v.* 14 p. 51, 52 (nota 1), 54 | 1929 *P. a.* subsp. *d.*, Bollow in: Seitz, Großschmett. Erde, *v.* 1 Suppl. 1 p. 71 t. 5 d (♀, *kashtshenkoi*).

Eine sehr große, im männlichen Geschlechte dicht weiß beschuppte Unterart mit sehr großen, weit weißgekernten Augenflecken, die sich eng an subsp. *kashtshenkoi* Shelj. anschließt. Männchen: Glasband breit, $Cu_1$

Fig. 367.
**Parnassius apollo dubius** Bryk (♀). (Ideotypus, aus coll. C. Eisner, Berlin-Dahlem) (1/1).

nicht erreichend. Submarginalbinde des Vorderflügels aus losen, meist pfeilspitzartigen Flecken bestehend. Subcostalflecke meist getrennt. Hinterrandfleck mäßig, bisweilen horizontal gestellt. 2 Analflecke. Hinterrandschwärze stark reduziert. Weibchen (Fig. 367) gelblichweiß, mit bis zum Hinterrande ziehendem, hell eingesäumtem Glasband. Submarginalbinde deutlich von der hellen Grundfarbenbinde abgehoben, meistens aus scharfen Bogen zusammengesetzt, bis zum Hinterrande verlaufend. Subcostalbändchen vollständig. Die übrigen Flecke kräftig. Submarginalbinde des Hinterflügels schwach angedeutet. Augenflecke bisweilen mit verkleinertem, weißem Kern. In der Regel mit 2 kräftigen Analflecken. Hinterrandschwärze schwach ausgeprägt. Es treten auch sehr selten verdunkelte Weibchen auf (Sheljuzhko, 1924). Vorderflügellänge: ♂ 45—54, ♀ 43—55 mm.

Süd-Transkaukasien (Typus: Kagyzman).

Typen: ♂ ♀ in coll. C. Eisner, Berlin-Dahlem.

17 25. **P. apollo tirabzonus** Shelj. 1924 *P. a.* subsp. *t.*, Sheljuzhko in: Z. Österr. Ent.-Ver. Wien, *v.* 9 p. 67—69 | 1929 *P. a.* subsp. *t.*, Bollow in: Seitz, Großschmett. Erde, *v.* 1 Suppl. 1 p 50.

Von allen kleinasiatischen Subspecies verschieden, aber denen vom Kaukasus und vom nordwestlichen Transkaukasien angenähert. Männchen: Glassaum des Vorderflügels breit und dunkel, mit intensiv schwarzem Saum, aber weißen Fransen. Alle Flecke kräftig. Submarginalbinde mehr oder weniger intensiv schwarz, bis $Cu_1$ oder $Cu_2$ reichend. Discus des Vorderflügels schwach dunkel beschuppt. Wurzelschwärze des Hinterflügels sehr kräftig, die basale Hälfte der Mittelzelle einnehmend, bis zu den 2 (oder 3) Analflecken ausgedehnt und fast bis zur $R_4$ um die Mittelzelle ziehend. Augenflecke mittelgroß, weiß gekernt, mit breiter, schwarzer Umrahmung. Submarginalbinde kaum sichtbar. Glassaum reduziert. Weibchen: Glasband des Vorderflügels ziemlich breit, Submarginalbinde breit. Fleckung groß und potenzierter als beim Männchen. Augenflecke größer. 3 Analflecke des Hinterflügels besonders kräftig; unterseits sind sie breit rot ausgefüllt; der 2. Fleck mit einem großen, weißen Kern. Submarginalbinde des Hinterflügels breit, intensiv schwarz, in einzelne Flecke aufgelöst. Zwischen den Augenflecken und den beiden Analflecken eine dunkle, kräftige Bestäubung. Hinterrandschwärze gut entwickelt. Vorderflügellänge: ♂♀ 42—43 mm.

Vilajet Trapezunt: Funduklü, Ziller-Kaja.

Typen: ♂ ♀ in coll. L. Sheljuzhko, Kijew.

17 26. **P. apollo caucasicus** A. Pagenst. 1884 *P. a.* var. *hesebolus* (part.), Romanoff in: Romanoff, Mém. Lép., *v.* 1 p. 43 | 1911 & 10 *P. a.* „race" *suaneticus* (part.), Verity, Rhop. palaearct., p. 307 t. LVI f. 16, 17 (♂), 18 (♀) | 1911 *P. a.* var. *kashtshenkoi* (?), Jachontow in: Mt. Kaukas. Mus., *v.* 5 p. 294 | 1912 *P. a.* var. *suaneticus* (part.), Bryk in: Jahrb. Ver. Nassau, *v.* 65 p. 23 | 1912 *P. a.* var. *caucasicus* (part.), A. Pagenstecher in: Mt. Münch. ent. Ges., *v.* 3 p. (74—78), 83 | 1914 *P. a.* var. *transcaucasicus* (nom. nov.; part.), Bryk, ibid., *v.* 5 p. 73 | 1915 *P. a.* var. *suaneticus*, Bryk in: Arch. Naturg., *v.* 80 A 7 p. 157 f. 34 (monstr.), A 9 p. 144, A 8 t. 17 f. 113 (♂) | 1918 *P. a. s.* (part.), W. Rothschild in: Nov. zool., *v.* 25 p. 242 | [1918] *P. a.* var. *s.*, Bryk, Parnassius Apollo Formenkreis, p. 69 f. 34 (♂, monstr.), p. 129, 138 t. 17 f. 113 (♂) | 1922 [1923] *P. a.* var. *s.* (part.), Bryk in: Strand, Lep. Cat., *v.* 27 p. 139 | 1924 *P. a.* „Rasse" *caucasicus*, Sheljuzhko in: Mt. Münch. ent. Ges., *v.* 14 p. 48, 58 | 1929 *P. a.* subsp. *c.*, Bollow in: Seitz, Großschmett. Erde, *v.* 1 Suppl. 1 p. 50 | 1931 *P. a. suaneticus*, Bryk in: Zool. Jahrb., Syst. *v.* 62 p. 154 f. 6 (♂, plethon.)

Eine kontrastreich gezeichnete Unterart mit dicht weißer Beschuppung. Männchen mit mittelbreitem Glasbande, das oft hinten stark verjüngt bis zum Hinterrand zieht. Submarginalbinde deutlich, schwarz, $Cu_2$ nicht überschreitend. Subcostalflecke in der Regel verbunden und kräftig. Wurzel des Vorderflügels schwarz bestäubt. Mittelzellfleck nicht immer den hinteren Discusarm erreichend. Augenfleck groß oder mittelgroß, oft mit weißen Spiegeln, oft zur forma *intertexta* neigend. Wurzel- und Hinterrandschwärze stark betont. In der Regel 2 Analflecke. Weibchen mit breitem, langem Glasband und deutlicher, vorn gezackter Submarginalbinde des Vorderflügels. Subcostalbändchen kräftig erhalten. Mittelzellfleck rundlich. Augenflecke mittelgroß, mit weißen Spiegeln. 2 Analflecke. Submarginalbinde des Hinterflügels mehr oder weniger deutlich ausgeprägt. Glassaum schwach angedeutet. Hinterrandschwärze kräftig, um die Mittelzelle bis $R_5$ ($+ M_1$) vorspringend. Vorderflügellänge: ♂ 41,5—45, ♀ 45 mm.

Nordwest-Transkaukasien. (Typus: Borzhom).

17 27. **P. apollo adzharensis** Shelj. 1911 *P. a.* var. *kashtshenkoi* (part.), Jachontow in: Mt. Kaukas. Mus., *v.* 5 p. 294 | 1912 *P. a.* var. *caucasicus* (part.), A. Pagenstecher in: Mt. Münch. ent. Ges., *v.* 3 p. 83 | 1914 *P. a.* var. *transcaucasicus* (part.), Bryk, ibid., *v.* 5 p. 73 | 1924 *P. a.* subsp. *adzharensis*, Sheljuzhko, ibid., *v.* 14 p. 49, 53 | 1929 *P. a.* „Rasse" *a.*, Bollow in: Seitz, Großschmett. Erde, *v.* 1 Suppl. 1 p. 53.

Kleiner als subsp. *caucasicus* A. Pagenst., mit schmutzig weißer Grundfarbe, von der die Schwarzfleckung nicht so scharf absticht. Männchen mit konstanter, dunkler Bestäubung der Vorderflügelmitte. Glassaum schmäler. Submarginalbinde weniger scharf. Augenflecke meistens kleiner als bei subsp. *caucasicus* A. Pagenst. Weibchen stets, bisweilen sehr stark verdunkelt, mit ziemlich breiten Submarginalbinden, die undeutlich begrenzt sind und mit den Glasbinden oft verschwimmen. Forma *intertexta* selten. Außerdem wurden die formae *cardinalis* und *flavomaculata* festgestellt. Vorderflügellänge: ♂♀ 41,5 mm.

Adzhara-Gebirge (Typus: Berge Sapilet).

Typen: ♂ ♀ in coll. L. Sheljuzhko, Kijew.

17 28. **P. apollo suaneticus** Arnold 1832 *P. a.*, Ménétriés, Cat. rais., p. [243] | 1884 *P. a.* var. *hesebolus* (part.), Romanoff in: Romanoff, Mém. Lép., *v.* 1 p. 43 | 1907 *P. a. democratus* (part.?), H. Stichel in: Gen. Ins., *v.* 58 p. 24 („subsp. dubia") | 1909 *P. a.* var. *suaneticus*, Eug. Arnold in: Ent. Z., *v.* 23 p. 159 fig. (♀) | 1909 *P. a.* subsp. *democratus* (part.), A. Pagenstecher in: Jahrb. Ver. Nassau, *v.* 62 p. 199 | 1911 & 10 *P. a.* „race" *suaneticus*, Verity, Rhop. palaearct., p. 305 t. LVI f. 15 (♀) | 1912 *P. a.* var. *s.* (part.), Bryk in: Jahrb. Ver. Nassau, *v.* 65 p. 20 | 1912 *P. a.* var. *s.*, A. Pagenstecher in: Mt. Münch. ent. Ges., *v.* 3 p. 69 | 1918 *P. a. s.*, W. Rothschild in: Nov. zool., *v.* 25 p. 242 | 1922 [1923] *P. a.* var. *s.* (part.), Bryk in: Strand, Lep. Cat., *v.* 27 p. 139 | 1924 *P. a.* „form geogr." *s.*, Sheljuzhko in: Mt. Münch. ent. Ges., *v.* 14 p. 47, 53 | 1929 *P. a.* subsp. *s.*, Bollow in: Seitz, Großschmett. Erde, *v.* 1 Suppl. 1 p. 49 t. 5 f. d (♂).

Ähnelt der subsp. *caucasicus* A. Pagenst., unterscheidet sich aber wesentlich im weiblichen Geschlechte durch den stark betonten Melanismus. Grundfarbe schwach gelblichweiß (Fig. 368). Männchen mit schmaler Glasbinde des Vorderflügels, die in der Mitte leicht konvex wird und verjüngt bis zum Hinterrande reicht. Submarginalbinde schmal, pfeilartig unterbrochen, den Hinterrand fast erreichend. Subcostalflecke oft getrennt. Hinterrandfleck klein. Mittelzellfleck rundlich. Augenflecke ziemlich klein, oft orangerot oder zur forma *intertexta* neigend, breit schwarz umrandet, mit kleinen, weißen Kernen. Glasbinde des Hinterflügels erhalten, bisweilen auch die schwach ausgebildete Submarginalbinde. Hinterrandschwärze kräftig. 2 Analflecke. Weibchen oft stark verrußt, so daß die Zeichnungen stark verschwimmen. Aus gleichem Grunde treten die gut entwickelten Analflecke nicht randscharf hervor. Flügelwurzel stark schwärzlich. Mittelzellfleck rundlich verschwommen. Augenflecke ziemlich klein. Submarginalbinde des

Fig. 368.
**Parnassius apollo suaneticus** Arnold (♂). (Original, aus coll. Zool. Mus. Berlin) (1/1).

Fig. 368a.
**Parnassius apollo suaneticus** Arnold (♀). (Aufgehellte Form). (Original, aus coll. Zool. Mus. Berlin) (1/1).

Hinterflügels diffus. Glasband verrußt. Hinterrandschwärze stark entwickelt auf den Discus sich ausdehnend und in der Zelle zwischen beiden Augenflecken ausklingend. Vorderflügellänge: ♂ 42—44, ♀ 42,5 mm.

Svanetien (Typus: südl. Leilatäler).

17 29. **P. apollo breitfussi** Bryk 1912 *P. a. suaneticus* (part.), A. Pagenstecher in: Mt. Münch. ent. Ges., *v.* 3 p. 82 | 1914 *P. a.* subsp. *breitfussi*, Bryk, ibid., *v.* 5 p. 73 t. 7 f. 3 (♂) | 1915 *P. a.* (var.), Bryk in: Arch. Naturg., *v.* 80 A 9 p. 133, 134 | [1918]

*P. a.* (var.), Bryk, Parnassius Apollo Formenkreis, p. 129, 130 | 1922 [1923] *P. a.* var. *Breitfussi*, Bryk in: Strand, Lep. Cat., *v.* 27 p. 110 | 1929 *P. a.* subsp. *b.*, Bollow in: Seitz, Großschmett. Erde, *v.* 1 Suppl. 1 p. 50 | 1930 *P. a.*, Kusnezow in: Entomologist, *v.* 63 p. 104, 105 (nota).

Eine kleine Unterart, die an die nordrussische und karelische erinnert. Männchen mit Glasbinde bis $Cu_1$ und kurzer, nicht scharf gezeichneter Submarginalbinde. Subcostalflecke getrennt und mäßig. Hinterrandfleck eher länglich als viereckig. Mittelzellfleck rundlich, den hinteren Discusarm nicht erreichend. Augenflecke mittelgroß, mit weißen Spiegeln. 2 Analflecke. Hinterrandschwärze reduziert. Weibchen mit sanft verlaufender, deutlicher Submarginalbinde, die die distal von der breiten Glasbinde begrenzte Grundfarbenbinde in deutliche weiße Flecke zerlegt. Subcostalbändchen breit wie bei den Alpentieren. Subcostalverbindung hyalin; sie ist $M_3$ entlang mit der Submarginalbinde durch Überstäubung verbunden. Der viereckige Hinterrandfleck mit ihr durch eine leichte Überstäubung entlang des hinteren Discusarmes vereint. Die runden Augenflecke mit weißen Kernen; die Hinterrandbestäubung dehnt sich bis zum Mittelzellschluß aus wie bei den Männchen der subsp. *caucasicus* A. Pagenst. Vorderflügellänge: ♂ 42,5, ♀ 41 mm.

Krim.

Typus: ♂ in coll. C. Eisner, Berlin-Dahlem.

17 30. **P. apollo graecus** Ziegler 1870 [1871] *P. a.*, O. Staudinger in: Horae Soc. ent. Ross., *v.* 7 p. 32 | 1893 *P. a.*, Rebel & Rogenhofer in: Jahresber. Wien. ent. Ver., *v.* 3 p. 63 | 1901 *P. a.* var. *graecus*, Ziegler in: Berlin. ent. Z., *v.* 46 p. (11) | 1901 *P. a.* subsp. *liburnicus*, H. Stichel, ibid., *v.* 46 p. (12) | 1906 *P. a.* var. *l.* (part.), Verity, Rhop. palaearct., p. 48 t. IX f. 6 (♂) | 1907 *P. a.* subsp. *grajus* (part.), H. Stichel in: Gen. Ins., *v.* 58 p. 26 (und nota 1) | 1909 *P. a.* var. *g.*, A. Pagenstecher in: Jahrb. Ver. Nassau, *v.* 62 p. 192, 193 | 1910 *P. a.* var. *liburnicus* „race" *g.*, Verity, Rhop. palaearct., t. LXII f. 18 (♀) | 1913 *P. a. g.*, A. Pagenstecher in: Soc. ent., *v.* 28 p. 43 | 1913 *P. a. peloponnesiacus*, A. Pagenstecher (Neuschild MS.), ibid., *v.* 28 p. 43—44 (an localitas falsa?) | 1915 *P. a.* („griechische Apollo"), Bryk in: Arch. Naturg., *v.* 80 A 9 p. 135, 144 *(grajus)* | 1918 *P. a. grajus* (part.) + aberr. *albina*, W. Rothschild in: Nov. zool., *v.* 25 p. 242 | [1918] *P. a.*, Bryk, Parnassius Apollo Formenkreis, p. 131, 139bis | 1922 [1923] *P. a.* var. *grajus*, Bryk in: Strand, Lep. Cat., *v.* 27 p. 119—120 | 1929 *P. a.* subsp. *g.*, Bollow in: Seitz, Großschmett. Erde, *v.* 1 Suppl. 1 p. 55 t. 6 d (♂) | 1934 *P. a. g.*, O. Bang-Haas in: Ent. Z., *v.* 48 p. 128.

Fig. 369.
**Parnassius apollo graecus** Ziegler (♀). (Nach Verity 1910) (1/1).

Eine dicht beschuppte, hellgelbliche Unterart. Männchen mit sehr schmalem und kurzem Glasband. Submarginalbinde des Vorderflügels nur im vordersten Element schärfer betont, sonst nur angedeutet und kurz. Subcostalflecke getrennt. Hinterrandflecke klein. Hinterflügel mit mittelgroßen dünn schwarz umzogenen, karminroten Augenflecken, von denen der mediane einen kleinen, weißen Kern trägt. 2 bescheidene Analflecke. Hinterrandschwärze reduziert. Weibchen (Fig. 369) mit sehr schmaler, den Hinterrand nicht erreichender Glasbinde, deutlicher, graphitgrauer, $Ax_1$ nicht erreichender Submarginalbinde, breitem Subcostalbändchen, mäßigem Hinterrandfleck, rundlichem Mittelzellfleck, mittelgroßen Augenflecken mit verschwommenen weißen Spiegeln und 2 kräftigen Analflecken. Submarginalbinde des Hinterflügels undeutlich angedeutet. Hinterrandschwärze schwach ausgebildet. Forma *isabellina* tritt auf. Vorderflügellänge: ♂ 40, ♀ 44 mm.

Griechenland: Veluchi, Pindus, Parnaß, Peloponnes.

17 31. **P. apollo olympiacus** Kolar 1934 *P. a. grajus* (subsp. nova ?), Rebel in: Z. Österr. Ent.-Ver. Wien, *v.* 19 p. 63 | 1934 *P. a. thessalicus* (nomen nudum), O. Bang-Haas in: Ent. Z., *v.* 48 p. 110 | 1934 *P. a. t.* + div. formae, O. Bang-Haas, ibid., *v.* 48 p. 128 | 1934 *P. a. olympiacus,* Kolar in: Int. ent. Z., *v.* 28 p. 368 t. 1 f. 1 (♂), 2 (♀); t. 2 f. 1 (♀, aberr.).

Eine der ssp. *dardanus* Reb. näher stehende Unterart von Mittelgröße, wenig sexuell digryph. Vorderflügel wenig gestreckt, mehr breit, mäßig abgerundet. Fleckenzeichnung stark, der Hinterrandfleck besonders kräftig entwickelt, wurzelwärts etwas ausgebreitet. Augenflecke ziemlich groß, tiefrot, auffallend schwarz umringt und durchweg mit weißen Kernen zentriert. Glassaum und Submarginalbinde des Hinterflügels schwach angedeutet.

Fig. 370.
**Parnassius apollo olympiacus** Kolar (♀). (Typus, nach Kolar 1934) (1/1).

M ä n n c h e n: Flügelfond meist weiß, seltener gelblich. Submarginalbinde mäßig ausgebildet. W e i b c h e n (Fig. 370) mit längerer, bis zum Hinterrande des Vorderflügels reichender Glasbinde. Submarginalbinde stärker ausgeprägt. Die Analflecke des Hinterflügels sehr kräftig, der dritte, vorderste meist vorhanden. Folgende formae treten auf: *decora, graphica, nigricans, flavomaculata* und *semidecora.*

Olymp: Kalyvia Vrissula.

Typen: ♂ ♀ in coll. Naturhist. Mus. Wien.

17 32. **P. apollo hermiston** Fruhst. 1921 *P. a.* var. *h.*, Fruhstorfer in: Ent. Anz., *v.* 1 p. 88, 89 | 1922 [1923] *P. a.* var. *h.*, Bryk in: Strand, Lep. Cat., *v.* 27 p. 120 | 1929 *P. a.* „Rasse" *h.*, Bollow in: Seitz, Großschmett. Erde, *v.* 1 Suppl. 1 p. 55.

(Fig. 371). M ä n n c h e n mit dunkelgrauem Glasband und meist schmaler, kurzer Submarginalbinde, die $M_1$ erreicht. Subcostalflecke getrennt, klein. Augenflecke schwach schwarz gerandet. Hinterrandschwärze des Hinterflügels kräftig. 2 kräftige Analflecke. Weibchen mit mittelbreitem Glasband und deutlicher, scharf abgesetzter, gradliniger Submarginalbinde des Vorderflügels wie bei keiner anderen Unterart vom Balkan. Mittelzellfleck kräftig, etwas

Fig. 371.
**Parnassius apollo hermiston** Fruhst. (♂). (Original, aus coll. C. Eisner, Berlin-Dahlem) (1/1).

Fig. 371a.
**Parnassius apollo hermiston** Fruhst. (♀). (Original, aus coll. C. Eisner, Berlin-Dahlem) (1/1).

gerundet. Hinterflügel mit dunkel karminroten, gering weißgekernten Augenflecken. Submarginalbinde oft deutlich. 2 gut ausgeprägte Analflecke.

Schipka-Paß.

17 33. **P. apollo amphityon** Fruhst. 1918 *P. a.*, Buresch in: Z. Ins.-Biol., *v.* 14 p. 140 t. 2 f. 1 (♀), 2 (♂) | 1920 *P. a.*, Drenowski, ibid., *v.* 15 p. 238 | 1921 „Apollofalter", Doflein, Mazedonien, p. 226 | 1921 *P. apollo* var. *amphityon*, Fruhstorfer in: Ent. Anz., *v.* 1 p. 88 | 1921 *P. apollo* (part.), Buresch & Iltschew in: Trav. Soc. Bulgare, *v.* 9 p. 70 | 1922 [1923] *P. a.* forma *amphityon*, Bryk in: Strand, Lep. Cat., *v.* 27 p. 108 | 1929 *P. a.* subsp. *amphytion*, Bollow in: Seitz, Großschmett. Erde, *v.* 1 Suppl. 1 p. 55 | 1929 *P. apollo*, Buresch & Iltschew in: Mt. Inst. Sofia, *v.* 2 p. 167—168 (part.) | 1931 *P. a.* subsp. *amphityron*, Rebel & Zerny in: Denk. Ak. Wien, *v.* 103 p. 65.

(Fig. 372). Männchen: Glassaum des Vorderflügels schmal, die Hinterrandecke erreichend. Submarginalbinde scharf gezeichnet, bis $Cu_2$ reichend. Das Subcostalbändchen $M_3$ nicht ganz erreichend. Zellflecke länglich. Hinterrandfleck mittelgroß. Augenflecke rund, mittelgroß, mit klaren, weißen Kernen. Hinterrandschwärze kräftig. 2 kräftige Analflecke. Weibchen: Glasband wie beim Männchen, aber etwas breiter. Submarginalbinde des Vorderflügels breit, verwischt. Subcostalbändchen und Hinterrandfleck kräftig.

Fig. 372.
**Parnassius apollo amphityon** Fruhst. (♂). (Original, aus coll. C. Eisner, Berlin-Dahlem) (1/1).

Fig. 372a.
**Parnassius apollo amphityon** Fruhst. (♀). (Original, aus coll. C. Eisner, Berlin-Dahlem) (1/1).

Mittelzellfleck mäßig. Hinterflügel mit schmalem Glasband, diffuser Submarginalbinde und mittelgroßen, weißgekernten Augenflecken. 2 kräftige Analflecke. Hinterrandschwärze bescheiden. Vorderflügellänge: ♂ 39–42, ♀ 42 mm.

Pirin-Gebirge.

17 34. **P. apollo rhodopensis** Markow. 1896 *P. a.*, Bachmetjev in: Soc. ent., *v.* 11 p. 150 | 1903 *P. a.* var. *bosniensis*, Rebel in: Ann. Hofmus. Wien, *v.* 18 p. 158 | 1907 *P. a. grajus* (part.), H. Stichel in: Gen. Ins., *v.* 58 p. 26 (nota) | 1909 *P. a.* var. *bosniensis* (part.), A. Pagenstecher in: Jahrb. Ver. Nassau, *v.* 62 p. 196 | [1909 *P. a.* var. *Rhodopensis*, Markowitsch in: Arb. Ges. Sophia, *v.* 4 13 pp.] teste 1910 *P. a.* var. *r.*,

Bachmetjev in: D. ent. Nation.-Bibl., *v.* 1 p. 27 | 1914 *P. a.* var. *r.*, Bryk in: Soc. ent., *v.* 29 p. 15 f. 4 (♀) | 1915 *P. a.* var. *r.* aberr. *flavomaculata*, Bryk in: Arch. Naturg., *v.* 80A9 p. 134, 139, A7 t. 11 f. 92 (♀) | [1918] *P. a.* var. *r.*, Bryk, Parnassius Apollo Formenkreis, p. 137 t. 11 f. 92 (♀, aberr. *flavomaculata*) | 1918 *P. a. grajus*, W. Rothschild in: Nov. zool., *v.* 25 p. 242 | 1921 *P. a.* var. *yglanus*, Fruhstorfer in: Ent. Anz., *v.* 1 p. 88 | 1922 [1923] *P. a.* var. *rhodopensis*, Bryk in: Strand, Lep. Cat., *v.* 27 p. 135 | 1929 *P. a.* subsp. *r.*, Bollow in: Seitz, Großschmett. Erde, *v.* 1 Suppl. 1 p. 55 | 1929 *P. a. r.*, Drenowsky in: Trav. Soc. Bulgare, *v.* 14 p. 66.

Eine in Größe und Zeichnung sehr variable Unterart (Fig. 373). Glasbinde bis zum Hinterrand reichend. Mit deutlicher, dunkler Submarginalbinde und runden Augenflecken, von denen der subcostale stets wurzelwärts convex abgerundet ist. Der Ergänzungsteil des Medianaugenfleckes an $M_2$ oft saumwärts ausgebuchtet. Männchen hellweiß, mit mäßigem Hinterrandfleck. Augenflecke kleiner als beim Weibchen, oft weiß gekernt. Weibchen mit gut ausgebildetem, oft breitem Subcostalbändchen. Bei reicher gezeichneten

Fig. 373.
**Parnassius apollo rhodopensis** Markow. (♂). (Original, aus coll. Zool. Mus. Berlin) (1/1).

Fig. 373 a.
**Parnassius apollo rhodopensis** Markow. (♀). (Original, aus coll. Zool. Mus. Berlin) (1/1).

Exemplaren ist die Submarginalbinde des Vorderflügels sehr breit. Mit ausgeprägter, oft bis zum Mittelzellende reichender Hinterrandschwärze des Hinterflügels. Augenflecke groß; bei hellen Stücken mit großen, weißen Spiegeln. Bisweilen sind die subcostalen rot ausgefüllt. Hinterflügel öfters glasig eingesäumt. Submarginalbinde fehlt in der Regel dem Hinterflügel oder ist kaum angedeutet. Invers gezeichnete Weibchen zeigen eine verkürzte, schwach ausgeprägte Submarginalbinde des Vorderflügels; ihre Hinterrandschwärze des Hinterflügels ist fast ganz verschwunden. Hinterleib unbehaart, die einzelnen Segmente hell abgehoben. Formae ♀ *inversa* und *flavomaculata* treten auf. Vorderflügellänge: ♂ 42,5—46, ♀ 37—47 mm.

Rilo-Dagh.

1735. **P. apollo omotimoius** Fruhst. 1921 *P. a.* var. *o.*, Fruhstorfer in: Ent. Anz., *v.* 1 p. 87, 88 | 1922 [1923] *P. a.* forma *o.*, Bryk in: Strand, Lep. Cat., *v.* 27 p. 130 | 1929 & 31 *P. a.* var. *omotiomoius*, Bollow in: Seitz, Großschmett. Erde, *v.* 1

Fig. 374.
**Parnassius apollo omotimoius** Fruhst. (♂). (Original, aus coll. Zool. Mus. Berlin) (1/1).

Fig. 374a.
**Parnassius apollo omotimoius** Fruhst. (♀). (Original, aus coll. Zool. Mus. Berlin) (1/1).

Suppl. 1 p. 55 t. 5 f (♂, *flavomaculata*), p. 330 | 1931 *P. a. omotimoius*, Eisenhardt in: Bull. Brooklyn ent. Soc., *v.* 26 p. 41.

Eine helle, arm gezeichnete Unterart mit weißer Grundfarbe und gelblichem Anflug. Der Glassaum erreicht den Hinterrand nicht. Zellmakel des Vorderflügels sehr groß. Augenflecke groß oder sehr groß, mit karminroten Kernen und breiter, schwarzer Umrahmung (Fig. 374). Männchen mit angedeuteter Submarginalbinde auf Vorder- und Hinterflügel. 2 schwache Analflecke. Weibchen mit breiter, diffuser, recht lockerer Submarginalbinde des Vorderflügels. Wurzelschwärze des Hinterflügels sehr stark reduziert. Als forma tritt *flavomaculata* auf.

Vitosch bei Sofia.

Typen: ♂ ♀ in coll. H. Fruhstorfer, Nizza.

17 36. **P. apollo macedonicus** Bollow 1931 *P. a.* subsp. *m.*, Bollow (K. Rosen MS.) in: Seitz, Großschmett. Erde, *v.* 1 Suppl. 1 p. 330 t. 6e (♀).

Steht der ssp. *omotimoius* Fruhst. sehr nahe, unterscheidet sich jedoch durch die luxuriöse Zeichnung der Weibchen, die eine deutliche, mittelbreite, durch eine klare Grundfarbenbinde vom schmalen Glasbande getrennte Submarginalbinde des Hinterflügels zeigen. Augenflecke wie bei ssp. *rhodopensis* Markow. Glasband mit Submarginalbinde des Hinterflügels fast verbunden. 2 kräftige Analflecke.

Nordwest-Mazedonien: Kobelja u. Schar-dagh; Süd-Mazedonien: Gjeogzeli-Monastir.

17 37. **P. apollo jelicus** Fruhst. 1904 *P. a.* var. *bosniensis* (part.), Rebel in: Ann. Hofmus. Wien, *v.* 19 p. 140 | 1909 *P. a.* var. *b.* (part.), A. Pagenstecher in: Jahrb. Ver. Nassau, *v.* 62 p. 194 | 1921 *P. a.* subsp. *jelicus*, Fruhstorfer in: Ent. Anz., *v.* 1 p. 87 | 1922 [1923] *P. a.* var. *j.*, Bryk in: Strand, Lep. Cat., *v.* 27 p. 122 | 1929 *P. a.* subsp. *j.*, Bollow in: Seitz, Großschmett. Erde, *v.* 1 Suppl. 1 p. 55.

Eine zwischen ssp. *bosniensis* H. Stich. und ssp. *liburnicus* Reb. & Rghf. stehende Unterart mit gelblicher Grundfarbe. Männchen stark an subsp. *bosniensis* erinnernd. Augenflecke dunkel carminrot, schwach weiß gekernt. Analflecke schmal. Hinterrandschwärze kräftig. Weibchen mit schmälerem Glassaum als subsp. *liburnicus*, dem es nahe kommt. Submarginalbinde des Vorderflügels undeutlicher. Augenflecke quadratisch verzerrt, prägnant schwarz umrandet. Vorderflügellänge: ♂♀ 46 mm.

Serbien: Jelica-Pass.

Typen: ♂ ♀ in coll. H. Fruhstorfer, Nizza.

17 38. **P. apollo dardanus** Reb. 1913 *P. a.* var. *liburnicus* + var. *bosniensis*, Rebel in: Ann. Hofmus. Wien, *v.* 27 p. 290 | 1914 *P. a. bosniensis-hercegovinensis (liburnicus)*, Rebel in: SB. Ak. Wien, *v.* 123 p. 1114 | 1917 *P. a.* subsp. *dardanus*, Rebel in: SB. Ak. Wien, *v.* 126 p. 771, 773—776; p. 774 f. 1 (♂), 2 (♀) (Sep. p. 7, 9—12; p. 10 f. 1 (♂) 2 (♀)) | 1922 [1923] *P. a.* var. *d.*, Bryk in: Strand, Lep. Cat., *v.* 27 p. 115 | 1929 *P. a.* subsp. *d.*, Bollow in: Seitz, Großschmett. Erde, *v.* 1 Suppl. 1 p. 55 | 1931 *P. a. d.*, Rebel & Zerny in: Denk. Ak. Wien, *v.* 103 p. 64.

Eine an subsp. *bosniensis* H. Stich. sich anschließende, sexuell wenig digryphe Unterart von mittlerer Größe, mit nicht gestreckter, eher gedrungener Flügelform. Männchen von weißer Grundfarbe, mit einem schwachen Stich ins Gelbliche, namentlich im äußeren Teil des Hinterflügels. Glasband schmal, sich bis zum Hinterrand verjüngend. Submarginalbinde deutlich, meist bis $Cu_2$ reichend. Fleckenzeichnung markant. Subcostalflecke verbunden. Hinterrandfleck mäßig. Mittelzellfleck rundlich. Endzellfleck lang und breit. Augenflecke klein, tiefrot; der mediane stets mit einem weißen Kern, der subcostale nicht immer, beide schmal schwarz umrandet. Die beiden Analflecke kräftig, aber schmal. Von der Submarginalbinde des Hinterflügels sind selten schwache Spuren erhalten. Hinterrandschwärze kräftig. Weibchen: größer, mit gleichgeformter, aber vorn breiter Glasbinde. Submarginalbinde etwas schmäler. Fleckung des Vorderflügels kräftiger als beim Männchen. Subcostalbändchen $M_3$ nicht erreichend. Der mediane Augenfleck größer, mit größeren, weißen Kernen. Submarginalbinde des Hinterflügels nicht erhalten. Die beiden Analflecke noch kräftiger. Hinterrandschwärze gut ausgeprägt, zwischen $M_3$ und $Cu_2$ sich mehr in die Zellen ausbreitend. Vorderflügellänge: ♂ 40, ♀ 43 mm.

Nord-Albanien: Zjleb, Vunšaj.

Typen: ♂ ♀ coll. Naturhist. Mus. Wien.

17 39. **P. apollo hercegovinensis** Schawerda 1893 *P. a.* (ex Bosnia, part.), Rebel & Rogenhofer in: Jahresber. Wien. ent. Ver., *v.* 3 p. 63 | 1906 *P. a. bosniensis* (part.), H. Stichel in: Seitz, Großschmett. Erde, *v.* 1 p. 25 | 1907 *P. a. b.* (part.), H. Stichel in: Gen. Ins., *v.* 58 p. 25 | 1909 *P. a. b.* (part.), A. Pagenstecher in: Jahrb. Ver. Nassau, *v.* 62 p. 194 | 1912 *P. a.* var. *hercegovinensis*, Schawerda in: Verh. Ges. Wien, *v.* 62 p. (116) | 1913 *P. a.* var. *liburnicus* + aberr. *trimacula* + aberr. *defasciata*, Schawerda, ibid., *v.* 63 p. 143 | 1914 *P. a.* var. *l.* + aberr. *heseboloïdes*, Schawerda, ibid., *v.* 64 p. 351 | 1917 *P. a.* var. *l.* aberr. *trimacula*, Schawerda, ibid., *v.* 66 p. 489 t. 3 f. 10 (♂) | 1922 [1923] *P. a.* var. *hercegovinensis*, Bryk in: Strand, Lep. Cat., *v.* 27 p. 120 (nomen vix conserv.) | 1929 *P. a.* „Rasse" *herzegovinensis*, Bollow in: Seitz, Großschmett. Erde, *v.* 1 Suppl. 1 p. 55.

Fig. 375.
**Parnassius apollo hercegovinensis** Schawerda (♂). (Original, aus coll. Zool. Mus. Berlin) (1/1).

Erinnert stark an subsp. *bosniensis* H. Stich., von dem er sich nur durch geringfügige Unterschiede trennen läßt. Die Fleckenzeichnung ist etwas kräftiger (Fig. 375). Submarginalbinde des Männchens bisweilen kräftiger und länger. Hinterrandfleck etwas kleiner. Glasbinde des Weibchens etwas breiter. Kaum haltbare Unterart. Folgende formae treten auf: *theiodes, sphanegon, trimacula, defasciata, heseboloïdes.* Vorderflügellänge: ♂ 40—43, ♀ 44 mm.

Herzegowina.

Typen: ♂ ♀ in coll. K. Schawerda, Wien.

Fig. 875 a.
**Parnassius apollo hercegovinensis** Schawerda (♀). (Original, aus coll. Zool. Mus. Berlin) (1/1).

1740. **P. apollo bosniensis** H. Stich. 1893 *P. a.* (ex Bosnia, part.), Rebel & Rogenhofer in: Jahresber. Wien. ent. Ver., *v.* 3 p. 63 (71) | 1899 *P. a. bosniensis*, H. Stichel in: Ins.-Börse, *v.* 16 p. 303 | 1905 *P. a.* var. *b.*, Kheil in: Ent. Z., *v.* 18 p. 143 | 1906 *P. a. b.* (part.), H. Stichel in: Seitz, Großschmett. Erde, *v.* 1 p. 25 | 1907 *P. a. b.* (part.), H. Stichel in: Gen. Ins., *v.* 58 p. 25 | 1907—11 *P. a.* „race" *b.*, Verity, Rhop. palaearct., p. 103, 308 t. LIV f. 13 (♂) | 1909 *P. a.* var. *b.*, A. Pagenstecher in: Jahrb. Ver. Nassau, *v.* 62 p. 193 | 1909 *P. a. b.*, Rebel, Berges Schmettb., ed. 9 p. 7 | 1913 *P. a.* var. *liburnicus* aberr. *novarae*, Bryk in: Soc. ent., *v.* 28 p. 95, 102 f. 2 (♀) | 1913 *P. a. bosniensis*, Rebel in: Ann. Hofmus. Wien, *v.* 27 p. 290 | 1915 *P. a.* var. *liburnicus* forma *b.*, Bryk in: Arch. Naturg., *v.* 80 A 9 p. 134, 141, A 7 t. 11 f. 80 (♀, aberr. *inversa*) | 1917 *P. a. b.*, Rebel in: SB. Ak. Wien, *v.* 126 p. 775, 776 | 1918 *P. a. b.*, W. Rothschild in: Nov. zool., *v.* 25 p. 248 | [1918] *P. a.* var. *liburnicus* forma *b.*, Bryk, Parnassius Apollo Formenkreis, p. 131, 137 t. 11 f. 89 (♀, forma *inversa*) | 1921 *P. a. b.*, Stauder in: Z. Ins.-Biol., *v.* 16 p. 146 (nota 2) | 1922 [1923] *P. a.* forma *b.*, Bryk in: Strand, Lep. Cat., *v.* 27 p. 110.

Eine dünn beschuppte, sexuell wenig digryphe, große Unterart mit gelblichem Anflug. Männchen mit schmalem, in der Mitte nach innen concav ausgebuchtetem Glasband, das den Hinterrand nicht erreicht. Submarginalbinde kurz, sehr schmal, gewöhnlich undeutlich. Subcostalflecke vorwiegend getrennt, mäßig. Hinterrandfleck klein. End- und Mittelzellfleck mittelstark. Augenflecke groß, rundlich, sauber schwarz umrandet. Die subcostalen Augenflecke in der Regel, die medianen oft ohne weißen Kern. Analflecke bescheiden. Hinterrandschwärze reduziert. Weibchen: androtrop, dünner beschuppt, mit breiterer und längerer Glasbinde und Submarginalbinde. Fleckung auf Vorder- und Hinterflügel viel kräftiger als beim Männchen. Subcostalbändchen immer erhalten. Vorderflügelmitte oft leicht grau bestäubt. Augenflecke sehr groß, mit großem, weißem Kern oder zur forma *expupillata* neigend. 2 kräftige Analflecke. Saum des

Hinterflügels sehr schwach verglast. Submarginalbinde des Hinterflügels kaum sichtbar. Hinterrandschwärze etwas stärker als beim Männchen. Vorderflügellänge: ♂ 42—45, ♀ 40—46 mm.

Bosnien.

1741. **P. apollo liburnicus** Reb. & Rghf. 1893 *P. a.* var. *l.*, Rebel & Rogenhofer in: Jahresber. Wien. ent. Ver., *v.* 3 p. 61 t. 1 f. 2 (♂) | 1899 *P. a. l.*, H. Stichel in: Ins.-Börse, *v.* 16 p. 303 | 1901 *P. a.* var. *l.*, O. Staudinger & Rebel, Cat. Lep. Palaearct. Faunengeb., ed. 3 *v.* 1 p. 4 | 1906 *P. a. l.*, H. Stichel in: Seitz, Großschmett. Erde, *v.* 1 p. 25 | 1906 *P. a.* var. *l.* (part.), Verity, Rhop. palaearct., p. 48 | 1907 *P. a. l.*, H. Stichel in: Gen. Ins., *v.* 58 p. 26 | 1909 *P. a. l.*, Rebel, Berges Schmettb., ed. 9 p. 7 | 1912 *P. a. l.* (part.), Schawerda in: Verh. Ges. Wien, *v.* 62 p. (116) | 1915 *P. a.* var. *l.*, Bryk in: Arch. Naturg., *v.* 80A9 p. 135, 136 | 1917 *P. a.* subsp. *l.*, Rebel in: SB. Ak. Wien, *v.* 126 p. 775 (nota 2) | 1917 *P. a.* var. *l.* + aberr. *flavomaculata*, Gussich in: Glasnik Društva Zagreb, *v.* 29 p. 211 | 1918 *P. a. l.*, W. Rothschild in: Nov. zool., *v.* 25 p. 241 | [1918] *P. a.* var. *l.* (part.), Bryk, Parnassius Apollo Formenkreis, p. 131, 137, 139bis | 1920 *P. a.* var. *l.*, Rebel in: Ann. Hofmus. Wien, *v.* 33 p. 83 | 1921 *P. a. l.*, Fruhstorfer in: Ent. Anz., *v.* 1 p. 87 | 1922 [1923] *P. a.* var. *l.*, Bryk in: Strand, Lep. Cat., *v.* 27 p. 123.

Fig. 376.
**Parnassius apollo liburnicus** Reb. & Rghf. (♂). (Original, aus coll. Zool. Mus. Berlin) (1/1).

Eine großflügelige, gelblich angehauchte Unterart (Fig. 376), die stark an subsp. *bosniensis* H. Stich. erinnert. Unterscheidet sich von dieser (besonders bei den Weibchen) vor allem durch die ausgeprägtere Submarginalbinde des Vorderflügels und stark betonte Hinterrandschwärze des Hinterflügels. Die Schwarzfleckung am Vorderflügel des Weibchens ist jedoch nicht so kräftig. Submarginalbinde des Hinterflügels beim Weibchen bisweilen schwach ausgeprägt. Vorderflügellänge: ♂ 41, ♀ 42—44 mm.

Kroatien: Velebit.

Typen: ♂ ♀ in coll. Naturhist. Mus. Wien.

1742. **P. apollo rosenius** Fruhst. 1895 *P. a.*, Caradja in: D. ent. Z. Lep., *v.* 8 p. 29 | 1896 *P. a.* (part.), Hormuzaki in: Verh. Ges. Wien, *v.* 45 p. 227—230 | 1897 *P. a.*, Hormuzaki, ibid., *v.* 47 p. 121—122 (ad subsp. *transbaicalensis*) | 1923 *P. a.* subsp. *rosenius*, Fruhstorfer in: Ent. Anz., *v.* 3 p. 41—42 | 1929 *P. a.* subsp. *r.*, Bollow in: Seitz, Großschmett. Erde, *v.* 1 Suppl. 1 p. 54 t. 5 f (♀).

Eine stark melanotische, kräftig gezeichnete, großflügelige Unterart mit breiter Glas- und Submarginalbinde und breit tiefschwarz umrandeten Augenflecken (Fig. 377). Männchen mit weißem Flügelfond. Schwarzfleckung des Vorderflügels sehr kräftig. Weibchen ganz schwarz verrußt wie die subsp. *limicola* H. Stich. Grundfarbenbinde zwischen Submarginal- und Glasbinde kaum

Fig. 377.
**Parnassius apollo rosenius** Fruhst. (♂). (Original, aus coll. C. Eisner, Berlin-Dahlem) (1/1).

Fig. 377 a.
**Parnassius apollo rosenius** Fruhst. (♀). (Original, aus coll. C. Eisner, Berlin-Dahlem) (1/1).

sichtbar, weil schwarz überpudert. Subcostalbändchen und der sehr anspruchsvolle Hinterrandfleck sehr kräftig, ebenso die Zellflecke. Wurzel des Vorderflügels besonders im Discus stark geschwärzt. Glasbinde des Hinterflügels schmal, aber schwärzlich. Submarginalbinde oft gut entwickelt. Hinterrandschwärze sehr ausgeprägt, breit, das Zellende der Mittelzelle und einen Teil der Discusbasis beschattend. 3 Analflecke. Vorderflügellänge: ♂ 44 mm, ♀ 44–45 mm.

Bukowina.

Typen: ♂ ♀ in Zool. Staatssamml. München.

1743. **P. apollo járaensis** Kertész 1923 *P. a.* var. *j.*, Kertész in: Rovart. Lapok, *v.* 26 p. 31 | 1923 *P. a.* var. *j.*, Kertész in: Soc. ent., *v.* 38 p. 9—10 | 1929 *P. a.* subsp. *j.*, Bollow in: Seitz, Großschmett. Erde, *v.* 1 Suppl. 1 p. 54.

Eine weiße, große Unterart mit rundem und breitem Flügelschnitt und großen, tiefschwarzen Flecken des Vorderflügels (Fig. 378). Hinterrandfleck elliptisch, selten rundlich. Subcostalflecke stark, der hintere doppelt so groß wie

Fig. 378.
**Parnassius apollo járaensis** Kertész (♂). (Original, aus coll. C. Eisner, Berlin-Dahlem) (1/1).

Fig. 378a.
**Parnassius apollo jaraensis** Kertész (♀). (Original, aus coll. C. Eisner, Berlin-Dahlem) (1/1).

der vordere. Submarginalbinde in beiden Geschlechtern gut entwickelt. Männchen mit 4 bis 5 mm breitem Glassaum, der sich bis hinter $Cu_2$ erstreckt. Augenflecke mäßig groß, meistens kreisrund, bisweilen queroval, tiefrot, der mediane deutlich, der subcostale nur selten weiß gekernt. 2 stark entwickelte, längliche Analflecke. Hinterrandschwärze mäßig. Submarginalbinde bisweilen angedeutet. Rippenenden am Saum verdunkelt. Weibchen mit kräftigerer Zeichnung als das Männchen. Flügelmitte des Vorderflügels mit angedeuteter dunkler Bestäubung. Die 7—8 mm breite Glasbinde mit der bis zum Hinterrandwinkel sich erstreckenden Submarginalbinde verflossen. Augenflecke groß, sehr breit schwarz umrandet, der mediane weiß, der subcostale selten weiß gekernt. Analflecke stark zusammengeflossen. Glassaum und eine deutliche Submarginalbinde des Hinterflügels vorhanden. Hinterrandschwärze stärker. Forma *ochreomaculata* tritt auf. Vorderflügellänge: ♂♀ 42—47 mm.

Járatal (Gyaluer Alpen in Transsylvanien).

Typen: ♂ ♀ in coll. A. Kertész, Budapest.

17 44. **P. apollo artemidor** Fruhst. 1921 *P. a.* subsp. *artemidor*, Fruhstorfer in: Ent. Anz., *v.* 1 p. 78 | 1929 *P. a.* „Rasse“ *a.*, Bollow in: Seitz, Großschmett. Erde, *v.* 1 Suppl. 1 p. 54 (subsp. dubia).

Unhaltbare Unterart, da Fundort unbekannt.

17 45. **P. apollo transsylvanicus** Schweitzer 1897 *P. a.*, Czekelius in: Verh. Siebenbürg. Ver., *v.* 47 (Sep. p. 9) | 1899 *P. a.*, Dahlström in: Ins.-Börse, *v.* 16 p. 213 | 1909 *P. a.*, Czekelius in: Verh. Siebenbürg. Ver., *v.* 58 p. 154 | 1909 *P. a. carpathicus* (part.), A. Pagenstecher in: Jahrb. Ver. Nassau, *v.* 62 p. 189 | 1912 *P. a.* subsp. *transsylvanicus*, Schweitzer in: Ent. Z., *v.* 25 p. 249 | 1912 *P. a.* var. *t.*, Bryk in: Ent. Mt., *v.* 1 p. 378 | 1913 *P. a.* subsp. *t.*, Rebel in: Verh. Ges. Wien., *v.* 63 p. (35) f. 1 (♂), 2 (♀) | 1915 *P. a.* var. *t.*, Bryk in: Arch. Naturg., *v.* 80 A 9 p. 142, 137, A 8 t. 18 f. 115 (♀) | 1915 *P. a. t.*, Pax in: Z. Ins.-Biol., *v.* 11 p. 56 f. 5e (Vorderflügelschnitt), p. 57 t. 1 f. a (♂) b (♀) (p. 54 f. 2a, b) (♂, ♀ *P. a. candidus* errat.) | 1917 *P. a. t.*, Czekelius in: Verh. Siebenbürg. Ver., *v.* 67 p. 7 | 1918 *P. a. t.* (part.) + „subsp. ?“, W. Rothschild in: Nov. zool., *v.* 25 p. 241 | [1918] *P. a.* var. *t.*, Bryk, Parnassius Apollo Formenkreis, p. 133, 138 t. 18 f. 115 (♀) | 1921 *P. a. t.* + subsp. *maurus*, Fruhstorfer in: Ent. Anz., *v.* 1 p. 78, 79 | 1922 [1923] *P. a.* var. *m.* + var. *t.*, Bryk in: Strand, Lep. Cat., *v.* 27 p. 125, 141 | 1923 *P. a. t.*, Kertész in: Soc. ent., *v.* 38 p. 8, 9 | 1929 *P. a.* subsp. *maurus* + subsp. *t.*, Bollow in: Seitz, Großschmett. Erde, *v.* 1 Suppl. 1 p. 54.

Eine stark verdunkelte, großflügelige Rasse von reinweißer oder gelblicher Grundfarbe und gestrecktem Flügelschnitt, mit stark schwarz umrandeten Augenflecken, sehr kräftigen Zellflecken und stark verdunkelter und ausgebreiteter Hinterrandschwärze des Hinterflügels (Fig. 379). 2 Analflecke.

Fig. 379.
**Parnassius apollo transsylvanicus** Schweitzer (♂). (Original, aus coll. Zool. Mus. Berlin) (1/1).

M ä n n c h e n reinweiß, mit dunklem, bis $Cu_2$ reichendem Glasband, dem die deutliche, ebenso weit reichende Submarginalbinde des Vorderflügels so nahe gerückt ist, daß die von beiden eingeschlossene Grundfarbenbinde sehr schmal, vorn sogar verwischt erscheint. Subcostalflecke gradlinig verbunden. Augenflecke klein, mit kleinen, weißen Kernen. W e i b c h e n bisweilen von gelblicher Grundfarbe, mit breiterer und längerer Glas- und Submarginalbinde des Vorderflügels, die allmählich ineinander übergehen.

Fig. 379 a.
**Parnassius apollo transsylvanicus** Schweitzer (♀). (Original, aus coll. Zool. Mus. Berlin) (1/1).

Subcostalbändchen, Hinterrandfleck, Zellflecke des Vorderflügels und Augenflecke, Hinterrandschwärze, Analflecke des Hinterflügels viel kräftiger als beim Männchen ausgeprägt. Wurzel der Vorderflügelzelle stark geschwärzt, ebenso die Vorderflügelmitte schwärzlich überpudert. Glassaum und Submarginalbinde des Hinterflügels nicht immer vorhanden. Vorderflügellänge: ♂ 44, ♀ 44—45 mm.

Ost-Karpathen: Cziker Komitat (Siebenbürgen).

17 46. **P. apollo candidus** Verity 1909 *P. a.* subsp. *carpathicus*, A. Pagenstecher in: Jahrb. Ver. Nassau, *v.* 62 p. 190 | 1911 & 10 *P. a.* „race" *candidus*, Verity, Rhop. palaearct., p. 305, 308 t. LIV f. 7 (♂) | 1912 *P. a. c.*, Bryk in: Ent. Mt., *v.* 1 p. 378 | 1915 *P. a.* var. *c.*, Bryk in: Arch. Naturg., *v.* 80 A 9 p. 142, A 8 t. 17 f. 114 (♂) | 1915 *P. a. c.*, Pax in: Z. Ins.-Biol., *v.* 11 p. 53, 55 f. 3 (♀), f. 4 a, b (♂, ♀, *P. a. transsylvanicus* (errat.), t. 2 f. 2 a (♂), b (♀), 3 (♀), p. 56 f. 5 d (Vorderflügelschnitt)) | 1915 *P. a.* var. *c.* + aberr. *pseudonomion*, Schwingenschuss in: Verh. Ges. Wien, *v.* 65 p. (80) f. 1 (♂), 2 (♀) | 1918 *P. a. c.*, W. Rothschild in: Nov. zool., *v.* 25 p. 241 | [1918] *P. a.* var. *c.*, Bryk, Parnassius Apollo Formenkreis, p. 138 t. 17 f. 114 (♂) | 1921 *P. a.* var. *c.* + aberr. *pseudonomion*, Peschke in: Int. ent. Z., *v.* 15 p. 21, 36 | 1921 *P. a. c.*, Fruhstorfer in: Ent. Anz., *v.* 1 p. 78 | 1922 [1923] *P. a.* forma *c.*, Bryk in: Strand, Lep. Cat., *v.* 27 p. 112 | 1929 *P. a.* subsp. *c.*, Bollow in: Seitz, Großschmett. Erde, *v.* 1 Suppl. 1 p. 54 | 1932 *P. a. c.*, Peschke & Eisner in: Int. ent. Z., *v.* 26 p. 249.

Kontrastreich gezeichnete Unterart von kreideweißer Grundfarbe in beiden Geschlechtern, ohne jede Beimischung eines gelblichen Tones, mit kräftiger Fleckung des Vorderflügels, gut entwickelten Submarginalbinden, mittelgroßen, weißgekernten, tiefschwarz umrahmten Augenflecken und 2 Analflecken (Fig. 380). Männchen: Das dunkle Glasband bis $Cu_2$ reichend, wohin auch die sehr nahe gerückte Submarginalbinde reicht. Subcostalflecke nicht verbunden. Wurzelfeld des Vorderflügels geschwärzt. Augenflecke klein. Submarginalbinde auf den Hinterflügeln oft erhalten. Saum glasig verrußt. Hinterrandschwärze betont. Analflecke nicht kräftig. Weibchen

Fig. 380.
**Parnassius apollo candidus** Verity (♂). (Original, aus coll. Zool. Mus. Berlin) (1/1).

Fig. 380a.
**Parnassius apollo candidus** Verity (♀). (Original. aus coll. Zool. Mus. Berlin) (1/1).

mit längerem Glasband und tiefschwarzer Submarginalbinde, die dem Glassaum stark genähert ist, eine sehr schmale Grundfarbenbinde freilassend. Endzellfleck des Vorderflügels in seiner ganzen Breite den Vorderrand erreichend. Analflecke kräftig, der kräftigen Hinterrandschwärze genähert. Zelle zwischen Analflecken und Medianaugenfleck schwarz überpudert. Vorderflügellänge: ♂ 40,5—43,5, ♀ 41—42 mm.

Beláer Kalkalpen (Typus: Barlanliget).

Typen: ♂ ♀ in coll. R. Verity, Florenz.

1747. **P. apollo liptauensis** Peschke & Eisner 1932 *P. a.* subsp. *l.*, Peschke & Eisner in: Int. ent. Z., *v.* 26 p. 249.

Vereinigt die Merkmale der ssp. *sztrecsnoensis* Pax und ssp. *candidus* Verity in sich. Dichter beschuppt und weißer als die erstgenannte, aber nicht so dicht und weiß wie die andere Unterart. Das Männchen steht dem von ssp. *sztrecsnoensis* Pax näher, aber mit längerem Glasband und längerer, deutlicherer Submarginalbinde, weniger kräftigen Costalflecken, Zellflecken und Hinterrandfleck. Weibchen (Fig. 381) näher dem von ssp. *candidus*

Fig. 381.
**Parnassius apollo liptauensis** Eisner & Peschke (♀). (Paratypus, aus coll. Zool. Mus. Berlin) (1/1).

Verity stehend, ohne dessen starke schwarze Überstäubung. Sämtliche Makeln nicht so prägnant. Der hintere Costalfleck nicht so stark hakenförmig ausgezogen, der Endzellfleck vorn verjüngt.

Südabhänge der Liptauer Alpen.

Typen: ♂ ♀ in coll. C. Eisner, Berlin-Dahlem.

1748. **P. apollo carpathicus** Reb.&Rghf. 1782 *Papilio a.* var. „hongroise", Ernst & Engramelle, Pap. Eur., *v.* 2 p. 289, 290 t. 86 (Suppl. 22) f. 99 a, b, c, d (♂) | 1893 *P. a.* var. *carpathicus*, Rebel & Rogenhofer (Huss MS.) in: Jahresber. Wien. ent. Ver., *v.* 3 p. 61 t. 1 f. 3 (♀) | 1899 *P. a. c.*, Dahlström in: Ins.-Börse, *v.* 16 p. 213 | 1899 *P. a. c.*, H. Stichel, ibid., *v.* 16 p. 303 | 1901 *P. a.* var. *liburnica* (part.), Hofmann-Spuler, Schmett. Eur., *v.* 1 p. 4 | 1906 *P. a.* var. *carpathicus*, Verity, Rhop. palaearct., p. 47 | 1906 *P. a.*, Aigner-Abafi in: Ann. Mus. Hungar., *v.* 4 p. 486 t. 14 f. 1 (♂) | 1906 *P. a. carpathicus*, H. Stichel in: Seitz, Großschmett. Erde, *v.* 1 p. 25 | 1907 *P. a. c.* (part.), H. Stichel in: Gen. Ins., *v.* 58 p. 25 | 1909 *P. a.* var. *c.* (part.), A. Pagenstecher in: Jahrb. Ver. Nassau, *v.* 62 p. 188—191 | 1909 *P. a. c.*, H. Stichel in: Berlin. ent. Z., *v.* 54 p. (41) t. 1 f. 7 (♂, forma anomala) | 1909 *P. a. c.*, Rebel, Berges, Schmettb., ed. 9 p. 7 | 1910 & 11 *P. a.* var. *c.*, Verity, Rhop. palaearct., p. 307 t. LIV f. 8 (♂), 9 (♀) | 1910 *P. a. c.*, Schille in: Sprawozd. Kom. fizyogr., *v.* 45 p. (13), 3 | 1914 & 15 *P. a. carpaticus* + aberr. *halteres* + aberr. *ampliusmaculata* + aberr. *excelsior* + aberr. *semidecora* + forma *Seitzi*, Bryk in: Arch. Naturg., *v.* 80 A 9 p. 137, 140, 144, A 6 t. 5 f. 32 (♀ aberr. *halteres*) | 1914 *P. a. carpathicus*, Bryk in: Umschau, *v.* 18 p. 429 f. 3 (♂ sphragophor) | 1915 *P. a. c.*, Pax in: Z. Ins.-Biol., *v.* 11 p. 52, 53, 56 f. 5 b | 1918 *P. a. c.*, Bryk in: Ark. Zool., *v.* 11 nr. 18 p. 36 t. 1 f. 3 (♂ sphragophor) | 1918 *P. a. c.*, W. Rothschild in: Nov. zool., *v.* 25 p. 241 | [1918] *P. a.* var. *c.*, Bryk, Parnassius Apollo Formenkreis, p. 133, 134, 136, 139bis t. 5 f. 32 (♀ *carpaticus* aberr.

*halteres*) | 1921 *P. a. carpathicus*, Peschke in: Int. ent. Z., *v.* 15 p. 22, 35 | 1921 *P. a. c.* + subsp. interm. *maurus* ad *Transsylvanicum* + *Transsylvanicus*, Fruhstorfer in: Ent. Anz., *v.* 1 p. 77, 79 | 1922 [1923] *P. a.* var. *c.*, Bryk in: Strand, Lep. Cat., *v.* 27 p. 113 | 1927 *P. a.* var. *candidus*, Niesiołowski in: Kosmos Lwów, *v.* 52 p. 1052 | 1928 *P. a.* var. *carpathicus*, Prüffer, ibid., *v.* 53 p. 242 | 1931 *P. a. c.*, Eisenhardt in: Bull. Brooklyn ent. Soc., *v.* 26 p. 41.

Eine große, kräftig schwarzgefleckte Unterart von weißer, mit einem leichten Stich ins Gelbliche ziehender Grundfarbe. Glasband kräftig entwickelt. Apex abgerundet. Hinterrand des Vorderflügels gerade verlaufend. Augenflecke tiefrot, mit oder ohne kleine, weiße Spiegel, tiefschwarz umrandet (Fig. 382). Männchen: Glasband dunkel, schmal, $Cu_1$ erreichend. Submarginalbinde des Vorderflügels diffus, schmal, mehr oder weniger stark ausgebildet, $Cu_1$ erreichend. Die Subcostalflecke getrennt, selten verbunden. Mittelzellfleck besonders kräftig. Wurzel des Vorderflügeldiscus verrußt.

Fig. 382.
**Parnassius apollo carpathicus** Reb. & Rghf. (♀). (Original, aus coll. Zool. Mus. Berlin) (1/1).

2 kräftige Analflecke. Die Hinterrandschwärze zieht um den hinteren Teil der Mittelzelle herum. Weibchen viel kräftiger gezeichnet, mit längerem Glasband und kräftigerer, bis zum Hinterrande reichender Submarginalbinde. Die Grundfarbenbinde dazwischen oft sehr stark reduziert oder sogar verschwindend. Schwarzfleckung des Vorderflügels noch kräftiger als die des Männchens. Subcostalbändchen erhalten. Hinterrandschwärze des Hinterflügels besonders potenziert. Folgende formae treten auf: *halteres, excelsior, pseudonomion, semidecora, ampliusmaculata* und *seitzi*. Vorderflügellänge: ♂ 41—44, ♀ 40—47 mm.

Karpathen, Tatra. (Typus: Eperjes).

Typen: ♂ ♀ in coll. Naturhist. Mus. Wien.

17 49. **P. apollo cominius** Fruhst. 1921 *P. a.* subsp. *c.*, Fruhstorfer in: Ent. Anz., *v.* 1 p. 77, 79 | 1922 [1923] *P. a.* var. *c.*, Bryk in: Strand, Lep. Cat., *v.* 27 p. 115 | 1929 *P. a.* subsp. *c.*, Bollow in: Seitz, Großschmett. Erde, *v.* 1 Suppl. 1 p. 54.

Flügelform rundlich, von rein weißer Grundfarbe. Mittelzellfleck des Vorderflügels groß, sehr steil gestellt, scharf abgeschnitten und dadurch schmäler als bei subsp. *carpathicus* Reb. & Rghf. Submarginalbinde des

Vorderflügels sehr dunkel und breit, namentlich zwischen den Mediaurippen weit nach hinten ausfließend. Augenflecke dunkelkarminrot, mit prominenter, schwarzer Umrandung. Hinterrandschwärze tiefschwarz, die Mittelzelle umklammernd. Analflecke äußerst prägnant. Hinterflügel mit einer markanten Submarginalbinde und verdunkeltem Außenrande. Weibchen weniger schwarz bestäubt als die erwähnten Karpathentiere. Hinterflügel geringer schwarz überpudert, aber mit erweiterter Submarginalbinde und scharf abgesetztem Glassaum.

Bück-Gebirge (Westungarn) 900 m.

(An patria certa?)

1750. **P. apollo sztrecsnoensis** Pax 1915 *P. a.* subsp. *s.*, Pax in: Z. Ins.-Biol., *v.* 11 p. 53, 55, 56 f. 5c, p. 57 | 1920 *P. a. s.*, Rebel in: Ann. Hofmus. Wien, *v.* 33 p. 73, 83 *(strecsnoënsis)* | 1921 *P. a.* „Unterform" *s.* + forma *sztrecsnoensis posterior*, Peschke in: Int. ent. Z., *v.* 15 p. 22, 35; p. 35 (trans. ad aberr. *novarae*, aberr. *pseudonomion*, aberr. *wiskotti*, aberr. *theiodes*, aberr. *brunneomaculata)* | 1921 *P. a. s.*, Fruhstorfer in: Ent. Anz., *v.* 1 p. 78, 79 | 1922 [1923] *P. a.* var. *s.* + forma *posterior*, Bryk in: Strand, Lep. Cat., *v.* 27 p. 140 | 1929 *P. a.* subsp. *s.* + aberr. *p.*, Bollow in: Seitz, Großschmett. Erde, *v.* 1 Suppl. 1 p. 54 | 1932 *P. a.* subsp. *s.*, Peschke & Eisner in: Int. ent. Z., *v.* 26 p. 249.

Männchen (Fig. 383): Von leicht gelblicher Grundfarbe bei dichter Beschuppung. An ssp. *carpathicus* Reb. & Rghf. anklingend. Mit sehr breiten Vorderflügeln und deutlich konkavem Hinterrand. Der schmale, fast gleichbreite,

Fig. 383.
**Parnassius apollo sztrecsnoensis** Pax (♂). (Original, aus coll. Zool. Mus. Berlin) (1/1).

bis zur Flügelmitte verlaufende Glassaum ist wie die Submarginalbinde schwach entwickelt. Subcostalflecke getrennt. Augenflecke weiß oder rot gekernt, ihre schwarze Umsäumung jedoch nicht so kräftig ausgeprägt wie bei den übrigen Karpathentieren. Hinterflügel ohne Submarginalbinde bei äußerst schwacher Trübung des Hinterrandes, dadurch an die mährische ssp. *strambergensis* Skala erinnernd. 1 oder 2 schwache Analflecke. Weibchen prägnanter als das Männchen gezeichnet. Glasbinde breiter, in der Mitte wurzelwärts ausgebuchtet. Submarginalbinde des Vorderflügels in der Mitte wurzelwärts vorspringend, von da ab verbreitert, $Cu_2$ überschreitend. Flügelmitte überpudert. Augenflecke größer, mit weißen Kernen. 2 Analflecke.

Submarginalbinde des Hinterflügels grauschwarz erhalten. Glassaum des Hinterflügels graphitfarben hell. Vorderflügellänge: ♂ 40—41, ♀ 41—42 mm.

Berghänge des Sztrecsno-Passes: Chor Gruppe.

Typus: ♂ in coll. F. Pax, Breslau.

17 51. **P. apollo interversus** Bryk 1915 *P. a.* var. *albus* (part.), Bryk in: Arch. Naturg., *v.* 80 A 9 p. 144, 136 | 1920 *P. a.* var. *intermedius*, Rebel (O. Bang-Haas MS.) in: Ann. Hofmus. Wien, *v.* 33 p. 73, 83 | 1921 *P. a. sztrecsnoensis* (part.) + forma *intermedia* (ex synon.), Peschke in: Int. ent. Z., *v.* 15 p. 85 | 1922 [1923] *P. a.* var. *interversus* (nom. nov.), Bryk in: Strand, Lep. Cat., *v.* 27 p. 121—122 | 1929 *P. a.* subsp. *sztrecsnoensis* (part.), Bollow in: Seitz, Großschmett. Erde, *v.* 1 Suppl. 1 p. 54.

Fig. 384.
**Parnassius apollo interversus** Bryk (♂). (Original, aus coll. Zool. Mus. Berlin) (1/1).

Fig. 384 a.
**Parnassius apollo interversus** Bryk (♀). (Original, aus coll. Zool. Mus. Berlin) (1/1).

Mittelgroße, dünn beschuppte Unterart, die sich einerseits ssp. *albus* Reb. & Rghf. und *strambergensis* Skala anschließt, andrerseits den Übergang zu ssp. *sztrecsnoensis* Pax vermittelt. Grundfarbe leicht gelblich. Fleckung des Vorderflügels mittelstark. Hinterrandfleck klein. Augenflecke mittelgroß, mit weißen Kernen im leuchtend roten Auge, schwarze Beringung mäßig ausgeprägt.

2 bescheidene Analflecke. Hinterrandschwärze des Hinterflügels reduziert (Fig. 384). Männchen mit hellem, bis $Cu_1$ ziehendem, ausgezacktem, mittelstarkem Glasbande. Submarginalbinde deutlich, kurz, bei $M_2$ wurzelwärts vorspringend. Subcostalflecke stets getrennt, Mittelzellfleck rundlich. Oft ist nur der hinterste Analfleck strichartig erhalten. Weibchen gelblicher, mit breiterer und bis zum Hinterrande ziehender Glasbinde und längerer, in der Mitte nach hinten gewinkelter Submarginalbinde. Analflecke kräftiger. Glassaum des Hinterflügels schmal, grünlichgrau. Vorderflügellänge: ♂ 38,5 bis 41, ♀ 41 mm.

Vlárapaas (Mähren).

Typen: ♂ ♀ in coll. C. Eisner, Berlin-Dahlem.

17 52. **P. apollo strambergensis** Skala 1911 & 10 *P. a.* „race“ *albus*, Verity, Rhop. palaearct., p. 308 t. LV f. 5 (♂), 6 (♀) | 1912 *P. a.* var. *strambergensis*, Skala in: Verh. Ver. Brünn, *v.* 50 p. 88 | 1915 & 14 *P. a.* var. *albus* (part.), Bryk in: Arch. Naturg., *v.* 80 A 9 p. 136, A 6 t. 4 f. 23 (♂, aberr. *zirpsi* + aberr. *seitzi*) | 1915 *P. a. strambergensis*, Pax in: Z. Ins.-Biol., *v.* 11 p. 51 t. 1 f. 1a (♂), 1b (♀), p. 52 f. 1a (♂), 2b (♀), p. 53, 56 f. 5a (Vorderflügelschnitt), p. 57 | 1918 *P. a. s.*, Gönner in: Ent. Rundsch., *v.* 35 p. 21 | 1918 *P. a. s.*, W. Rothschild in: Nov. zool., *v.* 25 p. 241 | 1918 *P. a.* var. *s.*, Peschke in: Z. Österr. Ent.-Ver. Wien, *v.* 3 p. 65—66 (exstirpatio) | 1919 *P. a. s.*, Fruhstorfer (Bryk MS.) in: Soc. ent., *v.* 34 p. 11 | 1920 *P. a. s.*, Rebel in: Ann. Hofmus. Wien, *v.* 33 p. 71—73, 71 f. 22 (♂), p. 72 f. 23 (♀), p. 73 f. 24 (♂), p. 78, 80, 81, 84 | 1920 *P. a. s.*, J. Nitsche in: Verh. Ges. Wien, *v.* 70 p. (90) | 1921 *P. a. s.*, Fruhstorfer in: Soc. ent., *v.* 36 p. 14 | 1922 [1923] *P. a.* var. *alba* (part.), Bryk in: Strand, Lep. Cat., *v.* 27 p. 105 | 1929 *P. a.* „Rasse“ *strambergensis*, Bollow in: Seitz, Großschmett. Erde, *v.* 1 Suppl. 1 p. 53.

Eine helle, gelblichweiße, fast ausgestorbene Unterart, die ssp. *albus* Reb. & Rghf. sehr nahe steht. Vorderflügel gestreckt, nach außen erweitert. Hinterflügel mit deutlichem Vorderwinkel. Flecke des Vorderflügels mittelgroß. Endzellfleck vorn nach außen gezähnt. Augenflecke schmal schwarz umrandet, kreisrund, stets mit weißen Kernen im Medianaugenflecke, der subcostale bisweilen (beim Männchen) ohne weiße Spiegel. Wurzel der Vorderflügelzelle schwarz bestäubt. Männchen: Glassaum mittelstark, bis $Cu_1$ oder $Cu_2$ reichend. Submarginalbinde des Vorderflügels breit, kräftig, nicht gezackt, $Cu_1$ überschreitend. Subcostalflecke klein, getrennt, der hintere oft rundlich, mit einem roten Kern. Augenflecke mittelgroß. Hinterflügelsaum weiß. 2 Analflecke. Hinterrandschwärze nicht um die Mittelzelle greifend. Weibchen größer, meist ziemlich stark grau überstäubt. Glasband und die nicht gezackte, aber stark geschwungene Submarginalbinde breiter, den Hinterrandwinkel nicht erreichend. Die kräftigen Subcostalflecke nicht schwarz verbunden, der hintere in der Regel mit rotem Kern. Hinterrandfleck kräftig. Augenflecke größer, mit größeren, weißen Spiegeln. Analflecke und Hinterrandschwärze kräftiger. Hinterflügelsaum schwach grau bestäubt, Submarginalbinde durch schwache Bestäubung kaum angedeutet. Folgende formae treten auf: *seitzi, zirpsi, unipupillata, bipupillata* und *semidecora*. Vorderflügellänge: ♂ 38—42 mm, ♀ 41—44 mm.

Umgebung von Mistek: Öberg (Kotouč) 590 m, bei Stramberg und Hochwald (Nesselsdorf).

17 53. **P. apollo albus** Reb. & Rghf. 1859 *Doritis apollo*, F. R. Czerny in: Verh. Ges. Wien, *v.* 9 p. 9 | 1893 *Parnassius a.* var. *alba*, Rebel & Rogenhofer in: Jahresber. Wien. ent. Ver., *v.* 3 p. 60, (71) | 1899 *P. a. albus* (nom. emend.), H. Stichel in: Ins.-Börse, *v.* 16 p. 303 | 1906 *P. a. a.* (part.), H. Stichel in: Seitz, Großschmett. Erde, *v.* 1

p. 25 t. 12e (♀; non ♂) | 1906 *P. a. a.*, Fruhstorfer in: Soc. ent., *v.* 21 p. 138 | 1907 *P. a. a.* (part.), H. Stichel in: Gen. Ins., *v.* 58 p. 25 | 1909 *P. a. a.*, A. Pagenstecher in: Jahrb. Ver. Nassau, *v.* 62 p. 183—186 | 1909 *P. a. a.*, Rebel, Berges Schmettb., ed. 9 p. 7 | 1912 *P. a.* var. *a.* + aberr. *brittingeri* + aberr. *flavomaculata* + aberr. *pseudonomion* + aberr. *novarae*, Skala in: Verh. Ver. Brünn, *v.* 50 p. 88 | 1915 & 14 *P. a.* var. *albus* (part.), Bryk in: Arch. Naturg., *v.* 80 A 9 p. 136, A 6 t. 4 f. 24 (♂, aberr. *novarae*), A 7 t. 12 f. 94 (♀, aberr. *zirpsi*), f. 95 (♀, aberr. *pseudonomion*) | 1916 *P. a. silesianus*, Belling in: D. ent. Z., p. 205 t. 2 f. 3 (♂) | 1918 *P. a. albus*, W. Rothschild in: Nov. zool., *v.* 25 p. 240 (+ aberr. *novarae* + aberr. *seminovarae* + aberr. *minuscula*) | [1918] *P. a.* var. *a.* (part.), Bryk, Parnassius Apollo Formenkreis, p. 132, 134, 135, t. 4 f. 24 (♂, aberr. *novarae*), t. 12 f. 94 (♀, aberr. *zirpsi*), f. 95 (♀, aberr. *pseudonomion*) | 1920 *P. a. a.*, Rebel in: Ann. Hofmus. Wien, *v.* 33 p. 60—65, p. 62 f. 19 (♀), p. 63 f. 20 (♂), p. 64 f. 21 (♂), p. 77, 80, 81, 82, 83, 84, t. 2 f. 5 (♂), 6 (♀) t. 3 f. 7, 9, 11 (♂), 8, 10, 12 (♀), t. 4 f. 13 (♂), 14 (♀) | 1920 *P. a. a.*, J. Nitsche in: Verh. Ges. Wien, *v.* 70 p. (90) | 1921 *P. a. a.*, Fruhstorfer in: Soc. ent., *v.* 36 p. 14 | 1922 [1923] *P. a.* var. *alba* (part.), Bryk in: Strand, Lep. Cat., *v.* 27 p. 105.

Mittelgroße Unterart mit breiten und kurzen, stark gerundeten Flügeln von reinweißer Grundfarbe. Mit kräftigen Zellflecken der Vorderflügel, von denen der Endzellfleck nach innen etwas verschoben ist. Tiefrote Augen-

Fig. 385.
**Parnassius apollo albus** Reb. & Rghf. forma **novarae** (C. Oberth.) (♀). (Original, aus coll. Zool. Mus. Tring) (1/1).

flecke, die mäßig breit schwarz umrandet sind. Der weißgekernte Medianaugenfleck meist queroval, d. h. mit seiner Längsachse dem Augenrand parallel verlaufend, der subcostale häufig ohne weißen Kern. Männchen hellweiß, mit mäßig breitem, oft auf den Flügelrippen weiß durchschnittenem, bis $Cu_2$ reichendem Glasband und schwach gezackter, meist nur bis $Cu_1$ reichender, grauer Submarginalbinde. Hinterrand und Subcostalflecke klein, die letzteren getrennt. 2 Analflecke. Hinterrandschwärze des Hinterflügels nicht um die Zelle ziehend. Saum des Hinterflügels oberseits auch an den Rippenenden weiß. Weibchen (Fig. 385) zwischen Cubital- und Medianrippen des Vorderflügels grau bestäubt. Mit breiterem Glassaum, der oft sich verjüngend zum Hinterrandwinkel zieht. Submarginalbinde dunkler und breiter, stets bis $Cu_2$ reichend, zuweilen diese überschreitend. Subcostalflecke kräftig, nach hinten zur $M_3$ ziehend, ohne sie jedoch zu erreichen, der vorderste mit den nächsten durch graue Überstäubung verbunden. Augenflecke groß. Analflecke kräftig. Hinterrandschwärze ausgeprägt, sanft zum Ende der Mittelzelle vorgezogen. Submarginalbinde des Hinterflügels grau. Saum schwach verglast. Folgende formae treten auf: *nigricans, flavomaculata, pseudonomion, novarae, zirpsi, seminovarae, cardinalis.* Vorderflügellänge: ♂ 36—42, ♀ 41—45 mm.

Schlesisch-mährisches Gesenke: Umgebung von Olmütz bis Sternberg und Wigstadtl; Jägerndorf.

Typen: ♂ ♀ in coll. Naturhist. Mus. Wien.

1754. **P. apollo silesianus** Marschner 1839 [1840] *Doritis a.*, Klopsch in: Übers. Schles. Ges., p. 132 | 1842 *D. a.*, Neustadt & Kornatzki, Abbild. Beschr. Schmett. Schles., *v.* 1 p. 67 t. 30 f. 99 a, b (♂), c (♀), d (larva), e (pupa) | 1846 *Parnassius a.* „die schlesische Form", G. Standfuß senior in: Ent. Zeit. Stettin, *v.* 7 p. 381 | 1847 *P. a.*, A. Assmann in: Z. Ent. Breslau, p. 4 | 1893 *P. a.* var. *alba* (part.; „schlesische Form"), Rebel & Rogenhofer in: Jahresber. Wien. ent. Ver., *v.* 3 p. 60, (71) | 1896 *P. apollo*, M. Standfuss, Handb. paläarkt. Groß-Schmett., ed. 2 p. 15 (exstirpatio) | 1906 *P. a.*, Verity, Rhop. palaearct., p. 46 t. IX f. 2 (♀) | 1906 *P. a. albus* (part.), H. Stichel in: Seitz, Großschmett. Erde, *v.* 1 p. 25 t. 12e (♀) | 1907 *P a. a.* (part.), H. Stichel in: Gen. Ins., *v.* 58 p. 25 (nota 2) | 1909 *P. a.* var. *silesianus*, Marschner in: Berlin. ent. Z., *v.* 54 p. 68—72 | 1909 *P. a. s.*, A. Pagenstecher in: Jahrb. Ver. Nassau, *v.* 62 p. 186 | 1911 *P. a.* „race" *s.*, Verity, Rhop. palaearct., p. 305, 308 | 1911 *P. a.*, P. H[offmann] in: Int. ent. Z., *v.* 5 p. 57 | 1911 *P. a.*, Stephan, ibid., *v.* 5 (Anzeige) nr. 8 (Wiedereinbürg.) | 1912 *P. a. silesianus*, Bryk in: Ent. Mt., *v.* 1 p. 376 | 1912 *P. a. s.* + *P. a. friburgensis*, Niepelt in: Int. ent. Z., *v.* 6 p. 259 | 1913 *P. a. s.*, Marschner, ibid., *v.* 6 p. 340 | 1913 *P. a.*, Niepelt, ibid., *v.* 7 p. 129 | 1913 *P. a. silesianus*, Ruhmann in: Ent. Z., *v.* 26 p. 186 f. 2 (♂)? | 1913 *P. a. silesiacus*, Closs in: Int. ent. Z., *v.* 7 p. 158 | 1914 *P. a. friburgensis*, Niepelt in: Strand, Lep. Niepeltiana, *v.* 1 p. 57 t. 8 f. 10 (♂), 11 (♀) | 1914 *P. a.* var. *albus* forma *silesianus*, Bryk in: Arch. Naturg., *v.* 80 A 5 t. 2 f. 9 (♀; Type) | 1915 *P. a. s.* + *friburgensis*, Pax in: Zool. Ann. Braun, *v.* 7 p. 88, 89 | 1916 *P. a.*, Chappuis in: Int. ent. Z., *v.* 10 p. 102, 109 (planta nutr.) | 1916 *P. a. silesianus*, Belling in: D. ent. Z., p. 203 t. 1 f. 1, 2 (♀), t. 2 f. 3 (♂; (?)) | 1918 *P. a. s.* + *friburgensis*, Niepelt in: Strand, Lep. Niepeltiana, *v.* 2 (Nachtr.) p. 3 t. 18 f. 14, 15 (♂ ♀, *silesianus*), t. 18 f. 12, 13 (♂ ♀, *friburgensis*) | [1918] *P. a.* var. *albus* forma *s.*, Bryk, Parnassius Apollo Formenkreis, p. 135 t. 2 f. 9 (♀) | 1920 *P. a. s.* + *friburgensis*, Rebel in: Ann. Hofmus. Wien, *v.* 33 p. 65, 67 t. 4 f. 15 (♂), 16 (♀), 18 (♀, *silesianus*), t. 4 f. 17 (♂, *friburgensis*), p. 67—68, 77, 78, 80, 81 | 1921 *P. a. s.*, Warnecke in: D. ent. Z. Iris, *v.* 35 p. 1 (fig. ♂) | 1921 *P. a. s.*, Pax in: Tierw. Schles., p. 84, 115 f. 45 (♀) | 1921 *P. a. s.*, Fruhstorfer in: Soc. ent., *v.* 36 p. 14 | 1922 [1923] *P. a.* forma *s.*, Bryk in: Strand, Lep. Cat., *v.* 27 p. 138 | 1927 *P. a. neosilesianus*, Bryk in: Soc. ent., *v.* 42 p. 26 | 1929 *P. a.* subsp. *silesianus* + subsp. *friburgensis*, Bollow in: Seitz, Großschmett. Erde, *v.* 1 Suppl. 1 p. 52, 53.

Die größte und auffallendste Subspecies des *albus*-Kreises, die in den 80er Jahren des vorigen Jahrhunderts ausgestorben ist. Flügelform gestreckt, am Innenwinkel stark abgerundet, mit deutlicher Submarginalbinde und sehr großen und kräftigen Schwarzflecken des Vorderflügels. Subcostalflecke in beiden Geschlechtern miteinander verbunden, sie bilden ein Subcostalbändchen, das $M_3$ nicht ganz erreicht. Mittelzellfleck des Vorderflügels fünfeckig, nach innen geradlinig. Wurzel des Vorderflügeldiscus geschwärzt. Augenflecke sehr groß und sehr breit schwarz umrandet, oft ohne weiße Kernung, der mediane bisweilen mit weißem Kern (Fig. 386). Männchen reinweiß, mit mittelstarkem Glasbande, das den Hinterrandwinkel nicht erreicht. Submarginalbinde deutlich, $Cu_1$ nicht überschreitend. Augenflecke bisweilen etwas verkleinert. 2 kräftige Analflecke. Submarginalbinde des Hinterflügels kaum erkennbar, der Saum auf den Rippenenden bisweilen schwach schwärzlich verdunkelt. Hinterrandschwärze bescheiden, aber deutlich, $Cu_2$ nicht überschreitend. Weibchen gelblichweiß, viel stärker und luxuriöser gezeichnet. Auf den Vorderflügeln spärlich grau überstäubt, mit breitem, bis zum Hinterrandwinkel reichendem Glasbande und oft fast ebenso langer Submarginalbinde. Der pastose Hinterrandfleck als Wisch auch hinter der $Ax_1$ ausgebreitet. Medianaugenflecke queroval, fast fünfeckig, der subcostale in der Regel mit einem schwarzen Schwänzchen als Ansatz zur forma *cardinalis*, die ebenfalls vorkommt, endigend. Außer den beiden kräftigen

Fig. 386.
**Parnassius apollo silesianus** Marschner (♂). (Original, aus coll. Zool. Mus. Berlin) (1/1).

Fig. 386a.
**Parnassius apollo silesianus** Marschner (♀). (Original, aus coll. Zool. Mus. Berlin) (1/1).

Analflecken ein verkleinerter 3. vorhanden. Hinterrandschwärze etwas stärker als beim Männchen ausgeprägt, indem sie als graue Bestäubung die Ansatzstelle von $M_3$ erreicht. Glassaum des Hinterflügels mehr oder weniger stark grau angedeutet, ebenso die Submarginalbinde. Vorderflügellänge: ♂ 43—45,5, ♀ 46—47 mm.

Preußisch-Schlesien: Rabengebirge bei Liebau.

Typus: ♀ in coll. H. Marschner, Hirschberg i. Schles.

Die 25 km vom Rabengebirge fliegenden Tiere aus Fürstenstein bei Freiburg und vom Weistritztal (Kynau) wurden von subsp. *silesianus* Marschner zu Unrecht als subsp. *friburgensis* Niepelt abgetrennt. Auch diese Rasse ist ausgestorben, und die

Fig. 387.
**Parnassius apollo friburgensis** Niepelt (♂). (Typus) (¹/₁).

Fig. 387 a.
**Parnassius apollo friburgensis** Niepelt (♀). (Typus) (¹/₁).

wenigen erhaltenen Stücke, deren Fundort nicht immer verbürgt echt ist, gestatten bei der Variabilität des Apollofalters keine einwandfreie Abtrennung, wenn auch die im Zool. Mus. Berlin vorhandenen Typen (Fig. 387) etwas von subsp. *silesianus* Marschner abweichen.

17 55. **P. apollo sicinius** Fruhst. 1921 *P. a.* subsp. *s.*, Fruhstorfer in: Soc. ent., *v.* 36 p. 14 | 1922 [1923] *P. a.* (?) forma *s.*, Bryk in: Strand, Lep. Cat., *v.* 27 p. 137 | 1929 *P. a.* subsp. *s.*, Bollow in: Seitz, Großschmett. Erde, *v.* 1 Suppl. 1 p. 53.

Eine an ssp. *albus* Reb. & Rghf. sich anschließende, aber größere Unterart. Männchen mit kurzem, proximal stärker gewelltem Glasband und prägnanter, geschwungener Submarginalbinde. Augenflecke klein. Weibchen gelblich, mit getrennter Grundfarbenbinde, die zwischen dem bis $Cu_2$ reichenden Glasbande und der längeren Submarginalbinde liegt. Hinterflügel mit sehr undeutlichem Glassaum, diffuser Submarginalbinde und geringer breit als bei subsp. *albus* Reb. & Rghf. umzogenen, mittelgroßen Augenflecken. Basalschwärze des Hinterflügels die Mittelzelle intensiv umklammernd. Vorderflügellänge: ♂ 45, ♀ 48 mm.

Teschen (Tschechoslovakei).

17 56. **P. apollo vistulicus** O. Bang-Haas 1927 *P. a.* subsp. *v.*, O. Bang-Haas (Rebel MS.) in: Horae Macrolep., *v.* 1 p. 13 t. 3 f. 3 (♂), 4 (♀) | 1929 *P. a.* subsp. *v.*, Bollow in: Seitz, Großschmett. Erde, *v.* 1 Suppl. 1 p. 53.

Eine wegen des nicht verbürgten Fundortes zweifelhafte, an subsp. *strambergensis* Skala sich nähernde Subspecies mit mehr zugespitzter Vorderflügelspitze. Glas- und Submarginalbinde in beiden Geschlechtern schmäler und kürzer, letztere $Cu_2$ erreichend. Augenflecke mäßig groß, klein weiß gekernt, schmal schwarz umrandet. 2 bescheidene Analflecke. Mit grauer Hinterrandschwärze, die die Ansatzstelle von $M_3$ erreicht. Männchen mit getrennten Subcostalflecken. Weibchen ähnlich dem Männchen. Der hintere Subcostalfleck des Vorderflügels mit einem kurzen Schwänzchen, der die $M_3$ nicht erreicht. Submarginalbinde des Hinterflügels undeutlich, kaum erkennbar. Vorderflügellänge: ♂ 40, ♀ 39 mm.

Weichseltal (Tschechoslovakei) fällt wahrscheinlich mit dem Fundort von subsp. *sicinius* Fruhst. und dieser Unterart zusammen.

Typen: ♂ ♀ in coll. O. Bang-Haas, Dresden-Blasewitz.

17 57. **P. apollo bohemicus** Reb. 1907 *P. a. albus* (part.) + var. *bohemia* (ex synon.), H. Stichel in: Gen. Ins., *v.* 58 p. 25 | 1920 *P. a.* subsp. *bohemicus*, Rebel in: Ann. Hofmus. Wien, *v.* 33 p. 68 (nota 3), 69–71, 79–80, t. 2 f. 1 (♂), 2, 4 (♀) | 1921 *P. a. ventidius* (nom. nov.), Fruhstorfer in: Soc. ent., *v.* 36 p. 13 | 1921 *P. a. bohemicus*, Bryk, ibid., *v.* 36 p. 27 | 1922 [1923] *P. a.* var. *b.*, Bryk in: Strand, Lep. Cat., *v.* 27 p. 109 | 1929 *P. a.* subsp. *b.*, Bollow in: Seitz, Großschmett. Erde, *v.* 1 Suppl. 1 p. 53 | 1929 *P. a. b.*, Sterneck, Prodr. Schmett. Fauna Böhmens, p. 40.

Von geringer Größe, an eine ärmer gezeichnete Form der ssp. *albus* Reb. & Rghf. erinnernd. Mit sehr kurzer und breiter Flügelform. Grundfarbe (wahrscheinlich infolge schlechten Erhaltungszustandes der Typen) gelblichweiß. Zellflecke des Vorderflügels mittelgroß. Die kräftig schwarz umzogenen Augenflecke mittelstark, der mediane mit einer schwachen Neigung zur ovalen Form. Mit deutlicher Weißkernung. Männchen mit schmalem Glasband, das bei $Cu_1$ endet. Submarginalbinde sehr schmal und schwach ausgeprägt. Subcostalflecke und Hinterrandflecke klein und getrennt, der Hinterrandfleck sehr klein. 2 Analflecke. Weibchen mit mehr oder weniger schwacher grauer Bestäubung der Vorderflügelmitte, breiterem und fast bis zum Innenrandwinkel ziehendem Glasband. Submarginalbinde sehr schmal, an das Glasband so nahe gerückt, daß die Grundfarbenbinde stark eingezwängt erscheint. Schwarzfleckung viel kräftiger als beim Männchen. Hinterflügel schwach glasig eingesäumt, mit undeutlicher, grauer Submarginalbinde. Die beiden Analflecke kräftig. Hinterrandschwärze stärker potenziert als beim Männchen, die Ansatzstelle von $M_3$ knapp erreichend. Vorderflügellänge: ♂ 34—35, ♀ 36—38 mm.

? Teplitz-Schönau (Biela-Tal) etwa 300 m. (Nach Sterneck (l. c.) nicht böhmischer Provenienz).

Typen: ♂ ♀ in coll. H. Kolar, Wien.

17 58. **P. apollo isaricus** Reb. 1861 *P. a.*, F. A. Nickerl in: Lotos, *v.* 11 p. 153 | 1897 *P. a.*, O. Nickerl, Großschmett. Böhmens, p. 1 | 1910 *P. a.*, Joukl, Motýl. ústředni Eur., p. 6 | 1920 *P. a.* subsp. *isaricus*, Rebel in: Ann. Hofmus. Wien, *v.* 33 p. 68—69 t. 2 f. 3 (♂), p. 70, 79, 81, 85 | 1921 *P. a. i.*, Fruhstorfer in: Soc. ent., *v.* 36 p. 13 | 1922 [1923] *P. a.* var. *bohemicus* (= aberr. *quincunx*), Bryk in: Strand, Lep. Cat., *v.* 27 p. 109 | 1929 *P. a.* subsp. *isaricus*, Bollow in: Seitz, Großschmett. Erde, *v.* 1 Suppl. 1 p. 53 | 1929 *P. a. i.*, Sterneck, Prodr. Schmett. Fauna Böhmens, p. 40.

Stark an subsp. *albus* Reb. & Rghf. erinnernd, aber kleiner. Mit weniger reinweißer Flügelfarbe und gestreckterer Flügelform. Männchen: Glasband mäßig breit, bis $Cu_2$ reichend. Submarginalbinde sehr schwach ausgeprägt und kurz. Subcostalflecke nicht getrennt, sondern ein schmales Subcostalbändchen bildend. Hinterrandfleck klein. Endzellfleck reduziert, wie bei forma *quincunx*. Mittelzellfleck den hinteren Discusarm nicht erreichend. Augenfleck groß, deutlich schwarz umzogen, mit weißer Aufhellung. 2 mäßige Augenflecke. Hinterrandschwärze bescheiden. Weibchen unbekannt. Diese Unterart ist nach einem Exemplar aufgestellt worden. Vorderflügellänge: ♂ 39 mm.

Isertal: Kamenitz bei Eisenbrod. (Nach Sterneck (l. c.) ausgestorben).

Typus: ♂ in coll. H. Kolar, Wien.

17 59. **P. apollo eubohemicus** Bryk & Eisner 1916 *P. a.*, J. Graf in: Časopis České Spol. ent., *v.* 13 p. 45 | 1929 *P. a.* (part.), Sterneck, Prodr. Schmett. Fauna Böhmens, p. 40 | 1930 *P. a.* subsp. *eubohemicus* (+ aberr. *marginepupillata* + aberr. *decora* + aberr. *ampliusmaculata*), Bryk & Eisner in: Mt. D. ent. Ges., *v.* 1 p. 37—38 | 1931 *P. a.* subsp. *e.*, Bollow in: Seitz, Großschmett. Erde, *v.* 1 Suppl. 1 p. 329.

Fig. 388.
**Parnassius apollo eubohemicus** Bryk & Eisner (♂). (Paratypus, aus coll. Zool. Mus. Berlin) (1/1).

Eine Mischrasse, die im männlichen Geschlechte allenfalls noch zu ssp. *albus* Reb. & Rghf. verwandtschaftliche Beziehung zeigt, im weiblichen dagegen zur ssp. *brittingeri* Reb. & Rghf. neigt (Fig. 388). Männchen mit mäßig breiter, bis $Cu_2$ reichender Glasbinde und ebenso langer, schmaler Submarginalbinde, zwischen beiden eine breitere Grundfarbenbinde als bei ssp. *albus*

Reb. & Rghf. frei lassend. Subcostalflecke ausgeprägter und in der Regel verbunden. Zellflecke kräftig, länglich. Die mittelgroßen Augenflecke schmal schwarz umzogen, mit kleinen, weißen Kernen, Hinterrandschwärze deutlich. 2 kräftige Analflecke. Weibchen mit breiter, in der Mitte konkav ausgebuchteter, zum Hinterrande in einen schmalen Bogen verlaufender Glasbinde und deutlicher, bis zum Hinterrande ziehender Submarginalbinde.

Fig. 388a.
**Parnassius apollo eubohemicus** Bryk & Eisner (♀). (Paratypus, aus coll. Zool. Mus. Berlin) (1/1).

leckung der Vorderflügel stärker. Subcostalbändchen stark der Submarginalbinde angenähert. Hinterflügel mit schwach verglastem Saum, undeutlicher, schwach grauer Submarginalbinde und kräftigerer Hinterrandschwärze des Hinterflügels. Folgende formae treten bei den Weibchen auf: *decora, ampliusmaculata, marginepupillata.* Vorderflügellänge: ♂ 39—39,5, ♀ 40 bis 41,5 mm.

Böhmen: Prachatitz.

Typen: ♂ ♀ in coll. C. Eisner, Berlin-Dahlem.

1760. **P. apollo rebelianus** Fruhst. 1920 *P. a. ancile*, Rebel (nec Fruhst.) in: Ann. Hofmus. Wien, *v.* 33 p. 75—76; p. 76 f. 25, 26 (♂; part.) | 1921 *P. a. Rebelianus*, Fruhstorfer in: Soc. ent., *v.* 36 p. 14 | 1922 [1923] *P. a.* var. *ancile* (part.), Bryk in: Strand, Lep. Cat., *v.* 27 p. 107 | 1929 *P. a.* subsp. *rebelianus*, Bollow in: Seitz, Großschmett. Erde, *v.* 1 Suppl. 1 p. 52 | 1929 *P. a.* forma *r.*, Sterneck, Prodr. Schmett. Fauna Böhmens, p. 41.

Eine von der Gruppe der ssp. *albus* recht verschiedene, an die alpinen Rassen sich anschließende Unterart, die nur in einem Pärchen bekannt ist. Männchen mit gestreckter Vorderflügelform, mäßig breiter, bis $Cu_2$ reichender Marginalbinde und sehr deutlicher, ebenso langer Submarginalbinde. Die Schwarzfleckung des Vorderflügels kräftig. Besonders die verbundenen Subcostalflecke, die sehr gedrungen sind, schließen eine Verwandtschaft mit ssp. *albus* Reb. & Rghf. aus. Endzellfleck und Mittelzellfleck länglich, der erste sehr breit, vorn an $R_1$ angelehnt. Vorderflügelwurzel und Vorderrand schwärzlich gekörnt. Die runden, scharf schwarz umzogenen, mittelgroßen Augenflecke weiß gekernt. 2 kräftige Analflecke. Die Rippenenden des Hinterflügels dunkel markiert, im hinteren Flügelteil miteinander in schwachen Bogen verbunden. Basalschwärze und Hinterrandschwärze, die in einem

Dreiecke um die Mittelzelle greifen, besonders kräftig. Weibchen in der Zeichnung mit der des Männchens übereinstimmend, nur ist die Basalschwärze des Hinterflügels zarter aufgelegt. Vorderflügellänge: ♂♀ 38 mm.

Westböhmen: Meczeryhöhe bei Karlsbad; ? Tabor an der Luznitz. (Letzter Fundort nach Sterneck (l. c.) sicher falsch).

Typen: ♂ in coll. H. Kolar, Wien; ♀ in coll. Huguenin, Mus. Polytechn., Zürich.

17 61. **P. apollo marcomannus** Kammel 1909 *P. a.*, Sterzel in: Jahresber. Wien. ent. Ver., *v.* 19 p. 36 | 1910 *P. a. albus* (part.), Galvagni, ibid., *v.* 20 p. 169 | [1912] *P. a.* var. *a.* (part.), Galvagni & Preißecker, ibid., *v.* 22 p. 91 | 1912 *P. apollo*, Skala in: Verh. Ver. Brünn, *v.* 50 p. 88 (fide Rebel 1920) | 1913 *P. a.*, Schawerda in: Verh. Ges. Wien, *v.* 63 p. (19) (trans. ad var. *albus*) | 1919 *P. a.* subsp. *marcomannus*, Kammel in: Z. Österr. Ent.-Ver. Wien, *v.* 4 p. 2—4 f. 1 (♂), 2 (♂ = *dentatus*, 3, 4 (♀) | 1920 *P. a. marcomanus* + aberr. *flavomaculata*, Rebel in: Ann. Hofmus. Wien, *v.* 33 p. 65 (nota 1), p. 73—74, 77, 78, 80, 81 (nomen latinis.) | 1921 *P. a. marcomannus*, Fruhstorfer in: Ent. Anz., *v.* 1 p. 139 | 1921 *P. a. marcomanus*, Fruhstorfer in: Soc. ent., *v.* 36 p. 14 | 1922 [1923] *P. a.* forma *m.*, Bryk in: Strand, Lep. Cat., *v.* 27 p. 126 | 1924 *P. a.* subsp. *marcomannus*, Galvagni & Preißecker in: Jahresber. Wien. ent. Ver., *v.* 30 p. 119 | 1929 *P. a. marcomanus*, Bollow in: Seitz, Großschmett. Erde, *v.* 1 Suppl. 1 p. 57.

Fig. 389.
**Parnassius apollo marcomannus** Kammel (♂). (Original, aus coll. Zool. Mus. Berlin) (1/1).

Fig. 389a.
**Parnassius apollo marcomannus** Kammel (♀). (Original, aus coll. Zool. Mus. Berlin) (1/1).

Eine mittelgroße Unterart von rein weißer Grundfarbe. Mit schmalen, gestreckten Vorderflügeln, sehr kräftigen, langen Zellflecken, sehr schmalem und kurzem Glasband und kleinen Augenflecken (Fig. 389). Männchen: Submarginalbinde des Vorderflügels schwach ausgeprägt, schmal, kurz und grau. Hinterrandfleck und die meistens getrennten Subcostalflecke klein. Glasband oft nur bis $M_3$ reichend. Endzellfleck kräftig, wurzelwärts geradlinig abgehackt, vorn etwas ausgebuchtet. Der mediane Augenfleck schwach queroval, tiefrot, mit weißem Kern. 2 schmale Analflecke. Hinterrandschwärze bescheiden. Weibchen größer, auf den Vorderflügeln grau bestäubt. Mit längerer Submarginalbinde, die $Cu_2$ erreicht, und kürzerem, bis $Cu_2$ reichendem, schmalem Glassaum. Fleckung des Vorderflügels stärker, das Subcostalbändchen erhalten. Augenflecke größer. Die beiden Analflecke kräftiger. Hinterrandschwärze etwas mehr zum Mittelzellende genähert. Die Submarginalbinde des Hinterflügels nur selten deutlich. Folgende formae treten auf: *flavomaculata, semidecora, dentata.* Vorderflügellänge: ♂ 35—40, ♀ 37—45 mm.

Nieder-Österreich: Thayatal. (Typus: Drosendorf).

Typen: ♂ ♀ in coll. J. E. Kammel, Wien.

17 62. **P. apollo cetius** Fruhst. 1893 *P. a.* (part.), Rebel & Rogenhofer in: Jahresber. Wien. ent. Ver., *v.* 3 p. 53 | 1895 *P. a.* (part.), Karlinger, ibid., *v.* 5 p. 34 | 1909 *P. a.* (part.), A. Pagenstecher in: Jahrb. Ver. Nassau, *v.* 62 p. 181 (an ad subsp. *bartholomaeus* ?) | 1909 *P. a.* subsp. *cetius,* Fruhstorfer in: Int. ent. Z., *v.* 3 p. 161 | 1909 *P. a.* subsp. *c.*, Fruhstorfer in: Ent. Z., *v.* 23 p. 151 | 1910 *P. a. albus* (part.), Galvagni in: Jahresber. Wien. ent. Ver., *v.* 20 p. 166 | 1910 & 11 *P. a.* „race" *cetius,* Verity, Rhop. palaearct., p. 305, 308 t. LV f. 3 (♂), 4 (♀) | 1912 *P. a.* var. *albus* (part.) + aberr. *pseudonomion* + aberr. *brittingeri* + aberr. *intertexta,* Galvagni & Preißecker in: Jahresber. Wien. ent. Ver., *v.* 22 p. 90 | 1913 *P. apollo* aberr. *immaculata,* Ruhmann in: Ent. Z., *v.* 26 p. 186 (textf. ♂) | 1913 *P. a. albus,* Schawerda in: Verh. Ges. Wien, *v.* 63 p. (19) | 1913 *P. a.* „race" *cetius,* C. Oberthür, Étud. Lép., *v.* 8 p. 78, 79, 87 t. 226 f. 1964 (♂), 1965, 1966 (♀) | 1918 *P. a. albus* (part.), W. Rothschild in: Nov. zool., *v.* 25 p. 240 | 1919 *P. a. cetius,* Kammel in: Z. Österr. Ent.-Ver. Wien, *v.* 4 p. 2 | 1920 *P. a. c.*, Rebel in: Ann. Hofmus. Wien, *v.* 33 p. 74 | 1920 *P. a. c.*, J. Nitsche in: Verh. Ges. Wien, *v.* 70 p. (89) | 1922 [1923] *P. a.* var. *c.*, Bryk in: Strand, Lep. Cat., *v.* 27 p. 114 | 1923 *P. a. c.*, J. Nitsche in: Verh. Ges. Wien, *v.* 73 p. (16) | 1924 *P. a.* var. *c.* + aberr. *inversa* + aberr. *graphicus* + aberr. *cohaerens* + aberr. *brittingeri* + aberr. *novarae,* Galvagni & Preißecker in: Jahresber. Wien. ent. Ver., *v.* 30 p. 118—119 | 1929 *P. a.* subsp. *c.*, Bollow in: Seitz, Großschmett. Erde, *v.* 1 Suppl. 1 p. 57 | 1933 *P. a.* var. *c.* aberr. *novarae,* Rannicher in: Z. Österr. Ent.-Ver. Wien, *v.* 18 p. 33 t. 6 f. (♂).

Eine dicht weißbeschuppte, gestreckte, spitzflügelige Subspecies mit schmalem Glasbande des Vorderflügels und sauber schwarz umrandeten, karminroten, weißgekernten Augenflecken (Fig. 390). Männchen: Glassaum des Vorderflügels sehr schmal, seine hintere Spitze $Cu_1$ kaum erreichend. Submarginalbinde sehr schmal, bei $M_2$ gebogen, die $Cu_2$ selten erreichend, oft stark verkürzt. Subcostalflecke bald getrennt, bald fast verbunden, der hintere oft mit einem geraden, schmalen Schwänzchen endigend. Hinterrandfleck mäßig oder klein. Mittelzellfleck rundlich; Endzellfleck oft vorn ausgezähnt. Discuswurzel des Vorderflügels schwach grau überstäubt. Von den Augenflecken ist der subcostale kreisrund und oft ohne weißen Kern. 2 schwarze, mittelstarke Analflecke. Basal- und Hinterrandschwärze des Hinterflügels mäßig ausgeprägt, $Cu_1$ nicht oder kaum überschreitend. Weibchen reicher gezeichnet. Das schmale, an $M_3$ etwas verbreiterte Glasband des Vorderflügels erreicht immer $Cu_2$, bisweilen den Hinterrandwinkel. Die schmale Submarginalbinde ist sehr deutlich schwarz, überschreitet $Cu_2$, reicht meistens nur bis zur Analfalte. Vorderrand und Flügelwurzel des Vorderrandes schwarz gekörnt. Flügelmitte oft mehr oder weniger stark schwärzlich bestäubt. Subcostalbändchen stets ausgeprägt, bis $M_3$ reichend. Hinterrandfleck kräftig, mit einem schwarzen Wisch hinter $Ax_1$. Augenflecke etwas

Fig. 390.
**Parnassius apollo cetius** Fruhst. (♂). (Original, aus coll. Zool. Mus. Berlin) (1/1).

Fig. 390 a.
**Parnassius apollo cetius** Fruhst. (♀). (Original, aus coll. Zool. Mus. Berlin) (1/1).

größer. In der Regel 3 Analflecke. Submarginalbinde des Hinterflügels deutlich, Saum schwach verglast. Hinterrandschwärze kräftiger als beim Männchen, oft um die Mittelzelle greifend. Folgende formae treten auf: *graphica, halteres, semidecora, marginepupillata, novarae, inversa, nigricans.* Vorderflügellänge: ♂ 39—42, ♀ 36—43 mm.

Wachau: Krems a. Donau, Schwalbendorf.

Typen: ♂ ♀ in coll. H. Fruhstorfer, Nizza.

1763. **P. apollo serpentinicus** L. Mayer 1925 *P. a.* var. *s.* + aberr. *decora* + aberr. *excelsior* + aberr. *nigricans*, L. Mayer (Rebel MS.) in: Z. Österr. Ent.-Ver. Wien, *v.* 10 p. 2—4 t. f. 1 (♂), 2 (♀) | 1929 *P. a.* subsp. *s.*, Bollow in: Seitz, Großschmett. Erde, *v.* 1 Suppl. 1 p. 58.

Eine große, an ssp. *cetius* Fruhst. sich eng anschließende, aber sexuell stark digryphe Subspecies. Männchen (Fig. 391) von reinweißer Grundfarbe, mit breit abgerundetem Seitenrand des Vorderflügels und mittelbreitem Glasband, das $Cu_1$ nicht erreicht. Submarginalbinde deutlich, schmal, $Cu_2$ nicht erreichend. Zellflecke kräftig. Subcostalflecke oft verbunden, der hintere mit einem schmalen Schwänzchen endigend. Augenflecke groß, hochrot, schmal schwarz umrandet, mit kleinen, weißen Kernen, der mediane queroval, der subcostale oft ohne Weißkernung. 2 mittelstarke Analflecke. Hinterrandschwärze stark um die Mittelzelle greifend. Submarginalbinde schwach angedeutet, Rippenenden schwärzlich angedeutet. Weibchen mit breiterem, dunklem Glasband, das bis zum Hinterrandwinkel reicht. Submarginalbinde deutlich schwarz, breit, den Hinterrand mit ihrem letzten Halbbogen erreichend. Mitte des Vorderflügels

Fig. 391.
**Parnassius apollo serpentinicus** L. Mayer (♂). (Original, aus coll. Zool. Mus. Berlin) (1/1).

mehr oder weniger stark schwarz verdunkelt. Subcostalbändchen breit angelegt. Augenflecke sehr groß, mitunter mit einem über 8 mm im Durchmesser breiten Medianaugenfleck. Der subcostale Augenfleck oval und meistens ganz rot ausgefüllt. Analflecke kräftig, stets wie bei forma *ampliusmaculata*. Basal- und Hinterrandschwärze des Hinterflügels kräftig, die Mittelzelle mit einem diffusen, schwarzen Haken umklammernd und zum Medianaugenfleck sich etwas ausbreitend. Submarginalbinde aus deutlichen Bogen bestehend. Hinterflügelsaum deutlich und dunkel. Vorderflügellänge: ♂ 42,5, ♀ 42,5—46 mm.

Burgenland: Serpentinen-Gebirge.

Typen: ♂ ♀ in coll. Naturhist. Mus. Wien.

1764. **P. apollo vindobonensis** Bollow 1891 *P. a.*, May in: Jahresber. Wien. ent. Ver., *v.* 1 p. 22 | 1910 *P. a.* var. *albus* (part.), Galvagni, ibid., *v.* 20 p. 166—167 | 1912 *P. a. cetius*, Galvagni & Preißecker, ibid., *v.* 22 p. 90 | 1929 *P. a.* „Rasse“ *vindobonensis*, Bollow [Kolar MS.] in: Seitz, Großschmett. Erde, *v.* 1 Suppl. 1 p. 57.

Eine stark sexuell digryphe Unterart (Fig. 392). Vermittelt den Übergang von ssp. *cetius* Fruhst. zur ssp. *brittingeri* Reb. & Rghf. Vorderflügel gestreckt, seitlich abgerundet, mit mittelbreitem Glasband, kräftigen Zellflecken, mittelgroßen, runden Augenflecken und 2 kräftigen Analflecken. Männchen hellweiß. Glasband bis $Cu_2$ reichend. Submarginalbinde schmal, grau, ausgezackt. Subcostalflecke getrennt, in der Größe variabel. Hinterrandfleck rundlich. Endzellfleck vorn kaum ausgezackt. Mittelzellfleck länglich, etwas abgerundet. Vorderrand und Flügelbasis schwach schwarz bestäubt. Hinterflügel mit schwärzlichen Rippenenden. Submarginalbinde fehlt oder durch lose Schuppen sehr schwach angedeutet. Augenflecke rund, deutlich schwarz umzogen, schwach weiß gekernt. Hinterrandschwärze deutlich, $Cu_1$ nicht überschreitend. Weibchen sehr kontrastreich gezeichnet, meistens mit

Fig. 392.
**Parnassius apollo vindobonensis** Bollow (♂). (Typus) (1/1).

Fig. 392a.
**Parnassius apollo vindobonensis** Bollow (♀). (Typus) (1/1).

gelblichem Flügelton, die Vorderflügelmitte mehr oder weniger stark schwarz überpudert. Glasband schwärzlich, schmal oder mittelstark, in der Mitte etwas konvex, dem Hinterrand zu sich verjüngend. Submarginalbinde in der Flügelmitte besonders breit, wurzelwärts diffus, den Hinterrand kaum erreichend. Subcostalbändchen kräftig, ebenso der bis zum Hinterrand reichende Hinterrandfleck. Zellflecke kräftiger als beim Männchen, der Mittelzellfleck bindenartig, oblong. Vorderflügelwurzel und Vorderrand kräftig schwarz gekörnt. Hinterflügel durch schwarze Bestäubung etwas verdunkelt. Glassaum schmal, Submarginalbinde diffus, aber deutlich. Augenflecke größer, breit schwarz umrandet, tiefrot, der subcostale nicht immer, der mediane stets mit weißem Kern. Hinterrand- und Wurzelfeldschwärze deutlich, zart um die Mittelzelle ziehend. Analflecke breit und kräftig, der hinterste mit rotem Kern. Forma *ampliusmaculata* nicht selten. Vorderflügellänge: ♂ 38—40, ♀ 36—41 mm.

Umgebung von Wien: Mödling (Typus: Schneeberg).

Typen: ♂ ♀ in coll. Zool. Mus. Berlin.

1765. **P. apollo brittingeri** Reb. & Rghf. 1776 *Papilio a.*, [Schiffermüller & Denis], Syst. Verz. Schmett., p. 161 (nota) | 1777 & 80 *P. (Heliconius) a.*, Esper, Eur. Schmett., pars 1 *v.* 1 p. 84, *v.* 2 t. 64 (cont. t. 14) f. 1, 2 | 1816 *Doritis a.* (part.), Ochsenheimer (& Treitschke), Schmett. Eur., *v.* 4 p. 152 | 1829 *Parnassius a.* var., Meigen, Syst. Beschr. Eur. Schmett., *v.* 1 p. 9 t. 3 f. 3a, b (♀, figura part. male colorata) | 1851 *P. a.*, Brittinger in: SB. Ak. Wien, *v.* 6 p. 470 | 1875 *Doritis a.*, J. A. Richter, Syst. Verz. Schmett. Salzburg, p. 31 | 1893 *Parnassius a.* var. *brittingeri*, Rebel & Rogenhofer (Gross MS.) in: Jahresber. Wien. ent. Ver., *v.* 3 p. 59, (70) t. 1 f. 1 (♀) | 1895 *P. a.* + aberr. *pseudonomion* + aberr. *brittingeri*, Karlinger, ibid., *v.* 5 p. 34 (copula) | 1897 *P. a.* var. *b.* + aberr. *pseudonomion*, Trexler v. Lindenau, ibid., *v.* 7 p. 37 t. 2 f. 3 (hermaphrod.) | 1899 *P. a. b.*, H. Stichel in: Ins.-Börse, *v.* 16 p. 302 | 1901 *P. a.* + aberr. *pseudonomion* + aberr. *b.*, Gross in: Jahresber. Wien. ent. Ver., *v.* 11 p. 26—27 | 1901 *P. a.* aberr. *b.* (part.), Hofmann-Spuler, Schmett. Eur., *v.* 1 p. 4 | 1902 *P. a.* aberr. *b.*, Naufock in: Jahresber. Wien. ent. Ver., *v.* 12 p. 21 | 1906 *P. a. b.*, H. Stichel in: Seitz, Großschmett. Erde, *v.* 1 p. 25 | 1906 *P. a.* aberr. *b.* (part.), Verity, Rhop. palaearct., p. 49 (non t. IX f. 13 (♀) | 1907 *P. a. b.*, H. Stichel in: Gen. Ins., *v.* 58 p. 28 | 1908 *P. a.* „montane Form" *geminus* + aberr. *pseudonomion* + aberr. *brittingeri*, Schawerda in: Jahresber. Wien. ent. Ver., *v.* 18 p. 46 | 1909 *P. a.* subsp. *b.*, A. Pagenstecher in: Jahrb. Ver. Nassau, *v.* 62 p. 188 ff. | 1909 *P. a.* subsp. *b.*, Rebel, Berges Schmettb., ed. 9 p. 7 | 1910 *P. a. geminus*, Pieszczek in: Jahresber. Wien. ent. Ver., *v.* 20 p. 76 | 1910 *P. a.* „race" *brittingeri*, Verity, Rhop. palaearct., t. LVI f. 12 (♂), 13 (♀) | 1912 *P. a. b.*, A. Pagenstecher in: Jahrb. Ver. Nassau, *v.* 65 p. 185 (textfig. ♀; *apollodelius*, ex larva) | 1912 *P. a.*, Schieferer in: Mt. Ver. Steierm., *v.* 48 p. 325 | 1914 *P. a.* var. *brittingeri* + aberr. *decora* + aberr. *intertexta* + aberr. *graphica* + aberr. *pseudonomion*, Schawerda in: Jahresber. Wien. ent. Ver., *v.* 24 p. 95 | 1914 *P. a.* var. *b.*, Fr. Hoffmann & Klos in: Mt. Ver. Steierm., *v.* 50 p. 191—193; 193—194 (biolog.) | 1914 *P. a.* subsp. *B.* (-„Rasse"), Bryk in: Mt. Münch. ent. Ges., *v.* 5 p. 75, 76 | 1915 *P. a. b.*-„Rasse", Waltz, ibid., *v.* 6 p. 68 | 1915 *P. a.* var. *b.*, Bryk in: Arch. Naturg., *v.* 80A9 p. 142, A8 t. 18 f. 116 (♀) | 1917 *P. a.*, Galvagni in: Jahresber. Wien. ent. Ver., *v.* 27 p. 33, 34 | 1918 *P. a. brittingeri*, J. Nitsche in: Verh. Ges. Wien, *v.* 68 p. (145) f. 1 (♀, aberr.) | [1918] *P. a.* var. *b.*, Bryk, Parnassius Apollo Formenkreis, p. 138 t. 18 f. 116 (♀) | 1918 *P. a. bartholomaeus* (part.) + *brittingeri*, W. Rothschild in: Nov. zool., *v.* 25 p. 239, 240 | 1921 *P. a.* subsp. *chetus*, Fruhstorfer in: Ent. Anz., *v.* 1 p. 30—31 f. 4 (♂), 5 (♀) | 1922 [1923] *P. a.* var. *Brittingeri*, Bryk in: Strand, Lep. Cat.; *v.* 27 p. 110 | 1929 *P. a. b.*, Bollow in: Seitz, Großschmett. Erde, *v.* 1 Suppl. 1 p. 57.

Eine sexuell stark digryphe Unterart mit mäßig gestreckter Flügelform. Mit mittelstarkem, dunklem Glasband, kräftiger Schwarzfleckung des Vorderflügels, mittelgroßen Augenflecken, kräftigen Analflecken und besonders dunkler Hinterrandschwärze (Fig. 393, 344). Männchen weiß. Das Glasband erreicht nicht immer $Cu_2$. Submarginalbinde sehr oft schwarz, in der Breite schwankend, die helle Grundfarbenbinde dementsprechend bald mehr bald weniger einengend, bis $Cu_2$ reichend. Subcostalbändchen in der Regel erhalten, mit dem vordersten Subcostalfleck bisweilen nicht verbunden. Hinterrandfleck rundlich. Endzellfleck vorn etwas verschoben. Mittelzellfleck kräftig, bindenartig, oblong. Vorderflügelwurzel und Hinterrand schwach schwarz gekörnt. Augenflecke rund, tiefrot, schmal schwarz umzogen, der subcostale oft ohne weißen Kern. 2 Analflecke. Basal- und Hinterrandschwärze kräftig, oft außen diffus um die Mittelzelle greifend. Rippenenden des Hinterflügels glasig. Submarginalbinde des Hinterflügels durch schwache, schwarze Bestäubung bisweilen angedeutet. Weibchen stark verdunkelt.

Glasband und die mehr oder weniger breite Submarginalbinde bis zum Hinterrandwinkel ziehend. Subcostalbändchen kräftig, mit dem oft viereckigen Hinterrandfleck durch schwarze Überpuderung, die bis zur hinteren Discalrippe reicht, verbunden. Zellflecke sehr kräftig. Vorderrand und Vorderflügelwurzel stark schwarz gekörnt. Hinterflügel: Saum glasig, Submarginalbinde deutlich, oft sehr breit. Augenflecke größer, breit schwarz umzogen,

Fig. 393.
**Parnassius apollo brittingeri** Reb. & Rghf. (♂). (Original, aus coll. Zool. Mus. Berlin) (1/1).

Fig. 393 a.
**Parnassius apollo brittingeri** Reb. & Rghf. (♀). (Original, aus coll. Zool. Mus. Berlin) (1/1).

bisweilen ziegelrot, der subcostale oft ohne weißen Kern, der mediane mit mehr oder weniger unklarer, weißer Aufhellung. Von den 3 kräftigen Analflecken ist der hinterste in der Regel rot gekernt. Die Zelle zwischen beiden Augenflecken mehr oder weniger stark schwarz überpudert. Basal- und Hinterrandschwärze sehr stark ausgeprägt, um die Mittelzelle ziehend, das Feld zwischen $M_2$ und $Cu_1$ oft ganz verdüsternd. Als forma *nigricans* oft rauchbraun. Außerdem treten auf: forma *intertexta, graphica, pseudonomion, decora, melahyalina.* Vorderflügellänge: ♂ 39—40, ♀ 39—43 mm.

Nieder-Österreich: Kalkalpen; Nord-Steiermark: Schoberstein (Typus). (Typus von *P. a. chetus* Fruhst. aus Salz-Kammergut: Prielgebiet).

Typen: ♂ ♀ in coll. Naturhist. Mus. Wien.

1766. **P. apollo noricanus** Kolar 1845 *Doritis a.*, F. A. Nickel in: Ent. Zeit. Stettin, *v.* 6 p. 92 | 1922 *Parnassius a.* „Localrasse" *noricanus* + aberr. *decorus* + aberr. *quincunx* + aberr. *bicincta*, Kolar in: Ent. Anz., *v.* 2 p. 42 | 1922 [1923] *P. a.* var. *loricanus* + var. *n.*, Bryk in: Strand, Lep. Cat., *v.* 27 p. 232, 130 | 1929 *P. a.* „Rasse" *n.*, Bollow in: Seitz, Großschmett. Erde, *v.* 1 Suppl. 1 p. 57.

Eine stark sexuell digryphe Unterart von stattlicher Größe mit langgestrecktem Flügelschnitt, kräftiger Schwarzfleckung und großen Augenflecken (Fig. 394). Männchen reinweiß, mit schmalem, am Hinterrand sich verjüngendem Glasband und klarer, sauber ausgezackter, schwarzer Submarginalbinde. Alle Flecke des Vorderflügels kräftig. Subcostalbändchen deutlich erhalten. Hinterflügel mit kaum bemerkbarer, leicht bestaubt erscheinender Submarginalbinde. Die großen Augenflecke tiefrot. Der subcostale rund, rot ausgefüllt, der größere mediane nach außen nierenförmig eingebuchtet, mit nur kleinem, weißem Spiegel. Die schwarze Umrandung ist schmal.

Fig. 394.
**Parnassius apollo noricanus** Kolar (♀). (Original, aus coll. Zool. Mus. Berlin) (1/1).

2 kräftige Analflecke. Hinterrandschwärze deutlich, an der Ansatzstelle von $M_3$ mit einem schwachen Rauchton verklingend. Weibchen in der Regel weiß, sehr stark schwarz bestäubt. Mit breiter Glasbinde, die hinten mit der sehr deutlichen Submarginalbinde zusammenfließt. Das sehr breite Subcostalbändchen mit dem viereckigen Hinterrandfleck durch eine schwarze Überpuderung verbunden. Die Schwärze der Vorderflügelwurzel stark ausgedehnt und tief schwarz. Glassaum des Hinterflügels deutlich, internerval von helleren Sauminseln unterbrochen. Submarginalbinde breit, kräftig, von $M_2$ beginnend nach innen verschoben. Augenflecke größer als beim Männchen, aber diffuser schwarz umzogen, oft mit leuchtend weißen Kernen. Der accessorische Fleck zwischen dem Medianaugenfleck und den beiden sehr kräftigen, zusammenfließenden Analflecken sehr auffallend und viereckig. Basal- und Hinterrandschwärze sehr kräftig, einerseits zu den Analflecken, andererseits zur Ansatzstelle von $R_5$ (+ $M_1$) ziehend. Beide Augenflecke durch schwarze, internervale Überpuderung verbunden. Folgende formae treten auf: *expupillata, cardinalis, quincunx, appendiculata.* Vorderflügellänge: ♂ 42, ♀ 39—42 mm.

Mauterndorf im Lungau.

Typen: ♂ ♀ in coll. H. Kolar, Wien.

1767. **P. apollo juvavus** Kolar 1917 *P. a.* var. *geminus juvavicus* (nomen nudum), Kammel in: Z. Österr. Ent.-Ver. Wien, *v.* 2 p. 19 | 1922 *P. a. juvavus*, Kolar in: Ent. Anz., *v.* 2 p. 42 | 1922 [1923] *P. a. juvavicus* (nomen nudum!) Bryk in: Strand, Lep. Cat., *v.* 27 p. 145 | 1922 *P. a. bartholomaeus* + aberr. *pseudonomion* + aberr. *decora* + aberr. *nexilis* + aberr. *nigricans* + aberr. *graphica* + aberr. *inversa*, Fritz Wagner in: Mt. Münch. ent. Ges., *v.* 12 p. 32 | 1926 *P. a. juvavus*, Binder in: Int. ent. Z., *v.* 20 p. 71 | 1929 *P. a.* „Rasse" *j.*, Bollow in: Seitz, Großschmett. Erde, *v.* 1 Suppl. 1 p. 57.

Eine an ssp. *bartholomaeus* H. Stich. sich eng anschließende Subspecies von weißer Grundfarbe, mit kräftiger Schwarzzeichnung und ziemlich schmalem Glasband. Die Submarginalbinde des Vorderflügels 1—4 mm breit, meistens bis $Cu_2$ reichend, manchmal (beim Weibchen) bis zum Hinterrande reichend. Männchen mit oder ohne Submarginalbinde des Hinterflügels. Subcostalflecke mäßig oder reduziert. Augenflecke mittelgroß, die medianen oval, mit weißem Kern. Weibchen mit deutlicher Submarginalbinde des Hinterflügels und stark entwickeltem Subcostalbändchen des Vorderflügels. Hinterrandschwärze kräftig. Folgende formae treten auf: ♀ *inversa, pseudonomion, decora, cardinalis,* ♀ *nigricans, graphica.* Vorderflügellänge: ♂ 30—38, ♀ 34—39 mm.

Torrener-Jochalpe (Typus: Werfen, Tennengebirge).

Typen: ♂ ♀ in coll. H. Kolar, Wien.

1768. **P. apollo loferensis** Kolar 1915 *P. a.* var. *geminus* (part.), Waltz in: Mt. Münch. ent. Ges., *v.* 6 p. 67—68, 71 t. 2 f. 7 (♀), 8 (♂) | 1922 *P. a.* „Zwergrasse" *loferensis* + *decorus*, Kolar in: Ent. Anz., *v.* 2 p. 42 | 1922 [1923] *P. a.* var. (forma) *l.*, Bryk in: Strand, Lep. Cat., *v.* 27 p. 124, 232 | 1923 *P. a. bartholomaeus*, Emil Hoffmann in: Z. Österr. Ent.-Ver. Wien, *v.* 8 p. 88 | 1929 *P. a.* „Zwergrasse" *loferensis*, Bollow in: Seitz, Großschmett. Erde, *v.* 1 Suppl. 1 p. 56 | 1934 *P. a.* var. *l.* + aberr. plethoneura *dragonii*, Wenzel in: Parnassiana, *v.* 3 p. 22.

Fig. 395.
**Parnassius apollo loferensis** Kolar (♂). (Original, aus coll. Zool. Mus. Berlin) (1/1).

Eine stark an ssp. *bartholomaeus* H. Stich. sich anschließende, reich gezeichnete Unterart mit gedrungenem Vorderflügelschnitt (Fig. 395). Männchen rein weiß. Glasband mittelstark, den Hinterrandwinkel selten erreichend, Submarginalbinde sehr deutlich schwarz, breit nach außen ausgezähnt, bis zur Analfalte reichend. Subcostalbändchen erhalten, bisweilen etwas rückgebildet. Mittelzellfleck kräftig. Vorderflügelwurzel und Vorderrand stark schwarz gekörnt. Augenfleck klein, mit weißem Kern. Glassaum des Hinterflügels schwach oder gar nicht angedeutet; Submarginalbinde sehr deutlich, aus Bogen bestehend oder kaum entdeckbar. 3 oder 2 Analflecke. Weibchen dunkel überstäubt, mit breiterem Glasband, das hinten oft mit der breiten Submarginalbinde verschmilzt und bis zum Hinterrand reicht. Fleckung sehr kräftig. Mittelfeld des Vorderflügels, Wurzel und Vorderrand sehr kräftig schwarz überpudert. Glassaum des Hinterflügels vorhanden. Submarginalbinde breit und sehr dunkel. Die weißgekernten Augenflecke breit schwarz

Fig. 395 a.
**Parnassius apollo loferensis** Kolar (♀). (Original, aus coll. Zool. Mus. Berlin) (1/1).

umrandet; an den länglichen medianen schließt sich ein kräftiges Analbändchen an. Hinterrandschwärze kräftig, bis $R_5$ (+ $M_1$) reichend. Der Raum zwischen beiden Augenflecken mehr oder weniger kräftig schwarz bestäubt. Forma *decora* tritt auf. Vorderflügellänge: ♂ 31—34,5, ♀ 31—43 mm.

Lofer (Salzburg).

Typen: ♂ ♀ in coll. H. Kolar, Wien.

17 69. **P. apollo bartholomaeus** H. Stich. 1785 *Papilio a.* (var.), Schrank in: N. Mag. Ent. Fuessly, *v.* 2 p. 331 | 1899 *Parnassius a. bartholomaeus*, H. Stichel in: Ins.-Börse, *v.* 16 p. 294, 302 f. 1 (♂), 2 (♀) | 1900 *P. a. b.*, H. Stichel in: Berlin. ent. Z., *v.* 45 p. (45) | 1904 *P. a. b.*, Fruhstorfer in: Ins.-Börse, *v.* 21 p. 309 | 1905 *P. a.* var. *b.*, Kheil in: Ent. Z., *v.* 18 p. 143 | 1906 *P. a. b.*, H. Stichel in: Seitz, Großschmett. Erde, *v.* 1 p. 25 t. 12c (♂), 12d (♀) | 1907 *P. a. b.*, H. Stichel in: Gen. Ins., *v.* 58 p. 28 | 1909 *P. a.* var. *b.*, Rebel, Berges Schmettb., ed. 9 p. 7 | 1910 *P. a.* var. *b.*, [Anonym] in: Mt. Münch. ent. Ges., *v.* 1 p. 48 (Schutz) | 1910 *P. a. b.*, Kitt in: Int. ent. Z., *v.* 4 p. 158 | 1911 & 10 *P. a.* „race" *b.*, Verity, Rhop. palaearct., p. 310 t. LVI f. 14 (♀), t. LXII f. 8 (♂), 9 (♀) | 1911 *P. a.* aberr. *cohaerens*, Eug. Arnold in: Mt. Münch. ent. Ges., *v.* 2 p. 31—32 (fig. ♂) | 1912 *P. a.* var. *bartholomäus*, Bryk in: Ent. Mt., *v.* 1 p. 378 (Schutz) | 1913 *P. a. bartholomaeus* aberr. *decora*, Emil Hoffmann in: Ent. Z., *v.* 27 p. 34 | 1913 *P. a. b.*, C. Oberthür, Étud. Lép., *v.* 8 p. 62, 63, 66, 67, 85, t. 211 f. 1919, 1920 (♂), t. 213 f. 1926, 1927 (♂ ♀ trans. *b.* ♂ = *melliculus* | 1914 *P. a. b.*, Verity in: Bull. Soc. ent. Ital., *v.* 45 p. 205 | 1914 *P. a.* subsp. *bartholomäus* forma *lamperti*, Bryk in: Soc. ent., *v.* 29 p. 31 f. 4 (♀) | 1914 *P. a.*, Haude, ibid., *v.* 29 p. 18—19 f. 1, 2 (♂; monstrum) | 1915 *P. a. bartholomäus*, Waltz in: Mt. Münch. ent. Ges., *v.* 6 p. 68, 69, t. 1 f. 2 (♂, var. *geminus*) | 1915 *P. a. bartholomaeus*, H. Stichel in: Z. Ins.-Biol., *v.* 11 p. 106 | 1915 *P. a. b.*, Emil Hoffmann, ibid., *v.* 11 p. 224, 226 | 1915 *P. a. b.*, Belling in: D. ent. Z., p. 644 (copula) | 1915 *P. a.* forma *b.* trans. ad aberr. *perfusa*, Bryk in: Arch. Naturg., *v.* 80 A 9 p. 141, A 7 t. 10 f. 82 (♂) | 1918 *P. a. b.*, W. Rothschild in: Nov. zool., *v.* 25 p. 239, 240 („subsp.?") | [1918] *P. a.* forma *b.* trans. ad aberr. *perfusa*, Bryk, Parnassius Apollo Formenkreis, p. 137 t. 10 f. 82 (♂) |

1922 *P. a. b.*, Kolar in: Ent. Anz., *v.* 2 p. 42 | 1922 [1923] *P. a.* forma *b.*, Bryk in: Strand, Lep. Cat., *v.* 27 p. 109 | 1925 *P. a.* var. *b.* + forma *albipupillata*, Osthelder, Schmett. S.-Bayerns, p. 48, 49, 51 | 1926 *P. a.* var. *bartholomäus*, Fuchs in: Int. ent. Z., *v.* 20 p. 275.

Eine kleine, in beiden Geschlechtern reich gezeichnete, an ssp. *brittingeri* Reb. & Rghf. sich anschließende Unterart (Fig. 396). Mit weißem Flügelfond, gestreckter, rundlicher Vorderflügelform, breitem, bis zum Hinterrand reichendem Glasband, kräftiger Zellfleckung und ausgeprägter Sub-

Fig. 396:
**Parnassius apollo bartholomaeus** H. Stich. (♂). (Typus) (1/1).

Fig. 396 a.
**Parnassius apollo bartholomaeus** H. Stich. (♀). (Typus) (1/1).

marginalbinde auf Vorder- und Hinterflügel. Vorderflügelwurzel schwarz bepudert. Flügelmitte schwärzlich bestäubt. Augenflecke lebhaft rot, manchmal mit weißen Kernen, die medianen häufig länglich verzogen. Männchen: Subcostalbändchen nicht immer erhalten. Hinterrandfleck klein. Submarginalbinde des Hinterflügels mitunter rückgebildet, durch schwache, schwarze Bestäubung bemerkbar. Augenflecke in der Regel klein. Mit 2 mäßigen Analflecken. Hinterrandschwärze diffus, um die Mittelzelle greifend. Rippenenden des Hinterflügels dunkel markiert, untereinander durch schmale, glasige Randbogen verbunden. Weibchen mit verstärkten Zeichnungen, namentlich mit breiter, dunkler Submarginalbinde des Vorderflügels, die nur durch eine

Reihe kleiner, weißer Flecke von dem breiten Glasband getrennt ist. Glasband des Hinterflügels aus Bogen wie beim Männchen bestehend, aber stärker ausgeprägt. Augenflecke größer. Der Raum zwischen beiden Augenflecken mehr oder weniger stark bestäubt. 3. Analfleck bisweilen vorhanden. Wurzel- und Hinterrandschwärze bedeutend stärker. Folgende formae treten auf: *isabellina*, ♂ *perfusa*, *albicincta*, *albipupillata*, *graphica*, *marginepupillata*, *decora*, ♀ *nigricans*, *halteres*. Vorderflügellänge: ♂ 33—35, ♀ 33—37 mm.

Königssee (Typus: Berchtesgaden).

Typen: ♂ ♀ in coll. Zool. Mus. Berlin.

17 70. **P. apollo artonius** Fruhst. 1915 *P. a.* var. *geminus* (part.), Waltz in: Mt. Münch. ent. Ges., *v.* 6 p. 67 t. 2 f. 5 (♀), 6 (♂) | 1922 *P. a.* subsp. *artonius*, Fruhstorfer in: Ent. Anz., *v.* 2 p. 3, 4 fig. ♂ ♀ | 1922 [1923] *P. a.* var. *a.*, Bryk in: Strand, Lep. Cat., *v.* 27 p. 107 | 1929 *P. a.* „Rasse" *a.*, Bollow in: Seitz, Großschmett. Erde, *v.* 1 Suppl. 1 p. 56.

Eine ssp. *bartholomaeus* H. Stich. sehr nahe stehende Unterart mit ähnlichem Flügelschnitt und gleicher Glas- und Submarginalbinde. Zellflecke nicht so kräftig. Augenflecke größer, dunkelrot, mit stark hervortretender, schwarzer Umrandung. Männchen mit getrennten Subcostalflecken, schwächerer Submarginalbinde, aber deutlicherer Glasbinde des Hinterflügels. Weibchen nicht so kräftig gezeichnet. Die Grundfarbenbinde zwischen Glasbinde und Submarginalbinde des Vorderflügels nicht so schmal. Submarginalbinde des Hinterflügels nicht so dunkel. Vorderflügellänge: ♂ 38, ♀ 36 mm.

Kössen, südlich vom Chiemsee, ca: 1200 m.

Typen: ♂ ♀ in coll. H. Fruhstorfer, Nizza.

17 71. **P. apollo manillius** Fruhst. 1915 *P. a.*, Waltz in: Mt. Münch. ent. Ges., *v.* 6 p. 67, 70 (p. 60 f. ♂, var. *geminus*) | 1918 *P. a. glocnerica* (part.), W. Rothschild in: Nov. zool., *v.* 25 p. 239 | 1922 *P. a.* subsp. *manillius*, Fruhstorfer in: Ent. Anz., *v.* 2 p. 3 (textf. ♂) | 1922 *P. a.*, Schawerda in: Mt. Münch. ent. Ges., *v.* 12 p. 3—4; p. 4 (textf. ♂ ♀) | 1922 [1923] *P. a.* var. *manillius*, Bryk in: Strand, Lep. Cat., *v.* 27 p. 125 | 1925 *P. a.* var. *m.*, Osthelder, Schmett. S.-Bayerns, p. 49 | 1929 *P. a.* „Rasse" *m.*, Bollow in: Seitz, Großschmett. Erde, *v.* 1 Suppl. 1 p. 56.

Fig. 397.
**Parnassius apollo manillius** Fruhst. (♂). (Original, aus coll. Zool. Mus. Berlin) (1/1).

An ssp. *bartholomaeus* H. Stich. sich angliedernd, mit weißer, ins Graue ziehender Färbung (Fig. 397). Flügelform gestreckt. Mit stark ausgeprägter Basal- und Hinterrandschwärze des Hinterflügels, die einerseits den hintersten Analfleck kaum berührt, andererseits hakenförmig um die Zelle greift, bisweilen sogar sich vorn zwischen Subcostalaugenfleck und Wurzelfleck fortsetzt (forma *escudéi*). Glasband mittelbreit, zugespitzt bis zum Hinterrand verlaufend. Submarginalbinde des Vorderflügels deutlich ausgeprägt, schwarz,

Fig. 397 a.
**Parnassius apollo manillius** Fruhst. (♀). (Original, aus coll. Zool. Mus. Berlin) (1/1).

$Ax_1$ nicht erreichend. Hinterrandfleck und die getrennten Subcostalflecke klein. Mittelzellfleck kräftig. Wurzel und Vorderrand schwärzlich gekörnt. Hinterflügel: Augenflecke klein, rundlich, der subcostale ohne weißen Kern. Rippenenden schwärzlich angedeutet. Submarginalbinde durch schwache Bestäubung angedeutet. 2 mehr oder weniger kräftige Analflecke. Weibchen dunkler bestäubt, besonders die Flügelmitte und die Wurzel des Vorderflügels sowie um die Mittelzelle des Hinterflügels. Glasband breit, demzufolge die helle Grundfarbenbinde schmäler. Glasbinde des Hinterflügels schmal, Submarginalbinde etwas kräftiger. Augenflecke mit weißen Kernen. Vorderflügellänge: ♂ 36--37,5, ♀ 41 mm.

Kufstein (Kaisergebirge).

Typen: ♂ ♀ in coll. H. Fruhstorfer, Nizza. Die Fruhstorferschen Typen stimmen mit unserer Diagnose nicht überein. Offenbar handelt es sich um Exemplare, die nicht vom Kaisergebirge stammen (Schawerda, 1922).

1772. **P. apollo luitpoldus** Fruhst. 1909 *P. a.* subsp. *l.*, Fruhstorfer in: Int. ent. Z., *v.* 3 p. 161 | 1909 *P. a.* subsp. *maximilianus*, Fruhstorfer in: Ent. Z., *v.* 23 p. 151 | 1910 *P. a. luitpoldus* + *m.*, Galvagni in: Jahresber. Wien. ent. Ver., *v.* 20 p. 165 | 1914 „Luitpold-Apoll", Bryk in: Münch. N. Nachr., nr. 308 (Exstirpatio) | 1914 *Parnassius apollo luitpoldus*, Bryk in: Mt. Münch. ent. Ges., *v.* 5 p. 75 | 1915 *P. a.* subsp. *luitpoldi*, A. Pagenstecher (MS.) in: Bryk in: Arch. Naturg., *v.* 80 A 10 p. 161 | 1915 *P. a.* var. *bartholomäus* forma *luitpoldianus* (errat.), Bryk, ibid., *v.* 80 A 9 p. 141, A 7 t. 10 f. 79 (♀, e larva) | 1915 *P. a.* var. *geminus*, Waltz in: Mt. Münch. ent. Ges., *v.* 6 p. 71 t. 1 f. 6 (♂), 7 (♀), 8 (♂) | 1918 *P. a. maximilianus*, W. Rothschild in: Nov. zool., *v.* 25 p. 260 | [1918] *P. a.* var. *bartholomäus* forma *luitpoldianus*, Bryk, Parnassius Apollo Formenkreis, p. 137 t. 10 f. 79 (♀, e larva) | [1918] *P. a.* subsp. *luitpoldi*, A. Pagenstecher in: Bryk, Parnassius Apollo Formenkreis, p. 175 | 1921 *P. a. albus* forma *luitpoldus*, Fruhstorfer in: Soc. ent., *v.* 36 p. 15 | 1922 *P. a. maximilianus*, Fruhstorfer in: Ent. Rundsch., *v.* 39 p. 5 | 1922 [1923] *P. a.* forma *luitpoldus*, Bryk in: Strand, Lep. Cat., *v.* 27 p. 124 | 1923 *P. a.* subsp. *panon*, Fruhstorfer in: Ent. Anz., *v.* 3 p. 44—45 (patria incerta, nomen nudum) | 1925 *P. a.* var. *luitpoldus*, Osthelder, Schmett. S.-Bayerns, p. 49 | 1929 *P. a. l.* + *panon*, Bollow in: Seitz, Großschmett. Erde, *v.* 1 Suppl. 1 p. 56.

Größere Rasse (Fig. 398) aus dem *bartholomaeus*-Kreise mit gestrecktem Vorderflügelschnitt und ausgeprägtem Subcostalbändchen des Vorderflügels.

Fig. 398.
**Parnassius apollo luitpoldus** Fruhst. (♂). (Original, aus coll. Zool. Mus. Berlin) (1/1).

Fig. 398 a.
**Parnassius apollo luitpoldus** Fruhst. (♀). (Original, aus coll. Zool. Mus. Berlin) (1/1).

Submarginalbinden auf Vorder- und Hinterflügel deutlich. Die kleinen, tiefroten Augenflecke mit sehr kleinen, weißen Kernen. Hinterrandschwärze des Hinterflügels ausgedehnter, bis $R_5$ ($+M_1$) reichend. 2 Analflecke. Männchen: Glasband breit, spitz bis zur Rundung des Hinterrandwinkels verlaufend. Submarginalbinde schwarz, fast bis zur $Ax_1$ reichend. Zellflecke kräftig, der mittlere sechseckig und länglich. Wurzel und Vorderrand stark schwarz gekörnt. Hinterrandfleck in der Größe variabel, sehr klein oder groß. Submarginalbinde aus sauber ausgeführten Bogen bestehend. Glasbinde des Hinterflügels aus schmalen, internervalen Bogenelementen zusammengesetzt. Weibchen viel dunkler und breiter gezeichnet, das Subcostalbändchen mit dem mäßigen Hinterrandfleck durch dunkle Bestäubung verbunden. Glasband des Hinterflügels breit, dunkel und deutlich abgegrenzt. Folgende formae treten auf: *expupillata, decora, ampliusmaculata.* Vorderflügellänge: ♂ 36—38,5, ♀ 38,5—41,5 mm.

Bayern: Oberammergau (Typus: Kofel).

Typen: ♂ ♀ in coll. H. Fruhstorfer, Nizza.

17 73. **P. apollo alemanicus** Fruhst. 1909 *P. a.*, A. Pagenstecher in: Jahrb. Ver. Nassau, *v.* 62 p. 174—175 | 1913 *P. a. bartholomaeus*, C. Oberthür, Étud. Lép., *v.* 8 p. 85 t. 212 f. 1922, 1923 (♂), 1924 (♀) | 1915 *P. a.* var. *geminus* (part.), Waltz in: Mt. Münch. ent. Ges., *v.* 6 p. 62, 63, 70 t. 1 f. 4 (♂), 5 (♀), t. 2 f. 1 (♂), 2 (♀) | 1918 *P. a.* „subsp.?", W. Rothschild in: Nov. zool., *v.* 25 p. 238 | 1922 *P. a.* subsp. *alemanicus*, Fruhstorfer in: Ent. Anz., *v.* 2 p. 2, 3 | 1922 [1923] *P. a.* var. *a.*, Bryk in: Strand, Lep. Cat., *v.* 27 p. 106 | 1925 *P. a.* var. *a.* + forma *definitus* + forma *monomaculatus* + forma *perlongatus* + forma *unipupillata* + forma *profluata* + forma *seitzi*, Osthelder, Schmett. S.-Bayerns, *v.* 1 p. 49, 50, 51 (nota) | 1929 *P. a.* subsp. *a.*, Bollow in: Seitz, Großschmett. Erde, *v.* 1 Suppl. 1 p. 56.

Fig. 399.
**Parnassius apollo alemanicus Fruhst.** (♂). (Original, aus coll. Zool. Mus. Berlin) (1/1).

Fig. 399 a.
**Parnassius apollo alemanicus Fruhst.** (♀). (Original, aus coll. Zool. Mus. Berlin) (1/1).

Eine der ssp. *bartholomaeus* H. Stich. sehr nahe stehende Subspecies, die den Übergang zu den Rassen von Vorarlberg und dem Oetztal vermittelt (Fig. 399). Vorderflügelform rundlich. Glassaum und Submarginalbinde des Vorderflügels schmal. Schwarzfleckung kräftig. Vorderflügelwurzel und Vorderrand deutlich schwarz gekörnt. 2 Analflecke. Hinterrand- und Wurzelschwärze des Hinterflügels um die Mittelzelle bis zum Anfang von $R_5$ (+ $M_1$) reichend. Augenflecke mittelgroß, sauber schwarz umgrenzt, der mediane mit kleinem, weißem Kern. Männchen: Subcostalflecke meistens verbunden, der hintere $M_3$ nicht erreichend. Augenflecke mitunter verkleinert. Rippenenden des Hinterflügels schwärzlich betont. Submarginalbinde des Hinterflügels sehr schwach ausgeprägt. Weibchen in der Vorderflügelmitte schwach schwarz bepudert. Schwarzfleckung stärker entwickelt, besonders beim vollständig erhaltenen Subcostalbändchen. Submarginalbinde des Hinterflügels schmal, aber aus deutlichen Bogenelementen zusammengesetzt. Glassaum des Hinterflügels schmal. Analflecke oft mit roten Kernen. Folgende formae wurden beobachtet: *definita, marginepupillata, unipupillata, limoniti, profluata, seitzi*. Vorderflügellänge: ♂ 33—39, ♀ 36—39,5 mm.

Allgäu und Pinzgau: Oberstorf (Typus: Falkenstein bei Füssen), Hohe Gaischt im Lechtal.

Typen: ♂♀ in coll. H. Fruhstorfer, Nizza.

17 74. **P. apollo adonais** Fruhst. 1915 *P. a.* var. *geminus*, Waltz in: Mt. Münch. ent. Ges., *v.* 6 p. 66, 70 t. 2 f. 3 (♀), 4 (♂) | 1922 *P. a.* subsp. *adonais*, Fruhstorfer in: Ent. Anz., *v.* 2 p. 4 | 1922 [1923] *P. a.* var. *a.*, Bryk in: Strand, Lep. Cat., *v.* 27 p. 106 | 1925 *P. a.* var. *a.*, Osthelder, Schmett. S.-Bayerns, *v.* 1 p. 49 | 1929 *P. a. a.*, Bollow in: Seitz, Großschmett. Erde, *v.* 1 Suppl. 1 p. 56.

Eine große, reinweiße, reichgezeichnete Subspecies, die sich schon etwas von ssp. *bartholomaeus* H. Stich. entfernt und zu den Tiroler-Rassen hinüberleitet (Fig. 400). Mit schmalem Glasband des Vorderflügels, deutlicher Submar-

Fig. 400.
**Parnassius apollo adonais** Fruhst. (♂). (Original, aus coll. Zool. Mus. Berlin) (1/1).

ginalbinde auf beiden Flügeln, starker Schwarzkörnung der Wurzel und des Vorderrandes des Vorderflügels und mittelstarker Schwarzfleckung. Die mittelgroßen Augenflecken sind kräftig schwarz umzingelt. Wurzel- und Hinterrandschwärze des Hinterflügels sehr kräftig, vorn die Mittelzelle bei der Ansatzstelle von $R_5$ (+ $M_1$) umklammert. 2 oder 3 Analflecke. Männchen mit sehr schmaler Submarginalbinde, die wie auch das Glasband den Hinterrand nicht erreicht. Subcostalflecke getrennt. Mittelzellfleck nach innen rundlich abgegrenzt. Endzellfleck länglich. Submarginalbinde des Hinterflügels deutlich, aber aus schwachen Bogen zusammengesetzt. Der unregelmäßige mediane Augenfleck mit deutlichem, weißem Kern. Weibchen reicher gezeichnet. Submarginalbinde des Vorderflügels breiter, mit dem Glasbande am Hinterrande zusammentreffend, die weiße Grundfarbenbinde in lose Flecke zerlegend. Die schwärzliche Überstäubung der Vorder-

Fig. 400 a.
**Parnassius apollo adonais** Fruhst. (♀). (Original, aus coll. Zool. Mus. Berlin) (1/1).

flügelmitte vereinigt das Subcostalbändchen mit dem meist länglichen Hinterrandfleck. Glasbinde und Submarginalbinde des Hinterflügels schmal. Die rundlichen Augenflecke mit klarem, weißem Kern Analflecke oft rot gekernt. Vorderflügellänge: ♂ 39--41, ♀ 38—40 mm.

Wendelsteingebiet: Inntal.

Typen: ♂ ♀ in coll. H. Fruhstorfer, Nizza.

17 75. **P. apollo claudius** Belling 1915 *P. a.* „Form" *geminus* + aberr. *graphica* + aberr. *nigricans*, Belling in: D. ent. Z., p. 153 t. 4 f. 1, 3 (♂), 2, 4, 5 (♀) | 1915 *P. a.* var. *geminus* (part.), Waltz in: Mt. Münch. ent. Ges., *v.* 6 p. 65 | 1915 *P. a.* var. *claudius*, Belling in: D. ent. Z., p. 655, 656 | 1917 *P. a. c.*, Belling in: Int. ent. Z., *v.* 11 p. 128 | 1919 *P. a.*, Hänel, ibid., *v.* 13 p. 83 (larva) | 1921 *P. a. claudius*, Bryk in: Ent. Tidskr., *v.* 42 p. 118 | 1922 *P. a. c.*, Fruhstorfer in: Ent. Rundsch., *v.* 39 p. 5 | 1922 *P. a. c.*, Fruhstorfer in: Ent. Anz., *v.* 2 p. 3, 4 | 1922 [1923] *P. a.* var. *c.*, Bryk in: Strand, Lep. Cat., *v.* 27 p. 115 | 1925 *P. a.* var. *c.* + div. formae, Osthelder, Schmett. S.-Bayerns, *v.* 1 p. 49, 50, 51 (nota), 52 n. v. | 1929 *P. a. c.*, Bollow in: Seitz, Großschmett. Erde, *v.* 1 Suppl. 1 p. 56.

Eine ebenfalls an ssp. *bartholomaeus* H. Stich. sich anschließende, weißliche, mittelgroße Unterart mit gestrecktem, seitlich abgerundetem Vorderflügel, deutlicher, schwarzer Submarginalbinde, schmalem, dunklem Glasband des Vorderflügels, das bis zum Hinterrandwinkel reicht und in der Mitte etwas ausgebuchtet ist. Vorderrand und Wurzel des Vorderflügels schwarz gekörnt. Hinterrand- und Wurzelschwärze des Hinterflügels deutlich um die Mittelzelle bis $R_5$ (+ $M_1$) greifend. Augenflecke karminrot, breit schwarz umrandet, sehr oft mit weißen Kernen (Fig. 401). Männchen: Glasband mittelbreit, den abgerundeten Hinterrandwinkel kaum erreichend. Submarginalbinde des Vorderflügels schwarz, breit, bis zur Analfalte reichend. Schwarzfleckung markant. Das Subcostalbändchen, das $M_3$ nicht erreicht, nicht immer ausgeprägt. Hinterrandfleck groß. Endzellfleck nach innen abgerundet. Augenflecke meistens mit deutlichem, weißem Kern. 2 kräftige Analflecke. Submarginalbinde des Hinterflügels überwiegend reduziert. Weibchen dünn beschuppt. Mit breiterem Glasband und längerer Submarginalbinde; die dazwischen erhaltene Grundfarbenbinde eingeengt. Glassaum des Hinterflügels schmal, continuierlich oder bogig ausgespart. Submarginalbinde graphitfarben, oft schmal. Analflecke kräftig, der hinterste oft mit rotem Kern.

Fig. 401.
**Parnassius apollo claudius** Belling (♂). (Ideotypus, aus coll. Zool. Mus. Berlin) (1/1).

Fig. 401 a.
**Parnassius apollo claudius** Belling (♀). (Ideotypus, aus coll. Zool. Mus. Berlin) (1/1).

Folgende formae treten auf: *nox, graphica, nigricans, ponsoni, ampliusmaculata, marschneri, furcata, lacrimans, perfecta.* Vorderflügellänge: ♂ 36—37,5, ♀ 36,5—40 mm.

Karwendelgebirge: Scharnitz.

Typen: ♂ ♀ in coll. H. Belling, Berlin-Pankow.

1776. **P. apollo pandolfus** Fruhst. 1922 *P. a.* subsp. *p.*, Fruhstorfer in: Ent. Rundsch., *v.* 39 p. 5 | 1925 *P. a.* var. *p.*, Osthelder, Schmett. S.-Bayerns, *v.* 1 p. 49 | 1929 *P. a. p.*, Bollow in: Seitz, Großschmett. Erde, *v.* 1 Suppl. 1 p. 56.

Eine der ssp. *luitpoldus* Fruhst. angeblich nahe kommende Unterart mit stärkerer Schwarzfleckung und ansehnlicheren, intensiv karminroten Augenflecken. Hinterflügel der Weibchen nicht so verdüstert wie die von ssp. *claudius* Belling. Fragliche Unterart.

Allgäuer Alpen, oberes Lechtal (näherer Fundort absichtlich verschwiegen).

Typen: ♂ ♀ in coll. H. Fruhstorfer, Nizza.

1777. **P. apollo montanus** H. Stich. 1881 *P. a.*, Cam. Heller in: SB. Ak. Wien, *v.* 83 p. 129 1893 *P. a.* „montane Form“ (part.), Rebel & Rogenhofer in: Jahresber. Wien. ent. Ver., *v.* 3 p. 59 [71] | 1906 *P. a.*, Rebel, ibid., *v.* 16 p. 56 | 1906 *P. a. geminus* aberr. *montana*, H. Stichel in: Seitz, Großschmett. Erde, *v.* 1 p. 24 t. 13a (♂) | 1907 *P. a. m.*, Rebel in: Jahresber. Wien. ent. Ver., *v.* 17 p. 36 | 1907 *P. a. montanus*, H. Stichel in: Seitz, Großschmett. Erde, *v.* 1 p. 36 | 1907 *P. a. m.*, H. Stichel in: Gen. Ins., *v.* 58 p. 28 | 1915 *P. a. m.*, Waltz in: Mt. Münch. ent. Ges., *v.* 6 p. 59 | 1918 *P. a. m.* (part.), W. Rothschild in: Nov. zool., *v.* 25 p. 240 | 1922 [1923] *P. a.* forma *m.*, Bryk in: Strand, Lep. Cat., *v.* 27 p. 129.

Eine mittelgroße Unterart mit langem und schmalem Glasbande und deutlicher Submarginalbinde. Vorderrand und Wurzel des Vorderflügels schwarz gekörnt. Schwarzfleckung veränderlich, mitunter sind die jenseits der Zelle liegenden Flecke stark reduziert und der Mittelzellfleck herzförmig verzerrt. Augenflecke verkleinert, breit schwarz umrahmt, der mediane mit kleinem, weißem Kern. Hinterrandschwärze sehr stark ausgeprägt, breit um die Mittelzelle greifend. 2 oder 3 Analflecke. Männchen (Fig. 402) mit schmaler Submarginalbinde. Flügelmitte spärlich schwarz überpudert.

Fig. 402.
**Parnassius apollo montanus** H. Stich. (♂). (Typus) (1/1).

Glassaum des Hinterflügels bisweilen deutlich, aber nur schmal erhalten. Submarginalbinde des Hinterflügels mehr oder weniger schwärzlich angedeutet. Weibchen verdunkelt. Mit breiterem Glasband und reicherer Zeichnung. Vorderflügellänge: ♂ 37—38,5, ♀ 37—39 mm.

Ortlergebiet (Typus: Stilfser Joch).

Typen: ♂ ♀ in coll. H. Stichel, Berlin.

1778. **P. apollo glocnericus** Verity 1868 *P. A.*, Zeller in: Verh. Ges. Wien, *v.* 18 p. 571 | 1893 *P. a.* „montane Form“ (part.), Rebel & Rogenhofer in: Jahresber. Wien. ent. Ver., *v.* 3 p. 59, (71) „ex regione montana“ (part.) | 1909 *P. a.*, Fr. Hoffmann, ibid., *v.* 19 p. 67 | 1909 *P. a.*, A. Pagenstecher in: Jahrb. Ver. Nassau, *v.* 62 p. 170 | 1911 & 10 *P. a.* „race“ *glocnerica*, Verity, Rhop. palaearct., p. 303, 306, 310, t. LVI f. 10 (♂), 11 (♀) | 1915 *P. a.* forma *glocneriana*, Bryk in: Arch. Naturg., *v.* 80 A 9 p. 144 | 1918 *P. a. glocnerica*, W. Rothschild in: Nov. zool., *v.* 25 p. 239 | [1918] *P. a.* forma *glocnericna*, Bryk, Parnassius Apollo Formenkreis, p. 139bis | 1920 *P. a. glocnerica* + aberr. *graphica* + „Rasse“ *brittingeri*, E. Pfeiffer & Fr. Daniel in: Mt. Münch. ent. Ges., *v.* 10 p. 37 | 1921 *P. a.*, Warnecke & Feuerherdt, ibid., *v.* 10 p. 49 | 1921 *P. a. glocnerius*, Fruhstorfer in: Ent. Anz., *v.* 1 p. 30, 31 | 1922 [1923] *P. a.* var. *glocnerica*, Bryk in: Strand, Lep. Cat., *v.* 27 p. 119 | 1929 *P. a.* „Rasse“ *g.*, Bollow in: Seitz, Großschmett. Erde, *v.* 1 Suppl. 1 p. 58.

Eine große, im Vorderflügel schwärzlich überpuderte Unterart, die sich an die ssp. *brittingeri* Reb. & Rghf. anreiht. Glasband breit, mit deutlicher Submarginalbinde auf dem Vorderflügel. Mit großen Schwarzflecken und mit starker, schwarzer Körnung des Vorderrandes und der Wurzel des Vorderflügels. Augenflecke breit schwarz umsäumt, mit großen, weißen Kernen. Wurzel- und Hinterrandschwärze ansehnlich, die Mittelzelle oft fast bis zur $R_4$ umklammernd. Männchen (Fig. 403): Glasband bis zum Hinterrandwinkel, die deutliche, bogige Submarginalbinde bis zur Analfalte reichend. Rippenenden

Fig. 403.
**Parnassius apollo glocnericus** Verity (♂). (Original, aus coll. Zool. Mus. Berlin) ($^1/_1$).

schwärzlich, in den Hinterflügel verlaufend. Submarginalbinde des Hinterflügels nur durch leichte schwärzliche Überpuderung angedeutet. 2 meist kräftige Analflecke. Weibchen stärker schwärzlich überpudert, mit breiterer Submarginalbinde des Vorderflügels und schmaler Glasbinde des Hinterflügels. Submarginalbinde des Hinterflügels deutlich, diffus, hinten verbreitert. Vorderflügellänge: ♂ 40, ♀ 40 mm.

Groß-Glocknergebiet.

Typus: ♂ in coll. R. Verity, Florenz.

17 79. **P. apollo determinatus** Bryk 1915 *P. a.* var. *bartholomaeus*, Bryk in: Arch. Naturg., *v.* 80 A 8 t. 21 f. 121 (♂), 122 (♀) | [1918] *P. a.* var. *b.*, Bryk, Parnassius Apollo Formenkreis, p. 138 t. 21 f. 121 (♂), 122 (♀) | 1921 *P. a. determinatus*, Bryk in: Ent. Tidskr., *v.* 42 p. 118 | 1922 [1923] *P. a. d.*, Bryk in: Strand, Lep. Cat., *v.* 27 p. 119 (an syn. subsp. *glocnerica* ?) | 1929 *P. a.* „Rasse" *d.*, Bollow in: Seitz, Großschmett. Erde, *v.* 1 Suppl. 1 p. 58.

Eine in beiden Geschlechtern reich gezeichnete, an ssp. *bartholomaeus* H. Stich. erinnernde Subspecies mit stumpf weißlichem Farbton. Vorderflügel gestreckt. Mittelzellfleck 6eckig oder wenigstens wurzelwärts gewinkelt. Submarginalbinden auf beiden Flügeln erhalten. Augenflecke rundlich, schmal schwarz umrahmt, mit deutlicher Weißkernung. Flügelmitte des Vorderflügels oft leicht schwärzlich überpudert. Vorderrand und Wurzel des Vorderflügels schwärzlich gekörnt. Wurzel- und Hinterrandschwärze beim Männchen stärker ausgeprägt als beim Weibchen. Schwarzfleckung des Vorderflügels kräftig. Männchen mit schmalem Glasband, das gewöhnlich stark verjüngt den Hinterrandwinkel erreicht. Submarginalbinde deutlich, schwarz, selten schmal, hinter $M_2$ mehr oder weniger stark vorspringend, $Ax_1$ nicht erreichend.

Das Subcostalbändchen oft nicht ganz erhalten. Endzellfleck proximal abgerundet. Hinterrandschwärze des Hinterflügels stark um die Mittelzelle greifend. Submarginalbinde des Hinterflügels in der Regel deutlich erhalten. 2 kräftige Analflecke. Rippenenden des Hinterflügels oberseits schwärzlich, auch den Flügelsaum zu beiden Seiten beschattend. Weibchen durchsichtiger, mit breiterem, bis zum Hinterrandwinkel reichendem Glasband und stets ausgeprägtem Subcostalbändchen. Augenflecke größer. Als forma tritt *marginepupillata* auf. Vorderflügellänge: ♂ 35—40, ♀ 40—41 mm.

Zillertal: Mayrhofen.

Typen: ♂ ♀ in coll. C. Eisner, Berlin-Dahlem.

1780. **P. apollo imperialis** Bryk 1893 *P. a. brittingeri*, Rebel & Rogenhofer in: Jahresber. Wien. ent. Ver., *v.* 3 p. 60 (aberr.) | 1912 *P. a.*, Schiefferer in: Mt. Ver. Steierm., *v.* 48 p. 325 | 1914 *P. a. brittingeri* forma *imperialis* + aberr. ven. met. *ruhmannianus*, Bryk in: Mt. Münch. ent. Ges., *v.* 5 p. 74 t. 8 f. 1 (♂), 2 (♂ aberr. ven. met. *ruhmannianus*), 3 (♀) | 1914 *P. a. i.*, Fr. Hoffmann & Klos in: Mt. Ver. Steierm., *v.* 50 p. 195 | 1915 *P. a.* aberr. ven. met. *ruhmannianus* (part.), Bryk in: Arch. Naturg., *v.* 80 A 8 p. 150 | 1917 *P. a.* var. *imperialis* forma *r.*, Bryk in: Arch. Naturg., *v.* 82 A 5 p. 44, 71 | [1918] *P. a.* aberr. ven. met. *r.*, Bryk, Parnassius Apollo Formenkreis, p. 104 1919 *P. a. imperialis*, Fruhstorfer in: Soc. ent., *v.* 34 p. 11 | 1922 [1923] *P. a.* forma *i.*, Bryk in: Strand, Lep. Cat., *v.* 27 p. 121 | 1925 *P. a. badelensis* + aberr. *dentatus* + ♀ aberr. *inversa* + aberr. *ampliusmaculata* + aberr. *quincunx* + aberr. *monomaculatus* + aberr. *smidti* + aberr. *tenuicincta* + aberr. *laticincta* + aberr. *graphica* + aberr. *decora* + aberr. *margopupillata* + aberr. *kailasiophanus*, Lax in: Ent. Z., *v.* 39 p. 102, 106–107 | 1929 *P. a.* „Rasse" *b.* + *imperialis*, Bollow in: Seitz, Großschmett. Erde, *v.* 1 Suppl. 1 p. 58.

Fig. 404.
**Parnassius apollo imperialis** Bryk (♂). (Paratypus, aus coll. Zool. Mus. Berlin) (1/1).

Eine zum Kreise der ssp. *brittingeri* Reb. & Rghf. gehörende, der subsp. *cetius* Fruhst. sich nähernde, variable, weiße Subspecies mit gestreckter, seitlich breit gerundeter Vorderflügelform im männlichen Geschlechte. Mit schmalem Glasbande, mehr oder weniger deutlicher Submarginalbinde, kleinen Flecken in der Subcostalbindenzone, etwas gewinkeltem Endzellfleck und länglichem Mittelzellfleck. Vorderrand und Wurzel des Vorderflügels schwärzlich gekörnt. Augenflecke rundlich, sauber schmal schwarz umzogen, wenigstens im medianen mit kleinem, weißem Kern. Hinterrandschwärze des Hinterflügels nicht besonders stark ausgeprägt (Fig. 404). Männchen: Glasband kurz, Submarginalbinde staubig oder schwarz, $Cu_2$ nicht überschreitend.

Subcostalflecke öfters getrennt, $M_3$ nicht erreichend. Von den beiden Analflecken ist der hinterste oft rot gekernt. Weibchen mit potenzierten Zeichnungselementen, längerer Glas- und Submarginalbinde des Vorderflügels und eben solchen Binden auf dem Hinterflügel, vergrößerten Augenflecken, die einen größeren weißen Kern tragen und 3 oder 2 Analflecken. Die forma *intertexta* tritt häufig auf, auch ist das Auftreten von forma metath. *ruhmanniana* eine merkwürdige Erscheinung in der Variabilität dieser Subspecies. Die

Fig. 404 a.
**Parnassius apollo imperialis** Bryk (♀). (Original, aus coll. Zool. Mus. Berlin) (1/1).

bisweilen auftretenden, ganz schneeweißen, kleinen Männchen mit milchigem Glasbande und reduzierter Zeichnung wirken wie Kümmerformen. Außerdem treten folgende formae auf: *graphica, quincunx, expupillata,* ♀ *inversa, decora, marginepupillata* und *ampliusmaculata.* Vorderflügellänge: ♂ 33 bis 36,5, ♀ 39—42,5 mm.

Steiermark (Typus: Karzerwand bei Guggenbach). [Typus von *badelensis* Lax: Badelgraben bei Peggau].

Typen: ♂ ♀ in coll. C. Eisner, Berlin-Dahlem.

17 81. **P. apollo wenzeli** Bryk 1921 *P. a.* var. *W.* + aberr. *nox*, Bryk in: Ent. Tidskr., *v.* 42 p. 117—118 | 1921 *P. a.* subsp. *oenipontanus* + forma *rubidochraceomaculata* + forma *intertexta* + forma *lepidaporius*, Stauder & Felkel in: Ent. Anz., *v.* 1 p. 123—124 | 1921 *P. a.* aberr. *bryki* (+ aberr. *felix*), Schawerda in: Z. Österr. Ent.-Ver. Wien, *v.* 6 p. 1 | 1922 [1921] *P. a.* var. *Wenzeli* aberr. *B.*, Bryk in: Arch. Naturg., *v.* 87 A 10 p. 235—236 f. 1 (♂) | 1922 *P. a.* aberr. *b.*, Schawerda in: Verh. Ges. Wien, *v.* 71 p. 169 t. f. 25 (♂) | 1922 *P. a.* *wenzelius*, Fruhstorfer in: Ent. Rundsch., *v.* 39 p. 5 | 1922 [1923] *P. a.* var. *Wenzeli*, Bryk in: Lep. Cat., *v.* 27 p. 143 | 1923 *P. a.* forma *pentagonalis* + *felkeli* + *hypermelas* + *bryki*, Stauder in: Ent. Anz., *v.* 3 p. 1—2 | 1924 *P. a.* *oenipontanus* [vel *wenzeli*] + div. formae, Stauder in: D. ent. Z., p. 11, 13—26 | 1929 *P. a.* subsp. *wenzeli* + aberr. *nox*, Bollow in: Seitz, Großschmett. Erde, *v.* 1 Suppl. 1 p. 59 | 1931 *P. a.* aberr. plethoneura *hoferi* + *plaselleri* + aberr. atrophica *deutschi* + *olgae* + *felix*, Wenzel in: Parnassiana, *v.* 1 nr. 6 p. 7 | 1934 *P. a.* var. *wenzeli* aberr. plethoneura *ratteri* + *pölli* + *schulleri* + *hellwegeri* + aberr. atrophica *göttli* + *wörndlei* + *strupii*, Wenzel in: Parnassiana, *v.* 3 p. 23.

Eine große, reich gezeichnete, weiße Subspecies mit gestreckter Vorderflügelform, die den Übergang von subsp. *brittingeri* Reb. & Rghf. zu den Südtirolern darstellt (Fig. 405). Glasband lang, dunkel, hinten verschmälert. Submarginalbinde sehr kräftig, bis zum Hinterrandwinkel reichend, beim Männchen kürzer. Schwarzfleckung des Vorderflügels stark ausgeprägt. Wurzel und Vorderrand schwärzlich gekörnt. Zellflecke kräftig. Mittelzellfleck meist länglich. Augenflecke lebhaft rot, deutlich schwarz umringt, rundlich, mit weißen Kernen. 2 kräftige Analflecke. Wurzel- und Hinterrandschwärze des Hinterflügels in der Regel sehr ausgedehnt, um die Mittelzelle bis $R_5$ ($+ M_1$) greifend. Männchen: Subcostalbändchen breit, in der Regel ganz erhalten. Submarginalbinde des Hinterflügels selten graphitgrau erhalten.

Fig. 405.
**Parnassius apollo wenzeli** Bryk (♂). (Paratypus, aus coll. Zool. Mus. Berlin) (1/1).

Fig. 405a.
**Parnassius apollo wenzeli** Bryk (♀). (Original, aus coll. Zool. Mus. Berlin) (1/1).

Rippenenden des Hinterflügels schwarz, bisweilen eine aus Bogen bestehende Glasbinde bildend. Weibchen mit breiterer Glas- und Submarginalbinde des Vorderflügels und schwärzlicher Überpuderung der Flügelmitte. Glassaum des Hinterflügels schmal. Submarginalbinde mehr oder weniger stark ausgeprägt. Folgende formae treten auf: *nox, bryki* (Fig. 332), *herrichi, expupillata, zirpsi, graphica, intertexta, decora, nigricans, marginepupillata, semidecora, hoferi, plaselleri, deutschi, olgae, felix, ratteri + pölli + schulleri + hellwegeri + göttli + wörndlei + strupi*. Vorderflügellänge: ♂ 33—42, ♀ 23,5—50 mm.

Wipptal: Patsch bei Innsbruck.

Typen: ♂ ♀ in coll. C. Eisner, Berlin-Dahlem.

1782. **P. apollo carinthicus** H. Stich. 1893 *P. a.*, Metzger in: Jahresber. Wien. ent. Ver., *v.* 3 p. 28 | 1893 *P. a.* var. *minor* (nomen praeoccupatum), Rebel & Rogenhofer, ibid., *v.* 3 p. 60, 71 | 1899 *P. a. m.*, H. Stichel in: Ins.-Börse, *v.* 16 p. 303 | 1900 *P. a.*, Neustetter in: Jahresber. Wien. ent. Ver., *v.* 10 p. 29 | 1906 *P. a. carinthicus* (nomen novum), H. Stichel in: Seitz, Großschmett. Erde, *v.* 1 p. 24 | 1907 *P. a. c.*, H. Stichel in: Gen. Ins., *v.* 58 p. 28 | 1907 & 11 *P. a.* „race" *c.*, Verity, Rhop. palaearct., p. 103, 310 | 1909 *P. a. minor*, A. Pagenstecher in: Jahrb. Ver. Nassau, *v.* 62 p. 171 | 1913 *P. a.* var. *m.* aberr. *trachomophtalmos*, Bryk in: Soc. ent., *v.* 28 p. 66 | 1915 *P. a.* var. *carinticus*, Bryk in: Arch. Naturg., *v.* 80A10 p. 166 | 1918 *P. a. carinthicus*, W. Rothschild in: Nov. zool., *v.* 25 p. 260 | [1918] *P. a.* var. *carinticus*, Bryk, Parnassius Apollo Formenkreis, p. 180; p. 139b (var. *minor*) | 1922 [1923] *P. a.* var. *carinthicus*, Bryk in: Strand, Lep. Cat., *v.* 27 p. 112 | 1929 *P. a. c.*, Bollow in: Seitz, Großschmett. Erde, *v.* 1 Suppl. 1 p. 59.

Fig. 406.
**Parnassius apollo carinthicus** H. Stich. (♂). (Original, aus coll. Zool. Mus. Berlin) (1/1).

Fig. 406a.
**Parnassius apollo carinthicus** H. Stich. (♀). (Original, aus coll. Zool. Mus. Berlin) (1/1).

Eine kleine bis mittelgroße, dünnbeschuppte, grauweiße Subspecies mit breiter, glasiger Marginalbinde und deutlicher Submarginalbinde, die beim Weibchen breiter und länger ist und bis zum Hinterrand reicht. Schwarzfleckung des Vorderflügels sehr kräftig. Vorderrand und Wurzel schwarz gekörnt. Mittelzellfleck länglich. Augenflecke klein bis mittelgroß, stark schwarz umsäumt, meist mit weißen Kernen. Rippenenden des Hinterflügels dunkel. Hinterrandschwärze kräftig, oft breit die Mittelzelle umklammernd. 2 kräftige Analflecke (Fig. 406). Männchen mit kleineren Augenflecken, Submarginalbinde des Hinterflügels durch eine leichte Bestäubung mehr oder weniger deutlich markiert. Weibchen mit stärkerer Zeichnung, schwärzlicher Bestäubung der Vorderflügelmitte, breiterer und deutlicherer Submarginalbinde des Hinterflügels und Andeutung eines schmalen Glasbandes des Hinterflügels. Augenflecke größer. 2 oder 3 Analflecke. Als formae treten *bipupillata* und *decora* auf. Vorderflügellänge: ♂ 36—40, ♀ 35—41 mm.

Kärnten (Typus: Friesach).

Typen: ♂ ♀ in coll. Naturhist. Mus. Wien.

17 83. **P. apollo rhea** (Poda) 1761 *Papilio (Danais) r.*, Poda, Ins. Mus. Graec., p. 66 | 1763 *P. apollo*, Scopoli, Ent. Carniol., p. 168 f. 446 (figura mala) | 1889 *P. a.*, Linné in: Cobelli, Lett. ined. Linnaeo a Scopoli, p. 13 | 1906 *Parnassius a.*, Rebel in: Jahresber. Wien. ent. Ver., *v.* 16 p. 56 | 1909 *P. a.* subsp. *ottonius*, Fruhstorfer in: Int. ent. Z., *v.* 3 p. 161 | 1909 *P. a.* subsp. *o.*, Fruhstorfer in: Ent. Z., *v.* 23 p. 151 | 1909 *P. a.* (part.), A. Pagenstecher in: Jahrb. Ver. Nassau, *v.* 62 p. 173 | 1909 *P. a.*, Rebel in: Verh. Ges. Wien, *v.* 59 p. 180 | 1909 *P. a.*, Hafner in: Carniolia, nr. 1—7 p. 84 | 1910 *P. a. ottonius* + *bartholomäus* (part.) + trans. ad *liburnica*, Galvagni in: Jahresber. Wien. ent. Ver., *v.* 20 p. 171 | 1911 *P. a.* „race“ *o.*, Verity, Rhop. palaearct., p. 306, 310 | 1911 *P. a. ottoniensis*, Bornemann in: Int. ent. Z., *v.* 5 p. 59 | 1915 *P. a.* forma *ottonius*, Bryk in: Arch. Naturg., *v.* 80A9 p. 142, A10 t. 34 f. 148 (♂) | 1916 *P. a. rubidus* (part.), E. Hoffmann in: Jahresber. Wien. ent. Ver., *v.* 26 p. 69 | 1918 *P. a. rhea*, H. Stichel in: Z. Ins.-Biol., *v.* 14 p. 90 | 1918 *P. a. ottonius*, W. Rothschild in: Nov. zool., *v.* 25 p. 24 | [1918] *P. a.* forma *o.*, Bryk, Parnassius Apollo Formenkreis, p. 138, 139bis t. 34 f. 148 (♂) | 1919 *P. a.*, Bryk in: Svenska Linné-Sällsk. Årsskr., *v.* 2 p. 132 | 1922 [1923] *P. a.* var. *rhea* (+ *ottonius* an synon ?), Bryk in: Strand, Lep. Cat., *v.* 27 p. 134 | 1929 *P. a. r.* + *ottonius*, Bollow in: Seitz, Großschmett. Erde, *v.* 1 Suppl. 1 p. 58—59.

Fig. 407.
**Parnassius apollo rhea** (Poda) (♂). (Original, aus coll. Zool. Mus. Berlin) (1/1).

Eine mittelgroße, dicht hell beschuppte Subspecies mit breitem Glassaum, ausgeprägtem Subcostalbändchen, länglichem Mittelzellfleck und schwärzlich gekörntem Vorderrand und Wurzelfeld (Fig. 407). Augenflecke groß, schmal, schwarz umrandet. Mit verhältnismäßig schmaler Hinterrandschwärze, die die Mittelzelle schwach umrandet. 2 Analflecke. Männchen mit etwas verkürztem

Glasbande, das bis $Cu_2$ reicht. Submarginalbinde sehr schmal und kürzer. Vorderster Subcostalfleck vom Subcostalbändchen etwas wurzelwärts verschoben. Die beiden Analflecke schmal. Augenflecke bisweilen rot ausgefüllt. Weibchen verdüstert. Alle Zeichnungskomponenten bedeutend kräftiger.

Fig. 407 a.
**Parnassius apollo rhea** (Poda) (♀). (Original, aus coll. Zool. Mus. Berlin) (1/1).

Submarginalbinde des Vorderflügels breit und lang. Vorderflügelmitte schwarz bestäubt. Hinterrandschwärze des Hinterflügels sehr kräftig und breit angelegt. 3. Analfleck oft vorhanden. Submarginalbindenzone schwärzlich bestäubt, oft deutlich. Glasbinde mehr oder weniger deutlich. Vorderflügellänge: ♂ 38—40, ♀ 38,5—41 mm.

Krain (Typus), Küstenland.

(Typen von *ottonius* Fruhst.: ♂ ♀ in coll. H. Fruhstorfer, Nizza.)

17 84. **P. apollo leimdörfferi** Bryk 1935 *P. a.* subsp. *l.*, Bryk in: Parnassiana, *v.* 3 (im Druck).

Eine mittelgroße, sexuell digryphe Subspecies, die sich an ssp. *rhea* (Poda) anreiht. Mit gestreckter Vorderflügelform. Glasband mittelbreit. Submarginalbinde graphitgrau. Schwarzfleckung kräftig. Wurzel und Vorderrand des Vorderflügels schwarz gekörnt. Augenflecke rund, mittelgroß. 2 Analflecke. Männchen mit kürzerem Glasband und schmaler Submarginalbinde. Subcostalflecke getrennt oder ein Subcostalbändchen bildend. Hinterrandschwärze des Hinterflügels nicht um die Zelle greifend. Weibchen mit starker Schwarzüberpuderung. Glasband verjüngt, bis zur $Cu_2$ reichend. Die diffuse Submarginalbinde bis zur $Ax_1$ reichend. Schwarzfleckung kräftiger. Subcostalbändchen deutlich. Mittelzellfleck rund. Wurzel- und Hinterrandschwärze des Hinterflügels stark betont, breit um die Mittelzelle bis $R_4$ ziehend. 3. Analfleck stets vorhanden. Augenflecke mit kleinen, weißen Kernen. Submarginalbinde des Hinterflügels undeutlich. Marginalsaum besonders an den Rippenenden dunkel bestäubt. Folgende formae treten auf: *cardinalis* und *graphica* mit vergrößerten Augenflecken.

Fiume (Cirkvenica-Distrikt).

Typen: ♂ ♀ in coll. Brit. Mus. London.

1785. **P. apollo julianus** Stauder 1921 *P. a. valderiensis*, Stauder in: Z. Ins.-Biol., *v.* 16 p. 144—146 (fig. 1 (♂) 2 (♀), trans. ad formam *t.*) | 1922 *P. a.* var. *julianus* + forma *fasciata* + *bispupillata* + *aequivalens* + *graphica* + *decora* + *lepidaporia*, Stauder in: Ent. Anz., *v.* 2 p. 135—136 | 1922 [1923] *P. a.* var. *valderiensis* (part.) + var. *julianus*, Bryk in: Strand, Lep. Cat., *v.* 27 p. 142, 232 | 1929 *P. a.* „Rasse" *j.*, Bollow in: Seitz, Großschmett. Erde, *v.* 1 Suppl. 1 p. 59.

Eine mittelgroße, grauweiße Subspecies mit gestreckter Vorderflügelform, mittelbreiter Glasbinde, die den Hinterrandwinkel erreicht, deutlicher Submarginalbinde und ebenmäßiger Schwarzfleckung. Das Subcostalbändchen meistens mit dem Hinterrandfleck durch eine schwärzliche, bindenartige Bestäubung verbunden. Mittelzellfleck länglich. Augenflecke mittelgroß, sauber schwarz umrandet, weiß gekernt, der mediane wurzelwärts zugespitzt. Rippenenden des Hinterflügels schwärzlich. Submarginalbinde schwach grau angedeutet. Hinterrandschwärze nicht um die Mittelzelle greifend, bei $M_2$ verschwindend. 2 kräftige Analflecke, der 3. bisweilen schwach ausgeprägt. Weibchen mit breiterem Glasbande und längerer Submarginalbinde. Submarginalbinde und das schmale Glasband des Hinterflügels deutlich. Weißkernung der Augenflecke größer, der mediane länglich. Folgende formae treten auf: *graphica*, *decora*, *bipupillata*. Vorderflügellänge: ♂ 39, ♀ 39 bis 40 mm.

Julianische Alpen (Typus: Trenta-Gebiet).

Typen: ♂ ♀ in coll. H. Stauder, Innsbruck.

1786. **P. apollo rubidus** Fruhst. 1893 *P. A.*, Rebel in: Verh. Ges. Wien, *v.* 42 p. 511 | 1893 *P. a.* (part.), Rebel & Rogenhofer in: Jahresber. Wien. ent. Ver., *v.* 3 p. 58 | 1898 *P. a.*, Krodel in: Ent. Z., *v.* 12 p. 50 (gynandromorph) | 1899 *P. a. geminus* (part.), H. Stichel in: Ins.-Börse, *v.* 16 p. 301 | 1906 *P. a. rubidus*, Fruhstorfer in: Soc. ent., *v.* 21 p. 137 | 1906 *P. a.* + aberr. *cohaerens* + aberr. *decora* + aberr. *pseudonomion* + aberr. *nexilis*, O. Schultz in: Ent. Z., *v.* 20 p. 117 | 1906 *P. a.* var. *liburnicus*, Verity, Rhop. palaearct., p. 48 t. VIII f. 22 (♀) | 1906 *P. a. geminus* (part.) aberr., H. Stichel in: Berlin. ent. Z., *v.* 51 p. 92 | 1906 *P. a.*, O. Schultz in: Ent. Z., *v.* 20 p. 117—118 (gynandromorph) | 1907 *P. a. rubidus*, H. Stichel in: Seitz, Großschmett. Erde, *v.* 1 p. 36 | 1907 *P. a. r.*, H. Stichel in: Gen. Ins., *v.* 58 p. 26 | 1907 *P. a.*, Reinecke in: Int. ent. Z., *v.* 1 p. 126 (cultura) | 1909 *P. a. rubidus*, A. Pagenstecher in: Jahrb. Ver. Nassau, *v.* 62 p. 167 | 1909 *P. a. r.*, Huwe in: Berlin. ent. Z., *v.* 54 p. (48) | 1909 *P. a.* var. *r.*, Rebel, Berges Schmettb., ed. 9 p. 7 | 1910 *P. a.*, Frings in: Soc. ent., *v.* 25 p. 29 (monstrum) | 1911 *P. a. rubidus*, Ramme in: Berlin. ent. Z., *v.* 56 p. 16 t. 2 f. 2 (♀) (non f. 1) | 1911 *P. a. geminus*, Kheil in: Int. ent. Z., *v.* 5 p. 61 f. 8 (♂), p. 62 | 1912 *P. a. rubidus*, Bryk in: Jahrb. Ver. Nassau, *v.* 65 p. 16, 22, 27 | 1912 *P. a. r.*, Bryk in: Arch. Rass. Biol., *v.* 9 p. 682 | 1913 *P. a. r.*, Bryk in: Meddel. Soc. Fauna Fenn., pars 39 p. 60 (nervatura) | 1913 *P. a. aberr.*, Ruhmann in: Ent. Z., *v.* 26 p. 187 | 1913 *P. a.*, Haude in: Soc. ent., *v.* 28 p. 74, 75 f. 1, 2, 3, 4 (♂), p. 76 f. 5, 6 (♂) (nervatura monstrosa) | 1913 *P. a. rubidus*, C. Oberthür, Étud. Lép., *v.* 8 p. 77, 87 t. 225 f. 1961 (♂), 1962, 1963 (♀) | 1914 *P. a. r.* + aberr. *graphica* + aberr. *excelsior* + aberr. *pseudonomion*, Kitt in: Verh. Ges. Wien, *v.* 64 p. (147) | 1915 *P. a. r.* + aberr. *decora* + aberr. *intertexta* + aberr. *graphica* + aberr. *brittingeri*, J. Nitsche in: Verh. Ges. Wien, *v.* 65 p. (74) | 1915 & 14 *P. a.* var. *r.*, Bryk in: Arch. Naturg., *v.* 80 A 6 p. 165 f. 26 (monstr.), A 7 p. 155 f. 30a, b (♀), p. 159 f. 35, A 8 p. 151 (nota, aberr. *haudeanus*), A 5 t. 2 f. 5 (♀), A 6 t. 6 f. 43 (♀) | 1916 *P. a. r.*, E. Hoffmann in: Jahresber. Wien. ent. Ver., *v.* 26 p. 69 | 1917 *P. a. r.* aberr. *novarae*, Schawerda in: Verh. Ges. Wien, *v.* 66 p. 489 t. 3 f. 9 (♀) | 1918 *P. a. r.*, W. Rothschild in: Nov. zool., *v.* 25 p. 240 | [1918] *P. a.* var. *r.*, Bryk, Parnassius Apollo Formenkreis, p. 49 f. 26, p. 67 f. 30a, b (♀), p. 71 f. 35, p. 105 (nota, aberr. *haudeanus*), t. 2 f. 5 (♀), t. 6 f. 43 (♀) | 1921 *P. a. r.*, Stauder in: Z. Ins.-Biol., *v.* 16 p. 146 (nota) | 1922 [1923] *P. a.* var. *r.*, Bryk in: Strand, Lep. Cat., *v.* 27 p. 135 | 1924 *P. a. r.* +

aberr. *decora* + aberr. *excelsior* + aberr. *pseudonomion*, Schawerda in: Mt. Münch. ent. Ges., *v.* 14 p. 77—78 | 1928 *P. a. r.*, Belling in: Int. ent. Z., *v.* 21 p. 379—380 | 1929 *P. a. r.* + forma *thermophila* + forma *humicola* + subsp. *bellarius*, Bollow in: Seitz, Großschmett. Erde, *v.* 1 Suppl. 1 p. 59 t. 6e (♀ *rubidus* aberr.) | 1930 *P. a. bellarius*, Belling & Bryk in: Int. ent. Z., *v.* 24 p. 176 | 1931 *P. a. b.*, Bollow in: Seitz, Großschmett. Erde, *v.* 1 Suppl. 1 p. 330 | 1931 *P. a. rubidus*, Bryk in: Zool. Jahrb., Syst. *v.* 62 p. 158 f. 11 (plethon. nervatura).

Fig. 408.
**Parnassius apollo rubidus** Fruhst. (♂). (Original, aus coll. Zool. Mus. Berlin) (1/1).

Fig. 408 a.
**Parnassius apollo rubidus** Fruhst. (♀). (Original, aus coll. Zool. Mus. Berlin) (1/1).

Eine große, dichtbeschuppte, hellweiße oder leicht gelbliche Subspecies mit gestrecktem Vorderflügelschnitt. Mit breitem, laugem Glasband, das in der Regel den Hinterrandwinkel erreicht, kräftiger, vergrößerter Schwarzfleckung, deutlicher Schwarzkörnung des Wurzelfeldes und des Vorderrandes im Vorderflügel. Mit mittelgroßen bis großen, runden, dünn schwarz umrahmten, tiefroten Augenflecken und um die Mittelzelle des Hinterflügels sich ausdehnender Hinterrandschwärze. Weibchen in der Regel mit einem accessorischen 3., zwischen $M_3$ und $Cu_1$ liegenden, oft verkleinerten Analfleck. (Fig. 408). Männchen: Das dunkle Glasband des Vorderflügels zwischen $M_2$ bis $M_3$ wurzelwärts bauchig vorspringend, von da ab sich allmählich verjüngend. Submarginalbinde schwarz, mehr oder weniger breit, parallel zum Glasband verlaufend, bei $Cu_2$ endigend oder sie überschreitend. Subcostalflecke stets verbunden, oft ein Bändchen bildend, das jedoch in der Regel $M_3$ nicht erreicht. Endzellfleck variabel, meist länglich, ebenso der Mittelzellfleck. Der Hinterrandfleck oft kräftig, rundlich oder viereckig. Augenflecke mittelgroß, seltener klein, überwiegend mit kleinen, deutlichen, weißen Kernen. 2 zusammenhängende Analflecke, seltener 3. Submarginalbinde des Hinterflügels fehlend oder durch leichte schwärzliche Überpuderung unkenntlich verwischt. Eine bogige, graue Saumbinde, die das Glasband ersetzt, tritt bisweilen auf. Weibchen dünner beschuppt, oft mit einem gelblichen Anflug. Mit breiterer Glasbinde, die meist ebenmäßig verläuft. Submarginalbinde breiter, hinten das Glasband tangierend. Schwarzfleckung kräftiger als beim Männchen. Flügelmitte mehr oder weniger stark schwarz bestäubt. Glasbinde des Hinterflügels schmal, continuierlich oder in internervale Pfeilflecke aufgelöst. Submarginalbinde mehr oder weniger deutlich. Die kräftigen Analflecke mit rotem Kern. Folgende formae treten auf: ♂ *ampliusmaculata, novarae, expupillata, semidecora, marginepupillata, excelsior, herrichi* (Fig. 330), *halteres* (Fig. 333), *dentata* (Fig. 335). Vorderflügellänge: ♂ 32,5 bis 42, ♀ 32,5—42,5 mm.

Südtirol: Eisacktal.

Typen: ♂ ♀ in coll. H. Fruhstorfer, Nizza.

(Typen: ♂ ♀ von *bellarius* Bollow (Fig. 409) aus Terlan u. Meran in Zool. Mus. Berlin).

Fig. 409.
**Parnassius apollo rubidus** Fruhst. (♀). (Typus von ssp. **bellarius** Bollow) ($^1/_1$).

1787. **P. apollo vilpianus** Dannehl 1925 *P. a.* (part.), F. Dannehl in: Ent. Z., *v.* 39 p. 19 | 1933 *P. a. vilpiana*, F. Dannehl, ibid., *v.* 46 p. 230.

Eine große, wenig variable Unterart mit nicht zu großen Augenflecken, die feurig rot gekernt und stark schwarz umrandet sind. Glasbinde verhältnismäßig schmal, Bindenbildung wenig markant. Fällt wahrscheinlich mit ssp. *rubidus* Fruhst. zusammen.

Vilpian (zwischen Bozen und Meran).

1788. **P. apollo cognatus** Belling 1928 *P. a.* subsp. *c.*, Belling in: Int. ent. Z., *v.* 21 p. 379—381 | 1929 *P. a.* „Rasse“ *c.*, Bollow in: Seitz, Großschmett. Erde, *v.* 1 Suppl. 1 p. 60.

Eine an ssp. *rubidus* Fruhst. sich anschließende, aber kleinere Subspecies mit etwas schmalerem Glasbande und nicht so gestrecktem Vorderflügelschnitt (Fig. 410). Männchen rein weiß oder dumpf gelblich, dünn beschuppt. Glasband in der Regel bei $Cu_2$ oder schon vorher endigend. Submarginalbinde staubig, ebenso lang. Wurzelfeld und Vorderrand leicht schwarz gekörnt. Schwarzmakeln der Subcostalbinde etwas kleiner als bei subsp. *rubidus* Fruhst. Subcostalbändchen nicht entwickelt, kaum hinter $M_2$ hervortretend.

Fig. 410.
**Parnassius apollo cognatus** Belling (♂). (Original, aus coll. Zool. Mus. Berlin) (1/1).

Fig. 410a.
**Parnassius apollo cognatus** Belling (♀). (Original, aus coll. Zool. Mus. Berlin) (1/1).

Mittelzellfleck etwas schräg gerichtet. Augenflecke klein, rundlich, schmal schwarz umrandet, mit kleinen, selten größeren, weißen Spiegeln. 2 bescheidene Analflecke. Submarginalbinde des Hinterflügels ganz erloschen oder nur schwach angedeutet. Wurzelfeld und Hinterrand schwächer geschwärzt. Weibchen verdunkelt, mit dumpf gelblichem Flügelton und Potenzierung der Zeichnung durch Vergrößerung der Fleckung. Glasband und Submarginalbinde breiter und länger. Vorderflügelmitte schwarz bestäubt. Augenflecke größer, der subcostale bisweilen ohne weißen Kern. Submarginalbinde des Hinterflügels mehr oder weniger deutlich, der Saum undeutlich schmal verglast. 2 kräftige Analflecke, bisweilen mit Rotkernung, häufig ein 3. vorhanden. Hinterrand und Wurzelfeld üppiger als das Männchen geschwärzt, oft bis an $R_4$ reichend. Folgende formae treten auf: *decora*, *expupillata* und *ampliusmaculata*. Vorderflügellänge: ♂ 34,5—36,5, ♀ 39,5 bis 41,5 mm.

Ritten in Südtirol.

Typen: ♂ ♀ in coll. H. Belling, Berlin-Pankow.

1789. **P. apollo laurinus** Belling 1923 *P. a.* subsp. *l.*, Belling in: D. ent. Z., p. 271—272 | 1929 *P. a.* subsp. *l.*, Bollow in: Seitz, Großschmett. Erde, *v.* 1 Suppl. 1 p. 61.

Fig. 411.
**Parnassius apollo laurinus** Belling (♂). (Original, aus coll. Zool. Mus. Berlin) (1/1).

Fig. 411a.
**Parnassius apollo laurinus** Belling (♀). (Original, aus coll. Zool. Mus. Berlin) (1/1).

Eine sich ssp. *rubidus* Fruhst. stark nähernde, dünner beschuppte Subspecies mit weißlicher Grundfärbung und weniger gestreckter Vorderflügelform (Fig. 411). Schwarzfleckung etwas geringer als bei ssp. *rubidus* Fruhst., besonders ist die Submarginalbinde der Männchen kürzer und schwächer ausgeprägt. Mittelzellfleck kräftig. Vorderrand und Wurzelfeld des Vorderflügels schwarz gekörnt. Männchen mit schmalem, zwischen $M_2$ und $M_3$

etwas ausgebuchtetem, den Hinterrandwinkel nicht erreichendem Glasbande. Submarginalbinde schmal, parallel zum Glasbande verlaufend, bis $Cu_2$ reichend. Subcostalbändchen erhalten, hinten $M_3$ nicht erreichend. Augenflecke der Hinterflügel rundlich, von mäßiger Größe, gut schwarz umrahmt, selten ohne weißen Kern. 2 Analflecke, mittelgroß, denen sich selten noch ein dritter schwarzer Fleck vorn zugesellt, selten beide mit rotem Kern. Rippenenden des Hinterflügels undeutlich geschwärzt. Die Submarginalbinde kaum als leichte Überstäubung erkennbar. Wurzelfeld- und Hinterrandschwärze des Hinterflügels mehr oder weniger stark um die Zelle greifend. Weibchen mit breitem, dunklem Glasbande, das bis zum Hinterrandwinkel reicht. Submarginalbinde schmäler als bei ssp. *rubidus* Fruhst. Flügelmitte schwärzlich bestäubt. Zellfleckung sehr kräftig. Augenflecke sehr groß, tiefrot, der weiße Spiegel im medianen kaum bemerkbar. Wurzelfeld und Hinterrand kräftig und üppig geschwärzt, innen die Mittelzelle bis $R_4$ umklammernd. 2 Analflecke. Submarginalbinde deutlich, aber verschwommen. Glassaum schmal. Folgende formae treten auf: *decora, ampliusmaculata.* Vorderflügellänge: ♂ 36,6—40, ♀ 40—42 mm.

Tirol: Eggentaler Schlucht, östlich bis zur Rosengarten- und Latemar-Gruppe. (Birchabruck).

Typen: ♂ ♀ in coll. H. Belling, Berlin-Pankow.

1790. **P. apollo rivalis** Belling 1930 *P. a.* subsp. *r.*, Belling in: Int. ent. Z., *v.* 24 p. 191—194; p. 192 (Fig. ♂, ♀) | 1931 *P. a. r.*, Bollow in: Seitz, Großschmett. Erde, *v.* 1 Suppl. 1 p. 330.

Fig. 412.
**Parnassius apollo rivalis** Belling (♂). (Paratypus, aus coll. Zool. Mus. Berlin) (1/1).

Eine von ssp. *laurinus* Belling kaum abtrennbare Subspecies. Männchen (Fig. 412) mit weißlichem Flügelgrund, mit einem Stich ins Gelbliche. Weibchen mit verdrängter Hinterrandschwärze des Hinterflügels. Vorderflügellänge: ♂♀ 35 mm.

Südwestlicher Teil der Südtiroler Dolomiten, östlich von Auer und Neumarkt an der Etsch, 950—993 m.

Typen: ♂ ♀ in coll. H. Belling, Berlin-Pankow.

1791. **P. apollo haspingeri** Belling 1909 *P. a. rhaeticus* (part.), A. Pagenstecher in: Jahrb. Ver. Nassau, *v.* 62 p. 165 | 1932 *P. a.* subsp. *haspingeri*, Belling in: Int. ent. Z., *v.* 26 p. 110—111.

Falter von weißer Grundfarbe, mit mehr oder weniger gestreckter Vorderflügelform und stark verdunkeltem Weibchen. Männchen mit 4 mm breitem Glassaum und stark schwarz gekörntem Vorderrand und Wurzelteil des Vorderflügels. Costalfleck nicht groß, Zellflecke sehr kräftig. Hinterrandfleck mittelgroß. Die kräftige Submarginalbinde des Vorderflügels vom Glassaum deutlich getrennt, am Hinterrandwinkel erlöschend. Hinterrandschwärze des Hinterflügels kräftig. Submarginalbinde und Saumzeichnung zart angelegt. Augenflecke mittelgroß, gut schwarz umrandet, mit scharf ausgeprägtem, weißem Kern oder fehlend. 2 Analflecke. Weibchen mit potenzierter Zeichnung des Männchens: Flügelfarbe reichlich beschattet. Glasband 6 mm breit, mit der Submarginalbinde oft verschwimmend. Wurzel und Hinterrandschwärze des Hinterflügels besonders kräftig ausgedehnt. Augenflecke vergrößert, meist mit weißem Kern. 3 Analflecke, der vorderste reduziert.

Stubaital: Mieders.

Typen: ♂ ♀ in coll. H. Belling, Berlin-Pankow.

1792. **P. apollo andreashoferi** Belling & Bryk 1930 *P. a.* subsp. *a.*, Belling & Bryk in: Int. ent. Z., *v.* 24 p. 176, 177 f. ♂ ♀.

Vorderflügel gestreckt, wie der Hinterflügel weißlich. Vorderflügel: Der breite, sich nach hinten verjüngende Glassaum erreicht den Hinterrandwinkel. Submarginalbinde deutlich, beim Männchen schmäler und kürzer, bis $Cu_2$ reichend, beim Weibchen bis $Ax_1$. Zellflecke und der mäßige Hinterrandfleck scharf abgehoben. Wurzelfeld und Vorderrand schwärzlich bepudert.

Fig. 413.
**Parnassius apollo andreashoferi** Belling & Bryk (♂). (Ideotypus, aus coll. Zool. Mus. Berlin) (1/1).

Hinterflügel: Augenflecke verkleinert, die hinteren mit 3 mm Durchmesser, lebhaft rot und weiß gekernt. Hinterrandschwärze kräftig, bis $R_5$ $(+ M_1)$ ziehend, die Wurzel und den basalen Teil der Mittelzelle stark schwärzend. 2 Analflecke. Männchen (Fig. 413): Subcostalflecke des Vorderflügels nicht groß, bis $M_2$ reichend. Glasbinde 4 mm breit. Hinterflügel oberseits ohne Submarginalbinde oder sehr schwach bestäubt. Die beiden Analflecke kräftig, mitunter ein 3. vorhanden. Weibchen kräftiger gezeichnet und verdunkelt. Glasband etwas breiter. Die breite Submarginalbinde an letzteres stark genähert. Subcostalbändchen bis $M_3$ verlängert und kräftiger. Von $M_3$ an ist die Flügelmitte um die Mittelzelle herum schwärzlich bestäubt. Hinterflügel mit angedeutetem, schmalem Glassaum und verschwommener, schwärzlicher Submarginalbinde. Folgende formae treten auf: *decora* und *ampliusmaculata*. Vorderflügellänge: ♂ 38,5—40, ♀ 35—36 mm.

Passeiertal: St. Martin 588 m, St. Leonhard 680 m.

Typen: ♂ ♀ in coll. H. Belling, Berlin-Pankow.

17 93. **P. apollo ladinus** Belling 1921 *P. a.* subsp. *agyiens* (part.), Fruhstorfer in: Ent. Anz., *v.* 1 p. 29 | 1923 *P. a.* subsp. *ladinus*, Belling in: D. ent. Z., p. 287—289 | 1929 *P. a.* „Talform" *l.*, Bollow in: Seitz, Großschmett. Erde, *v.* 1 Suppl. 1 p. 61 | 1930 *P. a. l.*, Belling in: Int. ent. Z., *v.* 23 p. 519.

Fig. 414.
**Parnassius apollo ladinus** Belling (♂). (Original, aus coll. Zool. Mus. Berlin) (1/1).

Fig. 414 a.
**Parnassius apollo ladinus** Belling (♀). (Original, aus coll. Zool. Mus. Berlin) (1/1).

Eine zwischen ssp. *rubidus* Fruhst. und ssp. *altitudinis* Bryk stehende, große, dicht beschuppte, helle, oft mit einem Stich ins Gelbliche versehene Subspecies von gestrecktem Vorderflügelschnitt (Fig. 414). Wurzelfeld und Vorderrand des Vorderflügels schwarz gekörnt, mit kräftiger Schwarzfleckung. Hinterflügel mit potenzierter Schwärzung der Wurzel und des Hinterrandes, die sich um die Mittelzelle oft bis $R_4$ zieht. Augenflecke mittelgroß, karminrot, vielfach weiß gekernt, die subcostalen rundlich, die medianen bisweilen länglich. Männchen: Glasbinde schmal, hinten verjüngt, $Cu_2$ erreichend oder sogar noch darüber hinausgehend. Submarginalbinde deutlich, schmal, ebenso lang. Subcostalbändchen erhalten. Mittelzellfleck meistens länglich. Hinterrandfleck vorn $Cu_2$ fast erreichend oder tangierend. Hinterflügel: Hinterrandschwärze oft in die Mittelzelle eindringend und sie umgreifend. Submarginalbinde sehr schwach, kaum sichtbar. 2 Analflecke. Weibchen durchsichtiger, bedeutend kräftiger gezeichnet. Vorderflügelmitte oft mehr oder weniger kräftiger schwarz bestäubt. Glasbinde und Submarginalbinde länger und breiter angelegt, bisweilen die helle Grundfarbenbinde einengend und hinten verdrängend. Wurzelfeld des Vorderflügels bisweilen ganz schwarz. Hinterflügel: Hinterrandschwärze bisweilen bis zu den Analflecken reichend. Glasbinde schmal, unsauber. Submarginalbinde durch leichte, schwarze Bestäubung erkennbar. 2 oder 3 Analflecke, die hintersten oft mit einem roten Kern. Folgende formae treten auf: *expupillata, marginepupillata, semidecora.* Vorderflügellänge: ♂ 39, ♀ 40—42 mm.

Südtirol: Grödener und Enneberger Tal.

Typen: ♂ ♀ in coll. H. Belling, Berlin-Pankow.

1794. **P. apollo comes** Belling 1930 *P. a.* subsp. *c.*, Belling in: Int. ent. Z., *v.* 23 p. 518—520; p. 519 (fig. ♂ ♀, var. *comes*) | 1931 *P. a. c.*, Bollow in: Seitz, Großschmett. Erde, *v.* 1 Suppl. 1 p. 330.

Eine ssp. *ladinus* Belling sehr nahe kommende Unterart, aber etwas kleiner. Mit mehr geradem Seitenrand des Vorderflügels. Von sehr heller Grundfarbe, die bisweilen etwas verdüstert ist. Schwarzfleckung kräftig,

Fig. 415.
**Parnassius apollo comes** Belling (♂). (Original, aus coll. Zool. Mus. Berlin) (1/1).

Wurzelteil und Vorderrand des Vorderflügels gut schwarz gekörnt. Männchen (Fig. 415) mit längerer Glasbinde, die den Hinterrandwinkel erreicht. Submarginalbinde sehr schmal und zart, dem Glasbande stark genähert. Subcostalbändchen kräftig. Hinterrandschwärze des Hinterflügels discuswärts nicht so dunkel. 2 Analflecke, der 3. bisweilen angedeutet. Die dunkelzinnoberroten Augenflecke mittelgroß, rundlich, deutlich schwarz umrandet, meistens mit weißem Kern. Submarginalbinde des Hinterflügels als leichter Anflug kaum bemerkbar. Rippenenden pfeilartig verglast. Weibchen mit kräftigerer Schwarzfleckung. Saum der Vorderflügel mehr gerundet. Flügelmitte schwärzlich bestäubt. Augenflecke größer, kräftiger schwarz umrahmt, mit weißen

Kernen. 2 zusammenhängende, kräftige Analflecke, ein 3. öfter mehr oder weniger stark vorhanden. Submarginalbinde schwach ausgeprägt. Verglasung des Saumes wie beim Männchen. Folgende formae treten auf: *ampliusmaculata, semidecora.* Vorderflügellänge: ♂♀ 39,5—40 mm.

Südtirol: Pustertal und dessen Seitentäler.

Typen: ♂ ♀ in coll. H. Belling, Berlin-Pankow.

17 95. **P. apollo eremita** Belling 1931 *P. a.* subsp. *e.*, Belling in: Int. ent. Z., *v.* 25 p. 94—95.

Eine kleine Subspecies von rein weißem Flügelfond. Mit etwas gestrecktem Vorderflügel und gerade verlaufendem Saum des Seitenrandes. Männchen: Vorderrand und Wurzelteil des Vorderflügels deutlich schwarz gekörnt. Der schmale Glassaum erreicht fast $Ax_1$. Die deutliche Submarginalbinde kräftig und ebenso lang. Endzellfleck recht klein. Zellfleck ziemlich groß und tiefschwarz. Hinterrandfleck länglich, schief gestellt. Subcostalflecke klein, verwaschen. Hinterrandschwärze des Hinterflügels gegen den Discus aufgehellt. Die nicht großen, roten Augenflecke deutlich schwarz umrandet, mit kleinen, weißen Kernen. 2 Analflecke. Glassaum und Submarginalbinde sehr zart angelegt. Weibchen stärker schwärzlich bestäubt, besonders in den Wurzelteilen, mit kräftigerer Zeichnung. Glassaumbestäubung und Submarginalbinde des Hinterflügels kräftig entwickelt. Augenflecke mit großem, weißem Kern. 2 Analflecke, oft rot beschuppt; der 3. Fleck angedeutet oder fehlend. Hinterrandschwärze des Hinterflügels kräftiger. Vorderflügellänge: ♂♀ 36,5—37 mm.

Südtirol: Ultental.

Typen: ♂ ♀ in coll. H. Belling, Berlin-Pankow.

17 96. **P. apollo agyieus** Fruhst. 1921 *P. a.* subsp. *agyiens* (part.), Fruhstorfer in: Ent. Anz., *v.* 1 p. 29 | 1922 *P. a. agyiens* (part.) forma *humicola*, Fruhstorfer, ibid., *v.* 2 p. 18 | 1922 [1923]. *P. a. agyiens* (part.), Bryk in: Strand, Lep. Cat., *v.* 27 p. 106 | 1923 *P. a. agyieus*, Belling in: D. ent. Z., p. 287 | 1929 *P. a. altitudinis*, Eisner in: Ent. Rundsch., *v.* 46 p. 5 | 1929 *P. a.* „Höhenform" *a.*, Bollow in: Seitz, Großschmett. Erde, *v.* 1 Suppl. 1 p. 62 | 1931 *P. a.* subsp. *bellingi*, Bryk & Eisner in: Parnassiana, *v.* 1 nr. 6 p. 5.

Eine große Subspecies. Im Gegensatz zu ssp. *altitudinis* Bryk eine Talrasse. Schwarzfleckung des Vorderflügels kräftig. Augenflecke mittelgroß,

Fig. 416.
**Parnassius apollo agyieus** Fruhst. (♀). (Original, aus coll. Zool. Mus. Berlin) (1/1).

kräftig schwarz umrandet, überwiegend mit weißen Kernen. Wurzelfeld und Vorderflügel schwarz gekörnt. Die Wurzelschwärze des Hinterrandes im Hinterflügel reicht nicht so nahe an die Analflecke heran, wie bei ssp. *altitudinis* Bryk, sie umgreift die Mittelzelle. 2 Analflecke. Submarginalbinde des Hinterflügels in der Regel in beiden Geschlechtern erhalten. Männchen: Glasbinde hinten verjüngt, den Hinterrand nicht erreichend. Submarginalbinde kräftig, etwas kürzer als das Glasband. Subcostalflecke vereinigt. Weibchen (Fig. 416) mit potenzierter Zeichnung, breiterer und längerer Glas- und Submarginalbinde. Glasbinde des Hinterflügels mehr oder weniger deutlich ausgeprägt. 2 oder 3 Analflecke. Vorderflügellänge: ♂♀ 36 mm.

Südtirol: Ampezzo-Tal (Typus: Cortina).

Typen: ♂ ♀ in coll. H. Fruhstorfer, Nizza.

1797. **P. apollo altitudinis** Bryk 1915 *P. a.* (part.), Bryk in: Arch. Naturg. *v.* 80 A 7 p. 156 f. 32a. 32b (aberr. *halteres*), A 8 p. 144, 145, 164 (♂ aberr. *herrichi* p. 148, A 9 141, A 7 t. 9 f. 75 (♂ non ♀!, forma *rubidus* aberr. *kailasiophanus* (errat.)) [1918] *P. a.* (part.), Bryk, Parnassius Apollo Formenkreis, p. 68 f. 32a, 32b (aberr. *halteres*), p. 98 (aberr. *herrichi* ♂), p. 118, 137 t. 9 f. 75 (♂ non ♀!, forma *rubidus* aberr. *kailasiophanus* (errat.)) | 1919 *P. a. altitudinis*, O. Staudinger & A. Bang-Haas (Bryk MS.), Lep. Liste, *v.* 58 p. 2 | 1921 *P. a.* subsp. *agyiens* (part.), Fruhstorfer in: Ent. Anz., *v.* 1 p. 29 | 1921 *P. a.* „Rasse" *altitudinis*, Bryk in: Ent. Tidskr., *v.* 42 p. 119 | 1922 [1921] *P. a.* var. *rubidus* forma *a.*, Bryk in: Arch. Naturg., *v.* 87 A 10 p. 232 | 1922 [1923] *P. a.* forma *a.*, Bryk in: Strand, Lep. Cat., *v.* 27 p. 107 | 1923 *P. a. agyieus* (part.), Belling in: D. ent. Z., p. 287 | 1929 *P. a.* subsp. *agyjens* (part.) (+ *agieus* ex synonym.), Bollow in: Seitz, Großschmett. Erde, *v.* 1 Suppl. 1 p. 61.

Eine stark gynaikotrope Subspecies, deren Männchen bisweilen an *P. phoebus* (F.) aus den Alpen erinnern. Von weißer, stark verdüsterter Grundfarbe, mit schwarz gekörntem Vorderrande und Wurzelfelde des Vorderflügels, deutlicher Submarginalbinde und mit einer ausgedehnten Hinterrandschwärze

Fig. 417.
**Parnassius apollo altitudinis** Bryk (♂). (Original, aus coll. Zool. Mus. Berlin) (1/1).

des Hinterflügels, die bis zu den Analflecken heranreicht. Männchen (Fig. 417): Glasband dunkel, nicht breit, den Hinterrandwinkel nicht erreichend. Submarginalbinde mehr oder weniger kräftig ausgeprägt. Subcostalflecke dem länglichen Endzellfleck angenähert und mit einander verbunden, die Verlängerung hinter $M_2$, falls vorhanden, $M_3$ nicht erreichend. Mittelzellfleck länglich. Augenflecke breit, schwarz umrandet, mittelgroß, der mediane mit weißer Aufhellung. Submarginalbinde durch schwärzliche Bestäubung mehr oder weniger gut erkennbar. Weibchen: durchsichtiger, mit größeren Zeichnungselementen. Submarginalbinde und Glasband des Hinterflügels deutlich. Folgende formae treten auf: *excelsior*, ♂ *herrichi*, *halteres*, *marginepupillata*, *decora*. Vorderflügellänge: ♂ 36, ♀ 36—37 mm.

Dolomiten (Typus: Pieve di Livinolungo).

Typen: ♂ ♀ in coll. C. Eisner, Berlin-Dahlem.

1798. **P. apollo phrynius** Fruhst. 1910 *P. a.*, Kitt in: Int. ent. Z., *v.* 4 p. 157, 158, 163, 164, f. 1, 2, 3, 4 (♂), 6 (♀), 7 (♂) (aberr. *graphica*, aberr. *decora*), f. 5 (♂ aberr. *novarae*) | 1912 *P. a.*, Belling in: Int. ent. Z., *v.* 5 p. 355 | 1912 *P. a. montanus*, Belling, ibid., *v.* 6 p. 192 | 1915 *P. a.* + aberr. *graphica* + aberr. *decora* + aberr. *fasciata*, Belling in: D. ent. Z., p. 644, 645, 646 t. 17 f. 1 (♂), 2 (♀), t. 18 f. 1 (♂), 2 (♀) | 1921 *P. a.* subsp. *phrynius* (part.), Fruhstorfer in: Ent. Anz., *v.* 1 p. 30, 31 | 1922 [1923] *P. a.* var. *glocnerica* (part.), Bryk in: Strand, Lep. Cat., *v.* 27 p. 119 | 1923 *P. a. phrynius*, Belling in: D. ent. Z., p. 287, 289—290 | 1929 *P. a.* subsp. *p.*, Bollow in: Seitz, Großschmett. Erde, *v.* 1 Suppl. 1 p. 60.

Eine kleine, bisweilen an ssp. *bartholomaeus* H. Stich. erinnernde Subspecies mit gestrecktem Vorderflügel, dessen Seitenrand gerade verläuft. (Fig. 418).

Fig. 418.
**Parnassius apollo phrynius** Fruhst. (♂). (Original, aus coll. Zool. Mus. Berlin) (1/1).

Fig. 418 a.
**Parnassius apollo phrynius** Fruhst. (♀). (Original, aus coll. Zool. Mus. Berlin) (1/1).

Vorderrand und Wurzelfeld des Vorderflügels schwarz gekörnt. Zeichnung kräftig. Glasband in der Regel bis zum Hinterrandwinkel reichend. Submarginalbinde deutlich, zwischen $M_2$ und $M_3$ wurzelwärts etwas vorspringend. Augenflecke klein bis mittelgroß, nicht immer mit weißen Kernen, mittelstark, schwarz umzogen, tiefrot. Wurzelfeld und Hinterrandschwärze des Hinterflügels kräftig, oft um die Mittelzelle greifend. Männchen mit schmalem Glasband und deutlicher Submarginalbinde, die den Hinterrand nicht erreicht. Subcostalbändchen erhalten. Hinterrandfleck $Cu_2$ oft erreichend. Zellfleckung sehr kräftig. Augenflecke rundlich, mit oder ohne weißen Kern. Hinterrandschwärze kräftig, an die Mittelzelle bis $R_5$ $(+ M_1)$ reichend. Verglasung des Saumes rudimentär. Weibchen sehr verdunkelt, besonders fällt die Reduzierung der Grundfarbenbinde im Vorderflügel auf. Wurzelfeld- und Hinterrandschwärze des Hinterflügels besonders stark ausgeprägt, oft fast die ganze Mittelzelle bei Aussparung eines hellen Streifens in der Mitte einnehmend. 3. Analfleck in der Regel erhalten. Weißkernung der Augenflecke größer als beim Männchen. Submarginalbinde und Glassaum erhalten. Folgende formae treten auf: *graphica, decora, herrichi, expupillata*. Vorderflügellänge: ♂ 33—35, ♀ 35—40 mm.

Ötztaler Alpen.

Typen: ♂ ♀ in coll. H. Fruhstorfer, Nizza.

1799. **P. apollo bellingianus** Bryk (nom. nov.) 1921 *P. a.* subsp. *phrynius* (part.), Fruhstorfer in: Ent. Anz., *v.* 1 p. 30, 31 | 1922 [1923] *P. a.* var. *glocnerica* (part.), Bryk in: Strand, Lep. Cat., *v.* 27 p. 119 | 1923 *P. a. venustus* (nec H. Stichel 1901), Belling in: D. ent. Z., p. 290 | 1929 *P. a.* „Rasse" *v.*, Bollow in: Seitz, Großschmett. Erde, *v.* 1 Suppl. 1 p. 61 | 1934 *P. a.-v.*, Gönner in: Ent. Z., *v.* 48 p. 129 f. (♂ ♀).

Fig. 419.
**Parnassius apollo bellingianus** Bryk (♂). (Original, aus coll. Zool. Mus. Berlin) (1/1).

Größer als ssp. *phrynius* Fruhst. Grundfarbe dicht weiß beschuppt (Fig. 419). Flügelform gestreckt, mit kräftig entwickelter Schwarzfleckung. Wurzelfeld und Vorderrand des Vorderflügels schwarz gekörnt. Männchen mit mittelbreitem Glasband, das wie die deutlich von ihm getrennte Submarginalbinde bis zur $Cu_2$ reicht. Augenfleck rundlich, kräftig schwarz begrenzt, lebhaft karminrot, klein, meist weiß gekernt. Die Wurzel- und Hinterrandschwärze umfassen die Mittelzelle und dringen bisweilen in ihre Spitze ein. Saum und Submarginalbinde des Hinterflügels mäßig bestäubt. 2, bisweilen

3 Analflecke. Weibchen mit breiterem Glasbande und kräftigerer Submarginalbinde. Discus des Vorderflügels verdüstert. Subcostalbändchen, Hinterrandfleck und Zellflecke groß und scharf begrenzt. Hinterflügel schwärzlich überpudert, mit ausgedehnter Hinterrand- und Wurzelschwärze. 3 Analflecke, von denen die 2 hintersten oft rot gekernt sind. Augenflecke sehr groß,

Fig. 419a.
**Parnassius apollo bellingianus** Bryk (♀). (Original, aus coll. Zool. Mus. Berlin) (1/1).

stark schwarz umrandet, mit weißen Kernen. Glassaum des Hinterflügels durch schwärzliche Schattierung angedeutet. Submarginalbinde deutlich. Folgende formae treten auf: *graphica*, ♂ *ampliusmaculata*, *decora*. Vorderflügellänge: ♂ 35—37, ♀ 38—42 mm.

Tirol: Schnalser Tal.

Typen: ♂ ♀ in coll. H. Belling, Berlin-Pankow.

17100. **P. apollo mendolensis** Dannehl 1925 *P. a.* „Rasse“ *m.* F. Dannehl in: Ent. Z., *v.* 39 p. 6 | 1929 *P. a.* „Form“ *m.*, Bollow in: Seitz, Großschmett. Erde, *v.* 1 Suppl. 1 p. 60.

Eine an ssp. *rubidus* Fruhst. sich anschließende, gelbliche Subspecies, die im männlichen Geschlechte viel zierlicher ist und nicht so gestreckte Vorderflügel hat. Wurzelfeld und Vorderrand des Vorderflügels schwarz gekörnt. Augenflecke ziegelrot, rundlich, schmal, dünn umzogen, mit kleinen, weißen Kernen. Männchen mit schmalem Glasbande, das bis $Cu_2$ reicht. Submarginalbinde zwischen $M_2$ und $M_3$ vorspringend, schmal, ebenso lang. Subcostalflecke verbunden und wie der Hinterrandfleck schmal. Zellflecke nicht übermäßig kräftig. Wurzel- und Hinterrandschwärze mäßig, bis $M_1$ reichend. Submarginalbindenregion ganz leicht bestäubt. Rippenenden leicht glasig beschattet oder eine continuierliche Schlangenlinie bildend. 2 zusammenhängende, kurze Analflecke, die oft rot gekernt sind. Weibchen größer, mit gestreckter Vorderflügelform, potenzierter Größe der Fleckung und dumpferem Flügelton. Glasband breiter, stark geschwungen und mit nahe gerückter, parallel zu ihm verlaufender Submarginalbinde. Hinterrandschwärze des Hinterflügels nicht so weit nach vorn vorspringend. Submarginalbinde kaum angedeutet, Glassaum schmal. Augenflecke größer, die subcostalen oft ohne weißen Kern. 2 Analflecke. Als forma tritt *decora* auf. Vorderflügellänge: ♂ 34,5—37, ♀ 39—40 mm.

Südtirol: Mendelpaß.

17101. **P. apollo montebaldensis** Fruhst. 1923 *P. a.* subsp. *m.*, Fruhstorfer in: Ent. Anz., *v.* 3 p. 41 | 1925 *P. a. baldensis* + *tridentina*, F. Dannehl in: Ent. Z., *v.* 39 p. 6 | 1929 *P. a.* subsp. *montebaldensis* + *t.*, Bollow in: Seitz, Großschmett. Erde, *v.* 1 Suppl. 1 p. 60.

Eine sehr kleine Subspecies mit deutlicher Schwarzkörnung des Vorderrandes und des Wurzelfeldes. Männchen: Glassaum des Vorderflügels sehr dunkel und schmal. Submarginalbinde sehr deutlich. Schwarzfleckung äußerst markant. Mittelzellfleck rundlich. Wurzelfeld und Hinterrandzelle intensiv schwarz bestäubt, vorn die Mittelzelle umgreifend. Augenflecke relativ klein, elliptisch, mit kleinem, weißem Kern und schmaler, schwarzer Umrandung. 2 sehr markante Analflecke. Weibchen mit breiterem Glasband und längerer Submarginalbinde. Schwarzfleckung kräftiger. Flügelmitte schwarz bestäubt. Augenflecke mit größeren, weißen Spiegeln. Analflecke rundlich. Submarginalbinde des Hinterflügels continuierlich. Die Tiere aus den Trientiner Alpen (*tridentina* Dannehl) sind sehr mangelhaft beschrieben und dürften mit *montebaldensis* Fruhst. zusammenfallen.

Monte Baldo.

Typen: ♂ ♀ in coll. Zool. Staatssamml. München.

17102. **P. apollo marmorarius** Belling 1930 *P. a. m.*, Belling in: Int. ent. Z., *v.* 24 p. 341 (f. ♂ ♀) | 1931 *P. a.* subsp. *m.*, Bollow in: Seitz, Großschmett. Erde, *v.* 1 Suppl. 1 p. 330.

Eine mittelgroße, dicht beschuppte Subspecies von gestreckter Vorderflügelform. Mit Schwarzkörnung des Vorderrandes und des Wurzelfeldes des Vorderflügels und kleinen Augenflecken. Männchen (Fig. 420) mit schmaler,

Fig. 420.
**Parnassius apollo marmorarius** Belling (♂). (Paratypus, aus coll. Zool. Mus. Berlin) (1/1).

bis zur $Cu_2$ oder bis zum Hinterrandwinkel reichender Glasbinde. Submarginalbinde kräftig, aber schmal. Hinterrandfleck und die mager verbundenen Subcostalflecke klein. Zellflecke nicht übermäßig groß. Augenflecke klein, karminrot, stark schwarz umrandet, mit weißem Kern. 2 Analflecke, der vordere rundlich, der hintere strichförmig. Wurzel- und Hinterrandschwärze um die Zelle greifend, bei $R_5$ $(+ M_1)$ schwach verklingend. Submarginalbinde undeutlich oder verschwunden. Rippenenden des Hinterflügels glasig beschattet. Weibchen dünn weiß beschuppt, mit gerundetem Seitenrand des Vorderflügels, breiterer, bis zum Hinterrandwinkel reichender

Glasbinde und ebenso langer, breiterer, gesättigter Submarginalbinde. Flügelmitte schwärzlich überpudert. Subcostalbändchen und Hinterrandfleck kräftiger als beim Männchen. Hinterflügel dichter weiß beschuppt als die Vorderflügel, mit schmalem Glassaum und mäßiger Submarginalbinde. Der mediane Augenfleck größer, mit größerem, weißem Kern. 2 Analflecke, wie beim Männchen. Hinterrandschwärze kräftiger und discalwärts ausgedehnter. Vorderflügellänge: ♂ 35—37, ♀ 34,5 mm.

Südtirol: Martelltal.

Typen: ♂ ♀ in coll. H. Belling, Berlin-Pankow.

17103. **P. apollo victorialis** Fruhst. 1921 *P. a.* subsp. *v.*, Fruhstorfer in: Ent. Anz., *v.* 1 p. 29; p. 30 f. 1 (♂), 2 (♀) | 1922 *P. a. v.*, Fruhstorfer, ibid., *v.* 2 p. 18 | 1922 [1923] *P. a.* forma *v.*, Bryk in: Strand, Lep. Cat., *v.* 27 p. 143 | 1929 *P. a.* subsp. *v.*, Bollow in: Seitz, Großschmett. Erde, *v.* 1 Suppl. 1 p. 61 | 1930 *P. a.* subsp. *v.*, Belling in: Int. ent. Z., *v.* 24 p. 192, 193.

Eine große, gelbliche, dicht beschuppte, an ssp. *rubidus* Fruhst. erinnernde Subspecies mit gestrecktem Vorderflügelschnitt und fast geradem Seitenrand. Glassaum mittelbreit, in der Mitte etwas bauchig vorspringend. Subcostalbändchen erhalten. Vorderrand und Wurzelfeld des Vorderflügels deutlich schwärzlich gekörnt. Zellflecke kräftig hervortretend. Die karminroten Augenflecke mittelgroß, schmal schwarz umrahmt, mit weißen Kernen. Schwärze des Wurzelfeldes und des Hinterrandes des Hinterflügels mittelstark, oft um die Mittelzelle bis $R_5$ (+ $M_1$) mehr oder weniger stark reichend. Männchen: Glassaum bis zum Hinterrandwinkel reichend oder kurz vor ihm verjüngt. Submarginalbinde sehr schmal und blaß, bis $Cu_2$ reichend. Subcostalbändchen $M_3$ und Hinterrandfleck $Cu_2$ nicht erreichend. Submarginalbinde des Hinterflügels fehlend oder nur durch kaum sichtbare, schwarze Bestäubung hinten angedeutet. Rippenenden glasig beschattet. 2 Analflecke. Weibchen mit kräftigerer Zeichnung. Glasband hinten etwas breiter. Submarginalbinde länger und oft breiter. Vorderflügelmitte mehr oder weniger stark schwärzlich bestäubt. 2 kräftige Analflecke, denen sich vorn oft ein kleiner 3. anreiht. Submarginalbinde des Hinterflügels graphitgrau, oft reduziert. Glassaum deutlich, bisweilen ausgezackt. Als forma tritt *expupillata* auf. Vorderflügellänge: ♂ 36,5—41, ♀ 36—42 mm.

Südtirol: Umgebung von Trient.

Typen: ♂ ♀ in coll. H. Fruhstorfer, Nizza.

17104. **P. apollo tonalensis** Bryk 1914 *P. a. valesiacus*, Bryk in: Soc. ent., *v.* 29 p. 32 | 1921 *P. a. tonalensis* + aberr. *kitti*, Bryk in: Ent. Tidskr., *v.* 42 p. 117 f. 12 (*P. a.* ♂ forma *t.* aberr. *k.*) | 1922 *P. a. t.*, Fruhstorfer in: Ent. Anz., *v.* 2 p. 18 | 1922 [1923] *P. a.* var. *t.*, Bryk in: Strand, Lep. Cat., *v.* 27 p. 141 | 1929 *P. a.* „Rasse" *victorialis* „Höhenform" *t.*, Bollow in: Seitz, Großschmett. Erde, *v.* 1 Suppl. 1 p. 61—62.

Eine zwischen ssp. *rubidus* Fruhst. und ssp. *valdieriensis* Verity stehende, mittelgroße, kreideweiße Unterart. Männchen (Fig. 421): Glasband schmal und kurz, ebenso die graphitgraue Submarginalbinde. Subcostalflecke verbunden, schmal, ebenso wie der Hinterrandfleck etwas reduziert. Augenflecke klein, mit kleinen, weißen Kernen, sauber schwarz umrandet. 2 bescheidene Analflecke, auch unterseits fehlt der 3. Rippenenden des Hinterflügels schwach glasig beschattet. Die Schwärze des Wurzelfeldes und des Hinterrandes nicht so prätentiös wie bei ssp. *rubidus* Fruhst., graphitgrau, diffus, allmählich beim Mittelzellende verklingend. Submarginalbinde fehlend. Weibchen mit oft leicht ins Gelbliche gehendem Flügelgrund. Glasband länger. Submarginalbinde schmäler und weniger gesättigt, schwärzer als bei ssp. *rubidus* Fruhst. Fleckung stärker als beim Männchen. Augenflecke kleiner als bei ssp. *rubidus* Fruhst., in der Regel nicht ganz rot ausgefüllt. Hinterrandschwärze mehr betont. Submarginalbinde und Glas-

Fig. 421.
**Parnassius apollo tonalensis** Bryk (♂). (Paratypus, aus coll. Zool. Mus. Berlin) (1/1).

saum des Hinterflügels schmal. Folgende formae treten auf: *sphenagon, kitti* (Fig. 331), *ampliusmaculata*. Vorderflügellänge: ♂ 36—41, ♀ 37 bis 42 mm.

Tirol: Tonalepaß.

Typen: ♂ ♀ in coll. C. Eisner, Berlin-Dahlem.

17105. **P. apollo castellanus** Belling 1915 *P. a.* (part.), Waltz in: Mt. Münch. ent. Ges., *v.* 6 p. 65, 70 | 1922 *P. a.* subsp. *castellanus*, Belling in: D. ent. Z., p. 193 | 1922 [1923] *P. a.* forma *c.*, Bryk in: Strand, Lep. Cat., *v.* 27 p. 114 | 1927 *P. a. c.*, Belling in: Int. ent. Z., *v.* 21 p. 299 | 1929 *P. a.* „Rasse" *c.*, Bollow in: Seitz, Großschmett. Erde, *v.* 1 Suppl. 1 p. 61.

Fig. 422.
**Parnassius apollo castellanus** Belling (♂). (Original, aus coll. Zool. Mus. Berlin) (1/1).

Unterart mit hellweißer Grundfarbe und rundlichem Vorderflügel, dessen Wurzel und Vorderrand schwarz gekörnt sind. Männchen (Fig. 422): Glasband und Submarginalbinde des Vorderflügels bis $Cu_2$ reichend, letztere nicht breit, aber gut entwickelt, mehr oder weniger deutlich vom Glasband getrennt. Subcostalflecke nicht stark entwickelt. Endzellfleck und Mittelzellfleck scharf hervortretend. Hinterrandfleck nicht sonderlich groß, rundlich oder eckig. Wurzelfeld und Hinterrand des Hinterflügels ausgedehnt geschwärzt, vorn die Mittelzelle verschleiernd. Submarginalbinde und Glassaum an den Rippenenden des Hinterflügels mehr oder weniger stark angedeutet. Augenflecke von mittlerer Größe, deutlich schwarz umzogen, der mediane rundlich oder unregelmäßig verzogen, mit weißem Kern. 2 Analflecke, der 3. nur rudimentär und nicht immer auftretend; unterseits 3 Analflecke. Weibchen öfters etwas schwärzlich überpudert. Mit vergrößerter Schwarzfleckung und größeren Augenflecken, die in der Regel weiß gekernt sind. Submarginalbinde und das breitere Glasband des Vorderflügels länger, bis zum Hinterrandwinkel reichend. Die Schwärzung des Hinterrandes auf dem Hinterflügel umfaßt die Mittelzelle. Submarginalbinde und Glassaum kräftig grau bestäubt. Folgende formae treten auf: *graphica, marginepupillata*. Vorderflügellänge: ♂ 36—41, ♀ 37—40 mm.

Sigmundsburg bei Schloß Fernstein und am Fernstein-See.

Typen: ♂ ♀ in coll. H. Belling, Berlin-Pankow.

17 106. **P. apollo confinis** Belling 1927 *P. a.* subsp. *c.*, Belling in: Int. ent. Z., *v.* 21 p. 296—299; p. 297 f. 1 (♂), p. 298 f. 2 (♀) | 1929 *P. a.* „Rasse" *c.*, Bollow in: Seitz, Großschmett. Erde, *v.* 1 Suppl. 1 p. 62.

Eine mittelgroße, dicht beschuppte Subspecies von rein weißer oder leicht gelblicher Grundfarbe, mit wenig gestreckter Vorderflügelform und geradem Saum. Subcostalbändchen erhalten. Hinterrandfleck eher länglich. Vorderrand und Wurzel der Mittelzelle im Vorderflügel mehr oder weniger stark geschwärzt. Männchen mit schmalem Glasband, das bis über $Cu_2$ hinausreicht, mitunter die $Ax_1$ erreichend. Submarginalbinde bis $Cu_2$ reichend. Hinterflügel oval, mit kräftiger Wurzel- und Hinterrandschwärze, die um die Mittelzelle greift und öfters dabei deren Spitzenteil ausfüllt. Rippenenden und Submarginalbindenzone mäßig schwärzlich bestäubt oder nicht markiert. 2 Analflecke, der vordere bisweilen mit rotem Kern. Augenspiegel gut schwarz umrahmt, meist mit mehr oder weniger deutlichem, weißem Kern, der subcostale gewöhnlich rund, der mediane bisweilen nach vorn ausgezogen. Weibchen: Vorderrand des Vorderflügels sanft gerundet, Glassaum länger und breiter, mit kräftiger, breiter Submarginalbinde, die $Cu_2$ überschreitet oder den Glassaum erreicht. Schwarzfleckung kräftiger. Subcostalbändchen von dem kräftigen, innen gebogenen Hinterrandfleck weit entfernt. Glasbinde und Submarginalbinde des Hinterflügels mehr oder weniger deutlich erhalten. Augenflecke größer als beim Männchen, der subcostale rundlich oder etwas länglich ausgezogen, der mediane größer, kreis- oder eirund, $M_3$ nicht ganz erreichend, intensiv karminrot, mit weißem Kern. 2 Analflecke, der 3. schwach angedeutet. Hinterrandschwärze kräftiger ausgeprägt als beim Männchen. Folgende formae treten auf: *graphica, expupillata, semidecora*. Vorderflügellänge: ♂ 36—39, ♀ 38,5—41 mm.

Ober-Inntal, Stansertal, Paznauntal (Typus: Landeck).

Typen: ♂ ♀ in coll. H. Belling, Berlin-Pankow.

17 107. **P. apollo vicinus** Belling 1929 *P. a.* subsp. *v.*, Belling in: Int. ent. Z., *v.* 23 p. 29—33; p. 31 f. 1 (♂), p. 32 f. 2 (♀) | 1931 *P. a. v.*, Bollow in: Seitz, Großschmett. Erde, *v.* 1 Suppl. 1 p. 330 | 1932 *P. a. v.*, Bergmann in: Int. ent. Z., *v.* 25 p. 406.

Eine an ssp. *wenzeli* Bryk sich anschließende Unterart mit etwas gestreckterer Flügelform und gerade verlaufendem Außenrand des Vorderflügels (Fig. 423). Von weißer Grundfarbe, die in der Vorderflügelmitte mehr oder weniger deutlich schwärzlich bestäubt ist. Wurzelfeld und Vorderrand des Vorderflügels stark schwarz gekörnt. Glasband bis zum Hinterrandwinkel reichend. Submarginalbinde, die zwischen $M_2$ und $M_3$ etwas wurzelwärts bogig hervortritt, sehr kräftig. Subcostalbändchen erhalten. Zellflecke und Hinterrand-

Fig. 423.
**Parnassius apollo vicinus** Belling (♂). (Paratypus, aus coll. Zool. Mus. Berlin) ($^1/_1$).

Fig. 423 a.
**Parnassius apollo vicinus** Belling (♀). (Paratypus, aus coll. Zool. Mus. Berlin) ($^1/_1$).

fleck kräftig. Mittelzellfleck oft unregelmäßig 6 eckig oder länglich. Männchen mit schmalem Glasband. Submarginalbinde $Cu_2$ etwas überschreitend. Subcostalbändchen erreicht $M_3$ nicht. Augenflecke klein oder mittelgroß, oft rundlich, breit schwarz umrahmt, kräftig karminrot, mit deutlichem, sehr kleinem, weißem Kern. 2 breite, zusammenhängende Analflecke. Die diffusschwarze Submarginalbinde des Hinterflügels undeutlich. Rippenenden schwärzlich, pfeilartig bestäubt. Wurzelfeld und Hinterrandschwärze deutlich, sich um die Mittelzelle bis $R_5$ (+ $M_1$) verjüngend. Das Weibchen zeigt die beim Männchen hervorgehobenen Merkmale in potenzierter Ausprägung. Stark verdunkelt. Das breitere Glasband und die verbreiterte Submarginalbinde berühren sich fast am Hinterrandwinkel des Vorderflügels. Fleckung der Subcostalbindenzone sehr kräftig. Augenflecke rundlich und vergrößert, mit kleinen oder mittelgroßen, weißen Kernen. Glassaum und Submarginalbinde etwas stärker als beim Männchen hervortretend. Der 3. Analfleck ganz rudimentär erhalten. Forma *expupillata* tritt auf. Vorderflügellänge: ♂ 37—40, ♀ 40—41 mm.

Nordtirol: Pitztal.

Typen: ♂ ♀ in coll. H. Belling, Berlin-Pankow.

17 108. **P. apollo triumphator** Fruhst. 1921 *P. a.* subsp. *t.*, Fruhstorfer in: Ent. Anz., *v.* 1 p. 54—55; p. 55 f. (♀, ♂), p. 66 f. (♀, ♂) | 1922 [1923] *P. a.* var. *t.*, Bryk in: Strand, Lep. Cat., *v.* 27 p. 141 | 1929 *P. a.* „Rasse" *t.*, Bollow in: Seitz, Großschmett. Erde, *v.* 1 Suppl. 1 p. 62 | 1930 *P. a. t.*, Vorbrodt in: Mt. Schweiz. ent. Ges., *v.* 14 p. 214 | 1932 *P. a. t.*, Vorbrodt in: Ent. Z., *v.* 46 p. 6.

Eine langgestreckte, am Seitenrand schwach gerundete, große Subspecies. Mit sehr kräftigen Zellflecken, ausgeprägten, bis $M_3$ reichenden

Fig. 424.
**Parnassius apollo triumphator** Fruhst. (♂). (Original, aus coll. C. Eisner, Berlin-Dahlem) (1/1).

Fig. 424 a.
**Parnassius apollo triumphator** Fruhst. (♀). (Original, aus coll. C. Eisner, Berlin-Dahlem) (1/1).

Subcostalbändchen und deutlicher, bei $M_2$ etwas wurzelwärts vorspringender Submarginalbinde. Augenflecke mittelgroß bis groß, karminrot, weißgekernt, gut schwarz umrandet. Mit ausgeprägter Hinterrandschwärze der Hinterflügel, die Spitze der Mittelzelle bis $R_5$ (+ $M_1$) füllend. Submarginalbinde des Hinterflügels mehr oder weniger deutlich. Basalfeld und Vorderrand des Vorderflügels schwarz gekörnt. (Fig. 424). Männchen: Glasband schmal, in seiner Verjüngung $Cu_2$ erreichend. Die Submarginalbinde erreicht $Ax_1$ nicht. Flügelmitte längs des Discus schwach schwarz bestäubt. Hinterrandfleck mittelgroß. Augenflecke mittelgroß, sauber schwarz umzogen, mit großen, weißen Spiegeln. 2 zusammenhängende Analflecke, der 3. in der Regel nur unterseits verkleinert erhalten. Submarginalbinde des Hinterflügels durch diffuse, schwärzliche Bestäubung sichtbar. Rippenenden dunkel beschattet. Weibchen mit breiterer und längerer Submarginal- und Glasbinde, die am Hinterrand zusammentreffen und eine sehr schmale Mondbinde freilassen. Schwarzfleckung größer. Die schwarze Bestäubung der Flügelmitte viel prägnanter. Augenflecke größer, mit schwacher, weißer Füllung, aber wuchtig schwarzer Umrahmung. 3 Analflecke, der vorderste isoliert und nicht so kräftig. Die continuierliche Glasbinde und die schmale Submarginalbinde deutlich. ♀ forma *herrichi* tritt auf. Vorderflügellänge: ♂ 37, ♀ 41 mm.

Tessin: Maglio di Colla (Val Colla oberhalb Lugano) [non Monte Tamero wie Fruhstorfer absichtlich irreführend angibt].

Typen: ♂ ♀ in coll. H. Fruhstorfer, Nizza.

17 109. **P. apollo rhaeticus** Fruhst. 1899 *P. a. geminus* (part.), H. Stichel in: Ins.-Börse, *v.* 16 p. 301 | 1906 *P. a. rhaeticus*, Fruhstorfer in: Soc. ent., *v.* 21 p. 139 | 1907 *P. a. r.*, H. Stichel in: Seitz, Großschmett. Erde, *v.* 1 p. 36 | 1907 *P. a. r.*, H. Stichel in: Gen. Ins., *v.* 58 p. 28 | 1909 *P. a. r.*, A. Pagenstecher in: Jahrb. Ver. Nassau, *v.* 62 p. 162—164 | 1909 *P. a. gemminus*, Fruhstorfer in: Ent. Z., *v.* 23 p. 151 | 1909 *P. a.* subsp. *rhaeticus*, Rebel, Berges Schmettb., ed. 9 p. 7 | 1911 *P. a. r.*, Vorbrodt & Müller-Rutz. Schmett. Schweiz, *v.* 1 p. 6 | 1911 *P. a. geminus*, Marschner in: D. ent. Z. Iris, *v.* 25 p. 129 | 1911 *P. a. rhaeticus*, Büren v. Salis in: Bull. Soc. lép. Genève, *v.* 2 p. 94 | 1911 *P. a. geminus*, Verity, Rhop. palaearct., p. 304, 310 | 1913 *P. a.*, Heuer in: Int. ent. Z., *v.* 7 p. 117 | 1918 *P. a. rhaeticus* (part.), W. Rothschild in: Nov. zool., *v.* 25 p. 238 | 1922 [1923] *P. a.* forma *r.*, Bryk in: Strand, Lep. Cat., *v.* 27 p. 134 | 1923 *P. a.*, G. Wheeler in: P. ent. Soc. London, p. LVIII (abdomen flavum) | 1923 *P. a. rhaeticus*, Fruhstorfer in: Ent. Anz., *v.* 3 p. 57 | 1926 *P. a.*, Vogt in: Int. ent. Z., *v.* 20 p. 89 (planta, larvae) | 1929 *P. a.* „Rasse" *rhaeticus*, Bollow in: Seitz, Großschmett. Erde, *v.* 1 Suppl. 1 p. 63.

Eine mittelgroße, langgestreckte, weiße Rasse mit einem leichten Stich ins Gelbliche (Fig. 425). Mit schmalem Glasbande, deutlicher Submarginalbinde des Vorderflügels, starker Schwarzkörnung des Vorderrandes und Basalfeldes des Vorderflügels. Mit sehr starker Schwarzzeichnung und gedrungenem, sehr kräftigem Subcostalbändchen. Augenflecke klein bis mittelgroß, zinnoberrot, weißzentriert und schmal schwarz umsäumt. 2 zusammenhängende Analflecke. Männchen: Das Glasband erreicht $Cu_2$. Die Submarginalbinde ebenso lang. Das Subcostalbändchen erreicht $M_3$ nicht. Der abgerundet viereckige, mittelgroße Hinterrandfleck mit einem leichten, schwarzen Wisch hinter $Ax_1$. Hinterrandschwärze des Hinterflügels variabel, bald sehr stark, breit um die Mittelzelle greifend, sogar ihre Spitze diffus bis $R_4$ füllend und bis zu den Analflecken reichend, bald reduziert und bei $M_2$ schwach verklingend. Der hinterste Analfleck bisweilen rot gekernt. Rippenenden sehr schwach glasig beschattet. Submarginalbinde fehlend oder nur durch leichten Schwarzstaub angedeutet. Weibchen mehr gelblich, mit bis zum Hinterrande reichender Glas- und Submarginalbinde, die breit ist und dadurch die Mondbinde stark einengt. Flügelmitte schwärzlich bestäubt. Schwarzmakelung stärker als beim Männchen. Das Subcostalbändchen erreicht $M_3$. Der schwarze Wisch hinter dem Hinterrandflecke stärker als beim Männchen betont. Glasband

Fig. 425.
**Parnassius apollo rhaeticus** Fruhst. (♂). (Original, aus coll. Zool. Mus. Berlin) (1/1).

Fig. 425a.
**Parnassius apollo rhaeticus** Fruhst. (♀). (Original, aus coll. Zool. Mus. Berlin) (1/1).

des Hinterflügels undeutlich, schmal oder bogig ausgezähnt. Submarginalbinde diffus, bisweilen aus deutlichen, getrennten Elementen bestehend. Hinterrandschwärze diffus um die Mittelzelle greifend. 3. Analfleck bisweilen reduziert. Folgende formae treten auf: *flavomaculata, decora, marginepupillata, ampliusmaculata.* Vorderflügellänge: ♂ 36,5—37, ♀ 36—40 mm.

Engadin: Silvaplana.

Typen: ♂ ♀ in coll. H. Fruhstorfer, Nizza.

17110. **P. apollo helias** Fruhst. 1923 *P. a.* subsp. *h.* + aberr. *graphica* + aberr. *decorata*, Fruhstorfer in: Ent. Anz., *v.* 3 p. 55—56 | 1929 *P. a. h.*, Bollow in: Seitz, Großschmett. Erde, *v.* 1 Suppl. 1 p. 62.

Eine helle, milchig weiße, den Übergang zur subsp. *nivatus* Fruhst. bildende Unterart mit gestreckter Vorderflügelform. Männchen mit schmalem, aber dunklerem Glasbande als ssp. *nivatus* Fruhst. Submarginalbinde schwach entwickelt. Augenflecke mittelgroß, deutlich schwarz umrandet, mit großen, weißen Kernen. Subcostalbändchen stark ausgeprägt. Zellflecke schmal. Hinterrandschwärze des Hinterflügels verdunkelt. Weibchen mit breiterem Glasband und deutlicherer und längerer Submarginalbinde als das Männchen. Flügelmitte des Vorderflügels häufig stark geschwärzt. Augenflecke bedeutend größer. (Über die Analflecke wird in der Originaldiagnose nichts mitgeteilt). Folgende formae treten auf: *graphica* und *decora*.

Kanton Appenzell: Wasserauen und Seealpsee (Churfirst u. Säntis).

Typen: ♂ ♀ in coll. H. Fruhstorfer, Nizza.

17111. **P. apollo sotirion** Fruhst. 1909 *P. a. valesiacus* (part.), A. Pagenstecher in: Jahrb. Ver. Nassau, *v.* 62 p. 157 | 1923 *P. a.* subsp. *sotirion* + forma *thermophila*, Fruhstorfer in: Ent. Anz., *v.* 3 p. 56 | 1929 *P. a. s.* + aberr. *t.*, Bollow in: Seitz, Großschmett. Erde, *v.* 1 Suppl. 1 p. 63.

Zwischen ssp. *geminus* H. Stich. und ssp. *helias* Fruhst. stehende Unterart mit etwas ausgedehnterem Glassaum und wesentlich verbreiterter Submarginalbinde des Vorderflügels, dadurch werden bei den Weibchen die Mondflecke eingeengt. Schwarzfleckung der Vorderflügel wenig ausgeprägt.

Rigi: Bahndamm nahe Goldau.

Typen: ♂ ♀ in coll. H. Fruhstorfer, Genf.

17112. **P. apollo valesiacus** Fruhst. 1906 *P. a.*, Verity, Rhop. palaearct., t. VIII f. 17 (♂), t. IX f. 3 (♀) | 1906 *P. a. valesiacus*, Fruhstorfer in: Soc. ent., *v.* 21 p. 139 | 1907 *P. a. v.*, H. Stichel in: Seitz, Großschmett. Erde, *v.* 1 p. 36 | 1907 *P. a. v.*, H. Stichel in: Gen. Ins., *v.* 58 p. 27 | 1909 *P. a. substitutus* (part.), W. Rothschild in: Nov. zool., *v.* 16 p. 10 | 1909 *P. a. nivatus* (part.), A. Pagenstecher in: Jahrb. Ver. Nassau, *v.* 62 p. 123 | 1909 *P. a. valesiacus*, A. Pagenstecher, ibid., *v.* 62 p. 147—153 t. 7 f. 3 (♀ non ♂) | 1909 *P. a. geminus* (part.), Fruhstorfer in: Ent. Z., *v.* 23 p. 151 | 1909 *P. a.* subsp. *valesiacus*, Rebel, Berges Schmettb., ed. 9 p. 7 | 1910 *P. a. v.*, Galvagni in: Jahresber. Wien. ent. Ver., *v.* 20 p. 171 (nota) | 1910 *P. a. geminus* (part.), Fruhstorfer in: Ent. Z., *v.* 24 p. 156 | 1911 *P. a. g.* (part.), H. Stichel in: Int. ent. Z., *v.* 5 p. 7 (nota) | 1911 *P. a. g.*, Verity, Rhop. palaearct., p. 304, 310 | 1911 *P. a. valesiacus*, Büren v. Salis in: Bull. Soc. lép. Genève, *v.* 2 p. 95 | 1911 *P. a. v.*, Turati & Verity [Fruhstorfer] in: Bull. Soc. ent. Ital., *v.* 42 p. 186 (nota 1), 187 (nota) | 1911 *P. a. v.*, Vorbrodt & Müller-Rutz, Schmett. Schweiz, *v.* 1 p. 6, 7 (nota 1) | 1912 *P. a. v.* aberr. *nordmanniides*, Bryk in: Jahrb. Ver. Nassau, *v.* 65 p. 29 | 1913 *P. a. v.*, C. Oberthür, Étud. Lép., *v.* 8 p. 78 | 1914 *P. a. v.*, Bryk in: Soc. ent., *v.* 29 p. 32 | 1915 & 14 *P. a.* var. *alpicola* aberr. *nordmannides*, Bryk in: Arch. Naturg., *v.* 80A9 p. 139, A6 t. 4 f. 22 (♀) | 1918 *P. a. valesiacus* + *turatii* (part.), W. Rothschild in: Nov. zool., *v.* 25 p. 237 | [1918] *P. a.* var. *alpicola* aberr. *nordmannides*, Bryk, Parnassius Apollo Formenkreis, p. 135 t. 4 f. 22 (♀) | 1921 *P. a. valesiacus*, Fruhstorfer in: Ent. Anz., *v.* 1 p. 42 f. 5 (♀) | 1922 [1923] *P. a.* var. *v.*, Bryk in: Strand, Lep. Cat., *v.* 27 p. 142 | 1923 *P. a. v.* + forma humicola *valesiaca* + forma *thermophila*, Fruhstorfer in: Ent. Anz., *v.* 3 p. 58—59 | 1928 *P. a. geminus* + aberr. *fasciata* + aberr. *nigricans* + aberr. *decora* + forma *montana*, Vorbrodt in: D. ent. Z. Iris, *v.* 42 p. 15 | 1929 *P. a.* subsp. *valesiacus*, Bollow in: Seitz, Großschmett. Erde, *v.* 1 Suppl. 1 p. 63.

Eine kleine bis mittelgroße, weiße Rasse mit gestreckter Flügelform und geradem, etwas schräg verlaufendem Vorderrand des Vorderflügels (Fig. 426). Glasband schmal bis mittelschmal. Mit ausgeprägter Submarginalbinde und in der Regel ausgebildetem Subcostalbändchen. Vorderrand und Wurzelfeld des Vorderflügels schwarz gekörnt. Mit kleinen bis mittelgroßen, seltener sehr großen, gut schwarz umrandeten Augenflecken, mit oder ohne weißen Kern. Hinterrandschwärze des Hinterflügels sehr kräftig, oft bis $R_5$ (+ $M_1$) um die Mittelzelle greifend. Männchen mit höchstens bis $Cu_2$ reichendem

Glasbande. Submarginalbinde meistens mager. Subcostalbändchen deutlich gegliedert, bis $M_2$ reichend oder diese überschreitend. Hinterrandfleck mäßig. Augenflecke klein oder mittelgroß, ziegelrot, mit mehr oder weniger deutlichem, weißem Kern, bisweilen breiter schwarz umrandet. 2 mäßige Anal-

Fig. 426.
**Parnassius apollo valesiacus** Fruhst. (♂). (Original, aus coll. Zool. Mus. Berlin) (1/1).

Fig. 426a.
**Parnassius apollo valesiacus** Fruhst. (♀). (Original, aus coll. Zool. Mus. Berlin) (1/1).

flecke, unterseits bisweilen ein 3. stark reduzierter vorhanden. Beschattung der Rippenenden des Hinterflügels mehr oder weniger sichtbar. Submarginalbinde oberseits sehr wenig bemerkbar. Weibchen kreideweiß, dünn beschuppt, mit breiterer Glas- und Submarginalbinde, die sich am Hinterrande treffen. Die zwischen beiden eingezwängte Mondbinde eingeengt. Flügelmitte des Vorderflügels oft schwärzlich bestäubt. Schwarzfleckung kräftig; an den unregelmäßig viereckigen Hinterrandfleck hinten ein schwacher, schwarzer Wisch angelehnt. Augenflecke klein bis groß, bisweilen oberseits ganz ohne weiße Kerne. Außer 2 kräftigeren Analflecken ist ein 3. isolierter, schwarzer Fleck vorhanden. Verglasung des Hinterflügelsaumes meistens deutlich. Submarginalbinde graphitgrau, bisweilen diffus. Folgende formae treten auf: *nordmanniides, graphica, herrichi, expupillata, decora, semidecora.* Vorderflügellänge: ♂ 32—37, ♀ 32—38 mm.

Kanton Wallis (Typus: Zermatt).

Typen: ♂ ♀ in coll. H. Fruhstorfer, Nizza.

17113. **P. apollo geminus** H. Stich. 1899 *P. a. g.* (part.), H. Stichel in: Ins.-Börse, *v.* 16 p. 301 | 1906 *P. a. g.* (part.), H. Stichel in: Seitz, Großschmett. Erde, *v.* 1 p. 24 | 1907 *P. a. g.* (part.), H. Stichel, ibid., *v.* 1 p. 36 | 1907 *P. a. g.* (part.), H. Stichel in: Gen. Ins., *v.* 58 p. 27 | 1907 & 11 *P. a. g.* (part.), Verity, Rhop. palaearct., p. 102, 310 | 1909 *P. a. g.*, Verity, ibid., t. 1 f. 11, 12 (♂, squamae) | 1909 *P. a. g.* + *alpinus*, A. Pagenstecher in: Jahrb. Ver. Nassau, *v.* 62 p. 142, 143, 159 | 1913 *P. a. g.*, Bryk in: Soc. ent., *v.* 28 p. 34 | 1915 *P. a. alpicola*, E. Fischer in: Arch. Naturg., *v.* 80 A 9 p. 134, A 10 p. 147 | 1918 *P. a. geminus*, W. Rothschild in: Nov. zool., *v.* 25 p. 238 | [1918] *P. a. alpicola*, E. Fischer in: Bryk, Parnassius Apollo Formenkreis, p. 161 | 1921 *P. a. geminus*, Fruhstorfer in: Ent. Anz., *v.* 1 p. 111 | 1922 [1923] *P. a.* var. *g.*, Bryk in: Strand, Lep. Cat., *v.* 27 p. 118 | 1923 *P. a. g.*, Fruhstorfer in: Ent. Anz., *v.* 3 p. 57 | 1923 *P. a. g.*, Stauder, ibid., *v.* 3 p. 95 | 1927 *P. a.*, T. B. Fletcher in: Ent. Rec., *v.* 39 p. 52, 82.

Eine dichtbeschuppte, hellweiße Subspecies mit wenig gestreckter Flügelform und gerade verlaufendem Seitenrand, eine Mischrasse darstellend, die einerseits zu ssp. *nivatus* Fruhst. andrerseits zu ssp. *valesiacus* Fruhst. neigt.

Fig. 427.
**Parnassius apollo geminus** H. Stich. (♂). (Typus) (1/1).

Vorderrand und Wurzelfeld des Vorderflügels deutlich schwarz gekörnt. Submarginalbinde des Vorderflügels deutlich. Subcostalflecke verbunden. Männchen (Fig. 427) mit kurzem, schräg gestelltem Glasband, das bis hinter $Cu_1$ reicht oder bei $Cu_2$ verklingt. Submarginalbinde kurz, aus schmalen Bogen zusammengesetzt. Subcostalbändchen, falls erhalten, $M_3$ nicht erreichend. Hinterrandfleck vorn an $Cu_1$ angelehnt, hinten hinter $Ax_1$ mit einem losen, schwachen, schwarzen Wisch. Endzellfleck nach innen abgerundet. Die karminroten Augenflecke klein oder mittelgroß, rundlich, gut schwarz umsäumt, mit weißen Kernen, der mediane vorn. 2 mehr oder weniger kräftige zusammenhängende Analflecke. Submarginalbinde des Hinterflügels durch undeutliche Bestäubung nicht in die Augen fallend. Hinterflügelsaum ohne oder mit sehr schmaler Glasbinde. Die Hinterrandschwärze greift um die Mittelzelle bis $R_5$ (+ $M_1$). Weibchen viel reicher gezeichnet, mit längerer und breiterer Glas- und Submarginalbinde, kräftigerer Schwarzfleckung, größeren Augenflecken, 2 oder 3 Analflecken und deutlicher Submarginal- und Marginalbinde des Hinterflügels. Formae *decora* und *ampliusmaculata* treten auf. Vorderflügellänge: ♂ 32—37,5, ♀ 36—39 mm.

Berner Oberwald (Typus: Grindelwald).

Typus: ♂ in coll. Zool. Mus. Berlin.

17 114. **P. apollo tenebrosus** Fruhst. 1912 *P. a.* var. *bartholomaeulus*, Bryk (MS.) in: Staudinger (& A. Bang-Haas), Lep.-Liste, nr. 56 p. 4 (9) | 1919 *P. a. b.*, Bryk (MS.) in: Staudinger (& A. Bang-Haas), ibid., nr. 58 p. 5 (2) | 1921 *P. a. tenebrosus*, Fruhstorfer in: Ent. Anz., *v.* 1 p. 44 | 1922 [1923] *P. a.* forma *bartholomaeulus* + *t.*, Bryk in: Strand, Lep. Cat., *v.* 27 p. 144, 145 | 1923 *P. a.* subsp. *t.*, Fruhstorfer in: Ent. Anz., *v.* 3 p. 56 | 1929 *P. a.* „Rasse" *t.*, Bollow in: Seitz, Großschmett. Erde, *v.* 1 Suppl. 1 p. 63.

Eine kleine, oft an ssp. *bartholomaeus* H. Stich. erinnernde, hellweiße Subspecies mit mehr oder weniger breiter Glas- und Submarginalbinde des Vorderflügels und äußerst markanter Schwarzfleckung (Fig. 428). Vorderrand und Wurzelfeld deutlich schwarz gekörnt. Augenflecke rundlich, zinnober- bis dunkelrot, mit deutlichem, weißem Kern. Subcostalbändchen deutlich erhalten.

Fig. 428.
**Parnassius apollo tenebrosus** Fruhst. (♂). (Original, aus coll. Zool. Mus. Berlin) (1/1).

Submarginalbinde des Hinterflügels mehr oder weniger deutlich erhalten. Weibchen oft stark verdunkelt, mit schmalem Glassaum des Hinterflügels, sehr breiter Submarginalbinde und kräftiger Zeichnung. 2 Analflecke. Forma *decora* und *marginepupillata* treten auf. Vorderflügellänge: ♂ 34—36,5, ♀ 36—40 mm.

Glarus: Glärnisch.

Typen: ♂ ♀ in coll. H. Fruhstorfer, Nizza.

17 115. **P. apollo xerophilus** Fruhst. 1909 *P. a. valesiacus* (part.), A. Pagenstecher in: Jahrb. Ver. Nassau, *v.* 62 p. 160 | 1918 *P. a. rhaeticus* (part.), W. Rothschild in: Nov. zool., *v.* 25 p. 238 | 1919 *P. a.*, Bryk in: Ent. Tidskr., *v.* 40 p. 41—43; p. 41 f. 2 (♂, monstrum), f. 3 (nervatura, explicatio nervarum falsa) | 1923 *P. a.* subsp. *xerophilus*, Fruhstorfer in: Ent. Anz., *v.* 3 p. 58 | 1929 *P. a.* aberr. *xerophila*, Bollow in: Seitz, Großschmett. Erde, *v.* 1 Suppl. 1 p. 63 | 1930 *P. a. xerophilus*, Vorbrodt in: Mt. Schweiz. ent. Ges., *v.* 14 p. 214 | 1931 *P. a. x.*, Bryk in: Zool. Jahrb., Syst. *v.* 62 p. 160 f. 16, 16a (♂, Zwillingsflügel, nervatura).

Eine zwischen ssp. *rhaeticus* Fruhst. und ssp. *valesiacus* Fruhst. stehende, große, langgestreckte, reinweiße Talform. Submarginalbinde des Vorderflügels in der Regel sehr prägnant, beim Männchen bis $Cu_2$, beim Weibchen bis zum Hinterrand reichend. Schwarzfleckung stärker als bei beiden Vergleichsunterarten ausgeprägt. Submarginalbinde des Hinterflügels schwach angedeutet. Vorderrand und Wurzelfeld des Vorderflügels deutlich schwarz gekörnt. Augenflecke mittelgroß, ihre schwarze Umrandung nicht besonders breit aufgetragen. Hinterrandschwärze um die Mittelzelle greifend. Weibchen mit Glassaum des Hinterflügels und 2 Analflecken. Vorderflügellänge: ♂ 38—42, ♀ 38—41 mm.

Misox (Mesocco-Soazza).

Typen: ♂ ♀ in coll. H. Fruhstorfer, Nizza.

17 116. **P. apollo salevianus** Bryk 1906 *P. a.* aberr., Verity, Rhop. palaearct., p. 50 t. IX f. 14 (♂) | 1909 *P. a.* aberr. *novarae*, Blachier in: Bull. Soc. lép. Genève, *v.* 1 p. 376 t. 9 f. 4 (♂) | 1912 *P. a. salevianus*, Bryk (Fruhstorfer MS.) in: Jahrb. Ver. Nassau, *v.* 65 p. 27 | 1914 *P. a. s.*, Bryk in: Soc. ent., *v* 29 p. 32 | 1921 *P. a.* „Lokalrasse", Fruhstorfer in: Ent. Anz., *v.* 1 p. 114 | 1922 [1923] *P. a. salevianus*, Bryk in: Strand, Lep. Cat., *v.* 27 p. 145 | 1923 *P. a. saboianus* (errat.) + forma *thelymorpha* + *subvianus* (errat.), Fruhstorfer in: Ent. Anz., *v.* 3 p. 59, 60 | 1929 *P. a.* subsp. *salevianus*, Bollow in: Seitz, Großschmett. Erde, *v.* 1 Suppl. 1 p. 63.

Stark an ssp. *geminus* H. Stich. erinnernd. Eine im männlichen Geschlecht helle, dicht weiß beschuppte, kleine Subspecies mit verdunkelten Weibchen, die den Übergang zu ssp. *valesiacus* Fruhst. bilden. Augenflecke mittelgroß, nicht breit schwarz umrandet, mit kleinen, weißen Spiegeln. Hinterrandschwärze des Hinterflügels stark um die Mittelzelle greifend. Als seltene forma wurde *novarae* beobachtet. Vorderflügellänge: ♂♀ 36—37 mm.

Mt Salève bei Genf; Mt Piton, 800—1200 m.

Typus: ♂ in coll. C. Eisner, Berlin-Dahlem.

17 117. **P. apollo generosus** Fruhst. 1920 *P. a.* subsp. *g.*, Fruhstorfer in: Soc. ent., *v.* 35 p. 28 | 1921 *P. a. g.*, Fruhstorfer in: Ent. Anz., *v.* 1 p. 66 | 1922 [1923] *P. a.* var. *g.*, Bryk in: Strand, Lep. Cat., *v.* 27 p. 119 | 1923 *P. a. g.*, Fruhstorfer in: Ent. Anz., *v.* 3 p. 87, 96 | 1929 *P. a.* subsp. *g.*, Bollow in: Seitz, Großschmett. Erde, *v.* 1 Suppl. 1 p. 64 | 1930 *P. a. g.* + „Nebenform" *cohaerens* + *fasciata*, Vorbrodt in: Mt. Schweiz. ent. Ges., *v.* 14 p. 214, 215.

Den Übergang von den italienischen Unterarten zu den süd-schweizer vermittelnde Subspecies. Klein, bleichweiß, mit auffallend schmalem Glassaum und sehr zierlicher Submarginalbinde des Vorderflügels, die in der Mitte stark bogig gezackt ist. Die schwarzen Makeln des Vorderflügels fast quadratisch. Augenflecke zinnoberrot, dünn schwarz umringt, der mediane oft breitgedrückt, fast nierenförmig. Weibchen gelblich. Vorderflügelmitte schwärzlich überpudert, Hinterflügel mit verschmälertem Glassaum. Hinterrandschwärze um die Mittelzelle greifend. Folgende formae treten auf: *halteres, decora, herrichi.*

Mte Generoso; Steilhänge des Pzo Crocetta, Mte Brè.

Typen: ♂ ♀ in coll. H. Fruhstorfer, Nizza.

17 118. **P. apollo adulanus** Fruhst. 1921 *P. a.* subsp. *a.*, Fruhstorfer in: Ent. Anz., *v.* 1 p. 44, 53 (fig. ♂, ♀) | 1922 [1923] *P. a.* var. *a.*, Bryk in: Strand, Lep. Cat., *v.* 27 p. 105 | 1923 *P. a. a.*, Fruhstorfer in: Ent. Anz., *v.* 3 p. 72—73 | 1929 *P. a.* subsp. *a.*, Bollow in: Seitz, Großschmett. Erde, *v.* 1 Suppl. 1 p. 64 | 1930 *P. a. a.* + „Nebenform" *decora*, Vorbrodt in: Mt. Schweiz. ent. Ges., *v.* 14 p. 214, 215.

Eine infolge leichter Schwarzbestäubung düsterweiße oder gelbliche, an subsp. *valesiacus* Fruhst. sich anschließende Unterart mit wenig gestreckter Flügelform und gerade verlaufendem Vorderrande. Submarginalbinde deutlich ausgeprägt. Subcostalbändchen und Hinterrandflecke kräftig. Schwarzkörnung des Vorderrandes und Wurzelfelder des Vorderflügels deutlich. Mit mittelgroßen bis großen, dunkelroten, markant schwarz umrahmten Augenflecken, die ansehnliche Weißkernung zeigen, 2 kräftige, zusammengeflossene Analflecke. Mit starker Wurzelfeld- und Hinterrandschwärze, die deutlich das Mittelzellende bis $R_5$ ($+ M_1$) hakenförmig umgreift. Männchen (Fig. 429): Das mittelstarke Glasband und die gewellte Submarginalbinde diffus, bis $Cu_2$ reichend. Mittelzellfleck eher schmal. Rippenenden des Hinterflügels beiderseits grauschwarz bestäubt. Submarginalbinde des Hinterflügels durch leichte Schwarzbestäubung angedeutet. Weibchen leicht gelblich. Mit längerer Glas- und Submarginalbinde, die den Hinterrand erreichen und eine durch sie stark eingeengte Mondbinde einschließen. Schwarzfleckung viel kräftiger als beim

Fig. 429.
**Parnassius apollo adulanus** Fruhst. (♂). (Paratypus, aus coll. Zool. Mus. Berlin) (1/1).

Männchen. Flügelmitte stark schwärzlich überpudert. Augenflecke auffallend groß, sehr häufig ohne weißen Kern. 3. Analfleck häufig mehr oder weniger stark erhalten. Submarginalbinde des Hinterflügels in der Regel breit und deutlich. Glasband ebenfalls erhalten. Hinterrandschwärze besonders stark betont. Forma *decora* tritt auf. Vorderflügellänge: ♂ 37—38 mm, ♀ 41,5 mm.

Adula-Alpen: Val Blenio (1200—1400 m), Val Pontirone (1200—1600 m), Camperio-Campra.

Typen: ♂ ♀ in coll. H. Fruhstorfer, Nizza.

17 119. **P. apollo heliophilus** Fruhst. 1909 *P. a. valesiacus* (part.), A. Pagenstecher in: Jahrb. Ver. Nassau, *v.* 62 p. 159 | 1914 *P. a. v.* (part.), Bryk in: Soc. ent., *v.* 29 p. 32 | 1918 *P. a. turatii*, W. Rothschild in: Nov. zool., *v.* 25 p. 237 | 1921 *P. a.* subsp. *heliophilus*, Fruhstorfer in: Ent. Anz., *v.* 1 p. 41 f. 1 (♂), 2 (♀), p. 53—54, 55, 56 | 1922 [1923] *P. a.* var. *h.*, Bryk in: Strand, Lep. Cat., *v.* 27 p. 120 | 1923 *P. a. h.*, Fruhstorfer in: Ent. Anz., *v.* 3 p. 73—74, 86 | 1928 *P. a. h.*, Zukowsky in: Int. ent. Z., *v.* 22 p. 198 | 1929 *P. a.* subsp. *h.*, Bollow in: Seitz, Großschmett. Erde, *v.* 1 Suppl. 1 p. 64 | 1930 *P. a. h.* + „Nebenformen": *nigricans* + *fumata* + *pseudonomion* + *flavomaculata* + *albomaculata* + *novarae* + *brunneomaculata* + *fasciata* + *excelsior* + *decora*, Vorbrodt in: Mt. Schweiz. ent. Ges., *v.* 14 p. 214, 215.

Eine mittelgroße, dünnbeschuppte Subspecies von milchigweißer, seltener etwas gelblicher Färbung, mit stark gestreckter Vorderflügelform und gerade verlaufendem Vorderrande, die sich partiell (in ihren collinen Exemplaren) an ssp. *rubidus* Fruhst., partiell (in ihren montanen Exemplaren) an ssp. *valesiacus*

Fruhst. anschließt. Submarginalbinde im Vorderflügel deutlich. Subcostalbändchen stark ausgeprägt, Schwarzfleckung stärker als bei ssp. *adulanus* Fruhst. Mit deutlicher, schwarzer Körnung des Vorderflügelvorderrandes und Wurzelfeldes. Augenflecke mittelgroß, öfters zinnoberrot anstatt karminrot, mit kleinen, weißen Kernen. Wurzelfeld- und Hinterrandschwärze des Hinterflügels stark ausgeprägt, hakenförmig um die Zelle greifend. 3. Analfleck bisweilen isoliert erhalten, während die 2 kräftigen hintersten aneinander stoßen. Männchen (Fig. 430): Glassaum mittelbreit, wie die verschmälerte Submarginalbinde bis $Cu_2$ reichend. Augenflecke oft breit diffus

Fig. 430.
**Parnassius apollo heliophilus** Fruhst. (♂). (Original, aus coll. Zool. Mus. Berlin) (1/1).

schwarz umrandet, bisweilen klein. Rippenenden des Hinterflügels bei Exemplaren montaner Herkunft dunkel beschattet. Submarginalbinde fehlt oder ganz schwach angedeutet. Weibchen mit Potenzierung der Schwarzfleckung, längerer Glas- und Submarginalbinde, die bis zum Hinterrande reicht. Submarginalbinde des Hinterflügels bisweilen sehr kraß abgesetzt. Folgende formae treten auf: ♀ *nigricans, flavomaculata, novarae, herrichi, excelsior, marginepupillata, brunneomaculata, albomaculata.* Vorderflügellänge: ♂ 35—40 mm, ♀ 37—42 mm.

Tessin: Val Maggia (Fusio), Val Lavizzara, Val Bavona, Val Verzasca, Val Onsernone bei Auressio, Val Bosco, Val Bedretto, Val Redorta, Val Leventina von Airolo bis Faido (nicht mehr ganz typisch), Val Piumogna, Mergoscia, Monte Gridone, Val Maggina, Pzo Camoghè, Val Malcantone, Losone-Ronco, Pte Brolla, Ascona.

Typen: ♂ ♀ in coll. H. Fruhstorfer, Nizza.

17120. **P. apollo redivivus** Bryk 1909 *P. a. valesiacus* (part.), A. Pagenstecher in: Jahrb. Ver. Nassau, *v.* 62 p. 150, 151 | 1910 *P. a. v.*, Fruhstorfer in: Ent. Z., *v.* 24 p. 156 | 1911 *P. a. v.* (part.), Vorbrodt & Müller-Rutz, Schmett. Schweiz., *v.* 1 p. 6 (nota 1) | 1912 *P. a.*, Bethune-Baker in: Ent. Rec., *v.* 24 p. 206 | 1912 *P. a. valesiacus (redivivus)*, Bryk in: Jahrb. Ver. Nassau, *v.* 65 p. 30 | 1913 *P. a.* aberr. *flavomaculata*, Esselbach in: Int. ent. Z., *v.* 7 p. 60 | 1915 *P. a.* var. *valesiacus-redivivus*, Bryk in: Arch. Naturg., *v.* 80 A 9 p. 141, A 7 t. 9 f. 74 (♂, aberr. *laticincta*), t. 10 f. 83 (♀) | 1918 *P. a. turatii* (part.), W. Rothschild in: Nov. zool., *v.* 25 p. 237 | [1918] *P. a.* var. *valesiacus-redivivus*, Bryk, Parnassius Apollo Formenkreis, p. 137, 139 bis t. 9 f. 74 (♂, aberr. *laticincta*), t. 10 f. 83 (♀) | 1921 *P. a. turatinus* (nomen novum),

Fruhstorfer in: Ent. Anz., *v.* 1 p. 41 f. 4 (♀), 6 (♂), p. 53, 54 | 1922 [1923] *P. a.* var. *redivivus*, Bryk in: Strand, Lep. Cat., *v.* 27 p. 133 | 1923 *P. a. turatinus*, Fruhstorfer in: Ent. Anz., *v.* 3 p. 74 | 1929 *P. a. redivivus*, Bollow in: Seitz, Großschmett. Erde, *v.* 1 Suppl. 1 p. 64.

Eine mittelgroße, graubepuderte, an ssp. *valesiacus* Fruhst. erinnernde Subspecies mit gestreckter Flügelform und gerade verlaufendem Seitenrand des Vorderflügels (Fig. 431). Wurzelfeld und Vorderrand des Vorderflügels stark schwarz gekörnt. Zellflecke kräftig und gesättigt. Glasband breit, seltener schmal,

Fig. 431.
**Parnassius apollo redivivus** Bryk (♂). (Original, aus coll. Zool. Mus. Berlin) (1/1).

Fig. 431 a.
**Parnassius apollo redivivus** Bryk (♀). (Original, aus coll. Zool. Mus. Berlin) (1/1).

Subcostalbändchen und Submarginalbinde erhalten. Hinterflügel: Augenflecke rundlich, klein bis mittelgroß, breit schwarz umrandet, mit weißen Kernen. 2 Analflecke. Hinterrandschwärze und Wurzelfeld sehr kräftig um die Mittelzelle greifend, oft sogar bis $R_4$ reichend. Glasband mehr oder weniger deutlich accentuiert. Submarginalbinde schwach ausgeprägt. M ä n n c h e n: Glasband bald schmäler, bald breiter, in der Regel bis zur Kurve des Hinterrandes reichend. Submarginalbinde bisweilen sehr breit, sonst schmal, $Cu_2$ überschreitend. Hinterrandfleck klein. Subcostalbändchen bisweilen reduziert, bis $M_2$ reichend. Augenfleck bisweilen sehr klein. Submarginalbinde nur durch leichte, schwarze Bepuderung schwach angedeutet. Rippenenden des Hinterflügels breit schwärzlich beschattet. Hinterrandschwärze gewöhnlich hinten bis zu den Analflecken reichend. Weibchen mehr gelblich, glasig, mit breiterer Submarginalbinde, die den Hinterrand erreicht. Flügelmitte schwärzlich bestäubt. Submarginalbinde und Glasbinde des Hinterflügels deutlich. Folgende formae treten auf: *quincunx, perfusa, decora, sphenagon.* Vorderflügellänge: ♂ 33,5—41 mm, ♀ 37—40 mm.

Macugnaga; Mte Rosa, Val d'Anzasca.

Typen: ♂ ♀ in coll. C. Eisner, Berlin-Dahlem.

17121. **P. apollo agyllus** Fruhst. 1918 *P. a. rhaeticus* (part.), W. Rothschild in: Nov. zool., *v.* 25 p. 238 | 1923 *P. a.* subsp. *agyllus*, Fruhstorfer in: Ent. Anz., *v.* 3 p. 58 | 1929 *P. a.* subsp. *a.*, Bollow in: Seitz, Großschmett. Erde, *v.* 1 Suppl. 1 p. 64.

Eine kleine, montane Subspecies, die eine gewisse Ähnlichkeit mit ssp. *alemanicus* Fruhst. zeigt. Von reinweißer Farbe, infolge schwärzlicher Überpuderung grau verdüstert, mit dunklem Glasbande, ausgesprochener Submarginalbinde des Hinterflügels und verschmälerten, etwas verkleinerten Zellmakeln. Augenflecke klein, kaum weiß gekernt, in der Regel nur mäßig schwarz umzogen. Hinterrandschwärze tiefschwarz, sichelförmig die Mittelzelle des Hinterflügels bis $R_5$ ($+M_1$) umklammernd. Vorderflügellänge: ♂ 33,5 mm, ♀ 36,5 mm.

Val Poschiavo (Puschlav), zwischen Brusio und la Presse, Alpe Romerio.

Typen: ♂ ♀ in coll. H. Fruhstorfer, Nizza.

17122. **P. apollo caloriferus** Fruhst. 1921 *P. a.* subsp. *c.*, Fruhstorfer in: Ent. Anz., *v.* 1 p. 41—42; p. 42 f. 3 (♂) | 1922 [1923] *P. a.* var. *c.*, Bryk in: Strand, Lep. Cat., *v.* 27 p. 111 | 1929 *P. a.* „Höhenform" *c.*, Bollow in: Seitz, Großschmett. Erde, *v.* 1 Suppl. 1 p. 64—65.

Fig. 432.
**Parnassius apollo caloriferus** Fruhst. (♂). (Original, aus coll. Zool. Mus. Berlin) (1/1).

Eine uneinheitliche Subspecies, deren montane Vertreter (1500 m) von kleinem Habitus sind, während die Taltiere sehr groß sind (Fig. 432). Von heller Grundfarbe. Die montane von Foppiano und aus dem Laquin-Tal mit schmalbindigem Glassaum und Submarginale, reich weiß zentrierten Augenflecken, die schwach schwarz umringelt sind und androtropen Weibchen. Die Tiere aus dem Tal (Iselle 650 m) sind dagegen hellweiß, mit mittelbreitem Glasband, deutlicher Schwarzkörnung des Vorderflügelvorderrandes und des Wurzelfeldes und kräftiger Zellfleckung. Männchen mit Glasband bis $Cu_2$ und ebensolanger, ziemlich breiter Submarginalbinde. Subcostalbändchen sehr kräftig, ebenso der Hinterrandfleck. Augenflecke mittelgroß. 2 Analflecke, der 3. unterseits isoliert

Fig. 432 a.
**Parnassius apollo caloriferus** Fruhst. (♀). (Original, aus coll. Zool. Mus. Berlin) (1/1).

erhalten. Weibchen mit kräftigerer Zeichnung, längeren Binden, oberseits oft düster schwärzlich überpudert, Augenflecke breiter schwarz umrahmt, fast ohne weißen Kern.

Laquin-Tal; Foppiano (oberes Val Antigorio); Iselle.

Typen: ♂ ♀ in coll. H. Fruhstorfer, Nizza.

17123. **P. apollo pedemontanus** Fruhst. 1909 *P. a.* subsp. *piedemontanus*, Fruhstorfer in: Ent. Z., *v.* 23 p. 151 | 1911 *P. a. pedemontanus* (nomen emendatum), Turati in: Annuario Mus. Napoli, n. ser. *v.* 3 p. 4 | 1911 *P. a. p.*, Turati & Verity in: Bull. Soc. ent. Ital., *v.* 42 p. 186 (nota 1), 187 | 1911 *P. a. piedemontanus*, Verity, Rhop. palaearct., p. 306, 309 | 1911 *P. a.* var. *piedemontana*, Rocci in: Atti Soc. Ligust., *v.* 22 p. 159 | 1913 *P. a. piedemontanus*, C. Oberthür, Étud. Lép., *v.* 8 p. 76 | 1914 *P. a. p.*, Bryk in: Soc. ent., *v.* 29 p. 32 | 1915 *P. a.* forma *p.*, Bryk in: Arch. Naturg., *v.* 80 A 9 p. 142, A 10 t. 34 f. 149 (♀) | 1918 *P. a. p.*, W. Rothschild in: Nov. zool., *v.* 25 p. 237 | 1918 *P. a.* forma *p.*, Bryk, Parnassius Apollo Formenkreis, p. 138, 139 bis t. 34 f. 149 (♀) | 1921 *P. a. pedemontanus*, Fruhstorfer in: Ent. Anz., *v.* 1 p. 43 | 1922 [1923] *P. a.* var. *p.*, Bryk in: Strand, Lep. Cat., *v.* 27 p. 131 | 1929 *P. a. piedemontanus*, Bollow in: Seitz, Großschmett. Erde, *v.* 1 Suppl. 1 p. 65 | 1932 *P. a. p.*, Turati in: Boll. Soc. ent. Ital., *v.* 64 p. 54, 55.

Eine dünnbeschuppte, grauweiße, mittelgroße Subspecies mit gestreckter Flügelform und gerade verlaufendem Seitenrande des Vorderflügels, den Übergang zu den Tessiner Unterarten bildend (Fig. 433). Vorderrand und Wurzelfeld des Vorderflügels deutlich schwarz gekörnt. Glassaum mittelbreit. Submarginalbinde deutlich und geschwungen. Zellflecke sehr kräftig. Subcostalflecke stets verbunden. Hinterrandschwärze und Wurzelfeld des Hinterflügels stark ausgedehnt, vorn um die Mittelzelle bis $R_5$ $(+ M_1)$ oder noch weiter greifend. Augenflecke rundlich, mittelgroß, stark schwarz umsäumt. 2 oder 3 Analflecke. Männchen mit Glassaum, bis zur Hinterrandwinkelkurve sich verjüngend. Submarginalbinde etwas verwischt bis $Cu_2$ reichend. Hinterrandfleck bald kräftig, bald klein. Rippenenden des Hinterflügels schwärzlich beschattet oder sogar untereinander durch eine sehr schmale, glasige Bogenbinde verbunden. Weibchen weißlich oder leicht gelblich. Glasbinde breiter, hinten mit der Submarginalbinde zusammentreffend. Subcostalbändchen vom Zellendfleck mehr entfernt, der Submarginalbinde genähert. Hinterrandfleck meist länglich. Hinterflügel: Glasbinde continuierlich und schmal. Submarginalbinde meist blaßgrau. Augenflecke groß, der mediane in der Regel mit weißem Kern.

Fig. 433.
**Parnassius apollo pedemontanus** Fruhst. (♂). (Paratypus, aus coll. C. Eisner, Berlin-Dahlem) (1/1).

Fig. 433a.
**Parnassius apollo pedemontanus** Fruhst. (♀). (Paratypus, aus coll. C. Eisner, Berlin-Dahlem) (1/1).

Hinterrandschwärze oft breit um die Mittelzelle gelagert, ihre Spitze ausfüllend. Folgende formae treten auf: *expupillata, marginepupillata, ampliusmaculata, decora.* Vorderflügellänge: ♂ 35,5—39 mm, ♀ 38—41 mm.

Piemont: Courmajeur, Quellengebiet von Dora Baltea, Südabhang des Mont Blanc.

Typen: ♂ ♀ in coll. H. Fruhstorfer, Nizza.

17124. **P. apollo valdieriensis** Verity 1891 *P. a.*, Massalongo, Prosp. Ins. Verona, p. 200 | 1911 & 10 *P. a.* „race“ *valdieriensis* + aberr. *pseudodelius,* Verity, Rhop. palaearct., p. 309 t. LV f. 15 (♂), 16 (♀), t. LVI f. 5 (♂, aberr. *pseudodelius*) | 1911 *P. a.* var. *valderiensis* + aberr. *pseudodelius,* Turati & Verity in: Bull. Soc. ent. Ital., *v.* 42 p. 185, 187, 188 | 1911 *P. a.* var. *valdierensis,* Rocci in: Atti Soc. Ligust., *v.* 22 p. 159 | 1912 *P. a.* var. *valderiensis,* Bryk in: Jahrb. Ver. Nassau, *v.* 65 p. 21 |

1912 *P. a.* var. *v.*, Bryk in: Arch. Rass. Biol., *v.* 9 p. 685 | 1913 *P. a. v.*, C. Oberthür, Étud. Lép., *v.* 8 p. 76, 86 t. 221 f. 1949 (♂), 1950 (♀) | 1914 *P. a. v.*, Bryk in: Soc. ent., *v.* 29 p. 32 | 1915 & 14 *P. a.* forma *v.*, Bryk in: Arch. Naturg., *v.* 80 A 8 p. 153, A 9 p. 140, A 6 t. 6 f. 42 (♀, aberr. *sphanegon*), A 9 t. 22 f. 123 (♂) | 1917 *P. a.*, Bryk, ibid., *v.* 82 A 5 p. 44, 73 t. 2 f. 21 [patria err.] | 1918 *P. a. valderiensis*, W. Rothschild in: Nov. zool., *v.* 25 p. 237 | 1918 *P. a. v.*, Turati in: Atti Soc. Ital., *v.* 57 p. 40, 41 (nota) | [1918] *P. a.* forma *v.*, Bryk, Parnassius Apollo Formenkreis, p. 107, 136, 139 bis t. 6 f. 42 (♀, aberr. *sphanegon*), t. 22 f. 123 (♂) | 1921 *P. a. v.*, Stauder in: Z. Ins.-Biol., *v.* 16 p. 145 | 1922 [1923] *P. a.* var. *v.*, Bryk in: Strand, Lep. Cat., *v.* 27 p. 142 | 1929 *P. a. v.* (part.), Bollow in: Seitz, Großschmett. Erde, *v.* 1 Suppl. 1 p. 65 | 1931 *P. a. valdieriensis*, Bryk in: Zool. Jahrb., Syst. *v.* 62 p. 165 f. 23 (♂, nervatura metath.), p. 166.

Fig. 434.
**Parnassius apollo valdieriensis** Verity (♂). (Paratypus, aus coll. Zool. Mus. Berlin) (1/1).

Fig. 434 a.
**Parnassius apollo valdieriensis** Verity (♀). (Paratypus, aus coll. Zool. Mus. Berlin) (1/1).

Eine mittelgroße bis große, dicht weißbeschuppte Subspecies mit gerade verlaufendem Seitenrand und gestreckter Form des Vorderflügels. Vorderrand und Wurzelfeld des Vorderflügels deutlich schwarz gekörnt. Glasband mittelstark oder breit, bis zum Hinterrande reichend. Submarginalbinde deutlich. Mittelzellfleck länglich. Augenflecke klein bis mittelgroß, der mediane oft mit weißem, der subcostale öfters ohne Kern. Hinterrand- und Wurzelfeldschwärze kräftig dunkel, stark hakenförmig um die Mittelzelle bis $R_5$ ($+ M_1$)

greifend. 2 Analflecke (Fig. 434). Männchen mit Submarginalbinde bis $Cu_2$ oder darüber hinaus. Subcostalflecke verbunden, meistens bis $M_2$ reichend. Hinterrandfleck klein und rundlich. Hinterflügel: Submarginalbinde deutlich oder auch fehlend. 2 mäßige Analflecke, der vordere an $Cu_1$ nicht angelehnt. Rippenenden beiderseits dunkel beschattet. Weibchen weißlich oder gelblich, oft verdüstert. Submarginalbinde breiter, stark die Mondbinde einengend. Subcostalbändchen bis $M_3$ erhalten, Hinterrandfleck etwas stärker als beim Männchen. Augenflecke nicht vergrößert, schmal schwarz umsäumt, der mediane mit weißem Kern. 2 kräftigere Analflecke. Hinterrandschwärze dunkler und etwas mehr gegen die Cubitalrippen ausgedehnt. Submarginalbinde des Hinterflügels deutlich. Glasband mehr oder weniger breit erhalten. Folgende formae treten auf: ♀ *sphenagon*, *expupillata*. Vorderflügellänge: ♂ 37,5—43 mm, ♀ 38—40 mm.

Piemont: Valdieri; Kottische Alpen.

Typen: ♂ ♀ in coll. E. Turati, Mailand.

17125. **P. apollo nobilis** Bryk & Eisner 1929 *P. a.* subsp. *n.* + aberr. *semidecora* + aberr. *decora*, Bryk & Eisner in: Soc. ent., *v.* 44 p. 27 | 1929 *P. a. n.*, Bollow in: Seitz, Großschmett. Erde, *v.* 1 Suppl. 1 p. 65 | 1932 *P. a. n.*, Turati in: Boll. Soc. ent. Ital., *v.* 64 p. 54.

Fig. 435.
**Parnassius apollo nobilis** Bryk & Eisner (♂). (Paratypus, aus coll. C. Eisner, Berlin-Dahlem) (1/1).

Eine im männlichen Geschlecht wenig gestreckte, an ssp. *emilianus* Turati, im weiblichen Geschlecht an ssp. *redivivus* Bryk sich anschließende Subspecies. Männchen (Fig. 435) hell. Glasbinde mittelbreit, bis $Cu_2$ reichend. Submarginalbinde graphitgrau, schmal. Subcostalflecke verbunden, nicht immer bis $M_3$ reichend und wie der Hinterrandfleck im Gegensatze zu den Zellflecken nicht immer besonders kräftig. Wurzelfeld und Vorderrand des Vorderflügels schwarz gekörnt. Die karminroten, schmal schwarz umrandeten, weiß gekernten, rundlichen Augenflecke mittelgroß. Wurzel- und Hinterrandschwärze nicht so kräftig schwarz wie bei ssp. *redivivus* Bryk, auch nicht um die Mittelzelle greifend, sondern bei $M_2$ leicht verklingend. 2 mäßige Analflecke. Submarginalbindenzone und Rippenenden des Hinterflügels rein, nicht dunkel markiert. Weibchen dünn beschuppt. Glasband und diaphane Submarginalbinde des Vorderflügels länger. Die dazwischen liegende Mondbinde breiter, in ihren hintersten Elementen mit deutlich nach innen ausgebuchteten Monden. Schwarzfleckung stärker. Die beiden Analflecke bisweilen mit roten Kernen. Folgende formae treten auf: ♀ *decora*, ♀ *semidecora*, *reniformis* (Fig. 340). Vorderflügellänge: ♂ 35,5—44 mm, ♀ 37—45 mm.

Piemont: Denti di Govala bei Scopa (Val Sesia), 1275 m.

Typen: ♂ ♀ in coll. C. Eisner, Berlin-Dahlem.

17126. **P. apollo oulxensis** Verity 1926 *P. a.* „race" *o.*, Verity in: Ent. Rec., *v.* 38 p. 175 | 1928 *P. a.*, Ashby, ibid., *v.* 40 p. 132 | 1931 *P. a.* „Rasse" *o.*, Bollow in: Seitz, Großschmett. Erde, *v.* 1 Suppl. 1 p. 329.

Eine von ssp. *valdieriensis* Verity völlig verschiedene, zwischen ssp. *valesiacus* Fruhst. und ssp. *caloriferus* Fruhst. stehende Unterart, die kleiner und schwächer gezeichnet ist. Augenflecke verkleinert, schwächer schwarz gerandet, mit kleineren, weißen Kernen.

Oulx, an trockenen Felsen.

Typen: ♂ ♀ in coll. R. Verity, Florenz.

17127. **P. apollo debilis** Fruhst. 1913 *P. a. nivatus* (part.), C. Oberthür, Étud. Lép., *v.* 8 p. 73, 85 t. 113 f. 1925 (♂, *apollo*) | 1921 *P. a.* subsp. *debilis*, Fruhstorfer in: Ent. Anz., *v.* 1 p. 115 | 1922 [1923] *P. a.* var. *d.*, Bryk in: Strand, Lep. Cat., *v.* 27 p. 115 | 1929 *P. a.* subsp. *d.*, Bollow in: Seitz, Großschmett. Erde, *v.* 1 Suppl. 1 p. 65 | 1931 *P. a. d.*, Sheljuzhko in: Int. ent. Z., *v.* 25 p. 71 (corr. falsa).

Fig. 436.
**Parnassius apollo debilis** Fruhst. (♂). (Original, aus coll. Zool. Mus. Berlin) (1/1).

Eine helle, uneinheitliche Subspecies von rundlicher Flügelform, die einerseits an ssp. *nivatus* Fruhst., andererseits an ssp. *substitutus* Rothsch. erinnert (Fig. 436). Mit schwarz gekörntem Vorderrand und Wurzelfeld. Glasband mittelstark. Augenflecke klein, selten mit weißen Kernen. Hinterrandschwärze des Hinterflügels schwach getrübt und reduziert, oft bei $M_3$ oder $Cu_1$ verklingend. Schwarzfleckung oft etwas verkleinert. Männchen mit kürzerer Glasbinde als das Weibchen, die kaum $Cu_1$ überragt. Submarginalbinde schmal. 2 Analflecke, unterseits ein 3. oft vorn erhalten. Die Exemplare aus Val du Fier oder bei Moutiers in der Tarantaise sind größer, dichter weiß beschuppt, mit größeren prächtig weißgekernten Augenflecken und sehr stark ssp. *nivatus* Fruhst. genähert.

Thorens, Mt Baron bei Annecy, Alpe Cenis am Mont Jalouve, Tanninges, Val de Giffre; Val du Fier, Moutiers in der Tarantaise.

Typen: ♂ ♀ coll. H. Fruhstorfer, Nizza.

Fig. 436 a.
**Parnassius apollo debilis** Fruhst. (♀). (Original, aus coll. Zool. Mus. Berlin) (1/1).

17128. **P. apollo substitutus** Rothsch. 1909 *P. a. s.*, W. Rothschild in: Nov. zool., *v.* 16 p. 10 | 1909 *P. a. s.*, A. Pagenstecher in: Jahrb. Ver. Nassau, *v.* 62 p. 147 | 1911 & 10 *P. a.* „race" *s.*, Verity, Rhop. palaearct., p. 306, 309 t. LVII f. 13 (♂), 14 (♀) | 1911 *P. a.* var. *s.*, Rocci in: Atti Soc. Ligust., *v.* 22 p. 159 | 1913 *P. a. s.*, C. Oberthür, Étud. Lép., *v.* 8 p. 86 t. 220 f. 1946 (♂) | 1914 *P. a. valesiacus* (part.), Bryk in: Soc. ent., *v.* 29 p. 32 | 1918 *P. a. substitutus*, W. Rothschild in: Nov. zool., *v.* 25 p. 235 | 1921 *P. a. s.*, Fruhstorfer in: Ent. Anz., *v.* 1 p. 114 | 1922 [1923] *P. a.* var. *s.*, Bryk in: Strand, Lep. Cat., *v.* 27 p. 140 | 1926 *P. a. s.*, Verity in: Ent. Rec., *v.* 38 p. 175 | 1929 *P. a. s.*, Bollow in: Seitz, Großschmett. Erde, *v.* 1 Suppl. 1 p. 66.

Eine kleine, hellweiße, an ssp. *valesiacus* Fruhst. sich anschließende Rasse mit gestrecktem Vorderflügel und gerade verlaufendem Seitenrand (Fig. 437). Mit deutlich schwarz gekörntem Wurzelfelde und Vorderrand

Fig. 437.
**Parnassius apollo substitutus** Rothsch. (♂). (Paratypus, aus coll. C. Eisner, Berlin-Dahlem) (1/1).

des Vorderflügels. Submarginalbinde deutlich. Zellflecke kräftig. Mit kleinen, schmal schwarz umrandeten, weißgekernten Augenflecken. 2 Analflecken. Mit kräftiger, um die Mittelzelle greifender Hinterrandschwärze, die bis $R_5$ (+ $M_1$) oder noch weiter nach vorn greift (Fig. 437). Männchen: Vorderflügel nicht so stark gestreckt wie beim Weibchen, Glasband bis $Cu_2$ reichend. Submarginalbinde mehr oder weniger stark betont, $Cu_2$ überschreitend. Die oft verbundenen Subcostalflecke, die $M_3$ nicht erreichen, wie auch der Hinterrandfleck mager und klein. Submarginalbinde des Hinterflügels durch leichte Bestäubung schwach angedeutet. Rippenenden schwärzlich beschattet.

Fig. 437 a.
**Parnassius apollo substitutus** Rothsch. (♀). (Paratypus, aus coll. C. Eisner, Berlin-Dahlem) (1/1).

Weibchen verdunkelt mit längerer Glas- und Submarginalbinde, die die Mondbinde stark einengen. Mit kräftigem Subcostalbändchen und Hinterrandfleck, schwärzlicher Bepuderung der Flügelmitte, deutlichem Glassaum des Hinterflügels und ausgesprochener Submarginalbinde. Hinterrandschwärze kräftiger als beim Männchen. Folgende formae treten auf: *expupillata, tenuicincta, pseudonomion,* ♀ *nigricans, excelsior, decora.* Vorderflügellänge: ♂ 33—35 mm, ♀ 34—35 mm.

Hautes Alpes: La Grave (Typus), Le Lautaret, Valloire, Pralognan; 1500 bis 2300 m.

Typen: ♂ ♀ in coll. Zool. Mus. Tring.

17129. **P. apollo emilianus** Turati 1911 & 10 *P. a.* „race" *appenninus* (part.), Verity, Rhop. palaearct., p. 310 t. LVI f. 8 (♂) | 1914 *P. a. apenninus*, Bryk in: Soc. ent., *v.* 29 p. 33 | 1919 *P. a.* + *ligusticus* (Constantini i. l.), Turati in: Atti Soc. Ital., *v.* 58 p. 162 (nomen nudum) | 1922 [1923] *P. a.* var. *l.*, Bryk in: Strand, Lep. Cat., *v.* 27 p. 123 | 1923 *P. a.* forma *emilianus* + forma *expupillata* + forma *bispupillata* + forma *appendiculata* + forma *graphica* + forma *intertexta* + forma *subcentrica* + forma *quincunx* + forma *decora* + ♀ aberr. *fasciata* + *crassipuncta* + ♀ forma *inversa*, Turati in: Atti Soc. Ital., *v.* 62 p. 8, 31—40 t. A f. 1 (♂ forma *crassipuncta*), 2, 3 (♂), 4 (♂ forma *intertexta*), 5 (♀, forma *inversa*), 6, 7 (♀, forma *fasciata*), f. 8 (♀) | 1924 *P. a.* „race" *emilianus*, Verity & Querci in: Ent. Rec., *v.* 36 p. (22) | 1929 *P. a.* subsp. *e.*, Bollow in: Seitz, Großschmett. Erde, *v.* 1 Suppl. 1 p. 69 | 1932 *P. a. e.*, Rocci in: Boll. Soc. ent. Ital., *v.* 64 p. 150, 151.

Eine gelbliche Subspecies von gestreckter Flügelform. Mit schwarz gekörntem Vorderrand des Vorderflügels und leicht zwischen $M_2$ und $M_3$ wurzelwärts ausgebuchtetem Glasbande, das sich stark verjüngend bis zur Kurve des

Hinterrandwinkels zieht, ohne $Ax_1$ zu erreichen. Submarginalbinde deutlich. Oft mit rundlichem Mittelzellfleck und rundlichen, mittelgroßen, karminroten Augenflecken, die schmal schwarz umrandet sind und in der Regel weiße Kerne tragen. 2 Analflecke und eine mehr oder weniger deutliche, um die Mittelzelle ziehende Hinterrandschwärze. Männchen (Fig. 438): Glasband $Cu_2$ überschreitend. Submarginale schmal, bis $Cu_2$ reichend. Subcostalflecke $M_3$ nicht erreichend und ebenso wie der rundliche Hinterrandfleck klein. Endzellfleck vorn spindelförmig verjüngt. Wurzel des Vorderflügels schwach geschwärzt. Hinterrandschwärze des Hinterflügels in der Richtung zum Mittelzellende nicht so dunkel und sich bei $M_2$ oder $R_5$ ($+ M_1$) verlierend. Analflecke nicht prätentiös, der rundliche, vordere $Cu_1$ nicht erreichend. Rippenenden schwach schwärzlich beschattet, seltener eine continuierliche, glasige Schlangenlinie

Fig. 438.
**Parnassius apollo emilianus** Turati (♂). (Original, aus coll. Zool. Mus. Berlin) (1/1).

bildend. Submarginalbinde durch schwachen Staub oft angedeutet. Weibchen mit etwas längerem Glasbande und breiterer wie längerer Submarginalbinde. Hinterrandfleck und das bis $M_3$ reichende Subcostalbändchen kräftig. Endzellfleck vorn nicht auffallend verjüngt. Wurzelfeld des Vorderflügels stärker schwarz gekörnt. Hinterrandschwärze des Hinterflügels stärker als beim Männchen betont. Glasband sehr schmal, bisweilen internerval unterbrochen. Submarginale des Hinterflügels meist deutlich. Augenflecke größer. 2 kräftige Analflecke. Folgende formae treten auf: *quincunx, expupillata, fermata, intertexta,* ♀ *inversa, herrichi, binocularis.* Vorderflügellänge: ♂ 35,5 bis 40 mm, ♀ 38—40 mm.

Modeneser Appenin: Foce (Passo) delle Radici, Alpen von S. Pellegrino, Monte Cimono, Corno alle Scale.

Typen: ♂♀ in coll. E. Turati, Mailand.

17 130. **P. apollo apenninus** H. Stich. 1906 *P. a.*, Verity, Rhop. palaearct., p. 46 t. VIII f. 20 (♀) | 1907 *P. a.*, Fruhstorfer [Anonym MS.] in: Soc. ent., *v.* 21 p. 171—172 | 1907 *P. a.* subsp. *apenninus*, H. Stichel in: Gen. Ins., *v.* 58 p. 26 | 1909 *P. a. a.*, A. Pagenstecher in: Jahrb. Ver. Nassau, *v.* 62 p. 203 | 1911 & 10 *P. a.* „race" *appenninus* (part.), Verity, Rhop. palaearct., p. 310 t. LVI f. 7 (♂), 9 (♀) | 1911 *P. a. a.*, Turati & Verity in: Bull. Soc. ent. Ital., *v.* 42 p. 185 | 1911 *P. a.* var. *a.*, Rocci in: Atti Soc. Ligust., *v.* 22 p. 159 | 1914 *P. a. a.*, Verity, ibid., *v.* 45 p. 140, 206 | 1914 *P. a. apenninus*, Bryk in: Soc. ent., *v.* 29 p. 32 | 1918 *P. a. a.*, W. Rothschild in:

Nov. zool., *v.* 25 p. 237, 260 | 1919 *P. a. appenninus* + *apuanus* (Constantini MS.), Turati in: Atti Soc. Ital., *v.* 58 p. 161, 162 | 1919 *P. a.* „form" + „race" *decoratissima* (nom. nud.), Verity in: Ent. Rec., *v.* 31 p. 88, p. VIII (aberr.) | 1921 *P. a. apenninus*, Fruhstorfer in: Ent. Anz., *v.* 1 p. 66 | 1922 [1923] *P. a.* var. *a.*, Bryk in: Strand, Lep. Cat., *v.* 27 p. 108 | 1923 *P. a. appeninus (apeninus)* + *decoratissima*, Turati in: Atti Soc. Ital., *v.* 62 p. 35—37 | 1924 *P. a.* „race" *appenninus* + „race" *decoratissima*, Verity & Querci in: Ent. Rec., *v.* 36 p. (22) | 1929 *P. a. appeninus (apeninus)*, Bollow in: Seitz, Großschmett. Erde, *v.* 1 Suppl. 1 p. 68 | 1932 *P. a. appenninus* + *decoratissima*, Rocci in: Boll. Soc. ent. Ital., *v.* 64 p. 150, 151.

Eine helle, an ssp. *emilianus* Turati erinnernde Subspecies mit kräftigem Subcostalbändchen und Hinterrandfleck in beiden Geschlechtern und ebenso stark betonten, länglichen Zellmakeln. Submarginalbinde erhalten. Vorderrand und Wurzelfeld des Vorderflügels schwarz gekörnt. Augenflecke mittelgroß, rundlich, karminrot, mit deutlichen, weißen Kernen. Hinterrandschwärze des Hinterflügels nicht so kräftig wie bei ssp. *emilianus* Turati. Männchen (Fig. 439): Glasband wie bei ssp. *emilianus* Turati. Submarginalbinde schmal.

Fig. 439.
**Parnassius apollo apenninus** H. Stich. (♂). (Original, aus coll. C. Eisner, Berlin-Dahlem) (1/1).

Hinterrandfleck vorn und hinten an die betreffenden Rippen angelehnt. Augenflecke schmal schwarz umzingelt. 2 Analflecke, ein 3. nur unterseits, oft verkümmert, erhalten. Weibchen mit breiterem Glasbande und verschwommener, breiter Submarginalbinde, die die Mondbinde stark einengt. Schwarzfleckung sehr stark. Mittelfeld des Vorderflügels schwärzlich bestäubt. Augenflecke größer als beim Männchen und dicker schwarz umrandet. Analflecke breit, der 3. vorderste kaum erkennbar. Glasband schmal. Submarginalbinde des Hinterflügels deutlich, aber blaß. Forma *decora* tritt auf. Vorderflügellänge: ♂ 36,5—37,5 mm, ♀ 37,5 mm.

Apuanische Alpen, Toscanischer Appenin: Monte Pratofiorito, 1200 m über Bagni di Lucca.

Typus: ♂ in coll. R. Verity, Florenz.

17131. **P. apollo civis** Turati 1932 *P. a.* forma *c.*, Turati in: Boll. Soc. ent. Ital., *v.* 64 p. 50 | 1933 *P. a. c.*, Turati, ibid., *v.* 65 p. 12 t. 1 f. 1—2 (♂), 3—4 (♀).

Steht zwischen ssp. *italicus* C. Oberth. und ssp. *euappenninus* Verity. Subcostalflecke des Vorderflügels getrennt, selbst beim Weibchen, bei dem sie um ein Element über $M_2$ hinaus reicher sind. Vorderrand und Vorderflügelbasis schwarz gekörnt. Glasband breit, zwischen $M_2$ und $M_3$ vorspringend, sich verjüngend bis zum Hinterrand reichend. Submarginalbinde sehr deutlich. Mittelzellfleck kräftig. Submarginalbinde auf dem Hinterflügel vorhanden, beim Männchen schwächer ausgebildet. Hinterrandschwärze bis $R_5$ $(+ M_1)$ ziehend.

Fig. 440.
Parnassius apollo civis Turati (♂). (Typus, nach Turati 1933) (1/1).

Fig. 440a.
Parnassius apollo civis Turati (♀). (Typus, nach Turati 1933) (1/1).

2 Analflecke (Fig. 440). Männchen: Flügelfond mit einem leichten cremegelben Anflug. Hinterrandfleck klein aber deutlich. Augenflecke klein, der mediane mit einem weißen Kern. Weibchen in der Vorderflügelmitte schwarz überpudert. Augenflecke größer. Hinterflügel von einem deutlichen Glasband umsäumt. Forma *ampliusmaculata* tritt auf.

Rocca di Mezza unweit Rom, 845 m.

Typen: ♂ ♀ in coll. E. Turati, Mailand.

17132. **P. apollo euappenninus** Verity 1913 *P. a. apenninus*, C. Oberthür, Étud. Lép., *v.* 8 p. 77, 86 t. 222 f. 1952, 1953 (♂), 1954 | 1914 *P. a.* „race“ *euappenninus*, Verity in: Bull. Soc. ent. Ital., *v.* 45 p. 140, 204—206 | 1914 *P. a. apenninus* (part.), Bryk in: Soc. ent., *v.* 29 p. 33 (an subsp.?) | 1915 *P. a.* var. *a.*, Bryk in: Arch. Naturg., *v.* 80 A 10 p. 166 t. 20 f. 119 (♂) | 1916 *P. a. a.*, Belling in: Int. ent. Z., *v.* 10 p. 62 | 1918 *P. a. euapenninus*, W. Rothschild in: Nov. zool., *v.* 25 p. 236 | [1918] *P. a.* var.

*apenninus*, Bryk, Parnassius Apollo Formenkreis, p. 138, 139 bis, 180 t. 20 f. 119 (♂) | 1918 *P. a.* „razza“ *appennina,* Turati in: Atti Soc. Ital., *v.* 57 p. 41 (nota) | 1919 *P. a. euapenninus*, Fruhstorfer [Bryk MS.] in: Soc. ent., *v.* 34 p. 11 | 1922 [1923] *P. a.* var. *euappenninus*, Bryk in: Strand, Lep. Cat., *v.* 27 p. 117 | 1924 *P. a.* „race“ *e.*, Verity & Querci in: Ent. Rec., *v.* 36 p. (22) | 1929 *P. a.* „Rasse“ *e.*, Bollow in: Seitz, Groß-schmett. Erde, *v.* 1 Suppl. 1 p. 69.

Eine stattliche, gestreckte, schwach beschuppte Subspecies mit ganz leicht gelblichem Anflug. Submarginalbinde des Vorderflügels deutlich. Mit mittelgroßen, leuchtend roten Augenflecken, die weiße Kerne tragen und saubeı

Fig. 441.
**Parnassius apollo euappenninus** Verity (♂). (Original, aus coll. Zool. Mus. Berlin) (1/1).

Fig. 441 a.
**Parnassius apollo euappenninus** Verity (♀). (Original, aus coll. Zool. Mus. Berlin) (1/1).

schwarz umrandet sind. Subcostalflecke stets verbunden und wie die Zellflecke schräg gestellt. Vorderrand und Wurzelfeld des Vorderflügels schwärzlich gekörnt. Hinterrandschwärze mehr oder weniger deutlich um die Mittelzelle greifend. 2 Analflecke (Fig. 441). Männchen mit mittelbreitem Glasband, das $Ax_1$ nicht erreicht. Die graphitgraue Submarginalbinde bogig ausgezackt. Subcostalbändchen nur wenig über $M_2$ zahnförmig wurzelwärts hervortretend. Hinterrandfleck oft kräftig, obwohl er sich vorn an $Cu_2$ nicht anlehnt. Die beiden

Analflecke schmal, der hintere strichförmig. Submarginalbinde des Hinterflügels oberseits in der Regel fehlend. Rippenenden sehr schwach schwärzlich beschattet. Weibchen bedeutend verdunkelt. Mit breitem und längerem Glasband und breiter Submarginalbinde, die die Mondbinde oft stark verdrängt. Mittelfeld des Vorderflügels sowie Wurzelfeld stark schwarz bestäubt. Augenflecke etwas größer. Submarginalbinde des Hinterflügels wie auch das Glasband oft deutlich ausgezackt. Vorderflügellänge: ♂ 40—42 mm, ♀ 41,5—42 mm.

Monte Sibillini (Pizzo di tre-Vescovi.), 1200—1300 m.

Typen: ♂♀ in coll. R. Verity, Florenz.

17133. **P. apollo italicus** C. Oberth. 1832—36 *P. a.* (part.), O. G. Costa, Fauna Reg. Napoli, Diurni Parnass. p. 9 | 1887 *P. a.*, H. Calberla in: CB. Iris, *v.* 1 p. 120 | 1909 *P. a. italicus*, C. Oberthür, Étud. Lép., *v.* 3 p. 116 | 1909 *P. a. apenninus* (part.), A. Pagenstecher in: Jahrb. Ver. Nassau, *v.* 62 p. 203 | 1911 & 10 *P. a.* „race" *italicus*, Verity, Rhop. palaearct., p. 306, 310 t. LVI f. 6 (♂) | 1911 *P. a. i.*, Turati & Verity in: Bull. Soc. ent. Ital., *v.* 42 p. 185 | 1911 *P. a. i.* + *pseudophoebus* (C. Oberthür MS.), Turati in: Annuario Mus. Napoli, n. ser. *v.* 3 nr. 18 p. 2, 4 | 1911 *P. a.* var. *i.*, Rocci in: Atti Soc. Ligust., *v.* 22 p. 159 | 1912 *P. a. i.*, B (= Bryk) in: Soc. ent., *v.* 27 p. 31 | 1913 *P. a. i.*, C. Oberthür, Étud. Lép., *v.* 8 p. 77, 87 t. 223 f. 1955, 1956 (♂), 1957 (♀) | 1914 *P. a. i.*, Bryk in: Soc. ent., *v.* 29 p. 33 | 1915 & 14 *P. a.* var. *i.*, Bryk in: Arch. Naturg., *v.* 80 A 9 p. 142, A 5 t. 2 f. 8 (♀) | 1918 *P. a. i.*, W. Rothschild in: Nov. zool., *v.* 25 p. 260 | [1918] *P. a.* var. *i.*, Bryk, Parnassius Apollo Formenkreis, p. 135 139bis, 180, t. 2 f. 8 (♀) | 1921 *P. a. i.*, Fruhstorfer in: Ent. Anz., *v.* 1 p. 66 | 1922 [1923] *P. a.* var. *i.*, Bryk in: Strand, Lep. Cat., *v.* 27 p. 121 | 1924 *P. a.* „race" *i.* + „race" *decoratissima* (part.), Verity & Querci in: Ent. Rec., *v.* 36 p. (22) | 1929 *P. a.* subsp. *i.*, Bollow in: Seitz, Großschmett. Erde, *v.* 1 Suppl. 1 p. 68 | 1932 *P. a. i.*, Turati in: Boll. Soc. ent. Ital., *v.* 64 p. 51 | 1933 *P. a. i.*, Turati, ibid., *v.* 65 p. 12, 26 t. 1 f. 5 (♂), 6 (♀).

Fig. 442.
**Parnassius apollo italicus** C. Oberth. (♀). (Original, aus coll. C. Eisner, Berlin-Dahlem) (1/1).

Schließt sich an ssp. *euappenninus* Verity an, ist aber kleiner, im Wurzelfelde und Vorderrande des Vorderflügels kräftiger schwarz gekörnt (auch im männlichen Geschlecht) und mit einem mehr patzenhaften Mittelzellfleck versehen. Augenflecke des Männchens kleiner. Hinterrandfleck kleiner. Männchen: Der sich verjüngende, mittelbreite Glassaum erreicht den Hinterrand nicht. Die meist schmale Submarginalbinde überschreitet etwas $Cu_2$. Subcostalbändchen bisweilen getrennt, nicht schräg gestellt, sondern sein vorderer Teil etwas wurzelwärts verschoben, sein Zipfel erreicht $M_3$ nicht. 1 oder 2 bescheidene Analflecke. Weibchen (Fig. 442) mit um die Mittelzelle überpuderter Vorderflügelmitte, breiter, gezähnter Submarginalbinde und deutlicher Mondbinde. Augenflecke mittelgroß oder groß, meist mit großem, weißem Kern. Glasbinde wie Submarginalbinde des Hinterflügels schmal. Die beiden Analflecke tragen oft rote Kernung, unterseits ist ein 3. vorn verkümmert erhalten, während der mittlere im roten Kern weiß zentriert ist. Folgende formae treten auf: *decora, marginepupillata.* Vorderflügellänge: ♂ 34—36 mm, ♀ 39—39,5 mm.

Abruzzen: Monte Majella, Gran Sasso.

Typen: ♂ ♀ in coll. R. Oberthür, Rennes.

17134. **P. apollo rothschildi** Verity (nomen vix conservandum) 1911 & 10 *P. a.* „race?" *r.*, Verity, Rhop. palaearct., p. 310 t. LVII f. 15 (♂) | 1911 *P. a.* forma *r.*, Turati in: Annuario Mus. Napoli, n. ser. *v.* 3 nr. 18 p. 4; p. 6 *(rothscheildi)* | 1918 *P. a. r.*, W. Rothschild in: Nov. zool., *v.* 25 p. 236 | 1922 [1923] *P. a.* forma *R.*, Bryk in: Strand, Lep. Cat., *v.* 27 p. 98 | 1929 *P. a.* forma *r.* (an synonym?), Bollow in: Seitz, Großschmett. Erde, *v.* 1 Suppl. 1 p. 69.

Eine Individualform mit unsicherer Patriaangabe. Männchen: Subcostalflecke getrennt und wie der Hinterrandfleck sehr stark reduziert (wie bei ssp. *democratus* Krulikowsky). Submarginalbinde sehr schmal, in der Mitte durchbrochen. Vorderrand und Wurzelfeld des Vorderflügels stark schwarz gekörnt. Zellflecke sehr kräftig. Augenflecke klein, breit, schwarz umrandet, rot ausgefüllt, der mediane bei $M_2$ eingeschnürt. Von den 2 Analflecken ist der vordere reduziert. Hinterrandschwärze um die Zelle greifend. Submarginalbinde durch leichte, diffuse Bestäubung kaum angedeutet. Rippenenden deutlich beschattet. Weibchen unbekannt. Vorderflügellänge: ♂ 39 mm.

Italien?

Typus: ♂ in coll. Zool. Mus. Tring.

17135. **P. apollo pumilus** H. Stich. 1832—36 *P. delius*, O. G. Costa, Fauna Reg. Napoli, Diurni Parnass. p. 9 t. 1 f. 1 (♂) | 1906 *P. apollo pumilus*, H. Stichel in: Berlin. ent. Z., *v.* 51 p. 88 t. 2 f. 14 (♂) (Patria falsa!) | 1906 *P. a.* „Form" *p.*, H. Stichel in: Seitz, Großschmett. Erde, *v.* 1 p. 24 f. 10c (♂) | 1907 *P. a. siciliae* forma *p.*, H. Stichel in: Gen. Ins., *v.* 58 p. 26 | 1909 *P. a. p.*, W. Rothschild in: Nov. zool., *v.* 16 p. 8, 20 | 1909 *P. a. p.*, A. Pagenstecher in: Jahrb. Ver. Nassau, *v.* 62 p. 204 | 1910 *P. a.* var. *p.*, Verity, Rhop. palaearct., t. LVIII f. 1, 2 (♂), 3 (♀) | 1911 *P. a. p.*, Bryk in: Berlin. ent. Z., *v.* 55 p. 256 | 1911 *P. a. p.*, H. Stichel, ibid., *v.* 55 p. 256 (nota 1) | 1911 *P. a. p.*, Bryk in: Int. ent. Z., *v.* 5 p. 168 | 1911 *P. a. p.*, Turati in: Annuario Mus. Napoli, n. ser. *v.* 3 nr. 18 p. 6, 12 | 1912 *P. a. p.*, B (= Bryk) in: Soc. ent., *v.* 27 p. 31 | 1912 *P. a. siciliae* forma *p.*, H. Stichel in: Int. ent. Z., *v.* 6 p. 47 | 1912 *P. a. p.*, Bryk in: Ent. Mt., *v.* 1 p. 377 | 1913 *P. a. p.*, C. Oberthür, Étud. Lép., *v.* 8 p. 76, 87 t. 224 f. 1958 (♂) | 1914 *P. a. p.* + forma *posticelongata*, Verity in: Bull. Soc. ent. Ital., *v.* 45 p. 204, 205 t. 1 f. 1 (♂, forma *posticelongata*) | 1914 *P. a. p.*, Bryk in: Soc. ent., *v.* 29 p. 33 | 1914 *P. a. p.* + forma *nevadensiformis* + forma *bartholomaeiformis*, Verity in: Bull. Soc. ent. Ital., *v.* 45 p. 205 t. 1 f. 2 (♀, forma *nevadensiformis*), f. 3 (♀ forma *bartholomaeiformis*) | 1914 & 15 *P. a.* var. *p.*, Bryk in: Arch. Naturg., *v.* 80 A 5 p. 151, A 8 p. 143, A 7 t. 9 f. 69a (♀), 70 (♂; non 69b) | 1916 *P. a. p.*, Stauder in: Z. Ins.-Biol., *v.* 12 p. 11—14 (biol.) t. 5 f. 1, 2 (♂), 3, 4 (♀) | 1916 *P. a. siciliae* (part.), H. Stichel, ibid., *v.* 12 p. 12 (nota **) | 1918 *P. a. pumilus* + divers. aberr., Turati in: Atti Soc. Ital., *v.* 57 p. 31—89 t. 1 f. 1, 2 (♂, ♀, *p. pumilus*), f. 3, 4 (♂, ♀, *bispupillata*), f. 5, 6, 7, 8 (♂, ♀, *depupillata*) t. 2 f. 1 (♂, *depupillata tenuicincta microstigma*), f. 2 (♂, *bispupillata ampliusmaculata*), f. 3 (♀, *depupillata ampliusmaculata nigricans*), f. 4 (♀, *bispupillata decora pseudonomion*), f. 5 (♂ *pumilus* *p. appendiculata*), f. 6, 7, 8 (♂, ♀, *bispupillata appendiculata limbovariegata*), t. 3 f. 1, 2 (♂, *pumilus p. limbovariegata*), f. 3, 4, 5 (♂, ♀, *pumilus p. mnemosynoides*), f. 6, 7 (♂, *pumilus p. albens*), f. 8 (♂, *pumilus p. inaequata*), t. 4 f. 1 (♂, *pumilus p. semiluctifera*), f. 2, 3 (♂, *pumilus p. microstigma inaequata*), f. 4 (♂, *bispupillata pseudonomion*), f. 5 (♀, *bispupillata pseudonomion appendiculata inversa*), f. 6 (♂, subtus; *bispupillata subcentrica*), t. 5 f. 1 (♂, *pumilus p. flavomaculata*), f. 2 (♂, *p. p. f. microstigma*), f. 3 (♂, *depupillata flavomaculata mnemosynoides microstigma appendiculata*), f. 4, 5 (♀, *pumilus p. flavomaculata*), f. 6 (♀, *bispupillata flavomaculata appendiculata nigricans*), f. 7, 8 (♂, ♀, *pumilus p. intertexta*), t. 6 f. 1, 2 (♂, *bispupillata minuscula appendiculata*), f. 3 (♀, *pumilus p. m. nigricans appendiculata*), f. 4 (♀, *bispupillata nigricans*), f. 5 (♀, *depupillata nigricans subcentrica decora*), f. 6 (♀, *bispupillata inversa decora*), f. 7, 8 (♂, *pumilus p. minuscula falcata*), t. 7 f. 4 (♀, subtus), f. 6, 7, 8, 9 (nervatura) | 1918 *P. a. p.*, W. Rothschild in: Nov. zool., *v.* 25 p. 236 | [1918] *P. a.* var. *p.*, Bryk, Parnassius Apollo Formenkreis, p. 136, 139 bis, 180 t. 9 f. 69a (♀), 70 (♂; non 69b) | 1919 *P. a. p.*, J. Turner in: Ent. Rec., *v.* 31 p. 77 | 1920 *P. a.*, Rebel in: Ann. Hofmus. Wien, *v.* 33 p. 81 (nota[1]) | 1921 *P. a. pumilus* forma *satyrus* + forma *musagetes* + forma *cuneifer* + forma *sticheli* + forma *uniformis* + forma *novaraeformis* et div. formae, Stauder in: Soc. ent., *v.* 36 p. 9—11 | 1921 *P. a. p.*, Stauder in: Ent. Anz., *v.* 1 p. 91 (vol.) | 1921 *P. a. p.* forma *bimacula*, Stauder in: D. ent. Z. Iris, *v.* 35 p. 26 | 1922 *P. a. p.* + forma *azona* + *commatostigma* + *siepeni* + *steimmigi* + *tisiphone* + *simonioides* + *exsecta* + *minimoides* + *quadratula* + *pseudocorybas* + *aequivalens*, Stauder in: N. Beitr. syst. Ins.-Kunde, *v.* 2 p. 85—88 (hermaphrod.) | 1922 *P. a. p.* aberr. *hydrargyrostigma* + *asymmetromaculata* + *asymmetrosecta* + *pentagonalis* + *semiluctifera* + forma *satyrus*, Stauder in: Mt. Münch. ent. Ges., *v.* 12 p. 18—21 | 1922 [1923] *P. a.* var. *p.*, Bryk in: Strand, Lep. Cat., *v.* 27 p. 132—133 | 1923 *P. a. p.*, Stauder in: Ent. Anz., *v.* 3 p. 95 | 1924 *P. a.* „race" *p.*, Verity & Querci in: Ent. Rec., *v.* 36 p. (22) | 1929 *P. a. p.*, Belling in: Int. ent. Z., *v.* 23 p. 142—148; p. 144 (f. ♂ ♀) (ex larva) | 1929 *P. a. p.*, Riemel in: Mt. Münch. ent. Ges., *v.* 19 p. 330 (Kreuzung) | 1930 *P. a. p. pumilus*, Mariani in: Boll. Soc. ent. Ital., *v.* 62 p. 105 | 1930 *P. a. p. p.*, Mariani in: Giorn. Sci. Palermo, *v.* 36 p. 6 7, 8] | 1931 *P. a. p.*, Bollow in: Seitz, Großschmett. Erde, *v.* 1 Suppl. 1 p. 331 Kreuzzung) | 1931 *P. a. p.*, Bryk in: Zool. Jahrb., Syst. *v.* 62 p. 166—167 (forma monstrosa).

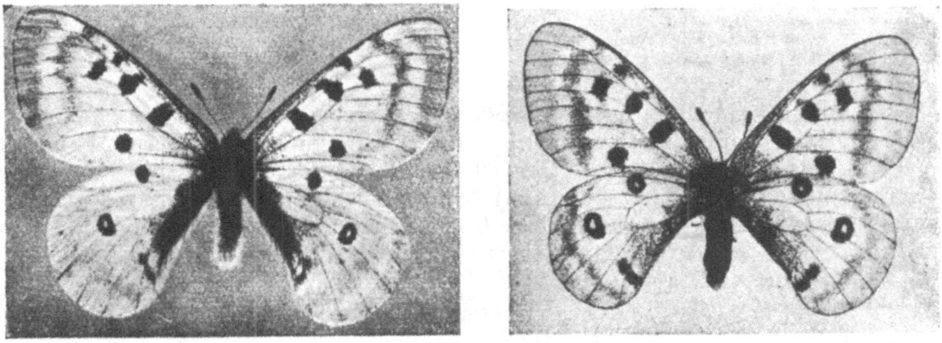

Fig. 443.
**Parnassius apollo pumilus** H. Stich. (links ♂ (Typus), rechts ♀). (Original, aus coll. Zool. Mus. Berlin) (1/1).

Die kleinste Subspecies von *Parnassius apollo* (L.), die eine entfernte Ähnlichkeit mit *P. phoebus* (F.) hat (Fig. 443). Dicht hellweiß beschuppt, mit einem Stich ins Gelbliche. Mit gestrecktem Vorderflügel und gerade verlaufendem Seitenrand. Schwarzkörnung des Wurzelfeldes und Vorderrandes im Vorderflügel des Männchens schwach. Submarginalbinde erhalten. Schwarzfleckung reduziert oder mittelstark. Mittelzellfleck schmal und länglich. Augenflecke sehr klein bis mittelgroß, mit oder seltener ohne weißen Kern. Männchen mit schmaler oder mittelbreiter Glasbinde, die wenigstens bis $Cu_1$ reicht und von da sich etwas weiter nach hinten verliert, seltener bis zur Rundung des Hinterrandwinkels reichend. Submarginalbinde schwach und schmal, $Cu_2$ nicht überschreitend. Hinterrandfleck und Subcostalflecke meistens getrennt, sehr klein. Von den beiden winzigen Augenflecken, die schmal schwarz umrandet sind, ist der subcostale immer kleiner, rundlich oder oval, schräg gestellt, der mediane hingegen rundlich oder länglich verzogen. 2 sehr bescheidene Analflecke, von denen der vordere auch ausbleiben kann. Hinterrandschwärze und die des Wurzelfeldes reduziert, um die Mittelzelle nicht hakenförmig herumgreifend. Verglasung des Saumes und Submarginalbinde des Hinterflügels fehlen. Weibchen reicher gezeichnet. Wurzelfeld und Vorderrand des Vorderflügels deutlich schwarz gekörnt. Glasband etwas breiter, bis zum Hinterrandwinkel reichend. Submarginalbinde breit, eine deutliche Mondbinde freilassend, mit dem Glasband hinten zusammentreffend. Schwarzfleckung stärker. Subcostalbändchen mit dem Hinterrandfleck mehr oder weniger durch schwarze Bestäubung der Flügelmitte verbunden. Augenflecke in der Regel größer als beim Männchen, bisweilen mittelgroß, der mediane erreicht $M_3$ nicht. 2 mäßig starke, schwarze Analflecke. Submarginalbinde und Glasbinde des Hinterflügels mehr oder weniger stark hervortretend. Hinterrandschwärze oft mehr nach vorn um den Discus verschwindend, ohne jedoch $R_5$ ($+ M_1$) zu erreichen. Die stark variable Subspecies, die den Eindruck einer Kümmerform macht, tritt in zahlreichen Aberrationen auf, von denen folgende hervorgehoben seien:

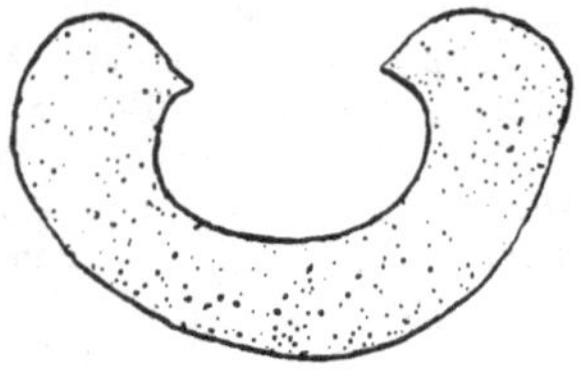

Fig. 444.
VIII. Tergit von **Parnassius apollo pumilus** H. Stich. (Nach M. Hering 1932) (9/1).

Fig. 445.
Aedoeagus von **Parnassius apollo pumilus** H. Stich. (Nach M. Hering 1932) (13/1).

forma *quincunx, expupillata, binocularis,* ♀ *inversa, limbovariegata, microstigma, decora, semiluctifera,* ♀ *nigricans.* VIII. Tergit des Männchens (Fig. 444) halbringförmig wie der von der Nominatrasse, aber seitlich etwas zugespitzt. Aedoeagus (Fig. 445) verkürzt, dementsprechend robuster. Uncus und Valve der männlichen Genitalarmatur (Fig. 325) wie bei der Nominatrasse, der Helm des Subuncus stark verkleinert. Vorderflügellänge: ♂ 28—35 mm, ♀ 28,5—37 mm.

Kalabrien (Aspromonte).

Typus: ♂ in coll. Zool. Mus. Berlin.

17 136. **P. apollo siciliae** C. Oberth. 1804 *Papilio a.*, Illiger in: Mag. Ins.-Kunde, *v.* 3 p. 23 | 1872 *Parnassius a.*, Kalchberg in: Ent. Zeit. Stettin, *v.* 33 p. 316 | 1891 *P. a* forma (var.) *siciliae*, C. Oberthür, Étud. Ent., *v.* 14 p. 4, 16 t. 3 f. 22 (♀) | 1899 *P. a. s.*, H. Stichel in: Ins.-Börse, *v.* 16 p. 304 | 1901 *P. a.* var. *s.*, O. Staudinger & Rebel, Cat. Lep. Palaearct. Faunengeb., ed. 3 *v.* 1 p. 4 | 1904 *P. a.* var. *s.*, Krüger in: Berlin. ent. Z., *v.* 49 p. (20), (21) | 1905 *P. a. s.*, Perlini, Lep. esclus. Ital., p. 11 t. 1 f. 2 (♂) | 1906 *P. a.* var. *s.*, Verity, Rhop. palaearct., p. 46 (*apollo* part.), 47, t. IX f. 5 (♂) | 1906 *P. a. s.*, H. Stichel in: Seitz, Großschmett. Erde, *v.* 1 p. 24 | 1907 *P. a. s.*, H. Stichel in: Gen. Ins., *v.* 58 p. 26 | 1909 *P. a. s.*, W. Rothschild in:

Nov. zool., *v.* 16 p. 8 | 1909 *P. a. s.,* A. Pagenstecher in: Jahrb. Ver. Nassau, *v.* 62 p. 203 | 1909 *P. a. s.*, A. Pagenstecher, Geogr. Verbr. Schmett., p. 167 | 1911 & 10 *P. a.* var. *s.*, Verity, Rhop. palaearct., p. 309 t. LVII f. 16 (♂), 17 (♀) | 1911 *P. a. s.*, Bryk in: Berlin. ent. Z., *v.* 55 p. 256 | 1911 *P. a. s.*, Turati in: Annuario Mus. Napoli, n. ser. *v.* 3 nr. 18 p. 7 | 1912 *P. a. s.*, B. [= Bryk] in: Soc. ent., *v.* 27 p. 31 | 1912 *P. a. s.* + *pumilus* (part.), H. Stichel in: Int. ent. Z., *v.* 6 p. 47 | 1913 *P. a. s.*, C. Oberthür, Étud. Lép., *v.* 8 p. 77, 86, 87 t. 221 f. 1951 (♂), t. 224 f. 1960 (♀) | 1914 *P. a. s.*, Bryk in: Soc. ent., *v.* 29 p. 33 | 1915 & 14 *P. a.* var. *s.*, Bryk in: Arch. Naturg., *v.* 80 A 10 p. 166, A 6 t. 4 f. 21 (♀) | 1916 *P. a.* var. *s.* + aberr. *pumiloides*, Ragusa in: Natural. Sicil., *v.* 23 p. 35 | 1916 *P. a. pumilus* (part.), H. Stichel in: Z. Ins.-Biol., *v.* 12 p. 12 (nota **) | 1916 *P. a. siciliae,* Stauder, ibid., *v.* 12 p. 12 | 1916 *P. a. s.*, Belling in: Int. ent. Z., *v.* 10 p. 62 | 1918 *P. a. s.*, W. Rothschild in: Nov. zool., *v.* 25 p. 236 | [1918] *P. a.* var. *s.*, Bryk, Parnassius Apollo Formenkreis, p. 135, 180 t. 4 f. 21 (♀) | [1918] *P. a.*, A. Pagenstecher in: Bryk, ibid., p. 165 nr. (53) | 1920 *P. a.*, Rebel in: Ann. Hofmus. Wien, *v.* 33 p. 81 (nota 1) | 1922 [1921] *P. a.* var. *siciliae*, Bryk in: Arch. Naturg., *v.* 87 A 10 p. 233 (non. aberr. *quincunx*) | 1922 [1923] *P. a.* var. *s.*, Bryk in: Strand, Lep. Cat., *v.* 27 p. 137 | 1929 *P. a. s.*, Bollow in: Seitz, Großschmett. Erde, *v.* 1 Suppl. 1 t. 6 b (♂ ♀ *siciliae*) | 1930 *P. a.* „razza" *s.* + div. formae, Mariani in: Giorn. Sci. Palermo, *v.* 36 p. 3—15 t. 1 f. 1 (♂, *P. a. s.*), 2 (♂, *P. a. s. heseboloides*), 3 (♀, *P. a. s.* ♀ *decora, graphica, subcentrica, appendiculata, excelsior*), 4 (♀, *P. a. s.* ♀ *graphica*), 5 (♂, *P. a. s.* aberr. *turatii*), p. 10—14 (sphrag.) | 1930 *P. a. s.* + div. formae, Mariani in: Boll. Soc. ent. Ital., *v* 62 p. 105—106, p. 106 (f. ♂, *P. a. s. heseboloides*), p. 106-108 (sphrag.) | 1931 *P. a. s.* + div. formae, Mariani in: Giorn. Sci. Palermo, *v.* 36 p. 3—8 | 1931 *P. a.* forma *magnopupillata* + forma *expupillata* + forma *albomaculata*, Mariani in: Boll. Soc. ent. Ital., *v.* 63 p. 23.

Fig. 446.
**Parnassius apollo siciliae** C. Oberth. (♂). (Original, aus coll. Zool. Mus. Berlin) (1/1).

Eine Inselrasse (Fig. 446). Ssp. *pumilus* H. Stich. sehr nahe stehend. Größer, dichter weiß beschuppt, mit größeren Augenflecken, deren weiße Kernung das Rot stark verdrängt, so daß der rote Ring verschmälert erscheint. Mittelzellfleck des Vorderflügels nicht oblong, sondern mehr rundlich, an den hinteren Discusarm nicht ganz angelehnt. Männchen mit sehr schwach schwarz gekörntem Vorderrande des Vorderflügels. Submarginalbinde schwach ausgeprägt, oft von den weißbeschuppten Rippen internerval unterbrochen. Die beiden Subcostalflecke in der Regel weit voneinander getrennt und klein. Hinterrandfleck rundlich und klein. Hinterrandschwärze reduziert, bis $Cu_2$ reichend. Von den beiden bescheidenen Analflecken ist der vordere, isolierte reduziert und rundlich, $Cu_1$ nicht erreichend; der vordere bleibt bisweilen aus. Submarginal- und Glasbinde fehlt auf dem Hinterflügel. Weibchen viel reicher gezeichnet, durchsichtiger, mit deutlicher Submarginalbinde auf Vorder- und Hinterflügel. Subcostalbändchen stets erhalten, jedoch $M_3$ nicht immer erreichend. Augenflecke größer, der hinterste der beiden schwarzen Analflecke meist mit einem länglichen, roten Kern. Glasbinde des Hinterflügels sehr schmal,

Fig. 446 a.
**Parnassius apollo siciliae** C. Oberth. (♀). (Original, aus coll. Zool. Mus. Berlin) (1/1).

meist internerval zerlegt. Folgende formae treten auf: *decora, expupillata, graphica, excelsior.* Vorderflügellänge: ♂ 33—37 mm, ♀ 37—41 mm.

Sizilien: Madonie-Gebirge bei Monte S. Salvatore.

Typen: ♂ ♀ in coll. R. Oberthür, Rennes.

17137. **P. apollo nevadensis** C. Oberth. 1836 *P. a.* var. A, Boisduval, Spec. gén. Lép., *v.* 1 p. 397 | 1852 *P. a.* var. a, G. R. Gray, Cat. lep. Ins. Brit. Mus., *v.* 1 p. 74 | 1891 *P. a.* var. *nevadensis* (part.), C. Oberthür, Étud. Ent., *v.* 14 p. [5], 16 | 1899 *P. a. n.*, H. Stichel in: Ins.-Börse, *v.* 16 p. 304 | 1901 *P. a.* var. *n.*, O. Staudinger & Rebel, Cat. Lep. Palaearct. Faunengeb., ed. 3 *v.* 1 p. 4 | 1901 *P. a.* aberr. *n.* (part.), Hofmann-Spuler, Schmett. Eur., *v.* 1 p. 4 | 1906 *P. a.* var. *n.* (part.), Verity, Rhop. palaearct., p. 46, 47 | 1906 *P. a. n.*, H. Stichel in: Seitz, Großschmett. Erde, *v.* 1 p. 24 | 1907 *P. a. n.*, H. Stichel in: Gen. Ins., *v.* 58 p. 27 | 1909 *P. a. n.*, W. Rothschild in: Nov. zool., *v.* 16 p. 9 | 1909 *P. a. n.*, A. Pagenstecher in: Jahrb. Ver. Nassau, *v.* 62 p. 206 | 1910 *P. a.* var. *n.*, Ribbe in: D. ent. Z. Iris, *v.* 23 p. 114 | 1911 & 10 *P. a.* „race" *n.*, Verity, Rhop. palaearct., p. 309 t. LXII f. 16 (♂), 17 (♀) | 1911 *P. a.* var. *n.*, Turati & Verity in: Bull. Soc. ent. Ital., *v.* 42 p. 184 | 1911 *P. a. hispanicus*, Turati in: Annuario Mus. Napoli, n. ser. *v.* 3 nr. 18 p. 3 | 1913 *P. a.* „forme" *nevadensis*, C. Oberthür, Étud. Lép., *v.* 8 p. 47, 83 t. 198 f. 1879 (♂) | 1914 *P. a. n.*, Bryk in: Soc. ent., *v.* 29 p. 27 | 1914 *P. a. n.*, Verity in: Bull. Soc. ent. Ital., *v.* 45 p. 205 | 1915 *P. a. n.*, Bubacek in: Verh. Ges. Wien, *v.* 65 p. (103) | 1918 *P. a. n.*, W. Rothschild in: Nov. zool., *v.* 25 p. 260 | [1918] *P. a. n.*, Bryk, Parnassius Apollo Formenkreis, p. 69, 180 | 1922 [1923] *P. a.* var. *n.*, Bryk in: Strand, Lep. Cat., *v.* 27 p. 129 | 1925 *P. a. n.*, Querci in: Ent. Rec., *v.* 37 p. 150, 151 | 1926 *P. a. n.* aberr. *basimaculatus*, A. Fernandez in: Bol. Soc. Españ., *v.* 26 p. 177, 178, 179 | 1928 *P. a.* forma *n.*, Warnecke in: Int. ent. Z., *v.* 22 p. 222 | 1929 *P. a.* aberr. *basimaculata*, Bollow in: Seitz, Großschmett. Erde, *v.* 1 Suppl. 1 p. 68 t. 6 b (♂ ♀, *nevadensis*) | 1930 *P. a.* „razza" *nevadensis* aberr. *turatii*, Mariani in: Giorn. Sci. Palermo, *v.* 36 p. 7 | 1933 *P. a. n.*, Sagarra in: Treb. Mus. Barcelona, *v.* 11 (ser. Ent.) nr. 5 p. 3, 4, 5, 7, 8.

Eine große, mit einem leichten Stich ins Gelbliche versehene, dicht weiß beschuppte, stark sexuell digryphe Subspecies (Fig. 447). Vorderflügel wenig gestreckt, am Apex mehr zugespitzt. Subcostalflecke zu einem Bändchen vereinigt. Hinterrandfleck des Vorderflügels an $Cu_2$ nicht oder kaum angelehnt.

Mit deutlicher Submarginalbinde. Die mittelgroßen Augenflecke mit orangegelbem Ring um den vergrößerten, weißen Kern; die unterseitlichen Prachtflecke orangegelb. 2 Analflecke. Männchen: Das schmale, bis $Cu_1$ reichende Glasband von einer deutlich schwarz-weiß gescheckten Befransung abgegrenzt. Submarginalbinde in ihren hintersten Elementen diffus, bis $Cu_2$ reichend. Subcostalbändchen nicht bis $M_3$ reichend, sein kleiner Zipfel überschreitet $M_2$.

Fig. 447.
**Parnassius apollo nevadensis** C. Oberth. (♂). (Original, aus coll. Zool. Mus. Berlin) (1/1).

Fig. 447 a.
**Parnassius apollo nevadensis** C. Oberth. (♀). (Original, aus coll. C. Eisner, Berlin-Dahlem) (1/1).

Der vorn etwas verjüngte Mittelzellfleck tangiert hinten die Mittelzellrippe gewöhnlich nicht. Hinterrandfleck klein oder sehr klein. Vorderrand leicht schwärzlich gekörnt. Die Schwarzkörnung der Vorderflügelwurzel kaum bemerkbar. Augenflecke rundlich, ziemlich breit schwarz umzogen. Von den beiden bescheidenen, fast oder ganz isolierten Analflecken ist der hinterste strichförmig, der vordere rundlich und erreicht die $Cu_1$ nicht. Wurzel- und Hinterrandschwärze sehr bescheiden, discalwärts kaum erweitert. Saum der Hinterflügel nicht beschattet. Submarginalbinde, falls erhalten, aus diffusen, schwärzlichen Flecken zusammengesetzt. Weibchen sehr reich gezeichnet. Glasband und die breite, wurzelwärts diffuse Submarginalbinde bis zum Hinterrand reichend. Subcostalbändchen breiter als beim Männchen, mit dem mittelgroßen Hinterrandfleck durch eine mehr oder weniger starke Bestäubung der Flügelmitte verbunden, oft mit 2 orangeroten Prachtkernen. Wurzelfeld und Vorderrand des Vorderflügels schwarz gekörnt. Saum der Hinterflügel verglast oder internerval etwas weiß unterbrochen. Submarginalbinde sehr deutlich. Augenflecke vergrößert, nicht so breit schwarz umzogen. Vor den beiden, kräftigeren, häufig orangegekernten Analflecken ein stark reduzierter 3. Hinterrandschwärze bisweilen weiter als beim Männchen nach vorn vortretend. Folgende formae treten auf: *quincunx, ampliusmaculata, graphica.* Vorderflügellänge: ♂ 37,5—41, ♀ 37—41 mm.

Sierra Nevada: Loma de S. Geronimo, Loma de S. Juan, Puerto de Vacares, Loma de Veleta, Loma de la Lancha und übrigen Hochpässen, 2500—3200 m.

Typen: ♂♀ in coll. R. Oberthür, Rennes.

17138. **P. apollo filabricus** Sagarra 1933 *P. a. f.*, Sagarra in: Treb. Mus. Barcelona, *v.* 11 (ser. Ent.) nr. 5 p. 1—8.

Fig. 448.
**Parnassius apollo filabricus** Sagarra (♂). (Typus, nach Sagarra 1933) (1/1).

Fig. 448a.
**Parnassius apollo filabricus** Sagarra (♀). (Typus, nach Sagarra 1933) (1/1).

Kleiner, stärker sexuell digryph als ssp. *nevadensis* C. Oberth., da das Männchen schwächer schwarz gefleckt ist, während das Weibchen mehr melanotisch und hyalin ist (Fig. 448). Das Orange bescheiden, besonders im

Vorderflügel verdrängt. Männchen: Glasband kürzer, mehr oder weniger schwach schwarz an den Rippenmündungen befranst. Submarginalbinde reduziert, $Cu_1$ nicht überschreitend. Die beiden Zellflecke verkleinert. Analflecke des Hinterflügels nicht so kräftig. Submarginalbinde verschwindend oder kaum angedeutet. Weibchen: Vorderflügel ohne Prachtfarbe oder kaum angedeutet. Das sehr breite Subcostalbändchen mit dem sehr kräftigen, über $Ax_1$ hinaus reichenden Hinterrandfleck durch graphitgraue Verbindung längs des hinteren Discusarmes vereinigt. Glasband etwas breiter. Wurzelfeld stark schwarz bepudert. Submarginalbinde des Hinterflügels deutlich und breiter als bei ssp. *nevadensis* C. Oberth. Verglasung des Saumes schwach. Augenflecke groß, mit größerer Weißzentrierung. Der vorderste, 3. Analfleck erhalten. Hinterrandschwärze bis $R_4$ ausgedehnt. Folgende formae treten auf: *cardinalis, decora.*

Almeira: Sierra de los Filabres.

Typen: ♂ ♀ in coll. Mus. Biol. Barcelona.

17139. **P. apollo escalerae** Rothsch. 1883 *P. a.*, Zapater & Korb in: An. Soc. Españ., *v.* 12 p. 286 | 1901 *P. a.* (part.), A. Chapman in P. ent. Soc. London, p. (XIX) | 1905 *P. a.*, Kheil in: Ent. Z., *v.* 18 p. 132 (nota*) | 1909 *P. a.* subsp. *escalerae*, W. Rothschild in: Nov. zool., *v.* 16 p. 9 | 1909 *P. a.* subsp. *guadarramensis*, Fruhstorfer in: Ent. Z., *v.* 23 p. 151 | 1909 *P. a. escalerae*, A. Pagenstecher in: Jahrb. Ver. Nassau, *v.* 62 p. 207 | 1910 *P. a. e.*, Ribbe in: D. ent. Z. Iris, *v.* 23 p. 115 | 1911 *P. a. e.* + *hispanicus*, Turati in: Annuario Mus. Napoli, n. ser. *v.* 3 nr. 18 p. 3 | 1912 *P. a. e.*, A. Pagenstecher in: Mt. Münch. ent. Ges., *v.* 3 p. 74 | 1913 *P. a.* var. *e.*, A. Pagenstecher in: Soc. ent., *v.* 28 p. 42 | 1913 *P. a. E.* (part.), Bryk, ibid., *v.* 28 p. 11 (nota 2), 12 | 1913 *P. a. e.* (part.), C. Oberthür, Étud. Lép., *v.* 8 p. 47, 83 t. 198 f. 1880 (♂), t. 199 f. 1882 (♀) | 1914 *P. a.* subsp. *E.*, Bryk in: Soc. ent., *v.* 29 p. 27—28 | 1918 *P. a. e.*, W. Rothschild in: Nov. zool., *v.* 25 p. 236 | 1922 [1923] *P. a.* var. *E.* + ? Syn. *guadamarensis* (ex synon.), Bryk in: Strand, Lep. Cat., *v.* 27 p. 116—117 | 1923 *P. a.* var. *E.* + aberr. *albidociliata*, Bryk in: Soc. ent., *v.* 38 p. 30 | 1924 *P. a.* var. *e.*, Fagnoul in: Mt. ent. Ver. Freiburg i. Br., *v.* 1 p. 10 (nervatura) | 1926 *P. a. e.* + *hispanicus* (part.), A. Fernandez in: Bol. Soc. Españ., *v.* 26 p. 175, 176, 177 | 1928 *P. a. e.*, Eisner in: Int. ent. Z., *v.* 22 p. 311 | 1929 *P. a.* „race" *e.*, Haig-Thomas in: Ent. Rec., *v.* 41 p. 28 | 1929 *P. a.* subsp. *e.*, Bollow in: Seitz, Großschmett. Erde, *v.* 1 Suppl. 1 p. 68 t. 6 c (♂ ♀).

Fig. 449.
**Parnassius apollo escalerae** Rothsch. (♂). (Original, aus coll. Zool. Mus. Berlin) (1/1).

Eine an ssp. *nevadensis* C. Oberth. sich anschließende, etwas größere Subspecies mit ähnlicher Zeichnung und ähnlichem Flügelschnitt, aber nicht orangegelben, sondern ziegel- bis karminroten Augenflecken, die nicht so große, weiße Kerne tragen (Fig. 449). Männchen mit etwas breiterem und längerem Glasband. Submarginalbinde schmäler und nicht so schwarz. Subcostalflecke bisweilen getrennt oder schmal vereinigt. Hinterrandfleck klein bis mittelstark, weder $Ax_1$ noch $Cu_2$ erreichend. Vorderrand etwas dunkler gekörnt als beim Männchen von ssp. *nevadensis* C. Oberth. Scheckung des Saumes des Vorderflügels nicht immer ganz deutlich. Der Mittelzellfleck erreicht den hinteren Discusarm nicht. Augenflecke mittelgroß, der subcostale oft ohne

Fig. 449a.
**Parnassius apollo escalerae** Rothsch. (♀). (Original, aus coll. Zool. Mus. Berlin) (1/1).

weißen Kern, der mediane rundlich oder etwas eingeschnürt. Hinterflügelzeichnung sonst wie bei ssp. *nevadensis* C. Oberth. Befransung der Rippenenden schwarz. Weibchen reich gezeichnet, mit kräftigeren Schwarzmakeln, die oft in der Subcostalbindenzone 2—3 rote Kerne tragen. Glasbinde und Submarginalbinde breit. Flügelmitte mehr oder weniger schwärzlich bepudert. Wurzelfeld und Vorderrand des Vorderflügels schwarz gekörnt. Mittelzellfleck nicht besonders stark entwickelt. Augenflecke größer. Glasbinde und Submarginalbinde deutlich. Dritter Analfleck nicht immer erhalten. Folgende formae treten auf: *albidociliata, pseudonomion, quincunx, marginepupillata, expupillata*. Vorderflügellänge: ♂ 35—40, ♀ 36—43 mm.

Kastilien. Guaderrama (Typus: San Ildefonso). Segovia, am Fuße von Peñalara.

Typen: ♂ ♀ in coll. Zool. Mus. Tring.

17140. **P. apollo hispanicus** C. Oberth. 1883 *P. a.*, Zapater & Korb in: An. Soc. Españ., *v.* 12 p. 286 | 1898 *P. a.*, Nicholl in: Tr. ent. Soc. London, 1897 p. 427 | 1901 *P. a.* (part.), A. Chapman in: P. ent. Soc. London, p. (XIX) | 1909 *P. a. nevadensis* (part.), A. Pagenstecher in: Jahrb. Ver. Nassau, *v.* 62 p. 206—207 | 1909 *P. a.* „race“ *hispanicus*, C. Oberthür, Étud. Lép., *v.* 3 p. 116 | 1910 *P. a.* var. *nevadensis* (part.), Ribbe in: D. ent. Z. Iris, *v.* 23 p. 115 | 1911 & 10 *P. a.* „race“ *escalerae*, Verity, Rhop. palaearct., p. 306, 309 t. LXII f. 11, 13 (♂), 12, 14 (♀) | 1913 *P. a.* var. *E.*, Bryk in: Soc. ent., *v.* 28 p. 12 f. 3 (♀) | 1913 *P. a. e.* (part.), C. Oberthür, Étud. Lép., *v.* 8 p. 47, 83 t. 199 f. 1883, 1884 (♀) | 1914 *P. a.* var. *E.* (part.) + aberr. *quincunx*, Bryk in: Soc. ent., *v.* 29 p. 28 | 1915 *P. a.* var. *E.*, Bryk in: Arch. Naturg., *v.* 80 A 8 p. 153, A 9 p. 141, 144, A 10 p. 166, A 7 t. 13 f. 102 (♂), 103 (♀) | [1918] *P. a.* var. *E.*, Bryk, Parnassius Apollo Formenkreis, p. 107, 137, 139bis, 180 t. 13 f. 102 (♂), 103 (♀) | 1920 *P. a.* var. *e.* + forma *pseudonomion* + forma *nexilis* + forma *decora*, A. Weiß in: Treb. Mus. Barcelona, *v.* 4 p. 36—37 | 1922 [1923] *P. a.* var. *E.* (part.), Bryk in: Strand, Lep. Cat., *v.* 27 p. 116 | 1924 *P. a.*, G. H. Gurney in: Entomologist, *v.* 57 p. 125 | 1926 *P. a. hispanicus* (part.), A. Fernandez in: Bol. Soc. Españ., *v.* 26 p. 176, 177, 178 | 1927 *P. a. escalerae* + aberr. *pseudonomion* + aberr. *nexilis* + aberr. *decora*, Zerny in: Eos Madrid, *v.* 3 p. 313—314 | 1929 *P. a. aragonicus*, Haig-Thomas in: Ent. Rec., *v.* 41 p. 28 | 1934 *P. a.* subsp. *navasi*, Bryk in: Parnassiana, *v.* 3 p. 28.

Fig. 450.
**Parnassius apollo hispanicus** C. Oberth. (♂). (Original, aus coll. Zool. Mus. Berlin) (1/1).

Fig. 450 a.
**Parnassius apollo hispanicus** C. Oberth. (♀). (Original, aus coll. O. Bang-Haas, Berlin) (1/1).

Eine der ssp. *escalerae* Rothsch. ähnliche Unterart, die jedoch auch im weiblichen Geschlechte dichter weiß beschuppt ist. Mit gescheckten Saum in beiden Geschlechtern. Vorderflügel gestreckt (Fig. 450). Männchen mit schmalem Glasband bis $Cu_1$. Submarginalbinde durch schwachen, schwärzlichen Staub undeutlich, bisweilen verschwindend. Subcostalflecke getrennt oder durch eine magere Verbindung vereint. Das Schwänzchen hinter $M_2$ selten auftretend. Subcostalflecke und der reduzierte Hinterrandfleck bisweilen mit roter Kernung. Beide Augenflecke mittelgroß bis groß, weiß gekernt. 2 Analflecke in der Regel, der vordere seltener fehlend. Weibchen reicher gezeichnet, bisweilen verdunkelt. Beide Costalflecke im Gegensatz zu ssp. *escalerae* Rothsch. in der Regel rot gekernt. Augenflecke sehr groß, mit karminroten Spiegeln, die meist verwaschen weiß aufgehellt sind. Glasband und Submarginalbinde des Hinterflügels erhalten. 2 Analflecke, der 3. bisweilen erhalten. Folgende formae treten auf: ♂ *ampliusmaculata, pseudonomion, cardinalis, decora.* Vorderflügellänge: ♂ 39 bis 45, ♀ 30—49 mm.

Orihuela del Tremedal (Turuel), 1700 m, unweit der Sierra del Albaracin.

Typen: ♂ ♀ in coll. R. Oberthür, Rennes.

17141. **P. apollo laufferi** Bryk 1918 *P. a.* var. *aragonicus*, W. Rothschild in: Nov. zool., *v.* 25 p. 236 | 1920 *P. a.* var. *antijesuita*, A. Weiß in: Treb. Mus. Barcelona, *v.* 4 p. 37 | 1923 *P. a.* var. loci *laufferi* + aberr. *esendéi* (errat. = *escudéi*) + *pseudonomion* + *semidecora* + ♂ aberr. *euclidiana*, Bryk in: Soc. ent., *v.* 38 p. 29—30; p. 29 f. 1 (♂), 2 (♀, *P. a.* aberr. *esendéi*) | 1929 *P. a. l.*, Bollow in: Seitz, Großschmett. Erde, *v.* 1 Suppl. 1 p. 68.

Eine kleine bis mittelgroße Unterart, die als Bindeglied zwischen ssp. *escalerae* Rothsch. und ssp. *aragonicus* Bryk aufgefaßt werden kann. Vorderflügelform wenig gestreckt, am Apex fast zugespitzt, mit gerade verlaufendem Seitenrand. Vorderrand und Wurzelfeld deutlich schwarz gekörnt. Befransung der Vorderflügel schwarz-weiß gescheckt. Männchen von weißer Grundfarbe. Glasbinde sehr schmal, zwischen $M_2$ und $M_3$ etwas bauschig nach innen vorspringend, bis $Cu_2$ oder sogar noch darüber hinaus reichend. Submarginalbinde sehr schmal, oft zwischen $M_1$ und $M_2$ unterbrochen und von da ab meistens ganz undeutlich sich verlierend. Subcostalflecken klein, oft getrennt. Hinterrandfleck klein, rundlich, frei in der Zelle. Hinterflügel: Hinterrandschwärze stärker als bei ssp. *escalerae* Rothsch., am Anfang der $Cu_1$ sich verlierend. Augenflecke klein, mit kleinen, roten Spiegeln. Die beiden Analflecke bescheiden, der vordere isoliert und rundlich. Rippenmündungen schwarz. Unterseits bleibt bisweilen das Rot der Wurzelflecke aus. Weibchen größer als das Männchen, gelblich und stark verdunkelt infolge Schwarzbepuderung der beiden Flügel, an eine Höhenform erinnernd. Glas- und Submarginalbinde breit, die Mondbinde verdrängend. Schwarzfleckung stark. Hinterflügel: die mittelgroßen, deutlich schwarz umzogenen, dunkelroten Augenflecke tragen einen deutlichen, weißen Kern. Wurzelfeld- und Hinterrandschwärze sehr stark ausgeprägt, um die Mittelzelle bis zum Subcostalaugenfleck reichend, bisweilen sich sogar continuierlich bis zum Vorderrande fortsetzend. Glasband und die breite Submarginalbinde deutlich. 2 Analflecke. Folgende formae treten auf: ♀ *pseudonomion* + *semidecora, escudéi.* Vorderflügellänge: ♂ 33,5—39, ♀ 35—40 mm.

Umgebung von Zaragoza: Del Moncayo.

Typen: ♂ ♀ in coll. C. Eisner, Berlin-Dahlem.

17142. **P. apollo aragonicus** Bryk 1913 *P. a.* var. *pyrenaica*, Mendes in: Broteria, *v.* 11 p. 139 (nerv.) | 1913 *P. a. pyrenaicus* (part.), C. Oberthür, Étud. Lép., *v.* 8 p. 51, 88 t. 200 f. 1885 (♂) | 1914 *P. a.* subsp. *aragonicus* + aberr. *herrichi*, Bryk in: Soc. ent., *v.* 29 p. 28 f. 1 (♂), 2 (♀, aberr. *herrichi*) | 1918 *P. a.* var. *a.*, W. Rothschild in: Nov. zool., *v.* 25 p. 236 | 1920 *P. a.* var. *pyrenaicus* + forma *depravata*, A. Weiß in: Treb. Mus. Barcelona, *v.* 4 p. 36 | 1922 [1923] *P. a.* var. *aragonicus*, Bryk in: Strand, Lep. Cat., *v.* 27 p. 108 | 1923 *P. a. a.*, Bryk in: Soc. ent., *v.* 38 p. 29—30 | 1924 *P. a. pyrenaicus* aberr. *depravata* (+ *despravata* errat.) + aberr. *nexilis-decora*, Sagarra in: Trab. Mus. Barcelona, *v.* 11 nr. 1 p. 8—9 t. 2 f. 2 (♂, aberr. *depravata*), f. 3 (♂, aberr. *nexilis-decora*) | 1926 *P. a.* forma *aragonensis* + *antijesuita* + *aragonica* (*aragonicus*), A. Fernandez in: Bol. Soc. Españ., *v.* 26 p. 175, 176, 179 | 1929 *P. a.* „Rasse" *aragonicus*, Bollow in: Seitz, Großschmett. Erde, *v.* 1 Suppl. 1 p. 67.

Fig. 451.
**Parnassius apollo aragonicus** Bryk (♂). (Typus) (1/1).

Fig. 451a.
**Parnassius apollo aragonicus** Bryk (♀). (Typus) (1/1).

Eine zwischen ssp. *pyrenaicus* Harc.-Bath und ssp. *laufferi* Bryk stehende Unterart mit etwas gestrecktem Vorderflügel und etwas rundlich gebogenem Seitenrand. Schwarzzeichnung kräftiger als bei allen bisher erwähnten spanischen Unterarten. Augenflecke mittelgroß. Mit verbundenen Subcostalflecken, schwärzlich gekörntem Vorderrand des Vorderflügels, deutlicher Submarginalbinde und 2 Analflecken (Fig. 451). M ä n n c h e n weißlich. Glasband mittelbreit, $Cu_2$ überschreitend. Saum leicht schwarz-weiß gescheckt. Submarginalbinde meistens sehr schmal, bis $Cu_2$ reichend. Subcostalbändchen breit, mit seinem Endzipfel $M_3$ nicht erreichend. Hinterrandfleck vorn an $Cu_2$ nicht angelehnt, aber kräftiger als bei den süd- und mittelspanischen Unterarten. Mittelzellfleck länglich, schräg. Endzellfleck vorn etwas eingekerbt und verschoben. Augenflecke gut schwarz umrandet, mittelgroß, mit weißen Kernen, der mediane bisweilen etwas eingeschnürt. 2 bescheidene Analflecke; der vordere an $Cu_1$ nicht angelehnt. Wurzelfeld- und Hinterrandschwärze des Hinterflügels bescheiden, schwach am Ende der Mittelzelle verschwindend. Submarginalbinde fehlend oder sehr schwach durch losen, schwarzen Schuppenstaub angedeutet. Weibchen mehr gelblich, mit breiterem Glasband, das hinten mit der schmalen (oder bisweilen breiteren) Submarginalbinde zusammentrifft, die Mondbinde einengend. Subcostalbändchen kräftig, sein vorderstes Element oft mittelzellwärts etwas verrückt. Flügelmitte schwärzlich überpudert. Hinterrandfleck kräftig, groß und viereckig. Wurzelfeld und Vorderrand der Vorderflügel deutlich schwarz gekörnt. Augenflecke mittelgroß bis groß, rundlich, schmal schwarz umzogen, mit mehr oder weniger großen, weißen Kernen. Analflecke meist kräftiger als beim Männchen. Wurzelfeld- und Hinterrandschwärze kräftiger als beim Männchen, oft bei der Ansatzstelle von $R_5$ ($+ M_1$) leicht verschwindend. Glassaum erhalten, aber undeutlich. Submarginalbinde oft nur mager erhalten. Folgende formae treten auf: *herrichi, decora.* Vorderflügellänge: ♂ 39,5—41,5, ♀ 40—42 mm.

Alta Aragonica: Peña del Uruel.

Typen: ♂♀ in coll. C. Eisner, Berlin-Dahlem.

17143. **P. apollo asturiensis** A. Pagenst. 1909 *P. a. a.*, A. Pagenstecher in: Jahrb. Ver. Nassau, *v.* 62 p. 207—208 | 1910 *P. a.*, Walter in: Berlin. ent. Z., *v.* 55 p. (46) | 1910 *P. a. asturiensis*, Ribbe in: D. ent. Z. Iris, *v.* 23 p. 115 | 1911 *P. a. a.*, Verity, Rhop. palaearct., p. 306, 309 | 1912 *P. a. a.*, Bryk in: Soc. ent., *v.* 27 p. 26 | 1913 *P. a. a.*, A. Pagenstecher, ibid., *v.* 28 p. 42—43; p. 43 f. 1 (♂), 2 (♀) (var. *a.*) | 1922 [1923] *P. a.* var. *pyrenaica* (? an synon.), Bryk in: Strand, Lep. Cat., *v.* 27 p. 133 | 1926 *P. a. asturiensis*, A. Fernandez in: Bol. Soc. Españ., *v.* 26 p. 175, 176 | 1928 *P. a.* „Form" *a.*, Eisner in: Int. ent. Z., *v.* 22 p. 309 | 1929 *P. a.* „Rasse" *a.*, Bollow in: Seitz, Großschmett. Erde, *v.* 1 Suppl. 1 p. 67.

Diese Unterart wurde nach in Deutschland geschlüpften Faltern beschrieben und läßt sich daher nicht genau diagnostizieren, da Exlarvastücke unter anderen biozönotischen Faktoren gezogen gewöhnlich eine abweichende Facies zeitigen. Männchen stark an ssp. *pyrenaicus* Harc.-Bath erinnernd. Hellweiß, mit gestrecktem Vorderflügel. Glasband schmal, bis $Cu_2$ reichend. Submarginalbinde schwach ausgeprägt, in ihren letzten Elementen verschwommen. Subcostalfleck getrennt und wie der frei in der Zelle schwebende Hinterrandfleck klein. Mittelfleck nach innen convex ausgebuchtet. Vorderrand schwärzlich gekörnt. Augenflecke klein, rundlich, schmal schwarz umrandet, karminrot, mit kleinen, weißen Kernen. Hinterrandschwärze mäßig. Analflecke sehr reduziert und mager. Weibchen an ssp. *escalerae* Rothsch. erinnernd, reicher als das Männchen gezeichnet, mit ebenso langem, aber breiterem Glasbande und breiter Submarginalbinde, die die Mondbinde ganz einengen. Flügelmitte schwärzlich bestäubt. Hinterrandfleck und das Subcostalbändchen nicht besonders kräftig. Mittelzellfleck wie beim Männchen, aber länger, die Discalrippe hinten erreichend. Wurzelfeld und Vorderrand des Vorderflügels schwarz gekörnt. Die mittelgroßen Augenflecke mit ziemlich großen, weißen Kernen; der mediane discalwärts etwas spitz verlaufend. 2 bescheidene Analflecke, der vordere $Cu_1$ nicht erreichend. Glasband deutlich und breit. Submarginalbinde sehr schmal. Hinterrandschwärze mehr ausgebreitet als beim Männchen. Vorderflügellänge: ♂ 34, ♀ 37 mm.

N. Spanien: Gebirgszüge des Puerto de Pajares.

Typen: ♂ ♀ in coll. Zool. Staatssamml. München.

17144. **P. apollo ardanazi** Fernandez 1926 *P. a.* forma [var.] *a.*, A. Fernandez in: Bol. Soc. Españ., *v.* 26 p. 176, 179—180 | 1928 *P. a.* forma *kricheldorffi* (+ var. *ardanazi*) + aberr. *nigrociliata* + *pseudonomion* + *excelsior* + trans. ad *cardinalis* + *ampliusmaculata* + *graphica* + *decora* + *quincunx* + trans. ad *ernestinae*, Eisner in: Int. ent. Z., *v.* 22 p. 309—311 f. 1, 2 (♂ ♀, var. *kricheldorffi*), f. 3 (♂, var. *k.* aberr. *quincunx* + *ernestinae* + *pseudonomion*) | 1929 *P. a.* „Rasse" *ardanazi* + „Rasse" *kricheldorffi* + aberr. *nigrociliata*, Bollow in: Seitz, Großschmett. Erde, *v.* 1 Suppl. 1 p. 67—68.

Fig. 452.
**Parnassius apollo ardanazi** Fernandez (♂). (Original, aus coll. C. Eisner, Berlin-Dahlem) (1/1).

Fig. 452a.
**Parnassius apollo ardanazi** Fernandez (♀). (Original, aus coll. C. Eisner, Berlin-Dahlem) (1/1).

Eine mittelgroße, nicht sehr gestreckte, dicht weiß beschuppte Rasse mit schwärzlichem Glasband, deutlicher Submarginalbinde und schwärzlich gekörntem Vorderrand und Mittelzellwurzelfeld des Vorderflügels (Fig. 452.) Die roten Augenflecke mittelgroß bis groß, schmal schwarz umrandet, mit weißen Kernen. 2 Analflecke. Männchen mit schmalem Glasband, das bis $Cu_1$ oder $Cu_2$ reicht. Submarginalbinde deutlich schwarz, zwischen $M_2$ und $M_3$ vorspringend. Subcostalflecke meistens verbunden, ein Bändchen bildend, dessen hinterster, strichförmiger Zipfel $M_3$ nicht erreicht. Hinterrandfleck frei in der Zelle, klein oder mittelgroß. Endzellfleck vorn oft etwas reduziert. Mittelzellfleck wie bei den übrigen Spaniern in der Regel die hintere Discalrippe nicht erreichend. Von den Augenflecken ist der vordere bisweilen größer als der mediane. Die beiden Analflecke bescheiden, der vordere reduziert, unterseits stärker reduziert, wodurch eine Verschiebung der Zeichnung oft durchscheint. Hinterrandschwärze etwas stärker als bei ssp. *escalerae* Rothsch. Rippenenden des Hinterflügels schwarz angedeutet, im Vorderflügel undeutlich. Weibchen reichlich gezeichnet. Mit breiter Submarginalbinde, die wie das Glasband bis zum Hinterrande zieht. Mondbinde sehr schmal, bisweilen verschwommen. Zwischen dem deutlich rot gekernten Subcostalbändchen und dem kräftigen Hinterrandfleck eine schwarze, mehr oder weniger starke Überpuderung, Wurzelfeld schwarz bestäubt. Mittelzellfleck kräftiger, die hintere Discalrippe erreichend. Hinterflügel: Augenflecke groß, rundlich, mit großen, weißen Kernen. Die beiden Analflecke oft rot gekernt, ein 3. vorn in der Regel erhalten. Submarginalbinde deutlich. Glasband schmal. Hinterrand- und Wurzelfeldschwärze stärker und breiter als beim Männchen entwickelt, bis $R_5$ (+ $M_1$) reichend. Folgende formae treten auf: *quincunx, ernestinae, ♂ pseudonomion, excelsior, ♂ nigrociliata, graphica.* Vorderflügellänge: ♂ 33—36, ♀ 33 bis 37 mm.

Santander, Umgebung von Potes (Picos de Europa: terra typica von ssp. *krichel-dorffi* Eisner); Espinama, Puerto de Aliva.

Typen: ♂ ♀ in coll. A. Fernandez, Barcelona.

Es ist nicht ausgeschlossen, daß subsp. *ardanazi* Fernandez mit subsp. *asturiensis* A. Pagenst. zusammenfällt.

17145. **P. apollo maurilianus** Fernandez 1926 *P. a.* forma *m.*, A. Fernandez in: Bol. Soc. Españ., *v.* 26 p. 180 | 1929 *P. a. m.*, Bollow in: Seitz, Großschmett. Erde, *v.* 1 Suppl. 1 p. 68.

Intermediäre Form. Beschreibung unzulänglich. Zwischen ssp. *ardanazi* Fernandez und *escalerae* Rothsch. stehend. Größer als die erstere, aber in ihren Charakteren sich viel mehr der zweiten nähernd.

Palencia (Sierra del Brezo, Villafria).

Typen: ♂ ♀ in coll. A. Fernandez, Barcelona.

17146. **P. apollo antijesuita** Bryk 1910 *P. a.* „race“ *escalerae* ♀ aberr. *nigricans*, Verity, Rhop. palaearct., t. LXII f. 15 (♀) | 1912 *P. a.* subsp. *antijesuita*, Bryk in: Soc. ent., *v.* 27 p. 26—27; p. 26 f. 1 (♂, var. *a.*) | 1912 *P. a. a.*, Meyer in: Fauna exot., *v.* 2 p. 54 | 1913 *P. a.* var. *a.*, Bryk in: Soc. ent., *v.* 28 p. 9—11; p. 10 f. 1 (♀, forma *a.*) | 1913 *P. a. a.* + *ferreri-antijesuita*, Aichele in: Ent. Z., *v.* 26 p. 176 | 1913 *P. a.* var. *a.*, A. Pagenstecher in: Soc. ent., *v.* 28 p. 43 | 1915 *P. antijesuitus*, H. Stichel in: Z. Ins.-Biol., *v.* 11 p. 105 (nota) | 1918 *P. a. antijesuita*, W. Rothschild in: Nov. zool., *v.* 25 p. 260 | 1921 *P. a. a.*, Fruhstorfer in: Ent. Anz., *v.* 1 p. 65 | 1921 *P. a.* forma *a.*, Belling in: D. ent. Z., p. 263—265; p. 265 (f. ♀) | 1922 [1923] *P. a.* var. *a.*, Bryk in: Strand, Lep. Cat., *v.* 27 p. 107 | 1926 *P. a. a.* + *aragonica (aragonensis, aragonicus)* (part.), A. Fernandez in: Bol. Soc. Españ., *v.* 26 p. 175, 176 | 1929 *P. a.* subsp. *antijesuita*, Bollow in: Seitz, Großschmett. Erde, *v.* 1 Suppl. 1 p. 68.

Eine prägnant gezeichnete, an ssp. *pyrenaicus* Harc.-Bath sich anschließende, große Unterart mit gestrecktem Vorderflügel, deutlicher Submarginalbinde und großen Augenflecken (Fig. 453). Männchen dicht weiß bestäubt. Glasband schmal, bis $Cu_1$ oder $Cu_2$ reichend. Submarginalbinde schmal, aus scharfen Sicheln bestehend, bis $Cu_1$ oder $Cu_2$ ziehend. Subcostalbändchen fast bis $M_3$ reichend. Hinterrandfleck kräftig, vorn an $Cu_1$ angelehnt. Mittelzellfleck oblong. Vorderrand sehr leicht schwarz gekörnt. Augenflecke lebhaft rot, mit deutlichen, weißen Kernen, dünn schwarz umringt,

Fig. 453.
**Parnassius apollo antijesuita** Bryk (♂). (Typus) (1/1).

Fig. 453 a.
**Parnassius apollo antijesuita** Bryk (♀). (Original, aus coll. Aichele, Eßlingen) (1/1).

der mediane oft länglich oval. 2 oder 3 Analflecke, die unterseits rot sind, der mittlere unterseits noch mit einem weißen Kern. Wurzelschwärze und die des Hinterrandes bescheiden. Weibchen stärker gezeichnet, mit etwas gelblichem Anflug. Die breite Glas- und Submarginalbinde berühren einander am Hinterrande, die Mondbinde zwischen beiden deutlich ausgeprägt. Subcostalbändchen breit und mit dem schräg gestellten rhomboiden Hinterrandfleck durch schwarze Bestäubung verbunden. Wurzelfeld und Vorderrand des Vorderflügels stark schwarz gekörnt. Augenflecke sehr groß, gut schwarz umsäumt, mit verschwommenen, weißen Spiegeln, der mediane oft discalwärts abgeplattet. 2 (oder 3) Analflecke, der distale unterseits oft weiß gekernt. Glassaum des Hinterflügels schwach verblaßt. Submarginalbinde des Hinterflügels deutlich, aber nicht schwarz, sondern graphitfarben. Hinterrandschwärze stärker als beim Männchen ausgeprägt, oft um die Mittelzelle ziehend. Vorderflügellänge: ♂ 38,5—42, ♀ 40—44 mm.

Katalonien: Figuerras (Typus); Gerona.

Typus: ♂ in coll. O. Bang-Haas, Dresden-Blasewitz.

17 147. **P. apollo pyrenaicus** Harc.-Bath 1893 *P. A.*, Caradja in: D. ent. Z. Lep., *v.* 6 p. 169 (aberr. *Nigricans*) | 1896 *P. a.* var. *pyrenaica*, W. Harcourt-Bath in: Entomologist, *v.* 29 p. 331 | 1899 *P. a. pyrenaicus*, H. Stichel in: Ins.-Börse, *v.* 16 p. 304 | 1906 *P. a.*, Verity, Rhop. palaearct., p. 46 (part.) t. VIII f. 19 (♀), t. IX f. 13 (♀ aberr. *brittingeri*) | 1906 *P. a. pyrenaicus*, H. Stichel in: Seitz, Großschmett. Erde, *v.* 1 p. 24 t. 13 b (♂) | 1907 *P. a. p.*, H. Stichel in: Gen. Ins., *v.* 58 p. 27 | 1909 *P. a. p.*, W. Rothschild in: Nov. zool., *v.* 16 p. 9 | 1909 *P. a. pyrenaica*, C. Oberthür, Étud. Lép., *v.* 3 p. 116 | 1909 *P. a. pyrenaicus* (part.), A. Pagenstecher in: Jahrb. Ver. Nassau, *v.* 62 p. 204 | 1912 *P. a.* var. *p.*, Bryk in: Soc. ent., *v.* 27 p. 26 f. 2 (♂, var. *pyrenaica*) | 1912 *P. a.* var. *p.*, Bryk in: Jahrb. Ver. Nassau, *v.* 65 p. 21 | 1912 *P. a.* var. *p.*, Bryk in: Arch. Rass. Biol., *v.* 9 p. 689 | 1913 *P. a.* var. *p.* (part.) + aberr. *diaphana*, Bryk in: Soc. ent., *v.* 28 p. 8, 9, 10; p. 10 f. 2 (♀, aberr. *diaphana*) | 1913 *P. a.* var. *pyrenaica*, Mendes in: Broteria, *v.* 11 p. 136 (nervatura) | 1913 *P. a. pyrenaicus* (part.), C. Oberthür, Étud. Lép., *v.* 8 p. 50, 52, 84 t. 202 f. 1891 (♂), 1892, 1893 (♂, trans. à *novarae*), t. 203 f. 1894, 1895, 1896 (♀) | 1914 *P. a.* „Pyrenäenapoll", Bryk in: Soc. ent., *v.* 29 p. 28 | 1918 *P. a. pyrenaicus* (part.), W. Rothschild in: Nov. zool., *v.* 25 p. 235 | 1922 [1923] *P. a.* var. *pyrenaica* (part.), Bryk in: Strand, Lep. Cat., *v.* 27 p. 133 | 1923 *P. a.*, C. Oberthür, Étud. Lép., *v.* 20 p. 4 | 1923 *P. a. pyrenaica*, [L. Lhomme], Cat. Lép. Franç., p. 9 | 1926 *P. a.-p.* aberr. *nexilis*, Lavallée in: Enc. Ent., ser. B III *v.* 1 p. 158; p. 159 f. (♀) | 1926 *P. a. [nevadensis]*, A. Fernandez in: Bol. Soc. Españ., *v.* 26 p. 176 | 1929 *P. a. pyrenaicus*, Bollow in: Seitz, Großschmett. Erde, *v.* 1 Suppl. 1 p. 66—67.

Fig. 454.
**Parnassius apollo pyrenaicus** Harc.-Bath. (♂). (Original, aus coll. Zool. Mus. Berlin) (¹/₁).

Eine große, langgestreckte, weiße Subspecies mit deutlich schwarz gekörntem Vorderrand und Wurzelfeld des Vorderflügels (Fig. 454). Submarginalbinde deutlich. Mit stark ausgeprägter, um die Mittelzelle des Hinterflügels bis zur $R_5$ (+ $M_1$) ziehender Hinterrandschwärze des Hinterflügels, die sich entweder in der Mittelzellspitze oder weit vor ihr verbreitert. Mittelzellfleck rundlich. Männchen: Glasband mittelstark, bis $Cu_2$ reichend. Submarginalbinde schmal, ebenso lang. Subcostalflecke getrennt oder schwach verbunden. Hinterrandfleck reduziert oder mittelstark. Augenflecke klein bis groß, die medianen oft mit weißem Kern. Analflecke stark reduziert, der vordere oft fehlend, unterseits ist er aber rot gekernt erhalten. Submarginalbinde durch sehr schmale, graue Bestäubung kaum bemerkbar. Rippenenden schwach schwärzlich markiert. Weibchen mit luxuriöser Zeichnung.

Fig. 454 a.
**Parnassius apollo pyrenaicus** Harc.-Bath (♀). (Original, aus coll. Zool. Mus. Berlin) (¹/₁).

Glasband und Submarginalbinde fast bis zum Hinterrande reichend. Subcostalbändchen breit, mit dem verstärkten Hinterrandfleck durch mehr oder weniger starke schwarze Überpuderung verbunden. Bei stark verdunkelten Weibchen ist die Mondbinde verdrängt. Augenflecke groß oder sehr groß, mit oder ohne weißen Kern. 2 Analflecke, der vordere anspruchsvoller als der hintere, der 3., vorderste oft diffus vorhanden. Submarginalbinde des Hinterflügels aus sauber ausgeführten Bogen bestehend. Glassaum schmal, mehr oder weniger deutlich. Folgende formae treten auf: ♂ *zirpsi, expupillata,* ♀ *nigricans,* ♀ *nox,* ♀ *cardinalis.* Vorderflügellänge: ♂ 37,5—39, ♀ 35—41 mm.

Zentral-Pyrenäen: Gavarnie, Gèdres.

17 148. **P. apollo chrysophorus** Fruhst. 1882 *P. a.*, Struwe in: Ent. Zeit. Stettin, *v.* 43 p. 415, 423 | 1888 *P. a.*, Elwes in: Tr. ent. Soc. London, p. 389 | 1891 *P. a.*, C. Oberthür, Étud. Ent., *v.* 14 p. 5 f. 19, 20, 21 (♂) | 1906 *P. a.*, Verity, Rhop. palaearct., p. 46 (part.) t. VIII f. 19 (♀) | 1906 *P. a. pyrenaicus* (part.), H. Stichel in: Seitz, Großschmett. Erde, *v.* 1 p. 24 | 1907 *P. a. p.* (part.), H. Stichel in: Gen. Ins., *v.* 58 p. 27 | 1909 *P. a. pyrenaica,* C. Oberthür, Étud. Lép., *v.* 3 p. 116 | 1909 *P. a. pyrenaicus* (part.), A. Pagenstecher in: Jahrb. Ver. Nassau, *v.* 62 p. 204—205 | 1913 *P. a. p.* (part.), C. Oberthür, Étud. Lép., *v.* 8 p. 50, 51, 83 t. 200 f. 1886, 1887 (♂), t. 201 f. 1888, 1889 (♂), 1890 (♀) | 1913 *P. a.* var. *p.*, Bryk in: Soc. ent., *v.* 28 p. 8, 10, 11 | 1913 *P. a.* var. *p.*, Aichele in: Soc. ent., *v.* 28 p. 29—31 (biolog.) | 1915 *P. a. p.*, Bubacek in: Verh. Ges. Wien, *v.* 65 p. (103) | 1918 *P. a. p.* (part.), W. Rothschild in: Nov. zool., *v.* 25 p. 235 | 1921 *P. a.* subsp. *chrysophorus,* Fruhstorfer in: Ent. Anz., *v.* 1 p. 65 | 1922 [1923] *P. a.* forma *c.*, Bryk in: Strand, Lep. Cat., *v.* 27 p. 114 | 1929 *P. a.* subsp. *c.*, Bollow in: Seitz, Großschmett. Erde, *v.* 1 Suppl. 1 p. 66—67.

Eine von ssp. *pyrenaicus* Harc.-Bath schwer trennbare Unterart, die nur geringfügige Unterschiede aufweist. Glasband etwas breiter. Flügelgrund mit mehr gelblichem Anflug. Subcostalflecke in der Regel verbunden, meist ein Bändchen bildend. Augenflecke größer, deutlich weiß gekernt.

Männchen: Befransung des Vorderflügels bisweilen deutlich schwarz-weiß gescheckt. Glasband bis zur Rundung des Seitenrandes reichend. Der Zipfel des mehr oder weniger kräftigen Subcostalbändchens $M_3$ nicht erreichend. Hinterrandfleck deutlich, mittelstark, an $Cu_2$ fast angelehnt. Mittelzellfleck viereckig. Hinterrandschwärze wie bei spanischen Männchen oft reduziert, bisweilen um die Mittelzelle des Hinterflügels greifend. Von den 2 mehr oder weniger kräftigen Analflecken kann der vorderste ausbleiben.

Fig. 455.
**Parnassius apollo chrysophorus** Fruhst. (♀). (Original, aus coll. Zool. Mus. Berlin) (1/1).

Submarginalbinde der Hinterflügel selten erhalten. Weibchen (Fig. 455) sehr kräftig schwarz gezeichnet, besonders das Subcostalbändchen. Submarginalbinde und Glasband bis zum Hinterrande reichend. Hinter dem kräftigen, viereckigen Hinterrandfleck ein schwarzer Wisch. Hinterrandschwärze des Hinterflügels in die Richtung der Analflecke noch mehr ausgebreitet als bei ssp. *pyrenaicus* Harc.-Bath. Submarginalbinde diffus graphitgrau. Forma *decora* tritt auf. Vorderflügellänge: ♂ 36,5—40, ♀ 40—41 mm.

Ost-Pyrenäen: Vernet les Bains.

Typen: ♂ ♀ in coll. H. Fruhstorfer, Nizza.

17149. **P. apollo nivatus** Fruhst. 1775 *Papilio a.*, Fuessly, Verz. Schweiz. Ins., p. 28 | 1852 *Parnassius a.*, Meyer-Dür in: N. Denk. Schweiz. Ges., *v.* 12 p. 14 | [1878] *P. a.*, Lunel, Iconogr. Pap., p. 9 t. 1 f. 1 (♂), 2, 3 (♀) | 1880 *P. a.*, H. Frey, Lep. Schweiz, p. 2 | 1899 *P. a. geminus* (part.), H. Stichel in: Ins.-Börse, *v.* 16 p. 301 | 1903 *P. a.*, Rougemont in: Bull. Soc. Neuchâtel, *v.* 29 p. 12—13 t. 1 f. 1 (♂, var. „fumeuse") | 1906 *P. a. nivatus*, Fruhstorfer in: Soc. ent., *v.* 21 p. 138 | 1906 *P. a. n.*, H. Stichel in: Seitz, Großschmett. Erde, *v.* 1 p. 24 | 1907 *P. a. n.*, H. Stichel in: Gen. Ins., *v.* 58 p. 28 | 1909 *P. a. n.* (part.), A. Pagenstecher in: Ent. Z., *v.* 22 p. 186 | 1909 *P. a.* + aberr. *pseudonomion*, Gibbs in: P. ent. Soc. London, p. LXIII | 1909—11 *P. a.* „race" *nivatus*, Verity, Rhop. palaearct., p. 303, 309 t. LVI f. 2 (♀), t. 1 f. 13 (♂; squamae) | 1909 *P. a. n.*, Fruhstorfer in: Ent. Z., *v.* 23 p. 151 | 1909 *P. a.* subsp. *n.*, Rebel, Berges Schmettb., ed. 9 p. 7 | 1911 *P. a. n.*, Büren v. Salis in: Bull. Soc. lép. Genève, *v.* 2 p. 94 t. 8 f. 1, 2 (♀) | 1911 *P. a.* „Jurarasse" + aberr. *lacrimans*, Marschner in: D. ent. Z. Iris, *v.* 25 p. 130 | 1911 *P. a. nivatus*, Vorbrodt & Müller-Rutz, Schmett. Schweiz, *v.* 1 p. 7 (nota 1) | 1913 *P. a. n.*, C. Oberthür, Étud. Lép., *v.* 8 p. 72, 88 t. 231 f. 1979 [1879], 1981 [1881] (♂), 1980 [1880] (♀) | 1913 *P. a. n.* + aberr. *lacrimans*, Vorbrodt & Müller-Rutz, Schmett. Schweiz, *v.* 2 p. 107 | 1914 *P. a. n.*, Bryk in: Soc. ent., *v.* 29 p. 31, 32 | 1915 & 14 *P. a.* forma *n.*, Bryk in: Arch. Naturg., *v.* 80

A 9 p. 140, A 6 t. 7 f. 53 (♂, monstr. asym.) | 1915 *P. a.* var. *n.*, E. Fischer, ibid., *v.* 80 A 9 p. 157, 158, 164; A 10 p. 147, 148 | 1915 *P. a. melliculus* (part.), Waltz in: Mt. Münch. ent. Ges., *v.* 6 p. 54, 55 | 1916 *P. a. nivatus,* Auriol in: Bull. Soc. lép. Genève, *v.* 3 p. 129—152 (variabilitas) | [1918] *P. a.* forma *n.*, Bryk, Parnassius Apollo Formenkreis, p. 136 t. 7 f. 53 (♂, monstr. asym.) | [1918] *P. a.* var. *n.*, A. Fischer in: Bryk, ibid., p. 160—161 | 1918 *P. a. n.* (part.), W. Rothschild in: Nov. zool., *v.* 25 p. 238 | 1919 *P. a. n.*, Turati in: Atti Soc. Ital., *v.* 58 p. 185 (nota) | 1921 *P. a. n.*, Fruhstorfer in: Ent. Anz., *v.* 1 p. 112, 114, 115, 129 | 1922 [1923] *P. a.* var. *n.*, Bryk in: Strand, Lep. Cat., *v.* 27 p. 130 | 1923 *P. a. n.*, Fruhstorfer in: Ent. Anz., *v.* 3 p. 97 | 1923 *P. a. n.*, [L. Lhomme], Cat. Lép. Franç., p. 8 | 1924 *P. a.*, Fassnidge in: Ent. Rec., *v.* 36 p. 57 | 1927 *P. a.* forma *nivatus*, T. B. Fletcher, ibid., *v.* 39 p. 55; p. 83 (*apollo* part.) | 1927 *P. a.* forma *pseudonomion*, Haig-Thomas, ibid., *v.* 39 p. 167 | 1929 *P. a. nivatus*, Bollow in: Seitz, Großschmett. Erde, *v.* 1 Suppl. 1 p. 50 | 1931 *P. a. n.*, Bryk in: Zool. Jahrb., Syst. *v.* 62 p. 158 (♀, nerv. monstr.), p. 159 f. 13 (♀, monstr.).

Eine große, dicht beschuppte, hellweiße, mit einem leichten Stich ins Gelbliche versehene Unterart. Vorderflügel gestreckt. Seitenrand etwas gebogen. Vorderrand und Wurzelfeld schwärzlich gekörnt. Zeichnungselemente prägnant vom weißen Grund abgehoben. Glasband mittelbreit, Submarginalbinde erhalten, Subcostalbändchen klar entwickelt. Mittelzellfleck viereckig.

Fig. 456.
**Parnassius apollo nivatus** Fruhst. (♀). (Original, aus coll. Zool. Mus. Berlin) (1/1).

Augenflecke ziegel- bis karminrot, sauber schwarz umrandet, mit klaren, weißen Kernen, oft groß. 2 zusammenhängende Analflecke. Schwärze des Wurzelfeldes und des Hinterrandes des Hinterflügels mäßig, vom Hinterrande zum Mittelzellende bis hinter $M_2$ ein spitzes Dreieck bildend. Männchen: Glasband zwischen $M_2$ und $M_3$ etwas bauchig, nach innen vorspringend, dann sich allmählich bis $Cu_2$ verjüngend. Submarginalbinde deutlich, schmal, von $M_2$ an etwas vorspringend, bei $Cu_2$ endigend. Der schmale Zipfel des tiefschwarzen Subcostalbändchens erreicht $M_3$ nicht. Hinterrandfleck mittelstark oder sehr groß. Hinterflügel ohne Submarginalbinde. Rippenenden nicht immer schwärzlich beschattet. 2 Analflecke, unterseits ein 3., der oberseits nur bisweilen auftritt. Weibchen (Fig. 456) reicher gezeichnet, mit längerer Glas- und Submarginalbinde und längerem Subcostalbändchen. Flügelmitte nicht immer schwärzlich bestäubt. Wurzelfeld des Vorderflügels stark schwarz gekörnt. Hinterflügel mit sehr schmalem, verwaschenem Glassaum. Submarginalbinde oft ganz unklar graphitgrau. 2 Analflecke, unterseits 3. Folgende formae treten auf: *pseudonomion, graphica, ampliusmaculata, lacrimans, decora, nigricans*. Vorderflügellänge: ♂ 37—41 mm, ♀ 30—42 mm.

Schweizer Jura: Mt Chasseral, Neuveville, Bötzingen, Eclepens, St. Blaise.

Typen: ♂ ♀ in coll. H. Fruhstorfer, Nizza.

17150. **P. apollo wiskotti** C. Oberth. 1779 *P. a.*, Ernst & Engramelle, Pap. Eur., *v.* 1 II p. 206 t. 48 f. 99e, f (♂) | 1891 *P. a.* aberr. *wiskotti*, C. Oberthür, Étud. Ent., *v.* 14 p. 16 t. 2 f. 14 (♀) explic. tab. (*P. a.-wiskotti*) | 1906 *P. a.* aberr. *pseudonomion*, Verity, Rhop. palaearct., t. IX f. 12 (♂) | 1907 *P. a. nivatus* (part.), H. Stichel in: Gen. Ins., *v.* 58 p. 28 | 1909 *P. a.*, A. Pagenstecher in: Ent. Z., *v.* 22 p. 185 | 1909 *P. a.* aberr. *wiskotti* + aberr. *pseudonomion*, C. Oberthür, Étud. Lép., *v.* 3 p. 112 bis 113 | 1909 *P. a. apollo* aberr. *w.* (part.) + *P. a. nivatus* (part.), A. Pagenstecher in: Jahrb. Ver. Nassau, *v.* 62 p. 120, 123, 124 | 1913 *P. a.* trans. ad *w.*, Bryk in: Soc. ent., *v.* 28 p. 33 | 1913 *P. a.*, Bryk, ibid., *v.* 28 p. 10 | 1913 *P. a.-w.*, C. Oberthür, Étud. Lép., *v.* 8 p. 70—72, 85—86, t. 215 f. 1931 (♂), 1932, 1933 (♀), t. 216 f. 1934 (♂), 1935, 1936 (♀), t. 217 f. 1937, 1938 (♂), 1939 (♀) | 1914 *P. a.* „Rasse" *w.*, Bryk in: Soc. ent., *v.* 29 p. 14 (nota 3) | 1914 *P. a.* var. *w.*, Bryk, ibid., *v.* 29 p. 31 f. 3 (♀, subsp. *w.*) | 1917 *P. a. geminus* (part.), Kammel in: Z. Österr. Ent.-Ver. Wien, *v.* 2 p. 19 | 1921 *P. a. wiskotti*, Fruhstorfer in: Ent. Anz., *v.* 1 p. 129 | 1922[1923] *P. a.* var. *W.*, Bryk

Fig. 457.
**Parnassius apollo wiskotti** C. Oberth. (♂). (Original, aus coll. Zool. Mus. Berlin) (1/1).

Fig. 457a.
**Parnassius apollo wiskotti** C. Oberth. (♀). (Original, aus coll. Zool. Mus. Berlin) (1/1).

in: Strand, Lep. Cat., *v.* 27 p. 144 | 1923 *P. a. W.*, [L. Lhomme], Cat. Lép. Franç., p. 8 | 1929 *P. a.* subsp. *w.*, Bollow in: Seitz, Großschmett. Erde, *v.* 1 Suppl. 1 p. 50.

Schließt sich an ssp. *nivatus* Fruhst. an, ist jedoch viel reicher mit Prachtfarbe gekernt, besonders die Analflecke, oft auch die Subcostalflecke (Fig. 457). Augenflecke vergrößert. Männchen nicht wesentlich von ssp. *nivatus* Fruhst. verschieden. Im Glasbande des Vorderflügels hin und wieder am Saum weiße internervale Kegelflecke. Augenflecke bisweilen mit verkleinertem, weißem Kern. Weibchen mit sehr kräftigem Subcostalbändchen und Hinterrandfleck, die durch schwache, schwarze Bestäubung bisweilen untereinander verbunden sind. Submarginalbinde des Hinterflügels sehr oft sehr deutlich. Glasband in der Regel sehr schmal. Analflecke oft rot gekernt. 3. Analfleck erhalten. Das Rot der unterseitlichen Wurzelflecke lebhaft. Folgende formae treten auf: ♂ *semidecora, marginepupillata, cardinalis, graphica.* Vorderflügellänge: ♂ 37,5—39,5 mm, ♀ 35—43 mm.

Franche Comté: Gebirge von Doubs, Ornans, Les Brenets.

Typen: ♂ ♀ in coll. R. Oberthür, Rennes.

17151. **P. apollo meridionalis** A. Pagenst. 1861 *P. a.*, Peyerimhoff & Manker in: Bull. Soc. Colmar, *v.* 2 p. 199 | 1875 *P. a.*, Lebert, ibid., *v.* 16/17 p. 145 | 1907 *P. a.* „Form", [Anonym] in: Soc. ent., *v.* 21 p. 170 | 1909 *P. a.* „lokale Form" *meridionalis*, A. Pagenstecher in: Ent. Z., *v.* 22 p. 186 | 1909 *P. a.* var., Frings, ibid., *v.* 22 p. 218 | 1909 *P. a. meridionalis* (an *nivatus*), A. Pagenstecher in: Jahrb. Ver. Nassau, *v.* 62 p. 129—132, 209 | 1911 *P. a.* „race" *m.*, Verity, Rhop. palaearct., p. 306, 309 | 1913 *P. a.*, Bartsch in: Int. ent. Z., *v.* 7 p. 171 (Schutz) | 1913 *P. a. meridionalis*, C. Oberthür, Étud. Lép., *v.* 8 p. 68, 69, 85 t. 214 f. 1928 (♂), 1929 (♀) | 1914 *P. a. m.*, Bryk in: Soc. ent., *v.* 29 p. 31 | 1914 *P. a. m.* + „Vogesenapollo", F. Fuchs in: Int. ent. Z., *v.* 8 p. 81 | 1915 *P. a.* var. *m.*, Bryk in: Arch. Naturg., *v.* 80 A 9 p. 141, A 7 t. 10 f. 81 (♀) | 1918 *P. a. m.*, W. Rothschild in: Nov. zool., *v.* 25 p. 234 | [1918] *P. a.* var. *m.*, Bryk, Parnassius Apollo Formenkreis, p. 137, 139 bis t. 10 f. 81 (♀) | 1919 *P. a. meridianalis* + „zweite Form", Warnecke in: Ent. Z., *v.* 33 p. 41 | 1920 *P. a.* „Form" *meridionalis* + subsp. *sevensis*, Kesenheimer, ibid., *v.* 34 p. 61 f. 1 (♂ ♀, *meridionalis*), f. 2 (♂ ♀, *sevensis*) | 1920 *P. a.*, C. Oberthür in: Congr. Sav. Strassb., p. 15 | 1921 *P. a. sevensis* + *meridianalis*, Fruhstorfer in: Ent. Anz., *v.* 1 p. 141 | 1921 *P. a. meridionalis* + aberr. *pseudonomion*, Brombacher in: Int. ent. Z., *v.* 14 p. 181 | 1922 [1923] *P. a.* var. *meridionalis* (+ *sevenensis* ex synon.), Bryk in: Strand, Lep. Cat., *v.* 27 p. 127 | 1923 *P. a. m.*, [L. Lhomme], Cat. Lép. Franç., p. 8 | 1929 *P. a.* „Rasse" *m.*, Bollow in: Seitz, Großschmett. Erde, *v.* 1 Suppl. 1 p. 51.

Fig. 458.
**Parnassius apollo meridionalis** A. Pagenst. (♂). (Original, aus coll. Zool. Mus. Berlin) (1/1).

Eine an ssp. *nivatus* Fruhst. sich anschließende Unterart mit mehr gestrecktem Flügelschnitt. Von weißer Grundfarbe, mit einem Stich ins Gelbliche. Glasband und Submarginalbinde etwas mehr aneinander gereiht und vorn mehr geschwungen als bei ssp. *nivatus* Fruhst. Wurzelfeld und Hinterrandschwärze des Hinterflügels stärker ausgeprägt und nach vorn mehr vorspringend, oft bis $R_5$ (+ $M_1$) reichend, hinten mehr an die Analflecke genähert. Endzellfleck des Vorderflügels sehr charakteristisch, vorn vor der Discalrippe etwas verschoben und reduziert. Hinterrandfleck variabel, bisweilen wurzelwärts kegelförmig zugespitzt, bisweilen nach außen abgerundet, nach innen gerade abgeschnitten oder rundlich. Subcostalflecke in der Regel nicht so kräftig. Männchen (Fig. 458): Subcostalbändchen vorn in 2 Flecke aufgelöst oder nur sehr schwach verbunden, sein Zipfel hinten stark rückgebildet. Augenflecke im Durchschnitt kleiner als bei ssp. *nivatus* Fruhst. Submarginalbinde des Vorderflügels graphitfarben, nicht so gesättigt schwarz wie bei der Vergleichsunterart. Weibchen mit schmaler Submarginalbinde. Der Zipfel des Subcostalbändchens erreicht in der Regel $M_3$ nicht. Submarginalbinde des Hinterflügels ganz mager und graphitfarben. Glasbinde stark reduziert, nicht schwärzlich. Folgende formae treten auf: *semidecora, decora, ampliusmaculata.* Vorderflügellänge: ♂ 33—39,5 mm, ♀ 35,5 bis 42,5 mm.

Elsaß: Maasmünster (Massevaux), Seven.

Typen: ♂♀ in coll. A. Pagenstecher, Zool. Staatssamml. München.

17 152. **P. apollo lozerae** A. Pagenst. 1909 *P. a. l.*, A. Pagenstecher (C. Oberthür MS.) in: Ent. Z., *v.* 22 p. 186 | 1909 *P. a. L.*, C. Oberthür, Étud. Lép., *v.* 3 p. 116 | 1909 *P. a. l.*, A. Pagenstecher in: Jahrb. Ver. Nassau, *v.* 62 p. 141 t. 3 f. 2 (♂) | 1911 & 10 *P. a.* „race" *l.*, Verity, Rhop. palaearct., p. 305, 308 t. LV f. 9 (♂) | 1913 *P. a. l.*, C. Oberthür, Étud. Lép., *v.* 8 p. 47, 49, 53, 54, 84 t. 204 f. 1897, 1898, 1899 (♂), t. 205 f. 1900, 1901 (♀) | 1914 *P. a. l.*, Bryk in: Soc. ent., *v.* 29 p. 28, 29 | 1914 [1915] *P. a.* var. *l.*, Bryk in: Arch. Naturg., *v.* 80 A 9 p. 141, A 7 t. 10 f. 80 (♂) | 1918 *P. a. l.*, W. Rothschild in: Nov. zool., *v.* 25 p. 234 | [1918] *P. a.* var. *l.*, Bryk, Parnassius Apollo Formenkreis, p. 137 t. 10 f. 80 (♂) | 1921 *P. a. locerae,* Fruhstorfer in: Ent. Anz., *v.* 1 p. 65, 113, 114 | 1922 [1923] *P. a.* var. *Lozerae*, Bryk in: Strand, Lep. Cat., *v.* 27 p. 124 | 1923 *P. a.* var. *L.*, [L. Lhomme], Cat. Lép. Franç., p. 9 | 1929 *P. a.* subsp. *l.*, Bollow in: Seitz, Großschmett. Erde, *v.* 1 Suppl. 1 p. 65 t. 6c.

Fig. 459.
**Parnassius apollo lozerae** A. Pagenst. (♂). (Paratypus, aus coll. Zool. Mus. Berlin) (1/1).

Eine große, dicht beschuppte, weiß gelbliche, an ssp. *nivatus* Fruhst. anzureihende Unterart mit gestreckter Vorderflügelform und gerade verlaufendem Seitenrande (Fig. 459). Schwarzfleckung gesättigt und stark. Vorderrand und Wurzelfeld des Vorderflügels schwarz gekörnt. Glasband breit. Submarginalbinde deutlich. Subcostalflecke stark. Augenflecke mittelgroß bis groß, zinnober- bis karminrot, mit deutlichen, weißen Spiegeln. Hinterrandschwärze des Hinterflügels variabel. Männchen: Glasbinde bis $Cu_2$ oder darüber hinausreichend. Submarginalbinde sehr schmal, ebenso lang. Subcostalflecke bisweilen getrennt, sein hinterer Zipfel sehr kurz. Von den 2 bescheidenen Analflecken ist der hintere kommaartig, der vordere stark (bisweilen ganz)

Fig. 459a.
**Parnassius apollo lozerae** A. Pagenst. (♀). (Original, aus coll. C. Eisner, Berlin-Dahlem) (1/1).

rückgebildet. Rippenenden in der Regel leicht schwärzlich beschattet. Hinterrandschwärze des Hinterflügels bisweilen stark reduziert, bisweilen luxuriös um die Mittelzelle, sogar bis zur $R_4$ reichend. Weibchen reicher gezeichnet, mit bis zum Hinterrande reichender Glasbinde und schmaler Submarginalbinde. Subcostalbändchen bis $M_3$, mit dem mehr oder weniger kräftigen Hinterrandfleck oft durch eine Überstäubung verbunden. Augenflecke groß, rundlich, kräftig, schwarz umsäumt. 3. Analfleck meist erhalten. Submarginal- und Glasbinde des Hinterflügels graphitgrau, bescheiden. Hinterrandschwärze mäßig, vorn oft bis $R_5$ (+ $M_1$) reichend. Forma *decora* tritt auf. Vorderflügellänge: ♂ 38,5—41 mm, ♀ 41—42 mm.

Lozère: Florac.

Typen: ♂ ♀ in coll. A. Pagenstecher, Zool. Staatssamml. München.

17153. **P. apollo lioranus** Fruhst. 1909 & 13 *P. a.* + „trans. vers" *lozerae*, C. Oberthür, Étud. Lép., *v.* 3 p. 115; *v.* 8 p. 53, 84 t. 205 f. 1902 (♂, trans. vers *lozerae*), t. 206 f. 1903 (♂), 1904, 1905 (♀) | 1921 *P. a.* subsp. + *P. a.* subsp. *lioranus*, Fruhstorfer in: Ent. Anz., *v.* 1 p. 113, 114 | 1922 [1923] *P. a.* var. *l.*, Bryk in: Strand, Lep. Cat, *v.* 27 p. 124 | 1929 *P. a.* „Rasse" *l.*, Bollow in: Seitz, Großschmett. Erde, *v.* 1 Suppl. 1 p. 66.

Eine stark an ssp. *lozerae* A. Pagenst. erinnernde Subspecies mit nicht so gelblichem Flügelgrund (Fig. 460). Vorderrand und Wurzelfeld des Vorderflügels deutlich schwärzlich gekörnt. Endzellfleck des Vorderflügels vorn vor der

Discalrippe reduziert. Die rundlichen, markant schwarz umzogenen Augenflecke etwas kleiner, mit sehr kleinen, weißen Spiegeln oder auch ohne diese. Männchen mit kräftigerem Subcostalbändchen als bei ssp. *lozerae* A. Pagenst. Hinterrandschwärze des Hinterflügels kräftig, leicht am Mittelzellende verschwindend. Analflecke kräftiger. Sonst wie ssp. *lozerae* A. Pagenst. Weibchen

Fig. 460.
**Parnassius apollo lioranus** Fruhst. (♂). (Original, aus coll. Zool. Mus. Berlin) (1/1).

Fig. 460 a.
**Parnassius apollo lioranus** Fruhst. (♀). (Original, aus coll. C. Eisner, Berlin-Dahlem) (1/1).

mit breiterer Mondbinde zwischen Submarginal- und Glasbinde. Glassaum des Hinterflügels noch mehr reduziert. Submarginalbinde schmal und bogig, graphitgrau. 3. Analfleck schwach erhalten. Folgende formae treten auf: *expupillata, decora.* Vorderflügellänge: ♂ 37—38,5 mm, ♀ 40—41 mm.

Lioran, Cantal. Auvergne.

Typen: ♂ ♀ in coll. H. Fruhstorfer, Nizza.

17154. **P. apollo cebennicus** Le Cerf 1822 *P. a.* (part.), J. B. Godart & Duponchel, Hist. Lép., (Diurn.) *v.* 2 p. 19 t. 2 f. 1 (♀) (an ex Cevenn. ?) | 1836—1846 *P. a.* (part.), E. Blanchard in: G. Cuvier, Règne an., ed. 3 Ins. t. 132 f. (♂) |

1863 *P. a.* (part.), A. Dupuis, Pap., p. 43 | 1897 *P. a.* (part.), Acloque, Faune France, Ins. p. 225 | 1913 *P. a.* subsp. *cebennica*, Le Cerf in: Bull. Soc. ent. France, p. 460—462 t. 1 f. 1, 2 (♂), 3 (♀) *(P. a. cebennica)* | 1921 *P. a. cebennicus*, Fruhstorfer in: Ent. Anz., *v.* 1 p. 113 | 1922 [1923] *P. a.* forma *cebennica*, Bryk in: Strand, Lep. Cat., *v.* 27 p. 114 | 1923 *P. a. c.*, [L. Lhomme], Cat. Lép. Franç., p. 9 | 1929 *P. a.* subsp. *cebennicus*, Bollow in: Seitz, Großschmett. Erde, *v.* 1 Suppl. 1 p. 66 | 1930 *P. a.* subsp. *c.* aberr. *carolineae*, Fischer in: Amateur Pap., *v.* 5 nr. 5 p. 77 t. 2 | 1931 *P. a.* subsp. *c.* aberr. *satanas*, F. B. (= Bryk) in: Parnassiana, *v.* 1 nr. 5 p. 7.

Fig. 461.
**Parnassius apollo cebennicus** Le Cerf (♂). (Original, aus coll. Zool. Mus. Berlin) (1/1).

Fig. 461 a.
**Parnassius apollo cebennicus** Le Cerf (♀). (Original, aus coll. Zool. Mus. Berlin) (1/1).

Ähnlich der ssp. *lozerae* A. Pagenst., aber mehr weiß anstatt gelblich, mit gut entwickelter Schwarzzeichnung und von stark gestrecktem Vorderflügelschnitt (Fig. 461). Augenflecke rundlich, klein bis sehr groß. Männchen mit kleinerem Hinterrandfleck, der sich an die $Cu_2$ oft nicht anlehnt. Subcostalflecke gewöhnlich sehr schwach miteinander verbunden, der Zipfel hinten nicht auffallend. Augenflecke mittelgroß bis klein, mit leuchtend weißem Spiegel.

2 Analflecke, bescheiden, der vordere bisweilen rückgebildet. Hinterrandschwärze kräftig, in Dreieckform zum Mittelzellende ziehend. Weibchen prächtig gezeichnet bei Potenzierung aller Zeichnungselemente und Beibehaltung eines hellen Grundes. Das sehr breite Subcostalband mit dem kräftigen Hinterrandfleck, der hinten mit einem schwarzen Wisch abschließt, durch mehr oder weniger kräftige Schwarzbestäubung der Flügelmitte verbunden. Augenflecke sehr groß, mit oder ohne weißen Kern. Glasband und Submarginalbinde erhalten. 2 kräftige Analflecke, ein 3. vorn schwach entwickelt. Folgende formae treten auf: *expupillata, pseudonomion, melahyalina.* Vorderflügellänge: ♂ 37—40 mm, ♀ 41—42 mm.

Cevennen: l'Hospitalet (Aveyron); Gesse (Ande).

Typen: ♂ ♀ im Zool. Mus. Paris.

17155. **P. apollo leovigildus** Fruhst. 1901 *P. a.*, Chapman in: P. ent. Soc. London, p. XIX | 1909 *P. a.* subsp. *leovigildus*, Fruhstorfer in: Ent. Z., *v.* 23 p. 151 | 1909 *P. a. provincialis* (part.), A. Pagenstecher in: Jahrb. Ver. Nassau, *v.* 62 p. 144, 145 | 1911 & 10 *P. a.* „race" *leovigildus*, Verity, Rhop. palaearct., p. 305, 308 t. LV f. 10 (♂) | 1913 *P. a. provincialis* (part.), C. Oberthür, Étud. Lép., *v.* 8 p. 80 t. 218 f. 1940, 1941 (♂), 1942 (♀) | 1914 *P. a. leovigildus* aberr., Saussure in: Bull. Soc. lép. Genève, *v.* 3 p. 77—78 t. 1 f. 6 (♀, *P. a.* aberr.) | 1914 *P. a. l.*, Bryk in: Soc. ent., *v.* 29 p. 32 | 1918 *P. a. l.* + aberr., W. Rothschild in: Nov. zool., *v.* 25 p. 234 | 1921 *P. a. l.*, Fruhstorfer in: Ent. Anz., *v.* 1 p. 65, 114 | 1922 [1923] *P. a.* var. *l.*, Bryk in: Strand, Lep. Cat., *v.* 27 p. 122 | 1923 *P. a. L.*, [L. Lhomme], Cat. Lép. Franç., p. 9 | 1923 *P. a.* var. *provincialis*, R. Heinrich in: D. ent. Z., Beih. p. 44 | 1929 *P. a.* „Rasse" *leovigildus*, Bollow in: Seitz, Großschmett. Erde, *v.* 1 Suppl. 1 p. 66.

Fig. 462.
**Parnassius apollo leovigildus** Fruhst. (♂). (Original, aus coll. Zool. Mus. Berlin) (1/1).

Eine zu ssp. *nivatus* Fruhst. neigende, dicht hell beschuppte, weiße oder etwas gelbliche Unterart mit gestrecktem Vorderflügel und etwas rundlichem Vorderrand (Fig. 462). Vorderrand und Wurzelfeld des Vorderflügels grauschwärzlich überpudert. Glasband mittelbreit. Submarginalbinde deutlich. Verbindung der Subcostalflecke unansehnlich oder fehlend. Hinterrandfleck nicht stark ausgeprägt. Mittelzellfleck länglich, etwas schräg gestellt. Die mittelgroßen Augenflecke lebhaft rot, klar schwarz umrandet, mit deutlichem, weißem Kern. 2 Analflecke. Hinterrandschwärze des Hinterflügels hinten stark dem hintersten Analfleck genähert, bis $R_5$ (+ $M_1$) ziehend. Männchen: Glasband bis $Cu_2$ reichend, verjüngt. Submarginalbinde mehr oder weniger breit, wie bei ssp. *nivatus* Fruhst. geschwungen. Submarginalbinde des Hinterflügels bisweilen sehr deutlich. Weibchen mit längerer Glas- und Submarginalbinde. Subcostalbändchen oft vom Endzellfleck stärker entfernt, seine Verbindung wie der Zipfel sehr mager. Hinterrandfleck wurzelwärts mehr oder

Fig. 462a.
**Parnassius apollo leovigildus** Fruhst. (♀). (Original, aus coll. Zool. Mus. Berlin) (1/1).

weniger deutlich kegelförmig zugespitzt. Hinterrandschwärze um die Mittelzelle des Hinterflügels breiter als beim Männchen angelegt. Augenflecke größer, der mediane etwas oval. 3. Analfleck bisweilen erhalten. Submarginalbinde im Hinterflügel graphitfarben, schwach ausgeprägt. Glasbinde am Hinterflügelsaum rudimentär. Inverse Weibchen oft auftretend. Folgende formae wurden beobachtet: *decora, ♂ ampliusmaculata,* trans. ad *novarae.* Vorderflügellänge: ♂ 38—42 mm, ♀ 39,5—41 mm.

Digne: Bléone-Ufer, les Dourbes, la Colette, Gebirge von Lure, Barcelonnette, Cousson.

Typen: ♂ ♀ in coll. H. Fruhstorfer, Nizza.

17156. **P. apollo provincialis** Kheil 1893 *P. a. pyrenaicus* (part.), Caradja in: D. ent. Z. Lep., *v.* 6 p. 169 | 1905 *P. a.* var. *provincialis*, Kheil in: Ent. Z., *v.* 18 p. 142 (ex larva!) | 1906 *P. a. p.*, H. Stichel in: Seitz, Großschmett. Erde, *v.* 1 p. 24 t. 12 d (♂ ♀) | 1907 *P. a. p.*, H. Stichel in: Gen. Ins., *v.* 58 p. 27 | 1909 *P. a. p.* (part.), A. Pagenstecher in: Jahrb. Ver. Nassau, *v.* 62 p. 144 | 1911 *P. a.* „race" *p.*, Verity, Rhop. palaearct., p. 305, 308 | 1911 *P. a. p.*, Kheil in: Int. ent. Z., *v.* 5 p. 61—63; p. 62 f. 1—7 (♂, ex larva) | 1912 *P. a.* „Pyrenäenform", Bryk in: Jahrb. Ver. Nassau, *v.* 65 p. 21 | 1913 *P. a.*, C. Oberthür, Étud. Lép., *v.* 8 p. 86 t. 219 f. 1943 (♂), t. 220 f. 1947 (♂), 1948 (♀) | 1914 *P. a. provincialis* + *provincionalis*, Bryk in: Soc. ent., *v.* 29 p. 32, 52 | 1914 *P. a. provincialis*, Kheil, ibid., *v.* 29 p. 48 | 1918 *P. a. p.* + ♂ aberr., W. Rothschild in: Nov. zool., *v.* 25 p. 234 | 1922 [1923] *P. a.* var. *p.*, Bryk in: Strand, Lep. Cat., *v.* 27 p. 131 | 1923 *P. a. p.*, [L. Lhomme], Cat. Lép. Franç., p. 9.

Eine an subsp. *pyrenaicus* Harc.-Bath erinnernde, dicht weiß oder gelblich beschuppte Subspecies mit gestreckter Vorderflügelform und gerade verlaufendem Seitenrand. Glasband mäßig breit. Submarginalbinde deutlich, wenig geschwungen. Zellflecke sehr kräftig, länglich. Subcostalflecke variabel, bald bescheiden, bald kräftig. Vorderflügelvorderrand und Wurzelfeld deutlich schwarz gekörnt. Hinterflügel: Augenflecke mittelgroß bis groß, ziegel- bis karminrot, mit weißen Kernen, deutlich schwarz umzogen. 2 Analflecke. Hinterrandschwärze beim Mittelzellende allmählich verschwindend. Männchen mit bis zur Rundung des Hinterrandwinkels reichendem Glasband. Submarginalbinde bis $Cu_2$ reichend. Subcostalflecke getrennt oder verbunden; das konstante Ausbleiben des vordersten beim Typus ist eine Folge der Exlarvazucht. Hinterrandfleck mäßig. Hinterflügel: Submarginalbinde selten auftretend. Die beiden Analflecke bald sehr schmal, wie bei ssp. *pyrenaicus* Harc.-Bath, bald deutlicher. Rippenenden bescheiden, dunkel beschattet oder auch coloristisch nicht differenziert. Weibchen größer, gelblicher, reich gezeichnet, mit längerer Glas- und Submarginalbinde. Letztere ziemlich breit. Subcostalbändchen meist sehr kräftig. Flügelmitte leicht schwärzlich überpudert. Augenflecke meist groß, die weißen Spiegel etwas verschwommen. Die beiden Analflecke oft mit rotem Kern, ein 3. bisweilen erhalten. Submarginalbinde sehr deutlich. Glasbinde durch internervale Beschattung der Rippenenden angedeutet. Forma *halteres* tritt auf. Vorderflügellänge: ♂ 37—41 mm, ♀ 37—43 mm.

Provence: Mont Lachens. (Diese Unterart wurde in Prag nach aus der Raupe gezogenen Exemplaren beschrieben.)

Typus: ♂ in coll. N. Kheil, Prag.

17157. **P. apollo venaissinus** Fruhst. 1913 *P. a. provincialis* (part.), C. Oberthür, Étud. Lép., *v.* 8 p. 73, 86 t. 219 f. 1944 (♂), 1945 (♀) | 1918 *P. a. p.* (part.), W. Rothschild in: Nov. zool., *v.* 25 p. 234 | 1921 *P. a.* subsp. *venaissinus*, Fruhstorfer in: Ent. Anz., *v.* 1 p. 114 | 1922 [1923] *P. a.* var. *v.*, Bryk in: Strand, Lep. Cat., *v.* 27 p. 143 | 1929 *P. a.* subsp. *venaissimus*, Bollow in: Seitz, Großschmett. Erde, *v.* 1 Suppl. 1 p. 66.

Fig. 463.
**Parnassius apollo venaissinus** Fruhst. (♂). (Original, aus coll. Zool. Mus. Berlin) (1/1).

Eine sehr dicht beschuppte, helle, zum Kreise der mit ssp. *nivatus* Fruhst. verwandten Unterarten gehörende Subspecies mit gestrecktem Vorderflügel und deutlich schwärzlich gekörntem Vorderrand und Wurzelfeld des Vorderflügels. Flügelgrund cremegelb. Glasband schmal. Submarginalbinde sehr schmal, aus klaren Bogenelementen zusammengesetzt. Hinterflügel: Wurzelflecke unterseits sauber rot. Augenflecke mittelgroß bis groß, leuchtend karminrot, kräftig schwarz umzogen, mit weißem Kern, der mediane etwas wurzelwärts bei $M_2$ eingeschnürt. 2 Analflecke, unterseits der 3. verkleinert erhalten.

Hinterrandschwärze an dem Mittelzellende (bei der $M_2$) leicht verschwindend. Männchen (Fig. 463) mit bis $Cu_2$ reichendem, hellem Glasband. Submarginalbinde graphitgrau. Subcostalflecke mäßig, schwach miteinander verbunden; der hintere wie der mäßige Hinterrandfleck unterseits oft rot gekernt. Mittelzellfleck rundlich. Augenflecke mit deutlichen, weißen Kernen. 2 Analflecke, der hintere kommaartig. Weibchen sehr hell. Schwarzfleckung kräftiger. Glasband nur etwas länger als beim Männchen. Subcostalbändchen nicht besonders breit, bis $M_3$ reichend. Hinterrandfleck länglich, quer gestellt. Augenflecke groß, mit verschwommenen, weißen Spiegeln. Submarginalbinde des Hinterflügels sehr schwach, aus sehr schmalen, graphitfarbenen Bogen zusammengesetzt. Glasbinde fast völlig reduziert. Vorderflügellänge: ♂ 37 bis 40 mm, ♀ 41—42,5 mm.

Mont Ventoux.

Typen: ♂♀ in coll. H. Fruhstorfer, Nizza.

17158. **P. apollo melliculus** H. Stich. 1766 *Papilio hexapus secundus*, Schaeffer, Icon. Ins. Ratisb., *v.* 1 I t. 36 f. 4, 5 | 1801 *Pieris apollo*, Schrank, Fauna Boica, *v.* 2 I p. 161 | 1801 *Papilio a.*, Trost, Klein. Beytr. Ent. Eichstett, [ohne Pag.] | 1805 *P. A.*, Jac. Hübner (& C. Geyer), Samml. Eur. Schmett., *v.* 1 p. 60 f. 396 (♀), 397 (subtus) | 1899 *Parnassius a.* aberr. *graphicus* (part.), H. Stichel in: Ins.-Börse, *v.* 16 p. 312 | 1906 *P. a. melliculus*, H. Stichel in: Berlin. ent. Z., *v.* 51 p. 87 | 1906 *P. a. m.* (part.), H. Stichel in: Seitz, Großschmett. Erde, *v.* 1 p. 24 t. 12 c *(melliculus ♀ (graphica))* | 1907 *P. a. m.* (part.), H. Stichel in: Gen. Ins., *v.* 58 p. 26 | 1909 *P. a. m.* (part.), W. Rothschild in: Nov. zool., *v.* 16 p. 9 | 1909 *P. a. m.* aberr. *excelsior*, H. Stichel in: Int. ent. Z., *v.* 3 p. 184 | 1909 *P. a. m.*, Frings in: Ent. Z., *v.* 22 p. 218 | 1909 *P. a. m.* + aberr. *decora*, A. Pagenstecher in: Jahrb. Ver. Nassau, *v.* 62 p. 136—138 t. 7 f. 2 (♂, aberr. *excelsior*) | 1909 *P. a. m.*, Richter in: Int. ent. Z., *v.* 3 p. 84 | 1909 *P. a.*, A. Pagenstecher in: Ent. Z., *v.* 22 p. 189 | 1909 *P. a. melliculus*, Fruhstorfer, ibid., *v.* 23 p. 150 | 1909 *P. a. m.*, Fruhstorfer in: Int. ent. Z., *v.* 3 p. 161 | 1909 *P. a. m.*, C. Oberthür, Étud. Lép., *v.* 3 p. 116 | 1909 & 10 *P. a.* var. *mellilucus*, Rebel, Berges Schmettb., ed. 9 p. 7 p. 476 *(melliculus)* | 1910 *P. a. melliculus*, Galvagni in: Jahresber. Wien. ent. Ver., *v.* 20 p. 168, 169 | 1911 & 10 *P. a.* „race" *m.*, Verity, Rhop. palaearct., p. 308 t. LV f. 7 (♀), 8 (♂) | 1911 *P. a.* ? *fennoscandicus* aberr. *marschneri*, Bryk in: Int. ent. Z., *v.* 5 p. 161 f. 11 (♀) | 1912 *P. a. melliculus*, Bryk in: Jahrb. Ver. Nassau, *v.* 65 p. 30 | 1913 *P. a. m.*, C. Oberthür, Étud. Lép., *v.* 8 p. 78, 79, 80, 81 t. 227 f. 1967 (♂), 1968, 1969 (♀), t. 228 f. 1970 (♂), 1971, 1972 (♀) | 1912 *P. a. m.*, Spuler in: Ent. Z., *v.* 26 p. 67 (Schutz) | 1913 *P. a. m.*, Kneidl, ibid., *v.* 26 p. 187 | 1913 *P. a. m.*, Gönner in: Ent. Rundsch., *v.* 30 p. 14 (fig. ♂ = aberr. *embriki*) | 1913 *P. a. m.* aberr., Eug. Arnold in: Mt. Münch. ent. Ges., *v.* 4 p. 19 t. 1 (♂ = aberr. *lacrimans*) | 1914 *P. a. m.*, Bryk in: Soc. ent., *v.* 29 p. 31 | 1914 *P. a. m.*, Haude, ibid., *v.* 29 p. 36 f. 1, 2 (♂, monstr.) | 1914 *P. a. m.*, Knörzer in: Wiss. Beil. Jahresber. Realsch. Eichstätt, p. 8 (biol.) | 1915 *P. a.* var. *m.* + aberr. *luctifera*, Bryk in: Arch. Naturg., *v.* 80 A 10 p. 160, A 7 t. 11 f. 90 (♂ aberr. *luctifera*), t. 13 f. 106 b (♀, Zwerg) | 1915 *P. a. m.*, E. Fischer, ibid., *v.* 80 A 10 p. 164, 165 (thermobiol.) | 1915 *P. a.* var. *m.* (part.), Waltz in: Mt. Münch. ent. Ges., *v.* 6 p. 53—56 t. 1 f. 1 (♂) | 1918 *P. a. m.* + aberr. *decora* + aberr. *wiskotti* + *ancile* (part.), W. Rothschild in: Nov. zool., *v.* 25 p. 239 | 1918 *P. a.* var. *pseudonomion*, Knörzer in: Wiss. Beil. Jahresber. Realsch. Eichstätt, p. 4—5 | [1918] *P. a.* var. *melliculus* + aberr. *luctifera*, Bryk, Parnassius Apollo Formenkreis, p. 97, 137, t. 11 f. 90, p. 180 t. 13 f. 106 b (♀) (♂, aberr. *luctifera*) | [1918] *P. a.* var. *m.*, Fischer in: Bryk, ibid., p. 160, 161 | 1920 *P. a. m.* + aberr. *nana*, Rebel in: Ann. Hofmus. Wien, *v.* 33 p. 74, 77, 79, 80 | 1920 *P. a. m.*, Przegendza in: Ent. Z., *v.* 34 p. 36 | 1921 *P. a. m.* + subsp. *bajuvarius (bajuvaricus)*, Fruhstorfer in: Ent. Anz., *v.* 1 p. 111, 112, 129, 139, 140 (non 141—142) | 1922 *P. a. m.* aberr. *velata*, Belling in: D. ent. Z., p. 235 (fig. ♀) | 1922 [1923] *P. a.* var. *m.*, Bryk in: Strand, Lep. Cat., *v.* 27 p. 126—127 | 1924 *P. a.* forma monstr. *aeneina* (part.), Stauder in: D. ent. Z., p. 17 | 1927 *P. a. melliculus* + *bajuvaricus*. O. Bang-Haas in: Horae Macrolep., *v.* 1 p. 123 t. 3 f. 1, 2 (♂, ♀ *melliculus*) | 1929 *P. a. b.* + *franconicus* (ex synon.), Bollow in: Seitz, Großschmett. Erde, *v.* 1 Suppl. 1 p. 52 | 1930 *P. a.*, K. Henke & J. Preiß in: Arch. Entwickmech., *v.* 122 p. 112–113, p. 112 f. 5, 6 (♂, Dreifachbildung Vorderfl.) | 1930 *P. a.*, Reinig in: Parnassiana, *v.* 1 nr. 4 p. 6 | 1931 *P. a. melliculus*, Bryk in: Zool. Jahrb., Syst. *v.* 62 p. 161 f. 17 (♂, Dreifachbildung), p. 162 f. 18 (♂, subtus) | 1932 *P. a. m.*, Bergmann in: Int. ent. Z., *v.* 25 p. 406.

Eine sehr dicht beschuppte, helle, gelblichweiße Unterart mit langgestreckter Vorderflügelform und nach hinten gut gerundetem Seitenrand. Vorderflügelwurzel und Vorderrand schwarz gekörnt (Fig. 464). Glasband mittelbreit. Submarginalbinde vorhanden. Schwarzfleckung prägnant. Augenflecke

Fig. 464.
**Parnassius apollo melliculus** H. Stich. (Typen: oben ♀, unten ♂) (1/1).

groß, ziegel- bis karminrot, mit guter schwarzer Umrandung und großen, weißen Kernen. 2 oder 3 Analflecke. Wurzelfeld- und Hinterrandschwärze stark reduziert. Männchen: Glasband verjüngt, bis $Cu_1$ oder $Cu_2$ reichend. Submarginalbinde oft sehr schmal, auch interneval aufgelöst, $Cu_2$ nicht erreichend. Subcostalflecke verbunden oder getrennt, sein hinterster Zipfel meist erhalten, aber nicht bis $M_3$ reichend. Hinterrandfleck viereckig, mittelgroß. Analflecke zusammenhängend, mittelgroß, der 3. bisweilen isoliert vorkommend, unterseits beide in der Regel rot gekernt und schwach schwarz umgrenzt. Submarginal- und Glasbinde fehlen dem Hinterflügel. Weibchen mit vergrößerten Schwarzmakeln. Glasband hinten stark verjüngt, den Hinterrandwinkel nicht immer erreichend. Submarginalbinde sehr deutlich, den Hinterrand nicht erreichend. Subcostalbändchen besonders kräftig, vom Gabelstiel der $R_4 + R_5$ ($+ M_1$) bis zur $M_3$ einen wenig gegliederten Patzen bildend. Von den beiden Augenflecken ist der mediane bedeutend größer und seine Weißkernung oft nicht klar abgegrenzt. Forma *graphica* vorherrschend. 3 Analflecke in der Regel, von denen 2 unterseits stets rot gekernt sind, der 3., mittlere außerdem mit deutlichem, weißem Kern. Die Glasbinde fehlt dem Hinterflügel. Submarginalbinde in seltenen Fällen durch leichten Graphitstaub kaum angedeutet. Folgende formae treten auf: *expupillata* (Fig. 337), *graphica* (Fig. 339), *excelsior, decora, semidecora, lacrimans, luctifera, embriki, basipunctata* (Fig. 334), *cardinalis* (Fig. 341), *sublacrimans* (Fig. 342), *herrichi* (Fig. 334). Vorderflügellänge: ♂ 35—41 mm, ♀ 28—44 mm.

Bayern: Nördlingen, Karthäuser Tal, Donauwörth, Harburg. Oberpfalz: Regensburg, Kehlheim, Riedenburg bei Eichstätt.

Typen: ♂ ♀ in coll. Zool. Mus. Berlin.

17159. **P. apollo lithographicus** Bryk 1909 *P. a.*, A. Pagenstecher in: Ent. Z., *v.* 22 p. 189 | 1915 *P. a. melliculus* (part.), Waltz in: Mt. Münch. ent. Ges., *v.* 6 p. 58 | 1922 [1921] *P. a.* var. *lithographicus*, Bryk in: Arch. Naturg., *v.* 87 A 10 p. 236—237 (nota*); p. 237 f. 2, 3 (♀, ♂; forma *lithographicus*) | 1922 [1923] *P. a.* forma *l.*, Bryk in: Strand, Lep. Cat., *v.* 27 p. 124 | 1929 *P. a. meridionalis*, Bollow in: Seitz, Großschmett. Erde, *v.* 1 Suppl. 1 p. 52.

Fig. 465.
**Parnassius apollo lithographicus** Bryk (Typen: oben ♀, unten ♂) (1/1).

Eine von subsp. *melliculus* H. Stich. schwer zu unterscheidende Unterart. Im Durchschnitt kleiner, mit kleineren Augenflecken und kleinerer Schwarzfleckung. Vorderflügel lang gestreckt. Wurzelfeld und Vorderrand schwärzlich gekörnt. Hinterrandschwärze des Hinterflügels kräftiger schwarz als bei der Vergleichsunterart. Glasband sehr schmal (Fig. 465). Männchen: Glasband bis $Cu_1$ reichend. Submarginalbinde schmal, $Cu_2$ nicht erreichend. Die runden Augenflecke klein, mit weißen Kernen. 2 zusammenhängende Analflecke. Weibchen mit etwas längerem Glasband, das wie die schmale Submarginalbinde bis $Cu_2$ reicht. Fleckung des Subcostalbändchens nicht verbreitert, der Zipfel strichartig, bis $M_3$ reichend. Flügelmitte sehr schwach schwärzlich bestäubt. Augenflecke etwas größer als beim Männchen, auch ohne Weißkernung auftretend. Submarginalbinde des Hinterflügels sehr schwach angedeutet. Glassaum bisweilen sehr schmal erhalten. Ein 3. Analfleck auch oberseits erhalten. Vorderflügellänge: ♂ 33,5—37 mm, ♀ 36—39,5 mm.

Solnhofen.

Typen: ♂ ♀ in coll. C. Eisner, Berlin-Dahlem.

17160. **P. apollo ancile** Fruhst. 1777 *Papilio a.* (part.), Esper, Eur. Schmett., pars 1 *v.* 1 p. 43 | 1899 *Parnassius a.* aberr. *graphicus*, H. Stichel in: Ins.-Börse, *v.* 16 p. 312 | 1906 *P. a. melliculus* (part.), H. Stichel in: Berlin. ent. Z., *v.* 51 p. 87 | 1906 *P. a. m.* (part.), H. Stichel in: Seitz, Großschmett. Erde, *v.* 1 p. 24 | 1907 *P. a.* forma *graphica* (part.) + *m.* (part.), H. Stichel in: Gen. Ins., *v.* 58 p. 23, 26 | 1909 *P. a.* var., A. Pagenstecher in: Jahrb. Ver. Nassau, *v.* 62 p. 138 | 1909 *P. a.*, Frings in: Ent. Z., *v.* 22 p. 218 | 1909 *P. a.* subsp. *ancile*, Fruhstorfer in: Ent. Z., *v.* 23 p. 150 | 1909 *P. a.* subsp. *a.*, Fruhstorfer in: Int. ent. Z., *v.* 3 p. 161 | 1911 *P. a.* „race" *a.*, Verity, Rhop. palaearct., p. 305, 308 | 1913 *P. a.* var. *melliculus* (forma *ancile*) + aberr. *phoibogryphos* + aberr. *ernestinae*, Bryk in: Soc. ent., *v.* 28 p. 65 | 1913 *P. a. ancile*, C. Oberthür, Étud. Lép., *v.* 8 p. 79, 87 t. 229 f. 1973 (♂), 1974, 1975 (♀) | 1915 *P. a.* var. *melliculus* forma *ancile* aberr. *ernestinae* + aberr. *phoibogryphos*, Bryk in: Arch. Naturg., *v.* 80 A 9 p. 141, A 7 t. 10 f. 85 (♀) | 1915 *P. a. m.* (part.) + aberr. *graphica*, Waltz in: Mt. Münch. ent. Ges., *v.* 6 p. 57—58 | [1918] *P. a.* var. *m.* forma *ancile* aberr. *ernestinae* + aberr. *phoibogryphos*, Bryk, Parnassius Apollo Formenkreis, p. 137 t. 10 f. 85 (♀) | 1920 *P. a. a.* (part.), Rebel in: Ann. Hofmus. Wien, *v.* 33 p. 75, 77, 79, 80 | 1921 *P. a. a.*, Fruhstorfer in: Soc. ent., *v.* 36 p. 13 | 1921 *P. a. a.*, Fruhstorfer in: Ent. Anz., *v.* 1 p. 140—141 | 1922 [1923] *P. a.* var. *a.*, Bryk in: Strand, Lep. Cat., *v.* 27 p. 107 | 1929 *P. a. a.*, Bollow in: Seitz, Großschmett. Erde, *v.* 1 Suppl. 1 p. 52.

Eine dicht beschuppte, weiß-gelbliche, an ssp. *melliculus* H. Stich. aus der Oberpfalz erinnernde Unterart mit stark gestrecktem Vorderflügel und

Fig. 466.
**Parnassius apollo ancile** Fruhst. forma **ampliusmaculata** Verity (♂). (Original, aus coll. Zool. Mus. Berlin) (1/1).

etwas zugespitztem Apex. Glasbinde sehr schmal und kurz. Augenflecke groß, rund, karminrot, sauber schwarz umrandet, mit deutlicher, klarer Weißkernung. Endzellfleck des Vorderflügels vorn etwas mehr reduziert als bei ssp. *melliculus* H. Stich. Mittelzellfleck rundlich. Submarginalbinde des Vorderflügels schwach ausgeprägt, beim Männchen sogar sehr schwach. Subcostalfleckverbindung kaum bemerkbar. Hinterrandschwärze des Hinterflügels sehr stark reduziert, bisweilen jenseits der Wurzelflecke nur durch

Fig. 466 a.
**Parnassius apollo ancile** Fruhst. (♀). (Original, aus coll. Zool. Mus. Berlin) (1/1).

schüttere Graphitbestäubung kaum angedeutet (Fig. 466). Männchen mit 2 Analflecken. Weibchen mit 3 Analflecken. Von den beiden hinteren, unterseits rot gekernten Flecken trägt der vordere stets einen weißen Kern. Folgende formae treten auf: *graphica, ernestinae, decora, phoebogrypha* und ♂ *ampliusmaculata*. Vorderflügellänge: ♂ 38 – 39,5 mm, ♀ 40—42 mm.

Fichtelgebirge: Berneck; angeblich ausgestorben.

Typen: ♂ ♀ in coll. H. Fruhstorfer, Nizza.

17161. **P. apollo posthumus** Fruhst. 1791 *Papilio a.*, Scharfenberg in: Scriba, J. Liebh. Ent., *v.* 3 p. 207 | 1896—1899 *Parnassius a.*, Auerbach in: Jahresber. Ges. Gera, *v.* 39—42 p. 114 | 1907 *P.* „Apollo-Varietät", [Anonym] in: Soc. ent., *v.* 21 p. 171 | 1909 *P. apollo*, A. Pagenstecher in: Ent. Z., *v.* 22 p. 190 | 1909 *P. a.*, A. Pagenstecher in: Jahrb. Ver. Nassau, *v.* 62 p. 139—141 | 1913 *P. a.*, Schweitzer in: D. ent. Z. Iris, *v.* 27 p. 51 (Futterpflanze) | 1915 *P. a.* „*melliculus*-Rasse" (part.), Waltz in: Mt. Münch. ent. Ges., *v.* 6 p. 58 | 1921 *P. a.* subsp. *posthumus*, Fruhstorfer in: Soc. ent., *v.* 36 p. 13. 14 | 1921 *P. a. p.*, Fruhstorfer in: Ent. Anz., *v.* 1 p. 141 | 1922 [1923] *P. a.* forma *p.*, Bryk in: Strand, Lep. Cat., *v.* 27 p. 131 | 1929 *P. a.* subsp. *p.*, Bollow in: Seitz, Großschmett. Erde, *v.* 1 Suppl. 1 p. 52 | 1933 *P. a.*, Petry in: Ent. Z., *v.* 47 p. 118.

Eine ebenfalls ausgestorbene, an ssp. *melliculus* H. Stich. anzureihende, kleinere Subspecies. Mit rundlichem Vorderflügelschnitt und von gelblichweißer Grundfarbe. Männchen mit stark reduzierter Submarginalbinde des Vorderflügels. Glasbinde mittelbreit. Schwarzfleckung eher klein, namentlich die Subcostalflecke und der Hinterrandfleck. Augenflecke klein, der mediane etwas nierenförmig, scharf schwarz umzogen. Hinterrandschwärze des Hinterflügels besonders gut ausgebildet, bis zum Mittelzellende reichend.. Weibchen mit breiterem Glasband, sehr kräftiger Schwarzfleckung, großen, breit schwarz umzogenen Augenflecken und kräftigen Analflecken. Hinterrandschwärze sehr kräftig.

Saaletal: Ebersdorf, Zoppothen, Burgk. (Seit 1905 ausgestorben.)

Typen: ♂ in coll. H. Fruhstorfer, Nizza; ♀ in coll. C. Eisner, Berlin-Dahlem.

17162. **P. apollo suevicus** A. Pagenst. 1885 *P. a.* (aberr.), Steudel (Schuler) in: Jahresh. Verh. Württemb., *v.* 41 p. 328 t. 6 f. 2 (♂ = forma *novarae*) | 1906 *P. a. albus*, H. Stichel in: Seitz, Großschmett. Erde, *v.* 1 t. 12e (♂) | 1907 *P. a. melliculus* (part.), H. Stichel in: Gen. Ins., *v.* 58 p. 26 | 1909 *P. a. suevicus* (part.), A. Pagenstecher in: Ent. Z., *v.* 22 p. 186 | 1909 *P. a.* var., Frings, ibid., *v.* 22 p. 218 | 1909 *P. a. suevicus* (part.), A. Pagenstecher in: Jahrb. Ver. Nassau, *v.* 62 p. 134 | 1909 *P. a.* var. *s.*, Rebel, Berges Schmettb., ed. 9 p. 7 | 1911 & 10 *P. a.* „race" *s.*, Verity, Rhop. palaearct., p. 305, 308 t. LV f. 11 (♂), 12 (♀) | 1912 *P. a.*, A. Peter in: Ent. Z., *v.* 26 p. 85 (= forma *isabellina*) | 1912 *P. a. suevicus* aberr. *Lamperti*, Bryk in: Jahrb. Ver. Nassau, *v.* 65 p. 33 | 1913 *P. a. s.*, Aichele in: Soc. ent., *v.* 28 p. 29—31; p. 30 f. 1 (♀), 2—4 (♀ ex larva), p. 31 f. 5 (Zucht) | 1913 *P. a. s.*, C. Oberthür, Étud. Lép., *v.* 8 p. 62, 63, 85 t. 214 f. 1930 (♂ *suevicus-albinos*) | 1914 *P. a. s.* + *albina*, Bryk in: Soc. ent., *v.* 29 p. 32 | 1914 *P. a. s.*, Mühling in: Ent. Z., *v.* 27 p. 305 (assym.) | 1915 *P. a.* var. *s.* + aberr. *Lamperti* + aberr. *sublacrimans*, Bryk in: Arch. Naturg., *v.* 80 A 9 p. 141, A 7 t. 9 f. 73 (♂, aberr. *Lamperti*), t. 10 f. 78 (non 77) (♂, aberr. *sublacrimans*) | 1915 *P. a.* „*melliculus*-Rasse", Waltz in: Mt. Münch. ent. Ges., *v.* 6 p. 58 | 1917 *P. a.* var. *suevicus*, Bryk in: Arch. Naturg., *v.* 82 A 6 p. 71 (nervatura) | [1918] *P. a.* var. *s.* + aberr. *Lamperti* + aberr. *sublacrimans*, Bryk, Parnassius Apollo Formenkreis, p. 137 t. 9 f. 73 (♂, aberr. *Lamperti*), t. 10 f. 78 (non 77) (♂, aberr. *sublacrimans*) | 1918 *P. a. suevicus*, W. Rothschild in: Nov. zool., *v.* 25 p. 245 | 1921 *P. a. s.*, Fruhstorfer in: Ent. Anz., *v.* 1 p. 112, 129—130 | 1922 [1921] *P. a.* var. *s.* aberr. *sublacrimans*, Bryk in: Arch. Naturg., *v.* 87 A 10 p. 233 | 1922 [1923] *P. a.* var. *s.*, Bryk in: Strand, Lep. Cat., *v.* 27 p. 140 | 1924 *P. a.* var. *s.* aberr. ven. met. *symplectus* + aberr. *rubricollis*, Fagnoul in: Mt. ent. Ver. Freiburg i. Br., *v.* 1 p. 11, 34 | 1929 *P. a.* var. *s.* aberr. *complexa* + trans. ad aberr. *zirpsi* + aberr. *symplectus*, Eisner in: Int. ent. Z., *v.* 23 p. 11 (fig. ♂) | 1929 *P. a.* „Rasse" *s.*, Bollow in: Seitz, Großschmett. Erde, *v.* 1 Suppl. 1 p. 51.

Eine kleine, dünn beschuppte, in beiden Geschlechtern helle, gelblich getönte Subspecies mit gestrecktem Vorderflügel und sanft gerundetem Seitenrand. Vorderrand und Wurzelfeld deutlich schwarz gekörnt. Glasband schmal. Submarginalbinde nicht breit. Subcostalflecke verbunden, dem vorn reduzierten Endzellfleck etwas genähert. Mittelzellfleck oblong, oft viereckig, nicht immer die hintere Discoidalrippe ganz erreichend. Hinterrandfleck deutlich und mittelgroß. Augenflecke klein bis mittelgroß (beim Weibchen bisweilen groß), ziegelrot, rundlich, gut schwarz umrandet, ohne oder mit kleinen, weißen Kernen. Submarginalbinde des Hinterflügels schwach ausgeprägt und verschwommen. Hinterrandschwärze deutlich, hakenförmig, nicht um die Mittelzelle greifend, bei $M_3$, seltener bei $M_2$ leicht verschwindend. Männchen: Das verjüngte Glasband gewöhnlich $Cu_1$ etwas überschreitend, bisweilen von hellen, keilförmigen, internervalen Saumflecken belebt. Submarginalbinde diffus, bis $M_3$ deutlich, von da ab oft allmählich sich verlierend, zwischen $M_2$ und $M_3$ vorspringend. Subcostalflecke nicht immer verbunden, der 2. gedrungen, sein Zipfel, falls vorhanden, kurz. Augenflecke klein, oft ganz rot ausgefüllt. 2 Analflecke, der hintere oft kommaartig. Submarginalbinde selten fehlend, durch diffusen Schwarzstaub von der Mitte bis nach hinten ziehend. Hinterflügelsaum weißlich, sehr selten auf den Rippenenden schwärzlich glasig. Weibchen (Fig. 467) größer, mit Glasband und deutlicher Submarginalbinde bis zum Hinterrande. Schwarzfleckung stärker als beim Männchen, besonders ist das Subcostalbändchen sehr kräftig, bis zur $M_3$ reichend. Flügelmitte bisweilen schwarz überpudert. Augenflecke mittelgroß bis groß, rot ausgefüllt, seltener mit sehr schwacher Aufhellung. In der Regel drei schwarze Analflecke, die unterseits rot sind, zumindest die beiden hinteren.

Fig. 467.
**Parnassius apollo suevicus** A. Pagenst. (♀). (Original, aus coll. Zool. Mus. Berlin) (1/1).

Submarginalbinde verschwommen, selten deutlich. Verglasung des Saumes stark rückgebildet. Folgende formae treten auf: *symplecta, complexa, isabellina,* ♀ *herrichi,* ♀ *cardinalis, sublacrimans, rubricollis, decora, novarae.* Vorderflügellänge: ♂ 34—37, ♀ 35—38 mm.

Württemberg: Schwäbische Alb, Sigmaringen.

Typen: ♂ ♀ in coll. Zool. Staatssamml. München.

17163. **P. apollo thiemo** Fruhst. 1909 *P. a. suevicus* (part.), A. Pagenstecher in: Jahrb. Ver. Nassau, *v.* 62 p. 134 | 1909 *P. a.* subsp. *s.* („Form" *thiemo* i. l.), Fruhstorfer in: Ent. Z., *v.* 23 p. 151 (nota) | 1921 *P. a. thiemo* (nomen redivivum), Fruhstorfer in: Ent. Anz., *v.* 1 p. 112, 130 | 1922 [1923] *P. a.* forma *t.,* Bryk in: Strand, Lep. Cat., *v.* 27 p. 140 | 1929 *P. a.* „Rasse" *t.,* Bollow in: Seitz, Großschmett. Erde, *v.* 1 Suppl. 1 p. 51 | 1933 *P. a. t.* aberr. *novarae,* Anonym in: Ent. Z., *v.* 47 p. 183, 191, 192 f. 1 (♂).

Der ssp. *suevicus* A. Pagenst. ähnlich, aber etwas größer, dichter beschuppt und dadurch heller. Zeichnung markanter. Augenflecke etwas größer (Fig. 468),

Fig. 468.
**Parnassius apollo thiemo** Fruhst. (♂). (Original, aus coll. Zool. Mus. Berlin) (1/1).

der mediane 5eckig, vor $M_3$ spitz verlaufend. Männchen: Submarginalbinde deutlicher. Subcostalflecke selten verbunden und nicht so nahe dem Endzellfleck genähert. Der mediane Augenfleck meist mit einem sehr kleinen, weißen Fleck. Oberseits 2 Analflecke, unterseits stets 3, die oft alle rot gekernt sind. Saum nie glasig beschattet. Submarginalbinde selten durch schwache Bestäubung in ihrer hinteren Hälfte angedeutet. Weibchen

Fig. 468a.
**Parnassius apollo thiemo** Fruhst. (♀). (Original, aus coll. Zool. Mus. Berlin) (1/1).

mit kräftiger Zeichnung, größeren Makeln als das Männchen, stark an das von ssp. *suevicus* A. Pagenst. erinnernd. Glassaum der Hinterflügel oft mit internervalen Segmenten der Grundfarbe bogig unterbrochen und breiter als bei ssp. *suevicus* A. Pagenst. Forma *novarae* tritt auf. Vorderflügellänge: ♂ 34—35 mm, ♀ 37—40 mm.

Württemberg: Neu-Ulm, Herrlingen, Lautertal, Blaubeuren.

Typen: ♂ ♀ in coll. H. Fruhstorfer, Nizza.

17164. **P. apollo phonolithi** Bryk 1909 *P. a.* (part.), Frings in: Ent. Z., *v.* 22 p. 217, 218 | 1913 *P. a.* aberr. *aichelei*, Bryk in: Soc. ent., *v.* 28 p. 65 | 1914 & 15 *P. a.* var. *phonolithi* + aberr. *aichelei*, Bryk in: Arch. Naturg., *v.* 80 A 6 p. 164, A 7 t. 10 f. 77 (non 78!) (♀), A 8 t. 19 f. 118 (♀, aberr. *aichelei*), A 10 p. 166 t. 35 f. 151 (♂, forma *p.*) | 1917 *P. a.* var. *p.*, Bryk, ibid., *v.* 82 A 5 p. 71 (nervat. atroph.) | [1918] *P. a.* var. *p.* + aberr. *aichelei*, Bryk, Parnassius Apollo Formenkreis, p. 99 (aberr. *aichelei*), p. 137, 180, t. 10 f. 77 (non 78!) (♀), t. 19 f. 118 (♀, aberr. *aichelei*), t. 35 f. 151 (♂, forma *p.*) | 1921 *P. a. phonalithus* (part.), Fruhstorfer in: Ent. Anz., *v.* 1 p. 130 | 1922 [1921] *P. a.* var. *phonolithi*, Bryk in: Arch. Naturg., *v.* 87 A 10 p. 233 | 1922 [1923] *P. a.* forma *p.*, Bryk in: Strand, Lep. Cat., *v.* 27 p. 131 | 1929 *P. a.* Rasse *p.*, Bollow in: Seitz, Großschmett. Erde, *v.* 1 Suppl. 1 p. 51 | 1931 *P. a. p.* + forma *ruhmannianus*, Bryk in: Zool. Jahrb., Syst. *v.* 62 p. 166 f. 24 (♂), p. 167.

Eine mittelgroße, zum *nivatus*-Kreise gehörende, zwischen ssp. *marcianus* A. Pagenst. und ssp. *thiemo* Fruhst. stehende, dicht weiß beschuppte Unterart mit gestreckter Vorderflügelform und sanft gebogenem Vorderrand (Fig. 469). Vorderrand und Wurzelfeld des Vorderflügels schwärzlich gekörnt. Glasband schmal. Submarginalbinde deutlich und schmal. Schwarzfleckung in der Regel kräftig. Endzellfleck vorn vor $R_{(4+5)}$ ausgezähnt und bisweilen wurzelwärts verschoben. Mittelzellfleck länglich. Augenflecke mittelgroß, hell- bis dunkelrot, mit deutlichen, mittelgroßen, weißen Kernen, die dünn schwarz umzogen sind. Hinterrandschwärze des Hinterflügels mäßig, bei $M_3$ verschwindend. Verglasung des Hinterflügelsaumes kommt nicht vor. Männchen: Glasband bei $M_2$ etwas nach innen ausgebuchtet, bis $Cu^1$ oder $Cu_2$ reichend, sich verjüngend. Submarginalbinde von $M_2$ an vorspringend, hinten ganz verschwindend. Subcostalflecke meist kräftig und verbunden, der 2. meist schräg saumwärts verschoben, sein Zipfel — falls vorhanden — strichförmig. Hinterrandfleck meist kräftig. Augenflecke hellrot, mit mittelgroßen, weißen Kernen. Oberseits 2 schwarze Analflecke, der hintere kommaförmig, unterseits in der Regel 3, meist alle rot, der mittlere mit einem weißen Kern.

Fig. 469.
**Parnassius apollc phonolithi** Bryk (♂). (Paratypus, aus coll. Zool. Mus. Berlin) (1/1).

Fig. 469a.
**Parnassius apollo phonolithi** Bryk (♀). (Original, aus coll. Zool. Mus. Berlin) (1/1).

Weibchen mit größeren Schwarzmakeln, oft stark an das von ssp. *marcianus* A. Pagenst. erinnernd. Mit längerem Glasband, das bis zum Hinterrandwinkel reicht. Submarginalbinde bescheiden. Augenflecke bisweilen fast ohne Weiß. 3 Analflecke. Submarginalbinde falls vorhanden, sehr schmal graphitgrau. Hinterrandschwärze stärker betont als beim Männchen. Folgende formae treten auf: *aichelei, decora, unipupillata, cardinalis, leucophora;* auch neigt diese Unterart zur Atrophie von $R_4$ des Hinterflügels. Vorderflügellänge: ♂ 36—39,5 mm, ♀ 36—42,5 mm.

Hohentwiel.

Typen: ♂ ♀ in coll. C. Eisner, Berlin-Dahlem.

17165. **P. apollo marcianus** A. Pagenst. 1800 *P. a.*, Anonym [= Friedrich Roth], Verz. Schmett. Donau Neckars, p. 11 | 1851 *P. a.*, C. Siebold (Reutti MS.) in: Z. wiss. Zool., *v.* 3 p. 59—61 | 1851 *P. a.*, C. Siebold (Reutti MS.) in: Ent. Zeit. Stettin, *v.* 12 p. 183 | 1898 *P. a.*, Reutti, Lep. Baden, ed. 2 p. 11 | 1907 *P. a. melliculus* (part.), H. Stichel in: Gen. Ins., *v.* 58 p. 26 | 1909 *P. a. marcianus*, A. Pagenstecher in: Ent. Z., *v.* 22 p. 186 | 1909 *P. a.*, Frings, ibid., *v.* 22 p. 218 | 1909 *P. a. marcianus*, A. Pagenstecher in: Jahrb. Ver. Nassau, *v.* 62 p. 132—134 | 1911 & 10 *P. a.* „race" *m.*, Verity, Rhop. palaearct., p. 306, 309 t. LVI f. 1 (♂) | 1911 *P. a.* aberr. *niphetodis*, H. Stichel in: Berlin. ent. Z., *v.* 56 p. (41) | 1913 *P. a. emarginata* + *marcianus*, Sheljuzhko in: D. ent. Z. Iris, *v.* 27 p. 16; p. 17 f. 1 (♂), 2 (♀) | 1913 *P.* var. *marcianus* aberr. *emarginata*, Bryk in: Soc. ent., *v.* 28 p. 65 (nota 1) | 1913 *P. apollo m.*, C. Oberthür, Étud. Lép., *v.* 8 p. 63, 67, 84, 85 t. 207 f. 1906, 1907 (♂) 1908, 1909 (♀), t. 208 f. 1910 (♂), 1911, 1912 (♀), t. 209 f. 1913 | 1914 *P. a. m.*, Bryk in: Soc. ent., *v.* 29 p. 31 | 1915 *P. a.* var. nova aberr. *kailasiophanus*, Bryk in: Arch. Naturg., *v.* 80 A 8 t. 19 f. 117 (♀) | 1915 *P. a. melliculus*-Rasse (part.), Waltz in: Mt. Münch. ent. Ges., *v.* 6 p. 58 | 1918 *P. a. marcianus*, W. Rothschild in: Nov. zool., *v.* 25 p. 238 | [1918] *P. a.* var. + aberr. *kailasiophanus*, Bryk, Parnassius Apollo Formenkreis, t. 19 f. 117 (♀) | 1920 *P. a.* subsp. *marcianus*, Steimmig in: D. ent. Z. Iris, *v.* 34 p. 59; p. 61 (fig. hermaphr.) | 1921 *P. a.* var. *m.*, Bryk in: Ent. Tidskr., *v.* 42 p. 117 f. 13 (♀) | 1921 *P. a. m.*, Fruhstorfer in: Ent. Anz., *v.* 1 p. 129, 130 | 1922 [1923] *P. a.* var. *m.*, Bryk in: Strand, Lep. Cat., *v.* 27 p. 125 | 1924 *P. a.* var. *m.* + aberr. ven. pleth. *antecubitalis* + aberr. *rubrofasciata* + *quincunx* + *cardinal* + *ampliusmaculata* + *semidecora* + *dilatata* + *lacrimans* + *graphica* + *kailasiophanus* + *marschneri* + *niphetodis* (part.) + *pseudofemina* + *minuscula* + *basireducta*, Fagnoul in: Mt. ent. Ver. Freiburg i. Br., *v.* 1 p. 9 f. 2 (♀), p. 11, 28, 29, 34, 35, 37, 39, 108 | 1929 *P. a.* „Rasse" *marcianus*, Bollow in: Seitz, Großschmett. Erde, *v.* 1 Suppl. 1 p. 51.

Fig. 470.
**Parnassius apollo marcianus** A. Pagenst. (♂). (Original, aus coll. Zool. Mus. Berlin) (1/1).

Eine eng an ssp. *phonolithi* Bryk sich anschließende, dicht weiß beschuppte Subspecies mit gestrecktem Vorderflügel und sanft gerundetem Seitenrande. Wurzelfeld und Vorderrand schwarz gekörnt. Submarginalbinde deutlich geschwungen. Augenflecke rundlich, mittelgroß, ziegelrot, gut schwarz umzogen, ohne oder mit kleinen, weißen Kernen. Hinterrandschwärze sehr kräftig, bis zur $M_2$ ziehend. Unterseits sind wenigstens die beiden hintersten Analflecke rot gekernt. M ä n n c h e n (Fig. 470) mit schmalem, nach hinten sich stark verjüngendem, bis $Cu_2$ reichendem Glasbande. Submarginalbinde ebenso lang und auch hinten deutlich. Subcostalflecke miteinander verbunden, sein hinterer Zipfel nicht immer vorhanden. Oberseits 2 schwarze Analflecke, von denen der hintere strichförmig verläuft; unterseits ein 3. stets vorhanden. Submarginalbinde des Hinterflügels schmal, sehr zart, nicht immer vorhanden. Saum nicht beschattet. Weibchen gelblich, mit mehr oder weniger breitem Glasband, das sich verjüngend bis zur Rundung des Hinterrandes zieht. Zwischen der ebenso langen Submarginalbinde und dem Glasbande schiebt sich eine in der Mitte sich verbreiternde Grundfarbenbinde ein. Schwarzmakeln des Vorderflügels oft sehr groß. Im Hinterflügel fällt oft der deutliche Glassaum auf, der nicht immer ganz durchsichtig ist. Submarginalbinde verschwommen. Augenflecke mittelgroß, oft ganz rot ausgefüllt. 2 Analflecke, der hintere oft schmal, strichförmig. Folgende formae treten auf: *niphetodis, aichelei, kailasiophanus*, ven. pleth. *antecubitalis, quincunx, ampliusmaculata, graphica, rubrofasciata, pseudofemina, semidecora, lacrimans, basireducta.* Vorderflügellänge: ♂ 28—39,5 mm, ♀ 28—43 mm.

Schwarzwald: Hornberg, Schiltachtal, Waldkirch, Höllental b. Freiburg, Löffingen, Belchen, Todtnau, Badenweiler, Tiefenstein, Schlüchtal, Hohenzollern, Hettingen, Laineggertal.

Typen: ♂ ♀ in coll. Zool. Staatssamml. München.

17166. **P. apollo vinningensis** H. Stich. 1881 *P. a.*, Leydig in: Verh. Ver. Rheinl.-Westfal., *v.* 38 p. 130 | 1897 *P. a.* aberr. *wescampi*, Anonym in: Cöln. Zeit., Okt. | 1899 *P. a. vinningensis*, H. Stichel in: Ins.-Börse, *v.* 16 p. 303 | 1900 *P. a.* var. *eiffelensis*, Austaut in: Naturaliste, *v.* 22 p. 142 | 1901 *P. a. vinningensis*, H. Stichel in: Ins.-Börse, *v.* 18 p. 51 | 1902 *P. a.*, Leydig, Horae zool., p. 124 | 1905 *P. a. vinningensis*, Kheil in: Ent. Z., *v.* 18 p. 143 | 1906 *P. a. v.*, H. Stichel in: Seitz, Großschmett. Erde, *v.* 1 p. 24 t. 12a (♂, ♀) | 1907 *P. a. v.*, H. Stichel in: Gen. Ins., *v.* 58 p. 26 | 1907 *P. a. v.*, Scherer in: Int. ent. Z., *v.* 1 p. 288, 296 | 1908 *P. a. v.*, H. Stichel, ibid., *v.* 2 p. 232 | 1908 *P. a.*, Kilian in: Ent. Z., *v.* 22 p. 129 (Schutz) | 1909 *P. a. vinningensis*, A. Pagenstecher, ibid., *v.* 22 p. 188 | 1909 *P. a. v.*, A. Pagenstecher in: Jahrb. Ver. Nassau, *v.* 62 p. 121 | 1909 *P. a. v.*, Frings in: Ent. Z., *v.* 22 p. 217 | 1909 *P. a.* var. *v.*, Rebel, Berges Schmettb., ed. 9 p. 7 | 1910 *P. a. v.*, Kitt in: Int. ent. Z., *v.* 4 p. 158 | 1911 & 10 *P. a.* „race" *v.*, Verity, Rhop. palaearct., p. 309 t. LV f. 13 (♂), 14 (♀) | 1911 *P. a.* var. *v.*, Bryk in: Int. ent. Z., *v.* 5 p. 168 | 1913 *P. a. v.*, Closs, ibid., *v.* 7 p. 158 | 1913 *P. a.* „forme" *winningensis*, C. Oberthür, Étud. Lép., *v.* 8 p. 60, 85 t. 209 f. 1914, 1915 (♂, *vinningensis*), t. 210 f. 1916 (♂ an patria falsa?) 1917, 1918 (♀, *vinningensis*) | 1914 *P. a.* var. *vinningensis*, Bryk in: Soc. ent., *v.* 29 p. 32 | 1915 *P. a.* var. *winningensis*, Bryk in: Arch. Naturg., *v.* 80 A 8 p. 152 | 1918 *P. a. vinningensis*, W. Rothschild in: Nov. zool., *v.* 25 p. 238 | [1918] *P. a.* var. *vinningensis* + *winningensis*, Bryk, Parnassius Apollo Formenkreis, p. 139bis, 174, 180 | 1921 *P. a. v.* + *eiffelensis*, Fruhstorfer in: Ent. Anz., *v.* 1 p. 142 | 1922 [1923] *P. a.* var. *v.*, Bryk in: Strand, Lep. Cat., *v.* 27 p. 143 | 1930 *P. a. v.* + aberr. *fasciata* + aberr. *decora* + aberr. *pseudonomion* + aberr. *graphica* + aberr. *albo pupillatissima*, von der Goltz in: Int. ent. Z., *v.* 24 p. 349, 353, 357, 360.

Eine sehr dicht weiß beschuppte, zum Kreise von ssp. *nivatus* Fruhst. gehörende Unterart mit gestrecktem Vorderflügel und gerade verlaufendem Seitenrand (Fig. 471). Glasbinde schmal. Submarginalbinde sehr deutlich. Subcostalflecke verbunden, meist zu einem Bändchen entwickelt. Endzellfleck vorn etwas eingeschnürt. Mittelzellfleck länglich. Vorderrand des Vorderflügels deutlich schwarz gekörnt. Hinterrandfleck kräftig. Augenflecke groß, deutlich und sauber schwarz umrandet, meist mit deutlicher Weißkernung, die bisweilen auf Kosten des Rot sich ausbreitet; der subcostale rundlich, auf einer Seite abgeplattet, der mediane länglich, mehr oder weniger stark nierenförmig durch $M_2$ eingeschnürt. Schwärze des Wurzelfeldes und des Hinterrandes mittelstark und variabel, beim Weibchen stärker ausgebreitet als beim Männchen. 2 oberseits schwarze Analflecke, die unterseits in der Regel rot gekernt sind und von denen wenigtens der vordere einen weißen Kern trägt. Männchen: Glasband sich gegen den Hinterrand, der selten erreicht wird, allmählich stark verjüngend. Submarginalbinde schwarz, schmal, bis zur $Cu_2$ reichend. Das Subcostalbändchen erreicht mit seinem Zipfel $M_3$ nicht. Hinterrandfleck $Cu_2$ selten ganz erreichend. Augenfleck mittelgroß oder groß. Die beiden

Fig. 471.
**Parnassius apollo vinningensis** H. Stich. (♂). (Typus) (1/1).

Fig. 471 a.
**Parnassius apollo vinningensis** H. Stich. (♀). (Typus) (1/1).

Analflecke, falls reduziert, nicht zusammenhängend. Hinterrandschwärze gewöhnlich schwach entwickelt, auf den Saum beschränkt oder allmählich bei $Cu_1$ verlöschend und dann isoliert noch ganz schwach das Mittelzellende zwischen $M_3$ und $R_5$ (+ $M_1$) beschattend. Submarginalbinde und Rippenendenbeschattung des Hinterflügels bleiben aus. Weibchen stärker gezeichnet. Außer dem Vorderrand des Vorderflügels ist sein Wurzelfeld besonders in der Mittelzelle deutlich schwarz gekörnt. Glasbinde etwas breiter, sich in einem Bogen bis zum Hinterrand verjüngend. Submarginale prägnant, den Hinterrand nicht erreichend, entweder bei $Cu_2$ endigend oder noch mit einem halben Bogenelemente diese überschreitend. Subcostalbändchen kräftig, breit, bis $M_3$ reichend, mit dem rundlichen oder viereckigen Hinterrandfleck mehr oder weniger stark durch eine zu einem Striche angereihte

Beschuppung verbunden, die schließlich zur Ausbildung der forma *herrichi* führt. Hinterflügel: Augenflecke größer, ihre Weißkernung bisweilen verschwommen. 2 kräftige Analflecke, die unterseits nicht nur rot, sondern oft noch weiß zentriert sind. Hinterrandschwärze hakenförmig um die Mittelzelle greifend. Verglasung des Saumes schmal, mehr oder weniger deutlich. Submarginalbinde sehr schwach, meistens ganz undeutlich, graphitfarbig und verschwommen. Folgende formae treten auf: ♀ *herrichi*, *expupillata*, *graphica*, *ampliusmaculata*, *brunneomaculata*, *decora*, *semidecora*. Vorderflügellänge: ♂ 32—38,5 mm, ♀ 34—40 mm.

Moseltal: Winningen, Kochem; Monreal; Eifel: Kaisersesch.

Typen: ♂ ♀ in coll. Zool. Mus. Berlin.

17167. **P. apollo linnéi** Bryk 1745, *Papilio hexapus* etc., Linné, Öländska Resa, p. 230 | 1764 *P. apollo*, Linné (übers. Schreber), Reise Oeland Gothl., p. 248 | 1890 *P. hexapus* etc., Linné, Öländska Resa (ed. secunda), p. 60 | 1899 *Parnassius apollo apollo* (part.), H. Stichel in: Ins.-Börse, *v.* 16 p. 256 | 1907 *P. a. a.* (part.), H. Stichel in: Gen. Ins., *v.* 58 p. 23 | 1909 *P. a. a.* (part.), A. Pagenstecher in: Jahrb. Ver. Nassau, *v.* 62 p. 118 | 1911 *P. a.* (part.), Bryk in: Int. ent. Z., *v.* 5 p. 142, 168 | 1912 *P. a.* „Waldapollo", Redaktion M. Rühl [= Bryk MS.] in: Soc. ent., *v.* 27 p. 78 | 1912 *P. a.*, Bryk, ibid., *v.* 27 p. 96 f. 3 (♀), 4 (♂) | 1912 *P. a.* + aberr. *jordani* + aberr. *seitzi*, Bryk in: Arch. Rass. Biol., *v.* 9 p. 681—693; p. 683 f. 1—3, 5 (nervatura) | 1912 *P. a.*, Bryk in: Ent. Mt., *v* 1 p. 382 | 1912 *P. a.*, A. Pagenstecher in: Ent. Z., *v.* 26 p. 93 | 1913 *P. a.*, Bryk in: Soc. ent., *v.* 28 p. 3 (zoogeograph.) | 1913 *P. a.* var. *linnei*, Bryk, ibid., *v.* 28 p. 34 | 1913 *P. a.*, Strand in: Arch. Naturg., *v* 79 A 10 p. 165 | 1913 *P. a. apollo*, Sheljuzhko in: D. ent. Z. Iris, *v.* 27 p. 112, 113 | 1914 *P. a.* subsp. *linnaei* + forma *nigricans* + aberr. *graphica* + aberr. *cardinalis* + aberr. *amplius maculata* + aberr. *semidecora* + aberr. *leukophorus* + aberr. *marschneri* + aberr. *theoides* + ♀ aberr. *inversa* + aberr. *quincunx*, Bryk in: Soc. ent., *v.* 29 p. 10 f. 1 (♀; var. *linnaei* forma *nigricans* + aberr. *graphica* + aberr. *amplius maculata* + aberr. *cardinalis*) f. 2 (♀), p. 15 f. 3 (♀, var. *l.* aberr. *theoides*), f. 4 (♀; var. *l.* aberr. *inversa*), f. 6 (♀), 7 (♂), 8 (♂), 9 (♂, forma monstrosa), f. 10 (♂, aberr. *quincunx*) | 1914 *P. a. l.*, Bryk in: D. ent. Z. Iris, *v.* 27 p. 149 | 1914 *P. a. l.*, Bryk in: Mt. Münch. ent. Ges., *v.* 5 p. 31 1914 *P. a.* var. *l.*, Bryk in: Arch. Naturg., *v.* 80 A 5 p. 150—151, 154, 156 t. 2 f. 6 (♀), 7 (♂) | 1915 *P. a.*, H. Stichel in: Z. Ins.-Biol., *v.* 11 p. 106 | 1917 *P. a.* var. *linnaei* + forma *jordani*, Bryk in: Arch. Naturg., *v.* 82 A 5 p. 40, 45, 71 | [1918] *P. a.* var. *l.* + aberr. ven. atroph. *jordani* + aberr. ven. atroph. *embriki*, Bryk, Parnassius Apollo Formenkreis, p. 46 f. 18 (♂ plethon. nervat.); p. 47 f. 20 (♀ aberr. *jordani*; nervatura), p. 135 t. 2 f. 6 (♀), 7 (♂) | 1918 *P. a. apollo* (part.), W. Rothschild in: Nov. zool., *v.* 25 p. 233 | 1919 *P. a.* var. *linnaei*, Bryk in: Svenska Linné-Sällsk. Årsskr., *v.* 2 p. 129, 130, 131 | 1920 *P. a. linnei*, P. Schulze in: D. ent. Z., p. 231 | 1921 *P. a. apollo*, H. Stichel in: Z. Ins. Biol., *v.* 16 p. 120 | 1922 [1923] *P. a.* var. *Linnaei*, Bryk in: Strand, Lep. Cat., *v.* 27 p. 123—124 | 1927 *P. a. l.*, O. Bang-Haas in: Horae Macrolep., *v.* 1 p. 12 | 1929 *P. a.* „Rasse" *linnei*, Bollow in: Seitz, Groß-schmett. Erde, *v.* 1 Suppl. 1 p. 48 t. 6a (♂, ♀) | 1931 *P. a.* subsp. *linnaei* + forma *jordani*, Bryk in: Zool. Jahrb., Syst. *v.* 62 p. 168, 170.

Eine mittelgroße, dicht weißbeschuppte, sich noch an ssp. *nivatus* Fruhst. anschließende Unterart mit gestrecktem Vorderflügel und schwach gerundetem Vorderrand. Vorderrand und Wurzelfeld des Vorderflügels schwärzlich gekörnt. Submarginalbinde und Subcostalbändchen erhalten. Hinterrandfleck kräftig, viereckig, oft vorn discalwärts spitz ausgezogen. Zellflecke markant. Augenflecke mittelgroß bis sehr groß, zinnoberrot, sauber schwarz umrandet, rundlich, meist mit deutlichen, weißen Kernen; der mediane oval. Wurzelfeldflecke oberseits deutlich, unterseits trägt von den 4 rotgekernten der 2. vorn oft einen weißen Spiegel. Hinterrandschwärze sexuell differenziert.

2 gut ausgebildete Analflecke, unterseits stets mit Prachtkernen (Fig. 472). Männchen: Glasband sehr schmal, in der Länge schwankend, meistens die Hinterrandrundung erreichend. Submarginalbinde graphitfarben, teilweise aufgelöst, nach hinten diffus, $Cu_2$ nie überschreitend. Der Zipfel des Subcostalbändchens erreicht $M_3$ nicht. Hinterflügel ohne Submarginalbinde. Subcostalaugenfleck bisweilen ohne Weiß. Hinterrandschwärze meist ganz rückgebildet oder nur leicht angedeutet. Rippenende nicht immer grau beschattet.

Fig. 472.
**Parnassius apollo linnéi** Bryk (♂). (Typus) (1/1).

Fig. 472a.
**Parnassius apollo linnéi** Bryk (♀). (Typus) (1/1).

Weibchen viel reicher gezeichnet. Glasband breiter, bis zum Hinterrand ziehend. Submarginalbinde verschwommen, aber deutlich, den Hinterrand nicht erreichend. Subcostalbändchen kräftig, bis $M_3$ reichend, mit dem prägnanten Hinterrandfleck durch mehr oder weniger auffällige Schwarzbestäubung verbunden. Hinter dem Hinterrandflecke an $Ax_1$ ein schwärzlicher, langer Wisch, der auch beim Männchen bisweilen zum Vorschein kommt. Wurzelfeld oft sehr stark schwarz gekörnt. Hinterflügel: Hinterrandschwärze stark ausgeprägt, um die Mittelzelle bis $R_5$ (+ $M_1$) greifend. Die beiden Analflecke sehr kräftig, der 3. vorderste nur sehr schwach punktartig angedeutet. Glassaum mehr oder weniger sichtbar und schmal. Submarginalbinde schwach diffus, durch Bestäubung grau markiert. Hinterleib schwach behaart. Folgende formae treten auf: ♀ *inversa, ampliusmaculata, quincunx, marschneri, cardinalis, graphica, semidecora, leucophora,* ♀ *theiodes,* ♀ *sphenagon,* ven. atroph. *jordani.* Vorderflügellänge: ♂ 35,5—41 mm, ♀ 35—42 mm.

Gotland: Torsburg (Typus), Skenalden, Roma, Slite, Wisby.

Typen: ♂ ♀ in coll. C. Eisner, Berlin-Dahlem.

**P. apollo** subsp.? 1841 *P. a.*, Boie in: Isis, p. 117 | 1891 *P. a.*, Strøm, Danmarks største Sommerfugle, p. 5 | 1908 *P. a.*, Klöcker in: Danmarks Fauna, Sommerfugle I p. 40, 41 t. 1 f. 41 (♂) | 1911 *P. a.*, Klöcker, ibid., Sommerfugle *v.* 5 p. 55 | 1915 *P. a.*, Warnecke in: Z. Ins.-Biol., *v.* 11 p. 62 | 1922 [1923] *P. a.* var. *Linnaei* (?), Bryk in: Strand, Lep. Cat., *v.* 27 p. 123 | 1927 *P. a.* subsp.?, O. Bang-Haas in: Horae Macrolep., *v.* 1 p. 14.

Da das bekannte Material sehr spärlich und der Fundort nicht verbürgt ist, muß von einer Benennung dieser fraglichen Subspecies Abstand genommen werden.

Dänemark.

Zool. Mus. Kopenhagen.

Die Art ist äußerst variabel in Größe, Zeichnung und Flügelschnitt, für welche außer klimatischen Verhältnissen (Untergrund, Höhenlage, Insolation) noch die Verschiedenheit der Larvensubstrate bestimmend sein dürfte. Im Norden ist der Hinterleib des Weibchens dichter behaart als im Süden. Höhentiere sind stärker verdunkelt als Tiere des Tales. Das Vorherrschen der weißen Grundfarbe wird als ein Wärmeprodukt aufgefaßt. ([1918], E. Fischer in: Bryk, Parnassius Apollo Formenkreis, p. 153). Bei thermobiologischen Experimenten ergaben der Kälte exponierte Apollopuppen verdunkelten Habitus (E. Fischer, l. c. p. 161). Helle Männchen nehmen dabei die weibliche Tracht an, wie umgekehrt bei Hitze-Exposition weiblicher Puppen helle, männlich aussehende Weibchen erzielt wurden.

Das frisch abgelegte Ei ist anfangs blaßrosa, wird dann gelblichweiß und trägt in der Mitte des Poles ein kleines Grübchen, das infolge Beschattung dunkelbraun erscheint. Später wird es hellgrüngelblich-weiß oder kalkweiß, der erwähnte Fleck verfärbt sich dabei schwarzbraun. Es hat die Gestalt eines abgeplatteten Kügelchens. Seine Oberfläche ist rauh wie die eines Hühnereies. Poldurchmesser 0,9 mm, größter Querschnitt: 1,7 mm. Das Ei riecht unangenehm, wie das Weibchen, das es gelegt hat. Die Eier werden in Felsenspalten oder an Grashalme und Moosstiele einzeln angekittet. Einige Zeit vor dem Verlassen der Eischale hat das vollständig entwickelte Räupchen an einer am unteren Teile des Schalengürtels gelegenen Stelle eine geräumige Öffnung ausgenagt. Das Schlüpfen der Raupe aus dem Ei nimmt in Gefangenschaft etwa 5 bis 10 Minuten in Anspruch.

Die frisch geschlüpfte Raupe ist 3 bis 4 mm lang. Sie ist dumpfschwarz und weist auf jenen Stellen, die in den späteren Stadien gelbe bzw. rote Makeln tragen, kaum sichtbare, stahlblaue Flecke auf. Nach der 1. Häutung, die nach etwa $2^1/_2$ bis $3^1/_2$ Wochen erfolgt, ist schon die Färbung der Larve differenziert. Die anfangs mattockergelb-weißlichen Flecke verfärben sich mit dem fortschreitenden Wachstum der Larve allmählich gelb. In diesem Stadium ähnelt die Larve ungemein der von *Parnassius mnemosyne* L. In den späteren Stadien bleibt sich der Habitus gleich. Die erwachsene Raupe wird 4 bis 5,5 cm lang. Sie ist dickwalzig, an beiden Enden gleichmäßig spindelförmig verjüngt, mit kurzhaarigen Wärzchen besetzt und samtschwarz mit tieforangeroten Flecken. Der kleine, kugelige, schwarze Kopf läßt sich in das 1. Segment zurückziehen. Zu beiden Seiten des 1. Segmentes sitzen 2 Prachtflecke, von denen der erste ovale kleiner als der benachbarte ist. Er wird von einem Büschel schwarzer Haare zentriert. Zwischen diesen ovalen Flecken befindet sich eine Spalte, aus der die Nackengabel (Osmaterium) ausgestülpt wird; sie ist wie das 1. Luftloch schmutzig gelb. Hinter der Nackengabel sind 2 stahlblaue Wärzchen bemerkbar. Die beiden folgenden Segmente tragen im Gegensatz zu allen übrigen Segmenten

3 Prachtflecke, von denen die beiden vordersten rund sind, während der 3. bedeutend größer und parallel zum Einschnitte länglich verzogen ist. Die folgenden Segmente mit Ausnahme des letzten sind in der Regel nur lateral je mit 2 Prachtflecken geziert, von denen der hintere stets größer und spindelförmig ist. Der 3. mittlere läßt sich nur hier und da rudimentär feststellen. Außer den oben erwähnten stahlblauen Wärzchen trägt jedes Segment noch 4 stahlblaue Wärzchen. Der Nachschieber trägt nur je einen Prachtfleck und einige stahlblaue Wärzchen über der Afterklappe ([1918], Bryk, Parnassius Apollo Formenkreis, p. 7—8 | 1913, Le Cerf in: Ann. Hist. nat. Perse, *v.* 2 Ent. nr. 2 p. 16 f. 23 | 1914, Ugrjumow in: Ent. Z., *v.* 28 p. 14—15) fand einmal eine erwachsene Larve, die ausnahmsweise ganz samtschwarz ohne Prachtflecke war.

Das ausstülpbare Osmaterium (1911, P. Schulze in: Zool. Jahrb., Anat. *v.* 32 p. 181—244 | 1926, M. Wegener in: Z. Morphol. Ökol., *v.* 5 p. 192) ist gelb, von der Gestalt einer römischen V. Bei nicht völligem Vorstrecken ist eine runde, faltige Vertiefung an seinen beiden Spitzen bemerkbar. Ein widerlicher Geruch läßt sich nicht wahrnehmen.

Die Räupchen schlüpfen teils im Herbst, teils an warmen Tagen an schneefreien sonnigen Stellen sogar mitten im Winter, teils im Frühling. Als Futterpflanze kommt bei einigen Unterarten ausschließlich Sedum telephium L., bei anderen Sedum album L. oder sogar beide in Betracht (1927, Bryk in: Soc. ent., *v.* 42 p. 26 (nota 2)). Die nordischen, karpathischen, russischen und sibirischen Unterarten haben sich für Sedum telephium L. spezialisiert.

Die Verpuppung findet von Mitte Mai bis Mitte Juni statt. Die Larve verspinnt sich auf dem Boden in ein Gespinst, das aus großmaschigem Gewebe besteht. Dabei soll, nach Beobachtungen von E. Fischer, sich die Puppe mit dem am Hinterleibsende hängengebliebenen, abgestreiften Hautrest an dem Gespinste festhalten, um beim Schlüpfen Halt zu gewinnen.

Die Puppe ist anfangs glänzend kopallackgelb. Mit der Zeit verfärbt sie sich violettbraun bis braunrötlich, bis sie sich schließlich mit dichtem mehlartigem Staube bereift. Sie ist gedrungen und unbeweglich und trägt am Hinterleibsende die abgestreifte Raupenhaut. Nach ihrer Entfernung findet man den stark ausgebildeten Mimocremaster. Die Dauer der Puppenruhe schwankt von 2 und 5 Wochen. Der Falter schlüpft vormittags, die Puppenhülle ganz zerreißend. Er ist anfangs gelblich, nimmt dann seinen weißlichen Flügelton an. Die Flugzeit variiert je nach der geographischen Verbreitung von Mitte Mai bis Ende August. Im Süden schlüpft er zeitiger als im Norden. Es wurden auch im Oktober vereinzelt Spätlinge beobachtet. Der Falter ist bei trübem Wetter träge, fliegt aber bei Gefahr ausgezeichnet. Segelt ab und zu. Er ist nicht immer Gebirgsfalter, sondern hält sich in der Nähe seiner Futterpflanze auf, die auf felsigem Gelände vorkommt. Auf Gotland ist er ein Waldfalter. Er bevorzugt Compositen (Disteln, Scabiosen) und ist nur lokal beschränkt. Er striduliert, indem er die Hinterbeine an die Rippen reibt.

## 3. Gen. **Lingamius** Bryk

1902 *Parnassius* (part.), F. Moore, Lep. Ind., *v.* 5 p. 104 | 1906 & 07 *P.* (part.), Verity, Rhop. palaearct., p. 40. 102 | 1906 *P.* sectio 1 *Apotacti* (part.), H. Stichel in: Berlin. ent. Z., *v.* 51 p. 82 | 1906 *P.* (part.), H. Stichel in: Seitz, Großschmett. Erde, *v.* 1 p. 19 | 1907 *P.* (part.) sectio 1 *Apotacti* cohors IV *Hardwickiiformes* (part.), H. Stichel in: Gen. Ins., *v.* 58 p. 36 | 1909 *P.* (part.), Fruhstorfer in: Seitz, Großschmett. Erde, *v.* 9 p. 111 | 1913 *P.* (part.) + aberr. *Bosniackii* (part.), Bryk in: Arch. Naturg., *v.* 79 A 2 p. 119 (nota 1) | 1922 [1923] *P.* (part.), Bryk in: Strand, Lep. Cat., *v.* 27 p. 68, 159 (an *Tadumiae* species?) | 1932 *Tadumia* (part.), M. Hering in: Mt. D. ent. Ges., *v.* 3 p. 33 | 1932 *Parnassius* (subgen. *Tadumia*) (part.), M. Hering in: Mt. Mus. Berlin, *v.* 18 p. 295 | 1932 *Lingamius hardwickei*, Bryk in: Parnassiana, *v.* 2 p. 1 | 1934 *L.*, Hemming in: Stylops, *v.* 3 p. 144 | 1934 *L.*, Bryk in: Parnassiana, *v.* 3 p. 43.

Kopf klein. Die nackten Augen groß, eiförmig gewölbt. Stirn buschig behaart. Die Palpen (Fig. 473) zart, kurz flach, den Kopf nicht überragend. Palpenendglied länger als das Mittelglied, schlank. Die Innenseite der Palpen schwach beschuppt und behaart. Antennen kurz, von $^1/_3$ Länge des Vorderrandes, sich am Ende allmählich zu einer Keule verdickend, in einen feinen, sehr kurzen Zapfenknopf an der Spitze auslaufend. Der Schaft dorsal nicht immer hell beschuppt, sondern oft schwarz. Thorax kräftig gebaut, mit einem schwachen Halskragenpelz, beim Männchen schwach behaart, beim Weibchen beschuppt und mit schütter stehenden Haaren besetzt. Beine in beiden Geschlechtern völlig entwickelt. Das flache Schienenblättchen (Fig. 474) lang, bis zum Ende der Tibia reichend und dort zugespitzt. Der 5gliedrige Tarsus mit sexuell dimorphen Klauen. Parcnychien und ein eigentlicher Pulvillus fehlen. Außen- und Innenklaue des Weibchens annähernd gleich gebaut; die Innenklaue ein wenig schwächer. Die Außenklaue des Männchens ist hingegen bedeutend kräftiger als die Innenklaue, diese dafür stark sichelförmig gekrümmt. Das lange Femur ziemlich dicht behaart, Tibia und Tarsen beschuppt. Abdomen des Männchens stets behaart, ventral buschig, das des Weibchens am Ende fast spindelförmig verjüngt, schütter beschuppt, dorsal mit einzelnen Haaren bekleidet. Vorderflügel fast dreieckig, etwas gestreckt. Sein Vorderrand gerade verlaufend, dem Apex zu etwas gebogen. Seitenrand mehr oder weniger gerundet, besonders am Hinterrande schön gebogen. Hinterflügel fast eirund, nach der Flügelwurzel sich etwas verjüngend mit einem schwach concav ausgebuchteten Hinterrand. Das Geäder ähnelt dem von *Parnassius* F. Subcostalrippe frei aus der Wurzel, weit vom Flügelapex entspringend, etwa vor $^1/_3$ der Vorderflügellänge in den Vorderrand mündend. Radialrippen 4ästig. $R_1$ fast parallel zur Subcostalrippe, hinter ihr in den Vorderrand mündend. $R_2$ fehlt. $R_3$ geschwungen in den Apex mündend. $R_4$ und $R_5$ gegabelt, aus einem gemeinsamen Stiele aus der vorderen Mittelzellecke entspringend; $R_4$ gebogen. Beide in den Seitenrand mündend. $M_1$ in ihrer Stellung zum Radialgabelstiele labil. Sie kann an seiner Wurzel mit ihm verwachsen oder sich mehr oder weniger von ihm nach hinten verschieben, so daß sie aus der Mittelzellquerrippe direkt entspringt wie bei *Tadumia* F. Moore, *Koramius* F. Moore oder *Kailasius* F. Moore (vgl. forma metath. *bośniackii*). Sie mündet im 1. Drittel des Vorderrandes. $M_2$ entspringt frei vor der hinteren Mittelzellecke aus der Querrippe, parallel zur $M_1$ und mündet in den Seitenrand hinter ihr. $M_3$ verläuft frei aus der hinteren Mittelzellecke und fast gerade. Im gleichen Abstande voneinander entspringen die wurzelwärts sanft gebogenen $Cu_1$ und $Cu_2$ frei aus dem hinteren Discusrippenarme. Die Analrippe ist als frei verlaufende, geschwungene Falte, die in den Hinterrandwinkel mündet, erkennbar. $Ax_1$ entspringt frei aus der Wurzel, fast parallel zum Hinterrande, und mündet in den Hinterrand unmittelbar vor seiner abgerundeten Ecke. Die hintere, sehr kurze $Ax_2$ entspringt zusammen mit der vorderen frei aus der Flügelwurzel und mündet nahe der Wurzel im ersten Viertel der Hinterrandlänge. Die Mittelzelle ist schmal, länglich ausgezogen und durch eine etwas bogig gewinkelte Querrippe geschlossen. Hinterflügel: Die Subcostalrippe ist stark reduziert und mit $R_1$ nahe der Basis des Flügels zu einer Rippe verwachsen. Ihr Praecostalsporn entspringt aus ihrem Scheitel; er ist einfach, der Vorderflügelwurzel zu gewandt, stumpf gekerbt, ohne jede Biegung und erreicht den Vorderrand nicht. Die Humeralzelle ist derart

Fig. 473. Palpus von Lingamius hardwickei (J. E. Gray). (Original).

Fig. 474. Vorderschiene mit Schienenblatt von Lingamius hardwickei (J. E. Gray). (Nach M. Hering 1932) ($^{17}/_1$).

rückgebildet, daß sie kaum bemerkbar ist. $R_1$ mit der Subcostalrippe an der Basis zu einer Rippe verwachsen, diese verläuft sanft geschwungen ganz nahe dem Vorderrande in die gerundete Vorderrandecke. $R_2$ fehlt. $R_4$ mit $R_3$ zu einer Rippe verwachsen, diese entspringt aus dem vorderen Arme der Discoidalrippe und mündet in sanft nach hinten geschwungener Linie fast parallel zur $R_1$ (+ Sc) unterhalb der gerundeten Vorderrandecke in den Seitenrand. $R_5$ ist mit der anastomisierten $M_1$ zu einer Rippe verschmolzen, sie verläuft parallel frei aus dem vorderen Winkel der Mittelzellquerrippe vor dem 1. Drittel der Flügellänge in den Seitenrand. $M_2$ entspringt frei aus dem gewinkelten Scheitel der Mittelzellquerrippe fast parallel zur vor ihr gelegenen Rippe. $M_3$, in der Mitte des Hinterflügels, verläuft frei aus der Mittelzelle, hinten in den Seitenrand mündend. $Cu_1$ und $Cu_2$ sind die letzten Rippen, die — jede frei — aus der Mittelzelle parallel verlaufend im hinteren Teile des Seitenrandes münden. Die Falte der rückgebildeten Analrippe ist ganz undeutlich. $Ax_1$ entspringt frei aus der Hinterflügelwurzel hinter dem Discus, in das hinterste Viertel des Hinterrandes mündend. Der Discus ist geschlossen, länglich ausgezogen, sechsmal gewinkelt.

Mittelgroße Falter mit weißlich gelber oder stark schwärzlich verglaster Grundfarbe, schwarzer Zeichnung, mehr oder weniger starker Verglasung des Seitenrandes, besonders des Vorderflügels, mit roten Prachtflecken auf Vorder- und Hinterflügel und 5 blauen Randaugen auf dem Hinterflügel sowie 4 mit Prachtfarbe bereicherten Wurzelflecken

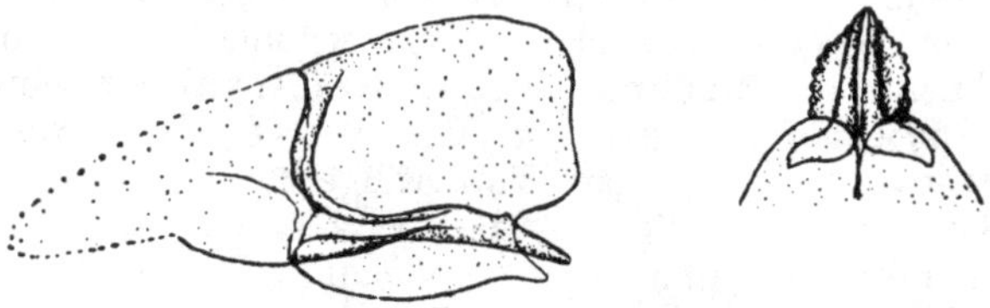

Fig. 475.
Valve (links) und Uncus (rechts) von **Lingamius hardwickei** (J. E. Gray). (Nach M. Hering 1932) ($^{15}/_{1}$).

der Unterseite. Die Genitalarmatur trägt beim Männchen einen Uncus mit 2 Vorsprüngen (Fig. 475). Subunci fehlen. Valven sehr groß, gerundet, schalenförmig, mit stark chitinisiertem Fortsatz an der Innenseite. Aedoeagus (Fig. 476) kurz oder länger, sehr stark keulenartig verbreitert, mit mäßig großem Orificium. VIII. Tergit des Männchens (Fig. 477) breit und flach ausgerandet, mit breiten und stumpfen Mediallappen. Das begattete Weibchen sphragophor. Die Sphragis ist wachsgelblich oder weißlich, im Profil etwas dreieckig, seitlich abgeplattet, ventral mehr oder weniger stark abgerundet, mit einer mehr oder weniger deutlichen Längsfurche. Sie umklammert nur halb das letzte und etwas das vorletzte Segment, ist also nicht ringförmig. Hinten schmiegt sie sich an den Ovipositor an.

Fig. 476.
Aedoeagus von **Lingamius hardwickei** (J. E. Gray). (Nach M. Hering 1932) ($^{13}/_{1}$).

Verbreitung paläarktisch, in Indien an der Grenze des paläarktischen Faunengebietes im Himalaya.

Generotypus: *Parnassius hardwickei* J. E. Gray.

1 Art.

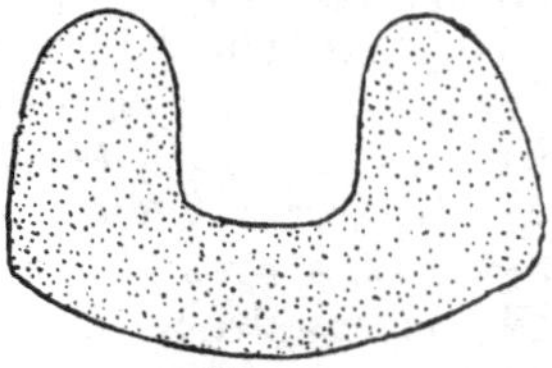

Fig. 477.
VIII. Tergit von **Lingamius hardwickei** (J. E. Gray) (♂). (Nach M. Hering 1932) ($^{9}/_{1}$).

1. L. **hardwickei** (J. E. Gray) 1831 *Parnassius hardwickii*, J. E. Gray, Zool. Misc., *v.* 1 p. 32 | 1836 *P. h.*, Boisduval, Spec. gén. Lép., *v.* 1 p. 400 | 1844 *P. jacquemontii*, Kollar (nec Boisduval, 1836) in: Hügel, Kaschmir, *v.* 4 p. 407 t. 2 f. 3, 4 | 1846 *P. hardwickii*, G. R. Gray, Lep. Nepal, p. 7 t. 4 f. 1, 1 a (♂) | 1847 *P. h.*, E. Doubleday, List Lep. Brit. Mus., *v.* 2 p. 21, 18 | 1851 *P. jacquemontii*, C. Siebold in: Z. wiss. Zool., *v.* 3 p. 56, 57 (nota, sphragis) | 1851 *P. j.*, C. Siebold in: Ent. Zeit. Stettin, *v.* 12 p. 180 (nota 2, sphragis) | 1852 *P. hardwickii*, G. R. Gray, Cat. lep. Ins. Brit. Mus., *v.* 1 p. 76 t. 12 f. 8, 11 (♀), 10 (♂) | 1857 *P. hardwicki*, Horsfield & F. Moore, Cat. Lep. Mus. East-Ind. Comp., *v.* 1 p. 84 | 1877 *P. hardwickii*, J. G. Wood, Ins. Abroad, p. 583 f. 326 (♀) | 1879 *P. h.*, C. Oberthür, Étud. Ent., *v.* 4 p. 23 | 1882 *P. h.*, Elwes in: P. zool. Soc. London, p. 401 | 1884 *P. h.*, O. Staudinger & Schatz, Exot. Schmett., *v.* 1 p. 22 t. 14 (♂) | 1884 *P. h.*, Schilde in: Ent. Nachr., *v.* 10 p. 334 | 1886 *P. h.*, Elwes in: P. zool. Soc. London, p. 38 t. 2 f. 5 (sphragis) | 1892 *P. h.*, F. Rühl & A. Heyne, Palaearkt. Groß-Schmett., *v.* 1 p. 110 | 1892 *P. h.*, Spuler in: Zool. Jahrb., Syst. *v.* 6 p. 482, 497 t. 23 f. 3 (♀) (ornamentica alarum) | 1892 *P. hardwickei*, E. Haase in: Bibl. zool., *v.* 8 I p. 111 | 1897 *P. hardwicki*, T. Eimer, Orthogen. Schmett., p. 385 (ornam. alarum) | 1898 *P. hardwickii*, Mackinnon & Nicéville in: J. Bombay Soc., *v.* 11 p. 595 | 1902 *P. h.*, F. Moore, Lep. Ind., *v.* 5 p. 111 t. 408 f. 1 d-g, t. 409 f. 1 c, d-g | 1907 & 06 *P. hardwicki*, Verity, Rhop. palaearct., p. 90 t. XX f. 13 (sphragis) | 1907 *P. hardwickii*, H. Stichel in: Seitz, Großschmett. Erde, *v.* 1 p. 31 t. 15 b (♂) | 1907 *P. hardwickei*, Bingham in: Fauna Brit. Ind., Butt. *v.* 2 p. 117 f. 31 c (sphragis), p. 121, 122 t. 15 f. 101 (♂) | 1907 *P. hardwickii*, H. Stichel in: Gen. Ins., *v.* 58 p. 36 (cohors *hardwickiiformes*) | 1907 *P. h.*, H. Stichel in: Berlin. ent. Z., *v.* 52 p. (21) (nervatura) | 1909 *P. hardwickei*, A. Pagenstecher, Geogr. Verbr. Schmett. p. 206, 209 | 1909 *P. hardwicki*, Fruhstorfer in: Seitz, Großschmett. Erde, *v.* 9 p. 111 | 1911 *P. hardwickii*, Bryk in: Int. ent. Z., *v.* 5 p. 263 (nota) (ornam. alarum) | 1912 *P. h.*, J. F. Bemmelen in: Zool. Jahrb., Suppl. 15 *v.* 3 p. 464, 465 (ornam. alarum) | 1912 *P. h.*, Longstaff, Butt.-Hunt., p. 45, 519 t. 1 f. 4 (♀) | 1913 *P. H.*, Bryk in: Arch. Naturg., *v.* 79 A 2 p. 119 (nota) (nervatura) | 1913 *P. h.*, Avinoff in: Rec. Ind. Mus., *v.* 9 p. 328 | 1915 & 14 *P. Hardwickei*, Bryk in: Arch. Naturg., *v.* 80 A 7 p. 183, A 6 t. 6 f. 39 (♂) | 1916 *P. hardwickii*, Meijere in: Tijdschr. Ent., *v.* 59 p. 97 (ornam. alarum) | 1917 *P. hardwicki*, O. Kaiser in: Mt. Münch. ent. Ges., *v.* 8 p. 15 (ornam. alarum) | 1918 *P. hardwickii*, W. Rothschild in: Nov. zool., *v.* 25 p. 253 | [1918] *P. Hardwickei*, Bryk, Parnassius Apollo Formenkreis, p. 95, 136 t. 6 f. 39 (♂) | 1918 *P. H.*, Bryk in: Ark. Zool., *v.* 11 nr. 18 t. 3 f. 10—12 (sphragis) | 1922 [1921] *P. H.*, Bryk in: Arch. Naturg., *v.* 87 A 10 p. 238 f. 4 (al. monstr.) f. 5 (nerv. monstr.), p. 239 f. 6 (monstr. ♂) | 1922 [1923] *P. H.*, Bryk in: Strand, Lep. Cat., *v.* 27 p. 159 | 1923 *P. hardwickii*, N. D. Riley in: Tr. ent. Soc. London, p. 464 | 1923 *P. h.*, A. Seitz in: Ent. Rundsch., *v.* 40 p. 13 | 1929 *P. h.*, Bollow in: Seitz, Großschmett. Erde, *v.* 1 Suppl. 1 p. 76 | 1931 *P. hardwickei*, Bryk in: Zool. Jahrb., Syst. *v.* 62 p. 170 (orn. al.) | 1932 *Lingamius h.*, Bryk in: Parnassiana, *v.* 2 p. 1 (♀ mit Sphragis von *P. epaphus* C. Oberth.!) | 1932 *Tadumia acco* subsp. *h.*, M. Hering in: Mt. D. ent. Ges., *v.* 3 p. 33 | 1932 *Parnassius (Tadumia) acco* subsp. *h.*, M. Hering in: Mt. Mus. Berlin, *v.* 18 p. 284, 290, 295, 302, 303 f. 39 (Schienenblättchen), p. 308, 309 f. 76 (VIII. Tergit ♂), p. 310, 311 f. 111 (aedoeagus), p. 316, 317 (valva, uncus) | 1934 *P. h.*, O. Bang-Haas in: Ent. Z., *v.* 48 p. 8 (phaenol.) | 1934 *Lingamius h.*, Bryk in: Parnassiana, *v.* 3 p. 43.

Augen schwarz. Antennen schwarz. Stirnschopf hellweißlich bis gelb mit schwarzen Haaren oft durchsetzt. Palpen hellweißlich gelb, mit schwärzlich und gelblichen Haaren untermischt. Thorax und Abdomen schwarz. Halskragen schmutzig grünlich bis schmutzig orangegelb. Femur mit hellweißlich und schwarz durchmischten Haaren. Thorax des Männchens mit grauen oder schwärzlichen Haaren besetzt. Abdomen des Männchens ebenso behaart, unterseits schmutzig weiß; das des Weibchens mit hellen Schuppen schütter bestreut. Flügelzeichnung in der Regel sexuell dichrom differenziert. Die Männchen sind dicht weißlich beschuppt, die Weibchen sehr oft verdunkelt. Vorderflügel: Vorderrand schwärzlich gekörnt. Befransung hell, nie gescheckt. Saumlinie dunkel. Glasband schwärzlich, vorn etwas gebogen bis $M_2$ reichend, von da ein wenig ausgebuchtet und gegen den Hinterrand verjüngt. Submarginalbinde stets deutlich, wenigstens in ihrem vordersten Teile ausgeprägt. Beim Weibchen zieht sie continuierlich bis zum Hinterrand, beim Männchen ist nur der vorderste Teil continuierlich bis $M_2$ erhalten, von da in mehr oder minder große, internervale Punkte aufgelöst. Subcostalbändchen nie in einzelne Flecke aufgelöst, in der Regel bis $M_3$ reichend, beim Männchen schmäler als beim Weibchen. Dieses Bändchen trägt stets mehr oder weniger große Prachtkerne, die bisweilen continuierlich alle 4 Elemente zentrieren können. Endzellfleck stets vorn an $R_1$ angelehnt. Mittelzellfleck länglich. Hinterrandfleck in beiden Geschlechtern erhalten, oft rot gekernt. Unterseite: Die bernsteingelben Rippen nackt. Zellflecke reduziert. Endzellfleck vorn die vordere Discoidalrippe nicht überschreitend und rundlich. Mittelzellfleck frei in der Mittelzelle. Rotkernung im Subcostalbändchen stets erhalten und stärker als auf der Oberseite ausgeprägt, auf Kosten des reduzierten Schwarz. Selbst wenn auf der Oberseite der vorderste Subcostalfleck kein Rot zeigt, ist er unterseits rot gekernt. Dasselbe gilt vom Hinterrandfleck. Die übrigen Zeichnungselemente der Oberseite scheinen nur durch. Hinterflügel: Befransung hell, nie gescheckt. Saumlinie in der Regel hell, bei verdunkelten Weibchen verdunkelt. Submarginalbinde in 6 mehr oder weniger große, blau gekernte Randaugenflecke aufgelöst, von denen der vorderste keinen blauen Kern trägt, nie rundlich ist und auch ausbleiben kann. Die beiden Augenflecke, die ziegelrot sind, tragen nie einen weißen Kern, sie sind in der Regel gewinkelt, nie ganz rund. Analflecke bald üppig bis zum Medianaugenfleck ausgebreitet und mit diesem zu einem Bande vereinigt, bald sehr stark reduziert. Schwärze des Wurzelfeldes und des Hinterrandes verschieden verbreitert: bald nur auf einen continuierlichen, schwarzen Hinterrandstreifen reduziert, der $Cu_2$ nicht überschreitet, bald derart luxuriös ausgeprägt, daß in der Mittelzelle vorn nur ein unregelmäßiger, schmaler, heller Streifen der Grundfarbe ausgespart wird und hinten die Analflecke mit dieser Schwärze ineinander verschwimmen. Unterseite weißlich oder gelb bis grünlich. Die Rippen nur im äußeren Flügelteil beschuppt, die nackten bernsteingelb. Randaugenflecke sehr stark reduziert, außen oft mit einem schwarzen Punkt markiert, an den sich ein mehr oder weniger reduzierter weißer Fleck anschließt. Augenflecke und Analflecke mit großer, weißer Kernung. Starke Reduzierung der schwarzen Umsäumung, oft auf Kosten des Ziegelrots. 4 rote, weiß gekernte Wurzelflecke, nach außen schwarz abgegrenzt, sonst scheinen die Zeichnungselemente der Oberseite durch. Männchen in der Regel zierlicher gezeichnet, mit hinten verjüngtem und oft verkürztem Glasband. Subcostalbändchen und Hinterrandfleck oft sehr schmal. Hinterflügelsaum selten angerußt. Augenflecke stark verkleinert. Hinterrandschwärze reduziert. Der Analfleck meistens undeutlich bis zur $Cu_2$ reichend, nicht rot gekernt, unterseits mindestens 2 Analflecke, rot mit weißer Zentrierung. VIII. Tergit des Männchens breit und flach ausgerandet, mit breiten und stumpfen Seitenlappen. Beschreibung der Genitalarmaturen siehe p. 540. Weibchen mit vergrößerten Zeichnungselementen. Vorderflügel: Glasband etwas verjüngt bis zum Hinterrande reichend. Submarginalbinde mehr oder weniger verbreitert, ebenfalls bis zum Hinterrande reichend. Subcostalbändchen mit dem Hinterrandfleck durch eine dunkle Bestäubung, die bis zum Discus reicht, verbunden. Wurzelfeld des Vorderflügels stets schwärzlich abgehoben, bisweilen bis zum Hinterrandfleck verbreitert. Hinterflügel: Saum stets mehr oder weniger deutlich graphitfarben verrußt. Die blauen Randaugenflecke meistens schwarz umrandet, mit weißlichen Spiegeln. Augenflecke groß, bisweilen miteinander durch schwärzliche Brücken verbunden, hinten an das Analbändchen, das stets im hintersten Teile bis zur $Cu_1$ rot gebändert ist, sich anschließend. Schwärze des Wurzelfeldes und des Hinterrandes oft sehr üppig ausgedehnt. Unterseite: Apex des Vorderflügels und Hinterflügel gelb bis grünlich (Fig. 478). Die Randaugenflecke scheinen grünlich durch. Das 3gliedrige Analbändchen continuierlich rot, mit weißer

Fig. 478.
**Lingamius hardwickei albicans** (Fruhst.) forma vern. **viridicans** (Fruhst.) (♀) (subtus). (Original, aus coll. Zool. Mus. Berlin) (1/1).

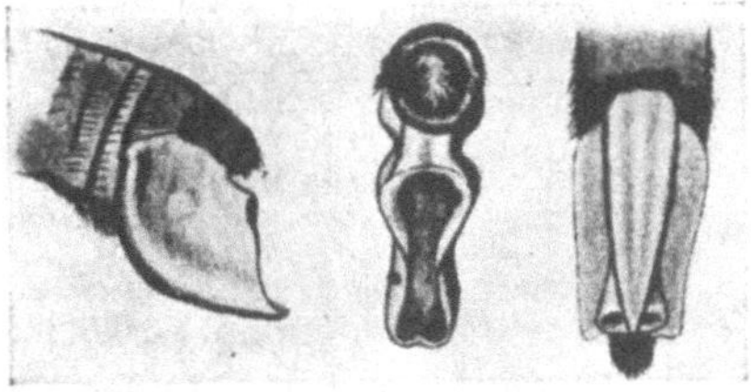

Fig. 479.
Sphragis von **Lingamius hardwickei** (J. E. Gray) (♀). (Links lateral, in d. Mitte v. hinten, rechts ventral gesehen). (Nach Bryk 1918).

Zentrierung. Sterigma stark hervortretend in der Mitte eingekerbt, zu beiden Seiten der Einkerbung sehr spitz. Sphragis: (Fig. 479) (1886, Elwes in: P. zool. Soc. London, p. 38 t. 2 f. 5 | 1907 & 06, Verity, Rhop. palaearct., p. 90 t. XX f. 13 | 1918, Bryk in: Ark. Zool., *v.* 11 nr. 18 t. 3 f. 10—12 | 1920, Bryk in: Arch. Naturg., *v.* 85 A 5 p. 147) gelblich, an der Anhaftungsstelle bräunlich; an der Seite abgeplattet und stark eingedrückt, aus dem Hinterleibsende hervorragend, oralwärts am VII. Segment angeheftet, dorsal offen, den Hinterleib nicht ringförmig umklammernd; ventral mit einer Längsfurche. Im Profil etwa dreieckig. Vorderflügellänge: ♂ 23–32, ♀ 25–31 mm.

Nordwest- und Ost-Himalaya.

Die Art zerfällt in 4 Unterarten.

♂ forma otos Fruhst. 1902 *Parnassius hardwickii* (part.), F. Moore, Lep. Ind., *v.* 5 p. 111 (dry-season brood) t. 408 f. 1 | 1903 *P. hardtwicki* aberr. *otos*, Fruhstorfer in: D. ent. Z. Iris, *v.* 16 p. 46 (an subsp.?) | 1907 *P. hardwickii* aberr. *o.*, H. Stichel in: Seitz, Großschmett. Erde, *v.* 1 p. 31 | 1907 *P. hardwicki* forme *albicans*, Verity, Rhop. palaearct., p. 90 (nota 1) | 1907 *P. hardwickii* forma *otos*, H. Stichel in: Gen. Ins., *v.* 58 p. 37 | 1909 *P. hardwicki* forma *o.*, Fruhstorfer in: Seitz, Großschmett. Erde, *v.* 9 p. 111 f. 50c (♂) | 1913 *P. hardwickii* aberr. *o.*, Avinoff in: Rec. Ind. Mus., *v.* 9 p. 328 | 1914 *P. h. o.*, W. H. Evans in: J. Bombay Soc., *v.* 22 p. 766 | 1922 [1923] *P. Hardwickei* var. *o.*, Bryk in: Strand, Lep. Cat., *v.* 27 p. 161 | 1923 *P. h. hardwickei* (part.), W. H. Evans in: J. Bombay Soc., *v.* 29 p. 243.

Albinotisch. Oberseits fehlt jedes Rot. Fleckenzeichnung reduziert. Medianaugenfleck fehlt, der subcostale sehr stark reduziert. Randaugen ohne blaue Spiegel.

Kaschmir.

♂ forma afer Fruhst. 1899 *Parnassius hardwicki* aberr. *a.*, Fruhstorfer in: Ent. Zeit. Stettin, *v.* 60 p. 354 | 1907 *P. h.* „forme“ *a.*, Verity, Rhop. palaearct., p. 90 | 1907 *P. hardwickii* forma *a.* (part.), H. Stichel in: Gen. Ins., *v.* 58 p. 37 | 1922 [1923] *P. Hardwickei* aberr. *a.*, Bryk in: Strand, Lep. Cat., *v.* 27 p. 160.

Eine Zwergform mit reduziertem Rot auf dem Vorderflügel und schwarzem Medianaugenfleck. Unterseits ist die Rotfleckung des Hinterflügels ohne weiße Kerne. Vorderflügellänge: 23 mm.

Darjeeling (?).

forma flavomaculata O. Bang-Haas 1934 *Parnassius hardwickei baltistani* aberr. *f.*, O. Bang-Haas in: Ent. Z., *v.* 48 p. 8.

Augenflecke gelb anstatt rot.

Baltistan: Kapalu.

Typen: ♂ ♀ in coll. O. Bang-Haas, Dresden-Blasewitz.

forma semiextincta O. Bang-Haas 1934 *Parnassius hardwickei* gen. *vernalis* aberr. *semi-extincta*, O. Bang-Haas in: Ent. Z., *v.* 48 p. 8.

Subcostalaugenfleck fehlt.

Pundjab.

Typus: ♂ in coll. O. Bang-Haas, Dresden-Blasewitz.

forma extincta O. Bang-Haas 1934 *Parnassius hardwickei* gen. *vernalis* aberr. *e.*, O. Bang-Haas in: Ent. Z., *v.* 48 p. 8.

Beide Augenflecke fehlen.

Pundjab.

Typus: ♂ in coll. O. Bang-Haas, Dresden-Blasewitz.

forma nigerrima O. Bang-Haas 1934 *Parnassius hardwickei pundjabensis* aberr. *n.*, O. Bang-Haas in: Ent. Z., *v.* 48 p. 8.

Mittelfeld des Vorderflügels fast schwarz.

Pundjab.

forma atroguttata Bryk 1935 *Lingamius hardwickei* forma *a.*, Bryk in: Parnassiana, *v.* 3 (im Druck).

In der Mittelzelle des Hinterflügels oberseits ein schwarzer Fleck (Fig. 480).

Ohne Fundort.

Typus: ♂ in coll. Zool. Mus. Berlin.

Fig. 480.
**Lingamius hardwickei hardwickei** (J. E. Gray) forma **atroguttata** Bryk (♂). (Typus) (1/1).

11. **L. hardwickei hardwickei** (J. E. Gray) 1831 *Parnassius hardwickii*, J. E. Gray, Zool. Misc., *v.* 1 p. 32 | 1844 *P. jacquemontii*, Kollar in: Hügel, Kaschmir, *v.* 4 p. 407 t. 2 f. 3, 4 (♂) | 1846 *P. hardwickii*, G. R. Gray, Lep. Nepal, p. 7 t. 4 f. 1, 1 a | 1852 *P. h.* var. a (*P. charino* MS.), G. R. Gray, Cat. lep. Ins. Brit. Mus., *v.* 1 p. 76 t. 12 f. 12—15 (♀) | 1886 *P. h.* var. *charino*, Elwes in: P. zool. Soc. London, p. 38 | 1892

*P. h.* aberr. *c.*, F. Rühl & A. Heyne, Palaearkt. Groß-Schmett., *v.* 1 p. 110 | 1902 *P. h.* (part.) (wet-season brood), F. Moore, Lep. Ind., *v.* 5 p. 113 t. 410 f. 1, 1a (♂) | 1907 *P. hardwicki* „forme" *charino* (part.), Verity, Rhop. palaearct., p. 90 | 1907 *P. hardwickei* (part.), Bingham in: Fauna Brit. Ind., Butt. *v.* 2 p. 121 t. 15 f. 101 (♀) | 1907 *P. hardwickii* (part.) + aberr. *charino*, H. Stichel in: Seitz, Großschmett. Erde, *v.* 1 p. 31 | 1907 *P. h.* (part.) + forma *c.* + forma *afer*, H. Stichel in: Gen. Ins., *v.* 58 p. 36, 37 t. 3 f. 13 (♂, *afer*) | 1909 *P. hardwicki* (part.) + forma *c.*, Fruhstorfer in: Seitz, Großschmett. Erde, *v.* 9 p. 111 t. 50d (♀) | 1912 *P. hardwickii*, Longstaff, Butt.-Hunt., p. 45, 519 t. 1 f. 4 (♀) | 1922 [1923] *P. Hardwickei* + forma *charino*, Bryk in: Strand, Lep. Cat., *v.* 27 p. 159, 160 | 1923 *P. h. hardwickei* (part.), W. H. Evans in: J. Bombay Soc., *v.* 29 p. 243 | 1927 *P. hardwicki hardwicki* aberr. *natuposterior*, generatio autumnalis, O. Bang-Haas in: Horae Macrolep., *v.* 1 p. 35 t. 2 f. 14 (♂) | 1929 *P. hardwickii* aberr. *natuposterior*, Bollow in: Seitz, Großschmett. Erde, *v.* 1 Suppl. 1 p. 76 | 1931 *P. hardwickei hardwickei*, Rhé-Philipe in: J. Bombay Soc., *v.* 35 p. 178 | 1932 *Lingamius h. h.*, Bryk in: Parnassiana, *v.* 2 p. 21 | 1934 *P. h. h.* + subsp. *pundjabensis* + aberr. *nigerrima* + *natuposterior*, O. Bang-Haas in: Ent. Z., *v.* 48 p. 8.

forma aestivalis.

Der Typus gehört der Trockenzeitform an. Dunkel gezeichnet. Vorderrand und Wurzelfeld dunkel, schwarz gekörnt. Glasband verdunkelt, bis zum Hinterrand reichend. Submarginalbinde sehr kräftig. Subcostalbändchen breit, mit dem sehr kräftigen Hinterrandfleck durch Schwarzbestäubung verbunden. Subcostalbändchen und Hinterrandfleck mit Prachtfarbe gekernt. Endzellfleck sehr kräftig. Augenflecke groß. Die Randaugenflecke sehr groß. Analflecke mit dem Medianaugenfleck verbunden. Saum mehr oder weniger stark verrußt. Hinterrandschwärze stark ausgedehnt, um die Mittelzelle ziehend.

Fig. 481.
**Lingamius hardwickei hardwickei** (J. E. Gray) (♀). (Original, aus coll. Zool. Mus. Berlin) (1/1).

Männchen (s. Fig. 480): Submarginalbinde in den letzten 4 Elementen in lose Flecke aufgelöst. Zwischen Wurzelfeld und Hinterrandfleck ist die Grundfarbe mehr oder weniger stark ausgespart. Saum des Hinterflügels sehr schmal, schwärzlichgrau umsäumt. Analflecke fast immer ohne Rot. Weibchen (Fig. 481) durch bräunliche Überstäubung stark verdunkelt. Wurzelfeldschwärze des Vorderflügels stark um den Discus verbreitert. Saum des Hinterflügels breiter verrußt als beim Männchen, die Randaugenzone oft erreichend. Analflecke mit einem schmalen, roten, bis $Cu_1$ reichendem Bande gekernt. Wurzel- und Hinterrandschwärze sehr stark verbreitert, bisweilen die ganze Mittelzelle ausfüllend. Ein Wurzelfleck schlägt bisweilen rot durch. Unterseite nicht moosgrün. Vorderflügellänge: ♂ 30—32, ♀ 30—31 mm.

Von Ladak bis Nepal.

Typus: ♂ in coll. Brit. Mus. London.

forma vernalis correcta Bryk 1886 *Parnassius hardwickii* (part.), Elwes in: P. zool. Soc. London, p. 38 | 1902 *P. h.* (part.) (dry-season brood), F. Moore, Lep. Ind., *v.* 5 p. 111 t. 408 f. 1 a, b, c, d, e (♂), 1 f (♀) | 1907 *P. hardwicki* (part.), Verity, Rhop. palaearct., p. 90 | 1907 *P. hardwickii* (part.), H. Stichel in: Seitz, Großschmett. Erde, *v.* 1 p. 31 t. 15 b (♂) | 1907 *P. hardwickei* (part.), Bingham in: Fauna Brit. Ind., Butt. *v.* 2 p. 117, 121 | 1907 *P. hardwickii* (part.), H. Stichel in: Gen. Ins., *v.* 58 p. 36 | 1909 *P. hardwicki* (part.), Fruhstorfer in: Seitz, Großschmett. Erde, *v.* 9 p. 111 | 1918 *P. hardwickii* (part.), W. Rothschild in: Nov. zool., *v.* 25 p. 253 | 1922 [1923] *P. Hardwickei* (part.), Bryk in: Strand, Lep. Cat., *v.* 27 p. 159 | 1923 *P. h. hardwickei* (part.), W. H. Evans in: J. Bombay Soc., *v.* 29 p. 243 | 1927 *P. hardwicki hardwicki*, O. Bang-Haas in: Horae Macrolep., *v.* 1 p. 35 t. 2 f. 13 (♂) (generatio vernalis) | 1932 *Lingamius hardwickei correctus*, Bryk in: Parnassiana, *v.* 2 p. 21 | 1934 *Parnassius h. c.* + gen. *vernalis*, O. Bang-Haas in: Ent. Z., *v.* 48 p. 7.

Heller als die Trockenzeitform (J. E. Gray). Männchen: Glasband des Vorderflügels schmäler, bis $Cu_2$ reichend. Der hintere Teil der Submarginale in lose, kleine internervale Punkte aufgelöst. Subcostalbändchen mager, sein Rot reduziert. Hinterrandfleck verkleinert. Wurzelfeld der Mittelzelle nicht geschwärzt. Augenflecke verkleinert, ebenso die blauen Randaugenflecke. Analflecke ganz reduziert oder nur im hintersten Element erhalten. Hinterrandschwärze bescheiden. Saum des Hinterflügels rein weiß. Weibchen gelblich, dicht beschuppt, das Melanotische völlig zurücktretend. Submarginalbinde hinten nicht ganz bis zum Hinterrande reichend. Verbindung des Hinterrandfleckes mit dem Subcostalbändchen schwächer als beim Weibchen der Trockenzeitform. Wurzelfeld des Vorderflügels nicht stark geschwärzt. Augenflecke kleiner; Analbändchen von dem medianen Augenfleck isoliert. Hinterrandschwärze nicht übermäßig ausgedehnt. Saum des Hinterflügels ganz unbedeutend beschattet. Hinterflügelunterseite blaß gelblich.

Nepal bis Ladak.

Typus: ♂ in coll. Brit. Mus. London.

12. **L. hardwickei albicans** (Fruhst.) 1898 *Parnassius hardtwickii* subsp. *albicans*, Fruhstorfer in: D. ent. Z. Iris, *v.* 11 p. 147 | 1899 *P. a.*, Austaut in: Naturaliste, *v.* 21 p. 154 | 1902 *P. hardwickii* (part.) (dry-season brood), F. Moore, Lep. Ind., *v.* 5 p. 111 t. 408 f. 1 (♂), 1 g (♀) | 1907 *P. h.* aberr. *albicans*, H. Stichel in: Seitz, Großschmett. Erde, *v.* 1 p. 31 | 1907 *P. hardwicki* „forme“ *a.*, Verity, Rhop. palaearct., p. 90 t. XIX f. 19 (♂), 20 (♀) | 1907 *P. hardwickii* forma *a.*, H. Stichel in: Gen. Ins., *v.* 58 p. 37 | 1907 *P. hardwickei* (part.), Bingham in: Fauna Brit. Ind., Butt. *v.* 2 p. 121 | 1909 *P. hardwicki* „Bergform“ *albicans*, Fruhstorfer in: Seitz, Großschmett. Erde, *v.* 9 p. 111 | 1922 [1923] *P. Hardwickei* aberr. *a.*, Bryk in: Strand, Lep. Cat., *v.* 27 p. 160 | 1923 *P. h. hardwickei* (part.), W. H. Evans in: J. Bombay Soc., *v.* 29 p. 243 | 1927 *P. hardwicki viridicans* aberr. *albicans* (generatio vernalis), O. Bang-Haas in: Horae Macrolep., *v.* 1 p. 35.

Fig. 482.
**Lingamius hardwickei albicans** (Fruhst.) forma aestivalis (♂). (Original, aus coll. Zool. Mus. Berlin) (1/1).

forma aestivalis.

Kleiner als *L. hardwickei* forma *correcta* Bryk, dichter weiß beschuppt. Männchen (Fig. 482): Schwarzfleckung und Augenflecke stark verkleinert. Weibchen sehr hell, mit gelblichem Anflug. Analflecke oft mit dem medianen Augenfleck verbunden und rot gekernt. Unterseits das Rot des Hinterflügels zugunsten des erheblich ausgedehnten Weiß stark zurücktretend; besonders in den Wurzelflecken. Als forma tritt *otos* auf. Vorderflügellänge: ♂♀ 28—29 mm.

Sikkim: Lochung Valley, Dongkya-Paß, 4800 m.

forma vernalis viridicans Fruhst. 1902 *Parnassius hardwickii* (part.) (wet-season brood), F. Moore, Lep. Ind., *v.* 5 p. 113 t. 410 f. 1 b, c (♂), 1 d, e, f, g (♀) | 1907 & 06 *P. hardwicki* „forme" *charino* + „forme" *parva*, Verity, Rhop. palaearct., p. 90 t. XXI f. 17, 18 (♂, ♀, „forme" *charino*), f. 19, 20 (♂, ♀ „forme" *parva*) | 1907 *P. hardwickii* forma ♀ *charino* (part.), H. Stichel in: Gen. Ins., *v.* 58 p. 37 | 1909 *P. hardwicki* subsp. *viridicans*, Fruhstorfer in: Seitz, Großschmett. Erde, *v.* 9 p. 111 t. 50 c (♂), 50 d (♀) | 1914 *P. hardwickii v.*, W. H. Evans in: J. Bombay Soc., *v.* 22 p. 766 | 1922 [1923] *P. Hardwickei* var. *v.*, Bryk in: Strand, Lep. Cat., *v.* 27 p. 161 | 1923 *P. hardwickii*, N. D. Riley in: Tr. ent. Soc. London, p. 464 | 1923 *P. hardwickei viridicans*, W. H. Evans in: J. Bombay Soc., *v.* 29 p. 243 | 1927 *P. hardwicki v.*, O. Bang-Haas in: Horae Macrolep., *v.* 1 p. 35 | 1927 *P. hardwickii*, N. D. Riley in: Tr. ent. Soc. London, *v.* 75 p. 122.

Sehr stark verdunkelt, besonders im weiblichen Geschlechte. Klein. Mit potenzierter Rotkernung der Prachtflecke und Prägnanz der Schwarzfleckung. Glasband bis zum Hinterrande reichend, beim Männchen hinten sich verjüngend. Submarginalbinde kräftig. Wurzelfeld und Vorderrand des Vorderflügels deutlich schwarz gekörnt. Saum der Hinterflügel schwärzlich verrußt. Analflecke bis $M_3$ reichend. Hinterrandschwärze stark das

Fig. 483.
**Lingamius hardwickei albicans** (Fruhst.) forma vern. **viridicans** Fruhst. (♀).
(Original, aus coll. Zool. Mus. Berlin) (1/1).

Mittelzellende verdunkelnd. Männchen: Submarginalbinde bis $Cu_2$ reichend. Weibchen (Fig. 483 und Fig. 478) stark verdunkelt. Submarginalbinde breit. Augenflecke vergrößert. Analbändchen an den Medianaugenfleck angeschlossen. Randaugenflecke groß, blau, schwarz umzingelt, mit weißen Spiegeln. Ein Wurzelfleck, oberseits oft rot gekernt. Mittelzelle sehr stark geschwärzt. Unterseite: Apex des Vorderflügels und Hinterflügels moosgrün. Vorderflügellänge: ♂ 23—26, ♀ 25—29 mm.

Sikkim.

Typen: ♂ ♀ in coll. H. Fruhstorfer, Nizza.

13. **L. hardwickei baltistani** (O. Bang-Haas) 1934 *Parnassius h.* subsp. *b.* + aberr. *flavomaculata*, O. Bang-Haas in: Ent. Z., *v.* 48 p. 8.

forma vernalis.

Sehr helle Rasse mit reduziertem Rot im Vorderflügel. Hinterflügel meist ohne schwarze Marginalbinde. Augenflecke oft gelb, langgestreckt bis rechteckig. Unterseits meist bläulichweiß anstatt rot. Männchen (Fig. 484) oft ohne Rot im Vorderflügel, die hintersten 3 Flecke der Submarginalbinde oft zu winzigen Punkten reduziert. Als forma tritt *flavomaculata* auf.

Baltistan: Kapalu, 5100 m.

Typen: ♂ ♀ in coll. O. Bang-Haas, Dresden-Blasewitz.

Fig. 484.
**Lingamius hardwickei baltistani** (O. Bang-Haas) (♂). (Paratypus, aus coll. Zool. Mus. Berlin) (1/1).

14. **L. hardwickei tibuellus** (O. Bang-Haas) 1933 *Parnassius hardwicki* subsp. *tibuella*, O. Bang-Haas in: Ent. Z., *v.* 46 p. 262.

forma autumnalis.

Eine sehr variable Subspecies. Grundfarbe weiß. Subcostalbändchen mit 1—3 roten Kernen und oft mit dem Hinterrandfleck verbunden. Spannweite: ♂ ♀ 45—55 mm.

Tibet occidentalis: Tibu, westlich Gartok, 5000 m.

Typen: ♂ ♀ in coll. O. Bang-Haas, Dresden-Blasewitz.

Der Falter fliegt fast das ganze Jahr hindurch im Hochgebirge und hat mindestens 2 Generationen. Die beiden Generationen lassen sich nicht genau zeitlich abtrennen. Sie variieren in verschiedenen Jahren den Temperaturverhältnissen entsprechend. Die Generation der wärmsten Monate ist dunkler als die der kältesten. Die im Winter fliegenden Individuen sind als vorzeitig geschlüpfte Tiere der Frühlingsgeneration aufzufassen, denen sie gleichen.

Alle Jugendstadien des Falters sind unbekannt.

## 4. Gen. **Koramius** F. Moore

1884 & 85 *Parnassius* (part.), O. Staudinger & Schatz, Exot. Schmett., *v.* 1 p. 22; *v.* 2 p. 4 | 1886 *P.* (part.), Elwes in: P. zool. Soc. London, p. 18 | 1889 *P.* (part.), Austaut, Parnass. paléarct., p. 71 („Groupe" *Cincti*) | 1890 *P.* (part.), Grum-Grshimailo in: Romanoff, Mém. Lép., *v.* 4 p. 142 | 1892 *P.* (part.), F. Rühl & A. Heyne, Palaearkt. Groß-Schmett., *v.* 1 p. 93 | 1899 *P.* (part.), Rebel in: SB. Ak. Wien, *v.* 107 p. 740 | 1902 *Koramius*, F. Moore, Lep. Ind., *v.* 5 p. 120 | 1906 & 07 *Parnassius* (part.), Verity, Rhop. palaearct., p. 40; p. 77 („groupe": III) | 1906 *P.* (part.), H. Stichel in: Seitz, Großschmett. Erde, *v.* 1 p. 19 (nota) | 1906 *P.* (part.), H. Stichel in: Berlin. ent. Z., *v.* 51 p. 81, 82 | 1907 *P.* (part.), H. Stichel, ibid., *v.* 52 p. (18) | 1907 *P.* (part.), Bingham in: Fauna Brit. Ind., Butt. *v.* 2 p. 116 | 1907 *P.* (part.), H. Stichel in: Gen. Ins., *v.* 58 p. 8, 10, 36 (Sectio I: *Apotacti*, cohors IV: *hardwickiiformes* (part.)) | 1909 *P.* (part.), Fruhstorfer in: Seitz, Großschmett. Erde, *v.* 9 p. 110 | 1913 *Tadumia* (part.), Bryk in: Arch. Naturg., *v.* 79 A 2 p. 119 | 1914 *T.* (part.), Bryk in: Soc. ent., *v.* 29 p. 24 (nota) | 1917 *T.* (part.), Bryk in: Arch. Naturg., *v.* 82 A 6 p. 37, 38, 51, 52, 55, 59, 61, 62 | 1921 *T.*, Bryk in: Soc. ent., *v.* 36 p. 26 (sphragis) | 1922 [1923] *T.* (part.), Bryk in: Strand, Lep. Cat., *v.* 27 p. 46 | 1923 *Parnassius* (part.), W. H. Evans in:

J. Bombay Soc., *v.* 29 p. 231 | 1924 *Tadumia*, Bryk in: Soc. ent., *v.* 39 p. 45, 46 (plethosphragis) | 1924 *Parnassius* (part.), Aichele in: Soc. ent., *v.* 39 p. 47 (ornamentica alarum) | 1929 *Koramius*, G. N. Sokolov in: Rev. Russe Ent., *v.* 23 p. 60, 68, 70, 71 | 1932 *Tadumia* (part.), M. Hering in: Mt. D. ent. Ges., *v.* 3 p. 33 | 1932 *Parnassius* (part.), M. Hering in: Mt. Mus. Berlin, *v.* 18 p. 294.

Kopf klein. Augen groß, nackt, eirund, gewölbt. Stirn buschig behaart. Palpen zart, flach, den Kopf etwas überragend, lang bewimpert. Palpenendglied schmal, etwas zugespitzt, länger als das Mittelglied, das etwa gleichmäßig breit ist. Basalglied gekrümmt, distal etwas verjüngt. Antennen kurz, kaum $^1/_3$ der Vorderflügellänge lang, der Spitze zu sich allmählich ziemlich stark verdickend mit einem unauffälligen, höckerartigen Zapfen auf dem Pol der Keule. Schaft ganz undeutlich beschuppt, sonst ohne Beschuppung. Thorax schmal, dicht behaart. Beine gut entwickelt. Tibia des 1. Beinpaares mit einem flachen, langen, am Ende zugespitzten Schienenblättchen, das in der Mitte der Schiene inseriert und etwas über das Schienenende hinausreicht (Fig. 485). Klauen sexuell dimorph: Die Innenklaue des Männchens stark asymmetrisch, am distalen Ende an der Innenseite stärker nach hinten gebogen, die des Weibchens annähernd gleich gebaut. Abdomen $^2/_3$ des Hinterflügelinnenrandes lang, beim Männchen behaart und schmächtiger als beim Weibchen. VIII. Tergit des Männchens meist ohne Lappenbildung am Hinterende mit flacher Einschnürung. Kopulationsapparat des Männchens ohne Subuncus, mit mehr beweglichen Valven, die längs $^1/_3$ ihrer ganzen Länge miteinander verbunden sind. Saccus zylindrisch. Sphragis kurz, weißlichgelb, dorsal das VII. Tergit mit einem geschlossenen, seltener oben offenen Ring umklammernd, doppelt gezipfelt oder gewölbt. Flügel: Vorderflügel fast rechtwinklig dreieckig, breit. Der Vorderrand von der Wurzel gerade verlaufend, dem Apex zu etwas gebogen. Seitenrand fast geradlinig verlaufend, am Apex etwas gerundet, von $Cu_1$ bis $Ax_1$ gut abgerundet. Sc, $R_1$, $R_3$, $R_4+R_5$ wie bei *Parnassius* F. und *Lingamius* Bryk. $M_1$ entspringt meist direkt aus der Mittelzellquerrippe hinter der Mündungsstelle des Radialgabelstiels von $R_4 + R_5$, ohne mit ihm zu verwachsen. Sonst stimmt das Geäder mit dem von *Parnassius* F. und *Lingamius* Bryk im Vorder- wie Hinterflügel überein. Falter von mittlerer Größe. Oberseite der Flügel weißlich beschuppt — in Ausnahmefällen das Weiß auf Kosten einer Verrußung reduziert — mit schwarzer Zeichnung und meist rot gekernten Prachtflecken. Vorderflügel mit glasigem Marginalband und mehr oder weniger erhaltener Submarginalbinde. Subcostalbändchen gewöhnlich vom Hinterrandfleck getrennt, sehr selten mit roten Prachtflecken. Der Endzellfleck vorn an $R_1$ angelehnt. Mittelzellfleck in der Regel erhalten. Unterseite glänzend, fast unbeschuppt, mit nackten Rippen. Hinterflügel mit mehr oder weniger stark ausgebildetem, glasigem Marginalband. Submarginalbinde meist in Flecke aufgelöst, die hintersten meistens mit blauen Kernen, in Randaugenflecke verändert, deren Anzahl variabel ist. Augenflecke seltener ohne Prachtfarbe. Analflecke mit oder ohne rote Kernung. Unterseite durch 3 prachtfarbige Wurzelflecke gekennzeichnet, die aber auch ausbleiben können. Generotypus: *Koramius delphius* (Eversm.).

Fig. 485. Vorderschiene mit Schienenblatt von **Koramius szechenyii** (J. Friv.) (Nach M. Hering 1932) ($^{17}/_1$).

7 Arten.

Zentralasien.

Übersicht der Arten:

| | | |
|---|---|---|
| 1 | Valve der männlichen Genitalarmatur trapezförmig, Sphragis des Weibchens in 2 Zipfel auslaufend oder schalenförmig — 3 | |
| | Valve der männlichen Genitalarmatur schalenförmig, Sphragis des Weibchens platt und eingedrückt, im Profil helmartig — 2 | |
| 2 | Hinterflügel unterseits dicht beschuppt, auch die Rippen von Schuppen bedeckt . . . . . . . . . . . . . . . . . | 1. **K. széchenyii** |
| | Rippen des Hinterflügels nicht beschuppt . . . . . . . . | 2. **K. cephalus** |
| 3 | Submarginalbinde des Hinterflügels vom Glassaum deutlich getrennt — 4 | |
| | Submarginalbinde des Hinterflügels mit dem Glasbande eine breite Randbinde bildend, in mehr oder weniger deutliche, meist blau gekernte Randflecke aufgelöst. Subcostalaugenflecke meist erloschen . . . . . . . . . . | 6. **K. stoliczkanus** |
| 4 | Nur die 2 hintersten Elemente der Submarginalbinde in mehr oder weniger deutlich blau gekernte Augenflecke aufgelöst — 5 | |
| | Submarginalbinde in einzelne (5) Randaugenflecke aufgelöst | 7. **K. stenosemus** |
| 5 | Hinterflügel von der Wurzel bis zu den Augenflecken mehr oder weniger ganz schwarz bestäubt — 6 | |
| | Sphragis des Weibchens schalenförmig, Hinterrandschwärze des Hinterflügels arkadenartig um die beiden Randaugen ausgebuchtet . . . . . . . . . . . . . . . . . . . . . . | 4. **K. acdestis** |
| 6 | Augenflecke des Hinterflügels reduziert, mit verdrängter Prachtfarbe. Submarginalbinde stark reduziert. Sphragis des Weibchens ohne geschlossenen Ring um das Tergit | 3. **K. patricius** |
| | Prachtfarbe in den Augenflecken gut erhalten. 2 Randaugenflecke deutlich. Sphragis ringförmig . . . . . . | 5. **K. delphius** |

1. **K. széchenyii** (J. Friv.) 1886 *Parnassius S.*, J. Frivaldszky in: Termész. Füzetek, *v.* 10 p. 39 t. 4 f. 1, 1 a | 1892 *P. Szechenyi* (part.), C. Oberthür, Étud. Ent., *v.* 16 p. 4 t. 2 f. 11 (♂) (non 13) | 1892 *P. szechenyii*, F. Rühl & A. Heyne, Palaearkt. Groß-Schmett., *v.* 1 p. 109 | 1893 *P. szechenyi* (part.), Leech, Butt. China Japan Corea, Part 4 p. 501 | 1895 *P. s.*, F. Rühl & A. Heyne, Palaearkt. Groß-Schmett., *v.* 1 p. 706 | 1900 *P. s.*, Fruhstorfer in: Berlin. ent. Z., *v.* 45 p. (18) | 1901 *P. s.*, O. Staudinger & Rebel, Cat. Lep. Palaearct. Faunengeb., ed. 3 *v.* 1 p. 8 | 1902 *P. szeckenyii*, F. Moore, Lep. Ind., *v.* 5 p. 116 | 1907 *P. szechenyi*, Verity, Rhop. palaearct., p. 89 | 1907 *P. s.*, H. Stichel in: Seitz, Großschmett. Erde, *v.* 1 p. 31 | 1907 *P. s.*, H. Stichel in: Gen. Ins., *v.* 58 p. 37 (cohors *hardwickiiformes*) | 1907 *P. s.*, H. Stichel in: Berlin. ent. Z., *v.* 52 p. (20) | 1913 *P. szechenyii*, South in: J. Bombay Soc., *v.* 22 p. 362 | 1914 *P. szechenyi*, Bryk in: Soc. ent., *v.* 29 p. 24, 25 | 1916 *P. szechenyii*, Avinoff in: Tr. ent. Soc. London, 1915 p. 353 | 1917 *Tadumia S.*, Bryk in: Arch. Naturg., *v.* 82 A 5 p. 72 (nervatura) | 1917 *Parnassius szcechenyi*, O. Kaiser in: Mt. Münch. ent. Ges., *v.* 8 p. 15 | 1918 *P. szechenyi*, W. Rothschild in: Nov. zool., *v.* 25 p. 253 | 1922 [1923] *P. S.*, Bryk in: Strand, Lep. Cat., *v.* 27 p. 222 | 1923 *P. s.*, Bryk in: Ent. Z., *v.* 36 p. 56 | 1931 *P. s.*, Bryk in: Zool. Jahrb., Syst. *v.* 62 p. 171 f. 28 (♂, monstrum) | 1932 *Tadumia acco s.*, M. Hering in: Mt. D. ent. Z., *v.* 3 p. 33 | 1932 *Parnassius a. s.*, M. Hering in: Mt. Mus. Berlin, *v.* 18 p. 284, 288, 295, 302, 303 f. 38 (Schienenblättchen), p. 308, 309 f. 77 (VIII. Tergit), p. 310, 311 f. 110 (aedoeagus), p. 316, 317 f. 149 (uncus, valva).

Kopf klein. Augen groß, nackt, schwarz, eiförmig. Stirnschopf buschig, gelblich, schwarz untermischt, kurz. Antennen kürzer als $^1/_3$ der Vorderrandlänge, schwarz, der Schaft hell beschuppt. Palpen (Fig. 486) dicht hellgelblich beschuppt und schwarz behaart. Palpenendglied länger als das

Mittelglied, nicht ganz so schlank wie bei *Lingamius hardwickei* (J. E. Gray). Thorax und Abdomen schwarz. Haarkragen schmutzig gelblich. Thorax des Männchens schütter mit schmutzig gelblichen Haaren besetzt, der des Weibchens nackt mit vereinzelten hellen Schuppen bestreut. Abdomen des Männchens schmutzig gelblich behaart, auf der Bauchseite etwas dichter behaart, wodurch die Haare heller erscheinen; das des Weibchens sehr schütter mit hellen Schuppen bestreut, dem Ende zu lateral dichter bestäubt, auf der Bauchseite vor dem Sterigma behaart. Vorderflügel ziemlich gestreckt, mit sanft gerundetem Seitenrand. $R_1$ mit $R_{3\,(+2)}$ nicht verwachsen. $M_1$ entspringt mit der Basis des Radialgabelstiels der $R_4$ und $R_5$ aus der vorderen Mittelzellecke oder häufiger frei aus der Mittelzellquerrippe. Zeichnungsanlagen beim Männchen und Weibchen gleich. Befransung hell, cremegelblich; Saumlinie ebenso gefärbt oder umbrafarben. Glasband schmal, in der Länge variabel, zwischen $M_2$ und $M_3$ deutlich hervorspringend. Submarginalbinde stets erhalten, continuierlich, seltener in ihrem hinteren Teile in lose Flecke aufgelöst, sonst glasig, breit, nach außen schwarz abgegrenzt. Subcostalflecke stets zu einem continuierlichen Bändchen vereinigt, mit oder ohne Rotkernung. Hinterrandfleck viereckig, mit oder ohne Prachtfarbe gekernt; zwischen ihm und der Flügelbasis oft ein schwarzer Fleck. Endzellfleck vorn an $R_1$ angelehnt. Mittelzellfleck länglich, nicht immer die hintere Discoidalrippe erreichend. Wurzelfeld und Vorderrand des Vorderflügels deutlich schwarz oder fast gar nicht gekörnt. Flügelmitte nicht immer schwärzlich bestäubt. Unterseite: Die nackten Rippen bernsteingelb, dem Apex und Seitenrande zu gut hellgelblich bestäubt. Beide Zellflecke stark reduziert, sonst scheint die Zeichnung der Oberseite nur durch. Hinterflügel: Befransung und Saumlinie hell cremegelblich. Saumband selten schwach grau angedeutet. Submarginalbinde in ihren vordersten 2 Elementen bindenartig glasig, in ihrem hinteren Teile mehr oder weniger stark blau gekernt. Besonders zwischen $M_3$ und dem Hinterrande hat sie sich in 2 große, saumwärts vorspringende, aneinander grenzende Randaugenflecke zerlegt. Augenflecke groß, der subcostale stets bedeutend kleiner als der mediane, scharf schwarz konturiert, von orangegelber bis dunkelziegelroter — aber nie karminroter — Färbung, mit kleinen, verschwommenen, weißen Spiegeln. Zwischen beiden Augenflecken bisweilen ein deutlicher, schwarzer Strich. Die Schwärze des Wurzelfeldes sehr stark die Basis des Flügels ausfüllend, sich auf den Hinterrand erstreckend, dort in der Regel mit den beiden Analflecken zu einem homogenen Zeichnungselement zusammenschmelzend und vorn bis an die Mittelzelle bei der Inserierungsstelle von $M_2$ reichend. 3. Analfleck oft als Fortsetzung an den Medianaugenfleck angrenzend. Von den Analflecken ist der hinterste bisweilen mit Prachtfarbe gekernt. Zwischen Subcostalaugenfleck und Wurzelfeld in derselben Zelle tritt bisweilen ein isolierter, schwarzer Fleck auf. Unterseite: Die Rippen beiderseits mit weißen Schuppen bedeckt, ebenso der Hinterrand. Submarginalbinde mit sechs schwarzen, internerval getrennten Strichen markiert. Augenflecke, Analflecke und die Wurzelflecke durch prägnante, schwarze

Fig. 486. Palpus von **Koramius széchenyii** (J. Friv.) (Original).

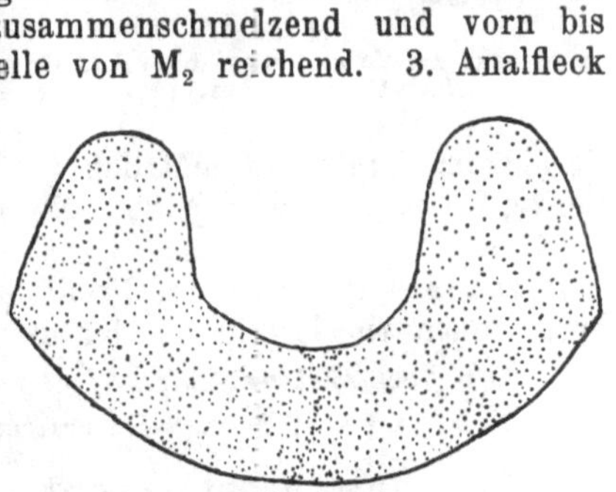

Fig. 487. VIII. Tergit von **Koramius széchenyii** (J. Friv.) (♂). (Nach M. Hering 1932) (⁹/₁).

Umgrenzung angedeutet, mit Weiß ausgefüllt, an der Peripherie des Weiß mit einer haardünnen, ziegelroten Außenkontur. Sonst ist der Flügel glänzend gelblich. Weibchen oft dünn beschuppt. VIII. Tergit des Männchens (Fig. 487) ähnlich dem von *Lingamius hardwickei* (J. E. Gray); seine Ausrandung flacher. Seitenlappen etwas mehr verschmälert. Uncus (Fig. 488):

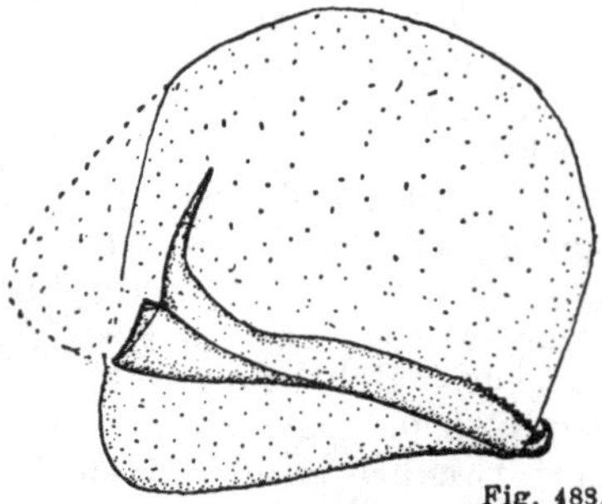
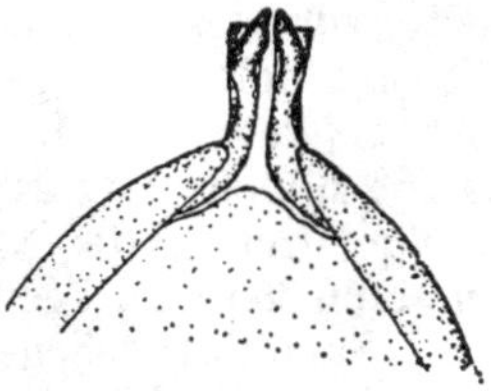

Fig. 488.
Valve (links) und Uncus (rechts) von **Koramius széchenyii** (J. Friv.) (Nach M. Hering 1932) (15/1).

Die beiden Uncushörner mehr cylindrisch, am Ende stark zugespitzt, jedes derselben trägt auf dem Rücken eine quergestellte gradartige Erhebung, die an den Außenseiten stärker vorspringt. Subunci fehlen. Valve (Fig. 488) im oberen Teil stärker gerundet als bei *L. hardwickei* (J. E. Gray), nicht so ausgeprägt rechteckig, sondern mehr kreisartig im Umriß. Oberrand nicht stärker chitinisiert. Die Einbuchtung vor dem Ende der Ventralseite wenig ausgeprägt, der ventrale Valvenfortsatz in ähnlicher Weise verankert wie bei *L. hardwickei* (J. E. Gray), gegen das Ende allmählich verschmälert, nicht spatelförmig verbreitert. Oberrand mit zahlreicheren Zähnen als bei *L. hardwickei* (J. E. Gray), am Ende ein ähnlicher nach innen gerichteter Haken. Aedoeagus (Fig. 489) ähnlich dem von *L. hardwickei* (J. E. Gray), durch etwas stärkere Zähnung am Orificium unterschieden, die ovale

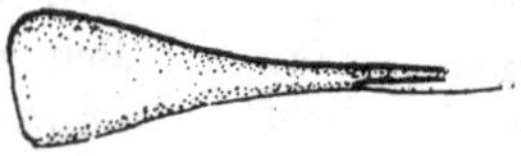

Fig. 489.
Aedoeagus von **Koramius széchenyii** (J. Friv.) (Nach M. Hering 1932) (13/1).

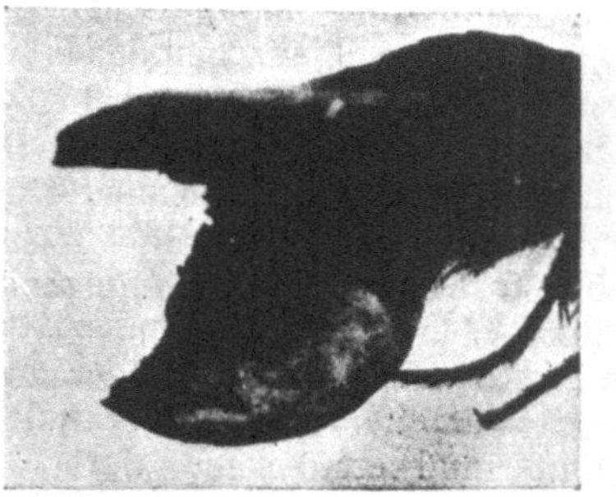

Fig. 490.
Sphragis von **Koramius széchenyii** (J. Friv.) (Original).

Verdickung oralwärts plötzlich gestutzt. Sphragis (Fig. 490) (1907 & 06, Verity, Rhop. palaearct., p. 89 t. XX f. 12 | 1907, H. Stichel in: Gen. Ins., *v.* 58 p. 37) wie bei *L. hardwickei* (J. E. Gray), aber viel länger, platt, eingedrückt, sehr schwach gefurcht, im Profil helmartig gebogen, dorsalwärts offen, das Tergit nicht ringförmig umklammernd, caudalwärts vorspringend.

Ost-Tibet, Südwest-China.

Diese Art zerfällt in 6 Unterarten.

forma interpunctata Bryk 1912 *Parnassius szechenyi* aberr., Bryk in: Soc. ent., *v.* 27 p. 101 | 1915 *P. s.* aberr. *interpunctatus*, Bryk in: Arch. Naturg., *v.* 80 A 9 p. 141, A 7 t. 13 f. 105 (♂) | [1918] *P. s.* aberr. *i.*, Bryk, Parnassius Apollo Formenkreis,

p. 137 t. 13 f. 105 (♂) | 1922 [1923] *P. S.* aberr. *i.*, Bryk in: Strand, Lep. Cat., *v.* 27 p. 223 | 1931 *P. s. kansuensis* aberr. *i.*, Bryk & Eisner in: Parnassiana, *v.* 1 nr. 7/8 p. 8.

Zwischen dem Subcostalaugenfleck und dem Wurzelfleck ein isolierter schwarzer Fleck.

Amdo.

Typus: ♂ in coll. C. Eisner, Berlin-Dahlem.

forma tripicta Bryk & Eisner 1931 *Parnassius szechenyi kansuensis* aberr. *t.*, Bryk & Eisner in: Parnassiana, *v.* 1 nr. 7/8 p. 7.

Subcostalbändchen mit 3 roten Kernen.

Nanshan (Tatung-Gebirge).

Typen: ♂ ♀ in coll. C. Eisner, Berlin-Dahlem.

forma biexcelsior Bryk & Eisner 1931 *Parnassius szechenyi kansuensis* aberr. *b.*, Bryk & Eisner in: Parnassiana, *v.* 1 nr. 7/8 p. 7.

Die beiden vordersten Wurzelflecke oberseits mit Prachtfarbe belebt.

Nanshan (Tatung-Gebirge).

Typen: ♂ ♀ in coll. C. Eisner, Berlin-Dahlem.

forma ocelloconjuncta Bryk & Eisner 1931 *Parnassius szechenyi kansuensis* aberr. *o.*, Bryk & Eisner in: Parnassiana, *v.* 1 nr. 7/8 p. 8.

Augenflecke oberseits durch einen schwarzen Strich verbunden.

Nanshan (Tatung-Gebirge).

Typus: ♀ in coll. C. Eisner, Berlin-Dahlem.

forma rubrosubmarginata O. Bang-Haas 1928 *Parnassius szechenyi* aberr. *r.*, O. Bang-Haas in: Ent. Z., *v.* 42 p. 60 | 1929 *P. s.* ♂ aberr. *r.*, Bollow in: Seitz, Großschmett. Erde, *v.* 1 Suppl. 1 p. 76 | 1931 *P. s. kansuensis* aberr. *r.*, Bryk & Eisner in: Parnassiana, *v.* 1 nr. 7/8 p. 7.

Submarginalbinde oberseits rötlich angehaucht.

Nanshan (Tatung-Gebirge).

Typus: ♂ in coll. O. Bang-Haas, Blasewitz-Dresden.

11. **K. széchenyii széchenyii** (J. Friv.) 1886 *Parnassius S.*, J. Frivaldszky in: Termész. Füzetek, *v.* 10 p. 39 t. 4 f. 1, 1 a (♂) | 1892 *P. Szechenyi* (part.), C. Oberthür, Étud. Ent., *v.* 16 p. 4 t. 2 f. 11 (non 13) | 1907 & 06 *P. s.* var. *amdensis*, Verity, Rhop. palaearct., p. 89 t. XXI f. 16 (♂) | 1907 *P. s.*, H. Stichel in: Seitz, Großschmett. Erde, *v.* 1 p. 31 | 1907 *P. s. szechenyi*, H. Stichel in: Gen. Ins., *v.* 58 p. 37 | 1915 *P. s.* aberr. *interpunctatus*, Bryk in: Arch. Naturg., *v.* 80 A 9 p. 141, A 7 t. 13 f. 105 (♂) | 1918 *P. s. szechenyi*, W. Rothschild in: Nov. zool., *v.* 25 p. 253 | [1918] *P. s.* aberr. *interpunctatus*, Bryk, Parnassius Apollo Formenkreis, p. 137 t. 13 f. 105 (♂) | 1922 [1923] *P. S.* + aberr. *i.*, Bryk in: Strand, Lep. Cat., *v.* 27 p. 222, 223 | 1928 *P. s. szechenyi*, O. Bang-Haas in: Ent. Z., *v.* 42 p. 60 | 1931 *P. s.* (Nominatform), Bryk & Eisner in: Parnassiana, *v.* 1 nr. 7/8 p. 6.

Eine helle Rasse, nicht sexuell digryph (Fig. 491). Vorderrand schwach schwärzlich überstäubt. Glasband bis zum Hinterrand reichend. Submarginalbinde von $M_2$ an in aneinandergrenzende, dreieckige Flecke aufgelöst. Subcostalbändchen mehr oder weniger reich rot gekernt. Hinterrandfleck mit kleinem, rotem Kern. Flügelmitte um den Discus schwach schwärzlich bestäubt. Hinterflügel: Submarginalbinde mit 2—3 blau gekernten Randaugenflecken. Augenflecke mittelgroß bis groß. 3. Analfleck oft vorhanden. Hinterrandschwärze bisweilen vorn um die Mittelzelle bis $R_5$ (+ $M_1$) greifend. Augenflecke unterseits mit schwarzem Zwischenstrich. Männchen: Hinterstes

Fig. 491.
**Koramius széchenyii széchenyii** (J. Friv.) (links ♂, rechts ♀). (Original, aus coll. Zool. Mus. Berlin) (¹/₁).

Element der Submarginalbinde des Vorderflügels stark verkleinert. Wurzelfeld der Mittelzelle im Vorderflügel schwärzlich betont. Weibchen etwas seichter beschuppt. Hinterrandfleck etwas verkleinert. Forma *interpunctata* tritt auf. Vorderflügellänge: ♂ 29—32,5 mm, ♀ 28,5 mm.

Kuku-Nor, Amdo.

Typus: ♂ in coll. Zool. Mus. Budapest.

12. **K. széchenyii kansuënsis** (Bryk & Eisner) 1928 *Parnassius szechenyi* aberr. *rubrosubmarginata*, O. Bang-Haas in: Ent. Z., *v.* 42 p. 60 | 1931 *P. s.* subsp. *kansuensis*, Bryk & Eisner in: Parnassiana, *v.* 1 nr. 7/8 p. 6 f. 6 (♂), 7 (♀) | 1934 *P. s.* subsp. *kansuënsis*, Bryk & Eisner, ibid., *v.* 3 p. 26.

Luxuriöser gezeichnet als die Nominatrasse, nicht so dicht hell beschuppt. Weibchen mehr verglast (Fig. 492). Mittelzellfleck sehr kräftig. 3. Analfleck vorhanden. Männchen: Submarginalbinde hinten nicht in getrennte Flecke aufgelöst. Wurzelfeld der Mittelzelle im Vorderflügel schwarz. Submarginalbinde des Hinterflügels meist in ihren letzten 4 Elementen blau gekernt. Weibchen: Vorderflügelmitte stark schwärzlich bestäubt. Hinter-

Fig. 492.
**Koramius széchenyii kansuënsis** (Bryk & Eisner) (♂). (Typus, nach Bryk & Eisner 1931) (¹/₁).

flügelsaum etwas grau angehaucht. Folgende formae treten auf: *tripicta, biexcelsior, interpunctata, ocelloconjuncta, rubrosubmarginata*. Vorderflügellänge: ♂ 31—32 mm, ♀ 32—35 mm.

Nanshan, Tatung-Gebirge.

Typen: ♂♀ in coll. C. Eisner, Berlin-Dahlem.

Fig. 492 a.
**Koramius széchenyii kansuënsis** (Bryk & Eisner) (♀). (Typus, nach Bryk & Eisner 1931) (1/1).

13. **K. széchenyii lethe** (Bryk & Eisner) 1931 *Parnassius szechenyi* subsp. *l.*, Bryk & Eisner in Parnassiana, *v.* 1 nr. 7/8 p. 8 f. 8 (♂), 9 (♀).

Eine kleine, aufgehellte Unterart. Vorderrand und Wurzelfeld des Vorderflügels sehr schwach schwärzlich bestäubt, mit verkleinerten Flecken des Vorderflügels und verkleinerten Augenflecken (Fig. 493). Männchen mit sehr schmalem Glasbande. Submarginalbinde continuierlich, ebenfalls

Fig. 493.
**Koramius széchenyii lethe** (Bryk & Eisner) (oben ♂, unten ♀).
(Typen, nach Bryk & Eisner 1931) (1/1).

bis zum Hinterrande reichend. Weibchen mit breiterem Glasbande und hinten reduzierter Submarginalbinde des Hinterflügels. Saum des Hinterflügels schwach glasig verrußt. Vorderflügellänge: ♂ ♀ 29 mm.

Burchan Buddha-Kette.

Typen: ♂ ♀ in coll. C. Eisner, Berlin-Dahlem.

14. **K. széchenyii eros** (Bryk & Eisner) 1934 *Parnassius szechenyi* subsp. *e.*, Bryk & Eisner in: Parnassiana, *v.* 3 p. 26 f. 7 (♂) f. 8 (♀).

Fig. 494.
**Koramius széchenyii eros** (Bryk & Eisner) (♂). (Typus, nach Bryk & Eisner 1934) (1/1).

Fig. 494 a.
**Koramius széchenyii eros** (Bryk & Eisner) (♀). (Typus, nach Bryk & Eisner 1934) (1/1).

In der Mitte zwischen ssp. *kansuënsis* (Bryk & Eisner) und ssp. *lethe* (Bryk & Eisner) in bezug auf Größe und Zeichnung stehend (Fig. 494). Die melahyaline Bestäubung schwächer. Augenflecke und Randaugenflecke vergrößert. Von den 3 Analflecken sind die 2 hintersten sehr oft rot gekernt.

Kanssu septentrionalis: Weynänpu, 4000 m.

Typen: ♂ ♀ in coll. C. Eisner, Berlin-Dahlem.

15. **K. széchenyii germanae** (Austaut) 1892 *Parnassius Szechenyi* (part.), C. Oberthür, Étud. Ent., *v.* 16 p. 4 t. 2 f. 13 (♀) (non 11) | 1906 & 07 *P. s.*, Verity, Rhop. palaearct., p. 89 t. XXI f. 14 (♂), 15 (♀) | 1906 *P. s.* var. *germanae*, Austaut in: Ent. Z., *v.* 20 p. 66 | 1907 *P. s. g.*, H. Stichel in: Seitz, Großschmett. Erde, *v.* 1 p. 32 t. 15e *(szechenyi)* | 1907 *P. s. g.*, H. Stichel in: Gen. Ins., *v.* 58 p. 37 | 1918 *P. s. g.*, W. Rothschild in: Nov. zool., *v.* 25 p. 253 | 1922 [1923] *P. s.* var. *g.*, Bryk in: Strand, Lep. Cat., *v.* 27 p. 223 | 1923 *P. s. g.*, Draeseke in: D. ent. Z. Iris, *v.* 37 p. 60 | 1928 *P. s. germainae* (pro *germanae*), O. Bang-Haas in: Ent. Z., *v.* 42 p. 60 | 1929 *P. s. germaineae*, Bollow in: Seitz, Großschmett. Erde, *v.* 1 Suppl. 1 p. 76.

Eine große Unterart, die stark der Nominatform ähnelt, jedoch etwas verdunkelt ist. Glasband bis zum Hinterrand reichend. Vorderrand und Wurzelfeld des Vorderflügels schwarz bestäubt. Subcostalbändchen und Hinterrandfleck gewöhnlich rot gekernt. 3. Analfleck stets erhalten. Männchen: Submarginalbinde des Vorderflügels hinten nicht continuierlich, die losen Flecke jedoch kräftig. Wurzelfleck in der Mittelzelle des Vorderflügels stark hervortretend. Weibchen: Vorderflügel stark schwärzlich bestäubt. In der Submarginalbinde des Hinterflügels oft 4 blaue Randaugenflecke. Hinterrandschwärze sehr kräftig, oft sogar vorn mit dem 3. Analfleck verschmelzend. Vorderflügellänge: ♂ 33—35 mm, ♀ 34 mm.

Szetschwan: Tatsienlu.

16. **K. széchenyii frivaldszkyi** (O. Bang-Haas) 1928 *Parnassius szechenyi* subsp. *f.*, O. Bang-Haas in: Ent. Z., *v.* 42 p. 60 | 1929 *P. s.* „Rasse" *f.*, Bollow in: Seitz, Großschmett. Erde, *v.* 1 Suppl. 1 p. 76 | 1931 *P. s.* subsp. *f.*, Bryk & Eisner in: Parnassiana, *v.* 1 nr. 7/8 p. 8.

Eine sehr helle, dicht cremegelb beschuppte Subspecies mit sehr schmalem und kurzem Glasband, das kaum $Cu_1$ erreicht. Submarginalbinde von $M_2$ an in 4 oder 5 lose, schwarze Fleckchen aufgelöst. Subcostalbändchen schmal, vom Endzellfleck stärker entfernt, hinten $M_3$ nicht erreichend. Vorderrand des Vorderflügels fast gar nicht schwarz bestäubt. Mittelzellfleck hinten die

Fig. 495.
**Koramius széchenyii frivaldszkyi** (O. Bang-Haas) (♀). (Ideotypus, aus coll. Zool. Mus. Berlin) (1/1).

Discoidalrippe nicht erreichend. Hinterflügel mehr gerundet und breiter als bei allen erwähnten Unterarten. Submarginalbinde vorn aus 4 dicken, schwarzen Strichen, hinten aus 2 getrennten Randaugenflecken bestehend. Augenflecke breit schwarz umrandet, dunkel Terra di Siena-rot, meist ohne weiße Aufhellung in ihrer Mitte, oft durch einen tiefschwarzen Steg miteinander vereinigt. 3. Analfleck fehlt ober- und unterseits. Hinterrandschwärze bisweilen reduziert. Männchen: Subcostalbändchen und Hinterrandfleck ohne oder mit reduziertem Rot. Hinterster Fleck der Submarginalbinde des Vorderflügels fehlend oder sehr stark rückgebildet. Wurzelfeld des Vorderflügels schwärzlich bestäubt. Weibchen (Fig. 495): Vorderflügel am Apex etwas zugespitzter. Vorderflügellänge: ♂ 32 mm, ♀ 33 mm.

Richthofen-Gebirge, südwestlich Liang-Tschou.

Typen: ♂ ♀ in coll. O. Bang-Haas, Dresden-Blasewitz.

Eine lokal eng begrenzte Art mit verhältnismäßig kleinem Verbreitungsareal. Die Unterart aus dem Richthofen-Gebirge ist wie alle anderen Parnassier aus jenem

Gebiete sehr hell. Ei, Larve, Puppe unbekannt. Diese Art zeigt nähere Beziehungen zur *Tadumia acco* (G. R. Gray), aber wegen ihres von *Tadumia* F. Moore abweichenden Geäders stellen wir sie zu *Koramius* F. Moore.

2. **K. cephalus** (Gr.-Gr.) 1890 *Parnassius c.*, Grum-Grshimailo in: Horae Soc. ent. Ross., *v.* 25 p. 446 | 1892 *P. delphius* var. *c.*, F. Rühl & A. Heyne, Palaearkt. Groß-Schmett., *v.* 1 p. 106 | 1901 *P. d.* var. *c.*, O. Staudinger & Rebel, Cat. Lep. Palaearct. Faunengeb., ed. 3 *v.* 1 p. 7 | 1907 *P. c.*, H. Stichel in: Seitz, Großschmett. Erde, *v.* 1 p. 32 t. 16b (♂) | 1907 & 10 *P. c.* (part.), Verity, Rhop. palaearct., p. 88 t. XIX f. 17 (♂), 18 (♀), t. 3 f. 16 (♂, squamae) | 1907 *P. c.*, H. Stichel in: Gen. Ins., *v.* 58 p. 38 (nota 1) | 1915 *P. c.*, O. Bang-Haas in: D. ent. Z. Iris, *v.* 29 p. 149, 170 | 1916 *P. c.*, Avinoff in: Tr. ent. Soc. London, 1915 p. 353 | 1920 *P. C.*, Avinoff in: C. Oberthür, Étud. Lép., *v.* 17 p. 81 | 1922 [1923] *Tadumia c.*, Bryk in: Strand, Lep. Cat., *v.* 27 p. 49 | 1932 *Parnassius c.*, Eisner in: Parnassiana, *v.* 2 p. 15 | 1932 *Tadumia acco c.*, M. Hering in: Mt. D. ent. Ges., *v.* 3 p. 33 | 1932 *Parnassius c.*, H. Roth in: Ent. Z., *v.* 46 p. 62; p. 64 f. (nerv. al. ant.) | 1932 *P. acco c.*, M. Hering in: Mt. Mus. Berlin, *v.* 18 p. 284, 288, 296, 302, 303 f. 37 (Schienenblättchen), p. 308, 309 f. 78 (VIII. Tergit ♂), p. 310, 311 f. 108 (aedoeagus), p. 316, 317 f. 147 (valva, uncus).

Eine in beiden Geschlechtern reich gezeichnete, sehr variable Art von mehr oder weniger stark gestrecktem Vorderflügelschnitt. Kopf klein. Augen groß, nackt, schwarz, eiförmig, kuglig gewölbt. Antennen schwarz, am Schaft schwach hell beschuppt, von $^1/_3$ Länge des Vorderrandes. Stirnbusch hell, mit schwarzen Haaren untermischt. Palpen (Fig. 496) hell, dunkel behaart, das Endglied spindelförmig verjüngt. Thorax und Abdomen schwarz. Halskragen schmutzig grünlich aufgehellt, beim Weibchen unbehaart. Femur und Tibia hell behaart. Schienenblättchen (Fig. 497) sehr lang, über das Ende der Tibia hinausreichend. Abdomen des Männchens schwach behaart, am Ende ventral mit gelblichen, längeren Haaren besetzt, das des Weibchens nackt, spärlich beschuppt. Flügel: $R_1$ mit $R_3$ nur selten verwachsen (= forma meth. *tadumica*). Die $M_1$ aus dem Stiel der gegabelten $R_4 + R_5$ oder frei an der vorderen Ecke der Mittelzelle entspringend. Vorderflügel: Vorderrand und Wurzelfeld schwärzlich bestäubt. Befransung umbrahell. Saumlinie braun. Glasband schmal, hinten verjüngt, den Hinterrand mehr oder weniger erreichend. Submarginalbinde continuierlich bis zum Hinterrande reichend. Submarginalbändchen stets erhalten. Hinterrandfleck mehr oder weniger stark ausgeprägt. Zellflecke schwarz. Unterseite: Endzellfleck und Mittelzellfleck sehr stark reduziert. Sonst scheinen die Zeichnungsanlagen der Oberseite durch. Die Rippen nackt, umbrabraun. Hinterflügel: Befransung und Saumlinie hell. Saum schmal verglast. Submarginalbinde vorn continuierlich bis zur $M_3$ verlaufend oder in Flecke aufgelöst, an diese schließen sich 2 getrennte, etwas saumwärts verschobene, blau gekernte Randaugen an. Die beiden Augenflecke klein bis mittelgroß, dick schwarz umrandet, mit roten bis orangegelben Kernen, der mediane oft unregelmäßig geformt. Analflecke bogig, mit dem medianen Augenfleck verbunden oder sehr stark reduziert. Wurzelfeld- und Hinterrandschwärze stark verbreitert; sie füllt den ganzen Hinterrand aus und setzt sich um den Discus fort, bisweilen seine ganze Peripherie schwärzend. Zwischen dem subcostalen Augenfleck und dem Wurzelfelde in derselben Zelle sehr oft ein deutlicher, schwarzer

Fig. 496. Palpus von **Koramius cephalus** (Gr.-Gr.) (Original).

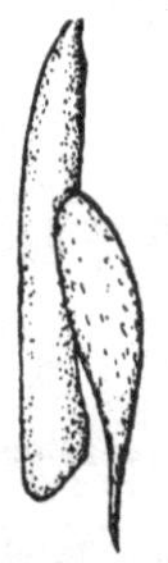

Fig. 497. Vorderschiene mit Schienenblatt von **Koramius cephalus** (Gr.-Gr.) (Nach M. Hering 1932) ($^{17}/_1$).

Zwischenwurzelfleck. Unterseite fast zeichnungslos. Wurzelflecke fehlen. Augenflecke stark in Größe und Schwarzumrandung variierend. Submarginalbinde in lose, blau gekernte Randflecke aufgelöst. VIII. Tergit des Männchens (Fig. 498) auf dem Rücken sehr tief ausgerandet, die Seitenlappen sehr groß.

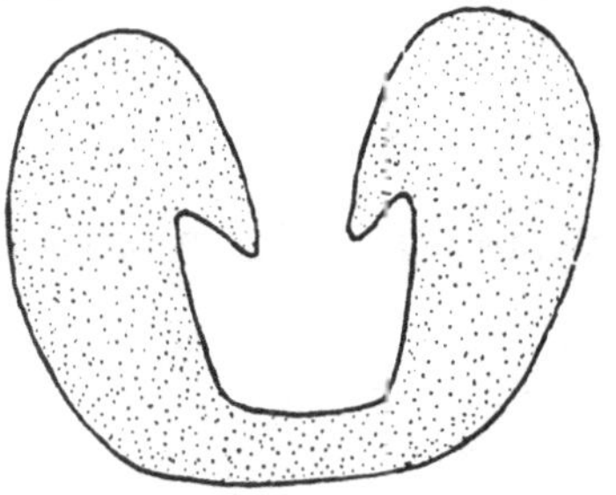

Fig. 498.
VIII. Tergit von **Koramius cephalus** (Gr.-Gr.) (♂). (Nach M. Hering 1932) ($^{9}/_{1}$).

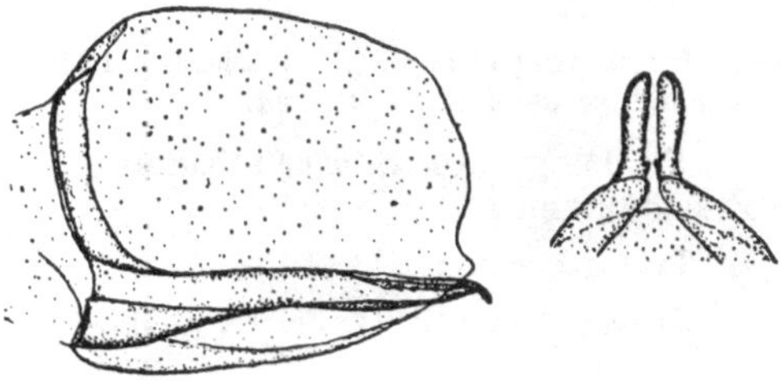

Fig. 499.
Valve (links) und Uncus (rechts) von **Koramius cephalus** (Gr.-Gr.). (Nach M. Hering 1932) ($^{15}/_{1}$).

Jeder Seitenlappen an der Oralseite noch etwas ausgebuchtet, deshalb dorsalseits hakenförmig vorspringend. Genitalarmatur des Männchens (Fig. 499). Uncus ähnlich wie bei *Lingamius hardwickei* (J. E. Gray), aber ohne die dorsale seitliche Überwölbung, ohne jede Gradbildung, wie sie bei *Koramius széchenyii* (J. Friv.) vorkommt, am Ende stumpf. Subunci fehlen. Valve sehr ähnlich der von *K. széchenyii* (J. Friv.); der innere Valvenfortsatz am Ende weniger hakenartig gekrümmt als bei *K. széchenyii* (J. Friv.). Aedoeagus (Fig. 500) ähnlich dem von *K. széchenyii* (J. Friv.). Sphragis (Fig. 501) (1907 & 06, Verity, Rhop. palaearct., p. 89 t. XX f. 11 | 1907, H. Stichel in: Seitz, Großschmett. Erde, *v.* 1 p. 32 | 1907, H. Stichel in: Gen. Ins., *v.* 58 p. 38 (nota 1) |

Fig. 500.
Aedoeagus von **Koramius cephalus** (Gr.-Gr.) (Nach M. Hering 1932) ($^{13}/_{1}$).

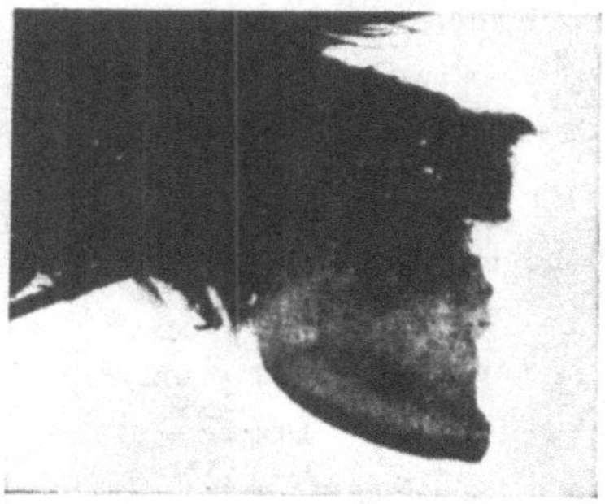

Fig. 501.
Sphragis von **Koramius cephalus** (Gr.-Gr.) (♀). (Original).

1912, Bryk in: Jahrb. Ver. Nassau, *v.* 65 p. 19 (nota 1) | 1914, Bryk in: Soc. ent., *v.* 29 p. 25) der von *K. széchenyii* (J. Friv.) ähnlich, aber kürzer, im Profil nicht so abgerundet und caudalwärts gerade verlaufend. Furchung breiter und gerillt. Vorderflügellänge: ♂♀ 30—38 mm.

Nordost-Tibet und West-China.

Die Art zerfällt in 6 Unterarten.

forma aperta Bryk & Eisner 1932 *Parnassius cephalus* forma *a.*, Bryk & Eisner in: Parnassiana, *v.* 2 p. 45, 50 f. 2 (♂ *P. cephallus* forma *a.*).

Der Mittelzellfleck des Vorderflügels ist vorn frei, indem er weit vor dem vorderen Discusarm endet, während er hinten die hintere Discoidalrippe erreicht (siehe Fig. 503).

Tatungsche Berge.

Typus: ♂ in coll. C. Eisner, Berlin-Dahlem.

forma inpicta Bryk & Eisner 1932 *Parnassius cephalus* forma *i.*, Bryk & Eisner in: Parnassiana, *v.* 2 p. 44.

Die Prachtfarbe fehlt dem Vorderflügel.

Tatungsche Berge.

Typen: ♂ ♀ in coll. C. Eisner, Berlin-Dahlem.

forma tripicta Bryk & Eisner 1932 *Parnassius cephalus* forma *t.*, Bryk & Eisner in: Parnassiana, *v.* 2 p. 44.

Fleckung des Subcostalbändchens des Vorderflügels mit 3 anstatt 2 Prachtkernen.

Tatungsche Berge.

Typus: ♀ in coll. C. Eisner, Berlin-Dahlem.

forma quadripicta Bryk & Eisner 1934 *Parnassius cephalus cephalus* forma *q.*, Bryk & Eisner in: Parnassiana, *v.* 3 p. 24.

Das Subcostalbändchen des Vorderflügels trägt 4 rote Kerne.

Sining-Gebiet: Weynänpu.

Typen: ♂ ♀ in coll. C. Eisner, Berlin-Dahlem.

forma quinquepicta Bryk & Eisner 1934 *Parnassius cephalus cephalus* forma *q.*, Bryk & Eisner in: Parnassiana, *v.* 3 p. 24.

Subcostalbändchen des Vorderflügels mit 5 roten Kernen.

Sining-Gebiet: Weynänpu.

Typus: ♀ in coll. C. Eisner, Berlin-Dahlem.

forma fermata Bryk & Eisner 1932 *Parnassius cephalus* forma *f.*, Bryk & Eisner in: Parnassiana, *v.* 2 p. 44.

Zwischen der Wurzel des Vorderflügels und dem Hinterrandfleck ein accessorischer Fleck erhalten.

Tatungsche Berge.

Typus: ♂ in coll. C. Eisner, Berlin-Dahlem.

forma nigrociliata Bryk & Eisner 1932 *Parnassius cephalus* forma *n.*, Bryk & Eisner in: Parnassiana, *v.* 2 p. 45.

Die Befransung des Vorderflügels nicht hell, sondern schwarz.

Tatungsche Berge.

Typus: ♀ in coll. C. Eisner, Berlin-Dahlem.

forma ampliusocellulata Bryk & Eisner 1932 *Parnassius cephalus* forma *a.*, Bryk & Eisner in: Parnassiana, *v.* 2 p. 45.

Die Submarginalbinde des Hinterflügels trägt (anstatt 4) 5 blaue Randaugenflecke.

Tatungsche Berge.

Typen: ♂ ♀ in coll. C. Eisner, Berlin-Dahlem.

forma roseopicta Bryk 1932 *Lingamius cephalus cephalus* forma *r.*, Bryk in: Parnassiana, *v.* 2 p. 21.

Alle 3 Flecke (2 Subcostal- und der Hinterrandfleck) des Vorderflügels, wie auch die Augenflecke des Hinterflügels rosarot gefärbt, wodurch das Tier ein artfremdes Aussehen erhält.

Amdo.

Typus: ♀ in coll. Brit. Mus. London.

forma semicaeca Bryk & Eisner 1932 *Parnassius cephalus* forma *s.*, Bryk & Eisner in: Parnassiana, *v.* 2 p. 45.

Subcostalaugenfleck des Hinterflügels ohne Prachtfarbe.

Tatungsche Berge.

Typen: ♂ ♀ in coll. C. Eisner, Berlin-Dahlem.

forma nigroocellata Bryk & Eisner 1934 *Parnassius cephalus cephalus* forma *n.*, Bryk & Eisner in: Parnassiana, *v.* 3 p. 24.

Augenflecke und Randaugenflecke des Hinterflügels schwarz, fast ohne Spuren der Prachtfarbe.

Sining-Gebiet: Weynänpu.

Typus: ♂ in coll. C. Eisner, Berlin-Dahlem.

forma ocelloconjuncta Bryk & Eisner 1932 *Parnassius cephalus* forma *o.*, Bryk & Eisner in: Parnassiana, *v.* 3 p. 45.

Beide Augenflecke durch einen schwarzen Strich miteinander verbunden.

Tatungsche Berge.

Typus: ♂ in coll. C. Eisner, Berlin-Dahlem.

forma basipicta Bryk 1932 *Lingamius cephalus cephalus* forma *b.*, Bryk in: Parnassiana, *v.* 2 p. 21 | 1932 *Parnassius c.* forma *b.*, Bryk & Eisner, ibid., *v.* 2 p. 45.

Der vor der Mittelzelle des Hinterflügels liegende Wurzelfleck oberseits mit der Prachtfarbe gekernt.

Amdo.

Typen: ♂ ♀ in coll. Brit. Mus. London.

forma nigricans Bryk & Eisner 1932 *Parnassius cephalus* subsp. *gehleni* forma *n.*, Bryk & Eisner in: Parnassiana, *v.* 2 p. 45.

Hyaline, stark verdunkelte Weibchen. Das Melanotische zeigt sich u. a. auch im Auftreten eines Zwischenzellfleckes zwischen beiden Zellflecken des Vorderflügels.

Szetschwan: Watusi-Paß, 4500 m.

Typus: ♀ in coll. C. Eisner, Berlin-Dahlem.

Folgende Geäderaberration wurde beschrieben:

forma metathetica tadumica (1935 Bryk in: Parnassiana, *v.* 3 p. 63):

$R_1$ mit $R_3$ des Vorderflügels wie bei *Tadumia* F. Moore verwachsen.

21. **K. cephalus cephalus** (Gr.-Gr.) 1890 *Parnassius c.*, Grum-Grshimailo in: Horae Soc. ent. Ross., *v.* 25 p. 446 | 1907 *P. c.* (part.), Verity, Rhop. palaearct., p. 88 t. XIX f. 17 (♂), 18 (♀) | 1907 *P. c. cephalus*, H. Stichel in: Gen. Ins., *v.* 58 p. 38 | 1922 [1923] *Tadumia c.*, Bryk in: Strand, Lep. Cat., *v.* 27 p. 49 | 1932 *Lingamius c. cephalus* forma *roseopicta* + forma *basipicta*, Bryk in: Parnassiana, *v.* 2 p. 21 | 1934 *Parnassius c. c.* + forma *quadripicta* + forma *quinquepicta* + forma *nigroocellata*, Bryk & Eisner in: Parnassiana, *v.* 3 p. 24, 25 f. 3, 4 (♂ ♀ *Parnassius cephalus ares*).

Flügelgrund relativ dicht beschuppt (Fig. 502). Er macht dadurch einen hellen, sauberen Eindruck. Die melahyaline Bestäubung tritt zurück. Marginalbinde des Vorderflügels schmal, am Hinterrande sich verjüngend, die des Hinterflügels sehr schmal. Die kräftige Submarginalbinde des Vorderflügels durch eine breite Grundfarbenbinde scharf vom Glasbande getrennt. Sie reicht bis

Fig. 502.
**Koramius cephalus cephalus** (Gr.-Gr.) (♂). (Nach Bryk & Eisner 1931) (1/1).

Fig. 502 a.
**Koramius cephalus cephalus** (Gr.-Gr.) (♀). (Nach Bryk & Eisner 1934) (1/1).

zum Hinterrandwinkel. Rotfleckung des Vorderflügels gut ausgebildet (2 rote Kerne im Subcostalbändchen, einer im Hinterrandfleck). Endzellfleck sehr kräftig. Mittelzellfleck oblong. Vorderrand und Wurzel des Vorderflügels schwarz gekörnt. Augenflecke und Randaugenflecke mit relativ großen Prachtkernen. Hinterrandschwärze prägnant, nicht besonders ausgedehnt. Folgende formae treten auf: *roseopicta, basipicta, quadripicta, quinquepicta* und *nigroocellata*. Vorderflügellänge: ♂ ♀ 32—35 mm.

Sining-Gebiet: Amdo (Typus); Weynänpu.

Typus: ♀ in coll. Zool. Mus. Leningrad.

22. **K. cephalus ares** (Bryk & Eisner) 1932 *Parnassius c.*, H. Roth in: Ent. Z., *v.* 46 p. 62, 67 f. [5] [6] (♂, ♀) | 1932 *P. c. c.* + div. formae, Bryk & Eisner in: Parnassiana, *v.* 2 p. 44—45, 50 f. 2 (♂ forma *aperta*) | 1934 *P. c.* subsp. *ares*, Bryk & Eisner, ibid., *v.* 3 p. 25 (nec f. 3, 4!).

Eine in Flügelschnitt und Zeichnung sehr variable Rasse (Fig. 503). Kleiner als ssp. *cephalus* (Gr.-Gr.). Mit geschwärztem Flügelgrund. Binden breiter, die helle Grundsubstanzbinde des Vorderflügels dadurch verschmälert. Die Rotfleckung im Vorderflügel tritt zurück. Augenflecke und Randaugenflecke etwas verkleinert, mit geringerer Prachtkernung. Die Farbe der Augenflecke variabel, gelblich, orangegelb bis carminrot, ohne deutlichen, weißen Kern, breit schwarz umrandet. Männchen: Wurzelfleck des Hinterflügels sehr stark verbreitert, dem Subcostalaugenflecke genähert. Saum des Hinterflügels

Fig. 503.
**Koramius cephalus ares** (Bryk & Eisner) forma **aperta** Bryk & Eisner (♂).
(Typus, nach **Bryk & Eisner** 1932) (1/1).

sehr schmal beschattet. Weibchen dünner beschuppt, mit mehr gestrecktem Vorderflügel. Zwischen Hinterrandfleck und Wurzelfeld des Vorderflügels bisweilen ein Zwischenwurzelfleck (forma *fermata*). Schwarzbestäubung in der Vorderflügelmitte zwischen Subcostalbändchen und Hinterrandfleck meist stärker als beim Männchen. Randaugenflecke oft vergrößert, nicht nur die beiden hintersten, sondern auch die beiden angrenzenden vorderen. Analflecke an den Medianaugenfleck sich bisweilen anlehnend, sonst nur 2 zellig. Folgende formae treten auf: *aperta, semicaeca, ocelloconjuncta, tripicta, inpicta, ampliusocellulata* und *semicaeca*. Vorderflügellänge: ♂ 33 mm, ♀ 31—32 mm.

Süd-Tatungsche Berge.

Typen: ♂ ♀ in coll. C. Eisner, Berlin-Dahlem.

23. **K. cephalus elwesi** (Leech) 1893 *Parnassius delphius* var. *e.*, Leech in: Entomologist, *v.* 26 (Suppl.) p. 104 | 1893 *P. d.* var. *e.*, Leech, Butt. China Japan Corea, Part 4 p. 504 t. 33 f. 4 (♂) | 1894 *P. D.-E.*, C. Oberthür, Étud. Ent., *v.* 19 p. 3, 41 t. 8 f. 72 (♂) | 1901 *P. d.* var. *e.*, O. Staudinger & Rebel, Cat. Lep. Palaearct. Faunengeb., ed. 3 *v.* 1 p. 7 | 1902 *Koramius e.*, F. Moore, Lep. Ind., *v.* 5 p. 123 | 1907 & 06 *Parnassius cephalus* (part.), Verity, Rhop. palaearct. p. 88 t. XXI f. 13 (♂) | 1907 *P. c. elwesi*, H. Stichel in: Seitz, Großschmett. Erde, *v.* 1 p. 32 | 1907 *P. c. e.*, H. Stichel in: Gen. Ins., *v.* 58 p. 38 | 1911 *P. cephalus*, C. Oberthür, Étud. Lép., *v.* 5 p. 185, 317 t. 61 f. 558, 559 (♂), 561 (♀) | 1918 *P. c. elwesi*, W. Rothschild in: Nov. zool., *v.* 25 p. 261 | 1922 [1923] *P. c.* var. *E.*, Bryk in: Strand, Lep. Cat., *v.* 27 p. 50 | 1929 *P. c. e.*, Bollow in: Seitz, Großschmett. Erde, *v.* 1 Suppl. 1 t. 5a (♂) | 1932 *P. c.* subsp. *e.*, Eisner in: Parnassiana, *v.* 2 p. 15 | 1932 *P. c.* subsp. *e.*, Bryk in: Parnassiana, *v.* 2 p. 20, 21 | 1932 *P. c. e.*, Bryk in: Nov. zool., *v.* 37 p. 381 (♀) | 1932 *P. c. e.*, H. Roth in: Ent. Z., *v.* 46 p. 67 | 1935 *Koramius c. e.* forma metathet. *tadumica*, Bryk in: Parnassiana, *v.* 3 p. 63.

Ähnelt der ssp. *ares* (Bryk & Eisner), ist jedoch größer. Männchen (Fig. 504): Glasbinde länger, bis zum Hinterrande reichend, sich dort stark verjüngend. Submarginalbinde breit. Das breite Subcostalbändchen trägt beim Typus zwischen $M_1$ und $M_2$ einen roten Kern; es ist durch schwarze Überstäubung bis an den Discus mit dem hinten sehr stark reduzierten kommaförmigen Hinterrandfleck verbunden. Endzellfleck kräftig, Mittelzellfleck hinten oft frei. Die beiden Augenflecke verkleinert, der mediane fast 5eckig, stark schwarz umrandet, das Rot mit oder ohne weißen Kern. Hinterrandschwärze kräftig; sie füllt die hinterste Zelle fast ganz aus, schwärzt die innere Hälfte des Discus und zieht in der Regel bis $M_3$. Analflecke fehlen.

Fig. 504.
**Koramius cephalus elwesi** (Leech) (♂). (Typus, nach Leech 1893) (1/1).

Zwischen Subcostalfleck und Flügelwurzel ein schwarzer accessorischer Fleck. Die Submarginalbinde ist in Flecke aufgelöst, von denen nur die 2 hintersten, nach außen etwas verschobenen, vergrößert sind und blaue Kerne tragen. Glassaum schmal. Weibchen mehr weißlich, sein Vorderflügel mehr oval. Das Glasband ist auch am Hinterrandwinkel breiter und nicht wie beim Männchen sichelförmig verjüngt. Submarginalbinde mager, zwischen dem Glasbande eine sehr schmale Grundbinde freilassend. Hinterrandfleck als Abschluß der vom breiten Subcostalbändchen ziehenden Binde länger als beim Männchen. Medianaugenfleck weiß gekernt. Saum glasig grau. Hinterrandschwärze wie beim Männchen, aber mehr graphitgrau. Bemerkenswert ist, daß $R_3$ des Vorderflügels mit $R_1$ an einer Stelle anastomisiert. Vorderflügellänge: ♂ 36 bis 39 mm, ♀ 35—37 mm.

Szetschwan: Tatsienlu, Tongho, Hadja, Houkow.

Typus: ♂ in coll. Brit. Mus. London.

24. **K. cephalus capitalis** Bryk & Eisner 1923 *Parnassius c.*, Draeseke in: D. ent. Z. Iris, *v.* 37 p. 60 | 1932 *P. c. elwesi*, H. Roth in: Ent. Z., *v.* 46 p. 67 f. 1 (♂) | 1935 *Koramius c.* subsp. *capitalis*, Bryk & Eisner in: Parnassiana, *v.* 3 p. 63 f. 5 (♂).

Männchen (Fig. 505). Dichter beschuppt als ssp. *gehleni* (Eisner) und ssp. *elwesi* (Leech). Vorderflügelform gestreckter. Glasbinde heller, breit und klar, bis zum Hinterrande reichend. Mondbinde zwischen der gut ausgebildeten Submarginalbinde und der marginalen Glasbinde deutlich abgesetzt. Subcostalbändchen sehr schmal. Hinterrandfleck verschwindend klein. Submarginalbinde des Hinterflügels wie bei ssp. *gehleni* (Eisner) in einzelne Elemente aufgelöst, ihre hintersten, die beiden blaugekernten Randaugenflecke, länglich. Subcostalaugenfleck schwarz, der mediane rot ausgefüllt, sehr breit schwarz umzingelt, beide etwas verkleinert. Hinter-

Fig. 505.
**Koramius cephalus capitalis** Bryk & Eisner (♂). (Typus) (1/1).

randschwärze wie bei ssp. *gehleni* (Eisner). Befransung beider Flügel weiß. W e i b c h e n unbekannt. Vorderflügellänge: ♂ 34 mm.

Szetschwan: Sunpanting.

Typus: ♂ in coll. C. Eisner, Berlin-Dahlem.

25. **K. cephalus gehleni** (Eisner) 1932 *Parnassius c.* subsp. *g.*, Eisner in: Parnassiana, *v.* 2 p. 16; p. 15 f. 1 (♂), p. 16 f. 2 (♀) | 1932 *P. c. g.*, H. Roth in: Ent. Z., *v.* 46 p. 67 f. [2] (♂) | 1932 *P. c.* subsp. *g.* + forma *nigricans* + *semicaeca*, Bryk & Eisner in: Parnassiana, *v.* 2 p. 45.

Fig. 506.
**Koramius cephalus gehleni** (Eisner) (♂). (Typus, nach Eisner 1932) (1/1).

Nähert sich stark ssp. *ares* (Bryk & Eisner) (Fig. 506). Bindenzeichnung und Zellflecke prägnant. Flügel stark schwarzbraun überpudert. Glasbinde bis zum Hinterrand reichend. Hinterrandfleck deutlich. Zwischenwurzelfleck zwischen Subcostalaugenfleck und Wurzelfeld vorhanden. Augenflecke etwas vergrößert, desgleichen die beiden blauen Randaugenflecke. Augenflecke schwach, durch schwarze Überpuderung verbunden. Analflecke ausgeprägt. Hinterrandschwärze bisweilen hakenförmig um die Mittelzelle ziehend. Folgende formae treten auf: *semicaeca, nigricans.* Vorderflügellänge: ♂ 34—38 mm, ♀ 38 mm.

Szetschwan: Watusi-Paß, 4500 m, Tatsien-lu.

Typen: ♂ ♀ in coll. C. Eisner, Berlin-Dahlem.

Fig. 506a.
**Koramius cephalus gehleni** (Eisner) (♀). (Typus, nach Eisner 1932) (1/1).

26. **K. cephalus rileyanus** (Bryk) 1927 *Parnassius acdestis lathonius*, N. D. Riley in: Tr. ent. Soc. London, *v.* 75 p. 122 | 1932 *Lingamius cephalus rileyanus*, Bryk in: Parnassiana, *v.* 2 p. 20 | 1932 *Parnassius c.* subsp. *r.*, Bryk & Eisner, ibid., *v.* 2 p. 44.

Kleiner als alle erwähnten Subspecies von *K. cephalus* (Gr.-Gr.) (Fig. 507). Vorderflügel lang gestreckt, mit gerade verlaufendem, nicht gebogenem Vorderrande und nicht gebogenem Apex. Glasbinde sehr schmal,

Fig. 507.
**Koramius cephalus rileyanus** (Bryk) (♀). (Typus) (1/1).

hinten stark verjüngt, als Linie den Hinterrand erreichend. Rippenenden des Vorderflügels dunkel befranst. Submarginalbinde deutlich bei $M_2$ und $M_3$ eingeschnürt und vorspringend, den Hinterrand erreichend. Subcostalbändchen stärker der Submarginalbinde genähert. Hinterrandfleck sehr deutlich, aber mäßig groß. Vorderflügelmitte sehr schwach schwärzlich überpudert. Endzellfleck vorn etwas verschoben. Mittelzellfleck schräg, vorn breiter als hinten, die Discoidalrippe hinten nicht erreichend. Hinterflügel nicht ganz rundlich, sondern bei $M_3$ etwas gewinkelt. Glassaum sehr schmal verdüstert, bei $Cu_1$ etwas bogig vorspringend. Submarginalbinde vorn breiter angelegt. Die beiden Randaugenflecke klein, getrennt, schmutzig blau gekernt. Augenflecke klein, dunkelrot, der mediane wurzelwärts concav abgegrenzt, bei der $M_2$ etwas zugespitzt und an diese Rippe angelegt. Hinterrandschwärze bis $M_3$ reichend. Zwischen Wurzelfeld und Subcostalaugenfleck ein isolierter, kleiner, aber deutlicher Zwischenwurzelfleck. Analfleck sehr schwach, aus der Hinterrandschwärze zwischen $Cu_1$ und $Cu_2$ hervorlugend. Männchen unbekannt. Vorderflügellänge: ♀ 29 mm.

Phuse La, nahe Rongchar Valley, 4800 m.

Typus: ♀ in coll. Brit. Mus. London.

27. **K. cephalus pythia** (H. Roth) 1932 *Parnassius p. tibuensis* + *Parnassius c. p.*, H. Roth in: Ent. Z., *v.* 46 p. 65 f. (nervatura alae ant.), 68 | 1932 *P. p.*, Bryk & Eisner in: Parnassiana, *v.* 2 p. 45.

Die kleinste Unterart von *K. cephalus* (Gr.-Gr.), die wegen starker Reduktion der submarginalen Zeichnung auf beiden Flügeln und Verkleinerung der Augenflecke den Eindruck einer guten Art erweckt. Weibchen (Fig. 508): Vorderflügel am Seitenrande gerade verlaufend, infolgedessen am abgerundeten Apex fast zugespitzt. $M_1$ entspringt aus dem Gabelstiele von $R_4 + R_5$,

Fig. 508.
**Koramius cephalus pythia** (H. Roth) (♂). (Typus, nach H. Roth 1932) (1/1).

während $R_3$ an der vorderen Zellecke mit diesem verwächst. Glasband des Vorderflügels schmal bis zum Hinterrandwinkel ziehend, wo es mit der sehr schmalen, wenig reduzierten Submarginalbinde zusammentrifft. Subcostalflecke verkleinert. Hinterrandfleck sehr klein. Endzellfleck mäßig. Mittelzellfleck mäßig, viereckig, hinten frei. Zwischen Hinterrandfleck und Wurzelfeld ein länglicher schwarzer Wisch, wie er für die forma *fermata* typisch ist. Hinterflügel: Glassaum schmal. Submarginale in 6 kleine Flecke aufgelöst, von denen die 4 vordersten verschwindend klein und matt sind. Augenflecke sehr klein, beide erreichen ihre hintere Rippenwand nicht. Hinterrandschwärze bis $M_3$ ziehend, den hinteren Teil der Discuswurzel fast ausfüllend. Analflecke fehlen. Männchen unbekannt. Vorderflügellänge: ♀ 28 mm.

Tibet: Tibu, westlich Gartok, 5000 m.

Typus: ♀ in coll. H. Roth, Hof in Bayern.

Diese ganz isoliert stehende Species besitzt ein kleines Verbreitungsareal. Das Geäder des Vorderflügels ist derart variabel, daß man einzelne Stücke nach diesem Kriterium bald zu *Lingamius*, bald zu *Koramius* und bald zu *Tadumia* stellen könnte, aber der Charakter von *Koramius* herrscht vor. Die praeimaginalen Stadien dieses Falters sind unbekannt. Flugzeit Juni.

3. **K. patricius** (Niepelt) 1911 *Parnassius p.*, Niepelt in: Int. ent. Z., *v.* 5 p. 274 (♀) | 1914 *P. p.*, Niepelt in: Strand, Lep. Niepeltiana, *v.* 1 p. 56 t. 7 f. 1—3 (♀) | 1922 [1923] *Tadumia acdestis* forma *p.*, Bryk in: Strand, Lep. Cat., *v.* 27 p. 49 | 1929 *Parnassius a.* „Rasse" *p.*, Bollow in: Seitz, Großschmett. Erde, *v.* 1 Suppl. 1 p. 80 | 1931 *P. priamus* + subsp. *patricius*, Red. [= Bryk] in: M. Hering in: Parnassiana, *v.* 1 nr. 7/8 p. 5 (nota) | 1932 *Koramius priamus*, Bryk in: Parnassiana, *v.* 2 p. 2 | 1932 *Tadumia delphius p.*, M. Hering in: Mt. D. ent. Ges., *v.* 3 p. 33 | 1932 *Parnassius d. p.*, M. Hering in: Mt. Mus. Berlin, *v.* 18 p. 282, 283, 294.

Augen klein, schwarz, nackt, eiförmig gewölbt. Stirnschopf grau behaart. Antennen schwarz, gegen das Ende zu sich allmählich verdickend, der höckerige Zapfen auf der Kolbe ganz unbedeutend. Palpen (Fig. 509) gelblich, unten schwarz und grau bewimpert; das verjüngte Endglied etwas kürzer als das Mittelglied. Thorax schwarz, ziemlich dicht grau behaart, mit farbig undeutlich differenziertem Halskragen. Tibien gelblich grau behaart. Abdomen schwarz, beim Männchen dichter behaart als beim Weibchen, die Segmente des Weibchens schwarzgrau beschuppt. Unterseits schmutzig grau behaart. Vorderflügel weniger gestreckt. Seitenrand etwas gerundet, weißlich befranst, mit deutlicher, brauner Saumlinie. Glasbinde mäßig breit, sich allmählich verjüngend, bis zum Hinterrande ziehend. Submarginalbinde continuierlich, mäßig breit, eine schmale Grundfarbenbinde freilassend. Subcostalbändchen nicht gesättigt schwarz, sondern rauchbraun, länglich, schräg gestellt, $M_3$ nicht immer erreichend, mit dem Hinterrandfleck nicht immer vereinigt. Endzellfleck kräftig, vorn breiter als hinten. Mittelzellfleck schmal, den hinteren Discusarm nicht immer erreichend. Vorderrand des Vorderflügels schwärzlich überpudert. Wurzelfeld schwächer. Unterseits fast zeichnungslos. Endzellfleck sehr stark reduziert. Die nackten Rippen umbrabraun. Hinterflügel etwas länglich, sanft abgerundet, hell befranst, mit dunkler Saumlinie. Glasbinde verhältnismäßig breit, unregelmäßig nach innen verlaufend oder sauber ausgezackt. Submarginalbinde zart, stark reduziert, grau, selten continuierlich, bisweilen nur sehr schwache Arkaden zwischen $R_3$ bis $M_2$ rudimentär erhalten. Randaugenflecke mit blauer Kernung kommen nicht vor. Augenflecke diffus umgrenzt, nicht abgerundet, oft ohne Prachtfarbe. Der mediane erreicht nicht immer $M_3$. Analflecke nie von einer Prachtfarbe belebt, bis $Cu_1$ reichend, mit der sehr stark verbreiteten Hinterrandschwärze vereinigt oder von ihr getrennt. Die Wurzelfeld- und Hinterrandschwärze übertrieben ausgedehnt, vorn sogar bisweilen an den subcostalen Augenfleck reichend und sich über die ganze Mittelzelle ergießend, sogar über diese hinaus reichend. Unterseite: Die nackten Rippen umbrabraun. Die Augenflecke mehr abgerundet, mit oder ohne Prachtfarbe gekernt. Wurzelflecke kaum schwarz angedeutet. VIII. Tergit des Männchens (Fig. 510) wie bei *K. delphius* (Eversm.). Uncus und Valve des männlichen Genitalapparates (Fig. 511) und Aedoeagus (Fig. 512) sind dem

Fig. 509. Palpus von **Koramius patricius kardakoffi** (Bryk & Eisner). (Original).

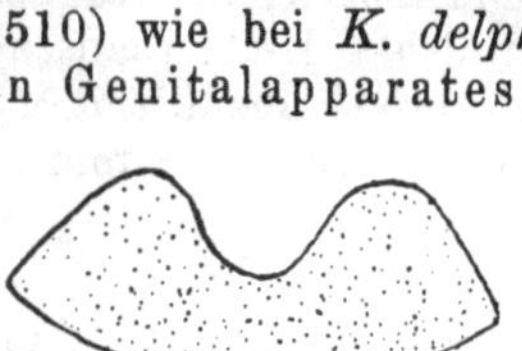

Fig. 510. VIII. Tergit von **Koramius patricius kardakoffi** (Bryk & Eisner) (♂). (Nach M. Hering 1932) ($^{9}/_{1}$).

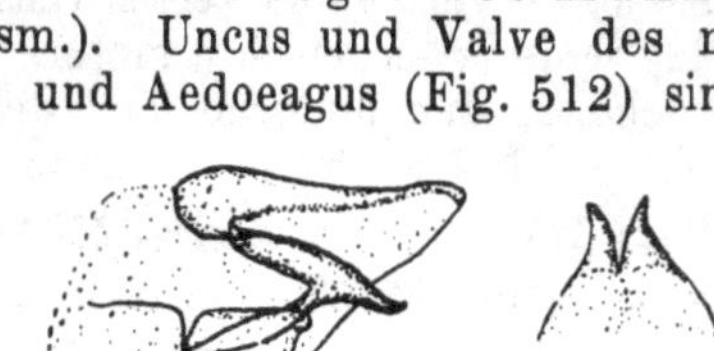

Fig. 511. Valve (links) und Uncus (rechts) von **Koramius patricius kardakoffi** (Bryk & Eisner). (Nach M. Hering 1932 ($^{15}/_{1}$).

von *K. delphius* (Eversm.) ähnlich. Sphragis (1914, Niepelt in: Strand, Lep. Niepeltiana, *v.* 1 p. 56 f. 1,2 | 1914, Bryk in: Soc. ent., *v.* 29 p. 25 f. 3α, $α_2$) kürzer als die von *K. delphius* (Eversm.). Der dorsale Ring ist nicht vollständig, sondern am Rücken offen. Die beiden Zipfel nicht so spitz verlaufend, und zur Hinterleibspitze mehr unter einem spitzen Winkel geneigt.

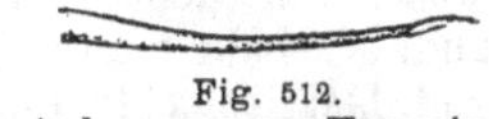

Fig. 512. Aedoeagus von **Koramius patricius kardakoffi** (Bryk & Eisner) (♂). (Nach M. Hering 1932) ($^{13}/_1$).

Tianschan.

Die Art zerfällt in 4 Unterarten.

forma binaria Bryk & Eisner 1930 *Parnassius acdestis* subsp. *kardakoffi* forma *b.*, Bryk & Eisner in: Mt. D. ent. Ges., *v.* 1 p. 8.

Mittelzellfleck des Vorderflügels in zwei punktartige Flecke aufgelöst.

Kungai-Ala-tau.

Typus: ♂ in coll. C. Eisner, Berlin-Dahlem.

forma semicaeca Bryk & Eisner 1930 *Parnassius acdestis* subsp. *kardakoffi* forma *s.*, Bryk & Eisner in: Mt. D. ent. Ges., *v.* 1 p. 8.

Nur der subcostale Augenfleck ohne Prachtfarbe.

Kungai-Ala-tau.

Typus: ♂ in coll. C. Eisner, Berlin-Dahlem.

forma infumata Bryk & Eisner 1930 *Parnassius acdestis* subsp. *kardakoffi* forma *i.*, Bryk & Eisner in: Mt. D. ent. Ges., *v.* 1 p. 8.

Flügelgrund verrußt.

Kungai-Ala-tau.

Typus: ♀ in coll. C. Eisner, Berlin-Dahlem.

31. **K. patricius patricius** (Niepelt) 1911 *Parnassius p.*, Niepelt in: Int. ent. Z., *v.* 5 p. 274 | 1914 *P. p.*, Niepelt in: Strand, Lep. Niepeltiana, *v.* 1 p. 56 f. 1, 2 (sphragis), t. 7 f. 1—3 | 1914 *P. delphius* subsp. *cretatus*, Sheljuzhko in: D. ent. Z. Iris, *v.* 28 p. 18 f. 1 (♀) | 1915 *P. acdestis* var. *patricius*, O. Bang-Haas, ibid., *v.* 29 p. 168 | 1922 *P. a. p.*, Avinoff in: C. Oberthür, Étud. Lép., *v.* 19 nr. 2 p. 68 | 1922 [1923] *Tadumia a.* forma *p.*, Bryk in: Strand, Lep. Cat., *v* 27 p. 49 | 1929 *Parnassius a.* „Rasse" *p.*, Bollow in: Seitz, Großschmett. Erde, *v.* 1 Suppl. 1 p. 80 | 1931 *P. a. p.*, Sheljuzhko in: Int. ent. Z., *v.* 25 p. 72 | 1932 *Koramius priamus patricius*, Bryk in: Parnassiana, *v.* 2 p. 2.

Weibchen (Fig. 513): Vorderflügel am Apex abgerundet oder etwas zugespitzt. Mit kreideweißem Grundton. Glasbinde zwischen $M_3$ und $Cu_1$

Fig. 513.
**Koramius patricius patricius** (Niepelt) (♀). (Typus, nach Niepelt 1914) ($^1/_1$).

wurzelwärts sehr schwach konkav ausgebuchtet. Submarginalbinde mäßig breit, zwischen ihr und dem Glasbande eine deutliche Grundfarbenbinde. Subcostalbändchen geradlinig, breit, sein Zipfel $M_3$ nicht erreichend. Hinterrandfleck bald mäßig, bald kräftig. Mittelzellfleck schmal, länglich oder vorn breit, fast dreieckig, hinten die hintere Discoidalrippe nicht erreichend. Hinterflügel: Die glasige Marginalbinde unregelmäßig ausgezackt. Submarginalbinde in den vordersten 2 Elementen schwach erhalten. Augenflecke diffus schwarz, der subcostale 3eckig, der mediane unregelmäßig 5eckig, $M_3$ nicht erreichend. Analflecke von der Hinterrandschwärze getrennt, bis $Cu_1$ reichend. Männchen unbekannt. Vorderflügellänge: ♀ 30 mm.

*K. cretatus* (Shelj.), der als Synonym zu *K. patricius* (Niepelt) gestellt wird, soll aus dem Pamir stammen, was unwahrscheinlich ist. Er zeigt geringfügige Unterschiede, die vielleicht als Merkmal einer anderen Unterart aufgefaßt werden könnten.

Tianschan: Narynsk.

Typus: ♀ in coll. C. Eisner, Berlin-Dahlem.

32. **K. patricius priamus** (Bryk) 1914 *Tadumia acdestis* subsp. *priamus*, Bryk in: Soc. ent., *v.* 29 p. 24 f. 1 (♀), f. 3 α, $α_2$ (sphragis) | 1915 *Parnassius a.* var. *p.*, O. Bang-Haas in: D. ent. Z. Iris, *v.* 29 p. 168 t. 5 f. 20 (♂ non ♀) | 1916 *P. a. p.*, Avinoff in: Tr. ent. Soc. London, 1915 p. 354 t. 52 f. 9 | 1922 *P. acdestis-priamus*, Avinoff in: C. Oberthür, Étud. Lép., *v.* 19 nr. 2 p. 56, 57, 67 t. 548 f. 4632 (♂) | 1922 [1923] *Tadumia acdestis* var. *priamus*, Bryk in: Strand, Lep. Cat., *v.* 27 p. 49 | 1927 *Parnassius a. p.*, O. Bang-Haas in: Horae Macrolep., *v.* 1 p. 33 | 1929 *P. a.* subsp. *p.* + aberr. *semicaeca*, Bollow in: Seitz, Großschmett. Erde, *v.* 1 Suppl. 1 p. 80 | 1931 *P. p. p.*, M. Hering (& Bryk (= Red.)) in: Parnassiana, *v.* 1 nr. 7/8 p. 5 und (nota) | 1932 *Koramius p.*, Bryk in: Parnassiana, *v.* 2 p. 2 | 1932 *Tadumia delphius p.*, M. Hering in: Mt. D. ent. Ges., *v.* 3 p. 33 | 1932 *T. d.* forma geogr. *p.*, M. Hering in: Mt. Mus. Berlin, *v.* 18 p. 282, 294.

Fig. 514.
**Koramius patricius priamus** (Bryk) (♂). (Original, aus coll. Zool. Mus. Berlin) (1/1).

An ssp. *patricius patricius* (Niepelt) sich auschließend, aber mit stärker ausgebuchtetem Seitenrand des Vorderflügels und weniger gestreckt (Fig. 514). Glasband zwischen $M_2$ und $M_3$ etwas mehr ausgebuchtet. Submarginalbinde ihm mehr angenähert, wodurch die Grundfarbenbinde sich verschmälert. Subcostalbändchen sehr breit, $M_3$ erreichend. Hinterrandfleck viereckig und sehr groß. Mittelzellfleck sehr schmal, die hintere Discoidalrippe nicht erreichend. Hinterflügel: Glasbinde etwas schmäler. Die graphitgraue Submarginalbinde schmal erhalten. Augenflecke diffus, mit orangegelber Kernung. Analflecke kräftig, der vordere mit der Hinterrandschwärze nicht vereinigt. Männchen: Glasband schmäler und kürzer. Submarginalbinde des Vorderflügels bis $Cu_2$ reichend, den Hinterrand nicht erreichend. Submarginalbinde des Hinterflügels sehr schmal, in lose Bogenstriche aufgelöst. Ob das Fehlen der Prachtkernung im subcostalen Augenfleck ein subspezifisches Merkmal ist, läßt sich bei der Seltenheit der Rasse nicht feststellen, ebensowenig ob die Augenflecke in der Regel durch einen schwarzen Strich verbunden sind. Weibchen mit continuierlicher, sehr schmaler Submarginalbinde. Vorderflügellänge: ♂♀ 28 mm.

Tianschan centr.: Aksu-Tal, Chantengri.

Typen: ♂♀ in coll. A. Avinov, Leningrad.

33. **K. patricius exclamationis** (Avinov) 1922 *Parnassius acdestis* subsp. (ou aberr?) *e.* [+ *interrogationis*], Avinoff in: C. Oberthür, Étud. Lép., *v.* 19 nr. 2 p. 56, 58, 68, 196 t. 548 f. 4633, 4634 (♂) | 1922 [1923] *Tadumia a.* var. (seu aberr?) *e.*, Bryk in: Strand, Lep. Cat., *v.* 27 p. 231 | 1927 *Parnassius a. e.*, O. Bang-Haas in: Horae Macrolep., *v.* 1 p. 33 | 1929 *P. a.* subsp. *priamus* aberr. *e.*, Bollow in: Seitz, Großschmett. Erde, *v.* 1 Suppl. 1 p. 80 t. 5 b (♂).

Männchen (Fig. 515): Größer als beide vorigen Unterarten. Sich stark an ssp. *priamus* (Bryk) anschließend. Submarginalbinde breiter. Subcostalbändchen mit dem sehr breiten Hinterrandfleck durch eine schmale, gezackte Binde verbunden. Hinterflügel mit schmalem Glassaum und mit ausgeprägter, dünner Submarginalbinde, die sich hinten in 2 längliche, schmale, blau gekernte, isolierte Stücke auflöst. Der vergrößerte, schwarze Subcostalaugenfleck mit dem schwach gekernten medianen durch einen kräftigen schwarzen, sich hinten verjüngenden Strich verbunden. Analfleck sehr kräftig, bis $Cu_1$ reichend, der hintere mit der Hinterrandschwärze verbunden. Weibchen unbekannt. Vorderflügellänge: ♂ 30—32 mm.

Fig. 515. **Koramius patricius exclamationis** (Avinov). (Typus, nach Avinov 1922) (1/1).

Tianschan centr.: Musart-Paß.

Typus: ♂ in coll. A. Avinov, Leningrad.

34. **K. patricius kardakoffi** (Bryk & Eisner) 1930 *Parnassius acdestis* subsp. *k.* + forma *binaria* + forma *caeca* + forma *semicaeca* + forma *infumata*, Bryk & Eisner in: Mt. D. ent. Ges., *v.* 1 p. 8 f. 1 (♂), 2 (♀) | 1932 *Koramius priamus kardakoffi*, Bryk in: Parnassiana, *v.* 2 p. 2 | 1932 *Parnassius delphius priamus* forma geogr. *k.*, M. Hering in: Mt. Mus. Berlin, *v.* 18 p. 306, 307 f. 56 (VIII. Tergit ♂), p. 310, 311 f. 103 (aedoeagus), p. 314, 315 f. 131 (valva, uncus).

Eine zwischen ssp. *patricius* (Niepelt) und *priamus* (Bryk) stehende Unterart mit durchweg mehr ausgedehnter Schwarzzeichnung (Fig. 516).

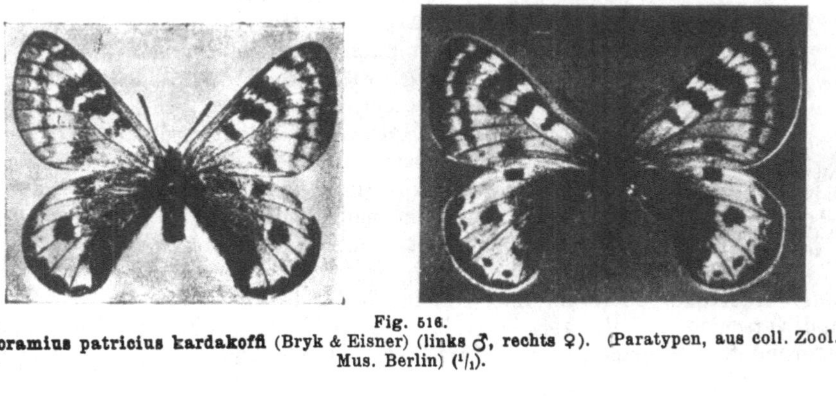

Fig. 516. **Koramius patricius kardakoffi** (Bryk & Eisner) (**links** ♂, **rechts** ♀). (Paratypen, aus coll. Zool. Mus. Berlin) (1/1).

Vorderflügel: Das breite Glasband bis zum Hinterrand reichend. Die sehr kräftige Submarginalbinde stark an dieses genähert. Subcostalbändchen sehr prägnant gezeichnet und deutlich gewinkelt, bis $M_3$ reichend, mit dem Hinterrandfleck, der sehr groß und 4eckig ist, in der Regel deutlich schwarz verbunden. Zellmakeln stärker entwickelt als bei den Vergleichsunterarten. Hinterflügel mit scharf abgesetztem, bogig ausgezähntem, dunklem Glasband. Submarginalbinde vorn stets als Fragment erhalten, bisweilen auch bis $Cu_1$ oder $Cu_2$ reichend. Augenflecke groß, der subcostale durchweg ohne Prachtkern, der mediane selten ebenso. Besonders stark verbreitert ist die Wurzelfeld- und Hinterrandschwärze, die keine weißen Partien einschließt, über die Mittelzelle hinausgeht und bei einigen Exemplaren sogar den Subcostalaugenfleck erreicht. Beide Analflecke in der Hinterrandschwärze verschwindend. Folgende formae treten auf: *binaria, semicaeca*. Vorderflügellänge: ♂♀ 30 mm.

Kungai-Ala-Tau, 3200—3700 m.

Typen: ♂♀ in coll. C. Eisner, Berlin-Dahlem.

Diese Art wurde erst in jüngster Zeit als gute Species erkannt. Man hatte sie zur sp. *Koramius acdestis* (Gr.-Gr.) gestellt, von der sie sich durch anderen Habitus und die ganz verschiedene Sphragis des Weibchens gut unterscheidet. Sie ist ein typisches Höhentier. Alle praeimaginalen Stadien sind unbekannt.

4. **K. acdestis** (Gr.-Gr.) 1890 *Parnassius delphius* var. *a.*, Grum-Grshimailo in: Horae Soc. ent. Ross., *v.* 25 p. 446 | 1892 *P. d.* var. *a.*, F. Rühl & A. Heyne, Palaearkt. Groß-Schmett., *v.* 1 p. 105 | 1901 *P. d.* var. *a.*, O. Staudinger & Rebel, Cat. Lep. Palaearct. Faunengeb., ed. 3 *v.* 1 p. 7 | 1907 *P. d. a.*, H. Stichel in: Seitz, Großschmett. Erde, *v.* 1 p. 33 t. 16b (♂) | 1907 *P. d.* var. *a.*, Verity, Rhop. palaearct., p. 81 t. XVIII f. 23 (♂), 24 (♀) | 1907 *P. d. a.*, H. Stichel in: Gen. Ins., *v.* 58 p. 41 | 1911 *P. a.*, Verity, Rhop. palaearct., p. 318 | 1915 *P. a.*, O. Bang-Haas in: D. ent. Z. Iris, *v.* 29 p. 149, 167 | 1918 *P. a.*, W. Rothschild in: Nov. zool., *v.* 25 p. 257 | 1922 [1923] *Tadumia a.*, Bryk in: Strand, Lep. Cat., *v.* 27 p. 47 | 1922 *Parnassius a.*, Avinoff in: C. Oberthür, Étud. Lép., *v.* 19 nr. 2 p. 45, 54 | 1927 *P. a.*, O. Bang-Haas in: Horae Macrolep., *v.* 1 p. 33 | 1932 *Koramius a.*, Bryk in: Parnassiana, *v.* 2 p. 2 | 1932 *Tadumia delphius a.*, M. Hering in: Mt. D. ent. Ges., *v.* 3 p. 33 | 1932 *Parnassius d. a.*, M. Hering in: Mt. Mus. Berlin, *v.* 18 p. 282, 283, 288, 294, 302, 303 f. 30 (Schienenblättchen), p. 306, 307 f. 75 (VIII. Tergit ♂), p. 310, 311 f. 105 (aedoeagus), p. 314, 315 f. 129 (valva, uncus).

Kopf klein, braun, nackt, eiförmig gewölbt. Stirnbusch graugelblich und schwarz untermischt. Antennen schwarz, Schaft an der Basis bis zur Hälfte gelblich braun beschuppt, Keule in einen kleinen, feinen Zapfen auslaufend, von $^1/_3$ der Länge des Vorderrandes des Vorderflügels. Palpen cremegelb, unten ebenso und mit Schwarz untermischt bewimpert. Endglied fast so lang wie das Mittelglied (Fig. 517). Thorax dicht grau behaart, mit einem gelblich-grauen Halskragen. Beine gelblich beschuppt und behaart. Schienenblättchen (Fig. 518) lang. Abdomen beim Männchen behaart, beim Weibchen nackt, die Segmente seitlich hell abgegrenzt, ventral grau behaart. Vorderflügel dreieckig mit gerade verlaufendem Vorderrand, der dem Apex zu sich leicht biegt. Seitenrand verschieden, bald gerade verlaufend, bald stark gebogen, nach hinten abgerundet. Weibchen und Männchen ähnlich gezeichnet. Flügelgrund

Fig. 517. Palpus von **Koramius acdestis macdonaldi** (Rothsch.) (Original).

Fig. 518. Vorderschiene mit Schienenblatt von **Koramius acdestis** (Gr.-Gr.) (Nach M. Hering 1932) ($^{17}/_1$).

gelblich-weiß, bei melanotischen Unterarten wird das Weiß sehr stark zurückgedrängt und das Tier erscheint fast ganz verrußt. Befransung hellgelblichweiß. Saumlinie dunkel. Glasband sich nach hinten stark verjüngend. Submarginalbinde stets continuierlich erhalten, bis zum Hinterrande eine Grundfarbenbinde scharf abgrenzend, die bisweilen auch stark reduziert sein kann. Subcostalbändchen in der Regel breit und gut ausgebildet, nicht immer mit dem Hinterrandfleck durch parallel zur hinteren Discoidalrippe verlaufenden Schwärzung verbunden. Endzellfleck stets kräftig, sich vorn an $R_1$ anlehnend, hinten den Winkel von $M_2$ und $M_3$ ausfüllend. Mittelzellfleck länglich, hinten die Discoidalrippe nicht ganz berührend. Vorderrand und Flügelwurzel in der Regel schwach schwärzlich bestäubt. Unterseite fast zeichnungslos. Die nackten Rippen ocker- bis umbrabraun. Hinterflügel oval, hell befranst, mit heller oder dunkler Saumlinie. Glasbinde sehr stark reduziert, entweder sehr dünn den Seitenrand umsäumend oder nur bis $M_3$ reichend. Die Submarginalbinde ist sehr charakteristisch. Vorn breiter, verjüngt sie sich bei $R_5$ $(+ M_1)$; zwischen $R_5$ $(+ M_1)$ und $M_2$ geradlinig, dann stumpf gewinkelt, bei $M_3$ endigend. Ihre beiden letzten Elemente sind in isolierte, kleine Randaugenflecke umgebildet, die in der Regel blaue Kerne tragen; sie können auch völlig verschwinden. Augenflecke karminrot, mittelgroß, etwas diffus schwarz umgrenzt, seltener ohne Prachtfarbe. Wurzelfeld- und Hinterrandschwärze übertrieben verbreitert, noch extremer als bei *Koramius patricius* (Niepelt), vorn fast bis zum Subcostalaugenfleck reichend, eine kleine, weiße Grundfarbeninsel in der Regel aussparend. Zwischen $R_4$ und $R_5$ $(+ M_1)$ verschmilzt sie mit dem schwarzen Striche, der beide Augenflecke verbindet. In der Mitte überschreitet sie die Mittelzelle und bildet um den basal gerichteten Teil des medianen Augenfleckes einen mehr oder weniger deutlichen, ausgesparten, hellen Hof. Hinten verläuft sie durch Verschmelzung mit den beiden hintersten Analflecken bogig und ergießt sich bisweilen continuierlich in den 3. Analfleck zwischen $M_3$ und $Cu_1$, falls dieser erhalten ist. Unterseits fast zeichnungslos. Wurzelflecke fehlen, die schwarze Peripherie der verblaßten roten Augenflecke kaum wahrnehmbar. Die beiden Randaugenflecke reduziert. Die nackten Rippen umbrabraun. VIII. Tergit des Männchens (Fig. 519) nicht so stark eingebuchtet wie bei *K. delphius* (Eversm.). Männlicher Genitalapparat (Fig. 520) ähnlich dem von *Koramius delphius* (Eversm.), die beiden Uncushörner jedoch durch breite geradlinige Einbuchtung weit von einander getrennt. Die Sphragis (Fig. 521) (1894, C. Oberthür, Étud. Ent., *v.* 19 p. 3 t. 8 f. 71a | 1911, Verity, Rhop.

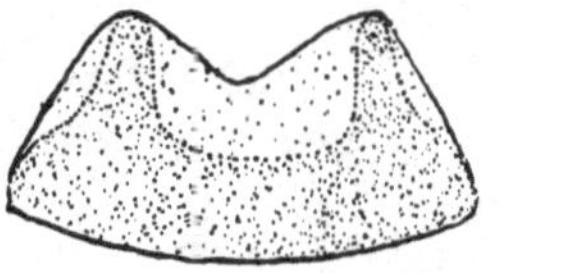

Fig. 519.
VIII. Tergit von **Koramius acdestis** (Gr.-Gr.) (♂). (Nach M. Hering 1932) (9/1).

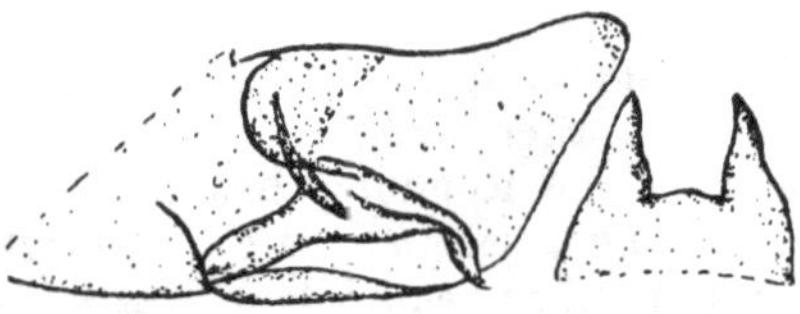

Fig. 520.
Valve (links) und Uncus (rechts) von **Koramius acdestis** (Gr.-Gr.) (Nach M. Hering 1932) (15/1).

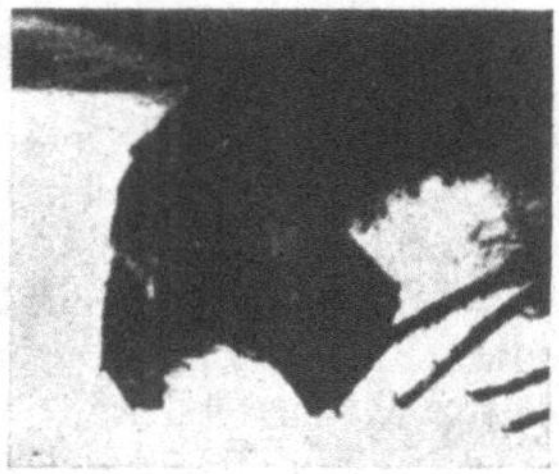

Fig. 521.
Sphragis von **Koramius acdestis** (Gr.-Gr.) (♀). (Original).

palaearct., p. 318 | 1913, Bryk in: Arch. Naturg., *v.* 79 A 6 p. 124 | 1915, O. Bang-Haas in: D. ent. Z. Iris, *v.* 29 p. 167) ist ganz von der der übrigen Vertreter der Gattung *Koramius* F. Moore verschieden; elfenbeinfarbig, kurz, aus dem Hinterleibsende nicht hervorragend, schalenförmig, einem halbierten Becher ähnlich, ventral nicht eingedrückt, das VII. Tergit mit einem schmalen Ring umklammernd.

Innerasiatisch verbreitet.

Die Art zerfällt in 14 Unterarten.

forma centripunctata O. Bang-Haas 1927 *Parnassius acdestis whitei* aberr. *c.*, O. Bang-Haas in: Horae Macrolep., *v.* 1 p. 34 t. 4 f. 13 (♂) | 1929 *P. a.* aberr. *centripuncta*, Bollow in: Seitz, Großschmett. Erde, *v.* 1 Suppl. 1 p. 80.

Zwischen Endzell- und Mittelzellfleck des Vorderflügels eine deutliche Verrußung, die einen isolierten Fleck bildet.

Phari-Yong.

Typus: ♂ in coll. O. Bang-Haas, Blasewitz-Dresden.

41. **K. acdestis acdestis** (Gr.-Gr.) 1890 *Parnassius delphius* var. *a.*, Grum-Grshimailo in: Horae Soc. ent. Ross., *v.* 25 p. 446 | 1892 *P. d.* var. *a.*, F. Rühl & A. Heyne in: Palaearkt. Groß-Schmett., *v.* 1 p. 105 | 1907 *P. d. a.*, H. Stichel in: Seitz, Großschmett. Erde, *v.* 1 p. 33 t. 16 b (♂) | 1907 *P. d.* var. *a.*, Verity, Rhop. palaearct., p. 81 t. XVIII f. 23 (♂), 24 (♀) | 1907 *P. d. a.*, H. Stichel in: Gen. Ins., *v.* 58 p. 41 | 1915 *P. a.*, O. Bang-Haas in: D. ent. Z. Iris, *v.* 29 p. 149, 167 | 1918 *P. a.*, W. Rothschild in: Nov. zool., *v.* 25 p. 257 | 1919 *P. a. acdestis*, Sheljuzhko in: D. ent. Z. Iris, *v.* 32 p. 131 | 1920 *P. a.-verus*, Avinoff in: C. Oberthür, Étud. Lép., *v.* 17 p. 82 | 1922 *P. A.*, Avinoff in: ibid., *v.* 19 nr. 2 p. 54, 196 t. 547 f. 4620 (♂), 4621 (♀) | 1922 [1923] *Tadumia a.*, Bryk in: Strand, Lep. Cat., *v.* 27 p. 47, 231 | 1927 *Parnassius a. acdestis*, O. Bang-Haas in: Horae Macrolep., *v.* 1 p. 33.

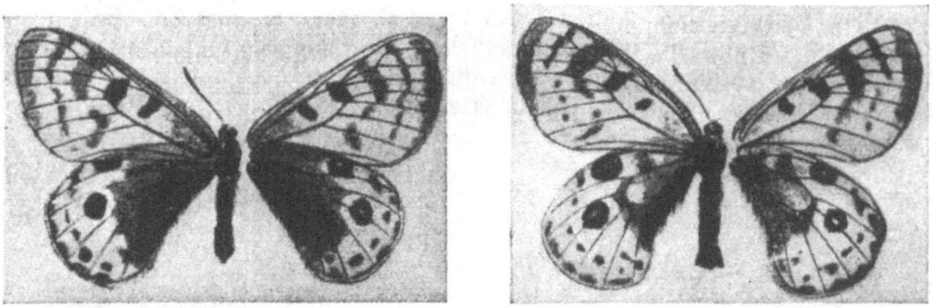

Fig. 522.
**Koramius acdestis acdestis** (Gr.-Gr.) (links ♂, rechts ♀). (Nach Avinov 1922) (1/1).

Vorderflügel mit besonders stark abgerundetem und ausgebauchtem Seitenrande, wodurch sich diese Unterart von allen anderen deutlich unterscheidet (Fig. 522). Glasband sehr schmal, die Rundung des Hinterrandwinkels nicht erreichend. Die bis $Cu_2$ reichende, sehr schmale Submarginalbinde zwischen $M_2$ und $M_3$ wurzelwärts vorspringend. Grundfarbenbinde ziemlich breit. Subcostalbändchen mit dem Hinterrandfleck, der bescheiden und hinten rückgebildet ist, schwach verbunden. Endzellfleck vorn vor der Mittelzelle stark reduziert und verschoben, wodurch er dort ausgezähnt erscheint. Mittelzellfleck kurz, weit von dem hinteren Discusarm, den er nicht erreicht, entfernt. Mittelzellwurzel oft deutlich schwarz überstäubt. Hinterflügel: Glassaum äußerst schmal, zwischen den Rippen wurzelwärts etwas konvex ausgebuchtet. Submarginalbinde sehr schmal, ihre beiden hinteren Elemente in Flecke aufgelöst. Randaugenflecke sehr klein, bisweilen stark rückgebildet. Augenflecke breit schwarz umrandet, dunkelrot. Zwischen $M_3$ und $Cu_1$ kein Analfleck. Analflecke sehr schwach, mit der typischen Basalschwärze nicht vereinigt. Vorderflügellänge: ♂ ♀ 26,5—27 mm.

Sinin-Gebirge, 3600 m.

Typen: ♂ ♀ in coll. Brit. Mus. London.

42. **K. acdestis cinerosus** (H. Stich.) 1894 *Parnassius delphius*, C. Oberthür, Étud. Ent., *v.* 19 p. 3, 41 t. 8 f. 71 (♂), f. 71 a (sphragis) | 1907 *P. d. cinerosus*, H. Stichel in: Seitz, Großschmett. Erde, *v.* 1 p. 34 | 1907 *P. d.* „forme“ *diaphana*, Verity, Rhop. palaearct., p. 78 t. XVIII f. 7 (♂) | 1915 *P. acdestis* var. *cinerosus*, O. Bang-Haas in: D. ent. Z. Iris, *v.* 29 p. 167 | 1918 *P. delphius diaphana*, W. Rothschild in: Nov. zool., *v.* 25 p. 255 (an altera subsp.?) | 1919 *P. acdestis cinerosus*, Sheljuzhko in: D. ent. Z. Iris, *v.* 32 p. 130, 131 | 1920 *P. a.-diajano*, Avinoff in: C. Oberthür, Étud. Lép., *v.* 17 p. 83 | 1922 *P. A. Cinerosus*, Avinoff, ibid., *v.* 19 nr. 2 p. 54, 57, 59 | 1922 [1923] *Tadumia a.* var. *c.*, Bryk in: Strand, Lep. Cat., *v.* 27 p. 48 | 1927 *Parnassius a. c.*, O. Bang-Haas in: Horae Macrolep., *v.* 1 p. 33.

Der größte Vertreter von *K. acdestis* (Gr.-Gr.). Von stark verdüstertem Habitus und mit gestrecktem Vorderflügel, dessen Seitenrand nicht bauchig verläuft, sondern anfangs fast geradlinig, nach hinten allmählich abgerundet (Fig. 523). Glasband bis zum Hinterrand reichend. Die continuierlich bis zum Hinterrande ziehende Submarginalbinde ihm angenähert, so daß die

Fig. 523.
**Koramius acdestis cinerosus** (H. Stich.) (♀). (Typus, nach C. Oberthür 1894) (1/1).

helle Grundfarbenbinde schmal ist. Subcostalbändchen mit dem Hinterrandfleck eine continuierliche, dunkle Fläche bildend, die sich dem Discus entlang bis zur Flügelwurzel erstreckt. Mittelzellfleck länglich, schräg gestellt, hinten die hintere Discoidalrippe zwischen $Cu_1$ und $Cu_2$ erreichend. Mittelzelle mit verbreiterter Wurzelfeldschwärze. Hinterflügel: Glasband continuierlich, schmal, bis $Cu_2$ reichend. Submarginalbinde schmal. 2 blau gekernte Randaugenflecke. Der mediane Augenfleck mit dem Analfleck verbunden, die in der ausgedehnten Hinterrandschwärze verschwinden. Vorderflügellänge: ♂ ♀ 31—32 mm.

Tatsien-lu.

Typen: ♂ ♀ in coll. R. Oberthür, Rennes.

43. **K. acdestis whitei** (Bingham) 1907 *Parnassius delphius* race *w.*, Bingham in: Fauna Brit. Ind., Butt. *v.* 2 p. 125; p. 126 f. 33 (♂) | 1909 *P. lampidius* (part.),

Fruhstorfer in: Seitz, Großschmett. Erde, *v.* 9 p. 110 | 1915 *P. delphius* var. *l.* (part.), O. Bang-Haas in: D. ent. Z. Iris, *v.* 29 p. 165 | 1919 *P. acdestis l.* (part.), Sheljuzhko, ibid., *v.* 32 p. 130 (nota*) | 1922 *P. a. l.* (part.), Avinoff in: C. Oberthür, Étud. Lép., *v.* 19 nr. 2 p. 55, 61 | 1922 [1923] *Tadumia a.* var. *l.* (part.), Bryk in: Strand, Lep. Cat., *v.* 27 p. 48, 49 | 1923 *Parnassius delphius* var. *l.* (part.), W. H. Evans in: J. Bombay Soc., *v.* 29 p. 244 | 1927 *P. acdestis whitei* (part.), O. Bang-Haas in: Horae Macrolep., *v.* 1 p. 34 | 1929 *P. a. w.* (part.), Bollow in: Seitz, Großschmett. Erde, *v.* 1 Suppl. 1 p. 80 | 1932 *Koramius a.* subsp. *w.*, Bryk in: Parnassiana, *v.* 2 p. 19.

Eine kleine, kontrastreiche Unterart (Fig. 524). Der von dem Schwarz freigelassene Flügelgrund sehr hell. Vorderflügel: Das nach hinten sich verjüngende Glasband verschmälert. Submarginalbinde sehr breit. Subcostalbändchen mit dem Hinterrandfleck und dem um die hintere Discalrippe liegenden Flügelteil zu einer continuierlichen, dunklen Fläche vereinigt.

Fig. 524.
**Koramius acdestis whitei** (Bingham) (♂). (Typus) (1/1).

Mittelzellfleck länglich, beide Discalrippen erreichend. Hinterflügel ohne Glasbinde. Submarginalbinde schmal und continuierlich, mit 2 isolierten, kleinen, blau gekernten Randaugenflecken. Beide Augenflecke klein, die in der stark verbreiterten Basal- und Hinterrandschwärze ähnlich wie die drei Analflecke eingebettet sind. Vorderflügellänge: ♂ ♀ 23,5 mm.

Sikkim.

Type: ♂ in coll. Brit. Mus. London.

44. **K. acdestis lucifer** Bryk 1932 *K. a.* subsp. *l.*, Bryk in: Parnassiana, *v.* 2 p. 6 nr. 8.

Fig. 525.
**Koramius acdestis lucifer** Bryk (♂). (Typus) (1/1).

Männchen cremefarbig, mit scharf abgesetzter schwarzer Zeichnung (Fig. 525). Glasband mit der Submarginalbinde derart verschmolzen, daß nur die vordersten 6 sehr kleinen Mondflecke frei bleiben. Das — sicher aberrative — Subcostalbändchen fast völlig rückgebildet. Der Mittelzellfleck länglich, sehr schmal, an den von ssp. *latonius* (Bryk) erinnernd. Hinterflügel mit völlig reduzierten Randaugen. Augenflecke ohne Prachtfarbe, was wahrscheinlich aberrativ sein dürfte. Basalschwärze und Hinterrandschwärze etwas verkürzt. Weibchen unbekannt. Vorderflügellänge: ♂ 24 mm.

Sikkim: Gyamtshona, 4900 m.

Typus: ♂ in coll. Brit. Mus. London.

45. **K. acdestis hades** Bryk 1923 *Parnassius delphius lampidius*, N. D. Riley in: Tr. ent. Soc. London, p. 464 | 1932 *Koramius acdestis hades*, Bryk in: Parnassiana, *v.* 2 p. 5, 6.

Männchen hell cremegelb, mit etwas verkürztem Glasband (Fig. 526). Die zwischen ihm und der schmalen Submarginalbinde liegende helle Grundfarbenbinde sehr deutlich. Infolge ihrer Schmalheit und der sich scharf abhebenden Binde, die das Subcostalbändchen durch Vereinigung mit dem Hinterrandflecke bildet, ist der Raum zwischen beiden größer. Hinterflügel:

Fig. 526.
**Koramius acdestis hades** Bryk (♂). (Typus) (1/1).

Die Verglasung des Saumes rückgebildet. Ebenso die Submarginalbinde sehr stark reduziert. Beide Randaugenflecke reduziert und ohne Blaukernung. Basalschwärze wie bei ssp. *lucifer* Bryk. Weibchen unbekannt. Vorderflügellänge: ♂ 28 mm.

Thungla, 4200 m.

Typus: ♂ in coll. Brit. Mus. London.

46. **K. acdestis lampidius** (Fruhst.) 1903 *Parnassius delphius l.*, Fruhstorfer in: D. ent Z. Iris, *v.* 16 p. 44 t. 1 f. 2 (non 1) | 1904 *P. d.* var., Elwes, ibid., *v.* 16 p. 389 | 1907 *P. d. lampidius*, H. Stichel in: Seitz, Großschmett. Erde, *v.* 1 p. 34 | 1907 *P. d.* var. *l.*, Verity, Rhop. palaearct., p. 80 t. XIX f. 1 (♂), 2 (♀) | 1907 *P. d. l.*, H. Stichel in: Gen. Ins., *v.* 58 p. 41 | 1909 *P. d. l.* (part.), Fruhstorfer in: Seitz, Großschmett. Erde, *v.* 9 p. 110 t. 50e | 1915 *P. d. l.* (part.), O. Bang-Haas in: D. ent. Z. Iris, *v.* 29 p. 165 | 1918 *P. d. l.*, W. Rothschild in: Nov. zool., *v.* 25 p. 257 | 1919 *P. acdestis l.* (part.), Sheljuzhko in: D. ent. Z. Iris, *v.* 32 p. 130 (nota*) | 1922 *P. a. l.* (part.), Avinoff in: C. Oberthür, Étud. Lép., *v.* 19 nr. 2 p. 46, 47, 55, 57, 59, 196 t. 547 f. 4622 (♂), 4623 (♀) | 1922 [1923] *Tadumia a.* var. *l.* (part.), Bryk in: Strand, Lep. Cat., *v.* 27 p. 48 | 1923 *Parnassius delphius l.* (part.), W. H. Evans in: J. Bombay Soc., *v.* 29 p. 244 | 1927 *P. acdestis l.* (part.), O. Bang-Haas in: Horae Macrolep., *v.* 1 p. 35 | 1929 *P. a. l.*, Bollow in: Seitz, Großschmett. Erde, *v.* 1 Suppl. 1 p. 80 t. 5c (♀).

Der ssp. *whitei* (Bingham) sehr nahe stehend. Glasbinde hinten verjüngt. Submarginalbinde breit; die Grundfarbenbinde zwischen beiden nicht so verdrängt. Endzellfleck wie bei der Nominatrasse oft reduziert oder sogar in seltenen Fällen die Mittelzelle vorn nicht überschreitend. Mittelzellfleck variabel, sehr schmal, hinten die Discoidalrippe nicht erreichend oder fast völlig erloschen. Hinterflügel: Glasbinde äußerst schmal, zwischen $R_4$ und $M_3$ rudimentär erhalten. Submarginalbinde schmal, continuierlich, die beiden Randaugenflecke sehr klein, schwach blau gekernt. Augenflecke mittelgroß, miteinander verbunden. Männchen: Subcostalbändchen um die hintere Mittelzellwand greifend, mit dem kräftigen Hinterrandfleck vereinigt. Flügelwurzel fast unbestäubt. Hinterflügel: Basalschwärze ausgedehnter, mit den Augenflecken zusammenfließend. Weibchen (Fig. 527): Subcostalbändchen vom bescheidenen Hinterrandfleck isoliert. Der Medianaugenfleck des Hinterflügels wurzelwärts mit einer hellen Insel, die von der Basalschwärze ausgespart wurde. (Dem Typus fehlt der Mittelzellfleck im Vorderflügel und der bescheidene Endzellfleck ist vorn wie bei der forma *quincunx* reduziert). Vorderflügellänge: ♀ 20 mm (Typus).

Fig. 527.
**Koramius acdestis lampidius** (Fruhst.) (♀). (Typus) (1/1).

Kambadjong (false Sikkim).

Typus: ♀ in coll. Zool. Mus. Tring.

47. **K. acdestis macdonaldi** (Rothsch.) 1918 *Parnassius delphius* subsp. *m.*, W. Rothschild in: Nov. zool., *v.* 25 p. 256 | 1922 *P. acdestis m.*, Avinoff in: C. Oberthür, Étud. Lép., *v.* 19 nr. 2 p. 47, 55, 57, 63 | 1922 [1923] *Tadumia delphius* var. *M.* (an *acdestis* subsp.?), Bryk in: Strand, Lep. Cat., *v.* 27 p. 59 | 1927 *Parnassius acdestis whitei* (part.), O. Bang-Haas in: Horae Macrolep., *v.* 1 p. 34 | 1929 *P. a. w.* (part.), Bollow in: Seitz, Großschmett. Erde, *v.* 1 Suppl. 1 p. 80 | 1932 *Koramius a. macdonaldi*, Bryk in: Parnassiana, *v.* 2 p. 19 nr. 10 | 1933 *Parnassius a.* subsp. *m.*, Eisner in: Entomologist, *v.* 66 p. 169.

Sehr stark an ssp. *latonius* (Bryk) erinnernd, jedoch in der Regel mit stärker verbreiterter Schwarzzeichnung (Fig. 528). Vorderflügel: Seitenrand sanft gebogen, vorn fast geradlinig. Glasband mittelbreit. Submarginalbinde

Fig. 528.
**Koramius acdestis macdonaldi** (Rothsch.) (links ♂, rechts ♀). (Typen) (1/1).

breit, die Grundfarbenbinde mehr oder weniger breit. Das Subcostalbändchen erreicht mit seiner Außenkontur bei $M_2$ fast die Submarginalbinde oder berührt sie ganz. Hinterrandfleck länglich oder viereckig, mit dem Subcostalbändchen verbunden und sich bis zur Mittelzelle ausbreitend. Endzellfleck sehr kräftig, vorn oft verbreitert. Mittelzellfleck länglich, hinten die Discalrippe nicht berührend. Hinterflügel: Glasband sehr schmal, bis $M_3$ reichend.

Submarginalbinde sehr deutlich ausgeprägt. Die beiden Randaugenflecke mit klarer Blaukernung. Augenflecke leuchtend rot und groß, wurzelwärts ist eine helle Insel vor der Basalschwärze um sie ausgespart. Analflecke mit der Hinterrandschwärze vereinigt, bis zum Medianaugenfleck reichend. Der rote Wurzelfleck bisweilen erhalten. Männchen in der Regel verdunkelt. Vorderflügellänge: ♂ 28—30 mm, ♀ 27—31 mm.

Yatung.

Typen: ♂ ♀ in coll. Zool. Mus. Tring.

48. **K. acdestis pundit** (Avinov) 1922 *Parnassius A* subsp. *P.*, Avinoff in: C. Oberthür, Étud. Lép., *v.* 19 nr. 2 p. 55, 57, 62 (*acdestis-pundit*), 63, 65, 196 t. 547 f. 4626 (♀, *acdestis-pundit*), t. 548 f. 4627 (♀, *acdestis-pundit*) | 1922 [1923] *Tadumia a.* var. *pundit*, Bryk in: Strand, Lep. Cat., *v.* 27 p. 232 | 1923 *Parnassius delphius lampidius* (part.), W. H. Evans in: J. Bombay Soc., *v.* 29 p. 244 | 1927 *P. acdestis whitei* (part.), O. Bang-Haas in: Horae Macrolep., *v.* 1 p. 34 | 1929 *P. a.* subsp. *w.* (part.), Bollow in: Seitz, Großschmett. Erde, *v.* 1 Suppl. 1 p. 80.

Eine stark verdunkelte Subspecies, die vielleicht nur als forma von ssp. *macdonaldi* (Rothsch.) aufgefaßt werden kann. Die 3 Binden (Marginal-, Submarginal- und Subcostalbinde) des Vorderflügels verlaufen parallel, ohne ineinander überzugehen. Endzellfleck und Mittelzellfleck kräftig, letzterer die Discalrippe hinten erreichend. Hinterflügel mit continuierlichem Glasband, das bis zum Hinterrand reicht. Submarginalbinde aus deutlichen Bogenelementen zusammengesetzt. Die beiden Randaugenflecke verhältnismäßig groß, blau gekernt. Die Basal- und Hinterrandschwärze zu einer homogenen, stark verbreiterten Fläche ausgedehnt, die hinten mit den Analflecken zusammenschmilzt und dort bogig klar ausgezackt ist, vorn die Augenflecke berührend. Der rote Wurzelfleck im Vorderflügel nicht immer vorhanden. Vorderflügellänge: ♂ ♀ 30—32 mm.

West-Bhutan.

Typus: ♀ in coll. A. Avinov, Leningrad.

49. **K. acdestis peeblesi** Bryk 1927 *Parnassius a. whitei* (part.) + aberr. *centripunctata*, O. Bang-Haas in: Horae Macrolep., *v.* 1 p. 34 t. 4 f. 12 (♀), 13 (♂ aberr. *centripunctata*) | 1929 *P. a.* subsp. *w.* (part.), Bollow in: Seitz, Großschmett. Erde, *v.* 1 Suppl. 1 p. 80 | 1932 *Koramius a.* subsp. *peeblesi*, Bryk in: Parnassiana, *v.* 2 p. 19.

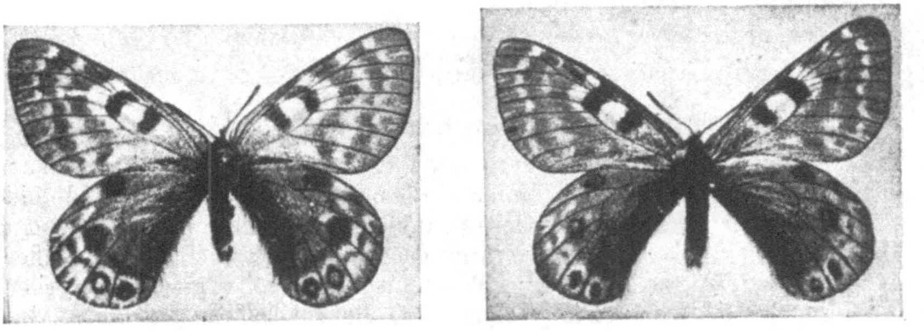

Fig. 529.
**Koramius acdestis peeblesi** Bryk (links ♂, rechts ♀). (Original, aus coll. C. Eisner, Berlin-Dahlem) (1/1).

Sehr stark an ssp. *pundit* (Avinov) erinnernd, noch stärker verdüstert, so daß die Binden des Vorderflügels oft ineinander übergehen (Fig. 529).

Submarginalbinde des Hinterflügels nicht immer von der Augenfleckzone sauber getrennt. Als forma tritt *centripunctata* auf.

Phari-Yong.

Typus: ♀ in coll. O. Bang-Haas, Dresden-Blasewitz.

4 10. **K. acdestis latonius** (Bryk) 1913 *Parnassius* spec. (?) *lathonius*, Bryk in: Arch. Naturg., *v.* 79 A 6 p. 123 | 1915 *P. l.*, Bryk, ibid., *v.* 80 A 9 t. 29 f. 139 (♀) | 1915 *P. delphius* (?) var. *l.*, O. Bang-Haas in: D. ent. Z. Iris, *v.* 29 p. 149, 166 t. 5 f. 10 (♀) | 1916 *P. acdestis latonius*, Avinoff in: Tr. ent. Soc. London, 1915 p. 354 t. 52 f. 8 (♀) | 1918 *P. lathonius*, W. Rothschild in: Nov. zool., *v.* 25 p. 262 | [1918] *P. l.*, Bryk, Parnassius Apollo Formenkreis, p. 139 t. 29 f. 139 (♀) | 1919 *P. acdestis l.*, Sheljuzhko in: D. ent. Z. Iris, *v.* 32 p. 130 | 1922 *P. A.* subsp. *L.*, Avinoff in: C. Oberthür, Étud. Lép., *v.* 19 nr. 2 p. 47, 55, 57, 61, 196 t. 547 f. 4624 (♀ *acdestis-lathonius*) f. 4625 (♂, *a.-l.*) | 1922 *P. a. pundit* (?), Avinoff, ibid., *v.* 19 nr. 2 p. 196 (nota*) t. 547 f. 4625 (♂) | 1922 [1923] *Tadumia a.* var. *lathonius,* Bryk in: Strand, Lep. Cat., *v.* 27 p. 49 | 1924 *Parnassius delphius*, C. B. Antram, Butt. Ind., p. 36 f. 66 | 1927 *P. acdestis lathonius*, O. Bang-Haas in: Horae Macrolep., *v.* 1 p. 34 t. 4 f. 19 (♀) | 1929 *P. a.* subsp. *l.*, Bollow in: Seitz, Großschmett. Erde, *v.* 1 Suppl. 1 p. 80 | 1932 *Koramius a.* subsp. *l.*, Bryk in: Parnassiana, *v.* 2 p. 5, 6, 20.

Vorderflügel gestreckt. Seitenrand gerade, nach hinten etwas schräg verlaufend (Fig. 530). Flügelgrund cremegelblich. Glasband breit. Submarginalbinde deutlich von ihm getrennt. Submarginalbändchen gerade und schräg verlaufend, sein Zipfel zwischen $M_2$ und $M_3$ schmäler, bis zum Hinterrandfleck ziehend, mit diesem durch eine parallel zum Discus verlaufende Bogenlinie verbunden. Mittelzellfleck schmal, hinten den hinteren Discusarm nicht berührend. Wurzelfeld und Außenrand leicht schwärzlich überpudert.

Fig. 530.
**Koramius acdestis latonius** (Bryk) (♂). (Original, aus coll. C. Eisner, Berlin-Dahlem) (1/1).

Hinterflügel: Glasband sich gegen den Hinterrand verjüngend. Submarginalbinde continuierlich, hinten die vordersten Pfeiler des 3. Analfleckes, der mit der Hinterrandschwärze nicht immer ein homogenes, schwarzes Feld bildet, tangierend. 2 deutliche, blau gekernte Randaugenflecke. Bisweilen sind die 3 Analflecke deutlich von der Hinterrandschwärze wie auch die Augenflecke von der Basalschwärze getrennt. Wurzelfleck oberseits meist rot gekernt. Bisweilen tritt eine verdunkelte Form auf, die von subsp. *pundit* (Avinov) schwer zu unterscheiden ist. Ob die beiden Geschlechter verschieden gezeichnet sind, läßt sich bei der Seltenheit der Tiere nicht feststellen. Vorderflügellänge: ♂ ♀ 31—32 mm.

Tibet: Gyantse (Typus), Kangma.

Typus: ♀ in coll. O. Bang-Haas, Dresden-Blasewitz.

411. **K. acdestis rupshuanus** (Avinov) 1916 *Parnassius a.* subsp. *rupshuana* Avinoff in: Tr. ent. Soc. London, 1915 p. 354 t. 52 f. 5 (♂), 6 (♀) | 1922 *P. a.* subsp. *r.*, Avinoff in: C. Oberthür, Étud. Lép., *v.* 19 nr. 2 p. 55, 57, 65, 196 t. 548 f. 4628, 4630 (♂), 4629 (♀ *acdestis-rupshuana*) | 1922 [1923] *Tadumia a.* var. *r.*, Bryk in: Strand, Lep. Cat., *v.* 27 p. 49, 232 | 1927 *Parnassius a. r.*, O. Bang-Haas in: Horae Macrolep., *v.* 1 p. 34 | 1929 *P. a.* subsp. *r.*, Bollow in: Seitz, Großschmett. Erde, *v.* 1 Suppl. 1 p. 80 | 1933 *P. a. r.*, Eisner in: Entomologist, *v.* 66 p. 169.

Färbung cremegelblich (Fig. 531). Vorderflügel: Vorderrand geradlinig. Glasband mittelstark. Submarginalbinde bisweilen anstatt den Hinterrand zu erreichen nur bis $Cu_2$ reichend. Subcostalbändchen nicht gesättigt schwarz, mit dem schräg gestellten Hinterrandfleck gut oder gar nicht verbunden.

Fig. 531.
**Koramius acdestis rupshuanus** (Avinov) (♂). (Paratypus, aus coll. C. Eisner, Berlin-Dahlem) (1/1).

Mittelzellfleck verkleinert, schmal, weit von der hinteren Discoidalrippe entfernt. Glasbinde continuierlich bis zum Hinterrand reichend, hinten stark verjüngt. Hinterflügel: Submarginalbinde schwach ausgeprägt, hinten rückgebildet; der vordere Randaugenfleck sehr klein, ohne Blaukernung, der hintere sehr stark reduziert oder sogar fehlend. Augenflecke groß. 2 schwache Analflecke, die von der Hinterrandschwärze wie die Augenflecke von der Basalschwärze deutlich getrennt sind. Vorderflügellänge: ♂ ♀ 26 mm.

Ladak mer. occ.: Rupshu, Tagalang-Paß, 5200 m, südlich von Leh.

Typen: ♂ ♀ in coll. A. Avinov, Leningrad.

412. **K. acdestis peschkei** (Eisner) 1933 *Parnassius a.* subsp. *p.*, Eisner in: Entomologist, *v.* 66 p. 169.

Fig. 532.
**Koramius acdestis peschkei** (Eisner) (♀). (Typus) (1/1).

Steht ssp. *rupshuanus* (Avinov) am nächsten, obwohl sie von ihr räumlich durch das Fluggebiet der ssp. *ladakensis* (Avinov) getrennt ist (Fig. 532). Sie unterscheidet sich von der Vergleichsrasse durch prägnantere, dunklere

Zeichnungen. Vorderflügel: Die Marginalbinde ist schmäler, die Submarginalbinde breiter, die Mondbinde größer. Hinterflügel: Die Submarginalbinde deutlicher ausgeprägt. Augenflecke noch etwas kleiner. Hinterrandschwärze nicht so ausgebreitet. Vorderflügellänge: ♂ 28—29 mm, ♀ 27 mm.

Karakorum: Sa Songa, nördlich von Leh.

Typus: ♀ in coll. C. Eisner, Berlin-Dahlem.

413. **K. acdestis felix** (Eisner) 1933 *Parnassius a.* subsp. *f.*, Eisner in: Entomologist, *v.* 66 p. 169 t. 4 f. (♂ ♀).

Steht der ssp. *macdonaldi* (Rothsch.) nahe, ist aber kleiner (Fig. 533). Vorderflügel: Marginalbinde schmäler, wodurch die Mondflecke deutlicher hervortreten. Submarginalbinde breit. Der helle Zwischenraum zwischen Submarginalbinde und Subcostalbinde verbreitert. Zellflecke verschmälert, besonders der Mittelzellfleck. Hinterflügel: Der von der Zeichnung freigelassene helle Flügelgrund mehr verbreitert. Männchen: Mittelzellfleck

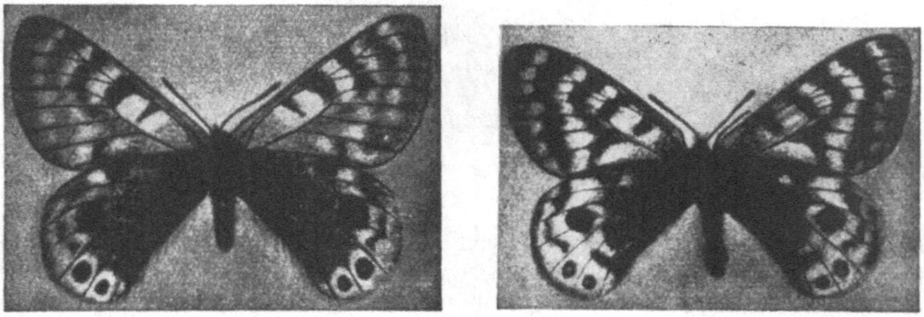

Fig. 533.
**Koramius acdestis felix** (Eisner) (links ♂, rechts ♀). (Typen, nach Eisner 1933) (1/1).

des Vorderflügels sehr schmal. Die Subcostalbinde der Submarginalbinde nicht so angenähert, dadurch weiter voneinander getrennt. Die basale Schwärze des Hinterflügels den Subcostalaugenfleck fast tangierend. Das 3gliedrige, bogig ausgezackte Analbändchen in der Hinterrandschwärze verschwimmend. Weibchen: Vorderflügelwurzel dunkel beschattet, ebenso der Vorderrand gut schwarz gekörnt. Hinterrandschwärze des Hinterflügels bis $R_5$ ($+ M_1$), stärker reduziert, wodurch die beiden Analflecke und der Medianfleck von ihr weit getrennt werden. Vorderflügellänge: ♂ 26—28 mm ♀ 25—26 mm.

S.-O.-Tibet: Samandha.

Typen: ♂ ♀ in coll. Brit. Mus. London.

414. **K. acdestis ladakensis** (Avinov) 1916 *Parnassius a.* subsp. *l.*, Avinoff in: Tr. ent. Soc. London, 1915 p. 354 t. 52 f. 7 (♀) | 1922 *P. a.* subsp. *l.* + *ladakehsis*, Avinoff in: C. Oberthür, Étud. Lép., *v.* 19 nr. 2 p. 53, 55 (*ladakehsis*), 57, 66, 196 t. 548 f. 4631 (♀) | 1922 [1923] *Tadumia a.* var. *ladakensis*, Bryk in: Strand, Lep. Cat., *v.* 27 p. 232 | 1927 *Parnassius a. l.*, O. Bang-Haas in: Horae Macrolep., *v.* 1 p. 34 | 1929 *P. a.* subsp. *l.*, Bollow in: Seitz, Großschmett. Erde, *v.* 1 Suppl. 1 p. 80 | 1933 *P. a.* subsp. *l.*, Eisner in: Entomologist, *v.* 66 p. 169.

Eine sehr helle Unterart. Vorderflügel am Apex wie bei der Nominatrasse abgerundet (Fig. 534). Seitenrand vorn geradlinig, allmählich schräg gerundet. Glasband sehr kurz, $Cu_2$ nicht erreichend. Submarginalbinde weit vom Glasbande durch eine breite Grundfarbenbinde getrennt, schwach ausgeprägt, $Cu_2$ nicht erreichend. Subcostalbändchen breit, hinten $M_3$ nicht ganz erreichend. Hinterrandfleck sehr klein, an $Cu_2$ angelehnt, kaum die Analfalte erreichend. Endzellfleck prägnant. Mittelzellfleck reduziert, hinten abgerundet, die hintere Discalrippe nicht erreichend. Wurzelfeld der Vorderflügel-Mittelzelle unbestäubt. Hinterflügel: Glasband reduziert, interzellular bogig ausgerandet, bis zum Hinterrande reichend. Submarginalbinde reduziert, in lose, blasse Flecke aufgelöst. Vorderer Randaugenfleck auffallend

Fig. 534.
**Koramius acdestis ladakensis** (Avinov) (♀). (Typus, nach Avinov 1916) (1/1).

gesättigt, der hintere verkleinert. Die beiden Augenflecke orangegelb, mit deutlicher Weißkernung, breit schwarz konturiert. Analflecke bescheiden, weit von der Hinterrandschwärze entfernt. Diese und die Basalschwärze nicht so ausgedehnt wie bei anderen Rassen, von beiden Augenflecken weit separiert. Männchen unbekannt. Vorderflügellänge: ♀ 31,5 mm.

Ost-Ladak: Shera-Paß, (Shera-La, östlich von Leh).

Typus: ♀ in coll. A. Avinov, Leningrad.

*Koramius acdestis* (Gr.-Gr.) wurde bis vor kurzem als ssp. von *Koramius delphius* (Eversm.) aufgefaßt, trotz des abweichenden Habitus. Erst die Untersuchung der Sphragis überzeugte, daß er eine gute Species darstellt, die Verity (Rhop. palaearct. p. 318) in die Gruppe von *Tadumia imperator* C. Oberth. gestellt haben möchte. Das Geäder ist aber völlig abweichend, weshalb er nur zu *Koramius* F. Moore gezogen werden kann. *Koramius patricius* (Niepelt) wurde als Unterart von *K. acdestis* aufgefaßt, mußte aber wegen der grundaus verschiedenen Sphragis (Bryk, Parnassiana, *v.* 2 p. 2) aus dem *acdestis*-Kreis ausscheiden.

Der Falter ist ein typischer Hochgebirgsfalter. Alle seine Jugendstadien sind unbekannt. Flugzeit Juli.

5. **K. delphius** (Eversm.) 1843 *Doritis d.*, E. Eversmann in: Bull. Soc. Moscou, *v.* 16 p. 541 t. 7 f. 1a, b | 1843—56 *Parnassius d.*, Herrich-Schäffer, Syst. Bearb. Schmett. Eur., *v.* 1 p. 146, Index p. 8 t. 132 [168] (Papilionid. Eur.) f. 638, 639 (♂) | 1881 *P. d.*, Alpheraky in: Horae Soc. ent. Ross., *v.* 16 p 355 | 1886 *P. d.*, Elwes in: P. zool. Soc. London, p. 19, 39 | 1889 *P. d.*, Austaut, Parnass. paléarct., p. 71 t. 17 f. 1 („Groupe“: *Cincti*) | 1890 *P. d.*, Grum-Grshimailo in: Romanoff, Mém. Lép., *v.* 4 p. 194 | 1892 & 95 *P. d.*, F. Rühl & A. Heyne, Palaearkt. Groß-Schmett., *v.* 1 p. 103; 705 | 1893 *P. d.* (part.), Leech, Butt. China Japan Corea, Part 4 p. 504 | 1899 *P. d.*, Rebel in: SB. Ak. Wien, *v.* 107 p. 747 t. 1 f. 4 (♀) | 1901 *P. d.*, O. Staudinger & Rebel, Cat. Lep. Palaearct. Faunengeb., ed. 3 *v.* 1 p. 7 | 1902 *Koramius d.*, F. Moore, Lep. Ind., *v.* 5 p. 122 [Typus von *Koramius* F. Moore] | 1904 *Parnassius d.*, Chr. Schröder in: Allg. Z. Ent., *v.* 9 p. 290 f. 25 | 1906 *P. d.*, H. Stichel in: Berlin. ent. Z., *v.* 51 p. 82 | 1907 *P. d.*, H. Stichel in: Seitz, Großschmett. Erde, *v.* 1 p. 32 | 1907 *P. d.*, H. Stichel in: Berlin. ent. Z., *v.* 52 p. (18), (20) | 1907 *P. d.* (part.), Verity, Rhop.

palaearct., p. 77 t. XVIII f. 5 (♂), 6 (♀) | 1907 *P. d.*, H. Stichel in: Gen. Ins., *v.* 58 p. 38 (Sectio: *Apotacti*, cohors: IV. *Hardwickiiformes*) | 1913 *Tadumia* (Bryk nec Moore) *d.*, Bryk in: Arch. Naturg., *v.* 79 A 2 p. 119 | 1915 *Parnassius d.*, O. Bang-Haas in: D. ent. Z. Iris, *v.* 29 p. 149, 153 | 1922 [1923] *Tadumia d.*, Bryk in: Strand, Lep. Cat., *v.* 27 p. 50 | 1923 *Parnassius d.*, A. Seitz in: Ent. Rundsch., *v.* 40 p. 13 | 1927 *P. (Tadumia) d.*, O. Bang-Haas in: Horae Macrolep., *v.* 1 p. 29, 31 | 1929 *P. d.*, Petersen in: D. ent. Z., 1928 p. 410, 413 f. 1 (bursa copulatrix) | 1932 *Tadumia d.* (part.), M. Hering in: Mt. D. ent. Ges., *v.* 3 p. 33 | 1932 *T. d.*, Bryk, ibid., *v.* 3 p. 35 (nervatura) | 1932 *Parnassius d.* (part.), M. Hering in: Mt. Mus. Berlin, *v.* 18 p. 282, 283, 284, 287, 288, 294, 300, 302, 303 f. 29 (Schienenblättchen), p. 306, 307 f. 54 (VIII. Tergit ♂), p. 310, 311 f. 102 (aedoeagus), p. 314, 315 f. 128 (valva, uncus).

Kopf klein. Augen groß, nackt, eiförmig gewölbt, schwarz. Antennen von $^1/_3$ Länge des Vorderflügelvorderrandes, schwarz, mit basal etwas heller beschupptem Schaft, der Spitze zu sich allmählich verdickend, der knopfartige Zapfen, in den die Keule ausläuft, deutlich. Stirnschopf gelblichgrau oder gelblich behaart. Palpus (Fig. 535) gelblich, Bewimperung gelblich, mit schwarzen Haaren untermischt. Palpenendglied kaum länger als das Mittelglied. Thorax schwarz, mit graugelblichem oder gelblichem Halskragen. Beim Männchen grau behaart, beim Weibchen mit schütter stehenden hellen Schuppen bedeckt. Beine ockergelb. Das distal zugespitzte Schienenblättchen (Fig. 536) der Vordertibia lang, in der Mitte inseriert, ihr Ende kaum überragend. Abdomen schwarz, beim Männchen behaart, beim Weibchen fast nackt, mit weißlichen Schuppen schütter bestreut, die Segmenteinschnitte seitlich aufgehellt, ventral hell behaart. Vorderflügel dreieckig, mehr oder weniger gestreckt, mit gerade verlaufendem, am Apex allmählich gebogenem Vorderrand. Seitenrand bald vorn gerade verlaufend und von $Cu_1$ an gut abgerundet, bald schon vom Apex an abgerundet. $R_{3(+2)}$ mit $R_1$ nicht verwachsen. $M_1$ direkt aus der vorderen Ecke der Mittelzelle entspringend, ohne mit dem Radialgabelstiel von $R_4 + R_5$ zu verwachsen. Befransung hell. Saumlinie dunkel bis cremegelb. Glasband vorn breit, zwischen $M_2$ und $M_3$ wurzelwärts etwas konkav ausgebuchtet, dem Hinterrande zu verjüngt. Submarginalbinde variabel, bald continuierlich bis zum Hinterrande reichend, bald in Flecke aufgelöst und verkürzt oder sogar fast ganz fehlend. Subcostalbändchen mehr oder weniger gesättigt schwarz, seltener mit roter Kernung, schräg gestellt, den Winkel der Radialgabel erreichend oder schneidend, continuierlich bis $M_2$ oder $M_3$ reichend, mit dem meistens erhaltenen Hinterrandfleck oft verbunden, wobei sich dieser Bindenteil bis an die hintere Discoidalrippe erstrecken und längs $M_3$ und $Cu_1$ mit der Submarginalbinde verbinden kann. Endzellfleck gesättigt schwarz, sein vorderer, an die vordere Discalrippe anliegender Teil etwas wurzelwärts verschoben. Mittelzellfleck variabel, länglich oder rundlich die Discoidalrippe hinten erreichend oder nicht erreichend, in seltenen Fällen völlig rückgebildet. Vorderrand und Wurzelfeld bald ganz rein, bald etwas beschuppt. Unterseite: Die nackten Rippen bernsteingelb bis umbrabraun. Zellmakeln sehr stark reduziert. Hinterflügel: Befransung hell. Saumlinie hell oder dunkel. Glasband unregelmäßig, nach hinten sich stark verjüngend; bald stark rückgebildet, bald breit ausgeprägt. Submarginalbinde sehr variabel. Bei normaler Aus-

Fig. 535. Palpus von **Koramius delphius** (Eversm.) (Original).

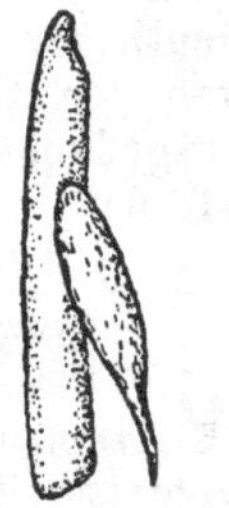

Fig. 536. Vorderschiene mit Schienenblatt von **Koramius delphius** (Eversm.) (Nach M. Hering 1932) ($^{17}/_1$).

bildung continuierlich bis $M_3$ reichend, wobei sie sich bei $R_5$ ($+ M_1$) winkelt und bis $M_2$ gerade verläuft, von $M_2$ bis $M_3$ wurzelwärts vorspringt, aber in der Mitte bisweilen geknickt ist. Sonst mehr oder weniger aufgelöst oder sogar völlig rückgebildet. Die 2 hinteren Flecke zwischen $R_5$ ($+ M_1$) und $M_3$ in selteneren Fällen sogar blau gekernt. Zur Submarginalbinde gehören ferner 2 schwarz umrandete, blaue Randaugenflecke, die stark saumwärts verschoben sind und in Größe und Stärke der Blaukernung variieren. Augenflecke in der Regel groß, schmal oder breit schwarz umrandet, rundlich, in der Regel mit roter bis orangeroter Farbe gekernt, ohne weiße Spiegel. Zwischen beiden Augenflecken bisweilen eine schwarze Strichverbindung, die sich in ganz extremen Fällen sogar rot kernen kann (= forma *rubrojuncta*). Analflecke schwarz oder rot gekernt, in der Regel bis $Cu_1$ reichend. Hinterrand- und Wurzelfeldschwärze in der Ausdehnung äußerst variabel; bald wie bei *Koramius acdestis* (Gr.-Gr.) über die ganze Mittelzelle sich erstreckend, mit den Analflecken vereinigt, auch zwischen $M_3$ und $Cu_1$, bald extrem reduziert, mit Übergängen zwischen beiden Extremen. Unterseite: Die nackten Rippen wie auf dem Vorderflügel. Glasband und Submarginalbinde variabel wie auf der Oberseite. Augenflecke in der Regel neben der Prachtfarbe mit großen, weißen Kernen. 3 rote, nach außen schwarz abgegrenzte Wurzelflecke, die auch ausbleiben können; der vorderste, 4. fehlt. Außerdem treten bisweilen stark schwarz bestreute Formen auf, bei denen das Weiß des Flügelgrunds sogar völlig verdrängt werden kann. Männchen vom Weibchen

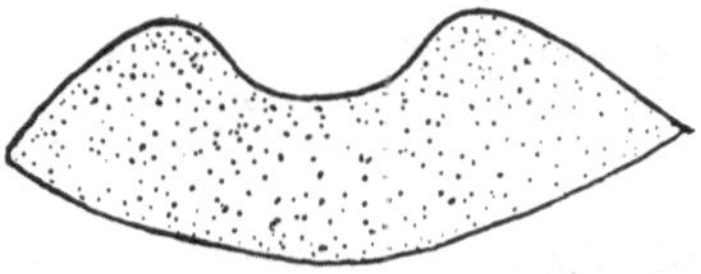

Fig. 537.
VIII. Tergit von **Koramius delphius** (Eversm.) (♂). (Nach M. Hering 1932) (9/1).

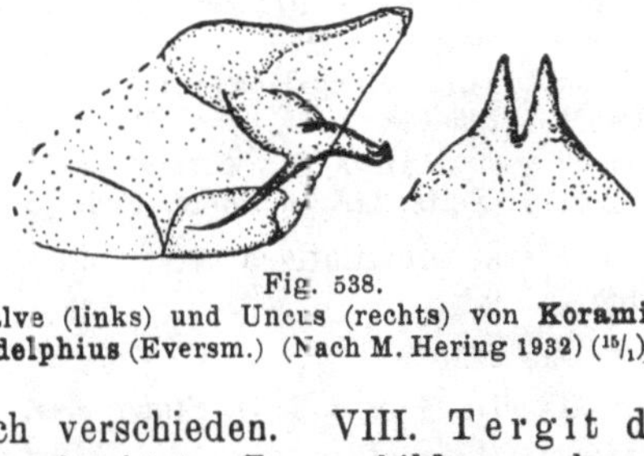

Fig. 538.
Valve (links) und Uncus (rechts) von **Koramius delphius** (Eversm.) (Nach M. Hering 1932) (15/1).

im Habitus voneinander nicht wesentlich verschieden. VIII. Tergit des Männchens (Fig. 537) stumpfwinklig ausgebuchtet. Lappenbildung schwach entwickelt. Uncus des männlichen Genitalapparates (Fig. 538) zweispitzig, die beiden Uncushörner gegen die Basis stark verbreitert, ohne besondere Differenzierung in der Chitinisierung. Valve trapezoidförmig; das Ende von hinten oben nach vorn unten abgeschrägt. Oberrand der Valve stärker chitinisiert, an der Mitte der Innenseite ein starker Fortsatz, der geschwungen und am Ende nach innen gebogen ist. Gegen die Basis ist er stark erweitert und im Chitin dorsal wie ventral ver-

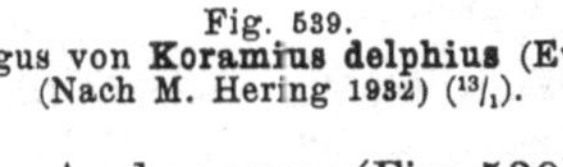

Fig. 539.
Aedoeagus von **Koramius delphius** (Eversm.) (Nach M. Hering 1932) (13/1).

Fig. 540.
Sphragis von **Koramius delphius** (Eversm.) (Original).

ankert. Aedoeagus (Fig. 539) außerordentlich lang und schlank, oralwärts wenig verdickt mit mittelmäßig großem Orificium. Sphragis (Fig. 540) (1906 & 07, Verity, Rhop. palaearct., p. 77 t. XX f. 5, 6, 7 | 1914, Bryk in: Soc. ent., *v.* 29 p. 25 f. $3\beta_1$, $3\beta_2$ | 1915, Kusnezow, Ins. Lep., *v.* 1 p. CXLVI

f. 85 | 1920, Bryk in: Arch. Naturg., *v.* 85 A 5 p. [50] 135) horngelb, ventral flach und ausgebuchtet, in 2 Zipfel ausgezogen, die parallel zum Ovipositor aus dem Hinterleibsende herausragen, lateral das ganze hinterste Segment bedeckend, dieses dorsal ringförmig umklammernd.

Zentral-Asien.

Diese Art zerfällt in: 32 Unterarten.

forma n i g r i c a n s O. Bang-Haas 1915 *Parnassius delphius* var. *albulus* aberr. *n.*, O. Bang-Haas in: D. ent. Z. Iris, *v.* 29 p. 157 | 1922 [1923] *Tadumia d.* forma *n.*, Bryk in: Strand, Lep. Cat., *v.* 27 p. 53 | 1929 *Parnassius d. albulus* aberr. *n.*, Bollow in: Seitz, Großschmett. Erde, *v.* 1 Suppl. 1 p. 77.

Verdunkelte Form bei sonst hellen Unterarten.

Tianschan.

Typen: ♂ ♀ in coll. O. Bang-Haas, Dresden-Blasewitz.

forma s t y x Staud. 1886 *Parnassius delphius* aberr. *s.*, O. Staudinger in: Ent. Zeit. Stettin, *v.* 47 p. 196 | 1889 *P. d.* aberr. *s.*, Austaut, Parnass. paléarct., p. 75 | 1892 *P. d.* var. et. aberr. *s.*, F. Rühl & A. Heyne, Palaearkt. Groß-Schmett., *v.* 1 p. 107 | 1901 *P. d.* aberr. *s.*, O. Staudinger & Rebel, Cat. Lep. Palaearct. Faunengeb., ed. 3 *v.* 1 p. 7 | 1907 *P. d.* aberr. *s.*, H. Stichel in: Seitz, Großschmett. Erde, *v.* 1 p. 32 t. 15 f. (♂) | 1907 *P. d.* forma *s.*, H. Stichel in: Gen. Ins., *v.* 58 p. 39 | 1907 *P. d.* var. *infernalis* aberr. *s.*, Verity, Rhop. palaearct., p. 79 | 1910 *P. d.* aberr. *satanas*, A. Bang-Haas (Tancrè MS.) in: D. ent. Z. Iris, *v.* 24 p. 27 | 1912 *P. d.* aberr. *s.*, Austaut in: Int. ent. Z., *v.* 6 p. 87, 125 f. 1 (♂) | 1913 *P. d.* aberr. *styx*, Fritz Wagner in: Ent. Mt., *v.* 2 p. 54 | 1913 *P. d.* aberr. *s.*, Bryk in: Soc. ent., *v.* 28 p. 15 | 1915 *P. d.* aberr. *s.* + *satanas*, O. Bang-Haas in: D. ent. Z. Iris, *v.* 29 p. 157 t. 4 f. 8 (♂, aberr. *styx*) | 1918 *P. d. albulus* aberr. *styx*, W. Rothschild in: Nov. zool., *v.* 25 p. 256 | 1922 [1923] *P. d.* aberr. *s.*, Bryk in: Strand, Lep. Cat., *v.* 27 p. 54 | 1929 *P. d.* aberr. *satanas*, Bollow in: Seitz, Großschmett. Erde, *v.* 1 Suppl. 1 p. 76.

Stark melanotisch verrußte Falter, bei denen das Weiß oft völlig reduziert ist.

Tianschan.

Typus: ♂ in coll. O. Staudinger, Dresden-Blasewitz.

forma n a n a O. Bang-Haas 1915 *Parnassius delphius* var. *albulus* aberr. *n.* (nomen coll.), O. Bang-Haas in: D. ent. Z. Iris, *v.* 29 p. 157 | 1922 [1923] *Tadumia d.* forma *n.*, Bryk in: Strand, Lep. Cat., *v.* 27 p. 53 | 1929 *Parnassius d.* subsp. *albulus* aberr. *n.*, Bollow in: Seitz, Großschmett. Erde, *v.* 1 Suppl. 1 p. 77.

Falter von kleinster Flügellänge (50—55 mm Spannweite).

Tianschan.

Typen: ♂ ♀ in coll. O. Bang-Haas, Dresden-Blasewitz.

forma m a g n a O. Bang-Haas 1915 *Parnassius delphius* var. *albulus* aberr. *m.* (nomen coll.), O. Bang-Haas in: D. ent. Z. Iris, *v.* 29 p. 157 | 1929 *P. d.* subsp. *a.* aberr. *m.*, Bollow in: Seitz, Großschmett. Erde, *v.* 1 Suppl. 1 p. 77.

Falter von größter Flügellänge (65—70 mm Spannweite).

Tianschan.

Typen: ♂ ♀ in coll. O. Bang-Haas, Dresden-Blasewitz.

forma i m m a r g i n a t a Niepelt 1911 *Parnassius delphius* aberr. *i.*, Niepelt in: D. ent. Z. Iris, *v.* 25 p. 132 | 1914 *P. d.* aberr. *i.*, Niepelt in: Strand, Lep. Niepeltiana, *v.* 1 p. 55 t. 7 f. 6 | 1915 *P. d.* var. *albulus* aberr. *i.*, O. Bang-Haas in: D. ent. Z. Iris, *v.* 29 p. 156 | 1922 [1923] *Tadumia d.* aberr. *i.*, Bryk in: Strand, Lep. Cat., *v.* 27 p. 52 | 1929 *Parnassius d.* subsp. *albulus* aberr. *i.*, Bollow in: Seitz, Großschmett. Erde, *v.* 1 Suppl. 1 p. 77.

Glasbinden auf Vorder- und Hinterflügel infolge dichter Beschuppung des marginalen Flügelteils fehlend.

Tianschan.

Typus: ♂ in coll. W. Niepelt, Zirlau.

forma marginata Huwe 1905 *Parnassius delphius* var. *albulus* aberr. *m.*, Huwe in: Ent. Z., *v.* 18 nr. 33 Beilage 1 | 1905 *P. d. a.* forma *m.*, Huwe in: Berlin. ent. Z., *v.* 49 p. 319, 320, 323, 328 | 1907 *P. d. a.* aberr. *m.*, H. Stichel in: Seitz, Großschmett. Erde, *v.* 1 p. 33 | 1907 *P. d. a.* forma *m.*, H. Stichel in: Gen. Ins., *v.* 58 p. 40 t. 3 f. 15 (♀) | 1907 *P. d.* aberr. *m.*, Verity, Rhop. palaearct., p. 83 (nota 1) | 1909 *P. d.* var. *albulus* forma *m.*, Huwe in: Berlin. ent. Z., *v.* 54 p. (33) | 1915 *P. d.* var. *a.* aberr. *m.*, O. Bang-Haas in: D. ent. Z. Iris, *v.* 29 p. 156 | 1922 [1923] *Tadumia d.* aberr. *m.*, Bryk in: Strand, Lep. Cat., *v.* 27 p. 53 | 1929 *Parnassius d. albulus*, Bollow in: Seitz, Großschmett. Erde, *v.* 1 Suppl. 1 t. 5 (♀).

Submarginalbinde beider Flügel ganz reduziert (Fig. 541).

Naryn.

Fig. 541.
**Koramius delphius albulus** (Honr.) forma **marginata** Huwe (♀). (Paratypus, aus coll. Zool. Mus. Berlin) (1/1).

forma arcadica Bryk 1913 *Parnassius delphius* aberr. *arcadicus*, Bryk in: Soc. ent., *v.* 28 p. 95, 102 f. 3 (♀) p. 106 | 1915 *P. d.* var. *interjecta* aberr. *arcadius*, O. Bang-Haas in: D. ent. Z. Iris, *v.* 29 p. 161 | 1922 [1923] *Tadumia d.* aberr. *arcadicus*, Bryk in: Strand, Lep. Cat., *v.* 27 p. 51 | 1929 *Parnassius d.* subsp. *interjecta* aberr. *arcadisus*, Bollow in: Seitz, Großschmett. Erde, *v.* 1 Suppl. 1 p. 78 | 1931 *P. d.* aberr. *arcadicus*, Sheljuzhko in: Int. ent. Z., *v.* 25 p. 72.

Subcostalbändchen nicht gerade gewinkelt verlaufend, sondern in lose bogenförmige Elemente aufgelöst (Fig. 542).

Alai.

Typus: ♀ in coll. O. Bang-Haas, Dresden-Blasewitz.

Fig. 542. **Koramius delphius interjectus** (Verity) forma **arcadica** Bryk (♀). (Typus) (1/1).

forma r u b r o p i c t a Huwe 1905 *Parnassius delphius albulus* forma *r.*, Huwe in: Berlin. ent. Z., *v.* 49 p. 323, 328 | 1907 *P. d. a.* aberr. *r.*, H. Stichel in: Seitz, Großschmett. Erde, *v.* 1 p. 33 | 1907 *P. d.* aberr. *r.*, Verity, Rhop. palaearct., p. 83 (nota 1) | 1907 *P. d. albulus* forma *r.*, H. Stichel in: Gen. Ins., *v.* 58 p. 40 | 1911 *P. d.* forma *r.*, H. Stichel in: Int. ent. Z., *v.* 4 p. 277 | 1915 *P. d.* var. *albulus* aberr. *r.* + aberr. *styx r.*, O. Bang-Haas in: D. ent. Z. Iris, *v.* 29 p. 156, 157 | 1922 [1923] *Tadumia d.* aberr. *r.*, Bryk in: Strand, Lep. Cat., *v.* 27 p. 54.

Im schwarzen Subcostalbändchen des Vorderflügels 1 oder 2 rote Kerne (Fig. 543).

Naryn.

Fig. 543.
**Koramius delphius albulus** (Honr.) forma **rubropicta** Huwe (♀). (Paratypus, aus coll. Zool. Mus. Berlin) (1/1).

forma p u r a Huwe 1905 *Parnassius delphius albulus* forma *p.*, Huwe in: Berlin. ent. Z., *v.* 49 p. 324, 328 | 1907 *P. d.* aberr. *p.*, Verity, Rhop. palaearct., p. 83 (nota 1) | 1907 *P. d. albulus* aberr. *p.*, H. Stichel in: Seitz, Großschmett. Erde, *v.* 1 p. 33 | 1907 *P. d. a.* forma *p.*, H. Stichel in: Gen. Ins., *v.* 58 p. 40 | 1909 *P. d.* var. *a.* forma *p.*, Huwe in: Berlin. ent. Z., *v.* 54 p. (32) | 1911 *P. d.* forma *p.*, H. Stichel in: Int. ent. Z., *v.* 4 p. 277 | 1915 *P. d.* var. *albulus* aberr. *p.* (+ *reducta*), O. Bang-Haas in: D. ent. Z. Iris, *v.* 29 p. 156 (= *marginata* + *pura*) | 1922 [1923] *Tadumia d.* aberr. *p.*, Bryk in: Strand, Lep. Cat., *v.* 27 p. 53.

Der Hinterrandfleck fehlt im Vorderflügel (Fig. 544).

Naryn.

Fig. 544.
**Koramius delphius albulus** (Honr.) forma **pura** Huwe (♂). (Paratypus, aus coll. Zool. Mus. Berlin) (1/1).

forma p u r i s s i m a Shelj. 1915 *Parnassius delphius* var. *albulus* aberr., O. Bang-Haas in: D. ent. Z. Iris, *v.* 29 p. 157 | 1925 *P. d. a.* aberr. *purissima*, Sheljuzhko in: Z. Österr. Ent.-Ver. Wien, *v.* 10 p. 88.

Der Mittelzellfleck fehlt völlig. (Der Typus zeigt auch weitere erloschene Zeichnungsanlagen).

Issyk-kul.

Typus: ♀ in coll. L. Sheljuzhko, Kijew.

forma boettcheri Huwe 1905 *Parnassius delphius* var. *albulus* aberr. *b.*, Huwe in: Ent. Z., *v.* 18 nr. 33 Beilage 1 | 1905 *P. d. a.* forma *b.*, Huwe in: Berlin. ent. Z., *v.* 49 p. 324, 328 | 1907 *P. d.* aberr. *b.*, Verity, Rhop. palaearct., p. 83 (nota 1) | 1907 *P. d. albulus* aberr. *b.*, H. Stichel in: Seitz, Großschmett. Erde, *v.* 1 p. 33 | 1907 *P. d. a.* forma *b.*, H. Stichel in: Gen. Ins., *v.* 58 p. 40 | 1909 *P. d. a.* aberr. *b.*, Huwe in: Berlin. ent. Z., *v.* 54 p. (33) | 1911 *P. d.* forma *b.*, H. Stichel in: Int. ent. Z., *v.* 4 p. 277 | 1915 *P. d.* var. *albulus* aberr. *b.* (= *fasciata*), O. Bang-Haas in: D. ent. Z. Iris, *v.* 29 p. 156 | 1922 [1923] *Tadumia d.* aberr. *B.*, Bryk in: Strand, Lep. Cat., *v.* 27 p. 51.

Subcostalbändchen deutlich mit dem Hinterrandfleck des Vorderflügels zu einer continuierlichen Binde vereinigt.

Naryn.

forma barteli Austaut 1911 *Parnassius delphius* var. *b.*, Austaut in: Ent. Z., *v.* 24 p. 224 | 1915 *P. d.* var. *albulus* aberr. *b.*, O. Bang-Haas in: D. ent. Z. Iris, *v.* 29 p. 156 | 1918 *P. d. b.*, W. Rothschild in: Nov. zool., *v.* 25 p. 255 | 1922 [1923] *Tadumia d.* aberr. *B.*, Bryk in: Strand, Lep. Cat., *v.* 27 p. 51 | 1929 *Parnassius d.* subsp. *albulus* aberr. *b.*, Bollow in: Seitz, Großschmett. Erde, *v.* 1 Suppl. 1 p. 77.

Die bei gewissen Unterarten getrennte Submarginalbinde des Vorderflügels ist continuierlich erhalten.

Semirjetsche.

forma tancréi Austaut 1910 *Parnassius tancrei*, Austaut in: Ent. Z., *v.* 24 p. 55 | 1911 *P. delphius* forma *puritana*, H. Stichel in: Int. ent. Z., *v.* 4 p. 277 | 1915 *P. d.* var. *albulus* aberr. *tancrei*, O. Bang-Haas in: D. ent. Z. Iris, *v.* 29 p. 156 f. (= *reducta* „mit Hinterrandfleck") | 1922 [1923] *Tadumia d.* aberr. *Tancrêi*, Bryk in: Strand, Lep. Cat., *v.* 27 p. 54 | 1929 *Parnassius d.* subsp. *albulus* aberr. *tancrei*, Bollow in: Seitz, Großschmett. Erde, *v.* 1 Suppl. 1 p. 77.

Submarginalbinde des Vorderflügels fehlt. Hinterrandfleck trotzdem vorhanden.

Semirjetsche.

forma desipiens Stauder 1924 *Parnassius delphius* subsp. *albulus* forma *d.*, Stauder in: Mt. Münch. ent. Ges., *v.* 14 p. 59 | 1929 *P. d.* subsp. *a.* aberr. *d.*, Bollow in: Seitz, Großschmett. Erde, *v.* 1 Suppl. 1 p. 77.

Der 1. Subcostalfleck im Vorderflügel erloschen.

Naryn.

Typus: ♀ in coll. H. Stauder, Innsbruck.

forma omega scriptum Stauder 1924 *Parnassius delphius* subsp. *albulus* forma *o. s.*, Stauder in: Mt. Münch. ent. Ges., *v.* 14 p. 59 | 1929 *P. d.* subsp. *a.* aberr. *omega-scriptum*, Bollow in: Seitz, Großschmett. Erde, *v.* 1 Suppl. 1 p. 77.

Die 3 vordersten Makeln des Subcostalbändchens im Vorderflügel sind deutlich miteinander verbunden, so daß sie ein zierliches Omega bilden.

Naryn.

Typus in coll. H. Stauder, Innsbruck.

forma caeca Dönitz 1892 *Parnassius delphius* var. *caecus*, Dönitz in: Ent. Nachr., *v.* 18 p. 193 fig. | 1905 *P. d. albulus* forma *denigrata*, Huwe in: Berlin. ent. Z., *v.* 49 p. 325, 328 | 1907 *P. d.* aberr. *caeca* + *albulus* aberr. *denigrata*, H. Stichel in: Seitz, Großschmett. Erde, *v.* 1 p. 32, 33 t. 16 a (♂, *denigrata*) | 1907 *P. d.* var. *albulus* aberr., Verity, Rhop. palaearct., p. 83 t. XIX f. 8 (♂) | 1907 *P. d. delphius* forma *caeca* + *P. d. albulus* forma *denigrata*, H. Stichel in: Gen. Ins., *v.* 58 p. 39, 40 | 1911 & 10 *P. d.* var. *staudingeri* aberr. *caeca*, Verity, Rhop. palaearct., p. 317 t. LXIV f. 8 (♀) | 1912 *P. d.* aberr. *c.*, Bryk in: Soc. ent., *v.* 27 p. 57 (nota 1) | 1915 *P. d.* var. *albulus* aberr. *c.*, O. Bang-Haas in: D. ent. Z. Iris, *v.* 29 p. 156 | 1922 [1923] *Tadumia d.* aberr. *caecus*, Bryk in: Strand, Lep. Cat., *v.* 27 p. 52 | 1929 *Parnassius d.* aberr. *denigrata*, Bollow in: Seitz, Großschmett. Erde, *v.* 1 Suppl. 1 t. 5 (♂).

Augenflecke schwarz, ohne Prachtfarbe.

Turkestan.

forma semicaeca Huwe 1905 *Parnassius delphius* var. *albulus* aberr. *semicaecus*, Huwe in: Ent. Z., *v.* 18 nr. 33 Beilage 1 | 1905 *P. d. a.* forma *semicaeca*, Huwe in: Berlin. ent. Z., *v.* 49 p. 324, 328 | 1907 *P. d. a.* aberr. *s.*, H. Stichel in: Seitz, Großschmett. Erde, *v.* 1 p. 33 | 1907 *P. d.* aberr. *s.*, Verity, Rhop. palaearct., p. 83 (nota 1) | 1907 *P. d. albulus* forma *s.*, H. Stichel in: Gen. Ins., *v.* 58 p. 40 | 1911 *P. d. tancrei* aberr. *cocles* (part.), Austaut in: Int. ent. Z., *v.* 5 p. 359 f. 2 (♂), p. 365, 366 f. 2 (♂) | 1915 *P. d.* var. *albulus* aberr. *c.* (part.) + aberr. *semicaeca*, O. Bang-Haas in: D. ent. Z. Iris, *v.* 29 p. 157 | 1922 [1923] *Tadumia d.* aberr. *semicaecus*, Bryk in: Strand, Lep. Cat., *v.* 27 p. 54.

Der subcostale Augenfleck schwarz, ohne Prachtfarbe; der mediane normal rot gekernt.

Turkestan.

forma chrysopis Austaut 1911 *Parnassius aurelia* aberr. *c.*, Austaut in: Int. ent. Z., *v.* 5 p. 366 (♀) | 1915 *P. delphius* var. *albulus* aberr. *c.* [+ aberr. *flavomaculata* (nomen coll., diagnosis mancat!)], O. Bang-Haas in: D. ent. Z. Iris, *v.* 29 p. 156 | 1922 [1923] *Tadumia d.* aberr. *c.*, Bryk in: Strand, Lep. Cat., *v.* 27 p. 52 | 1929 *Parnassius d.* subsp. *albulus* aberr. *c.* + aberr. *flavomaculata*, Bollow in: Seitz, Großschmett. Erde, *v.* 1 Suppl. 1 p. 77.

Augenflecke gelb gekernt anstatt rot.

Turkestan.

forma ochreomaculata O. Bang-Haas 1915 *Parnassius delphius* var. *albulus* aberr. *o.* (nomen coll.), O. Bang-Haas in: D. ent. Z. Iris, *v.* 29 p. 156, 184 | 1922 [1923] *Tadumia d.* aberr. *o.*, Bryk in: Strand, Lep. Cat., *v.* 27 p. 53 | 1929 *Parnassius d.* subsp. *albulus* aberr. *o.*, Bollow in: Seitz, Großschmett. Erde, *v.* 1 Suppl. 1 p. 77.

Augenflecke orangerot.

Tianschan.

forma eugraphica Stauder 1924 *Parnassius delphius* subsp. *albulus* forma *e.*, Stauder in: Mt. Münch. ent. Ges., *v.* 14 p. 60 | 1929 *P. d.* subsp. *a.* aberr. *e.*, Bollow in: Seitz, Großschmett. Erde, *v.* 1 Suppl. 1 p. 77.

Der mediane Augenfleck trägt 2 weiße Kerne.

Naryn.

Typus: ♀ in coll. H. Stauder, Innsbruck.

forma leucostigma Stauder 1924 *Parnassius delphius* subsp. *albulus* forma *l.*, Stauder in: Mt. Münch. ent. Ges., *v.* 14 p. 60 | 1929 *P. d.* subsp. *a.* aberr. *l.*, Bollow in: Seitz, Großschmett. Erde, *v.* 1 Suppl. 1 p. 77.

Beide Augenflecke oder nur einer der Augenflecke neben der Prachtfarbe von weißen Kernen belebt.

Naryn.

Typus: ♀ in coll. H. Stauder, Innsbruck.

forma f e r e - a z o n a Stauder 1924 *Parnassius delphius* subsp. *albulus* forma *f. a.*, Stauder in: Mt. Münch. ent. Ges., *v.* 14 p. 60 | 1929 *P. d.* subsp. *a.* aberr. *f. a.*, Bollow in: Seitz, Großschmett. Erde, *v.* 1 Suppl. 1 p. 77.

Die Schwarzumrandung der Augenflecke so reduziert, daß sie kaum wahrnehmbar ist.

Naryn.

Typus: ♀ in coll. H. Stauder, Innsbruck.

forma j u n o Stauder 1924 *Parnassius delphius* subsp. *albulus* forma *j.*, Stauder in: Mt. Münch. ent. Ges., *v.* 14 p. 60 | 1929 *P. d.* subsp. *a.* aberr. *j.*, Bollow in: Seitz, Großschmett. Erde, *v.* 1 Suppl. 1 p. 77.

Die beiden Augenflecke abnorm vergrößert.

Naryn.

Typus: ♀ in coll. H. Stauder, Innsbruck.

forma i n a e q u a t a Stauder 1924 *Parnassius delphius* subsp. *albulus* forma *i.*, Stauder in: Mt. Münch. ent. Ges., *v.* 14 p. 60 | 1929 *P. d.* subsp. *a.* aberr. *i.*, Bollow in: Seitz, Großschmett. Erde, *v.* 1 Suppl. 1 p. 78.

Die Augenflecke der Oberseite im Verhältnis zu denen der Unterseite derart verschoben, daß sie sich nicht decken.

Naryn.

Typen: ♂ ♀ in coll. H. Stauder, Innsbruck.

forma d e f i c i e n s Avinov 1913 *Parnassius delphius* var. *hunza* aberr. *d.*, Avinov in: Horae Soc. ent. Ross., *v.* 40 nr. 5 p. 19 t. 2 f. 6 (♀) | 1915 *P. d.* var. *h.* aberr. *d.* (= aberr. *exoculata*), O. Bang-Haas in: D. ent. Z. Iris, *v.* 29 p. 164 | 1916 *P. d. h.* aberr. *d.*, Avinov in: Mt. Münch. ent. Ges., *v.* 7 p. 61 t. 1 f. 7 (♀) | 1922 [1923] *P. d. h.* aberr. *obliterata*, Bryk in: Strand, Lep. Cat., *v.* 27 p. 53 | 1929 *P. d. h.* aberr. *deficiens*, Bollow in: Seitz, Großschmett. Erde, *v.* 1 Suppl. 1 p. 79.

Die beiden Augenflecke völlig verschwunden.

Südost-Pamir: Beik-Paß.

Typus: ♀ in coll. A. Avinov, Leningrad.

forma s e m i e x t i n c t a Bollow 1929 *Parnassius delphius* subsp. *albulus* „Kombination" *pura* + *s.* + *mediextincta*, Bollow in: Seitz, Großschmett. Erde, *v.* 1 Suppl. 1 p. 77 t. 5 a (♀ *albulus* aberr.).

Der subcostale Augenfleck fehlt u. a.

Tianschan (?).

forma r u b r o j u n c t a O. Bang-Haas 1907 *Parnassius delphius* var. *cardinalis* (part.), Verity, Rhop. palaearct., p. 81 t. XVIII f. 22 (♀) | 1915 *P. d.* var. *c.* aberr. *rubrojuncta* (nomen coll.), O. Bang-Haas in: D. ent. Z. Iris, *v.* 29 p. 164 | 1922 [1921] *P. d. c.*, Bryk in: Arch. Naturg., *v.* 87 A 10 p. 242 | 1922 [1923] *Tadumia d.* aberr. *rubrojuncta*, Bryk in: Strand, Lep. Cat., *v.* 27 p. 54 | 1929 *Parnassius d.* subsp. *cardinalis* aberr. *r.*, Bollow in: Seitz, Großschmett. Erde, *v.* 1 Suppl. 1 p. 78.

Der Verbindungsstrich zwischen beiden Augenflecken auch oberseits deutlich rot gekernt.

Sarafschan.

Typus: ♀ in coll. R. Oberthür, Rennes.

forma l i t u r a t a Austaut 1911 *Parnassius aurelia* aberr. *l.*, Austaut in: Int. ent. Z., *v.* 5 p. 360 f. 3 (♀), p. 366 f. 3 (♀) | 1915 *P. delphius* var. *albulus* aberr. *l.* (= *conjuncta* + *pura*), O. Bang-Haas in: D. ent. Z. Iris, *v.* 29 p. 156 | 1922 [1923]

*Tadumia d.* aberr. *l.*, Bryk in: Strand, Lep. Cat., *v.* 27 p. 53 | 1929 *Parnassius d.* subsp. *albulus* aberr. *l.*, Bollow in: Seitz, Großschmett. Erde, *v.* 1 Suppl. 1 p. 77.

Beide Augenflecke durch einen schwarzen Steg miteinander verbunden, der mediane außerdem mit dem Analbändchen vereinigt.

Kuldscha.

forma conjuncta K. Rosen (O. Bang-Haas i. l.) 1915 *Parnassius delphius* var. *albulus* aberr. *liturata* (part.) (= *conjuncta* ex synon.), O. Bang-Haas in: D. ent. Z. Iris, *v.* 29 p. 156 | 1921 *P. d. hodja* forma *conjuncta*, K. Rosen in: Mt. Münch. ent. Ges., *v.* 11 p. 86 | 1929 *P. d.* subsp. *albulus* aberr. *liturata* (part.), Bollow in: Seitz, Großschmett. Erde, *v.* 1 Suppl. 1 p. 77.

Beide Augenflecke durch einen schwarzen Steg miteinander verbunden.

Buchara: Hodja.

Typus: ♀ in coll. A. Avinov, Leningrad.

forma caeruleomaculata Bryk (O. Bang-Haas) 1915 *Parnassius delphius* subsp. *albulus* aberr. *c.* (nomen coll.), O. Bang-Haas in: D. ent. Z. Iris, *v.* 29 p. 156 (nomen nudum; diagnos. mancat!) | 1915 *P.* aberr. *c.* (nomen nudum, nomen speciei mancat), O. Bang-Haas, ibid., *v.* 29 p. 185 | 1922 [1923] *Tadumia delphius* aberr. *c.*, Bryk in: Strand, Lep. Cat., *v.* 27 p. 52 | 1929 *Parnassius d.* subsp. *albulus* aberr. *c.*, Bollow in: Seitz, Großschmett. Erde, *v.* 1 Suppl. 1 p. 77.

Die beiden hinteren Elemente der sonst schwarzen Submarginalbinde sind blau gekernt, so daß Randaugenflecke entstehen, die mit den beiden hintersten eine Reihe von 4 Augenflecken bilden.

Tianschan.

Typen: ♂ ♀ in coll. O. Bang-Haas, Dresden-Blasewitz.

forma amelia H. Stich. 1907 *Parnassius delphius albulus*, H. Stichel in: Seitz, Großschmett. Erde, *v.* 1 p. 33 t. 16a | 1911 *P. d.* (*albula* + forma *marginata*) forma *amelia*, H. Stichel in: Int. ent. Z., *v.* 4 p. 277 | 1911 *P. aurelia*, Austaut, ibid., *v.* 5 p. 360, 366 | 1915 *P. delphius* var. *albulus* aberr. *amelia* + aberr. *scotina*, O. Bang-Haas in: D. ent. Z. Iris, *v.* 29 p. 156, 157 | 1922 [1923] *Tadumia d.* aberr. *amelia*, Bryk in: Strand, Lep. Cat., *v.* 27 p. 51 | 1929 *Parnassius d.* subsp. *albulus* aberr. *a.* + aberr. *scotina*, Bollow in: Seitz, Großschmett. Erde, *v.* 1 Suppl. 1 p. 77 (diagnos. aberr. *scotinae* falsa!).

Analflecke, die bei Unterarten in der Regel rot gekernt sind, ohne Spur von Rot.

Tianschan und Namangan.

forma nox Niepelt 1911 *Parnassius delphius albulus* aberr. *n.*, Niepelt in: D. ent. Z. Iris, *v.* 25 p. 132 | 1914 *P. d.* aberr. *n.*, Niepelt in: Strand, Lep. Niepeltiana, *v.* 1 p. 55 t. 7 f. 5 (♂) | 1915 *P. d.* subsp. *albulus* aberr. *n.*, O. Bang-Haas in: D. ent. Z. Iris, *v.* 29 p. 157 | 1922 [1923] *Tadumia d.* aberr. *n.*, Bryk in: Strand, Lep. Cat., *v.* 27 p. 53.

Kombination der formae *styx* und *caeca.*

Tianschan.

Typus: ♂ in coll. W. Niepelt, Zirlau.

forma agraphomena Stauder 1924 *Parnassius delphius* subsp. *albulus* forma *a.*, Stauder in: Mt. Münch. ent. Ges., *v.* 14 p. 60 | 1929 *P. d.* subsp. *a.* aberr. *a.*, Bollow in: Seitz, Großschmett. Erde, *v.* 1 Suppl. 1 p. 78.

Den Wurzelflecken der Unterseite fehlt jedes Rot.

Naryn.

Typen: ♂ ♀ in coll. H. Stauder, Innsbruck.

forma nordmanniides Bryk 1914 *Parnassius delphius* aberr. *n.*, Bryk in: Soc. ent., *v.* 29 p. 24 f. 2 (♂), p. 25 | 1915 *P. d.* var. *interjecta* aberr. *n.*, O. Bang-Haas in: D. ent. Z. Iris, *v.* 29 p. 162 | 1922 [1923] *Tadumia d.* aberr. *n.*, Bryk in: Strand, Lep. Cat., *v.* 27 p. 53 | 1924 *Parnassius d.* subsp. *albulus* forma *n.*, Stauder in: Mt. Münch. ent. Ges., *v.* 14 p. 60 | 1929 *P. d.* subsp. *a.* aberr. *n.* + subsp. *interjecta* aberr. *n.*, Bollow in: Seitz, Großschmett. Erde, *v.* 1 Suppl. 1 p. 78.

Unterseits fehlen die 3 für *Koramius delphius* (Eversm.) typischen, rot gekernten Wurzelflecke.

Isfairan (Alai).

Typus: ♂ in coll. C. Eisner, Berlin-Dahlem.

Folgende Geäderaberration tritt auf: forma meth. *parnassica*: $M_1$ verläuft nicht frei im Vorderflügel aus der vorderen Mittelzellecke, sondern verwächst an ihrer Basis mit dem Radialgabelstiel von $R_{4+5}$. 1917, Bryk in: Arch. Naturg., *v.* 82 A 5 p. 39.

51. **K. delphius delphius** (Eversm.) 1843 *Doritis d.*, Eversmann in: Bull. Soc. Moscou, *v.* 16 p. 541 t. 7 f. 1 a, b (♂; figura mala) | 1881 *Parnassius d.*, Alpheraky in: Horae Soc. ent. Ross., *v.* 16 p. 355 | 1886 *P. d.*, O. Staudinger in: Ent. Zeit. Stettin, *v.* 47 p. 195 | 1890 *P. d.*, Grum-Grshimailo in: Romanoff, Mém. Lép., *v.* 4 p. 194 | 1907 *P. d. delphius* (part.), H. Stichel in: Gen. Ins., *v.* 58 p. 38 t. 3 f. 14 (♀) | 1907 *P. d.* (part.), Verity, Rhop. palaearct., p. 77 t. XVIII f. 5 (♂), 6 (♀) | 1911 *P. d.* forma typica *delphius*, H. Stichel in: Int. ent. Z., *v.* 4 p. 277 | 1915 *P. d. d.*, O. Bang-Haas in: D. ent. Z. Iris, *v.* 29 p. 152 t. 4 f. 1 (♂) | 1918 *P. d. d.* (part.), W. Rothschild in: Nov. zool., *v.* 25 p. 254 | 1922 [1923] *Tadumia delphius* var. *typica* (ex synon.), Bryk in: Strand, Lep. Cat., *v.* 27 p. 50.

Eine kleine, stark verdunkelte Unterart. Vorderflügel: Glasband mittelbreit, bis zum Hinterrand reichend. Die breite Submarginalbinde ihr angenähert, so daß die hell abgesetzte Grundfarbenbinde schmal ausfällt. Subcostalbändchen breit, mit dem kräftigen Hinterrandfleck durch starke, schwarze Überpuderung, die sich bis zum Discus erstreckt, verbunden. Zellmakeln auffallend gut entwickelt. Mittelzellfleck länglich. Vorderrand des Vorderflügels schwärzlich gekörnt. Hinterflügel: Glasband breit, continuierlich bis zum Hinterrande ziehend, wo es sich verjüngt. Submarginalbinde parallel zu ihm verlaufend. Die beiden Randaugen klein, mit kleiner Blaukernung. Augenflecke mittelgroß, kräftig schwarz umrandet, der subcostale rundlich, der mediane $M_3$ nicht erreichend. Analflecke mit letzterem nicht verbunden, schwarz oder rot gekernt. Hinterrand- und Wurzelfeldschwärze kräftig, die ganze Mittelzelle und hinten über sie hinaus verrußend. Männchen kontrastreicher infolge dichterer Beschuppung. Weibchen etwas durchsichtiger. Vorderflügellänge: ♂ ♀ 28—29 mm.

Dsungarischer Alatau, nördlich Kuldscha. [Die Patriaangabe des Typus (östliches Vorgebirge des Altai) ist falsch].

Typus: ♂ in coll. Zool. Mus. Leningrad.

52. **K. delphius namanganus** (Elwes) 1886 *Parnassius d.* var. *n.*, Elwes (Staudinger MS.) in: P. zool. Soc. London, p. 39 | 1886 *P. d.* var. *n.*, O. Staudinger in: Ent. Zeit. Stettin, *v.* 47 p. 196 | 1889 *P. n.*, Austaut in: Parnass. paléarct., p. 76 t. 17 f. 3 (♂) | 1892 & 95 *P. delphius* var. *n.*, F. Rühl & A. Heyne, Palaearkt. Groß-Schmett., *v.* 1 p. 105; 705 | 1901 *P. d.* var. *n.*, O. Staudinger & Rebel, Cat. Lep. Palaearct. Faunengeb., ed. 3 *v.* 1 p. 7 | 1907 *P. d.* aberr. *namangana*, H. Stichel in: Seitz, Großschmett. Erde, *v.* 1 p. 32 t. 16 a (♂, *namanganus*) | 1907 *P. d.* var. *namanganus*, Verity, Rhop. palaearct., p. 79 t. XVIII f. 17 (♂), 18, 19 (♀) | 1907 *P. d. delphius* forma *namangana*, H. Stichel in: Gen. Ins., *v.* 58 p. 39 | 1911 *P. d.* forma *n.* + forma *scotina*, H. Stichel in: Int. ent. Z., *v.* 4 p. 277 | 1911 *P. d.* var. *namanganus*,

Kheil in: Int. ent. Z., *v.* 5 p. 84 | 1915 *P. d.* var. *n.*, O. Bang-Haas in: D. ent. Z. Iris, *v.* 29 p. 154, 159 t. 4 f. 14 (♂), 15 (♀) | 1918 *P. d. n.*, W. Rothschild in: Nov. zool., *v.* 25 p. 255 | 1922 [1923] *Tadumia d.* var. *n.*, Bryk in: Strand, Lep. Cat., *v.* 27 p. 60 | 1933 *Parnassius d. n.*, O. Bang-Haas in: Ent. Z., *v.* 46 p. 262.

Etwas größer als die Nominatrasse, der diese Unterart sehr nahe kommt. Seitenrand des Vorderflügels rundlich. Glasband des Hinterflügels etwas verschmälert. Augenflecke mit den Analflecken, von denen der hinterste in der Regel rot gekernt ist, schwach verbunden. Männchen mit kleinen Augenflecken. Weibchen durchsichtiger, mit vergrößerten Augenflecken und ausgedehnterem Rot in beiden Analflecken. Als forma tritt *amelia* auf.

Namangan; Östl. Alexandergebirge; Talas-tau (vom Oberlauf des Flusses Talas südöstlich von Aulie Ata).

Typen: ♂ ♀ in coll. O. Staudinger, Dresden-Blasewitz.

53. **K. delphius kasakstanus** (O. Bang-Haas) 1933 *Parnassius d.* subsp. *kasakstana*, O. Bang-Haas in: Ent. Z., *v.* 46 p. 262.

Eine sehr kleine Unterart, die der ssp. *namanganus* (Elwes) am nächsten steht (Fig. 545). Submarginalbinden scharf gezackt. Hinterrandschwärze des Hinterflügels sehr kräftig. Männchen oft mit ausgeprägter Binde,

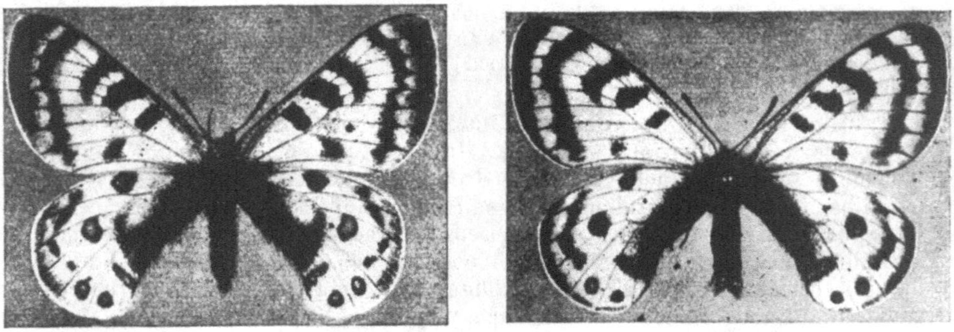

Fig. 545.
**Koramius delphius kasakstanus** (O. Bang-Haas) (links ♂, rechts ♀). (Original, aus coll. C. Eisner, Berlin-Dahlem) ($^1/_1$).

die durch Verbindung des Subcostalbändchens mit dem Hinterrandfleck des Vorderflügels entsteht. Weibchen: Die Subcostalbinde nur angedeutet. Vorderflügellänge: ♂ ♀ 32—33 mm.

Kasakstan: Ala-Tau-Gebirge, Fluß Djebagly-su, 2500 m.

Typen: ♂ ♀ in coll. O. Bang-Haas, Dresden-Blasewitz.

54. **K. delphius karaschahricus** (O. Bang-Haas) 1915 *Parnassius d.* var. *karaschahrica* + aberr. *styx* + *fasciata* + trans. *styx* + *rubropicta* + *caeca* + *semicaeca*, O. Bang-Haas in: D. ent. Z. Iris, *v.* 29 p. 159 t. 4 f. 11 (♂) | 1922 [1923] *Tadumia d.* var. *k.*, Bryk in: Strand, Lep. Cat., *v.* 27 p. 59 | 1929 *Parnassius d.* „Rasse" *karasharica*, Bollow in: Seitz, Großschmett. Erde, *v.* 1 Suppl. 1 p. 78.

Eine auffallend verdunkelte Unterart. Vorderflügel: Glasband und Submarginalbinde breit, so daß die helle Grundfarbenbinde sich verschmälert und hinten sogar oft im Glasbande verschwindet. Subcostalbändchen sehr breit, mit dem viereckigen Hinterrandfleck zu einer homogenen, dunklen Fläche um die Mittelzelle vereinigt. Saumwärts ist es stark der Submarginalbinde genähert, so daß die Grundfarbe dort verdrängt wird und teilweise verschwindet. Wurzelfeld und Vorderrand stark verdunkelt. Hinterflügel: Glasband sehr breit, die zwischen ihm und der stark genäherten continuierlichen Submarginalbinde befindliche Grundfarbenbinde äußerst schmal, oft im Glasbande fast aufgehend. Die beiden Randaugenflecke bisweilen verrußt. Augenflecke groß, orangerot. Wurzelfeld- und Hinterrandschwärze zu einer großen, dunklen Fläche verbreitert, die vorn vor dem Subcostalaugenflecke halt macht, den Medianaugenfleck fast erreicht und hinten an ihn angrenzend mit den Analflecken sich vereinigt. Analflecke seltener rot gekernt. Das Weibchen ist durchsichtiger als das Männchen. Folgende formae treten auf: *rubropicta, styx, caeca, semicaeca.* Vorderflügellänge: ♂ ♀ 30—31 mm.

Tianschan or. mer.: Kourjak-Taon, nordwestlich Karaschahr (Kutscha-Gebirge).

Typen: ♂ ♀ in coll. O. Bang-Haas, Dresden-Blasewitz.

55. **K. delphius juldussicus** (O. Bang-Haas) 1907 *Parnassius d.* var. *namanganus* trans. ad. var. *infernalis* (part.), Verity, Rhop. palaearct., p. 79 t. XVIII f. 20 (♂), 21 (♀) | 1915 *P. d.* var. (aberr.?) *juldussica,* O. Bang-Haas in: D. ent. Z. Iris, *v.* 29 p. 154, 158 t. 4 f. 9 (♂), 10 (♀) | 1916 *P. d.* var. *j.*, Avinoff in: Tr. ent. Soc. London, 1915 p. 358 | 1918 *P. d. j.* + aberr. *styx,* W. Rothschild in: Nov. zool., *v.* 25 p. 255, 261 | 1922 [1923] *Tadumia d.* var. *j.*, Bryk in: Strand, Lep. Cat., *v.* 27 p. 59 | 1929 *Parnassius d.* „Zwischenform" *j.*, Bollow in: Seitz, Großschmett. Erde, *v.* 1 Suppl. 1 p. 78 | 1932 *P. d.* subsp. *karaschahrica,* Eisner in: Parnassiana, *v.* 2 p. 9.

Steht der ssp. *karaschahricus* (O. Bang-Haas) nahe (Fig. 546). Vorderflügel: Zwischen der schmäleren Submarginalbinde und der continuierlichen Binde, die das breite Subcostalbändchen mit der verrußten Flügelmitte und dem Hinterrandfleck bildet, ist die helle Grundfarbenbinde stärker entwickelt.

Fig. 546.
**Koramius delphius juldussicus** (O. Bang-Haas) (♂). (Original, aus coll. Zool. Mus. Berlin) (1/1).

Hinterflügel: Augenflecke, besonders der subcostale, vergrößert. Rotkernung der beiden Analflecke besonders breit hervortretend. Medianaugenfleck meist mit den Analflecken vereinigt. Hinterrand- und Wurzelfeldschwärze sehr ausgedehnt. Randaugenflecke deutlich. Weibchen durchsichtiger als das Männchen. Vorderflügellänge: ♂ ♀ 28,5—29,5 mm.

Tianschan or.: Juldus.

Typen: ♂ ♀ in coll. E. Turati, Mailand.

56. **K. delphius candidatus** (O. Bang-Haas) 1915 *Parnassius d.* var. *c.*, O. Bang-Haas in: D. ent. Z. Iris, *v.* 29 p. 159 t. 4 f. 3 (♂), 4 (♀) | 1922 [1923] *Tadumia d. c.* (an syn. *juldussici?*), Bryk in: Strand, Lep. Cat., *v.* 27 p. 59 | 1929 *Parnassius d.* „Rasse" *c.*, Bollow in: Seitz, Großschmett. Erde, *v.* 1 Suppl. 1 p. 78.

Eine helle, mager gezeichnete Unterart mit gelblichweißem Flügelgrund und mehr gerade verlaufendem Seitenrand des Vorderflügels (Fig. 547). Vorderflügel: Glasband etwas verschmälert. Submarginalbinde scharf und nicht breit von der Grundfarbenbinde sich abhebend. Subcostalbändchen mager, mit dem reduzierten Hinterrandfleck in der Regel nicht verbunden. Endzellfleck nicht besonders kräftig, vorn ausgezähnt. Mittelzellfleck klein, hinten die hintere Discoidalrippe nicht erreichend. Vorderrand des Vorderflügels sehr fein und schwach schwärzlich gekörnt. Hinterflügel: Augenflecke orangegelb, klein oder sehr klein. Glasband oft schön ausgezackt. Submarginalbinde haarscharf gezeichnet, meist in lose Flecke aufgelöst. Die beiden Randaugenflecke zierlich.

Fig. 547.
**Koramius delphius candidatus** (O. Bang-Haas) (♂). (Ideotypus, aus coll. Zool. Mus. Berlin) (1/1).

Analflecke selten $Cu_1$ überschreitend. Hinterrand- und Wurzelfeldschwärze reduziert, oft nur den Basalteil der Mittelzelle und den Hinterrand bis $M_2$ verdunkelnd. Männchen meist mit schwarzen Analflecken. Weibchen oft mit roten Analflecken, sowie Weißkernung der etwas vergrößerten Augenflecke. Folgende formae treten auf: *rubropicta, semicaeca, chrysopis,* ♀ *leucostigma.* Vorderflügellänge: ♂ ♀ 29—30 mm.

Tianschan or.: Juldus (Kuldscha); Issyk-kul, Sarydschon (Ili), Ingiltschek.

Typen: ♂ ♀ in coll. O. Bang-Haas, Dresden-Blasewitz.

57. **K. delphius hamiensis** (O. Bang-Haas) 1927 *Parnassius d.* subsp. *h.*, O. Bang-Haas in: Horae Macrolep., *v.* 1 p. 20 t. 2 f. 11 (♂), 12 (♀) | 1929 *P. d.* „Rasse" *h.*, Bollow in: Seitz, Großschmett. Erde, *v.* 1 Suppl. 1 p. 78.

Steht in seinen Zeichnungsanlagen und im Flügelschnitt am nächsten der ssp. *candidatus* (O. Bang-Haas). Glasband breit, bis zum Hinterrande reichend. Die auf Kosten der stark eingeengten Grundfarbenbinde sehr angenäherte Submarginalbinde sehr schmal und verkürzt, $Cu_1$ überschreitend. Hinterrandfleck sehr schwach, ausgeprägt wurzelwärts verschoben. Hinterflügel: Glasband mäßig breit, den Hinterrand nicht erreichend. Submarginalbinde sehr zart, vor $M_3$ reduziert. Die beiden Randaugenflecke sehr stark verkleinert, ohne Blaukernung. Augenflecke klein, beide Analflecke erhalten. Hinterrand- und Wurzelfeldschwärze variabel. Männchen: Subcostalbändchen sehr schwach ausgeprägt. Endzellfleck diffus; an ihn schließt sich eine Bestäubung um die hintere Mittelzellrippe an. Mittelzellfleck diffus, beide Discalrippen tangierend. Wurzelfeldschwärze des Hinterflügels diffus, auf die ganze Mittelzelle und über sie hinaus verbreitet. Weibchen: Subcostalbändchen breiter. Endzellfleck verkleinert, vor der Discalrippe etwas verschoben und reduziert. Mittelzellfleck (wahrscheinlich aberrativ) klein und frei. Hinterflügel: Der hintere Analfleck mit rotem Kern, der vordere aus der Hinterrandschwärze tretend. Wurzelfeldschwärze nicht so ausgedehnt, die vordere Hälfte der Mittelzelle freilassend. Vorderflügellänge: ♂ 27 mm, ♀ 28 mm.

Tianschan or.: Hami (= Chami).

Typen: ♂ ♀ in coll. O. Bang-Haas, Dresden-Blasewitz.

58. **K. delphius constans** (O. Bang-Haas) 1915 *Parnassius d.* var. *c.* + aberr. *posticelongata* + aberr. *fasciata*, O. Bang-Haas in: D. ent. Z. Iris, *v.* 29 p. 158 t. 4 f. 5 (♂), 6 (♀) | 1922 [1923] *Tadumia d.* var. *c.*, Bryk in: Strand, Lep. Cat., *v.* 27 p. 56 | 1929 *Parnassius d. c.*, Bollow in: Seitz, Großschmett. Erde, *v.* 1 Suppl. 1 p. 78 | 1931 *P. d. c.*, M. Hering in: Parnassiana, *v.* 1 nr. 7/8 p. 5 | 1932 *P. d.* subsp. *c.*, Eisner in: Parnassiana, *v.* 2 p. 9.

Eine helle Unterart, die stark an ssp. *albulus* (Honr.) erinnert (Fig. 548). Vorderflügel: Glasbinde breit, allmählich nach hinten verjüngt. Submarginalbinde mittelbreit, nach außen oft gezähnt. Subcostalbändchen breit, mit dem hinten sich verjüngenden, scharf abgesetzten Hinterrandfleck bisweilen vereinigt.

Fig. 548.
**Koramius delphius constans** (O. Bang-Haas) (♀). (Paratypus, aus coll. Zool. Mus. Berlin) (1/1).

Endzellfleck in der Mitte angeschwollen. Endzellfleck mäßig, hinten die hintere Discoidalrippe nicht immer erreichend. Wurzelfeld der Mittelzelle unbeschattet. Hinterflügel: Glasband breit. Submarginalbinde schmal, in aneinandergrenzende Elemente aufgelöst. Randaugenflecke deutlich. Augenflecke groß, ziegelrot. Von den beiden Analflecken tritt der vordere etwas aus der stark verbreiterten Hinterrandschwärze hervor. Die Wurzelfeldschwärze macht sich vorn nicht geltend, so daß der subcostale Augenfleck wurzelwärts von keinem Schwarz eingeengt wird. Vorderflügellänge: ♂ ♀ 32,5—33 mm.

Tianschan: Aksu-Tal (Chantengri).

Typen: ♂ ♀ in coll. O. Bang-Haas, Dresden-Blasewitz.

59. **K. delphius albulus** (Honr.) 1889 *Parnassius d.* var. *a.*, Honrath in: Berlin. ent. Z., *v.* 33 p. 161 | 1889 *P. d.* var. *a.*, Austaut, Parnass. paléarct., p. 209 | 1890 [*P. d. a.*], Honrath in: Berlin. ent. Z., *v.* 33 t. 2 f. 1 (♂) | 1890? *P. delphinus* (nom. nudum), Grum-Grshimailo (Christoph MS.) in: Romanoff, Mém. Lép., *v.* 4 p. 195 | 1892 *P. delphius* var. *albulus*, F. Rühl & A. Heyne, Palaearkt. Groß-Schmett., *v.* 1 p. 107 | 1901 *P. d.* var. *a.*, O. Staudinger & Rebel, Cat. Lep. Palaearct. Faunengeb., ed. 3 *v.* 1 p. 7 | 1905 *P. d. a.* forma *marginata* + *boettcheri* + *pura* + *rubropicta* + *semicaeca* + *denigrata*, Huwe in: Berlin. ent. Z., *v* 49 p. 314, 320, 323—325, 328 | 1905 *P. d.* var. *a.* + aberr. *marginata* + *boettcheri* + *semicaecus*, Huwe in: Ent. Z., *v.* 18 nr. 33 Beilage 1 | 1907 *P.*

*d.* var. *a.*, Verity, Rhop. palaearct., p. 83 t. XIX f. 6 (♂), 7, 9 (♀), f. 8 (♂, aberr.) | 1907 *P. d. a.* + aberr. *marginata* + *boettcheri* + *pura* + *rubropicta* + *semicaeca* + *denigrata*, H. Stichel in: Seitz, Großschmett. Erde, *v.* 1 p. 33 t. 16a (♂ *albulus*), t. 16a (♂ *denigrata*) | 1907 *P. d. a.* + forma *marginata* + *boettcheri* + *pura* + *rubropicta* + *semicaeca* + *denigrata*, H. Stichel in: Gen. Ins., *v.* 58 p. 40 t. 3 f. 15 (♀ *marginata*) | 1909 *P. d.* var. *a.*, Verity, Rhop. palaearct., t. XXIV f. 21—24 (♂), 25 (♀) | 1910 *P. tancrei*, Austaut in: Ent. Z., *v.* 24 p. 55 | 1910 *P. delphius* aberr. *satanas*, A. Bang-Haas in: D. ent. Z. Iris, *v.* 24 p. 27 | 1911 *P. d.* aberr. *immarginata*, Niepelt, ibid., *v.* 25 p. 132 | 1911 *P. d.* forma *albula* + *amelia* + *puritana*, H. Stichel in: Int. ent. Z., *v.* 4 p. 277 | 1911 *P. aurelia* aberr. *chrysopis* + aberr. *liturata*, Austaut, ibid., *v.* 5 p. 360, 366 f. 3 (♂, *liturata*) | 1912 *P. delphius* aberr. *satanas*, Austaut, ibid., *v.* 6 p. 87, 125 f. 1 (♂) | 1913 *P. d. albulus* + aberr. *styx*, Fritz Wagner in: Ent. Mt., *v.* 2 p. 53 | 1914 *P. d.* aberr. *nox* + aberr. *immarginata*, Niepelt in: Strand, Lep. Niepeltiana, *v.* 1 p. 55 t. 7 f. 5 (♂, aberr. *nox*), t. 7 f. 6 (*P. d. immarginata*) | 1915 *P. d.* var. *albulus* + aberr. *amelia* + *chrysopis* + *liturata* + *barteli* + *marginata* + *tancrei* + *cocles* + *pura* + *boettcheri* + *semicaeca* + *denigrata* + *caeca* + *rubropicta* + *immarginata* + *ochreomaculata* + *flavomaculata* + *nigricans* + *scotina* + *caeruleomaculata* + *styx* + *satanas* + *nox* + *nana* + *magna*, O. Bang-Haas in: D. ent. Z. Iris, *v.* 29 p. 154, 155—157 | 1916 *P. d. a.* aberr. *boettcheri*, Awinow in: Mt. Münch. ent. Ges., *v.* 7 p. 61 | 1918 *P. d. a.*, W. Rothschild in: Nov. zool., *v.* 25 p. 256 | 1922 [1923] *Tadumia d.* var. *a.*, Bryk in: Strand, Lep. Cat., *v.* 27 p. 55 | 1924 *Parnassius* subsp. *a.* + forma *desipiens* + *omega scriptum* + *juno* + *inaequata* + *nordmanniides* + *fereazona* + *leucostigma* + *eugraphica* + *agraphomena*, Stauder in: Mt. Münch. ent. Ges., *v.* 14 p. 59, 60 | 1925 *P. d. a.* aberr. *purissima*, Sheljuzhko in: Z. Österr. Ent.-Ver. Wien., *v.* 10 p. 88 | 1929 *P. d.* subsp. *a.* aberr. *pura* + *semiextincta* + *mediextincta* + *nana* + *magna* + *nigricans* + *scotina* + *immarginata* + *barteli* + *tancrei* + *chrysopis* + *rubropicta* + *omegascriptum* + *amelia* + *liturata* + *cocles* + *ochreomaculata* + *flavomaculata* + *juno* + *leucostigma* + *eugraphica* + *fere azona* + *inaequata* + *agraphomena* + *nordmanniides* + *caeruleomaculata*, Bollow in: Seitz, Großschmett. Erde, *v.* 1 Suppl. 1 p. 77, 78 t. 5a (*albulus* (♀) aberr.; *albulus* (♀)) | 1932 *P. d.* subsp. *a.*, Eisner in: Parnassiana, *v.* 2 p. 9 | 1932 *P. d. a.*, M. Hering in: Parnassiana, *v.* 2 p. 11.

Fig. 549.
**Koramius delphius albulus** (Honr.) (♂). (Original, aus coll. Zool. Mus. Berlin) (1/1).

Eine große, gewöhnlich sehr dicht beschuppte, helle Unterart, die variabelste dieser Species (Fig. 549). Vorderflügel gestreckt. Glasband breit, den Hinterrand erreichend. Die Submarginalbinde, falls erhalten, bald breit, bis zum Hinterrand ziehend, bald schmäler und etwas verkürzt, bald in lose Flecke aufgelöst. Das selten rot gekernte Submarginalbändchen bei typischen Stücken in der Größe eines variablen Hinterrandfleckes, der auch ausbleiben kann, getrennt, sonst mehr oder weniger kräftig verbunden. Endzellfleck und

Mittelzellfleck in der Größe variabel; der letzte in sehr seltenen Fällen völlig erloschen. Wurzelfeld und Vorderrand gewöhnlich nicht schwärzlich bestäubt. Hinterflügel: Glasband mehr oder weniger breit. Submarginalbinde meist rückgebildet oder sogar verschwindend. Bei dunklen Exemplaren kräftig und breit ausgebildet. Die beiden Randaugenflecke gewöhnlich groß, mit hellblauem, fast silbernem Kern. Augenflecke meist groß, in diesem Falle schmal schwarz umsäumt, rot bis orangegelb. Die beiden Analflecke — besonders beim Weibchen — oft mit roten Kernen, sehr selten mit weißem Kern. Zwischen $M_3$ und $Cu_1$ in der Regel keine Verbindung mit dem Medianaugenfleck. Hinterrandschwärze in der Regel stark reduziert, seltener fast auf die ganze Mittelzelle sich erstreckend. Unterseits 3 rot gekernte Wurzelflecke, die selten ohne Rot auftreten oder noch seltener völlig ausbleiben. M ä n n c h e n öfters mit verkleinerten, unregelmäßig breit, schwarz umrandeten Augenflecken. W e i b c h e n wie das Männchen dicht beschuppt, die Submarginalbinde des Vorderflügels blasser. Folgende formae treten auf: *immarginata, marginata, barteli, boettcheri, tancréi, pura, purissima, liturata, chrysopis, amelia, rubropicta, caeruleomaculata, caeca, semicaeca, styx (satanas), nigricans.* (Vgl. Fig. 541, 543, 544). Vorderflügellänge: ♂ ♀ 32—35 mm.

Tianschan: Südl. des Issyk-kul. Semirjetsche, Naryn: Karagaitau, Nura-Kette, Jitimtau, Temerlik-Gebirge, Naryn-Fluß. Alai (östlich von Osch, 3600 m) (Typus).

Typen: ♂ ♀ in coll. Brit. Mus. London.

5 10. **K. delphius mephisto** (M. Hering) 1931 *Parnassius d.* subsp. *m.* + forma *obscura* + forma *alba*, M. Hering in: Parnassiana, *v.* 1 nr. 7/8 p. 4, 5; p. 4 f. 4 (*P. d. m.* forma *alba* (♂)), f. 5 (*P. d. m.* forma *obscura* (♂)) | 1932 *P. d.* subsp. *albulus* (part.) + subsp. *karaschahrica* (part.), Eisner in: Parnassiana, *v.* 2 p. 9 | 1932 *P. d. m.* + forma *obscura* + forma *alba*, M. Hering in: Parnassiana, *v.* 2 p. 10, 11.

Fig. 550.
**Koramius delphius mephisto** (M. Hering) forma **alba** M. Hering (♂). (Typus, nach M. Hering 1931 (1/1).

Eine bald helle, bald verdunkelte Unterart (Fig. 550), die sich einerseits an ssp. *albulus* (Honr.) als forma *alba*, andererseits an ssp. *karaschahricus* (O. Bang-Haas) als forma *obscura* (Fig. 551) anschließt. Vorderflügel-Seitenrand mehr nach hinten abgerundet als bei ssp. *karaschahricus* (O. Bang-Haas) und dadurch an ssp. *albulus* (Honr.) angenähert. M ä n n c h e n: Vorderflügel: Glasband mittelbreit, bis zum Hinterrand reichend. Submarginalbinde bald verschwindend oder sehr schmal, in Flecke aufgelöst, bald kräftig, die Grundfarbenbinde einzwängend. Das verschmälerte Subcostalbändchen mit dem verkleinerten Hinterrandfleck bei der verdunkelten Form deutlich durch schwarze Verbreiterung bis zum hinteren Mittelzellrippenarm verbunden, bei der hellen, nur spärlich oder gar nicht vorhanden. Mittelzellfleck länglich. Vorderrand deutlich schwärzlich überpudert. Hinterflügel: Glasband eher schmal. Submarginalbinde bald rückgebildet, bald rauchbraun, kräftig, mit dem Glasbande fast verschmolzen. Die beiden Randaugenflecke mehr oder weniger deutlich silberblau gekernt. Beide Augenflecke mittelgroß, schwarz oder mit Spuren

Fig. 551.
**Koramius delphius mephisto** (M. Hering) forma **obscura** M. Hering (♂). (Typus, nach M. Hering 1931) (1/1).

von spärlichem Rot; der subcostale rundlich. Wurzelfeld- und Hinterrandschwärze stärker als bei ssp. *albulus* (Honr.) ausgedehnt, selten den äußeren Teil der Mittelzelle verschonend, mit den beiden Analflecken vereinigt und bei der dunklen Form sogar die beiden Augenflecke untereinander und den medianen mit den Analflecken verbindend. Unterseits das Rot in den Wurzelflecken und Augenflecken in der Regel völlig verdrängt. Weibchen unbekannt. Vorderflügellänge: ♂ 29—32 mm.

„Aksu".

Typen: ♂ in coll. R. Püngeler, Zool. Mus. Berlin.

511. **K. delphius menander** (Hemming) 1886 *Parnassius d.* var. *infernalis* (part.), Elwes in: P. zool. Soc. London, p. 39 | 1886 *P. d.* var. *i.* (part.), O. Staudinger in: Ent. Zeit. Stettin, *v.* 47 p. 196 | 1890 *P. d.* var. (?) *intermedia* (nec Ménétriés 1849), Grum-Grshimailo in: Romanoff, Mém. Lép., *v.* 4 p. 196 (explicatio figurae) | 1907 *P. d.* var. *infernalis* (part.), Verity, Rhop. palaearct., p. 78 t. XVIII f. 8 (♂), 9 (♀) | 1911 *P. d.* „race" *intermedia*, Verity, ibid., p. 316 | 1915 *P. d.* var. *i.*, O. Bang-Haas in: D. ent. Z. Iris, *v.* 29 p. 154 t. 4 f. 7 (♂) | 1922 [1923] *Tadumia d.* var. *i.*, Bryk in: Strand, Lep. Cat., *v.* 27 p. 58 | 1929 *Parnassius d.* „Form" *i.*, Bollow in: Seitz, Großschmett. Erde, *v.* 1 Suppl. 1 p. 77 | 1934 *P. d. menander*, Hemming in: Stylops, *v.* 3 p. 44.

Eine zwischen ssp. *juldussicus* (O. Bang-Haas) und ssp. *candidatus* (O. Bang-Haas) stehende Unterart mit gestrecktem Vorderflügel und abgerundetem Seitenrand (Fig. 552). Stark verdunkelt, mit sich scharf abhebender Zeichnung. Vorderflügel: Glasband schmal, mit der breiten Submarginalbinde am Hinterrande zusammentreffend. Subcostalbändchen mit dem etwas schräg gestellten, mäßigen Hinterrandfleck durch die verdunkelte, bis an die hintere Mittelzellrippe reichende Flügelmitte verbunden. Endzellfleck sehr kräftig, in der Mitte apexwärts angeschwollen. Mittelzellfleck länglich, abgerundet, den hinteren Discusarm nicht erreichend. Wurzelfeld und Vorderrand schwärzlich überpudert. Hinterflügel: Glasband schmal, bis zum Hinterrande reichend. Die Submarginalbinde von ihm getrennt, meist continuierlich erhalten. Augenflecke rundlich, gut schwarz umsäumt und mäßig groß. Der vordere Analfleck aus der stark verbreiterten Hinterrandschwärze, die sich mit der

Fig. 552.
**Koramius delphius menander** (Hemming) forma **satanas** A. Bang-Haas (♂).
(Original, aus coll. Zool. Mus. Berlin) (1/1).

Wurzelschwärze über die Mittelzelle hinaus erstreckt, hervortretend. Der hintere bisweilen gerötet. Weibchen durchsichtiger und die Zeichnungen nicht so gesättigt schwarz. Vorderflügellänge: ♂ ♀ 30—31 mm.

Tianschan occ.: Kuldscha, Kungai-Ala-Tau bis zum Issyk-kul.

Typen: ♂ ♀ in coll. L. Sheljuzhko, Kijew.

5 12. **K. delphius maximinus** (Staud.) 1891 *Parnassius d.* var. *m.*, O. Staudinger in: D. ent. Z. Lep., *v.* 4 p. 158 | 1892 *P. d.* var. *m.*, F. Rühl & A. Heyne, Palaearkt. Groß-Schmett., *v.* 1 p. 106 | 1901 *P. d.* var. *m.*, O. Staudinger & Rebel, Cat. Lep. Palaearct. Faunengeb., ed. 3 *v.* 1 p. 7 | 1907 *P. d.* var. *m.*, Verity, Rhop. palaearct., p. 83 t. XIX f. 10 (♂), 11 (♀) | 1907 *P. d.* aberr. *maximina*, H. Stichel in: Seitz, Großschmett. Erde, *v.* 1 p. 32 | 1907 *P. d. delphius* forma *m.*, H. Stichel in: Gen. Ins., *v.* 58 p. 39 | 1911 *P. d.* forma *m.*, H. Stichel in: Int. ent. Z., *v.* 4 p. 277 | 1915 *P. d.* var. *maximinus*, O. Bang-Haas in: D. ent. Z. Iris, *v.* 29 p. 160 t. 5 f. 16 (♀) | 1918 *P. d. m.*, W. Rothschild in: Nov. zool., *v.* 25 p. 256 (patria partim falsa) | 1922 [1923] *Tadumia d.* var. *m.*, Bryk in: Strand, Lep. Cat., *v.* 27 p. 59.

Fig. 553.
**Koramius delphius maximinus** (Staud.) (♂). (Original, aus coll. C. Eisner, Berlin-Dahlem) (1/1).

Eine große, dicht weiß beschuppte, wie eine aufgehellte ssp. *albulus* (Honr.) aussehende Unterart mit gestrecktem Vorderflügel und gut abgerundetem Seitenrand (Fig. 553). Vorderflügel: Glasband stark reduziert, äußerst schmal, $Cu_1$ nicht erreichend. Die continuierliche Submarginalbinde gut ausgebildet, bis zum Hinterrande ziehend. Subcostalbändchen mit dem schmalen Zipfel bis $M_3$ reichend. Hinterrandfleck kräftig, ebenso Endzell- und Mittelzellfleck. Letzterer länglich, hinten den hinteren Discusarm nicht erreichend. Wurzelfeld des Vorderflügels unbeschattet, Vorderrand unauffällig

Fig. 553 a.
**Koramius delphius maximinus** (Staud.) (♀). (Original, aus coll. C. Eisner, Berlin-Dahlem) (1/1).

zart grau bestäubt. Hinterflügel: Glasband völlig verdrängt. Submarginalbinde markant; ihre beiden hintersten Elemente oft blau gekernt, an die sich die beiden großen, isolierten Randaugenflecke anschließen. Augenflecke rot, mittelgroß. Die beiden scharf abgesetzten, von der Hinterrandschwärze isolierten Analflecke mit rotem Kern. Wurzelfeld- und Hinterrandschwärze mäßig, diffus um die Mittelzelle bis $M_2$ greifend. Weibchen nicht besonders differenziert. Vorderflügellänge: ♂ ♀ 34—37 mm.

Südwestufer des Issyk-kul, Gebirge südlich Taschkent (?) (Fundorte Kuku Noor und Amur falsch).

Typen: ♂ ♀ in coll. O. Staudinger, Dresden-Blasewitz.

5 13. **K. delphius infernalis** (Elwes) 1886 *Parnassius d.* var. *i.*, Elwes (Staudinger MS.) in: P. zool. Soc. London, p. 39 | 1886 *P. d.* var. *i.*, O. Staudinger in: Ent. Zeit. Stettin, *v.* 47 p. 195 | 1889 *P. d.* var. *i.*, Austaut, Parnass. paléarct., p. 75 | 1890 *P. d. i.* (part.), Grum-Grshimailo in: Romanoff, Mém. Lép., *v.* 4 p. 196, 197 t. 21 f. 2a (♂), 2b (♀) | 1892 & 95 *P. d.* var. *i.*, F. Rühl & A. Heyne, Palaearkt. Groß-Schmett., *v.* 1 p. 104; 705 | 1901 *P. d.* var. *i.*, O. Staudinger & Rebel, Cat. Lep. Palaearct. Faunengeb., ed. 3 *v.* 1 p. 7 | 1904 *P. d. dolabella*, Fruhstorfer in: Ent. Z., *v.* 18 p. 29 | 1904 *P. d. infernalis*, Fruhstorfer in: Ins. Börse, *v.* 21 p. 309 | 1907 *P. d.* var. *i.* (part.), Verity, Rhop. palaearct., p. 78 | 1907 *P. d.* aberr. *i.* + *P. d. dolabella*, H. Stichel in: Seitz, Großschmett. Erde, *v.* 1 p. 32, 33 t. 15 f. (♂) | 1907 *P. d. delphius* forma *i.* + *P. d. dolabella*, H. Stichel in: Gen. Ins., *v.* 58 p. 39, 41 | 1909 *P. d. dolabella*, Fruhstorfer in: Seitz, Großschmett. Erde, *v.* 9 t. 50c (♂) | 1911 & 10 *P. d.* var. *infernalis* + „race" *dolabella*, Verity, Rhop. palaearct., p. 316 t. LIII f. 14 (♂), t. LVIII f. 19, 20 (♂ ♀ „race" *dolabella*) | 1911 *P. d.* forma *i.*, H. Stichel in: Int. ent. Z., *v.* 4 p. 277 | 1912 *P. d.* var. *i.*, Austaut, ibid., *v.* 6 p. 87, 125 | 1913 *P. d.* var. *i.*, Fritz Wagner in: Ent. Mt., *v.* 2 p. 54 | 1915 *P. d.* var. *i.* + aberr. *dolabella*, O. Bang-Haas in: D. ent. Z. Iris, *v.* 29 p. 154, 160 t. 4 f. 12, 13 (♂) | 1916 *P. d. i.*, Avinoff in: Tr. ent. Soc.

London, 1915 p. 358 | 1918 *P. d. i.*, W. Rothschild in: Nov. zool., *v.* 25 p. 250 | 1922 [1923] *Tadumia d.* var. *i.* + forma *dolabella*, Bryk in: Strand, Lep. Cat., *v.* 27 p. 56, 58.

Eine kontrastreiche, reich gezeichnete Unterart mit etwas zugespitztem Apex (Fig. 554). Vorderflügel: Glasband mittelbreit, Submarginalbinde sehr stark betont, hinten am Hinterrande mit ihm zusammenfließend; die dazwischen eingesperrte Grundfarbenbinde sehr schmal. Submarginalbändchen breit angelegt, mit dem sehr stark betonten, nach hinten verjüngten, wurzelwärts schräg gestellten und mit einem Wisch hinter $Ax_1$ sich ausbreitendem Hinterrandfleck mehr oder weniger stark verbunden, wobei sich die Verbindungsbinde breit an die hintere Discoidalrippe und an den sehr breiten Endzellfleck anlegt. Mittelzellfleck länglich, die hintere Discalrippe nicht immer erreichend. Vorderrand und Wurzelfeld fein schwärzlich überpudert. Hinterflügel: Glasband breit, continuierlich, dem Hinterrande zu verjüngt. Submarginalbinde kräftig, ihm sehr genähert, wodurch die Grundfarbenbinde stark eingezwängt

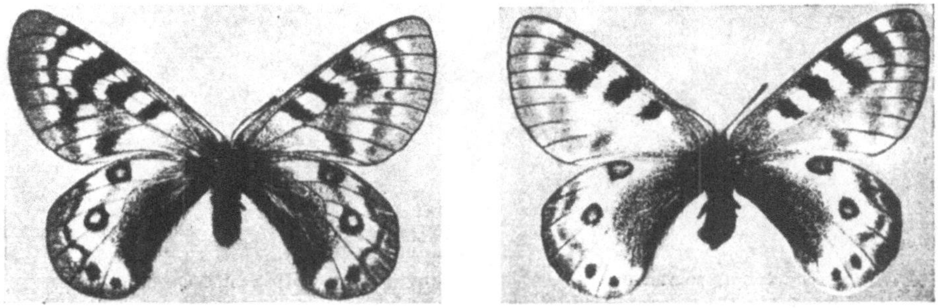

Fig. 554.
**Koramius delphius infernalis** (Elwes) (links ♂, rechts ♀). (Original, aus coll. Zool. Mus. Berlin) (1/1).

erscheint. Die beiden Randaugenflecke sehr dunkel, mit ganz reduzierter Blaukernung. Augenflecke in der Größe variabel, zuweilen sehr groß, tiefrot, oft miteinander durch einen von der Basalschwärze mehr oder weniger getrennten Strich verbunden, hinten meistens nicht mit den Analflecken vereinigt. Wurzelfeld- und Hinterrandschwärze in der Regel sehr kräftig, über den ganzen Discus hinaus sich erstreckend, mit den Analflecken, die selten rot sind, vereinigt. Unterseits sind die rot gekernten Wurzelflecke oft erloschen. Weibchen mehr kreideweiß, die Zeichnungsanlagen mehr zurückgedrängt, besonders auf dem Hinterflügel, wo die Submarginalbinde und die Randaugenflecke oft stark reduziert sind, und die Discalschwärze durch das Eindringen von weißer Beschuppung grau erscheint. Folgende formae treten auf: *caeca*, *mediocaeca* und *semicaeca*. Vorderflügellänge: ♂ 29,5—33 mm, ♀ 29—31 mm.

Alai (Typus: Taldyk Pass), Osch. Alai-Tal: Ak-Bosoga. Kaschgar.

Typen: ♂ ♀ in coll. Brit. Mus. London.

5 14. **K. delphius interjectus** (Verity) 1890 *Parnassius d.* var. *infernalis* (part.), Grum-Grshimailo in: Romanoff, Mém. Lép., *v.* 4 p. 198 | 1895 *P. d.* var. *i.* (part.), F. Rühl & A. Heyne, Palaearkt. Groß-Schmett., *v.* 1 p. 705 | 1907 *P. d.* var. *i.* (part.), Verity, Rhop. palaearct., p. 78, 80 t. XVIII f. 14 (♀ non ♂, *P. d.* var. *illustris* trans. ad var. *infernalis*) | 1907 *P. d. staudingeri* forma *illustris* (part.), H. Stichel in: Gen. Ins., *v.* 58 p. 40 | 1911 *P. d.* race *interjecta*, Verity, Rhop. palaearct., p. 316 | 1913 *Tadumia d.* aberr. *arcadicus*, Bryk in: Soc. ent., *v.* 28 p. 95, 102 f. 3 (♀ non ♂, forma *a.*), p. 106 | 1914 *T. d.* aberr. *nordmanniides*, Bryk, ibid., *v.* 29 p. 24 f. 2 (♂),

p. 25 | 1915 *Parnassius d.* var. *interjecta* + aberr. *arcadius* + aberr. *n.*, O. Bang-Haas in: D. ent. Z. Iris, *v.* 29 p. 161, 162 | 1922 [1923] *Tadumia d.* var. *i.*, Bryk in: Strand, Lep. Cat., *v.* 27 p. 58 | 1929 *Parnassius d.* subsp. *i.* + aberr. *arcadisus* + aberr. *nordmanniides*, Bollow in: Seitz, Großschmett. Erde, *v.* 1 Suppl. 1 p. 78 | 1931 *P. d. i.*, N. Filipjev in: Abh. Pamir-Exp. 1928, nr. 8 p. 146.

Eine zwischen ssp. *illustris* (Gr.-Gr.) und ssp. *infernalis* (Elwes) stehende Unterart (Fig. 555). Apex mehr abgerundet. Vorderflügel: Glasband und Submarginalbinde bis zum Hinterrand reichend; letztere zwischen $M_2$ und $M_3$ stark eingeschnürt. Subcostalbändchen unregelmäßig ausgezackt. Hinterrandfleck schräg gestellt und etwas reduziert. Endzellfleck in der Mitte apexwärts unregelmäßig gezähnt. Mittelzellfleck oblong, hinten schmäler. Vorderrand deutlich

Fig. 555.
**Koramius delphius interjectus** (Verity) (♂). (Original, aus coll. Zool. Mus. Berlin) (1/1).

Fig. 555 a.
**Koramius delphius interjectus** (Verity) (♀). (Original, aus coll. Zool. Mus. Berlin) (1/1).

schwärzlich gekörnt. Hinterflügel: Glasband schmal, am Hinterrande stark verjüngt. Submarginalbinde stark reduziert. Randaugenflecke verkleinert, mit verschwindendem Blau. Augenflecke mittelgroß, breit schwarz umrandet, abgerundet. Analflecke reduziert. Hinterrand- und Wurzelschwärze mäßig, in der Mitte der Mittelzelle mit heller Bestäubung durchsetzt. Folgende formae treten auf: *arcadica* (Fig. 542) und *nordmanniides*. Vorderflügellänge: ♂♀ 29–30,5 mm.

Alai-Tal: Kisil-su, Sary-tasch; Transalai: Kisil-art; Alai: Isfairan.

Typus: ♂♀ in coll. R. Oberthür, Rennes.

515. **K. delphius illustris** (Gr.-Gr.) 1888 *Parnassius d.* var. *i.*, Grum-Grshimailo in: Horae Soc. ent. Ross., *v.* 22 p. 304 | 1889 *P. i.* + *P. transiens*, Austaut, Parnass. paléarct., p. 81, 205 t. 18 f. 3 (♂, *P. transiens*) | 1890 *P. delphius* var. *i.*, Grum-

Grshimailo in: Romanoff, Mém. Lép., *v.* 4 p. 160, 196, 198 t. 21 f. 1a (♂) b (♀) | 1891 *P. d.* var. *infumata*, Austaut in: Naturaliste, *v.* 13 p. 180 (var. *illustris*), f. 11 (♂, var. *infumata*) | 1892 & 95 *P. d.* var. *illustris* + var. *transiens*, F. Rühl & A. Heyne, Palaearkt. Groß-Schmett., *v.* 1 p. 104, 705 | 1907 *P. d. staudingeri* aberr. *i.*, H. Stichel in: Seitz, Großschmett. Erde, *v.* 1 p. 32 t. 16a (♀; an subsp. *altera*) | 1907 *P. d.* var. *i.* (part.) + var. *infumata*, Verity, Rhop. palaearct., p. 79 t. XVIII f. 12 (♂), 13 (♀) | 1907 *P. d. staudingeri* forma *i.* + *P. d.* forma *infumata*, H. Stichel in: Gen. Ins., *v.* 58 p. 39, 40 | 1911 *P. d.* forma *illustris*, H. Stichel in: Int. ent. Z., *v.* 4 p. 277 | 1915 *P. d.* var. *i.* + aberr. *transiens* + aberr. *infumata*, O. Bang-Haas in: D. ent. Z. Iris, *v.* 29 p. 161, 162 t. 4 f. 2 (♂) | 1916 *P. d. i.*, Awinow in: Mt. Münch. ent. Ges., *v.* 7 p. 63 | 1918 *P. d. i.*, W. Rothschild in: Nov. zool., *v.* 25 p. 254 | 1922 [1923] *Tadumia d.* var. *i.*, Bryk in: Strand, Lep. Cat., *v.* 27 p. 57.

Eine kleine, dicht weiß beschuppte Rasse mit sanft abgerundetem Seitenrand des Vorderflügels. Vorderflügel: Glasband mittelbreit, bis zum Hinterrand reichend. Submarginalbinde den Hinterrand gewöhnlich nicht erreichend und sehr schmal, auf $M_3$ und $Cu_1$ sich sehr oft discalwärts schwach verbreitend. Das nicht sehr breite Subcostalbändchen vom gebogenen Hinterrandfleck getrennt. Endzellfleck unregelmäßig und gut entwickelt. Mittelzellfleck dreieckig, etwas schräg, vorn breiter als hinten, die hintere Discalrippe kaum oder nicht erreichend. Schwarzkörnung des Vorderrandes und der Mittelzelle kaum auffallend. Hinterflügel: Glasband mittelstark entwickelt, hinten als Saumlinie erhalten. Randaugenflecke sehr klein, mit stark reduziertem Blau oder auch ohne dieses. Augenflecke mittelgroß, bisweilen durch einen Strich schwach miteinander verbunden. Analflecke schwach entwickelt, $Cu_1$ nicht überschreitend. Wurzelfeld- und Hinterrandschwärze mäßig stark entwickelt, die vordere Hälfte der Mittelzelle freilassend oder dort nur verschwommen. Männchen: Der hintere Analfleck in der Hinterrandschwärze gewöhnlich aufgehend, der vordere fehlend. Weibchen: Der vordere Analfleck gewöhnlich aus der Hinterrandschwärze hervortretend. [Der bräunliche Ton des von Austaut als forma *infumata* benannten Tieres ist nach O. Bang-Haas (D. ent. Z., *v.* 29 p. 162) auf Fäulnis zurückzuführen.] Vorderflügellänge: ♂♀ 27—29,5 mm.

Karategin: Kara-Sagin; Alai-Tal: Kisil-su; Transalai: Aram-kungai; Pamir.

Typen: ♂♀ in coll. Brit. Mus. London.

516. **K. delphius darvasicus** (Avinov) 1916 *Parnassius d.* subsp. *darvasica*, Avinoff in: Tr. ent. Soc. London, 1915 p. 358 t. 54 f. 3 (♀) | 1922 [1923] *Tadumia d.* var. *d.*, Bryk in: Strand, Lep. Cat., *v.* 27 p. 56 | 1927 *Parnassius d. d.*, O. Bang-Haas in: Horae Macrolep. *v.* 1 p. 29 | 1929 *P. d.* „Rasse" *d.*, Bollow in: Seitz, Großschmett. Erde, *v.* 1 Suppl. 1 p. 78 | 1932 *P. d.* subsp. *d.*, Bryk & Eisner in: Parnassiana, *v.* 2 p. 42.

Fig. 556.
**Koramius delphius darvasicus** (Avinov) (♀). (Typus, nach Avinov 1916) (1/1).

An subsp. *illustris* (Gr.-Gr.) sich anschließend (Fig. 556). Vorderrand des Vorderflügels gerundet. Schwach beschuppt, dadurch hyalin erscheinend. Vorderflügel: Glasbinde bis zum Hinterrand reichend. Submarginalbinde sehr schwach entwickelt und kurz, bis $Cu_1$ reichend. Subcostalbändchen schmal, schräg geradlinig verlaufend. Hinterrandfleck stark reduziert, kommaartig. Endzellfleck länglich, breit. Mittelzellfleck länglich, kurz. Wurzelfeld des Vorderflügels nicht bestäubt. Hinterflügel: Glasband mäßig breit, bis $M_3$ reichend. Submarginalbinde sehr zart. Die beiden Randaugenflecke zu schwarzen Punkten verkümmert. Augenflecke klein, mit verblaßtem Prachtkern. Die beiden Analflecke schwach ausgeprägt. Hinterrand- und Wurzelfeldschwärze verschmälert, vorn bis $Cu_1$ reichend, mit dem hinteren Analfleck nur am Hinterrande vereinigt. Männchen unbekannt. Vorderflügellänge: ♀ 30 mm.

Buchara: Darwas.

Typus: ♀ in coll. A. Avinov, Zool. Mus. Leningrad.

517. **K. delphius pontifex** (Bryk & Eisner) 1934 *Parnassius d.* subsp. *p.*, Bryk & Eisner in: Parnassiana, *v.* 3 p. 42, 50 f. 4 (♀).

(Fig. 557) steht am nächsten der ssp. *darvasicus* (Avinov). Weibchen: Hell wie ssp. *albulus* (Honr.), aber erheblich dünner beschuppt. Sämtliche Bindenzeichnungen glasig grau anstatt rauchbraun. Die Submarginalbinde des Vorderflügels, die von der Marginalbinde breit getrennt ist, reicht bis

Fig. 557.
**Koramius delphius pontifex** (Bryk & Eisner) (♀). (Typus, nach Bryk & Eisner) (1/1).

zum Hinterrand. Der Hinterrandfleck ist stark reduziert. Glasbinde des Hinterflügels schmal, bis $M_3$ erhalten. Submarginalbinde deutlich, durch den Flügelgrund von ihr getrennt. Sie läuft in 2 kleinere vordere und 2 größere hintere, blau gekernte Randaugen aus. Augenflecke sehr klein, rosa zentriert. Hinterrandschwärze, aus der die beiden Analflecke deutlich hervortreten, breit die Hinterflügelwurzel beschattend und bis $M_2$ ziehend. Männchen unbekannt. Vorderflügellänge: ♀ 30 mm.

Transalai: Kaindi-Paß, 5000 m.

Typus: ♀ in coll. C. Eisner, Berlin-Dahlem.

518. **K. delphius kiritshenkoi** (Avinov) 1910 *Parnassius d.* var. *k.*, Avinov in: Horae Soc. ent. Ross., *v.* 39 p. 228 t. 14 f. 1 (♂) | 1911 *P. d.* „race“ *k.*, Verity, Rhop. palaearct., p. 316 | 1914 *P. d.* var. *k.*, Sheljuzhko in: D. ent. Z. Iris, *v.* 28 p. 19 | 1915 *P. d.* var. *kiritschenkoi*, O. Bang-Haas, ibid., *v.* 29 p. 163 | 1916 *P. d.* subsp.

*kirichenkoi*, Avinoff in: Tr. ent. Soc. London, 1915 p. 358 | 1922 [1923] *Tadumia d.* var. *Kiritshenkoi*, Bryk in: Strand, Lep. Cat., *v.* 27 p. 59 | 1929 *Parnassius d.* subsp. *kiritschenkoi* (+ *kiritshenkoi*), Bollow in: Seitz, Großschmett. Erde, *v.* 1 Suppl. 1 p. 78.

Männchen sehr hell, am ehesten an ssp. *illustris* (Gr.-Gr.) erinnernd. Vorderflügel mit etwas zugespitztem Apex und anfangs gerade verlaufendem Vorderrand. Glasband schmal, bis zum Hinterrand reichend. Submarginalbinde sehr schwach ausgebildet und kurz, bis $Cu_1$ ziehend. Subcostalbändchen sehr schmal, bis $M_2$ reichend. Hinterrandfleck kaum bemerkbar, punktartig. Endzellfleck übertrieben breit angelegt. Mittelzellfleck länglich, die hintere Mittelzellrippe nicht erreichend. Wurzelfeld unbestäubt. Hinterflügel: Glasband mittelbreit, continuierlich bis zum Hinterrande reichend. Submarginalbinde und Randaugenflecke fehlen völlig. Die beiden Augenflecke klein, rundlich, sauber schwarz umzogen. Wurzelfeld- und Hinterrandschwärze sehr stark reduziert, nur als länglicher Streifen von vorn bis zum Hinterrande ziehend, discalwärts bei $Cu_1$ zart verschwindend. Analflecke fehlen. Weibchen unbekannt. Vorderflügellänge: ♂ 29 mm.

S. Pamir: Alitshur am Jaschil-kul.

Typus: ♂ in coll. A. Avinov, Zool. Mus. Leningrad.

519. **K. delphius staudingeri** (A. Bang-Haas) 1882 *Parnassius S.*, A. Bang-Haas in: Berlin. ent. Z., *v.* 26 p. 163 t. 2 f. 7, 8, 8a (♂ ♀) | 1886 *P. s.*, Elwes in: P. zool. Soc. London, p. 40 t. 2 f. 12, 13 (sphragis), 14 (♂, Genitalappar.) | 1886 *P. s.*, O. Staudinger in: Ent. Zeit. Stettin, *v.* 47 p. 195 | 1889 *P. s.*, Austaut, Parnass. paléarct., p. 79 t. 18 f. 1 (♂), 2 (♀) | 1890 *P. delphius* var. *s.*, Grum-Grshimailo in: Romanoff, Mém. Lép., *v.* 4 p. 161, 196, 203 | 1892 & 95 *P. d.* var. *s.*, F. Rühl & A. Heyne, Palaearkt. Groß-Schmett., *v.* 1 p. 104, 705 | 1901 *P. d.* var. *s.*, O. Staudinger & Rebel, Cat. Lep. Palaearct. Faunengeb., ed. 3 *v.* 1 p. 7 | 1902 *Koramius s.*, F. Moore, Lep. Ind., *v.* 5 p. 122 | 1907 *Parnassius delphius s.* (part.), H. Stichel in: Seitz, Großschmett. Erde, *v.* 1 p. 32 t. 15e (♂ ♀) | 1907 *P. d.* var. *s.*, Verity, Rhop. palaearct., p. 80 t. XVIII f. 15 (♂), 16 (♀) | 1907 *P. d. s.* (part.), H. Stichel in: Gen. Ins., *v.* 58 p. 39 | 1911 *P. d.* forma *s.*, H. Stichel in: Int. ent. Z., *v.* 4 p. 277 | 1915 *P. d.* var. *s.*, O. Bang-Haas in: D. ent. Z. Iris, *v.* 29 p. 163 | 1916 *P. d. s.*, Awinow in: Mt. Münch. ent. Ges., *v.* 7 p. 60, 62, 63 | 1916 *P. d. s.*, Avinoff in: Tr. ent. Soc. London, 1915 p. 356 | 1922 [1923] *Tadumia d.* var. *S.*, Bryk in: Strand, Lep. Cat., *v.* 27 p. 60 | 1932 *Koramius d.* subsp. *s.*, Bryk in: Parnassiana, *v.* 2 p. 20.

Fig. 558.
**Koramius delphius staudingeri** (A. Bang-Haas) (links ♂, rechts ♀). (Original, aus coll. Zool. Mus. Berlin) (1/1).

Eine auffallend gezeichnete Unterart mit sanft abgerundetem Vorderrand des Vorderflügels (Fig. 558). Vorderflügel: Glasband sehr schmal, bis $Cu_2$ reichend. Submarginalbinde anfangs geschwungen, bei $M_2$ verjüngt, von da sich allmählich verbreiternd, nach außen deutlich bogig, bis zum Hinterrande ziehend. Subcostalbändchen schräg gestellt, mit dem Hinterrandfleck durch eine auf $M_3$ und $Cu_1$ sich bis zum Discus ziehende Schwarzbestäubung, die nach außen auch die Submarginalbinde berührt, verbunden. Mittelzellfleck länglich, die hintere Discalrippe hinten sehr oft erreichend. Vorderrand und Vorderflügelwurzel sehr zart grau überpudert. Hinterflügel: Glasband schmal oder sehr schmal, bis $M_3$ ziehend. Submarginalbinde sehr deutlich, die Glasbinde mit den Pfeilern ihrer Bogen berührend. Randaugenflecke scharf abgesetzt, in der Regel ohne Blaukernung. Augenflecke rundlich, rot, regelmäßig scharf schwarz umzogen, bisweilen miteinander durch einen schwarzen Strich verbunden. Analflecke bis $C_1$ stets erhalten, seltener mit dem Medianaugenfleck verbunden. Hinterrand- und Wurzelfeldschwärze meist auf die hintere Hälfte der Mittelzelle beschränkt, aber auch die andere Hälfte diffus bestäubend. Das Rot der Wurzelflecke unterseits stark reduziert. Männchen mit cremegelblichem Flügelgrund. Weibchen mehr weißlich. Vorderflügellänge: ♂ ♀ 26—28 mm.

Sarafschan; Hissar-Gebirge (Farab-Distrikt), Liangar-Mourda-Paß, Dukdan-Paß. (Typus: Sultan-Hasret-Gebirge, südl. Samarkand.)

Typen: ♂ ♀ in coll. O. Staudinger, Dresden-Blasewitz.

520. **K. delphius kafir** (Avinov) 1916 *Parnassius d.* subsp. *k.*, Avinoff in Tr. ent. Soc. London, 1915 p. 357 t. 53 f. 8 (♂), 9 (♀) | 1920 *P. d. stenosemus* „race“ *k.*, W. H. Evans in: J. Bombay Soc., *v.* 27 p. 91 | 1922 [1923] *Tadumia d.* var. *k.*, Bryk in: Strand, Lep. Cat., *v.* 27 p. 59 | 1923 *Parnassius d. k.*, W. H. Evans in: J. Bombay Soc., *v.* 29 p. 244 | 1927 *P. d. k.*, O. Bang-Haas in: Horae Macrolep., *v.* 1 p. 30 | 1929 *P. d.* „Rasse“ *k.*, Bollow in: Seitz, Großschmett. Erde, *v.* 1 Suppl. 1 p. 78.

Steht ssp. *chitralicus* (Verity) am nächsten (Fig. 559). Vorderflügel mit gut gerundetem Apex und gerundetem, etwas schräg ziehendem Vorderrand. Glasband schmal und verkürzt, bis $Cu_1$ reichend. Submarginalbinde an die von ssp. *staudingeri* (A. Bang-Haas) erinnernd. Subcostalbändchen schräg gestellt und mäßig breit. Hinterrandfleck fast ganz oder völlig reduziert.

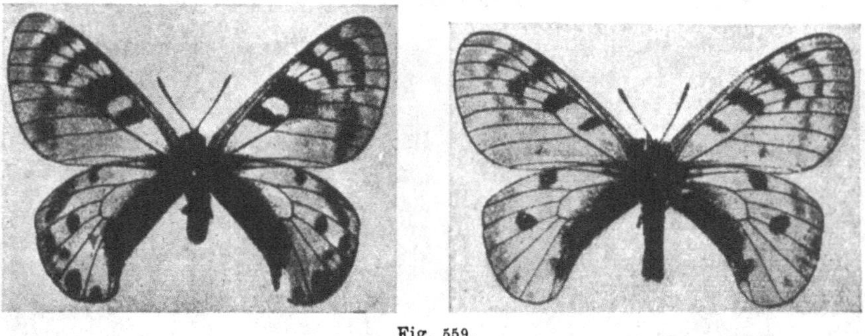

Fig. 559.
**Koramius delphius kafir** (Avinov) (links ♂, rechts ♀). (Typen, nach Avinov **1916**) (1/1).

End- und Mittelzellfleck länglich. Vorderrand schwach schwärzlich überpudert. Hinterflügel vor $R_4$ gewinkelt, nach hinten etwas ausgezogen. Glasband sehr schmal, vorn mit der Submarginalbinde, die schwach entwickelt ist, verschwimmend. Randaugenflecke variabel. Augenflecke klein oder sehr klein, der mediane 1zellig, $M_2$ nicht überschreitend. Der vordere Analfleck reduziert oder fehlend. Hinterrand- und Wurzelfeldschwärze mäßig, $Cu_1$

nicht überschreitend, auf die hintere Hälfte der Mittelzelle beschränkt. Nur ein Pärchen ist bekannt, weshalb es sich unmöglich feststellen läßt, ob die zwischen dem Männchen und Weibchen auftretenden Unterschiede Geschlechtsmerkmale sind. Männchen: Endzellfleck übertrieben breit, hinten aus der Mittelzelle tretend und sich nicht so gesättigt längs der Rippen $M_3$ und $Cu_1$ bis zur Submarginalbinde erstreckend. Der Mittelzellfleck erreicht die hintere Discalrippe und ist breit. Hinterrandfleck fehlt. Hinterflügel: Die Submarginalbinde in Flecke aufgelöst, die durch die Verschwimmung des Glasbandes mit ihr in einem rauchgrauen Außenfelde lagern. Von den beiden Randaugenflecken ist der vordere sehr kräftig, der hintere etwas verkleinert, beide dem Saume ganz nahe gerückt. Augenflecke sehr klein, der subcostale erreicht hinten $R_4$ nicht. Analflecke fehlen. Weibchen blasser. Der Endzellfleck normal, der Mittelzellfleck schmal und verkürzt, die hintere Discalrippe nicht erreichend. Hinterrandfleck sehr stark rückgebildet. Hinterflügel: Submarginalbinde stark rückgebildet, Randaugenflecke fehlen, oder der vordere ist so gut wie erloschen. Augenflecke sauber schwarz umringt, klein. Der vordere Analfleck aus der Hinterrandschwärze, die mehr diffus ist, hervortretend. Vorderflügellänge: ♂ 27 ♀ 27—27,4 mm.

Gebirge zwischen Kila Drosh und Kafiristan.

Typen: ♂ ♀ in coll. A. Avinov, Leningrad.

521. **K. delphius elegans** Bryk 1923 *Parnassius d. kafir* (part.), W. H. Evans in: J. Bombay Soc., *v.* 29 p. 243 | 1924 *P. d. k.*, W. H. Evans in: J. Bombay Soc., *v.* 29 p. 972 | 1932 *Koramius d.* subsp. *elegans*, Bryk in: Parnassiana, *v.* 2 p. 20.

Fig. 560.
**Koramius delphius elegans** Bryk (links ♂, rechts ♀). (Typen) (1/1).

Heller und kleiner als ssp. *staudingeri* (A. Bang-Haas), der diese Unterart am nächsten steht (Fig. 560). Hinterrandfleck des Vorderflügels mehr reduziert. Mittelzellfleck länglich, hinten etwas gebogen. Männchen: Glasband des Vorderflügels sehr schmal, hinten nur als Saumlinie den Hinterrandwinkel erreichend, zwischen $M_3$ und $Cu_1$ bauchig etwas vorspringend. Submarginalbinde deutlich, bis $M_2$ geschwungen, dann gerade bis $Cu_2$ verlaufend, von $Cu_2$ bis $M_2$ sich verjüngend. Subcostalbändchen schräg gestellt, beim Radialgabelstiel von $R_4$ $(+ R_5)$ ausgezähnt. Hinterrandfleck schmal, reduziert, nur auf die vordere Zellhälfte beschränkt. Endzellfleck länglich, schräg. Um die Mittelzelle eine leichte, schwärzliche Überpuderung. Hinterflügel: Submarginalbinde vorn nicht verrußt, sondern durch die helle Grundfarbenbinde des schmalen Glasbandes gut abgetrennt. Die beiden Randaugenflecke, die sie abschließen, deutlich blau gekernt, was für subsp. *staudingeri* (A. Bang-Haas) nicht typisch ist. Der subcostale Augenfleck fast 3eckig, wurzelwärts gerade abgehackt. Die Wurzelfeld- und Hinterrandschwärze erstreckt sich bis zum Hinterrand, so daß der Analfleck in ihr fast verschwindet, vorn fast auf die ganze Mittelzelle sich ergießend. Weibchen stärker schwarz bestäubt, besonders um die Mittelzelle des Vorderflügels. Glasband in der hinteren Hälfte breiter, sonst wie beim Männchen. Hinterrandfleck nicht so schmal. Hinterflügel mit größeren Augenflecken. Der vordere, kurze Analfleck aus der Hinterrandschwärze hervortretend. Saum stärker verglast. Vorderflügellänge: ♂ 31 mm, ♀ 28 mm.

Safed Koh.

Typen: ♂♀ in coll. Brit. Mus. London.

522. **K. delphius cardinal** (Gr.-Gr.) 1887 *Parnassius d.* var. *c.*, Grum-Grshimailo in: Romanoff, Mém. Lép., *v.* 3 p. 397 | 1887 *P. d.* aberr. *c.*, Honrath in: Berlin ent. Z., *v.* 31 p. XI | 1889 *P. c.*, Austaut, Parnass. paléarct., p. 83 t. 19 f. 1 (♂) | 1890 *P. delphius* var. *c.*, Grum-Grshimailo in: Romanoff, Mém. Lép., *v.* 4 p. 161, 196, 201 t. 2 f. 2a, c (♂), 2b, d (♀) | 1901 *P. d.* var. *cardinalis*, O. Staudinger & Rebel, Cat. Lep. Palaearct. Faunengeb., ed. 3 *v.* 1 p. 7 | 1902 *Koramius cardinal*, F. Moore, Lep. Ind., *v.* 5 p. 123 | 1907 *Parnassius delphius* var. *cardinalis*, Verity, Rhop. palaearct, p. 81 t. XVIII f. 22 (♀; = forma *rubrojuncta*) | 1907 *P. d. staudingeri* aberr. *cardinal*, H. Stichel in: Seitz, Großschmett. Erde, *v.* 1 p. 32 t. 15 f. (♂ ♀) | 1907 *P. d. s.* forma *c.*, H. Stichel in: Gen. Ins., *v.* 58 p. 40 | 1911 *P. d.* forma *c.*, H. Stichel in: Int. ent. Z., *v.* 4 p. 277 | 1915 *P. d.* var. *c.*, Bryk in: Arch. Naturg., *v.* 80 A 9 p. 141, A 7 t. 11 f. 93 (♂) | 1915 *P. d.* var. *cardinalis* + aberr. *rubrojuncta*, O. Bang-Haas in: D. ent. Z. Iris, *v.* 29 p. 163 | 1916 *P. d.* „race“ *cardinal*, Avinoff in: Tr. ent. Soc. London, 1915 p. 356 | 1916 *P. d. c.*, Awinow in: Mt. Münch. ent. Ges., *v.* 7 p. 59, 60, 61 | 1917 *P. d.* aberr. *cardinalis*, O. Kaiser in: Mt. Münch. ent. Ges., *v.* 8 p. 16 | [1918] *P. d.* var. *cardinal*, Bryk, Parnassius Apollo Formenkreis, p. 137 t. 11 f. 93 (♂) | 1918 *P. d. c.*, W. Rothschild in: Nov. zool., *v.* 25 p. 254 | 1922 [1923] *Tadumia d.* var. *c.*, Bryk in: Strand, Lep. Cat., *v.* 27 p. 56 | 1929 *Parnassius d.* subsp. *c.* aberr. *rubrojuncta*, Bollow in: Seitz, Großschmett. Erde, *v.* 1 Suppl. 1 p. 78.

Fig. 561.
**Koramius delphius cardinal** (Gr.-Gr.) (links ♂, rechts ♀). (Original, aus coll. Zool. Mus. Berlin) (1/1).

Eine dichtbeschuppte, cremegelbe Unterart mit sehr charakteristischer Zeichnung (Fig. 561). Vorderflügel: Vorderrand abgerundet. Glasband schmal, sich harmonisch nach hinten verjüngend, bis $Cu_1$ oder bis zum Hinterrande reichend. Submarginalbinde nach hinten stark verbreitert, bis zum Hinterrande ziehend. Subcostalbändchen breit, mit dem sehr kräftigen, wurzelwärts ausgebuchteten Hinterrandfleck durch eine sehr breite, schwärzliche Bestäubung der Flügelmitte einerseits bis an die Mittelzelle, andererseits bis zur Submarginalbinde an $M_3$ und $Cu_1$ entlang verbunden, vorn sich an den kräftigen Endzellfleck anlehnend. Mittelzellfleck länglich, in der Regel die hintere Discoidalrippe erreichend. Vorderrand und Wurzelfeld zart grau überstäubt. Hinterflügel: Glasband sehr stark reduziert, oft nur als schwache Saumverglasung erkennbar, $M_3$ nicht überschreitend. Submarginalbinde sehr scharf ausgeprägt, continuierlich, hinten oft in gut ausgebildete Arkaden ausklingend. Die beiden Randaugenflecke gewöhnlich gut ausgebildet, selten mit kleinem, blauem Kern. Augenflecke sehr groß, karminrot oder mit einem Stich ins Orangerot, rundlich, breit schwarz umsäumt, stets miteinander durch einen breiten, schwarzen Strich verbunden, der selten rot gekernt ist, hinten mit den Analflecken und der Hinterrandschwärze eine continuierliche, dunkle Fläche bildend. Der hinterste Analfleck selten rot belebt. Die Wurzelfeldschwärze meist die vordere Hälfte der Mittelzelle frei lassend. Unterseits tragen die Augenflecke meist einen großen, weißen Kern. Die roten Wurzelflecke sind gut entwickelt. In den Analflecken ist das Rot meist vorhanden. Weibchen meist mit stärkerer Entwickelung der Rotpigmentierung, die in der forma *rubrojuncta* ihren Gipfelpunkt erreicht. Vorderflügellänge: ♂♀ 28–32 mm.

Gebirge Peter d. Großen südl. Garm; Sarafschan; Hissar-Gebirge, nördlich des Flusses Waksch (Surch-ob); false Samarkand.

Typen: ♂♀ in coll. Brit. Mus. London.

5 23. **K. delphius hodja** (Avinov) 1913 *Parnassius d. staudingeri* natio *h.*, Avinov in: Horae Soc. ent. Ross., *v.* 40 nr. 5 p. 18 t. 2 f. 6 (♂) | 1915 *P. d.* var. *h.*, O. Bang-Haas in: D. ent. Z. Iris, *v.* 29 p. 164 | 1916 *P. delphii staudingeri* natio *h.*, Awinow in: Mt. Münch. ent. Ges., *v.* 7 p. 60, 64 t. 1 f. 6 (♂) | 1921 *P. delphius h.* [+ subsp. *chodja*], K. Rosen in: Mt. Münch. ent. Ges., *v.* 11 p. 86 | 1922 [1923] *Tadumia d.* var. *h.*, Bryk in: Strand, Lep. Cat., *v.* 27 p. 57 | 1929 *Parnassius d.* „Rasse" *h.*, Bollow in: Seitz, Großschmett. Erde, *v.* 1 Suppl. 1 p. 78.

Eine an ssp. *staudingeri* (A. Bang-Haas) sich anschließende Unterart, deren Zeichnung viel luxuriöser entwickelt ist, der ssp. *infernalis* (Elwes) ähnlich. Vorderflügel: Glasband schmal, bis $Cu_2$ reichend und als Saumlinie bis zum Hinterrand fortgesetzt. Die breite Submarginalbinde und das Subcostalbändchen mit dem kräftigen Hinterrandfleck verbunden. Zellmakeln ähnlich wie bei ssp. *cardinal* (Gr.-Gr.). Grundfarbenbinde verjüngt. Hinterflügel: Glasband mit der Submarginalbinde zu einer breiten Marginalbinde vereinigt. Randaugenflecke deutlich, ohne Blaukernung. Augenflecke mittelgroß, rundlich, karminrot, sauber schwarz umrandet, miteinander durch einen schmalen, schwarzen Steg verbunden. Wurzelfeld und Hinterrandschwärze sich diffus auf die ganze Mittelzelle erstreckend, hinten mit dem hintersten Analfleck vereinigt, der vordere aus ihr hervortretend. Vorderflügellänge: ♂♀ 29 mm.

Buchara: Hodja-Barku, südlich des Liangar-Mourda-Passes; Tuptschek: Borolmas-Moräne.

Typen: ♂♀ in coll. A. Avinov, Leningrad.

5 24. **K. delphius jacobsoni** (Avinov) 1913 *Parnassius d.* subsp. *j.*, Avinov in: Horae Soc. ent. Ross., *v.* 40 nr. 5 p. 20 t. 2 f. 8 (♂), 9 (♀) | 1914 *P. d.* var. *j.*, Sheljuzhko in: D. ent. Z. Iris, *v.* 28 p. 19 | 1915 *P. d.* var. *jakobsoni*, O. Bang-Haas, ibid, *v.* 29 p. 164 | 1916 *P. d.* subsp. *jacobsoni*, Awinow in: Mt. Münch. ent. Ges., *v.* 7 p. 63, 64, t. 1 f. 8 (♂), 9 (♀) (*jakobsoni*) | 1916 *P. d. jakobsoni*, Avinoff in: Tr. ent. Soc. London, 1915

p. 357 | 1922 [1923] *Tadumia d.* var. *Jacobsoni*, Bryk in: Strand, Lep. Cat., *v.* 27 p. 59 | 1929 *Parnassius d.* subsp. *jakobsoni*, Bollow in: Seitz, Großschmett. Erde, *v.* 1 Suppl. 1 p. 78.

Eine zwischen ssp. *chitralicus* (Verity) und ssp. *staudingeri* (A. Bang-Haas) stehende Unterart. Vorderflügel: Glasband schmal, verkürzt, bis $Cu_2$ reichend. Submarginalbinde breit, ähnlich der von ssp. *hodja* (Avinov). Subcostalbändchen bei $M_3$ mit der Submarginalbinde sich vereinigend, von dort entlang $M_3$ und $Cu_1$ eine graue Bestäubung bildend. Hinterrandfleck fast völlig rückgebildet. Endzellfleck und Mittelzellfleck länglich, der erstere breiter. Hinterflügel: Glasband sehr schmal, bis $M_3$ reichend. Submarginalbinde bis zum Hinterrande ziehend, die beiden nicht blau gekernten Randaugenflecke in dieser eingebettet. Augenflecke klein bis mittelgroß, der mediane $M_2$ überschreitend. Wurzelfeld- und Hinterrandschwärze sich bis zu den Analflecken erstreckend, vorn die hintere Hälfte der Mittelzelle ausfüllend. Männchen: Randaugenflecke kräftig hervortretend. Augenflecke sehr klein. Hinterrandschwärze des Hinterflügels etwas stärker ausgeprägt. Vorderer Analfleck fehlt. Weibchen: Randaugenfleck verblaßt. Augenflecke größer. Auch der vordere Analfleck schmal erhalten. Vorderflügellänge: ♂ 28,5 mm, ♀ 27 mm.

Zentral-Pamir: Pshart-Paß, Kisil-jar, Pamirski Post.

Typen: ♂♀ in coll. A. Avinov, Leningrad.

525. **K. delphius abramovi** (O. Bang-Haas) 1915 *Parnassius d.* var. *a.*, O. Bang-Haas in: D. ent. Z. Iris, *v.* 29 p. 97, 164 t. 5 f. 18 (♂) | 1916 *P. d.* subsp. *sobolevskyi*, Avinoff in: Tr. ent. Soc. London, 1915 p. 358 t. 54 f. 7 (♂), 8 (♀) | 1922 [1923] *Tadumia d.* var. *Abramovi* + var. *S.*, Bryk in: Strand, Lep. Cat., *v.* 27 p. 55, 61 | 1927 *Parnassius d. a.* [var. *sobolewskyi* (ex synon.)], O. Bang-Haas in: Horae Macrolep., *v.* 1 p. 30, 105 t. 5 f. 13, 14 (♂) | 1929 *P. d.* subsp. *a.*, Bollow in: Seitz, Großschmett. Erde, *v.* 1 Suppl. 1 p. 78 t. 5a (♂♀).

Fig. 562.

**Koramius delphius abramovi** (O. Bang-Haas) (♂). (Paratypus, aus coll. Zool. Mus. Berlin) (1/1). **Koramius delphius abramovi** (O. Bang-Haas) (♀). [= **sobolevskyi** (Avinov) (Typus, nach Avinov 1916) (1/1)].

Eine sehr dunkel gezeichnete Unterart mit variabler Vorderflügelform, bald mit anfangs gerade verlaufendem Seitenrand und rechteckig, bald mit sich hinten verjüngendem Vorderrand und gestreckt. Beschuppung nicht so dicht (Fig. 562). Zeichnung verdüstert. Mit schmutzig weißgelblichem Flügelgrund. Glasband mäßig breit, hinten als sehr schmaler Glassaum den Hinterrand erreichend. Submarginalbinde breit, hinten mit dem Glasbande zusammentreffend. Subcostalbändchen kräftig, nicht immer mit dem deutlichen Hinterrandfleck verbunden. $M_3$ und $Cu_1$ vom Discus bis zur Submarginalbinde verdüstert. Endzellfleck sehr kräftig, hinten über die Ansatzstellen von $M_2$ und $M_3$ sich erstreckend. Mittelzellfleck länglich, hinten nicht immer die hintere Mittelzellrippe erreichend. Vorderrand und Wurzelfeld des Vorderflügels zart verrußt. Hinterflügel bei $R_3$ etwas gewinkelt. Glasband breit, den Hinterrand erreichend. Submarginalbinde ihm stark genähert, so daß sie vorn ganz in ihn übergeht. Die beiden Randaugenflecke schwarz, der vordere mit der Submarginalbinde zusammenhängend. Augenflecke klein oder sehr klein, der subcostale rundlich, der mediane $M_2$ etwas überschreitend, schwarz oder seltener mit gelblichen Kernen. Der vordere Analfleck fehlt. Wurzelfeld- und Hinterrandschwärze verbreitert, über den Discus hinausreichend. Unterseite: Wurzelflecke des Hinterflügels ohne Prachtfarbe. Weibchen etwas verblaßt. Die Submarginalbinde des Hinterflügels aufgelöst, die Randaugenflecke getrennt. Folgende formae treten auf: *caeca* und *mediocaeca*. Vorderflügellänge: ♂ 26,5—28,5 mm, ♀ 29,5 mm.

Chines. Turkestan: Kwen-Lun-Gebirge bei Schahidulla, 4500 m; Kiliang-Paß 5040 m; Raskem-Gebirge.

Typen: ♂♀ in coll. O. Bang-Haas, Dresden-Blasewitz.

526. **K. delphius hunza** (Gr.-Gr.) 1888 *Parnassius stoliczkanus* var. *h.*, Grum-Grshimailo in: Horae Soc. ent. Ross., *v.* 22 p. 303 | 1890 *P. delphius* var. *h.*, Grum-Grshimailo in: Romanoff, Mém. Lép., *v.* 4 p. 161, 166, 196, 205 t. 10 f. 1a (♂), 1b (♀) (*P. stoliczkanus* var. *h.*) | 1892 & 95 *P. d.* var. *h.*, F. Rühl & A. Heyne, Palaearkt. Groß-Schmett., *v.* 1 p. 105; 705 | 1901 *P. d.* var. *h.*, O. Staudinger & Rebel, Cat. Lep. Palaearct. Faunengeb., ed. 3 *v.* 1 p. 7 | 1902 *Koramius h.*, F. Moore, Lep. Ind., *v.* 5 p. 123 | 1907 *Parnassius delphius* var. *h.*, Verity, Rhop. palaearct., p. 83 t. X f. 9 (♂), 10 (♀) | 1907 *P. d.* „race" *h.* (part.), Bingham in: Fauna Brit. Ind., Butt. *v.* 2 p. 124 f. 32 (♀) 32a, b (sphragis) | 1907 *P. d. h.*, H. Stichel in: Seitz, Großschmett. Erde, *v.* 1 p. 33 t. 16b (♀) | 1907 *P. d. h.*, H. Stichel in: Gen. Ins., *v.* 58 p. 41 | 1909 *P. d. h.*, Fruhstorfer in: Seitz, Großschmett. Erde, *v.* 9 p. 110 | 1910 *P. stoliczanus* (part.), W. H. Evans in: J. Bombay Soc., *v.* 20 p. 424 | 1911 & 10 *P. delphius* var. *hunza*, Verity, Rhop. palaearct., p. 317 t. LXIV f. 9 (♂), 10 (♀) | 1913 *P. d.* subsp. *h.* + aberr. *deficiens*, Avinov in: Horae Soc. ent. Ross., *v.* 40 nr. 5 p. 18 t. 2 f. 7 (♀) | 1915 *P. d.* var. *h.* + aberr. *deficiens*, O. Bang-Haas in: D. ent. Z. Iris, *v.* 29 p. 165 | 1916 *P. d.* subsp. *h.* + aberr. *deficiens*, Awinow in: Mt. Münch. ent. Ges., *v.* 7 p. 61, 63, 64 t. 1 f. 7 (♀) | 1916 *P. d. h.*, Avinoff in: Tr. ent. Soc. London, 1915 p. 357 | 1918 *P. d. h.*, W. Rothschild in: Nov. zool., *v.* 25 p. 201 | 1920 *P. d. stenosemus* race *h.*, W. H. Evans in: J. Bombay Soc., *v.* 27 p. 91 | 1922 [1923] *Tadumia d.* var. *h.*, Bryk in: Strand, Lep. Cat., *v.* 27 p. 57 | 1923 *Parnassius d. h.*, W. H. Evans in: J. Bombay Soc., *v.* 29 p. 244 | 1927 *P. d. h.*, W. H. Evans in: Tijdschr. Ent., *v.* 70 p. 159 | 1927 *P. d. h.*, O. Bang-Haas in: Horae Macrolep., *v.* 1 p. 30 | 1929 *P. d. h.* aberr. *deficiens*, Bollow in: Seitz, Großschmett. Erde, *v.* 1 Suppl. 1 p. 79.

Eine gelblichweiße, stark aufgehellte Unterart mit am Seitenrand stark ausgebauchtem, rundlichem Vorderflügel (Fig. 563). Vorderflügel: Glasband mittelbreit, bei $Cu_2$ den Vorderrand erreichend und von da als Linie den Hinterrand umsäumend. Submarginalbinde bis zum Hinterrand reichend, zwischen $M_2$ und $M_3$ eingeschnürt und von da etwas wurzelwärts verschoben. Submarginalbändchen schräg gestellt. Hinterrandfleck fehlt. Die zwischen der Submarginalbinde und dem Mittelzellende von $M_3$ und $Cu_1$ begrenzte Flügelfläche in der Regel dunkel bestäubt, vorn an den Endzellfleck sich anschließend. Mittelzellfleck länglich.

Fig. 563. **Koramius delphius hunza** (Gr.-Gr.) (♀). (Typus, nach Verity 1910) (1/1).

Vorderrand schwärzlich gekörnt. Hinterflügel: Glasband kurz, mit der Submarginalbinde verschmolzen; diese nicht immer deutlich hervortretend. Die beiden Randaugenflecke erhalten, ihr Blau oft völlig zurückgedrängt. Augenflecke stark reduziert, der vordere oder beide bisweilen völlig fehlend. Keine Spur von Analflecken. Wurzelfeld- und Hinterrandschwärze schräg verlaufend, die vordere Mittelzellhälfte freilassend, bis $M_3$ oder $Cu_1$ verbreitert. Männchen: Die charakteristische Verrußung der Flügelmitte des Vorderflügels zwischen $M_3$ und $Cu_1$ ausbleibend. Beide Augenflecke erhalten, 4 eckig, der mediane mit einem roten Kern. Weibchen nur mit einem (medianen) meist schwarzen, stark reduzierten Augenfleck oder ohne Augenflecke. Randaugenflecke mit oder ohne Blaukernung. Als forma tritt *deficiens* auf. Vorderflügellänge: ♂ ♀ 29,5—33 mm.

Hindokusch: Berge von Kanjut, 5000 m; S.O.-Pamir: Beik-Paß.

Typen: ♂ ♀ in coll. Brit. Mus. London.

527. **K. delphius chitralicus** (Verity) 1907 *Parnassius d.* „race“ *hunza*, Bingham in: Fauna Brit. Ind., Butt. *v.* 2 p. 124 | 1911 & 10 *P. d.* var. *h.* „race“ *chitralica*, Verity, Rhop. palaearct., p. 317 t. LXIV f. 11 (♂), 12 (♀) | 1913 *P. d.* subsp. *c.*, Avinov in: Horae Soc. ent. Ross., *v.* 40 nr. 5 p. 3 | 1915 *P. d.* var. *c.*, O. Bang-Haas in: D. ent. Z. Iris, *v.* 29 p. 164 | 1916 *P. d.* subsp. *c.*, Awinow in: Mt. Münch. ent. Ges., *v.* 7 p. 62, 63 | 1916 *P. d. chitralensis*, Avinoff in: Tr. ent. Soc. London, 1915 p. 357 | 1918 *P. d. chitralica*, W. Rothschild in: Nov. zool., *v.* 25 p. 261 | 1920 *P. d. stenosemus* „race“ *c.*, W. H. Evans in: J. Bombay Soc., *v.* 27 p. 91 | 1922 [1923] *Tadumia d.* forma *c.*, Bryk in: Strand, Lep. Cat., *v.* 27 p. 56 | 1923 *P. d. c.*, W. H. Evans in: J. Bombay Soc., *v.* 29 p. 244 | 1927 *P. d. c.*, O. Bang-Haas in: Horae Macrolep., *v.* 1 p. 30 | 1929 *P. d.* „Rasse“ *c.*, Bollow in: Seitz, Großschmett. Erde, *v.* 1 Suppl. 1 p. 79.

Fig. 564.
**Koramius delphius chitralicus** (Verity) (links ♂, rechts ♀). (Typen, nach Verity 1910) (1/1).

(Fig. 564). An ssp. *hunza* (Gr.-Gr.) sich anschließend, jedoch etwas kleiner. Vorderflügel: Glasband schmäler, bis $Cu_1$ oder $Cu_2$ reichend. Submarginalbinde ähnlich lang, mit der charakteristischen Verrußung der Flügelmitte zwischen $M_3$ und sogar $Cu_1$ verschmolzen und noch weiter um die Mittelzelle bis $Cu_2$ ausgedehnt. Hinterrandfleck sehr schwach, in seiner vorderen Hälfte erhalten. Subcostalbändchen breiter. Zellmakeln ähnlich der von ssp. *hunza* (Gr.-Gr.). Vorderrand und Wurzelfeld schwärzlich bestäubt. Hinterflügel: Glasband sehr schmal; Submarginalbinde kräftig, deutlich von ihm getrennt. Randaugenflecke erhalten, mit kleinen, blauen Kernen. Augenflecke klein, mit oder ohne Prachtfarbe. Wurzelfeldschwärze etwas breiter als bei ssp. *hunza* (Gr.-Gr.), bis $M_3$ ziehend. Analflecke reduziert. Weibchen etwas blasser. Vorderflügellänge: ♂ ♀ 28—28,5 mm.

Chitral: Baroghil-Tal, 3600 m.

Typus: ♀ in coll. Brit. Mus. London.

528. **K. delphius tytlerianus** (Bryk & Eisner) 1926 *Parnassius d. chitralica*, Tytler in: J. Bombay Soc., *v.* 31 p. 250 | 1932 *P. stoliczkanus* subsp. *tytlerianus*, Bryk & Eisner in: Parnassiana, *v.* 2 p. 105 (♀) | 1934 *P. s. t.*, Bryk & Eisner, ibid., *v.* 3 p. 40 (♂) | 1935 *Koramius s. t.*, Bryk & Eisner, ibid., *v.* 3 p. 64 f. 6 (♂).

Kleiner als ssp. *chitralicus* (Verity). Männchen (Fig. 565) mit sehr kräftigen Zellflecken, stark verkleinerten Augenflecken und hellem Flügelgrund. Sonst wie das Weibchen. Weibchen: Mittelzellfleck des Vorderflügels kürzer, den hinteren Discusarm nicht erreichend. Hinterrandfleck kaum sichtbar, die Verglasung der Vorderflügelmitte zwischen

Fig. 565.
**Koramius delphius tytlerianus** (Bryk & Eisner) (♂). (Typus).

$M_3$ und $Cu_1$ nicht so ausgeprägt wie bei ssp. *chitralicus* (Verity). Auf dem Hinterflügel fließen Marginal- und Submarginalbinde zu einem einheitlichen Glasbande wie bei *K. stoliczkanus* (C. & R. Felder), zu dem vielleicht diese Rasse zu zählen ist, zusammen. Der gelbe Kern des Medianaugenflecks ist vergrößert.

Chitral: Yasin (West-Gilgit).

Typen: ♂ ♀ in coll. C. Eisner, Berlin-Dahlem.

529. **K. delphius imitator** (Bryk & Eisner) 1913 *Parnassius d.* subsp. *hunza* (part.), Avinov in: Horae Soc. ent. Ross., *v.* 40 nr. 5 p. 18 | 1916 *P. d.* subsp. *h.* (part.), Awinow in: Mt. Münch. ent. Ges., *v.* 7 p. 61 | 1932 *P. stoliczkanus imitator*, Bryk & Eisner in: Parnassiana, *v.* 2 p. 105.

Eine von ssp. *hunza* (Gr.-Gr.) abzuleitende Unterart. Männchen dunkler. Weibchen kleiner. Glasbinde des Vorderflügels breiter. Submarginalbinde und Subcostalbändchen schmaler. Der Mittelzellfleck erreicht den hinteren Discusarm nicht. Verglasung der Vorderflügelmitte zwischen $M_3$ und $Cu_1$ rückgebildet. Submarginal- und Marginalbinde des Hinterflügels verschmolzen. Randaugenflecke verkleinert. Subcostalaugenfleck fehlt dem Typus. Medianaugenfleck ohne Prachtfarbe, aber größer als bei ssp. *hunza* (Gr.-Gr.).

S.O.-Pamir: Beik-Paß.

Typen: ♂ ♀ in coll. C. Eisner, Berlin-Dahlem.

530. **K. delphius affinis** (Peschke & Eisner) 1934 *Parnassius d.* subsp. *a.*, Peschke & Eisner in: Parnassiana, *v.* 3 p. 40 f. 5 (♀, non ♂), 6 (♂, non ♀) | 1935 [*P. d.*] subsp. *affinis*, Herausgeber [= Bryk], ibid., *v.* 3 p. 64.

Eine zwischen ssp. *mamaievi* (O. Bang-Haas) und ssp. *chitralicus* (Verity) stehende Rasse, aber größer als beide (Fig. 566). Befransung schwarz. Beschuppung stärker als bei der ersterwähnten, seichter als bei der 2. Rasse. Zeichnung ausgedehnt. Verglasung kräftiger. Augenflecke kleiner als bei ssp. *mamaievi* (O. Bang-Haas). Die costalen Augenflecke neigen zur Verdrängung der Prachtfarbe. Vorderflügellänge: ♂ ♀ 30–33 mm.

Gilgit: Doubouni-Berge.

Typen: ♂ ♀ in coll. C. Eisner, Berlin-Dahlem.

Fig. 566.
**Koramius delphius affinis** (Peschke & Eisner) (♂). (Typus, nach Peschke & Eisner 1934) (1/1).

Fig. 566a.
**Koramius delphius affinis** (Peschke & Eisner) (♀). (Typus, nach Peschke & Eisner 1934) (1/1).

531. **K. delphius workmani** (Avinov) 1916 *Parnassius d.* subsp. *w.*, Avinoff in: Tr. ent. Soc. London, 1915 p. 357 t. 53 f. 7 (♀) | 1920 *P. d. stenosemus* „race" *workmanni*, W. H. Evans in: J. Bombay Soc., *v.* 27 p. 91 | 1922 [1923] *Tadumia d.* var. *Workmani*, Bryk in: Strand, Lep. Cat., *v.* 27 p. 61 | 1923 *Parnassius stoliczanus* (*workmanni* ex synon.), W. H. Evans, Ident. Ind. Butt., p. 38 | 1927 *P. delphius workmani*, O. Bang-Haas in: Horae Macrolep., *v.* 1 p. 31 | 1929 *P. d.* „Rasse" *w.*, Bollow in: Seitz, Großschmett. Erde, *v.* 1 Suppl. 1 p. 79.

Eine ssp. *mamaievi* (O. Bang-Haas) sich nähernde Unterart. Seitenrand ausgebuchtet. Mit rundlichem Flügelschnitt. Weibchen (Fig. 567). Vorderflügel: Glasband mäßig breit, bis $Cu_2$ reichend. Submarginalbinde deutlich, breit, aber nicht wie bei ssp. *hunza* (Gr.-Gr.) hinten verbreitert, sie zieht bis zum Hinterrand. Subcostalbändchen breit und schräg gestellt, zwischen $M_2$ und $M_3$ verschwommen und schwach ausgeprägt. Hinterrandfleck gut erhalten. Endzellfleck sehr kräftig, länglich, über die Ansatzstellen von $M_2$ bis $Cu_1$ verlängert. Mittelzellfleck kräftig und breit. Vorderrand sehr schwach bestäubt. Hinterflügel: Glasband schmal, sich gegen den Hinterrand stark verjüngend. Submarginalbinde schmal, schwach betont, in lose Flecke aufgelöst. Die beiden Randaugenflecke reduziert. Augenflecke mittelgroß, der subcostale (individuell?) ohne Prachtkern, der mediane 1 zellig.

Fig. 567.
**Koramius delphius workmani** (Avinov) (♀). (Typus, nach Avinov 1916) (1/1).

Hinterrand- und Wurzelschwärze kräftig, schräg von vorn bis $Cu_1$ ziehend, die vordere Mittelzellhälfte frei lassend, hinten mit dem hintersten Analfleck zusammenhängend. Der vordere Analfleck fehlt. Männchen unbekannt. Vorderflügellänge: ♀ 32 mm.

Saltoro-Gletscher.

Typus: ♀ in coll. A. Avinov, Leningrad.

5 32. **K. delphius mamaievi** (O. Bang-Haas) 1914 *Parnassius d.* forma *m.* (nom. nudum) Sheljuzhko in: D. ent. Z. Iris, *v.* 28 p. 19 | 1915 *P.* „*delphius*-Rasse" *stenosemus* forma [var.] *m.*, O. Bang-Haas (Avinoff MS.) in: D. ent. Z. Iris, *v.* 29 p. 99 | 1915 *P. d.* var. *m.*, O. Bang-Haas, ibid., *v.* 29 p. 165 t. 5 f. 17 (♂) | 1916 *P. d.* „race" *m.*, Avinoff in: Tr. ent. Soc. London, 1915 p. 357 t. 53 f. 9 (♂) 6 (♀) | 1920 *P. d. stenosemus* „race" *m.*, W. H. Evans in: J. Bombay Soc., *v.* 27 p. 91 | 1922 *P. delphius-mamaievi*, Avinoff in: C. Oberthür, Étud. Lép., *v.* 19 nr. 2 p. 48 (nota 1) | 1922 [1923] *Tadumia delphius* var. *Mamajevi*, Bryk in: Strand, Lep. Cat., *v.* 27 p. 59 | 1923 *Parnassius d. stoliczanus* (part.) (*mamaivei* ex synon.), W. H. Evans, Ident. Ind. Butt., p. 38 | 1927 *P. d. mamaievi*, O. Bang-Haas in: Horae Macrolep., *v.* 1 p. 31, 105 t. 5 f. 12 (♂) | 1929 *P. d.* subsp. *m.*, Bollow in: Seitz, Großschmett. Erde, p. 1 Suppl. 1 p. 79 t. 5 b (♀ *mamajevi*) | 1931 *Koramius d. mamajevi* aberr., Bryk in: Zool. Jahrb., Syst. *v.* 62 p. 153 f. 4 (♂).

Eine dicht gelblichweiß beschuppte, sexuell nicht digryphe Unterart, die zum Kreise der ssp. *hunza* (Gr.-Gr.) gehört, jedoch sehr prägnant gezeichnet ist (Fig. 568). Vorderflügel am Seitenrande schwach gerundet. Glasband dunkel, schmal, zwischen $M_2$ und $M_3$ leicht bauchig wurzelwärts verlaufend, am Hinterrande endigend. Submarginalbinde fast gleichmäßig breit, hinten mit der Glasbinde zusammentreffend. Subcostalbändchen gegen den Seitenrand bogig ausgezähnt. Hinterrandfleck sehr groß, trapezoid, mit dem Subcostalbändchen bisweilen schwach verbunden. $M_3$ und $Cu_1$ von der Mittelzelle bis zur Submarginalbinde mehr oder weniger breit, dunkel bestäubt. Endzellfleck kräftig, hinten stets bis $M_3$ vorspringend. Mittelzellfleck vorn breiter als hinten, die hintere Mittelzellrippe nicht erreichend. Vorderrand und Mittelzellwurzel schwärzlich bestäubt. Hinterflügel: Glasband sehr schmal, dem Hinterrande zu, den es erreicht, stark verjüngt. Submarginalbinde continuierlich, treppenförmig verschoben. Die beiden Randaugenflecke stark entwickelt, mit kleinen Blaukernen oder ohne diese, stark dem Außenrande genähert, so daß sie oft das Glasfeld tangieren. Augenflecke mittelgroß, breit schwarz umrandet, mit klarem, orangegelbem bis

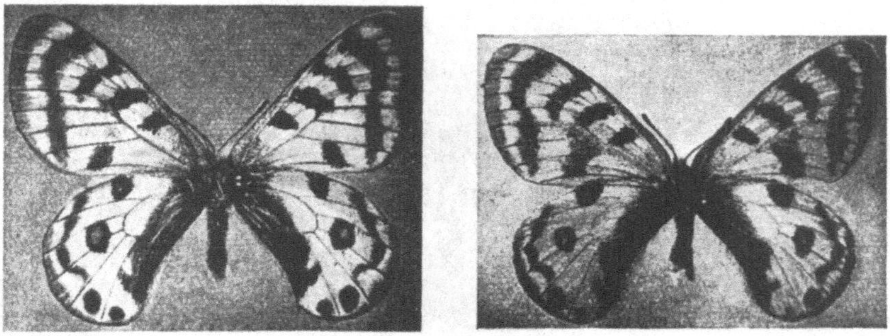

Fig. 568.
**Koramius delphius mamaievi** (O. Bang-Haas) (links ♂, rechts ♀). (Original, aus coll. Zool. Mus. Berlin) ($^1/_1$).

ziegelrotem Kern; das subcostale fast 3eckig, das mediane 5eckig, $M_3$ nie erreichend. Die beiden kräftigen Analflecke stets vom medianen Augenfleck getrennt. Wurzelfeld- und Hinterrandschwärze kräftig, schräg von vorn bis $Cu_1$ verlaufend, die vordere Mittelzellhälfte frei lassend, mit dem hinteren Analfleck vereinigt. Unterseite: Prachtfarbe in den Wurzelflecken schwach hervortretend oder fehlend. Als forma tritt *semicaeca* auf. Vorderflügellänge: ♂ ♀ 30–33 mm.

Ladak: Jurruschlucht (= Lamayurru), westlich Ladak (= Leh), Schamm, Peang, in der Nähe von Chalsi; Zanskar, südwestlich Ladak; Kardong-Pass, nördlich Ladak.

Typen: ♂ ♀ in coll. O. Bang-Haas, Dresden-Blasewitz.

Eine sehr variable Art, die oft wegen ihrer mannigfaltigen Erscheinungsform mit anderen Arten wie *K. cephalus* (Gr.-Gr.), *K. acdestis* (Gr.-Gr.) und *K. patricius* (Niepelt) verwechselt wurde. Ein typischer Hochgebirgsfalter, der bis in Höhen von 5000 m vorkommt.

Alle praeimaginalen Stadien unbekannt. Der Falter fliegt von Juli bis August.

*K. delphius* (Eversm.) wurde wiederholt in Copula mit *Kailasius charltonius* (G. R. Gray) angetroffen (1890, Grum-Grshimailo in: Romanoff, Mém. Lép., *v.* 4 p. 193).

6. **K. stoliczkanus** (C. & R. Felder) 1864 & 66 *Parnassius s.*, C. & R. Felder in: Reise Novara, *v.* 2 II p. 138 (♂); t. 69 f. 2, 3 (♂) | 1886 *P. s.*, Elwes in: P. zool. Soc. London, p. 40, 41 t. 3 f. 1, 2 (sphragis) | 1892 & 95 *P. delphius* var. *s.*, F. Rühl & A. Heyne, Palaearkt. Groß-Schmett., *v.* 1 p. 106; 705 | 1901 *P. d.* var. *s.*, O. Staudinger & Rebel, Cat. Lep. Palaearct. Faunengeb., ed. 3 *v.* 1 p. 7 | 1902 *Koramius s.* (part.), F. Moore, Lep. Ind., *v.* 5 p. 120 t. 412 f. 1 (♂), 1a (♀; non 1b) | 1907 *Parnassius delphius s.*, H. Stichel in: Seitz, Großschmett. Erde, *v.* 1 p. 33 t. 16 c (♂) | 1907 *P. d.* var. *s.*, Verity, Rhop. palaearct., p. 82 t. X f. 11 (♂), 12 (♀) | 1907 *P. d. s.* (part.), H. Stichel in: Gen. Ins., *v.* 58 p. 41 | 1907 *P. d.* „race" *s.* (part.), Bingham in: Fauna Brit. Ind., Butt. *v.* 2 p. 123 | 1909 *P. d. s.*, Fruhstorfer in: Seitz, Großschmett. Erde, *v.* 9

p. 110 | 1911 *P. d.* var. *s.* (part.), Verity, Rhop. palaearct., p. 317 | 1913 *P. d.* subsp. *s.*, Avinov in: Horae Soc. ent. Ross., *v.* 40 nr. 5 p. 19 | 1915 *P. d.* var. *s.* (part.), O. Bang-Haas in: D. ent. Z. Iris, *v.* 29 p. 165 | 1916 *P. d.* subsp. *s.*, Avinov in: Mt. Münch. ent. Ges., *v.* 7 p. 61 | 1916 *P. d. s.*, Avinoff in: Tr. ent. Soc. London, 1915 p. 355 | 1918 *P. d. s.*, W. Rothschild in: Nov. zool., *v.* 25 p. 256 | 1920 *P. delephius* „race" *stoliczanus* (part.), W. H. Evans in: J. Bombay Soc., *v.* 27 p. 91 | 1922 [1923] *Tadumia delphius* var. *stoliczkanus* (part.), Bryk in: Strand, Lep. Cat., *v.* 27 p. 61 | 1923 *Parnassius d. stoliczana*, W. H. Evans in: J. Bombay Soc., *v.* 29 p. 244 | 1927 *P. stoliczkanus*, O. Bang-Haas in: Horae Macrolep., *v.* 1 p. 31, 105 | 1929 *P. s.*, Bollow in: Seitz, Großschmett. Erde, *v.* 1 Suppl. 1 p. 79 | 1931 *P. s.*, Bryk & Eisner in: Parnassiana, *v.* 1 nr. 5 p. 3 | 1932 *P. delphius s.*, M. Hering in: Mt. Mus. Berlin, *v.* 18 p. 286, 302, 303 f. 28 (Schienenblättchen), p. 306, 307 f. 55 (VIII. Tergit ♂), p. 310, 311 f. 101 (aedoeagus), p. 314, 315 f. 127 (uncus, valve).

Eine noch stark umstrittene Art, die vielleicht als Subspecies zu *Koramius delphius* (Eversm.) gehört, da die Genitaluntersuchung von M. Hering keine Unterschiede zeitigte und da auch die freilich auffallende Zeichnung Übergänge zu *K. delphius* (Eversm.) zeigt. Ein solcher Übergang ist die forma *cardinalina*, die von Avinov mit Recht zur ssp. *stoliczkanus* (C. & R. Felder) gestellt wurde, dann aber von O. Bang-Haas mit Zustimmung von Avinov als *K. delphius* aufgefaßt wurde. Kopf, Palpus (Fig. 569), Schienenblättchen (Fig. 570), Thorax, Abdomen, Flügelschnitt und Geäder wie bei *K. delphius* (Eversm.). Vorderflügel: Befransung in der Regel weiß, seltener mit Schwärzung der Rippenmündungen. Glasband mäßig breit, hinten sich verjüngend, am Hinterrande endigend. Submarginalbinde meist breit, continuierlich, zwischen $M_2$ und $M_3$ etwas verschmälert, in der Regel den Hinterrand erreichend. Subcostalbändchen bald breit, bald schmal, gut entwickelt, oft in der Richtung zum Hinterrandflecke, der zur Reduktion oder sogar zum Schwund neigt, verlängert oder mit ihm verbunden. Endzellfleck kräftig, breit, hinten bis zur Ansatzstelle von $M_2$ bis $M_3$ verlängert. Mittelzellfleck länglich, vorn gewöhnlich breiter als hinten, die hintere Mittelzellrippe erreichend oder nicht erreichend. Vorderrand und Wurzelfeld zart schwärzlich überstäubt. Subcostalbändchen selten von Rot belebt. Unterseite: Die Zellmakeln stark reduziert, sonst zeichnungslos. Die nackten Rippen umbrabraun. Hinterflügel: In der Zeichnung von der von *Koramius delphius* (Eversm.) abweichend. Glasbinde mit der Submarginalbinde stets zu einer Fläche vereinigt, in der die in Randaugenflecke umgebildeten Elemente der Submarginalbinde eingebettet sind. Submarginalbinde meist in 5, seltener in weniger, gut entwickelte, aneinander grenzende Randaugenflecke aufgelöst, die in der Regel je einen blauen Kern tragen, der aber auch ausbleiben kann. Das Submarginalbandelement zwischen $M_2$ und $M_3$ springt selten wurzelwärts vor, was für *Koramius delphius* (Eversm.) typisch ist. Augenflecke stärker saumwärts verschoben, in der Größe sehr variabel, stets ohne weißen Kern. Das Rot des Prachtkerns auf Kosten der schwarzen Umzingelung, die bisweilen so zart ist, daß sie fast ausbleibt, stark ausgedehnt. Der Subcostalaugenfleck neigt zum völligen Schwund. Analflecke, den Augenflecken entsprechend, ebenfalls dem Saume etwas näher gerückt, sehr oft mit einem roten, zusammenhängenden Kern. Wurzelfeld-

Fig. 569. Palpus von **Koramius stoliczkanus** (C. & R. Felder). (Original).

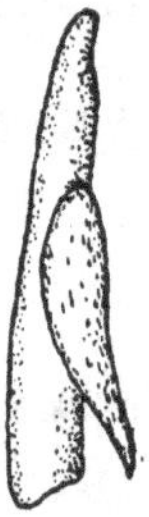

Fig. 570. Vorderschiene mit Schienenblatt von **Koramius stoliczkanus** (C. & R. Felder). (Nach M. Hering 1932) (17/1).

und Hinterrandschwärze stark entwickelt, schräg von vorn bis $Cu_1$ ziehend, mit dem vorderen Analflecke nie verbunden. Unterseite: Randaugenflecke erhalten. Augen- und Analflecke mit Prachtfarbe, ohne weißen Kern, matter schwarz umsäumt als auf der Oberseite. Wurzelflecke fehlen. VIII. Tergit

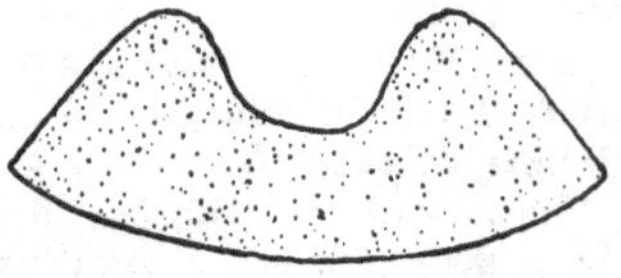

Fig. 571.
VIII. Tergit von **Koramius stoliczkanus** (C. & R. Felder) (♂). (Nach M. Hering 1932) ($^9/_1$).

Fig. 572.
Valve (links) und Uncus (rechts) von **Koramius stoliczkanus** (C. & R. Felder). (Nach M. Hering 1932 ($^{15}/_1$).

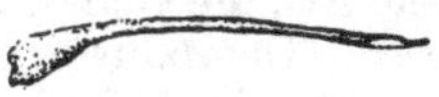

Fig. 573.
Aedoeagus von **Koramius stoliczkanus** (C. & R. Felder). (Nach M. Hering 1932) ($^{13}/_1$).

des Männchens (Fig. 571), Uncus, Valve (Fig. 572) und Aedoeagus (Fig. 573) ähnlich denen von *K. delphius* (Eversm.). Sphragis von der von *K. delphius* (Eversm.) nicht wesentlich verschieden, aber etwas kleiner.

Kaschmir.

Diese Art zerfällt in 9 Unterarten.

forma quadripicta Bryk & Eisner 1932 *Parnassius stoliczkanus zogilaica* forma *q.*, Bryk & Eisner in: Parnassiana, *v.* 2 p. 9.

In den 4 vordersten Flecken des Subcostalbändchens je eine Kernung mit roter Prachtfarbe.

Kaschmir: Kagil.

Typus: ♀ in coll. C. Eisner, Berlin-Dahlem.

forma nigroocellata Bryk & Eisner 1932 *Parnassius stoliczkanus* subsp. *tenuis* forma *n.*, Bryk & Eisner in: Parnassiana, *v.* 2 p. 25.

Augenflecke schwarz, ohne Prachtfarbe.

Kangra: Rotang-Pass.

Typus: ♂ in coll. C. Eisner, Berlin-Dahlem.

forma extincta O. Bang-Haas 1935 *Parnassius stoliczkanus zanskarica* aberr. *e.*, O. Bang-Haas in: Ent. Z., *v.* 48 p. 152.

Medianaugenfleck ober- und unterseits verschwunden.

Kaschmir meridionalis: Nira (Zanskar-Gebirge), 4500 m.

forma intramaculata O. Bang-Haas 1935 *Parnassius stoliczkanus zanskarica* aberr. *i.*, O. Bang-Haas in: Ent. Z., *v.* 48 p. 152.

Die blau gekernten hintersten Randaugenflecke von einem weißen Ring in der tiefschwarzen Submarginalbinde umgeben.

Kaschmir meridionalis: Nira (Zanskar-Gebirge), 4500 m.

forma subconnexa O. Bang-Haas 1935 *Parnassius stoliczkanus zanskarica* aberr. *s.*, O. Bang-Haas in: Ent. Z., *v.* 48 p. 152.

Die analen Randaugenflecke mit dem Medianaugenflecke verbunden.

Kaschmir meridionalis: Nira (Zanskar-Gebirge), 4500 m.

forma coerulocaeca O. Bang-Haas 1935 *Parnassius stoliczkanus zanskarica* aberr. *c.*, O. Bang-Haas in: Ent. Z., *v.* 48 p. 152.

Die Blaukernung fehlt in den Randaugenflecken.

Kaschmir meridionalis: Nira (Zanskar-Gebirge), 4500 m.

forma obliterata Verity 1911 & 10 *Parnassius delphius* var. *stoliczkanus* aberr. *o.*, Verity, Rhop. palaearct., p. 317 t. LIX f. 1 (♀) | 1915 *P. d.* var. *s.* aberr. *o.*, O. Bang-Haas in: D. ent. Z. Iris, *v.* 29 p. 165 | 1918 *P. d.* subsp.?, W. Rothschild in: Nov. zool., *v.* 25 p. 257 | 1920 *P. d.-stoliczkanus-immaculata*, Avinoff in: C. Oberthür, Étud. Lép., *v.* 17 p. 81 | 1922 [1923] *Tadumia d.* var. *s.* aberr. *obliterata* + aberr. *i.*, Bryk in: Strand, Lep. Cat., *v.* 27 p. 53 | 1927 *Parnassius s. s.* aberr. *i.* (*exoculata* ex synon.) + *P. s. florenice* aberr. *obliterata*, O. Bang-Haas in: Horae Macrolep., *v.* 1 p. 32, 33 | 1929 *P. s.* aberr. *immaculata* + aberr. *o.*, Bollow in: Seitz, Großschmett. Erde, *v.* 1 Suppl. 1 p. 79, 80.

Beide Augenflecke erloschen.

Nordindien: Kulu.

Typus: ♀ in coll. Zool. Mus. Tring.

forma rubroampliusanalis Bryk & Eisner 1932 *Parnassius stoliczkanus zogilaica* forma *r.*, Bryk & Eisner in: Parnassiana, *v.* 2 p. 9.

Alle 3 Flecke im Analbändchen des Hinterflügels oberseits mit Rot gekernt und fast zu einer continuierlichen, roten, schwarz umrandeten Binde vereinigt.

Kaschmir: Kagil.

Typen: ♂ ♀ in coll. C. Eisner, Berlin-Dahlem.

61. **K. stoliczkanus stoliczkanus** (C. & R. Felder) 1864 & 66 *Parnassius s.*, C. & R. Felder in: Reise Novara, *v.* 2II p. 138; t. 69 f. 2, 3 (♂) | 1886 *P. s.*, Elwes in: P. zool. Soc. London, p. 40, 41 t. 3 f. 1, 2 (sphragis) | 1892 & 95 *P. delphius* var. *s.*, F. Rühl & A. Heyne, Palaearkt. Groß-Schmett., *v.* 1 p. 106; 705 | 1902 *Koramius s.* (part.), F. Moore, Lep. Ind., *v.* 5 p. 120 t. 412 f. 1 (♂), 1a (♀) | 1907 *Parnassius delphius s.*, H. Stichel in: Seitz, Großschmett. Erde, *v.* 1 p. 33 t. 16c (♂) | 1907 *P. d.* var. *s.*, Verity, Rhop. palaearct., p. 82 t. X f. 11 (♂), 12 (♀) | 1907 *P. d.* „race" *s.* (part.), Bingham in: Fauna Brit. Ind., Butt. *v.* 2 p. 123 | 1915 *P. d.* var. *s.* (part.), O. Bang-Haas in: D. ent. Z. Iris, *v.* 29 p. 165 | 1918 *P. d. s.*, W. Rothschild in: Nov. zool., *v.* 25 p. 256 | 1920 *P. delphius-stoliczkanus-immaculata*, Avinoff in: C. Oberthür, Étud. Lép., *v.* 17 p. 81 | 1927 *P. stoliczkanus* [*stoliczkana* ex synon.] + aberr. *immaculata*, O. Bang-Haas in: Horae Macrolep., *v.* 1 p. 32 | 1929 *P. s.* + aberr. *i.*, Bollow in: Seitz, Großschmett. Erde, *v.* 1 Suppl. 1 p. 79 | 1931 *P. s. s.*, Bryk & Eisner in: Parnassiana, *v.* 1 nr. 5 p. 4.

Eine kleine, schwach gezeichnete Unterart mit heller Befransung, schmalem Glasband und schmaler Submarginalbinde (Fig. 574). Subcostalbändchen

Fig. 574.
**Koramius stoliczkanus stoliczkanus** (C. & R. Felder) (♀). (Original, aus coll. Zool. Mus. Berlin) (1/1).

mäßig breit. Hinterrandfleck sehr stark reduziert oder fehlend. Endzellfleck kräftig. Mittelzellfleck hinten frei. Hinterflügel mit 5 stark verkleinerten, schwarzen Randaugenflecken. Der subcostale Augenfleck fehlt völlig, der mediane verkleinert, rot, schwach schwarz umsäumt. Männchen: Das Subcostalbändchen verjüngt sich allmählich in seiner Verlängerung bis zum Hinterrandfleck, der nur strichförmig in seiner vorderen Hälfte erhalten ist. Medianaugenfleck kleiner als beim Weibchen. Der Analfleck zwischen $Cu_1$ und $Cu_2$ fehlt. Weibchen: Subcostalbändchen etwas verbreitert, erreicht $M_3$. Der mediane Augenfleck etwas größer, $M_2$ bis zur Hälfte der betreffenden Zelle überschreitend. Der vordere Analfleck in seiner Länge reduziert, der hintere rot gekernt. Die hinteren Randaugenflecke zeigen eine rudimentäre Blaukernung. Als forma tritt *obliterata* auf. Vorderflügellänge: ♂ 23 mm, ♀ 22 mm.

Ladak: Rupshu, bei Markha und zwischen Hanle und Chumar; Engpaß bei Baralachar (N. Lahoul).

62. **K. stoliczkanus florenciae** (Tytler) 1902 *K. s.* (part.), F. Moore, Lep. Ind., *v.* 5 p. 122 t. 412 f. 1b (♀) | 1911 & 10 *Parnassius delphius* var. *s.* aberr. *obliterata*, Verity, Rhop. palaearct., p. 317 t. LIX f. 1 (♀) | 1915 *P. d.* var. *s.* aberr. *o.*, O. Bang-Haas in: D. ent. Z. Iris, *v.* 29 p. 165 | 1918 *P. d.* subsp.?, W. Rothschild in: Nov. zool., *v.* 25 p. 257 | 1926 *P. d.* subsp. *florenciae*, Tytler in: J. Bombay Soc., *v.* 31 p. 251 t. 4 f. 9 (♂) | 1927 *P. stoliczkanus florenice* + aberr. *obliterata* + *P. s. florenciae* (part.), O. Bang-Haas in: Horae Macrolep., *v.* 1 p. 33, 105 t. 4 f. 15 (♂), 16 (♀) *(florenciae)* | 1929 *P. s.* „Rasse" *florenciae* (part.) + aberr. *o.*, Bollow in: Seitz, Großschmett. Erde, *v.* 1 Suppl. 1 p. 80.

Der ssp. *stoliczkanus stoliczkanus* (C. & R. Felder) sehr nahe stehend, jedoch mit verbreiterter Submarginalbinde, die hinten mit dem schmalen, stark verjüngten Glasbande vor dem Hinterrande verschmilzt. Subcostalbändchen breit, bis $M_3$ reichend. Hinterrandfleck fehlend oder kaum angedeutet. Endzellfleck und Mittelzellfleck kräftig; letzterer apexwärts etwas konkav gebogen, in der Regel den hinteren Discusarm erreichend. Randaugenflecke nur hinten mit schwacher Blaukernung. Der subcostale Augenfleck fehlt völlig; der mediane klein, an $M_2$ angelegt. Der hintere Analfleck meist mit roter Kernung, der vordere meist fehlend. Hinterrandschwärze bisweilen bis $M_2$ reichend, dort mit einem zahnartigen Fortsatz aus der Wurzelfeldschwärze hervortretend. Männchen: Der mediane Augenfleck überschreitet $M_2$. Weibchen mit schwächer entwickeltem Mittelzellfleck, der hinten den hinteren Discusarm nicht berührt. Medianaugenfleck etwas verkleinert. Vorderflügellänge: ♂ ♀ 24—25 mm.

Phup Hundes (nördlich Tehri Garwal): Muling-Paß (Zanskar-Gebirge); Kulu.

Typus: ♂ in Brit. Mus. London.

63. **K. stoliczkanus kumaonensis** (N. D. Riley) 1926 *Parnassius delphius* subsp. *k.*, N. D. Riley in: Ent. monthly Mag., *v.* 62 p. 277 t. 2 f. 3 (♂) | 1927 *P. stoliczkanus k.* + *P. s. florenciae* (part.), O. Bang-Haas (Riley MS.) in: Horae Macrolep., *v.* 1 p. 33, 105 | 1929 *P. s. f.* (part.), Bollow in: Seitz, Großschmett. Erde, *v.* 1 Suppl. 1 p. 80.

Unterscheidet sich von ssp. *florenciae* (Tytler) durch die Hinterflügelzeichnung. Glassaum des Hinterflügels sehr schmal, die Submarginalbinde, die zwischen $R_4$ und $R_5$ (+ $M_1$) wurzelwärts diffus vorspringt, nicht überschwemmend. Die 4 Randaugenflecke etwas kräftiger entwickelt. Subcostaler Augenfleck klein, rot, schwach schwarz umsäumt; der mediane zu einem schwarzen Punkt zusammengeschrumpft, was wohl aberrativ ist. Wurzelfeld- und Hinterrandschwärze sehr luxuriös wie bei keiner anderen Rasse entwickelt, sich über die ganze Area der Mittelzelle hinaus erstreckend. Unterseits tragen beide Augenflecke einen roten Kern. Vorderflügel mit einem rudimentären, strichartigen Hinterrandfleck. Vorderflügellänge: ♂ 25 mm.

N. Kumaon, Shillung, 3700 m.

Typus: ♂ in coll. Brit. Mus. London.

64. **K. stoliczkanus rileyi** (Tytler) 1926 *Parnassius delphius* subsp. *r.*, Tytler in: J. Bombay Soc., *v.* 31 p. 251 t. 4 f. 6 (♂), 7 (♀) | 1927 *P. stoliczkanus r.*, O. Bang-Haas in: Horae Macrolep., *v.* 1 p. 32 | 1929 *P. s. r.*, Bollow in: Seitz, Großschmett. Erde, *v.* 1 Suppl. 1 p. 79.

Eine dicht weiß beschuppte Unterart. Vorderflügel am Apex mehr abgerundet. Glasbinde dem Hinterrande zu sehr stark verjüngt. Submarginalbinde von der Glasbinde etwas weiter entfernt, wodurch sich die Grundfarbenbinde verbreitert. Subcostalbändchen mit dem Hinterrandfleck, der nach hinten spitz verläuft, verbunden. Endzellfleck kräftig. Mittelzellfleck schmal, länglich, die hintere Mittelzellrippe nicht erreichend. Hinterflügel: Die Glasbinde äußerst schmal, von der Submarginalbinde durch die Grundfarbenbinde scharf getrennt. Die blau gekernten Randaugenflecke gut entwickelt. Augenflecke: Der mediane mittelgroß oder groß, der subcostale stark verkleinert. Beide Analflecke vorhanden. Hinterrandschwärze kräftig, bis $Cu_1$ reichend. Männchen: Submarginalbinde des Vorderflügels schmal, scharf abgesetzt. Der Hinterrandfleck erreicht $Ax_1$. Hinterflügel: Die hintersten beiden kreisrunden Randaugenflecke nicht in der submarginalen Verrußung eingebettet. Von den beiden kräftigen Analflecken ist der hinterste, bei dem das Rot stark reduziert ist, mit der Hinterrandschwärze vereinigt. Weibchen: Die breitere Submarginalbinde und die vorn stark verbreiterte Subcostalbinde des Vorderflügels verblaßt. Hinterrandfleck stark verkürzt. Die 4 Randaugenflecke des Hinterflügels in einer verrußten Binde eingebettet. Der mediane Augenfleck mittelgroß. Die beiden Analflecke sehr schmal, schwarz, von der Hinterrandschwärze abgesondert. Vorderflügellänge: ♂ ♀ 28 mm.

Rupal-Tal, Astor, Farsat-Paß.

Typen: ♂ ♀ in coll. Brit. Mus. London.

65. **K. stoliczkanus atkinsoni** F. Moore 1902 *K. a.*, F. Moore, Lep. Ind., *v.* 5 p. 121 t. 412 f. 2 (♀) | 1907 *Parnassius delphius stoliczkanus* aberr. *a.*, H. Stichel in: Seitz, Großschmett. Erde, *v.* 1 p. 33 | 1907 *P. d.* var. *s.* „forma" *a.*, Verity, Rhop. palaearct., p. 82 t. X f. 13 (♀) | 1907 *P. d. s.* forma *a.*, H. Stichel in: Gen. Ins., *v.* 58 p. 41 | 1907 *P. d.* „race" *a.*, Bingham in: Fauna Brit. Ind., Butt. *v.* 2 p. 125 | 1911 & 10 *P. d.* var. *stoliczkanus* forma *a.*, Verity, Rhop. palaearct., p. 317 t. LXIV f. 13, 14 (♀) | 1915 *P. d.* var. *a.*, O. Bang-Haas in: D. ent. Z. Iris, *v.* 29 p. 165 | 1916 *P. d.* subsp. *a.* + *P. d.* subsp. *nicevillei* + aberr. *cardinalina*, Avinoff in: Tr. ent. Soc. London, 1915 p. 355 t. 53 f. 1 (♂), 2 (♀); f. 3 (♂ aberr. *cardinalina*); f. 4 (♂, *atkinsoni*) | 1920 *P. d. stenosemus* „race" *n.* + *P. d. a.*, W. H. Evans in: J. Bombay Soc., *v.* 27 p. 91 | 1922 [1923] *Tadumia d.* var. *A.* + var. *N.* + aberr. *cardinalina*, Bryk in: Strand, Lep. Cat., *v.* 27 p. 52, 55, 60 | 1923 *Parnassius d. n.* + *a.*, W. H. Evans in: J. Bombay Soc., *v.* 29 p. 244 | 1926 *P. d. a.*, Tytler in: J. Bombay Soc., *v.* 31 p. 251 | 1927 *P. d.* subsp. *cardalina* + *P. stoliczkanus atkinsoni* + *nicevillei* + *P. delphius cardalina*, O. Bang-Haas in: Horae Macrolep., *v.* 1 p. 30, 32, 105 (*cardinalina*) | 1929 *P. d. cardinalina* + *P. s.* „Rasse" *nicevillei*, Bollow in: Seitz, Großschmett. Erde, *v.* 1 Suppl. 1 p. 79.

Eine große, kontrastreich gezeichnete Unterart mit hellem, kreideweißem Grundton (Fig. 575). Vorderflügel gestreckt, am Seitenrand sacht gerundet. Glasband schmal bis mäßig breit, den Hinterrand erreichend. Submarginalbinde breit, hinten mit der Glasbinde zusammentreffend. Subcostalbändchen breit, stets mit dem Hinterrandfleck, der hinten $Ax_1$ nicht immer erreicht, vereinigt. Diese Verbindung verbreitet sich bisweilen discalwärts bis zum hinteren Discusarm. Endzellfleck sehr breit. Mittelzellfleck schmal, länglich, meistens hinten die Mittelzellrippe erreichend. Wurzelfeld und Vorderrand fein schwärzlich bestäubt. Hinterflügel: Glasband auf die Submarginalbinde ausgedehnt, die in 5 deutlich blau gekernte Randaugenflecke zerlegt ist. In Ausnahmefällen (forma *cardinalina*) ist das Glasband sehr schmal, von der Submarginalbinde getrennt, und nur die beiden hintersten Randaugenflecke,

Fig. 575.
**Koramius stoliczkanus atkinsoni** F. Moore (links ♂, rechts ♀). (Original, aus coll. Zool. Mus. Berlin) ($^1/_1$).

die *delphius*-artig saumwärts verschoben sind, erhalten. Augenflecke sehr groß, besonders der mediane, der von $R_5$ (+ $M_1$) und $M_3$ begrenzt wird, einen großen ziegelroten Kern trägt und discalwärts breiter schwarz umgrenzt ist als saumwärts. Der costale Augenfleck schwankt von groß bis winzig klein, im letzten Falle fehlt ihm die Prachtfarbe. Analbändchen stets breit ausgeprägt, mit 2 großen, roten Kernen, der 3. vorderste nur schwarz, mehr oder weniger stark entwickelt. Hinterrand- und Wurzelschwärze im Discus stärker verbreitert. W e i b c h e n im Vorderflügel etwas dünner beschuppt. Folgende formae treten auf: *semicaeca, cardinalina.* Vorderflügellänge: ♂ ♀ 27—34 mm.

Kaschmir: Pir Panjal, südwestl. Srinagar; Burzil-Paß, nordöstl. Gurais; Gilgit, Haramosh Berge. Die Typen von *P. delphius nicevillei* Avinov stammen vom Burzil-Paß.

Typen: ♂ ♀ in coll. Brit. Mus. London.

66. **K. stoliczkanus zogilaicus** (Tytler) 1926 *Parnassius delphius* subsp. *zogilaica*, Tytler in: J. Bombay Soc., *v.* 31 p. 251 t. 4 f. 5 (♀) | 1927 *P. stoliczkanus z.*, O. Bang-Haas in: Horae Macrolep., *v.* 1 p. 33, 105 t. 4 f. 14 (♀) | 1929 *P. s.* subsp. *z.*, Bollow in: Seitz, Großschmett. Erde, *v.* 1 Suppl. 1 p. 79 t. 5b (♂).

Heller als ssp. *atkinsoni* F. Moore, weiß bis gelblich, mit gerade verlaufendem Seitenrand des Vorderflügels (Fig. 576). Glasband schmal. Submarginalbinde schmal bis sehr breit, dementsprechend die Grundfarbenbinde in der Breite variabel. Subcostalbändchen vorn breit, bis $M_3$ reichend, nicht immer bis zum Hinterrandfleck, der oft fehlt, verlängert. Endzellfleck sehr breit, Mittelzellfleck vorn breiter als hinten, etwas zugespitzt. Hinterflügel: Randaugenflecke mit kleinen, blauen Kernen, etwas kleiner als bei ssp. *atkinsoni*

F. Moore. Subcostalaugenfleck fehlt. Der mediane Augenfleck wie die Analflecke orangerot bis ziegelrot gekernt, mittelgroß, sehr zart, bisweilen ganz dünn schwarz umsäumt. Analbändchen meist 2zellig, etwas schmäler

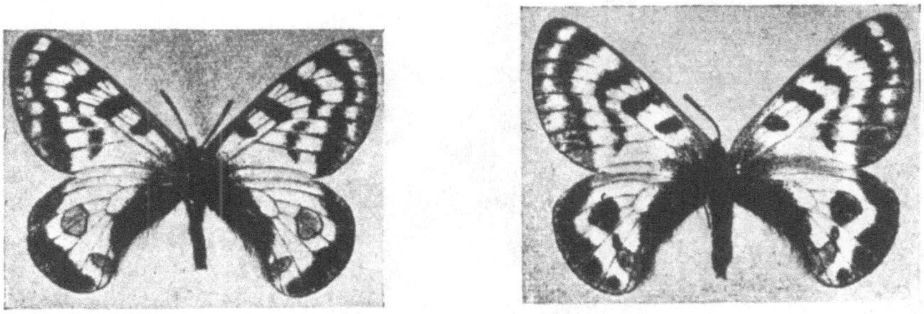

Fig. 576.
**Koramius stoliczkanus zogilaicus** (Tytler) (links ♂, rechts ♀). (Original, aus coll. Zool. Mus. Berlin) (1/1).

als bei ssp. *atkinsoni* F. Moore. Wurzelfeldschwärze im Discus stark verbreitert. Weibchen weißlicher. Folgende formae treten auf: *quadripicta, rubroampliusanalis*. Vorderflügellänge: ♂ ♀ 27—28 mm.

N. Kaschmir: Zogila-Paß. Ladak: Sham (Chalsi); Lamayurra (westlich von Leh).

Typus: ♀ in coll. H. C. Tytler, London.

67. **K. stoliczkanus zanskaricus** (O. Bang-Haas) 1934 *Parnassius s. zanskarica* (i. l.), O. Bang-Haas in: Ent. Z., *v.* 48 p. 110 | 1935 *P. s.* subsp. *z.* + div. aberr., O. Bang-Haas, ibid., *v.* 48 p. 152.

Eine der ssp. *zogilaicus* (Tytler) sehr nahe stehende Unterart. Meist mit 5 blau gekernten Randaugenflecken. Folgende formae treten auf: *intramaculata, subconnexa, extincta, nigroocellata, coeruleocaeca.*

Kaschmir meridionalis: Nira, Zanskar-Gebirge, 4500 m.

Typen in coll: O. Bang-Haas, Dresden-Blasewitz.

68. **K. stoliczkanus spitiensis** (O. Bang-Haas) 1927 *Parnassius s.* subsp. *s.*, O. Bang-Haas in: Horae Macrolep., *v.* 1 p. 33 t. 4 f. 17 (♂), 18 (♀) | 1929 *P. s.* „Rasse" *s.*, Bollow in: Seitz, Großschmett. Erde, *v.* 1 Suppl. 1 p. 33.

Vorderflügel am Apex mehr zugespitzt. Glasbinde mittelbreit. Submarginalbinde breit. Subcostalbändchen breit, bis $M_3$ reichend. Hinterrandfleck meist erloschen oder nur rudimentär erhalten. Endzellfleck kräftig. Mittelzellfleck länglich, bald hinten frei, bald die hintere Mittelzellrippe erreichend. Vorderrand und Wurzelfeld zart schwärzlich überstäubt. Hinterflügel mit breitem, glasigem Marginalbande, das mit der Submarginalbinde, in welche die 5 mittelgroßen, meist blau gekernten Randaugenflecke eingebettet sind, ein Ganzes bildet. Subcostalaugenfleck meistens fehlend oder durch einen schwachen, schwarzen, vorn angehängten Punkt angedeutet. Medianaugenfleck länglich, 5eckig, wie die beiden Analflecke leuchtend rot und schwach schwarz umsäumt. Männchen mit kräftigeren Analflecken, die sogar oft vorn, zwischen $M_3$ und $Cu_1$ um einen schwarzen accessorischen Fleck bereichert sind. Weibchen oft mit reduziertem Analfleck, der etwas über $Cu_2$ hinausragt. Vorderflügellänge: ♂ ♀ 26,5—28 mm.

Spiti; Tum-Tum-Thang-Gebirge, nordwestlich Pu (Poo), nördlich des Sutley-Flusses, 5000 m.

Typen: ♂ ♀ in coll. O. Bang-Haas, Dresden-Blasewitz.

6 9. **K. stoliczkanus tenuis** (Bryk & Eisner) 1932 *Parnassius s.* subsp. *t.* + *nigroocellata*, Bryk & Eisner in: Parnassiana, *v.* 2 p. 23, 25, 105.

Sehr kleine Unterart (Fig. 577). Glasband schmal. Vorderflügel oft ohne Hinterrandfleck. Hinterflügel meist mit verkleinerten Augenflecken und stark

Fig. 577.
**Koramius stoliczkanus tenuis** (Bryk & Eisner) (♂). (Ideotypus, aus coll. Zool. Mus. Berlin) (1/1).

verkleinerten Randaugenflecken, denen die Blaukernung fehlt. Augenflecke schwach schwarz umsäumt. Die beiden Analflecke deutlich und stets rot gekernt. Als forma tritt *nigroocellata* auf. Vorderflügellänge: ♂♀ 25,5 mm.

Gya-Ladak, Tagalang-Paß, 5000 m.

Typen: ♂♀ in coll. C. Eisner, Berlin-Dahlem.

6 10. **K. stoliczkanus gracilis** (Bryk & Eisner) 1932 *Parnassius s.* subsp. *g.*, Bryk & Eisner in: Parnassiana, *v.* 2 p. 23, 24 f. 5 (♀).

Eine zwischen ssp. *tenuis* (Bryk & Eisner) und ssp. *spitiensis* (O. Bang-Haas) stehende, dünn beschuppte Unterart (Fig. 578). Vorderflügel am Vorderrand sanft abgerundet. Die zwischen dem mäßig breiten Glasbande und der breiten

Fig. 578.
**Koramius stoliczkanus gracilis** (Bryk & Eisner) (♀). (Typus, nach Bryk & Eisner 1932) (1/1).

Submarginalbinde eingezwängte Grundfarbenbinde äußerst schmal. Subcostalbändchen kräftig. Endzellfleck sehr kräftig. Mittelzellfleck länglich. Hinterrandfleck fehlt. Hinterflügel: Glasband mit der Submarginalbinde vereinigt, die eingebetteten Randaugenflecke mit erloschener Blaukernung. Subcostalaugenfleck fehlt, der mediane gleichmäßiger gerundet, klein, stärker schwarz umringt. Analfleck sehr klein, nur hinten erhalten, rot gekernt. Die Hinterrandschwärze von ihm getrennt, bis $Cu_1$ reichend. Vorderflügellänge: ♂♀ 29 mm.

Rotang-Paß, Kangra, 4050 m.

Typen: ♂♀ in coll. C. Eisner, Berlin-Dahlem.

Eine zwischen 4500—5100 m fliegende Art, deren praeimaginale Stadien ganz unbekannt sind. Gegenüber *Koramius delphius* (Eversm.), als dessen Unterart er bis vor kurzem galt, ist er viel weniger variabel und zarter gebaut. Flugzeit Juni bis Juli.

7. **K. stenosemus** (Honr.) 1890 *Parnassius delphius* var. *s.*, Honrath in: Ent. Nachr., *v.* 16 p. 127 | 1892 *P. d.* var. *s.*, Honrath in: Berlin. ent. Z., *v.* 36 p. 431 t. 15 f. 3 | 1892 *P. d.* var. *s.*, F. Rühl & A. Heyne, Palaearkt. Groß-Schmett., *v.* 1 p. 106 | 1901 *P. d.* var. *s.*, O. Staudinger & Rebel, Cat. Lep. Palaearct. Faunengeb., ed. 3 *v.* 1 p. 7 | 1902 *Koramius s.*, F. Moore, Lep. Ind., *v.* 5 p. 122 t. 412 f. 3, 3a (♂), 3b, 3c (♀) | 1907 *Parnassius delphius stoliczkanus* aberr. *s.*, H. Stichel in: Seitz, Großschmett. Erde, *v.* 1 p. 33 t. 16b (♀ *stenosemus*) + t. 16b (♀ *cephalus*) | 1907 *P. d.* var. *stenosemus*, Verity, Rhop. palaearct., p. 82 t. XIX f. 3, 4 (♂), 5 (♀) | 1907 *P. d.* „race" *s.*, Bingham in: Fauna Brit. Ind., Butt. *v.* 2 p. 123, 125 | 1907 *P. d. stoliczkanus* forma *stenosema*, H. Stichel in: Gen. Ins., *v.* 58 p. 41 | 1909 *P. d. stenosemus*, Fruhstorfer in: Seitz, Großschmett. Erde, *v.* 9 p 110 | 1914 *P. d.* var. *s.*, Sheljuzhko in: D. ent. Z. Iris, *v.* 28 p. 19 (sphragis) | 1915 *P. d.* var. *s.*, O. Bang-Haas in: D. ent. Z. Iris, *v.* 29 p. 166 | 1916 *P. d.* subsp. *s.*, Awinow in: Mt. Münch. ent. Ges., *v.* 7 p. 61 | 1916 *P. d.* var. *s.*, Avinoff in: Tr. ent. Soc. London, 1915 p. 356 | 1918 *P. d. stenosmus*, W. Rothschild in: Nov. zool., *v.* 25 p. 256 | 1920 *P. d. stenosemus*, W. H. Evans in: J. Bombay Soc., *v.* 27 p. 91 | 1922 [1923] *Tadumia d.* var. *s.*, Bryk in: Strand, Lep. Cat., *v.* 27 p. 60 | 1923 *Parnassius d. stoliczanus* (part.), W. H. Evans in: J. Bombay Soc., *v.* 29 p. 244 | 1927 *P. d. stoliczkanus stenosemus*, O. Bang-Haas in: Horae Macrolep., *v.* 1 p 32 | 1931 *P. stenosemus*, Bryk & Eisner in: Parnassiana, *v.* 1 nr. 5 p. 3 | 1931 *P. s.*, Bollow in: Seitz, Großschmett. Erde, *v.* 1 Suppl. 1 p. 331 | 1932 *P. s.*, M. Hering in: Mt. Mus. Berlin, *v.* 18 p. 302, 303 f. 31 (Schienenblättchen), p. 306, 307 f. 58 (VIII. Tergit ♂), p. 310, 311 f. 104 (aedoeagus), p. 314, 315 f. 130 (valva, uncus).

Eine *K. stoliczkanus* (C. & R. Felder) sehr nahe stehende Art, die bisher für eine Unterart von *K. delphius* (Eversm.) gehalten und letzthin zu *K. stoliczkanus* (C. & R. Felder) gestellt wurde. Palpus wie bei *K. delphius* (Eversm.). Schienenblättchen (Fig. 579) hinten schmächtig, lang, über das Ende der Tibia hinaus reichend. Unterscheidet sich von *K. stoliczkanus* (C. & R. Felder) vor allem durch luxuriösere Erweiterung der Vorderflügelzeichnung und Reduzierung des Glassaumes am Hinterflügel sowie durch die abweichende Placierung der beiden Augenflecke, die mehr in der Mitte des Flügels liegen und nicht dem Saum zu genähert sind. Vorderflügel: Glasband schmal, zwischen $M_2$ und $M_3$ etwas bauchig vorspringend, dann dem Hinterrande zu sich stark verjüngend. Submarginalbinde schwärzlich, continuierlich, vorn sanft gebogen, von $M_2$ an etwas wurzelwärts vorspringend, von da saumwärts bogig ausgezähnt, den Hinterrand erreichend. Submarginalbinde mit dem Hinterrandfleck stets vereinigt; letzterer vorn verbreitert. Endzellfleck kräftig, länglich, vorn an $R_1$ angelehnt, hinten über die Ansatzstellen von $M_2$ und $M_3$ hinaus verlängert. Mittelzellfleck länglich, etwas schräg gestellt, vorn mehr als hinten der Wurzel genähert, hinten die hintere Discalrippe nicht immer erreichend. Vorderrand und Wurzelfeld deutlich schwarz überpudert. Hinterflügel: Glassaum äußerst schmal, nie mit der Submarginalbinde verschmolzen. Submarginalbinde vorn bis $R_5$ ($+ M_1$) streifenartig, von da ab in eng aneinandergrenzende, rundliche, blau gekernte oder schwarze Randaugenflecke aufgelöst, der hinterste (zwischen $Cu_1$ und $Cu_2$) isoliert. Augenflecke klein, rundlich; der subcostale kleiner als der mediane, rot, mit breiter, schwarzer Umsäumung des roten Kernes. Der mediane Augenfleck $M_2$ etwas überschreitend. Analflecke schwarz. Der 2. vordere Analfleck aus der Hinterrandschwärze hervortretend, der hintere mit der

Fig. 579. Vorderschiene mit Schienenblatt von **Koramius stenosemus** (Honr.) (Nach M. Hering 1932) (17/1).

Hinterrandschwärze vereinigt, die über $M_2$ hinaus sich ausdehnen kann. Wurzelfeldschwärze schräg verlaufend, den vorderen Teil der Mittelzelle mehr oder weniger frei lassend. Unterseits fehlt den Wurzelflecken die Prachtfarbe. VIII. Tergit des Männchens (Fig. 580) wie bei *K. delphius* (Eversm.), die Lappenbildung ist jedoch viel stärker, auch ist die Einbuchtung viel tiefer und weiter. Valve (Fig. 581) trapezartig, ähnlich der von *K. delphius*

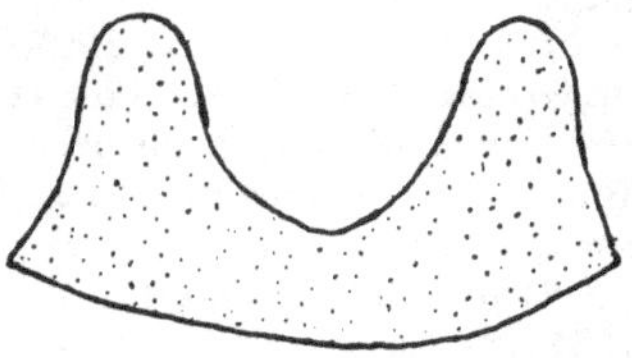

Fig. 580.
VIII. Tergit von **Koramius stenosemus** (Honr.) (♂). (Nach M. Hering 1932) (9/1).

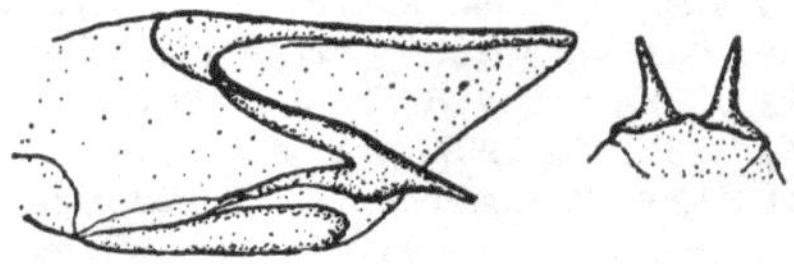

Fig. 581.
Valve (links) und Uncus (rechts) von **Koramius stenosemus** (Honr.) (Nach M. Hering 1932) (15/2).

Fig. 582.
Aedoeagus von **Koramius stenosemus** (Honr.) (Nach M. Hering 1932) (13/1).

(Eversm.). Der an der Innenseite befindliche Haken, der das Valvenende überragt, spitz, nicht gebogen. Uncus (Fig. 581) mit 2 Hörnern, die verjüngend dornartig zugespitzt und wie bei *K. acdestis* (Gr.-Gr.) gut eingebuchtet sind. Aedoeagus (Fig. 582) wie bei *K. delphius* (Eversm.). Sphragis ähnlich der von *K. stoliczkanus* (C. & R. Felder).

Ladak.

Diese fragliche Art zerfällt in 2 Unterarten:

7 1. **K. stenosemus stenosemus** (Honr.) 1890 *Parnassius delphius* var. *s.*, Honrath in: Ent. Nachr., *v.* 16 p. 127 | 1892 *P. d.* var. *s.*, Honrath in: Berlin. ent. Z., *v.* 36 p. 431 t. 15 f. 3 | 1902 *Koramius s.*, F. Moore, Lep. Ind., *v.* 5 p. 122 t. 412 f. 3, 3a (♂), 3b, 3c (♀) | 1907 *Parnassius delphius stoliczkanus* „Zeit- oder Zustandsform" *s.*, H. Stichel in: Seitz, Großschmett. Erde, *v.* 1 p. 33 t. 16b (♀) | 1907 *P. d.* „race" *s.*, Bingham in: Fauna Brit. Ind., Butt. *v.* 2 p. 123, 125 | 1915 *P. d.* var. *s.*, O. Bang-Haas in: D. ent. Z. Iris, *v.* 29 p. 166 | 1927 *P. stoliczkanus stenosemus*, O. Bang-Haas in: Horae Macrolep., *v.* 1 p. 32, 100 | 1931 *P. stenosemus stenosemus*, Bryk & Eisner in: Parnassiana, *v.* 1 nr. 5 p. 4.

Fig. 583.
**Koramius stenosemus stenosemus** (Honr.) (links ♂, rechts ♀). (Original, aus coll. C. Eisner, Berlin-Dahlem) (1/1).

Dicht beschuppt (Fig. 583). Vorderrand des Vorderflügels gut gerundet. Submarginalbinde gesättigt schwarz, den Hinterrand erreichend. Subcostalbändchen verbreitert, mit dem Hinterrandfleck, der $Ax_1$ erreicht, durch eine kräftige, bindenartige Flügelschwärze vereinigt, die sich fast der hinteren Mittelzellrippe anlehnt, seltener in Flecke zerlegt. Endzellfleck breit, bald an die hintere Medianrippe angelehnt, bald diese nicht erreichend. Hinterflügel mit verschwindendem Glasband und breiter Submarginalbinde, die hinten 4, in der Regel blau gekernte Randaugenflecke aufweist. Der subcostale Augenfleck meist schwarz; der mediane mit rotem oder gelblichem Kern. Der vordere Analfleck fast immer erhalten, $Cu_1$ gewöhnlich nicht erreichend, bisweilen stark entwickelt, dann bis $Cu_1$ reichend. Wurzelfeld- und Hinterrandschwärze stark ausgeprägt, bis $R_5$ (+ $M_1$) reichend, um die Mittelzelle greifend. Der vordere weiß gebliebene Teil der Mittelzelle leicht schwärzlich überstäubt. Männchen dicht beschuppt. Weibchen im Vorderflügel etwas schwächer beschuppt, was besonders in der Bindenzeichnung erkennbar ist, die dadurch nicht so schwarz erscheint. Vorderflügellänge: ♂♀ 27—30 mm.

NW. Himalaya: Kuti-Paß, Dalhousie?, 5100 m.

Type: ♂♀ in coll. Arthur (Brit. Mus. London).

7 2. **K. stenosemus divinus** (Bryk & Eisner) 1931 *Parnassius s.* subsp. *d.*, Bryk & Eisner in: Parnassiana, *v.* 1 nr. 5 p. 3 f. 3 (♀) | 1931 *P. s.* subsp. *d.*, Bollow in: Seitz, Großschmett. Erde, *v.* 1 Suppl. 1 p. 331.

Dicht weiß beschuppte Unterart mit tiefschwarzer Bindenzeichnung. Weibchen (Fig. 584): Vorderflügel am Seitenrand gut rundlich ausgebuchtet. Submarginalbinde etwas schmäler als bei der Nominatrasse, bis zum Hinterrande ziehend. Subcostalbändchen etwas verschmälert. Die Verbindung mit dem stark reduzierten, $Ax_1$ nicht erreichenden Hinterrandfleck sehr mager. Endzellfleck breit. Mittelzellfleck länglich, hinten frei, die hintere Mittelzellrippe nicht erreichend. Bestäubung der Flügelwurzel schwach. Hinterflügel: Glasband auf eine sehr schmale Umsäumung beschränkt. Randaugenflecke der Submarginalbinde etwas größer als bei der Nominatrasse, mit 4 deutlicheren, blauen Spiegeln. Subcostaler Augenfleck sehr klein, dreieckig, schwarz; der mediane rundlich, klein, fleischrot, breit schwarz umzingelt. Wurzelfeld- und Hinterrandschwärze nicht so ausgedehnt wie bei der Nominatrasse, bis $M_3$ reichend. Der vordere Analfleck fast ganz reduziert, nur etwas über $Cu_2$ aus der Hinterrandschwärze hervorlugend. Männchen unbekannt. Vorderflügellänge: ♀ 32 mm.

Fig. 584.
**Koramius stenosemus divinus** (Bryk & Eisner) (♀). (Typus, nach Bryk & Eisner 1931 (1/1).

Rupshu: zwischen Hanle und Chumar.

Typus: ♀ in coll. C. Eisner, Berlin-Dahlem.

Ein Hochgebirgstier. Steigt bis 5100 m. Scheinbar wenig variabel. Alle subimaginalen Stadien bisher unbekannt. Fliegt zusammen mit *Koramius stoliczkanus* (C. & R. Felder). Flugzeit: Juli.

## 5. Gen. **Tadumia** F. Moore.

1852 *Parnassius* (part.), G. R. Gray, Cat. lep. Ins. Brit. Mus., *v.* 1 p. 76 | 1886 *P.* (part.), Elwes in: P. zool. Soc. London, p. 18 | 1889 *P.* (cohors) *Limbati* + *Valvati*, Austaut, Parnass. paléarct., p. 41, 58, 71, 129, 184 | 1890 *P.* (part.), Grum-Grshimailo in: Horae Soc. ent. Ross., *v.* 25 p. 446 | 1894 *P.* (groupe *Foliati*), Austaut in: Naturaliste, *v.* 16 p. 201 | 1902 *Tadumia*, F. Moore, Lep. Ind., *v.* 5 p. 116 | 1907 *Parnassius* (part.), H. Stichel in: Gen. Ins., *v.* 58 p. 36, 42 (sectio *Apotacti* cohors *Hardwickiiformes* (part.) + sectio *Symplecti* cohors *Acconiformes*) | 1907 *P.* (part.), Verity, Rhop. palaearct., p. 74 (groupe II), p. 88 (part.) (groupe VII), p. 92 (groupe VIII) | 1907 *P.* (part.), Bingham in: Fauna Brit. Ind., Butt. *v.* 2 p. 128 | 1913 *Tadumia*, Bryk in: Arch. Naturg., *v.* 79 A 2 p. 119 | 1922 [1923] *T.* (part.), Bryk in: Strand, Lep. Cat., *v.* 27 p. 46 | 1932 *T.* (part.), M. Hering in: Mt. D. ent. Ges., *v.* 3 p. 32 | 1932 *Parnassius* (*Tadumia*) (part.), M. Hering in: Mt. Mus. Berlin, *v.* 18 p. 295, 296.

Kopf klein. Augen groß, halbkugelig. Palpus 3 gliedrig, letztes Glied länger oder so lang wie das vorletzte. Antennen mit einer Keule, die in einen knopfartigen Fortsatz ausläuft. Thorax in beiden Geschlechtern oder nur beim Männchen ganz behaart. Tibia mit einem langen, ihr Ende überragenden, in der Mitte der Schiene inserierten, stark zugespitzten Schienenblättchen. Abdomen in beiden Geschlechtern oder nur beim Männchen behaart. Vorderflügel: $R_1$ verwächst am Vorderrande mit $R_3$. $M_1$ an der Basis des gegabelten Stieles von $R_4 + R_5$ (oder mit ihm verwachsen) oder frei aus der Mittelzellquerrippe entspringend. $R_3$ nicht aus dem Radialstiele entspringend. Praecostalsporn des Hinterflügels 1- oder 2 ästig. Sonst ist das Geäder von der Gattung *Parnassius* F. nicht wesentlich unterschieden. Sehr kleine bis mittelgroße Tagschmetterlinge mit variabler Zeichnung von weißer, weißlicher oder gelblicher Grundfarbe mit der für *Parnassius* typischen Zeichnung. Die Submarginalbinde des Hinterflügels oft wie bei *Koramius* F. Moore in blaue Randaugenflecke aufgelöst.

Generotypus: *Parnassius acco* G. R. Gray.

Zentral und nordasiatisch verbreitet.

Übersicht der Untergattungen:

$M_1$ des Vorderflügels entspringt frei aus der vorderen Mittelzellecke, ohne mit dem Radialstiel von $R_4 + R_5$ zu verwachsen. Praecostalsporn des Hinterflügels 2ästig oder an Stelle des 2. Astes knotenartig verdickt. Sphragis braun, ventral stark ausgehöhlt, ihre beiden Seitenlappen von einer flachen Leiste begrenzt. Valve der männlichen Genitalarmatur trapezförmig. Uncusbasis höckerartig hervortretend . . . . . . . . . . subgen. **Eukoramius** Bryk

$M_1$ des Vorderflügels in seiner Stellung zum Radialrippenstamm labil und uneinheitlich, bei ein und derselben Art mit dem Rippenstiel der Radiusgabel von $R_4 + R_5$ verwachsen oder aus ihm an der Basis oder sogar frei aus der vorderen Mittelzellecke entspringend. Praecostalsporn 1ästig. Sphragis weißlich, ventral verbreitet, wohlentwickelt oder rudimentär. Sexualarmatur des Männchens uneinheitlich . . . . . . . . . subgen. **Tadumia** F. Moore

### Subgen. **Tadumia** F. Moore

1907 *Parnassius* (part.), H. Stichel in: Gen. Ins., *v.* 58 p. 36, 42 (sectio *Apotacti* cohors *Hardwickiiformes* (part.) + sectio *Symplecti* cohors *Acconiformes*) | 1907 *P.* (part.), Verity, Rhop palaearct., p. 74 (groupe II), p. 88 (groupe VII (part.)), p. 92

(groupe VIII) | 1913 *Tadumia*, Bryk in: Arch. Naturg., *v.* 79 A 2 p. 119 | 1922 [1923] *T.* (part.), Bryk in: Strand, Lep. Cat., *v.* 27 p. 46 | 1932 *Parnassius* (part.) (*Tadumia*), M. Hering in: Mt. Mus. Berlin, *v.* 18 p. 295, 296 | 1934 *T.*, Bryk in: Parnassiana, *v.* 3 p. 43.

Beschreibung siehe unter Übersicht der Untergattungen.

Bei der Uneinheitlichkeit der morphologischen Charaktere bei *Tadumia* F. Moore ist es zweckmäßig, sie in 3 Artengruppen zu trennen.

Übersicht der Artengruppen von *Tadumia* F. Moore:

| | | |
|---|---|---|
| 1 | Männchen: Uncus der Genitalarmatur mit 2 Spitzen. Valve sehr groß und gerundet, schalenförmig. An der Innenseite ein mächtiger, stark chitinisierter Haken, der am Ende nach innen gebogen ist, an der Basis gespalten, Aedoeagus plump, verkürzt, gegen das Oralende beträchtlich verdickt (*T. acco, hannyngtoni, przewalskii, maharaja*) | **acco-Gruppe** |
| 2 | Männchen: Uncus der Genitalarmatur in einer doppelten Lamelle, sehr weit caudalwärts vortretend, seine beiden Hörner äußerst kurz, nach außen gebogen. Valve länglich, dorsalwärts gebogen, mit einem dorsal- und einwärts gebogenen Haken. Aedoeagus dünn, gegen das Oralende verdickt mit großem Orificium . . . . . . . | **tenedius-Gruppe** |
| 3 | Männchen: Uncus der Genitalarmatur ganz primitiv, etwas schalenförmig, nicht differenziert. Valve kaum schalenförmig, an der Innenseite mit einem Höcker. Aedoeagus stark gekrümmt . . . . . . . . . . . . . . . . . . | **simo-Gruppe** |

Übersicht der Arten:

| | | |
|---|---|---|
| 1 | Hinterflügel ohne Blaukernung der Submarginalbinde — 2 | |
| | Submarginalbinde des Hinterflügels blaugekernt . . . . . | 2. **T. przewalskii** |
| 2 | Endzellfleck des Hinterflügels isoliert vorhanden . . . . . | 5. **T. tenedius** |
| | Hinterflügel ohne isolierten Endzellfleck — 3 | |
| 3 | Hinterflügel oberseits ohne roten Wurzelfleck — 4 | |
| | Wurzelfleck des Hinterflügels oberseits rot . . . . . . . . | 1. **T. acco** |
| 4 | Zeichnung sexuell stark digryph; Hinterflügel auch unterseits dicht hell beschuppt . . . . . . . . . . . . . . . . . | 3. **T. hannyngtoni** |
| | Zeichnung sexuell nicht stark digryph; Hinterflügel unterseits nicht dicht beschuppt — 5 | |
| 5 | Vorderflügellänge bis 28 mm . . . . . . . . . . . . . | 6. **T. simo** |
| | Vorderflügellänge bedeutend größer . . . . . . . . . . . | 4. **T. maharaja** |

## Acco-Gruppe

Antennen schwarz. VIII. Tergit des Männchens nicht einheitlich gebaut, mit großen hinteren Lappen. Aedoeagus plump, verkürzt, gegen das Oralende beträchtlich verkürzt, sein Orificium groß, an seinen Rändern bisweilen deutlich gezähnt. Uncus aus 2 Spitzen bestehend. Valve groß, gerundet schalenförmig, ihre Ränder nicht wesentlich stärker chitinisiert. An der Innenseite der Valve ein großer, stark chitinisierter Haken, der am Ende nach innen gebogen ist. Er ist basal in 2 große, der Verankerung dienende Lappen aufgespalten. Sphragis des Weibchens weißlich, stark zusammengepreßt und eingedrückt, ventral mit einer Längsfurche, ringförmig das Tergit sehr breit umklammernd.

1. **T. acco** (G. R. Gray) 1852 *Parnassius a.*, G. R. Gray, Cat. lep. Ins. Brit. Mus., *v.* 1 p. 76 t. 12 f. 5, 6 | 1873 *P. a.*, H. W. Bates in: G. Henderson & Hume, Lahore to Yarkand, p. 305 (fig.) | 1882 *P. a.*, Elwes in: P. zool. Soc. London, p. 400 | 1886 *P. a.*, Elwes, ibid., p. 35 | 1892 *P. a.*, F. Rühl & A. Heyne, Palaearkt. Groß-Schmett.,

*v.* 1 p. 99 | 1902 *Tadumia a.*, F. Moore, Lep. Ind., *v.* 5 p. 116 t. 411 f. 1 (♂), 1a—c (♀) | 1907 *Parnassius a.*, H. Stichel in: Seitz, Großschmett. Erde, *v.* 1 p. 34 | 1907 *P. a.*, H. Stichel in: Berlin. ent. Z., *v.* 52 p. (18) | 1907 *P. a.*, Verity, Rhop. palaearct., p. 43, 76, 91 | 1907 *P. a.* (sectio II *Symplecti* cohors *Acconiformes*), H. Stichel in: Gen. Ins., *v.* 58 p. 42 | 1907 *P. a.*, Bingham in: Fauna Brit. Ind., Butt. *v.* 2 p. 128 | 1909 *P. a.*, Fruhstorfer in: Seitz, Großschmett. Erde, *v.* 9 p. 110 | 1913 *Tadumia a.*, Bryk in: Arch. Naturg., *v.* 79 A 2 p. 119 | 1915 *T. a.*, Bryk, ibid., *v.* 80 A 7 p. 182 | 1915 *Parnassius a.*, O. Bang-Haas in: D. ent. Z. Iris, *v.* 29 p. 167 | 1916 *P. a.*, Avinoff in: Tr. ent. Soc. London, 1915 p. 353 | [1918] *Tadumia a.*, Bryk, Parnassius Apollo Formenkreis, p. 94 | 1918 *Parnassius a.*, W. Rothschild in: Nov. zool., *v.* 25 p. 257 | 1920 *P. a.*, Avinoff in: C. Oberthür, Étud. Lép., *v.* 17 p. 80 | 1920 *P. a.*, W. H. Evans in: J. Bombay Soc., *v.* 27 p. 92 | 1922 [1923] *Tadumia a.*, Bryk in: Strand, Lep. Cat., *v.* 27 p. 46 | 1923 *Parnassius a.*, W. H. Evans in: J. Bombay Soc., *v.* 29 p. 245 | 1923 *P. a.*, A. Seitz in: Ent. Rundsch., *v.* 40 p. 13 | 1924 *P. a.*, C. B. Antram, Butt. Ind., p. 38 | 1932 *Tadumia a.* (part.), M. Hering in: Mt. D. ent. Ges., *v.* 3 p. 32 | 1932 *Parnassius a.* (part.) + *P. a. acco*, M. Hering in: Mt. Mus. Berlin, *v.* 18 p. 279, 283, 284, 287, 288, 295, 302, 303 f. 35 (Schienenblättchen), p. 308, 309 f. 75 (VIII. Tergit ♂), p. 310 f. 107 (aedoeagus), p. 316, 317 f. 146 (valva, uncus).

Kopf klein. Augen groß, halbkugelig, schwarz, nackt. Antennen sich allmählich gegen die Spitze verdickend, schwarz, mit schütterer, gelblicher Beschuppung. Stirnschopf schmutzig grünlich. Palpus (Fig. 585) gelblich, schwarz und grünlich bewimpert, letztes Palpenglied viel länger als das vorletzte. Beine cremegelblich behaart. Schienenblättchen (Fig. 586) lang, hinten spitz verlaufend, über das Ende der Tibia hinaus reichend. Thorax und Abdomen schwarz, hell behaart. Halskragen etwas grünlichgelb. Abdomen des Männchens unterseits und am Ende hell behaart, das des Weibchens lateral hell beschuppt, ventral hell behaart. Vorderflügel schmal, am Apex etwas zugespitzt. Hinterflügel im Verhältnis zu den Vorderflügeln verkleinert. $R_3$ des Vorderflügels verwächst mit $R_1$ etwa bei $^1/_3$ der Vorderrandlänge vor dem Apex. $M_1$ entspringt aus der vorderen Mittelzellecke gemeinsam mit dem Stiel der gegabelten $R_4$ und $R_5$, selten getrennt hinter ihr. Befransung und Saumlinie beider Flügel hell. Glasband schmal, bis zum Hinterrande ziehend. Submarginalbinde sehr deutlich, continuierlich bis $Ax_1$. Analbändchen stets erhalten, nach hinten verschmälert, mit oder ohne Prachtflecke. Hinterrandfleck sehr deutlich, länglich, bisweilen mit dem Subcostalbändchen mehr oder weniger deutlich verbunden. Endzellfleck sehr kräftig, vorn den Vorderrand in der Regel erreichend. Mittelzellfleck länglich, vorn breiter als hinten, die Discoidalrippe hinten nicht erreichend. An der Wurzel der Mittelzelle ein schwarzer Fleck. Hinterflügel: Glassaum schmal, internerval hellweiß unterbrochen. Submarginalbinde tiefschwarz, aus isolierten Keilflecken zusammengesetzt, ohne blaue Kernung. Augenflecke orange oder rot, breit schwarz abgegrenzt, klein; der subcostale rundlich oder viereckig, der mediane bis $M_2$ reichend, mit einem angrenzenden, schwarzen, seltener rot gekernten Anhang. Zwischen Medianaugenfleck und dem schwarz ausgefüllten Hinterrand 1 oder 2 schwarze Analflecke und zwischen beiden Augenflecken ein mehr oder weniger starker, schwarzer Strich. Ein schwarzer, isolierter Fleck tritt fast immer zwischen

Fig. 585. Palpus von Tadumia acco (G. R. Gray). (Original).

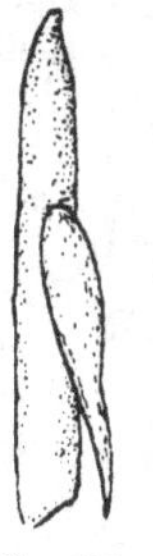

Fig. 586. Vorderschiene mit Schienenblatt von Tadumia acco (G. R. Gray). (Nach M. Hering 1932) ($^{17}/_1$).

dem Subcostalaugenfleck und dem deutlich geröteten Wurzelfleck auf. Die Mittelzelle ist basal bis zur Hälfte schwarz ausgefüllt. Diese Schwärze setzt sich im Hinterrande fort und legt sich beiderseits dem Mittelzellende bis $R_5$ (+ $M_1$) an. Unterseite: Rippen weiß beschuppt oder in der Mitte nackt. Am Saum kleine internervale Bogenflecke. Submarginalbinde aus schwarzen, isolierten Keilflecken zusammengesetzt. Augenflecke und Analflecke durch Außenkonturen angedeutet, die beiden Prachtkerne hellrosa. Auch der Zwischenaugenfleckstrich und der 3. Analfleck schlagen von der Oberseite durch. An der Flügelwurzel 3 (nicht

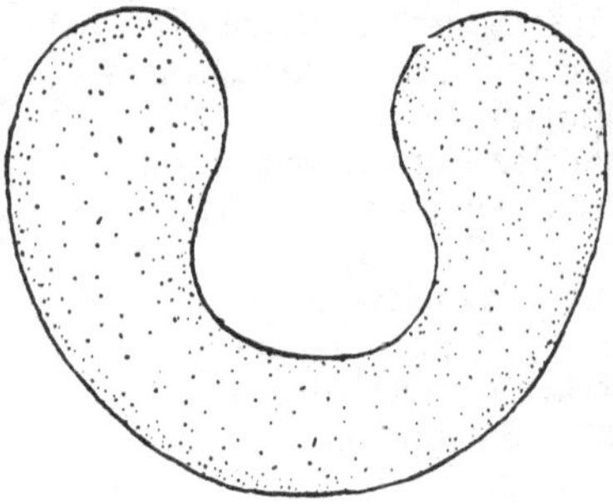

Fig. 587.
VIII. Tergit von **Tadumia acco** (G. R. Gray) (♂). (Nach M. Hering 1932) (9/1).

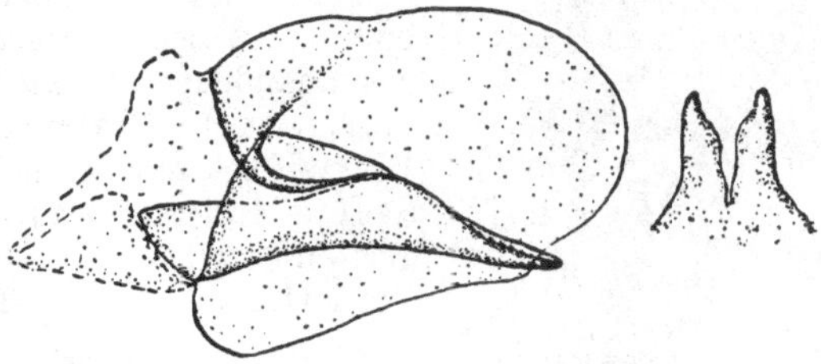

Fig. 588.
Valve (links) und Uncus (rechts) von **Tadumia acco** (G. R. Gray). (Nach M. Hering 1932) (15/1).

wie sonst 4) schwarz abgegrenzte Flecke. VIII. Tergit des Männchens (Fig. 587) mit tiefer, dorsaler Einbuchtung. Seitenlappen gleichmäßig breit, am Ende gerundet, stark an die von *Parnassius apollo* (L.) erinnernd. Genitalarmatur des Männchens (Fig. 588): Uncus mit 2 kurzen Hörnern, die wenig nach unten gebogen sind, am Ende stumpf, ohne Kamm oder gratartige Besonderheiten. Valve im Umriß ähnlich *T. maharaja* (Avinov). Der innere Valvenfortsatz mehr in der Mitte der Valve verankert, dicker und kürzer. An der Innenseite mit einer Zähnchenreihe, am Ende nicht stärker hakig gebogen. Aedoeagus (Fig. 589) sehr schlank; sein Orificium mehr länglich, ohne deutliche Zähnung, oralwärts nur

Fig. 589.
Aedoeagus von **Tadumia acco** (G. R. Gray). (Nach M. Hering 1932) (13/1).

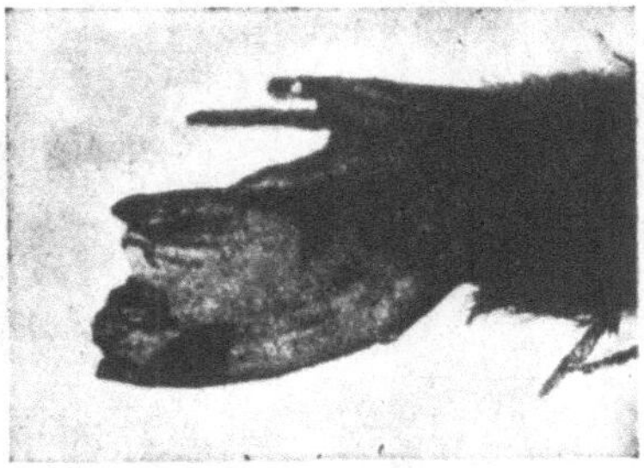

Fig. 590.
Sphragis von **Tadumia acco** (G. R. Gray) (♀). (Original).

schwach keulenförmig verdickt. Sphragis (Fig. 590) (1907, Verity, Rhop. palaearct., t. XX f. 14 (sphragis defecta!)): weißlich, sehr stark zusammengepreßt und eingedrückt, ventral mit einer Längsfurche, ringförmig das Tergit sehr breit umklammernd und nur den Ovipositor freilassend, caudalwärts in beträchtlicher Länge aus der Hinterleibsspitze herausragend.

Kaschmir, Ladak, Karakorum, Tibet, Sikkim.

Diese Art zerfällt in 8 Unterarten:

11. **T. acco acco** (G. R. Gray) 1852 *Parnassius a.*, G. R. Gray, Cat. lep. Ins. Brit. Mus., *v.* 1 p. 76 t. 12 f. 5, 6 (♀) | 1902 *Tadumia a.*, F. Moore, Lep. Ind., *v.* 5 p. 116 t. 411 f. 1 (♂), 1a, b, c (♀) (an subsp. altera?) | 1907 *Parnassius a.*, Verity, Rhop. palaearct., p. 91 | 1907 *P. a.* (part.), H. Stichel in: Seitz, Großschmett. Erde, *v.* 1 p. 34 | 1907 *P. a.* (part.), Bingham in: Fauna Brit. Ind., Butt. *v.* 2 p. 128 | 1909 *P. a.* (part.), Fruhstorfer in: Seitz, Großschmett. Erde, *v.* 9 p. 110 | 1911 & 10 *P. a.*, Verity, Rhop. palaearct., p. 318 t. LXIV f. 15, 16 (♀) | 1922 [1923] *Tadumia a.*, Bryk in: Strand, Lep. Cat., *v.* 27 p. 46 | 1927 *Parnassius* (*Tadumia*) *a. acco*, O. Bang-Haas in: Horae Macrolep., *v.* 1 p. 22 | 1929 *P. a.*, Bollow in: Seitz, Großschmett. Erde, *v.* 1 Suppl. 1 p. 80.

Fig. 591.
**Tadumia acco acco** (G. R. Gray) (♀). (Typus, nach Verity 1910) (1/1).

Eine sexuell wenig unterschiedene Rasse (Fig. 591). Flügelgrund hell. Vorderrand sehr schwach schwärzlich bestäubt. Submarginalbinde kräftig. Subcostalbinde vor dem Hinterrandfleck etwas reduziert. Subcostalbändchen mit kleiner Prachtkernung. Augenflecke groß, zwischen Subcostalaugenfleck und dem geröteten Wurzelfleck ein deutlicher, isolierter Zwischenwurzelfleck. Hinterrandschwärze kräftig um die Mittelzelle greifend. Glassaum sehr kräftig, verhältnismäßig breit. Vorderflügellänge: ♂ 29,5—31 mm, ♀ 31 mm.

„Zwischen Nepal und Tibet".

Typus: ♀ in coll. Brit. Mus. London.

12. **T. acco hampsoni** (Avinov) 1907 *Parnassius a.* (part.), Verity, Rhop. palaearct., p. 91 t. XIX f. 22 (♂), 23 (♀) (an subsp. *tagalangi?*) | 1916 *P. a.* subsp. *hampsoni*, Avinoff in: Tr. ent. Soc. London, 1915 p. 352 t. 52 f. 4 (♂) | 1920 *P. a. h.*, W. H. Evans in: J. Bombay Soc., *v.* 27 p. 92 | 1923 *P. a. acco*, W. H. Evans, ibid., *v.* 29 p. 245 | 1927 *P. a. hampsoni*, O. Bang-Haas in: Horae Macrolep., *v.* 1 p. 22 | 1929 *P. a.* „Rasse" *h.*, Bollow in: Seitz, Großschmett. Erde, *v.* 1 Suppl. 1 p. 80.

Fig. 592.
**Tadumia acco hampsoni** (Avinov) (♂). (Typus, nach Avinov 1916) (1/1).

Eine kleine, ärmer gezeichnete Subspecies (Fig. 592). Glasband schmäler. Submarginalbinde hinten schwach ausgeprägt. Subcostalbändchen breit, mit deutlichen Prachtkernen, mit dem verwaschenen Hinterrandfleck nicht verbunden. Mittelzellfleck klein, hinten stark verkürzt. Glasbinde des Hinterflügels sehr schmal. Submarginalbinde in kleine, isolierte Flecke aufgelöst. Augenflecke klein, blaßrot. Der 3. Analfleck reduziert. Hinterrandschwärze kräftig um die Mittelzelle greifend. Zwischen Subcostalaugenfleck und Wurzelfleck ein großer, verschwommener Zwischenwurzelfleck. Vorderflügellänge: ♂ 29,5 mm.

Karakorum (false Ladak or. und Rupshu).

Typus: ♂ in coll. Brit. Mus. London.

13. **T. acco tagalangi** (O. Bang-Haas) 1907 *Parnassius a.* (part.), H. Stichel in: Seitz, Großschmett. Erde, *v.* 1 p. 34 t. 16 c (♀) | 1907 *P. a. acco*, H. Stichel in: Gen. Ins., *v.* 58 p. 42 | 1922 [1923] *Tadumia a.* (part.), Bryk in: Strand, Lep. Cat., *v.* 27 p. 46 | 1927 *Parnassius a.* subsp. *tagalangi*, O. Bang-Haas in: Horae Macrolep., *v.* 1 p. 23 t. 4 f. 1 (♂), 2 (♀) | 1930 *P. a.* „Rasse" *t.*, Bollow in: Seitz, Großschmett. Erde, *v.* 1 Suppl. 1 p. 81.

Fig. 593.
**Tadumia acco tagalangi** (O. Bang-Haas) (♀). (Paratypus, aus coll. Zool. Mus. Berlin) (1/1).

Eine heller und zierlicher gezeichnete Rasse mit scharf ausgeprägten Zeichnungselementen (Fig. 593). Glasband und Submarginalbinde mittelstark. Subcostalbändchen sehr schmal, mit oder ohne kleinen Prachtfleck. Seine Verbindung mit dem schmalen Hinterrandfleck schwach ausgeprägt oder sogar unterbrochen. Mittelzellfleck länger und kräftiger als bei subsp. *hampsoni* (Avinov). Wurzelfleck in der Vorderflügelmittelzelle nicht immer markant. Hinterflügel: Glassaum sehr schmal. Submarginalbinde in lose, schwarze Pfeilflecke aufgelöst. Augenfleck klein, rot, oft rundlich. 3. Analfleck rudimentär erhalten oder fehlend. Hinterrandschwärze meist um die Mittelzelle greifend, bis $M_2$ reichend. Zwischenwurzelfleck klein oder fehlend. Vorderflügellänge: ♂ 25—27,5 mm, ♀ 25,5—28 mm.

Ladak mer.: Tagalang-Paß (= Taga-langa La), 5000 m.

Typen: ♂ in coll. C. Phillips, Köln; ♀ in coll. O. Bang-Haas, Dresden-Blasewitz.

14. **T. acco pundjabensis** (O. Bang-Haas) 1927 *Parnassius a.* subsp. *p.* + aberr. *bidentata*, O. Bang-Haas in: Horae Macrolep., *v.* 1 p. 23 t. 4 f. 3 (♂), 4 (♀) 5 (♀; *P. a.* aberr. *bidentata*) | 1930 *P. a.* subsp. *p.* + aberr. *bidentata*, Bollow in: Seitz, Großschmett. Erde, *v.* 1 Suppl. 1 p. 81 t. 5c (♀).

Etwas größer als die beschriebenen Subspecies, kräftiger gezeichnet (Fig. 594). Submarginalbinde breiter. Subcostalbändchen ebenfalls breiter, in

Fig. 594.
**Tadumia acco pundjabensis** (O. Bang-Haas) (links ♂, rechts ♀). (Paratypen, aus coll. Zool. Mus. Berlin) (1/1).

der Regel 3 mal mit orangegelber bis rosaroter Prachtfarbe gekernt. Hinterrandfleck kräftiger. Die Verbindung zwischen ihm und dem Bändchen schmal und undeutlich. Mittelzellfleck kräftiger. Hinterflügel: Glassaum schmal. Submarginalbinde aus sehr kräftigen Keilflecken zusammengesetzt. Augenflecke größer als bei ssp. *tagalangi* (O. Bang-Haas). Der 3. Analfleck meistens erhalten. Zwischenwurzelfleck klein, an die vordere Discoidalrippe angelehnt. Der rote Wurzelfleck etwas vergrößert. Hinterrandschwärze sehr stark ausgeprägt, oft bis $R_5$ (+ $M_1$) reichend. Als forma tritt *bidentata* auf. Vorderflügellänge: ♂ 27,5—29 mm, ♀ 29—29,5 mm.

Spiti or.: Tum-Tum-Thang-Gebirge, nordwestlich Pu (Poo), 5000 m.

Typen: ♂♀ in coll. O. Bang-Haas, Dresden-Blasewitz.

15. **T. acco gemmifer** (Fruhst.) 1904 *Parnassius a. g.*, Fruhstorfer in: Soc. ent., *v.* 19 p. 25 | 1907 *P. a. g.*, Verity, Rhop. palaearct., p. 91 | 1907 *P. a. g.*, H. Stichel in: Seitz, Großschmett. Erde, *v.* 1 p. 34 | 1907 *P. a. g.*, H. Stichel in: Gen. Ins., *v.* 58 p. 42 | 1909 *P. a. g.*, Fruhstorfer in: Seitz, Großschmett. Erde, *v.* 9 p. 110 | 1911 & 10 *P. a.* „race" *g.*, Verity, Rhop. palaearct., p. 318 t. LVIII f. 21 (♀) | 1916 *P. a. g.*, Avinoff in: Tr. ent. Soc. London, 1915 p. 353 | 1918 *P. a. g.*, W. Rothschild in: Nov. zool., *v.* 25 p. 257 | 1920 *P. a. g.*, Avinoff in: C. Oberthür, Étud. Lép., *v.* 17 p. 81 | 1920 *P. a.* „race" *g.*, W. H. Evans in: J. Bombay Soc., *v.* 27 p. 91 | 1922 [1923] *Tadumia a.* var. *g.*, Bryk in: Strand, Lep. Cat., *v.* 27 p. 47 | 1923 *Parnassius a. g.*, W. H. Evans in: J. Bombay Soc., *v.* 29 p. 245 | 1923 *P. a. g.*, N. D. Riley in: Tr. ent. Soc. London, 1922 p. 462 | 1927 *P. a. g.*, N. D. Riley, ibid., *v.* 75 p. 121, 122 | 1927 *P. a. g.*, O. Bang-Haas in: Horae Macrolep., *v.* 1 p. 23 t. 5 f. 5 (♂) | 1929 *P. a. g.*, Bollow in: Seitz, Großschmett. Erde, *v.* 1 Suppl. 1 p. 5 c (♀).

Eine kleine Subspecies mit sehr schmalem Glasband, deutlicher Submarginalbinde, schmalem und kurzem Subcostalbändchen, das oft kleine Prachtkerne trägt, und mittelstarkem Mittelzellfleck. Hinterrandfleck deutlich. Wurzelfleck in der Mittelzelle des Vorderflügels mehr oder weniger deutlich. Augenfleck klein. Der 3. Analfleck gut entwickelt. Hinterrandschwärze kräftig, bis $M_3$ reichend. Die Keilflecke der Submarginalbinde bisweilen in Punkte aufgelöst. M ä n n c h e n: Glassaum schmal. Vorderflügellänge: ♂ 24 mm, ♀ 25 mm.

Kamba-Dzong, Mt Everest.

Typus: ♀ in coll. H. Fruhstorfer, Nizza.

16. **T. acco chumurtiensis** (O. Bang-Haas) 1928 *Parnassius a.* subsp. *c.*, O. Bang-Haas in: Ent. Z., *v.* 42 (non 32) p. 59 | 1930 *P. a.* „Rasse" *c.*, Bollow in: Seitz, Großschmett. Erde, *v.* 1 Suppl. 1 p. 81.

Fig. 595.
**Tadumia acco chumurtiensis** (O. Bang-Haas) (♂). (Paratypus, aus coll. Zool. Mus. Berlin) (1/1).

Größer als alle bisher erwähnten Unterarten (Fig. 595). Viel reicher gezeichnet infolge markanterer und breiterer Betonung der Zeichnungsanlagen. Glasband breiter. Submarginalbinde von $M_2$ an etwas verschmälert. Das Subcostalbändchen, das 2 undeutliche, kleine Prachtkerne trägt, mit dem Hinterrandfleck eine sehr deutliche, continuierliche Binde bildend, deren Arkadenpfeiler die Submarginalbinde erreichen. Hinter dem Hinterrandfleck als Fortsetzung ein dunkler Wisch bis zum Hinterrande. Zellflecke sehr kräftig. Wurzelfeld und Vorderrand deutlich schwarz gekörnt. Hinterflügel: Glassaum etwas breiter. Keilflecke der Submarginalbinde deutlich. Augenflecke rot oder orangerot, rundlich und etwas vergrößert. Der die beiden Augenflecke verbindende schwarze Steg sehr stark entwickelt. An den medianen Augenfleck schließen sich in einer continuierlichen Binde die Analflecke an. Zwischenwurzelfleck sehr kräftig, länglich, an beide Rippen angelehnt. Hinterrandschwärze so kräftig, daß sie um die ganze Mittelzelle greift und sogar längs $R_5$ (+ $M_1$) bis zur Peripherie des Medianaugenfleckes reicht. Unterseits sind der vorderste Wurzel- und der Subcostalaugenfleck etwas intensiver rosa gefärbt. Weibchen mit breiterem Glasband auf dem Hinterflügel. Vorderflügellänge: ♂ 31 mm, ♀ 30—31 mm.

Tibet occ.: Chumurti, Shilang (Shiring-Paß), 4800 m.

Typen: ♂♀ in coll. O. Bang-Haas, Dresden-Blasewitz.

17. **T. acco punctata** (Tytler) 1926 *Parnassius a.* subsp. *p.*, Tytler in: J. Bombay Soc., *v.* 31 t. 5 f. 3 (♀) (descriptio mancat) | 1927 *P. a. p.*, O. Bang-Haas in: Horae Macrolep., *v.* 1 p. 22 | 1929 *P. a. p.*, Bollow in: Seitz, Großschmett. Erde, *v.* 1 Suppl. 1 p. 80.

Eine sehr kleine, etwa an *Tadumia hannyngtoni* (Avinov) erinnernde Subspecies, die bisher nur im weiblichen Geschlechte bekannt ist. Vorderflügel stark verglast. Glasband schmal, Submarginalbinde verblaßt. Subcostalbinde mit dem Hinterrandfleck längs der Mittelzelle verbunden. Endzellfleck reduziert wie bei *Parnassius mnemosyne* (L.), vorn die Mittelzellecke nicht überschreitend. Mittelzellfleck sehr klein. Vorderrand und Wurzelfeld schwärzlich beschuppt. Zwischen beiden Zellmakeln eine graphitgraue Überpuderung. Hinterflügel: Glasband breit. Submarginalbinde in winzige Flecke aufgelöst. Augenflecke klein, miteinander nicht durch einen Steg verbunden. Zwischenwurzelfleck fehlt. Analflecke stark verbreitert und verwaschen. Vorderflügellänge: 20 mm.

Tibet, jenseits des Marsimik-Passes (östlich von Leh).

18. **T. acco mirabilis** (O. Bang-Haas) 1918 *Parnassius a. baileyi*, W. Rothschild in: Nov. zool., *v.* 25 p. 257 | 1922 [1923] *P. a.* var. *B.* (part.), Bryk in: Strand, Lep. Cat., *v.* 27 p. 47 | 1927 *P. a.* subsp. *mirabilis*, O. Bang-Haas in: Horae Macrolep., *v.* 1 p. 24 t. 4 f. 6 (♀) | 1930 *P. a.* „Rasse“ *m.*, Bollow in: Seitz, Großschmett. Erde, *v.* 1 Suppl. 1 p. 81.

Eine stark an *Koramius acdestis latonius* (Bryk) erinnernde Subspecies, die den Übergang zu *Tadumia przewalskii baileyi* (South) vermittelt (Fig. 596). Vorderflügel wie bei der Nominatrasse zugespitzt. Glasband verbreitert. Subcostalbändchen mit undeutlichem Prachtkern, hinten mit der Submarginalbinde verschwommen. Hinterrandfleck mittelstark. Endzellfleck an dem Radialgabelstiel apexwärts etwas vorspringend. Mittelzellfleck länglich, hinten oft die Discoidalrippe erreichend. Mittelzellwurzel nicht immer schwärzlich bestäubt. Hinterflügel: Glasband schmal. Submarginalbinde vorn bis $R_5$ (+ $M_1$) continuierlich aus Bogenelementen zusammengesetzt, die 2 bis 3 hintersten Keilflecke isoliert. Die roten Augenflecke sehr groß, miteinander durch einen schwarzen Steg kräftig verbunden. Wurzelfeld und Hinterrand derart stark schwarz überpudert, daß fast die ganze Mittelzelle (bis auf einen hellen Fleck in ihrer Mitte) und die hintere

Fig. 596.
**Tadumia acco mirabilis** (O. Bang-Haas) (♂). (Ideotypus, aus coll. Zool. Mus. Berlin) (1/1).

Flügelpartie einschließlich der 3 Analflecke wie eine continuierliche, schwärzliche Fläche erscheinen. Wurzelfleck deutlich gerötet. Zwischenwurzelfleck sehr stark verbreitert, fast bis an den Wurzel- und Subcostalaugenfleck reichend. Vorderster und hinterster Wurzelfleck unterseits gerötet. Vorderflügellänge: ♂ ♀ 27—28,5 mm.

Tibet centr. et mer.: Gyantse, Yatung.

Typus: ♂ in coll. O. Bang-Haas, Dresden-Blasewitz.

Die praeimaginalen Stadien unbekannt. Der Falter erscheint Juli bis August, in einer Höhe von 4800—5000 m.

2. **T. przewalskii** (Alph.) 1887 *Parnassius p.*, Alpheraky in: Romanoff, Mém. Lép., *v.* 3 p. 403 | 1889 *P. p.*, Alpheraky, ibid., *v.* 5 p. 61 t. 4 f. 1a (♂), 1b, c (♀) | 1892 *P. p.*, F. Rühl & A. Heyne, Palaearkt. Groß-Schmett., *v.* 1 p. 109 | 1901 *P. p.*, O. Staudinger & Rebel, Cat. Lep. Palaearct. Faunengeb., ed. 3 *v.* 1 p. 8 | 1907 *P. p.*, Verity, Rhop. palaearct., p. 91 t. XIX f. 21 (♂) | 1907 *P. p.*, H. Stichel in: Seitz, Großschmett. Erde, *v.* 1 p. 31 | 1907 *P. p.* (sectio *Apotacti*, cohors *hardwickiiformes*), H. Stichel in: Gen. Ins., *v.* 58 p. 37 | 1916 *P. przevalskyi*, Avinoff in: Tr. ent. Soc. London, 1915 p. 353 | 1922 *P. przevalkzi-Acco*, Avinoff in: Oberthür, Étud. Lép., *v.* 19 nr. 2 p. 45 | 1922 [1923] *Tadumia Przewalskii*, Bryk in: Strand, Lep. Cat., *v.* 27 p. 63 | 1927 *Parnassius acco p.*, O. Bang-Haas in: Horae Macrolep., *v.* 1 p. 104 | 1931 *P. p.*, Bryk in: Parnassiana, *v.* 1 nr. 6 p. 4.

Kopf klein. Augen groß, nackt, halbkuglig, schwarz. Antennen bräunlich oder braunschwarz, fein schwarz (oder gelb wie bei ssp. *rothschildiana* (Bryk)) geringelt, mit schwarzer, an ihrer Spitze gelblich aufgehellter Kolbe. Palpen hell, schwärzlich bewimpert. Thorax und Abdomen des Männchens schwarz, mit gelblichen Haaren bekleidet, wodurch sie schmutziggrau erscheinen, an der Hinterleibsspitze gelblich. Stirnschopf und Halskragen etwas gelblich. Abdomen des Weibchens schwarz, schütter kurz grau behaart, unten am Bauch gelblich; sein letztes Tergit nackt, schwarz lackiert, die einzelnen Segmente lateral aufgehellt. Vorderflügel ähnlich dem von *Tadumia acco* (G. R. Gray), aber nicht so schmal, am Apex nicht zugespitzt. Hinterflügel verhältnismäßig nicht verkleinert. $R_3$ verwächst mit $R_1$ im hintersten Drittel des Vorderrandes, vor dem Apex sich bisweilen abzweigend. $M_1$ entspringt am Fuße des gegabelten Radialstiels von $R_4+R_5$ und ist mit ihm wie bei *Parnassius* F. verwachsen. Befransung gelblichschwarz gescheckt. Glasband schmal, nach hinten etwas verjüngt. Submarginalbinde dunkel, continuierlich oder in Flecke zerlegt, $Ax_1$ erreichend. Subcostalbändchen kräftig, breit, mit deutlichen, roten Kernen. Hinterrandfleck in der Größe variabel, oft sehr kräftig, bisweilen mit einem schwarzen Wisch hinten abschließend. Die beiden Zellflecke sehr kräftig. Wurzelfeld der Mittelzelle stark geschwärzt. Unterseits sind die ockerbraunen Rippen nackt, die beiden Zellmakeln reduziert, das Rot des Subcostalbändchens durchschlagend. Hinterflügel: Befransung hell, nicht gescheckt. Glassaum bald stark reduziert, bald deutlich erhalten. Submarginalbinde ganz vorn gewöhnlich continuierlich, hinten in 2 oder 4 blau gekernte Randaugenflecke verwandelt. Augenflecke tief rot, in der Regel sehr groß, der subcostale oft viereckig, der mediane fünfeckig, gewöhnlich bis $M_3$ reichend. Beide Augenflecke durch einen kräftigen, schwarzen Strich vereinigt. Analflecke continuierlich, stets an den Medianaugenfleck angrenzend. Zwischenwurzelfleck stets erhalten, immer an die vordere Discoidalrippe angelehnt. Wurzelfleck deutlich gerötet. Hinterrandschwärze sehr stark ausgeprägt, oft bis zum Subcostalaugenfleck ziehend. Wurzelschwärze variabel in der Ausdehnung, bisweilen fast die ganze Mittelzelle ausfüllend. Unterseite: Rippen dicht hell beschuppt. Die Rotfleckung der Augen-, Anal- und Wurzelflecke rosa. Das Blau der Randaugenflecke erhalten. Die Genitalien wurden bisher nicht untersucht. Die wachsweiße Sphragis (Fig. 597) (1889, Alpheraky in: Romanoff, Mém. Lép., *v.* 5 p. 64, 65 t. 4 f. 1d | 1907, Verity, Rhop. palaearct., p. 91 t. X f. 14) ähnlich der von *T. acco* (G. R. Gray), im Profil mehr abgerundet, mehr spitz verlaufend, caudalwärts an der dem Ovipositor angrenzenden Seite nicht geradlinig hervortretend. Die Sphragis von ssp. *rothschildiana* (Bryk) umklammert mit ihrem Distalteile ringförmig das Hinterleibsende, oben einen dorsalen Höcker bildend. Ihr Sphragisring bedeutend breiter, so daß nur die Hinterleibsspitze und der Ovipositor freigelegt bleiben. Von der Sphragis von *Tadumia acco* (G. R. Gray) ist sie dadurch wesentlich unterschieden, daß ihr an den Ovipositor sich direkt anschließender unterer Teil bei *T. acco* (G. R. Gray) einen bedeutend längeren Abstand zeigt. Sterigma länglich, kanäliert.

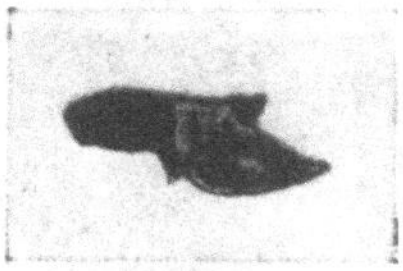

Fig. 597. Lateralansicht der Sphragis von **Tadumia przewalskii przewalskii** (Alph.) (♀) (Nach Alpheraky 1889).

Tibet und West-China.

Diese Art zerfällt in 4 Unterarten:

21. **T. przewalskii przewalskii** (Alph.) 1887 *Parnassius p.*, Alpheraky in: Romanoff, Mém. Lép., *v.* 3 p. 403 | 1889 *P. p.*, Alpheraky, ibid., *v.* 5 p. 61 t. 4 f. 1a (♂), 1b, c (♀), 1d (sphragis) | 1907 *P. p.*, Verity, Rhop. palaearct., p. 91 t. XIX f. 21 (♂), t. X f. 14 (sphragis) | 1932 *P. p.*, Bryk in: M. Hering in: Mt. Mus. Berlin, *v.* 18 p. 275 | 1932 *P. p.*, Bryk in: Nov. zool., *v.* 37 p. 382 (nota 1), p. 383.

Diese in letzter Zeit als Unterart zu *Tadumia acco* (G. R. Gray) gestellte Art ist, wie alle Parnassius-Vertreter aus dem in der Nähe des Kuku-Noor liegenden Gebietes, im Verhältnis zu anderen Unterarten viel heller gezeichnet (Fig. 598, 599). Vorderflügel: Befransung gelblich, an den Rippenmündungen schwarz unterbrochen. Saumlinie dunkler. Vorderrand sehr hell. Glasband und Submarginalbinde schmal. Subcostalbändchen mit 2 bis 3 deutlichen, roten Prachtkernen. Hinterrandfleck sehr kräftig, oft mit großem, rotem Kern. Seine Verbindungsbinde mit dem Subcostalbändchen längs der beiden Cubitalrippen undeutlich. Endzellfleck sehr kräftig, vorn an $R_1$ angelehnt. Schwärzung des Wurzelfeldes kräftig.

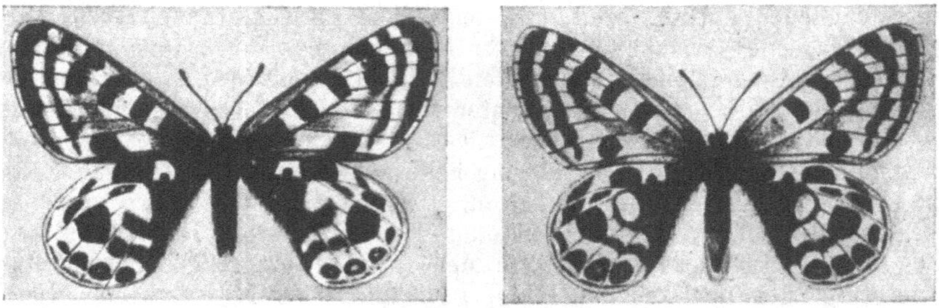

Fig. 598.
**Tadumia przewalskii przewalskii** (Alph.) (links ♂, rechts ♀). (Typen, nach Alpheraky 1889) (1/1).

Hinterflügel: Glassaum äußerst schmal. Die beiden Elemente der Submarginalbinde ganz vorn vereinigt, der hintere Teil in 3 oder 4 deutliche, blau gekernte Randaugenflecke verwandelt. Augenflecke sehr groß, tief rot, miteinander durch einen schwarzen, schrägen Steg verbunden. Die 3 Analflecke continuierlich, hinten kräftig bogig abgegrenzt. Zwischenwurzelfleck sehr kräftig, schwarz, an der vorderen Discoidalrippe mit der sehr verbreiterten Wurzelschwärze vereinigt, in die Subcostalaugenfleck-Zelle nur hinten eingreifend. Wurzelfleck leuchtend rot. Hinterrandschwärze variabel; gewöhnlich umklammert sie breit die Mittelzelle und reicht bis zur Mündungsstelle von $R_4$. Dadurch entsteht in der Mittelzelle ein heller ausgesparter Grundfarbenfleck. Männchen: Beim Typus erreicht die Hinterrandschwärze $M_2$ nicht, was dem Tiere ein verändertes Aussehen verleiht. Vorderflügellänge: ♂ 28 mm, ♀ 27 mm.

Fig. 599.
**Tadumia przewalskii przewalskii** (Alph.) (♀) (subtus). (Nach Alpheraky 1889) (1/1).

Tibet sept.: Burchan Buddha-Kette, 4200 m.

Typen: ♂♀ in coll. Zool. Mus. Leningrad.

22. **T. przewalskii rothschildiana** (Bryk) 1931 *Parnassius rothschildianus*, Bryk in: Parnassiana, *v.* 1 nr. 6 p. 4 | 1932 *Tadumia baileyi* subsp. *r.*, Bryk, ibid., *v.* 2 p. 3 | 1932 *Parnassius r.*, Bryk in: Nov. zool., *v.* 37 p. 382 | 1932 *P. r.*, [W. Rothschild], ibid., *v.* 37 p. 383 (nota 1).

Größer als die Nominatunterart. Vorderflügel: Flügelform mehr gestreckt, nur selten schmal wie bei *T. acco* (G. R. Gray). Umsäumung (auch des Hinterflügels) oberseits umbrabraun, unterseits ockergelb. Befransung gelblichweiß, an den Rippenenden breit schwarz unterbrochen, das Schwarz bisweilen derart verbreitert, daß es den Rest der hellen Befransung völlig verdrängt. Flügelgrund gelblichweiß. Das graue Glasband breiter, zwischen $M_2$ und $M_3$ etwas erweitert, bis zum Hinterrande reichend, sich verjüngend. Die parallel zum Glasbande verlaufende, etwas dunklere Submarginalbinde in 8 rundliche Flecke aufgelöst. Subcostalbändchen sehr breit, mit mehr oder weniger roten Makeln zentriert. Hinterrandfleck im Verhältnis zu diesem eher klein, ohne Rotkernung. Am hinteren Discusarm entlang zieht eine schwärzliche Überpuderung, die den Hinterrandfleck mit dem Subcostalbändchen verbindet. Endzellfleck kräftig, schwarz, vorn vor der Basis von $R_3$ wurzelwärts etwas verschoben. Der kräftige Mittelzellfleck proximal concav. Die parallel zu ihm verlaufende Wurzelschwärze im Discus läßt einen halbmondförmigen hellen Fleck frei. Vorderrand deutlich schwarz gekörnt. Hinterflügel: Befransung nicht gescheckt. Glasbinde breit und continuierlich. Submarginalbinde continuierlich, breit, gebogen, in ihren 2 hintersten Elementen in 2 getrennte, blau gekernte Randaugenflecke verwandelt. Augenflecke variabel, oft sehr groß, der subcostale rundlich oder wurzelwärts abgeplattet, der mediane saumwärts abgerundet, gewöhnlich $M_3$ erreichend. Beide Augenflecke durch einen schrägen Strich verbunden. An den medianen Augenfleck grenzt ein continuierliches Analbändchen, das oft sehr breit ist und fast die sehr ausgedehnte

Fig. 600.
**Tadumia przewalskii rothschildiana** (Bryk) (♀). (Typus) (1/1).

Fig. 601.
**Tadumia przewalskii rothschildiana** (Bryk) forma **masculina** Bryk (♀). (Typus) (1/1).

Hinterrandschwärze berührt. Der Zwischenwurzelfleck vorn wie bei der Nominatrasse. Wurzelfleck vorn mit rotem Kern. Männchen: Wurzelschwärze des Hinterflügels derart stark in der Mittelzelle erweitert, daß nur noch ein schmaler Sichelstreifen des hellen Flügelgrundes unweit vom Mittelzellende bloßgelegt wird. Weibchen digryph. Die hellere Form (Fig. 600) mit nicht so ausgedehnter Wurzelschwärze im Vorderflügel wie beim Männchen, einen großen Mondfleck am Mittelzellende des Hinterflügels freilassend, der sogar bisweilen saumwärts nicht von einer kräftigen, schwarzen Mittelzellendlinie zwischen $R_5$ $(+M_1)$ und $M_3$ begrenzt wird. Die andere forma (Fig. 601) [*masculina* Bryk (1931 *Parnassius rothschildianus* ♀ forma *m.*, Bryk in: Parnassiana, *v.* 1 nr. 6 p. 4)] mit Hinterflügelzeichnung wie beim Männchen: heller Sichelstreifen in der Mittelzelle. Vorderflügellänge: ♂ 30—33 mm, ♀ 30—34 mm.

Szetschwan: Zwischen Hadja Tungoo und Hadja La.

Typen: ♂ ♀ in coll. Zool. Mus. Tring.

23. **T. przewalskii baileyana** Bryk 1913 *Parnassius acco baileyi* (part.), South in: J. Bombay Soc., *v.* 22 p. 362 | 1927 *P. a. b.* (part.), O. Bang-Haas in: Horae Macrolep., *v.* 1 p. 24 | 1930 *P. a. b.* (part.), Bollow in: Seitz, Großschmett. Erde, *v.* 1 Suppl. 1 p. 81 | 1932 *Tadumia baileyi* subsp. *baileyanus*, Bryk in: Parnassiana, *v.* 2 p. 3 f. 1 (♂).

Größer als ssp. *rothschildiana* (Bryk), kräftiger gezeichnet (Fig. 602). Helle Befransung, schwarz gescheckt. Glasband etwas breiter. Die zwischen ihm und der breiten Submarginalbinde gelegenen hellen Flecke keilförmig, mit der Spitze zum Seitenrand gerichtet. Ebenso sind die ausgesparten hellen Flecke zwischen letzterer und dem breiten, geröteten Subcostalbändchen keilförmig. Hinterrandfleck kräftig, mit dem Subcostalbändchen durch eine ausgebreitete, um die Mittelzelle bis zur Wurzel ziehende Beschwärzung verbunden, die sich längs den Rippen mit der Submarginalbinde vereinigt. Mittelzellfleck sehr pastos. Endzellfleck äußerst kräftig, den ganzen Winkel, den die vordere Discoidalrippe mit $R_1$ bildet, ausfüllend. Hinterrandfleck kräftig.

Fig. 602.
**Tadumia przewalskii baileyana** Bryk (♂). (Typus, nach Bryk 1932) (1/1).

Vorderrand und Wurzelfeld sehr stark schwarz gekörnt. Hinterflügel: Glasband verschmälert, aber continuierlich. Submarginalbinde kräftig, continuierlich, bei $M_2$ gewinkelt, in ihren hintersten 2 Elementen in etwas saumwärts verschobene, keilfleckige Randflecke verwandelt, von denen der hinterste einen deutlichen, blauen Kern trägt. Die beiden sehr großen, tiefroten Augenflecke mit den Analflecken und der Wurzelfeld- sowie der Hinterrandschwärze bilden ein homogenes, dunkles Feld, das nur durch Aussparung der Grundfarbe wurzelwärts um beide Augenflecke haardünn hell umgrenzt ist. Wurzelfleck oberseits rot. Unterseits ist der vorderste Wurzelfleck deutlich mit der Prachtfarbe gefüllt, die beiden hinteren diffus rot. Weibchen unbekannt.

West-China: Rama La.

Typus: ♂ in coll. Bailey, London.

24. **T. przewalskii baileyi** (South) 1913 *Parnassius acco b.*, South in: J. Bombay Soc., *v.* 22 p. 362 | 1916 *P. a. b.*, Avinoff in: Tr. ent. Soc. London, 1915 p. 353 | 1920 *P. a.* „race“ *b.*, W. H. Evans in: J. Bombay Soc., *v.* 27 p. 92 | 1922 [1923] *Tadumia a.* var. *B.*, Bryk in: Strand, Lep. Cat., *v.* 27 p. 47 | 1927 *Parnassius a. b.*, O. Bang-Haas in: Horae Macrolep., *v.* 1 p. 24 t. 4 f. 8 (♂) | 1930 *P. a. b.*, Bollow in: Seitz, Großschmett. Erde, *v.* 1 Suppl. 1 p. 81 | 1931 *P. b.*, Bryk in: Parnassiana, *v.* 1 nr. 6 p. 4 | 1932 *Tadumia b.*, Bryk, ibid., *v.* 2 p. 2.

Befransung gescheckt. Vorderflügelschnitt nicht so schmal und gestreckt wie bei *T. acco* (G. R. Gray). Glasband schmal, continuierlich. Submarginalbinde mäßig breit. Subcostalbändchen, das rote Kerne trägt, mit dem mäßigen Hinterrandfleck durch eine längs der hinteren Discoidalrippe ziehenden Schwärzung, die sich den Rippen entlang bis zur Submarginalbinde zieht, vereinigt. Wurzelfeld und Vorderrand gut schwarz gekörnt. Endzellfleck und Mittelzellfleck sehr kräftig. Hinterflügel: Glassaum schmal, aber continuierlich. Submarginalbinde bis $M_3$ zusammenhängend, hinten in lose, schwarze Flecke zerlegt, die sehr selten bläulich gekernt sind. Augenflecke mittelgroß; der mediane durch ein continuierliches Analbändchen mit der luxuriös ausgedehnten Hinterrandschwärze vereinigt, die bis zum Subcostalaugenflecke kräftig und breit um und in die Mittelzelle zieht. Der Wurzelfleck trägt einen roten Kern. Wurzelschwärze der Mittelzelle kräftig, mit dem Zwischenwurzelfleck vereinigt. Vorderflügellänge: ♂ ♀ 25—28 mm.

West-China: Litang, 4100 m.

Typen: ♂ ♀ in coll. Brit. Mus. London.

Der Falter ist ein Hochgebirgstier und scheint sehr selten zu sein. Die Zuteilung von subsp. *rothschildiana* (Bryk), subsp. *baileyana* Bryk und subsp. *baileyi* (South) zu *Tadumia przewalskii* (Alph.) erfolgte auf Grund der von *Tadumia acco* (G. R. Gray) abweichenden Zeichnungsverhältnisse. Die ssp. *mirabilis* (O. Bang-Haas) zeigt Übergänge zu beiden Arten.

Alle praeimaginalen Stadien unbekannt.

3. **T. hannyngtoni** (Avinov) 1916 *Parnassius hunnyngtoni*, Avinoff in: Tr. ent. Soc. London, 1915 p. 351 t. 52 f. 1 (♂), 2, 3 (♀) | 1920 *P. Hannyngtoni*, Avinoff in: C. Oberthür, Étud. Lép., *v.* 17 p. 80 | 1920 *P. h.*, W. H. Evans in: J. Bombay Soc., *v.* 27 p. 92 | 1922 *P. Hunnyngtoni*, Avinoff in: C. Oberthür, Étud. Lép., *v.* 19 nr. 2 p. 45 | 1922 [1923] *Tadumia acco* var. *Hannyngtoni*, Bryk in: Strand, Lep. Cat., *v.* 27 p. 47 (an bona species?) | 1923 *Parnassius h.*, W. H. Evans in: J. Bombay Soc., *v.* 29 p. 245 | 1923 *P. hunnyngtoni*. A. Seitz in: Ent. Rundsch., *v.* 40 p. 13 | 1927 *P. hannyngtoni* (part.), N. D. Riley in: Tr. ent. Soc. London, *v.* 75 p. 121 | 1927 *P. hunnyngtoni* + *P. hannyngtoni*, O. Bang-Haas in: Horae Macrolep., *v.* 1 p. 23, 103, t. 4 f. 7 (♂) | 1930 *P. hanningtoni* (+ *P. hunningtoni* ex synon.), Bollow in: Seitz, Großschmett. Erde, *v.* 1 Suppl. 1 p. 81 t. 5e (♂, *hanningtoni*).

Kopf klein. Augen nackt, halbkuglig, schwarzbraun. Stirnschopf grünlich. Antennen gelblichgrau beschuppt, gegen die Spitze allmählich verdunkelt. Thorax und Abdomen behaart. Beine rosarot. Flügel: $R_1$ mit $R_3$ bei $^1/_3$ der Vorderrandlänge vom Apex entfernt verwachsen. $M_1$ an der Wurzel des für $R_4$ und $R_5$ gemeinsamen Rippenstiels entspringend. Eine stark sexuell digryphe Art. Vorderflügel schmal, gestreckt, Seitenrand oval gerundet. Endzellfleck vorn bis zur Subcostalrippe reichend, seitlich ausgezähnt. Mittelzellfleck sehr schmal und kurz, über die Hälfte der Mittelzellbreite reichend, hinten frei. Wurzelfeld und Vorderrand schwärzlich überpudert. Befransung hell. Saumlinie dunkler. Unterseite mit stark reduzierten Zellflecken. Die Rippen nur nahe dem Saum beschuppt, sonst nackt und gelblich. Hinterflügel mit sehr deutlicher Submarginalbinde, die in lose, kleine Flecke aufgelöst sein kann. Augenflecke ohne Prachtfarbe, als Elemente einer Binde nicht immer erhalten. Wurzelschwärze mit der stark reduzierten Hinterrandschwärze einen nach hinten verjüngten Keilstreifen bildend, der bei der Wurzel von $Cu_1$ gewinkelt vorspringt. Unterseite: Submarginalflecke und Augen- sowie Analflecke erhalten, von den dicht hell beschuppten Rippen unterbrochen. Alle 4 Wurzelflecke erhalten. Flügelmembran zart wie die der Pieriden, dicht weiß beschuppt. Männchen: Glasband des Vorderflügels sehr schmal und kurz, sich verjüngend und bis $Cu_1$ oder etwas weiter ziehend. Subcostalbinde kurz, bei $M_3$ oder $Cu_1$ sich verlierend. Subcostalfleck bis $M_1$ reichend. Hinterrandfleck fehlt. Hinterflügel ohne Glassaum. Submarginalbinde hinten in winzige Flecke aufgelöst, vorn kräftiger. Augenflecke fehlen, der subcostale selten durch einen winzigen Fleck angedeutet. Analfleck sehr schwach in der Zelle zwischen $Cu_1$ und $Cu_2$ erhalten. Weibchen luxuriöser gezeichnet, mit längerem Glasband und continuierlicher bogiger Submarginalbinde, die hinten keilfleckig wird. Augenflecke ganz klein, mit den Analflecken eine continuierliche Fleckenbinde bildend. Unterseits ist die Submarginalbinde wie bei *Tadumia acco* (G. R. Gray) sehr gesättigt. Augenfleckenbinde auch unterseits erhalten. Sphragis (1916, Avinoff in: Tr. ent. Soc. London, 1915 p. 352) wie bei *Tadumia acco* (G. R. Gray), aber kürzer.

Tibet, Bhutan occ.

Diese Art zerfällt in 2 Unterarten:

31. **T. hannyngtoni hannyngtoni** (Avinov) 1916 *Parnassius hunnyngtoni*, Avinov in: Tr. ent. Soc. London, **1915** p. **351** t. **52** f. **1** (♂), 2, 3 (♀) | 1927 *P. h.*, O. Bang-Haas in: Horae Macrolep., *v.* 1 p. 23 t. 4 f. 7 (♂) | 1932 *Tadumia hanningtoni*, Bryk in: Parnassiana, *v.* 2 p. 32.

Fig. 603.
**Tadumia hannyngtoni hannyngtoni** (Avinov) (links ♂, Mitte ♀, rechts ♀ Unterseite). (Typen, nach Avinov 1916) (1/1).

Männchen (Fig. 603) mit Subcostalfleck. Submarginalbinde bis $Cu_1$ reichend. Weibchen reich gezeichnet. Vorderflügellänge: ♂ 21,5 mm, ♀ 19,5 mm.

Süd-Tibet: Chumbi-Tal.

Typen: ♂ ♀ in coll. Avinov, Zool. Mus. Leningrad.

32. **T. hannyngtoni liliput** Bryk 1927 *Parnassius h.* (part.), N. D. Riley in: Tr. ent. Soc. London, *v.* 75 p. 121 | 1927 *P. acco hunnyngtoni* (part.) + *P. hannyngtoni* (part.), O. Bang-Haas in: Horae Macrolep., *v.* 1 p. 23, 103 | 1932 *Tadumia hanningtoni liliput*, Bryk in: Parnassiana, *v.* 2 p. 32 f. 4 (♂), 5 (♀).

Der kleinste Vertreter der *Parnassiinae* (Fig. 604). Männchen ohne Subcostalfleck oder dieser nur schwach erhalten. Submarginalbinde kürzer,

Fig. 604.
**Tadumia hannyngtoni liliput** Bryk (links ♂, rechts ♀). (Typen, nach Bryk 1932) (1/1).

bis $M_3$ reichend. Weibchen: Hinterrandfleck wie bei der Nominatrasse sehr schwach erhalten. Hinterflügelzeichnung reduziert. Zeichnungen mehr verblaßt. Vorderflügellänge: ♂ 18 mm, ♀ 16 mm.

Mt Everest: Phuse La (Typus), Dongka La, Rongbuk, Fang La, Kyetrak.

Typen: ♂ ♀ in coll. Brit. Mus. London.

*T. hannyngtoni* (Avinov) ist der kleinste Vertreter der *Parnassiinae*, ein Hochgebirgstier, das in Höhen von 4000–5000 m fliegt. Er flattert auf den kahlsten und unwirtlichsten Pässen, bevorzugt windige Stellen und läßt sich bisweilen auf das Gletschereis nieder. Seine Flugfähigkeit ist schwach. Er läßt sich vom Winde wegblasen, wenn er entfliehen will. Er ruht mit gespreizten Flügeln dicht über dem Erdboden. Seine Jugendstadien sind unbekannt.

4. **T. maharaja** (Avinov) 1916 *Parnassius m.*, Avinoff in: Tr. ent. Soc. London, 1915 p. 353 t. 52 f. 1 (♂), 2 (♀) | 1920 *P. m.*, Avinoff in: C. Oberthür, Étud. Lép., *v.* 17 p. 80, 81 | 1922 *P. m.*, Avinoff in: C. Oberthür, ibid., *v.* 19 nr. 2 p. 45 | 1922 [1923] *Tadumia cephalus* var. *m.* (an species?), Bryk in: Strand, Lep. Cat., *v.* 27 p. 50 | 1929 *Parnassius c.* var. *m.*, Bollow in: Seitz, Großschmett. Erde, *v.* 1 Suppl. 1 p. 77 | 1932 *P. acco cephalus* forma geogr. *m.*, M. Hering in: Mt. Mus. Berlin, *v.* 18 p. 283, 295, 302, 303 f. 37 (Schienenblättchen), p. 308, 309 f. 73 (VIII. Tergit ♂), p. 310, 311 f. 109 (aedoeagus), p. 316, 317 f. 148 (valva, uncus) | 1933 *P. c. m.* + aberr. *medioextincta* + *flavo-ocellata* + *rubro-ocellata* + *reducta* + *fasciata*, O. Bang-Haas in: Ent. Z., *v.* 47 p. 90, 91.

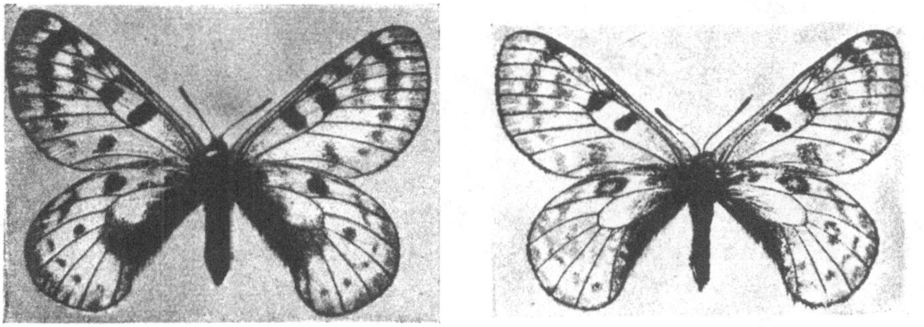

Fig. 605.
**Tadumia maharaja** (Avinov) (links ♂, rechts ♀). (Original, aus coll. Zool. Mus. Berlin) (1/1).

(Fig. 605) Kopf klein. Augen groß, nackt, schwarz, gewölbt, eiförmig. Antennen schwarz, sich allmählich zur Spitze verdickend, $^1/_3$ der Vorderrandlänge des Vorderflügels einnehmend. Stirnbüschel schmutzig grünlich. Palpen (Fig. 606) gelblich, schwarz bewimpert, Endglied etwas kürzer als das Mittelglied. Thorax und Abdomen schwarz behaart. Halskragen schmutzig grünlich. Schienenblatt lang, gebogen (Fig. 607). Beine schwärzlich. Abdomen des Männchens ventral schmutzig ockerbraun behaart. Vorderflügel gestreckt, am Seitenrand abgerundet. $R_1$ verwächst mit $R_3$ (+ ?) im hintersten Drittel des Vorderflügels vor dem Apex. $M_1$ bald mit dem Stiel der gegabelten $R_4$ und $R_5$ aus einer Stelle, bald selbständig aus der Mittelzellquerrippe in der Nähe der vorderen Zellecke entspringend. Sehr dünn beschuppter, meist monochrom gezeichneter Falter. Saumlinie auf Vorder- und Hinterflügel schwarz.

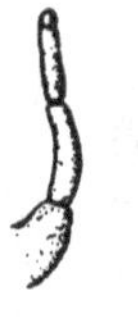

Fig. 606. Palpus von **Tadumia maharaja** (Avinov). (Original).

Fig. 607. Vorderschiene mit Schienenblatt von **Tadumia maharaja** (Avinov). (Nach M. Hering 1932) (17/1).

Vorderflügel: Befransung bräunlich. Vorderrand und Wurzelfeld sehr zart und spärlich schwärzlich bepudert. Rippen schwarz. Glasband sehr schmal, den Hinterrand erreichend. Submarginalbinde continuierlich, schmal, bräunlich. Endzellfleck kräftig und länglich, vorn an die $R_1$ angelehnt. Mittelzellfleck länglich, hinten selten die Discoidalrippe tangierend. Subcostalbändchen bräunlich, bis $M_2$ oder $M_3$ reichend. Hinterrandfleck sehr schmal ausgeprägt oder kaum erhalten. Unterseits sind die nackten Rippen bräunlichschwarz. Die beiden Zellmakeln sehr stark reduziert, sonst scheint die Zeichnung der Oberseite durch. Hinterflügel: Befransung hell, hie und da schwärzlich untermischt. Saum schmal, verglast. Submarginalbinde sehr blaß und sehr schmal, oft in winzige Flecke aufgelöst, die beiden hintersten stets getrennt, ohne jede Spur von Blau. Augenflecke sehr klein, schwarz, der subcostale stets größer als der mediane und bisweilen gelb gekernt. Zwischen dem subcostalen und dem Wurzelfeld oft ein isolierter Fleck. Analflecke reduziert oder bis $Cu_1$ reichend. Wurzelfeld und Hinterrand geschwärzt, bis $M_3$ ziehend. Unterseits zeichnungslos. Männchen: Submarginalbinde des Vorderflügels hinten oft etwas aufgelöst. Hinterrandfleck meistens sehr stark rückgebildet. Augenflecke ohne Prachtfarbe; der mediane punktartig angedeutet, selten fehlend. Submarginalbindenelemente fast völlig rückgebildet. Weibchen: Hinterrandfleck im Vorderflügel größer. Submarginalbinde des Hinterflügels continuierlich, aus schmalen Bogenelementen bestehend oder in Flecke aufgelöst. Der subcostale Augenfleck oft mit einem gelblichen Fleck. Analflecke erhalten. VIII. Tergit des

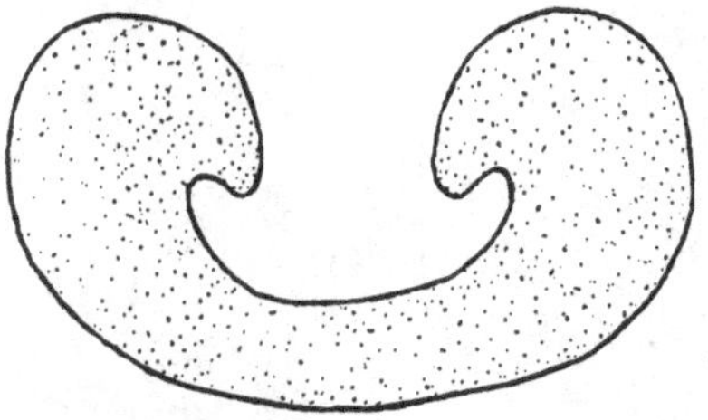

Fig. 608.
VIII. Tergit von **Tadumia maharaja** (Avinov) (♂). (Nach M. Hering 1932) (9/1).

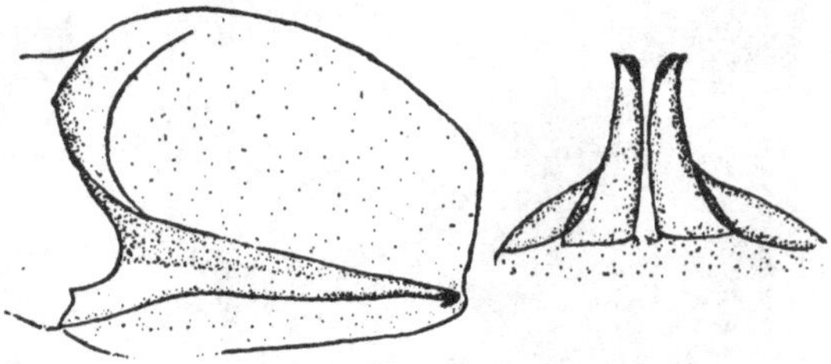

Fig. 609.
Valve (links) und Uncus (rechts) von **Tadumia maharaja** (Avinov). (Nach M. Hering 1932) (13/1).

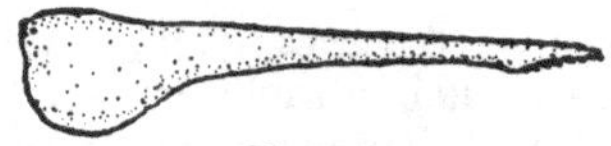

Fig. 610.
Aedoeagus von **Tadumia maharaja** (Avinov). (Nach M. Hering 1932) (13/1).

Männchens (Fig. 608) wie bei *Koramius cephalus* (Gr.-Gr.). Seine Seitenlappen nicht so spitz vorspringend. Genitalarmatur des Männchens (Fig. 609): Uncus wie bei *K. cephalus* (Gr.-Gr.). Uncushörner am Ende jedoch stärker zugespitzt, vor dem Ende dorsal mit einer schwachen Ausbeulung. Valve nicht so rundlich, etwas langgestreckt. Valvenfortsatz gegen das Ende etwas stärker verschmälert. Aedoeagus (Fig. 610) ähnlich dem von *K. cephalus* (Gr.-Gr.), mit stärkerer Zähnung am Orificium, am Oralende fast kuglig erweitert. Sphragis: (1916, Avinoff in: Tr. ent. Soc. London, 1915 p. 353) ähnlich der von *K. cephalus* (Gr.-Gr.), aber kürzer, schwach gerinnt. Vorderflügellänge: ♂ ♀ 30 mm.

Tagalang-Paß (Rupshu); chines. Turkestan, nahe Sugetdavan, 5400 m.

Typen aller formae Rupshu: Tagalang-Paß.

Folgende formae treten auf:

forma *fasciata* O. Bang-Haas. Subcostalbändchen des Vorderflügels mit dem Hinterrandfleck verbunden.

forma *flavoocellata* O. Bang-Haas. Subcostalaugenfleck gelb gekernt (Fig. 611).

Fig. 611.
**Tadumia maharaja** (Avinov) forma **flavoocellata** O. Bang-Haas (♂). (Original, aus coll. C. Eisner, Berlin-Dahlem) (1/1).

forma *rubroocellata* O. Bang-Haas. Subcostalaugenfleck rot gekernt (sehr selten).

forma *medioextincta* O. Bang-Haas. Medianaugenfleck fehlt.

forma *reducta* O. Bang-Haas. Submarginalflecke des Hinterflügels wie beim abgebildeten Männchen fast fehlend.

Diese Art steht *T. cephalus* (Gr.-Gr.) am nächsten, aber die besondere Stellung von $R_3$ $(+_2)$ zu $R_1$ und das Fehlen der blauen Randaugenflecke sowie andere nicht so auffallende Unterschiede sprechen gegen eine Vereinigung beider Arten. Flugplatz fast vegetationslose Steinhalden in der Nähe der Gletscher, 5400 m hoch.

## Tenedius-Gruppe.

Männchen: VIII. Tergit mit seitlichen Lappen, zwischen denen sich eine spitzwinklige Einbuchtung für den Uncus befindet. Uncus der männlichen Genitalarmatur in einer doppelten Lamelle sehr weit caudalwärts hervortretend, seine beiden Hörner äußerst kurz, etwas an den Uncus der *P. apollo*-Gruppe erinnernd. Valve länglich, dorsalwärts gebogen, mit einem dorsalwärts und einwärts gebogenen Haken. Ihre aufwärts gerichtete Biegung stellt eine gewisse Beziehung zu *T. simo* (G. R. Gray) dar. Aedoeagus gegen das Oralende nicht allzustark verdickt, mit großem Orificium. Sphragis des Weibchens klein, weißlich, 3teilig, einer Papilionaceenblüte ähnlich.

5. **T. tenedius** (Eversm.) 1851 *Parnassius t.*, E. Eversmann in: Bull. Soc. Moscou, *v.* 24 nr. 1 p. 621 | 1856 *Doritis t.*, Herrich-Schäffer, Syst. Bearb. Schmett. Eur., *v.* 1 Index p. 23 t. Papil. Eur. 131 [167] f. 632, 633 (♂, *Tenedius* sine gen.) | 1859 *D. t.* Ménétriés in: Schrenck, Reis. Amur-L., *v.* 2 Lep. p. 14 t. 1 f. 3 (♀) | 1886 *Parnassius t.*, Elwes in: P. zool. Soc. London, p. 42 | 1889 *P. t.* („groupe" *Limbati*), Austaut, Parnass. paléarct., p. 129, 175 t. 13 f. 3 (♂), t. II f. 3 (♀ „variété blanche") | 1890 *P. t.*, Grum-Grshimailo in: Romanoff, Mém. Lép., *v.* 4 p. 150, 169, 246 | 1892 *P. t.*, F. Rühl & A. Heyne, Palaearkt. Groß-Schmett., *v.* 1 p. 112 | 1892 *P. t.*, O. Staudinger in: Romanoff, Mém. Lép., *v.* 6 p. 137 | 1899 *P. t.*, O. Herz in: D. ent. Z. Lep., *v.* 11 p. 232 | 1901 *P. t.*,

O. Staudinger & Rebel, Cat. Lep. Palaearct. Faunengeb., ed. 3 *v.* 1 p. 8 | 1902 *P. t.*, A. Pagenstecher in: Fauna arct., *v.* 2 p. 218 | 1903 *P. t.*, O. Herz in: Annuaire Mus. St.-Pétersb., *v.* 8 p. 64 | 1904 *P. t.*, Meinhard in: Spiski koll. zool. Mus. Tomsk, *v.* 1—3 p. 5 (♂) | 1906—10 *P. t.*, Verity, Rhop. palaearct., p. 92 t. XXI f. 21 (♂), 22 (♀), t. 3 f. 21 (♂ squamae) | 1907 *P. t.*, H. Stichel in: Seitz, Großschmett. Erde, *v.* 1 p. 34 t. 16c (♂, ♀) | 1907 *P. t.*, H. Stichel in: Berlin. ent. Z., *v.* 52 p. (20) | 1907 *P. t.* (sectio: *Symplecti*, cohors 1 *Acconiformes*), H. Stichel in: Gen. Ins., *v.* 58 p. 43 | 1911 *P. t.*, Bryk in: Int. ent. Z., *v.* 5 p. 263 | 1913 *P. t.*, Bryk in: Meddel. Soc. Fauna Fenn., pars 39 p. 47 (aberr.) | 1913 *P. t.*, Le Cerf in: Ann. Hist. nat. Perse, *v.* 2 Ent. nr. 2 p. 6, 7 f. 3 (♂), p. 8 f. 7 (squamae), p. 10 f. 11 (♀ corpus, a, tibia, b, tarsus, c, antenna), p. 12 f. 15 (palpus), p. 14 f. 19 (♂), p. 18 f. 31 (nervatura) | 1915 & 14 *P. t.*, Bryk in: Arch. Naturg., *v.* 80 A 7 p. 182, 183, 184, A 8 p. 146, A 6 t. 8 f. 63 (♂, aberr.), A 7 t. 12 f. 99 (♂, monstr.), t. 13 f. 106 (♀) | 1918 *P. t.*, W. Rothschild in: Nov. zool., *v.* 25 p. 259 | [1918] *P. t.*, Bryk, Parnassius Apollo Formenkreis, p. 94, 95, 96, 100, 136, 137, t. 8 f. 63 (♂ aberr.), t. 12 f. 99 (♂ monstr.), t. 13 f. 106 (♀) | 1922 [1923] *Tadumia t.*, Bryk in: Strand, Lep. Cat., *v.* 27 p. 67 (an Parnassii sp.?) | 1927 *Parnassius t.*, O. Bang-Haas in: Horae Macrolep., *v.* 1 p. 29 | 1929 *Tadumia t.*, Sokolov in: Rev. Russe Ent., *v.* 23 p. 66, 67 t. 4 f. 2, 5, 10 (genit. ♂) | 1931 *T. t.*, Bryk in: Zool. Jahrb., Syst. *v.* 62 p. 151 | 1932 *T. t.*, Bryk in: Parnassiana, *v.* 2 p. 2 | 1932 *Parnassius t.*, Bryk & Eisner, ibid., *v.* 2 p. 22 | 1932 *Tadumia t.*, M. Hering in: Mt. D. ent. Ges., *v.* 3 p. 33 | 1932 *T. t.*, M. Hering in: Mt. Mus. Berlin, *v.* 18 p. 282, 283, 284, 288, 296, 300, 302, 303 f. 27 (Schienenblättchen), p. 304, 305 f. 53 (VIII. Tergit ♂), p. 310, 311 f. 100 (aedoeagus), p. 312, 313 f. 122 (valva, uncus).

Eine sexuell digryphe Art. K o p f k l e i n. A u g e n nackt, schwarz, halbkuglig. Stirnschopf kurz, gelblich und schwarz. A n t e n n e n schwarz. P a l p e n (Fig. 612) gelblich, tief schwarz bewimpert. Palpenendglied wenig länger als das Mittelglied. T h o r a x und A b d o m e n schwarz, unterseits hell gelblich, mit schmutzig gelblichgrauen Haaren bedeckt. Halskragen gelblich grau. S c h i e n e n b l ä t t c h e n der Vorderbeintibia (Fig. 613) stark über die Tibia hinaus hervorragend. V o r d e r f l ü g e l dreieckig, Seitenrand schwach abgerundet. $R_3$ $(+_2)$ mit $R_1$ $^1/_3$ vom Apex entfernt miteinander verwachsen. $M_1$ mit dem Radialstiel von $R_4 + R_5$ an der vorderen Mittelzelle verwachsen oder frei aus der vorderen Mittelzellecke entspringend. Befransung beider Flügel hell. Saumlinie schwärzlich, seltener hell. Glasband schmal. Submarginalbinde hinten in Flecke aufgelöst. Subcostalbändchen länglich, schmal, nicht immer mit Prachtfarbe gekernt. Hinterrandfleck fehlend oder erhalten. Endzellfleck schmal, länglich, vorn jenseits $R_3$ $(+_2)$ geknickt, wurzelwärts spitz verlaufend. Mittelzellfleck länglich oder dreieckig, hinten den hinteren Arm der Discoidalrippe nicht erreichend. Vorderrand mehr oder weniger auffallend schwärzlich überpudert. Wurzelfeld schwärzlich bestäubt. Unterseits sind die nackten Rippen durchsichtig gelblich. Saumlinie hellgelblich. Die äußere Flügelpartie hell schütter beschuppt. Die beiden Zellmakeln sehr stark reduziert. Subcostalbändchen in 2 oder 3 lose, schwarze oder rötlich gekernte, reduzierte Flecke aufgelöst. Hinterrandfleck nur durchscheinend oder auf ganz kleine, schwarze Schuppenansammlungen beschränkt. Submarginalbinde durch kleine, isolierte, schwarze Flecke angedeutet. H i n t e r f l ü g e l: Saumlinie gelblich. Glassaum erhalten oder fehlend. Submarginalbinde nie continuierlich, in mehr oder weniger verkleinerte lose, schwarze Flecke, die oft keilförmig sind, zerlegt. Augenflecke klein, meist orangerot,

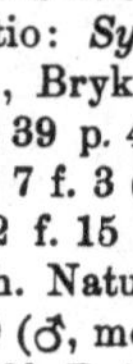

Fig. 612. Palpus von **Tadumia tenedius** (Eversm.) (Original).

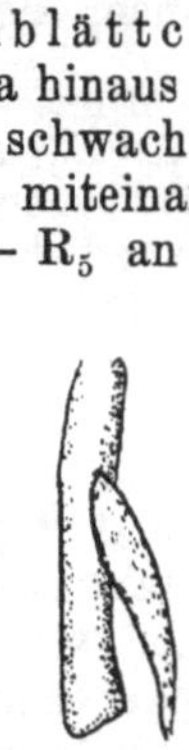

Fig. 613. Vorderschiene mit Schienenblatt von **Tadumia tenedius** (Eversm.) (Nach M. Hering 1932) ($^{17}/_1$).

scharf schwarz umrandet; der subcostale rundlich, der mediane oft dreieckig, bis $M_2$ reichend. An dieses Medianauge schließt sich bei luxuriöser Zeichnung eine Reihe von isolierten, schwarzen, bisweilen rötlich gekernten Flecken an, von denen der vorderste oft mit dem Medianaugenfleck verschmilzt. Zwischen $R_4$ und $R_5$ (+ $M_1$) ein in der Mittelzelle an die Zellquerrippe angelegter, mehr oder weniger starker, schwarzer Endzellfleck, der ein Artmerkmal darstellt. Wurzelfeld tief schwarz, vor der Mittelzelle mit einem kleinen Prachtfleck, in der Mittelzelle schräg bis $Cu_1$ verlaufend, den Hinterrand entlang $Cu_2$ ausfüllend. Diese Hinterrandschwärze dehnt sich bisweilen bis zum Medianaugenflecke aus. Unterseite dicht weiß beschuppt, nur die Partien, welche die Rippen umgeben, wie die Rippen unbeschuppt. Glassaum, falls oberseits erhalten, in lose, interzelluläre Saumflecke aufgelöst. Submarginalbinde in 6 gesättigt schwarze Keilflecke zerlegt. Augenflecke, oft auch die Analflecke, mit deutlichen, weißen Kernen und sehr schmalen Prachtringen. Zwischen Subcostalaugenfleck und Wurzelfleck oft ein schwarzer isolierter Fleck. Drei spitz verlaufende, schmale, wie die Augenflecke breit weiß gekernte Wurzelflecke, von denen der hinterste bisweilen in den hintersten Analfleck continuierlich übergeht. Männchen dicht weiß beschuppt, mit verkürztem, sehr schmalem Glasband, das spitz hinter $M_3$ endigt. Submarginalbinde hinten in lose Flecke aufgelöst, die in der Regel bei $Cu_2$ endigen; bis $M_1$ ist ihr vorderer Teil stets continuierlich. Subcostalbändchen $M_2$ nicht überschreitend. Hinterrandfleck fehlend oder stark reduziert. Wurzelschwärze in der Mittelzelle unauffällig. Hinterflügel: Glassaum fehlend, in sehr seltenen Fällen als lose, haardünne Saumstriche spärlich erhalten. Keilflecke der Submarginalbinde mehr oder weniger deutlich ausgeprägt. Die beiden Augenflecke klein. Analflecke fehlend. Unterseits schließt sich oft an den medianen Augenfleck eine Reihe von 4 losen, zum Hinterrande ziehender Flecke an, die ganz schwarz sind oder bis auf den vordersten Prachtkerne tragen können. Weibchen: Vorderflügel dünner, seltener dicht beschuppt. Glasband mehr oder weniger breit, den Hinterrand erreichend. Submarginalbinde in kräftige, fast aneinander grenzende Flecke aufgelöst, die vorn in einer continuierlichen, verschwommenen, bis $M_2$ reichenden, verrußten Binde lagern, die nur in seltenen Fällen bis zur Analfalte reicht; ihr hinterster Fleck die Analfalte nicht überschreitend. Subcostalbändchen bisweilen bis $M_3$ reichend, sonst wie beim Männchen. Hinterrandfleck kräftiger, oft orangerot gekernt. Zwischen Subcostalbändchen und Hinterrandfleck sehr oft eine mehr oder weniger deutliche Bestäubung, die jedoch die Discoidalrippe nicht erreicht. Wurzelfeldschwärze oft deutlich und verbreitert, jedoch nie gesättigt schwarz. Hinterflügel: Am Saum einzelne Bogenflecke, die auch in einer glasigen Saumbinde lagern können. Keilflecke der Submarginalbinde mehr oder weniger kräftig, nie so stark reduziert wie beim Männchen. Augenflecke in der Größe variabel; zwischen beiden bisweilen ein getrennter, kurzer Strich. An den Medianaugenfleck schließen sich 4 lose Flecke an, die verschieden in der Farbe sind, bald schwarz, bald mit Prachtkernen. Der an den Medianaugenfleck grenzende kann ausbleiben. Die Hinterrandschwärze dehnt sich bisweilen als Verrußung über die Zone des Analfleckes bis an den Medianfleck aus, ohne dabei das Mittelzellende zu verdunkeln. Unterseits sind stets die Saumflecke erhalten. VIII. Tergit des Männchens (Fig. 614) mit flacher, spitzwinkliger Einbuchtung. Genitalarmatur des Männchens (Fig. 615): Uncus mit 2 außerordentlich kurzen, nach unten gebogenen Uncushörnern, sonst ohne jede Besonderheit. Valve schmal und lang, gegen das Ende stark verschmälert, an der Innenseite ein Valvenfortsatz, der etwa in der Mitte der Valve inseriert ist und etwa halb so breit wie das Valvenende selbst ist. Er ist an der Basalseite der Valve nicht verankert. Aedoeagus (Fig. 616) sehr lang und schlank, mit langem Orificium, dessen Ränder ungezähnt sind, an den von *Koramius delphius* (Eversm.) erinnernd.

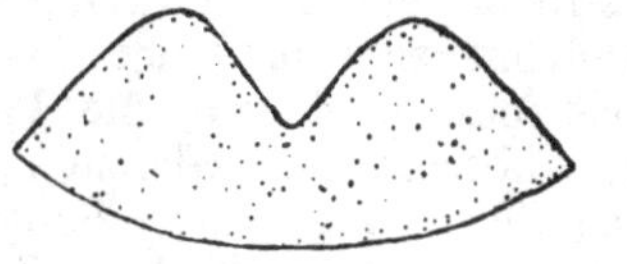

Fig. 614.
VIII. Tergit von **Tadumia tenedius** (Eversm.) (♂). (Nach M. Hering 1932) (9/1).

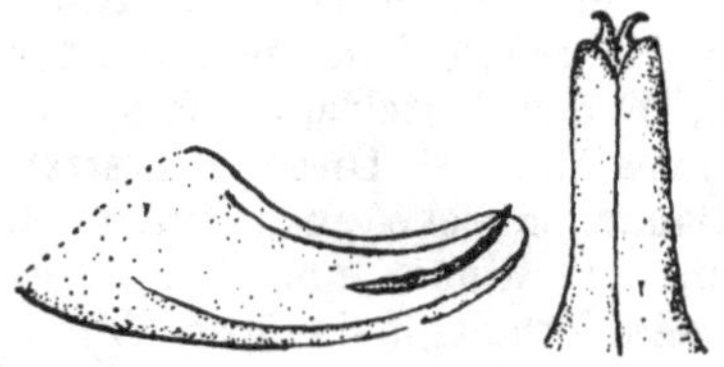

Fig. 615.
Valve (links) und Uncus (rechts) von **Tadumia tenedius** (Eversm.) (Nach M. Hering 1932) (15/1).

Fig. 616.
Aedoeagus von **Tadumia tenedius** (Eversm.) (Nach M. Hering 1932) (13/1).

Sphragis (1889, Austaut, Parnass. paléarct., p. 177 Suppl. t. I f. 56 | 1906 & 07, Verity, Rhop. palaearct., p. 92 t. XX f. 15 | 1920, Bryk in: Arch. Naturg., *v.* 85 A 5 p. 136, 157): Weißlich, klein, im Profil einer Papilionaceenblüte ähnlich. Aus 3 Teilen bestehend. Der basale Teil flach, an dem Bauch fast anliegend, ein unter einem scharfen Winkel stehendes Züngelchen abspaltend. Die 3., äußere Platte oralwärts sehr stark ausgehöhlt und etwas zugespitzt, aber stumpf auslaufend. Vorderflügellänge: ♂♀ 29,5—32 mm.

Sibirien.

Diese Art zerfällt in 4 Unterarten.

forma maculata Bryk 1932 *Tadumia tenedius tenedius* aberr. *m.*, Bryk in: Parnassiana, *v.* 2 p. 2.

Männchen mit Hinterrandfleck im Vorderflügel.

Sajan-Gebirge.

forma cellopura O. Bang-Haas 1927 *Parnassius tenedius* aberr. *c.* (nomen coll.) + aberr. *semicaeca*, O. Bang-Haas in: Horae Macrolep., *v.* 1 p. 29 t. 5 f. 11 (♀ *P. t.* aberr.) | 1930 *P. t.* aberr. *c.*, Bollow in: Seitz, Großschmett. Erde, *v.* 1 Suppl. 1 p. 82.

Mittelzellfleck des Vorderflügels fehlt. Außerdem ist der Endzellfleck auf dem Vorderflügel derart reduziert, daß er sich nur an den hinteren Teil der Mittelzellquerrippe anlehnt. Hinterflügel ohne Endzellfleck. Vorderflügellänge: 24,5 mm.

Sajan-Gebirge: Chalugaischa.

Typus: ♀ in coll. O. Bang-Haas, Dresden-Blasewitz.

forma semicaeca O. Bang-Haas 1927 *Parnassius tenedius* aberr. *cellopura* (nomen coll.) + aberr. *s.*, O. Bang-Haas in: Horae Macrolep., *v.* 1 p. 29 t. 5 f. 11 (♀ *P. t.* aberr.) | 1930 *P. t.* aberr. *c.*, Bollow in: Seitz, Großschmett. Erde, *v.* 1 Suppl. 1 p. 82 | 1932 *P. t. tenedius* „*semicaeca*-Zustand", Bryk & Eisner in: Parnassiana, *v.* 2 p. 22.

Subcostaler Augenfleck oberseits ohne Prachtfarbe.

Sajan-Gebirge.

Typus: ♀ in coll. O. Bang-Haas, Dresden-Blasewitz.

forma mediocaeca Bryk & Eisner 1932 *Parnassius tenedius tenedius* „*mediocaeca*-Zustand", Bryk & Eisner in: Parnassiana, *v.* 2 p. 22.

Der Medianaugenfleck ohne Prachtfarbe.

Sajan-Gebirge.

Typus: ♂ in coll. C. Eisner, Berlin-Dahlem.

forma nigromaculata Niepelt 1916 *Parnassius tenedius* var. *nigromaculatus*, Niepelt in: Int. ent. Z., *v.* 9 p. 118 | 1916 *P. t.* var. *nigromaculata*, Niepelt in: Strand, Lep. Niepeltiana, *v.* 2 p. 25 t. 13 f. 16 (♂ non ♀) | 1922 [1923] *Tadumia t.* aberr. *nigromaculatus*, Bryk in: Strand, Lep. Cat., *v.* 27 p. 68.

Beide Augenflecke ober- und unterseits ohne Prachtfarbe.

Altai.

5 l. **T. tenedius tenedius** (Eversm.) 1851 *Parnassius t.*, E. Eversmann in: Bull. Soc. Moscou, *v.* 24 nr. 1 p. 621 | 1889 *P. t.* (part.), Austaut, Parnass. paléarct., p. 129. 176 t. 13 f. 3 (♂) | 1892 *P. t.* (part.), O. Staudinger in: Romanoff, Mém. Lép., *v.* 6 p. 137 | 1907 *P. t.* (part.), Verity, Rhop. palaearct., p. 92 | 1907 *P. t.* (part.), H. Stichel in: Seitz, Großschmett. Erde, *v.* 1 p. 34 | 1915 & 14 *P. t.*, Bryk in: Arch. Naturg., *v.* 80 A 8 p. 146, A 6 t. 8 f. 63 (♂, aberr.), A 7 t. 12 f. 99 (♂, monstr.), t. 13 f. 106 (♀) | 1918 *P. t.* (part.), W. Rothschild in: Nov. zool., *v.* 25 p. 259 | [1918] *P. t.*, Bryk, Parnassius Apollo Formenkreis, p. 136, 137 t. 8 f. 63 (♂, aberr.), t. 12 f. 99 (♂, monstr.), t. 13 f. 106 (♀) | 1922 [1923] *Tadumia t.*, Bryk in: Strand, Lep. Cat., *v.* 27 p. 67 | 1927 *Parnassius t.* aberr. *cellopura* + aberr. *semicaeca*, O. Bang-Haas in: Horae Macrolep., *v.* 1 p. 29 t. 5 f. 11 (♀, *P. t.*, aberr.) | 1932 *Tadumia t.* (part.), Bryk in: Parnassiana, *v.* 2 p. 3 | 1932 *Parnassius t. tenedius*, Bryk & Eisner, ibid., *v.* 2 p. 22.

Fig. 617.
**Tadumia tenedius tenedius** (Eversm.) (♂). (Original, aus coll. Zool. Mus. Berlin) (1/1).

Eine in beiden Geschlechtern sehr helle Unterart (Fig. 617). Männchen: Submarginalbinde hinten in 4 Flecke aufgelöst. Glassaum am Apex oft weißlich beschuppt. Hinterrandfleck oft erhalten. Subcostalbändchen mit oder ohne kleine Prachtflecken. Augenflecke klein. Analflecke fehlen oberseits. Weibchen sehr hell, im Vorderflügel relativ arm an Prachtfarbe. Alle Zeichnungselemente gesättigt. Glassaum schmal. Vorderflügelwurzel unwesentlich geschwärzt. Marginalbinde des Hinterflügels sehr schmal, meistens in einzelne Bogenflecke aufgelöst. Medianaugenfleck klein, bisweilen fehlt zwischen ihm und den Analflecken der an ihn sich anschließende Ergänzungsfleck. Analflecke arm an Prachtfarbe. Folgende formae treten auf: *semicaeca*, *mediocaeca*, *cellopura*. Vorderflügellänge: ♂♀ 27,5—28,5 mm.

Sajan-Gebirge: Mondy, Turan, Chalugaischa, Chara-Daban.

Typus aus dem Gouv. Irkutsk.

52. **T. tenedius vulcanus** (Bryk & Eisner) 1892 *Parnassius t.* (part.), O. Staudinger in: Romanoff, Mém. Lép., *v.* 6 p. 137 | 1899 *P. t.*, Elwes in: Tr. ent. Soc. London, p. 314 | 1907 & 06 *P. t.* (part.), Verity, Rhop. palaearct., p. 92 t. XXI f. 21 (♂), 22 (♀) | 1916 *P. t.* var. *nigromaculatus*, Niepelt in: Int. ent. Z., *v.* 9 p. 118 | 1916 *P. t.* var. *nigromaculata*, Niepelt in: Strand, Lep. Niepeltiana, *v.* 2 p. 25 t. 13 f. 16 (♂ non ♀) | 1918 *P. t.* (part.), W. Rothschild in: Nov. zool., *v.* 25 p. 259 | 1922 [1923] *Tadumia t.* (part.) + aberr. *nigromaculatus* (part.), Bryk in: Strand, Lep. Cat., *v.* 27 p. 67, 68 | 1932 *T. t.* „Nominatform" (part.), Bryk in: Parnassiana, *v.* 2 p. 2 | 1932 *Parnassius t.* subsp. *vulcanus*, Bryk & Eisner, ibid., *v.* 2 p. 22.

Eine im weiblichen Geschlechte etwas verdunkelte Unterart (Fig. 618). Männchen: Submarginalbinde in der Regel im hinteren Teile in 3 lose, schwarze Flecke aufgelöst, sonst schwer von der Nominatrasse zu unterscheiden. Weibchen: Stärker verglast. Glasbinden rauchbraun. Prachtkernung im Vorderflügel etwas verstärkt. Subcostalbändchen mit einem mageren Zipfel bis $M_3$

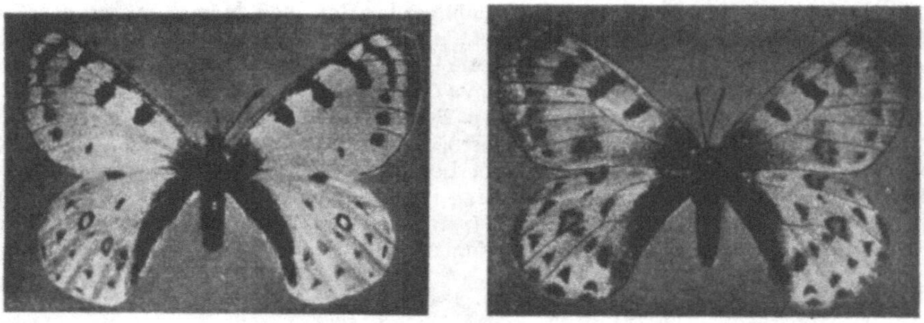

Fig. 618.
**Tadumia tenedius vulcanus** (Bryk & Eisner) (links ♂, rechts ♀). (Paratypen, aus coll. Zool. Mus. Berlin) (1/1).

reichend. Zwischen ihm und dem Hinterrandfleck eine mehr oder weniger starke Verdunkelung, besonders zwischen $Cu_1$ und $Cu_2$. Mittelzellfleck kürzer und schmäler. Flügelwurzel des Vorderflügels verrußt. Hinterflügel: Glasband schmal, aber continuierlich. Die keilförmigen Submarginalflecke mehr reduziert. Augenflecke etwas vergrößert. Folgende formae wurden beobachtet: ♂ *nigromaculata*, ♂ *maculata*. Vorderflügellänge: ♂ 28—29 mm, ♀ 27—29 mm.

Altai.

Typen: ♂ ♀ in coll. C. Eisner, Berlin-Dahlem.

53. **T. tenedius sceptica** (Bryk & Eisner) 1899 *Parnassius t.* (part.), O. Herz in: D. ent. Z. Lep., *v.* 11 p. 233 | 1918 *P. t.* (part.), W. Rothschild in: Nov. zool., *v.* 25 p. 259 | 1922 [1923] *Tadumia t.* (part.), Bryk in: Strand, Lep. Cat., *v.* 27 p. 67 | 1932 *T. t.* (part.), Bryk in: Parnassiana, *v.* 2 p. 3 | 1932 *Parnassius t.* subsp. *scepticus*, Bryk & Eisner, ibid., *v.* 2 p. 22.

Eine zwischen ssp. *tenedius* (Eversm.) und ssp. *vulcanus* (Bryk & Eisner) stehende Unterart. Männchen von dem der letzteren kaum zu trennen. Weibchen (Fig. 619) größer, mit gelblichem Flügelton, bald heller, bald stärker verglast. Glasband etwas breiter. Submarginalbinde breiter, wurzelwärts etwas verschwommen. Subcostalbändchen breiter, mit kräftiger Rotkernung oder ohne diese. Subcostalbändchen mit dem Hinterrandfleck meist continuierlich verbunden. Mittelzellfleck kräftig. Vorderflügelwurzel und Vorderrand kräftig bräunlich verrußt. Hinterflügel: Glassaum continuierlich oder zum Teil aufgelöst. Keilflecke der Submarginalbinde mehr oder weniger stark keilförmig erhalten. Augenflecke bisweilen vergrößert, in seltenen Fällen

Fig. 619.
**Tadumia tenedius sceptica** (Bryk & Eisner) (♀). (Paratypus, aus coll. Zool. Mus. Berlin) (1/1).

der mediane mit weißem Kern. Analflecke schwarz oder gerötet. Hinterrandschwärze oft sehr kräftig, bei $Cu_1$ abgegrenzt oder sich bis zum Medianaugenflecke erstreckend. Als Abweichungen wurden Weibchen ohne roten Kern im Wurzelflecke oder mit gelben Augenflecken beobachtet. Vorderflügellänge: ♂ 29 mm, ♀ 32 mm.

Lena-Gebiet: Witim, Wilui, Klutschi.

Typen: ♂ ♀ in coll. C. Eisner, Berlin-Dahlem.

54. **T. tenedius britae** Bryk 1918 *Parnassius t.* (part.), W. Rothschild in: Nov. zool., *v.* 25 p. 259 | 1932 *Tadumia t.* subsp. *britae*, Bryk in: Parnassiana, *v.* 2 p. 2 | 1932 *Parnassius t.* subsp. *b.*, Bryk & Eisner, ibid., *v.* 2 p. 22.

Die nördlichste Unterart. Im weiblichen Geschlechte sehr stark verrußt (Fig. 620). Männchen: Entfernt an das von *Parnassius phoebus*

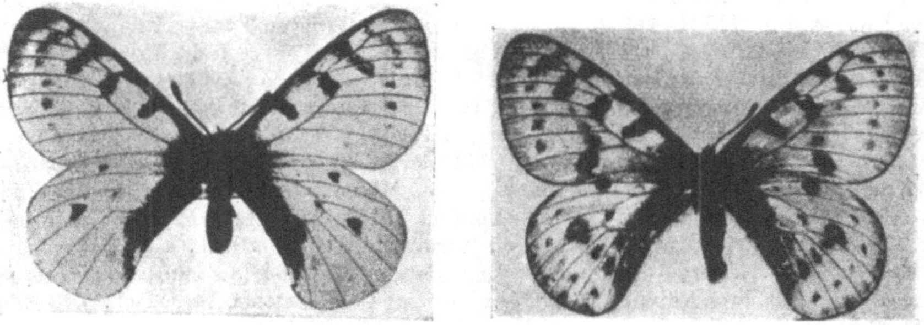

Fig. 620.
**Tadumia tenedius britae** Bryk (links ♂, rechts ♀). (Typen) (1/1).

(F.) erinnernd. Glasband sehr kurz. Submarginalbinde ebenfalls verkürzt, bis $Cu_1$ reichend, von $M_2$ an in 2 kleine Flecke aufgelöst. Der oblonge Mittelzellfleck schmäler und kürzer als bei den erwähnten Unterarten. Hinterrandfleck fehlt. Weibchen: Submarginalbinde aus viel schmäleren Keilflecken bestehend. Subcostalbändchen schmal, vorn nicht so gebogen, selten mit unauffälliger Prachtkernung. Der vor dem Hinterrandfleck gelegene accessorische Fleck zwischen $Cu_1$ und $Cu_2$ mehr wurzelwärts gerichtet. Flügelfeld zwischen Subcostalbändchen und Hinterrandfleck meistens diaphan. Mittelzellfleck nie pastos, sondern oblong und schmal, etwas verkürzt. Hinterflügel mit continuierlichem, nicht unterbrochenem Glassaume. Keilflecke der Submarginalbinde bescheidener, meistens in lose, unansehnliche Punkte aufgelöst. Augenflecke klein. Analfleckenzone verrußt. Endzellfleck verkürzt. Wurzelschwärze auf Vorder- und Hinterflügel bedeutend mehr ausgedehnt. Als forma treten Weibchen ohne Prachtfarbe im Wurzelfleck auf. Vorderflügellänge: ♂ 27 mm, ♀ 29 mm.

Nordost-Sibirien: Sredne-Kolymsk.

Typen: ♂ ♀ in coll. Zool. Mus. Tring.

Der nördlichste, ganz isoliert stehende Vertreter der *Parnassiinae* mit langem Schienenblättchen.

Alle praeimaginalen Stadien unbekannt.

## Simo-Gruppe.

Antennen schwarz, Schaft graugelblich beschuppt. VIII. Tergit des Männchens ohne caudalwärts gerichtete Fortsätze, was mit dem ganz primitiven Zustand der Sphragis in Beziehung stehen dürfte. Der hintere untere Winkel in eine sehr charakteristische Spitze ausgezogen. Uncus der männlichen Genitalarmatur ganz primitiv, etwa schalenförmig, indem seine Seitenränder ventralwärts umgeklappt sind. Valve kaum schalenförmig, wesentlich chitinisiert, caudalwärts in einen nach oben gerichteten, wenig abgesetzten Fortsatz ausgezogen. Aedoeagus stark gekrümmt, mit verhältnismäßig sehr großem Orificium. Sphragis des Weibchens rudimentär.

6. **T. simo** (G. R. Gray) 1852 *Parnassius s.*, G. R. Gray, Cat. lep. Ins. Brit. Mus., *v.* 1 p. 76 t. 12 f. 3 (♂), 4 (♀) | 1886 *P. s.*, Elwes in: P. zool. Soc. London, p. 35 | 1889 *P. s.* var. *simonius*, Austaut, Parnass. paléarct., p. 184 („groupe": *Valvati*) | 1891 *P. s.*, C. Oberthür, Étud. Ent., *v.* 14 p. 14, 17 t. 1 f. 8, 9 | 1892 *P. s.*, F. Rühl & A. Heyne, Palaearkt. Groß-Schmett., *v.* 1 p. 110 | 1901 *P. s.*, O. Staudinger & Rebel, Cat. Lep. Palaearct. Faunengeb., ed. 3 *v.* 1 p. 6 | 1902 *Tadumia s.*, F. Moore, Lep. Ind., *v.* 5 p. 117 t. 411 f. 2 (♀) | 1907 *Parnassius s.*, Verity, Rhop. palaearct., p. 74 t. XVII f. 22 (♀?) | 1907 *P. s.*, Bingham in: Fauna Brit. Ind., Butt. *v.* 2 p. 129 | 1907 *P. s.*, H. Stichel in: Seitz, Großschmett. Erde, *v.* 1 p. 34 | 1907 *P. s.* (sectio: *Symplecti*, cohors *Acconiformes*), H. Stichel in: Gen. Ins., *v.* 58 p. 42 | 1909 *P. s.*, Fruhstorfer in: Seitz, Großschmett. Erde, *v.* 9 p. 110 | 1911 & 10 *P. s.*, Verity, Rhop. palaearct., p. 315 t. LXIV f. 6 (♂?), 7 (♀?) | 1913 *P. s.*, Avinov in: Horae Soc. ent. Ross., *v.* 40 nr. 5 p. 1, 2, 3 | 1916 *P. s.*, Awinow in: Mt. Münch. ent. Ges., *v.* 7 p. 43, 45, 48, 50, 53 | 1916 *P. s.*, Avinoff in: Tr. ent. Soc. London, 1915 p. 353 | 1918 *P. s.*, W. Rothschild in: Nov. zool., *v.* 25 p. 259 | 1918 *P. s.*, Turati in: Atti Soc. Ital., *v.* 57 p. 78 | 1922 [1923] *Tadumia s.*, Bryk in: Strand, Lep. Cat., *v.* 27 p. 64 (als subsp. von *Tadumia przewalskii*, errat. typographi) | 1924 *Parnassius s.*, C. B. Antram, Butt. Ind., p. 37 f. 69 | 1927 *P. s.*, O. Bang-Haas in: Horae Macrolep., *v.* 1 p. 24 | 1930 *P. s.*, Bryk & Eisner in: Parnassiana, *v.* 1 nr. 1 p. 1 | 1932 *Tadumia s.*, M. Hering in: Mt. D. ent. Ges., *v.* 3 p. 33 | 1932 *Parnassius* (*T.*) *s.*, M. Hering in: Mt. Mus. Berlin, *v.* 18 p. 281, 284, 286, 288, 300.

Ein sehr kleiner Schmetterling. Kopf klein. Augen groß, nackt, halb eiförmig. Antennen schwarz, Schaft schmutzig graugelblich beschuppt. Stirnschopf grau, mit schwarzen Haaren untermischt. Palpen gelblichgrau, schwarz bewimpert. Palpenendglied etwas kürzer als das Mittelglied, gedrungen (Fig. 621) oder schlank (Fig. 622). Thorax und Abdomen schwarz und in beiden Geschlechtern schwarz behaart, ventral schmutzig gelblichgrau aufgehellt. Halskragen grünlichgrau. Schienenblättchen bald schlank (Fig. 623), bald plump (Fig. 624). Vorderflügel dreieckig, am Apex etwas zugespitzt, mit anfangs gerade verlaufendem Seitenrand, der nach hinten abgerundet ist. $R_3$ und $R_1$ vor dem Apex bei $^1/_3$ der Vorderrandlänge miteinander verwachsen. $M_1$ frei aus der Mittelzellquerrippe, an der Wurzel des Radialstiels von $R_4$ und

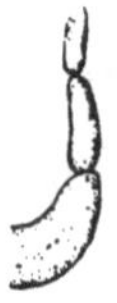

Fig. 621. Palpus von **Tadumia simo martini-heringi** (Bryk & Eisner). (Original).

Fig. 622. Palpus von **Tadumia simo boëdromius** (Püngeler). (Original).

Fig. 623. Vorderschiene mit Schienenblatt von **Tadumia simo boëdromius** (Püngeler). (Nach M. Hering 1932) ($^{17}/_1$).

Fig. 624. Vorderschiene mit Schienenblatt von **Tadumia simo martini-heringi** (Bryk & Eisner). (Nach M. Hering 1932) ($^{17}/_1$).

$R_5$ oder sogar aus dem Radialstiel entspringend. Männchen und Weibchen gleich gezeichnet. Befransung hell oder bräunlich verrußt. Saumlinie schwärzlichbraun. Flügelgrund dicht hellgelblich beschuppt oder mehr oder weniger dünn beschuppt, dadurch etwas glasig aussehend. Glasbinde schwärzlichbraun, continuierlich und schmal, schwach nach hinten verjüngt, meistens den Hinterrand erreichend. Submarginalbinde rauchbraun, continuierlich, nach außen besonders in ihrem hinteren Teile schön bogig, nach innen bisweilen etwas verschwommen abgesetzt. Subcostalbändchen ebenfalls rauchbraun, stets gut entwickelt, bis $M_3$ reichend, sehr oft mit mehr oder weniger gut ausgebildetem Hinterrandfleck, durch eine gewinkelte, parallel zum Discus verlaufende Verbindungslinie vereinigt, die sich bisweilen discalwärts verbreitert. Endzellfleck gesättigter in der Farbe, vorn von $R_1$ begrenzt, wurzelwärts ausgezogen. Mittelzellfleck oft rechteckig, auch rundlich, dann die beiden Discoidalrippen nicht tangierend. Vorderrand schwach oder sehr schwach bestäubt. Wurzelfeld nur bei gewissen Unterarten schwärzlich bestäubt. Unterseite: Saumlinie hell. Außenteil hell beschuppt. Submarginalbinde schwach angedeutet. Subcostalbinde kaum erkennbar. Hinterrandfleck fehlt. Endzellfleck sehr stark reduziert. Mittelzellfleck ebenfalls reduziert oder ganz fehlend. Die nackten Rippen umbrabraun. Hinterflügel: Bei Formen, die im Vorderflügel seicht beschuppt sind, etwas dichter beschuppt. Befransung hell, Saumlinie und Glassaum dunkel, äußerst schmal. Submarginalbinde bräunlich, deutlich ausgeprägt, aus sauber abgesetzten Bogen bestehend, deren Pfeiler oft in die Saumbinde übergehen, bisweilen wurzelwärts verbreitert, seltener hinten in einzelne Elemente aufgelöst. Augenflecke klein oder ganz reduziert, mit oder ohne Prachtfarbe, immer ohne weißen Kern, miteinander bisweilen durch einen schwarzen Strich vereinigt. Medianaugenfleck einzellig, von $R_5$ ($+ M_1$) und $M_2$ begrenzt oder mit einem schwarzen Appendix. 2 oder 3 schwarze Analflecke. Wurzelfeldschwärze mehr oder weniger stark saumwärts ausgeprägt, fast die ganze Mittelzelle ausfüllend. Hinterrandschwärze sehr oft die hinterste Zelle ganz ausfüllend oder vor dem hintersten Analfleck halt machend, mehr oder weniger das Mittelzellende nach vorn bis $R_5$ ($+M_1$) umklammernd. Unterseite: Saumlinie hell. Äußerer Flügelteil weißlich beschuppt. Submarginalbinde erhalten. Augenflecke mit oder ohne Prachtkernung. Wurzelflecke fehlen oder nur die hintersten sind von Prachtfarbe belebt. VIII. Tergit des Männchens (Fig. 625) flach eingebuchtet, dorsal in der Mitte schwächer chitinisiert, die seitlichen Lappen wenig nach hinten vortretend, ventral gebogen oder schwach ausgebuchtet (Fig. 626). Charakteristisch für diese Art (bei keiner *Parnassiinae* sonst vorkommend) ist ein ventraler Vorsprung kurz vor dem Ende eines jeden Seitenlappens.

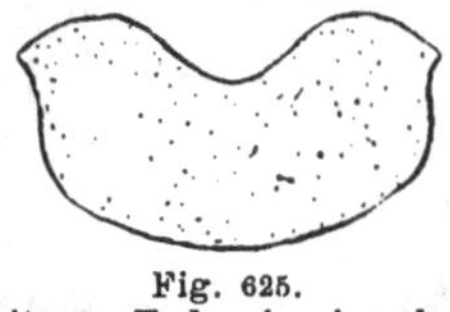

Fig. 625.
VIII. Tergit von **Tadumia simo boëdromius** (Püngeler) (♂). (Nach M. Hering 1932) ($^{8}/_{1}$).

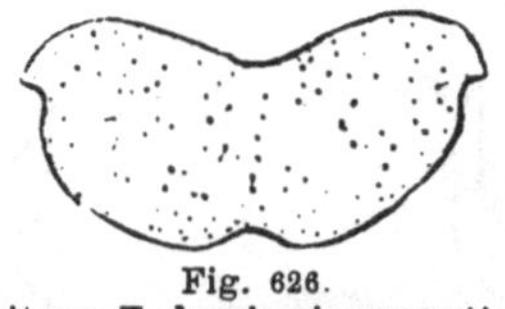

Fig. 626.
VIII. Tergit von **Tadumia simo martini-heringi** (Bryk & Eisner) (♂). (Nach M. Hering 1932) ($^{9}/_{1}$)

Fig. 627.
Valve (links) und Uncus (rechts) von **Tadumia simo boëdromius** (Püngeler). (Nach M. Hering 1932) ($^{15}/_{1}$).

Fig. 628.
Valve (links) und Uncus (rechts) von **Tadumia simo gylippus** (Fruhst.) (Nach M. Hering 1932) ($^{13}/_{1}$).

Fig. 629.
Aedoeagus von **Tadumia simo** (G. R. Gray). (Nach M. Hering 1932) ($^{13}/_{1}$).

Uncus (Fig. 627, 628) des männlichen Genitalapparates sehr einfach, am Ende abgestumpft, Seitenränder nach unten umgeschlagen, am Ende schwach ausgebuchtet. Valve kaum schalenförmig, gegen das Ende zugespitzt, der ventrale Teil stärker chitinisiert und am Ende nach oben gebogen. Aedoeagus (Fig. 629) stark, fast halbkreisartig nach unten gebogen, was bei keinem anderen Vertreter der *Parnassiinae* vorkommt. Orificium lang. Sphragis (1889, O. Staudinger in: Ent. Zeit. Stettin, *v.* 50 p. 17, 18 *(Parnassius simo* var. *simonius)* | 1915, O. Bang-Haas in: D. ent. Z. Iris, *v.* 29 p. 99 | 1920, Bryk in: Arch. Naturg., *v.* 85 A 5 p. 169 | 1927, O. Bang-Haas in: Horae Macrolep., *v.* 1 p. 28): Nur in ganz seltenen Fällen vorhanden. Oft sind nur spärliche Reste ausgebildet. Die Sphragis wurde von Austaut (Parnass. paléarct., p. 184 t. I f. 9, 10) mit dem Sterigma verwechselt und sogar auf Grund dieses Merkmals eine Sectio („groupe") *Valvati* aufgestellt.

Südliches Zentralasien.

Diese Art zerfällt in 25 Unterarten.

forma centripuncta Eisner 1930 *Parnassius simo andreji c.*, Eisner in: Parnassiana, *v.* 1 nr. 3 p. 5.

Zwischen beiden Zellflecken des Vorderflügels ein Zwischenzellfleck.

Nanshan: Süd-Tatungsche Berge.

Typus: ♀ in coll. C. Eisner, Berlin-Dahlem.

forma fermata Bryk & Eisner 1930 *Parnassius simo boëdromius* forma *f.*, Bryk & Eisner in: Parnassiana, *v.* 1 nr. 1 p. 3; p. 2 f. 4 (♂) | 1930 *P. s. andreji „fermata-Zustand"*, Eisner, ibid., *v.* 1 nr. 3 p. 5 | 1931 *P. s.* subsp. *boëdromius* aberr. *f.*, Bollow in: Seitz, Großschmett. Erde, *v.* 1 Suppl. 1 p. 332 (diagnosis falsa!).

Auf dem Vorderflügel zwischen Wurzel- und Hinterrandfleck ein deutlicher, schwarzer accessorischer Fleck (Fig. 630).

Aksu.

Typus: ♂ in coll. C. Eisner, Berlin-Dahlem.

Fig. 630.
**Tadumia simo boëdromius** (Püngeler) forma **fermata** Bryk & Eisner (♂). (Typus, nach Bryk & Eisner 1930) (1/1).

forma nigroinspersa Verity 1907 *Parnassius simo* var. *simulator* „forme" *gylippos* aberr. *n.*, Verity, Rhop. palaearct., p. 108 t. XVII f. 29 (♀, *P. s.* var. *simulator* „forme mélanitique") | 1911 *P. s. simulator g. migroinspersa*, Verity, ibid., p. XXI | 1922 [1923] *Tadumia s.* aberr. *nigroinsparsa*, Bryk in: Strand, Lep. Cat., *v.* 27 p. 65 | 1930 *Parnassius s.* aberr. *nigroinspersa*, Bollow in: Seitz, Großschmett. Erde, *v.* 1 Suppl. 1 p. 81.

Eine stark braunschwarz verdunkelte forma, bei der alle Zeichnungskomponenten verdüstert und verbreitert erscheinen, so daß die Grundfarbenbinden — besonders auf dem Vorderflügel — reduziert erscheinen. Nur Weibchen?

Aksu.

Typus: ♀ in coll. Deckert (L. Sheljuzhko, Kijew).

forma anops Austaut 1910 *Parnassius boedromius* aberr. *a.*, Austaut in: Ent. Z., *v.* 24 p. 56.

Augenflecke fehlen.

Aksu.

forma semicaeca O. Bang-Haas 1915 *Parnassius simo* aberr. *s.*, O. Bang-Haas in: D. ent. Z. Iris, *v.* 29 p. 96.

Subcostalaugenfleck ohne Prachtfarbe.

Schahidulla, südl. Chotan.

forma rubropicta O. Bang-Haas 1915 *Parnassius simo* aberr. *r.*, O. Bang-Haas in: D. ent. Z. Iris, *v.* 29 p. 96.

Subcostalbändchen mit roter Prachtfarbe gekernt.

Schahidulla, südl. Chotan.

forma flavomaculata O. Bang-Haas 1915 *Parnassius simo* aberr. *f.*, O. Bang Haas in: D. ent. Z. Iris, *v.* 29 p. 96.

Augenflecke mit gelben Prachtkernen.

Schahidulla, südl. Chotan.

forma o c e l l o c o n j u n c t a Bryk & Eisner 1915 *Parnassius simo* aberr. *conjuncta*, O. Bang-Haas in: D. ent. Z. Iris, *v.* 29 p. 96 | 1932 *P. s.* subsp. *confusus* forma *ocelloconjuncta*, Bryk & Eisner in: Parnassiana, *v.* 2 p. 8.

Augenflecke miteinander durch einen schwarzen Strich verbunden.

Schahidulla, südl. Chotan.

♀ forma m a g n i f i c a Bryk & Eisner 1934 *Parnassius simo* subsp. *eos* forma *m.*, Bryk & Eisner in: Parnassiana, *v.* 3 p. 25.

Augenflecke besonders stark vergrößert, ebenso ist das Analband breit rot gekernt.

Kanssu septentrionalis: Weynänpu.

Typus: ♀ in coll. C. Eisner, Berlin-Dahlem.

forma r u b r o a n a l i s Bryk & Eisner 1934 *Parnassius simo* subsp. *eos* forma *r.*, Bryk & Eisner in: Parnassiana, *v.* 3 p. 26.

Beide Analflecke des Hinterflügels oberseits rot gekernt.

Kanssu septentrionalis: Weynänpu.

Typen: ♂♀ in coll. C. Eisner, Berlin-Dahlem.

forma m e d i o c a e c a Bryk 1935 *Parnassius simo zarraensis* aberr. *m.* (i. l.), O. Bang-Haas in: Ent. Z., *v.* 48 p. 152.

Mittelaugenfleck schwarz.

Kaschmir: Tagalang-Paß, Zarra; 5000 m.

forma c a e c a Bryk 1935 *Parnassius simo zarraensis* aberr. *c.* (i. l.), O. Bang-Haas in: Ent. Z., *v.* 48 p. 152.

Beide Augenflecke schwarz.

Kaschmir: Tagalang-Paß, Zarra; 5000 m.

forma r e d u c t a O. Bang-Haas 1935 *Parnassius simo zarraensis* aberr. *r.*, O. Bang-Haas in: Ent. Z., *v.* 48 p. 152.

Submarginalbinde des Hinterflügels fast verschwunden.

Kaschmir: Tagalang-Paß, Zarra; 5000 m.

forma s u f f u s a Verity 1907 *Parnassius simo* var. *boedromius* ♀ aberr. *s.*, Verity, Rhop. palaearct., p. 77 t. XVIII f. 4 (♀) | 1907 *P. s. boëdromius* forma *s.*, H. Stichel in: Gen. Ins., *v.* 58 p. 45 („nomen vix conserv.") | 1910 *P. boedromius* aberr. *caliginosa*, Austaut in: Ent. Z., *v.* 24 p. 55 | 1916 *P. simo boëdromius* aberr. *diaphana*, Awinow in: Mt. Münch. ent. Ges., *v.* 7 p. 54, 55 | 1922 [1923] *Tadumia s.* aberr. *caliginosa* + aberr. *suffusa*, Bryk in: Strand, Lep. Cat., *v.* 27 p. 64, 65 | 1930 *Parnassius s. boëdromius* aberr. *s.*, Bollow in: Seitz, Großschmett. Erde, *v.* 1 Suppl. 1 p. 82.

Stark schwärzlich bestäubte Exemplare.

Aksu.

61. **T. simo simo** (G. R. Gray) 1852 *Parnassius s.*, G. R. Gray, Cat. lep. Ins. Brit. Mus., *v.* 1 p. 76 t. 12 f. 3, 4 | 1891 *P. s.*, C. Oberthür, Étud. Ent., *v.* 14 p. 14, 17 t. 1 f. 8, 9 | 1907 *P. s. simo*, H. Stichel in: Gen. Ins., *v.* 58 p. 42 | 1907 *P. s.*, Verity, Rhop. palaearct., p. 74 t. X f. 7, 8, t. XVII f. 22 (♀?) | 1911 & 10 *P. s.*, Verity, ibid., p. 315 t. LXIV f. 6 (♂?), 7 (♀?) | 1913 *P. s.*, Avinov in: Horae Soc. ent. Ross., *v.* 40 nr. 5 p. 1, 2, 3 | 1915 *P. s.* (part.), O. Bang-Haas in: D. ent. Z. Iris, *v.* 29 p. 96 | 1916 *P. s.*, Awinow in: Mt. Münch. ent. Ges., *v.* 7 p. 43 | 1922 [1923] *Tadumia s.*, Bryk in: Strand, Lep. Cat., *v.* 27 p. 64 | 1923 *Parnassius s. s.*, W. H. Evans in: J. Bombay Soc., *v.* 29 p. 244 | 1924 *P. s.*, C. B. Antram, Butt. Ind., p. 37 f. 69 | 1926 *P. s. s.*, N. D. Riley in: Ent. monthly Mag., *v.* 62 p. 277, 279 t. 2 f. 6 | 1927 *P. s. s.*

O. Bang-Haas in: Horae Macrolep., *v.* 1 p. 27 | 1930 *P. s.*, Bellow in: Seitz, Großschmett. Erde, *v.* 1 Suppl. 1 p. 81 | 1932 *P. (Tadumia) s. simo*, M. Hering in: Mt. Mus. Berlin, *v.* 18 p. 302 f. 24 (Schienenblättchen), p. 304, 305 f. 50 (VIII. Tergit ♂), p. 310 f. 112 (aedoeagus), p. 312, 313 f. 120 (valva, uncus).

Glasband bis zum Hinterrand reichend (Fig. 631). Submarginalbinde deutlich von der Mondbinde abgesetzt. Subcostalbändchen mit dem bescheidenen Hinterrandfleck nicht oder äußerst schwach vereinigt. Mittelzellfleck länglich,

Fig. 631.
**Tadumia simo simo** (G. R. Gray) (♀). (Typus nach Verity 1910) (1/1).

fast rechteckig. Hinterflügel mit sehr schmalem Marginalsaum. Submarginalbinde schmal, continuierlich. Augenflecke mit Prachtfarbe. Analfleck bis $Cu_1$ reichend. Hinterrandschwärze bis $M_2$ ziehend. Vorderflügellänge: ♂ ♀ 23—24 mm.

„Chinesische Tartarei" („zwischen Nepal und Tibet"). Nord-Kumaon.

Typus: ♀ in coll. Brit. Mus. London.

62. **T. simo confusa** (O. Bang-Haas) 1915 *Parnassius simo* (part.) + aberr. *conjuncta* + *rubropicta* + *semicaeca* + *flavomaculata*, O. Bang-Haas in: D. ent. Z. Iris, *v.* 29 p. 96 t. 5 f. 24 (♂), 26 (♀) | 1922 [1923] *Tadumia s.* (part.), Bryk in: Strand, Lep. Cat., *v.* 27 p. 64 | 1927 *Parnassius s. confusus*, O. Bang-Haas in: Horae Macrolep., *v.* 1 p. 27 t. 5 f. 6 (♂), 7 (♂) | 1930 *P. s.* „Rasse" *c.*, Bollow in: Seitz, Großschmett. Erde, *v.* 1 Suppl. 1 p. 81 | 1932 *P. s.* subsp. *c.* forma *ocelloconjuncta*, Bryk & Eisner in: Parnassiana, *v.* 2 p. 8 | 1932 *Tadumia s.* subsp. *c.*, Bryk, ibid., *v.* 2 p. 31 | 1935 *T. s. c.*, Bryk in: Visser, Wiss. Niederl. Exp. Karakorum, *v.* 1 p. 337.

Fig. 632.
**Tadumia simo confusa** (O. Bang-Haas) (links ♂, rechts ♀). (Paratypen, aus coll. Zool. Mus. Berlin) (1/1).

Vorderflügel nicht so dicht beschuppt wie der etwas gelbliche Hinterflügel. Glas- und Submarginalbinde verhältnismäßig breit (Fig. 632). Subcostalbändchen schmal, bis $M_3$ reichend, sein dünnes Verbindungselement zwischen $R_5$ und $M_1$ die Mündungsstelle von $R_5$ im Radialgabelstiel tangierend; selten rötlich gekernt, mit dem kräftigen bald viereckigen, bald länglichen Hinterrandfleck mehr oder weniger deutlich verbunden. End- und Mittelzellfleck sehr kräftig, auch unterseits erhalten. Vorderrand und Wurzelfeld schwärzlich bestäubt. Hinterflügel: Saumbinde sehr schmal, aber deutlich. Submarginalbinde aus sauber ausgeführten Bogen zusammengesetzt, die selten hinten aufgelöst sind. Augenflecke mit rotem oder gelbem Kern, rundlich, der subcostale größer als der mediane; letzter stets mit einem schwarzen, bis $M_3$ reichenden Appendix und mit dem subcostalen nicht selten durch einen schwarzen Steg verbunden. Die deutlichen Analflecke mit dem Medianaugenfleck oft nicht verbunden. Hinterrandschwärze den hintersten Analfleck nicht erreichend, um die Mittelzelle bis $R_5$ ($+ M_1$) ziehend. Unterseits sind die beiden hintersten Wurzelflecke deutlich rot gekernt. Folgende formae kommen vor: *ocelloconjuncta*, *semicaeca*, *rubropicta*, *flavomaculata*. Vorderflügellänge: ♂ ♀ 23—26 mm.

Schahidulla, südl. Chotan.

Typen: ♂♀ in coll. O. Bang-Haas, Dresden-Blasewitz.

63. **T. simo reinigi** Bryk 1932 *T. s.* subsp. *r.*, Bryk in: Parnassiana, *v.* 2 p. 31 f. 1 (♂) | 1932 *T. s.* subsp. *r.*, Reinig (Bryk MS.) in: Wiss. Ergeb. Alai-Pamir Exp., Teil III *v.* 1 p. 114.

Erinnert etwas an ssp. *confusa* (O. Bang-Haas) und ist dunkler und kleiner als ssp. *simonia* (Staud.) (Fig. 633). Augenflecke groß, breit, schwarz umsäumt, mit roter Kernung. Submarginalbinde des Hinterflügels nicht bandartig,

Fig. 633.
**Tadumia simo reinigi** Bryk (♀). (Typus, nach Bryk 1932) (1/1).

sondern aus mageren Bogen sauber zusammengesetzt. Schwärze des Wurzelfeldes und Hinterrandes des Hinterflügels kräftig, bis $M_3$ reichend. Hinterflügelsaum glasig schwarz. Analflecke fehlen. W e i b c h e n mit deutlich rotem Subcostalfleck.

Tagdum-basch-Pamir: Lap-gaz-Tal, 4500—4900 m.

Typen: ♂♀ in coll. Brit. Mus. London.

64. **T. simo ganymedes** (Bryk & Eisner) 1932 *Parnassius s.* subsp. *g.*, Bryk & Eisner in: Parnassiana, *v.* 2 p. 8.

Steht am nächsten der ssp. *confusa* (O. Bang-Haas), doch ist seine Grundfarbe reiner weiß, ohne jede schwarze Bestäubung. Zeichnungen viel klarer abgesetzt. Zellmakeln des Vorderflügels nicht so kräftig. Augenflecke größer, tief rot, breit schwarz umrandet. Submarginalbinde des Hinterflügels nicht vollständig, aber aus breiteren Bogenelementen als bei ssp. *confusa* (O. Bang-Haas).

Baltistan: Bura-Deosai, 3500 m.

Typen: ♂♀ in coll. C. Eisner, Berlin-Dahlem.

65. **T. simo avinoffi** (Verity) 1911 & 10 *Parnassius s.* „race“ *a.*, Verity, Rhop. palaearct., p. 316 t. LIII f. 11 (♂) | 1913 *P. s.* subsp. *avinovi*, Avinov in: Horae Soc. ent. Ross., *v.* 40 nr. 5 p. 3 | 1915 *P. s.* var. *avinoffi*, O. Bang-Haas in: D. ent. Z. Iris, *v.* 29 p. 96 | 1916 *P. s.* subsp. *avinovi*, Awinow in: Mt. Münch. ent. Ges., *v.* 7 p. 44, 55 | 1918 *P. s. avinoffi*, W. Rothschild in: Nov. zool., *v.* 25 p. 262 | 1922 [1923] *Tadumia s.* var. *Avinovi*, Bryk in: Strand, Lep. Cat., *v.* 27 p. 65 | 1927 *Parnassius s. avinoffi*, O. Bang-Haas in: Horae Macrolep., *v.* 1 p. 26 t. 5 f. 9 (♂) | 1930 *P. s.* subsp. *a.*, Bollow in: Seitz, Großschmett. Erde, *v.* 1 Suppl. 1 p. 81 | 1932 *Tadumia s.* subsp. *avinovi*, Reinig in: Wiss. Ergeb. Alai-Pamir Exp., Teil III *v.* 1 p. 114.

Grundfarbe gelblichweiß. Seitenrand stärker gerundet. Glasbinde schmal. Submarginalbinde mäßig breit. Subcostalbändchen mäßig breit, bis $M_3$ reichend, mit dem Hinterrandfleck verbunden. Zwischen ihm und dem Wurzelfeld ein isolierter länglicher Strich, der parallel zum Hinterrande verläuft. Mittelzellfleck nach hinten verjüngt. Wurzelfeld und Vorderrand deutlich schwärzlich gekörnt. Hinterflügel: Saumbinde äußerst schmal. Submarginalbinde aus schmalen Bogenelementen zusammengesetzt, die sich ganz hinten auch auflösen können. Augenflecke groß, nicht rundlich, sondern geradlinig abgegrenzt, mit roten Kernen. Der schwarze Appendix des Medianaugenfleckes unbedeutend. Zwischen ihm und den Analflecken keine Vereinigung. Hinterrandschwärze mit dem hintersten Analfleck zu einem Ganzen vereinigt, nach vorn bis zur Ansatzstelle von $M_2$ in einen Zipfel auslaufend. Unterseits 2 rote Wurzelflecke. Vorderflügellänge: ♂ ♀ 24—25 mm.

Ost-Pamir: Beik-Paß, 5400 m.

Typen: ♂ ♀ in coll. A. Avinov, Zool. Mus. Leningrad.

66. **T. simo andreji** (Eisner) 1927 *Parnassius s. kozloffi* (part.), O. Bang-Haas in: Horae Macrolep., *v.* 1 p. 104 (an subsp. nova?) | 1930 *P. s. kozlovi* (part.), Bollow in: Seitz, Großschmett. Erde, *v.* 1 Suppl. 1 p. 81 t. 5c (♂) | 1930 *P. s.* „Rasse“ *andreji*, Eisner in: Parnassiana, *v.* 1 nr. 3 p. 2, 5, t. 1 f. 9 (♂), 10 (♀) | 1931 *P. s.* subsp. *a.*, Bollow in: Seitz, Großschmett. Erde, *v.* 1 Suppl. 1 p. 332.

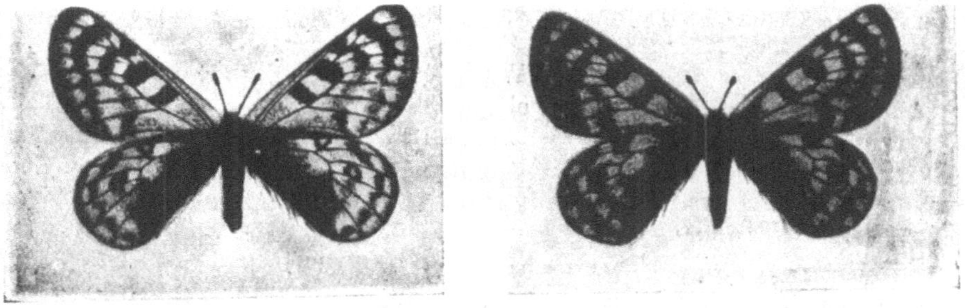

Fig. 634.
**Tadumia simo andreji** (Eisner) (links ♂, rechts ♀). (Typen, nach Eisner 1930) (1/1).

Die Grundfarbe, die oft stark hyalin ist, besonders im Vorderflügel verdunkelt. Die schwarzen Zeichnungen durchweg verbreitert und etwas verschwommen. Glasband schmal (Fig. 634). Submarginalbinde etwas verbreitert. Das kräftige Subcostalbändchen stets mit dem auffallenden Hinterrandfleck verbunden. Mittelzellfleck länglich. Vorderrand und Wurzelfeld grau bestäubt. Hinterflügel: Saumbinde sehr schmal. Submarginalbinde continuierlich, nach innen verwaschen. Augenflecke mittelgroß, mit gelblichen, sogar weißlichen, selten intensiv roten Kernen, stark schwarz umrandet, meistens durch einen schwarzen Strich miteinander verbunden. Die verschwommenen, kräftigen Analflecke an den medianen Augenfleck sich anschließend. Hinterrandschwärze erheblich ausgedehnt, mit dem hintersten Analfleck verbunden, bisweilen derart mit der luxuriösen Wurzelschwärze vereinigt, daß fast die ganze Mittelzelle schwarz erscheint, vorn bis $M_2$ reichend. Unterseite: Mittelzellfleck des Vorderflügels fehlt. Hinterflügel: Wurzelflecke fehlen. Als forma tritt *fermata* auf. Vorderflügellänge: ♂ ♀ 24 mm.

Nanshan-Gebiet: Süd-Tatungsche Berge.

Typen: ♂ ♀ in coll. C. Eisner, Berlin-Dahlem.

67. **T. simo eos** (Bryk & Eisner) 1932 *Parnassius s.* subsp. *e.* + forma *rubroanalis* + forma *magnifica*, Bryk & Eisner in: Parnassiana, *v.* 3 p. 25, 26 f. 5 (♀ nec ♂), 6 (♂ nec ♀).

Steht der ssp. *andreji* (Eisner) am nächsten, ist aber größer und dichter beschuppt und ist daher heller (Fig. 635). Sie weist ein schmäleres Glasband, aber eine Verbreiterung der Grundfarbenbinde im Vorderflügel und vergrößerte Augenflecke auf. Männchen: Verbindung zwischen Subcostalband und Hinterrandfleck des Vorderflügels kaum angedeutet. Augenflecke groß,

Fig. 635.
**Tadumia simo eos** (Bryk & Eisner) (links ♂, rechts ♀). (Typen, nach Bryk & Eisner 1934) (1/1).

Hinterrandschwärze sehr kräftig. Weibchen mit kräftiger Verbindung des Subcostalbändchens im Vorderflügel mit dem Hinterrandfleck. Wurzel des Vorderflügels stärker geschwärzt. Augenflecke sehr groß. Die Hinterrandschwärze dehnt sich bis an die Augenflecke und Analflecke aus und füllt den ganzen Discus aus. Folgende formae treten auf: *rubroanalis* und ♀ *magnifica*. Vorderflügellänge: ♂ ♀ 24—25 mm.

Kanssu septentrionalis: Weynänpu.

Typen: ♂ ♀ in coll. C. Eisner, Berlin-Dahlem.

68. **T. simo simulator** (Staud.) 1889 *Parnassius s.* var. *simulator*, O. Staudinger in: Ent. Zeit. Stettin, *v.* 50 p. 16 | 1892 *P. s.* var. *s.*, F. Rühl & A. Heyne, Palaearkt. Groß-Schmett., *v.* 1 p. 112 | 1901 *P. s.* var. *s.*, O. Staudinger & Rebel, Cat. Lep. Palaearct. Faunengeb., ed. 3 *v.* 1 p. 6 | 1901 *P. s.*, R. Püngeler in: D. ent. Z. Lep., *v.* 14 p. 177, 178 t. 1 f. 1, 2 (non 7, 8) | 1902 *Tadumia s.*, F. Moore, Lep. Ind., *v.* 5 p. 118 | 1907 *Parnassius s. simulator*, H. Stichel in: Seitz, Großschmett. Erde, *v.* 1 p. 34 | 1907 *P. s.* var. *s.*, Verity, Rhop. palaearct., p. 76 (part.) t. XVII f. 25 (♂), 26 (♀) | 1907 *P. s. s.*, H. Stichel in: Gen. Ins., *v.* 58 p. 42 | 1913 *P. s.* subsp. *s.*, Avinov in: Horae Soc. ent. Ross., *v.* 40 nr. 5 p. 2, 6 | 1916 *P. s.* subsp. *s.*, Awinow in: Mt. Münch. ent. Ges., *v.* 7 p. 44, 53, 54 | 1918 *P. s. s.*, W. Rothschild in: Nov. zool., *v.* 25 p. 259 | 1922 [1923] *Tadumia s.* var. *s.*, Bryk in: Strand, Lep. Cat., *v.* 27 p. 67 | 1927 *Parnassius s. s.*, O. Bang-Haas in: Horae Macrolep., *v.* 1 p. 26.

Eine aufgehellte, große Unterart mit etwas stärker gestreckten Vorderflügeln, die etwas dünner beschuppt sind. Glasband mittelstark. Submarginalbinde wurzelwärts diffus verbreitert. Subcostalbändchen apexwärts verschoben, mit dem kräftigen Hinterrandfleck durch Bestäubung an den Rippen entlang verbunden. Mittelzellfleck viereckig, hinten die Discalrippe nicht erreichend. Außenrand und Wurzelfeld stärker schwärzlich bestäubt. Hinterflügel: Saumbinde äußerst schmal. Submarginalbinde aus deutlichen Arkaden zusammengesetzt. Augenflecke mit rotem Prachtkern. Analflecke reduziert oder deutlich bis $Cu_1$ reichend. Hinterrandschwärze $Cu_1$ fast erreichend, vorn hakenförmig um die Mittelzelle bis $R_4$ oder $R_5$ ($+ M_1$) greifend. Im Discus in der Nähe des Mittelzellendes ein schwarzer Wisch. Vorderflügellänge: ♂ ♀ 29 mm.

„Tianschan mer. occ.“. Transalai: Kisil-art-Paß (Avinov 1916).

Typen: ♂♀ in coll. O. Staudinger, Dresden-Blasewitz.

69. **T. simo simonia** (Staud.) 1889 *Parnassius simo* var. *simonius*, O. Staudinger in: Ent. Zeit. Stettin, *v.* 50 p. 16 | 1889 *P. s.* var. *s.*, Austaut, Parnass. paléarct., p. 184 t. I f. 9, 10 (sterigma nec sphragis!), t. IV f. 1 (♂), 2 (♀) | 1890 *P. simo*, Grum-Grshimailo in: Romanoff, Mém. Lép., *v.* 4 p. 207 t. 21 f. 3a—c | 1892 *P. s.* var. *simonius*, F. Rühl & A. Heyne, Palaearkt. Groß-Schmett., *v.* 1 p. 111 | 1901 *P. s.* var. *s.*, O. Staudinger & Rebel, Cat. Lep. Palaearct. Faunengeb., ed. 3 *v.* 1 p. 6 | 1902 *Tadumia simonius*, F. Moore, Lep. Ind., *v.* 5 p. 118 | 1907 *Parnassius simo simonius*, H. Stichel in: Seitz, Großschmett. Erde, *v.* 1 p. 34 t. 16e | 1907 *P. s.* var. *s.*, Verity, Rhop. palaearct., p. 75 t. XVII f. 23 (♂), 24 (♀) | 1909 *P. s. s.*, Verity, ibid., t. 2 f. 24 (♂) | 1911 *P. s.* var. *simonides*, Austaut in: Int. ent. Z., *v.* 5 p. 360 f. 4, p. 366 f. 4 | 1913 *P. s.* subsp. *simonius*, Avinov in: Horae Soc. ent. Ross., *v.* 40 nr. 5 p. 2 | 1915 *P. s. s.*, O. Bang-Haas in: D. ent. Z. Iris, *v.* 29 p. 97 | 1916 *P. s.* subsp. *s.*, Awinow in: Mt. Münch. ent. Ges., *v.* 7 p. 44, 45 | 1918 *P. s. s.*, W. Rothschild in: Nov. zool., *v.* 25 p. 259 | 1922 [1923] *Tadumia s.* var. *s.*, Bryk in: Strand, Lep. Cat., *v.* 27 p. 67 | 1927 *Parnassius s. s.*, O. Bang-Haas in: Horae Macrolep., *v.* 1 p. 26 | 1932 *Tadumia s. s.*, M. Hering in: Mt. D. ent. Ges., *v.* 3 p. 33.

Fig. 636.
**Tadumia simo simonia** (Staud.) (♂). (Original, aus coll. Zool. Mus. Berlin) (1/1).

Eine aufgehellte Unterart mit weißer Befransung und etwas verblaßter, aber sauber vom hellen Grunde abgehobener Zeichnung (Fig. 636). Glasbinde schmal, zwischen $M_2$ und $M_3$ etwas wurzelwärts ausgebuchtet. Submarginalbinde mittelbreit. Subcostalbändchen schmal, mit dem Hinterrand bisweilen durch eine sehr schmale Binde verbunden. Mittelzellfleck schmal. Vorderrand und Wurzelfeld fast unbestäubt. Hinterflügel: Saumbinde äußerst dünn. Submarginalbinde kräftig und breit. Augenflecke sehr klein, mit gelblichen Prachtkernen oder auch ohne diese; der mediane in der Regel 1zellig, ohne Appendix. Analfleck bis $Cu_1$ reichend, äußerst selten in den anderen Zellen noch als lose Flecke erhalten. Wurzelfeld- und Hinterrandschwärze reduziert, hinten mit dem Analfleck nicht vereinigt, vorn bei $M_3$ verklingend. Unterseits mit 2 schwach ausgebildeten Wurzelflecken, deren blasse Prachtfarbe nicht immer hervortritt. Vorderflügellänge: ♂♀ 22,5 mm.

Pamir, 4000—5000 m; Transalai: Aram-kungai, 3000 m; Turkestan: Zwischen Osch und Usgent. Der Fundort Ladak ist falsch.

Typen: ♂♀ in coll. O. Staudinger, Dresden-Blasewitz.

6 10. **T. simo simplicata** (H. Stich.) 1907 *Parnassius simo* var. *simulator* (part.), Verity, Rhop. palaearct., p. 76 t. XVII f. 30, 31 (♂), f. 32 (♀) | 1907 *P. s. simplicatus*, H. Stichel in: Gen. Ins., *v.* 58 p. 43 (Diagnosis mancat) | 1907 *P. s.* var. *simulator* „forme" *subdiaphana*, Verity, Rhop. palaearct., p. 108 | 1911 & 09 *P. s. subdiaphana*, Verity, ibid., p. 315; t. 2 f. 23 (♂, squamae *P. s. diaphana*) | 1922 [1923] *Tadumia s.* forma *subdiaphana*, Bryk in: Strand, Lep. Cat., *v.* 27 p. 65 | 1927 *Parnassius s. simplicatus*, O. Bang-Haas in: Horae Macrolep., *v.* 1 p. 26 | 1930 *P. s.* „Rasse" *s.*, Bollow in: Seitz, Großschmett. Erde, *v.* 1 Suppl. 1 p. 82 | 1932 *Tadumia s.* subsp. *s.*, Reinig in: Wiss. Ergeb. Alai-Pamir Exp., Teil III *v.* 1 p. 114.

Eine im Vorderflügel dünner beschuppte Unterart. Mit gelblichen Hinterflügeln und sehr schmalem Glasbande. Submarginalbinde sauber ausgezähnt. Subcostalbändchen schmal, mit dem Hinterrandfleck durch eine sehr magere, dem Discus parallel verlaufende Binde verbunden und ganz vorn bisweilen mit einem rötlichen Kern. Mittelzellfleck sehr schmal. Vorderrand und Wurzelfeld nur bisweilen sehr schwach grau bestäubt. Hinterflügel mit großen, blaß-orangeroten Augenflecken, die miteinander durch einen schwarzen Strich verbunden sind. Der Medianaugenfleck 2 zellig, sein Appendix ebenfalls von der rötlichen Prachtfarbe gekernt. Die kräftigen Analflecke gewöhnlich bis $Cu_1$ reichend. Hinterrandschwärze mit dem hintersten Analfleck vereinigt, vorn bis zur $M_2$ reichend. Saumbinde sehr schmal. Unterseite: Mittelzellfleck des Vorderflügels fehlt. Augenflecke leuchtend rosaorange. 2 prachtgefärbte Wurzelflecke erhalten. Submarginalbinde des Hinterflügels kräftig und breit. Vorderflügellänge: ♂♀ 22—24 mm.

Altyn-Tag (südl. Lob Noor).

Typen: ♂♀ in coll. L. Sheljuzhko, Kijew.

6 11. **T. simo peteri** (O. Bang-Haas) 1927 *Parnassius s.* subsp. *p.*, O. Bang-Haas in: Horae Macrolep., *v.* 1 p. 27 t. 4 f. 10 (♂), 11 (♀) | 1930 *P. s.* „Rasse" *p.*, Bollow in: Seitz, Großschmett. Erde, *v.* 1 Suppl. 1 p. 81.

Sehr hell, von kreideweißer Grundfarbe. Glasband sehr schmal, von der Submarginalbinde durch eine breite Grundfarbenbinde getrennt. Subcostalbändchen äußerst schmal, ohne Prachtfarbe, bis $M_2$ reichend, der Submarginalbinde stark genähert. Hinterrandfleck sehr klein. Mittelzellfleck schmal, hinten kaum die Discoidalrippe erreichend, etwas abgerundet. Wurzelfeld ohne, Außenrand mit äußerst schwacher, schwärzlicher Bestäubung. Hinterflügel: Marginalbinde völlig reduziert. Submarginalbinde sehr schmal, aus sauber ausgeführten Bogen zusammengesetzt. 2 kleine, rot gekernte Augenflecke; der mediane mit einem kleinen, schwarzen Appendix, der $M_3$ nicht tangiert. Analflecke deutlich, sehr schmal, auch zwischen $M_3$ und $Cu_1$ bisweilen erhalten. Wurzelschwärze nicht so kräftig und ausgebreitet wie bei der Nominatrasse. Hinterrandschwärze hinten von dem hintersten Analfleck deutlich getrennt, vorn nur bis $Cu_2$ reichend. Vorderflügellänge: ♂♀ 22—22,5 mm.

Bashar State: Shipki Paß (an der tibetanischen Grenze).

Typen: ♂♀ in coll. O. Bang-Haas, Dresden-Blasewitz.

612. **T. simo simoides** (O. Bang-Haas) 1927 *Parnassius simo* subsp. *simoides*, O. Bang-Haas in: Horae Macrolep., *v.* 1 p. 104 | 1930 *P. s.* „Rasse" *s.*, Bollow in: Seitz, Großschmett. Erde, *v.* 1 Suppl. 1 p. 81 | 1935 *P. s. s.*, O. Bang-Haas in: Ent. Z., *v.* 48 p. 152.

Eine kleine Unterart von weißer Grundfarbe und einem Stich ins Gelbliche (Fig. 637). Mit breiten Marginal- und Submarginalbinden und verbreitertem Subcostalbändchen, das beim Weibchen continuierlich mit dem

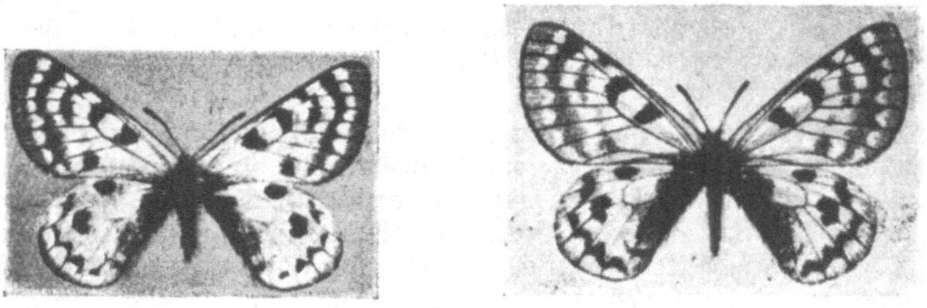

Fig. 637.
**Tadumia simo simoides** (O. Bang-Haas) (links ♂, rechts ♀). Original, aus coll. Zool. Mus. Berlin (1/1).

Hinterrandfleck verbunden ist. Submarginalbinde des Hinterflügels eine deutliche, breite Zackenbinde. Von den Augenflecken ist der mediane bisweilen ganz schwarz. Spannweite: ♂♀ 39—41 mm.

Ladak: Zanskar, südwestlich Leh, 4800 m.

Typen: ♂♀ in coll. O. Bang-Haas, Dresden-Blasewitz.

613. **T. simo lanaki** (Bryk & Eisner) 1932 *Parnassius s.* subsp. *l.*, Bryk & Eisner (O. Bang-Haas MS.) in: Parnassiana, *v.* 2 p. 25, 105 | 1935 *P. s. l.*, O. Bang-Haas in: Ent. Z., *v.* 48 p. 152.

Steht der ssp. *peteri* (O. Bang-Haas) am nächsten, ist jedoch kleiner und stärker aufgehellt. Die Glasbinde noch mehr reduziert. Subcostalbändchen vom Hinterrandfleck infolge Ausbleibens der Verbindung beim Männchen und Weibchen isoliert. Marginalbinde des Hinterflügels fast fehlend.

Lanak-La.

Typen: ♂♀ in coll. C. Eisner, Berlin-Dahlem.

614. **T. simo zarraënsis** (O. Bang-Haas) 1934 *Parnassius s. zarraensis* (i. l.), O. Bang-Haas in: Ent. Z., *v.* 48 p. 110 | 1935 *P. s.* subsp. *z.*, O. Bang-Haas, ibid., *v.* 48 p. 152.

Steht zwischen ssp. *simoides* (O. Bang-Haas) und ssp. *lanaki* (Bryk & Eisner) (Fig. 638). Heller, gelblich. Mit verschwommenen Zeichnungen. Binden

Fig. 638.
**Tadumia simo zarraënsis** (O. Bang-Haas) (links ♂, rechts ♀). (Paratypen, aus coll. Zool. Mus. Berlin) (1/1).

schmäler. Augenflecke verkleinert. Randaugenflecke stark reduziert. Beim Männchen ist die Subcostalbinde des Vorderflügels meist erhalten, beim Weibchen oft fehlend. Folgende formae treten auf: *semicaeca, reducta, mediocaeca, caeca.* Vorderflügellänge: ♂♀ 21,5 mm.

Kaschmir: Tagalang-Paß, Zarra; 5000 m.

Typen: ♂♀ in coll. O. Bang-Haas, Dresden-Blasewitz.

6 15. **T. simo lorimeri** (Tytler) 1926 *Parnassius s.* subsp. *l.*, Tytler in: J. Bombay Soc., *v.* 31 p. 252 t. 4 f. 10 (♂, non ♀ expl. tab.) | 1927 *P. s. l.*, O. Bang-Haas in: Horae Macrolep., *v.* 1 p. 27 | 1930 *P. s. l.*, Bollow in: Seitz, Großschmett. Erde, *v.* 1 Suppl. 1 p. 82.

Eine sehr auffallende Unterart. Vorderflügel: Glasband schmal. Submarginalbinde sehr deutlich ausgezackt, übertrieben breit, wurzelwärts diffus. Subcostalbändchen rückgebildet, sein vorderstes Element kaum bemerkbar. Hinterrandfleck fehlt, beides wohl aberrativ. Hinterflügel mit äußerst schmaler Marginalbinde und breiter, deutlich ausgezackter Submarginalbinde. Augenflecke nicht rund, der subcostale größer, der mediane 1 zellig. Analflecke schwach, bis $Cu_1$ reichend. Hinterrandschwärze bis $Cu_2$ reichend, reduziert, hinten mit dem Subcostalfleck vereinigt. Unterseite ohne die Zellflecke des Vorderflügels und mit 2 deutlichen Wurzelflecken, die bei ssp. *boëdromius* (Püngeler) nicht vorkommen. Vorderflügellänge: ♂♀ 25 mm.

Südwestl. Gilgit: Kine Chish-Paß.

6 16. **T. simo kozlovi** (Verity) 1907 *Parnassius s.* var. *acconus* „forme" *kozlowyi*, Verity (Alpheraky MS.), Rhop. palaearct., p. 75 t. XVII f. 34 (♂), 35 (♀) | 1907 *P. s. a.* (part.), H. Stichel in: Gen. Ins., *v.* 58 p. 43 | 1913 *P. s.* subsp. *kozlovi*, Avinov in: Horae Soc. ent. Ross., *v.* 40 nr. 5 p. 2 | 1916 *P. s.* subsp. *k.*, Awinow in: Mt. Münch. ent. Ges., *v.* 7 p. 44 | 1918 *P. s. k.*, W. Rothschild in: Nov. zool., *v.* 25 p. 262 | 1922 [1923] *Tadumia s.* „an var.?" *K.*, Bryk in: Strand, Lep. Cat., *v.* 27 p. 66 | 1927 *Parnassius s. kozloffi*, O. Bang-Haas in: Horae Macrolep., *v.* 1 p. 28 | 1930 *P. s. kozlovi*, Bollow in: Seitz, Großschmett. Erde, *v.* 1 Suppl. 1 p. 81 t. 5c (♂, *kotzlowi*) | 1930 *P. s. kozlovi*, Eisner in: Parnassiana, *v.* 1 nr. 3 p. 5.

Fig. 639.
**Tadumia simo kozlovi** (Verity) (♂). (Original, aus coll. Zool. Mus. Berlin) (1/1).

Eine ssp. *accona* (Fruhst.) sich nähernde Unterart (Fig. 639). Dicht gelblich beschuppt. Mit schmalem Glasband und sauber gezeichneter, breiter Submarginalbinde. Subcostalbändchen schmal, bisweilen mit Prachtkern, sehr mager mit dem Hinterrandfleck verbunden. Mittelzellfleck schmal, Vorderrand und Wurzelfeld des Vorderflügels schwach schwärzlich bestäubt. Hinterflügel mit schmaler Saumbinde und breiter Submarginalbinde. Augenflecke oft groß, rot gekernt, der Appendix des Medianaugenfleckes schwarz. Analflecke kräftig, bis $Cu_1$ reichend, zwischen $Cu_1$ und $M_3$ nur rudimentär. Wurzelfeld und Hinterrandschwärze kräftig, hinten mit dem hintersten Analfleck vereinigt, vorn stark um das Mittelzell-Ende bis $R_4$ greifend. Vorderflügellänge: ♂♀ 22—23 mm.

Amdo.

Typen: ♂♀ in coll. L. Sheljuzhko, Kijew.

6 17. **T. simo accona** (Fruhst.) 1903 *Parnassius acco acconus*, Fruhstorfer in: Ins.-Börse, *v.* 20 p. 148 | 1903 *P. acconus*, Fruhstorfer in: D. ent. Z. Iris, *v.* 16 p. 43, 45 t. 1 f. 1 (non f. 2) | 1904 *P. simo* var.?, Elwes in: D. ent. Z. Iris, *v.* 16 p. 389 | 1907 *P. simo acconus*, H. Stichel in: Seitz, Großschmett. Erde, *v.* 1 p. 34 | 1907 *P. s.* var. *a.* (part.), Verity, Rhop. palaearct., p. 75 t. XVII f. 33 (♂) | 1907 *P. s. a.* (part.), H. Stichel in: Gen. Ins., *v.* 58 p. 43 | 1907 *P. s.* race *moelleri*, Bingham in: Fauna Brit. Ind., Butt. *v.* 2 p. 130 f. 34 | 1909 *P. s. acconus*, Fruhstorfer in: Seitz, Großschmett. Erde, *v.* 9 p. 110 t. 50e | 1910 *P. s. a.*, Verity, Rhop. palaearct., t. 3 f. 1 (♂, squamae) | 1913 *P. s. a.*, Avinov in: Horae Soc. ent. Ross., *v.* 40 nr. 5 p. 2 | 1916 *P. s.* subsp. *a.*, Awinow in: Mt. Münch. ent. Ges., *v.* 7 p. 44 | 1917 *P. s. a.* aberr. *seitzi*, Bryk in: Arch. Naturg., *v.* 82 A 5 p. 40, 71 | 1918 *P. s. a.*, W. Rothschild in: Nov. zool., *v.* 25 p. 259 | 1922 [1923] *Tadumia s.* var. *a.*, Bryk in: Strand, Lep. Cat., *v.* 27 p. 65 | 1923 *Parnassius s. a.*, W. H. Evans in: J. Bombay Soc., *v.* 29 p. 244 | 1924 *P. a.*, C. B. Antram, Butt. Ind., p. 37 f. 70 | 1927 *P. simo a.*, O. Bang-Haas in: Horae Macrolep., *v.* 1 p. 28.

Die am dichtesten beschuppte Unterart von *Tadumia simo* (G. R. Gray) (Fig. 640). Mit cremegelbem Flügelgrund. Marginalbinde sehr schmal, vorn von eindringender Grundfarbe aufgehellt. Submarginalbinde gesättigt braun, sauber ausgezackt, breit, bis zum Hinterrand reichend. Subcostalbändchen mit dem klar abgesetzten Hinterrandfleck mehr oder weniger deutlich verbunden.

Fig. 640.
**Tadumia simo accona** (Fruhst.) (♂). (Paratypus, aus coll. C. Eisner, Berlin-Dahlem) (1/1).

Mittelzellfleck viereckig. Vorderrand- und Wurzelfeld des Vorderflügels schwach schwärzlich überpudert. Hinterflügel ohne Marginalsaum. Submarginalbinde breit, gesättigt, continuierlich, sauber ausgezackt. Augenflecke klein, rundlich, mit karminroter Kernung; der mediane mit einem oft stark rückgebildetem, schwarzem Appendix. Analflecke deutlich, bis $Cu_1$ reichend. Hinterrandschwärze den hintersten Analfleck selten erreichend, bis $M_2$ ziehend. Hinterflügelunterseite mit 3 anstatt 2 rotgekernten Wurzelflecken. Männchen (nach Fruhstorfers Diagnose) ohne Marginalbinde des Vorderflügels (aberrativ?) Selten tritt ein geröteter Wurzelfleck auf der Oberseite des Hinterflügels auf. Vorderflügellänge: ♂♀ 22,5—23 mm.

Süd-Tibet: Kambadjong. Sikkim.

6 18. **T. simo hingstoni** Bryk 1927 *Parnassius s. acconus*, N. D. Riley in: Tr. ent. Soc. London, *v.* 75 p. 122 | 1932 *Tadumia s.* subsp. *hingstoni*, Bryk in: Parnassiana, *v.* 3 p. 31 f. 4 (♂), 5 (♀).

Die kontrastreichste Unterart, an subsp. *accona* (Fruhst.) sich anschließend (Fig. 641). Cremegelb, mit scharf abgesetzten Zeichnungen. Die äußerst schmale Marginalbinde gesättigt, hinten den ovalgebogenen Seitenrand kaum einsäumend. Submarginalbinde breit. Mittelzellfleck oblong.

Fig. 641.
**Tadumia simo hingstoni** Bryk (links ♂, rechts ♀). (Typen, nach Bryk 1932) (1/1).

Augenflecke klein, schwarz oder mit kleinen, gelborangefarbigen Prachtkernen. Marginalbinde auf eine schwarze Linie beschränkt. Submarginalbinde aus deutlichen Pfeilspitzen zusammengesetzt, die hinterste isoliert. Vorderflügellänge: ♂♀ 21 mm.

Mt Everest: Phuse La, 4800—5100 m.

Typen: ♂♀ in coll. Brit. Mus. London.

6 19. **T. simo grayi** (Avinov) 1916 *Parnassius s.* subsp. *g.*, Avinoff in: Tr. ent. Soc. London, 1915 p. 358 t. 54 f. 6 (♂) | 1922 [1923] *Tadumia s.* var. *G.*, Bryk in: Strand, Lep. Cat., *v.* 27 p. 66 | 1927 *Parnassius s. g.*, O. Bang-Haas in: Horae Macrolep., *v.* 1 p. 26 t. 5 f. 10 (♀) | 1930 *P. s.* „Rasse" *g.*, Bollow in: Seitz, Großschmett. Erde, *v.* 1 Suppl. 1 p. 82 t. 5c (♀).

Die größte Unterart von *Tadumia simo* (G. R. Gray) (Fig. 642). Mit dicht beschuppten Flügeln. Marginalbinde schmal. Submarginalbinde von einer verbreiterten, hellen Grundfarbenbinde getrennt. Subcostalbändchen continuierlich, mehr oder weniger deutlich mit dem Hinterrandfleck verbunden. Mittelzellfleck hinten die Discoidalrippe nicht berührend. Wurzelfeld nicht bestäubt.

Fig. 642.
**Tadumia simo grayi** (Avinov) (♀). (Original, aus coll. C. Eisner, Berlin-Dahlem) (1/1).

Zwischen dem Hinterrandfleck und der Flügelwurzel tritt bisweilen ein deutlicher Zwischenwurzelfleck auf. Hinterflügel: Marginalbinde zu einer dunklen Saumlinie reduziert. Submarginalbinde zusammenhängend und sehr kräftig, breit, bei $R_5$ $(+ M_1)$ eingeschnürt und auffallend gewinkelt. Augenflecke ungleich; der subcostale mittelgroß, mit Prachtkern, der mediane verkleinert, vorn $R_5$ (+$M_1$) nicht erreichend, sein Appendix — falls erhalten — unansehnlich. 2 Analflecke. Wurzel- und Hinterrandschwärze hinten mit dem hintersten Analfleck vereinigt, vorn $M_3$ nicht erreichend. Zwischen dem Subcostalaugenfleck und dem Wurzelfeld ein isolierter Zwischenwurzelfleck. Vorderflügellänge: ♂♀ 25—27,5 mm.

Alai: Nordwestabhänge bei Tengisbai (Typus), Isfairan.

Typen: ♂♀ in coll. A. Avinov, Leningrad.

6 20. **T. simo gylippus** (Fruhst.) 1901 *Parnassius simulator* (part.), R. Püngeler in: D. ent. Z. Lep., *v.* 14 p. 177 t. 1 f. 7, 8 (non 1, 2) | 1903 *P. gylippos*, Fruhstorfer in: D. ent. Z. Iris, *v.* 16 p. 45 | 1907 *P. simo* var. *simulator* (part.) + „forme" *nigroinspersa*, Verity, Rhop. palaearct., p. 76, 108 t. XVII f. 27 (♂), 28 (♀), 29 (♀) (forme mélanitique) | 1907 *P. s. boëdromius* aberr. *gylippos*, H. Stichel in: Seitz, Großschmett. Erde, *v.* 1 p. 34 t. 16c (♀), 16d (♂) | 1907 *P. s. b.* forma *g.*, H. Stichel in: Gen. Ins., *v.* 58 p. 43 | 1916 *P. s.* forma *g.*, Awinow in: Mt. Münch. ent. Ges., *v.* 7 p. 53 | 1918 *P. s. g.*, W. Rothschild in: Nov. zool., *v.* 25 p. 26 | 1922 [1923] *Tadumia s.* aberr. *g.*, Bryk in: Strand, Lep. Cat., *v.* 27 p. 64 | 1927 *Parnassius s. g.*, O. Bang-Haas in: Horae Macrolep., *v.* 1 p. 25 | 1932 *P.* (*Tadumia*) *s. g.*, M. Hering in: Mt. Mus. Berlin, *v.* 18 p. 281, 288, 302, 303 f. 23 (Schienenblättchen), p. 304, 305 f. 52 (VIII. Tergit ♂), p. 310, 311 f. 113 (aedoeagus), p. 312, 313 f. 121 (valva, uncus).

Eine stark verdunkelte Unterart mit schwächer beschupptem Vorderflügel (Fig. 643). Glasband breit; die verbreiterte Submarginalbinde mit ihm die Grundfarbenbinde stark einzwängend, so daß sie in kleine, helle Flecke zerlegt erscheint. Subcostalbändchen breit, dem kräftigen Endzellfleck genähert, vorn in der Regel mit einem Prachtkern. Der kräftige, viereckige Hinterrandfleck stets mit dem Subcostalbändchen durch Verrußung vereinigt.

Fig. 643.
**Tadumia simo gylippus** (Fruhst.) (links ♂, rechts ♀). (Original, aus coll. Zool. Mus. Berlin) (1/1).

Mittelzellfleck kräftig, länglich. Vorderrand und Wurzelfeld deutlich schwarz gekörnt. Hinterflügel mit scharfer, deutlicher Saumbinde und breiter, gezackter Submarginalbinde. Augenflecke viereckig, groß, rot gekernt, der mediane mit einem deutlichen, schwarzen Appendix zwischen $M_2$ und $M_3$, an den sich in der Regel die sauber ausgezähnten Analflecke anlehnen. Wurzelfeld- und Hinterrandschwärze sehr stark verbreitert, vorn $M_2$ erreichend, hinten mit dem hintersten Analfleck zusammenfließend. Unterseite: Prachtkern im Subcostalbändchen erhalten. Zellflecke reduziert. Die 2—3 Wurzelflecke des Hinterflügels deutlich gerötet. Als forma tritt *nigroinspersa* auf. Vorderflügellänge: ♂♀ 23—24 mm.

Aksu (Typus). Dieser Fundort ist zweifelhaft (O. Bang-Haas 1927). Gebirge nördlich von Aksu, nahe dem Musart-Paß (? beim Chotan-Fluß).

Typen: ♂♀ in coll. Püngeler, Zool. Mus. Berlin.

6 21. **T. simo hohlbecki** (Avinov) 1913 *Parnassius boëdromius* subsp. *h.*, Avinov in: Horae Soc. ent. Ross., *v.* 40 nr. 5 p. 13 t. 2 f. 8 (♂), 9 (♀) (non f. 1, 2) | 1916 *P. b.* subsp. *h.*, Awinow in: Mt. Münch. ent. Ges., *v.* 7 p. 55 t. 1 f. 2 (♂), 3 (♀) | 1918 *P. b. h.*, W. Rothschild in: Nov. zool., *v.* 25 p. 260 | 1922 [1923] *Tadumia simo* var. *H.*, Bryk in: Strand, Lep. Cat., *v.* 27 p. 66 | 1927 *Parnassius boedromus* forma *h.*, Tytler in: J. Bombay Soc., *v.* 31 p. 252 | 1927 *P. simo holbecki*, O. Bang-Haas in: Horae Macrolep., *v.* 1 p. 25 | 1930 *P. s. hohlbecki*, Bollow in: Seitz, Großschmett. Erde, *v.* 1 Suppl. 1 p. 82 t. 5c (♂) | 1930 *P. s.* subsp. *Holbecki*, Bryk & Eisner in: Parnassiana, *v.* 1 nr. 1 p. 2.

Eine sehr reich gezeichnete, verdunkelte Unterart, die den Übergang von den prachtgekernten Unterarten (ganz besonders ssp. *gylippus* (Fruhst.)) zu der extremen, auch im Hinterflügel schwarzgefleckten ssp. *boëdromius* (Püngeler) bildet. Glasbinde sehr schmal. Submarginalbinde sehr breit, wurzelwärts nicht scharf begrenzt. Subcostalbändchen mit dem kräftigen Hinterrandfleck eine continuierliche, in der Flügelmitte stark verbreiterte Binde bildend. Endzellfleck sehr kräftig, hinten auf der Zellrippe bis $Cu_1$ auslaufend. Mittelzellfleck hinten wurzelwärts konvex abgerundet. Vorderrand sehr schwach schwärzlich überpudert. Hinterflügel: Glasbinde als sehr schmale Saumlinie erhalten. Submarginalbinde continuierlich, deutlich bogig ausgezähnt. Augenflecke schwarz, miteinander und mit den breiten Analflecken eine continuierliche Binde bildend. Hinterrand- und Wurzelfeldschwärze verbreitert, hinten mit dem hintersten Analfleck vereinigt, vorn bis $M_2$ oder $R_5$ (+ $M_1$) reichend. Vorderflügellänge: ♂♀ 23—25 mm.

Östl. Alexander-Gebirge.

Typen: ♂♀ in coll. A. Avinov, Leningrad.

6 22. **T. simo pygmaea** (A. Bang-Haas) 1910 *Parnassius boëdromius* var. *pygmaeus*, A. Bang-Haas in: D. ent. Z. Iris, *v.* 24 p. 28 | 1911 & 10 *P. simo* race *p.*, Verity, Rhop. palaearct., p. 316 t. LIII f. 12, 13 (♀) | 1913 *P. boëdromius* subsp. *p.*, Avinov in: Horae Soc. ent. Ross., *v.* 40 nr. 5 p. 12 | 1916 *P. b.* subsp. *p.*, Awinow in: Mt. Münch. ent. Ges., *v.* 7 p. 54, 55 | 1918 *P. b. p.*, W. Rothschild in: Nov. zool., *v.* 25 p. 259 | 1922 [1923] *Tadumia simo* var. *p.*, Bryk in: Strand, Lep. Cat., *v.* 27 p. 66 | 1927 *Parnassius s. p.*, O. Bang-Haas in: Horae Macrolep., *v.* 1 p. 25 t. 4 f. 9 (♂) | 1930 *P. s.* „Rasse" *p.*, Bollow in: Seitz, Großschmett. Erde, *v.* 1 Suppl. 1 p. 82 | 1930 *P. s.* „Rasse" *p.*, Bryk & Eisner in: Parnassiana, *v.* 1 nr. 1 p. 1.

Fig. 644.
**Tadumia simo pygmaea** (A. Bang-Haas) (♂). (Original, aus coll. Zool. Mus. Berlin) (1/1).

Eine sehr kleine Unterart, die stark an ssp. *boëdromius* (Püngeler) erinnert (Fig. 644). Glasbinde sehr schmal. Submarginalbinde mäßig oder breit. Hinterrandfleck hinten reduziert, mit dem schmalen Subcostalbändchen deutlich durch einen parallel zur Discoidalrippe verlaufenden Strich verbunden. Mittelzellfleck schmal, hinten die Discoidalrippe in der Regel nicht erreichend. Hinterflügel mit äußerst schmaler, schwarzer Saumbinde. Submarginalbinde dem Saume genähert, continuierlich, breit, mit den Bogenpfeilern die Saumbinde berührend. Augenflecke schwarz, sehr klein, nicht rund, hinten mit den etwas reduzierten Analflecken verbunden. Hinterrandschwärze mehr oder weniger reduziert, mit dem hintersten Analfleck vereinigt, vorn bis $Cu_2$ oder $M_2$ reichend. Unterseits keine Wurzelflecke. Vorderflügellänge: ♂♀ 21—24 mm.

Tianschan orientalis: Juldus-Tal.

Typen: ♂♀ in coll. O. Bang-Haas, Dresden-Blasewitz.

623. **T. simo candida** (Avinov) 1913 *Parnassius boëdromius* subsp. *c.*, Avinov in: Horae Soc. ent. Ross., *v.* 40 nr. 5 p. 13 t. 2 f. 10 (♂; nec f. 1) | 1916 *P. b.* subsp. *c.*, Awinow in: Mt. Münch. ent. Ges., *v.* 7 p. 54 t. 1 f. 1 (♂) | 1918 *P. b. c.*, W. Rothschild in: Nov. zool., *v.* 25 p. 262 | 1922 [1923] *Tadumia simo* var. *c.*, Bryk in: Strand, Lep. Cat., *v.* 27 p. 66 | 1927 *Parnassius s. c.*, O. Bang-Haas in: Horae Macrolep., *v.* 1 p. 25 | 1930 *P. s.* subsp. *c.*, Bollow in: Seitz, Großschmett. Erde, *v.* 1 Suppl. 1 p. 82.

Nahe verwandt mit der ssp. *pygmaea* (A. Bang-Haas) aber größer. Mit abgerundeten Flügeln und stumpfem Apex des Vorderflügels. Submarginalbinde sehr schmal, hinten den Hinterrand nicht ganz erreichend. Submarginalbinde breit. Subcostalbändchen verblaßt und schmal. Hinterrandfleck sehr stark reduziert, nur bis zur Analfalte reichend, hinten frei. Mittelzellfleck schmal, länglich, etwas gebogen, hinten offen. Wurzelfeld des Vorderflügels nicht bestäubt. Hinterflügel: Saumbinde auf eine schwärzliche Saumlinie beschränkt. Submarginalbinde wie bei ssp. *pygmaea* (A. Bang-Haas). Augenflecke schwarz, zu Punkten reduziert. Analflecke sehr stark reduziert, der zwischen $M_3$ und $Cu_1$ als isolierter Punkt angedeutet. Hinterrandschwärze hinten mit dem hintersten Analfleck vereinigt, bei $M_3$ verklingend, zwischen $Cu_1$ und $Cu_2$ etwas saumwärts verbreitert und ausgezackt. Wurzelflecke fehlen unterseits.

Tianschan: Sary-dshas-Gebirge (nordwestlich von Aksu).

Typen: ♂♀ in coll. A. Avinov, Zool. Mus. Leningrad.

624. **T. simo boëdromius** (Püngeler) 1901 *Parnassius b.*, R. Püngeler in: D. ent. Z. Lep., *v.* 14 p. 177 t. 1 f. 3, 4 | 1903 *P. simo b.*, Fruhstorfer in: D. ent. Z. Iris, *v.* 16 p. 46 | 1907 *P. s. b.*, H. Stichel in: Seitz, Großschmett. Erde, *v.* 1 p. 34 t. 16d (♂), 16e (♀) | 1907 *P. s.* var. *boedromius* (part.) + ♀ aberr. *suffusa*, Verity, Rhop. palaearct., p. 76 t. XVIII f. 1 (♂), 2, 3 (♀), 4 (♀, aberr. *suffusa*) | 1907 *P. s. boëdromius* (part.) + forma *suffusa*, H. Stichel in: Gen. Ins., *v.* 58 p. 43 | 1910 *P. s. boedromius*, Verity, Rhop. palaearct., t. 3 f. 3 (♂, squamae) | 1910 *P. b.* aberr. *caliginosa*, Austaut in: Ent. Z., *v.* 24 p. 55 | 1913 *P. boëdromius* (vicespecies), Avinov in: Horae Soc. ent. Ross., *v.* 40 nr. 5 p. 1, 6, 7 | 1916 *P. b.* (vicespecies), Awinow in: Mt. Münch. ent. Ges., *v.* 7 p. 43, 53, 54, 55 | 1918 *P. b.*, W. Rothschild in: Nov. zool., *v.* 25 p. 250 | 1918 *P. simo b.*, Turati in: Atti Soc. Ital., *v.* 57 p. 78 | 1922 [1923] *Tadumia s.* var. *b.*, Bryk in: Strand, Lep. Cat., *v.* 27 p. 66 | •1927 *Parnassius boedromus* [forma *hohlbecki*], Tytler in: J. Bombay Soc., *v.* 31 p. 252 | 1927 *P. simo boedromius*, O. Bang-Haas in: Horae Macrolep., *v.* 1 p. 24, 25 | 1930 *P. s. boëdromius*, Bollow in: Seitz, Großschmett. Erde, *v.* 1 Suppl. 1 p. 82 | 1930 *P. s. b.* + forma *fermata*, Bryk & Eisner in: Parnassiana, *v.* 1 nr. 1 p. 1, p. 2 t. 4 (♂ forma *fermata*), p. 3 | 1932 *P. s.* forma geogr. *b.*, M. Hering in: Mt. D. ent. Ges., *v.* 3 p. 33 | 1932 *P.* (*Tadumia*) *s.* forma geogr. *b.*, M. Hering in: Mt. Mus. Berlin, *v.* 18 p. 281, 288, 302, 303 f. 22 (Schienenblättchen), p. 304, 305 f. 51 (VIII. Tergit ♂), p. 312, 313 f. 119 (valva, uncus).

Eine große, dicht gelblichweiß beschuppte Unterart mit scharf abgesetzter schwärzlicher Zeichnung (Fig. 645). Seitenrand des Vorderflügels abgerundet. Apex etwas spitz verlaufend. Befransung des Vorderflügel-Seitenrandes bräunlich. Glasbinde sehr schmal, bis zum Hinterrand reichend. Submarginalbinde breit, saumwärts sauber ausgezackt, wurzelwärts etwas diffus.

Subcostalbändchen sehr schmal, oft der Radialgabel genähert, bis $M_2$ reichend oder äußerst zart verlängert, dann mit dem ganz unansehnlichen Hinterrandfleck verbunden. Letzterer kann auch fast ganz erloschen sein. Zwischen ihm und dem Wurzelfelde oft ein kleiner, schwarzer accessorischer Fleck. Zellmakeln gesättigt schwarz. Mittelzellfleck länglich, viereckig, hinten abgerundet, den hinteren Discusarm nicht erreichend. Vorderrand nahe dem Discus sowie Mittelzellwurzel nicht schwärzlich bestäubt. Unterseite: Mittelzellfleck nicht erhalten. Zellendfleck äußerst reduziert. Hinterflügel: Befransung hell. Saumbinde auf eine äußerst schmale Saumlinie beschränkt.

Fig. 645.
**Tadumia simo boëdromius** (Püngeler) (links ♂, rechts ♀). (Typen, aus coll. Zool. Mus. Berlin) (1/1).

Submarginalbinde deutlich, continuierlich, mäßig breit, mit ihren Bogenpfeilern die Saumlinie berührend. Augenflecke sehr klein, schwarz, nicht rund, sehr selten der mediane mit einem gelblichen Prachtkern. Analflecke in der Regel bis $Cu_1$ reichend und schwach ausgeprägt, seltener bis zum 1zelligen Medianaugenfleck reichend, um 2 lose, kleine Flecke bereichert. Hinterrandschwärze mit dem hintersten Analfleck vereinigt, vorn bei $M_2$ oder $R_5$ $(+ M_1)$ verklingend. Unterseits keine Wurzelflecke. Folgende formae treten auf: *medioocellata, fermata* (s. Fig. 630). Vorderflügellänge: ♂♀ 27—27,5 mm.

Tianschan: Gebirge nördlich von Aksu, Chantangri.

Typen: ♂♀ in coll. Püngeler, Zool. Mus. Berlin.

6 25. **T. simo martini-heringi** (Bryk & Eisner) 1930 *Parnassius s.* subsp. *m.-h.*, Bryk & Eisner in: Parnassiana, *v.* 1 nr. 1 p. 1, p. 2 f. 1 (♂), 2 (♀), 3 (♀ ocello med. reducto) | 1931 *P. simo* subsp. *m.-h.*, Bollow in: Seitz, Großschmett. Erde, *v.* 1 Suppl. 1 p. 332 | 1932 *P. (Tadumia) s. simo* forma geogr. *m.-h.*, M. Hering in: Mt. Mus. Berlin, *v.* 18 p. 302, 303 f. 25 (Schienenblättchen), p. 304, 305 f. 50 (VIII. Tergit ♂), p. 312, 313 f. 120 (valva, uncus).

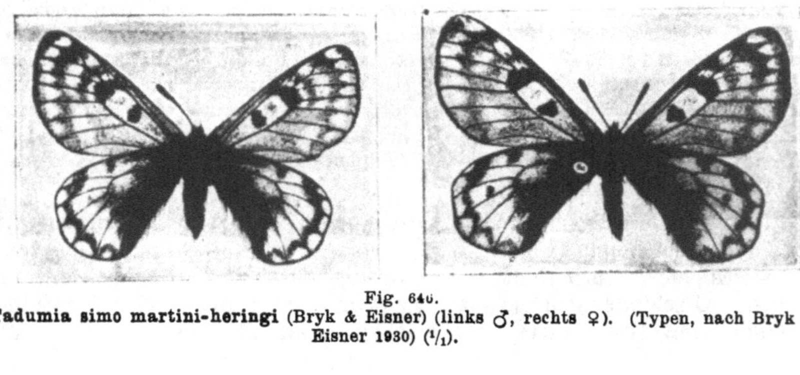

Fig. 646.
**Tadumia simo martini-heringi** (Bryk & Eisner) (links ♂, rechts ♀). (Typen, nach Bryk & Eisner 1930) (1/1).

Eine zum Kreise der ssp. *boëdromius* (Püngeler) gehörende, im Vorderflügel schwächer beschuppte, daher durchsichtigere Unterart mit nicht so markanter Zeichnung (Fig. 646). Seitenrand gut abgerundet, auch am Apex, dunkelbräunlich befranst. Marginalbinde sehr schmal, den Hinterrand nicht erreichend. Submarginalbinde diffus, wurzelwärts sich verlierend. Subcostalbändchen bis $M_2$, seltener bis $M_3$ reichend. Flügelgrund um die Mittelzelle den Rippen entlang bis dorthin, wo der fehlende Hinterrandfleck liegen müßte, schwach schwärzlich überpudert. Mittelzellfleck reduziert, rundlich, hinten und vorn oft frei, die Discusarme nicht berührend. Zwischen Endzellfleck und ihm oft eine leichte Verrußung wie bei *Parnassius mnemosyne silesiacus* Fruhst. Vorderrand und Wurzelfeld des Vorderflügels fein grauschwarz überpudert. Hinterflügel vor $M_3$ schwach gewinkelt. Saumbinde zu einer haardünnen Saumlinie reduziert. Die continuierliche Submarginalbinde mittelstark, saumwärts ausgezackt. Die schwarzen Augenflecke in der Regel klein, besonders der stark reduzierte Medianaugenfleck, der selten um einen Appendix vergrößert ist. Analflecke schwach ausgeprägt, bald stark reduziert, bald bis $M_3$ reichend. Schwärze des Wurzelfeldes und des Hinterrandes sehr verbreitert, aber diffus, oft nur vorn einen Teil der Mittelzelle verschonend. Unterseite: Vorderflügel ohne Zeichnung, Hinterflügel ohne Wurzelflecke. Vorderflügellänge: ♂ ♀ 23—26 mm.

Kungai-Ala-Tau, 3200—3700 m.

Typen: ♂ ♀ in coll. C. Eisner, Berlin-Dahlem.

*Tadumia simo* (G. R. Gray) ist ein Gebirgsfalter und gehört zu den kleinsten Vertretern der *Parnassiinae*. Er tritt in 2 verschiedenen Färbungen auf: mit Prachtfarbe und monochrom. Das hat Anlaß gegeben, 2 Arten anzunehmen: *T. simo* (G. R. Gray) und *T. boëdromius* (Püngeler). Zur letztgenannten Gruppe gehören: die extrem arm gezeichneten Rassen *martini-heringi* (Bryk & Eisner), *hohlbecki* (Avinov), *pygmaea* (A. Bang-Haas), *candida* (Avinov) *grayi* (Avinov) und *lorimeri* (Tytler). Ihnen fehlen auch unterseits die Wurzelflecke. Der Kreis von *T. simo simo* (G. R. Gray) hat unterseits 2 oder sogar 3 rot gefärbte Wurzelflecke und die Befransung des Vorderflügels ist nicht dunkel, sondern hell. Da die Sphragis bei den befruchteten Weibchen in der Regel fehlt — sie soll abfallen —, so läßt sich bei der starken Behaarung des Hinterleibes in beiden Geschlechtern das Weibchen leicht nur nach der sexuell dimorphen Klauenbildung bestimmen.

Alle Entwicklungsstadien des Falters sind unbekannt. Flugzeit Ende Juni bis August.

## Subgen. **Eukoramius** Bryk

1883 *Parnassius* (part.), C. Oberthür in: Bull. Soc. ent. France, ser. 6 *v.* 3 p. 77 | 1886 *P.* (part.), Elwes in: P. zool. Soc. London, p. 18 | 1890 *„Parnassiens“* (part.), Grum-Grshimailo in: Romanoff, Mém. Lép., *v.* 4 p. 169 | 1894 *P.* („groupe“ *Foliati*), Austaut in: Naturaliste, *v.* 16 p. 201 | 1902 *Koramius* (part.), F. Moore, Lep. Ind., *v.* 5 p. 120 | 1906 *Parnassius* (part.) (sect. *Symplecti* (part.)), H. Stichel in: Berlin. ent. Z., *v.* 51 p. 82 | 1906 *P.* (part.), H. Stichel in: Seitz, Großschmett. Erde, *v.* 1 p. 19 und nota | 1906 & 07 *P.* (part.), Verity, Rhop. palaearct., p. 48, 86 („groupe“ VI) | 1907 *P.* (Sectio: *Symplecti* (part.) (cohors: *charltoniiformes* (part.)), H. Stichel in: Gen. Ins., *v.* 58 p. 43 | 1907 *P.* (part.), Bingham in: Fauna Brit. Ind., Butt. *v.* 2 p. 116 | 1909 *P.* (part.), Fruhstorfer in: Seitz, Großschmett. Erde, *v.* 9 p. 110 | 1922 [1923] *Tadumia* (part.), Bryk in: Strand, Lep. Cat., *v.* 27 p. 46 | 1923 *Parnassius* (part.), W. H. Evans in: J. Bombay Soc., *v.* 29 p. 231, 243 | 1932 *Tadumia* (part.), M. Hering in: Mt. D. ent. Ges., *v.* 3 p. 33 | 1932 *Parnassius* (*Tadumia*) (part.), M. Hering in: Mt. Mus. Berlin, *v.* 18 p. 294 | 1934 *Eukoramius*, Bryk in: Parnassiana, *v.* 3 p. 43.

Kopf klein. Augen groß, schwarz, nackt, eiförmig gewölbt. Stirnschopf buschig behaart. Palpen (Fig. 647) zart, flach, den Kopf überragend, bewimpert. Endglied der Palpe kürzer als das Mittelglied, jedoch stark verschmälert; Basalglied sehr kurz. Antennen schwarz, sich allmählich gegen die Basis verjüngend, von $^1/_3$ Länge des Vorderflügelvorderrandes, Keule in einen knopfartigen, kleinen Fortsatz auslaufend. Thorax behaart, schwarz, mit schmutzigbraunem Halskragen; beim Weibchen hinten nackt, mit weißen Schuppen besetzt. Beine gelblich beschuppt. Tibia mit einem stark zugespitzten, die Tibia überragenden Schienenblättchen (Fig. 648), das etwa in der Mitte der Schiene inseriert. Abdomen beim Männchen behaart; beim Weibchen oberseits nackt, mit weißen Schuppen schütter besetzt, ventral stark behaart. Vorderflügel dreieckig, gestreckt. Vorderrand von der Wurzel gerade verlaufend, dem Apex zu etwas gebogen. Apex abgerundet. Seitenrand zum Hinterrand rundlich verlaufend. $R_3$ entspringt aus der vorderen Mittelzellrippe vor dem Mittelzellende, verwächst nahe dem Vorderrand mit $R_1$, wo sie sich etwas biegt, um sich dann wieder zu trennen und in den Apex zu münden. $M_1$ entspringt direkt aus der Mittelzellquerrippe hinter dem Gabelstiel von $R_4 + R_5$, ohne mit ihm an der Basis zu verwachsen. Sonst ist das Geäder von dem der Gattung *Parnassius* F. nicht wesentlich unterschieden, bis auf den Praecostalsporn, der oft zweiästig ist oder an Stelle des 2. Astes eine Verknotung zeigt. Befransung des Seitenrandes weiß. Saumlinie schwarz. Die Schwarzzeichnung wie bei *Koramius* F. Moore. Hinterflügel oval, Seitenrand vorn von $R_4$ bis über $M_2$ hinaus geradlinig, dann dem Hinterrande zu gut abgerundet. Zeichnung ähnlich der von *Koramius* F. Moore. VIII. Tergit des Männchens (Fig. 649) mit sehr tiefer Einbuchtung, die Seitenlappen stumpf gerundet. Uncus (Fig. 650)

Fig. 647. Palpus von **Tadumia imperator** (C. Oberth.) (Original).

Fig. 648. Vorderschiene mit Schienenblatt von **Tadumia imperator** (C. Oberth.) (Nach M. Hering 1932) ($^{17}/_1$).

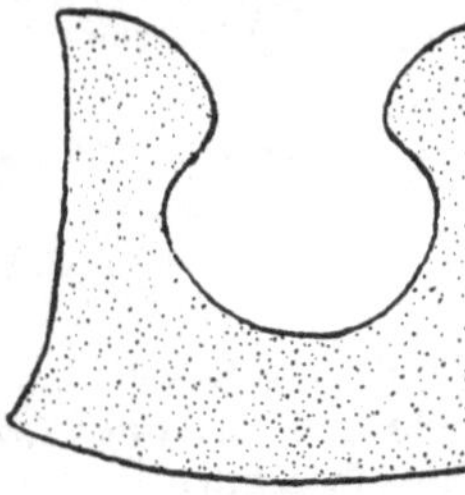

Fig. 649. VIII. Tergit von **Tadumia imperator** (C. Oberth.) (♂). (Nach M. Hering 1932) ($^9/_1$).

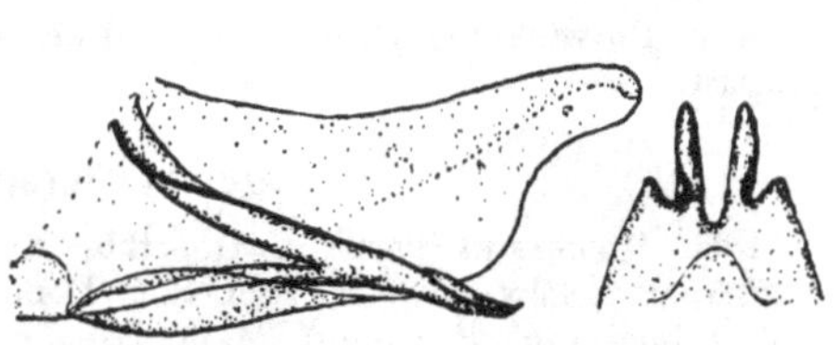

Fig. 650. Valve (links) und Uncus (rechts von **Tadumia imperator** (C. Oberth.) (Nach M. Hering 1932) ($^{15}/_1$).

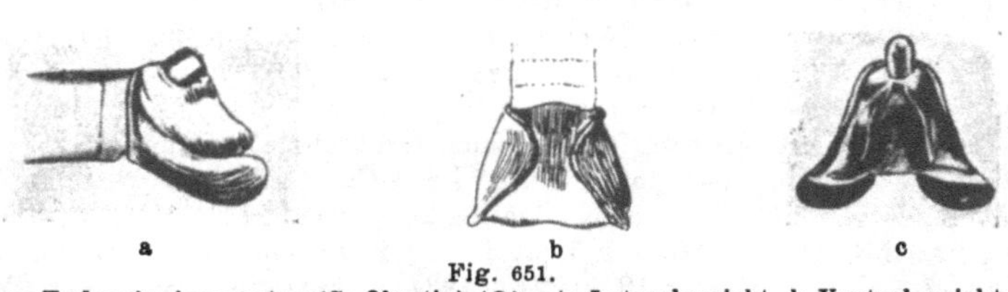

a b c

Fig. 651. Sphragis von **Tadumia imperator** (C. Oberth.) (♀). (a Lateralansicht, b Ventralansicht, c Caudalansicht). (Nach Bryk 1918).

der männlichen Genitalarmatur zweispitzig. Die beiden Uncushörner gegen die Basis nicht verbreitert. An der Basis beiderseits ein Fortsatz. Valve mit caudal-dorsalem Fortsatz. Aedoeagus lang und schlank, mit kleinem Orificium, oralwärts wenig verdickt. Sphragis (Fig. 651) braungelblich, ringförmig den Hinterleib umklammernd, ventral stark ausgehöhlt, die beiden Seitenlappen am Rand von einer flachen Leiste begrenzt, die ventral wie dorsal vorspringt und caudalwärts etwas eingebuchtet ist.

Szetschwan, Kanssu, Amdo.

Diese Untergattung ist monotypisch.

7. **T. imperator** (C. Oberth.) 1883 *Parnassius i.*, C. Oberthür in: Bull. Soc. ent. France, ser. 6 *v.* 3 p. 77 | 1884 *P. i.*, C. Oberthür, Étud. Ent., *v.* 9 p. 11 t. 1 f. 4a—4c (♀) | 1886 *P. i.*, Elwes in: P. zool. Soc. London, p. 42 | 1890 *P. i.*, Grum-Grshimailo in: Romanoff, Mém. Lép., *v.* 4 p. 159, 160, 162—164, 169, 208 | 1891 *P. i.*, C. Oberthür, Étud. Ent., *v.* 14 p. 1 t. 1 f. 1 (♂) | 1892 *P. i.*, F. Rühl & A. Heyne, Palaearkt. Groß-Schmett., *v.* 1 p. 108 | 1893 *P. i.*, Leech, Butt. China Japan Corea, Part 4 p. 505 | 1897 *P. imperialis*, T. Eimer, Orthogen. Schmett., p. 385 | 1901 *P. imperator*, O. Staudinger & Rebel, Cat. Lep. Palaearct. Faunengeb., ed. 3 *v.* 1 p. 8 | 1902 *Koramius i.*, F. Moore, Lep. Ind., *v.* 5 p. 123 | 1907 & 06 *Parnassius i.*, Verity, Rhop. palaearct., p. 86 t. XXI f. 6 (♂), 7, 8 (♀) | 1907 *P. i.*, H. Stichel in: Seitz, Großschmett. Erde, *v.* 1 p. 35 t. 16d (♀) | 1907 *P. i.*, H. Stichel in: Gen. Ins., *v.* 58 p. 43 t. 1 f. 8 (nervatura) | 1909 *P. i.*, Fruhstorfer in: Seitz, Großschmett. Erde, *v.* 9 p. 111 t. 50a (♂) | 1909 *P. i.*, A. Pagenstecher, Geogr. Verbr. Schmett., p. 181 | 1911 *P. i.*, Bryk in: Soc. ent., *v.* 26 p. 54 | 1911 *P. i.*, Verity, Rhop. palaearct., t. B f. 19 (nervatura) | 1913 *P. i.*, Avinov in: Horae Soc. ent. Ross., *v.* 40 nr. 5 p. 13 | 1915 & 14 *P. i.*, Bryk in: Arch. Naturg., *v.* 80 A 7 p. 183, A 9 p. 140, A 6 t. 5 f. 37 (♀) | 1917 *P. i.*, Bryk, ibid., *v.* 82 A 5 p. 61 (nervatura) | 1917 *P. i.*, O. Kaiser in: Mt. Münch. ent. Ges., *v.* 8 p. 15 | [1918] *P. i.*, Bryk, Parnassius Apollo Formenkreis, p. 94, 136 t. 5 f. 37 (♀) | 1922 [1923] *Tadumia i.*, Bryk in: Strand, Lep. Cat., *v.* 27 p. 61 | 1932 *T. delphius i.*, M. Hering in: Mt. D. ent. Ges., *v.* 3 p. 33 | 1932 *Parnassius* (subgen. *Tadumia*) *d. i.*, M. Hering in: Mt. Mus. Berlin, *v.* 18 p. 279, 282, 283, 287, 288, 295, 302, 303 f. 34 (Schienenblättchen), p. 306, 307 f. 60 (VIII. Tergit), p. 314, 315 f. 133 (valva, uncus).

Ein großer Falter. Vorderflügel gestreckt. Kreideweiß bis hellgelblich, mehr oder weniger stark schwarz bestäubt. Glasbinde sehr breit, nicht immer bis zum Hinterrand reichend. Submarginalbinde continuierlich, sehr schmal bis sehr breit, dementsprechend die von ihr begrenzte Grundfarbenbinde in der Breite variabel. Subcostalbändchen continuierlich, mehr oder weniger breit, mit dem stets erhaltenen Hinterrandfleck verbunden oder nicht verbunden. Diese Verbindung ist bisweilen derart erweitert, daß sie sich bis zur hinteren Discalrippe erstreckt und vorn mit dem kräftigen Endzellfleck, der sich in der Regel bis auf die Ansatzstellen von $M_2$, $M_3$ und $Cu_1$ verlängert, vereinigt. Mittelzellfleck länglich, viereckig. Vorderrand des Vorderflügels und Wurzelfeld mehr oder weniger kräftig schwarz gekörnt. Unterseite: Die nackten Rippen braun. Zellmakeln reduziert, sonst meistens zeichnungslos. Hinterflügel: Glasband äußerst schmal und diffus oder fehlend. Die graphitgraue Submarginalbinde continuierlich oder in lose Striche aufgelöst, oder sogar sehr stark reduziert. Sie verläuft anfangs gerade, etwa bis $R_5$ ($+ M_1$), biegt sich von da unter einem stumpfen Winkel bis $M_2$, um dann von $M_2$ bis $M_3$ etwas bogig wurzelwärts vorzuspringen. Ihre hinteren Elemente von $R_5$ ($+ M_1$) bis $M_3$ sind bisweilen dem Saume zu schwarz begrenzt, blau gekernt. Die beiden hintersten Elemente, die stark dem Saum genähert sind, in 2 schwarze Randaugenflecke aufgelöst, die einen mehr oder weniger starken Blaukern tragen. Augenflecke klein bis sehr groß, rot bis orangerot, mit oder ohne weißen Kern, breit schwarz umrahmt.

An den medianen schließt sich ein continuierliches, schmales Analband an, das aber oft zwischen $M_3$ und $Cu_1$ reduziert ist oder völlig fehlen kann. Wurzelfeld- und Hinterrandschwärze in der Ausdehnung variabel, bald nur als Wurzelflecke und schwarze Einsäumung des Innenrandes auftretend, bald über den ganzen Discus hinaus sich erstreckend. Der vor dem Discus vorn liegende, schwarze Wurzelfleck trägt bisweilen einen roten Kern. Unterseite: Die beiden Randaugenflecke sind stets erhalten und tragen einen weißen Kern. Die beiden Augenflecke neben rot meist weiß gekernt. 3 mehr oder weniger deutlich rot gekernte und schwarz begrenzte Wurzelflecke vorhanden, von denen der vorderste oft einen weißen Kern trägt. Männchen bei gewissen Rassen dunkler bestäubt. Sphragis: vgl. Diagnose der Untergattung *Eukoramius* (1884, C. Oberthür, Étud. Ent., *v.* 9 p. 11 t. 1 f. 4c | 1886, Elwes in: P. zool. Soc. London, p. 42 t. 3 f. 4 | 1907 & 06, Verity, Rhop. palaearct., p. 86 t. XX f. 10 | 1918, Bryk in: Ark. Zool., *v.* 11 nr. 18 p. 13, 15, 18 t. 4 f. 23, 28).

Szetschwan, Kanssu, Amdo, Nanschan-Gebirge.

Die Art zerfällt in 18 Unterarten.

forma supracohaerens-media Bryk & Eisner 1931 *Parnassius imperator* subsp. *rex* forma *s.-medius*, Bryk & Eisner in: Parnassiana, *v.* 1 nr. 6 p. 8.

Die beiden Zellflecke des Vorderflügels durch einen längs der vorderen Mittelzellrippe verlaufenden, schwarzen Strich verbunden.

Kanssu: Hsining, Nanschan-Gebirge, Tatung.

Typus: ♂ in coll. C. Eisner, Berlin-Dahlem.

forma additionalis Bryk & Eisner 1931 *Parnassius imperator* subsp. *musageta* forma *a.*, Bryk & Eisner in: Parnassiana, *v.* 1 nr. 6 p. 8 | 1932 *P. i.* subsp. *musetta* aberr. *a.*, Bryk & Eisner, ibid., *v.* 2 p. 7.

Zwischen Wurzelfeld und Hinterrandfleck des Vorderflügels ein isolierter schwarzer Fleck.

Kanssu: Lanchowfu.

Typus: ♂ in coll. C. Eisner, Berlin-Dahlem.

forma nigrobasalis Bryk & Eisner 1931 *Parnassius imperator* subsp. *rex* forma *n.*, Bryk & Eisner in: Parnassiana, *v.* 1 nr. 6 p. 8.

Der sonst rote Wurzelfleck des Hinterflügels schwarz.

Kanssu: Hsining, Nanschan-Gebirge, Tatung.

Typus: ♂ in coll. C. Eisner, Berlin-Dahlem.

forma ocelloconnexa Bryk & Eisner 1931 *Parnassius imperator* subsp. *imperator* forma *o.*, Bryk & Eisner in: Parnassiana, *v.* 1 nr. 6 p. 8.

Die beiden Augenflecke durch einen schwarzen Steg verbunden.

Tatsienlu.

Typus: 1 ♀ coll. C. Eisner, Berlin-Dahlem.

forma exanalis Bryk & Eisner 1931 *Parnassius imperator* subsp. *regulus* forma *e.* + *connexobasalis*, Bryk & Eisner in: Parnassiana, *v.* 1 nr. 6 p. 8 | 1932 *P. i.* subsp. *r.* forma *e.*, Bryk & Eisner, ibid., *v.* 2 p. 7.

Die Analflecke fehlen dem Hinterflügel völlig.

Kanssu: Shekou, westl. Liangtshou.

Typus: ♂ in coll. C. Eisner, Berlin-Dahlem

forma supra-et-subtus-rubroocellata Bryk & Eisner 1932 *Parnassius imperator* subsp. *regulus* forma *s.-et-s.-r.*, Bryk & Eisner in: Parnassiana, *v.* 2 p. 7.

Augenflecke ober- und unterseits rot ausgefüllt, ohne jede Weißkernung.

Kanssu: Shekou, westl. Liangtshou.

Typus: ♂ in coll. C. Eisner, Berlin-Dahlem.

forma connexobasalis Bryk 1931 *Parnassius imperator* subsp. *regulus* forma *exanalis* + *c.*, Bryk & Eisner in: Parnassiana, *v.* 1 nr. 6 p. 8 | 1932 *P. i.* subsp. *r.* forma *c.*, Bryk & Eisner, ibid., *v.* 2 p. 7.

Der subcostale Augenfleck ist durch einen schwarzen Strich mit dem Wurzelfleck verbunden.

Kanssu: Shekou, westl. Liangtshou.

Typus: ♂ in coll. C. Eisner, Berlin-Dahlem.

forma semicaeca O. Bang-Haas 1928 *Parnassius imperator* subsp. *rex* aberr. *s.* (nomen collect.), O. Bang-Haas in: Ent. Z., *v.* 42 p. 60 | 1929 *P. i.* subsp. *r.* aberr. *s.*, Bollow in: Seitz, Großschmett. Erde, *v.* 1 Suppl. 1 p. 60.

Der subcostale Augenfleck des Hinterflügels ohne den typischen roten Kern, ganz schwarz.

Kanssu: Hsining, Nanschan-Gebirge, Tatung.

Typus: ♂ in coll. O. Bang-Haas, Dresden-Blasewitz.

forma alticola Verity 1907 & 06 *Parnassius imperator* „forme" *a.*, Verity, Rhop. palaearct., p. 86 t. XXI f. 9 (♀) | 1907 *P. i. imperator* forma *a.*, H. Stichel in: Gen. Ins., *v.* 58 p. 44 | 1918 *P. i. a.*, W. Rothschild in: Nov. zool., *v.* 25 p. 261 | 1920 *P. i. a.*, Avinoff in: C. Oberthür, Étud. Lép., *v.* 17 p. 83 | 1922 [1923] *Tadumia i.* forma *a.*, Bryk in: Straud, Lep. Cat., *v.* 27 p. 62 | 1930 *Parnassius i.* ♀ aberr. *a.*, Bollow in: Seitz, Großschmett. Erde, *v.* 1 Suppl. 1 p. 82.

Beide Augenflecke sehr breit schwarz umrahmt, so daß der rote Kern zurücktritt.

Tatsienlu.

Typus: ♀ in coll. R. Oberthür, Rennes.

forma luctuosa C. Oberth. 1914 *Parnassius imperator-luctuosus*, C. Oberthür, Étud. Lép., *v.* 9 II p. 43 t. 253 f. 2136 (♀) | 1922 [1923] *Tadumia i.* aberr. *l.*, Bryk in: Strand, Lep. Cat., *v.* 27 p. 62 | 1930 *Parnassius i.* aberr. *luctuosa,* Bollow in: Seitz, Großschmett. Erde, *v.* 1 Suppl. 1 p. 82 (diagnos. falsa).

Die beiden Randaugenflecke haben unterseits keinen blauen Kern; oberseits ist diese Blaukernung etwas reduziert.

Szetschwan: Umgebung von Tatsienlu.

Typus: ♀ in coll. R. Oberthür, Rennes.

♀ forma biexcelsior Bryk 1932 *Parnassius imperator* subsp. *musetta* forma *b.*, Bryk & Eisner in: Parnassiana, *v.* 2 p. 7.

Die beiden vordersten Wurzelflecke des Hinterflügels tragen einen roten Kern.

Kanssu: Lanchowfu.

Typus: ♀ in coll. C. Eisner, Berlin-Dahlem.

forma ampliuscoeruleopicta Bryk & Eisner 1932 *Parnassius imperator* subsp. *regina* ♀ forma *a.*, Bryk & Eisner in: Parnassiana, *v.* 2 p. 7.

Die 2 hintersten, an die beiden blaugekernten Randaugenflecke grenzenden Elemente der Submarginalbinde des Hinterflügels erweitert und schwach blau gekernt.

W. China: Minschan-Gebirge.

Typus: ♀ in coll. C. Eisner, Berlin-Dahlem.

forma isabellina Bryk & Eisner 1932 *Parnassius imperator* subsp. *regulus* forma *i.*, Bryk & Eisner in: Parnassiana, *v.* 2 p. 7.

Die Schwarzzeichnung verblaßt, braun erscheinend, die Augenflecke mit rosa Färbung. (Wahrscheinlich auf Mißbildung der Schuppenform zurückzuführen.)

Kanssu: Shekou, westl. Liangtshou.

Typus: ♂ in coll. C. Eisner Berlin-Dahlem.

forma flava Verity 1907 & 06 *Parnassius imperator* var. *augustus* aberr. *f.*, Verity, Rhop. palaearct., p. 87 t. XXI f. 10 (♂) | 1909 *P. i. a.* (part.), Fruhstorfer in: Seitz, Großschmett. Erde, *v.* 9 p. 111 | 1922 [1923] *Tadumia i.* var. *a.* aberr. *flava* (an syn.?), Bryk in: Strand, Lep. Cat., *v.* 27 p. 62.

Flügelgrund der ohnehin stark gelben Unterart kanariengelb.

Tibet meridionalis: Kambadjong.

Typus: ♀ in coll. R. Oberthür, Rennes.

71. **T. imperator imperator** (C. Oberth.) 1883 *Parnassius i.*, C. Oberthür in: Bull. Soc. ent. France, ser. 6 *v.* 3 p. 77 | 1884 *P. i.*, C. Oberthür, Étud. Ent., *v.* 9 p. 11 t. 1 f. 4a—4c (♀) | 1891 *P. i.*, C. Oberthür, ibid., *v.* 14 p. 1, [19] t. 1 f. 1 (♂) | 1907 & 06 *P. i.* + „forme" *alticola* (part.), Verity, Rhop. palaearct., p. 86 t. XXI f. 6 (♂), 7, 8, 9 (♀) | 1907 *P. i.*, H. Stichel in: Seitz, Großschmett. Erde, *v.* 1 p. 35 t. 16d (♀) | 1907 *P. i. imperator* + forma *alticola*, H. Stichel in: Gen. Ins., *v.* 58 p. 43 | 1910 *P. i. i.*, Verity, Rhop. palaearct., t. 3 f. 12, 13 [squamae] | 1914 & 15 *P. i.*, Bryk in: Arch. Naturg., *v.* 80 A 7 p. 183, A 6 t. 5 f. 37 (♀) | 1914 *P. imperator-luctuosus*, C. Oberthür, Étud. Lép., *v.* 9 II p. 43 t. 253 f. 2136 (♂) | 1918 *P. imperator imperator* (part.), W. Rothschild in: Nov. zool., *v.* 25 p. 257 | [1918] *P. i.*, Bryk, Parnassius Apollo Formenkreis, p. 94, 136 t. 5 f. 37 (♀) | 1922 [1923] *Tadumia i.* + aberr. *luctuosus* + forma *alticola,* Bryk in: Strand, Lep. Cat., *v.* 27 p. 61, 62 | 1930 *Parnassius i.* aberr. *luctuosa*, Bollow in: Seitz, Großschmett. Erde, *v.* 1 Suppl. 1 p. 82 | 1931 *P. i.* subsp. *imperator* forma *ocelloconnexa*, Bryk & Eisner in: Parnassiana, *v.* 1 nr. 6 p. 8 | 1932 *Tadumia delphius i.*, M. Hering in: Mt. D. ent. Ges., *v.* 3 p. 33 | 1932 *Parnassius i. imperator*, Bryk in: Nov. zool., *v.* 37 p. 381.

Eine sehr große Unterart (Fig. 652). Vorderflügel gestreckt, von unreiner, weißer Grundfarbe. Glasband sehr breit, bis zum Hinterrand reichend, vorn basalwärts schräg abgegrenzt, zwischen $M_3$ und $Cu_1$ bauchig erweitert, von da ab in einem Bogen sich allmählich zum Hinterrand verjüngend. Submarginalbinde glasig, graphitfarben, mehr oder weniger breit, unmittelbar vor dem Hinterrand verjüngt. Die dazwischen liegende Grundfarbenbinde mehr oder weniger von den beiden sie begrenzenden Binden eingeengt. Subcostalbändchen breit, mit dem sehr kräftigen, oft hinten verschmälerten Hinterrandfleck stets deutlich verbunden. Endzellfleck kräftig. Mittelzellfleck breit. Wurzelfeld und Vorderrand des Vorderflügels deutlich, sehr gut schwarz bestäubt. Hinterflügel: Glassaum seltener völlig rückgebildet, meist nur als dunkle, sehr schmale, diffuse Umsäumung erhalten. Submarginalbinde continuierlich. Die beiden Randaugenflecke sehr groß, mit großen, blauen Kernen. Augenflecke klein bis mittelgroß, breit schwarz umrandet, karminrot, überwiegend mit leuchtend weißem Kern. Analbändchen 2 zellig, bis $Cu_1$ reichend, seltener reduziert. Wurzelfeld und Hinterrandschwärze mehr oder weniger stark ausgedehnt. Der Wurzelfleck vor dem Discus ohne roten Kern. Unterseite: Die beiden Augenflecke haben einen etwas größeren, weißen Kern als die der Oberseite, infolge dessen ist das Rot etwas verdrängt. Von den 3 Wurzelflecken trägt der vorderste einen weißen Kern;

Fig. 652.
**Tadumia imperator imperator** (C. Oberth.) (♂). (Ideotypus, aus coll. Zool. Mus. Berlin) (1/1).

Fig. 652 a.
**Tadumia imperator imperator** (C. Oberth.) (♀). (Ideotypus, aus coll. Zool. Mus. Berlin) (1/1).

bei den beiden hinteren ist das Rot oft ganz verschwunden. Männchen: Seitenrand des Vorderflügels nicht so stark abgerundet, mehr gerade verlaufend. Dichter beschuppt und reichlicher schwarz überpudert, besonders der Verbindungsteil zwischen Subcostalbändchen und Hinterrandfleck, der sich stark discalwärts ausdehnt und den Discus erreicht. Wurzelfeld des Vorderflügels sehr prägnant schwärzlich bestäubt. Hinterflügel: Hinterrandschwärze stark ausgedehnt, um den Discus greifend. Die Wurzelfeldschwärze im Discus verbreitert, als feiner, schwarzer Staub auch den sonst hellen vorderen Teil der Mittelzelle verrußend. Weibchen: Das Weiß des Flügelgrundes infolge etwas dünnerer Beschuppung stumpf milchig. Die Verbindung des Subcostalbändchens schwächer als beim Männchen ausgeprägt. Der vordere Teil der Mittelzelle des Hinterflügels nicht so kraß schwärzlich überpudert. Hinterrandschwärze discalwärts nicht so ausgedehnt, mehr verschwommen und verblaßt. Folgende formae treten auf: *luctuosa, alticola, ocelloconnexa, ampliuscoeruleopicta.* Vorderflügellänge: ♂♀ 34—41 mm.

Szetschwan: Tatsienlu, Tailing, 2700—3800 m.

Typen: ♂♀ in coll. R. Oberthür, Rennes.

72. **T. imperator interjungens** Bryk 1909 *Parnassius i.* subsp. *intermedius*, W. Rothschild (nec Ménétriés 1849) in: Nov. zool., *v.* 16 p. 19 | 1911 & 10 *P. i.* „race" *i.*, Verity, Rhop. palaearct., p. 318 t. LIX f. 2 (♀) | 1918 *P. i. i.*, W. Rothschild in: Nov. zool., *v.* 25 p. 258 | 1922 [1923] *Tadumia i.* var. *i.*, Bryk in: Strand, Lep. Cat., *v.* 27 p. 63 | 1932 *T. i. interjungens* (nomen novum), Bryk (W. Rothschild MS.) in: Parnassiana, *v.* 2 p. 5 | 1932 *Parnassius interjungens* forma *ampliuscoeruleopicta*, Bryk & Eisner, ibid., *v.* 2 p. 7.

Eine an die Nominatrasse sich anschließende Unterart. Weibchen stärker schwarz überpudert. Die Grundfarbenbinde zwischen Glasband und Submarginalbinde etwas breiter und continuierlich. Wurzelfeldschwärze des Hinterflügels kräftiger betont. Hinterflügel: Die beiden hintersten Elemente der Submarginalbinde blau gekernt. Zwischen dem medianen Augenfleck und den beiden Analflecken eine Verbindung, so daß das Analbändchen, das von der Hinterrandschwärze getrennt ist, als ein 3bogiges Zierat erscheint. Der vordere Teil der Mittelzelle leicht schwärzlich überpudert. Männchen unbekannt. Vorderflügellänge: ♀ 41,5 mm.

Pembu-Paß (22 km nördlich von Lhassa).

Typus: ♀ in coll. Zool. Mus. Tring.

73. **T. imperator aino** Bryk 1918 *Parnassius i. imperator* (part.), W. Rothschild in: Nov. zool., *v.* 25 p. 257 | 1932 *Tadumia i.* subsp. *aino*, Bryk in: Parnassiana, *v.* 2 p. 5.

Fig. 653.
**Tadumia imperator aino** Bryk (♂). (Paratypus, aus coll. C. Eisner, Berlin-Dahlem) (1/1).

Kleiner als die Nominatrasse, heller, nicht so verrußt (Fig. 653). Vorderflügel: Glasband etwas schmäler, wodurch die helle, angrenzende Grundfarbenbinde in der Regel breiter erscheint, nicht in Mondflecke aufgelöst, was an ssp. *interjungens* Bryk erinnert. Augenflecke oft etwas verkleinert. Hinterflügelsaum fast garnicht verglast. 2 Analflecke. Unterseits ist der vordere Wurzelfleck des Hinterflügels rot, seltener mit weißem Kern.

Yunnan: A-tum-tzu, 450 m; Tal des Mekong.

Typen: ♂♀ in coll. Zool. Mus. Tring.

74. **T. imperator evansi** Bryk 1932 *T. i.* subsp. *e.*, Bryk in: Parnassiana, *v.* 2 p. 5.

Die kleinste Unterart. Weibchen (Fig. 654) mit schmälerem Glasband als die Nominatrasse. Mit sehr hellweißem Flügelgrund. Die beiden hellen Binden zwischen Glasband, Submarginalbinde und Subcostalbinde von den schwarzen Binden breit getrennt. Der längliche Mittelzellfleck erreicht hinten den Discusarm nicht. Die roten Augenflecke mit reinweißen Spiegeln.

Fig. 654.
**Tadumia imperator evansi** Bryk (♀). (Typus).

Die beiden blauen Randaugenflecke groß, der vordere länglich, die 2 sich ihnen anschließenden liegen in der Submarginalbinde. Das schmale Analbändchen $Cu_1$ überschreitend. Männchen unbekannt. Vorderflügellänge: ♀ 32 mm.

S. O. Tibet: Charap, Charchu.

Typus: ♀ in coll. Brit. Mus. London.

75. **T. imperator irmae** Bryk 1932 *T. i.* subsp. *irmae*, Bryk in: Parnassiana, *v.* 2 p. 4 f. 2 (♂).

Eine sehr kleine Unterart (Fig. 655). Männchen: Flügelgrund stark schwarz überpudert. Submarginalbinde etwas schmäler. Subcostalbändchen mit dem Hinterrandfleck stark schwarz überpudert, ebenso das Wurzelfeld, so daß der Falter verdüstert erscheint. Mittelzellfleck länglich, viereckig. Hinterflügel verschmälert. Glassaum schwach angedeutet. Submarginalbinde nicht scharf abgesetzt, die beiden Randaugenflecke verdüstert, da die Weißbeschuppung des Kernes sehr stark reduziert ist. Der subcostale Augenfleck rundlich, klein, mit kleinem, weißem Kern, der mediane 5eckig, wurzelwärts gewinkelt, mittelgroß, mit deutlichem, weißem Kern, beide rot, schwarz umrandet. Der ganze basale Teil des Flügels bis zu den Augenflecken bildet einschließlich der bogig ausgezähnten Analflecke eine homogene, schwarze

Fläche. Die Augenflecke sind durch diese artfremde Verbreiterung der Wurzelfeldschwärze miteinander verbunden. Wurzelflecke unterseits ohne Rot. Weibchen unbekannt. Da das Männchen der Nominatrasse stets verdunkelt und das Weibchen heller ist, so ist anzunehmen, daß bei *irmae* Bryk das Weibchen ebenfalls in einem helleren Habitus auftritt. Vorderflügellänge: ♂ 34 mm.

S. Tibet: Trum La.

Typus: ♂ in coll. O. Bailey, London.

Fig. 655.
**Tadumia imperator irmae** Bryk (♂). (Typus, nach Bryk 1932) (1/1).

76. **T. imperator rex** (O. Bang-Haas) 1928 *Parnassius i.* subsp. *r.* + aberr. *semicaeca*, O. Bang-Haas in: Ent. Z., *v.* 42 p. 60 | 1930 *P. i.* subsp. *r.* + aberr. *s.*, Bollow in: Seitz, Großschmett. Erde, *v.* 1 Suppl. 1 p. 82 | 1931 *P. i.* subsp. *r.* + forma *supracohaerens-medius* + forma *nigrobasalis*, Bryk & Eisner in: Parnassiana, *v.* 1 nr. 6 p. 8 | 1932 *P. i.* subsp. *r.*, Bryk & Eisner, ibid., *v.* 2 p. 6 | 1932 *P. i. r.*, Kotzsch in: Ent. Z., *v.* 45 p. 267 | 1933 *P. i. r.*, O. Bang-Haas, ibid., *v.* 46 p. 262.

Eine helle Unterart von gelblichweißer Färbung. Mit dunklerer Bestäubung des Vorderflügels, kräftiger Schwarzfleckung und breiter Submarginalbinde. Augenflecke mittelgroß, gut schwarz umsäumt. Subcostalbinde des Hinterflügels scharf abgesetzt. Die beiden Randaugenflecke mit klarem, blauem Kern. Wurzelfleck oberseits mit oder ohne roten Kern. Folgende formae treten auf: *semicaeca, nigrobasalis, supracohaerens-media.* Vorderflügellänge: ♂♀ 35—37 mm.

Kanssu: Hsining, Nanschan-Gebirge, Tatung.

77. **T. imperator regina** (Bryk & Eisner) 1932 *Parnassius i. r.* (nomen nudum), Kotzsch in: Ent. Z., *v.* 45 p. 267 | 1932 *P. i.* subsp. *r.*, Bryk & Eisner (O. Bang-Haas MS.) in: Parnassiana, *v.* 2 p. 7 (non f. 3) | 1933 *P. i. r.*, O. Bang-Haas in: Ent. Z., *v.* 46 p. 262 | 1934 *P. i. r.*, O. Bang-Haas, ibid., *v.* 48 p. 108 | 1935 *P. i. r.*, O. Bang-Haas, ibid., *v.* 48 p. 183.

Eine helle, gelblich weiße Unterart, die in der Zeichnung stark an die Nominatrasse erinnert (Fig. 656). Befransung weißlich. Saumlinie nicht so dunkel wie bei der Nominatrasse. Vorderflügel: Glasband verschmälert. Grundfarbenbinde continuierlich und verhältnismäßig breit. Submarginalbinde deutlich abgesetzt, oft reduziert. Subcostalbändchen breit, von dem verkleinerten Hinterrandfleck nicht immer getrennt. Mittelzellfleck schmal.

länglich, Wurzelfeld schwarz bestäubt. Hinterflügel ohne Glassaum. Submarginalbinde scharf abgesetzt. Randaugenflecke groß, mit großen, blauen Kernen. Augenflecke mittelgroß, gut schwarz umsäumt, mit oder ohne weiße Kerne. Analflecke oft fehlend. Hinterrandschwärze bis $Cu_1$ reichend. Wurzelfeldschwärze mäßig. Vorderer Wurzelfleck ohne Rötung. Unterseits trägt der vorderste Wurzelfleck einen weißen Spiegel auf Kosten der

Fig. 656.
**Tadumia imperator regina** (Bryk & Eisner) (♂). (Paratypus, aus coll. Zool. Mus. Berlin) (1/1).

Fig. 656 a.
**Tadumia imperator regina** (Bryk & Eisner) (♀). (Paratypus, aus coll. Zool. Mus. Berlin) (1/1).

Verschmälerung des roten Kernes; bei den beiden hinteren ist das Rot mehr oder weniger ganz zurückgedrängt. Männchen: Die Bindenzeichnung weniger reduziert, der Hinterrandfleck des Vorderflügels klein. Das Glasband am Hinterrand sehr stark verjüngt. Weibchen: Das Glasband erreicht meistens den Hinterrand nicht. Hinterrandfleck sehr klein. Bindenzeichnung mehr reduziert, besonders die Submarginalbinde des Hinterflügels. Als forma tritt ♀ *ampliuscoeruleopicta* auf. Vorderflügellänge: ♂♀ 40 mm.

Minshan-Gebirge am Tauho-Fluß, Meitshuan.

Typen: ♂♀ in coll. C. Eisner, Berlin-Dahlem.

78. **T. imperator dominus** (O. Bang-Haas) 1934 *Parnassius i.* subsp. *d.*, O. Bang-Haas in: Ent. Z., *v.* 48 p. 109.

Steht der ssp. *regina* (Bryk & Eisner) sehr nahe (Fig. 657). Männchen von leicht gelblicher bis bräunlicher Grundfarbe. Zeichnung durchschnittlich dunkler. Subcostalbändchen des Vorderflügels oft mit dem Hinterrandfleck durch Schwärzung des betreffenden Flügelteils verbunden. Augen-

Fig. 657.
**Tadumia imperator dominus** (O. Bang-Haas) (♂). (Paratypus, aus coll. Zool. Mus. Berlin (1/1).

Fig. 657a.
**Tadumia imperator dominus** (O. Bang-Haas) (♀). (Paratypus, aus coll. Zool. Mus. Berlin) (1/1).

flecke etwas kleiner. Weibchen von dem der ssp. *regina* (Bryk & Eisner) wenig verschieden. Von weißer bis leicht gelblicher Grundfarbe. Schwächer als das Männchen gezeichnet, die Verbindung von Hinterrandfleck und Subcostalbändchen sehr selten auftretend.

Kuku-Noor meridion. orientalis: Alt Tau im Tasuretal Gebirge (Hsi-King-shan), 2500 m.

Typen: ♂♀ in coll. O. Bang-Haas, Dresden-Blasewitz.

79. **T. imperator gigas** (Kotzsch) 1932 *Parnassius i.* subsp. *g.*, Kotzsch in: Ent. Z., *v.* 45 p. 267 | 1933 *P. i. g.*, O. Bang-Haas, ibid., *v.* 46 p. 262.

Eine sehr große, rein weiße Rasse mit sehr ausgeprägter Schwarzzeichnung. Glasbinde gut entwickelt. Hinterrandfleck des Vorderflügels kräftig betont. Hinterflügel fast immer mit erloschenem Glasbande. Die beiden Augenflecke sehr groß, relativ schmal schwarz umrahmt, meist mit weißem Kern, der mitunter fehlt, so daß sie ganz rot ausgefüllt erscheinen. Blaukernung in den beiden Randaugenflecken gut entwickelt. 1 Analfleck. Wurzelfleck oberseits meist rot gekernt, verschieden stark ausgebildet. Vorderflügellänge: ♂♀ 40—41 mm.

Ostabhang des Sikingshan-Gebirges: Sincheng, 2800 m.

Typen: ♂♀ in coll. H. Kotzsch, Dresden-Blasewitz.

7 10. **T. imperator regulus** (Bryk & Eisner) 1932 *Parnassius i.* subsp. *r.* (nom. nud.), Kotzsch in: Ent. Z., *v.* 45 p. 267 | 1932 *P. i.* subsp. *r.* forma *exanalis* + forma *connexobasalis* + forma *isabellina* + forma *supra-et-subtus-rubroocellata*, Bryk & Eisner (O. Bang-Haas MS.) in: Parnassiana, *v.* 2 p. 6 | 1935 *P. i. r.*, O. Bang-Haas in: Ent. Z., *v.* 48 p. 183.

Fig. 658.
**Tadumia imperator regulus** (Bryk & Eisner) (♂). (Ideotypus, aus coll. Zool. Mus. Berlin) (1/1).

Fig. 658 a.
**Tadumia imperator regulus** (Bryk & Eisner) (♀). (Ideotypus, aus coll. Zool. Mus. Berlin) (1/1).

Eine mittelgroße, sehr helle Unterart mit rein weißer Grundfärbung und weniger gestrecktem Vorderflügel (Fig. 658). Vorderflügel: Glasband sehr schmal, hinten nur als Glassaum den Hinterrand erreichend. Befransung hellweiß. Submarginalbinde sehr schmal, aus scharf gezeichneten Bogen bestehend, bei $M_2$ unterbrochen, hinten nicht ganz den Hinterrand erreichend. Subcostalbändchen und Hinterrandfleck kräftig, nicht immer miteinander durch eine schwarze Überbrückung verbunden. Zellmakeln wurzelwärts gerade verlaufend. Mittelzellfleck länglich viereckig. Wurzelfeld ganz unauffällig leicht schwarz bestäubt. Hinterflügel: Glasband erloschen. Submarginalbinde sehr stark reduziert, schmal unterbrochen, bisweilen um ein Element hinten verkürzt. Die Randaugenflecke mit großen, blauen Kernen. Augenflecke sehr groß, mit oder ohne weiße Spiegel, tiefrot, gewöhnlich schwächer schwarz umrandet. Der vordere Wurzelfleck oberseits mit schwachem, rotem Kern. Analflecke fehlen. Hinterrand- und Wurzelfeldschwärze stärker reduziert. Unterseits sind die 3 Wurzelflecke lebhaft rot gekernt. Männchen: Die Saumlinie des Vorderflügels wie auch das Glasband dunkler als beim Weibchen. Folgende formae treten auf: *exanalis, connexobasalis, isabellina, supra-et-subtus-rubroocellata.* Vorderflügellänge: ♂♀ 35,5—36 mm.

Kanssu: Shekou, westl. Liangtshou, Honanpa, Ost-Nanschan.

Typen: ♂♀ in coll. C. Eisner, Berlin-Dahlem.

7 11. **T. imperator uxoria** (O. Bang-Haas) 1935 *Parnassius i.* subsp. *tyrannus*, O. Bang-Haas (nec Bryk 1932) in: Ent. Z., *v.* 48 p. 183 | 1935 *P. i. uxorius*, O. Bang-Haas, ibid., *v.* 49 (im Druck).

Eine zwischen ssp. *regulus* (Bryk & Eisner) und ssp. *regina* (Bryk & Eisner) stehende Rasse, die kleiner und weißlicher als *regina*, aber größer und gelblicher als *regulus* ist. Glasband breiter als bei *regulus*, aber schmäler als bei *regina*. Submarginalbinde des Vorderflügels schwächer gezackt als bei *regina*. Männchen: Subcostalbändchen mit dem Hinterrandfleck in der Regel verbunden, beim Weibchen fehlt diese Verbindung meistens.

Provinz Tshingei: Lussa, 60 km südlich Sining, 2600 m.

Typen: ♂♀ in coll. O. Bang-Haas, Dresden-Blasewitz.

7 12. **T. imperator musageta** (Gr.-Gr.) 1890 *Parnassius i.* var. *m.*, Grum-Grshimailo in: Horae Soc. ent. Ross., *v.* 25 p. 445 | 1892 *P. i.* var. *m.*, F. Rühl & A. Heyne, Palaearkt. Groß-Schmett., *v.* 1 p. 109 | 1893 *P. i.* var. *m.*, Leech, Butt. China Japan Corea, Part 4 p. 507 | 1894 *P. i.* var. *mussageta*, Austaut in: Naturaliste, *v.* 16 p. 201 | 1901 *P. i.* var. *musageta*, O. Staudinger & Rebel, Cat. Lep. Palaearct. Faunengeb., ed. 3 *v.* 1 p. 8 | 1907 *P. i. m.*, H. Stichel in: Seitz, Groß-schmett. Erde, *v.* 1 p. 35 t. 16e (♀) (an subsp. altera) | 1907 & 06 *P. i.* var. *m.*, Verity, Rhop. palaearct., p. 87, und (nota 2) t. XXI f. 11 (♂), 12 (♀) | 1907 *P. i. musagetus*, H. Stichel in: Gen. Ins., *v.* 58 p. 44 | 1918 *P. i. m.*, W. Rothschild in: Nov. zool., *v.* 25 p. 258 | 1922 [1923] *Tadumia i.* var. *musageta*, Bryk in: Strand, Lep. Cat., *v.* 27 p. 63 | 1928 *Parnassius i. m.* (part.), O. Bang-Haas in: Ent. Z., *v.* 42 p. 60 | 1932 *P. i. m.*, Bryk & Eisner in: Parnassiana, *v.* 2 p. 7.

Fig. 659.
**Tadumia imperator musageta** (Gr.-Gr.) (♂). (Nach Verity 1906) (1/1).

Eine sehr helle Unterart (Fig. 659). Vorderflügel mit sehr schmalem Glasband, das stark verjüngt bis zur Rundung des Seitenrandes vor dem Hinterrande reicht. Submarginalbinde deutlich, oft in angrenzende Flecke aufgelöst, bis zur Analfalte reichend. Subcostalbändchen kräftig schwarz, mit dem mittelstarken Hinterrandfleck in der Regel nicht verbunden. Endzellfleck vorn etwas breiter als hinten, unregelmäßig gezeichnet. Mittelzellfleck schmal, rechteckig. Wurzelfeld fast nicht bestäubt. Hinterflügel verschmälert. Glasbinde erloschen oder ganz rudimentär. Augenflecke mittelgroß, ziegelrot, mit oder ohne weißen Kern, gut schwarz umrandet. Submarginalbinde sehr schmal, mehr oder weniger in lose Striche aufgelöst. Die beiden Randaugenflecke auffallend groß, mit großen, blauen Kernen. Analflecke fehlend oder sehr schwach ausgeprägt. Hinterrand- und Wurzelfeldschwärze mäßig, schwach ausgeprägt, bis $Cu_1$ diffus verbreitert. Wurzelfleck oberseits mit rotem Kern. Vorderflügellänge: ♂♀ 35—36 mm.

Amdo am Flusse Tschang-Ho (Chuanche).

Typen: ♂♀ in coll. Brit. Mus. London.

713. **T. imperator musetta** (Bryk & Eisner) 1928 *Parnassius i. musageta* (part.), O. Bang-Haas in: Ent. Z., *v.* 42 p. 60 | 1931 *P. i.* subsp. *m.* + forma *additionalis*, Bryk & Eisner in: Parnassiana, *v.* 1 nr. 6 p. 8 | 1932 *P. i.* subsp. *musetta*, Bryk & Eisner, ibid., *v.* 2 p. 7.

Sehr stark an ssp. *musageta* (Gr.-Gr.) erinnernd (Fig. 660). Vorderflügel: Glasband etwas breiter, aber kürzer. Submarginalbinde schmäler, aber kürzer, bis $Cu_2$ reichend. Subcostalbändchen sehr kräftig und verbreitert, mit dem intensiv schwarzen Hinterrandfleck nicht immer durch

Fig. 660.
**Tadumia imperator musetta** (Bryk & Eisner) (♀). (Paratypus, aus coll. Zool. Mus. Berlin) (1/1).

eine schwarze Binde vereinigt. Endzellfleck sehr stark ausgeprägt, apexwärts unregelmäßig ausgezackt. Wurzelfeld schwach schwärzlich überpudert. Hinterflügel: Glasband erloschen. Submarginalbinde aufgelöst und stark reduziert. Blaukernung der beiden Randflecke sehr intensiv. Augenflecke vergrößert. Die beiden Analflecke schmal. Der vordere Wurzelfleck mit rotem Kern; der angrenzende im Discus scharf abgegrenzt. Hinterrandschwärze etwas weiter ausgedehnt, bis $M_3$ reichend. Unterseite: In der Mittelzelle des Hinterflügels eine mehr oder weniger starke schwärzliche Überstäubung. Die 3 Wurzelflecke gut gerötet. Folgende formae treten auf: *additionalis, biexcelsior, ocelloconnexa.* Vorderflügellänge: ♂♀ 38—39 mm.

Kanssu: Lanchowfu.

Typen: ♂♀ in coll. H. M. Peebles, London.

714. **T. imperator sultan** (Bryk & Eisner) 1932 *Parnassius i.* subsp. *s.*, Bryk & Eisner in: Parnassiana, *v.* 2 p. 34.

Eine helle Unterart, die ssp. *musetta* (Bryk & Eisner) am nächsten steht (Fig. 661). Die Glasbinde des Vorderflügels ist sehr schmal, ihre weiße Umsäumung sehr deutlich. Submarginalbinde sehr schmal, teilweise, besonders bei $M_2$, unterbrochen. Schwarzmakeln kräftig. Hinterflügel: Glasband fehlt. Submarginalbinde sehr schwach ausgeprägt. Die

Fig. 661.
**Tadumia imperator sultan** (Bryk & Eisner) (♂). (Typus) (1/1).

beiden blau gekernten Randaugenflecke sind oval. Die Umsäumung der großen, roten Augenflecke mit weißem Spiegel schmäler als bei allen anderen Unterarten. Der rote Wurzelfleck ist deutlich. 1 Analfleck, der 2. selten und undeutlich. Hinterrandschwärze stark zurücktretend. Vorderflügellänge: ♂♀ 38–39 mm.

Kanssu: Khodung-po.

Typen: ♂♀ in coll. C. Eisner, Berlin-Dahlem.

715. **T. imperator venusta** (H. Stich.) 1906 *Parnassius i. venustus*, H. Stichel in: Berlin. ent. Z., *v.* 51 p. 91 | 1907 *P. i. v.*, H. Stichel in: Seitz, Großschmett. Erde, *v.* 1 p. 35 | 1907 *P. i.* var. *musageta* (part.), Verity, Rhop. palaearct., p. 87 (nota 1) | 1907 *P. i. venustus*, H. Stichel in: Gen. Ins., *v.* 58 p. 44 t. 3 f. 18 (♂) | 1922 [1923] *Tadumia i.* var. *musageta* (part.), Bryk in: Strand, Lep. Cat., *v.* 27 p. 63.

Männchen (Fig. 662): Eine sehr kleine Unterart mit sanft gerundetem Seitenrand des Vorderflügels, die nach ihrem Habitus am ehesten zum Kreis der ssp. *musageta* (Gr.-Gr.) gehört. Vorderflügel: Saumlinie bräunlich. Glasband schmal, bis $M_2$ bogig, von da bauchig konvex bis $M_3$ wurzelwärts vorspringend, dann sich stark verjüngend und den Hinterrand erreichend. Submarginalbinde blasser, schmal, continuierlich, vorn die Grundfarbenbinde stärker einengend als hinten. Subcostalbändchen mit dem Hinterrandfleck durch ein continuierliches, kräftiges Vermittlungsband, das wurzelwärts fast parallel zum Discus verläuft, verbunden. End- und Mittelzellfleck länglich. Vorderrand und Wurzelfeld des Vorderflügels fein schwärzlich gekörnt. Hinterflügel verschmälert. Submarginalbinde äußerst schmal, aber continuierlich. Die beiden Randaugenflecke groß, gut blau gekernt. Augenflecke mittelgroß, breit schwarz umsäumt, ziegelrot, mit weißem Kern. Der mediane unregelmäßig 4eckig. Die beiden Analflecke kräftig. Hinterrand- und Wurzelfeldschwärze deutlich, etwas stärker als bei ssp. *musageta* (Gr.-Gr.) ausgeprägt, bis $Cu_1$ ausgedehnt. Das Rot im Wurzelfleck kaum bemerkbar. Unterseite: Die Discalquerrippe des Hinterflügels zwischen $R_5$ (+ $M_1$) und $M_2$ geschwärzt.

Fig. 662.
**Tadumia imperator venusta** (H. Stich.) (♂). (Typus (1/1).

Wurzelflecke des Hinterflügels schwach gerötet; der vordere mit einem weißen Kern. Weibchen unbekannt. Vorderflügellänge: ♂ 32,5 mm.

Patria incerta: „Samarkand".

Obwohl die Angabe des Fundortes nicht zuverlässig erscheint, da in Samarkand das Auftreten dieser westchinesischen Art höchst unwahrscheinlich ist, ist die Benennung wohl begründet.

Typus: ♂ in coll. Zool. Mus. Berlin.

7 16. **T. imperator suprema** (Fruhst.) 1903 *Parnassius i.* subsp. *supremus*, Fruhstorfer in: Soc. ent., *v.* 18 p. 50 | 1907 *P. i. s.*, H. Stichel in: Seitz, Großschmett. Erde, *v.* 1 p. 35 | 1907 *P. i. s.*, H. Stichel in: Gen. Ins., *v.* 58 p. 44 | 1911 *P. i. suprema*, Verity, Rhop. palaearct., p. XXII | 1918 *P. i. supremus*, W. Rothschild in: Nov. zool., *v.* 25 p. 262 | 1922 [1923] *Tadumia i.* var. *s.*, Bryk in: Strand, Lep. Cat., *v.* 27 p. 63.

Eine sehr helle, rein weiße Unterart, die ssp. *musageta* (Gr.-Gr.) anzugliedern, aber größer ist. Zellmakeln und übrige Schwarzzeichnung stark verbreitert. Submarginalbinde des Hinterflügels sehr schmal, die beiden Randaugenflecke vergrößert, mit hellblauem Kern. Die beiden Augenflecke vergrößert, hellrot. Der vorderste Wurzelfleck oberseits rot. Unterseits sind die Wurzelflecke des Hinterflügels stark gerötet.

? Chinesisch-Turkestan.

Typus: ♂ in coll. Daub, Karlsruhe.

7 17. **T. imperator augustus** (Fruhst.) 1903 *Parnassius i.* subsp. *a.*, Fruhstorfer in: Soc. ent., *v.* 18 p. 113 | 1904 *P. i.*, Elwes in: D. ent. Z. Iris, *v.* 16 p. 389 | 1906 *P. augustus*, Austaut in: Ent. Z., *v.* 20 p. 68 | 1907 & 06 *P. imperator* var. *a.* + „forme" *flava*, Verity, Rhop. palaearct., p. 87 t. XIX f. 15 (♀), t. XXI f. 10 (♂ aberr. *flava*) | 1907 *P. i.* „race" *a.*, Bingham in: Fauna Brit. Ind., Butt. *v.* 2 p. 118, 127 t. 15 f. 102 (♀) | 1907 *P. i. a.*, H. Stichel in: Gen. Ins., *v.* 58 p. 44 (; p. 44 (nota 1)) | 1909 *P. i. a.*, Fruhstorfer in: Seitz, Großschmett. Erde, *v.* 9 p. 111 t. 50b (♂) | 1910 *P. i. a.*, Verity, Rhop. palaearct., t. 3 f. 14 (squamae ♀) | 1913 *P. i.* var. *angustus*, Avinoff in: Rec. Ind. Mus., *v.* 9 p. 327—331 | 1918 *P. i. augustus*, W. Rothschild in:

Nov. zool., *v.* 25 p. 258 | 1919 *P. i. a.*, Austaut in: Ent. Z., *v.* 32 p. 99 | 1922 [1923] *Tadumia i.* var. *a.*, Bryk in: Strand, Lep. Cat., *v.* 27 p. 62 | 1923 *Parnassius i. a.*, W. H. Evans in: J. Bombay Soc., *v.* 29 p. 244 | 1924 *P. i.* „race" *a.*, C. B. Antram, Butt. Ind., p. 37 f. 68 (♀).

Eine stark spezialisierte Unterart, die den Eindruck einer guten Art erweckt (Fig. 663). Flügelfarbe gelblich bis kanariengelb. Bindenzeichnung von allen Rassen am vollkommensten entwickelt. Vorderflügel: Glasband mäßig breit,

Fig. 663.
**Tadumia imperator augustus** (Fruhst.) (♂). (Original, aus coll. C. Eisner, Berlin-Dahlem) (1/1).

Fig. 663a.
**Tadumia imperator augustus** (Fruhst.) (♀). (Original, aus coll. Zool. Mus. Berlin) (1/1).

zwischen $M_2$ und $M_3$ wurzelwärts deutlich bauchig vorspringend, bis zum Hinterrand ziehend. Submarginalbinde breit, scharf abgesetzt, von $M_2$ an wurzelwärts etwas verschoben. Subcostalbändchen mäßig breit, durch deutliche, bindenartige Überstäubung mit dem etwas verschmälerten Hinterrandfleck vereinigt. Endzellfleck discalwärts gebogen, an den Rippenenden von $M_2$ und $M_3$ prägnant erweitert. Mittelzellfleck länglich. Wurzelfeld und Vorderrand des Vorderflügels sehr gut schwärzlich gekörnt, auch noch sehr deutlich hinter der hinteren Discalrippe, bis zur Ansatzstelle von $Cu_2$ reichend. Hinterflügel: Glassaum äußerst schmal, nach hinten schwächer. Submarginalbinde breit, grau, die beiden hintersten Elemente saumwärts schwarz begrenzt, mit blauer, strichförmiger Kernung. Die beiden Randaugenflecke mit sehr großer, heller Blaukernung. Die roten Augenflecke gut schwarz umsäumt, mit mehr oder weniger deutlicher Weißkernung; an den medianen schließt sich direkt ein sehr deutliches, 3 zelliges Analbändchen an, das sich ganz hinten um den Saum des Hinterrandes bogenförmig nach vorn biegt. Hinterrand- und Wurzelfeldschwärze sehr scharf abgesetzt, die Mittelzelle zur Hälfte schwärzend und um die Mittelzelle mit einem verhältnismäßig breiten Fortsatz bis zur $R_5$ (+ $M_1$) greifend. Der vordere Wurzelfleck mit einem schwachen, roten Kern. Die 3 Wurzelflecke unterseits deutlich abgegrenzt, ihr Rot nur an die schwarze Außenkontur gelagert, der vorderste mit einem deutlichen, weißen Kern. Männchen mit schmälerem Flügelschnitt. Die Sphragis des Weibchens ist viel flacher und ist auch sonst abweichend gebaut. Vorderflügellänge: ♂ 37 mm, ♀ 38 mm.

Sikkim: Kambadjong.

Typus: ♂ in coll. H. Fruhstorfer, Nizza.

7 18. **T. imperator imperatrix** (Alph.) 1897 *Parnassius i.* var. *i.*, Alpheraky in: Romanoff, Mém. Lép., *v.* 9 p. 230 t. 12 f. 2 (♂) | 1901 *P. i.* var. *i.*, O. Staudinger & Rebel, Cat. Lep. Palaearct. Faunengeb., ed. 3 *v.* 1 p. 8 | 1902 *Koramius imperatrix*, F. Moore, Lep. Ind., *v.* 5 p. 123 | 1907 *Parnassius imperator imperatrix*, H. Stichel in: Seitz, Großschmett. Erde, *v.* 1 p. 35 | 1907 *P. i.* var. *i.*, Verity, Rhop. palaearct., p. 87 t. XIX f. 16 (♂) | 1907 *P. i. i.*, H. Stichel in: Gen. Ins., *v.* 58 p. 44 | 1910 *P. i. i.*, Verity, Rhop. palaearct., t. 3 f. 15 (♂, squamae) | 1918 *P. i. i.*, W. Rothschild in: Nov. zool., *v.* 25 p. 262 | 1920 *P. i. i.*, Avinoff in: C. Oberthür, Étud. Lép., *v.* 17 p. 82 | 1922 [1923] *Tadumia i.* var. *i.*, Bryk in: Strand, Lep. Cat., *v.* 27 p. 63.

Fig. 664.
**Tadumia imperator imperatrix** (Alph.) (♂). (Typus, nach Alpheraky 1897) (1/1).

Diese Rasse macht ebenfalls den Eindruck einer guten Species. Sehr hell weißgelblich, kräftig gezeichnet (Fig. 664). Vorderflügel am Apex des Vorderrandes abgerundet, Seitenrand des Vorderflügels sanft gebogen. Glasband sehr schmal, sich allmählich gegen den Hinterrand verjüngend, ohne, wie das für *Tadumia imperator* (C. Oberth.) sonst typisch ist, zwischen $M_2$ und $M_3$ vorzuspringen. Submarginalbinde schwarz, anfangs schräg verlaufend, von $M_2$ an wurzelwärts verschoben, gerade ziehend, ganz hinten bis zum Hinterrand basalwärts einbiegend. Subcostalbändchen sehr kräftig und breit, unregelmäßig verzerrt, mit dem äußerst stark entwickelten Hinterrandfleck, der sich längs $Cu_2$ discalwärts länglich entwickelt, nicht oder nur mit einem kleinen Häkchen verbunden, das vorn aus dem Hinterrandfleck entspringt, eine Verbindungstendenz andeutend. Mittelzellfleck länglich, rechteckig. Vorderrandsaum schwarz. Mittelzellwurzel fast unbestäubt. Hinterflügel länglicher als der der Nominatrasse. Glasbinde fehlt, die stark entwickelte Submarginalbinde stärker dem Saume genähert; sie verläuft vorn gerade bis $R_5$ (+ $M_1$) und ist nicht so gesättigt schwarz wie ihr hinterer Teil, der aus 2 kräftigen, an Randaugenflecken erinnernden, eng verbundenen, schwarzen Flecken besteht, von denen der vordere parallel zum Saume verläuft, während der hinterste, größere, 3 eckige, stark discalwärts vorspringt und dessen Innenkontur parallel zum Medianaugenfleck verläuft. Die beiden Randaugenflecke schließen sich eng an die Submarginalbinde an; ihre Blaukernung ist dunkel und schwach entwickelt. Augenflecke sehr groß, rot ausgefüllt, rundlich, mit breiter, schwarzer Umsäumung. Der mediane Augenfleck ist länglich, saumwärts verzogen. Die beiden Analflecke sind sehr schwach entwickelt. Hinterrandschwärze mäßig entwickelt, bis $Cu_1$ reichend. Wurzelfeldschwärze verhältnismäßig nicht stark entwickelt, der Wurzelfleck vor der Mittelzelle mit rotem Kern. Die Unterseite ist leider nicht beschrieben. W e i b c h e n vom M ä n n c h e n nicht wesentlich verschieden. S p h r a g i s etwas verkleinert, was individuell verschieden sein mag. Vorderflügellänge: ♂ ♀ 34,5 mm.

Nordost-Tibet: Humboldtkette (Nanchan-Gebiet), 4500 m.

Typen: ♂ ♀ in coll. Zool. Mus. Leningrad.

Eine hochalpine Art, die lokal eng begrenzt ist und regional stark zur Bildung von Unterarten neigt. Larve 55 mm lang, dunkel schiefergrau, an jedem Segmente mit 10 Orangeflecken, schwarz zentriert, mit kurzen Haaren besetzt. Rollt sich bei Berührung zusammen. Puppe braun, an Steinen angeheftet, in leichtem Seidengespinst. Futterpflanze der Larve Corydalis sp. Flugzeit Juli.

## 6. Gen. **Kailasius** F. Moore

1886 *Parnassius* (part.), Elwes in: P. zool. Soc. London, p. 43 | 1889 *P.* (part.), Austaut, Parnass. paléarct., p. 40, 58, 67 (groupe: *Cornuti*) | 1892 *P.* (part.), Spuler in: Zool. Jahrb., Syst. *v.* 6 p. 475 t. 22 f. 2 (nervatura) | 1902 *Kailasius*, F. Moore, Lep. Ind., *v.* 5 p. 118 | 1906 *Parnassius* (part.), H. Stichel in: Berlin. ent. Z., *v.* 51 p. 81 (sectio: *Symplecti* (part.)) | 1906 *P.* (part.), H. Stichel in: Seitz, Großschmett. Erde, *v.* 1 p. 19 | 1906 & 07 *P.* (part.), Verity, Rhop. palaearct., p. 40, 84 (groupe IV & V) | 1907 *P.* (part.), H. Stichel in: Berlin. ent. Z., *v.* 52 p. (18) | 1907 *P.* (part.), Bingham in: Fauna Brit. Ind., Butt. *v.* 2 p. 116 | 1907 *P.* (part.), H. Stichel in: Gen. Ins., *v.* 58 p. 5, 44 (sectio: *Symplecti*; cohors *charltoniiformes* b) | 1909 *P.* (part.), Fruhstorfer in: Seitz, Großschmett. Erde, *v.* 9 p. 109 | 1913 *Kailasius* (nom. emend.), Bryk in: Arch. Naturg., *v.* 79 A 2 p. 120 f. 2 (nervatura) | 1915 *K.*, Bryk, ibid., *v.* 80 A 7 p. 158, 183 | 1917 *K.*, Bryk, ibid., *v.* 82 A 5 p. 37, 38, 50, 52, 54, 55, 59, 61, 62 (nervatura) | 1920 *K.*, Rebel in: Z. Österr. Ent.-Ver. Wien, *v.* 5 p. 72 | 1921 *K.*, Schawerda, ibid., *v.* 6 p. 2 | 1922 [1923] *K.*, Bryk in: Strand, Lep. Cat., *v.* 27 p. 41 | 1923 *Parnassius* (part.), W. H. Evans in: J. Bombay Soc., *v.* 29 p. 243, 245 | 1924 *P.* (part.), C. B. Antram, Butt. Ind., p. 35 | 1929 *Kailasius*, Sokolov in: Rev. Russe Ent., *v.* 23 p. 68, 70, 71 | 1932 *Tadumia* (part.), M. Hering in: Mt. D. ent. Ges., *v.* 3 p. 33 | 1932 *Parnassius* (*T.* (part.)), M. Hering in: Mt. Mus. Berlin, *v.* 18 p. 279, 300.

Die meist spezialisierte Gattung aller *Parnassiinae.* Mittelgroße bis große Falter. K o p f klein, mit großen halbkugelig-ovalen, nackten A u g e n. Stirnschopf stark buschig. P a l p e n zart, schlank, hellgelb, flach, den Kopf etwas überragend. Ihr Endglied etwa so lang wie das Mittelglied oder sogar von $^1/_3$ Länge des Mittelgliedes (Fig. 666). Antennen schwarz, kurz, von etwa $^1/_8$ Länge des Vorderrandes des Vorderflügels. Gegen die Spitze zu sich allmählich verdickend, mit einem sehr kurzen, zapfenartigen Fortsatz endigend. Thorax schwarz, mit einem Halskragen; das Männchen behaart, das Weibchen nackt, mit weißen Schuppen besetzt. Beine in beiden Geschlechtern vollkommen entwickelt. Schienenblättchen (Fig. 667) in der Mitte der Tibia inseriert, sehr lang, lanzettförmig zugespitzt, das Ende der Tibia überragend, aber stark abgespreizt. Klauen sexuell dimorph; beim Weibchen sind Außen- und Innenklauen annähernd gleich gebaut; beim Männchen ist die Außenklaue dagegen bedeutend kräftiger als die innere, letztere dagegen stärker gekrümmt. Abdomen kräftig gebaut: beim Männchen stark behaart, beim Weibchen nackt, dorsal leicht schütter behaart, sonst mit losen Schuppen bestäubt, aber ventral behaart. Vorderflügel (Fig. 665) dreieckig, eher schmal. Vorderrand fast gerade verlaufend, dem Apex zu nach hinten abgerundet, Seitenrand mehr oder weniger rundlich, am Hinterrande gut abgerundet, Hinterrand fast gerade verlaufend. Die Subcostalrippe verläuft frei in ziemlich breitem Abstande vom Vorderrande, sich ihm allmählich nähernd und ihn etwa am letzten Drittel seiner Länge erreichend. Radialrippen 4ästig. $R_1$ entspringt etwa auf $^2/_3$ der Länge der vorderen Mittelzellrippe, nähert sich allmählich dem Vorderrand und verwächst, bevor sie ihn erreicht, mit $R_3$, wobei sie sich leicht biegt, um sich dann wieder von ihr unweit des letzten Drittels der Vorderrandlänge zu trennen. $R_{3\,(+\,2)}$, die mit der im Genus verschwundenen $R_2$ anastomisiert, entspringt im Gegensatze zu allen bisher behandelten Gattungen (*Parnassius* F., *Lingamius* Bryk, *Tadumia* F. Moore und *Koramius* F. Moore) nicht aus der vorderen Mittelzellrippe, sondern verwächst an der Basis mehr oder weniger weit vom Mittelzellschluß entfernt mit dem Stiele der gegabelten $R_4$ und $R_5$ vor der vorderen Mittelzellecke. Sie ist infolgedessen stark gebogen und verläuft nach der Abzweigung von der $R_1$, mit der sie stellenweise zusammenwächst, parallel zum Vorderrande, um unmittelbar hinter dem Apex in den Seitenrand zu münden. $M_1$ entspringt direkt aus der Querrippe der Mittelzelle wie bei *Koramius* F. Moore. Sonst weicht das Geäder im wesentlichen von dem der anderen *Parnassiinae* nicht ab, es sei denn, daß die geschlossene Mittelzelle etwas länger und schmäler erscheint. Hinterflügel fast eirund, gegen die Wurzel verjüngt und dort vorn etwas gelappt. Vorderrand gebogen, von $R_4$ an sehr schön kreisförmig gerundet, der Hinterrand am Winkel abgerundet, sonst in konvexer Außenkontur dem Thorax zu strebend. Das Geäder ist von dem der besprochenen Genera nicht abweichend, es sei denn, daß die geschlossene Mittelzelle etwas kürzer und schmäler erscheint. Der Praecostalsporn ist einfach, auf dem Scheitel der Subcostalrippe stehend, dem Thorax zugewendet, lang, distal spitzig ausgezogen. Flügelzeichnung ähnelt der des Subgenus *Koramius* F. Moore. Glasige, schwarze und schwärzliche Binden mit der typischen *Parnassius*-Fleckung im Vorderflügel. Hinterflügel: 2 meist rote, weiß gekernte Augenflecke, die schwarz umrandet sind, mehr oder weniger gut entwickelte Analflecke, die oft rot gekernt sind und eine meist glasige Submarginalbinde mit 5 im Halbkreis angeordneten, mehr oder weniger deutlichen Randaugenflecken. Die glasige Marginalbinde ist stark reduziert. Wurzelfeldschwärze bescheiden, ohne oberseits zur Rotkernung zu neigen. Hinterrandschwärze

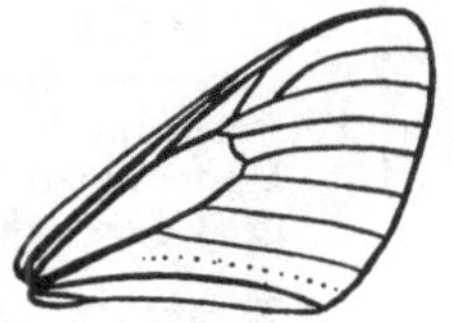

Fig. 665. Geäder von **Kailasius charltonius** (G. R. Gray). (Vorderflügel). (Nach Bryk 1913).

in der Ausdehnung variabel. Unterseite mit nackten Rippen. Vorderflügel mit stark reduzierten Zellmakeln. Hinterflügel mit 5 Randaugenflecken, leuchtend weiß gekernten, rötlichen Augen- und Analflecken. Das Rot in den Wurzelflecken ist sehr stark reduziert; der vor der Mittelzelle liegende in der Regel mit deutlichem, weißem Kern. Männlicher Genitalapparat ohne Subuncus, mit oder ohne Fortsatz an der Basis. Sphragis horngelb, kurz, das letzte Segment nicht ringförmig umklammernd.

Generotypus: *Parnassius charltonius* G. R. Gray.

Gebirge Innerasiens.

2 Arten.

Übersicht der Arten:

- Hinterrandfleck des Vorderflügels und gut ausgeprägte Analflecke des Hinterflügels fehlen oberseits. Augenflecke stark verkleinert . . . . . . . . . . . . . . . . . . . 2. **K. loxias**
- Hinterrandfleck des Vorderflügels und Analbändchen des Hinterflügels oberseits gut ausgeprägt. Augenflecke groß oder sehr groß . . . . . . . . . . . . . . . . . . 1. **K. charltonius**

1. **K. charltonius** (G. R. Gray) 1852 *Parnassius c.*, G. R. Gray, Cat. lep. Ins. Brit. Mus., *v.* 1 p. 77 t. 12 f. 7 (♀) | 1865? *P. c.*, F. Moore in: P. zool. Soc. London, p. 488 | 1877 *P. c.*, J. G. Wood, Ins. Abroad, p. 581 f. 325 (♀) | 1879 *P. c.*, F. Moore in: Results Yarkand Miss., Lep. *v.* 4 p. 5 t. 1 f. 3 (♀) | 1884 *P. c.*, O. Staudinger & Schatz, Exot. Schmett., *v.* 1 p. 22 | 1886 *P. c.*, Elwes in: P. zool. Soc. London, p. 43 | 1889 *P. c.*, Austaut, Parnass. paléarct., p. 188 t. V f. 1 (♂), 2 (♀) | 1890 *P. c.*, Grum-Grshimailo in: Romanoff, Mém. Lép., *v.* 4 p. 189 | 1892 *P. c.*, Spuler in: Zool. Jahrb., Syst. *v.* 6 p. 485 t. 22 f. 2 (nervatura) | 1892 & 95 *P. c.*, F. Rühl & A. Heyne, Palaearkt. Groß-Schmett., *v.* 1 p. 108; 705 | 1898 *P. c.*, Mackinnon & Nicéville in: J. Bombay Soc., *v.* 11 p. 596 | 1898 *P. c.*, Nicéville in: Alcock, Rep. Pamir Bound. Comm., p. 43 | 1901 *P. c.*, O. Staudinger & Rebel, Cat. Lep. Palaearct. Faunengeb., ed. 3 *v.* 1 p. 7 | 1902 *Kailasius c.*, F. Moore, Lep. Ind., *v.* 5 p. 118 t. 411 f. 3 (♂), 3a, 3b (♀) | 1907 *Parnassius c.*, Bingham in: Fauna Brit. Ind., Butt. *v.* 2 p. 126 | 1907 *P. c.*, H. Stichel in: Seitz, Großschmett. Erde, *v.* 1 p. 35 | 1907 *P. c.*, Verity, Rhop. palaearct., p. 84 | 1907 *P. c.*, H. Stichel in: Gen. Ins., *v.* 58 p. 44 | 1910 *P. c.*, Hannyngton in: J. Bombay Soc., *v.* 20 p. 362 | 1910 *P. c.*, Verity, Rhop. palaearct., t. 3 f. 11 (♂, squamae) | 1912 *P. c.*, Bryk in: Jahrb. Ver. Nassau, *v.* 65 p. 4 | 1912 *P. c.*, Boullet & Le Cerf in: Bull. Soc. ent. France, p. 143 | 1912 *P. c.*, Bryk in: Soc. ent., *v.* 27 p. 52 | 1912 *P. c.*, Haude, ibid., *v.* 27 p. 75 | 1913 *P. c.*, Avinov in: Horae Soc. ent. Ross., *v.* 40 nr. 5 p. 13 | 1913 *Kailasius c.*, Bryk in: Arch. Naturg., *v.* 79 A 2 p. 120 | 1913 *K. c.*, Bryk in: Int. ent. Z., *v.* 7 p. 149 | 1915 *K. c.*, Bryk in: Arch. Naturg., *v.* 80 A 7 p. 158, 183 | 1916 *Parnassius c.*, Awinow in: Mt. Münch. ent. Ges., *v.* 7 p. 55 | 1916 *P. c.*, Avinoff in: Tr. ent. Soc. London, 1915 p. 353 | [1918] *Kailasius c.*, Bryk, Parnassius Apollo Formenkreis, p. 70, 95 | 1922 [1923] *K. c.*, Bryk in: Strand, Lep. Cat., *v.* 27 p. 42 | 1923 *Parnassius c.*, W. H. Evans in: J. Bombay Soc., *v.* 29 p. 245 t. 6 f. A 13.10 (♂) | 1924 *P. c.*, C. B. Antram, Butt. Ind., p. 37 | 1927 *P. c.*, W. H. Evans in: Tijdschr. Ent., *v.* 70 p. 159 | 1927 *P. c.*, O. Bang-Haas in: Horae Macrolep., *v.* 1 p. 35 | 1932 *Tadumia delphius c.*, M. Hering in: Mt. D. ent. Ges., *v.* 3 p. 33 | 1932 [*Kailasius*] *c.*, Bryk, ibid., *v.* 3 p. 35 | 1932 *Parnassius (Tadumia) delphius c.*, M. Hering in: Mt. Mus. Berlin, *v.* 18 p. 283, 288, 294, 295, 314, 314 (uncus, valva) | 1932 *Kailasius c.*, Reinig in: Wiss. Ergeb. Alai-Pamir Exp., Teil III *v.* 1 p. 113 (Zoogeogr.).

Kopf klein. Augen groß, halbkugelig, oval, braun und nackt. Stirnschopf mit gelblichen und schwarzen Haaren durchsetzt. Antennen schwarz. Palpen (Fig. 666) cremegelb, gelblich bewimpert, ihr Endglied wesentlich kürzer als das Mittelglied, schlank oder gedrungen. Thorax schwarz, mit grüngelblichem Halskragen; beim Männchen sonst mit grauen Haaren bedeckt, beim Weibchen nackt, nur spärlich mit weißen Schuppen besetzt. Beine blaßgelblich beschuppt. Schienenblättchen (Fig. 667) lang, lanzettförmig zugespitzt, die Tibia stark überragend. Femur gelblich behaart. Abdomen schwarz, stark abgespreizt, beim Männchen mit graugelblichen Haaren bedeckt, beim Weibchen nackt, schütter mit hellen Schuppen bedeckt, die einzelnen Einschnitte hell abgegrenzt. Ovipositor von einem hellen Haarkranz umsäumt. Vorderflügel am Apex bisweilen leicht zugespitzt, sonst abgerundet. Flügelgrund weiß bis gelblich. Befransung hell, nie gescheckt. Glasband vorn breiter, am Hinterrande verjüngt. Die graphitgraue Submarginalbinde, anfangs bis $M_2$ schräg verlaufend, von $M_2$ ab geradlinig; gegen den Hinterrand etwas wurzelwärts verschoben. Subcostalbändchen schräg verlaufend, zwischen $M_2$ und $M_3$ fast rechtwinklig gebogen und verschmälert. Hinterrandfleck gebogen; die Verbindung mit dem Subcostalbändchen oft vorhanden, sie läuft nie gerade, sondern zieht sich parallel zum Discus, bisweilen sich ganz an ihn anlehnend. Beide Zellmakeln bindenartig, schräg gestellt. Endzellfleck immer auf die Ansatzstellen von $M_2$ und $M_3$ verlängert. Vorderrand schwärzlich gekörnt, die Fleckung der betreffenden Bindenzeichnung bisweilen auf ihn übergreifend. Wurzelfeld mehr oder weniger stark schwarz bestäubt. Unterseite: Zellmakeln sehr stark reduziert, oft fast verschwindend. Rippen nackt, bernsteingelb. Hinterflügel: Befransung hell. Glasband sehr schmal, von $R_4$ bis zum Hinterrande ziehend, meist internerval unterbrochen. Rippen dem Saume zu meist schwärzlich differenziert. Submarginalbinde glasig, bald sehr breit, bald ganz schmal, hinten die $Cu_2$ überschreitend. In ihr liegen 5 deutliche, schwarze Randaugenflecke, die in der Regel blau gekernt sind, ihrer Außenkontur nach sind sie in der Regel parallel zum Außenrande angeordnet, nach innen springen die beiden zwischen $M_2$ und $Cu_1$ gelegenen stets etwas wurzelwärts vor, weil sie größer sind. Die Augenflecke sind in Färbung, Größe, Kernung, Schwarzumsäumung äußerst variabel und wie bei *Koramius stoliczkanus* (C. & R. Felder) vom Discus mehr entfernt als bei allen übrigen Vertretern der *Parnassiinae.* Der mediane Augenfleck ist meist dreieckig, wurzelwärts abgeplattet, bedeutend kleiner als der mediane und bisweilen ganz schwarz oder mit der Prachtfarbe gekernt. Der mediane Augenfleck rundlich oder länglich oval, mit der Prachtfarbe gefüllt, mit oder ohne weißen Kern, schwarz umrandet, saumwärts stößt er bisweilen an die verbreiterte, glasige Submarginalbinde an. Analflecke 2- bis 3zellig: die beiden hintersten sehr oft rot ausgefüllt, sehr breit, so daß sie wie ein Augenfleck wirken. Wurzelfeldschwärze oft auf 3 Basalflecke beschränkt. Hinterrandschwärze stark reduziert, seltener bis $Cu_1$ reichend. Unterseite: Randaugenflecke fast wie auf der Oberseite. Augenflecke oft mit vergrößerten, weißen Spiegeln. Analflecke mit oder ohne Weißkernung, nicht immer deutlich gerötet. Hinterrandschwärze viel mehr ausgedehnt als auf der Oberseite, bisweilen breit um das Mittelzellende greifend. In der Mitte der Mittelzelle bisweilen ein schwarzer Fleck. Zwischen Subcostalaugenfleck und Wurzelfleck bisweilen ein mehr oder weniger großer, diffus schwärzlicher Fleck. In den 3 Wurzelflecken ist die Prachtfarbe oft äußerst stark

Fig. 666. Palpus von **Kailasius charltonius** (G. R. Gray). (Original).

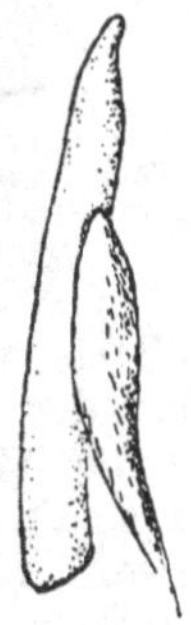

Fig. 667. Vorderschiene mit Schienenblatt von **Kailasius charltonius romanovi** (Gr.-Gr.) (Nach M. Hering 1932) ($^{17}/_1$).

reduziert, auf Kosten der Weißkernung. VIII. Tergit (Fig. 668) des Männchens mit sehr tiefer, spitzwinklig gerundeter, dorsaler Einbuchtung. Die seitlichen Lappen gerundet, stark zugespitzt. Uncus (1929, Sokolov in: Rev. Russe Ent., *v.* 23 p. 70 t. 4 f. 3, 9; Hering (l. c.)) des männlichen Genitalapparats (Fig. 669) mit 2 bis fast zum Grunde gleichmäßig dicken, mehr lateral kompressen Uncushörnern, jedoch ohne den Fortsatz an

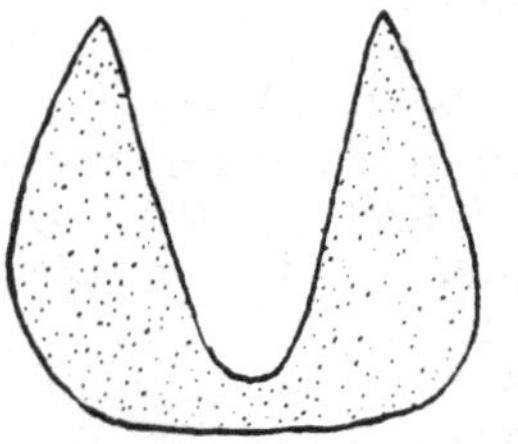

Fig. 668.
VIII. Tergit von **Kailasius charltonius romanovi** (Gr.-Gr.) (♂). (Nach M. Hering 1932) (9/1).

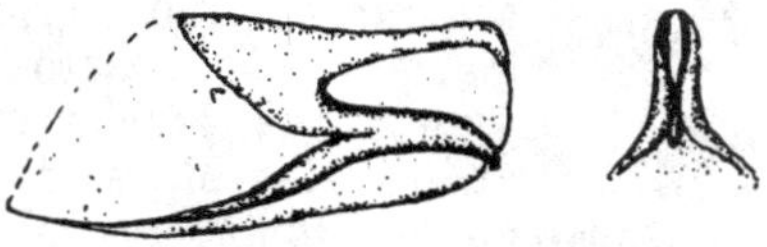

Fig. 669.
Valve (links) und Uncus (rechts) von **Kailasius charltonius** (G. R. Gray). (Nach M. Hering 1932) (15/1).

der Basis wie ihn *Tadumia imperator* (C. Oberth.) zeigt. Valve vom Typus der von *Koramius* F. Moore, in der Mitte zwischen *Tadumia imperator* (C. Oberth.) und *Koramius delphius* (Eversm.) stehend. Es fehlt ihr die Abschrägung von *Koramius,* andererseits der caudal-dorsale Fortsatz von *Eukoramius* Bryk. Der hakenförmige Fortsatz an der Innenseite ist etwa in der Mitte der Valve verankert. Er steht also weiter oralwärts als bei *Koramius delphius* (Eversm.), aber weiter caudalwärts als bei

Fig. 670.
Aedoeagus von **Kailasius charltonius romanovi** (Gr.-Gr.) (Nach M. Hering 1932) (13/1).

*Eukoramius* Bryk. Aedoeagus (Fig. 670) lang und schlank, mit kleinem Orificium, oralwärts wenig verdickt. Sphragis (Fig. 671) (1886 Elwes in: P. zool. Soc. London, p. 43 t. 3 f. 5 | 1889 Austaut, Parnass. paléarct., t. 5 f. 3, 4 | 1890 Grum-Grshimailo in: Romanoff, Mém. Lép., *v.* 4 t. 2 f. 1 a, c |

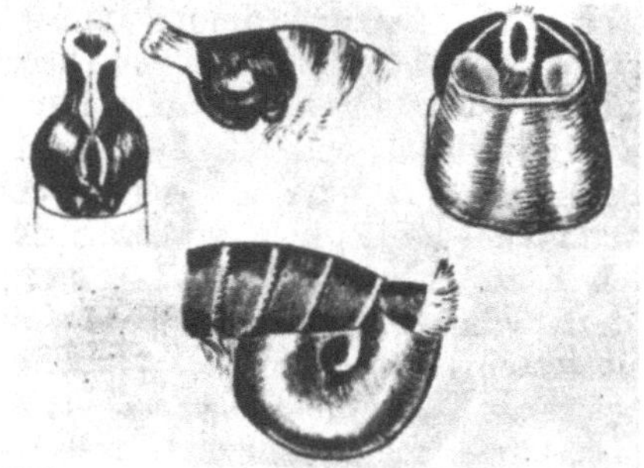

Fig. 671.
Sterigma und Sphragis von **Kailasius charltonius** (G. R. Gray) (♀). Oben: links und Mitte Sterigma (von hinten und seitlich), rechts Sphragis (von hinten gesehen). Unten: Sphragis (von der Seite). (Nach Bryk 1918).

1907 & 06 Verity, Rhop. palaearct., p. 84 t. XX f. 9 | 1912 Bryk in: Jahrb. Ver. Nassau, *v.* 65 p. 9 (♂ sphragophor) | 1913 Bryk in: Int. ent. Z., *v.* 7 p. 93 f. 1, 2 (plethosphragis) | 1914 Bryk in: Umschau, *v.* 18 p. 430 f. 6

(plethosphragis) | 1918 Bryk in: Ark. Zool., *v.* 11 nr. 18 p. 13, 38 t. 6 f. 41, 42 (sterigma), 43, 44 | 1924 Bryk, Vandr. nat. kult. riken, p. 25 f. 11 (plethosphragis) | 1924 Bryk in: Soc. ent., *v.* 39 p. 46 f. 3 (plethosphragis) | 1927 O. Bang-Haas in: Horae Macrolep., *v.* 1 p. 37 | 1931 Bryk in: Arch. Frauenkunde, *v.* 16 p. 312 fig. (plethophragis)) ansehnlich, horngelblich, im Profil schneckenförmig, ventral muldenförmig abgeplattet; caudalwärts bis zum Ovipositor reichend, auf der Bauchseite oralwärts bis zum VI. Sternit ausgebreitet. Sterigma (Fig. 671) mit 2 Höckern, gut entwickelt.

Transalai, Kaschmir, N. W. Himalaya.

Diese Art zerfällt in 15 Unterarten.

forma fermata Bryk 1912 *Parnassius charltonius* aberr. *fermatam* (errat.), Bryk in: Jahrb. Ver. Nassau, *v.* 65 p. 9 | 1913 *Kailasius* c. aberr. *fermata*, Bryk in: Int. ent. Z., *v.* 7 p. 162 | 1922 [1923] *K. c.* aberr. *f.*, Bryk in: Strand, Lep. Cat., *v.* 27 p. 43 | 1930 *Parnassius c.* aberr. *f.*, Bollow in: Seitz, Großschmett. Erde, *v.* 1 Suppl. 1 p. 82.

Zwischen Hinterrandfleck und Wurzelfeld im Vorderflügel ein isolierter Zwischenwurzelfleck.

Chitral.

Typus: ♂ in coll. C. Eisner, Berlin-Dahlem.

forma haudei Bryk 1912 *Parnassius charltonius* aberr. *H.*, Bryk in: Jahrb. Ver. Nassau, *v.* 65 p. 5 | 1913 *Kailasius c.* var. *Deckerti* aberr. *H.*, Bryk in: Int. ent. Z., *v.* 7 p. 150, 151 t. 4 f. 4 (♂), t. 5 f. 5 (♂, *K. c.* trans. ad aberr. *haudei*) | 1915 & 14 *K. c.* var. *D.* aberr. *H.*, Bryk in: Arch. Naturg., *v.* 80 A 9 p. 140, A 6 t. 6 f. 48 (♂) | [1918] *K. c.* var. *D.* aberr. *H.*, Bryk, Parnassius Apollo Formenkreis, p. 136 t. 6 f. 48 (♂) | 1922 [1923] *K. c.* aberr. *H.*, Bryk in: Strand, Lep. Cat., *v.* 27 p. 43 | 1923 *Parnassius c.* (part.), W. H. Evans in: J. Bombay Soc., *v.* 29 p. 245 | 1930 *P. c.* aberr. *h.*, Bollow in: Seitz, Großschmett. Erde, *v.* 1 Suppl. 1 p. 82.

Fig. 672.
**Kailasius charltonius deckerti** (Verity) forma **haudei** Bryk (♂). (Typus) (1/1).

Die Verbindung zwischen Subcostalbändchen und Hinterrandfleck im Vorderflügel derart stark wurzelwärts ausgebreitet, daß sie sich an die hintere Discalrippe anlehnt und sich dabei mit den beiden Zellmakeln verbindet (Fig. 672).

Kaschmir.

Typus: ♂ in coll. Zool. Mus. Berlin.

forma chrysopicta Bryk 1932 *Kailasius charltonius otto* ♀ forma *c.*, Bryk in: Parnassiana, *v.* 2 p. 48.

Subcostalbändchen des Vorderflügels mit 3 rhomboiden, blaßgoldgelben Flecken zwischen $R_1$ und $M_2$.

Gya-Ladak, Tagalang-Paß.

Typus: ♀ in coll. Zool. Mus. Tring.

forma flavomaculata Bryk 1912 *Parnassius charltonius* aberr. *f.*, Bryk in: Jahrb. Ver. Nassau, *v.* 65 p. 8 | 1913 *Kailasius c.* aberr. *f.*, Bryk in: Int. ent. Z., *v.* 7 p. 153 (nota**), 162 | 1922 [1923] *K. c.* aberr. *f.*, Bryk in: Strand, Lep. Cat., *v.* 27 p. 43 | 1927 *Parnassius c. bryki* aberr. *f.*, O. Bang-Haas in: Horae Macrolep., *v.* 1 p. 37 | 1930 *P. c.* aberr. *f.* + *P. c.* subsp. *bryki* aberr. *f.*, Bollow in: Seitz, Großschmett. Erde, *v.* 1 Suppl. 1 p. 83.

Prachtflecke nicht rot, sondern gelb gekernt.

Chitral.

forma roseomaculata O. Bang-Haas 1927 *Parnassius charltonius bryki* aberr. *r.*, O. Bang-Haas in: Horae Macrolep., *v.* 1 p. 37 | 1930 *P. c. b.* aberr. *r.*, Bollow in: Seitz, Großschmett. Erde, *v.* 1 Suppl. 1 p. 83.

Augenflecke des Hinterflügels rosarot anstatt rot gekernt.

? Spiti, nordwestl. Pu (= Poo).

Typus: ♂ in coll. O. Bang-Haas, Dresden-Blasewitz.

forma vinosa O. Bang-Haas 1927 *Parnassius charltonius bryki* aberr. *v.*, O. Bang-Haas in: Horae Macrolep., *v.* 1 p. 37 | 1930 *P. c. b.* aberr. *v.*, Bollow in: Seitz, Großschmett. Erde, *v.* 1 Suppl. 1 p. 83.

Augenflecke des Hinterflügels weinrot anstatt karminrot.

? Spiti, nordwestl. Pu (= Poo).

forma rubromaculata O. Bang-Haas 1927 *Parnassius charltonius bryki* aberr. *r.*, O. Bang-Haas in: Horae Macrolep., *v.* 1 p. 37 | 1930 *P. c.* aberr. *r.*, Bollow in: Seitz, Großschmett. Erde, *v.* 1 Suppl. 1 p. 83.

Augenflecke des Hinterflügels tiefrot, ohne weißen Kern.

? Spiti, nordwestl. Pu (= Poo).

forma mendica Bryk 1913 *Kailasius charltonius* var. *Deckerti* aberr. *m.*, Bryk in: Int. ent. Z., *v.* 7 p. 153, 162 | 1930 *Parnassius c.* aberr. *m.*, Bollow in: Seitz, Großschmett. Erde, *v.* 1 Suppl. 1 p. 82.

Subcostalaugenfleck des Hinterflügels ganz schwärzlich.

Ladak.

Typus: ♀ in coll. O. Bang-Haas, Dresden-Blasewitz.

forma novarae Bryk 1890 *Parnassius romanovi* aberr., Grum-Grshimailo in: Romanoff, Mém. Lép., *v.* 4 p. 194 | 1907 *P. charltonius princeps* aberr., H. Stichel in: Seitz, Großschmett. Erde, *v.* 1 p. 35 | 1907 *P. c.* var. *p.* aberr., Verity, Rhop. palaearct., p. 86 | 1912 *P. c.* aberr. *Novarae*, Bryk in: Jahrb. Ver. Nassau, *v.* 65 p. 6 | 1913 *Kailasius c.* aberr. *N.*, Bryk in: Int. ent. Z., *v.* 7 p. 162 | 1922 [1923] *K. c.* aberr. *N.*, Bryk in: Strand, Lep. Cat., *v.* 27 p. 44 | 1930 *Parnassius c.* subsp. *princeps* aberr. *n.*, Bollow in: Seitz, Großschmett. Erde, *v.* 1 Suppl. 1 p. 83.

Subcostalaugenfleck des Hinterflügels ganz erloschen, der mediane schwarz, ohne jedes Rot, durch $M_2$ in 2 getrennte Flecke geteilt, dadurch sich der forma *geminella* anschließend (Fig. 673). Analflecke fast völlig erloschen. Randaugenflecke reduziert, ohne Blaukernung. In korrelativem

Fig. 673.
**Kailasius charltonius romanovi** (Gr.-Gr.) **forma novarae** Bryk (♂). (Typus).

Zusammenhang mit der Zeichnungsreduktion des Hinterflügels ist auch das Subcostalbändchen völlig und der Hinterrandfleck des Vorderflügels fast ganz erloschen.

Transalai.

Typus: ♂ in coll. Brit. Mus. London.

forma geminella Bryk 1912 *Parnassius charltonius* aberr., Bryk in: Jahrb. Ver. Nassau, *v.* 65 p. 7 | 1913 *Kailasius c. Romanovi* aberr. *geminellus*, Bryk in: Int. ent. Z., *v.* 7 p. 154, 162 | 1922 [1923] *K. c.* aberr. *g.*, Bryk in: Strand, Lep. Cat., *v.* 27 p. 43 | 1930 *Parnassius c.* aberr. *geminella*, Bollow in: Seitz, Großschmett. Erde, *v.* 1 Suppl. 1 p. 83 | 1931 *Kailasius c.* forma *geminellus*, Bryk in: Zool. Jahrb., Syst. *v.* 62 p. 151.

Medianaugenfleck des Hinterflügels in 2 an $M_2$ angrenzende, aber getrennte Augenflecke zerlegt.

Transalai: Aram-Kungai.

Typus: ♂ in coll. C. Eisner, Berlin-Dahlem.

forma graphicoides Bryk 1913 *Kailasius charltonius romanovi* aberr. *g.*, Bryk in: Int. ent. Z. *v.* 7 p. 154, 162 | 1922 [1923] *K. c.* aberr. *g.*, Bryk in: Strand, Lep. Cat., *v.* 27 p. 43 | 1930 *Parnassius c.* aberr. *g.*, Bollow in: Seitz, Großschmett. Erde, *v.* 1 Suppl. 1 p. 83.

Medianaugenfleck des Hinterflügels mit 2 weißen Kernen, längs $M_2$ schwarz markiert.

„Pamir" (= Transalai?).

Typus: ♂ in coll. Zool. Mus. Berlin.

♂ forma catenata Bryk 1913 *Kailasius charltonius romanovi* aberr. *catenatus*, Bryk in: Int. ent. Z., *v.* 7 p. 154, 162 | 1922 [1923] *K. c.* aberr. *c.*, Bryk in: Strand, Lep. Cat., *v.* 27 p. 43 | 1930 *Parnassius c.* aberr. *catenata*, Bollow in: Seitz, Großschmett. Erde, *v.* 1 Suppl. 1 p. 83.

Zwischen dem Medianaugenfleck des Hinterflügels und dem 2zelligen Analbändchen noch ein überschüssiger, schwarzer Fleck zwischen $M_3$ und $Cu_1$, ebenso zwischen beiden Augenflecken ein schwarzer Strich, so daß eine fast continuierliche Augenfleckbinde entsteht (Fig. 674).

„Pamir" (= Transalai?).

Typus: ♂ in coll. Zool. Mus. Berlin.

Fig. 674.
**Kailasius charltonius romanovi** (Gr.-Gr.) forma **catenata** Bryk (♂). (Typus) (1/1).

♂ forma rubrocatenata Bryk 1912 *Parnassius charltonius romanovi* aberr. *rubrocatenatus*, Bryk in: Jahrb. Ver. Nassau, *v.* 65 p. 7 t. 1 f. 1 (♀) | 1913 *Kailasius c. romanovi* aberr. *r.*, Bryk in: Int. ent. Z., *v.* 7 p. 154, 162 | 1915 & 14 *K. c.* var. *r.* aberr. *r.*, Bryk in: Arch. Naturg., *v.* 80 A 9 p. 140, A 6 t. 7 f. 54 (♀) | [1918] *K. c.* var. *r.* aberr. *r.*, Bryk in: Parnassius Apollo Formenkreis, p. 136 t. 7 f. 54 (♀) | 1922 [1923] *K. c.* aberr. *rubrocatenatus*, Bryk in: Strand, Lep. Cat., *v.* 27 p. 44 | 1930 *Parnassius c.* aberr. *rubrocatenata*, Bollow in: Seitz, Großschmett. Erde, *v.* 1 Suppl. 1 p. 82.

Die beiden Augenflecke des Hinterflügels miteinander durch einen rot gekernten Strich verbunden und das an den medianen Augenfleck

Fig. 675.
**Kailasius charltonius romanovi** (Gr.-Gr.) forma **rubrocatenata** Bryk (♀). (Typus) (1/1).

sich anschließende Analbändchen rot gekernt, wodurch eine geschlossene, gerötete Mittelbinde entsteht (Fig. 675).

Transalai: Aram-Kungai.

Typus: ♀ in coll. C. Eisner, Berlin-Dahlem.

forma subpuncta O. Bang-Haas 1927 *Parnassius charltonius bryki* aberr. *s.*, O. Bang-Haas in: Horae Macrolep., *v.* 1 p. 37 | 1930 *P. c. b.* aberr. *s.*, Bollow in: Seitz, Großschmett. Erde, *v.* 1 Suppl. 1 p. 83.

Der mediane Augenfleck des Hinterflügels mit dem sonst 2zelligen Analfleck verbunden.

? Spiti, nordwestl. von Pu (= Poo).

Typus: ♀ in coll. O. Bang-Haas, Dresden-Blasewitz.

forma atroguttata Bryk 1912 *Parnassius charltonius* var. *Bryki* aberr. *a.*, Bryk in: Jahrb. Ver. Nassau, *v.* 65 p. 6 | 1912 *P. c.* var. *b.* aberr. *a.*, Haude in: Soc. ent., *v.* 27 p. 75 f. 2 (♀) (non f. 3!) | 1913 *Kailasius c.* aberr. *a.*, Bryk in: Int. ent. Z., *v.* 7 p. 162 | 1922 [1923] *K. c.* aberr. *a.*, Bryk in: Strand, Lep. Cat., *v.* 27 p. 43 | 1923 *Parnassius c.* (part.) (*atrogutta* ex synon), W. H. Evans in: J. Bombay Soc., *v.* 29 p. 245 | 1930 *P. c.* aberr. *atroguttata,* Bollow in: Seitz, Großschmett. Erde, *v.* 1 Suppl. 1 p. 83.

Unterseits in der Mittelzelle ein isolierter, schwarzer Fleck, der oberseits nur durchscheint.

NW. Himalaya: Nilang-Paß.

Typus: ♀ in coll. O. Bang-Haas, Dresden-Blasewitz.

forma autocrator Avinov 1913 *Parnassius charltonius* subsp. *a.*, Avinov in: Horae Soc. ent. Ross., *v.* 40 nr. 5 p. 16 t. 2 f. 3 (♀) (non f. 5!) | 1913 *Kailasius c.* forma *a.*, Bryk in: Int. ent. Z., *v.* 7 p. 161, 162 (aberr. *a.*) | 1915 *K. c. a.*, Bryk in: Arch. Naturg., *v.* 80 A 7 p. 183 | 1916 *Parnassius c.* subsp. *a.*, Awinow in: Mt. Münch. ent. Ges., *v.* 7 p. 58 t. 1 f. 5 (♀) | 1917 *P. c. a.*, O. Kaiser, ibid., *v.* 8 p. 15 | 1918 *P. c. a.*, W. Rothschild in: Nov. zool., *v.* 25 p. 262 | [1918] *Kailasius c. a.*, Bryk, Parnassius Apollo Formenkreis, p. 95 | 1920 *Parnassius a.*, Avinoff in: C. Oberthür, Étud. Lép., *v.* 17 p. 79 | 1922 [1923] *Kailasius charltonius* forma *a.*, Bryk in: Strand, Lep. Cat., *v.* 27 p. 43 | 1927 *Parnassius c. a.* (an bona subspecies?), O. Bang-Haas in: Horae Macrolep., *v.* 1 p. 38 | 1930 *P. c.* „Rasse" *a.*, Bollow in: Seitz, Großschmett. Erde, *v.* 1 Suppl. 1 p. 83 t. 6e (♀) | 1931 *P. c.* forma *a.*, Sheljuzhko in: Int. ent. Z., *v.* 25 p. 72 | 1931 *Kailasius* var. + [subsp.] *a.*, Bryk in: Zool. Jahrb., Syst. *v.* 62 p. 170.

Fig. 676.
**Kailasius charltonius autocrator** (Avinov) **forma autocrator** Avinov (♀). (**Typus, nach Seitz** 1929) (1/1).

Direkt an die Submarginalbinde des Hinterflügels, die nur 4 blaugekernte Randaugenflecke aufweist, grenzt ein homogener, orangeroter Riesenprachtfleck, der aus der Verschmelzung des hypertelisch vergrößerten, medianen Augenfleckes und des Analbändchens entstanden ist. Er ist 15 mm lang und 7 mm breit. Discalwärts ist er von einem schwarzbraunen, etwas gebogenem, breitem Querbande umgrenzt, das vom Vorderrande über den [erloschenen] subcostalen Augenfleck bis zum Hinterrand zieht. Mit einem zugespitzten Fortsatz begrenzt er vorn diesen Prachtfleck. Es entsteht dadurch ein an *Bhutanitis* W. S. Atkins. anklingender Riesenprachtfleck. Erwähnt sei, daß sich im Vorderflügel das breite Subcostalbändchen mit der Submarginalbinde bei ihrer wurzelwärts gerichteten Verschiebung bei $M_2$ vereinigt, wodurch eine artfremde ypsilonförmige Zeichnung entsteht (Fig. 676).

Darwas: Paß Guschon.

Typus: ♀ in coll. A. Avinov, Zool. Mus. Leningrad.

forma caeruleocaeca O. Bang-Haas 1927 *Parnassius charltonius bryki* forma *c.*, O. Bang-Haas in: Horae Macrolep., *v.* 1 p. 37 | 1930 *P. c.* subsp. *b.* aberr. *c.*, Bollow in: Seitz, Großschmett. Erde, *v.* 1 Suppl. 1 p. 83.

Randaugenflecke des Hinterflügels schwarz; ihre Blaukernung völlig erloschen.

? Spiti, nordwestl. Pu (= Poo).

Typus: in coll. O. Bang-Haas, Dresden-Blasewitz.

forma rubroampliusanalis Bryk & Eisner 1931 *Parnassius charltonius* subsp. *deckerti* forma *r.*, Bryk & Eisner in: Parnassiana, *v.* 1 nr. 6 p. 8.

Alle 3 Analflecke des Hinterflügels rot gekernt.

Baltistan: Deosai.

Typus: ♀ in coll. C. Eisner, Berlin-Dahlem.

forma brunneoocellata Bryk & Eisner 1931 *Parnassius charltonius* subsp. *deckerti* forma *b.*, Bryk & Eisner in: Parnassiana, *v.* 1 nr. 6 p. 8.

Augenflecke des Hinterflügels [bei frischen Stücken] ockerbraun.

Baltistan: Deosai.

Typus: ♀ in coll. C. Eisner, Berlin-Dahlem.

forma medio-rubrodivisiocellata Bryk & Eisner 1931 *Parnassius charltonius* subsp. *bryki* forma *m.-r.*, Bryk & Eisner in: Parnassiana, *v.* 1 nr. 6 p. 8.

Der mediane Augenfleck entlang $M_2$ rot geteilt, wodurch der weiße Kern in 2 Teile zerlegt wird.

Patria mancat.

Typus: ♀ in coll. C. Eisner, Berlin-Dahlem.

forma nana O. Bang-Haas 1927 *Parnassius charltonius bryki* aberr. *n.*, O. Bang-Haas in: Horae Macrolep., *v.* 1 p. 37 | 1930 *P. c. b.* aberr. *n.*, Bollow in: Seitz, Großschmett. Erde, *v.* 1 Suppl. 1 p. 83.

Falter von Zwerggröße.

? Spiti, nordwestl. Pu (= Poo).

Typus: ♂♀ in coll. O. Bang-Haas, Dresden-Blasewitz.

forma magna O. Bang-Haas 1927 *Parnassius charltonius bryki* aberr. *m.*, O. Bang-Haas in: Horae Macrolep., *v.* 1 p. 37 | 1930 *P. c. b.* aberr. *m.*, Bollow in: Seitz, Großschmett. Erde, *v.* 1 Suppl. 1 p. 83.

Falter von Riesengröße.

?Spiti, nordwestl. Pu (= Poo).

Typus: ♂ ♀ in coll. O. Bang-Haas, Dresden-Blasewitz.

forma metathetica *parnassiomima* 1912 Bryk in: Jahrb. Ver. Nassau, *v.* 65 p. 9. $R_3$ des Vorderflügels entspringt ausnahmsweise nicht aus dem gegabelten Rippenstiel von $R_4 + R_5$, sondern aus der vorderen Discoidalrippe vor der vorderen Zellecke.

11. **K. charltonius charltonius** (G. R. Gray) 1852 *Parnassius c.*, G. R. Gray, Cat. lep. Ins. Brit. Mus., *v.* 1 p. 77 t. 12 f. 7 (♀) | 1902 *Kailasius c.* (part.), F. Moore, Lep. Ind., *v.* 5 p. 118 | 1907 *Parnassius c. charltonius* (part.), H. Stichel in: Gen. Ins., *v.* 58 p. 44 | 1907 *P. c.* (part.), Bingham in: Fauna Brit. Ind., Butt. *v.* 2 p. 126 | 1913 *P. c.*, Verity, Rhop. palaearct., p. 317 | 1913 *P. c.*, Avinov in: Horae Soc. ent. Ross., *v.* 40 nr. 5 p. 14 | 1913 *Kailasius c.*, Bryk in: Int. ent. Z., *v.* 7 p. 149 | 1916 *Parnassius c.*, Awinow in: Mt. Münch. ent. Ges., *v.* 7 p. 55 | 1918 *P. c. charltonius* (part.), W. Rothschild in: Nov. zool., *v.* 25 p. 258 | 1923 *P. c.* (part.), W. H. Evans in: J. Bombay Soc., *v.* 29 p. 245 | 1927 *P. c. charltonius*, O. Bang-Haas in: Horae Macrolep., *v.* 1 p. 35 | 1930 *P. c.*, Bollow in: Seitz, Großschmett. Erde, *v.* 1 Suppl. 1 p. 82.

Fig. 677.
**Kailasius charltonius charltonius** (G. R. Gray) (♀). (Typus) (1/1).

Eine kleine Unterart mit stark oval abgerundetem Seitenrand des Vorderflügels. Flügelgrund gelblichweiß. Befransung weißlich. Weibchen (Fig. 677): Glasband schmal, am Hinterrande verjüngt. Die graue Submarginalbinde schmal, dem Glasbande genähert, den Hinterrand erreichend. Das schwärzliche Subcostalbändchen ist mit dem Hinterrand an der hinteren Discalrippe entlang bis $Cu_2$ durch eine Wellenlinie verbunden. Die beiden schwarzen Zellflecke verschmälert, länglich. Die Basis der Mittelzelle, wie der Vorderrand, grau überpudert. Hinterflügel: Glasbinde deutlich, fast continuierlich. Die Submarginalbinde, in der 5 tiefschwarze, blau gekernte Randaugenflecke eingebettet sind, ist mäßig breit. Subcostalaugenfleck mäßig groß. Der bohnenförmige mediane Augenfleck länglich, bei $M_2$ schwach eingeschnürt, $M_3$ nicht erreichend, fahlrot und wie der subcostale gleichmäßig schwarz umrandet. Er trägt einen kleinen, weißen Kern. Analfleck 2zellig, schmal, rot, schwarz umrandet. Wurzelfeld- und Hinterrandschwärze schräg bis $Cu_1$ verlaufend, den Analfleck nicht erreichend. Unterseits ist das Mittelzellende zwischen $R_5$ (+ $M_1$) und $M_2$ spärlich schwärzlich bestäubt. Männchen unbekannt. Vorderflügellänge: ♀ 38 mm.

„Chinesische Tartarei“ = Kumaon (fide Riley, cfr. 1927 O. Bang-Haas, p. 36).

Typus: ♀ in coll. Brit. Mus. London.

12. **K. charltonius bryki** (Haude) 1907 & 06 *Parnassius c.* (part.), Verity, Rhop. palaearct., p. 84 t. XXI f. 2 (♂), 3 (♀) | 1907 *P. c. charltonius* (part.), H. Stichel in: Gen. Ins., *v.* 58 p. 44 | 1912 *P. c.* var. *bryki* + aberr. *atroguttata*, Haude in: Soc. ent., *v.* 27 p. 75; p. 76 f. 1 (♂), 3 (♀; non f. 2), 2 (♀, aberr. *atroguttata*) | 1912 *P. c.* var. *B.* aberr. *a.*, Bryk in: Jahrb. Ver. Nassau, *v.* 65 p. 5 | 1913 *Kailasius c.* var. *B.*, Bryk in: Int. ent. Z., *v.* 7 p. 150 t. 5 f. 7 (♂) | 1913 *Parnassius c.* (part.), Avinoff in: Rec. Ind. Mus., *v.* 9 p. 327 | 1914 & 15 *Kailasius c.* var. *Bryki*, Bryk in: Arch. Naturg., *v.* 80 A 6 p. 176, A 10 t. 33 f. 147 (♀; nervatura monstrosa al. ant.) | 1918 *Parnassius c. b.*, W. Rothschild in: Nov. zool., *v.* 25 p. 258 | [1918] *Kailasius c.* var. *b.*, Bryk, Parnassius Apollo Formenkreis, p. 60 t. 33 f. 147 | 1922 [1923] *K. c.* var. *B.*, Bryk in: Strand, Lep. Cat., *v.* 27 p. 44 | 1923 *Parnassius c.* (part.), W. H. Evans in: J. Bombay Soc., *v.* 29 p. 245 | 1924 *Kailasius* var. *bryki*, Bryk, Vandr. nat. kult. riken, p. 25 f. 11 | 1924 *K.* var. *B.*, Bryk in: Soc. ent., *v.* 39 f. 3 (plethosphragis) | 1927 *Parnassius charltonius b.* + aberr. *rubromaculata* + aberr. *roseomaculata* + aberr. *flavomaculata* + aberr. *vinosa* + aberr. *caeruleocaeca* + aberr. *subpuncta* + aberr. *nana* + aberr. *magna*, O. Bang-Haas in: Horae Macrolep., *v.* 1 p. 37 t. 3 f. 12 (♀) | 1930 *P. c.* „Rasse“ *b.* + aberr. *rubromaculata* + aberr. *roseomaculata* + aberr. *flavomaculata* + aberr. *vinosa* + aberr. *caeruleocaeca* + aberr. *subpuncta* + aberr. *nana* + aberr. *magna*, Bollow in: Seitz, Großschmett. Erde, *v.* 1 Suppl. 1 p. 83 | 1931 *P. c.* subsp. *b.* aberr. *medio-rubrodivisiocellata*, Bryk & Eisner in: Parnassiana, *v.* 1 nr. 6 p. 8 | 1932 *Kailasius c.* subsp. *b.*, Reinig in: Wiss. Ergeb. Alai-Pamir Exp., Teil III *v.* 1 p. 113.

Fig. 678.
**Kailasius charltonius bryki** (Haude) (♂). (Typus).

Der ssp. *charltonius* (G. R. Gray) sehr nahe stehend (Fig. 678). Flügelschnitt nicht mit ovalem, sondern mit mehr rundlichem Vorderrand. Glasband ähnlich dem der ssp. *charltonius* (G. R. Gray). Submarginalbinde etwas breiter. Mittelzellfleck meist etwas breiter. Hinterflügel: Glasbinde verschmälert, deutlich interneval unterbrochen. Die glasige Submarginalbinde etwas verbreitert. Zwischen Wurzelfeld und dem subcostalen Augenfleck oft ein Zwischenwurzelfleck. Der mediane Augenfleck rundlich, zinnoberrot, meist mit weißem Kern, scharf schwarz umrandet, bisweilen sehr zart. Analflecke 2zellig, rot, schwarz umrandet. Männchen: Subcostalbändchen mit dem Hinterrandfleck und ihrer Verbindung nicht grau, sondern etwas mehr gesättigt schwarz. Medianaugenfleck des Hinterflügels wurzelwärts etwas breiter schwarz als saumwärts umsäumt. Hinterrandschwärze bei $M_3$ sich verlierend. Weibchen durchsichtiger. Verbindung des Subcostalbändchens mit dem Hinterrandfleck schmäler. Hinterrandschwärze des Hinterflügels $Cu_1$ nicht

Fig. 678 a.
**Kailasius charltonius bryki** (Haude) (♀). (Typus) (1/1).

erreichend. Analbändchen etwas verbreitert. Folgende formae treten auf: *flavomaculata, roseomaculata, rubromaculata, vinosa, caeruleocaeca, subpuncta, atroguttata, medio-rubrodivisiocellata.* Vorderflügellänge: ♂ ♀ 39—41 mm.

NW. Himalaya: Nilang-Paß.

Typus: ♀ in coll. O. Bang-Haas, Dresden-Blasewitz.

Die Falter aus Spiti nordwestlich von Pu (= Poo), Tum-Tum-Thang und Churmurti in Tibet occ. sind etwas kleiner, mit mehr kreideweißem anstatt gelblichem Flügelgrund und breiterer Submarginalbinde des Vorderflügels und viel zarter schwarz umrandeten Augenflecken, so daß sie den Eindruck einer eigenen Subspecies erwecken (ssp. *gehleni* Bryk (i. l.), Typen: ♂ ♀ in coll. Zool. Mus. Tring).

13. **K. charltonius amabilis** (Bryk & Eisner) 1932 *Parnassius charltonius* subsp. *a.*, Bryk & Eisner in: Parnassiana, *v.* 2 p. 8 f. 3 (♀, *P.* subsp. *a.*).

Eine kleine, an ssp. *bryki* (Haude) erinnernde Rasse mit schmäleren Binden. Weibchen (Fig. 679): Beschuppung dicht. Flügelschnitt von ssp.

Fig. 679.
**Kailasius charltonius amabilis** (Bryk & Eisner) (♀). (Typus, nach Bryk & Eisner 1932) (1/1).

*bryki* (Haude) nicht verschieden. Submarginalbinde schmäler. Verbindung zwischen Subcostalbändchen und Hinterrandfleck sehr mager. Hinterflügel: Glasbinde deutlich. Die glasige Submarginalbinde mit den verkleinerten Randaugenflecken, deren Blaukernung stark zurücktritt, stark verschmälert. Der mediane, schwach schwarz umzingelte Medianaugenfleck ist rot ausgefüllt und nierenförmig. Wurzelfeldschwärze etwas reduziert. Unterseits ist der Zwischenwurzelfleck zwischen Wurzelfeld und dem verkleinerten subcostalen Augenfleck deutlich erhalten. Männchen unbekannt. Vorderflügellänge: ♀ 35,5 mm.

Kangra: Rotang-Paß.

Typus: ♀ in coll. C. Eisner, Berlin-Dahlem.

14. **K. charltonius otto** Bryk 1927 *Parnassius c.* subspecies ?, O. Bang-Haas in: Horae Macrolep., *v.* 1 p. 37 | 1932 *Kailasius c.* subsp. *otto* forma *chrysopicta,* Bryk in: Parnassiana, *v.* 2 p. 48 | 1932 *K. c. o.*, Bryk & Eisner, ibid., *v.* 2 p. 66.

Kleiner als ssp. *deckerti* (Verity), schwächer gezeichnet (Fig. 680). Mit verkleinerten Augenflecken. Besonders im weiblichen Geschlecht durchsichtiger. Alle Zeichnungen des Vorderflügels mehr diaphan, selbst die beiden Zellflecke sind so grau wie die Submarginalbinde. Hinterflügel: Glasband, in das die 5 schwach blau gekernten Randaugenflecke eingebettet sind, sehr breit, knapp

Fig. 680.
**Kailasius charltonius otto** Bryk (♀). (Ideotypus, aus coll. Zool. Mus. Berlin) (1/1).

an die zinnoberroten, saumwärts sehr zart, discalwärts breiter schwärzlich umsäumten Augenflecke grenzend. Weißkernung im medianen Augenfleck sehr stark reduziert oder fehlt völlig. Analbändchen kräftig und breit, $Cu_1$ überschreitend. Wurzelfeldschwärze reduziert, $Cu_1$ etwas überschreitend. Unterseits fehlt der Zwischenwurzelfleck auf dem Hinterflügel. Als forma tritt *chrysopicta* Bryk auf. Vorderflügellänge: ♂ 36 mm, ♀ 36—39,5 mm.

Gya-Ladak: Tagalang-Paß.

Typen: ♂ ♀ in coll. Zool. Mus. Tring.

15. **K. charltonius corporaali** Bryk 1935 *K. c.* subsp. *c.*, Bryk in: Wiss. Ergeb. Niederl. Exp. Karakorum, *v.* 1 p. 337, 338 t. 1 f. 2 (♀).

Steht am nächsten der ssp. *otto* Bryk. Männchen unbekannt. Weibchen dünn beschuppt. Vorderflügel: Subcostalbändchen normal. End- und Mittelzellfleck mäßig, länglich. Hinterrandfleck breit, verschwommen, mit dem Subcostalbändchen durch eine zur Mittelzelle verzogene Verlängerung verbunden. Hinterflügel: Der subcostale Augenfleck groß, hellrot und gut schwarz konturiert, der subcostale 3 eckig. Glasfeld der Submarginalbinde breit. Die gut ausgebildeten, schwarzen Randaugenflecke mit mäßiger Blaukernung. Submarginale Glasbogen erhalten. Analbändchen breit, rot, schwarz eingesäumt. Wurzelfeld und Hinterrand deutlich geschwärzt, die halbe Mittelzelle ausfüllend, bis $Cu_1$ reichend. Unterseits trägt der Subcostalaugenfleck einen hellen, weißlichen Kern. Die 3 Wurzelflecke deutlich schwarz bepudert. Vorderflügellänge: 35 mm.

Saser Brangsa.

Typus: ♀ in coll. Zool. Mus. Amsterdam.

16. **K. charltonius kätheae-ruthae** Bryk 1927 *Parnassius c. deckerti* (part.) O. Bang-Haas in: Horae Macrolep., *v.* 1 p. 37 | 1935 *Kailasius c.* subsp. *kaethe-ruthae,* Bryk in: Wiss. Ergeb. Niederl. Exp. Karakorum, *v.* 1 p. 338, 339 f. 1 (♂).

Der mit $R_{1\ (-2)}$ teilweise anastomisierende Radius $R_3$ entspringt wie bei *Kailasius* F. Moore jenseits der vorderen Mittelzellecke aus dem gemeinsamen Gabelstiel von $R_4+R_5$, aber ihr etwas mehr genähert als es sonst für *Kailasius* typisch ist (Fig. 681). Männchen: Das marginale Glasband

Fig. 681.
**Kailasius charltonius kätheae-ruthae** Bryk (♂). (Typus) (1/1).

verhältnismäßig schmal, den Hinterrand erreichend, mit der continuierlichen Submarginalbinde bei $Ax_1$ zusammentreffend. Subcostalbändchen verbreitert, bei $M_2$ die Submarginalbinde tangierend, zwischen $M_2$ und $M_3$ gewinkelt und stark eingeengt; es zieht sich in der Verlängerung continuierlich bis $Ax_1$, nach innen bis $Cu_2$ an den Discus angelehnt, vorn den schmalen Endzellfleck berührend; dieser ist vorn jenseits der Mittelzelle etwas reduziert. Mittelzellfleck sehr schmal. Vorderrand und Flügelwurzel fast gar nicht schwarz gekörnt. Zwischen Mittelzellfleck und Zellwurzel, hinter der Einmündungsstelle von $Cu_2$, ein deutlicher, schmaler, schwarzer Zwischenwurzelfleck. Hinterflügel: Randbogen stark rückgebildet, internerval aufgelöst, an die von ssp. *romanovi* (Gr.-Gr.) erinnernd. Die 5 schwarzen Randaugenflecke gut ausgebildet. Ihre Blaukernung reduziert, nur in den 3 hintersten Flecken discalwärts ausgezogen. Die verglaste Submarginalbinde, die den Medianaugenfleck erreicht, gut erhalten. Subcostalaugenfleck klein, ohne jedes Rot; der mediane Augenfleck rundlich, mittelgroß, mit verwaschener, zinnoberroter Kernung, die $M_2$ hinten nicht überschreitet, aber die betreffende Rippe noch rötet. An diesen Augenfleck schließt sich ein continuierliches, schwärzliches, vorn zwischen $Cu_2$ und $M_3$ stark eingeengtes Analbändchen mit kaum bemerkbaren, äußerst spärlichen Rotschuppen an. Flügelwurzel rein, ohne die sonst so typische Wurzel- und Hinterrandschwärze. Grundfarbe hell cremegelblichweiß, mit schwärzlicher Zeichnung. Vorderflügellänge: ♂ 33,5 mm.

Lamayuru Schlucht (Indus Tal), 3200 m.

Typus: ♂ in coll. Zool. Mus. Amsterdam.

17. **K. charltonius deckerti** (Verity) 1879 *Parnassius c.* (part.), F. Moore in: Results Yarkand Miss., *v.* 4 Lep. p. 5, 17 t. 1 f. 3 (♀) | 1902 *Kailasius c.* (part.), F. Moore, Lep. Ind., *v.* 5 p. 118 | 1907 *Parnassius c. charltonius* (part.), H. Stichel in: Gen. Ins., *v.* 58 p. 44 t. 3 f. 19 (♀) | 1907 *P. c.* „forma" *deckerti*, Verity, Rhop. palaearct., p. 85 (nota 1) t. XIX f. 14 (♀) | 1909 *P. c. d.*, Fruhstorfer in: Seitz, Großschmett. Erde, *v.* 9 p. 112 t. 50a (♀, *P. charltonius*) | 1911 *P. c.* „race" *d.*, Verity, Rhop. palaearct., p. 317 | 1912 *P. c.* aberr. *D.* + aberr. *Haudei*, Bryk in: Jahrb. Ver. Nassau, *v.* 65 p. 5 | 1913 *Kailasius c.* var. *D.*, Bryk in: Int. ent. Z., *v.* 7 p. 150, 153 162 t. 4 f. 1, 2 (♀), 3 (♂ aberr. *haudei*) | 1913 *Parnassius c. d.*, Avinov in: Horae Soc. ent. Ross., *v.* 40 nr. 5 p. 14 | 1915 & 14 *Kailasius c.* var. *D.* aberr. *Haudei*, Bryk in: Arch. Naturg., *v.* 80 A 9 p. 140, A 6 t. 6 f. 48 (♂) | 1916 *Parnassius c. d.*, Awinow in: Mt. Münch. ent. Ges., *v.* 7 p. 56 | [1918] *Kailasius c.* var. *D.* aberr. *Haudei*, Bryk, Parnassius Apollo Formenkreis, p. 136 t. 6 f. 48 (♂) | 1918 *Parnassius c. d.*, W. Rothschild in: Nov. zool., *v.* 25 p. 258 | 1920 *P. c.* aberr. *d.*, W. H. Evans in: J. Bombay Soc., *v.* 27 p. 92 | 1922 [1923] *Kailasius c.* var. *D.*, Bryk in: Strand, Lep. Cat., *v.* 27 p. 44 | 1923 *Parnassius c.* (part.), W. H. Evans in: J. Bombay Soc., *v.* 29 p. 245 | 1927 *P. c. deckerti* (part.), O. Bang-Haas in: Horae Macrolep., *v.* 1 p. 37 | 1930 *P. c.* „Rasse" *d.*, Bollow in: Seitz, Großschmett. Erde, *v.* 1 Suppl. 1 p. 83 | 1932 *Kailasius c.* ssp. *d.*, Bryk in: Parnassiana, *v.* 2 p. 48 | 1932 *K. c.* subsp. *d.*, Reinig in: Wiss. Ergeb. Alai-Pamir Exp., Teil III *v.* 1 p. 113.

Fig. 682.
**Kailasius charltonius deckerti** (Verity) (♂). (Paratypus, aus coll. L. Sheljuzhko, Kijew) (1/1).

Eine große, markant gezeichnete Unterart mit potenzierter Verglasung der Submarginalbinde auf dem Hinterflügel (Fig. 682). Vorderflügel gestreckt, der Seitenrand nach hinten etwas schräg gebogen. Glasband breit. Submarginalbinde breit. Subcostalbändchen stets mit dem kräftigen Hinterrandfleck verbunden. Mittelzellfleck schmal, hinten mit seiner äußeren Kontur bis $Cu_1$ reichend. Hinterflügel: Glasband sehr schmal. Die glasige Submarginalbinde äußerst breit, mit 5 großen Randaugenflecken, die wurzelwärts gut blau gekernt sind. Augenflecke sehr groß, besonders der mediane, der von $R_5$ (+ $M_1$) und $M_3$ begrenzt wird und nach innen bedeutend breiter schwarz umsäumt ist als nach außen. Eine kleine Weißkernung meist erhalten. Analflecke groß, stets $Cu_1$ überschreitend, bisweilen sogar fast den medianen Augenfleck erreichend. Hinterrandschwärze reduziert. Männchen dichter beschuppt. Bindenzeichnungen gesättigter dunkel. Mittelzellfleck breiter. Verbindung zwischen Subcostalbändchen und Hinterrandfleck viel stärker ausgeprägt. Wurzelfeldschwärze im Discus bisweilen nach außen stärker schwarz begrenzt. Hinterflügel: Glasbinde von der breiten, glasigen Submarginalbinde oft scharf durch eine sehr schmale Grundfarbenbinde getrennt.

Fig. 682 a.
**Kailasius charltonius deckerti** (Verity) (♀). (Typus) (1/1).

Die Submarginalbinde erreicht nicht den unregelmäßig fünfeckigen medianen Augenfleck und das Analbändchen, das sich zwischen $M_3$ und $Cu_1$ verschmälert, so daß sie hell abgegrenzt ist. Hinterrandschwärze bis $Cu_1$ oder darüber hinaus reichend. Weibchen durchsichtiger, die Binden der Vorderflügel mehr graphitfarben. End- und Mittelzellfleck schmäler. Wurzelbestäubung des Discus schwächer. Hinterflügel: Die Randaugenflecke berühren mit ihrem äußeren Pol die Bogen der schmalen, marginalen Glasbinde. Die glasige Submarginalbinde ist derart verbreitert, daß der mediane Augenfleck und der vorderste Analfleck (zwischen $M_3$ und $Cu_1$) direkt an diese stößt. Augenflecke bisweilen riesengroß. Die beiden hintersten Analflecke zu einem augenfleckähnlichen Ornament vergrößert. Hinterrandschwärze mehr reduziert, kaum $Cu_2$ überschreitend, hinten verkürzt. Als formae treten *haudei* (s. Fig. 672) und *chrysopicta* auf. Vorderflügellänge: ♂♀ 40—42 mm.

Chitral: Schandur und Schischki-Ku-Paß; „Kaschmir" (false).

Typus: ♀ in coll. L. Sheljuzhko, Kijew.

18. **K. charltonius ducalis** (Boullet & Le Cerf) 1912 *Parnassius c.* var. *d.*, Boullet & Le Cerf in: Bull. Soc. ent. France, p. 143 | 1912 *P. c.* var. *occidentalis* + aberr. *flavomaculata* + aberr. *atroguttata*, Bryk in: Jahrb. Ver. Nassau, *v.* 65 p. 10 | 1913 *Kailasius c.* var. *ducalis* + aberr. *a.*, Bryk in: Int. ent. Z., *v.* 7 p. 162 | 1920 *Parnassius c.* „race" *occidentalis*, W. H. Evans in: J. Bombay Soc., *v.* 27 p. 92 | 1922 [1923] *Kailasius c.* var. *ducalis*, Bryk in: Strand, Lep. Cat., *v.* 27 p. 45 | 1923 *Parnassius c.* (part.) [+ *occidentalis*] (ex synon.), W. H. Evans in: J. Bombay Soc., *v.* 29

p. 245 | 1927 *P. c. ducalis,* O. Bang-Haas in: Horae Macrolep., *v.* 1 p. 36 t. 3 f. 14 (♂), 15 (♀) | 1930 *P. c. d.*, Bollow in: Seitz, Großschmett. Erde, *v.* 1 Suppl. 1 p. 83 | 1932 *Kailasius c.* subsp. *d.*, Reinig in: Wiss. Ergeb. Alai-Pamir Exp., Teil III *v.* 1 p. 113.

Eine große, verdunkelte Unterart mit scharf abgegrenzten Zeichnungen und abgerundetem Apex. Submarginalbinde etwas schmäler als bei ssp. *deckerti* (Verity). Wurzelfeld des Discus gut schwärzlich bestäubt. Hinterflügel mit deutlicher Glasbinde. Die glasige Submarginalbinde in beiden Geschlechtern mäßig breit, infolgedessen ist sie durch eine Grundfarbenbinde

Fig. 683.
**Kailasius charltonius ducalis** (Boullet & Le Cerf) (♂). (Typus von subsp. **occidentalis** Bryk) (1/1).

gut von den mittelgroßen, deutlich blau gekernten Randaugenflecken einerseits und den länglichen, gut schwarz umsäumten, roten medianen Augenflecken andererseits getrennt. Analbändchen 2zellig, schmal, bis $Cu_1$ reichend. Wurzelfeld und Hinterrandschwärze gut entwickelt. Unterseits ist der Zwischenwurzelfleck des Hinterflügels kräftig. Der Discus ist verdüstert, oft fast ganz geschwärzt. Die Hinterrandschwärze zieht um den Discus herum. Männchen (Fig. 683) mit dunklerer Submarginalbinde des Vorderflügels, die nicht immer $Ax_1$ erreicht. Zellflecke kräftiger und breiter. Weibchen: Submarginalbinde des Vorderflügels durchsichtiger, Zellmakeln schmäler. Die Ausbuchtung der Verbindung zwischen Subcostalbändchen und Hinterrandfleck nicht so scharfbogig wie bei ssp. *deckerti* (Verity). Forma *parnassiomimus* und *fermata* treten auf. Vorderflügellänge: ♂♀ 38—43 mm.

Chitral.

Typen: ♂ ♀ in coll. Mus. Zool. Paris.

19. **K. charltonius ella** Bryk 1913 *Parnassius c.* (part.), Avinov in: Horae Soc. ent. Ross., *v.* 40 nr. 5 p. 13 | 1916 *P. c.* (part.), Awinow in: Mt. Münch. ent. Ges., *v.* 7 p. 56 | 1932 *Kailasius c.* subsp. *ella*, Bryk in: Parnassiana, *v.* 2 p. 49.

Eine zwischen ssp. *ducalis* (Boullet & Le Cerf) und ssp. *deckerti* (Verity) stehende Unterart mit reduzierter, glasiger Submarginalbinde des Hinterflügels. Augenflecke innen breiter schwarz umrandet als außen. Hinterrandschwärze im Discus reduziert. Männchen mit schwarzem Subcostalaugenfleck. Weibchen (Fig. 684) an ssp. *deckerti* (Verity) erinnernd, aber zwischen Submarginalbinde und der Glasbinde des Hinterflügels eine deutliche, trennende, schmale Grundfarbenbinde erhalten. Augenflecke groß. Analbändchen

3 zellig, rot gekernt, der mittlere Fleck discalwärts vorspringend. Die blauen Randaugenflecke sehr klein, zierlich und wurzelwärts nicht ausgezogen. Vorderflügellänge: ♂♀ 38,5 mm.

Baltistan: Skoro-la.

Typen: ♂♀ in coll. Brit. Mus. London.

Fig. 684.
**Kailasius charltonius ella** Bryk (♀). (Typus) (1/1).

110. **K. charltonius serenissimus** Bryk 1927 *Parnassius c. deckerti* (part.), O. Bang-Haas in: Horae Macrolep., *v.* 1 p. 37 | 1931 *Kailasius c. d.*, Bryk in: Zool. Jahrb., Syst. *v.* 62 p. 154, 170; p. 155 f. 7 *(K. c. deckarti)* | 1932 *K. c.* subsp. *serenissimus*, Bryk in: Parnassiana, *v.* 2 p. 49.

Fig. 685.
**Kailasius charltonius serenissimus** Bryk (♀). (Typus) (1/1).

An ssp. *deckerti* (Verity) sich anschließende Unterart mit abgerundetem Apex. Unterscheidet sich von dieser vor allem durch die Verbindungslinie zwischen Hinterrandfleck und Subcostalbändchen des Vorderflügels, die viel schwächer entwickelt ist. Hinterrandschwärze des Hinterflügels in beiden Geschlechtern gut entwickelt, bis $Cu_1$ reichend. Augenflecke gut entwickelt, nach innen breiter schwarz umsäumt als nach außen. Männchen gelblich. Verbindungslinie zwischen Hinterrandfleck und Subcostalbändchen nicht sehr kräftig und breit. Weibchen (Fig. 685) mit hellem Flügelgrund. Submarginalbinde des Vorderflügels nicht so glasig wie bei ssp. *deckerti* (Verity). Subcostalverbindung sehr schwach und diffus. Hinterflügel: Subcostalaugenfleck meist mit weißem Spiegel, ebenso der mediane und der Analfleck, letzterer nur 2 zellig, rot gekernt. Die glasige Submarginalbinde breit, die Augenflecke nicht berührend. Vorderflügellänge: ♂♀ 40 mm.

S. Kashmir: Pir Panjal; Ladak.

Typen: ♂♀ in coll. Brit. Mus. London.

1 ll. **K. charltonius eisnerianus** Bryk 1913 *Parnassius c.* (part.), Avinov in: Horae Soc. ent. Ross., *v.* 40 nr. 5 p. 13 | 1913 *P. c.* (part.), Avinoff in: Rec. Ind. Mus., *v.* 9 p. 327 | 1916 *P. c.* (part.), Awinow in: Mt. Münch. ent. Ges., *v.* 7 p. 56 | 1931 *Kailasius c.* subsp. *eisnerianus*, Bryk in: Parnassiana, *v.* 1 nr. 5 p. 1; p. 1 f. 1 (♂), p. 2 f. 2 (♀) | 1931 *Parnassius c.* subsp. *e.*, Bollow in: Seitz, Großschmett. Erde, *v.* 1 Suppl. 1 p. 332.

Fig. 686.
**Kailasius charltonius eisnerianus** Bryk (♂) (rechts Unterseite). (Typus, nach Bryk 1931) (1/1).

Fig. 686 a.
**Kailasius charltonius eisnerianus** Bryk (♀) (rechts Unterseite). (Typus, nach Bryk 1931) (1/1).

Eine sehr große, an ssp. *ducalis* (Boullet & Le Cerf) erinnernde Rasse (Fig. 686). Glasband etwas verbreitert. Grundfarbenbinde zwischen ihm und der etwas verschmälerten Submarginalbinde breiter. Verbindungslinie zwischen Subcostalbändchen und dem kräftigen Hinterrandfleck scharf gebogen. Wurzelbestäubung der Vorderflügelmittelzelle deutlich. Hinterflügel: Glasband verhältnismäßig breit, durch die weiße Grundfarbenbinde scharf von der mittelstarken, glasigen Submarginalbinde getrennt. Randaugenflecke kräftig entwickelt. Augenflecke mittelgroß; der mediane rundlich, nach innen viel breiter schwarz begrenzt als nach außen, mit mattem, kleinem, weißem Spiegel. Analbändchen schmal, bis $Cu_1$ reichend, rot gekernt. Hinterrandschwärze bei $M_3$ verklingend. Unterseite des Hinterflügels: Zwischenwurzelfleck zwischen Wurzelfleck und dem subcostalen Augenfleck sehr kräftig entwickelt. Die Hinterrandschwärze greift hakenförmig um die Mittelzelle, sich im Innern an das Mittelzellende lagernd. In der Mitte der Mittelzelle ein loser, schwarzer Fleck, der sich meistens mit der Hinterrandschwärze verbindet. Männchen: Die Verbindungslinie zwischen Hinterrandfleck und Subcostalbändchen kräftiger als beim Weibchen. Hinterrandschwärze des Hinterflügels hinten stark dem hintersten Analfleck genähert. Weibchen: Der subcostale Augenfleck des Hinterflügels stark verkleinert. Hinterrandschwärze hinten weit vom hintersten Analfleck entfernt. Vorderflügellänge: ♂ 43, ♀ 44 mm.

Rupshu, zwischen Chumar und Hanle.

Typen: ♂ ♀ in coll. C. Eisner, Berlin-Dahlem.

1 12. **K. charltonius romanovi** (Gr.-Gr.) 1885 *Parnassius r.*, Grum-Grshimailo in: Romanoff, Mém. Lép., *v.* 2 p. 236, 237 | 1887 *P. charltonius* var. *princeps*, Honrath in: Berlin. ent. Z., *v.* 31 p. 351 | 1887 *P. c.* var. *Romanovi*, Honrath, ibid., *v.* 31 p. XIII | 1888 *P. c.* var. *princeps*, Honrath, ibid., *v.* 32 p. 496, 501 | 1889 *P. c.* var. *p.*, Austaut, Parnass. paléarct., p. 67 t. 16 f. 1 (♂), 2 (♀) | 1890 *P. c.*, Grum-Grshimailo in: Romanoff, Mém. Lép., *v.* 4 p. 189 t. 2 f. 1a (♂), 1b, c (♀) | 1895 *P. c.* var. *princeps*, F. Rühl & A. Heyne, Palaearkt. Groß-Schmett., *v.* 1 p. 108, 705 | 1901 *P. c.* var. *p.*, O. Staudinger & Rebel, Cat. Lep. Palaearct. Faunengeb., ed. 3 *v.* 1 p. 7 | 1902 *Kailasius p.*, F. Moore, Lep. Ind., *v.* 5 p. 120 | 1907 *Parnassius charltonius p.*, H. Stichel in: Seitz, Großschmett. Erde, *v.* 1 p. 35 t. 16e (♂, ♀) | 1907 & 06 *P. c.* var. *p.*, Verity, Rhop. palaearct., p. 85 t. XXI f. 4 (♂), 5 (♀) | 1907 *P. c. p.*, H. Stichel in: Gen. Ins., *v.* 58 p. 45 | 1912 *P. c.* var. *p.*, Bryk in: Soc. ent., *v.* 27 p. 62 | 1912 *P. c.* var. *p.* aberr. *rubrocatenatus*, Bryk in: Jahrb. Ver. Nassau, *v.* 65 p. 6 t. 1 f. 1 (♀) | 1913 *Kailasius c.* var. *romanovi*, Bryk in: Int. ent. Z., *v.* 7 p. 93 (fig.) (plethosphragis) | 1913 *Parnassius c.* subsp. *princeps*, Avinov in: Horae Soc. ent. Ross., *v.* 40 nr. 5 p. 16 | 1913 *P. c.* var. *p.*, Avinoff in: Rec. Ind. Mus., *v.* 9 p. 327 | 1913 *Kailasius c.* var. *Romanovi* + aberr. *novarae* + *geminellus* + *rubrocatenatus* + *catenatus* + *graphicoides*, Bryk in: Int. ent. Z., *v.* 7 p. 153, 154 | 1915 & 14 *K. c.* var. *Romanowi* aberr. *rubrocatenatus*, Bryk in: Arch. Naturg., *v.* 80 A 9 p. 140, A 6 t. 7 f. 54 (♀) | 1916 *Parnassius c.* subsp. *princeps* + aberr., Awinow in: Mt. Münch. ent. Ges., *v.* 7 p. 57 und (nota*) | 1916 *P. c.* subsp. *p.*, Avinoff in: Tr. ent. Soc. London, 1915 p. 359 | 1918 *P. c. p.*, W. Rothschild in: Nov. zool., *v.* 25 p. 258 | [1918] *Kailasius c.* var. *Romanowi* aberr. *rubrocatenatus*, Bryk, Parnassius Apollo Formenkreis, p. 136 t. 7 f. 54 (♀) | 1922 [1923] *K. c.* var. *Romanovi*, Bryk in: Strand, Lep. Cat., *v.* 27 p. 45 | 1927 *Parnassius c. r.*, O. Bang-Haas in: Horae Macrolep., *v.* 1 p. 38 | 1930 *P. c. r.*, Bollow in: Seitz, Großschmett. Erde, *v.* 1 Suppl. 1 p. 83 | 1932 *Kailasius c. romanowi*, Reinig in: Wiss. Ergeb. Alai-Pamir Exp., Teil III *v.* 1 p. 113 | 1932 *Parnassius (Tadumia) c.* (forma geogr. *romanovi*), M. Hering in: Mt. Mus. Berlin, *v.* 18 p. 302, 303 f. 32 (Schienenblättchen), p. 301, 307 f. 59 (VIII. Tergit ♂), p. 310, 311 f. 106 (aedoeagus).

Die hellste, in beiden Geschlechtern dicht weißgelblich beschuppte Unterart (Fig. 687). Mit scharf abgesetzter Bindenzeichnung. Glasbinde schmal, zwischen $M_2$ und $M_3$ wenig vorspringend, hinten $Ax_1$ nicht erreichend. Die sehr schmale Submarginalbinde weit von ihr entfernt, wodurch die sie trennende Grundfarbenbinde breit erscheint; sie erreicht niemals $Ax_1$. Subcostalbändchen vom Hinterrandfleck meist getrennt oder in der Zwischenfläche schwach schwärzlich längs der Rippen bestäubt. Vorderrand- und Wurzelfeldbestäubung schwach. Hinterflügel: Glasbinde stark reduziert, in kleine Bogenflecke aufgelöst. Die glasige Submarginalbinde sehr schmal. Randaugenflecke gut ausgeprägt, ihre Blaukernung deutlich, aber klein. Augenflecke karminrot bis blaßrot, groß, der mediane stets wurzelwärts breiter schwarz umsäumt als saumwärts, mit deutlichem,

Fig. 687.
**Kailasius charltonius romanovi** (Gr.-Gr.) (♂). (Original, aus coll. Zool. Mus. Berlin) ($^1/_1$).

Fig. 687 a.
**Kailasius charltonius romanovi** (Gr.-Gr.) (♀). (Original, aus coll. Zool. Mus. Berlin) ($^1/_1$).

kleinem, weißem Kern. Analbändchen auch in der Zelle zwischen $M_3$ und $Cu_1$ mehr oder weniger gut erhalten. Hinterrandschwärze nach hinten sich verjüngend, den hintersten Analfleck nie erreichend, bei $Cu_1$ leicht verklingend. Wurzelflecke mäßig betont. Unterseite: Wurzelflecke des Hinterflügels deutlich abgehoben, wurzelwärts weißlich beschuppt, der vorderste mit deutlichem, weißem Kern, das Rot an der schwarzen Außenkontur sehr stark verdrängt. Der mediane Augenfleck stets mit 2 weißen Kernen. Zwischen dem vorderen Wurzelfleck und dem gut weiß gekernten, subcostalen Augenfleck meistens ein mehr oder weniger gut ausgeprägter Zwischenwurzelfleck. Die Hinterrandschwärze zieht meistens schwach um das Mittelzellende. Männchen: Submarginalbinde des Vorderflügels zwischen $M_2$ und $M_3$ meistens schwach unterbrochen, $Cu_2$ nie ganz erreichend. Die glasige Submarginalbinde des Hinterflügels verschmälert, im hintersten Element bei $Cu_1$ fehlend. Augenflecke nicht immer durch einen isolierten, schwarzen Bindestrich vereinigt. Analbändchen verschmälert, nicht immer gerötet, der überschüssige, zwischen $M_3$ und $Cu_1$ liegende Fleck nie gerötet. Weibchen: Submarginalbinde des Vorderflügels meist continuierlich. Zwischen den beiden Augenflecken stets ein Verbindungsstrich, der bisweilen rot gekernt ist. Analbändchen verbreitert, der vorderste, dritte Fleck bisweilen vergrößert und rot gekernt. Folgende formae treten auf: *geminella, graphicoides, ♂ catenata, ♀ rubrocatenata, ♂ novarae* (siehe Fig. 673, 674, 675). Vorderflügellänge: ♂♀ 41—43 mm.

Alai; Transalai: Aram-Kungai, Djirge (Paß bei Aguyurma); Pamir.

Typen: ♂♀ in coll. Zool. Mus. Leningrad.

113. **K. charltonius vaporosus** (Avinov) 1913 *Parnassius c.* subsp. *v.*, Avinov in: Horae Soc. ent. Ross., *v.* 40 nr. 5 p. 16 t. 2 f. 2 (♀; nec f. 4) | 1913 *Kailasius c.* var. *v.*, Bryk in: Int. ent. Z., *v.* 7 p. 161 | 1916 *Parnassius c.* subsp. *v.*, Awinow in: Mt. Münch. ent. Ges., *v.* 7 p. 56 t. 1 f. 4 (♀) | 1916 *P. c.* subsp. *v.*, Avinoff in: Tr. ent. Soc. London, 1915 p. 359 t. 54 f. 7 (♂) | 1918 *P. c. v.*, W. Rothschild in: Nov. zool. *v.* 25 p. 262 | 1922 [1923] *Kailasius c.* var. *v.*, Bryk in: Strand, Lep. Cat., *v.* 27 p. 45 | 1927 *Parnassius c. v.*, O. Bang-Haas in: Horae Macrolep., *v.* 1 p. 38 | 1930 *P. c.* subsp. *v.*, Bollow in: Seitz, Großschmett. Erde, *v.* 1 Suppl. 1 p. 83.

Fig. 688.
**Kailasius charltonius vaporosus** (Avinov) (♂). (Paratypus, aus coll. Zool. Mus. Berlin) (1/1).

Dünner beschuppt als ssp. *romanovi* (Gr.-Gr.), der sie stark ähnelt, infolgedessen die dunkle Bindenzeichnung des Vorderflügels noch stärker verblaßt (Fig. 688). Hinterflügel: Glasbinde etwas stärker entwickelt. Augenflecke düster orange-rosa, gut schwarz umsäumt, länglich, wurzelwärts geradlinig. Unterseits der Zwischenwurzelfleck erhalten. Männchen: Submarginalbinde sehr schmal, bei $M_2$ etwas verschoben, $Cu_2$ nicht erreichend. Subcostalbändchen sehr schmal, mit dem stark rückgebildeten Hinterrandfleck nicht verbunden. Der mediane Augenfleck des Hinterflügels sehr breit schwarz umzingelt und länglich. Analflecke $Cu_1$ nicht erreichend. Weibchen:

Submarginalbinde des Vorderflügels länger, $Cu_2$ überschreitend. Subcostalbändchen nicht immer mit dem Hinterrandfleck durch eine Bogenlinie verbunden. Basalteil des Vorderflügels mitunter schwach schwärzlich bestäubt. Hinterflügel: Augenflecke etwas größer, der mediane saumwärts nicht so breit umrandet. Das rot gekernte Analbändchen 3zellig, es schließt sich direkt an den medianen Augenfleck an. Ob die forma *autocrator* bei dieser Unterart auftritt oder einer anderen Subspecies angehört läßt sich vorläufig nicht entscheiden. Vorderflügellänge: ♂ ♀ 38,5—39 mm.

Östl. Darwas.

Typen: ♂ ♀ in coll. Zool. Mus. Leningrad.

Fig. 688 a.
**Kailasius charltonius vaporosus** (Avinov) (♀). (Paratypus, aus coll. C. Eisner, Berlin-Dahlem) (1/1).

I 14. **K. charltonius autocrator** (Avinov) 1913 *Parnassius c.* subsp. *a.*, Avinov in: Horae Soc. ent. Ross., *v.* 40 nr. 5 p. 16 t. 2 f. 2 (nec f. 4). (Wegen weiterer Literaturzitate vgl. p. 701.)

Es ist leicht möglich, daß die als forma behandelte ssp. *autocrator* Avinov einer bisher nicht näher bekannten Unterart angehört.

Darwas centr.: Paß Gushon.

I 15. **K. charltonius voigti** (O. Bang-Haas) 1927 *Parnassius c.* subsp. *v.*, O. Bang-Haas in: Horae Macrolep., *v.* 1 p. 38 t. 3 f. 13 (♀) | 1930 *P. c.* „Rasse“ *v.*, Bollow in: Seitz, Großschmett. Erde, *v.* 1 Suppl. 1 p. 83.

Fig. 689.
**Kailasius charltonius voigti** (O. Bang-Haas) (♀). (Typus, nach O. Bang-Haas 1927) (1/1).

Stark an ssp. *vaporosus* (Avinov) erinnernd. W e i b c h e n (Fig. 689): Grundfarbenbinde des Vorderflügels zwischen Glasbinde und Submarginalbinde etwas verbreitert. Subcostalbändchen bis $M_1$ schräg verlaufend, weit von der Submarginalbinde entfernt, diese also nicht berührend; seine sehr schmale Verbindungslinie in einer Geraden dem Discus parallel bis zur $Cu_2$ verlaufend. Hinterflügel: Die 5 Randaugenflecke im schmalen Glasbande gut blau gekernt. Der Medianaugenfleck rundlich, gut schwarz umsäumt, mit klarem, verhältnismäßig großem, weißem Kern. Analbändchen 2zellig, rot gekernt. Unterseits zieht die Hinterrandschwärze schwach um die Mittelzelle. Männchen unbekannt. Vorderflügellänge: ♀ 36 mm.

Afghanistan: Suchas-Paß, 3500 m, Pagmann-Gebirge (30 km nördl. von Kabul).

Typus: ♀ in coll. O. Bang-Haas, Dresden-Blasewitz.

Eine hochmontane (3500—5000 m), stark variable Art, die im Geäder und in der Zeichnung wohl den meist spezialisierten Vertreter der *Parnassiinae* darstellt.

Jugendstadien unbekannt. Flugzeit Juni bis August. Der Falter gleitet ruhigen Fluges im Zickzack über den Boden. Die Weibchen scheinen zur Eiablage zu den tiefer gelegenen Matten hinabzufliegen, weil ihr Flugplatz mit Schnee bedeckt ist. In den wärmeren Tälern werden vereinzelte Weibchen gefunden. Auffallend ist das verhältnismäßig häufige Vorkommen von Weibchen mit Plethosphragis, was für die Unwirksamkeit der Sphragis als Abwehrmittel spricht. (Vgl. 1924, Bryk in: Soc. ent., *v.* 39 p. 45.) Merkwürdigerweise wurden auch wiederholt Männchen mit anhaltender Sphragis erbeutet. Grum-Grshimailo (1890, Romanoff, Mém. Lép., *v.* 4 p. 193) hat auch wiederholt *Kailasius charltonius* (G. R. Gray) in copula mit *Koramius delphius* (Eversm.) beobachtet. Aus der Tatsache, daß er keinen Hybriden beobachtet hat, schließt Grum-Grshimailo, daß keine Befruchtung stattfinde.

2. **K. loxias** (Püngeler) 1901 *Parnassius l.*, R. Püngeler in: D. ent. Z. Lep., *v.* 14 p. 178 t. 1 f. 5 (♂), 6 (♀) | 1907 & 06 *P. l.*, Verity, Rhop. palaearct., p. 84 t. XIX f. 13 (♀), t. XXI f. 1 (♂) | 1907 *P. l.*, H. Stichel in: Seitz, Großschmett. Erde, *v.* 1 p. 35 t. 16d (♂) | 1907 *P. l.*, H. Stichel in: Gen. Ins., *v.* 58 p. 45 (sectio *Symplecti*, cohors: *charltoniiformes*) | 1910 *P. l.*, Verity, Rhop. palaearct., t. 3 f. 10 (♂, squamae) | 1912 *P. l.*, Bryk in: Jahrb. Ver. Nassau, *v.* 65 p. 9 | 1913 *P. l.*, Avinov in: Horae Soc. ent. Ross., *v.* 40 nr. 5 p. 15 | 1915 *Kailasius l.*, Bryk in: Arch. Naturg., *v.* 80 A 7 p. 183, A 8 p. 146 | 1915 *Parnassius l.*, O. Bang-Haas in: D. ent. Z. Iris, *v.* 29 p. 159 | 1916 *P. l.*, Avinoff in: Tr. ent. Soc. London, 1915 p. 359 | 1916 *P. l.*, Awinow in: Mt. Münch. ent. Ges., *v.* 7 p. 57 | 1918 *P. l.*, W. Rothschild in: Nov. zool., *v.* 25 p. 262 | [1918] *Kailasius l.*, Bryk, Parnassius Apollo Formenkreis, p. 94, 100 | 1920 *Parnassius l.*, Avinoff in: C. Oberthür, Étud. Lép., *v.* 17 p. 79 | 1922 [1923] *Kailasius l.*, Bryk in: Strand, Lep. Cat., *v.* 27 p. 45 | 1927 *Parnassius charltonius l.*, O. Bang-Haas in: Horae Macrolep., *v.* 1 p. 39, 106 | 1932 *Tadumia delphius imperator* forma geogr. *l.*, M. Hering in: Mt. D. ent. Ges., *v.* 3 p. 33 | 1932 [*Kailasius*] *l.*, Bryk, ibid., *v.* 3 p. 35 | 1932 *Parnassius (Tadumia) delphius imperator* forma geogr. *l.*, M. Hering in: Mt. Mus. Berlin, *v.* 18 p. 282, 288, 295, 302, 303 f. 33 (Schienenblättchen).

Eine kleine, sehr arm gezeichnete, dicht weiß beschuppte Art, die in beiden Geschlechtern ähnlich gezeichnet ist und den Eindruck einer extrem androtropen Unterart von *Kailasius charltonius* (G. R. Gray) erweckt. Kopf klein. Augen groß, eiförmig gewölbt. Antennen schwarz, von $1/3$ Vorderrandlänge des Vorderflügels. Haarschopf gelblich, mit wenigen schwarzen Haaren untermischt. Palpen (Fig. 690) mit einem kurzen Endglied, das fast ein Drittel der Länge des Mittelgliedes erreicht. Schienenblättchen stark die Schiene überragend und zugespitzt (Fig. 691). Thorax mit graugrünlichem Halskragen. Männchen behaart, Weibchen nackt. Abdomen schwarz, unterseits gut hell behaart, das des Weibchens nackt, schwach beschuppt. Vorderflügel am Apex gut abgerundet, mit eiförmig gerundetem Seitenrand. Befransung auf Vorder- und Hinterflügel weiß. Saumlinie umbrabraun. Glasband äußerst schmal, vorn breiter, hinten als glasige Einsäumung

Fig. 690. Palpen von **Kailasius loxias** (Püngeler). (Original).

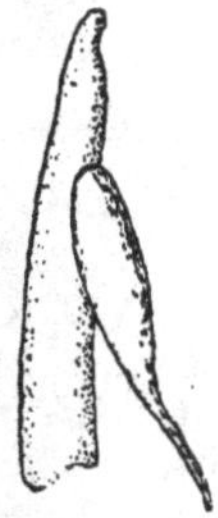

Fig. 691. Vorderschiene mit Schienenblatt von **Kailasius loxias** (Püngeler). (Nach M. Hering 1932) ($7/1$).

bis zur Analfalte reichend. Die dunkelbraune, schmale Submarginalbinde ist saumwärts bogig ausgezackt, verläuft bis $M_1$ schräg, von $M_1$ bis $M_2$ quer, hinten etwas wurzelwärts geneigt und von $M_2$ an stark dem Subcostalbändchen genähert, um in schräger Richtung mit dem Glasbande bei $Cu_2$ zusammenzutreffen. Subcostalbändchen continuierlich, aber äußerst schmal. Endzellfleck sehr kräftig, vorn sich an $R_1$ anlehnend, hinten bis $M_3$ reichend, auf den Ansatzstellen von $M_2$ und $M_3$ etwas erweitert. Endzellfleck schmal, länglich. Vorderrand schwach schwärzlich gekörnt. Unterseite: Die nackten Rippen bernsteingelb. Die beiden Zellmakeln reduziert. Hinterflügel schmal, eiförmig. Saumlinie hell. Glasband sehr schmal, internerval schwach unterbrochen, parallel zum Flügelsaum laufend, $Cu_2$ nicht überschreitend. Grundfarbenbinde zwischen ihm und der Submarginalbinde parallel verlaufend und sehr schmal. Die glasige Submarginalbinde sehr stark reduziert, von den 5 deutlichen Randaugenflecken, die nach innen von bläulichen Halbmonden eingesäumt sind, verdrängt. Der 3., zwischen $M_2$ und $M_3$ liegende, etwas vergrößert, discalwärts vorspringend. Außenkontur der Submarginalbinde verläuft parallel zum Flügelsaume. Die orangeroten Augenflecke sehr klein. Der subcostale rundlich, etwas größer als der mediane, der mit einem kleinen, schwarzen Appendix über $M_2$ herausragt; beide schwach schwarz umrahmt. Analflecke rückgebildet. Wurzelfeld- und Hinterrandschwärze stark reduziert, kaum $Cu_2$ erreichend, die gerundete Hinterrandecke frei lassend. Unterseite: Randaugenflecke etwas verkleinert. Augenflecke auch unterseits ohne weißen Spiegel. Wurzelflecke völlig reduziert, auf eine spärliche, schüttere Schwarzbestreuung beschränkt. Männchen: Augenflecke des Hinterflügels verkleinert. Analflecke des Hinterflügels fehlend. Weibchen mit etwas größeren Randaugenflecken und Augenflecken des Hinterflügels. Analflecke auch zwischen $Cu_1$ und $Cu_2$ schwach angedeutet. „In den Genitalien nahezu mit *P. delphius imperator* C. Oberth. identisch, unterscheidet sich nur durch einen anders gebogenen Valvenhaken. Er kann also nie zu *P. d. charltonius* G. R. Gray gestellt werden, gehört vielmehr zu *P. d. imperator* C. Oberth., wahrscheinlich nur als geographische Form“ (1932 M. Hering in: Mt. Mus. Berlin, *v.* 18 p. 295). Sphragis (1906, Verity, Rhop. palaearct., p. 84 t. XX f. 8) hornweißlich, kurz, ringförmig das Tergit umklammernd, im Profil viereckig, ventral spitzig gekielt (Fig. 692).

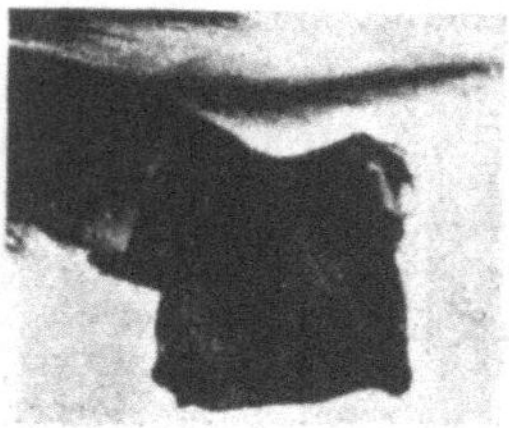

Fig. 692.
Sphragis von **Kailasius loxias** (Püngeler) (♀). (Original).

Östliches Turkestan.

Diese Art zerfällt in: 2 Unterarten:

21. **K. loxias loxias** (Püngeler) 1901 *Parnassius l.*, R. Püngeler in: D. ent Z. Lep., *v.* 14 p. 178 t. 1 f. 5 (♂), 6 (♀) | 1907 & 06 *P. l.*, Verity, Rhop. palaearct., p. 84 t. XX f. 8 (Sphragis), t. XXI f. 1 (♂), t. XIX f. 13 (♀) | 1907 *P. l.*, H. Stichel in: Seitz, Großschmett. Erde, *v.* 1 p. 35 t. 16d (♂) | 1927 *P. charltonius l.*, O. Bang-Haas in: Horae Macrolep., *v.* 1 p. 39.

Hellweiß. Vorderflügel: Submarginalbinde des Vorderflügels saumwärts gut bogig ausgezackt. Mittelzellfleck die hintere Mittelzellrippe erreichend. Randaugenflecke des Hinterflügels gut halbmondförmig, bläulich umsäumt. Augenflecke klein (Fig. 693). Männchen: Subcostalbändchen sehr schmal, bis $M_2$ reichend. Hinterrandfleck fehlt. Augenflecke verkleinert. Analflecke fehlen. W e i b c h e n: Subcostalbändchen etwas breiter, bis $M_3$ reichend. Hinterrandfleck sehr schwach entwickelt, mit dem Subcostalbändchen durch eine sehr schwache, unterbrochene Bogenzeichnung verbunden. Randaugenflecke etwas vergrößert, desgleichen die

Fig. 693.
**Kailasius loxias loxias** (Püngeler) (♂). (Typus) (1/1).

Fig. 693 a.
**Kailasius loxias loxias** (Püngeler) (♀). (Original, aus coll. C. Eisner, Berlin-Dahlem) (1/1).

Augenflecke. Analfleck als leichter Bogenfleck zwischen $Cu_1$ und $Cu_2$ erhalten. Hinterrand- und Wurzelfeldschwärze kräftiger. Vorderflügellänge: ♂ 33 mm, ♀ 34 mm.

Gebirge nördl. Aksu; Chantengri.

Type: ♂ in coll. R. Püngeler (Zool. Mus. Berlin).

22. **K. loxias raskemensis** (Avinov) 1916 *Parnassius loxias* subsp. *r.*, Avinoff in: Tr. ent. Soc. London, 1915 p. 359 t. 52 f. 10 (♀) | 1927 *P. charltonius r.*, O. Bang-Haas in: Horae Macrolep., *v.* 1 p. 39 | 1930 *P. loxias r.*, Bollow in: Seitz, Großschmett. Erde, *v.* 1 Suppl. 1 p. 83.

Eine der ssp. *loxias* (Püngeler) sehr nahe stehende Unterart, jedoch infolge Verkürzung des Subcostalbändchens bis $M_2$ und Verschwindens des Hinterrandfleckes im Vorderflügel noch mehr androtrop (Fig. 694). Vorderflügelform hinten nicht so stark eiförmig verjüngt. Die Bogen der Submarginalbinde vorn bis $M_2$ nicht so stark bogig ausgezähnt, von $M_2$ an verbreitert und gerade verlaufend. Endzellfleck noch stärker entwickelt, bis zur Mündungsstelle von $Cu_1$ winkelig verlängert. Mittelzellfleck reduziert, die Discalrippe hinten nicht erreichend. Hinterflügel: Randaugenflecke discalwärts etwas diffus, mit reduziertem Blau, wodurch sie wurzelwärts verlängert

Fig. 694.
**Kailasius loxias raskemensis** (Avinov) (♀). (Typus, nach Avinov 1916) (1/1).

erscheinen. Augenflecke gut schwarz umsäumt. Wurzelfeldschwärze besonders vorn etwas mehr verbreitert und tiefer schwarz. Männchen unbekannt. Vorderflügellänge: ♀ 32,5 mm.

Kwen-Lun-Gebirge, Kiljang Paß, 5040 m, nördlich Schahidulla, westlich vom Raskem-Gebirge.

Typus: ♀ in coll. Zool. Mus. Leningrad.

Diese hochmontane, wenig variable Art ist bisher sehr wenig bekannt, weil nur wenige Exemplare erbeutet wurden. Alle praeimaginalen Stadien unbekannt.

## Hybriden

Copulationen zwischen Angehörigen verschiedener Arten wie auch verschiedener Gattungen [♂ *Parnassius epaphus* C. Oberth. × ♀ *Lingamius hardwickei* (J. E. Gray)], ja selbst zwischen Individuen, die verschiedenen Familien angehören [♂ *Parnassius mnemosyne* (L.) × ♀ *Aporia crataegi* (L.)] wurden gelegentlich beobachtet. Neben diesen unfruchtbar gebliebenen Kreuzungsversuchen, kennen wir eine ganze Reihe charakteristischer Arthybriden. Viele in der Literatur verzeichnete „Hybriden“ dürften allerdings als stark aberrante formae einer Art aufzufassen sein. Experimentell wurden des öfteren erfolgreiche Kreuzungen erzielt.

### I. Durch Zucht erhaltene Hybriden von Parnassiinen

Bezüglich der Literatur vgl. 1931 Bollow in: Seitz, Großschmett. Erde, *v.* 1 Suppl. 1 p. 330.

1. ♂ **Parnassius apollo** (L.) × ♀ **Parnassius phoebus** (F.) (**delius** (Esp.)): **P. hofmanni,** 1928 Riemel in: Int. ent. Z., *v.* 22 p. 201 | 1929 Riemel in: Mt. Münch. ent. Ges., *v.* 19 p. 329 t. 26 f. 1 (♂), 2 (♀).

2. ♂ **Parnassius phoebus** F. (**delius** (Esp.)) × ♀ **P. apollo** (L.): **P. riemeli,** 1929 Frank in: Mt. Münch. ent. Ges., *v.* 19 p. 331 t. 26 f. 3 (♂), 4 (♀).

3. ♂ **Parnassius hofmanni** Riemel × ♀ **P. apollo wenzeli** Bryk: **P. engelberti-hofmanni,** 1934 Bryk & Eisner in: Parnassiana, *v.* 3 p. 29 f. 1 (♂), 2 (♀) (Fig. 695).

4. ♂ **Parnassius apollo geminus** H. Stich. × ♀ **P. a. sibiricus** (Nordm.): **P. geminosibiricus,** 1929 Riemel in: Mt. Münch. ent. Ges., *v.* 19 p. 331 t. 26 f. 7 (♂), 8 (♀).

5. ♂ **Parnassius apollo artonius** Fruhst. × ♀ **P. a. pumilus** H. Stich.: **P. franki,** 1929 Riemel in: Mt. Münch. ent. Ges., *v.* 19 p. 330 t. 26 f. 5 (♂), 6 (♀).

6. ♂ **Parnassius apollo hercegovinensis** Schawerda × ♀ **P. a. bartholomaeus** H. Stich.: **P. amicus,** 1934 Bryk & Eisner in: Parnassiana, *v.* 3 p. 31 ($F_1$ und $F_2$).

7. ♂ **Parnassius apollo hercegovinensis** Schawerda × ♀ **P. a. wenzeli** Bryk: **P. amicissimus,** 1934 Bryk & Eisner in: Parnassiana, *v.* 3 p. 31.

Fig. 695.
**Parnassius** hybrid. **engelberti-hofmanni** Bryk & Eisner (oben ♂, unten ♀). (Typen, nach Bryk & Eisner 1934) (1/1).

## II. Im Freien erbeutete Parnassius-Arten, die als Hybriden angesprochen werden

Bezüglich der Literatur vgl. 1922 [1923] Bryk in: Strand, Lep. Cat., *v.* 27 p. 147, 153, 192, 193, 202, 224 | 1928 Meier-Ramel in: Enc. Ent., Sér. B. III Lep. *v.* 3 p. 61 t. 6 f. 3 | 1929 Bollow in: Seitz, Großschmett. Erde, *v.* 1 Suppl. 1 p. 76 | 1929 Prestin in: Soc. ent., *v.* 44 p. 37 t. 8 Fig. | 1932 M. Hering in: Mt. Mus. Berlin, *v.* 18 p. 293.

1. 1888 Grum-Grshimailo in: Horae Soc. ent. Ross., *v.* 22 p. 303: **Parnassius princeps** (= **P. apollonius** (Eversm.) × **tianschanicus** C. Oberth.) (Synon. *Parnassius apollonius dux*, 1901 O. Staudinger & Rebel, Cat. Lep. Palaearct. Faunengeb., ed. 3 *v.* 1 p. 5).

Karateghin: Kitschik-Karamuk.

Typus: ♂ in coll. Brit. Mus. London.

Nach mündlicher Mitteilung von A. Avinov hat derselbe Jahrzehnte später auf der gleichen Stelle ein ähnliches Exemplar erbeutet, das er für einen Hybriden hält.

2. 1907 Verity, Rhop. palaearct., p. 66: **Parnassius bremeri** Bremer × **P. nomion** (Hb.).

3. 1935 O. Bang-Haas in: Ent. Z., *v.* 48 p. 183: **Parnassius bremnomion** O. Bang-Haas (= **P. bremeri hakutozanus** Mats. × **P. nomion chosensis** Mats.).

4. 1911 & 07 Verity, Rhop. palaearct., p. XX; p. 66 t. XIV f. 14 (♂; sicher kein Hybride!): **Parnassius apollonomion** (=? **P. nomion** (Hb.) × **P. apollo** (L.)).

5. 1915 & 14 Bryk in: Arch. Naturg., *v.* 80 A 8 p. 158, A 9 p. 140 t. 8 f. 64 (♂): **Parnassius nomion nominulus** Staud. × **P. apollo sojoticus** Bryk.

6. 1918 W. Rothschild in: Nov. zool., *v.* 25 p. 245: ? **Parnassius apollo hesebolus** (Nordm.) × **P. apollo transbaicalensis** F. Rühl & A. Heyne.

7. 1911 & 10 Verity, Rhop. palaearct., p. 312 t. LXIII f. 7 (♂): **Parnassius apollodelius** (= ? **P. apollo** (L.)) × **P. phoebus** F. (**delius** (Esp.)).

8. 1907 & 06 Verity, Rhop. palaearct., p. 56 t. XII f. 11 (♂), t. XIII f. 2 (♂) ? **Parnassius apollo merzbacheri** Fruhst. × **P. tianschanicus minor** Staud.

9. 1918 W. Rothschild in: Nov. zool., *v.* 25 p. 245: ? **Parnassius apollo** (L.) × **P. phoebus sacerdos** H. Stich.

10. 1881 Alpheraky in: Horae Soc. ent. Ross., *v.* 16 p. 352: ? **Parnassius apollo** (L.) × **P. tianschanicus** C. Oberth.

11. 1918 W. Rothschild in: Nov. zool., *v.* 25 p. 245, 249: ? **Parnassius apollo alpherakyi** Krulikowsky × **P. tianschanicus insignis** Staud.

12. 1915 O. Bang-Haas in: D. ent. Z. Iris, *v.* 29 p. 175 t. 5 f. 22 (♂) 27 (subtus): **Parnassius basharicus** (= ? **P. actius** (Eversm.) × **P. jacquemontii** Boisd.).
Bashar State: Spiti Hochland.
Typus: ♂ in coll. O. Bang-Haas, Dresden-Blasewitz.

13. 1915 O. Bang-Haas in: D. ent. Z. Iris, *v.* 29 p. 95, 175 t. 5 f. 28 (♂): **Parnassius epaphactius** (= ? **P. actius** (Eversm.) × **P. epaphus** C. Oberth.).
Chotan.
Typus: ♂ in coll. O. Bang-Haas, Dresden-Blasewitz.

# Nachtrag

## ad P. mnemosyne (L.) [p. 19].

forma nox Bryk 1913 *P. Mnemosyne* var. *gigantea* aberr. *n.*, Bryk in: Soc. ent., *v.* 28 p. 95 | 1914 *P. m.* subsp. *strix* „*nox*-Zustand“, Bryk, ibid., *v.* 29 p. 43 | 1922 [1923] *P. m.* aberr. *nox*, Bryk in: Strand, Lep. Cat., *v.* 27 p. 172.

Die helle Mondbinde zwischen Submarginalbinde und Glasbinde des Vorderflügels ist verschwunden, wodurch ein stark verbreitertes Glasband wie bei den europäischen Rassen entsteht.

Alexandergebirge.

Typus: ♀ in coll. O. Staudinger, Dresden-Blasewitz.

**P. mnemosyne elisabethae** Bryk & Eisner 1934 *P. m.* subsp. *e.*, Bryk & Eisner in: Parnassiana, *v.* 3 p. 38 f. 3 (♀), 4 (♂).

Eine zwischen ssp. *adolphi* Bryk & ssp. *strix* Bryk stehende Unterart (Fig. 696). Flügelgrund wie bei ssp. *strix*, aber etwas seichter beschuppt, mit kräftiger, langer Submarginalbinde, länglichem, bandartigem Mittelzellfleck und (wie bei forma *antiquincunx*) über den vorderen Discusarm

Fig. 696.
**Parnassius mnemosyne elisabethae** Bryk & Eisner (♂). (Paratypus, nach Bryk & Eisner 1934) (1/1).

hinaus reichendem Endzellfleck des Vorderflügels. Männchen: Marginal- und Submarginalbinde kürzer und breiter als bei ssp. *strix*, die Mondbinde zurückdrängend. Subcostalbändchen schwächer und etwas verkürzt. Mittelzellfleck bisweilen den hinteren Discusarm nicht ganz erreichend. Fleckung des Hinterflügels schwächer als bei ssp. *strix*, aber kräftiger als bei ssp. *adolphi*. Submarginalbinde des Hinterflügels rückgebildet. Weibchen reich gezeichnet, zwischen beiden Vergleichsunterarten stehend. Glasbinde verhältnismäßig schmal, fast bis $Cu_2$ reichend. Submarginalbinde des Vorderflügels sehr breit, den Hinterrand erreichend. Subcostalbändchen mit dem kräftigen Hinterrandfleck oft verbunden. Submarginalbinde des Hinterflügels deutlich erhalten. Von den beiden Augenflecken ist der mediane mit dem

Fig. 696a.
**Parnassius mnemosyne elisabethae** Bryk & Eisner (♀). (Typus, nach Bryk & Eisner 1934) (1/1).

Analbändchen vereinigt. Hinterrandschwärze mäßig, bis zum Medianaugenfleck reichend. Als formae treten auf: ♂ *perversa, maculata.*

Armenien: Kash-Kash Dagh, südöstlich Kagysman.

Typen: ♂ ♀ in coll. C. Eisner, Berlin-Dahlem.

**P. mnemosyne daghestanus** Bryk & Eisner 1934 *P. m.* subsp. *d.*, Bryk & Eisner in: Parnassiana, *v.* 3 p. 39.

Weibchen: Flügelgrund hell, seicht schwärzlich bestäubt. Rippen gut sichtbar. Glasband sehr breit, am Vorderrand 8 mm breit, ohne Mondbinde. Subcostalbändchen breit, bis $M_3$ reichend. Zellflecke und Hinterrandfleck des Vorderflügels kräftig. Subcostalaugenfleck mäßig, Medianaugenfleck mit dem Analbändchen zu einer breiten Binde vereinigt. Hinterrandschwärze kräftig, die hinterste Zelle ausfüllend. Submarginalbinde nur in den vordersten Elementen erhalten. Männchen unbekannt. Vorderflügellänge: 32 mm.

Dagesthan: Tindi (Bogos-Kette).

Typus: ♀ in coll. C. Eisner, Berlin-Dahlem.

**P. mnemosyne rjabovi** Shelj. 1912 *P. M.* nov. var., Bryk in: Soc. ent., *v.* 27 p. 89 f. 18 (♀) | 1914 *P. M.* + aberr. *reuteriides*, Bryk, ibid., *v.* 29 p. 61 | 1935 *P. m.* subsp. *rjabovi*, Sheljuzhko in: Z. Österr. Ent.-Ver. Wien, *v.* 20 p. 22.

Eine auffallend kleine Rasse. Männchen: Zeichnungen bedeutend mehr reduziert als bei ssp. *del granprincipe* Bryk. Zellflecke des Vorderflügels kleiner, Mittelzellfleck oft abgerundet, Subcostalband undeutlich und kürzer, zuweilen nur vorn als Fleck erhalten. Hinterrandfleck bisweilen schwach angedeutet. Glassaum bedeutend kürzer und hinten schmäler, höchstens bis $Cu_2$ reichend, ohne Mondflecke. Hinterflügel mit medianem Augenfleck, der subcostale in der Regel fehlend. 1 Analfleck. Hinterrandschwärze weniger schwarz als bei ssp. *del granprincipe.* Weibchen: Fleckung weniger intensiv schwarz als bei der Vergleichsrasse. Subcostalbändchen und Hinterrandfleck bedeutend größer als beim Männchen, bisweilen miteinander verbunden. Hinterflügel mit beiden Augenflecken. Vorderflügellänge: ♂♀ 27—29 mm.

Nord-Armenien: Daratshitshag (Gouv. Erivan).

Typen: ♂ ♀ in coll. L. Sheljuzhko, Kijew.

ad **P. eversmanni** Ménétr. [p. 133].

forma kohlsaati Gunder 1932 *P. eversmanni* („race" *thor*) trans. forma *k.*, Gunder in: Pan-Pacif. Ent. San Francisco, *v.* 8 p. 123.

Augenflecke gelb anstatt rot. (Synonym von forma *ochreoocellata* Bryk & Eisner.)

Alaska: Mc Kinley National Park.

Typus: in coll. J. D. Gunder, Pasadena (Californien).

**P. eversmanni lacinia** Hemming 1934 *P. e. l.* pro *P. e. altaica* Verity, Hemming in: Stylops, *v.* 3 p. 198 | 1934 *P. e. l.*, Bryk in: Parnassiana, *v.* 3 p. 44.

Ssp. *altaicus* Verity (1910) ist homonym mit ssp. *altaica* Ménétr. (1859), weshalb der Name *altaicus* Verity zuguusten *lacinia* Hemming fallen muß.

ad **P. nordmanni** Ménétr. [p. 150].

**Parnassius nordmanni bogosi** O. Bang-Haas 1934 *P. n.* subsp. *b.*, O. Bang-Haas in: Ent. Z., *v.* 48 p. 135.

Eine zwischen ssp. *christophi* Bryk & Eisner und ssp. *minimus* Honr. stehende Unterart. Männchen (Fig. 697) so groß wie ssp. *christophi.* Mit viel kürzerem Glasband des Vorderflügels, das sich bei $M_3$ plötzlich

Fig. 697.
**Parnassius nordmanni bogosi** O. Bang-Haas (♂). (Paratypus, aus coll. Zool. Mus. Berlin) (1/1).

verengt und am Außenrand bis über $Cu_2$ erstreckt. Die Mondflecke erinnern an die von ssp. *minimus.* Mittelaugenflecke etwas vergrößert. Weibchen mit schwächer angedeuteter Mondbinde und breiterem und längerem Glasband.

Kaukasus septentrionalis: Berg Bogos in Daghestan bei Tindi, 4000 m.

Typen: ♂ ♀ in coll. O. Bang-Haas, Dresden-Blasewitz.

Ei (1935, Warnecke in: Parnassiana, *v.* 3 p. 65 f. a—f): In der Aufsicht kreisrund. Umriß unregelmäßig gewellt. In der Seitenansicht halbkreisförmig, mit stark zum Eiboden gerundeten Flanken. Schwefelgelblich gefärbt. Mikropylrosette und ein Teil der Mikropylzone braunschwarz unterlegt.

ad **P. clodius** Ménétr. [p. 156].

forma dodgei Gunder 1932 *P. clodius* trans. forma *d.*, Gunder in: Pan-Pacif. Ent. San Francisco, *v.* 8 p. 123.

Augenflecke des Hinterflügels gelb anstatt rot.

Californien: Santa Cruz Hills.

Typus: ♀? in coll. J. D. Gunder, Pasadena (Californien).

forma sulfurea Gunder 1932 *P. clodius* „race“ *baldur* trans. forma *sulfureus*, Gunder in: Pan-Pacif. Ent. San Francisco, *v.* 8 p. 124.

Flügelgrund gelb.

Californien: Davis Creek.

Typen: ♂ ♀ in coll. J. D. Gunder, Pasadena (Californien).

**P. clodius** Ménétr. 1918 *P. smintheus* var. *baldus*, Ehrmann in: Lepidoptera, *v.* 2 p. 29 | 1918 *P. clodius kallias*, Ehrmann, ibid., *v.* 2 p. 41.

Ei und Larve (1879 W. H. Edwards in: Canad. Ent., *v.* 11 p. 142 | 1885 W. H. Edwards, ibid., *v.* 17 p. 64).

Ei fast plano-convex, am Pol gebogen, Basis flach, der untere Rand gerundet, an der Spitze eine Depression um die Micropylen. Färbung blaß kaffeebraun, die obere Oberfläche mit einer Kruste mit kleinen, runden Vertiefungen bedeckt. Das Ei ähnelt in Form und Ornamentik dem von *Chrysophanus thoë* Boisd.

Die frisch geschlüpfte Larve ähnelt in Gestalt und Zeichnung der ganz jungen von *Parnassius phoebus smintheus* Doubl. Kopf etwa eiförmig, auf der Stirn eingedrückt, sein Scheitel gerundet, Oberfläche rauh, schwarz, mit kurzen, schwarzen Haaren bedeckt. (Die Nackengabel ist nicht beschrieben.) Von Segment 3 oder 4 bis 13 am Rücken und an den Seiten gefleckt. Segmente gut gerundet, wie die Beine schwarz. Unterseite und das Vorderbein dunkel grünlich-braun, auf dem Rücken und an den Seiten mit schwarzen Haaren bedeckt, die wie bei den Larven anderer Vertreter der Gattung *Parnassius* F. aus Tuberkeln entspringen. Futterpflanze: Sedum sp. und Saxifraga sp.

### ad **P. orleans** C. Oberth. [p. 163].

forma nigroocellulata Bryk & Eisner 1932 *P. orleans* subsp. *consul* forma *n.*, Bryk & Eisner in: Parnassiana, *v.* 2 p. 101.

Randaugenflecke des Hinterflügels ohne blauen Kern.

Nanshan: Süd-Tatungsche Berge.

Typus: ♀ in coll. C. Eisner, Berlin-Dahlem.

forma unimacula Bryk 1934 *P. orleans* forma *u.*, Bryk in: Parnassiana, *v.* 3 p. 32.

Mittelzellfleck und Endzellfleck des Vorderflügels zu einem schwarzen Patzen verschmolzen.

Hankow.

Typus: ♀ in coll. Brit. Mus. London.

forma chrysopicta Bryk 1934 *P. orleans* forma *c.*, Bryk in: Parnassiana, *v.* 3 p. 32.

Die schwarze Subcostalbinde des Vorderflügels continuierlich goldgelb zentriert. Bisher nie bei der Prachtbinde des Vorderflügels von Parnassiiden beobachtet.

Hankow.

Typus: ♂ in coll. Brit. Mus. London.

forma costalinigroocellata Bryk & Eisner 1934 *P. orleans* subsp. *augur* forma *c.*, Bryk & Eisner in: Parnassiana, *v.* 3 p. 39.

Der Subcostalaugenfleck des Hinterflügels ober- und unterseits schwarz, ohne Prachtfarbe.

Honanpa.

Typus: ♀ in coll. C. Eisner, Berlin-Dahlem.

**P. orleans lobnoricus** Bryk 1934 *P. o.* subsp. *lobnorica*, Bryk in: Parnassiana, *v.* 3 p. 32.

Eine zwischen ssp. *groumi* C. Oberth. und ssp. *bourboni* O. Bang-Haas stehende Subspecies. Weibchen (Fig. 698): Der Raum zwischen der schmalen, continuierlichen Submarginalbinde und Subcostalbinde des Vorderflügels sehr breit, wie bei ssp. *bourboni*. Das rotgekernte Subcostalbändchen mit dem durch die Analfalte doppelt rotgekernten Hinterrandfleck

Fig. 698.
**Parnassius orleans lobnoricus** Bryk (♀). (Typus) (1/1).

sehr mager verbunden. Mittelzellfleck länglich und schmal. Glassaum als schmale Bogenreihe im Hinterflügel erhalten. 2 schwarze, rotgekernte Analflecke. Hinterrandschwärze bis $M_3$ reichend. Männchen unbekannt.

Lob-Noor. (Der Fundort erscheint fraglich.)

Typus: ♀ in coll. Brit. Mus. London.

## ad **P. phoebus** (F.) [p. 206].

forma nox Bryk & Eisner 1935 *P. phoebus* subsp. ***tessinorum*** forma *n.*, Bryk & Eisner in: Parnassiana, *v.* 3 p. 61.

Submarginal- und Marginalbinde des Vorderflügels zusammenfließend.

Airolo.

Typus: ♀ in coll. C. Eisner, Berlin-Dahlem.

forma inorsata Rocci 1911 *P. delius* aberr. *i.*, Rocci in: Atti Soc. Ligust., *v.* 22 p. 161.
(= forma *inornata* Wheeler [p. 208]).

forma divisa Rocci 1911 *P. delius* aberr. *d.*, Rocci in: Atti Soc. Ligust., *v.* 22 p. 161.
(= forma *bachmetjevi* Eisner [p. 213]).

forma magnopupillata Rocci 1911 *P. delius* aberr. *m.*, Rocci in: Atti Soc. Ligust., *v.* 22 p. 161.

Die schwarz umsäumten, roten Augenflecke sehr stark weiß gekernt.

Exilles (Valle di Susa).

forma grundi Bryk & Eisner 1935 *P. phoebus* subsp. *amalthea* forma *g.*, Bryk & Eisner in: Parnassiana, *v.* 3 p. 49.

Zwischen beiden Zellflecken des Vorderflügels entsteht durch Ansammlung von schwarzpigmentierten Schuppen ein Fleck.

Gouv. Irkutsk: Mondy.

Typus: ♀ in coll. C. Eisner, Berlin-Dahlem.

forma basimaculata Bryk & Eisner 1935 *P. phoebus* subsp. *amalthea* forma *b.*, Bryk & Eisner in: Parnassiana, *v.* 3 p. 49.

Discuswurzel des Vorderflügels schwarz ausgefüllt.

Baikal-See.

Typus: ♂ in coll. C. Eisner, Berlin-Dahlem.

forma ernestinae Bryk & Eisner 1935 *P. phoebus* subsp. *smintheus* forma *e.*, Bryk & Eisner in: Parnassiana, *v.* 3 p. 51.

Mittelzellfleck des Vorderflügels frei in der Zelle liegend, ohne beide Discusarme zu berühren; beim Typus punktförmig reduziert.

Nord-Amerika: Ptarmigan-Paß (35° 20′ Östl. Länge, 50° 26′ Breite).

Typus: ♂ in coll. C. Eisner, Berlin-Dahlem.

forma orbifer Bryk & Eisner 1935 *P. phoebus cervinicolus* forma *o.*, Bryk & Eisner in: Parnassiana, *v.* 3 p. 60.

Beide Zellflecke des Vorderflügels durch Schwärzung der beiden Discusarme miteinander verbunden.

Schweiz: Evolène.

Typus: ♀ in coll. C. Eisner, Berlin-Dahlem.

**P. phoebus amalthea** Bryk & Eisner 1935 *P. p.* subsp. *a.* + forma *grundi* + forma *basimaculata*, Bryk & Eisner in: Parnassiana, *v.* 3 p. 49 | 1935 *P. p. fortuna* (part.), Bryk in: Tierreich, *v.* 65 p. 220 f. 216 (♂).

Stellt den Übergang von ssp. *phoebus* (F.) zur ssp. *fortuna* A. Bang-Haas dar. Im Durchschnitt kleiner als beide, indessen in Flügel- und Augenfleckgröße recht variabel. Subcostal- und Augenflecke kleiner als bei ssp. *fortuna* A. Bang-Haas. Männchen (Fig. 216) mit reduzierter Prachtfarbe oder ganz ohne Rot im Vorderflügel. Hinterrandfleck des Vorderflügels und Analflecke des Hinterflügels meist fehlend. (Auffallend ist der verhältnismäßig starke Prozentsatz geschwärzter Augenflecke bei den Exemplaren aus Mondy (= forma *leonhardi*.) Weibchen in der Mehrzahl stark melanotisch verglast, bei gleichzeitiger Verstärkung der Prachtfarbe, oder aufgehellt, dann an das der Nominatunterart erinnernd. Als formae treten auf: *nigropunctata, grundi, basimaculata, decora, trosti, leonhardi.*

Gouv. Irkutsk: Mondy (Typus); Tunkinsk-Weißgebirge, Kosso-Gol, Baikal-See.

Typen: ♂ ♀ in coll. C. Eisner, Berlin-Dahlem.

**P. phoebus werchoturovi** O. Bang-Haas 1934 *P. p.* subsp. *werschoturovi*, O. Bang-Haas in: Ent. Z., *v.* 48 p. 135 | 1935 *P. p.* subsp. *werchoturovi*, Bryk & Eisner in: Parnassiana, *v.* 3 p. 49.

Männchen: Kleiner als ssp. *ochotskensis* Bryk & Eisner, mit schwächerer Zeichnung und kleinen Augenflecken, die meist weiß gekernt sind. Der Subcostalfleck im Vorderflügel bisweilen mit rotem Kern. Weibchen unbekannt.

Ostküste von Kamtschatka: Werchoturov.

Typus: ♂ in coll. O. Bang-Haas, Dresden-Blasewitz.

**P. phoebus vorbrodti** Bryk & Eisner 1935 *P. p.* subsp. *v.*, Bryk & Eisner in: Parnassiana, *v.* 3 p. 59 | 1935 *P. p. cervinicolus* (part.), Bryk in: Tierreich, *v.* 65 p. 225.

Von mittlerer Größe, dicht beschuppt, mit kräftiger Hinterrandschwärze und im allgemeinen mit sehr starken Zellmakeln des Vorderflügels und (besonders im weiblichen Geschlecht) großen Augenflecken. Männchen mit breiter und gewöhnlich bis $Cu_1$ reichender Marginalbinde. Submarginalbinde mit breitem Ansatz, hinten reduziert. Rotkernung im Vorderflügel bescheiden. Hinterrandfleck des Vorderflügels in der Regel fehlend. Augenflecke uneinheitlich, mit oder ohne weiße Kerne. Ein 2zelliges Analbändchen häufig erhalten. Weibchen mit fast unbestäubtem Flügelgrund. Das breite Glasband des Vorderflügels hinten mehr oder weniger zurücktretend. Submarginalbinde deutlich, aber verkürzt, die Mondbinde zwischen beiden eingeengt. Glasband des Hinterflügels stets, aber nicht immer einheitlich vorhanden. Submarginalbinde in der Regel fehlend, sonst schwach angedeutet. Analbändchen 2zellig, mäßig stark. Als formae treten auf: *bachmetjevi, graphica, decora.* Vorderflügellänge: ♂ 27—33, ♀ 30—35 mm.

Schweiz: Lötschental (Typus); Gemmi-Paß, Kandersteg, Grubenwald.

Typen: ♂♀ in coll. C. Eisner, Berlin-Dahlem.

Die abgebildeten Exemplare von **Parnassius phoebus expectatus** Fruhst. p. 231 (Fig. 225, 225a) befinden sich nicht, wie angegeben, in coll. Zool. Mus. Berlin, sondern in coll. C. Eisner, Berlin-Dahlem.

**P. phoebus hollandi** Bryk & Eisner 1935 *P. p.* subsp. *h.*, Bryk & Eisner in: Parnassiana, *v.* 3 p. 53 | 1935 *P. p. smintheus* (part.), Bryk in: Tierreich, *v.* 65 p. 235 f. 230a (♀).

Eine sehr auffallende, ziemlich große, sehr dicht weiß beschuppte, reich gezeichnete Unterart mit weiß befranstem Saum in beiden Geschlechtern. Zellflecke des Vorderflügels sehr kräftig, Hinterrandfleck und Analfleck gut ausgebildet. Hinterrandschwärze reduziert. Männchen mit schwacher, sehr heller, als Arkadenbinde erhaltener Marginalbinde. Subcostalbändchen kräftig, sein 1. und 3. Fleck gerötet. Weibchen (Fig. 230a) mit langer, arkadenartiger Glasbinde des Vorderflügels, die auf dem Hinterflügel nur noch an den Rippenenden angedeutet ist. Submarginalbinde schmal, auf beiden Flügeln erhalten, auf dem Hinterflügel als Bogenbinde hervortretend. Die Verbindung zwischen Subcostalbändchen des Vorderflügels und dem oft geröteten Hinterrandfleck mehr oder weniger deutlich ausgeprägt. Subcostalbändchen etwas länger und kräftiger als beim Männchen. Die Analflecke gerötet, der 3., vorderste, stets schwarz erhalten. Als forma wurde *cardinalis* beobachtet.

Californien: La Sal Mounts (Turpus Valley).

Typen: ♂ ♀ in coll. C. Eisner, Berlin-Dahlem.

**P. phoebus montanulus** Bryk & Eisner 1935 *P. p.* subsp. *montanula*, Bryk & Eisner in: Parnassiana, *v.* 3 p. 55.

Erheblich kleiner als ssp. *sayii* W. H. Edw. Weibchen nicht durchweg so stark verglast. Die Hinterrandschwärze wie bei ssp. *idahoensis* Bryk & Eisner selbst bei verdunkelten Weibchen zurückgedrängt, wodurch die Wurzelflecke auch oberseits schwarz durchschlagen. Vorderflügellänge: ♂♀ 29—30 mm.

Montana: Turah (Typus); Speery Valley.

Typen: ♂ ♀ in coll. E. Eisner, Berlin-Dahlem.

**P. phoebus dakotaënsis** Bryk & Eisner 1935 *P. p.* subsp. *d.* + forma *flavoocellata* + forma *costalinigroocellata* + forma *quincunx* + forma *nigrodivisoocellata*, Bryk & Eisner in: Parnassiana, *v.* 3 p. 55.

Steht der ssp. *magnus* W. G. Wright am nächsten. Die Unterart ist jedoch größer, dichter beschuppt. Augenflecke vergrößert. Besonders im weiblichen Geschlecht reicher gezeichnet. Zellflecke kräftiger ausgebildet. Hinterrandschwärze des Hinterflügels stärker und meist um die Zelle greifend. Männchen mit häufig vorhandenem, oft kräftigem Hinterrandfleck des Vorderflügels und oft gut ausgebildeten Submarginalbinden auf beiden Flügeln. 1 Analfleck. Weibchen mit sehr deutlichen Binden. Subcostalbändchen kräftig rotgekernt. Auch weiterhin (bis zum Hinterrandfleck) mit häufig rot ausgefüllten Augenflecken. 3 Analflecke.

Dakota: Black-Hills (Mount Roosevelt).

Typen: ♂ ♀ in coll. C. Eisner, Berlin-Dahlem.

**P. phoebus manitobaënsis** Bryk & Eisner 1935 *P. p.* subsp. *m.*, Bryk & Eisner in: Parnassiana, *v.* 3 p. 55.

Diese östlichste amerikanische Unterart des *smintheus*-Kreises ähnelt stark der ssp. *smintheus* Doubl., ist jedoch im Durchschnitt größer. Weibchen aufgehellt.

Manitoba: End-Mountains.

Typen: ♂ ♀ in coll. C. Eisner, Berlin-Dahlem.

**P. phoebus sayii** W. H. Edw. 1907 & 09 *P. delius* var. *smintheus* „forme" *pseudocorybas*, Verity, Rhop. palaearct., p. 70 t. XXIV f. 12 (♂), 13 (♀) | 1916 *P. s. magnus p.*, W. Barnes & Mc Dunnough in: Contr. nat. Hist. Lep. N.-Amer., *v.* 3 p. 56 | 1917 *P. polus*, Ehrmann in: Lep. Boston, *v.* 1 p. 54 | 1918 *P. montanus* + *P. xanthus* + *P. verityi*, Ehrmann in: Lepidoptera, *v.* 2 p. 21, 29, 30 | 1922 [1923] *P. phoebus* forma *pseudocorybas*, Bryk in: Strand, Lep. Cat., *v.* 27 p. 215 | 1926 *P. pholus*, Barnab & Benjamin, List Diurn. Lep., p. 6.

Montana-Gebirge: Couer O'Alen.

## ad **P. jacquemontii** Boisd. [p. 257].

**P. jacquemontii hylas** Gr.-Gr. 1907 *P. himalayensis* var. *h.*, Grum-Grshimailo, Reise West-China, *v.* 3 p. 407.

Viel dunkler als ssp. *himalayensis* Elwes. Flügel oberseits an den Rippen schwarz bestäubt, die Mittelzelle des Hinterflügels öfters ganz geschwärzt.

West-Himalaya.

## ad **P. actius** (Eversm.) [p. 245].

forma orbifer Bryk & Eisner 1935 *P. a.* subsp. *minuta* forma *o.*, Bryk & Eisner in: Parnassiana, *v.* 3 p. 74.

Endzellfleck und Mittelzellfleck fließen an den beiden Discusarmen des Vorderflügels entlang zusammen.

Kurmety-Paß.

Typus: ♂ in coll. C. Eisner, Berlin-Dahlem.

forma fermata Bryk & Eisner 1935 *P. a.* subsp. *ambrosius* forma *f.*, Bryk & Eisner in: Parnassiana, *v.* 3 p. 70.

Zwischen Hinterrandfleck und Wurzel des Vorderflügels ein deutlicher schwarzer Fleck.

Aksu-Tal.

Typus: ♀ in coll. C. Eisner, Berlin-Dahlem.

forma medionigrodivisoocellata Bryk & Eisner 1935 *P. a.* subsp. *marius* forma *m.*, Bryk & Eisner in: Parnassiana, *v.* 3 p. 73.

Medianaugenfleck des Hinterflügels durch Schwärzung des ihn halbierenden $M_2$ geteilt.

Ala-Tau.

Typus: ♂ in coll. C. Eisner, Berlin-Dahlem.

forma albocentrata Bryk & Eisner 1935 *P. a.* subsp. *caesar* forma *a.*, Bryk & Eisner in: Parnassiana, *v.* 3 p. 71.

Augenflecke mit großen, weißen Spiegeln.

Kuruk-tag: Korla.

Typus: ♂ in coll. C. Eisner, Berlin-Dahlem.

forma siegeli Bryk & Eisner 1935 *P. a.* subsp. *minuta* forma *s.*, Bryk & Eisner in: Parnassiana, *v.* 3 p. 74.

Zwischen Subcostalaugenfleck und Wurzel des Hinterflügels ein accessorischer schwarzer Fleck.

Dschumgal-Tau.

Typus: ♂ in coll. C. Eisner, Berlin-Dahlem.

**P. actius yelyangi** O. Bang-Haas 1934 *P. a.* subsp. *y.*, O. Bang-Haas in: Ent. Z., *v.* 48 p. 135 | 1935 *P. a.* subsp. *y.*, Bryk & Eisner in: Parnassiana, *v.* 3 p. 72.

Der südlichste Vertreter von *P. actius* (Eversm.). Weibchen: Grundfarbe reinweiß bei tiefschwarzer Zeichnung. Befransung weiß, an den Rippenenden schwarz unterbrochen. Subcostalbändchen bis $M_3$ reichend, ohne Rot. Endzellfleck reduziert. Mittelzellfleck klein. Hinterrandfleck groß. Submarginal- und Marginalbinde des Vorderflügels schwächer geschwärzt. Marginalbinde des Hinterflügels unterbrochen. Submarginalbinde aus zusammenhängenden Bogenflecken bestehend. Augenflecke ober- und unterseits rot gekernt. Unterseits 3 schwache, rotgekernte Wurzelflecke und 2 Analflecke. Männchen unbekannt.

Kaschmir meridionalis: Zanskar-Gebirge, Yelyang-Paß, 4500 m; Satpa-La, Baltistan.

Typus: ♀ in coll. O. Bang-Haas, Dresden-Blasewitz.

ad **P. actius ambrosius** H. Stich. [p. 254].

**P. actius cleopatra** Bryk & Eisner 1935 *P. a.* subsp. *c.*, Bryk & Eisner in: Parnassiana, *v.* 3 p. 73.

H. Stichel hat (1907) für *superbus* F. Rühl & A. Heyne (nec Grum-Grshimailo) das nom. nov. *ambrosius* eingeführt und den Typus für Exemplare aus Aksu fixiert. Die ssp. *superbus* F. Rühl & A. Heyne stammt jedoch aus dem Transalai und kann mit ssp. *ambrosius* H. Stich. nicht zusammengefaßt werden.

Steht subsp. *flora* O. Bang-Haas sehr nahe, unterscheidet sich jedoch im männlichen Geschlecht durch die schmalere, kürzere und hellere Glasbinde, die zartere Submarginalbinde des Vorderflügels und durch größere Augenflecke. Weibchen mit breiterem Glasband, das auch im Hinterflügel continuierlich erhalten ist, schwächerer Submarginalbinde und schmälerer Mondbinde des Vorderflügels. Endzellfleck des Vorderflügels reduziert. Augenflecke größer.

Transalai: Kaindi-Paß.

Typen: ♂ ♀ in coll. C. Eisner, Berlin-Dahlem.

**P. actius marius** Bryk & Eisner 1935 *P. a.* subsp. *m.* + forma *medionigrodivisoocellata*, Bryk & Eisner in: Parnassiana, *v.* 3 p. 73.

Eine uneinheitliche, sehr variable Rasse, die bald in der forma *actinobolus* erscheint, bald extrem gezeichnet ist (ähnlich ssp. *brutus* Bryk und ssp. *ambrosius* H. Stich.). Mittelgroß, dicht beschuppt, mit meist großen Augenflecken, breitem und dunklem Glasbande und gut rotgekerntem Subcostalband des Vorderflügels. Als forma tritt neben *actinobolus* selten *medionigrodivisoocellata* auf.

Jarkent (Typus); Siebenstromgebiet, Wernyi, Dsungarischer Ala-Tau (Sary Dshasyk), Ili-Gebiet; Karakara.

Typen: ♂ ♀ in coll. C. Eisner, Berlin-Dahlem.

**P. actius cassius** Bryk & Eisner 1914 *P. a.* aberr. nova + forma *actinobolus* + forma *rhododaktylos* + „Scheinzwitter", Bryk in: Mt. Münch. ent. Ges., *v.* 5 p. 30—32 f. 2 (nervatura), t. 1 f. 4 (♂), 5 (♂), 6 (♀) | 1935 *P. a.* subsp. *cassius* + forma *albocentrata* und *tripicta*, Bryk & Eisner in: Parnassiana, *v.* 3 p. 74.

Gleicht am ehesten ssp. *caesar* Gr.-Gr., mit dem diese Rasse bisher vereinigt war. Sie ist aber im Durchschnitt reicher gezeichnet und heller. Zellflecke des Vorderflügels nicht so stark ausgeprägt. Glasband schmäler. Submarginalbinde deutlicher, Rotkernung im Vorderflügel luxuriöser. Augenflecke öfters mit weißen Kernen. Weibchen mit gelblicherem Flügelgrund. Häufig mit 3 roten Kernen im Subcostalbändchen. Hinterrandfleck des Vorderflügels und Wurzelfleck des Hinterflügels selten rot gekernt. Als formae treten *actinobolus, cardinalis* und *tripicta* auf.

Naryn.

Typen: ♂ ♀ in coll. C. Eisner, Berlin-Dahlem.

**P. actius cato** Bryk & Eisner 1935 *P. a.* subsp. *c.*, Bryk & Eisner in: Parnassiana, *v.* 3 p. 75.

Steht der ssp. *cassius* Bryk & Eisner am nächsten, zeigt indessen durchweg den Charakter der forma *actinobolus* Staud. Glasband dunkler und breiter. Subcostalband in Flecke aufgelöst. Hinterrandfleck des Vorderflügels reduziert, selten gerötet. Augenflecke größer. Wurzelschwärze und Analflecke des Hinterflügels mäßig.

Syr-Darja: Syrti.

Typen: ♂ ♀ in coll. C. Eisner, Berlin-Dahlem.

## ad **P. apollo** (L.) [p. 391].

**P. apollo graslini** C. Oberth. 1935 *P. a.* subsp. *g.*, Bryk & Eisner in: Parnassiana, *v.* 3 p. 67.

Der bisher nicht näher bekannte Fundort dieser kleinasiatischen Rasse wurde als der Olymp bei Brussa festgestellt. Die Oberthürschen Typen sind insofern aberrativ, als das Subcostalbändchen des Männchens nur in seltenen Fällen völlig ausgebildet ist, während es sonst in der Regel in Flecke aufgelöst ist; die forma *cardinalis* des Weibchens ist aberrativ, auch sind die Augenflecke nur selten so groß und die 3 Analflecke so stark ausgeprägt, wie beim abgebildeten Typus (C. Oberth. 1891).

**P. apollo ciscaucasicus** Shelj. 1924 *P. a.* subsp. *c.*, Sheljuzhko in: Mt. Münch. ent. Ges., *v.* 14 p. 47. 53 | 1929 *P. a. suaneticus* aberr. *c.*, Bollow in: Seitz, Großschmett. Erde, *v.* 1 Suppl. 1 p. 50.

Weibchen: Grundfarbe rein weiß. Alle schwarzen Flecke kräftig entwickelt. Glasband schmäler als bei ssp. *caucasicus* A. Pagenst. Submarginalbinde des Vorderflügels nicht breit, aber scharf gezeichnet, aus sehr gut ausgebildeten Keilflecken bestehend, fast bis zum Hinterrande reichend. Die Mondbinde breit. Subcostalbändchen völlig ausgebildet, der 2. Fleck sehr schwach rot bestäubt. Die dunkle Beschuppung der Vorderflügelmitte kaum angedeutet. Vorderrand und Flügelwurzel gut schwarz gekörnt. Hinterflügel: Augenflecke mäßig groß, mit großen, weißen Kernen. An die beiden miteinander verschmolzenen schwarzen Analflecke schließt sich vorn ein 3. an, der jedoch $M_3$ nicht erreicht. Submarginalbinde deutlich, nicht breit. Glassaum schmal. Rippenenden schwärzlich markiert. Hinterrandschwärze mäßig, bei $M_3$ allmählich verschwindend. Unterseits ist das Rot auffallend gut entwickelt, besonders in den beiden Subcostalflecken und im Hinterrandfleck. Die weißen Spiegel der Augenflecke bedeutend größer als auf der Oberseite. Von den 4 roten Wurzelflecken trägt der hinterste einen großen, weißen Kern. Die schwarzen Analflecke vergrößert, durch Rotkernung eine rote Binde mit weißen Zentren bildend. Männchen unbekannt. Vorderflügelgröße: 40 mm.

Vorberge des Kaukasus: Berg Bermamyt bei Kislovodsk.

Typus: ♀ in coll. L. Sheljuzhko, Kijew.

**P. apollo tkathsukovi** Shelj. 1935 *P. a.* subsp. *t.*, Sheljuzhko in: Z. Österr. Ent.-Ver. Wien, *v.* 20 p. 23.

Steht ssp. *dubius* Bryk am nächsten. Die Männchen lassen sich von der Vergleichsrasse nicht unterscheiden. Weibchen stärker verdunkelt, mit gelblicher Grundfarbe. Schwarzfleckung im Vorderflügel nicht selten besonders ausgeprägt. Augenflecke vergrößert.

Nord-Armenien: Daratshitshag (Gouv. Erivan).

Typen: ♂ ♀ in coll. L. Sheljuzhko, Kijew.

## ad **K. cephalus** (Gr.-Gr.) [p. 558].

forma cellopura Bryk & Eisner 1935 *Parnassius cephalus ares* forma *c.*, Bryk & Eisner in: Parnassiana, *v.* 3 p. 69.

Mittelzellfleck im Vorderflügel völlig erloschen.

Kanssu: Tatungsche Berge.

Typus: ♂ in coll. C. Eisner, Berlin-Dahlem.

## ad **T. acco** (G. R. Gray) [p. 631].

forma bidentata O. Bang-Haas 1927 *Parnassius acco* subsp. *pundjabensis* aberr. *b.*, O. Bang-Haas in: Horae Macrolep., *v.* 1 p. 23 t. 4 f. 5 (♀) | 1930 *P. a.* subsp. *p.* aberr. *b.*, Bollow in: Seitz, Großschmett. Erde, *v.* 1 Suppl. 1 p. 81.

$M_2$ des Hinterflügels dem Saume zu peroneur verlaufend, wodurch die beiden Pfeilflecke der Submarginalbinde zwischen $R_5$ ($+ M_1$) und $M_2$ zu einem Bogenelement zusammenfließen. Diese Binde ist dadurch um ein Element ärmer als bei normalen Stücken; ein Analogon zur *Zerynthia rumina africana* (Seitz) forma *irregularis* Holl. (vgl. Tierreich, *v.* 64 p. 56).

Spiti or.: Tum-Tum-Thang-Gebirge.

Typus: ♀ in coll. O. Bang-Haas, Dresden-Blasewitz.

# Alphabetisches Register

# Nomenclator generum et subgenerum

von W. F. Reinig

**Agnostus** Al. Brongniart 1822 in: Brongniart & Desmarest, Hist. Crust. foss., p. 38. Crust. Tril.

**Archon** Jac. Hübner 1822, Syst. alph. Verz., p. 2. Sp.: *A. Apollo, Machaon. Medesicaste, Mnemosyne, Phoebus, Podalirius, Polyxena, Rumina, Sphyrus, Thia.*

**Archon** W. Kirby 1825 in: Tr. Linn. Soc. London, *v.* 14 p. 567. Col. Scarab. Dynast.

**Argus** J. Bohadsch 1761, An. mar., p. 65. Moll. Gastr.

**Argus** Scopoli 1777, Intr. Hist. nat., p. 432. Sp.: Linné, Syst. Nat., ed. 12 nr. 41. *Papilio (Eques) telemachus,* 50 *P. (Heliconius) apollo,* 60 *P. (H.) urania,* 101 *P. (Danaus) electra,* 123 *P. (D.) philomelus,* 125 *P. (D.) cassus,* 126 *P. (D.) mineus,* 127 *P. (D.) hyperantus,* 129 *P. (D.) canthus,* 137 *P. (Nymphalis) orithya,* 141 *P. (N.) maera,* 145 *P. (N.) laomedia,* 150 *P. (N.) phaedra,* 153 *P. (N.) hedonia,* 238 *P. (Plebejus) lara.* 255 *P. (P.) hero,* 42 *P. (Eques) achilles,* 44 *P. (E.) teucer,* 45 *P. (E.) idomeneus,* 46 *P. (E.) demoleus,* 120 *P. (Danaus) cassiae,* 121 *P. (D.) sophorae,* 122 *P. (D.) xanthus,* 124 *P. (D.) clytus,* 128 *P. (D.) aeropus,* 135 *P. (Nymphalis) oenone,* 137 *P. (N.) orithya,* 139 *P. (N.) briseis,* 140 *P. (N.) feronia,* 142 *P. (N.) megera,* 144 *P. (N.) ligea,* 149 *P. (N.) hermione,* 152 *P. (N.) helie,* 154 *P. (N.) dejanira,* 158 *P. (N.) tulbaghia,* 159 *P. (N) pipleis,* 160 *P. (N.) lampetia,* 161 *P. (N.) iris,* 239 *P. (Plebejus) pamphilus,* 240 *P. (P.) philocles,* 241 *P. (P.) timantes,* 262 *P. (P.) actorion,* 13 *P. (Eques) memnon,* 40 *P. (E.) nestor,* 74 *P. (Danaus) anacardii,* 107 *P. (D.) ecclipsis,* 133 *P. (Nymphalis) asterie,* 134 *P. (N.) aonis,* 143 *P. (N.) aegeria,* 147 *P. (N.) galathea.* 148 *P. (N.) semele,* 155 *P. (N.) jurtina,* 157 *P. (N.) cardui,* 230 *P. (Plebejus) arion,* 235 *P. (P.) pirithous,* 20 *P. (Eques) menelaus,* 29 *P. (E.) philoctetes,* 131 *P. (Nymphalis) io,* 136 *P. (N.) lemonias,* 151 *P. (N.) leda,* 206 *P. (N.) lena.*

**Argus** G. Poli 1791, Test. Sicil., *v.* 1 Introd. p. 32. Moll. Lam.

**Argus** C. J. Temminck 1807, Cat. Cab., p. 149. Av. Gall.

**Argus** Lamarck 1817, Hist. An. s. Vert., *v.* 4 p. 17, 21. Lep. Hesper.

**Argus** C. Walckenaer 1837, Hist. Apt., *v.* 2 p. 344 [1841]. Arach. Aran.

**Battus** Scopoli 1777, Intr. Hist. nat., p. 433. Sp.: Linné, Syst. Nat., ed. 12 nr. 10 *Papilio (Eques) polydorus,* 11 *P. (E.) anchises,* 12 *P. (E.) polydamas.* 14 *P. (E.) agenor,* 16 *P. (E.) aeneas.* 17 *P. (E.) panthous,* 48 *P. (E.) aegistus,* 49 *P. (E.) eurypylus,* 51 *P. (Heliconius) mnemosyne,* 75 *P. (Danaus) brassicae,* 76 *P. (D.) rapae,* 78 *P. (D.) hellica,* 85 *P. (D.) cardamines,* 86 *P (D.) pyrene,* 92 *P. (D.) hyparete,* 93 *P. (D.) damone,* 111 *P. (D.) caeneus,* 163 *P. (Nymphalis) cydippe,* 165 *P. (N.) antiopa,* 168 *P. (N.) c. album,* 186 *P. (N.) sibilla,* 189 *P. (N.) clytia,* 195 *P. (N.) dissimilis.* 201 *P. (N.) levana,* 203 *P. (N.) lucina,* 236 *P. (Plebejus) tespis,* 245 *P. (P.) metis,* 258 *P. (P.) protumnus,* 267 *P. (P.) malvae,* 271 *P. (P.) spio,* 94 *P. (Danaus) helcita,* 96 *P. (D.) hecabe,* 98 *P. (D.) pyranthe,* 104 *P. (D.) philea,* 105 *P. (D.) cleopatra,* 106 *P. (D.) rhamni,* 108 *P. (D.) midamus,* 112 *P. (D.) enceladus,* 114 *P. (D.) pinthaeus,* 196 *P. (Nymphalis) panope,* 234 *P. (Plebejus) argiolus,* 237 *P. (P.) rubi.* 246 *P. (P.) neleus,* 247 *P. (P.) talaus,* 252 *P. (P.) phlaeas,* 257 *P. (P.) augias,* 260 *P. (P.) thrax,* 268 *P. (P.) tages,* 1 *P. (Eques) priamus,* 55 *P. (Heliconius) terpsicore,* 64 *P. (H.) psidii,* 73 *P. (Danaus) idea,* 87 *P. (D.) evippe,*

117 *P. (D.) plexippus*, 119 *P. (D.) chrysippus*, 166 *P. (Nymphalis) polychloros*, 187 *P. (N.) camilla*, 188 *P. (N.) bolina*, 198 *P. (N.) hypermnestra*, 253 *P. (Plebejus) virgaureae*, 270 *P. (P.) niso*, 67 *P. (Heliconius) thalia*, 70 *P. (H.) erato*, 84 *P. (Danaus) belia*, 88 *P. (D.) eupheno*, 89 *P. (D.) glaucippe*, 91 *P. (D.) arsalte*, 118 *P. (D.) misippus*, 179 *P. (Nymphalis) leucothoe*, 193 *P. (N.) similis*, 194 *P. (N.) assimilis*, 199 *P. (N.) nesea*, 269 *P. (Plebejus) oileus*, 53 *P. (Heliconius) pasithoe*, 54 *P. (H.) horta*, 95 *P. (Danaus) scylla*. 170 *P. (Nymphalis) ariadne*, 172 *P. (N.) jatrophae*, 250 *P. (Plebejus) lysippus*, 256 *P. (P.) comma*, 56 *P. (Heliconius) calliope*.

**Battus** pro *Agnostus* Brongniart 1822. J. Dalman 1827 in: Vetensk. Ak. Handl., p. 124, 151. Crust. Tril.

**Danais** P. Latreille 1819 in: Latreille & Godart in: Enc. méth., *v.* 9 p. 11, 172. Lep. Danaid.

**Daritis** [pro *Doritis*] Zwanziger 1844, Handb. Schmett.k., p. 70.

**Doritis** J. C. Fabricius 1807, Syst. Gloss., p. X, in: Mag. Ins.-Kunde, *v.* 6 p. 283. Sp.: *D. Apollo, Mnemosyne*, 4 spec.

**Eques** (Subgen.) Linné 1758, Syst. Nat., ed. 10 p. 459. Sp.: *Papilio (Equites)*, 40 spec.

**Eques** M. Bloch 1793, Naturg. ausl. Fische, *v.* 7 p. 90. Pisc. Teleost.

**Eukoramius** (Subgen.) Bryk 1934 in: Parnassiana, *v.* 3 p. 43. Sp.: *Tadumia (E.) imperator*.

**Heliconia** pro *Heliconius* Linné 1758 P. Latreille 1819 in: Latreille & Godart in: Enc. méth. [Text] — Zool., *v.* 9 p. 172.

**Heliconias** [pro *Heliconius* Linné 1758] V. Bönninghausen 1896 in: Verh. Ver. Hamburg, *v.* 9 p. 32.

**Heliconius** (Subgen.) Linné 1758, Syst. Nat., ed. 10 p. 466, 467 (cfr. et p. 458 nota & p. 465). Sp.: *Papilio (H.) Apollo, Mnemosyne, Piera, Aglaja, Terpsicore, Calliope, Polymnia, Urania, Euterpe, Ricini, Psidii, Clio, Thalia, Erato, Melpomene*.

**Hypermnestra** Ménétriés 1849 in: Mém. Ac. St.-Pétersb., ser. 6 *v.* 6 p. 84 B (Errata). Sp.: *H. helios*.

**Ismene** (Nom. nud.) J. Savigny 1816, Mém. An. s. Vert., *v.* 1 p. 34. Microlep. Pyral.

**Ismene** W. Swainson 1820, Zool. Ill., *v.* 1 explic. t. 16. Lep. Hesper.

**Ismene** J. Stephens 1834, Ill. Brit. Ent.-Haust., *v.* 4 p. 247. Microlep. Yponomeut.

**Ismene** F. A. Nickerl 1846 in: Ent. Zeit. Stettin, *v.* 7 p. 207. Sp.: *I. helios*.

**Kailasius** F. Moore 1902, Lep. Ind., *v.* 5 p. 118. Sp.: *K. Charltonius, Princeps*.

**Koramius** F. Moore 1902, Lep. Ind., *v.* 5 p. 120. Sp.: *K. Delphius, Stoliczkanus, Atkinsoni, Stenosemus, Staudingeri, Cardinal, Hunza, Elwesi, Imperator, Imperatrix*.

**Lingamius** Bryk 1934 in: Parnassiana, *v.* 3 p. 43. Sp.: *L. hardwickei*.

**Papilio** Linné 1758, Syst. Nat., ed. 10 p. 458. Sp.: 192 spec.

**Parnassia** pro *Parnassius* J. C. Fabricius 1775 [R. L.] 1817 in: Jena. allg. Lit.-Zeit., *v.* 14 nr. 35 col. 278.

**Parnassis** [pro *Parnassius* J. C. Fabricius 1775] Jac. Hübner 1816, Verz. Schmett., p. 90.

**Parnassius** J. C. Fabricius 1775, Syst. Ent., p. 442, 465. Sp.: *P. Apollo, Mnemosyne, Crataegi, Andromacha, Piera, Pasithoe, Anacardii, Rhea, Andromeda, Diaphanus, Idea*.

**Pieris** Schrank 1801, Fauna Boica, *v.* 2[I] p. 160. Sp.: *P. Apollo, Polyxena, Machaon, Podalirius, Crataegi, Brassicae, Rapae, Napi, Sinapis, Daplidice, Cardamines, Rhamni, Palaeno, Hyale*.

**Tachyptera** F. Berge 1842, Schmettb., p. 92. Sp.: 96 spec.

**Tadumia** F. Moore 1902, Lep. Ind., *v.* 5 p. 116. Sp.: *T. Acco, Simo, Simonius, Simulator*.

**Therius** Billberg 1820, Enum. Ins., p. 77. Sp.: *T. Apollo, Mnemosyne*.

FSC
www.fsc.org
MIX
Papier | Fördert
gute Waldnutzung
FSC® C083411

Kolibri 360 GmbH
Ferdinand-Jühlke-Straße 7
99095 Erfurt, Deutschland
produktsicherheit@kolibri360.de